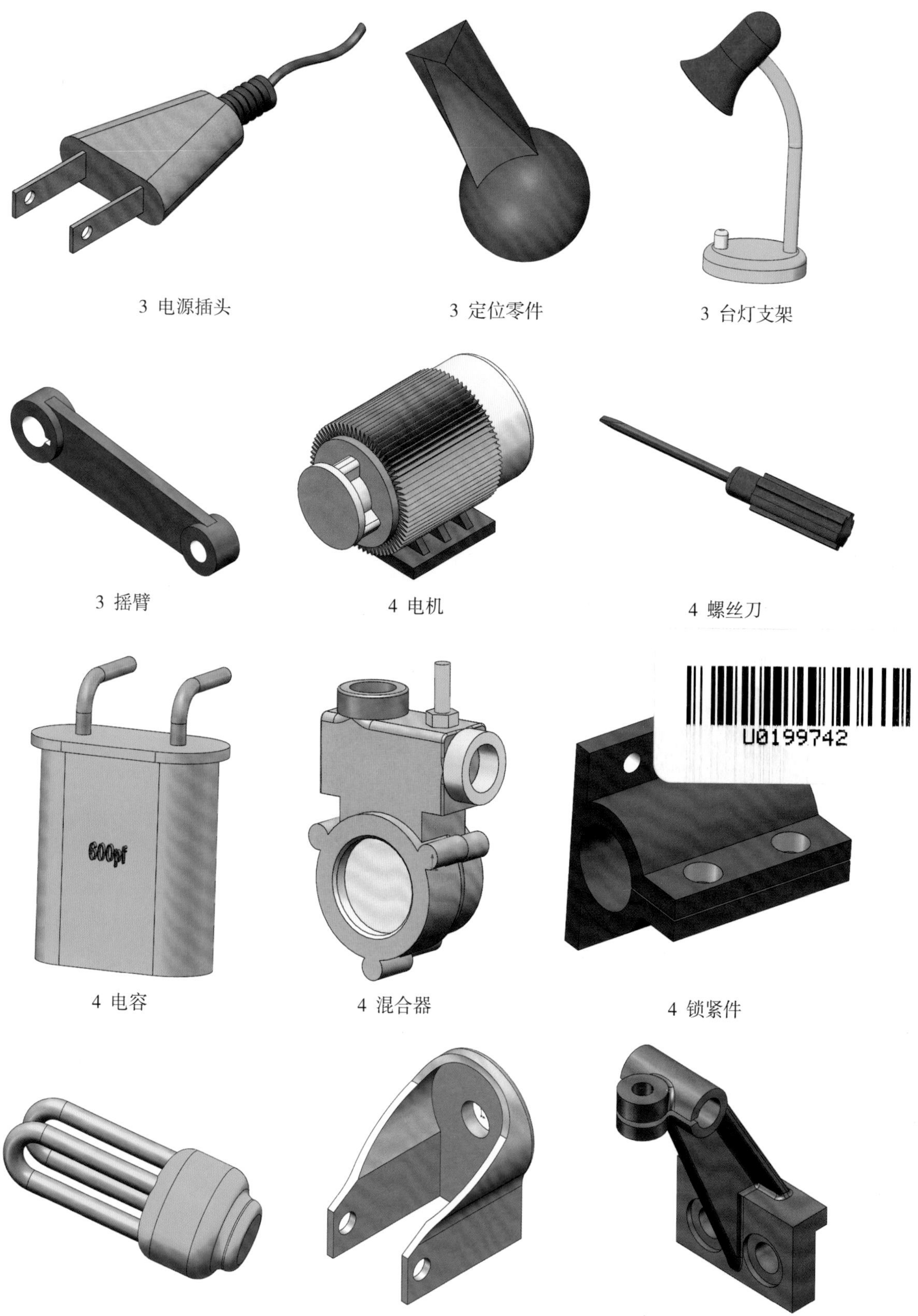

3 电源插头　3 定位零件　3 台灯支架

3 摇臂　4 电机　4 螺丝刀

4 电容　4 混合器　4 锁紧件

4 台灯灯泡　4 移动轮支架　4 支撑架

4 轴承座
5 法兰
5 连接杆
5 斜齿圆柱齿轮
6 不锈钢后盖
6 支架
8 办公椅
8 弹簧
8 滚轮
9 壶盖
9 壶身

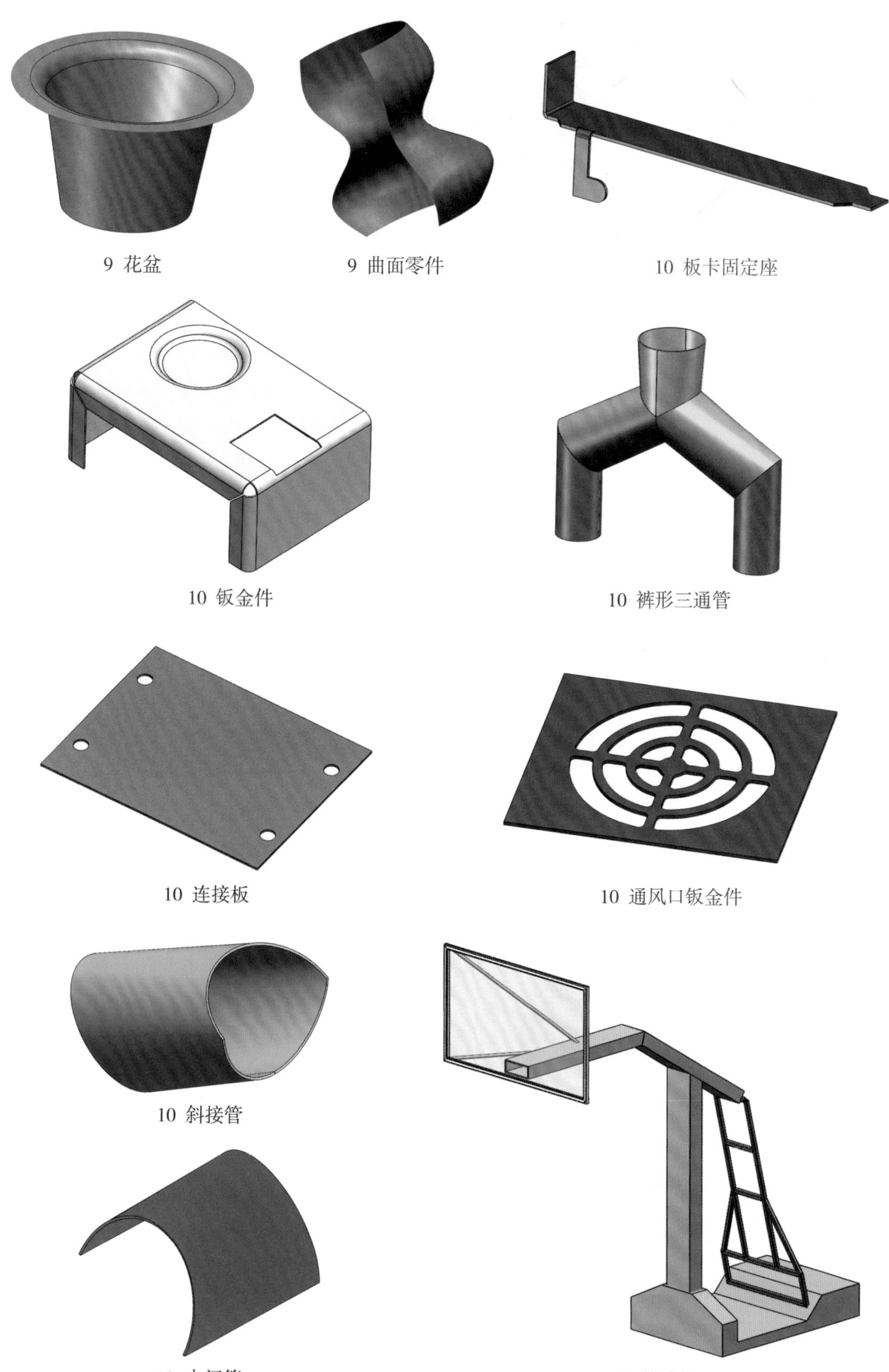

9 花盆

9 曲面零件

10 板卡固定座

10 钣金件

10 裤形三通管

10 连接板

10 通风口钣金件

10 斜接管

10 中间管

11 篮球架

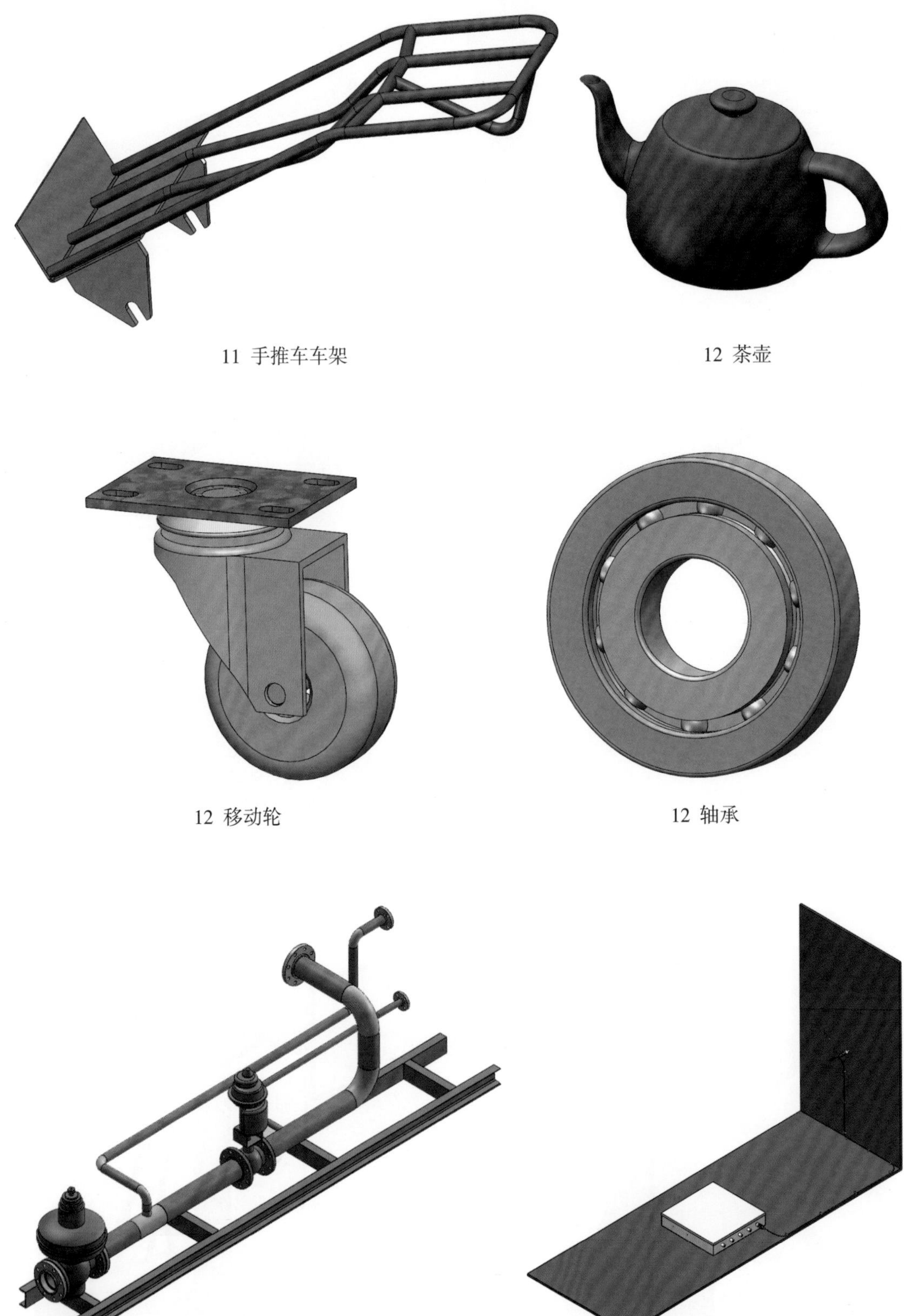

11 手推车车架

12 茶壶

12 移动轮

12 轴承

14 分流管路

14 视频接线

SolidWorks 2016 中文版

许玢 李德英 等 编著

人民邮电出版社

北京

图书在版编目（CIP）数据

SolidWorks 2016中文版完全自学手册 / 许玢等编著
. -- 北京 : 人民邮电出版社, 2017.5（2022.1重印）
ISBN 978-7-115-45104-0

Ⅰ. ①S… Ⅱ. ①许… Ⅲ. ①计算机辅助设计－应用软件－手册 Ⅳ. ①TP391.72-62

中国版本图书馆CIP数据核字(2017)第052964号

内 容 提 要

本书通过 200 多个实例由浅入深、从易到难地介绍 SOLIDWORKS 2016 的知识精髓，讲解了 SOLIDWORKS 2016 在机械设计和工业设计中的应用。

本书按知识结构将内容分为 14 章，包括 SOLIDWORKS 2016 入门、草图绘制基础、基础特征建模、附加特征建模、特征编辑、特征管理、模型显示、曲线创建、曲面创建、钣金设计、焊接设计、装配体设计、工程图的绘制和 SOLIDWORKS Routing 布线与管道设计等。

随书光盘内容包括书中所有实例的源文件和结果文件，以及实例操作过程的视频讲解文件。

本书适合作为各级学校和培训机构相关专业学员学习 SOLIDWORKS 软件的教学和自学辅导书，也可以作为机械设计和工业设计相关人员的参考书。

◆ 编　　著　许　玢　李德英 等
　责任编辑　胡俊英
　责任印制　焦志炜

◆ 人民邮电出版社出版发行　　北京市丰台区成寿寺路 11 号
　邮编　100164　　电子邮件　315@ptpress.com.cn
　网址　http://www.ptpress.com.cn
　北京天宇星印刷厂印刷

◆ 开本：787×1092　1/16　　彩插：2
　印张：32.5　　2017 年 5 月第 1 版
　字数：790 千字　　2022 年 1 月北京第 12 次印刷

定价：79.00 元（附光盘）

读者服务热线：(010)81055410　印装质量热线：(010)81055316

反盗版热线：(010)81055315

广告经营许可证：京东市监广登字20170147号

P R E F A C E

前言

SOLIDWORKS 是由著名的三维 CAD 软件开发供应商 SOLIDWORKS 公司发布的三维机械设计软件，可以最大限度地释放机械、模具、消费品设计师们的创造力，使人们只需花费使用同类软件所需时间的一小部分即可设计出更好、更有吸引力、更有创新力、在市场上更受欢迎的产品。SOLIDWORKS 已成为目前市场上扩展性极佳的软件产品，也是唯一集三维设计、分析、产品数据管理、多用户协作以及模具设计、线路设计等功能的软件。

为了适应 SOLIDWORKS 软件市场日新月异的变化及广大三维软件用户的需求，本书综合了众位经验丰富的老师的成果，从基础内容开始讲解软件，知识讲解与实例巩固同行，使读者能更全面地了解使用 SOLIDWORKS 软件。

一、本书特色

本书有以下五大特色。

● 作者权威

本书作者有多年的计算机辅助设计领域工作经验和教学经验。作者总结多年的设计经验以及教学的心得体会，历时多年精心编著，力求全面细致地展现出 SOLIDWORKS 在工业设计应用领域的各种功能和使用方法。

● 实例专业

本书中有很多实例本身就是工程设计项目案例，经过作者精心提炼和改编，不仅保证了读者能够学好知识点，更重要的是能帮助读者掌握实际的操作技能。

● 提升技能

本书从全面提升 SOLIDWORKS 设计能力的角度出发，结合大量的案例来讲解如何利用 SOLIDWORKS 进行工程设计，真正让读者懂得计算机辅助设计并能够独立地完成各种工程设计。

● 内容全面

本书在有限的篇幅内，包罗了 SOLIDWORKS 常用的全部功能讲解，内容涵盖了草图绘制、零件建模、曲面造型、钣金设计、焊接设计、装配建模、动画制作、工程图、布线与管道设计、运动仿真、有限元分析等知识。“秀才不出屋，能知天下事”，读者只要认真学习本书的内容，就能够掌握 SOLIDWORKS 的核心知识。本书不仅有透彻的讲解，还有丰富的实例，通过这些实例的演练，能够帮助读者找到一条学习 SOLIDWORKS 的捷径。

● 知行合一

本书结合大量的工业设计实例详细讲解 SOLIDWORKS 知识要点，让读者在学习案例的过程中潜移默化地掌握 SOLIDWORKS 软件操作技巧，同时培养了工程设计实践能力。

二、本书的组织结构和主要内容

本书以最新的 SOLIDWORKS 2016 中文版本为演示平台，全面介绍 SOLIDWORKS 软件从基础到实例的全部知识，帮助读者从入门走向精通。全书分为 14 章，各章内容如下。

第 1 章主要介绍 SOLIDWORKS 2016 入门。

第 2 章主要介绍草图绘制基础。

第 3 章主要介绍基础特征建模。

第 4 章主要介绍附加特征建模。

第 5 章主要介绍特征编辑。

第 6 章主要介绍特征管理。

第 7 章主要介绍模型显示。

第 8 章主要介绍曲线创建。

第 9 章主要介绍曲面创建。

第 10 章主要介绍钣金设计。

第 11 章主要介绍焊接设计。

第 12 章主要介绍装配体设计。

第 13 章主要介绍工程图的绘制。

第 14 章主要介绍布线与管道设计。

三、光盘使用说明

为了帮助读者有效地学习相关内容，本书还随书配送了多媒体学习光盘。光盘中包含全书讲解实例和练习实例的源文件素材，并给出了所有实例操作的视频文件。为了增强教学的效果，更进一步方便读者的学习，编者亲自对实例动画进行了配音讲解，读者可以轻松愉悦地学习本书内容。

光盘中有两个重要的目录希望读者关注。“源文件”目录下是本书中所有实例操作需要的原始文件或结果文件，请读者在使用时将其复制到计算机硬盘中；“动画演示”目录下是本书中所有实例操作过程的视频文件。

提示

由于本书多媒体光盘插入光驱后自动播放，有些读者不知道怎样查看文件光盘目录。具体的方法是退出本光盘自动播放模式，然后单击计算机桌面上的“我的电脑”图标，打开文件根目录，在光盘所在盘符上右击，在弹出的快捷菜单中单击“打开”命令，就可以查看光盘文件目录。

四、致谢

本书由华东交通大学教材基金资助，华东交通大学机电工程学院许玢和李德英等人编著，沈晓玲、贾雪艳、黄志刚、孟飞参与编写了部分章节，其中许玢编写了第 1～5 章，李德英编写了第 6～8 章，沈晓玲编写了第 9 章和第 10 章，贾雪艳编写了第 11 章和第 12 章，黄志刚编写了第 13 章，孟飞编写了第 14 章。另外，李兵、李志尊、闫聪聪、杨雪静、左昉、王艳池、王培合、孙立明、卢园、孟培、王玉秋、胡仁喜、王敏、甘勤涛、张日晶、王义发、王玮、康士廷等为本书的编写提供了大量帮助，对他们的付出，表示真诚的感谢。

由于时间仓促且编者水平有限，书中疏漏之处在所难免，读者可以登录网站（www.sjzsanweishuwu.com）或发邮件至编者（win760520@126.com），提出宝贵意见，也欢迎加入辅助设计集中营学习交流群（QQ：537360114）交流探讨。

编　者

2016年11月

目 录

第1章 SOLIDWORKS 2016 入门

SOLIDWORKS 应用程序是一套机械设计自动化软件，它采用了大家所熟悉的 Microsoft Windows 图形用户界面。使用这套简单易学的工具，机械设计工程师能快速地按照其设计思想绘制出草图，并运用特征与尺寸绘制模型实体、装配体及详细的工程图。

除了进行产品设计外，SOLIDWORKS 还集成了强大的辅助功能，可以对设计的产品进行三维浏览、运动模拟、碰撞和运动分析、受力分析等。

知识点

- SOLIDWORKS 2016 简介
- 文件管理
- SOLIDWORKS 工作环境设置
- 工具栏的定制
- 系统的基本设置

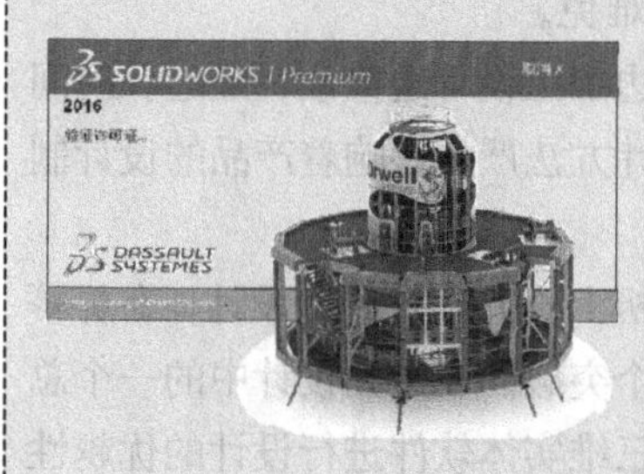

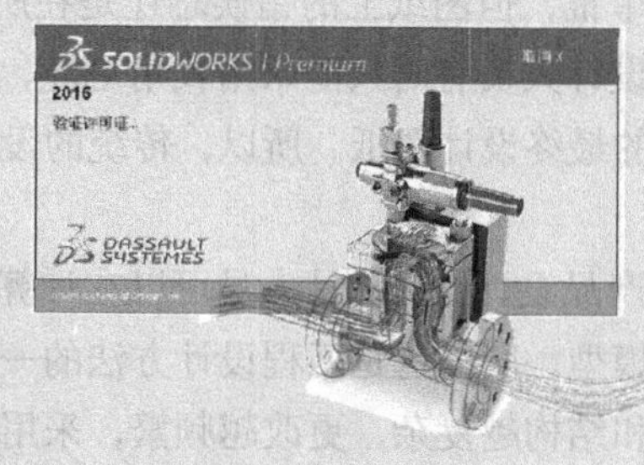

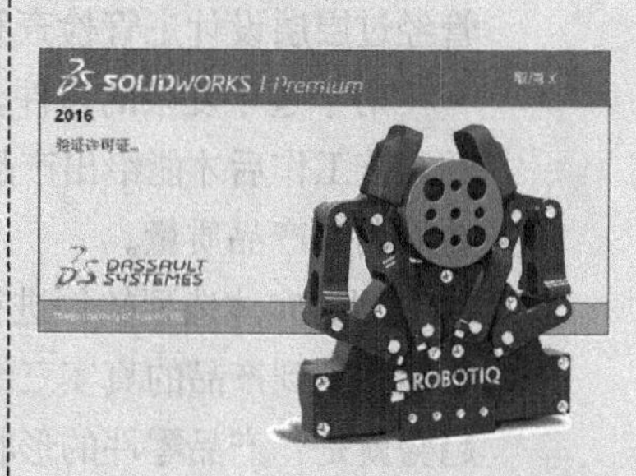

1.1 SOLIDWORKS 的设计思想

SOLIDWORKS 2016 是一套机械设计自动化软件，它采用了大家所熟悉的 Microsoft Windows 图形用户界面。使用这套简单易学的工具，机械设计工程师能快速地按照其设计思想绘制出草图。

利用 SOLIDWORKS 2016 不仅可以生成二维工程图而且可以生成三维零件，并可以利用这些三维零件生成二维工程图及三维装配体，如图 1-1 所示。

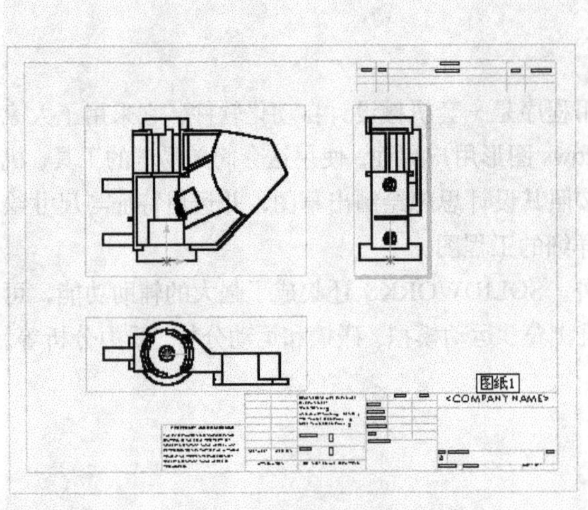

二维零件工程图　　三维装配体

图 1-1　SOLIDWORKS 实例

1.1.1 三维设计的 3 个基本概念

1．实体造型

实体造型就是在计算机中用一些基本元素来构造机械零件的完整几何模型。传统的工程设计方法是设计人员在图纸上利用几个不同的投影图来表示一个三维产品的设计模型，图纸上还有很多人为的规定、标准、符号和文字描述。对于一个较为复杂的部件，要用若干张图纸来描述。尽管这样，图纸上还是密布着各种线条、符号和标记等。工艺、生产和管理等部门的人员再去认真阅读这些图纸，理解设计意图，通过不同视图的描述想象出设计模型的每一个细节。这项工作非常艰苦，由于一个人的能力有限，设计人员不可能保证图纸的每个细节都正确。尽管经过层层设计主管检查和审批，但图纸上的错误总还是在所难免。

对于过于复杂的零件，设计人员有时只能采用代用毛坯，边加工设计边修改，经过长时间的艰苦工作后才能给出产品的最终设计图纸。所以，传统的设计方法严重影响着产品的设计制造周期和产品质量。

利用实体造型软件进行产品设计时，设计人员可以在计算机上直接进行三维设计，在屏幕上能够见到产品的真实三维模型，所以这是工程设计方法的一个突破。在产品设计中的一个总趋势就是：产品零件的形状和结构越复杂，更改越频繁，采用三维实体软件进行设计的优越性越突出。

当零件在计算机中建立模型后，工程师就可以在计算机上很方便地进行后续环节的设计工作，如部件的模拟装配、总体布置、管路铺设、运动模拟、干涉检查以及数控加工与模拟等。所以，它为在计算机集成制造和并行工程思想指导下实现整个生产环节采用统一的产品信息模型奠定了基础。

大体上有 6 类完整的表示实体的方法：

- 单元分解法；
- 空间枚举法；
- 射线表示法；
- 半空间表示法；
- 构造实体几何（constructive solid geometry，CSG）；
- 边界表示法（boundary representation，B-rep）。

只有后两种方法能正确地表示机械零件的几何实体模型，但仍有不足之处，构造实体几何的体素不支持表面含有自由曲面的实体，模型不能直接用于数控（numerical control，NC）加工与有限元分析等后继处理；边界表示法生成个别形体的过程相当复杂、不直观，不可能由用户直接操作。

2．参数化

传统的 CAD 绘图技术都用固定的尺寸值定义几何元素。输入的每一条线都有确定的位置。要想修改图面内容，只有删除原有线条后重画。而新产品的开发设计需要多次反复修改，进行零件形状和尺寸的综合协调和优化。对于定型产品的设计，需要形成系列，以便针对用户的生产特点提供不同吨位、功率、规格的产品型号。参数化设计可使产品的设计图随着某些结构尺寸的修改和使用环境的变化而自动修改图形。

参数化设计一般是指设计对象的结构形状比较定型，可以用一组参数来约束尺寸关系。参数的求解较为简单，参数与设计对象的控制尺寸有着明显的对应关系，设计结果的修改受到尺寸的驱动。生产中最常用的系列化标准件就属于这一类型。

3．特征

特征是一个专业术语，它兼有形状和功能两种属性，包括特定几何形状、拓扑关系、典型功能、绘图表示方法、制造技术和公差要求。特征是产品设计与制造者最关注的对象，是产品局部信息的集合。特征模型利用高一层次的具有过程意义的实体（如孔、槽、内腔等）来描述零件。

基于特征的设计是把特征作为产品设计的基本单元，并将机械产品描述成特征的有机集合。

特征设计有突出的优点，在设计阶段就可以把很多后续环节要使用的有关信息放到数据库中。这样便于实现并行工程，使设计绘图、计算分析、工艺性审查到数控加工等后续环节工作都能顺利完成。

1.1.2　设计过程

在 SOLIDWORKS 系统中，零件、装配体和工程都属于对象，它采用了自顶向下的设计方法创建对象，图 1-2 显示了这种设计过程。

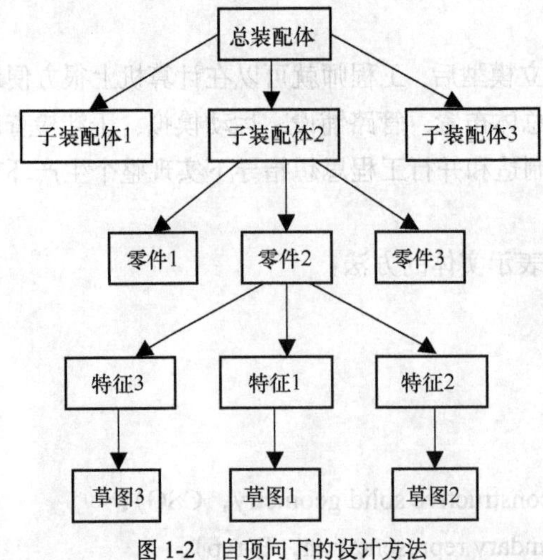

图 1-2 自顶向下的设计方法

图 1-3 所示的层次关系充分说明在 SOLIDWORKS 系统中，零件设计是核心，特征设计是关键，草图设计是基础。

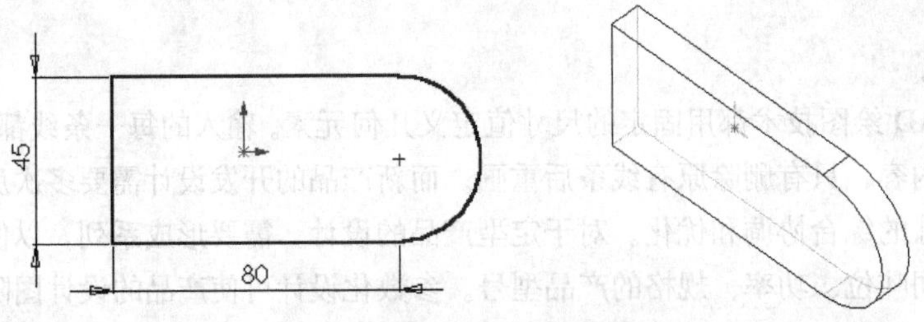

图 1-3 二维草图经拉伸生成特征

草图指的是二维轮廓或横截面。对草图进行拉伸、旋转、放样或沿某一路径扫描等操作后即生成特征，如图 1-3 所示。

特征是指可以通过组合生成零件的各种形状（如凸台、切除、孔等）及操作（如圆角、倒角、抽壳等），图 1-4 给出了几种特征。

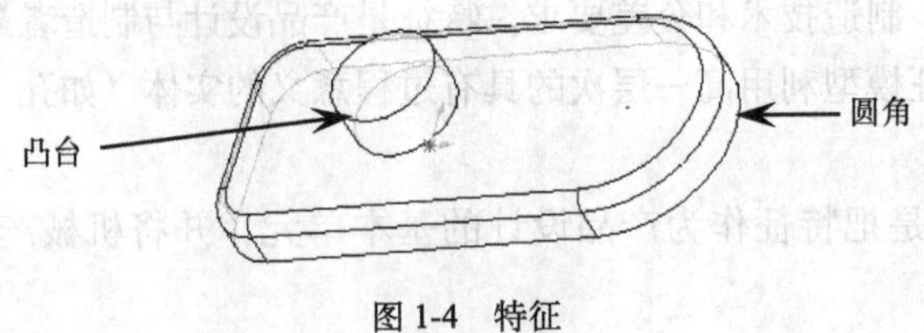

图 1-4 特征

1.1.3 设计方法

零件是 SOLIDWORKS 系统中最主要的对象。传统的 CAD 设计方法是由平面（二维）到立体（三维），如图 1-5（a）所示。工程师首先设计出图纸，工艺人员或加工人员根据图纸还原出实际零件。然而在 SOLIDWORKS 系统中却是工程师直接设计出三维实体零件，然后根据需要生成相关的工程图，如图 1-5（b）所示。

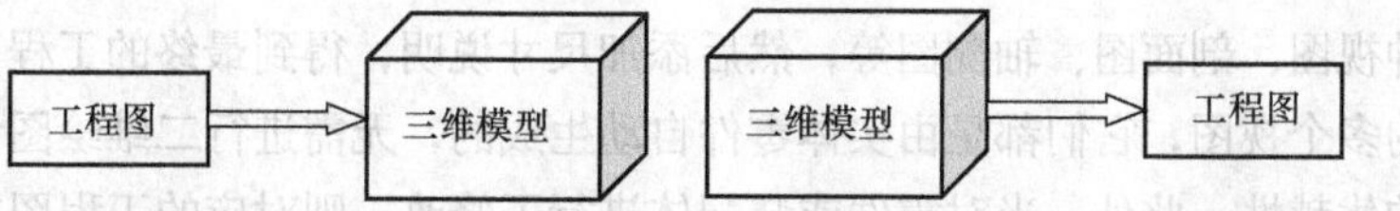

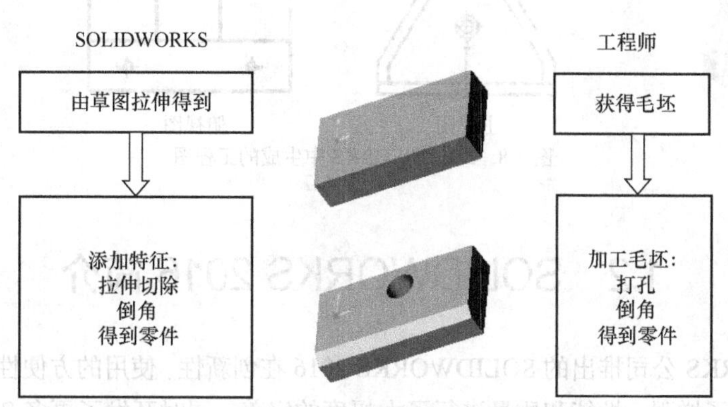

(a) 传统的 CAD 设计方法　　(b) SOLIDWORKS 的设计方法

图 1-5　设计方法示意图

此外，SOLIDWORKS 系统的零件设计的构造过程类似于真实制造环境下的生产过程，如图 1-6 所示。

图 1-6　在 SOLIDWORKS 中生成零件

装配件是若干零件的组合，是 SOLIDWORKS 系统中的对象，通常用来实现一定的设计功能。在 SOLIDWORKS 系统中，用户先设计好所需的零件，然后根据配合关系和约束条件将零件组装在一起，生成装配件。使用配合关系，可相对于其他零部件来精确地定位零部件，还可定义零部件如何相对于其他的零部件移动和旋转。通过继续添加配合关系，还可以将零部件移到所需的位置。配合会在零部件之间建立几何关系，如共点、垂直、相切等。每种配合关系对于特定的几何实体组合有效。

图 1-7 是一个简单的装配体，由顶盖和底座两个零件组成。设计、装配过程如下。

(1) 首先设计出两个零件。

(2) 新建一个装配体文件。

(3) 将两个零件分别拖入到新建的装配体文件中。

(4) 使顶盖底面和底座顶面重合，顶盖底一个侧面和底座对应的侧面重合，将顶盖和底座装配在一起，从而完成装配工作。

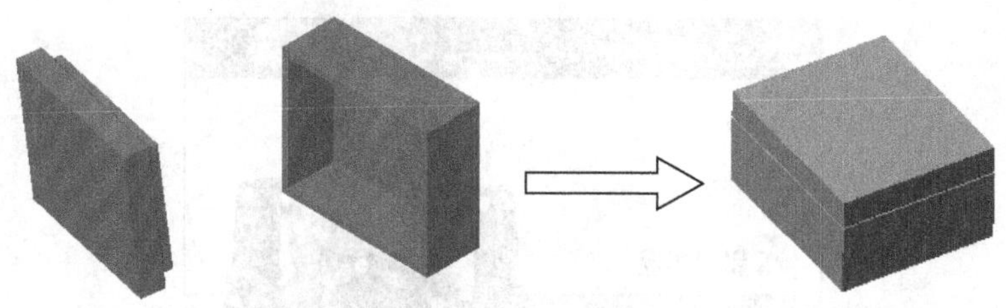

图 1-7　在 SOLIDWORKS 中生成装配体

工程图就是常说的工程图纸，是 SOLIDWORKS 系统中的对象，用来记录和描述设计结果，是工程设计中的主要档案文件。

用户根据设计好的零件和装配件，按照图纸的表达需要，通过 SOLIDWORKS 系统中的命令，生成各种视图、剖面图、轴侧图等，然后添加尺寸说明，得到最终的工程图。图 1-8 显示了一个零件的多个视图，它们都是由实体零件自动生成的，无需进行二维绘图设计，这也体现了三维设计的优越性。此外，当对零件或装配体进行了修改，则对应的工程图文件也会相应地修改。

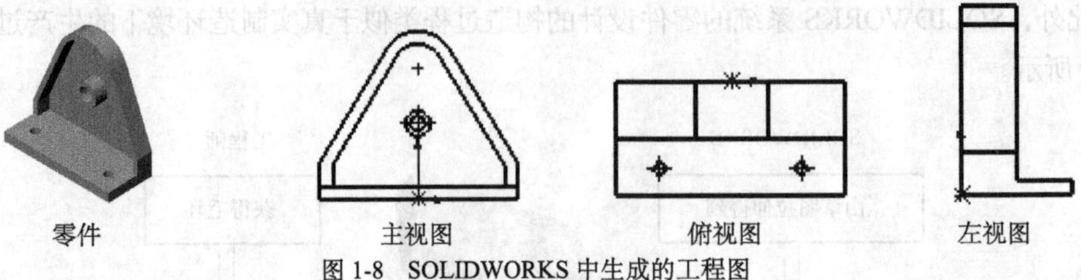

图 1-8　SOLIDWORKS 中生成的工程图

1.2　SOLIDWORKS 2016 简介

SOLIDWORKS 公司推出的 SOLIDWORKS 2016 在创新性、使用的方便性以及界面的人性化等方面都得到了增强，性能和质量进行了大幅度的完善，同时开发了更多 SOLIDWORKS 新设计功能，使产品开发流程发生根本性的变革，支持全球性的协作和连接，增强了项目的广泛合作。

SOLIDWORKS 2016 在用户界面、草图绘制、特征、成本、零件、装配体、SOLIDWORKS Enterprise PDM、Simulation、运动算例、工程图、出样图、钣金设计、输出和输入以及网络协同等方面都得到了增强，至少比原来的版本增强了 250 个使用功能，使用户使用更方便。本节将介绍 SOLIDWORKS 2016 的一些基本知识。

1.2.1　启动 SOLIDWORKS 2016

SOLIDWORKS 2016 安装完成后，就可以启动该软件了。在 Windows 操作环境下，单击屏幕左下角的“开始”→“所有程序”→“SOLIDWORKS 2016”命令，或者双击桌面上 SOLIDWORKS 2016 的快捷方式图标，就可以启动该软件。SOLIDWORKS 2016 的启动画面如图 1-9 所示。

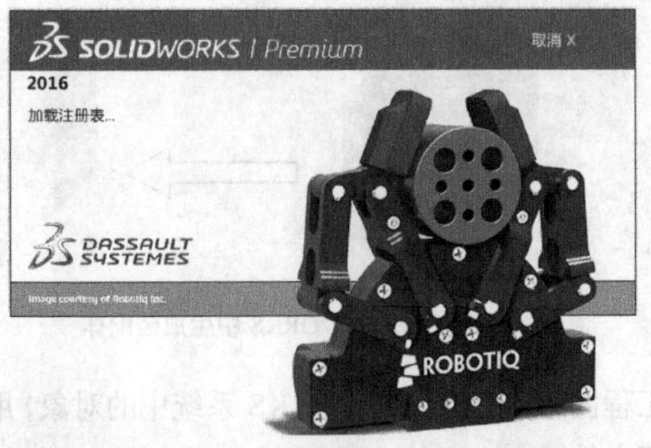

图 1-9　SOLIDWORKS 2016 的启动画面

启动画面消失后，系统进入 SOLIDWORKS 2016 的初始界面，初始界面中只有几个菜单栏和“快速访问”工具栏，如图 1-10 所示，用户可在设计过程中根据自己的需要打开其他工具栏。

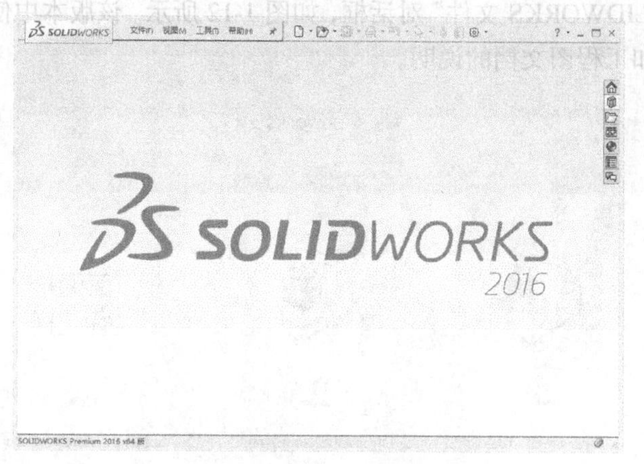

图 1-10 SOLIDWORKS 2016 的初始界面

1.2.2 新建文件

单击“快速访问”工具栏中的（新建）按钮，或者单击菜单栏中的“文件”→“新建”命令，弹出“新建 SOLIDWORKS 文件”对话框，如图 1-11 所示，其按钮的功能如下。

- （零件）按钮：双击该按钮，可以生成单一的三维零部件文件。
- （装配体）按钮：双击该按钮，可以生成零件或其他装配体的排列文件。
- （工程图）按钮：双击该按钮，可以生成属于零件或装配体的二维工程图文件。

单击（零件）→“确定”按钮，即进入完整的用户界面。

在 SOLIDWORKS 2016 中，“新建 SOLIDWORKS 文件”对话框有两个版本可供选择，一个是高级版本，一个是新手版本。

高级版本在各个标签上显示模板图标的对话框，当选择某一文件类型时，模板预览出现在预览框中。在该版本中，用户可以保存模板，添加自己的标签，也可以选择 Tutorial 标签来访问指导教程模板，如图 1-11 所示。

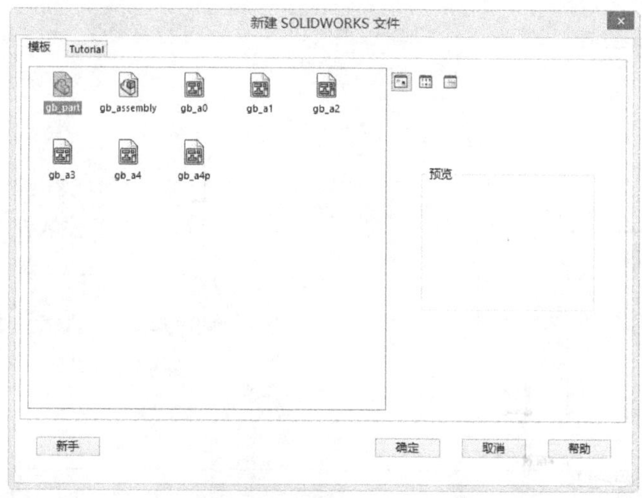

图 1-11 “新建 SOLIDWORKS 文件”对话框

在如图 1-11 所示的“新建 SOLIDWORKS 文件”对话框中单击“新手”按钮，即进入新手版本的“新建 SOLIDWORKS 文件”对话框，如图 1-12 所示。该版本中使用较简单的对话框，提供零件、装配体和工程图文档的说明。

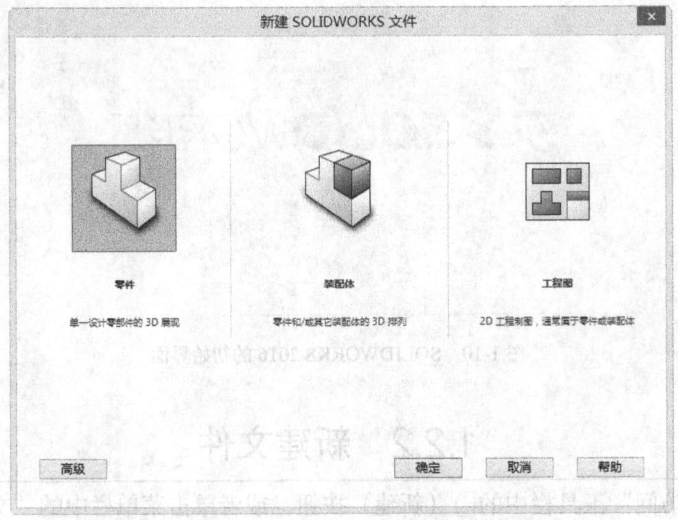

图 1-12　新手版本的“新建 SOLIDWORKS 文件”对话框

1.2.3　SOLIDWORKS 用户界面

新建一个零件文件后，进入 SOLIDWORKS 2016 用户界面，如图 1-13 所示。其中包括菜单栏、工具栏、特征管理区、图形区和状态栏等。

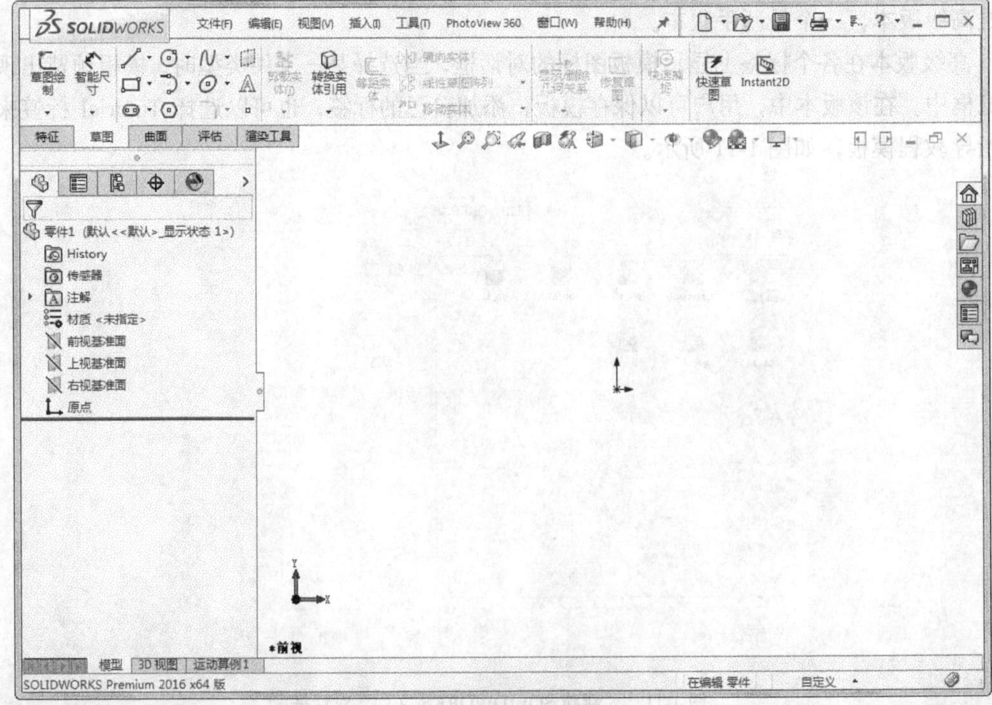

图 1-13　SOLIDWORKS 的用户界面

装配体文件和工程图文件与零件文件的用户界面类似，在此不再赘述。

菜单栏包含了所有 SOLIDWORKS 的命令，工具栏可根据文件类型（零件、装配体或工程图）来调整和放置并设定其显示状态。SOLIDWORKS 用户界面底部的状态栏可以提供设计人员正在执行的功能的有关信息。下面介绍该用户界面的一些基本功能。

1．菜单栏

菜单栏显示在标题栏的下方，默认情况下菜单栏是隐藏的，只显示“快速访问”工具栏，如图 1-14 所示。

图 1-14 “快速访问”工具栏

要显示菜单栏需要将光标移动到 SOLIDWORKS 图标上或单击它，显示的菜单栏如图 1-15 所示。若要始终保持菜单栏可见，需要单击（图钉）图标更改为钉住状态，其中最关键的功能集中在“插入”菜单和“工具”菜单中。

图 1-15 菜单栏

通过单击工具栏按钮旁边的下移方向键，可以打开带有附加功能的弹出菜单。这样可以通过工具栏访问更多的菜单命令。例如，（保存）按钮的下拉菜单包括“保存”、“另存为”和“保存所有”命令，如图 1-16 所示。

SOLIDWORKS 的菜单项对应于不同的工作环境，其相应的菜单以及其中的命令也会有所不同。在以后的应用中会发现，当进行某些任务操作时，不起作用的菜单会临时变灰，此时将无法应用该菜单。

如果选择保存文档提示，则当文档在指定间隔（分钟或更改次数）内未保存时，将出现“未保存的文档通知”对话框，如图 1-17 所示。其中，包含“保存文档”和“保存所有文档”命令，它将在几秒后淡化消失。

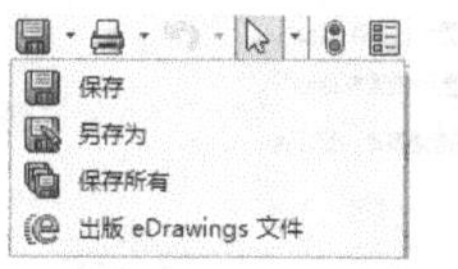

图 1-16 “保存”按钮的下拉菜单

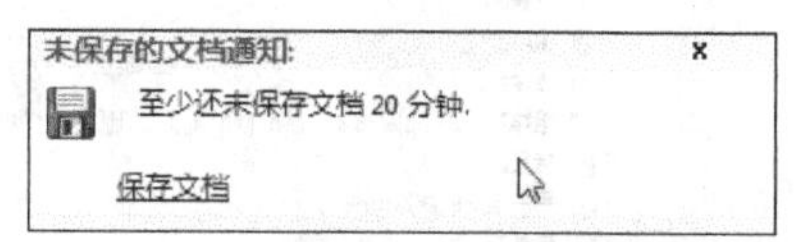

图 1-17 “未保存的文档通知”对话框

2．工具栏

SOLIDWORKS 中有很多可以按需要显示或隐藏的内置工具栏。单击菜单栏中的“视图”→“工具栏”→“自定义”命令，如图 1-18（a）所示，或者直接在工具栏区域右击，弹出“工具栏”菜单，如图 1-18（b）所示，单击“自定义”命令，在打开的“自定义”对话框中勾选“视图”复选框，会出现浮动的“视图”工具栏，可以自由拖动将其放置在需要的位置上，如图 1-18 所示。

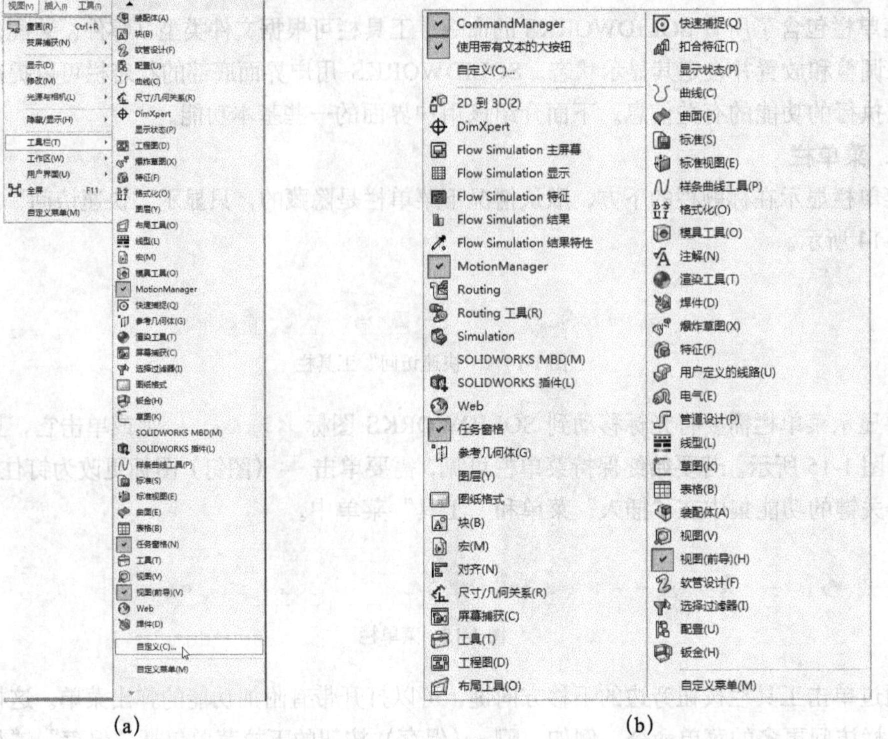

(a)　　　　　　　　(b)

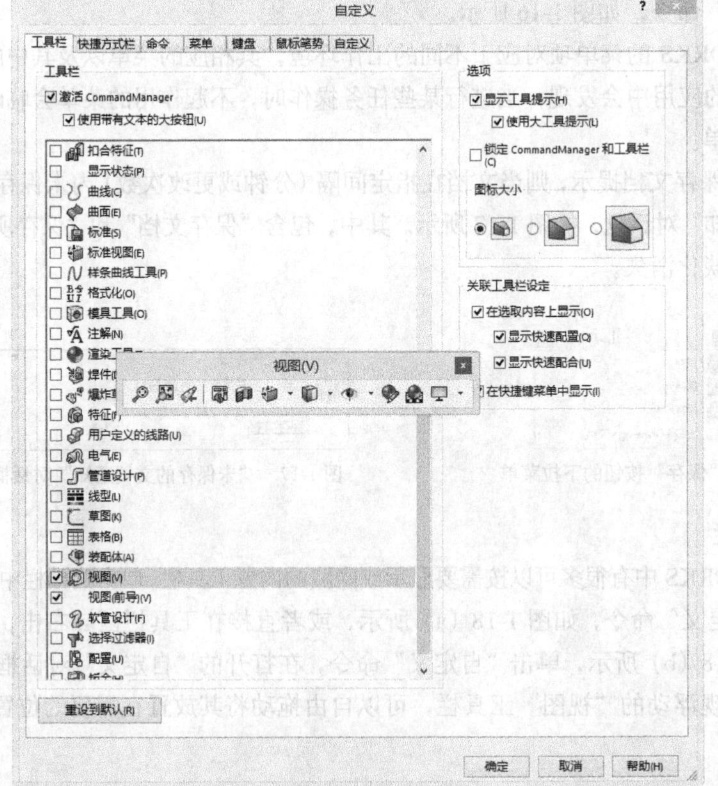

(c)

图 1-18　调用“视图”工具栏

此外，还可以设定哪些工具栏在没有文件打开时可显示，或者根据文件类型（零件、装配体或工程图）来放置工具栏并设定其显示状态（自定义、显示或隐藏）。例如，保持“自定义”对话框的打开状态，在 SOLIDWORKS 用户界面中，可对工具栏按钮进行如下操作。

- 从工具栏上一个位置拖动到另一位置。
- 从一工具栏拖动到另一工具栏。
- 从工具栏拖动到图形区中，即从工具栏上将之移除。

有关工具栏命令的各种功能和具体操作方法将在后面的章节中作具体的介绍。

在使用工具栏或工具栏中的命令时，将指针移动到工具栏图标附近，会弹出消息提示，显示该工具的名称及相应的功能，如图 1-19 所示，显示一段时间后，该提示会自动消失。

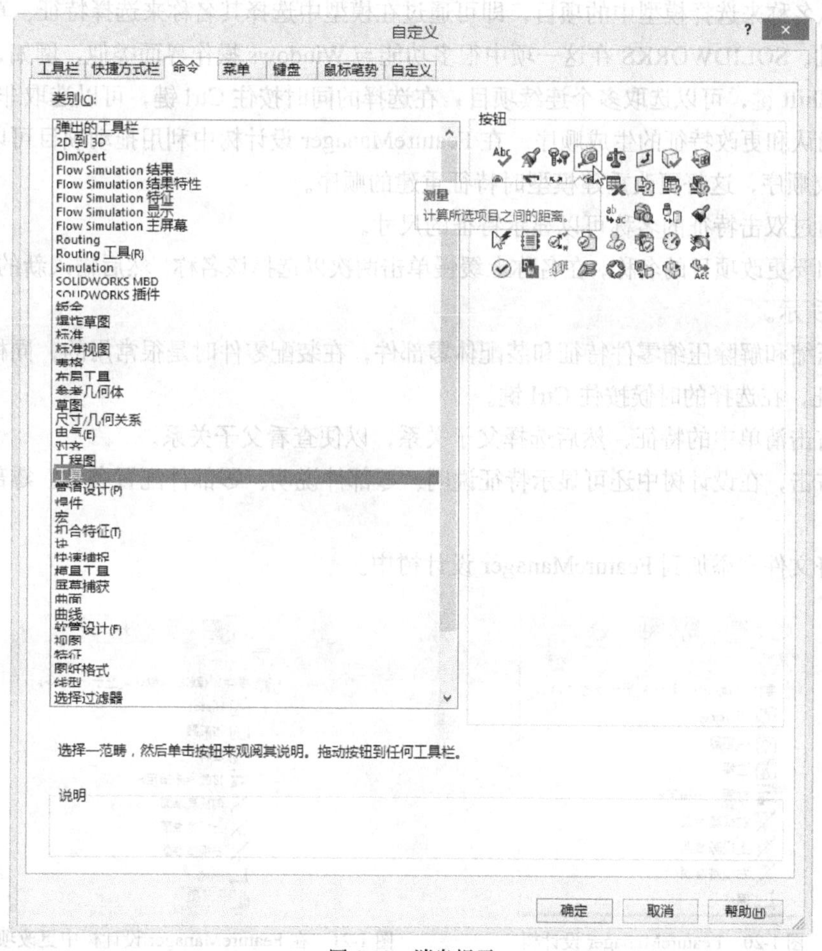

图 1-19　消息提示

3．状态栏

状态栏位于 SOLIDWORKS 用户界面底端的水平区域，提供了当前窗口中正在编辑内容的状态，以及指针位置坐标、草图状态等信息。状态栏中典型信息如下。

- 重建模型图标：在更改了草图或零件而需要重建模型时，重建模型图标会显示在状态栏中。
- 草图状态：在编辑草图过程中，状态栏中会出现 5 种草图状态，即完全定义、过定义、欠定义、没有找到解、发现无效的解。在考虑零件完成之前，应该完全定义草图。

4．FeatureManager 设计树

FeatureManager 设计树位于 SOLIDWORKS 用户界面的左侧，是 SOLIDWORKS 中比较常用的部分，它提供了激活的零件、装配体或工程图的大纲视图，从而可以很方便地查看模型或装配体的构造情况，或者查看工程图中不同的图纸和视图。

FeatureManager 设计树和图形区是动态链接的。在使用时可以在任何窗格中选择特征、草图、工程视图和构造几何线。FeatureManager 设计树可以用来组织和记录模型中各个要素之间的参数信息和相互关系，以及模型、特征和零件之间的约束关系等，几乎包含了所有设计信息。FeatureManager 设计树如图 1-20 所示。

FeatureManager 设计树的功能主要有以下几个方面。

● 以名称来选择模型中的项目，即可通过在模型中选择其名称来选择特征、草图、基准面及基准轴。SOLIDWORKS 在这一项中很多功能与 Windows 操作界面类似，例如，在选择的同时按住 Shift 键，可以选取多个连续项目；在选择的同时按住 Ctrl 键，可以选取非连续项目。

● 确认和更改特征的生成顺序。在 FeatureManager 设计树中利用拖动项目可以重新调整特征的生成顺序，这将更改重建模型时特征重建的顺序。

● 通过双击特征的名称可以显示特征的尺寸。

● 如要更改项目的名称，在名称上缓慢单击两次以选择该名称，然后输入新的名称即可，如图 1-21 所示。

● 压缩和解除压缩零件特征和装配体零部件，在装配零件时是很常用的，同样，如要选择多个特征，在选择的时候按住 Ctrl 键。

● 右击清单中的特征，然后选择父子关系，以便查看父子关系。

● 右击，在设计树中还可显示特征说明、零部件说明、零部件配置名称、零部件配置说明等项目。

● 将文件夹添加到 FeatureManager 设计树中。

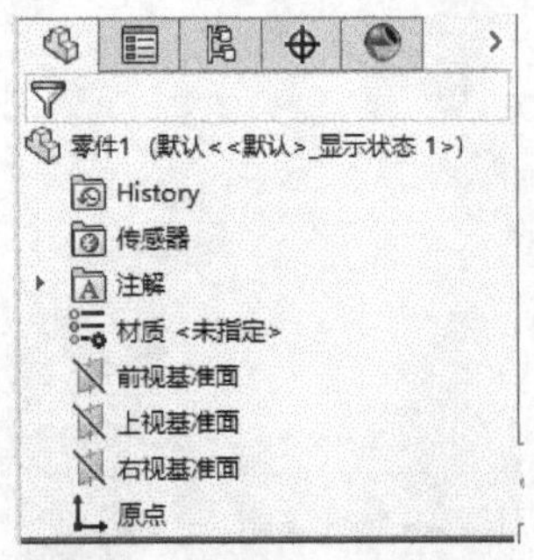

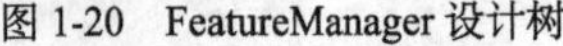

图 1-20　FeatureManager 设计树

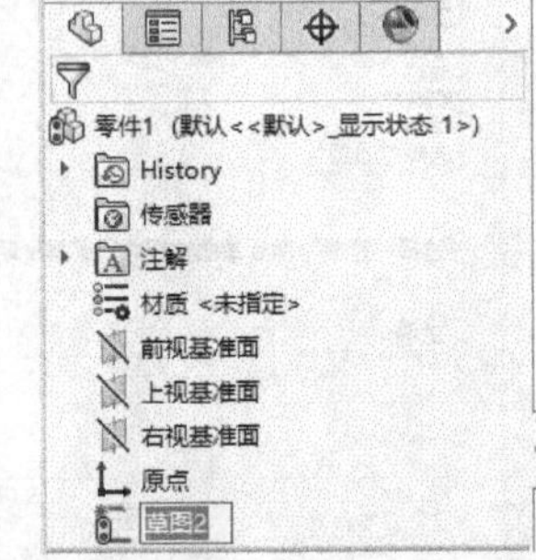

图 1-21　在 FeatureManager 设计树中更改项目名称

对 FeatureManager 设计树的熟练操作是应用 SOLIDWORKS 的基础，也是应用 SOLIDWORKS 的重点，由于其功能强大，不能一一列举，只有在学习的过程中熟练应用设计树的功能，才能加快建模的速度和效率。

5．PropertyManager 标题栏

PropertyManager 标题栏一般会在初始化时使用，PropertyManager 为其定义命令时自动出现。编辑草图并选择草图特征进行编辑时，所选草图特征的 PropertyManager 将自动出现。

激活 PropertyManager 时，FeatureManager 设计树会自动出现。欲扩展 FeatureManager 设计树，可以在其中单击文件名称左侧的“+”标签。FeatureManager 设计树是透明的，不会影响对其下面模型的修改。

1.3 文件管理

除了上面讲述的新建文件外，常见的文件管理工作还有打开文件、保存文件、退出系统等，下面简要介绍。

1.3.1 打开文件

在 SOLIDWORKS 2016 中，可以打开已存储的文件，对其进行相应的编辑和操作。打开文件的操作步骤如下。

（1）单击菜单栏中的“文件”→“打开”命令，或者单击“快速访问”工具栏中的（打开）按钮，执行打开文件命令。

（2）系统弹出如图 1-22 所示的“打开”对话框，在该对话框的“文件类型”下拉列表框中选择文件的类型，选择不同的文件类型，在对话框中会显示文件夹中对应文件类型的文件。勾选“显示预览窗口”按钮，选择的文件就会显示在对话框的“预览”窗口中，但是并不打开该文件。

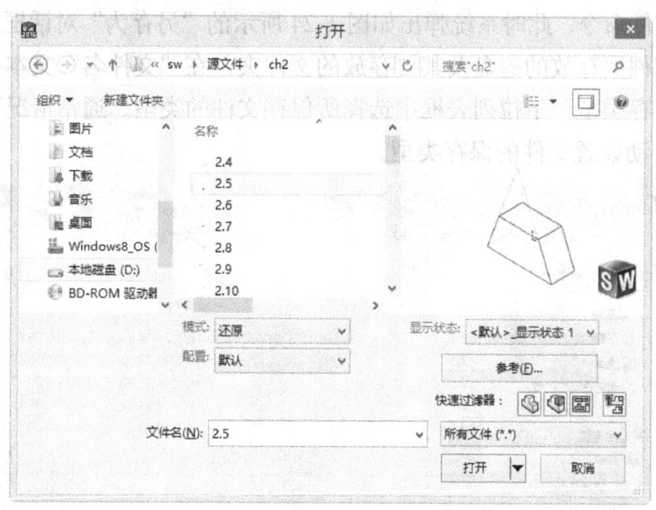

图 1-22 “打开”对话框

选取了需要的文件后，单击对话框中的“打开”按钮，就可以打开选择的文件，对其进行相应的编辑和操作。

在“文件类型”下拉列表框菜单中，并不限于 SOLIDWORKS 类型的文件，还可以调用其他软件（如 ProE、CATIA、UG 等）所形成的图形并对其进行编辑，图 1-23 是“文件类型”下拉列表框。

SOLIDWORKS 文件 (*.sldprt; *.sldasm; *.slddrw)
零件 (*.prt;*.sldprt)
装配体 (*.asm;*.sldasm)
工程图 (*.drw;*.slddrw)
DXF (*.dxf)
DWG (*.dwg)
Adobe Photoshop Files (*.psd)
Adobe Illustrator Files (*.ai)
Lib Feat Part (*.lfp;*.sldlfp)
Analysis Lib Part (*.sldalprt)
Analysis Lib Assembly (*.sldalasm)
Template (*.prtdot;*.asmdot;*.drwdot)
Parasolid (*.x_t;*.x_b;*.xmt_txt;*.xmt_bin)
IGES (*.igs;*.iges)
STEP AP203/214 (*.step;*.stp)
IFC 2x3 (*.ifc)
ACIS (*.sat)
VDAFS (*.vda)
VRML (*.wrl)
STL (*.stl)
CATIA Graphics (*.cgr)
CATIA V5 (*.catpart;*.catproduct)
SLDXML (*.sldxml)
ProE/Creo Part (*.prt,*.prt.*;*.xpr)
ProE/Creo Assembly (*.asm;*.asm.*;*.xas)
Unigraphics/NX (*.prt)
Inventor Part (*.ipt)
Inventor Assembly (*.iam)
Solid Edge Part (*.par;*.psm)
Solid Edge Assembly (*.asm)

图 1-23 “文件类型”下拉列表框

1.3.2 保存文件

已编辑的图形只有保存后，才能在需要时打开该文件对其进行相应的编辑和操作。保存文件的操作步骤如下。

单击菜单栏中的“文件”→“保存”命令，或者单击“快速访问”工具栏中的（保存）按钮，执行保存文件命令，此时系统弹出如图 1-24 所示的“另存为”对话框。在该对话框的左侧列表框中选择文件要存放的磁盘及其要存放的文件夹，在“文件名”文本框中输入要保存的文件名称，在“保存类型”下拉列表框中选择所保存文件的类型。通常情况下，在不同的工作模式下，系统会自动设置文件的保存类型。

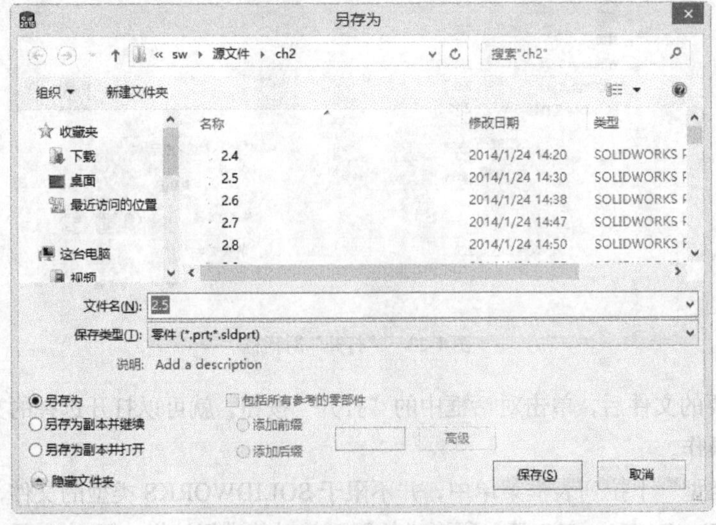

图 1-24 “另存为”对话框

在“保存类型”下拉列表框中，并不限于 SOLIDWORKS 类型的文件，如“*.SLDPRT”、“*.SLDASM”和“*.slddrw”。也就是说，SOLIDWORKS 不但可以把文件保存为自身的类型，还可以保存为其他类型的文件，方便其他软件对其调用并进行编辑。

在如图 1-24 所示的“另存为”对话框中，可以将文件保存的同时备份一份。保存备份文件，需要预先设置保存的文件目录。设置备份文件保存目录的步骤如下。

单击菜单栏中的“工具”→“选项”命令，系统弹出如图 1-25 所示的“系统选项（S）-备份/恢复”对话框，单击“系统选项”选项卡中的“备份/恢复”选项，在“备份文件夹”文本框中可以修改保存备份文件的目录。

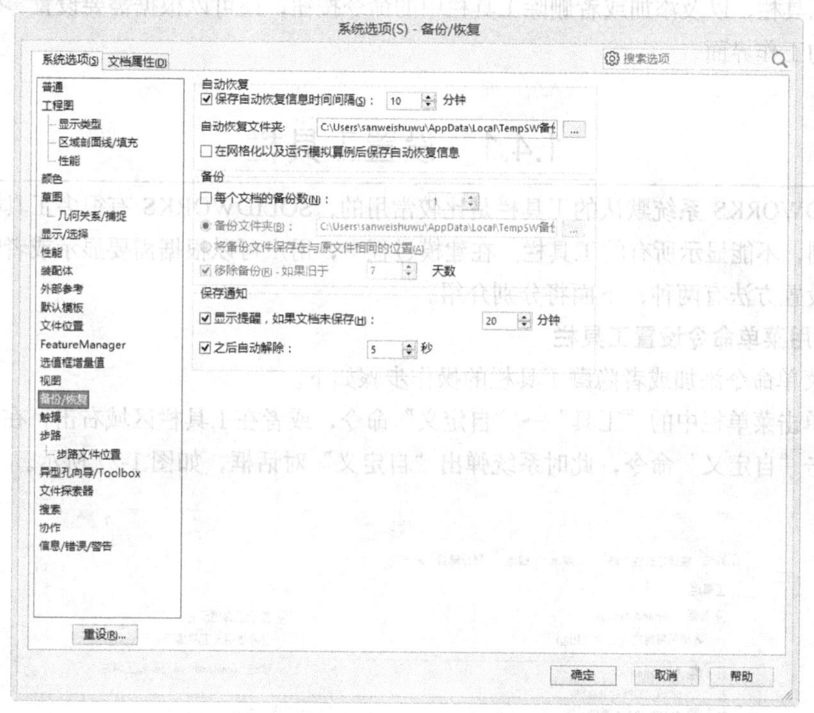

图 1-25　“系统选项（S）-备份/恢复”对话框

1.3.3　退出 SOLIDWORKS 2016

在文件编辑并保存完成后，就可以退出 SOLIDWORKS 2016 系统。单击菜单栏中的“文件”→“退出”命令，或者单击系统操作界面右上角的 ×（退出）按钮，可直接退出。

如果对文件进行了编辑而没有保存文件，或者在操作过程中，不小心执行了退出命令，会弹出系统“SOLIDWORKS”提示框，如图 1-26 所示。如果要保存修改过的文档，则单击“全部保存”选项框，系统会保存修改后的文件，并退出 SOLIDWORKS 系统；如果不保存对文件的修改，则单击“不保存”选项框，系统不保存修改后的文件，并退出 SOLIDWORKS 系统；单击“取消”按钮，则取消退出操作，回到原来的操作界面。

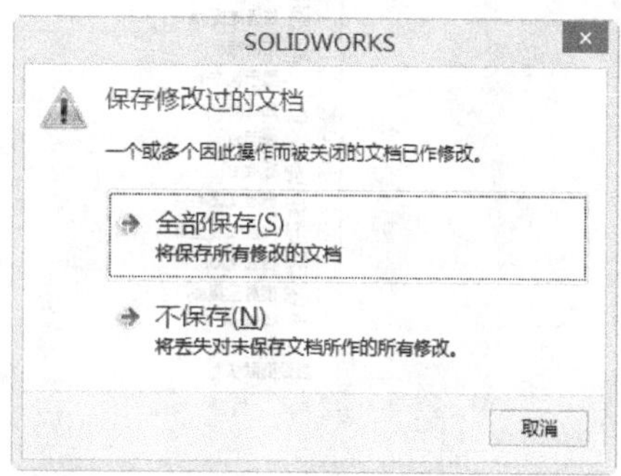

图 1-26　系统提示框

1.4 SOLIDWORKS 工作环境设置

要熟练地使用一套软件，必须先认识软件的工作环境，然后设置适合自己的使用环境，这样可以使设计工作更加便捷。SOLIDWORKS 软件同其他软件一样，可以根据自己的需要显示或者隐藏工具栏，以及添加或者删除工具栏中的命令按钮，还可以根据需要设置零件、装配体和工程图的工作界面。

1.4.1 设置工具栏

SOLIDWORKS 系统默认的工具栏是比较常用的，SOLIDWORKS 有很多工具栏，由于图形区的限制，不能显示所有的工具栏。在建模过程中，用户可以根据需要显示或者隐藏部分工具栏，其设置方法有两种，下面将分别介绍。

1．利用菜单命令设置工具栏

利用菜单命令添加或者隐藏工具栏的操作步骤如下。

(1) 单击菜单栏中的“工具”→“自定义”命令，或者在工具栏区域右击，在弹出的快捷菜单中单击“自定义”命令，此时系统弹出“自定义”对话框，如图 1-27 所示。

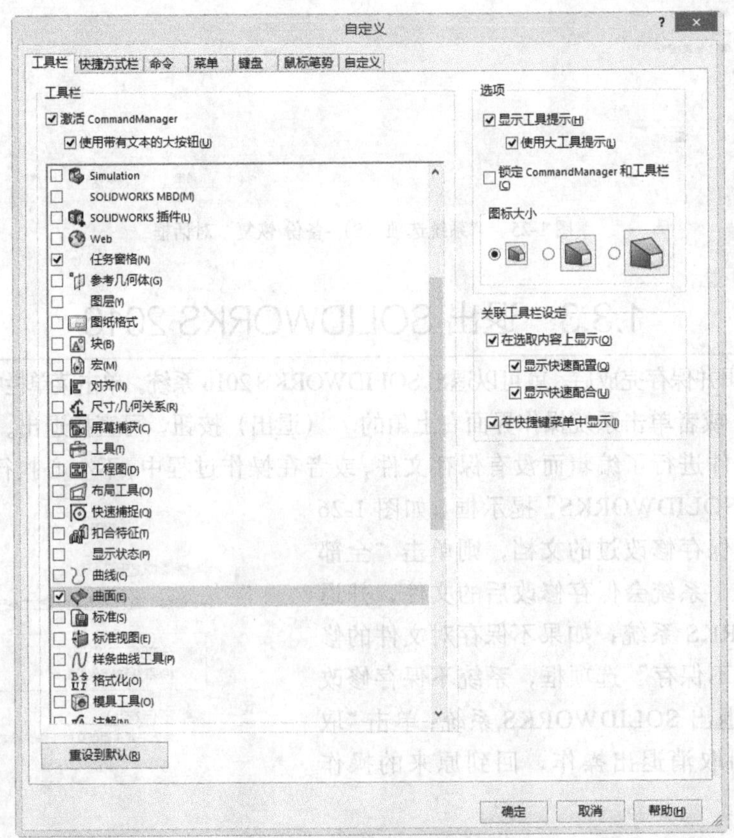

图 1-27 “自定义”对话框

(2) 单击对话框中的“工具栏”选项卡，此时会出现系统所有的工具栏，勾选需要打开的工具栏复选框。

(3) 确认设置。单击对话框中的“确定”按钮，在图形区中会显示选择的工具栏。

如果要隐藏已经显示的工具栏，取消对工具栏复选框的勾选，然后单击“确定”按钮，此时在图形区中将会隐藏取消勾选的工具栏。

2. 利用鼠标右键设置工具栏

利用鼠标右键添加或者隐藏工具栏的操作步骤如下。

(1) 在工具栏区域右击，系统会出现“工具栏”快捷菜单，如图 1-28 所示。

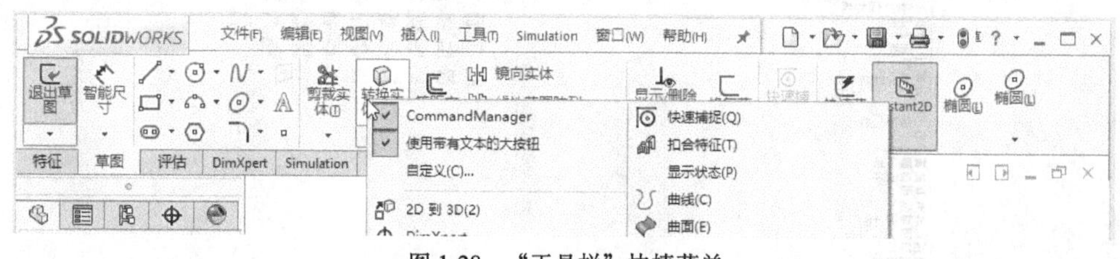

图 1-28 “工具栏”快捷菜单

(2) 单击需要的工具栏，前面复选框的颜色会加深，则图形区中将会显示选择的工具栏；如果单击已经显示的工具栏，前面复选框的颜色会变浅，则图形区中将会隐藏选择的工具栏。

隐藏工具栏还有一个简便的方法，即先选择界面中不需要的工具栏，用鼠标将其拖到图形区中，此时工具栏上会出现标题栏。图 1-29 所示是拖至图形区中的“注解 (N)”工具栏，然后单击工具栏右上角的“关闭”按钮 ×，则操作界面中会隐藏该工具栏。

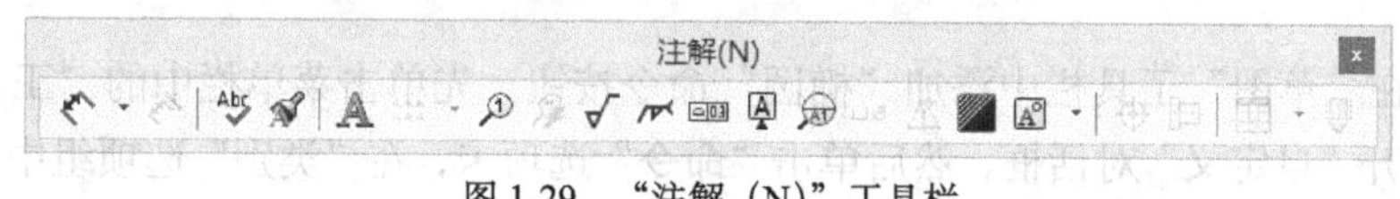

图 1-29 “注解 (N)”工具栏

1.4.2 设置工具栏命令按钮

系统默认工具栏中，并没有包括平时所用的所有命令按钮，用户可以根据自己的需要添加或者删除命令按钮。

设置工具栏中命令按钮的操作步骤如下。

(1) 单击菜单栏中的“工具”→“自定义”命令，或者在工具栏区域右击，在弹出的快捷菜单中单击“自定义”命令，此时系统弹出“自定义”对话框。

(2) 单击该对话框中的“命令”选项卡，此时出现“命令”选项卡的“类别”选项组和“按钮”选项组，如图 1-30 所示。

(3) 在“类别”选项组中选择工具栏，此时会在“按钮”选项组中出现该工具栏中所有的命令按钮。

(4) 在“按钮”选项组中，单击选择要增加的命令按钮，然后按住鼠标左键拖动该按钮到要放置的工具栏上，然后松开鼠标左键。

(5) 单击对话框中的“确定”按钮，则工具栏上会显示添加的命令按钮。

如果要删除无用的命令按钮，只要打开“自定义”对话框的“命令”选项卡，然后在要删除的按钮上用鼠标左键拖动到图形区，即可删除该工具栏中的命令按钮。

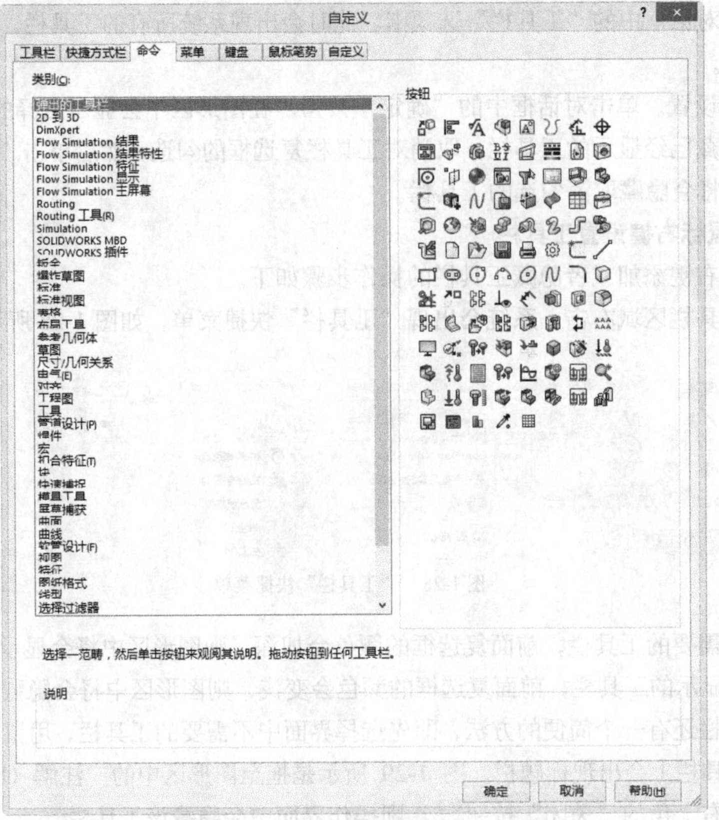

图 1-30 “自定义”对话框的“命令”选项卡

例如，在“草图”工具栏中添加“椭圆”命令按钮。先单击菜单栏中的“工具”→“自定义”命令，打开“自定义”对话框，然后单击“命令”选项卡，在“类别”选项组中选择“草图”工具栏。在“按钮”选项组中单击选择（椭圆）按钮，按住鼠标左键将其拖到“草图”工具栏中合适的位置，然后松开鼠标左键，该命令按钮即可添加到工具栏中。图 1-31 为添加命令按钮前后“草图”工具栏的变化情况。

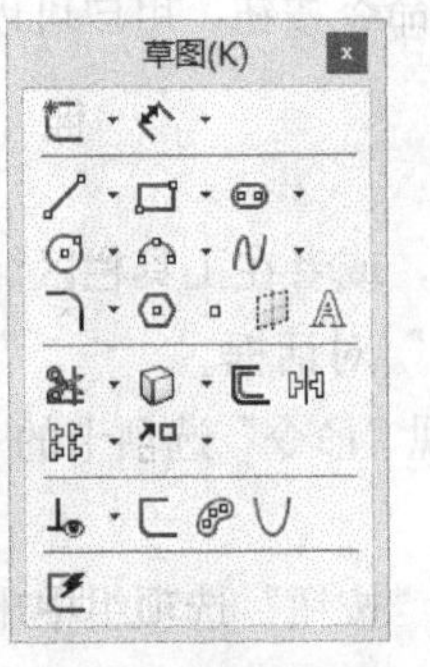

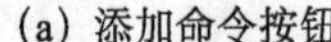

(a) 添加命令按钮前

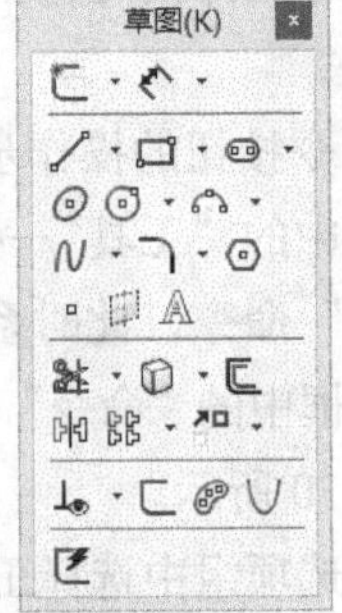

(b) 添加命令按钮后

图 1-31 添加命令按钮

技巧荟萃

对工具栏添加或者删除命令按钮时，对工具栏的设置会应用到当前激活的 SOLIDWORKS 文件类型中。

1.4.3 设置快捷键

除了可以使用菜单栏和工具栏执行命令外，SOLIDWORKS 软件还允许用户通过自行设置快捷键的方式来执行命令，其操作步骤如下。

（1）单击菜单栏中的“工具”→“自定义”命令，或者在工具栏区域单击鼠标右键，在快捷菜单中选择“自定义”选项，此时系统弹出“自定义”对话框。

（2）选择对话框中的“键盘”标签，如图 1-32 所示。

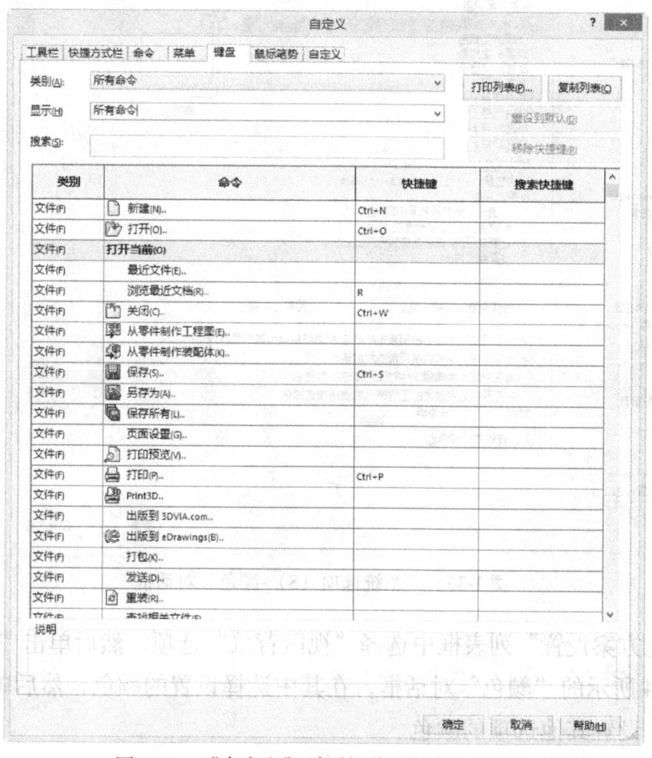

图 1-32 “自定义”对话框的“键盘”选项卡

（3）在“命令”选项中选择要设置快捷键的命令。

（4）在“快捷键”一栏中输入要设置的快捷键。

（5）单击对话框中的“确定”按钮，快捷键设置成功。

技巧荟萃

（1）如果设置的快捷键已经被使用过，则系统会提示该快捷键已被使用，必须更改要设置的快捷键。

（2）如果要取消设置的快捷键，在“键盘”选项卡中选择“快捷键”选项中设置的快捷键，然后单击对话框中的“移除快捷键”按钮，则该快捷键就会被取消。

1.4.4 设置背景

在 SOLIDWORKS 中，可以更改操作界面的背景及颜色，以设置个性化的用户界面。设置背景的操作步骤如下。

(1) 单击菜单栏中的“工具”→“选项”命令，此时系统弹出“系统选项（S）-颜色”对话框。

(2) 在对话框的“系统选项”选项卡的左侧列表框中选择“颜色”选项，如图 1-33 所示。

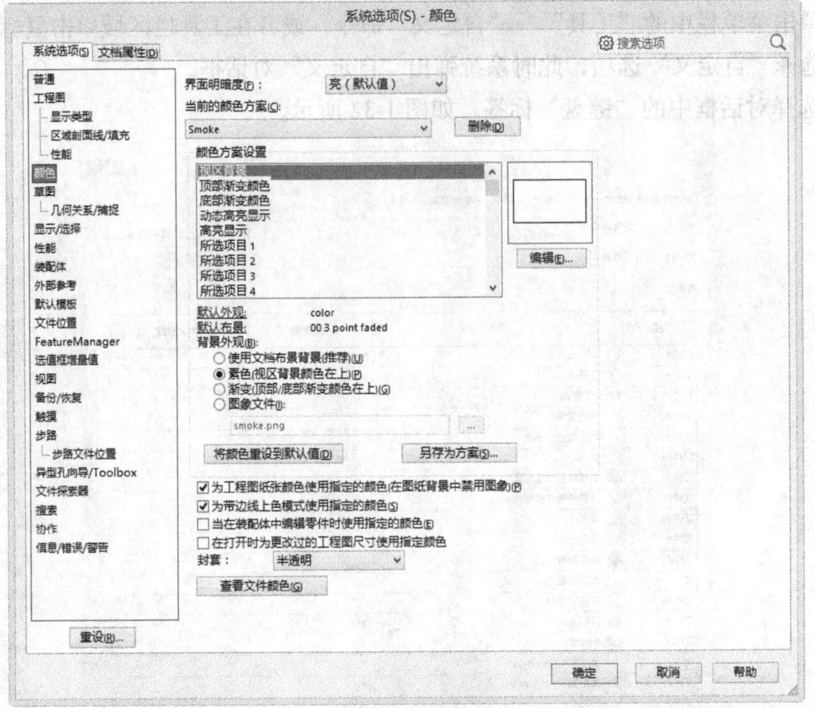

图 1-33　“系统选项（S）-颜色”对话框

(3) 在“颜色方案设置”列表框中选择“视区背景”选项，然后单击“编辑”按钮，此时系统弹出如图 1-34 所示的“颜色”对话框，在其中选择设置的颜色，然后单击“确定”按钮。可以使用该方式，设置其他选项的颜色。

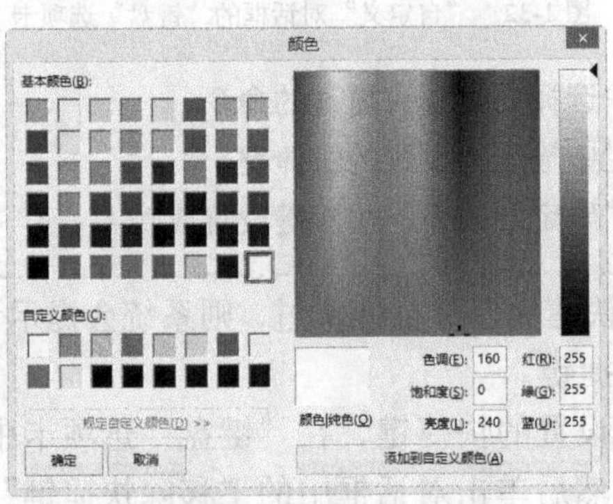

图 1-34　“颜色”对话框

(4) 单击“系统选项（S）-颜色”对话框中的“确定”按钮，系统背景颜色设置成功。

在如图 1-33 所示对话框的“背景外观”选项组中，点选下面 4 个不同的单选钮，可以得到不同的背景效果，用户可以自行设置，在此不再赘述。图 1-35 为一个设置好背景颜色的零件图。

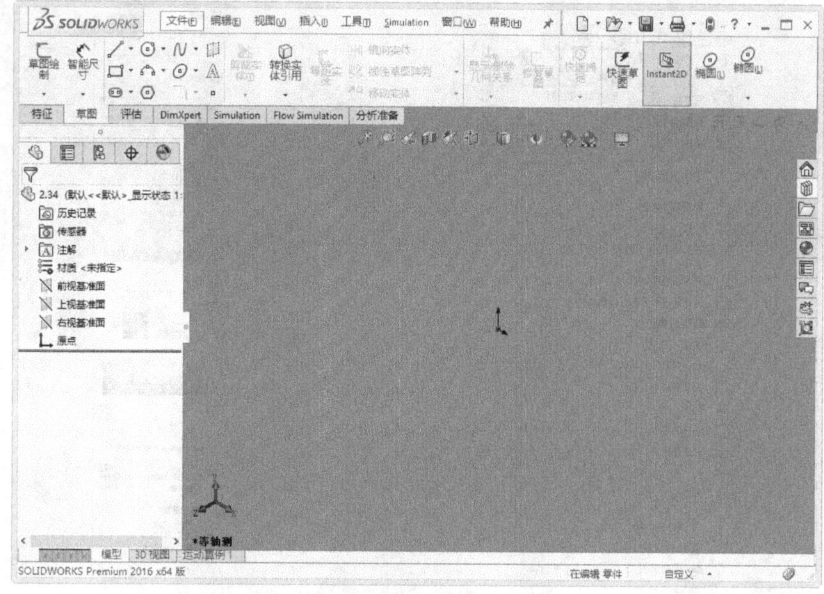

图 1-35　设置好背景颜色的零件图

1.4.5　设置实体颜色

系统默认的绘制模型实体的颜色为灰色。在零部件和装配体模型中，为了使图形有层次感和真实感，通常要改变实体的颜色。下面以螺栓为例子来说明设置实体颜色的步骤。图 1-36（a）为系统默认颜色的零件模型，图 1-36（b）为设置颜色后的零件模型。

（a）系统默认颜色的零件模型

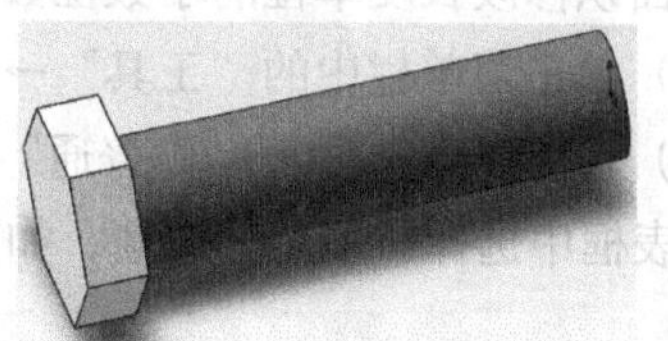

（b）设置颜色后的零件模型

图 1-36　设置实体颜色图示

（1）选择实体凸台为颜色设置的对象，在所选区域内右键单击外观按钮，选择“凸台”，如图 1-37 所示。

（2）单击得出如图 1-38 所示的“颜色”对话框，选择所需要更换的颜色。单击按钮，完成实体颜色的设置，如图 1-36（b）所示。

在零件模型和装配体模型中，除了可以对特征的颜色进行设置外，还可以对面进行设置。首先在图形区中选择面，然后右击，在弹出的快捷菜单中进行设置，步骤与设置特征颜色类似。

在装配体模型中还可以对整个零件的颜色进行设置，一般在特征管理器中选择需要设置的零件，然后对其进行设置，步骤与设置特征颜色类似。

技巧荟萃

对于单个零件而言，设置实体颜色渲染实体，可以使模型更加接近实际情况，更逼真。对于装配体而言，设置零件颜色可以使装配体具有层次感，方便观测。

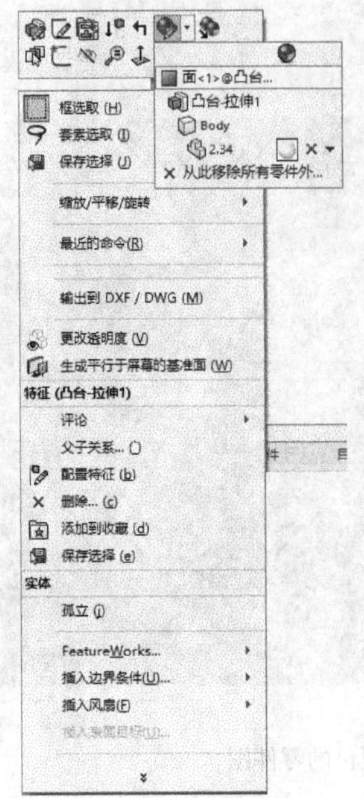

图 1-37　快捷菜单

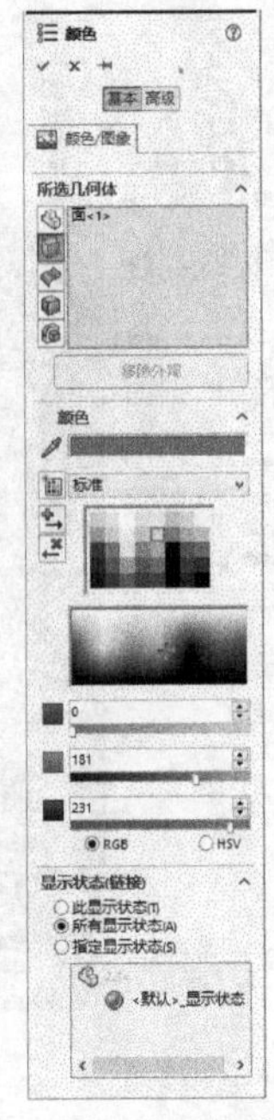

图 1-38　"外观"属性管理器

1.4.6　设置单位

在三维实体建模前，需要设置好系统的单位，系统默认的单位为 MMGS（毫米、克、秒），可以使用自定义的方式设置其他类型的单位系统以及长度单位等。

下面以修改长度单位的小数位数为例，说明设置单位的操作步骤。

（1）单击菜单栏中的"工具"→"选项"命令。

（2）系统弹出"系统选项-普通"对话框，单击该对话框中的"文档属性"选项卡，然后在左侧列表框中选择"单位"选项，如图 1-39 所示。

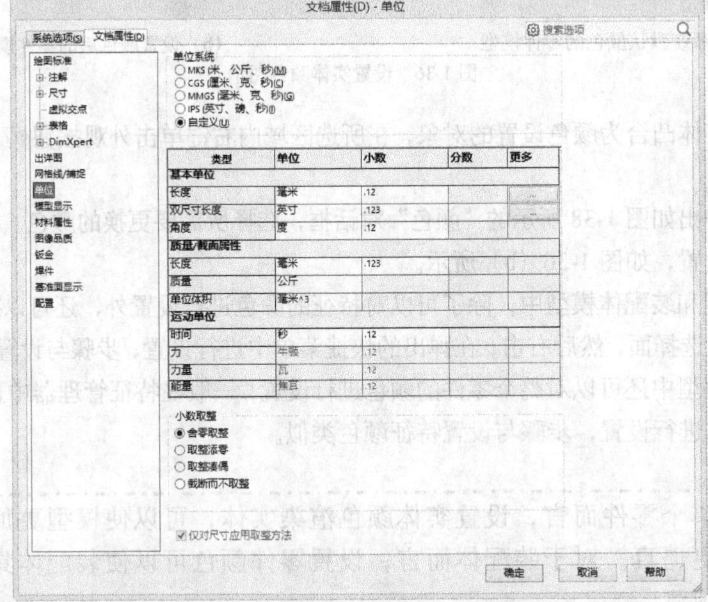

图 1-39　"单位"选项

(3) 将对话框中“基本单位”选项组中“长度”选项的“小数”设置为无，然后单击“确定”按钮。图 1-40 为设置单位前后的图形比较。

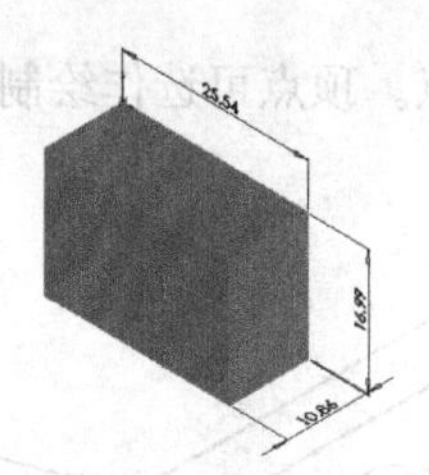

(a) 设置单位前的图形

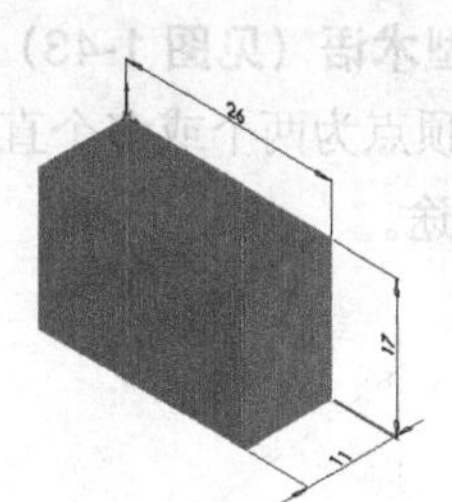

(b) 设置单位后的图形

图 1-40　设置单位前后图形比较

1.5　SOLIDWORKS 术语

在学习使用一个软件之前，需要对这个软件中常用的一些术语进行简单的了解，从而避免对一些语言理解上的歧义。

1．文件窗口

SOLIDWORKS 文件窗口有两个窗格，如图 1-41 所示。

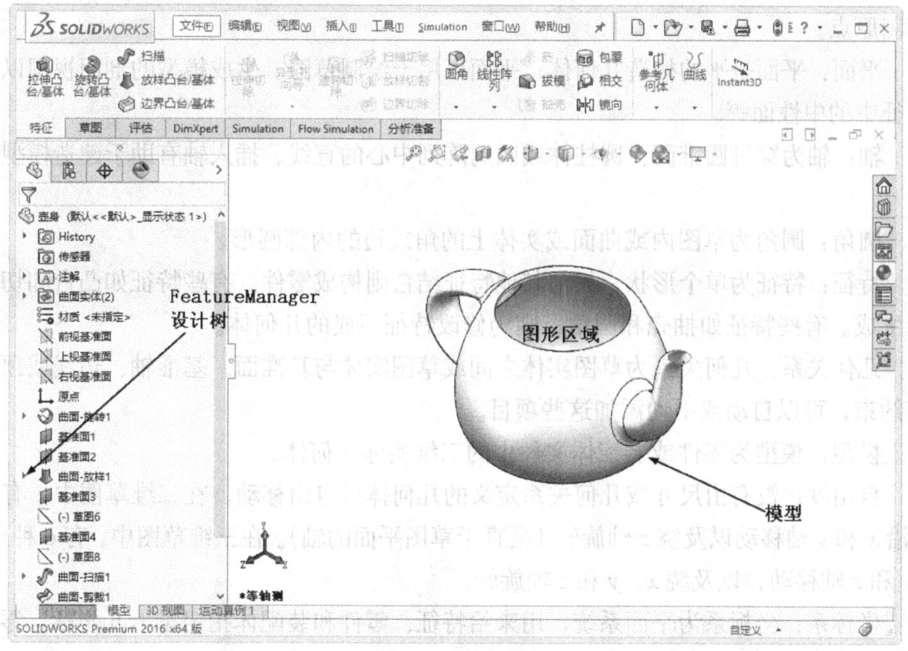

图 1-41　文件窗口

窗口的左侧窗格包含以下项目。

- FeatureManager 设计树列出零件、装配体或工程图的结构。
- 属性管理器提供了绘制草图及与 SOLIDWORKS 2016 应用程序交互的另一种方法。
- ConfigurationManager 提供了在文件中生成、选择和查看零件及装配体的多种配置的方法。

窗口的右侧窗格为图形区域，此窗格用于生成和操纵零件、装配体或工程图。

2．控标

控标允许用户在不退出图形区域的情形下，动态地拖动和设置某些参数，如图 1-42 所示。

3．常用模型术语（见图 1-43）

● 顶点：顶点为两个或多个直线或边线相交之处的点。顶点可选作绘制草图、标注尺寸以及许多其他用途。

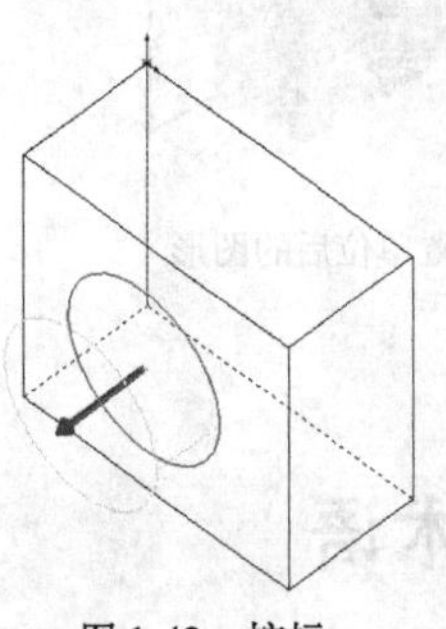

图 1-42 控标

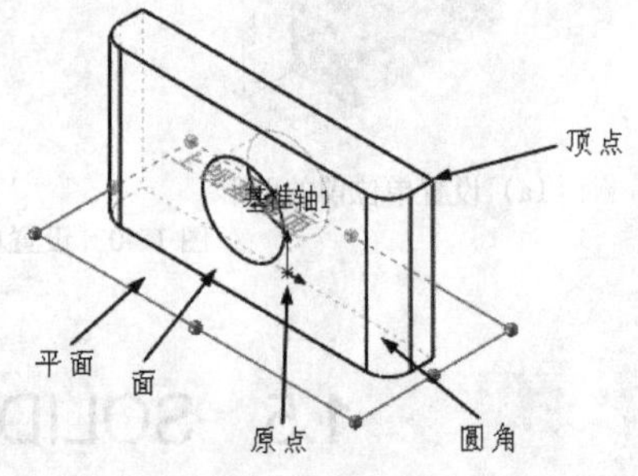

图 1-43 常用模型术语

● 面：面为模型或曲面的所选区域（平面或曲面），模型或曲面带有边界，可帮助定义模型或曲面的形状。例如，矩形实体有 6 个面。

● 原点：模型原点显示为灰色，代表模型的（0，0，0）坐标。当激活草图时，草图原点显示为红色，代表草图的（0，0，0）坐标。尺寸和几何关系可以加入到模型原点，但不能加入到草图原点。

● 平面：平面是平的构造几何体。平面可用于绘制草图、生成模型的剖面视图以及用于拔模特征中的中性面等。

● 轴：轴为穿过圆锥面、圆柱体或圆周阵列中心的直线。插入轴有助于建造模型特征或阵列。

● 圆角：圆角为草图内或曲面或实体上的角或边的内部圆形。

● 特征：特征为单个形状，如与其他特征结合则构成零件。有些特征如凸台和切除，则由草图生成。有些特征如抽壳和圆角，则为修改特征而成的几何体。

● 几何关系：几何关系为草图实体之间或草图实体与基准面、基准轴、边线或顶点之间的几何约束，可以自动或手动添加这些项目。

● 模型：模型为零件或装配体文件中的三维实体几何体。

● 自由度：没有由尺寸或几何关系定义的几何体可自由移动。在二维草图中，有 3 种自由度：沿 x 和 y 轴移动以及绕 z 轴旋转（垂直于草图平面的轴）。在三维草图中，有 6 种自由度：沿 x、y 和 z 轴移动，以及绕 x、y 和 z 轴旋转。

● 坐标系：坐标系为平面系统，用来给特征、零件和装配体指定笛卡儿坐标。零件和装配体文件包含默认坐标系；其他坐标系可以用参考几何体定义，用于测量工具以及将文件输出到其他文件格式。

第 2 章

草图绘制基础

SOLIDWORKS 的大部分特征是由二维草图绘制开始的，草图绘制在该软件使用中占有重要地位，本章将详细介绍草图的绘制与编辑方法。

草图一般是由点、线、圆弧、圆和抛物线等基本图形构成的封闭或不封闭的几何图形，是三维实体建模的基础。一个完整的草图包括几何形状、几何关系和尺寸标注 3 方面的信息。能否熟练掌握草图的绘制和编辑方法，决定了能否快速三维建模，能否提高工程设计的效率，能否灵活地把该软件应用到其他领域。

知识点

- 草图绘制的基本知识
- 草图绘制
- 草图编辑
- 尺寸标注

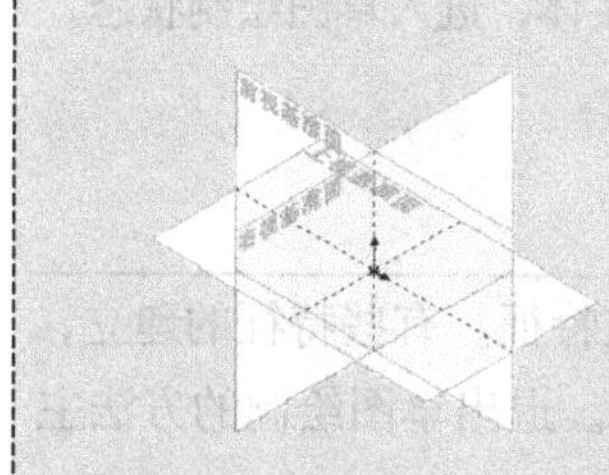

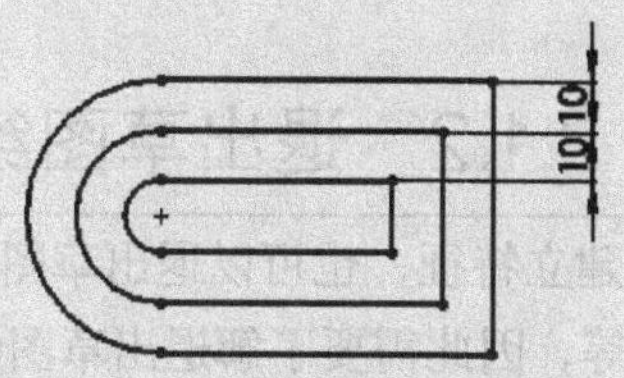

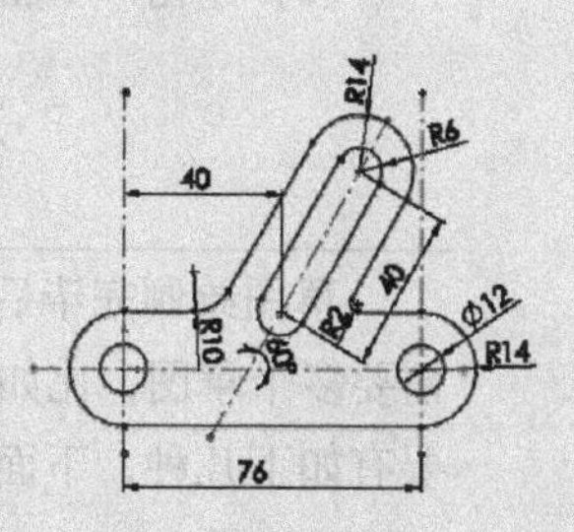

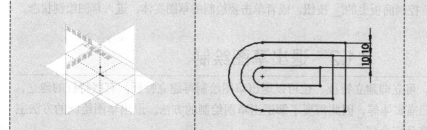

2.1 草图绘制的基本知识

本节主要介绍如何开始绘制草图，熟悉“草图”控制面板，认识绘图光标和锁点光标，以及退出草图绘制状态。

2.1.1 进入草图绘制

绘制二维草图，必须进入草图绘制状态。草图必须在平面上绘制，这个平面可以是基准面，也可以是三维模型上的平面。由于开始进入草图绘制状态时，没有三维模型，因此必须指定基准面。

绘制草图必须认识草图绘制的工具，图 2-1 为常用的“草图”控制面板。绘制草图可以先选择绘制的平面，也可以先选择草图绘制实体。下面通过案例分别介绍两种方式的操作步骤。

【案例 2-1】案例视频内容光盘路径为“X:\动画演示\第 2 章\2.1 进入草图绘制.avi”。

1．选择草图绘制实体

以选择草图绘制实体的方式进入草图绘制状态的操作步骤如下。

(1) 单击菜单栏中的“插入”→“草图绘制”命令，或者单击“草图”控制面板中的（草图绘制）按钮，或者直接单击“草图”控制面板中要绘制的草图实体，此时图形区显示系统默认基准面，如图 2-2 所示。

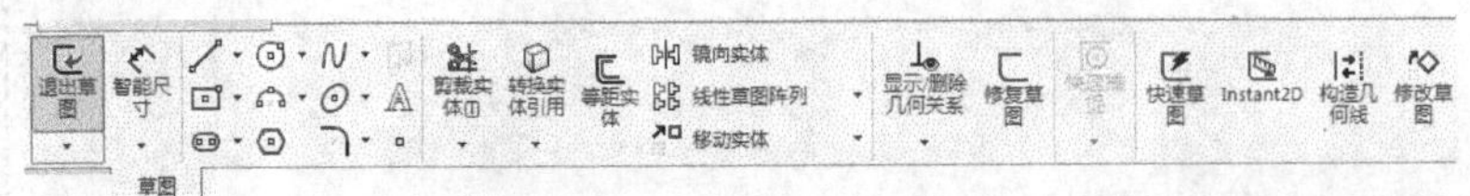

图 2-1 “草图”控制面板

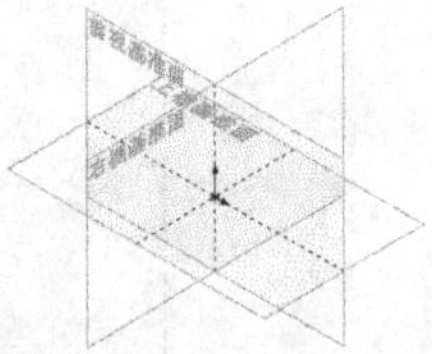

图 2-2 系统默认基准面

(2) 单击选择图形区 3 个基准面中的一个，确定要在哪个平面上绘制草图实体。

(3) 单击“前导视图”工具栏中的（正视于）按钮，旋转基准面，方便绘图。

2．选择草图绘制基准面

以选择草图绘制基准面的方式进入草图绘制状态的操作步骤如下。

(1) 先在特征管理区中选择要绘制的基准面，即前视基准面、右视基准面和上视基准面中的一个面。

(2) 单击“前导视图”工具栏中的（正视于）按钮，旋转基准面。

(3) 单击“草图”控制面板上的按钮，或者单击要绘制的草图实体，进入草图绘制状态。

2.1.2 退出草图绘制

草图绘制完毕后，可立即建立特征，也可以退出草图绘制再建立特征。有些特征的建立，需要多个草图，比如扫描实体等，因此需要了解退出草图绘制的方法。退出草图绘制的方法主要有如下几种，下面将分别介绍。

【案例 2-2】案例视频内容光盘路径为“X:\动画演示\第 2 章\2.2 退出草图绘制.avi”。

(1) 使用菜单方式：单击菜单栏中的“插入”→“退出草图”命令，退出草图绘制状态。

(2) 利用工具栏图标按钮方式：单击“快速访问”工具栏中的 (重建模型) 按钮，或者单击“草图”控制面板上的 (退出草图) 按钮，退出草图绘制状态。

(3) 利用快捷菜单方式：在图形区右击，弹出如图 2-3 所示的快捷菜单，单击 (退出草图) 按钮，退出草图绘制状态。

(4) 利用图形区确认角落的图标：在绘制草图的过程中，图形区右上角会显示如图 2-4 所示的确认提示图标，单击上面的图标，退出草图绘制状态。

单击确认角落下面的图标，弹出系统提示框，提示用户是否丢弃对草图的更改，如图 2-5 所示，然后根据需要单击其中的按钮，系统自动退出草图绘制状态。

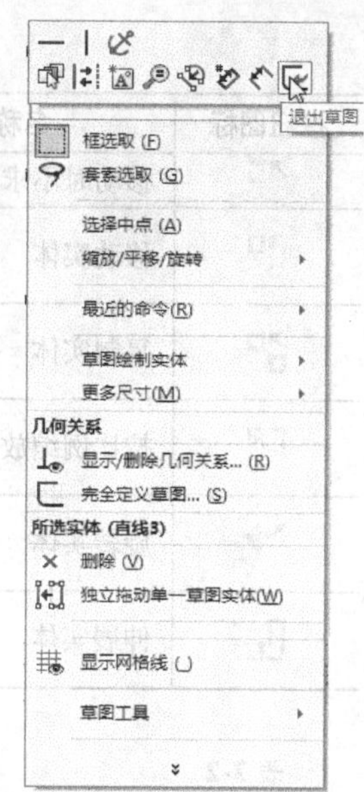

图 2-3 快捷菜单

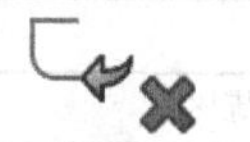

图 2-4 确认提示图标

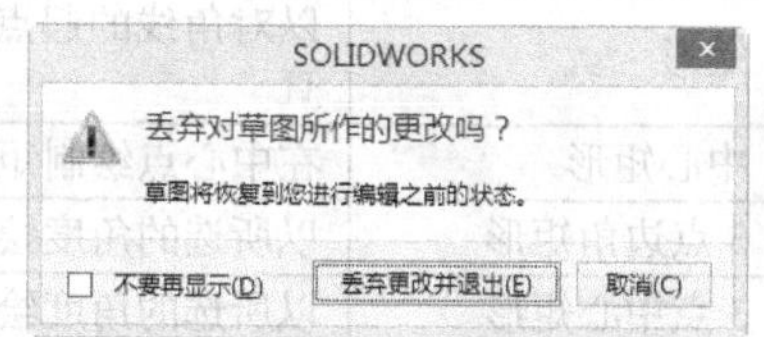

图 2-5 系统提示框

2.1.3 草图绘制工具

“草图”工具栏如图 2-1 所示，有些草图绘制按钮没有在该工具栏中显示，用户可以利用 1.4.2 节的方法设置相应的命令按钮。“草图”工具栏主要包括 4 大类，分别是：草图绘制、实体绘制、标注几何关系和草图编辑工具。其中各命令按钮的名称与功能分别如表 2-1～表 2-4 所示。

表 2-1 草图绘制命令按钮

按钮图标	名称	功能说明
	选择	用来选择草图实体、模型和特征的边线和面等，框选可以选择多个草图实体
	网格线/捕捉	对激活的草图或工程图选择显示草图网格线，并可设定网格线显示和捕捉功能选项
	草图绘制/退出草图	进入或者退出草图绘制状态
	3D 草图	在三维空间任意位置添加一个新的三维草图，或编辑一现有三维草图
	基准面上的 3D 草图	在三维草图中添加基准面后，可添加或修改该基准面的信息
	快速草图	可以选择平面或基准面，并在任意草图工具激活时开始绘制草图。在移动至各平面的同时，将生成面并打开草图。可以中途更改草图工具

续表

按钮图标	名称	功能说明
	移动时不求解	在不解出尺寸或几何关系的情况下，从草图中移动草图实体
	移动实体	选择一个或多个草图实体和注解并将之移动，该操作不生成几何关系
	复制实体	选择一个或多个草图实体和注解并将之复制，该操作不生成几何关系
	按比例缩放实体	选择一个或多个草图实体和注解并将之按比例缩放，该操作不生成几何关系
	旋转实体	选择一个或多个草图实体和注解并将之旋转，该操作不生成几何关系
	伸展实体	在 PropertyManager 中的要伸展的实体下，为草图项目或注解选择草图实体

表 2-2　实体绘制工具命令按钮

按钮图标	名称	功能说明
	直线	以起点、终点的方式绘制一条直线
	矩形	以对角线的起点和终点的方式绘制一个矩形，其一边为水平或竖直
	中心矩形	在中心点绘制矩形草图
	3 点边角矩形	以所选的角度绘制矩形草图
	3 点中心矩形	以所选的角度绘制带有中心点的矩形草图
	平行四边形	生成边不为水平或竖直的平行四边形及矩形
	直槽口	以起点、长度和宽度绘制直槽口
	中心点直槽口	生成中心点槽口
	三点圆弧槽口	利用三点绘制圆弧槽口
	中心点圆弧槽口	通过移动指针指定槽口长度、宽度绘制圆弧槽口
	多边形	生成边数在 3～40 之间的等边多边形
	圆	以先指定圆心，然后拖动光标确定半径的方式绘制一个圆
	周边圆	以圆周直径的两点方式绘制一个圆
	圆心/起/终点画弧	以顺序指定圆心、起点及终点的方式绘制一个圆弧
	切线弧	绘制一条与草图实体相切的弧线，可以根据草图实体自动确认是法向相切还是径向相切
	三点圆弧	以顺序指定起点、终点及中点的方式绘制一个圆弧
	椭圆	以先指定圆心，然后指定长、短轴的方式绘制一个完整的椭圆
	部分椭圆	以先指定中心点，然后指定起点及终点的方式绘制一部分椭圆
	抛物线	以先指定焦点，再拖动光标确定焦距，然后指定起点和终点的方式绘制一条抛物线
	样条曲线	以不同路径上的两点或者多点绘制一条样条曲线，可以在端点处指定相切
	曲面上样条曲线	在曲面上绘制一个样条曲线，可以沿曲面添加和拖动点生成
	方程式驱动曲线	通过定义曲线的方程式来生成曲线
	点	绘制一个点，可以在草图和工程图中绘制
	中心线	绘制一条中心线，可以在草图和工程图中绘制
	文字	在特征表面上，添加文字草图，然后拉伸或者切除生成文字实体

表 2-3 标注几何关系命令按钮

按钮图标	名称	功能说明
	添加几何关系	给选定的草图实体添加几何关系，即限制条件
	显示/删除几何关系	显示或者删除草图实体的几何限制条件
	自动几何关系	打开/关闭自动添加几何关系

表 2-4 草图编辑工具命令按钮

按钮图标	名称	功能说明
	构造几何线	将草图中或者工程图中的草图实体转换为构造几何线，构造几何线的线型与中心线相同
	绘制圆角	在两个草图实体的交叉处倒圆角，从而生成一个切线弧
	绘制倒角	此工具在二维和三维草图中均可使用。在两个草图实体交叉处按照一定角度和距离剪裁，并用直线相连，形成倒角
	等距实体	按给定的距离等距一个或多个草图实体，可以是线、弧、环等草图实体
	转换实体引用	将其他特征轮廓投影到草图平面上，形成一个或者多个草图实体
	交叉曲线	在基准面和曲面或模型面、两个曲面、曲面和模型面、基准面和整个零件的曲面的交叉处生成草图曲线
	面部曲线	从面或者曲面提取 ISO 参数，形成三维曲线
	剪裁实体	根据剪裁类型，剪裁或者延伸草图实体
	延伸实体	将草图实体延伸以与另一个草图实体相遇
	分割实体	将一个草图实体分割以生成两个草图实体
	镜向实体	相对一条中心线生成对称的草图实体
	动态镜向实体	适用于 2D 草图或在 3D 草图基准面上所生成的 2D 草图
	线性草图阵列	沿一个轴或者同时沿两个轴生成线性草图排列
	圆周草图阵列	生成草图实体的圆周排列

2.1.4 绘图光标和锁点光标

在绘制草图实体或者编辑草图实体时，光标会根据所选择的命令，在绘图时变为相应的图标，以方便用户了解绘制或者编辑该类型的草图。

绘图光标的类型与功能如表 2-5 所示。

表 2-5 绘图光标的类型与功能

光标类型	功能说明	光标类型	功能说明
	绘制一点		绘制直线或者中心线
	绘制圆弧		绘制抛物线
	绘制圆		绘制椭圆
	绘制样条曲线		绘制矩形
	标注尺寸		绘制多边形
	剪裁实体		延伸草图实体
	圆周阵列复制草图		线性阵列复制草图

为了提高绘制图形的效率，SOLIDWORKS 软件提供了自动判断绘图位置的功能。在执行绘图命令时，光标会在图形区自动寻找端点、中心点、圆心、交点、中点以及其上任意点，这

样提高了光标定位的准确性和快速性。

光标在相应的位置，会变成相应的图形，成为锁点光标。锁点光标可以在草图实体上形成，也可以在特征实体上形成。需要注意的是在特征实体上的锁点光标，只能在绘图平面的实体边缘产生，在其他平面的边缘不能产生。

锁点光标的类型在此不再赘述，用户可以在实际使用中慢慢体会，利用好锁点光标，可以提高绘图的效率。

2.2 草图绘制

本节主要介绍“草图”控制面板中草图绘制工具的使用方法。由于 SOLIDWORKS 中大部分特征都需要先建立草图轮廓，因此本节的学习非常重要。

2.2.1 绘制点

执行点命令后，在图形区中的任何位置，都可以绘制点，绘制的点不影响三维建模的外形，只起参考作用。

执行异型孔向导命令后，点命令用于决定产生孔的数量。

点命令可以生成草图中两不平行线段的交点以及特征实体中两个不平行边缘的交点，产生的交点作为辅助图形，用于标注尺寸或者添加几何关系，并不影响实体模型的建立。下面分别介绍不同类型点的操作步骤。

1．绘制一般点

【案例 2-3】案例视频内容光盘路径为“X:\动画演示\第 2 章\2.3 绘制点.avi”。

（1）在草图绘制状态下，单击菜单栏中的“工具”→“草图绘制实体”→“点”命令，或者单击“草图”控制面板中的 ▫（点）按钮，光标变为绘图光标 。

（2）在图形区单击，确认绘制点的位置，此时点命令继续处于激活位置，可以继续绘制点。

图 2-6 为使用绘制点命令绘制的多个点。

图 2-6　绘制多个点

2．生成草图中两不平行线段的交点

【案例 2-4】本案例结果文件光盘路径为“X:\源文件\ch2\2.4.SLDPRT，案例视频内容光盘路径为“X:\动画演示\第 2 章\2.4 点.avi”。

以图 2-7 为例，生成图中直线 1 和直线 2 的交点，其中图（a）为生成交点前的图形，图（b）为生成交点后的图形。

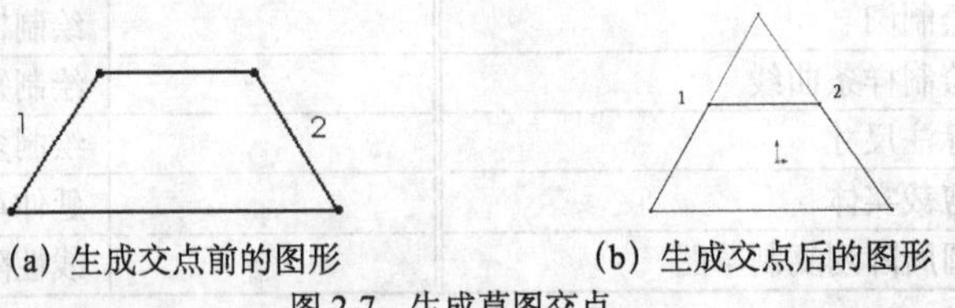

（a）生成交点前的图形　　（b）生成交点后的图形

图 2-7　生成草图交点

（1）打开随书光盘中的源文件“X:\源文件\ch2\2.4.SLDPRT”，如图 2-7（a）所示。

（2）在草图绘制状态按住 Ctrl 键，单击选择图 2-7（a）中的直线 1 和直线 2。

（3）单击菜单栏中的“工具”→“草图绘制实体”→“点”命令，或者单击“草图”控制面板中的 ▫（点）按钮，此时生成交点后的图形如图 2-7（b）所示。

3．生成特征实体中两个不平行边缘的交点

【案例 2-5】本案例结果文件光盘路径为“X:\源文件\ch2\2.5.SLDPRT”，案例视频内容光盘路径为“X:\动画演示\第 2 章\2.5 点.avi”。

以图 2-8 为例，生成面 A 中直线 1 和直线 2 的交点，其中图（a）为生成交点前的图形，图（b）为生成交点后的图形。

（1）打开随书光盘中的源文件“X:\源文件\ch2\2.5.SLDPRT”，如图 2-8（a）所示。

（2）选择图 2-8（a）中的面 A 作为绘图面，然后进入草图绘制状态。

（3）按住 Ctrl 键，选择图 2-8（a）中的边线 1 和边线 2。

（4）单击菜单栏中的“工具”→“草图绘制实体”→“点”命令，或者单击“草图”控制面板中的 ▫（点）按钮，此时生成交点后的图形如图 2-8（b）所示。

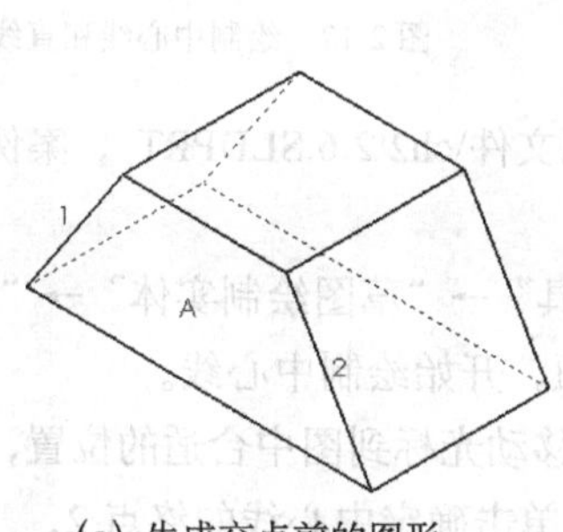

（a）生成交点前的图形

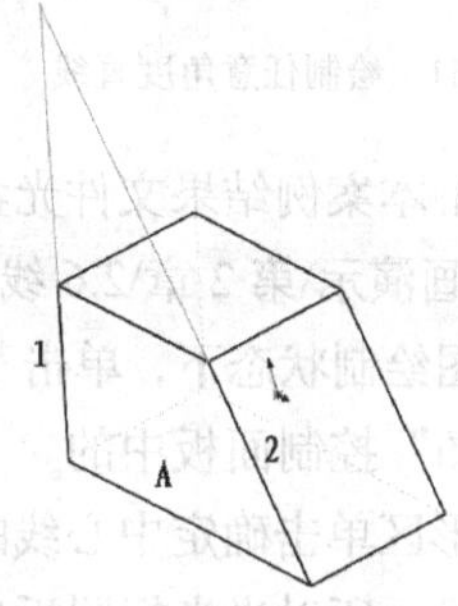

（b）生成交点后的图形

图 2-8　生成特征边线交点

2.2.2 绘制直线与中心线

直线与中心线的绘制方法相同，执行不同的命令，按照类似的操作步骤，在图形区绘制相应的图形即可。

直线分为 3 种类型，即水平直线、竖直直线和任意角度直线。在绘制过程中，不同类型的直线其显示方式不同，下面将分别介绍。

- 水平直线：在绘制直线过程中，笔形光标附近会出现水平直线图标符号 ━，如图 2-9 所示。
- 竖直直线：在绘制直线过程中，笔形光标附近会出现竖直直线图标符号 ┃，如图 2-10 所示。
- 任意角度直线：在绘制直线过程中，笔形光标附近会出现任意直线图标符号 ⁄，如图 2-11 所示。

图 2-9　绘制水平直线

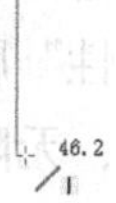

图 2-10　绘制竖直直线

在绘制直线的过程中，光标上方显示的参数，为直线的长度和角度，可供参考。一般在绘制中，首先绘制一条直线，然后标注尺寸，直线也随着改变长度和角度。

绘制直线的方式有两种：拖动式和单击式。拖动式就是在绘制直线的起点，按住鼠标左键开始拖动鼠标，直到直线终点放开。单击式就是在绘制直线的起点处单击一下，然后在直线终点处单击一下。

下面以绘制如图 2-12 所示的中心线和直线为例，介绍中心线和直线的绘制步骤。

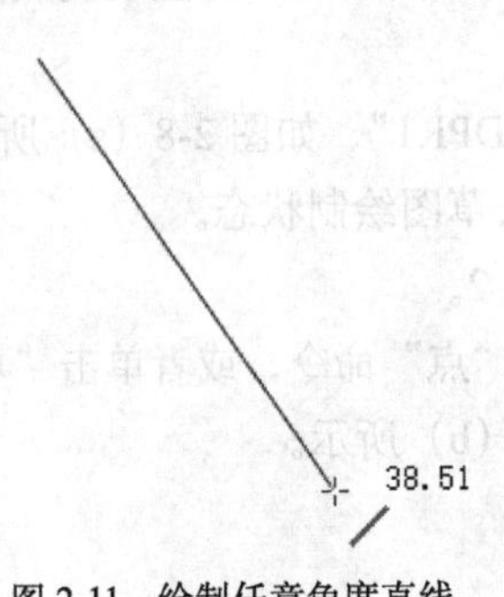

图 2-11 绘制任意角度直线

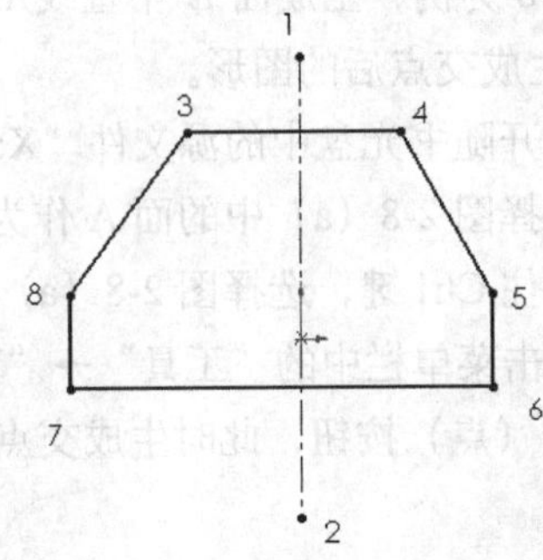

图 2-12 绘制中心线和直线

【案例 2-6】本案例结果文件光盘路径为“X:\源文件\ch2\2.6.SLDPRT”，案例视频内容光盘路径为“X:\动画演示\第 2 章\2.6 线.avi”。

（1）在草图绘制状态下，单击菜单栏中的“工具”→“草图绘制实体”→“中心线”命令，或者单击“草图”控制面板中的（中心线）按钮，开始绘制中心线。

（2）在图形区单击确定中心线的起点 1，然后移动光标到图中合适的位置，由于图中的中心线为竖直直线，所以当光标附近出现符号 | 时，单击确定中心线的终点 2。

（3）按 Esc 键，或者在图形区右击，在弹出的快捷菜单中单击“选择”命令，退出中心线的绘制。

（4）单击菜单栏中的“工具”→“草图绘制实体”→“直线”命令，或者单击“草图”面板中的（直线）按钮，开始绘制直线。

（5）在图形区单击确定直线的起点 3，然后移动光标到图中合适的位置，由于直线 34 为水平直线，所以当光标附近出现符号一时，单击确定直线 34 的终点 4。

（6）重复以上绘制直线的步骤，绘制其他直线段，在绘制过程中要注意光标的形状，以确定是水平、竖直或者任意直线段。

（7）按 Esc 键，或者在图形区右击，在弹出的快捷菜单中单击“选择”命令，退出直线的绘制，绘制的中心线和直线如图 2-12 所示。

在执行绘制直线命令时，系统弹出“插入线条”属性管理器，如图 2-13 所示，在“方向”选项组中有 4 个单选钮，默认是点选“按绘制原样”单选钮。点选不同的单选钮，绘制直线的类型不一样。点选“按绘制原样”单选钮以外的任意一项，均会要求输入直线的参数。如点选“角度”单选钮，弹出“线条属性”属性管理器，如图 2-14 所示，要求输入直线的参数。设置好参数以后，单击直线的起点就可以绘制出所需要的直线。

在“线条属性”属性管理器的“选项”选项组中有两个复选框，勾选不同的复选框，可以分别绘制构造线、无限长直线和中点线。

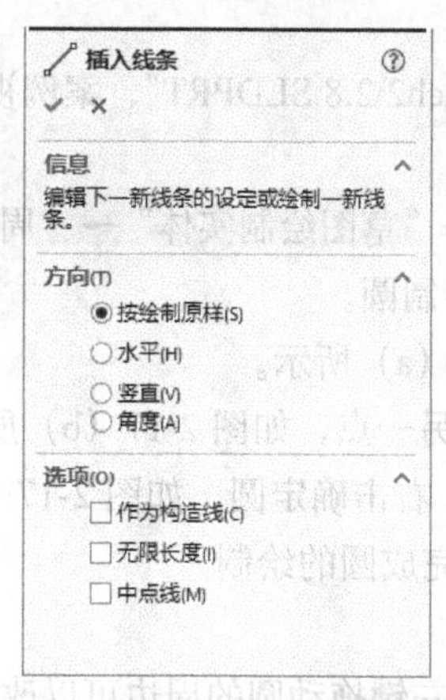

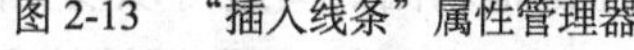
图 2-13 “插入线条”属性管理器

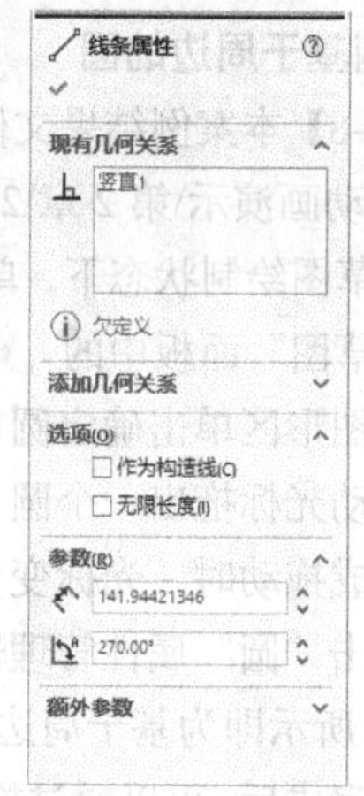

图 2-14 “线条属性”属性管理器

在“线条属性”属性管理器的“参数”选项组中有 2 个文本框，分别是长度文本框和角度文本框。通过设置这两个参数可以绘制一条直线。

2.2.3 绘制圆

当执行圆命令时，系统弹出“圆”属性管理器，如图 2-15 所示。从属性管理器中可以知道，可以通过两种方式来绘制圆：一种是绘制基于中心的圆；另一种是绘制基于周边的圆。下面将分别介绍绘制圆的不同方法。

1. 绘制基于中心的圆

【案例 2-7】本案例结果文件光盘路径为“X:\源文件\ch2\2.7.SLDPRT”，案例视频内容光盘路径为“X:\动画演示\第 2 章\2.7 圆.avi”。

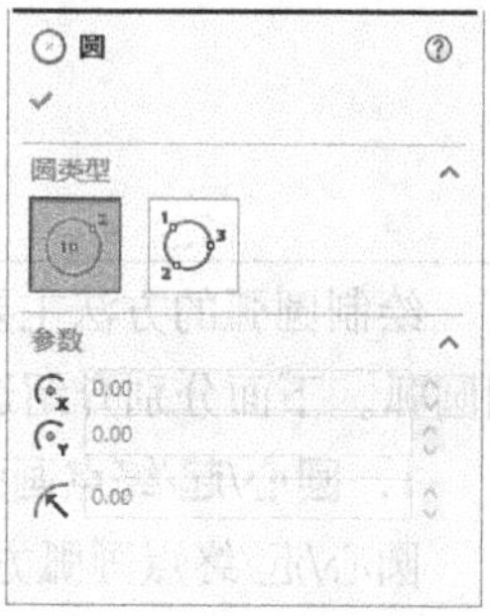

(1) 在草图绘制状态下，单击菜单栏中的“工具”→“草图绘制实体”→“圆”命令，或者单击“草图”面板中的◎（圆）按钮，开始绘制圆。

图 2-15 “圆”属性管理器

(2) 在图形区选择一点单击确定圆的圆心，如图 2-16 (a) 所示。

(3) 移动光标拖出一个圆，在合适位置单击确定圆的半径，如图 2-16 (b) 所示。

(4) 单击“圆”属性管理器中的✔（确定）按钮，完成圆的绘制，如图 2-16 (c) 所示。图 2-16 所示即为基于中心的圆的绘制过程。

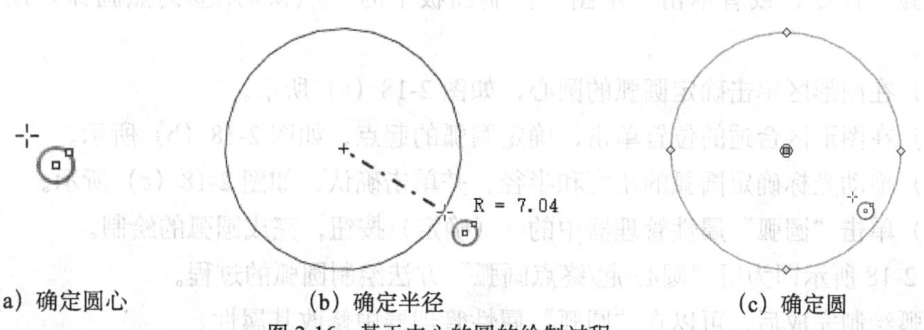

(a) 确定圆心 (b) 确定半径 (c) 确定圆

图 2-16 基于中心的圆的绘制过程

2．绘制基于周边的圆

【案例 2-8】本案例结果文件光盘路径为“X:\源文件\ch2\2.8.SLDPRT”，案例视频内容光盘路径为“X:\动画演示\第 2 章\2.8 圆.avi”。

（1）在草图绘制状态下，单击菜单栏中的“工具”→“草图绘制实体”→“周边圆”命令，或者单击“草图”面板中的（周边圆）按钮，开始绘制圆。

（2）在图形区单击确定圆周边上的一点，如图 2-17（a）所示。

（3）移动光标拖出一个圆，然后单击确定周边上的另一点，如图 2-17（b）所示。

（4）完成拖动时，光标变为如图 2-17（b）所示时，右击确定圆，如图 2-17（c）所示。

（5）单击“圆”属性管理器中的✔（确定）按钮，完成圆的绘制。

图 2-17 所示即为基于周边的圆的绘制过程。

圆绘制完成后，可以通过拖动修改圆草图。通过鼠标左键拖动圆的周边可以改变圆的半径，拖动圆的圆心可以改变圆的位置。同时，也可以通过如图 2-15 所示的“圆”属性管理器修改圆的属性，通过属性管理器中“参数”选项修改圆心坐标和圆的半径。

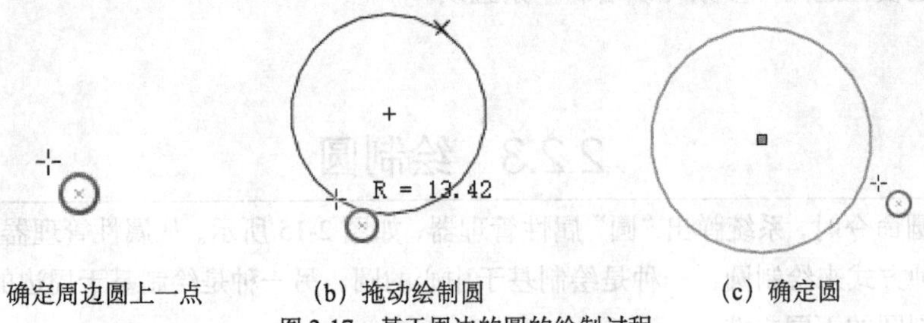

（a）确定周边圆上一点　　（b）拖动绘制圆　　（c）确定圆

图 2-17　基于周边的圆的绘制过程

2.2.4　绘制圆弧

绘制圆弧的方法主要有 4 种，即圆心/起/终点画弧、切线弧、三点圆弧与“直线”命令绘制圆弧。下面分别介绍这 4 种绘制圆弧的方法。

1．圆心/起/终点画弧

圆心/起/终点画弧方法是先指定圆弧的圆心，然后顺序拖动光标指定圆弧的起点和终点，确定圆弧的大小和方向。

【案例 2-9】本案例结果文件光盘路径为“X:\源文件\ch2\2.9.SLDPRT”，案例视频内容光盘路径为“X:\动画演示\第 2 章\2.9 圆弧.avi”。

（1）在草图绘制状态下，单击菜单栏中的“工具”→“草图绘制实体”→“圆心/起/终点画弧”命令，或者单击“草图”控制面板中的（圆心/起/终点画弧）按钮，开始绘制圆弧。

（2）在图形区单击确定圆弧的圆心，如图 2-18（a）所示。

（3）在图形区合适的位置单击，确定圆弧的起点，如图 2-18（b）所示。

（4）拖动光标确定圆弧的角度和半径，并单击确认，如图 2-18（c）所示。

（5）单击“圆弧”属性管理器中的✔（确定）按钮，完成圆弧的绘制。

图 2-18 所示即为用“圆心/起/终点画弧”方法绘制圆弧的过程。

圆弧绘制完成后，可以在“圆弧”属性管理器中修改其属性。

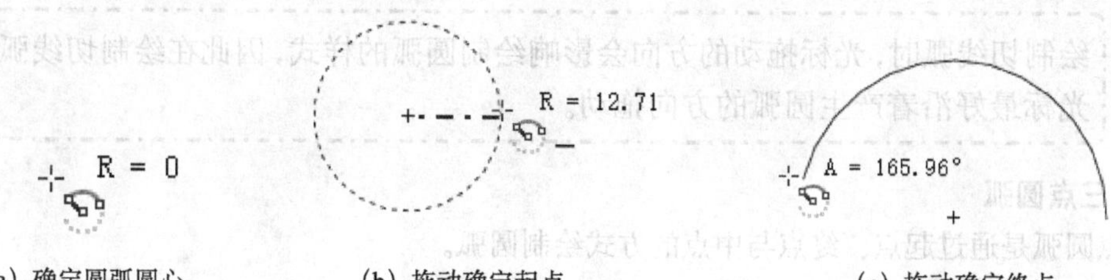

(a) 确定圆弧圆心　(b) 拖动确定起点　(c) 拖动确定终点

图 2-18 用“圆心/起/终点”方法绘制圆弧的过程

2. 切线弧

切线弧是指生成一条与草图实体相切的弧线。草图实体可以是直线、圆弧、椭圆和样条曲线等。

【案例 2-10】本案例结果文件光盘路径为“X:\源文件\ch2\2.10.SLDPRT”，案例视频内容光盘路径为“X:\动画演示\第 2 章\2.10 圆弧.avi”。

（1）打开随书光盘中的源文件“X:\源文件\ch2\2.10.SLDPRT”。

（2）在草图绘制状态下，单击菜单栏中的“工具”→“草图绘制实体”→“切线弧”命令，或者单击“草图”控制面板中的（切线弧）按钮，开始绘制切线弧。

（3）在已经存在草图实体的端点处单击，此时系统弹出“圆弧”属性管理器，如图 2-19 所示，光标变为形状。

（4）拖动光标确定绘制圆弧的形状，并单击确认。

（5）单击“圆弧”属性管理器中的（确定）按钮，完成切线弧的绘制。图 2-20 为绘制的直线切线弧。

在绘制切线弧时，系统可以从指针移动推理是需要画切线弧还是画法线弧。存在 4 个目的区，具有如图 2-21 所示的 8 种切线弧。沿相切方向移动指针将生成切线弧，沿垂直方向移动将生成法线弧。可以通过返回到端点，然后向新的方向移动在切线弧和法线弧之间进行切换。

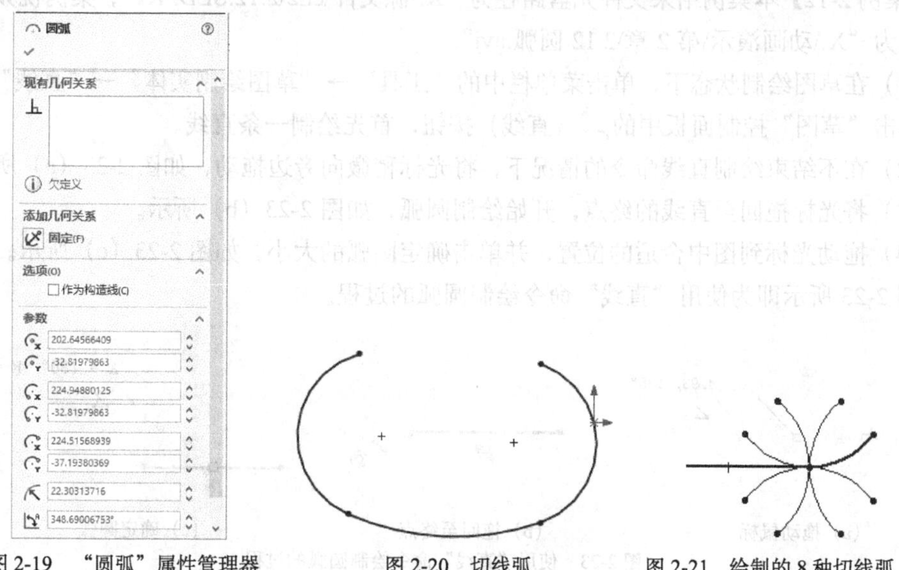

图 2-19 “圆弧”属性管理器　图 2-20 切线弧　图 2-21 绘制的 8 种切线弧

绘制切线弧时，光标拖动的方向会影响绘制圆弧的样式，因此在绘制切线弧时，光标最好沿着产生圆弧的方向拖动。

3. 三点圆弧

三点圆弧是通过起点、终点与中点的方式绘制圆弧。

【案例 2-11】本案例结果文件光盘路径为“X:\源文件\ch2\2.11.SLDPRT”，案例视频内容光盘路径为“X:\动画演示\第 2 章\2.11 圆弧.avi”。

（1）在草图绘制状态下，单击菜单栏中的“工具”→“草图绘制实体”→“三点圆弧”命令，或者单击“草图”控制面板中的（三点圆弧）按钮，开始绘制圆弧，此时光标变为形状。

（2）在图形区单击，确定圆弧的起点，如图 2-22（a）所示。

（3）拖动光标确定圆弧结束的位置，并单击确认，如图 2-22（b）所示。

（4）拖动光标确定圆弧的半径和方向，并单击确认，如图 2-22（c）所示。

（5）单击“圆弧”属性管理器中的（确定）按钮，完成三点圆弧的绘制。

图 2-22 所示即为绘制三点圆弧的过程。

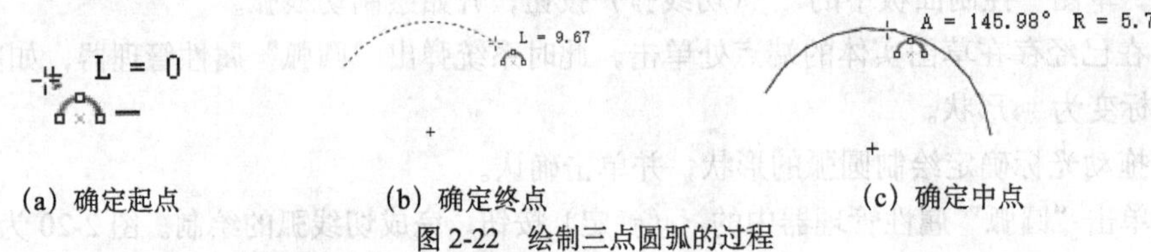

（a）确定起点　（b）确定终点　（c）确定中点

图 2-22　绘制三点圆弧的过程

选择绘制的三点圆弧，可以在“圆弧”属性管理器中修改其属性。

4.“直线”命令绘制圆弧

“直线”命令除了可以绘制直线外，还可以绘制连接在直线端点处的切线弧，使用该命令，必须首先绘制一条直线，然后才能绘制圆弧。

【案例 2-12】本案例结果文件光盘路径为“X:\源文件\ch2\2.12.SLDPRT”，案例视频内容光盘路径为“X:\动画演示\第 2 章\2.12 圆弧.avi”。

（1）在草图绘制状态下，单击菜单栏中的“工具”→“草图绘制实体”→“直线”命令，或者单击“草图”控制面板中的（直线）按钮，首先绘制一条直线。

（2）在不结束绘制直线命令的情况下，将光标稍微向旁边拖动，如图 2-23（a）所示。

（3）将光标拖回至直线的终点，开始绘制圆弧，如图 2-23（b）所示。

（4）拖动光标到图中合适的位置，并单击确定圆弧的大小，如图 2-23（c）所示。

图 2-23 所示即为使用“直线”命令绘制圆弧的过程。

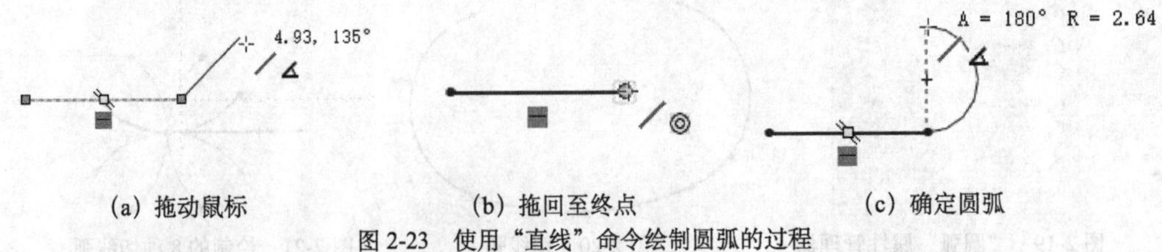

（a）拖动鼠标　（b）拖回至终点　（c）确定圆弧

图 2-23　使用“直线”命令绘制圆弧的过程

直线转换为绘制圆弧的状态，必须先将光标拖回至终点，然后拖出才能绘制圆弧。也可以在此状态下右击，此时系统弹出快捷菜单，如图 2-24 所示，单击“转到圆弧”命令即可绘制圆弧。同样在绘制圆弧的状态下，单击快捷菜单中的“转到直线”命令，绘制直线。

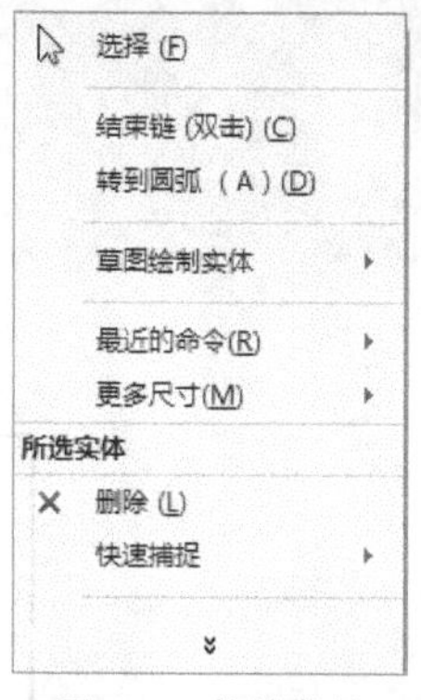

图 2-24　快捷菜单

2.2.5　绘制矩形

绘制矩形的方法主要有 5 种：“边角矩形”命令、“中心矩形”命令、“三点边角矩形”命令、“三点中心矩形”命令以及“平行四边形”命令绘制矩形。下面分别介绍绘制矩形的不同方法。

【案例 2-13】本案例结果文件光盘路径为“X:\源文件\ch2\2.13.SLDPRT”，案例视频内容光盘路径为“X:\动画演示\第 2 章\2.13 矩形.avi”。

1．“边角矩形”命令绘制矩形

“边角矩形”命令绘制矩形的方法是标准的矩形草图绘制方法，即指定矩形的左上与右下的端点确定矩形的长度和宽度。

以绘制如图 2-25 所示的矩形为例，说明采用“边角矩形”命令绘制矩形的操作步骤。

1
2

图 2-25　边角矩形

(1) 在草图绘制状态下，单击菜单栏中的“工具”→“草图绘制实体”→“矩形”命令，或者单击“草图”控制面板中的（矩形）按钮，此时光标变为形状。

(2) 在图形区单击，确定矩形的一个角点 1。

(3) 移动光标，单击确定矩形的另一个角点 2，矩形绘制完毕。

在绘制矩形时，既可以移动光标确定矩形的角点 2，也可以在确定第一角点时，不释放鼠标，直接拖动光标确定角点 2。

矩形绘制完毕后，按住鼠标左键拖动矩形的一个角点，可以动态地改变矩形的尺寸。“矩形”属性管理器如图 2-26 所示。

2．“中心矩形”命令绘制矩形

“中心矩形”命令绘制矩形的方法是指定矩形的中心与右上的端点确定矩形的中心和 4 条边线。

以绘制如图 2-27 所示的矩形为例，说明采用“中心矩形”命令绘制矩形的操作步骤。

(1) 在草图绘制状态下，单击菜单栏中的“工具”→“草图绘制实体”→“中心矩形”命令，或者单击“草图”控制面板中的（中心矩形）按钮，此时光标变为形状。

（2）在图形区单击，确定矩形的中心点 1。

（3）移动光标，单击确定矩形的一个角点 2，矩形绘制完毕。

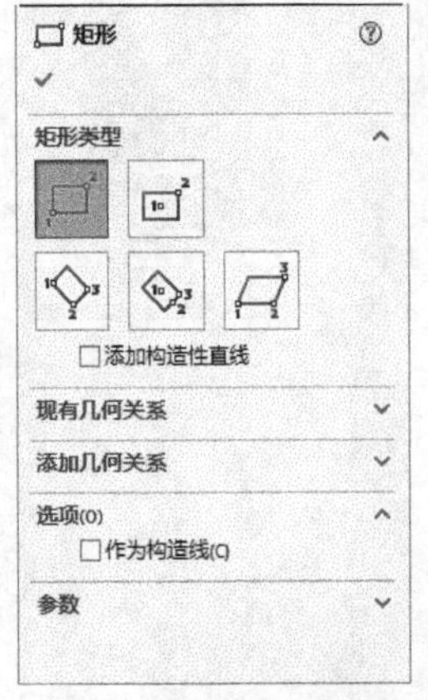

图 2-26 “矩形”属性管理器

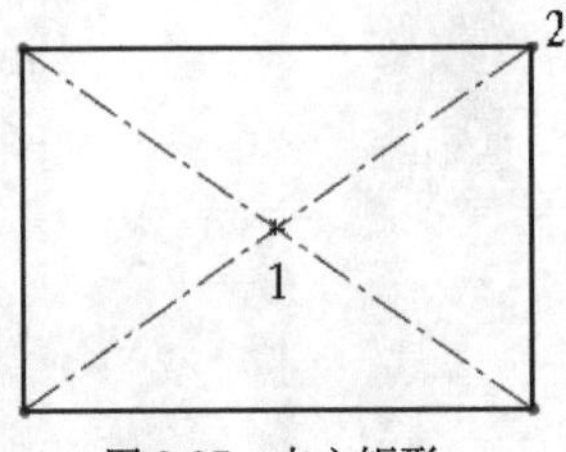

图 2-27 中心矩形

3．“三点边角矩形”命令绘制矩形

“三点边角矩形”命令是通过制定 3 个点来确定矩形，前面两个点定义角度和一条边，第 3 点确定另一条边。

以绘制如图 2-28 所示的矩形为例，说明采用“三点边角矩形”命令绘制矩形的操作步骤。

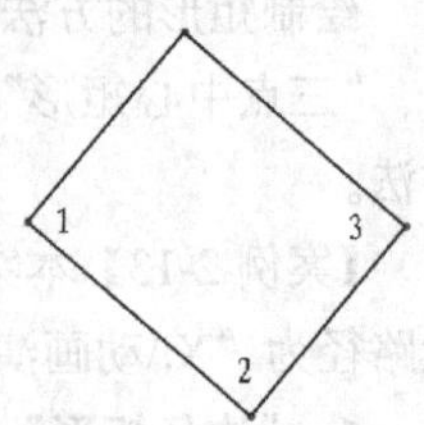

图 2-28 三点边角矩形

（1）在草图绘制状态下，单击菜单栏中的“工具”→“草图绘制实体”→“三点边角矩形”命令，或者单击“草图”控制面板中的◇（三点边角矩形）按钮，此时光标变为◇形状。

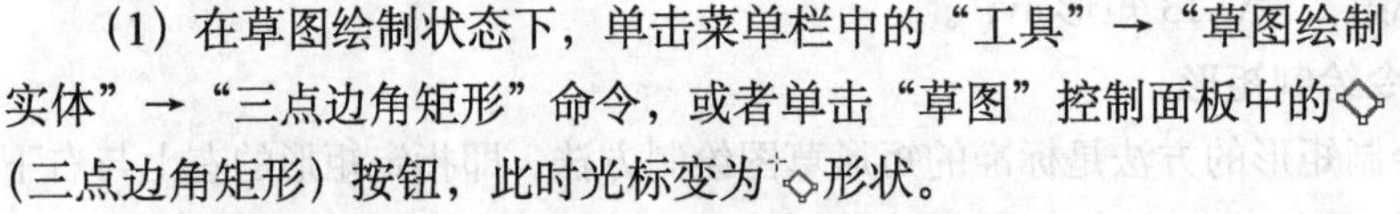

（2）在图形区单击，确定矩形的边角点 1。

（3）移动光标，单击确定矩形的另一个边角点 2。

（4）继续移动光标，单击确定矩形的第 3 个边角点 3，矩形绘制完毕。

4．“三点中心矩形”命令绘制矩形

“三点中心矩形”命令是通过制定 3 个点来确定矩形。

以绘制如图 2-29 所示的矩形为例，说明采用“三点中心矩形”命令绘制矩形的操作步骤。

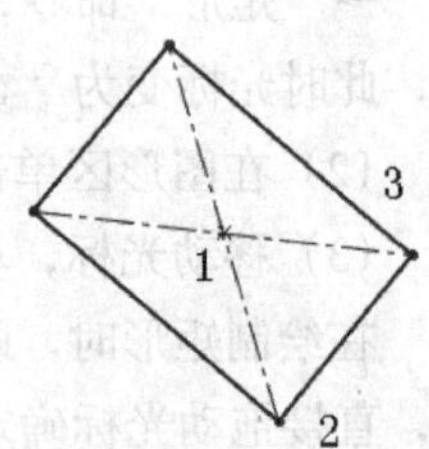

图 2-29 三点中心矩形

（1）在草图绘制状态下，单击菜单栏中的“工具”→“草图绘制实体”→“三点中心矩形”命令，或者单击“草图”控制面板中的◇（三点中心矩形）按钮，此时光标变为◇形状。

（2）在图形区单击，确定矩形的中心点 1。

（3）移动光标，拖动并旋转以设定中心线的一半长度。

（4）移动光标，单击确定矩形的一个角点 3，矩形绘制完毕。

5．“平行四边形”命令绘制矩形

“平行四边形”命令既可以生成平行四边形，也可以生成边线与草图网格线不平行或不垂直的矩形。

以绘制如图 2-30 所示的矩形为例，说明采用“平行四边形”命令绘制矩形的操作步骤。

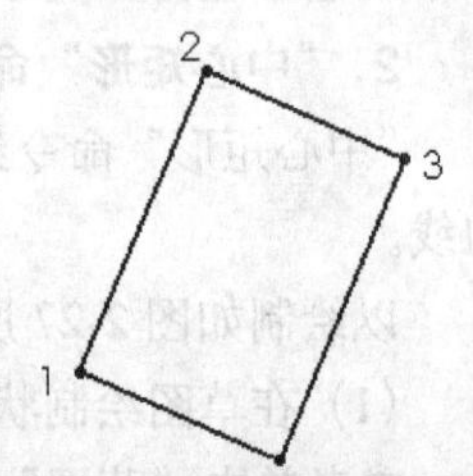

图 2-30 平行四边形之矩形

(1) 在草图绘制状态下，单击菜单栏中的“工具”→“草图绘制实体”→“平行四边形”命令，或者单击“草图”控制面板中的▱（平行四边形）按钮，此时光标变为▱形状。

(2) 在图形区单击，确定矩形的第一个点 1。

(3) 移动光标，在合适的位置单击，确定矩形的第二个点 2。

(4) 移动光标，在合适的位置单击，确定矩形的第三个点 3，矩形绘制完毕。

矩形绘制完毕后，按住鼠标左键拖动矩形的一个角点，可以动态地改变平行四边形的尺寸。

在绘制完矩形的点 1 与点 2 后，按住 Ctrl 键，移动光标可以改变平行四边形的形状，然后在合适的位置单击，可以完成任意形状的平行四边形的绘制。图 2-31 为绘制的任意形状的平行四边形。

图 2-31 任意形状的平行四边形

2.2.6 绘制多边形

“多边形”命令用于绘制边数为 3～40 的等边多边形。

【案例 2-14】本案例结果文件光盘路径为“X:\源文件\ch2\2.14.SLDPRT”，案例视频内容光盘路径为“X:\动画演示\第 2 章\2.14 多边形.avi”。

(1) 在草图绘制状态下，单击菜单栏中的“工具”→“草图绘制实体”→“多边形”命令，或者单击“草图”控制面板中的⊙（多边形）按钮，此时光标变为⊙形状，弹出的“多边形”属性管理器如图 2-32 所示。

(2) 在“多边形”属性管理器中，输入多边形的边数。也可以接受系统默认的边数，在绘制完多边形后再修改多边形的边数。

(3) 在图形区单击，确定多边形的中心。

(4) 移动光标，在合适的位置单击，确定多边形的形状。

(5) 在“多边形”属性管理器中选择是内切圆模式还是外接圆模式，然后修改多边形辅助圆直径以及角度。

(6) 如果还要绘制另一个多边形，单击属性管理器中的“新多边形”按钮，然后重复步骤 (2) ～ (5) 即可。绘制的多边形如图 2-33 所示。

图 2-32 “多边形”属性管理器

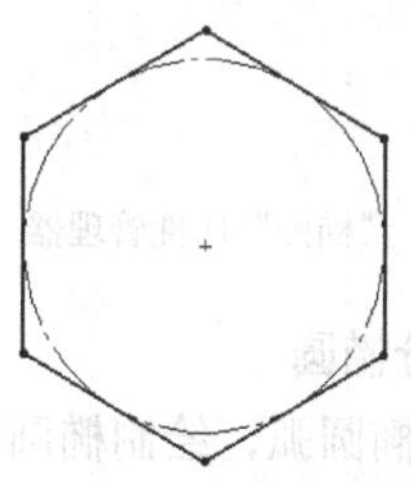

图 2-33 绘制的多边形

多边形有内切圆和外接圆两种方式，两者的区别主要在于标注方法的不同。内切圆是表示圆中心到各边的垂直距离，外接圆是表示圆中心到多边形端点的距离。

2.2.7 绘制椭圆与部分椭圆

椭圆是由中心点、长轴长度与短轴长度确定的，三者缺一不可。下面将分别介绍椭圆和部分椭圆的绘制方法。

【案例 2-15】本案例结果文件光盘路径为“X:\源文件\ch2\2.15.SLDPRT”，案例视频内容光盘路径为“X:\动画演示\第 2 章\2.15 椭圆.avi”。

1．绘制椭圆

绘制椭圆的操作步骤如下。

(1) 在草图绘制状态下，单击菜单栏中的“工具”→“草图绘制实体”→“椭圆”命令，或者单击“草图”控制面板中的⊙（椭圆）按钮，此时光标变为⊙形状。

(2) 在图形区合适的位置单击，确定椭圆的中心。

(3) 移动光标，在光标附近会显示椭圆的长半轴 R 和短半轴 r。在图中合适的位置单击，确定椭圆的长半轴 R。

(4) 移动光标，在图中合适的位置单击，确定椭圆的短半轴 r，此时弹出“椭圆”属性管理器，如图 2-34 所示。

(5) 在“椭圆”属性管理器中修改椭圆的中心坐标，以及长半轴和短半轴的大小。

(6) 单击“椭圆”属性管理器中的✔（确定）按钮，完成椭圆的绘制，如图 2-35 所示。

椭圆绘制完毕后，按住鼠标左键拖动椭圆的中心和 4 个特征点，可以改变椭圆的形状。通过“椭圆”属性管理器可以精确地修改椭圆的位置和长、短半轴。

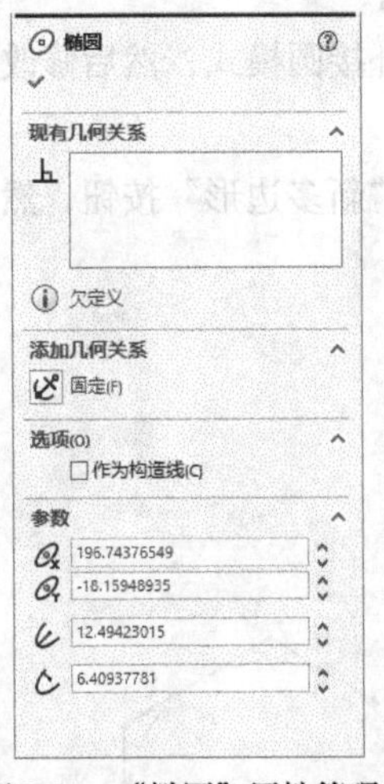

图 2-34 “椭圆”属性管理器

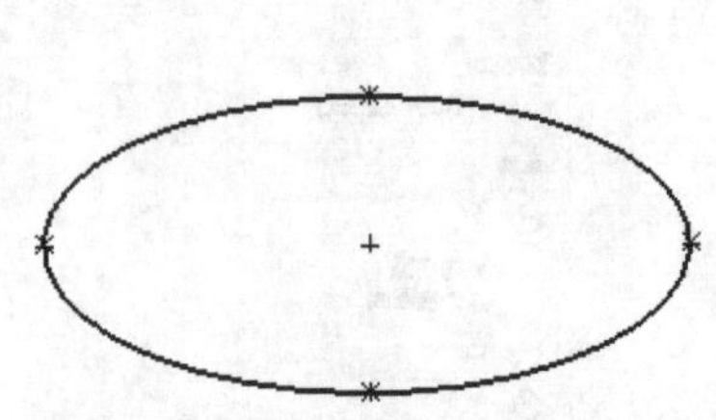

图 2-35 绘制的椭圆

2．绘制部分椭圆

部分椭圆即椭圆弧，绘制椭圆弧的操作步骤如下。

(1) 在草图绘制状态下，单击菜单栏中的“工具”→“草图绘制实体”→“部分椭圆”命令，或者单击“草图”控制面板中的 G（部分椭圆）按钮，此时光标变为 G 形状。

(2) 在图形区合适的位置单击，确定椭圆弧的中心。

(3) 移动光标，在光标附近会显示椭圆的长半轴 *R* 和短半轴 *r*。在图中合适的位置单击，确定椭圆弧的长半轴 *R*。

(4) 移动光标，在图中合适的位置单击，确定椭圆弧的短半轴 *r*。

(5) 绕圆周移动光标，确定椭圆弧的范围，此时会弹出“椭圆”属性管理器，根据需要设定椭圆弧的参数。

(6) 单击“椭圆”属性管理器中的✔（确定）按钮，完成椭圆弧的绘制。

图 2-36 为绘制部分椭圆的过程。

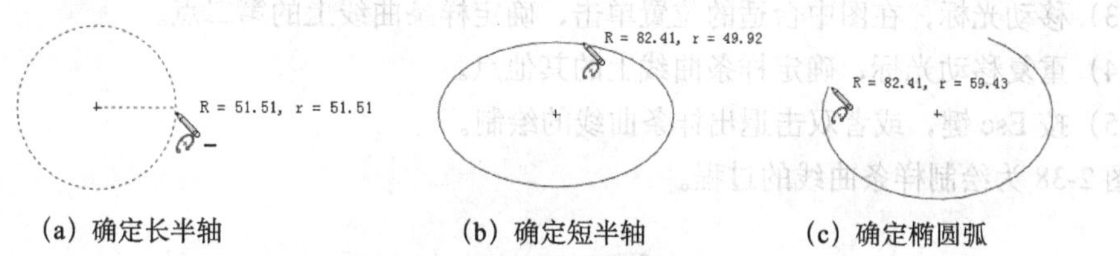

(a) 确定长半轴　(b) 确定短半轴　(c) 确定椭圆弧

图 2-36　绘制部分椭圆的过程

2.2.8　绘制抛物线

抛物线的绘制方法是，先确定抛物线的焦点，然后确定抛物线的焦距，最后确定抛物线的起点和终点。

【案例 2-16】本案例结果文件光盘路径为“X:\源文件\ch2\2.16.SLDPRT”，案例视频内容光盘路径为“X:\动画演示\第 2 章\2.16 抛物线.avi”。

(1) 在草图绘制状态下，单击菜单栏中的“工具”→“草图绘制实体”→“抛物线”命令，或者单击“草图”控制面板中的∪（抛物线）按钮，此时光标变为∪形状。

(2) 在图形区中合适的位置单击，确定抛物线的焦点。

(3) 移动光标，在图中合适的位置单击，确定抛物线的焦距。

(4) 移动光标，在图中合适的位置单击，确定抛物线的起点。

(5) 移动光标，在图中合适的位置单击，确定抛物线的终点，此时会弹出“抛物线”属性管理器，根据需要设置属性管理器中抛物线的参数。

(6) 单击“抛物线”属性管理器中的✔（确定）按钮，完成抛物线的绘制。

图 2-37 为绘制抛物线的过程。

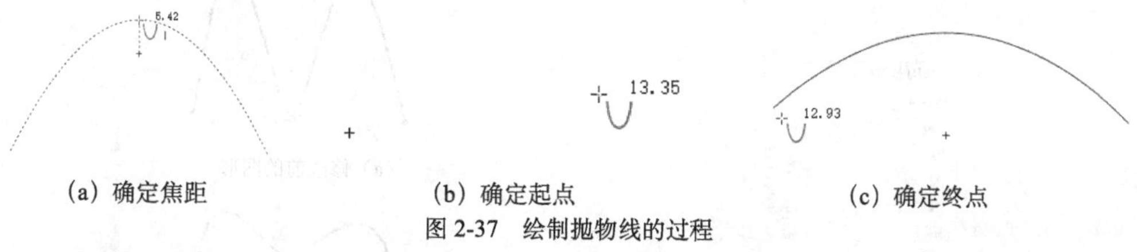

(a) 确定焦距　(b) 确定起点　(c) 确定终点

图 2-37　绘制抛物线的过程

按住鼠标左键拖动抛物线的特征点，可以改变抛物线的形状。拖动抛物线的顶点，使其偏离焦点，可以使抛物线更加平缓；反之，抛物线会更加尖锐。拖动抛物线的起点或者终点，可以改变抛物线一侧的长度。

如果要改变抛物线的属性，在草图绘制状态下，选择绘制的抛物线，此时会弹出“抛物线”属性管理器，按照需要修改其中的参数，就可以修改相应的属性。

2.2.9　绘制样条曲线

系统提供了强大的样条曲线绘制功能，样条曲线至少需要两个点，并且可以在端点指定相切。

【案例 2-17】本案例结果文件光盘路径为“X:\源文件\ch2\2.17.SLDPRT”，案例视频内容光盘路径为“X:\动画演示\第 2 章\2.17 样条曲线.avi”。

（1）在草图绘制状态下，单击菜单栏中的“工具”→“草图绘制实体”→“样条曲线”命令，或者单击“草图”控制面板中的 （样条曲线）按钮，此时光标变为 形状。

（2）在图形区单击，确定样条曲线的起点。

（3）移动光标，在图中合适的位置单击，确定样条曲线上的第二点。

（4）重复移动光标，确定样条曲线上的其他点。

（5）按 Esc 键，或者双击退出样条曲线的绘制。

图 2-38 为绘制样条曲线的过程。

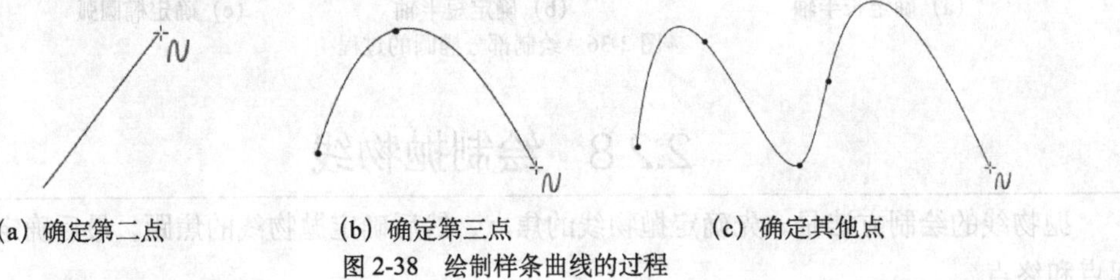

（a）确定第二点　　（b）确定第三点　　（c）确定其他点

图 2-38　绘制样条曲线的过程

样条曲线绘制完毕后，可以通过以下方式，对样条曲线进行编辑和修改。

1．“样条曲线”属性管理器

“样条曲线”属性管理器如图 2-39 所示，在“参数”选项组中可以实现对样条曲线的各种参数进行修改。

2．样条曲线上的点

选择要修改的样条曲线，此时样条曲线上会出现点，按住鼠标左键拖动这些点就可以实现对样条曲线的修改，图 2-40 为样条曲线的修改过程，图（a）为修改前的图形，图（b）为修改后的图形。

图 2-39　“样条曲线”属性管理器

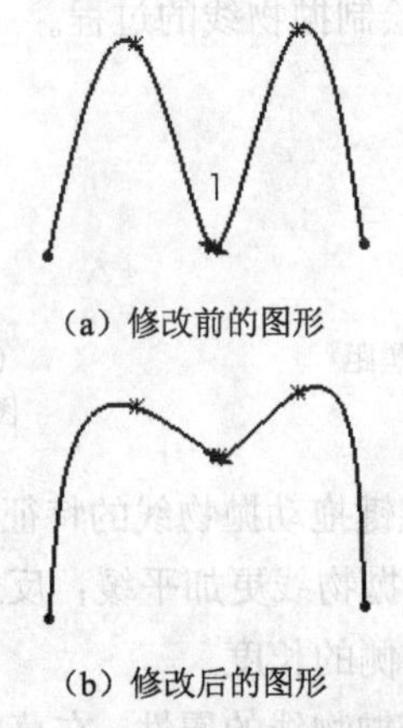

（a）修改前的图形

（b）修改后的图形

图 2-40　样条曲线的修改过程

3．插入样条曲线型值点

确定样条曲线形状的点称为型值点，即除样条曲线端点以外的点。在样条曲线绘制以后，还可以插入一些型值点。右击样条曲线，在弹出的快捷菜单中单击“插入样条曲线型值点”命令，然后在需要添加的位置单击即可。

4．删除样条曲线型值点

若要删除样条曲线上的型值点，则单击选择要删除的点，然后按 Delete 键即可。

样条曲线的编辑还有其他一些功能，如显示样条曲线控标、显示拐点、显示最小半径与显示曲率检查等，在此不一一介绍，用户可以右击，选择相应的功能，进行练习。

系统默认显示样条曲线的控标。单击“样条曲线工具”工具栏中的（显示样条曲线控标）按钮，可以隐藏或者显示样条曲线的控标。

2.2.10 绘制草图文字

草图文字可以在零件特征面上添加，用于拉伸和切除文字，形成立体效果。文字可以添加在任何连续曲线或边线组中，包括由直线、圆弧或样条曲线组成的圆或轮廓。

【案例 2-18】本案例结果文件光盘路径为“X:\源文件\ch2\2.18.SLDPRT”，案例视频内容光盘路径为“X:\动画演示\第 2 章\2.18 草图文字.avi”。

(1) 在草图绘制状态下，单击菜单栏中的“工具”→“草图绘制实体”→“文字”命令，或者单击“草图”控制面板中的（文字）按钮，系统弹出“草图文字”属性管理器，如图 2-41 所示。

(2) 在图形区中选择一边线、曲线、草图或草图线段，作为绘制文字草图的定位线，此时所选择的边线显示在“草图文字”属性管理器的“曲线”选项组中。

(3) 在“草图文字”属性管理器的“文字”选项中输入要添加的文字“SOLIDWORKS2016”。此时，添加的文字显示在图形区曲线上。

(4) 如果不需要系统默认的字体，则取消对“使用文档字体”复选框的勾选，然后单击“字体”按钮，此时系统弹出“选择字体”对话框，如图 2-42 所示，按照需要进行设置。

图 2-41 “草图文字”属性管理器

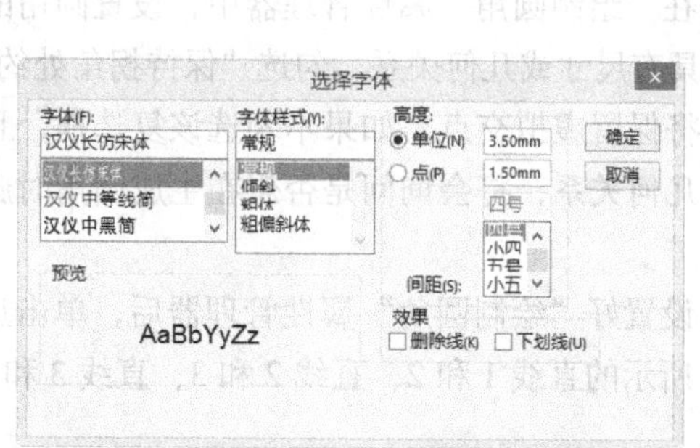

图 2-42 “选择字体”对话框

（5）设置好字体后，单击“选择字体”对话框中的“确定”按钮，然后单击“草图文字”属性管理器中的✔（确定）按钮，完成草图文字的绘制。

技巧荟萃

（1）在草图绘制模式下，双击已绘制的草图文字，在系统弹出的“草图文字”属性管理器中，可以对其进行修改。
（2）如果曲线为草图实体或一组草图实体，而且草图文字与曲线位于同一草图内，那么必须将草图实体转换为几何构造线。

图 2-43 为绘制的草图文字，图 2-44 为拉伸后的草图文字。

SOLIDWORKS2016

图 2-43　绘制的草图文字

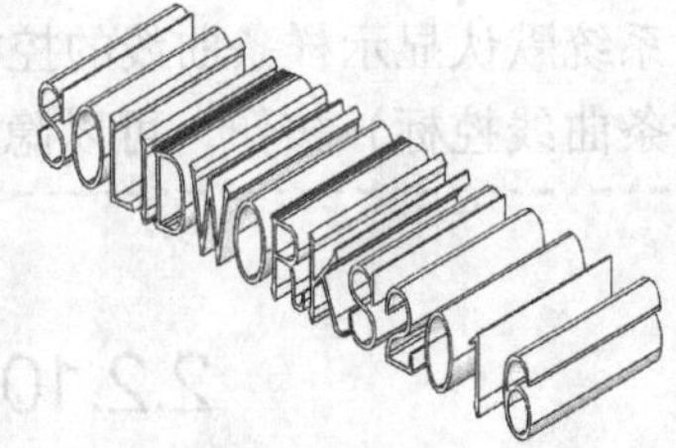

图 2-44　拉伸后的草图文字

2.3　草图编辑

本节主要介绍草图编辑工具的使用方法，如圆角、倒角、等距实体、剪裁、延伸、镜向、移动、复制、旋转与修改等。

2.3.1　绘制圆角

绘制圆角工具是将两个草图实体的交叉处剪裁掉角部，生成一个与两个草图实体都相切的圆弧，此工具在二维和三维草图中均可使用。

【案例 2-19】本案例结果文件光盘路径为“X:\源文件\ch2\2.19.SLDPRT”，案例视频内容光盘路径为“X:\动画演示\第 2 章\2.19 圆角.avi”。

（1）在草图编辑状态下，单击菜单栏中的“工具”→“草图工具”→“圆角”命令，或者单击“草图”控制面板中的╮（绘制圆角）按钮，此时系统弹出“绘制圆角”属性管理器，如图 2-45 所示。

（2）在“绘制圆角”属性管理器中，设置圆角的半径。如果顶点具有尺寸或几何关系，勾选“保持拐角处约束条件”复选框，将保留虚拟交点。如果不勾选该复选框，且顶点具有尺寸或几何关系，将会询问是否想在生成圆角时删除这些几何关系。

（3）设置好“绘制圆角”属性管理器后，单击选择如图 2-46（a）所示的直线 1 和 2、直线 2 和 3、直线 3 和 4、直线 4 和 1。

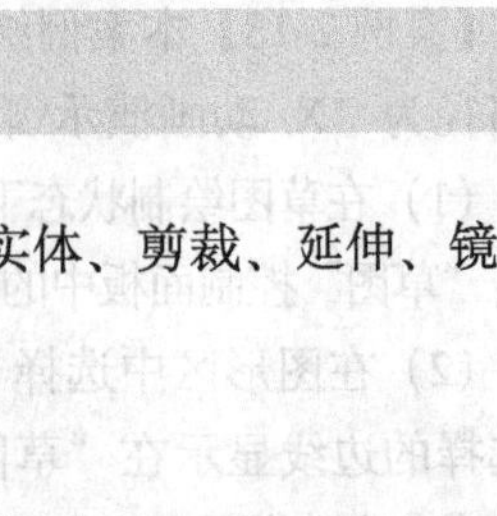

（4）单击“绘制圆角”属性管理器中的✔（确定）按钮，

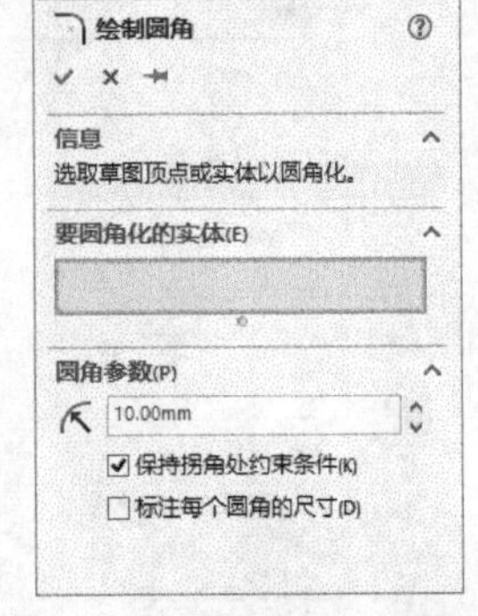

图 2-45　“绘制圆角”属性管理器

完成圆角的绘制，如图 2-46（b）所示。

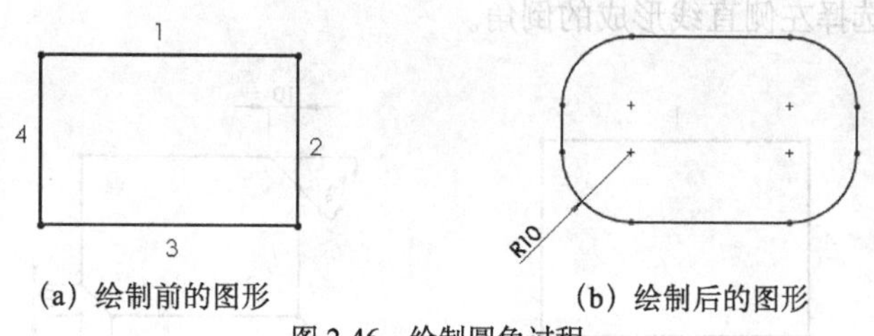

（a）绘制前的图形　　（b）绘制后的图形

图 2-46　绘制圆角过程

技巧荟萃

SOLIDWORKS 可以将两个非交叉的草图实体进行倒圆角操作。执行完“圆角”命令后，草图实体将被拉伸，边角将被圆角处理。

2.3.2　绘制倒角

绘制倒角工具是将倒角应用到相邻的草图实体中，此工具在二维和三维草图中均可使用。倒角的选取方法与圆角相同。“绘制倒角”属性管理器中提供了倒角的两种设置方式，分别是“角度距离”设置倒角方式和“距离-距离”设置倒角方式。

【案例 2-20】本案例结果文件光盘路径为“X:\源文件\ch2\2.20.SLDPRT”，案例视频内容光盘路径为“X:\动画演示\第 2 章\2.20 倒角.avi”。

（1）在草图编辑状态下，单击菜单栏中的“工具”→“草图工具”→“倒角”命令，或者单击“草图”控制面板中的（绘制倒角）按钮，此时系统弹出“绘制倒角”属性管理器，如图 2-47 所示。

（2）在“绘制倒角”属性管理器中，点选“角度距离”单选钮，按照图 2-47 设置倒角方式和倒角参数，然后选择如图 2-49（a）所示的直线 1 和直线 4。

（3）在“绘制倒角”属性管理器中，点选“距离-距离”单选钮，按照图 2-48 设置倒角方式和倒角参数，然后选择如图 2-49（a）所示的直线 2 和直线 3。

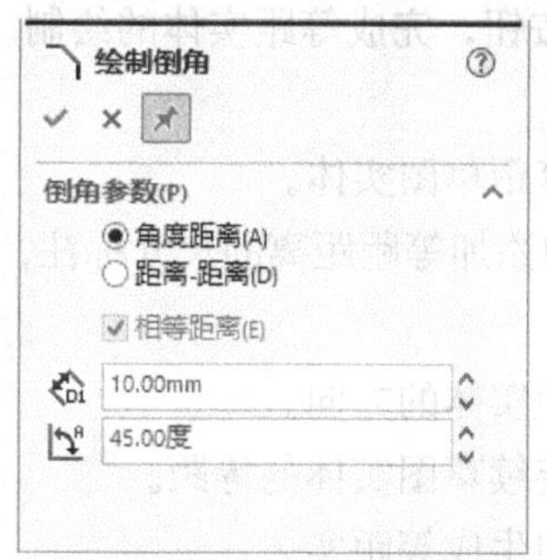

图 2-47　“角度距离”设置方式

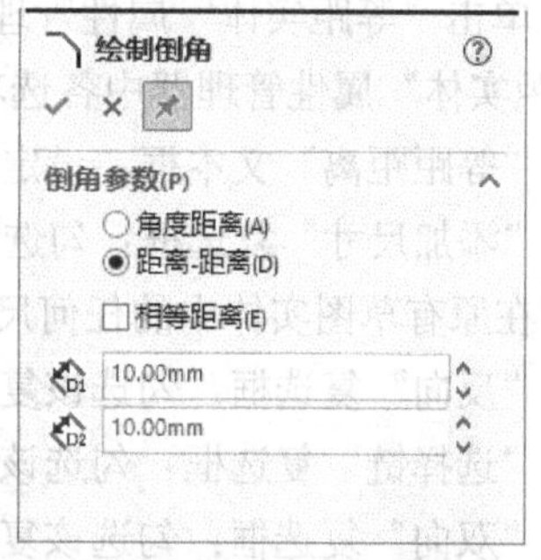

图 2-48　“距离-距离”设置方式

（4）单击“绘制倒角”属性管理器中的✔（确定）按钮，完成倒角的绘制，如图 2-49（b）所示。

以“距离-距离”设置方式绘制倒角时，如果设置的两个距离不相等，选择不同草图实体的次序不同，绘制的结果也不相同。如图 2-50 所示，设置 D1＝10、D2＝20，图 2-50（a）为原始图形；图 2-50（b）为先选取左侧的直线，后选择右侧直线形成的倒角；图 2-50（c）为先选取右侧的直线，后选择左侧直线形成的倒角。

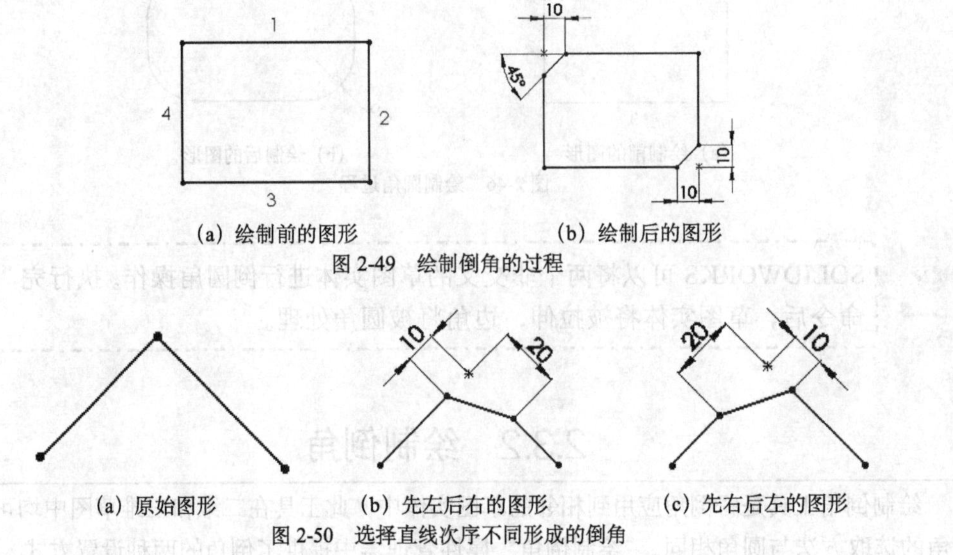

（a）绘制前的图形　（b）绘制后的图形

图 2-49　绘制倒角的过程

（a）原始图形　（b）先左后右的图形　（c）先右后左的图形

图 2-50　选择直线次序不同形成的倒角

2.3.3　等距实体

等距实体工具是按特定的距离等距一个或者多个草图实体、所选模型边线、模型面，如样条曲线或圆弧、模型边线组、环等之类的草图实体。

【案例 2-21】本案例结果文件光盘路径为“X:\源文件\ch2\2.21.SLDPRT”，案例视频内容光盘路径为“X:\动画演示\第 2 章\2.21 等距实体.avi”。

（1）在草图绘制状态下，单击菜单栏中的“工具”→“草图工具”→“等距实体”命令，或者单击“草图”控制面板中的（等距实体）按钮。

（2）系统弹出“等距实体”属性管理器，按照实际需要进行设置。

（3）单击选择要等距的实体对象。

（4）单击“等距实体”属性管理器中的✔（确定）按钮，完成等距实体的绘制。

“等距实体”属性管理器中各选项的含义如下。

- “等距距离”文本框：设定数值以特定距离来等距草图实体。
- “添加尺寸”复选框：勾选该复选框将在草图中添加等距距离的尺寸标注，这不会影响到包括在原有草图实体中的任何尺寸。
- “反向”复选框：勾选该复选框将更改单向等距实体的方向。
- “选择链”复选框：勾选该复选框将生成所有连续草图实体的等距。
- “双向”复选框：勾选该复选框将在草图中双向生成等距实体。
- “顶端加盖”复选框：勾选该复选框将通过选择双向并添加一顶盖来延伸原有非相交草图实体。

图 2-52 为按照图 2-51 的“等距实体”属性管理器进行设置后，选取中间草图实体中任意一部分得到的图形。

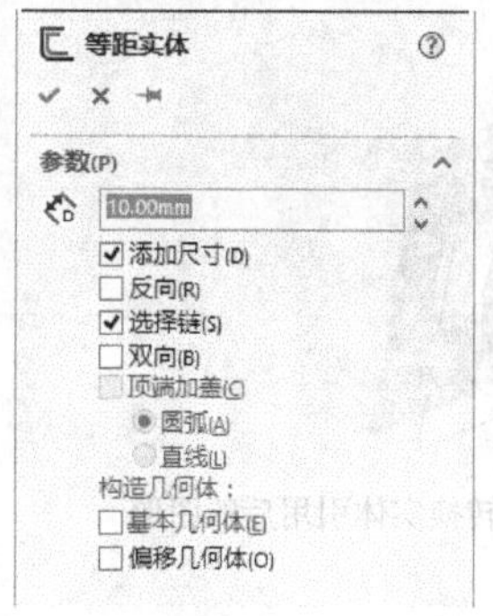

图 2-51 “等距实体”属性管理器

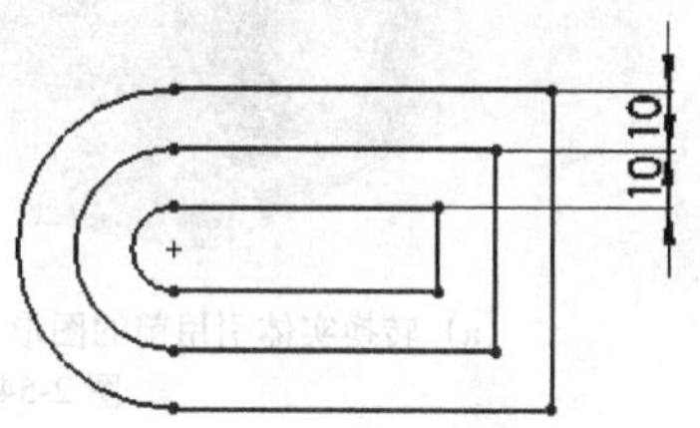

图 2-52 等距后的草图实体

图 2-53 为在模型面上添加草图实体的过程，图（a）为原始图形，图（b）为等距实体后的图形。执行过程为：先选择如图 2-53（a）所示的模型的上表面，然后进入草图绘制状态，再执行等距实体命令，设置参数为单向等距距离，距离为 10mm。

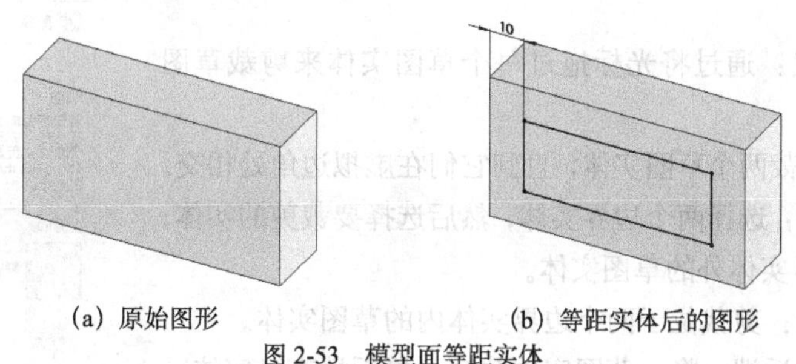

（a）原始图形　　（b）等距实体后的图形

图 2-53 模型面等距实体

技巧荟萃

在草图绘制状态下，双击等距距离的尺寸，然后更改数值，就可以修改等距实体的距离。在双向等距中，修改单个数值就可以更改两个等距的尺寸。

2.3.4 转换实体引用

转换实体引用是通过已有的模型或者草图，将其边线、环、面、曲线、外部草图轮廓线、一组边线或一组草图曲线投影到草图基准面上。通过这种方式，可以在草图基准面上生成一或多个草图实体。使用该命令时，如果引用的实体发生更改，那么转换的草图实体也会相应地改变。

【案例 2-22】本案例结果文件光盘路径为“X:\源文件\ch2\2.22.SLDPRT”，案例视频内容光盘路径为“X:\动画演示\第 2 章\2.22 转换实体引用.avi”。

（1）打开随书光盘中的原始文件“X:\原始文件\ch2\2.22.SLDPRT”。

（2）在特征管理器的树状目录中，选择要添加草图的基准面，本例选择基准面 1，然后单击“草图”控制面板中的（草图绘制）按钮，进入草图绘制状态。

（3）按住 Ctrl 键，选取如图 2-54（a）所示的边线 1、2、3、4 以及圆弧 5。

（4）单击菜单栏中的“工具”→“草图工具”→“转换实体引用”命令，或者单击“草图”控制面板中的（转换实体引用）按钮，执行转换实体引用命令。

（5）退出草图绘制状态，转换实体引用后的图形如图 2-54（b）所示。

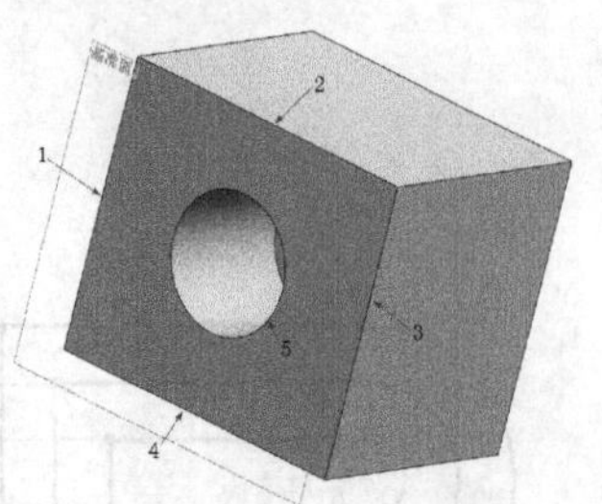

(a) 转换实体引用前的图形

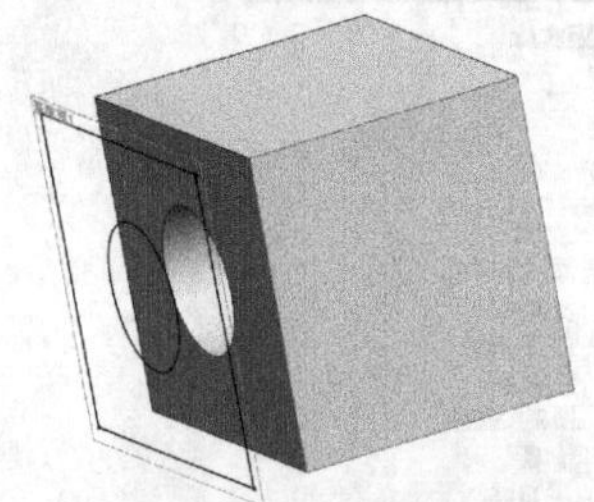

(b) 转换实体引用后的图形

图 2-54 转换实体引用过程

2.3.5 草图剪裁

草图剪裁是常用的草图编辑命令。执行草图剪裁命令时，系统弹出“剪裁”属性管理器，如图 2-55 所示，根据剪裁草图实体的不同，可以选择不同的剪裁模式，下面将介绍不同类型的草图剪裁模式。

- 强劲剪裁：通过将光标拖过每个草图实体来剪裁草图实体。
- 边角：剪裁两个草图实体，直到它们在虚拟边角处相交。
- 在内剪除：选择两个边界实体，然后选择要裁剪的实体，剪裁位于两个边界实体外的草图实体。
- 在外剪除：剪裁位于两个边界实体内的草图实体。
- 剪裁到最近端：将一草图实体裁减到最近端交叉实体。

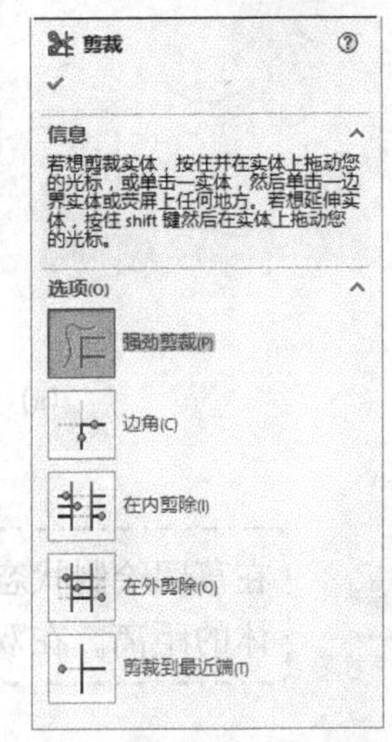

图 2-55 “剪裁”属性管理器

【案例 2-23】本案例结果文件光盘路径为“X:\源文件\ch2\2.23.SLDPRT”，案例视频内容光盘路径为“X:\动画演示\第 2 章\2.23 草图剪裁.avi”。

以图 2-56 为例说明剪裁实体的过程，图（a）为剪裁前的图形，图（b）为剪裁后的图形，其操作步骤如下。

（1）打开随书光盘中的原始文件“X:\原始文件\ch2\2.23.SLDPRT”，如图 2-56（a）所示。

（2）在草图编辑状态下，单击菜单栏中的“工具”→“草图工具”→“剪裁”命令，或者单击“草图”控制面板中的 （剪裁实体）按钮，此时光标变为 形状，并在左侧特征管理器弹出“剪裁”属性管理器。

（3）在“剪裁”属性管理器中选择“剪裁到最近端”选项。

（4）依次单击如图 2-56（a）所示的 A 处和 B 处，剪裁图中的直线。

（5）单击“剪裁”属性管理器中的 （确定）按钮，完成草图实体的剪裁，剪裁后的图形如图 2-56（b）所示。

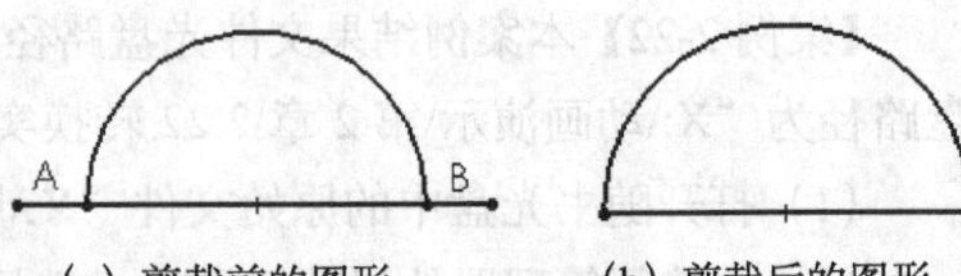

(a) 剪裁前的图形　　(b) 剪裁后的图形

图 2-56 剪裁实体的过程

2.3.6 草图延伸

草图延伸是常用的草图编辑工具。利用该工具可以将草图实体延伸至另一个草图实体。

【案例 2-24】本案例结果文件光盘路径为"X:\源文件\ch2\2.24.SLDPRT"，案例视频内容光盘路径为"X:\动画演示\第 2 章\2.24 草图延伸.avi"。

以图 2-57 为例说明草图延伸的过程，图（a）为延伸前的图形，图（b）为延伸后的图形。操作步骤如下。

（1）打开随书光盘中的原始文件"X:\原始文件\ch2\2.24.SLDPRT"，如图 2-57（a）所示。

（2）在草图编辑状态下，单击菜单栏中的"工具"→"草图工具"→"延伸"命令，或者单击"草图"控制面板中的 （延伸实体）按钮，光标变为 形状，进入草图延伸状态。

（3）单击如图 2-57（a）所示的直线。

（4）按 Esc 键，退出延伸实体状态，延伸后的图形如图 2-57（b）所示。

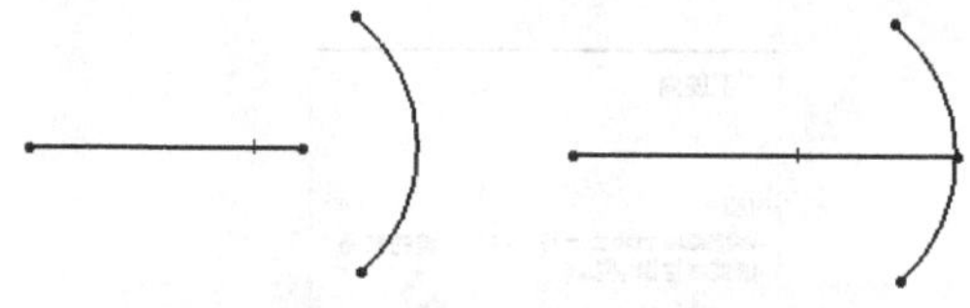
（a）延伸前的图形　（b）延伸后的图形

图 2-57　草图延伸的过程

在延伸草图实体时，如果两个方向都可以延伸，而只需要单一方向延伸时，单击延伸方向一侧的实体部分即可实现，在执行该命令过程中，实体延伸的结果在预览时会以红色显示。

2.3.7　分割草图

分割草图是将一连续的草图实体分割为两个草图实体，以方便进行其他操作。反之，也可以删除一个分割点，将两个草图实体合并成一个单一草图实体。

【案例 2-25】本案例结果文件光盘路径为"X:\源文件\ch2\2.25.SLDPRT"，案例视频内容光盘路径为"X:\动画演示\第 2 章\2.25 分割草图.avi"。

以图 2-58 为例说明分割实体的过程，图（a）为分割前的图形，图（b）为分割后的图形，其操作步骤如下。

（1）打开随书光盘中的原始文件"X:\原始文件\ch2\2.25.SLDPRT"，如图 2-58（a）所示。

（2）在草图编辑状态下，单击菜单栏中的"工具"→"草图工具"→"分割实体"命令，或者单击"草图"控制面板中的 （分割实体）按钮，进入分割实体状态。

（3）单击如图 2-58（a）所示的圆弧的合适位置，添加一个分割点。

（4）按 Esc 键，退出分割实体状态，分割后的图形如图 2-58（b）所示。

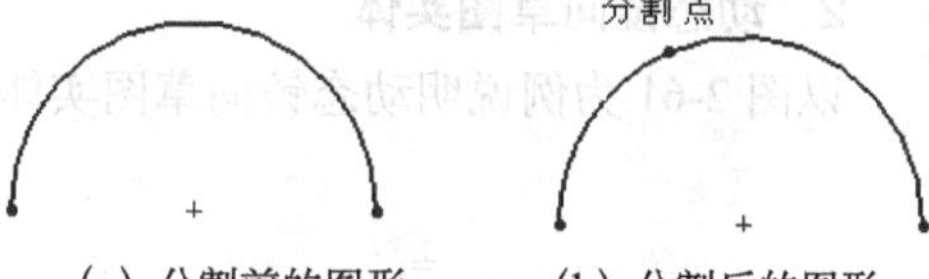

（a）分割前的图形　（b）分割后的图形

图 2-58　分割实体的过程

在草图编辑状态下，如果欲将两个草图实体合并为一个草图实体，单击选中分割点，然后按 Delete 键即可。

2.3.8　镜向草图

在绘制草图时，经常要绘制对称的图形，这时可以使用镜向实体命令来实现，"镜向"属性管理器如图 2-59 所示。

在 SOLIDWORKS 2016 中，镜向点不再仅限于构造线，它可以是任意类型的直线。SOLIDWORKS 提供了两种镜向方式，一种是镜向现有草图实体，另一种是在绘制草图时动态镜向草图实体。下面将分别介绍。

1．镜向现有草图实体

【案例 2-26】本案例结果文件光盘路径为“X:\源文件\ch2\2.26. SLDPRT”，案例视频内容光盘路径为“X:\动画演示\第 2 章\2.26 镜向草图.avi”。

以图 2-60 为例说明镜向草图的过程，图（a）为镜向前的图形，图（b）为镜向后的图形，其操作步骤如下。

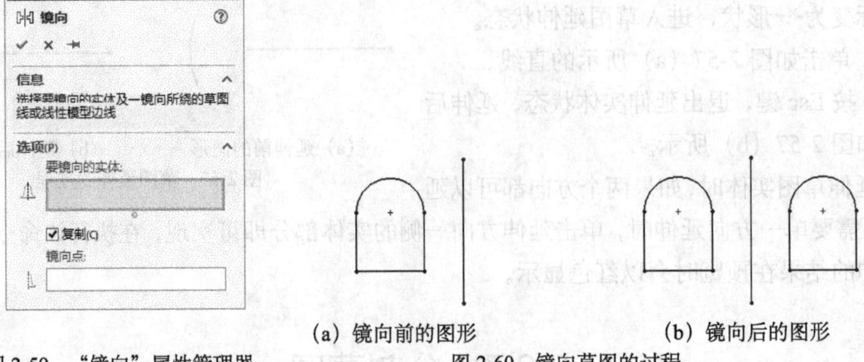

图 2-59 “镜向”属性管理器

（a）镜向前的图形　（b）镜向后的图形

图 2-60 镜向草图的过程

（1）打开随书光盘中的原始文件“X:\原始文件\ch2\2.26.SLDPRT”，如图 2-60（a）所示。

（2）在草图编辑状态下，单击菜单栏中的“工具”→“草图工具”→“镜向”命令，或者单击“草图”控制面板中的⊪（镜向实体）按钮，此时系统弹出“镜向”属性管理器。

（3）单击属性管理器中的“要镜向的实体”列表框，使其变为粉红色，然后在图形区框选如图 2-60（a）所示的直线左侧图形。

（4）单击属性管理器中的“镜向点”列表框，使其变为粉红色，然后在图形区选取如图 2-60（a）所示的直线。

（5）单击“镜向”属性管理器中的✔（确定）按钮，草图实体镜向完毕，镜向后的图形如图 2-60（b）所示。

2．动态镜向草图实体

以图 2-61 为例说明动态镜向草图实体的过程，操作步骤如下。

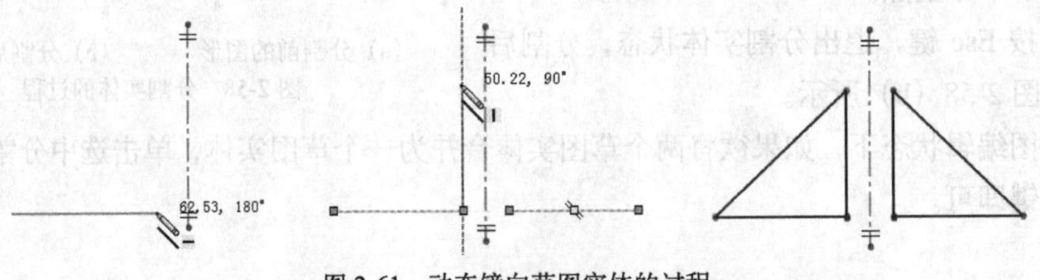

图 2-61 动态镜向草图实体的过程

【案例 2-27】本案例结果文件光盘路径为“X:\源文件\ch2\2.27.SLDPRT”，案例视频内容光盘路径为“X:\动画演示\第 2 章\2.27 动态镜向草图实体.avi”。

（1）在草图绘制状态下，先在图形区中绘制一条中心线，并选取它。

（2）单击菜单栏中的“工具”→“草图工具”→“动态镜向”命令，或者单击“草图”控制面板中的⊪（动态镜向实体）按钮，此时对称符号出现在中心线的两端。

(3) 单击“草图”控制面板中的╱（直线）按钮，在中心线的一侧绘制草图，此时另一侧会动态地镜向出绘制的草图。

(4) 草图绘制完毕后，再次单击“草图”控制面板中的╱（直线）按钮，即可结束该命令的使用。

技巧荟萃

镜向实体在三维草图中不可使用。

2.3.9 线性草图阵列

线性草图阵列是将草图实体沿一个或者两个轴复制生成多个排列图形。执行该命令时，系统弹出“线性阵列”属性管理器，如图 2-62 所示。

【案例 2-28】本案例结果文件光盘路径为“X:\源文件\ch2\2.28.SLDPRT”，案例视频内容光盘路径为“X:\动画演示\第 2 章\2.28 线性草图阵列.avi”。

以图 2-63 为例说明线性草图阵列的过程，图（a）为阵列前的图形，图（b）为阵列后的图形，其操作步骤如下。

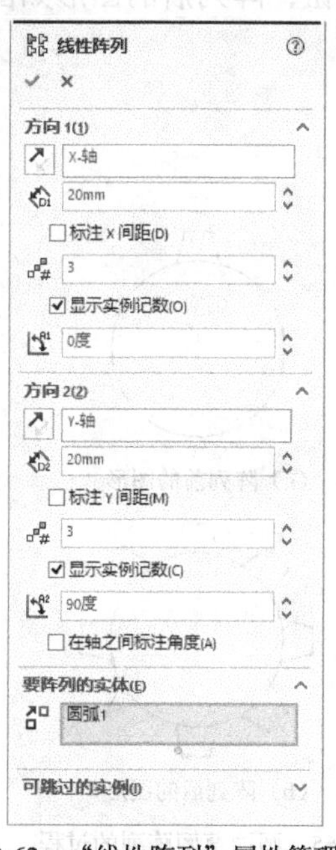

图 2-62 “线性阵列”属性管理器

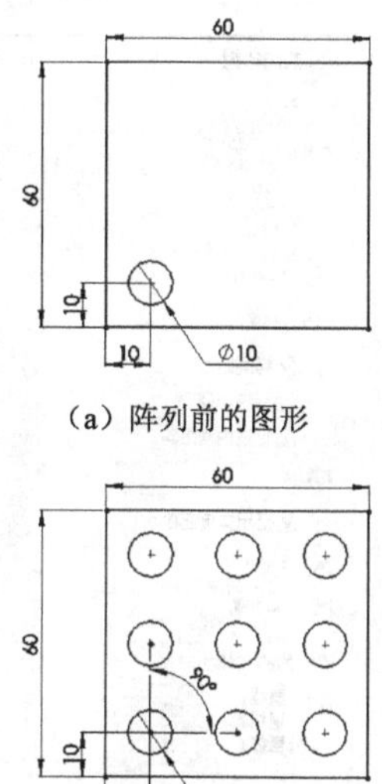

（a）阵列前的图形

（b）阵列后的图形

图 2-63 线性草图阵列的过程

(1) 打开随书光盘中的原始文件“X:\原始文件\ch2\2.28.SLDPRT”，如图 2-63（a）所示。

(2) 在草图编辑状态下，单击菜单栏中的“工具”→“草图工具”→“线性阵列”命令，或者单击“草图”控制面板中的器（线性草图阵列）按钮。

(3) 此时系统弹出“线性阵列”属性管理器，单击“要阵列的实体”列表框，然后在图形区中选取如图 2-63（a）所示的直径为 10mm 的圆弧，其他设置如图 2-62 所示。

(4) 单击“线性阵列”属性管理器中的✔（确定）按钮，结果如图 2-63（b）所示。

2.3.10 圆周草图阵列

圆周草图阵列是将草图实体沿一个指定大小的圆弧进行环状阵列。执行该命令时，系统弹出的“圆周阵列”属性管理器如图 2-64 所示。

【案例 2-29】本案例结果文件光盘路径为“X:\源文件\ch2\2.29.SLDPRT”，案例视频内容光盘路径为“X:\动画演示\第 2 章\2.29 圆周草图阵列.avi”。

以图 2-65 为例说明圆周草图阵列的过程，图（a）为阵列前的图形，图（b）为阵列后的图形，其操作步骤如下。

（1）打开随书光盘中的原始文件“X:\原始文件\ch2\2.29.SLDPRT”，如图 2-65（a）所示。

（2）在草图编辑状态下，单击菜单栏中的“工具”→“草图工具”→“圆周阵列”命令，或者单击“草图”控制面板中的（圆周草图阵列）按钮，此时系统弹出“圆周阵列”属性管理器。

（3）单击“圆周阵列”属性管理器的 “要阵列的实体”列表框，然后在图形区中选取如图 2-65（a）所示的圆弧外的三条直线，在“参数”选项组的列表框中选择圆弧的圆心，在（数量）文本框中输入“8”。

（4）单击“圆周阵列”属性管理器中的（确定）按钮，阵列后的图形如图 2-65（b）所示。

图 2-64 “圆周阵列”属性管理器

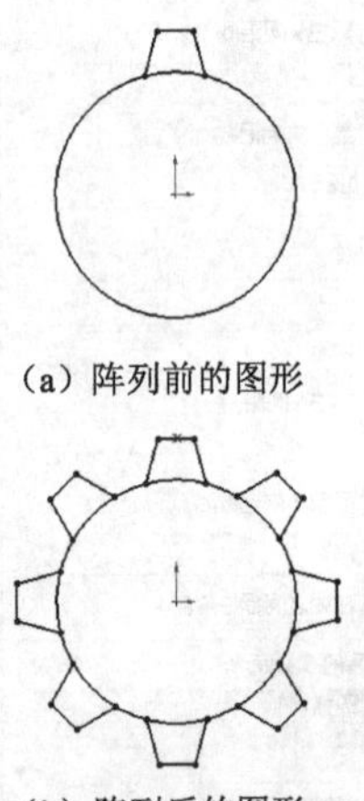

（a）阵列前的图形

（b）阵列后的图形

图 2-65 圆周草图阵列的过程

2.3.11 移动草图

“移动”草图命令，是将一个或者多个草图实体进行移动。执行该命令时，系统弹出“移动”属性管理器，如图 2-66 所示。在“移动”属性管理器中，“要移动的实体”列表框用于选取要移动的草图实体；“参数”选项组中的“从/到”单选钮用于指定移动的开始点和目标点，是一个相对参数；如果在“参数”选项组中点选“X/Y”单选钮，则弹出新的对话框，在其中输入相应的参数即可以设定的数值生成相应的目标。

2.3.12 复制草图

“复制”草图命令，是将一个或者多个草图实体进行复制。执行该命令时，系统弹出“复制”属性管理器，如图 2-67 所示。“复制”属性管理器中的参数与“移动”属性管理器中参数意义相同，在此不再赘述。

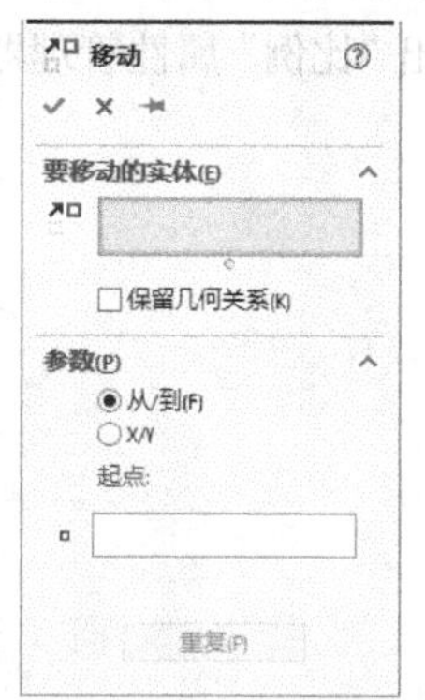

图 2-66 “移动”属性管理器

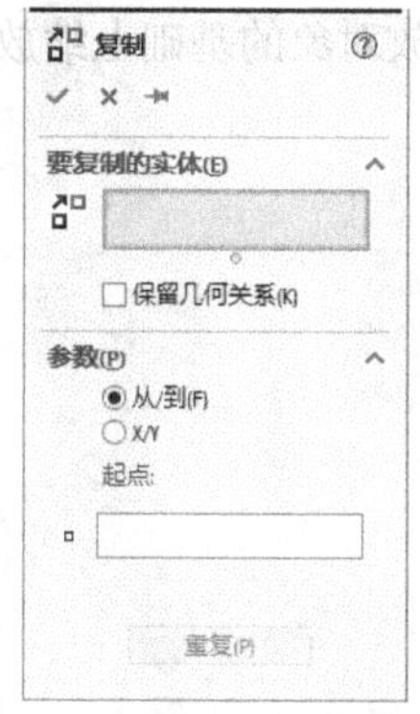

图 2-67 “复制”属性管理器

2.3.13 旋转草图

“旋转”草图命令，是通过选择旋转中心及要旋转的度数来旋转草图实体。执行该命令时，系统弹出“旋转”属性管理器，如图 2-68 所示。

【案例 2-30】本案例结果文件光盘路径为“X:\源文件\ch2\2.30. SLDPRT”，案例视频内容光盘路径为“X:\动画演示\第 2 章\2.30 旋转草图.avi”。

以图 2-69 为例说明旋转草图的过程，图（a）为旋转前的图形，图（b）为旋转后的图形，其操作步骤如下。

（1）打开随书光盘中的原始文件“X:\原始文件\ch2\2.30.SLDPRT”，如图 2-69（a）所示。

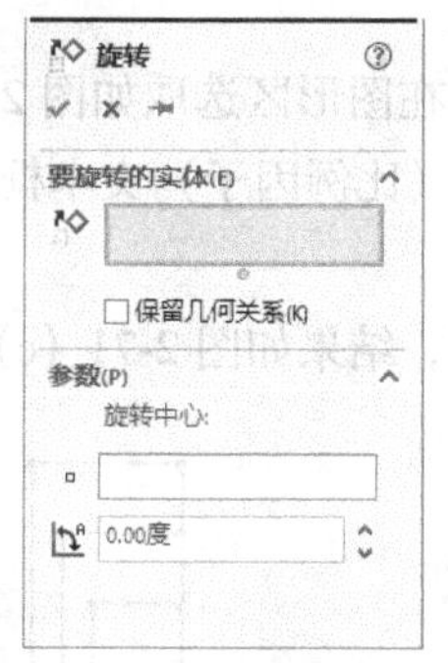

图 2-68 “旋转”属性管理器

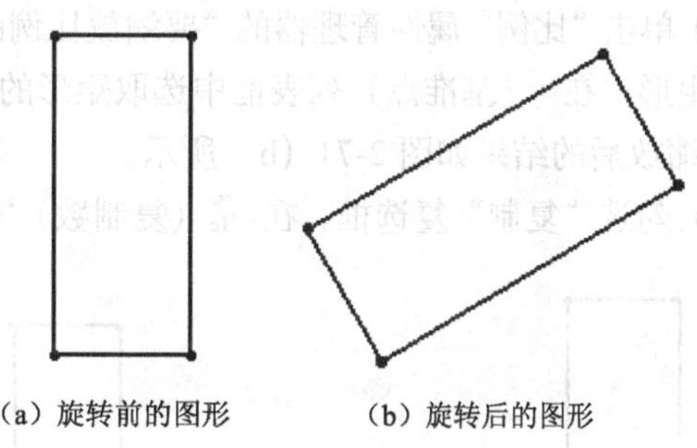

（a）旋转前的图形　（b）旋转后的图形

图 2-69 旋转草图的过程

（2）在草图编辑状态下，单击菜单栏中的“工具”→“草图工具”→“旋转”命令，或者单击“草图”控制面板中的⟲（旋转实体）按钮。

（3）此时系统弹出“旋转”属性管理器，单击“要旋转的实体”列表框，在图形区中选取如图 2-69（a）所示的矩形，在▫（基准点）列表框中选取矩形的右下端点，在（角度）文本框中输入“-60”。

（4）单击“旋转”属性管理器中的✔（确定）按钮，旋转后的图形如图 2-69（b）所示。

2.3.14 缩放草图

“缩放实体比例”命令，是通过基准点和比例因子对草图实体进行缩放，也可以根据需要在保留原缩放对象的基础上缩放草图。执行该命令时，系统弹出“比例”属性管理器，如图 2-70 所示。

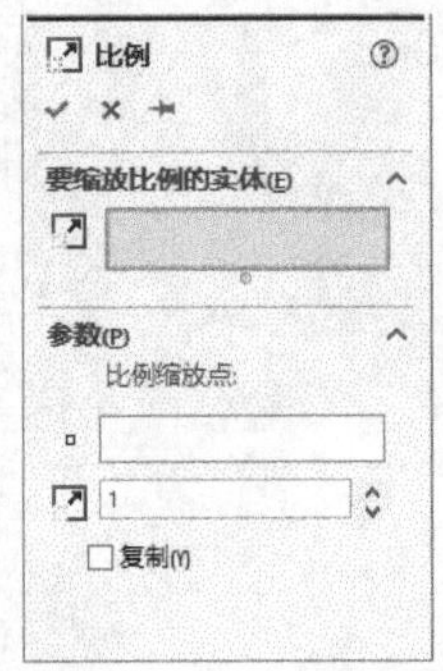

图 2-70 “比例”属性管理器

【案例 2-31】本案例结果文件光盘路径为“X:\源文件\ch2\2.31. SLDPRT”，案例视频内容光盘路径为“X:\动画演示\第 2 章\2.31 缩放草图.avi”。

以图 2-71 为例说明缩放草图的过程，图（a）为缩放前的图形，图（b）为比例因子为 0.8 不保留原图的图形，图（c）为保留原图，复制数为 5 的图形，其操作步骤如下。

（1）打开随书光盘中的原始文件“X:\原始文件\ch2\2.31.SLDPRT”，如图 2-71（a）所示。

（2）在草图编辑状态下，单击菜单栏中的“工具”→“草图工具”→“缩放比例”命令，或者单击“草图”控制面板中的（缩放实体比例）按钮。此时系统弹出“比例”属性管理器。

（3）单击“比例”属性管理器的“要缩放比例的实体”列表框，在图形区选取如图 2-71（a）所示的矩形，在▫（基准点）列表框中选取矩形的左下端点，在（比例因子）文本框中输入“0.8”，缩放后的结果如图 2-71（b）所示。

（4）勾选“复制”复选框，在（复制数）文本框中输入“5”，结果如图 2-71（c）所示。

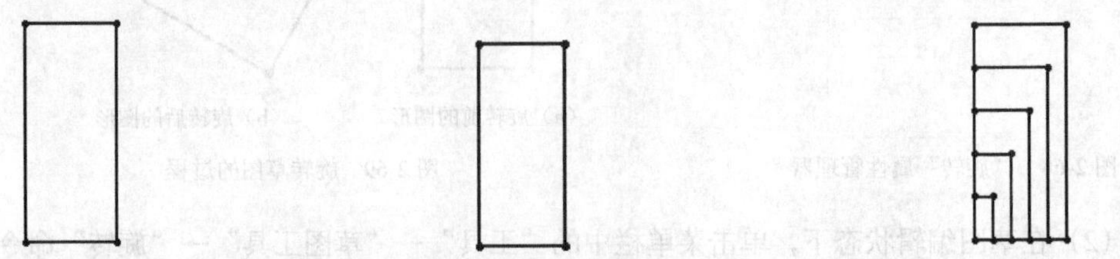

（a）缩放前的图形　（b）比例因子为 0.8 不保留原图的图形　（c）保留原图，复制数为 5 的图形

图 2-71 缩放草图的过程

（5）单击“比例”属性管理器中的✔（确定）按钮，草图实体缩放完毕。

2.3.15 伸展草图

“伸展实体”命令，是通过基准点和坐标点对草图实体进行伸展。执行该命令时，系统弹出“伸展”属性管理器，如图 2-72 所示。

【案例 2-32】本案例结果文件光盘路径为“X:\源文件\ch2\2.32.SLDPRT”，案例视频内容光盘路径为“X:\动画演示\第 2 章\2.32 伸展草图.avi”。

以图 2-73 为例说明伸展草图的过程，图（a）为伸展前的图形，图（c）为伸展后的图形，其操作步骤如下。

（1）打开随书光盘中的原始文件“X:\原始文件\ch2\2.32.SLDPRT”，如图 2-73（a）所示。

（2）在草图编辑状态下，单击菜单栏中的“工具”→“草图工具”→“伸展实体”命令，或者单击“草图”控制面板中的 （伸展实体）按钮。此时系统弹出“伸展”属性管理器。

图 2-72 “伸展”属性管理器

（3）单击“伸展”属性管理器的“要绘制的实体”列表框，在图形区中选取如图 2-73（a）所示的矩形，在 （基准点）列表框中选取矩形的左下端点，单击基点 然后单击草图设定基准点，拖动以伸展草图实体；当放开鼠标时，实体伸展到该点并且 PropertyManager 将关闭。

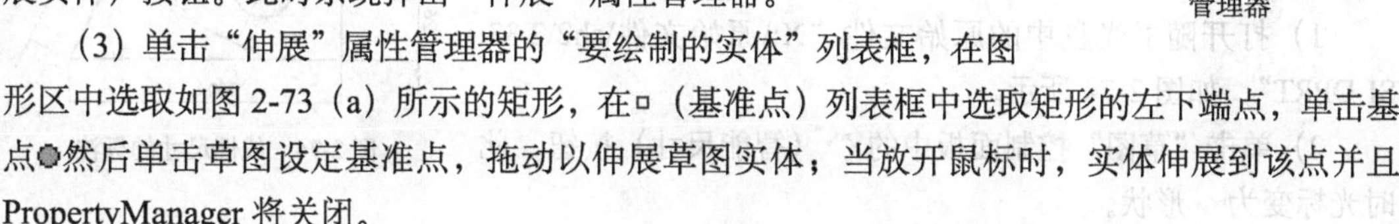

（4）勾选“X/Y”复选框，为Δ X 和Δ Y 设定值以伸展草图实体，如图 2-73（b）所示，单击“重复”按钮以相同距离伸展实体，伸展后的结果如图 2-73（c）所示。

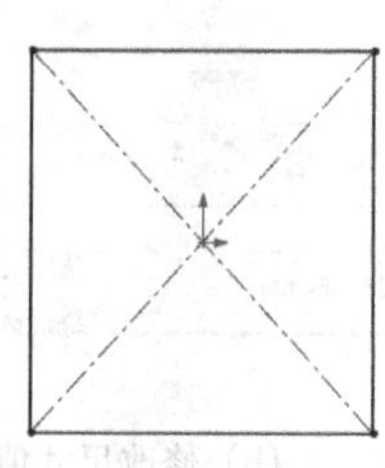

（a）伸展前的图形

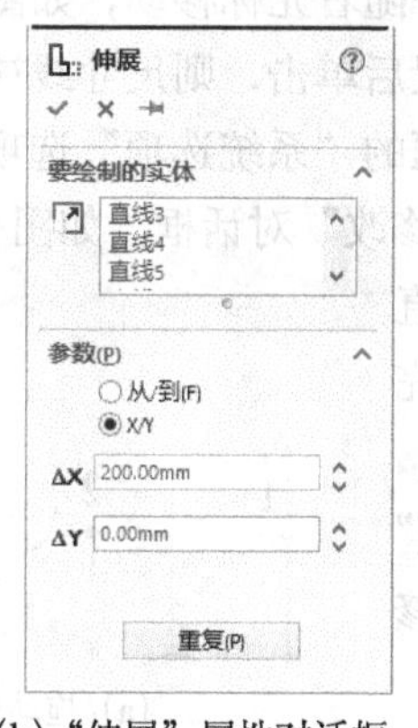

（b）“伸展”属性对话框

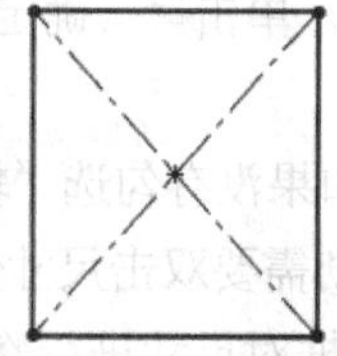

（c）伸展后的图形

图 2-73 伸展草图的过程

（5）单击“伸展”属性管理器中的 （确定）按钮，草图实体伸展完毕。

2.4 尺寸标注

SOLIDWORKS 2016 是一种尺寸驱动式系统，用户可以指定尺寸及各实体间的几何关系，更改尺寸将改变零件的尺寸与形状。尺寸标注是草图绘制过程中的重要组成部分。

SOLIDWORKS 虽然可以捕捉用户的设计意图，自动进行尺寸标注，但由于各种原因有时自动标注的尺寸不理想，此时用户必须自己进行尺寸标注。

2.4.1 度量单位

在 SOLIDWORKS 2016 中可以使用多种度量单位，包括埃、纳米、微米、毫米、厘米、米、英寸、英尺。设置单位的方法在第 1 章中已讲述，这里不再赘述。

2.4.2 线性尺寸的标注

线性尺寸用于标注直线段的长度或两个几何元素间的距离，如图 2-74 所示。

（1）标注直线长度尺寸的操作步骤如下。

【案例 2-33】本案例结果文件光盘路径为“X:\源文件\ch2\2.33.SLDPRT”，案例视频内容光盘路径为“X:\动画演示\第 2 章\2.33 线性标注.avi”。

1）打开随书光盘中的原始文件“X:\原始文件\ch2\2.33.SLDPRT”，如图 2-74 所示。

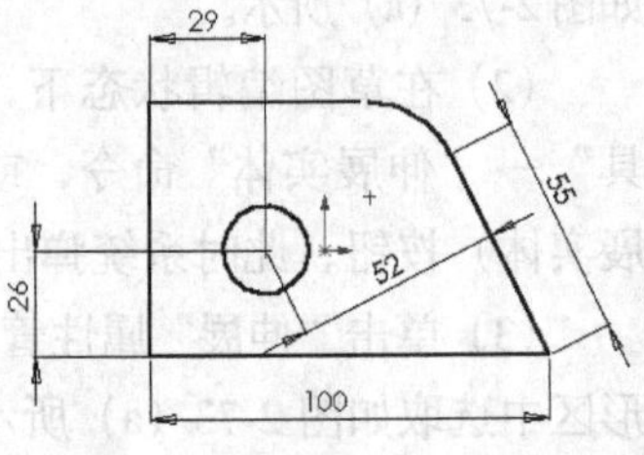

图 2-74 线性尺寸的标注

2）单击“草图”控制面板中的（智能尺寸）按钮，此时光标变为形状。

3）将光标放到要标注的直线上，这时光标变为形状，要标注的直线以红色高亮度显示。

4）单击，则标注尺寸线出现并随着光标移动，如图 2-75（a）所示。

5）将尺寸线移动到适当的位置后单击，则尺寸线被固定下来。

6）如果在“系统选项”对话框的“系统选项”选项卡中勾选了“输入尺寸值”复选框，则当尺寸线被固定下来时会弹出“修改”对话框，如图 2-75（b）所示。

7）在“修改”对话框中输入直线的长度，单击（确定）按钮，完成标注。

8）如果没有勾选“输入尺寸值”复选框，则需要双击尺寸值，打开“修改”对话框对尺寸进行修改。

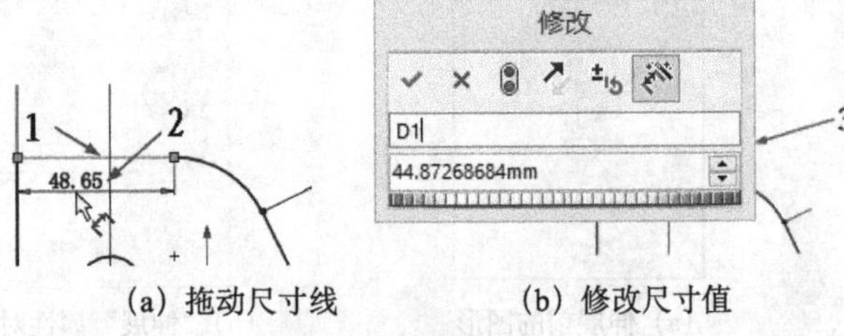

（a）拖动尺寸线　（b）修改尺寸值

图 2-75 直线标注

（2）标注两个几何元素间距离的操作步骤如下。

1）单击“草图”控制面板中的（智能尺寸）按钮，此时光标变为形状。

2）单击拾取第一个几何元素。

3）标注尺寸线出现，不用管它，继续单击拾取第二个几何元素。

4）这时标注尺寸线显示为两个几何元素之间的距离，移动光标到适当的位置。

5）单击鼠标左键，将尺寸线固定下来。

6）在“修改”对话框中输入两个几何元素间的距离，单击（确定）按钮，完成标注。

2.4.3 直径和半径尺寸的标注

默认情况下，SOLIDWORKS 对圆标注的直径尺寸、对圆弧标注的半径尺寸如图 2-76 所示。

(1) 对圆进行直径尺寸标注的操作步骤如下。

【案例 2-34】本案例结果文件光盘路径为“X:\源文件\ch2\2.34.SLDPRT”，案例视频内容光盘路径为“X:\动画演示\第 2 章\2.34 直径标注.avi”。

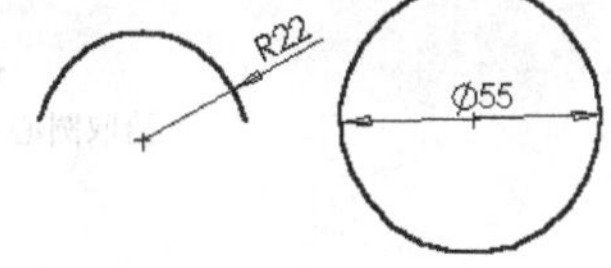

图 2-76 直径和半径尺寸的标注

1）打开随书光盘中的原始文件“X:\原始文件\ch2\2.34.SLDPRT”。

2）单击“草图”控制面板中的（智能尺寸）按钮，此时光标变为形状。

3）将光标放到要标注的圆上，这时光标变为形状，要标注的圆以红色高亮度显示。

4）单击鼠标左键，则标注尺寸线出现，并随着光标移动。

5）将尺寸线移动到适当的位置后，单击将尺寸线固定下来。

6）在“修改”对话框中输入圆的直径，单击（确定）按钮，完成标注。

(2) 对圆弧进行半径尺寸标注的操作步骤如下。

1）单击“草图”控制面板中的（智能尺寸）按钮，此时光标变为形状。

2）将光标放到要标注的圆弧上，这时光标变为形状，要标注的圆弧以红色高亮度显示。

3）单击鼠标左键，则标注尺寸线出现，并随着光标移动。

4）将尺寸线移动到适当的位置后，单击将尺寸线固定下来。

5）在“修改”对话框中输入圆弧的半径，单击（确定）按钮，完成标注。

2.4.4 角度尺寸的标注

角度尺寸标注用于标注两条直线的夹角或圆弧的圆心角。

【案例 2-35】本案例结果文件光盘路径为“X:\源文件\ch2\2.35.SLDPRT”，案例视频内容光盘路径为“X:\动画演示\第 2 章\2.35 角度标注.avi”。

(1) 标注两条直线夹角的操作步骤如下。

1）绘制两条相交的直线。

2）单击“草图”控制面板中的（智能尺寸）按钮，此时光标变为形状。

3）单击拾取第一条直线。

4）标注尺寸线出现，不用管它，继续单击拾取第二条直线。

5）这时标注尺寸线显示为两条直线之间的角度，随着光标的移动，系统会显示 3 种不同的夹角角度，如图 2-77 所示。

6）单击鼠标，将尺寸线固定下来。

7）在“修改”对话框中输入夹角的角度值，单击（确定）按钮，完成标注。

(2) 标注圆弧圆心角的操作步骤如下。

1）单击“草图”控制面板中的（智能尺寸）按钮，此时光标变为形状。

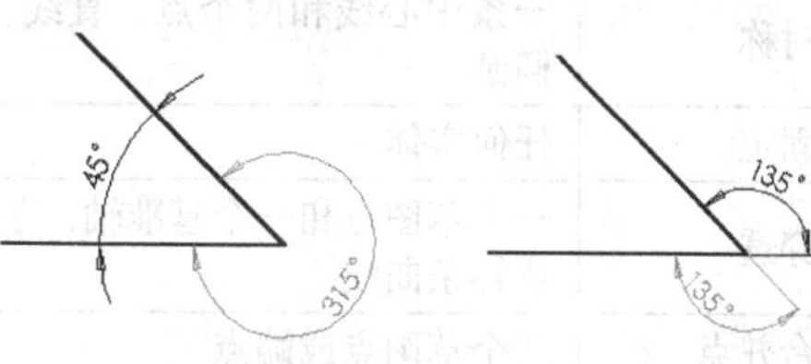

图 2-77 3 种不同的夹角角度

2）单击拾取圆弧的一个端点。

3）单击拾取圆弧的另一个端点，此时标注尺寸线显示这两个端点间的距离。

4）继续单击拾取圆心点，此时标注尺寸线显示圆弧两个端点间的圆心角。

5）将尺寸线移到适当的位置后，单击将尺寸线固定下来，标注结果如图 2-78 所示。

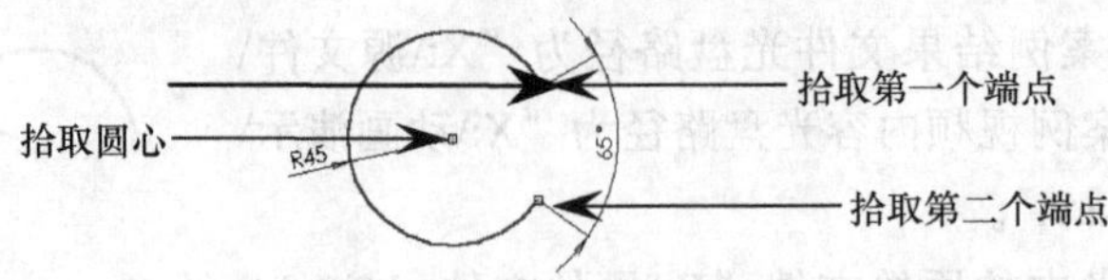

图 2-78　标注圆弧的圆心角

6）在“修改”对话框中输入圆弧的角度值，单击✔（确定）按钮，完成标注。

7）如果在步骤 4）中拾取的不是圆心点而是圆弧，则将标注两个端点间圆弧的长度。

2.5　几何关系

几何关系为草图实体之间或草图实体与基准面、基准轴、边线或顶点之间的几何约束。表 2-6 说明了可为几何关系选择的实体以及所产生的几何关系的特点。

表 2-6　几何关系说明

几何关系	要执行的实体	所产生的几何关系
水平或竖直	一条或多条直线，两个或多个点	直线会变成水平或竖直（由当前草图的空间定义），而点会水平或竖直对齐
共线	两条或多条直线	实体位于同一条无限长的直线上
全等	两个或多个圆弧	实体会共用相同的圆心和半径
几何关系	要执行的实体	所产生的几何关系
垂直	两条直线	两条直线相互垂直
平行	两条或多条直线	实体相互平行
相切	圆弧、椭圆和样条曲线，直线和圆弧，直线和曲面或三维草图中的曲面	两个实体保持相切
同心	两个或多个圆弧，一个点和一个圆弧	圆弧共用同一圆心
中点	一个点和一条直线	点位于线段的中点
交叉	两条直线和一个点	点位于直线的交叉点处
重合	一个点和一直线、圆弧或椭圆	点位于直线、圆弧或椭圆上
相等	两条或多条直线，两个或多个圆弧	直线长度或圆弧半径保持相等
对称	一条中心线和两个点、直线、圆弧或椭圆	实体保持与中心线相等距离，并位于一条与中心线垂直的直线上
固定	任何实体	实体的大小和位置被固定
穿透	一个草图点和一个基准轴、边线、直线或样条曲线	草图点与基准轴、边线或曲线在草图基准面上穿透的位置重合
合并点	两个草图点或端点	两个点合并成一个点

2.5.1 添加几何关系

利用“添加几何关系”工具上可以在草图实体之间或草图实体与基准面、基准轴、边线或顶点之间生成几何关系。

【案例 2-36】本案例结果文件光盘路径为“X:\源文件\ch2\2.36.SLDPRT”，案例视频内容光盘路径为“X:\动画演示\第 2 章\2.36 添加几何关系.avi”。

以图 2-79 为例说明为草图实体添加几何关系的过程，图（a）为添加相切关系前的图形，图（b）为添加相切关系后的图形，其操作步骤如下。

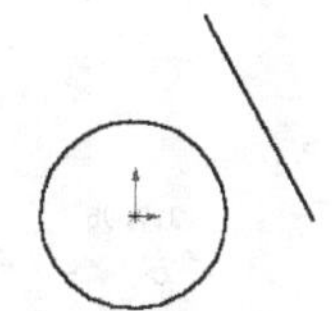

（a）添加相切关系前

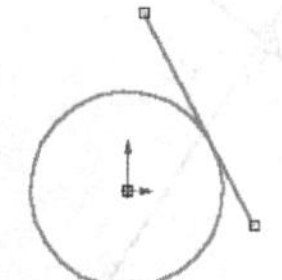

（b）添加相切关系后

图 2-79 添加相切关系前后的两实体

（1）打开随书光盘中的原始文件“X:\原始文件\ch2\2.36.SLDPRT”，如图 2-79（a）所示。

（2）单击“草图”控制面板中的上（添加几何关系）按钮，或单击菜单栏中的“工具”→“几何关系”→“添加”命令。

（3）在草图中单击要添加几何关系的实体。

（4）此时所选实体会在“添加几何关系”属性管理器的“所选实体”选项中显示，如图 2-80 所示。

（5）信息栏ⓘ（欠定义）显示所选实体的状态（完全定义或欠定义等）。

（6）如果要移除一个实体，在“所选实体”选项的列表框中右击该项目，在弹出的快捷菜单中单击“删除”命令即可。

（7）在“添加几何关系”选项组中单击要添加的几何关系类型（相切或固定等），这时添加的几何关系类型就会显示在“现有几何关系”列表框中。

（8）如果要删除添加了的几何关系，在“现有几何关系”列表框中右击该几何关系，在弹出的快捷菜单中单击“删除”命令即可。

（9）单击✔（确定）按钮后，几何关系添加到草图实体间，如图 2-79（b）所示。

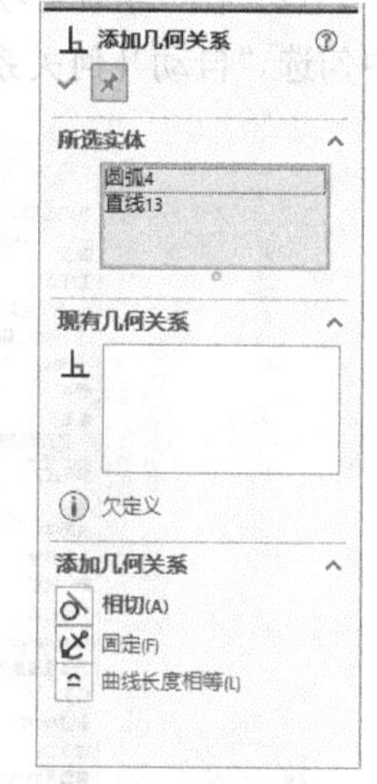

图 2-80 “添加几何关系”属性管理器

2.5.2 自动添加几何关系

使用 SOLIDWORKS 的自动添加几何关系后，在绘制草图时光标会改变形状以显示可以生成哪些几何关系。图 2-81 显示了不同几何关系对应的光标形状。

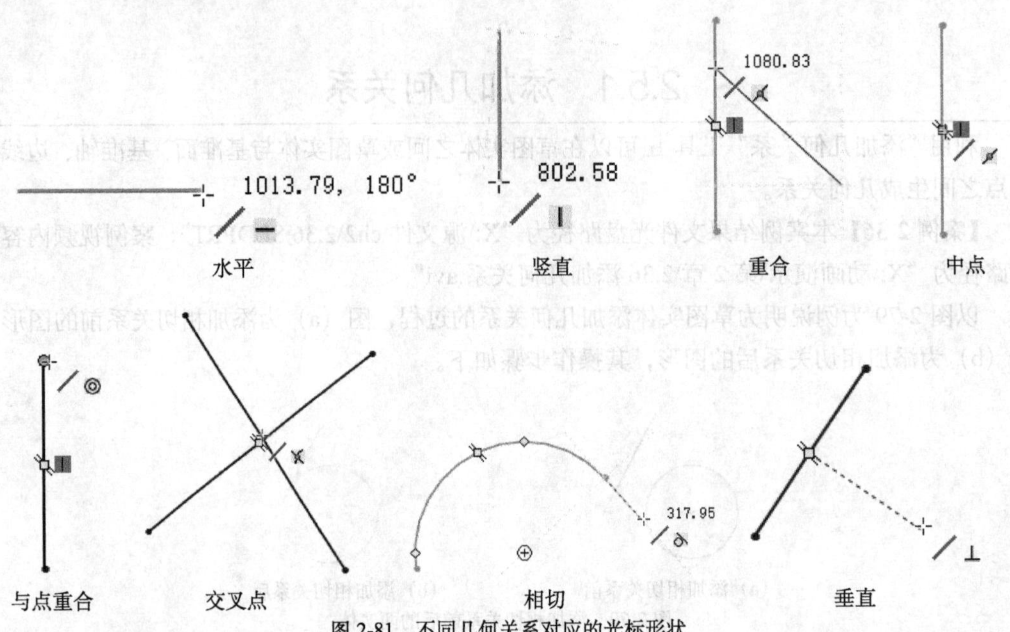

图 2-81 不同几何关系对应的光标形状

将自动添加几何关系作为系统的默认设置，其操作步骤如下。

（1）单击菜单栏中的“工具”→“选项”命令，打开“系统选项”对话框。

（2）在“系统选项”选项卡的左侧列表框中单击“几何关系/捕捉”选项，然后在右侧区域中勾选“自动几何关系”复选框，如图 2-82 所示。

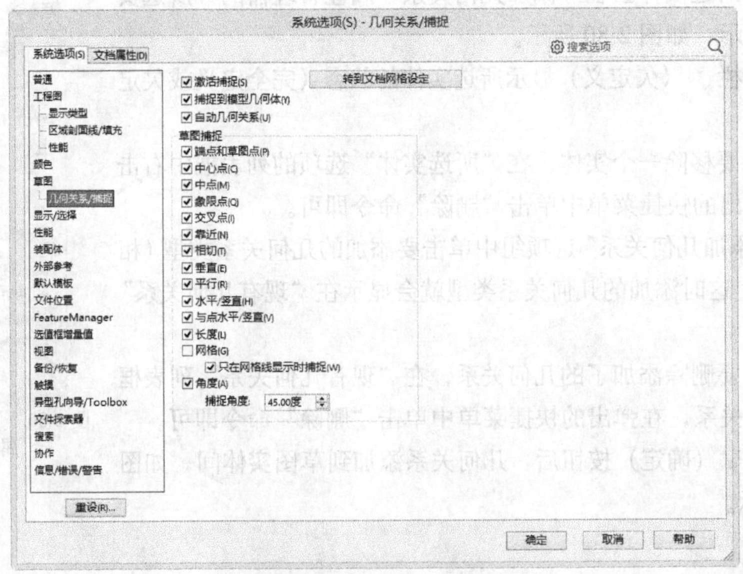

图 2-82 自动添加几何关系

（3）单击“确定”按钮，关闭对话框。

技巧荟萃

所选实体中至少要有一个项目是草图实体，其他项目可以是草图实体，也可以是一条边线、面、顶点、原点、基准面、轴或从其他草图的线或圆弧映射到此草图平面所形成的草图曲线。

2.5.3 显示/删除几何关系

利用“显示/删除几何关系”工具可以显示手动和自动应用到草图实体的几何关系，查看有疑问的特定草图实体的几何关系，并可以删除不再需要的几何关系。此外，还可以通过替换列出的参考引用来修正错误的实体。

如果要显示/删除几何关系，其操作步骤如下。

(1) 单击“草图”控制面板中的 (显示/删除几何关系) 按钮，或单击菜单栏中的“工具”→“几何关系”→“显示/删除几何关系”命令。

(2) 在弹出的“显示/删除几何关系”属性管理器的列表框中执行显示几何关系的准则，如图 2-83 所示。

(3) 在“几何关系”选项组中执行要显示的几何关系。在显示每个几何关系时，高亮显示相关的草图实体，同时还会显示其状态。在“实体”选项组中也会显示草图实体的名称、状态，如图 2-83 所示。

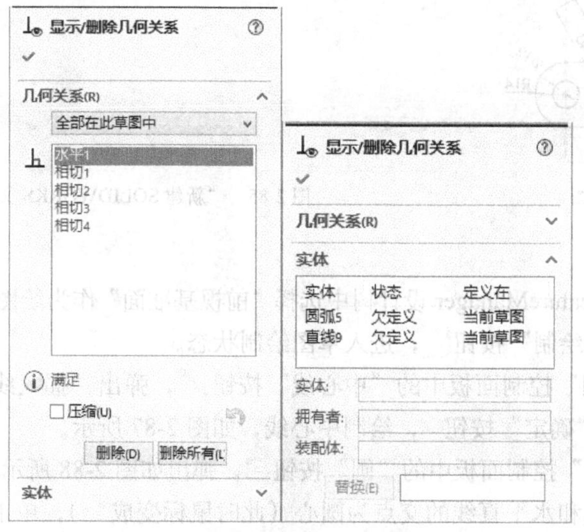

图 2-83 “显示/删除几何关系”属性管理器

(4) 勾选“压缩”复选框，压缩或解除压缩当前的几何关系。

(5) 单击“删除”按钮，删除当前的几何关系；单击“删除所有”按钮，删除当前执行的所有几何关系。

2.6 综合实例——拔叉草图

本案例绘制的拔叉草图如图 2-84 所示。首先绘制构造线构建大概轮廓，然后对其进行修剪和倒圆角操作，最后标注图形尺寸，完成草图的绘制。

光盘文件

本案例结果文件光盘路径为“X:\源文件\ch2\拔叉.SLDPRT”。

多媒体演示参见配套光盘中的“X:\动画演示\第 2 章\拨叉草图.avi”。

绘制步骤

1. 新建文件。单击“快速访问”工具栏中的“新建”按钮，在弹出的如图 2-85 所示的“新建 SOLIDWORKS 文件”对话框中选择“零件”按钮，然后单击“确定”按钮，创建一个新的零件文件。

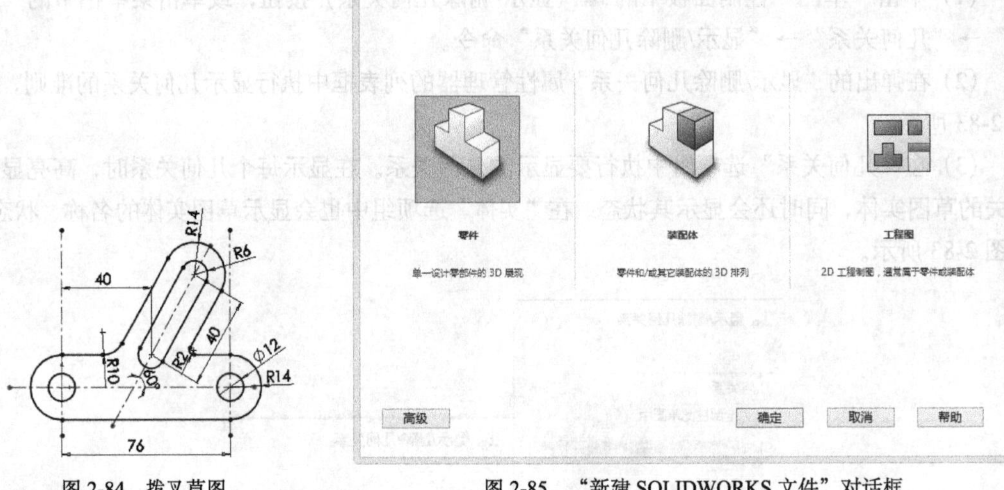

图 2-84　拨叉草图　　图 2-85　“新建 SOLIDWORKS 文件”对话框

2. 创建草图

(1) 在左侧的 FeatureManager 设计树中选择“前视基准面”作为绘图基准面。单击“草图”控制面板中的“草图绘制”按钮，进入草图绘制状态。

(2) 单击“草图”控制面板中的“中心线”按钮，弹出“插入线条”属性管理器，如图 2-86 所示。单击“确定”按钮，绘制中心线，如图 2-87 所示。

(3) 单击“草图”控制面板中的“圆”按钮，弹出如图 2-88 所示的“圆”属性管理器。分别捕捉两竖直直线和水平直线的交点为圆心（此时鼠标变成），单击“确定”按钮，绘制圆，如图 2-89 所示。

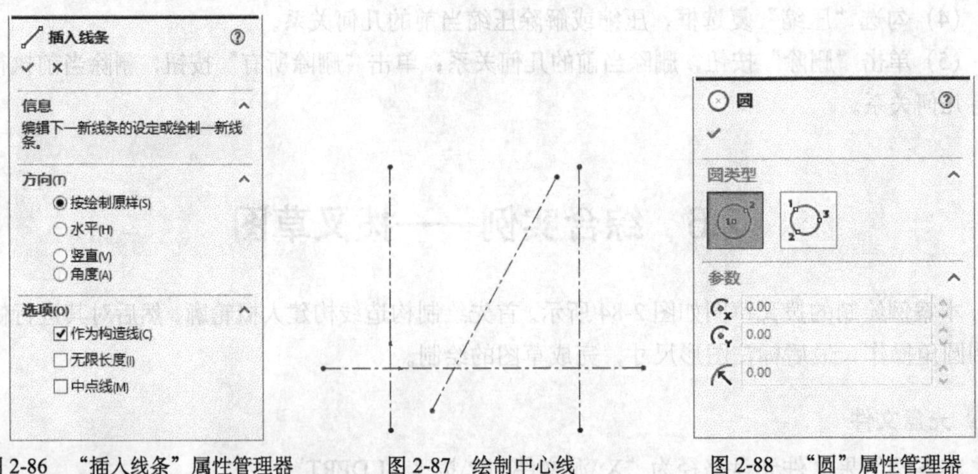

图 2-86　“插入线条”属性管理器　图 2-87　绘制中心线　图 2-88　“圆”属性管理器

（4）单击“草图”控制面板中的“圆心/起/终点画弧”按钮，弹出如图 2-90 所示“圆弧”属性管理器，分别以上步绘制圆的圆心绘制两圆弧，单击“确定”按钮，如图 2-91 所示。

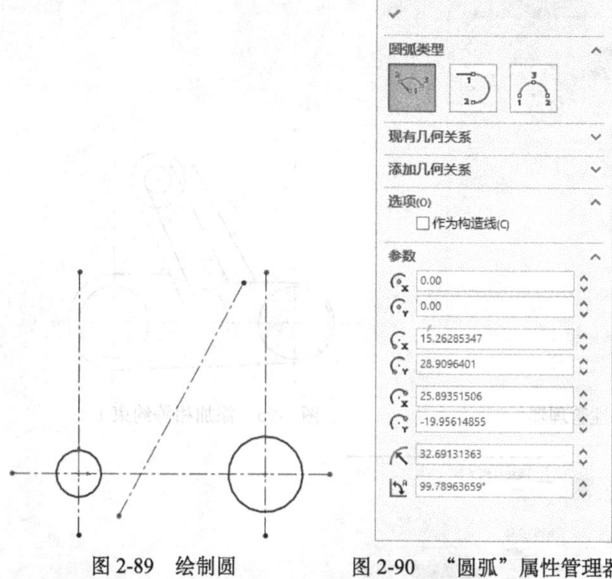

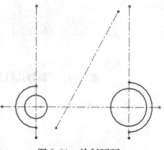

图 2-89　绘制圆　　图 2-90　“圆弧”属性管理器　　图 2-91　绘制圆弧

（5）单击“草图”控制面板中的“圆”按钮，弹出“圆”属性管理器，分别在斜中心线上绘制三个圆，单击“确定”按钮，绘制圆，如图 2-92 所示。

（6）单击“草图”控制面板中的“直线”按钮，弹出“插入线条”属性管理器，绘制直线，如图 2-93 所示。

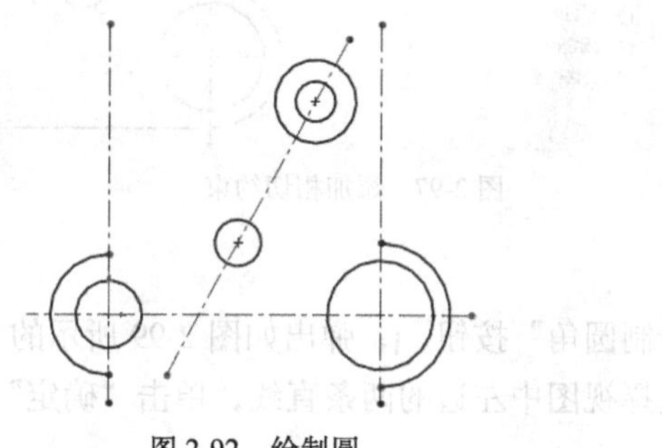

图 2-92　绘制圆

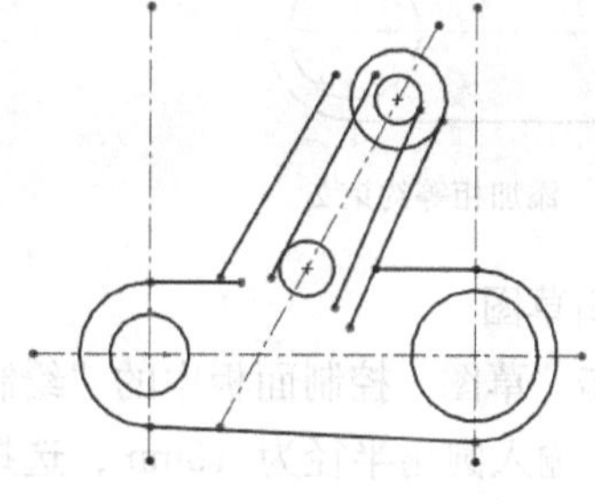

图 2-93　绘制直线

3. 添加约束

（1）单击“草图”控制面板中的“添加几何关系”按钮，弹出“添加几何关系”属性管理器，如图 2-94 所示。选择步骤（3）中绘制的两个圆（见图 2-89），在属性管理器中选择“相等”按钮，使两圆相等，如图 2-95 所示。

（2）同上步骤，分别使两圆弧和两小圆相等，结果如图 2-96 所示。

（3）选择小圆和直线，在属性管理器中选择“相切”按钮，使小圆和直线相切，如图 2-97 所示。

（4）重复上述步骤，分别使直线和圆相切。

（5）选择 4 条斜直线，在属性管理器中选择“平行”按钮，结果如图 2-98 所示。

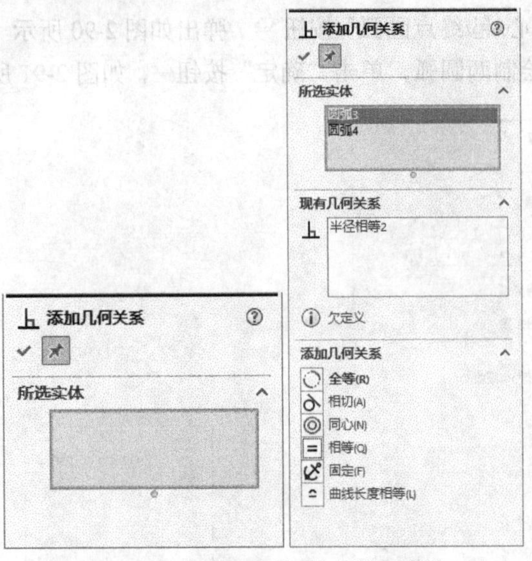

图 2-94 “添加几何关系”属性管理器

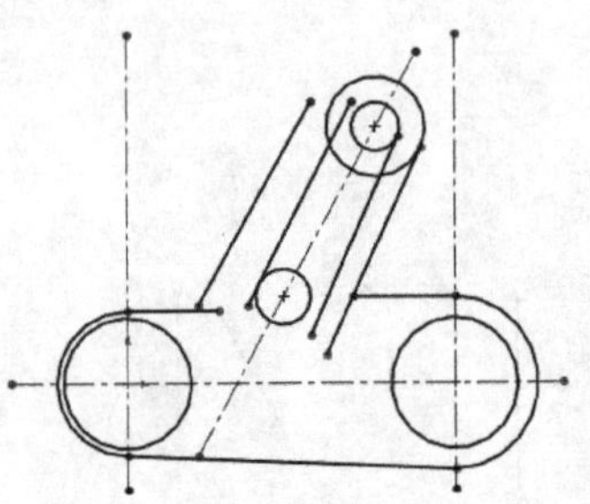

图 2-95 添加相等约束 1

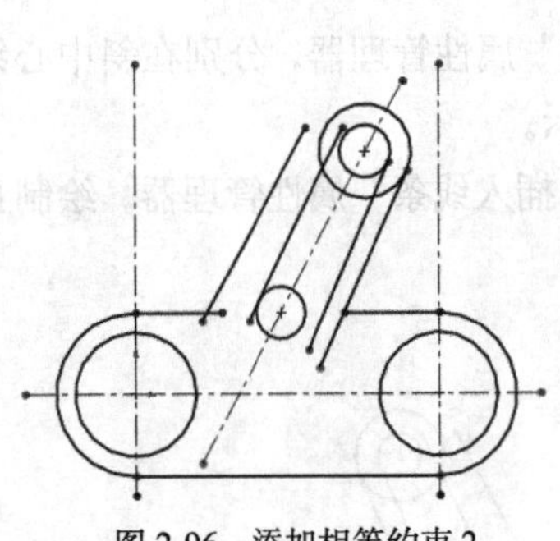

图 2-96 添加相等约束 2

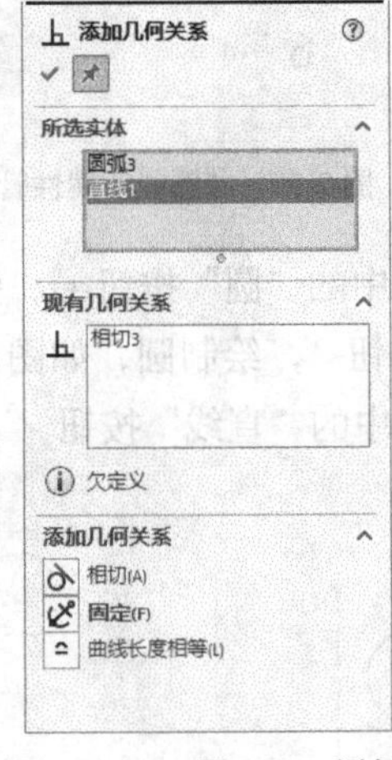

图 2-97 添加相切约束

4. 编辑草图

(1) 单击“草图”控制面板中的“绘制圆角”按钮，弹出如图 2-99 所示的“绘制圆角”属性管理器，输入圆角半径为 10mm，选择视图中左边的两条直线，单击“确定”按钮，结果如图 2-100 所示。

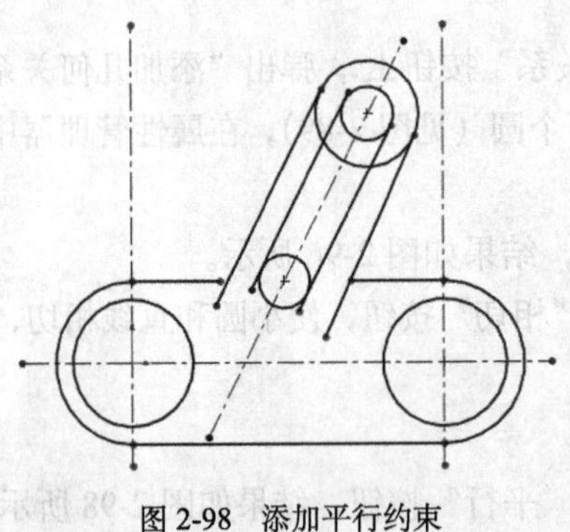

图 2-98 添加平行约束

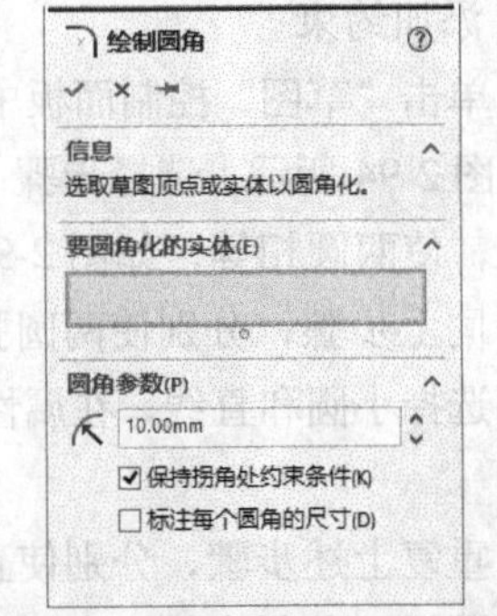

图 2-99 “绘制圆角”属性管理器

（2）重复“绘制圆角”命令，在右侧创建半径为 2 的圆角，结果如图 2-101 所示。

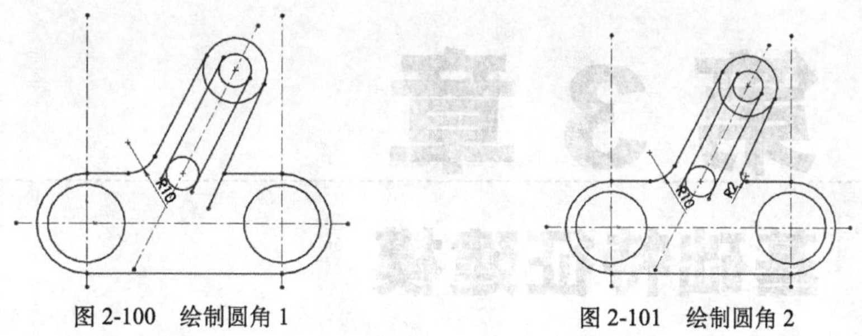

图 2-100　绘制圆角 1　　　　图 2-101　绘制圆角 2

（3）单击“草图”控制面板中的“剪裁实体”按钮，弹出如图 2-102 所示的“剪裁”属性管理器，选择“剪裁到最近端”选项，剪裁多余的线段，单击“确定”按钮✔，结果如图 2-103 所示。

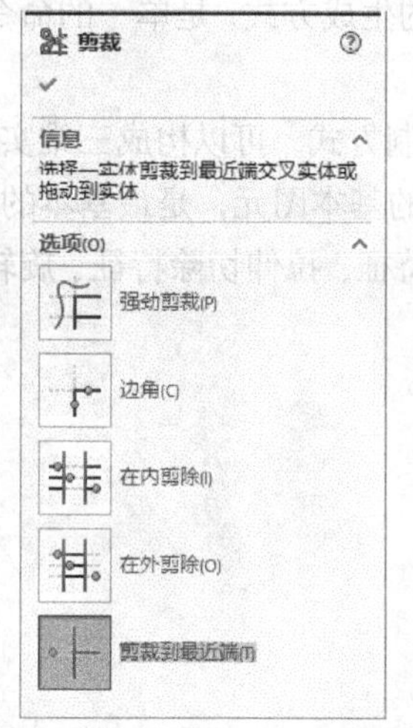

图 2-102　“剪裁”属性管理器

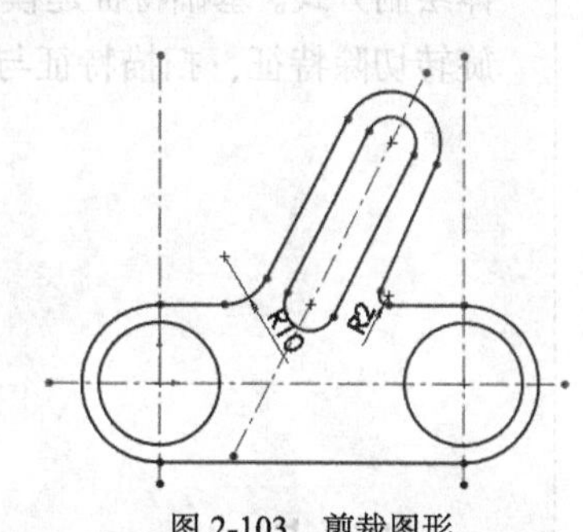

图 2-103　剪裁图形

5. 标注尺寸。单击“草图”控制面板中的“智能尺寸”按钮，选择两竖直中心线，在弹出的“修改”对话框中修改尺寸为 76。同理标注其他尺寸，结果如图 2-84 所示。

第 3 章

基础特征建模

在 SOLIDWORKS 中，特征建模一般分为基础特征建模和附加特征建模两类。基础特征建模是三维实体最基本的生成方式，是单一的命令操作。关于附加特征建模将在第 4 章中介绍。

基础特征建模是三维实体最基本的绘制方式，可以构成三维实体的基本造型。基础特征建模相当于二维草图中的基本图元，是最基本的三维实体绘制方式。基础特征建模主要包括拉伸特征、拉伸切除特征、旋转特征、旋转切除特征、扫描特征与放样特征等。

知识点

- 参考几何体
- 拉伸特征
- 旋转特征
- 扫描特征
- 放样特征

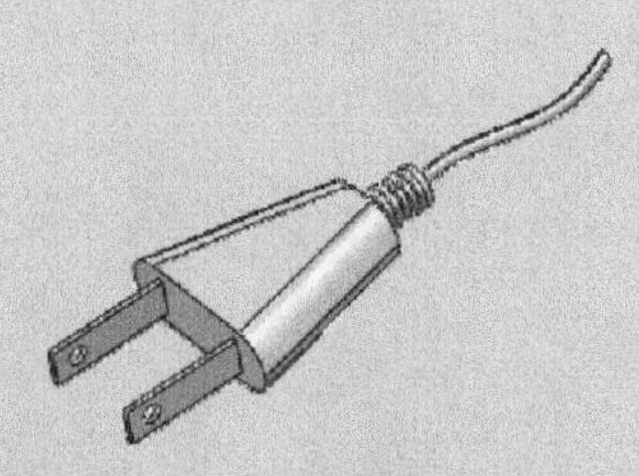

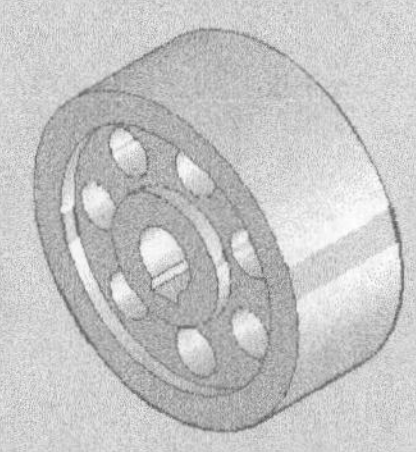

3.1 特征建模基础

SOLIDWORKS 提供了专用的“特征”控制面板，如图 3-1 所示。单击控制面板中相应的图标按钮就可以对草图实体进行相应的操作，生成需要的特征模型。

图 3-1 “特征”控制面板

图 3-2 为螺栓零件的特征模型及其 Feature Manager 设计树，使用 SOLIDWORKS 进行建模的实体包含这两部分的内容，零件模型是设计的真实图形，FeatureManager 设计树显示了对模型进行的操作内容及操作步骤。

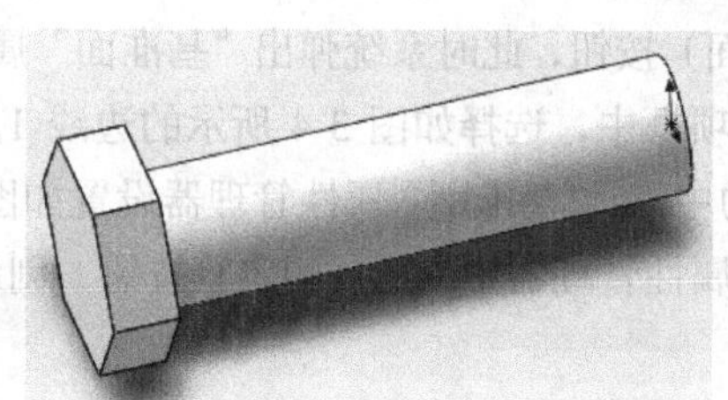

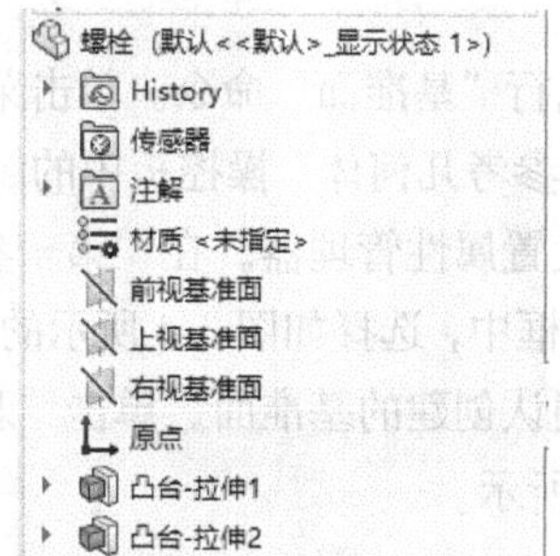

图 3-2 螺栓零件的特征模型及其 FeatureManager 设计树

3.2 参考几何体

参考几何体主要包括基准面、基准轴、坐标系与点 4 个部分。“参考几何体”操控板如图 3-3 所示，各参考几何体的功能如下。

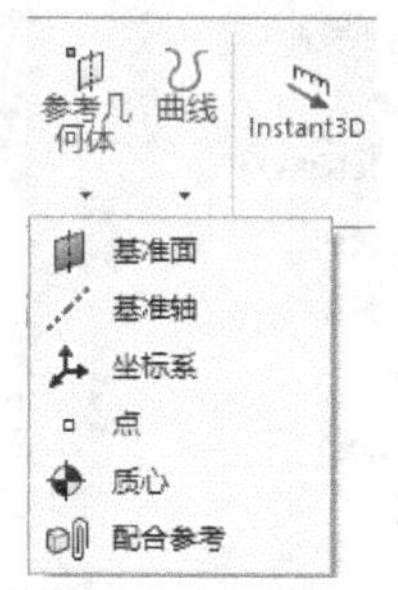

图 3-3 “参考几何体”操控板

3.2.1 基准面

基准面主要应用于零件图和装配图中，可以利用基准面来绘制草图，生成模型的剖面视图，用于拔模特征中的中性面等。

SOLIDWORKS 提供了前视基准面、上视基准面和右视基准面 3 个默认的相互垂直的基准面。通常情况下，用户在这 3 个基准面上绘制草图，然后使用特征命令创建实体模型即可绘制需要的图形。但是，对于一些特殊的特征，比如扫描特征和放样特征，需要在不同的基准面上绘制草图，才能完成模型的构建，这就需要创建新的基准面。

创建基准面有 6 种方式，分别是：通过直线/点方式、点和平行面方式、夹角方式、等距距离方式、垂直于曲线方式与曲面切平面方式。下面详细介绍这几种创建基准面的方式。

1．通过直线/点方式

该方式创建的基准面有 3 种：通过边线、轴；通过草图线及点；通过三点。

下面通过实例介绍该方式的操作步骤。

【案例 3-1】本案例结果文件光盘路径为“X:\源文件\ch3\3.1.SLDPRT”，案例视频内容光盘路径为“X:\动画演示\第 3 章\3.1 基准面.avi”。

（1）打开随书光盘中的原始文件“X:\原始文件\ch3\3.1.SLDPRT”，打开的文件实体如图 3-4 所示。

（2）执行“基准面”命令。单击菜单栏中的“插入”→“参考几何体”→“基准面”命令，或者单击“参考几何体”操控板中的（基准面）按钮，此时系统弹出“基准面”属性管理器。

（3）设置属性管理器。在“第一参考”选项框中，选择如图 3-4 所示的边线 1。在“第二参考”选项框中，选择如图 3-4 所示的边线 2 的中点。“基准面”属性管理器设置如图 3-5 所示。

（4）确认创建的基准面。单击“基准面”属性管理器中的（确定）按钮，创建的基准面 1 如图 3-6 所示。

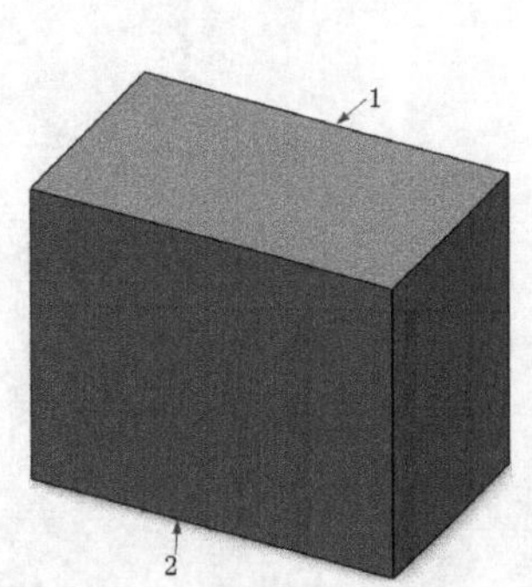

图 3-4　打开的文件实体

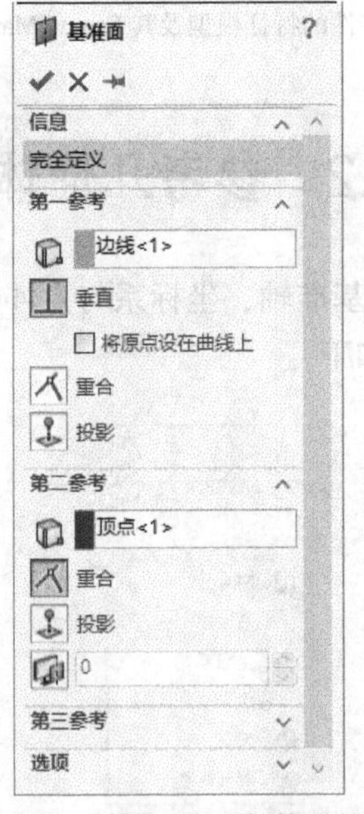

图 3-5　“基准面”属性管理器 1

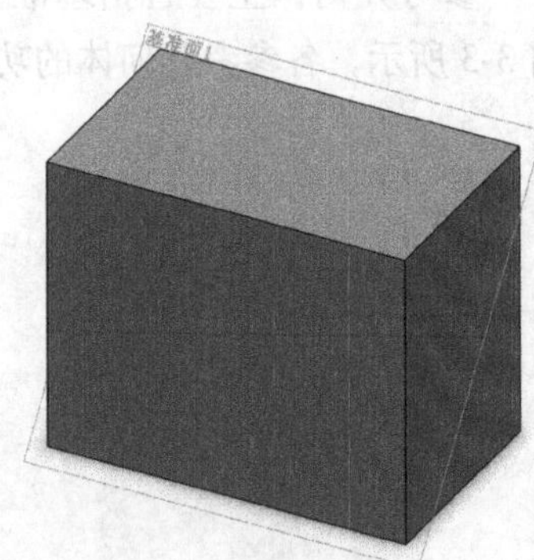

图 3-6　创建的基准面 1

2．点和平行面方式

该方式用于创建通过点且平行于基准面或者面的基准面。

下面通过实例介绍该方式的操作步骤。

【案例 3-2】本案例结果文件光盘路径为“X:\源文件\ch3\3.2.SLDPRT”，案例视频内容光盘路径为“X:\动画演示\第 3 章\3.2 基准面.avi”。

（1）打开随书光盘中的原始文件“X:\原始文件\ch3\3.2.SLDPRT”，打开的文件实体如

图 3-7 所示。

(2) 执行“基准面”命令。执行菜单栏中的“插入”→“参考几何体”→“基准面”命令，或者单击“参考几何体”操控板中的 (基准面) 按钮，此时系统弹出“基准面”属性管理器。

(3) 设置属性管理器。在“第一参考”选项框中，选择如图 3-7 所示的面 1。在“第二参考”选项框中，选择如图 3-7 所示边线 2 的中点。“基准面”属性管理器设置如图 3-8 所示。

(4) 确认创建的基准面。单击“基准面”属性管理器中的 (确定) 按钮，创建的基准面 2 如图 3-9 所示。

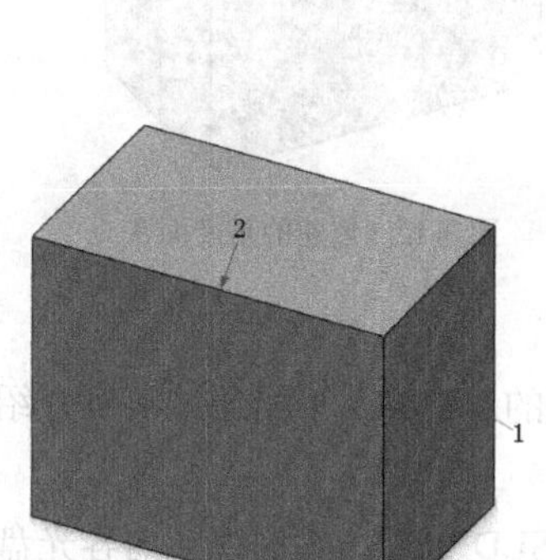

图 3-7 打开的文件实体

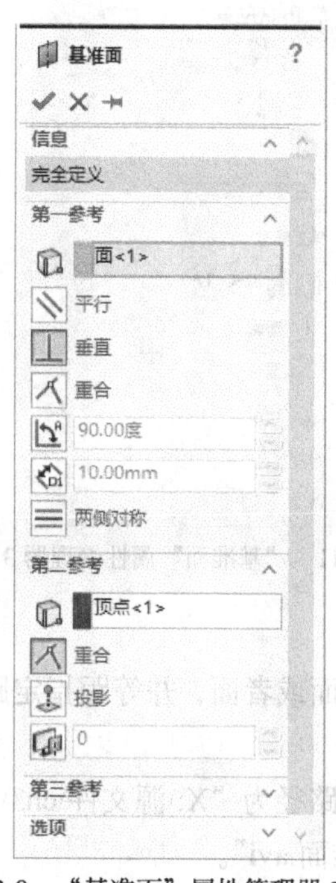

图 3-8 “基准面”属性管理器 2

图 3-9 创建的基准面 2

3. 夹角方式

该方式用于创建通过一条边线、轴线或者草图线，并与一个面或者基准面成一定角度的基准面。下面通过实例介绍该方式的操作步骤。

【案例 3-3】本案例结果文件光盘路径为“X:\源文件\ch3\3.3.SLDPRT”，案例视频内容光盘路径为“X:\动画演示\第 3 章\3.3 基准面.avi”。

(1) 打开随书光盘中的原始文件“X:\原始文件\ch3\3.3.SLDPRT”，打开的文件实体如图 3-10 所示。

(2) 执行“基准面”命令。单击菜单栏中的“插入”→“参考几何体”→“基准面”命令，或者单击“参考几何体”操控板中的 (基准面) 按钮，此时系统弹出“基准面”属性管理器。

(3) 设置属性管理器。在“第一参考”选项框中，选择如图 3-10 所示的面 1。在“第二参考”选项框中，选择如图 3-10 所示的边线 2。“基准面”属性管理器设置如图 3-11 所示，夹角为 60°。

(4) 确认创建的基准面。单击“基准面”属性管理器中的 (确定) 按钮，创建的基准面 3 如图 3-12 所示。

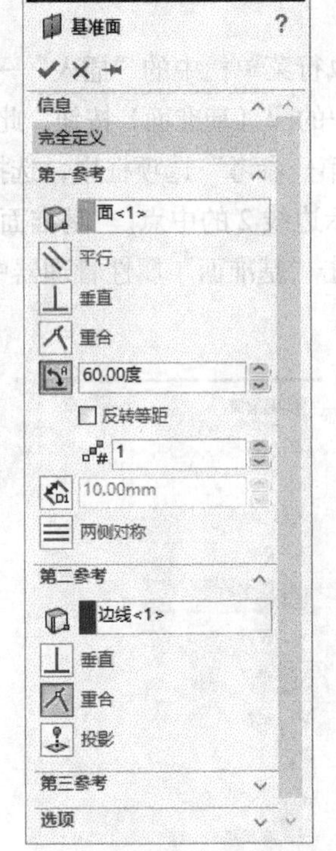

图 3-10　打开的文件实体　　图 3-11　“基准面”属性管理器 3　　图 3-12　创建的基准面 3

4．等距距离方式

该方式用于创建平行于一个基准面或者面，并等距指定距离的基准面。下面通过实例介绍该方式的操作步骤。

【案例 3-4】本案例结果文件光盘路径为“X:\源文件\ch3\3.4.SLDPRT”，案例视频内容光盘路径为“X:\动画演示\第 3 章\3.4 基准面.avi”。

(1) 打开随书光盘中的原始文件“X:\原始文件\ch3\3.4.SLDPRT”，打开的文件实体如图 3-13 所示。

(2) 执行“基准面”命令。执行菜单栏中的“插入”→“参考几何体”→“基准面”命令，或者单击“参考几何体”操控板中的（基准面）按钮，此时系统弹出“基准面”属性管理器。

(3) 设置属性管理器。在“第一参考”选项框中，选择如图 3-13 所示的面 1。“基准面”属性管理器设置如图 3-14 所示，距离为 20mm。勾选“基准面”属性管理器中的“反转等距”复选框，可以设置生成基准面相对于参考面的方向。

(4) 确认创建的基准面。单击“基准面”属性管理器中的✔（确定）按钮，创建的基准面 4 如图 3-15 所示。

5．垂直于曲线方式

该方式用于创建通过一个点且垂直于一条边线或者曲线的基准面。

下面通过实例介绍该方式的操作步骤。

【案例 3-5】本案例结果文件光盘路径为“X:\源文件\ch3\3.5.SLDPRT”，案例视频内容光盘路径为“X:\动画演示\第 3 章\3.5 基准面.avi”。

(1) 打开随书光盘中的原始文件“X:\原始文件\ch3\3.5.SLDPRT”，打开的文件实体如图 3-16 所示。

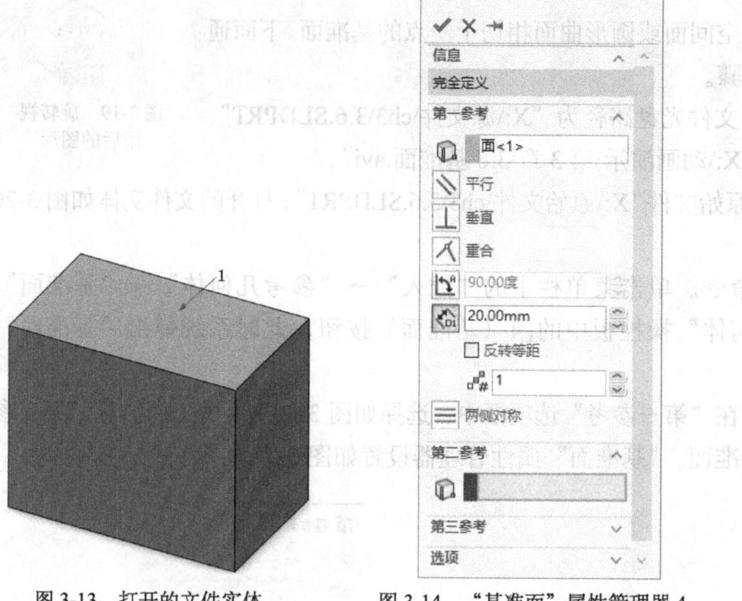

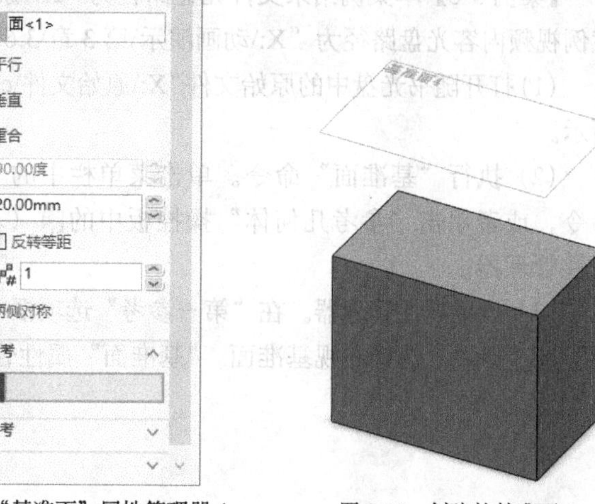

图 3-13 打开的文件实体　　图 3-14 “基准面”属性管理器 4　　图 3-15 创建的基准面 4

（2）执行“基准面”命令。单击菜单栏中的“插入”→“参考几何体”→“基准面”命令，或者单击“参考几何体”操控板中的▯（基准面）按钮，此时系统弹出“基准面”属性管理器。

（3）设置属性管理器。在“第一参考”选项框中，选择如图 3-16 所示的点 1。在“第二参考”选项框中，选择如图 3-16 所示的线 2。“基准面”属性管理器设置如图 3-17 所示。

（4）确认创建的基准面。单击“基准面”属性管理器中的✔（确定）按钮，则创建通过点 1 且与螺旋线垂直的基准面 5，如图 3-18 所示。

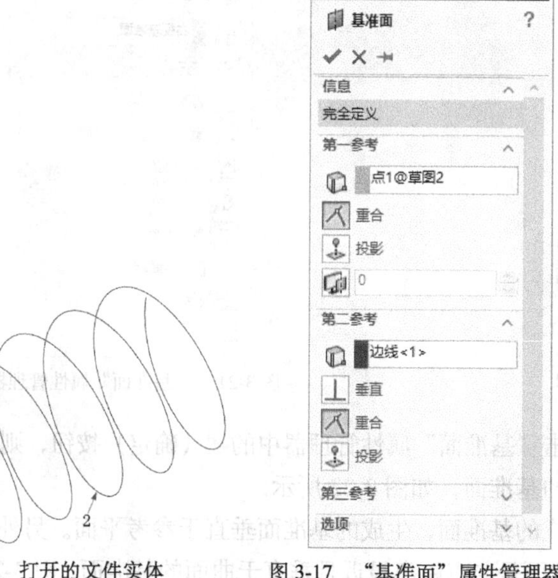

图 3-16 打开的文件实体　　图 3-17 “基准面”属性管理器 5　　图 3-18 创建的基准面 5

（5）单击“前导视图”工具栏中的↻（旋转视图）按钮，将视图以合适的方向显示，如图 3-19 所示。

6．曲面切平面方式

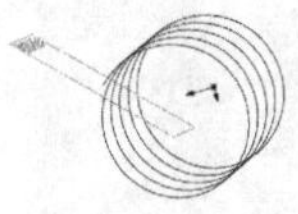

图 3-19　旋转视图后的图形

该方式用于创建一个与空间面或圆形曲面相切于一点的基准面。下面通过实例介绍该方式的操作步骤。

【案例 3-6】本案例结果文件光盘路径为“X:\源文件\ch3\3.6.SLDPRT”，案例视频内容光盘路径为“X:\动画演示\第 3 章\3.6 基准面.avi”。

(1) 打开随书光盘中的原始文件“X:\原始文件\ch3\3.6.SLDPRT”，打开的文件实体如图 3-20 所示。

(2) 执行“基准面”命令。单击菜单栏中的“插入”→“参考几何体”→“基准面”命令，或者单击“参考几何体”操控板中的(基准面) 按钮，此时系统弹出“基准面”属性管理器。

(3) 设置属性管理器。在“第一参考”选项框中，选择如图 3-20 所示的面 1。在“第二参考”选项框中，选择右视基准面。“基准面”属性管理器设置如图 3-21 所示。

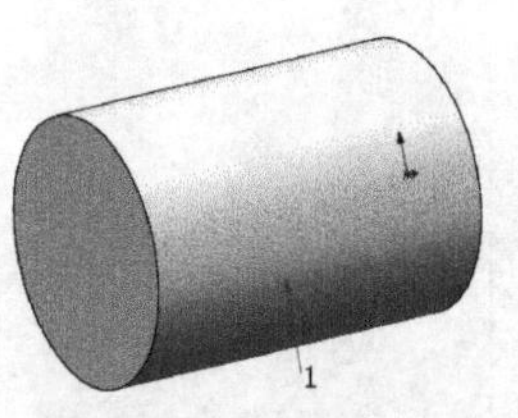

图 3-20　打开的文件实体

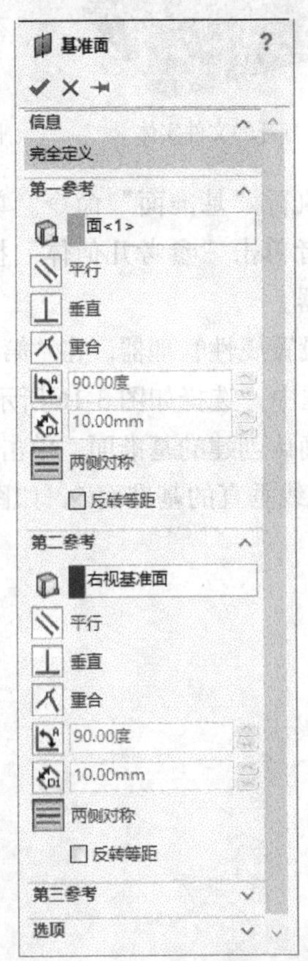

图 3-21　“基准面”属性管理器

(4) 确认创建的基准面。单击“基准面”属性管理器中的✔(确定) 按钮，则创建与圆柱体表面相切且垂直于右视基准面的基准面，如图 3-22 所示。

本实例是以参照平面方式生成的基准面，生成的基准面垂直于参考平面。另外，也可以参考点方式生成基准面，生成的基准面是与点距离最近且垂直于曲面的基准面。图 3-23 为参考点方式生成的基准面。

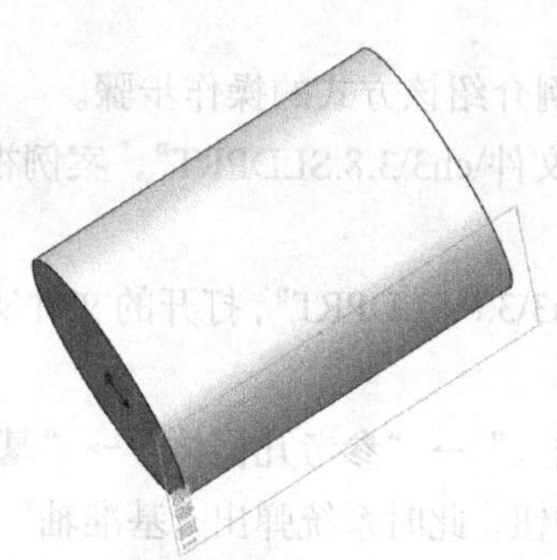
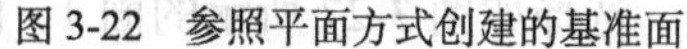
图 3-22 参照平面方式创建的基准面

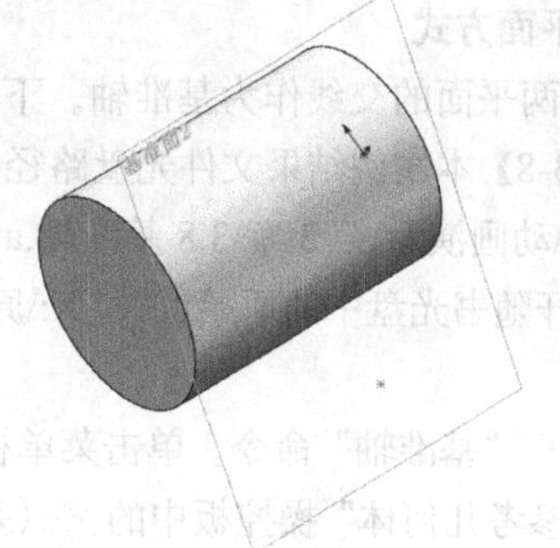
图 3-23 参考点方式创建的基准面

3.2.2 基准轴

基准轴通常在草图几何体或者圆周阵列中使用。每一个圆柱和圆锥面都有一条轴线。临时轴是由模型中的圆锥和圆柱隐含生成的，可以单击菜单栏中的“视图”→“临时轴”命令来隐藏或显示所有的临时轴。

创建基准轴有 5 种方式，分别是：一直线/边线/轴方式、两平面方式、两点/顶点方式、圆柱/圆锥面方式与点和面/基准面方式。下面详细介绍这几种创建基准轴的方式。

1．一直线/边线/轴方式

选择一草图的直线、实体的边线或者轴，创建所选直线所在的轴线。

下面通过实例介绍该方式的操作步骤。

【案例 3-7】本案例结果文件光盘路径为“X:\源文件\ch3\3.7.SLDPRT”，案例视频内容光盘路径为“X:\动画演示\第 3 章\3.7 基准轴.avi”。

（1）打开随书光盘中的原始文件“X:\原始文件\ch3\3.7.SLDPRT”，打开的文件实体如图 3-24 所示。

（2）执行“基准轴”命令。单击菜单栏中的“插入”→“参考几何体”→“基准轴”命令，或者单击“参考几何体”操控板中的 （基准轴）按钮，此时系统弹出“基准轴”属性管理器。

（3）设置属性管理器。在“参考实体”选项框中，选择如图 3-24 所示的线 1。“基准轴”属性管理器设置如图 3-25 所示。

（4）确认创建的基准轴。单击“基准轴”属性管理器中的 （确定）按钮，创建的边线 1 所在的基准轴 1 如图 3-26 所示。

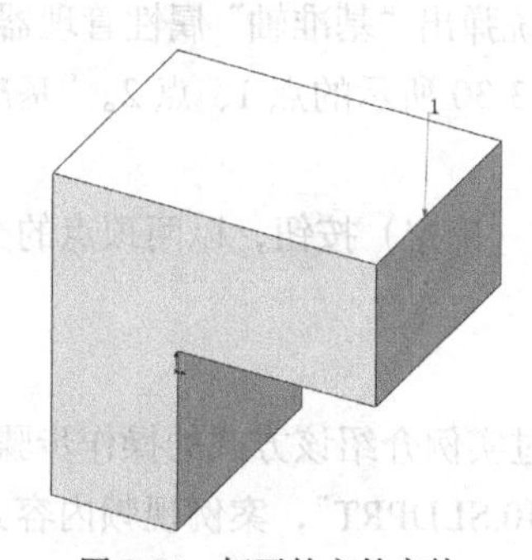

图 3-24 打开的文件实体

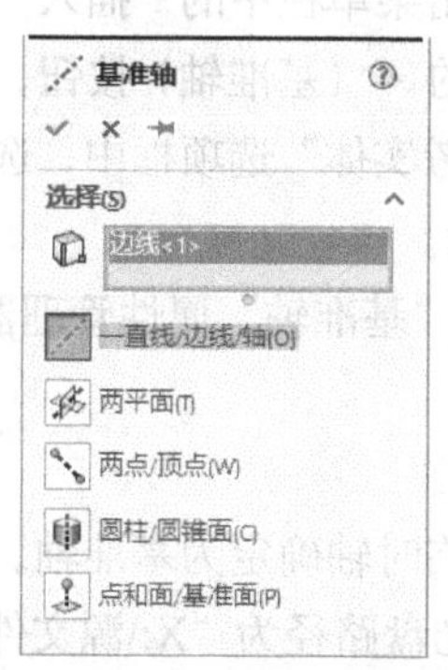

图 3-25 “基准轴”属性管理器 1

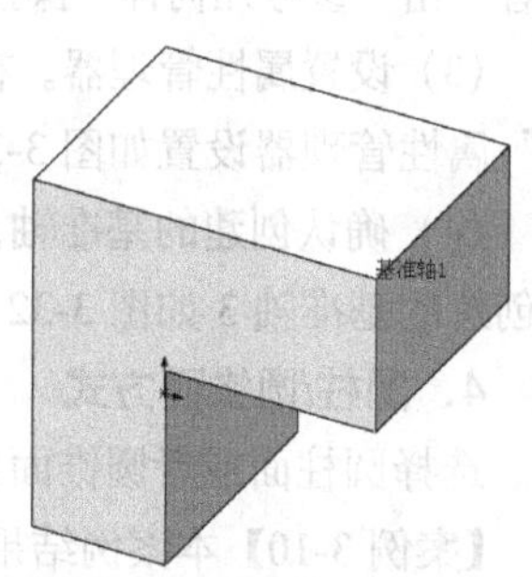

图 3-26 创建的基准轴 1

2．两平面方式

将所选两平面的交线作为基准轴。下面通过实例介绍该方式的操作步骤。

【案例 3-8】本案例结果文件光盘路径为“X:\源文件\ch3\3.8.SLDPRT”，案例视频内容光盘路径为“X:\动画演示\第 3 章\3.8 基准轴.avi”。

(1) 打开随书光盘中的原始文件“X:\原始文件\ch3\3.8.SLDPRT”，打开的文件实体如图 3-27 所示。

(2) 执行“基准轴”命令。单击菜单栏中的“插入”→“参考几何体”→“基准轴”命令，或者单击“参考几何体”操控板中的 (基准轴) 按钮，此时系统弹出“基准轴”属性管理器。

(3) 设置属性管理器。在“参考实体”选项框中，选择如图 3-27 所示的面 1、面 2。“基准轴”属性管理器设置如图 3-28 所示。

(4) 确认创建的基准轴。单击“基准轴”属性管理器中的✔ (确定) 按钮，以两平面的交线创建的基准轴 2 如图 3-29 所示。

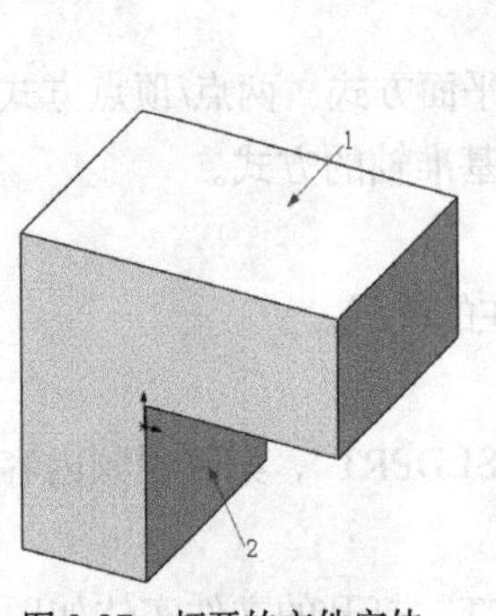

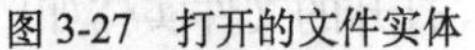
图 3-27　打开的文件实体

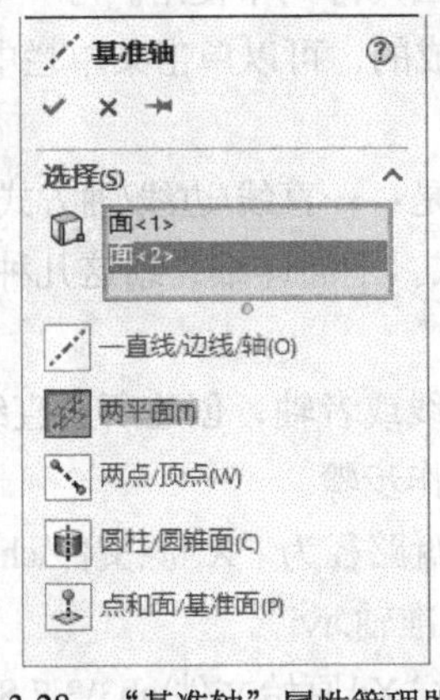

图 3-28　“基准轴”属性管理器 2

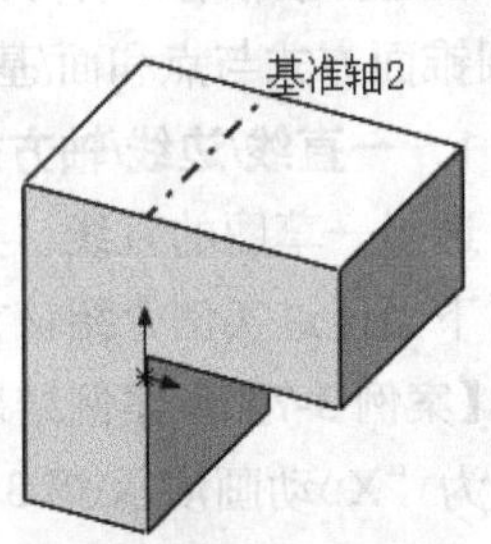

图 3-29　创建的基准轴 2

3．两点/顶点方式

将两个点或者两个顶点的连线作为基准轴。下面通过实例介绍该方式的操作步骤。

【案例 3-9】本案例结果文件光盘路径为“X:\源文件\ch3\3.9.SLDPRT”，案例视频内容光盘路径为“X:\动画演示\第 3 章\3.9 基准轴.avi”。

(1) 打开随书光盘中的原始文件“X:\原始文件\ch3\3.9.SLDPRT”，打开的文件实体如图 3-30 所示。

(2) 执行“基准轴”命令。单击菜单栏中的“插入”→“参考几何体”→“基准轴”命令，或者单击“参考几何体”操控板中的 (基准轴) 按钮，此时系统弹出“基准轴”属性管理器。

(3) 设置属性管理器。在“参考实体”选项框中，选择如图 3-30 所示的点 1、点 2。“基准轴”属性管理器设置如图 3-31 所示。

(4) 确认创建的基准轴。单击“基准轴”属性管理器中的✔ (确定) 按钮，以两顶点的交线创建的基准轴 3 如图 3-32 所示。

4．圆柱/圆锥面方式

选择圆柱面或者圆锥面，将其临时轴确定为基准轴。下面通过实例介绍该方式的操作步骤。

【案例 3-10】本案例结果文件光盘路径为“X:\源文件\ch3\3.10.SLDPRT”，案例视频内容光盘路径为“X:\动画演示\第 3 章\3.10 基准轴.avi”。

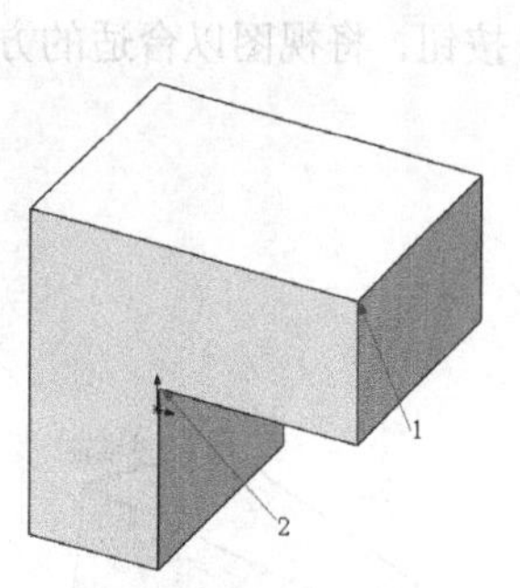

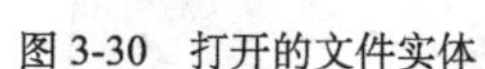

图 3-30 打开的文件实体

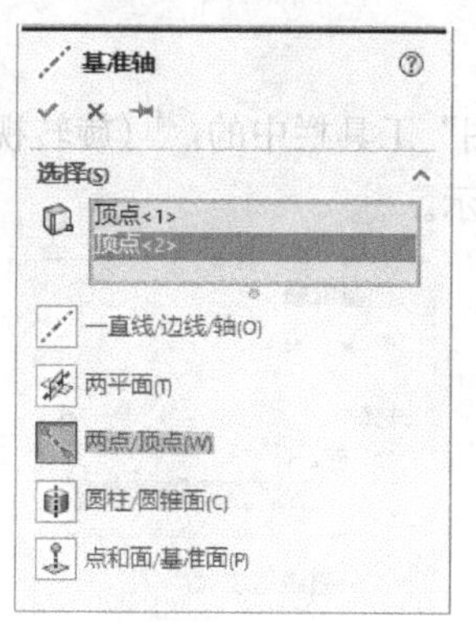

图 3-31 “基准轴”属性管理器 3

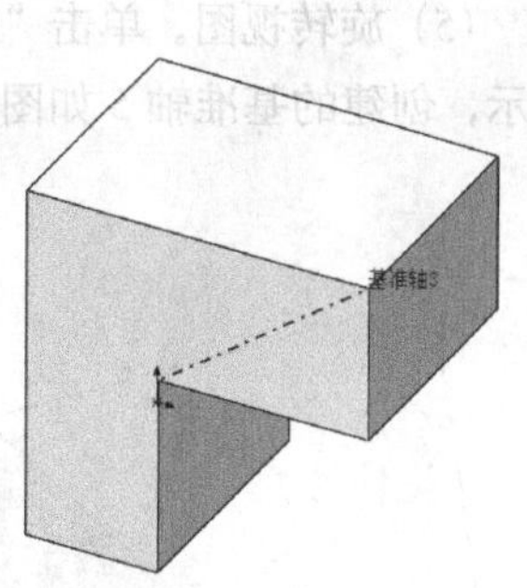

图 3-32 创建的基准轴 3

（1）打开随书光盘中的原始文件“X:\原始文件\ch3\3.10.SLDPRT”，打开的文件实体如图 3-33 所示。

（2）执行“基准轴”命令。单击菜单栏中的“插入”→“参考几何体”→“基准轴”命令，或者单击“参考几何体”操控板中的 （基准轴）按钮，此时系统弹出“基准轴”属性管理器。

（3）设置属性管理器。在“参考实体”选项框中，选择如图 3-33 所示的面 1。“基准轴”属性管理器设置如图 3-34 所示。

（4）确认创建的基准轴。单击“基准轴”属性管理器中的 （确定）按钮，将圆柱体临时轴确定为基准轴 4，如图 3-35 所示。

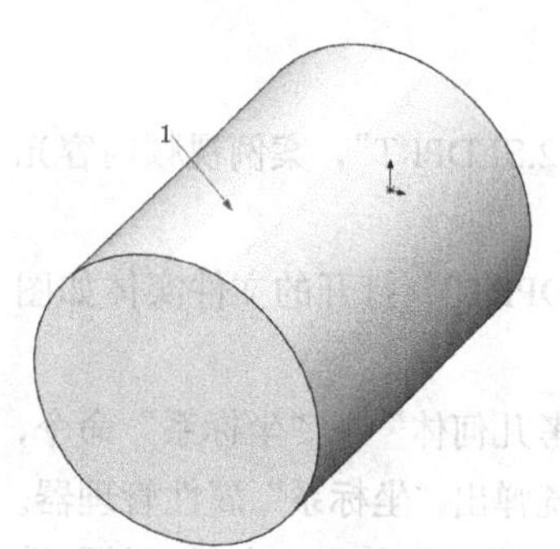

图 3-33 打开的文件实体

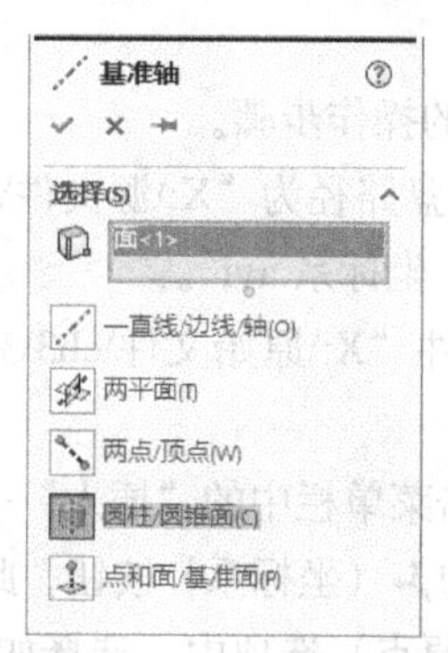

图 3-34 “基准轴”属性管理器 4

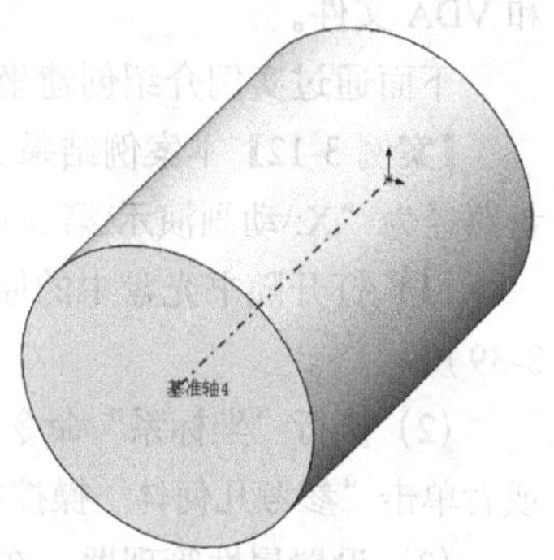

图 3-35 创建的基准轴 4

5．点和面/基准面方式

选择一曲面或者基准面以及顶点、点或者中点，创建一个通过所选点并且垂直于所选面的基准轴。下面通过实例介绍该方式的操作步骤。

【案例 3-11】本案例结果文件光盘路径为“X:\源文件\ch3\3.11.SLDPRT”，案例视频内容光盘路径为“X:\动画演示\第 3 章\3.11 基准轴.avi”。

（1）打开随书光盘中的原始文件“X:\原始文件\ch3\3.11.SLDPRT”，打开的文件实体如图 3-36 所示。

（2）执行“基准轴”命令。单击菜单栏中的“插入”→“参考几何体”→“基准轴”命令，或者单击“参考几何体”操控板中的 （基准轴）按钮，此时系统弹出“基准轴”属性管理器。

（3）设置属性管理器。在“参考实体”选项框中，选择如图 3-36 所示的面 1、边线 2 的中点。“基准轴”属性管理器设置如图 3-37 所示。

（4）确认创建的基准轴。单击“基准轴”属性管理器中的 （确定）按钮，创建通过边线

2 的中点且垂直于面 1 的基准轴 5。

(5) 旋转视图。单击“前导视图”工具栏中的（旋转视图）按钮，将视图以合适的方向显示，创建的基准轴 5 如图 3-38 所示。

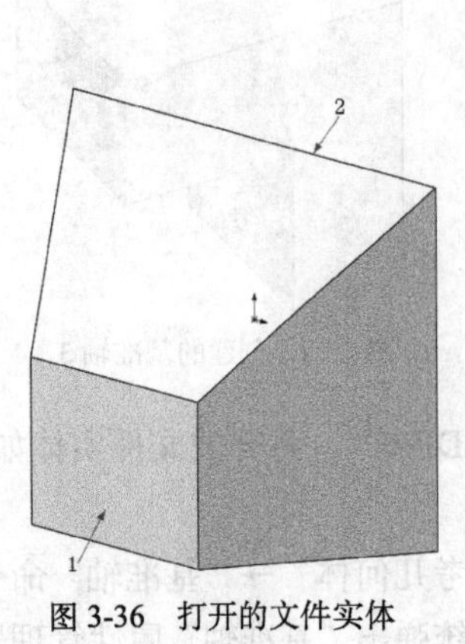

图 3-36 打开的文件实体

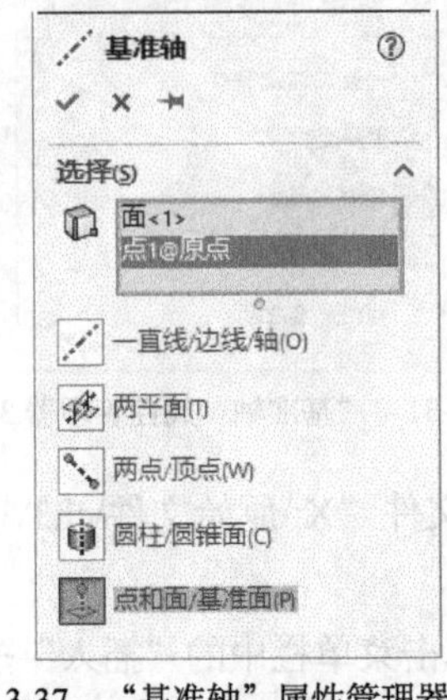

图 3-37 “基准轴”属性管理器 5

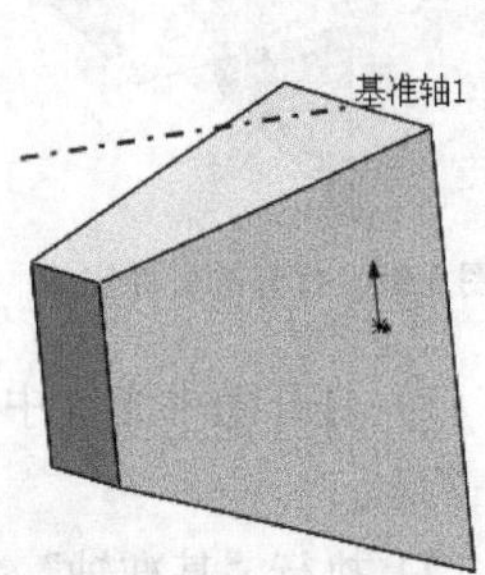

图 3-38 创建的基准轴 5

3.2.3 坐标系

“坐标系”命令主要用来定义零件或装配体的坐标系。此坐标系与测量和质量属性工具一同使用，可用于将 SOLIDWORKS 文件输出至 IGES、STL、ACIS、STEP、Parasolid、VRML 和 VDA 文件。

下面通过实例介绍创建坐标系的操作步骤。

【案例 3-12】本案例结果文件光盘路径为“X:\源文件\ch3\3.12.SLDPRT”，案例视频内容光盘路径为“X:\动画演示\第 3 章\3.12 坐标系.avi”。

(1) 打开随书光盘中的原始文件“X:\原始文件\ch3\3.12.SLDPRT”，打开的文件实体如图 3-39 所示。

(2) 执行“坐标系”命令。单击菜单栏中的“插入”→“参考几何体”→“坐标系”命令，或者单击“参考几何体”操控板中的（坐标系）按钮，此时系统弹出“坐标系”属性管理器。

(3) 设置属性管理器。在（原点）选项中，选择如图 3-39 所示的点 A；在“X 轴”选项中，选择如图 3-39 所示的边线 1；在“Y 轴”选项中，选择如图 3-39 所示的边线 2；在“Z 轴”选项中，选择如图 3-39 所示的边线 3。“坐标系”属性管理器设置如图 3-40 所示，单击（方向）按钮，改变轴线方向。

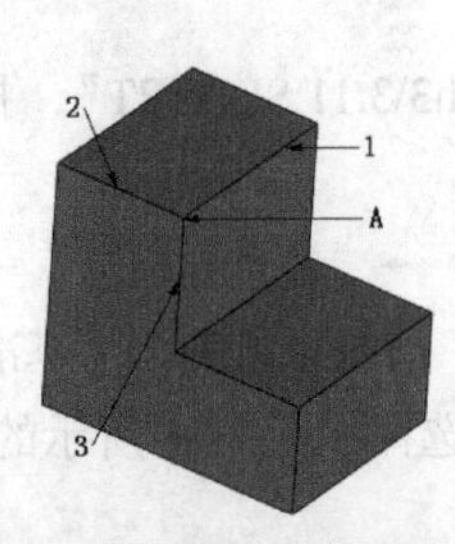

图 3-39 打开的文件实体

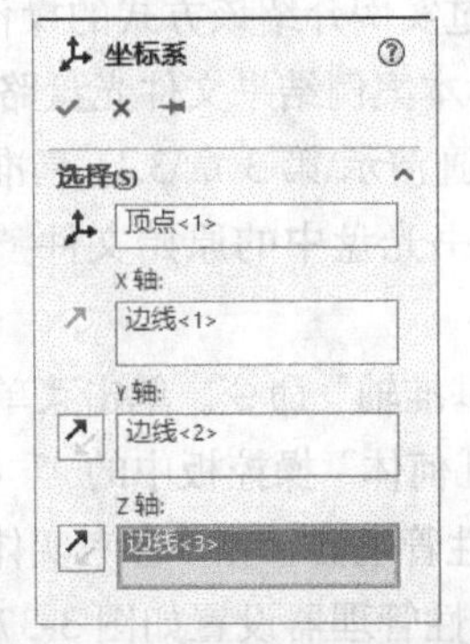

图 3-40 “坐标系”属性管理器

（4）确认创建的坐标系。单击“坐标系”属性管理器中的✔（确定）按钮，创建的新坐标系 1 如图 3-41 所示。此时所创建的坐标系 1 也会出现在 FeatureManager 设计树中，如图 3-42 所示。

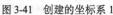

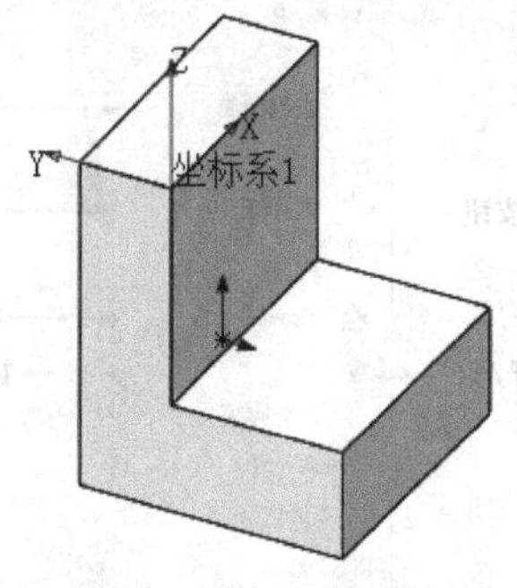

图 3-41　创建的坐标系 1

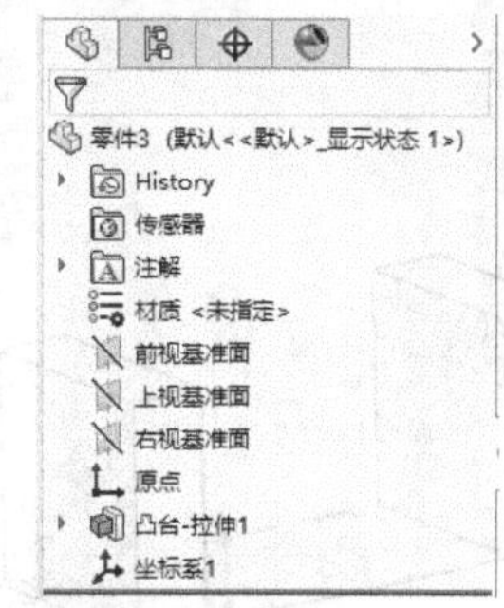

图 3-42　FeatureManager 设计树

技巧荟萃

在“坐标系”属性管理器中，每一步设置都可以形成一个新的坐标系，并可以单击↗“方向”按钮调整坐标轴的方向。

3.3 拉伸特征

拉伸特征是将一个用草图描述的截面，沿指定的方向（一般情况下是沿垂直于截面方向）延伸一段距离后所形成的特征。拉伸是 SOLIDWORKS 模型中最常见的类型，具有相同截面、有一定长度的实体，如长方体、圆柱体等都可以由拉伸特征来形成。图 3-43 展示了利用拉伸凸台/基体特征生成的零件。

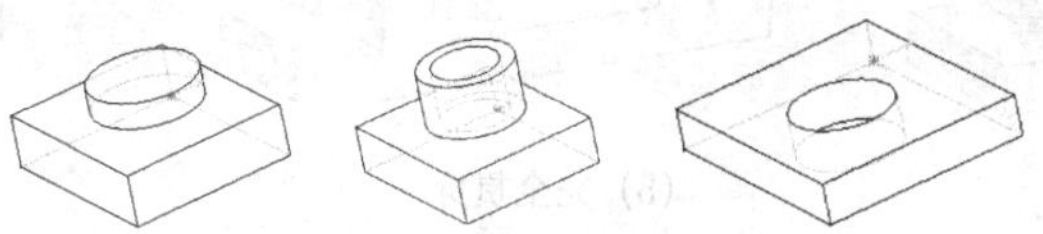
图 3-43　利用拉伸凸台/基体特征生成的零件

下面结合实例介绍创建拉伸特征的操作步骤。

【案例 3-13】本案例结果文件光盘路径为“X:\源文件\ch3\3.13.SLDPRT”，案例视频内容光盘路径为“X:\动画演示\第 3 章\3.13 拉伸.avi”。

（1）打开随书光盘中的原始文件“X:\原始文件\ch3\3.13.SLDPRT”，打开的文件实体如图 3-44 所示。

（2）保持草图处于激活状态，单击“特征”控制面板中的（拉伸凸台/基体）按钮，或单击菜单栏中的“插入”→“凸台/基体”→“拉伸”命令。

（3）此时系统弹出“凸台-拉伸”属性管理器，各选项的注释如图 3-45 所示。

（4）在“方向 1”选项组的↗（终止条件）下拉列表框中选择拉伸的终止条件，有以下几种。

- 给定深度：从草图的基准面拉伸到指定的距离平移处，以生成特征，如图 3-46（a）所示。
- 完全贯穿：从草图的基准面拉伸直到贯穿所有现有的几何体，如图 3-46（b）所示。

● 成形到下一面：从草图的基准面拉伸到下一面（隔断整个轮廓），以生成特征，如图 3-46（c）所示。下一面必须在同一零件上。

图 3-44 打开的文件实体

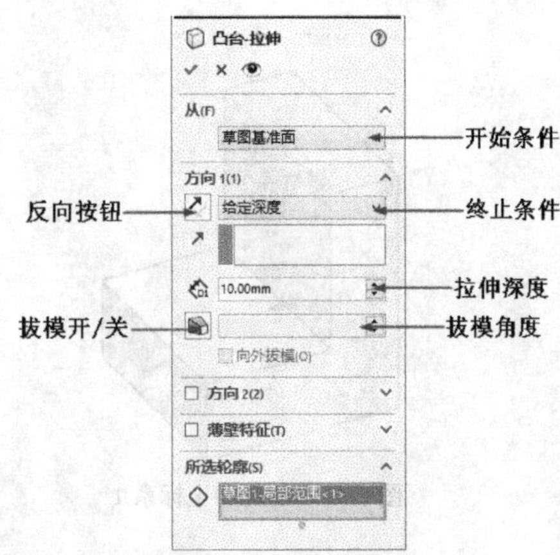

图 3-45 “凸台-拉伸”属性管理器

● 成形到一面：从草图的基准面拉伸到所选的曲面以生成特征，如图 3-46（d）所示。

● 到离指定面指定的距离：从草图的基准面拉伸到离某面或曲面的特定距离处，以生成特征，如图 3-46（e）所示。

● 两侧对称：从草图基准面向两个方向对称拉伸，如图 3-46（f）所示。

● 成形到一顶点：从草图基准面拉伸到一个平面，这个平面平行于草图基准面且穿越指定的顶点，如图 3-46（g）所示。

● 成形到实体：拉伸草图到所选实体，如图 3-46（h）所示。

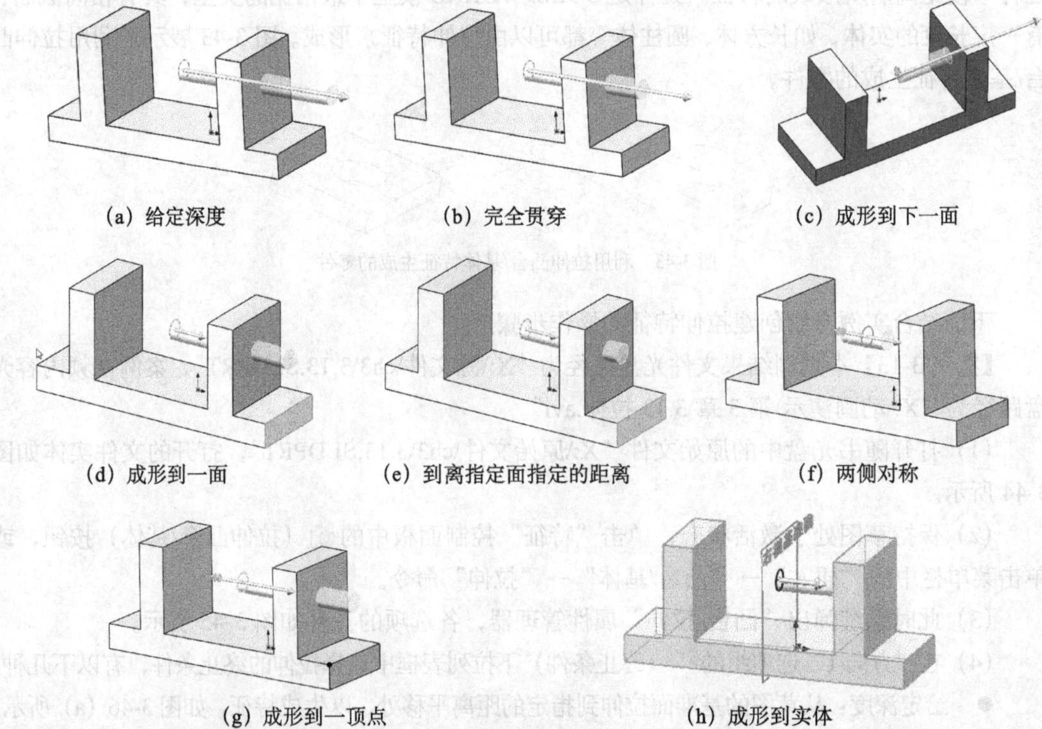
（a）给定深度 （b）完全贯穿 （c）成形到下一面

（d）成形到一面 （e）到离指定面指定的距离 （f）两侧对称

（g）成形到一顶点 （h）成形到实体

图 3-46 拉伸的终止条件

(5) 在右面的图形区中检查预览。如果需要，单击↗（反向）按钮，向另一个方向拉伸。

(6) 在D1（深度）文本框中输入拉伸的深度。

(7) 如果要给特征添加一个拔模，单击（拔模开/关）按钮，然后输入一个拔模角度。图 3-47 说明了拔模特征。

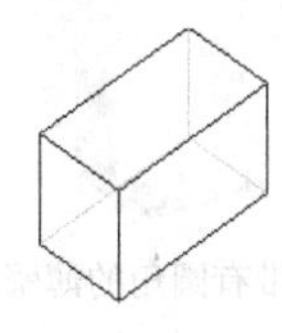
无拔模

向内拔模 10

向外拔模 10

图 3-47 拔模说明

(8) 如有必要，勾选“方向 2”复选框，将拉伸应用到第二个方向。

(9) 保持“薄壁特征”复选框没有被勾选，单击✓（确定）按钮，完成基体/凸台的创建。

3.3.1 拉伸实体特征

SOLIDWORKS 可以对闭环和开环草图进行实体拉伸，如图 3-48 所示。所不同的是，如果草图本身是一个开环图形，则拉伸凸台/基体工具只能将其拉伸为薄壁；如果草图是一个闭环图形，则既可以选择将其拉伸为薄壁特征，也可以选择将其拉伸为实体特征。

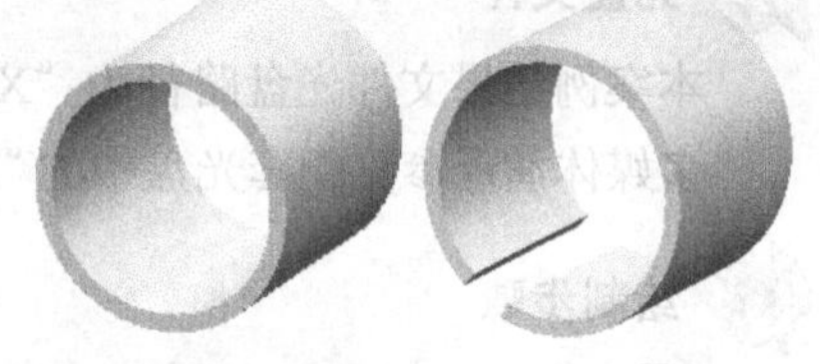
图 3-48 闭环和开环草图的薄壁拉伸

下面结合实例介绍创建拉伸薄壁特征的操作步骤。

【案例 3-14】本案例结果文件光盘路径为“X:\源文件\第 3 章\3.14.SLDPRT”，案例视频内容光盘路径为“X:\动画演示\第 3 章\3.14 拉伸薄壁.avi”。

(1) 单击“快速访问”工具栏中的（新建）按钮，进入零件绘图区域。

(2) 绘制一个圆。

(3) 保持草图处于激活状态，单击“特征”控制面板中的（拉伸凸台/基体）按钮，或单击菜单栏中的“插入”→“凸台/基体”→“拉伸”命令。

(4) 在弹出的“拉伸”属性管理器中勾选“薄壁特征”复选框，如果草图是开环系统则只能生成薄壁特征。

(5) 在↗右侧的“拉伸类型”下拉列表框中选择拉伸薄壁特征的方式。

- 单向：使用指定的壁厚向一个方向拉伸草图。
- 两侧对称：在草图的两侧各以指定壁厚的一半向两个方向拉伸草图。
- 双向：在草图的两侧各使用不同的壁厚向两个方向拉伸草图。

(6) 在D1（厚度）文本框中输入薄壁的厚度。

(7) 默认情况下，壁厚加在草图轮廓的外侧。单击↗（反向）按钮，可以将壁厚加在草图轮廓的内侧。

(8) 对于薄壁特征基体拉伸，还可以指定以下附加选项。

- 如果生成的是一个闭环的轮廓草图，可以勾选“顶端加盖”复选框，此时将为特征的顶端加上封盖，形成一个中空的零件，如图 3-49 所示。

● 如果生成的是一个开环的轮廓草图，可以勾选“自动加圆角”复选框，此时自动在每一个具有相交夹角的边线上生成圆角，如图 3-50 所示。

图 3-49 中空零件

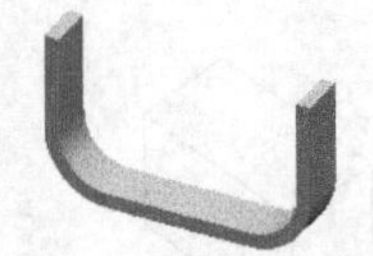
图 3-50 带有圆角的薄壁

（9）单击✔（确定）按钮，完成拉伸薄壁特征的创建。

3.3.2 实例——圆头平键

键是机械产品中经常用到的零件，作为一种配合结构其广泛用于各种机械中。键的创建方法比较简单，首先绘制键零件的草图轮廓，然后通过 SOLIDWORKS 2016 中的拉伸工具即可完成，如图 3-51 所示。

图 3-51 圆头平键

光盘文件

本案例结果文件光盘路径为“X:\源文件\ch3\圆头平键.SLDPRT”。

多媒体演示参见配套光盘中的“X:\动画演示\第 3 章\圆头平键.avi”。

绘制步骤

1. 启动 SOLIDWORKS 2016，单击“快速访问”工具栏中的“新建”按钮，在打开的“新建 SOLIDWORKS 文件”对话框中，单击“确定”按钮。

2. 在左侧的“FeatureManager 设计树”中选择“前视基准面”作为草图绘制平面，单击“前导视图”工具栏中的“正视于”按钮，使绘图平面转为正视方向。单击“草图”控制面板中的“边角矩形”按钮，绘制键草图的矩形轮廓，如图 3-52 所示。

3. 单击“草图”控制面板中的“智能尺寸”按钮，标注草图矩形轮廓的实际尺寸，如图 3-53 所示。

4. 单击“草图”控制面板中的“圆”按钮，捕捉草图矩形轮廓的宽度边线中点（光标显示），以边线中点为圆心画圆，如图 3-54 所示。

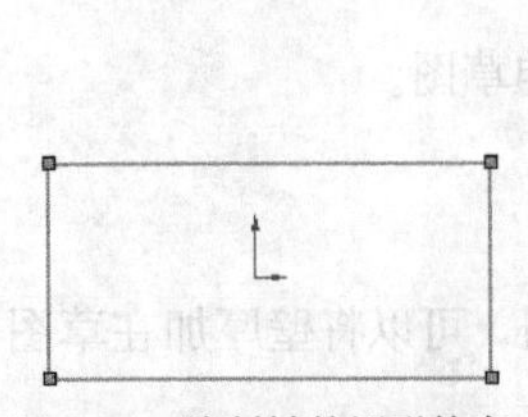
图 3-52 绘制键的矩形轮廓

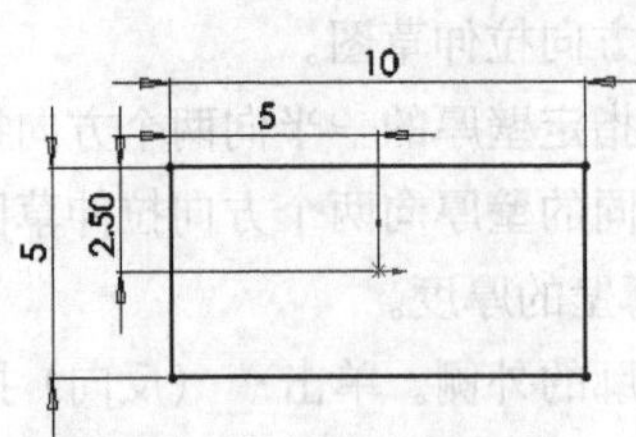

图 3-53 标注草图矩形轮廓尺寸

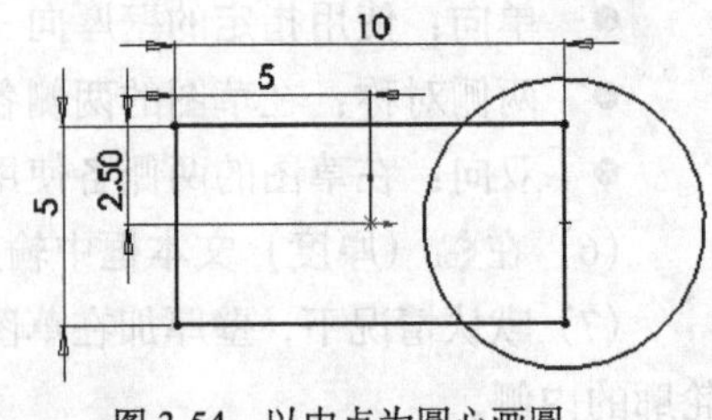

图 3-54 以中点为圆心画圆

5. 系统弹出“圆”属性管理器，如图 3-55 所示。保持其余选项的默认值不变，在参数输入框中输入 2.5mm，单击“确定”按钮✔，生成圆，如图 3-56 所示。

6. 单击“草图”控制面板中的“剪裁实体”按钮，剪裁草图中的多余部分，如图 3-57 所示。

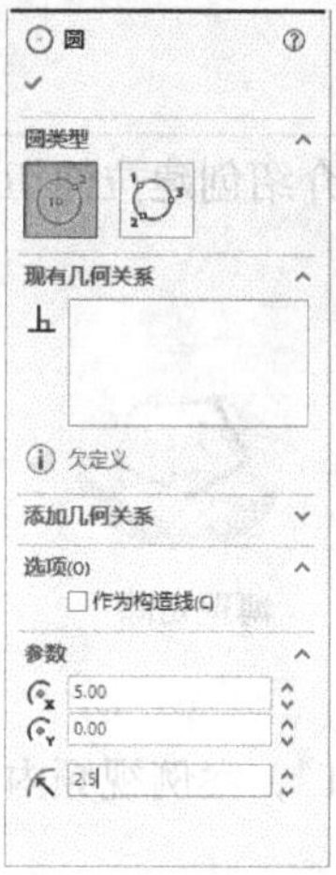

图 3-55 “圆”属性管理器 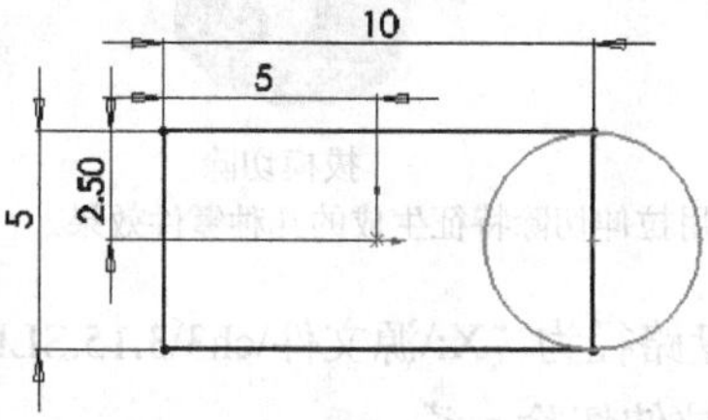　　图 3-56 输入半径值生成圆 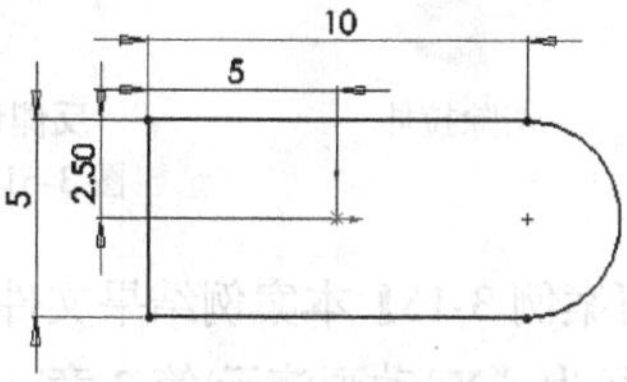　　图 3-57 剪裁多余草图实体

7. 绘制键草图左侧特征。利用 SOLIDWORKS 2016 中的圆绘制工具，重复步骤 4～6 可以绘制草图左侧特征，也可以通过“镜向”工具来生成。首先，绘制镜向中心线。单击“草图”控制面板中的“中心线”按钮，绘制一条通过矩形中心的垂直中心线，如图 3-58 所示。单击草图右侧半圆，按住 Ctrl 键并单击中心线，单击“草图”控制面板中的“镜向实体”按钮，生成镜向特征，如图 3-59 所示。

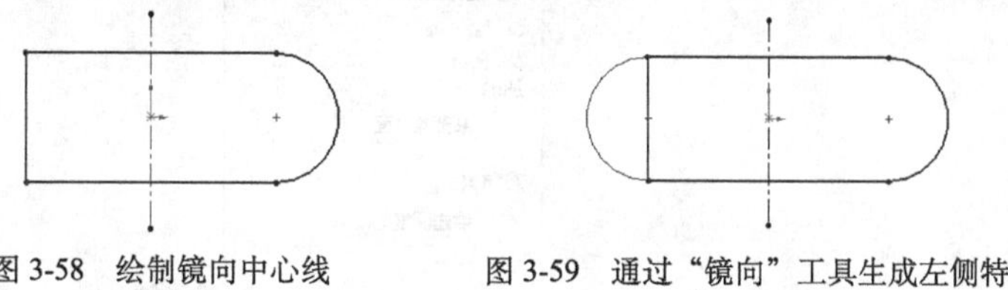

图 3-58 绘制镜向中心线　　图 3-59 通过“镜向”工具生成左侧特征

8. 单击“草图”控制面板中的“剪裁实体”按钮，剪裁草图中的多余部分，完成键草图轮廓特征的创建，如图 3-60 所示。

9. 创建拉伸特征。单击“特征”控制面板中的“拉伸凸台/基体”按钮，弹出“凸台-拉伸”对话框，同时显示拉伸状态，如图 3-60 所示。本实例键的创建中，在“方向 1”选择框中设置终止条件为“给定深度”，在“深度”输入框中输入拉伸的深度值 5.00mm，单击“确定”按钮，生成的实体模型如图 3-51 所示。

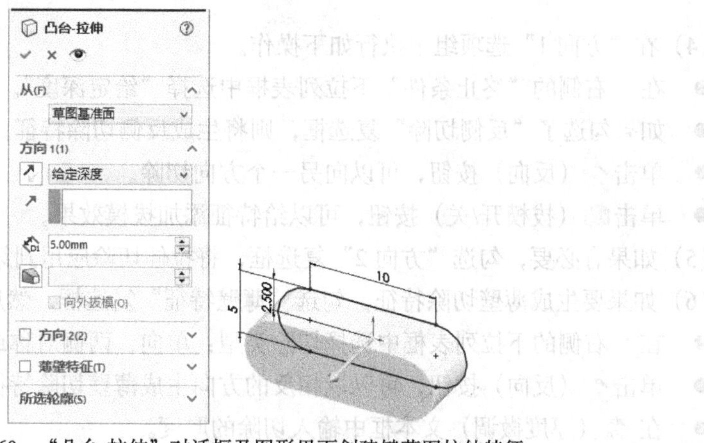

图 3-60 “凸台-拉伸”对话框及图形界面创建键草图拉伸特征

3.3.3　拉伸切除特征

图 3-61 展示了利用拉伸切除特征生成的几种零件效果。下面结合实例介绍创建拉伸切除特征的操作步骤。

切除拉伸

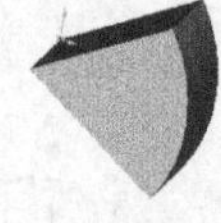

反侧切除

拔模切除

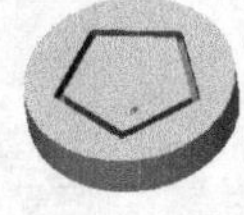

薄壁切除

图 3-61　利用拉伸切除特征生成的几种零件效果

【案例 3-15】本案例结果文件光盘路径为“X:\源文件\ch3\3.15.SLDPRT”，案例视频内容光盘路径为“X:\动画演示\第 3 章\3.15 拉伸切除.avi”。

（1）打开随书光盘中的原始文件“X:\原始文件\ch3\3.15.SLDPRT”，打开的文件实体如图 3-62 所示。

（2）保持草图处于激活状态，单击“特征”控制面板中的（拉伸切除）按钮，或单击菜单栏中的“插入”→“切除”→“拉伸”命令。

（3）此时弹出“切除-拉伸”属性管理器，如图 3-63 所示。

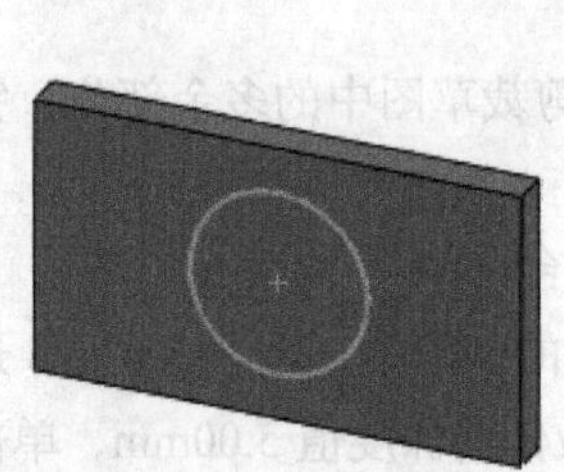

图 3-62　打开的文件实体

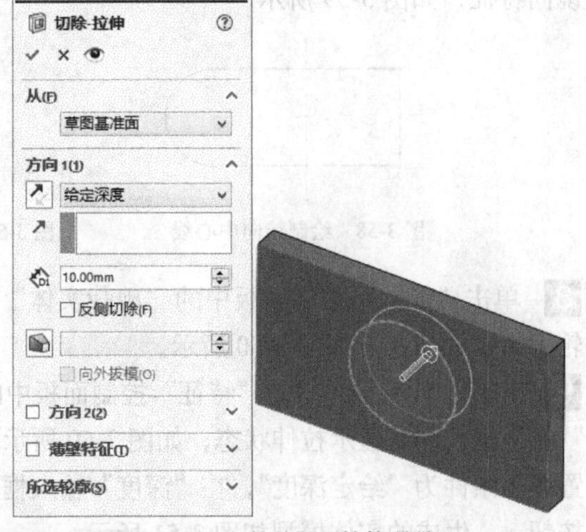

图 3-63　“切除-拉伸”属性管理器

（4）在“方向 1”选项组中执行如下操作。

- 在右侧的“终止条件”下拉列表框中选择“给定深度”。
- 如果勾选了“反侧切除”复选框，则将生成反侧切除特征。
- 单击（反向）按钮，可以向另一个方向切除。
- 单击（拔模开/关）按钮，可以给特征添加拔模效果。

（5）如果有必要，勾选“方向 2”复选框，将拉伸切除应用到第二个方向。

（6）如果要生成薄壁切除特征，勾选“薄壁特征”复选框，然后执行如下操作。

- 在右侧的下拉列表框中选择切除类型：单向、两侧对称或双向。
- 单击（反向）按钮，可以以相反的方向生成薄壁切除特征。
- 在（厚度微调）文本框中输入切除的厚度。

(7) 单击✔(确定)按钮，完成拉伸切除特征的创建。

技巧荟萃

下面以图 3-64 为例，说明“反侧切除”复选框对拉伸切除特征的影响。图 3-64（a）为绘制的草图轮廓；图 3-64（b）为取消对“反侧切除”复选框勾选的拉伸切除特征；图 3-64（c）为勾选“反侧切除”复选框的拉伸切除特征。

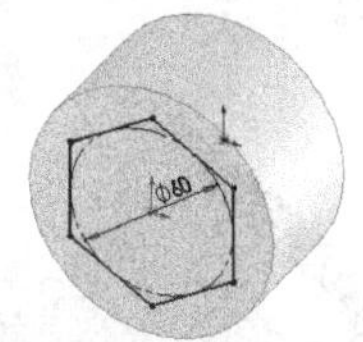
(a) 绘制的草图轮廓

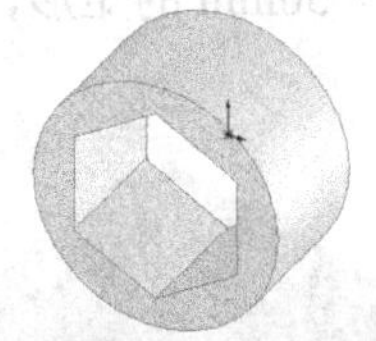
(b) 未选择复选框的特征图形

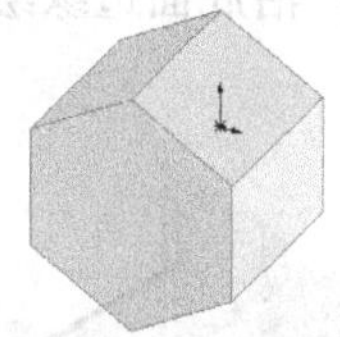
(c) 选择复选框的特征图形

图 3-64 “反侧切除”复选框对拉伸切除特征的影响

3.3.4 实例——盒状体

利用拉伸和切除特征进行零件建模，最终生成零件，如图 3-65 所示。

光盘文件

本案例结果文件光盘路径为“X:\源文件\ch3\盒状体.SLDPRT”。

多媒体演示参见配套光盘中的“X:\动画演示\第 3 章\盒状体.avi”。

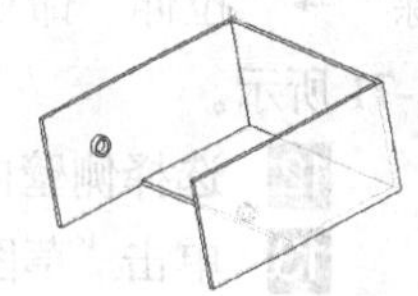
图 3-65 盒状体

绘制步骤

1. 启动 SOLIDWORKS 2016，单击菜单栏中的“文件”→“新建”命令，或者单击“快速访问”工具栏中的“新建”按钮，在弹出的“新建 SOLIDWORKS 文件”对话框中先单击“零件”按钮，再单击“确定”按钮，创建一个新的零件文件。

2. 在左侧的“FeatureManager 设计树”中选择前视基准面，单击“草图绘制”按钮，新建一张草图。

3. 单击“草图”控制面板中的“直线”按钮，将指针移动到原点处，绘制开环轮廓。

4. 单击“草图”控制面板中的“智能尺寸”按钮，标注直线尺寸，如图 3-66 所示。

5. 单击“特征”控制面板中的“拉伸凸台/基体”按钮，或单击菜单栏中的“插入”→“凸台/基体”→“拉伸”命令。在“方向 1”中设定拉伸的终止条件为“给定深度”，并在微调框中设置拉伸深度为 100mm。单击“薄壁特征”中的“反向”按钮，使薄壁沿内侧拉伸，在微调框中设置薄壁的厚度为 2mm。单击“确定”按钮✔，从而生成开环薄壁拉伸特征，如图 3-67 所示。

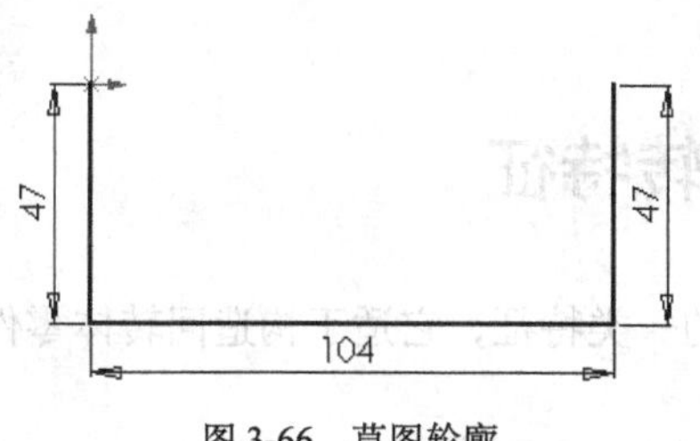

图 3-66 草图轮廓

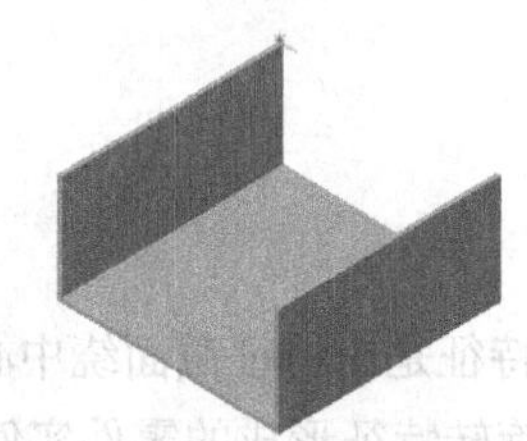
图 3-67 生成开环薄壁拉伸特征

6. 选择薄壁的底面内侧，单击“草图绘制”按钮，新建一张草图。

7. 沿薄壁的边绘制一个 104mm × 2mm 的矩形，如图 3-68 所示。

8. 单击“特征”控制面板中的“拉伸凸台/基体”按钮，或单击菜单栏中的“插入”→“凸台/基体”→“拉伸”命令。在“方向 1”中设定拉伸的终止条件为“给定深度”，并在微调框中设置拉伸深度为 45mm。单击“确定”按钮，从而形成实体，如图 3-69 所示。

9. 再次选择薄壁的底面内侧，单击“草图绘制”按钮，新建一张草图。

10. 沿底面边缘绘制一个 100mm × 56mm 的矩形，如图 3-70 所示。

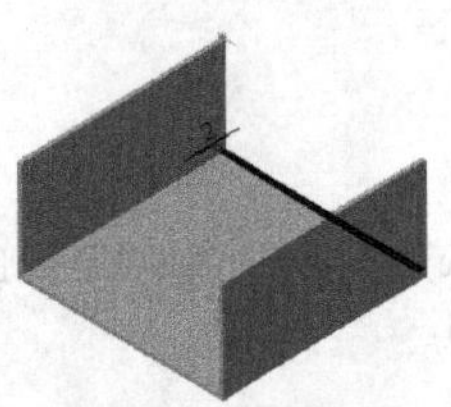

图 3-68　绘制矩形

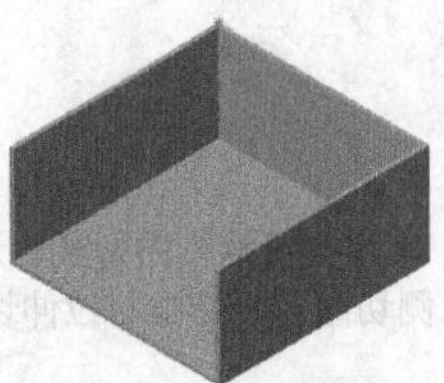

图 3-69　拉伸矩形

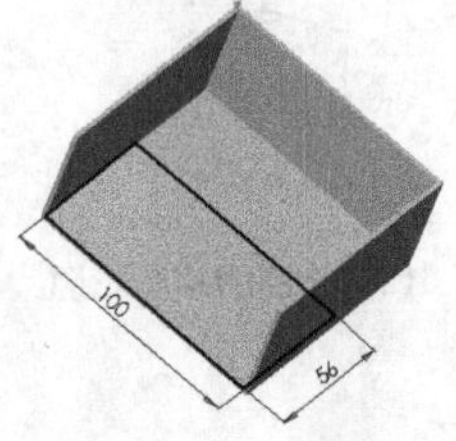

图 3-70　绘制矩形

11. 单击“特征”控制面板中的“拉伸切除”按钮，或单击菜单栏中的“插入”→“切除”→“拉伸”命令。设置切除的终止条件为“完全贯穿”，单击“确定”按钮，结果如图 3-71 所示。

12. 选择侧壁内侧，单击“草图绘制”按钮，新建一张草图。

13. 单击“草图”控制面板中的“圆”按钮，绘制一个直径为 8mm 的圆。单击“草图”控制面板中的“智能尺寸”按钮，为圆定位，如图 3-72 所示。

14. 单击“特征”控制面板中的“拉伸凸台/基体”按钮，或单击菜单栏中的“插入”→“凸台/基体”→“拉伸”命令。在“方向 1”栏中设定拉伸的终止条件为“给定深度”，并在微调框中设置拉伸深度为 3mm。单击“薄壁特征”中的“反向”按钮，使薄壁沿内侧拉伸，在微调框中设置薄壁厚度为 1mm。单击按钮，生成薄壁特征，如图 3-73 所示。

15. 仿照步骤 12～14，在另一侧薄壁内侧生成对称的薄壁拉伸特征。

16. 单击保存按钮，将零件保存为盒状体.SLDPRT。

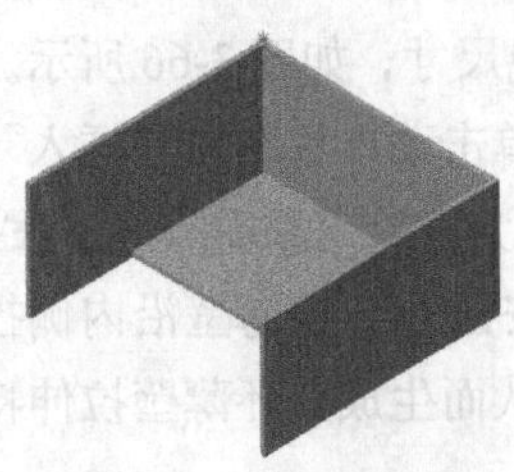

图 3-71　生成切除特征

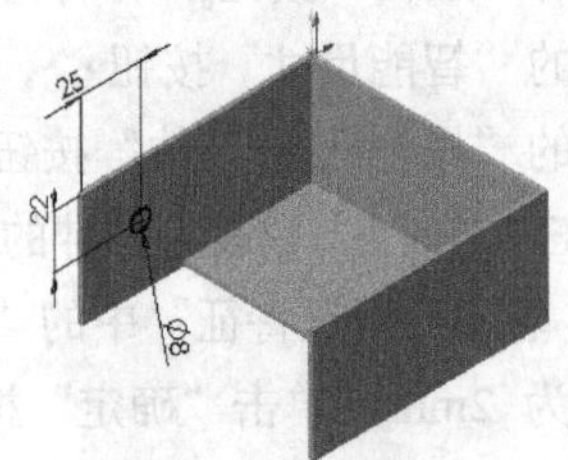

图 3-72　定位圆

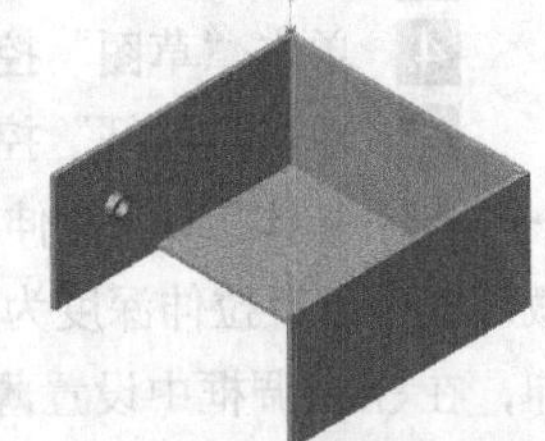

图 3-73　生成薄壁特征

3.4　旋转特征

旋转特征是由特征截面绕中心线旋转而成的一类特征，它适于构造回转体零件。图 3-74 是一个由旋转特征形成的零件实例。

实体旋转特征的草图可以包含一个或多个闭环的非相交轮廓。对于包含多个轮廓的基体旋转特征，其中一个轮廓必须包含所有其他轮廓。薄壁或曲面旋转特征的草图只能包含一个开环或闭环的非相交轮廓，轮廓不能与中心线交叉。如果草图包含一条以上的中心线，则选择一条中心线用作旋转轴。

旋转特征应用比较广泛，是比较常用的特征建模工具，主要应用在以下零件的建模中。

- 环形零件，如图 3-75 所示。
- 球形零件，如图 3-76 所示。
- 轴类零件，如图 3-77 所示。
- 形状规则的轮毂类零件，如图 3-78 所示。

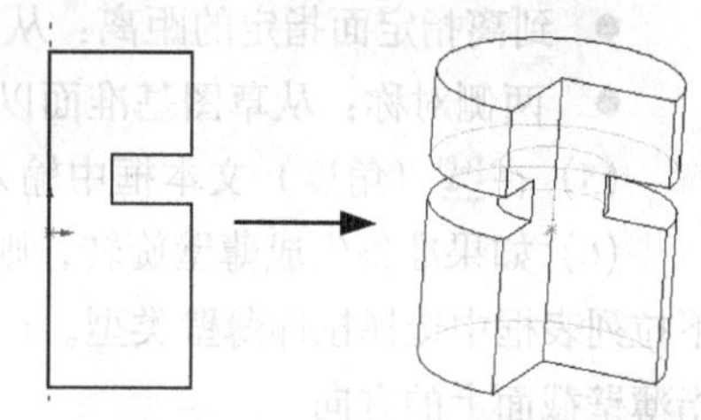

图 3-74 由旋转特征形成的零件实例

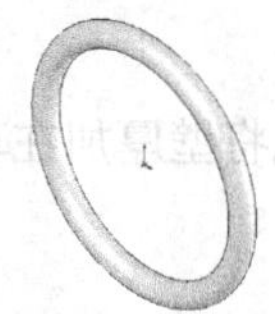

图 3-75 环形零件

图 3-76 球形零件

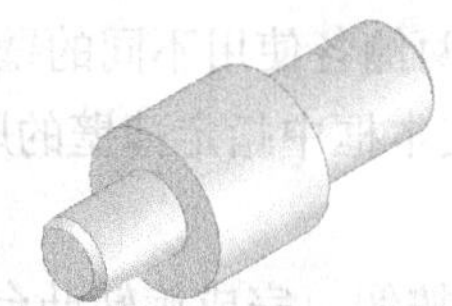

图 3-77 轴类零件

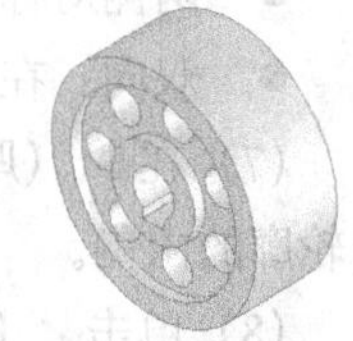

图 3-78 轮毂类零件

3.4.1 旋转凸台/基体

下面结合实例介绍创建旋转的凸台/基体特征的操作步骤。

【案例 3-16】本案例结果文件光盘路径为“X:\源文件\ch3\3.16.SLDPRT”，案例视频内容光盘路径为“X:\动画演示\第 3 章\3.16 旋转.avi”。

（1）打开随书光盘中的原始文件“X:\原始文件\ch3\3.16.SLDPRT”，打开的文件实体如图 3-79 所示。

（2）单击“特征”控制面板中的（旋转凸台/基体）按钮，或单击菜单栏中的“插入”→“凸台/基体”→“旋转”命令。

（3）弹出“旋转”属性管理器，同时在右侧的图形区中显示生成的旋转特征，如图 3-80 所示。

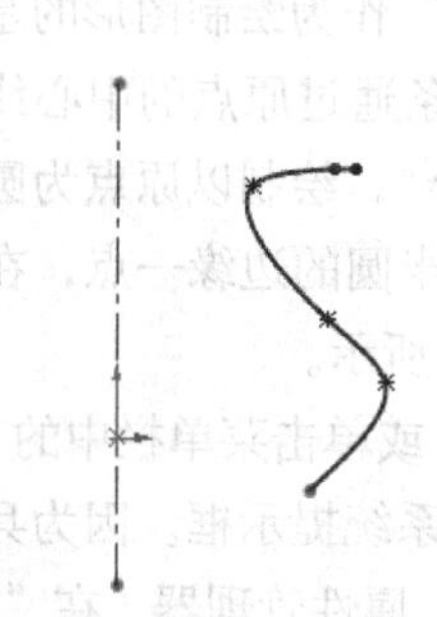

图 3-79 打开的文件实体

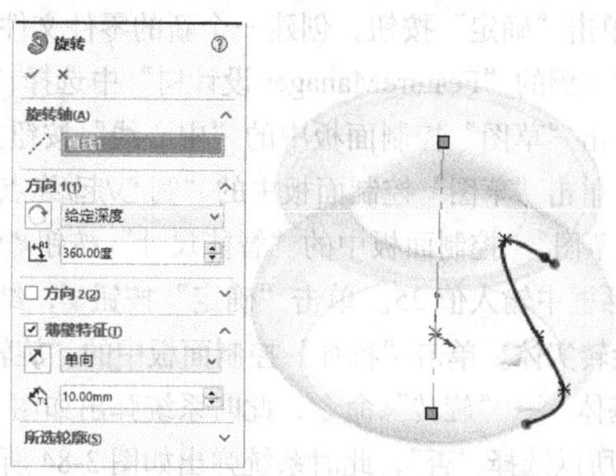

图 3-80 “旋转”属性管理器

（4）在“旋转参数”选项组的下拉列表框中选择旋转类型。

- 给定深度：从草图以单一方向生成旋转，在“方向 1”角度一栏中设定由旋转所包容的角度。如果想要向相反的方向旋转特征，单击（反向）按钮。

- 成形到一顶点：从草图基准面生成旋转到指定的顶点的旋转特征。
- 成形到一面：从草图基准面生成旋转到指定的曲面的旋转特征。
- 到离指定面指定的距离：从草图基准面生成旋转到指定曲面的指定等距的旋转特征。
- 两侧对称：从草图基准面以顺时针和逆时针方向生成旋转特征。

（5）在（角度）文本框中输入旋转角度。

（6）如果准备生成薄壁旋转，则勾选“薄壁特征”复选框，然后在“薄壁特征”选项组的下拉列表框中选择拉伸薄壁类型。这里的类型与在旋转类型中的含义完全不同，这里的方向是指薄壁截面上的方向。

- 单向：使用指定的壁厚向一个方向拉伸草图，默认情况下，壁厚加在草图轮廓的外侧。
- 两侧对称：在草图的两侧各以指定壁厚的一半向两个方向拉伸草图。
- 双向：在草图的两侧各使用不同的壁厚向两个方向拉伸草图。

（7）在（厚度）文本框中指定薄壁的厚度。单击（反向）按钮，可以将壁厚加在草图轮廓的内侧。

（8）单击（确定）按钮，完成旋转凸台/基体特征的创建。

3.4.2 实例——乒乓球

本例绘制乒乓球，如图 3-81 所示。这是一个规则薄壁球体。首先绘制一条中心线作为旋转轴，然后绘制一个半圆作为旋转的轮廓，最后使用旋转命令生成乒乓球图形。

光盘文件

本案例结果文件光盘路径为“X:\源文件\ch3\乒乓球.SLDPRT”。

多媒体演示参见配套光盘中的“X:\动画演示\第 3 章\乒乓球.avi”。

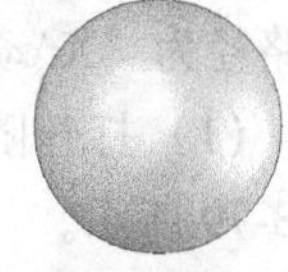

图 3-81　乒乓球

绘制步骤

1. 启动 SOLIDWORKS 2016，执行“文件”→“新建”菜单命令，或者单击“快速访问”工具栏中的“新建”按钮，在弹出的“新建 SOLIDWORKS 文件”对话框中选择“零件”按钮，然后单击“确定”按钮，创建一个新的零件文件。

2. 在左侧的“FeatureManager 设计树”中选择“前视基准面”作为绘制图形的基准面。

3. 单击“草图”控制面板中的“中心线”按钮，绘制一条通过原点的中心线，长度大约为 70；单击“草图”控制面板中的“圆心/起/终点画弧”按钮，绘制以原点为圆心的半圆；单击“草图” 控制面板中的“智能尺寸”按钮，然后单击半圆的边缘一点，在弹出的“修改”对话框中输入值 25。单击“确定”按钮，结果如图 3-82 所示。

4. 旋转实体。单击“特征”控制面板中的“旋转”按钮，或单击菜单栏中的“插入”→“凸台/基体”→“旋转”命令，此时系统弹出如图 3-83 所示的系统提示框。因为乒乓球是薄壁实体，所以选择“否”，此时系统弹出如图 3-84 所示的“旋转”属性管理器。在“旋转轴”栏用鼠标选择图中通过原点的中心线；在“厚度”一栏中输入值 1；在“类型”栏的下拉菜单中，选择“单向”选项。按照图 3-84 进行设置，此时图形如图 3-85 所示。确定设置的参数无误后，单击对话框中的“确定”按钮。结果如图 3-81 所示。

图 3-82 绘制的草图

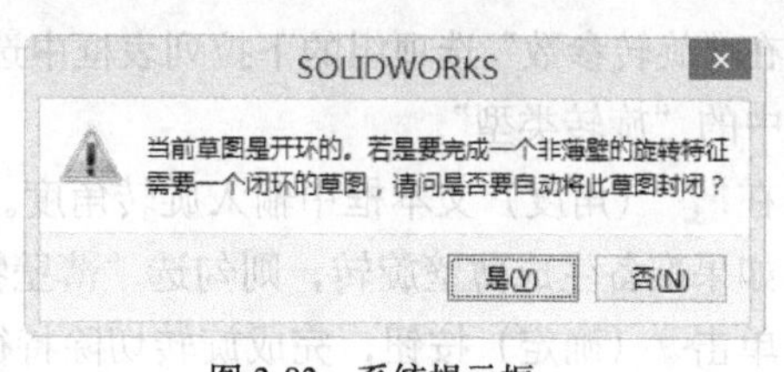

图 3-83 系统提示框

图 3-84 “旋转”属性管理器

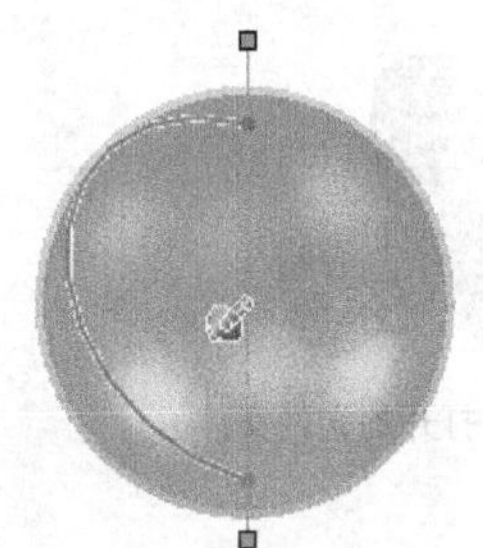

图 3-85 设置后的图形

3.4.3 旋转切除

与旋转凸台/基体特征不同的是，旋转切除特征用来产生切除特征，也就是用来去除材料。图 3-86 展示了旋转切除的几种效果。

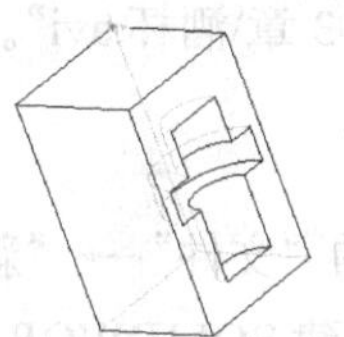

旋转切除

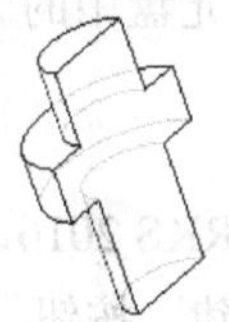

旋转薄壁切除

图 3-86 旋转切除的几种效果

下面结合实例介绍创建旋转切除特征的操作步骤。

【案例 3-17】本案例结果文件光盘路径为“X:\源文件\ch3\3.17.SLDPRT”，案例视频内容光盘路径为“X:\动画演示\第 3 章\3.17 旋转切除.avi”。

（1）打开随书光盘中的原始文件“X:\原始文件\ch3\3.17.SLDPRT”，打开的文件实体如图 3-87 所示。

（2）选择模型面上的一个草图轮廓和一条中心线。

（3）单击“特征”控制面板中的“旋转切除”按钮，或单击菜单栏中的“插入”→“切除”→“旋转”命令。

（4）弹出“切除-旋转”属性管理器，同时在右侧的图形区中显示生成的切除旋转特征，如图 3-88 所示。

（5）在“旋转参数”选项组的下拉列表框中选择旋转类型，其含义同“旋转凸台/基体”属性管理器中的“旋转类型”。

（6）在（角度）文本框中输入旋转角度。

（7）如果准备生成薄壁旋转，则勾选“薄壁特征”复选框，设定薄壁旋转参数。

（8）单击✔（确定）按钮，完成旋转切除特征的创建。

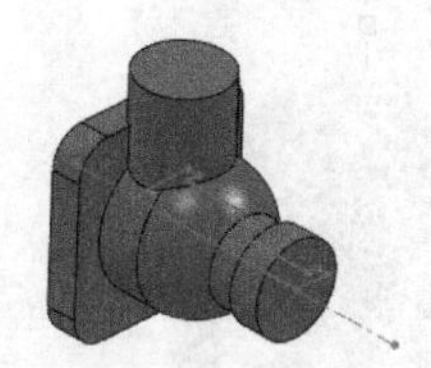

图 3-87　打开的文件实体

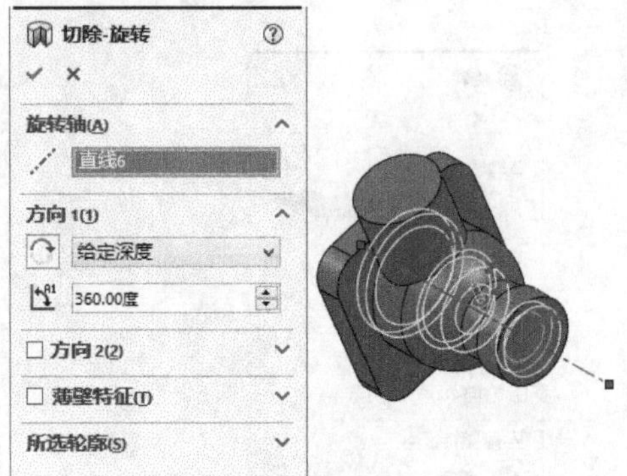

图 3-88　“切除-旋转”属性管理器

3.4.4　实例——酒杯

本例绘制酒杯，如图 3-89 所示。首先绘制酒杯的外形轮廓草图，然后旋转成为酒杯轮廓，最后拉伸切除为酒杯。

光盘文件

本案例结果文件光盘路径为“X:\源文件\ch3\酒杯.SLDPRT”。

多媒体演示参见配套光盘中的“X:\动画演示\第 3 章\酒杯.avi”。

图 3-89　酒杯

绘制步骤

1. 启动 SOLIDWORKS 2016，单击菜单栏中的“文件”→“新建”命令，或者单击“快速访问”工具栏中的“新建”按钮，在弹出的“新建 SOLIDWORKS 文件”对话框中先单击“零件”按钮，再单击“确定”按钮，创建一个新的零件文件。

2. 在左侧的”FeatureManager 设计树”中用鼠标选择“前视基准面”作为绘制图形的基准面。单击“草图”控制面板中的“直线”按钮，绘制一条通过原点的竖直中心线；单击“草图”控制面板中的“直线”按钮和“圆心/起/终点画弧”按钮以及“绘制圆角”按钮，绘制酒杯的草图轮廓，结果如图 3-90 所示。

3. 单击“草图”控制面板中的“智能尺寸”按钮，标注上一步绘制草图的尺寸，结果如图 3-91 所示。

4. 单击“特征”控制面板中的“旋转”按钮，或单击菜单栏中的“插入”→“凸台/基体”→“旋转”命令，此时系统弹出如图 3-92 所示的“旋转”对话框。按照图 3-92 设置，然后单击对话框中的“确定”按钮✔，结果如图 3-93 所示。

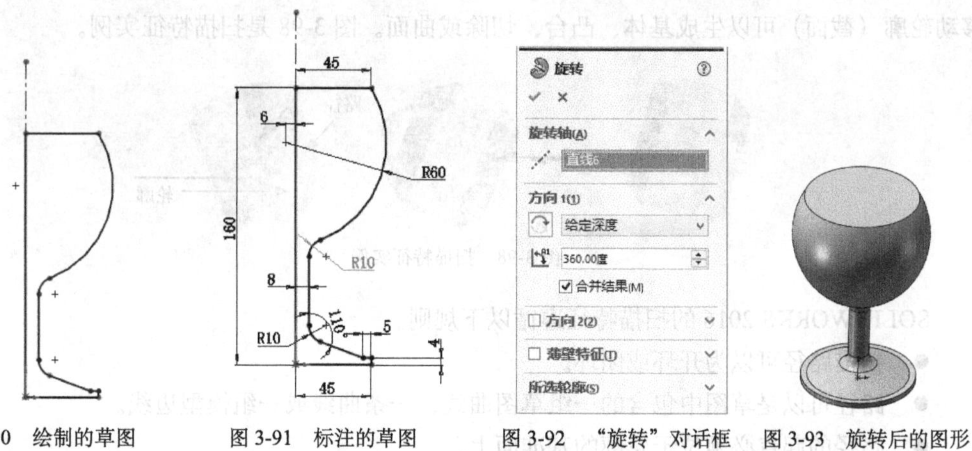

图 3-90　绘制的草图　　图 3-91　标注的草图　　图 3-92　“旋转”对话框　图 3-93　旋转后的图形

> **技巧荟萃**　在使用旋转命令时，绘制的草图可以是封闭的，也可以是开环的。绘制薄壁特征的实体，草图应是开环的。

5. 在左侧的“FeatureManager 设计树”中单击“前视基准面”，然后单击“前导视图”工具栏中的“正视于”图标，将该表面作为绘制图形的基准面，结果如图 3-94 所示。

6. 单击“草图”控制面板中的“等距实体”图标，绘制与酒杯圆弧边线相距 1mm 的轮廓线，单击“直线”图标及“中心线”按钮，绘制草图，延长并封闭草图轮廓，如图 3-95 所示。

7. 单击“特征”控制面板中的“旋转切除”按钮，在图形区域中选择通过坐标原点的竖直中心线作为旋转的中心轴，其他选项如图 3-96 所示。单击“确定”按钮，生成旋转切除特征。

8. 设置视图方向。单击“前导视图”工具栏中的“等轴测”按钮，将视图以等轴测方向显示，结果如图 3-97 所示。

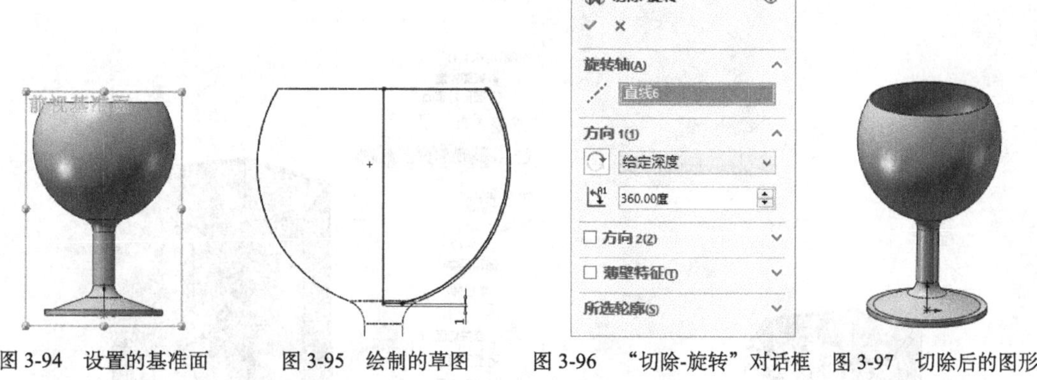

图 3-94　设置的基准面　　图 3-95　绘制的草图　　图 3-96　“切除-旋转”对话框　图 3-97　切除后的图形

3.5　扫描特征

扫描特征是指由二维草绘平面沿一平面或空间轨迹线扫描而成的一类特征。沿着一条路径移动轮廓（截面）可以生成基体、凸台、切除或曲面。图 3-98 是扫描特征实例。

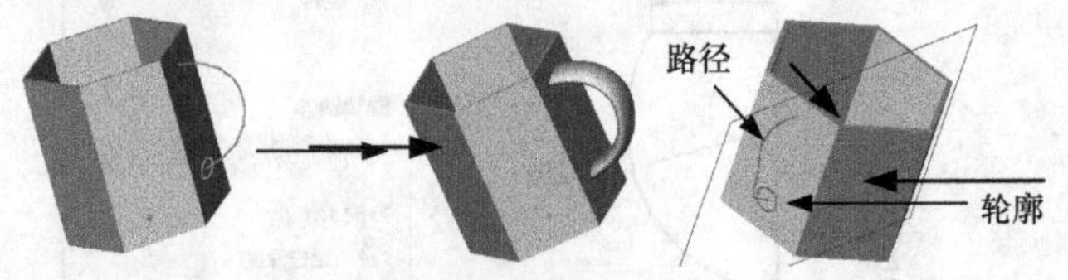

图 3-98　扫描特征实例

SOLIDWORKS 2016 的扫描特征遵循以下规则。

- 扫描路径可以为开环或闭环。
- 路径可以是草图中包含的一组草图曲线、一条曲线或一组模型边线。
- 路径的起点必须位于轮廓的基准面上。

3.5.1　凸台/基体扫描

凸台/基体扫描特征属于叠加特征。下面结合实例介绍创建凸台/基体扫描特征的操作步骤。

【案例 3-18】本案例结果文件光盘路径为“X:\源文件\ch3\3.18.SLDPRT”，案例视频内容光盘路径为“X:\动画演示\第 3 章\3.18 扫描.avi”。

（1）打开随书光盘中的原始文件“X:\原始文件\ch3\3.18.SLDPRT”，打开的文件实体如图 3-99 所示。

（2）在一个基准面上绘制一个闭环的非相交轮廓。使用草图、现有的模型边线或曲线生成轮廓将遵循的路径，如图 3-99 所示。

（3）单击“特征”控制面板中的“扫描”按钮，或单击菜单栏中的“插入”→“凸台/基体”→“扫描”命令。

（4）系统弹出“扫描”属性管理器，同时在右侧的图形区中显示生成的扫描特征，如图 3-100 所示。

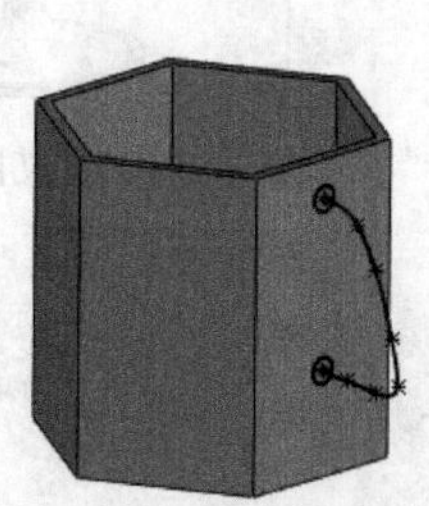

图 3-99　打开的文件实体

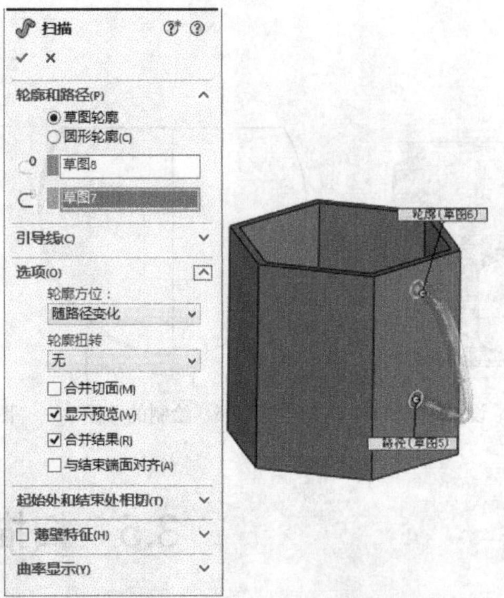

图 3-100　“扫描”属性管理器

(5) 单击 (轮廓) 按钮，然后在图形区中选择轮廓草图。

(6) 单击 (路径) 按钮，然后在图形区中选择路径草图。如果预先选择了轮廓草图或路径草图，则草图将显示在对应的属性管理器文本框中。

(7) 在“轮廓方位”下拉列表框中，选择以下选项之一。

- 随路径变化：草图轮廓随路径的变化而变换方向，其法线与路径相切，如图 3-101 (a) 所示。
- 保持法线不变：草图轮廓保持法线方向不变，如图 3-101 (b) 所示。

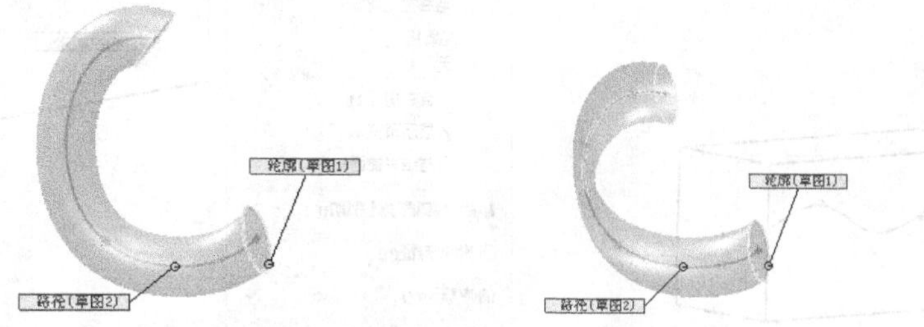

(a) 随路径变化　　(b) 保持法线不变

图 3-101　扫描特征

(8) 如果要生成薄壁特征扫描，则勾选“薄壁特征”复选框，从而激活薄壁选项。

- 选择薄壁类型（单向、两侧对称或双向）。
- 设置薄壁厚度。

(9) 扫描属性设置完毕，单击 (确定) 按钮。

3.5.2　切除扫描

切除扫描特征属于切割特征。下面结合实例介绍创建切除扫描特征的操作步骤。

【案例 3-19】本案例结果文件光盘路径为“X:\源文件\ch3\3.19.SLDPRT”，案例视频内容光盘路径为“X:\动画演示\第 3 章\3.19 扫描切除.avi”。

(1) 打开随书光盘中的原始文件“X:\原始文件\ch3\3.19.SLDPRT”，打开的文件实体如图 3-102 所示。

(2) 在一个基准面上绘制一个闭环的非相交轮廓。

(3) 使用草图、现有的模型边线或曲线生成轮廓将遵循的路径。

(4) 单击菜单栏中的“插入”→“切除”→“扫描”命令。

(5) 此时弹出“切除-扫描”属性管理器，同时在右侧的图形区中显示生成的切除扫描特征，如图 3-103 所示。

(6) 单击 (轮廓) 按钮，然后在图形区中选择轮廓草图。

(7) 单击 (路径) 按钮，然后在图形区中选择路径草图。如果预先选择了轮廓草图或路径草图，则草图将显示在对应的属性管理器方框内。

(8) 在“选项”选项组的“轮廓方位”下拉列表框中选择扫描方式。

(9) 其余选项同凸台/基体扫描。

(10) 切除扫描属性设置完毕，单击 (确定) 按钮。

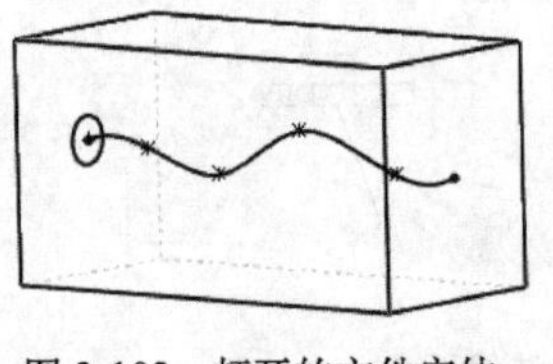

图 3-102　打开的文件实体

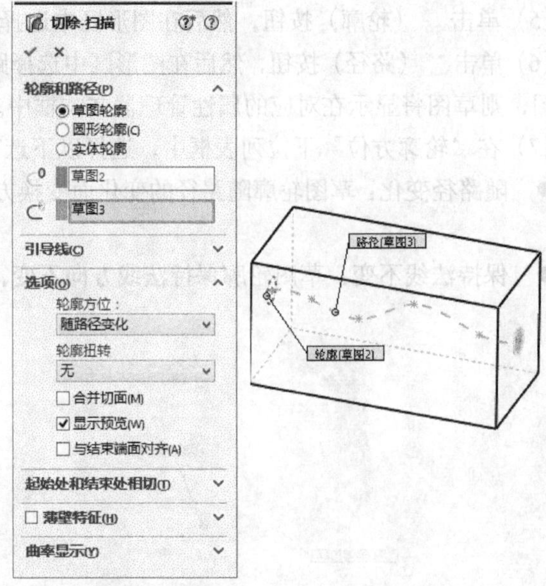

图 3-103　“切除-扫描”属性管理器

3.5.3 引导线扫描

SOLIDWORKS 2016 不仅可以生成等截面的扫描，还可以生成随着路径变化截面也发生变化的扫描——引导线扫描。图 3-104 展示了引导线扫描效果。

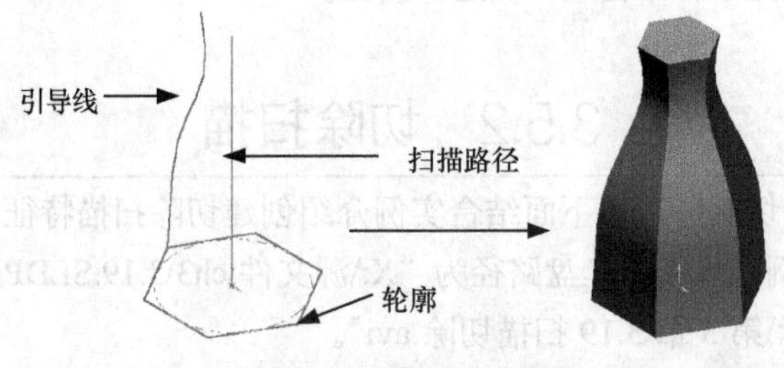

图 3-104　引导线扫描效果

在利用引导线生成扫描特征之前，应该注意以下几点。

- 应该先生成扫描路径和引导线，然后再生成截面轮廓。
- 引导线必须要和轮廓相交于一点，作为扫描曲面的顶点。
- 最好在截面草图上添加引导线上的点和截面相交处之间的穿透关系。

下面结合实例介绍利用引导线生成扫描特征的操作步骤。

【案例 3-20】本案例结果文件光盘路径为“X:\源文件\ch3\3.20.SLDPRT”，案例视频内容光盘路径为“X:\动画演示\第 3 章\3.20 引导线扫描.avi”。

（1）打开随书光盘中的原始文件“X:\原始文件\ch3\3.20.SLDPRT”，打开的文件实体如图 3-105 所示。

（2）在轮廓草图中引导线与轮廓相交处添加穿透几何关系。穿透几何关系将使截面沿着路径改变大小、形状或者两者均改变。截面受曲线的约束，但曲线不受截面的约束。

（3）单击“特征”控制面板中的“扫描”按钮，或单击菜单栏中的“插入”→“凸台/基体”→“扫描”命令。如果要生成切除扫描特征，则单击菜单栏中的“插入”→“切除”→

"扫描"命令。

(4) 弹出"扫描"属性管理器，同时在右侧的图形区中显示生成的基体或凸台扫描特征。

(5) 单击 (轮廓) 按钮，然后在图形区中选择轮廓草图。

(6) 单击 (路径) 按钮，然后在图形区中选择路径草图。如果勾选了"显示预览"复选框，此时在图形区将显示不随引导线变化截面的扫描特征。

(7) 在"引导线"选项组中单击 (引导线) 按钮，然后在图形区中选择引导线。此时在图形区中将显示随引导线变化截面的扫描特征，如图 3-106 所示。

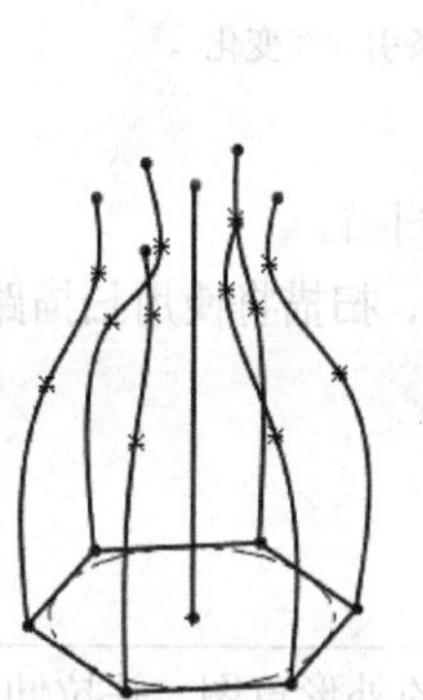

图 3-105 打开的文件实体

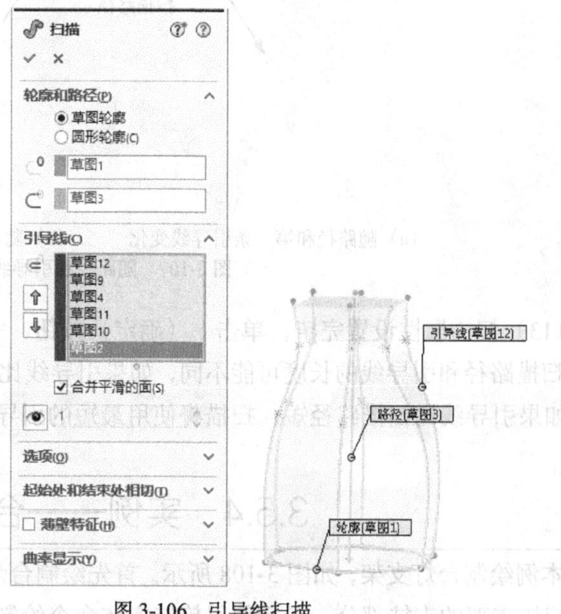

图 3-106 引导线扫描

(8) 如果存在多条引导线，可以单击 (上移) 按钮或 (下移) 按钮，改变使用引导线的顺序。

(9) 单击 (显示截面) 按钮，然后单击 (微调框) 箭头，根据截面数量查看并修正轮廓。

(10) 在"选项"选项组的"轮廓方位"下拉列表框中可以选择以下选项。

- 随路径变化：草图轮廓随路径的变化而变换方向，其法线与路径相切。
- 保持法线不变：草图轮廓保持法线方向不变。

(11) 如果要生成薄壁特征扫描，则勾选"薄壁特征"复选框，从而激活薄壁选项。

- 选择薄壁类型（单向、两侧对称或双向）。
- 设置薄壁厚度。

(12) 在"起始处和结束处相切"选项组中可以设置起始或结束处的相切选项。

- 无：不应用相切。
- 随路径和第一引导线变化：如果引导线不只一条，选择该项将使扫描随第一条引导线变化，如图 3-107 (a) 所示。
- 随第一和第二引导线变化：如果引导线不只一条，选择该项将使扫描随第一条和第二条引导线同时变化，如图 3-107 (b) 所示。
- 指定扭转角度：沿路径定义轮廓扭转。对于闭合路径，扭转值必须与多重完整反转对等。

● 指定方向向量：选择一基准面、平面、直线、边线、圆柱、轴、特征上顶点组等来设定方向向量。

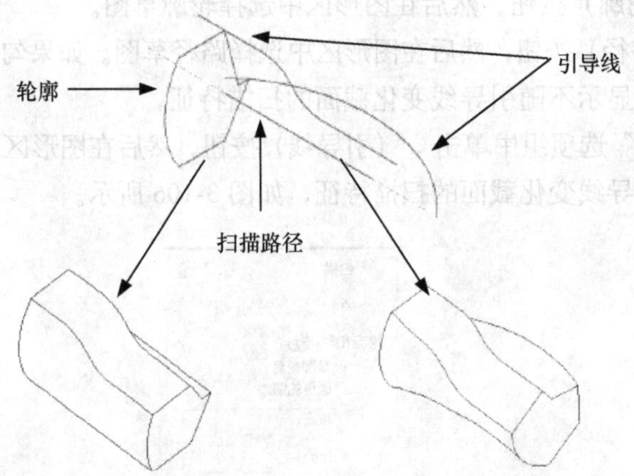

(a) 随路径和第一条引导线变化　　(b) 随第一条和第二条引导线变化

图 3-107　随路径和引导线扫描

(13) 扫描属性设置完毕，单击✔（确定）按钮，完成引导线扫描。

扫描路径和引导线的长度可能不同，如果引导线比扫描路径长，扫描将使用扫描路径的长度；如果引导线比扫描路径短，扫描将使用最短的引导线长度。

3.5.4 实例——台灯支架

本例绘制台灯支架，如图 3-108 所示。首先绘制台灯支架底座的外形草图，并拉伸为实体；然后扫描支架的支柱部分，最后使用旋转实体命令绘制灯罩。

光盘文件

本案例结果文件光盘路径为“X:\源文件\ch3\台灯支架.SLDPRT”。

多媒体演示参见配套光盘中的“X:\动画演示\第 3 章\台灯支架.avi”。

绘制步骤

图 3-108　台灯支架

1. 新建文件。启动 SOLIDWORKS 2016，单击菜单栏中的“文件”→“新建”命令，或者单击“快速访问”工具栏中的“新建”按钮，在弹出的“新建 SOLIDWORKS 文件”对话框中先单击“零件”按钮，再单击“确定”按钮，创建一个新的零件文件。

2. 绘制支架底座，绘制草图。在左侧的”FeatureManager 设计树”中用鼠标选择“前视基准面”作为绘制图形的基准面。单击“草图”控制面板中的“圆”按钮，以原点为圆心绘制一个圆。

3. 标注尺寸。单击菜单栏中的“工具”→“标注尺寸”→“智能尺寸”命令，标注圆的直径，结果如图 3-109 所示。

4. 拉伸实体。单击菜单栏中的“插入”→“凸台/基体”→“拉伸”命令，此时系统弹出“凸台-拉伸”属性管理器。在“深度”文本框中输入 30mm，单击对话框中的“确定”图标✔，结果如图 3-110 所示。

5. 绘制开关旋钮，设置基准面。用鼠标单击图 3-110 的表面 1，然后单击“前导视图”控制面板中的“正视于”图标，将该表面作为绘制图形的基准面，结果如图 3-111 所示。

6. 绘制草图。单击菜单栏中的“工具”→“草图绘制实体”→“直线”命令，或者单击“草图”控制面板中的“中心线”图标，绘制一条通过原点的水平中心线；单击“草图”控制面板中的“圆”图标，绘制一个圆，结果如图 3-112 所示。

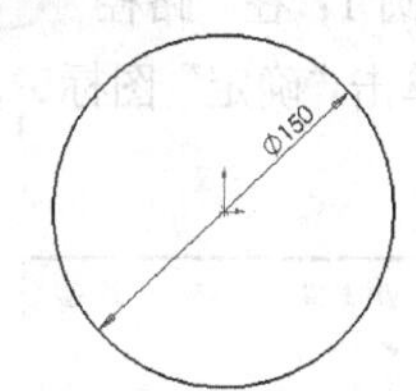

图 3-109 标注的草图

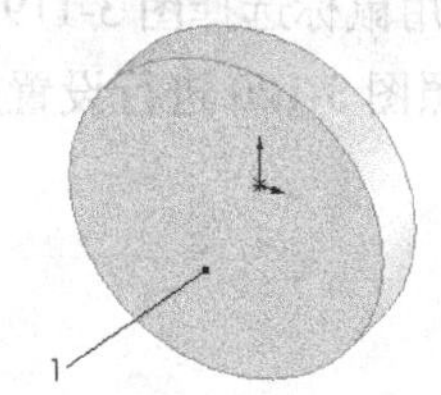

图 3-110 拉伸后的图形

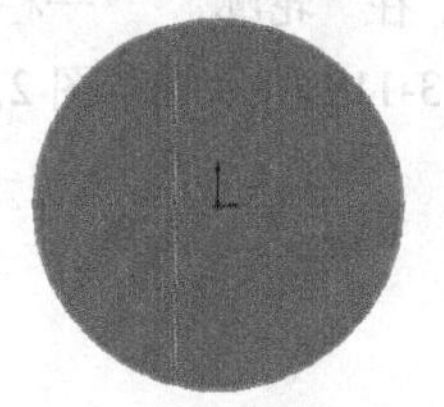
图 3-111 设置的基准面

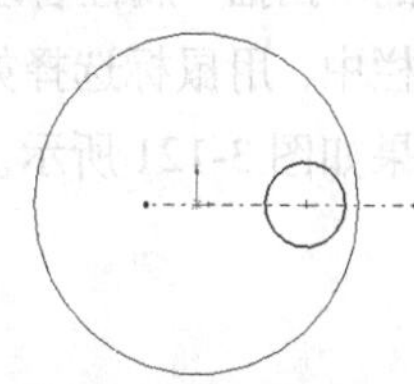
图 3-112 绘制的草图

7. 添加几何关系。单击菜单栏中的“工具”→“几何关系”→“添加”命令，或者单击“草图”控制面板中的“添加几何关系”图标，将圆心和水平中心线添加为“重合”几何关系。

8. 标注尺寸。单击“草图”控制面板中的“智能尺寸”图标，标注如图 3-112 所示圆的直径及其定位尺寸，结果如图 3-113 所示。

9. 拉伸实体。单击“特征”控制面板中的“拉伸凸台/基体”图标，此时系统弹出“凸台-拉伸”属性管理器。在“深度”文本框中输入 25mm，然后单击“确定”图标。

10. 设置视图方向。单击“前导视图”工具栏中的“等轴测”图标，将视图以等轴测方向显示，结果如图 3-114 所示。

11. 绘制支柱部分。设置基准面。用鼠标单击如图 3-114 所示的表面 1，然后单击“前导视图”工具栏中的“正视于”图标，将该表面作为绘制图形的基准面。

12. 绘制草图。单击“草图”控制面板中的“中心线”图标，绘制一条通过原点的水平中心线；单击“草图”控制面板中的“圆”图标，绘制一个圆，结果如图 3-115 所示。

13. 添加几何关系。单击“显示/删除几何关系”工具栏中的“添加几何关系”图标，将圆心和水平中心线添加为“重合”几何关系。

14. 标注尺寸。单击“草图”控制面板中的“智能尺寸”图标，标注图中的尺寸，结果如图 3-116 所示，然后退出草图绘制状态。

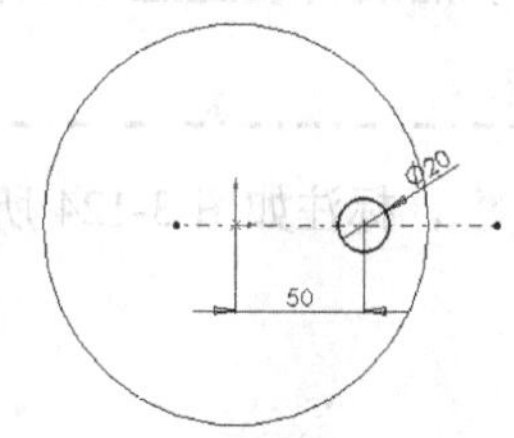

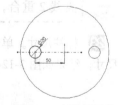

图 3-113 标注的图形

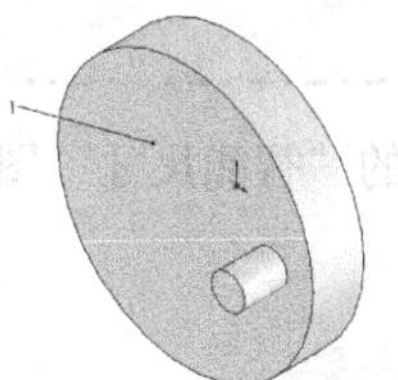

图 3-114 拉伸后的图形

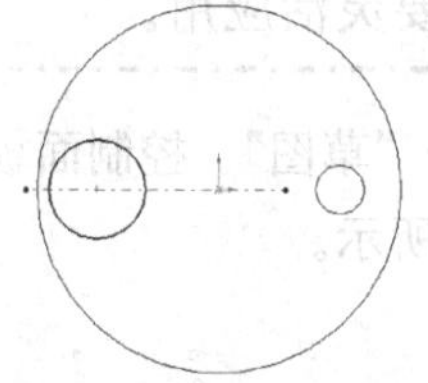
图 3-115 绘制的草图

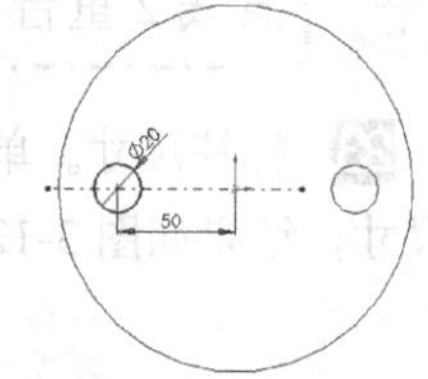

图 3-116 标注的图形

15. 设置基准面。用鼠标单击“前导视图”工具栏中的“下视”图标，将该基准面作为绘制图形的基准面，结果如图 3-117 所示。

16. 绘制草图。单击“草图”控制面板中的“直线”图标，绘制一条直线，起点在直径为 50 的圆心处，然后单击“草图”控制面板中的“切线弧”图标，绘制一条通过绘制直线的圆弧。

17. 标注尺寸。单击“草图”控制面板中的“智能尺寸”图标，标注图中的尺寸，结果如图 3-118 所示，然后退出草图绘制。

18. 设置视图方向。单击“前导视图”工具栏中的“等轴测”图标，将视图以等轴测方向显示，结果如图 3-119 所示。

19. 扫描实体。单击“特征”控制面板中的“扫描”图标，此时系统弹出如图 3-120 所示的“扫描”属性管理器。在“轮廓”一栏中，用鼠标选择图 3-119 中的圆 1；在“路径”一栏中，用鼠标选择如图 3-119 所示的草图 2。按照图 3-120 进行设置后，单击“确定”图标，结果如图 3-121 所示。

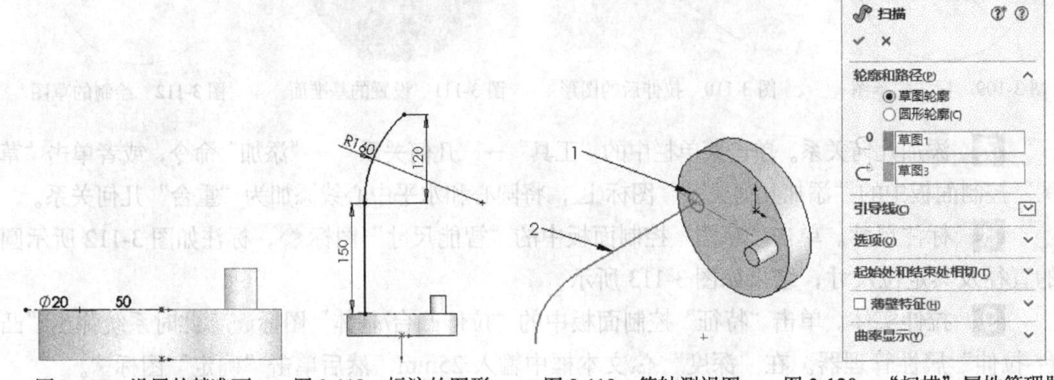

图 3-117 设置的基准面　图 3-118 标注的图形　图 3-119 等轴测视图　图 3-120 “扫描”属性管理器

20. 绘制台灯灯罩，设置基准面。用鼠标单击“前导视图”工具栏中的“下视”图标，将该基准面作为绘制图形的基准面，结果如图 3-122 所示。

21. 绘制草图。单击“草图”控制面板中的“中心线”图标，绘制一条中心线；单击“直线”图标，绘制一条直线；单击 “切线弧”图标，绘制两条切线弧，结果如图 3-123 所示。

22. 添加几何关系。单击“显示/删除几何关系”工具栏中的“添加几何关系”图标，将如图 3-123 所示的直线 1 和直线 2 添加为 “重合”几何关系。然后重复此命令，将直线 1 和中心线 3 添加为“平行”几何关系。

技巧荟萃

> 在设置几何关系中，可以先设置直线 1 和中心线 3 平行，然后再设置直线 1 和直线 2 重合，要灵活应用。

23. 标注尺寸。单击“草图” 控制面板中的“智能尺寸”图标，标注如图 3-124 所示的尺寸，结果如图 3-124 所示。

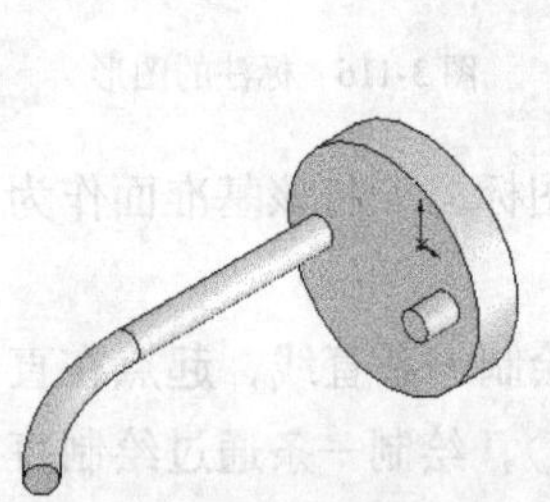

图 3-121 扫描后的图形

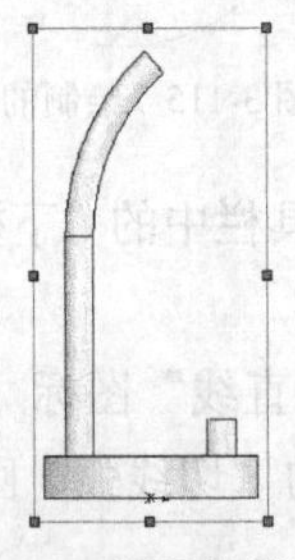

图 3-122 设置的基准面

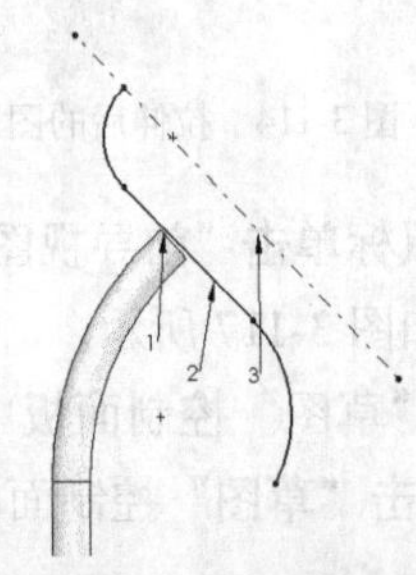

图 3-123 绘制的草图

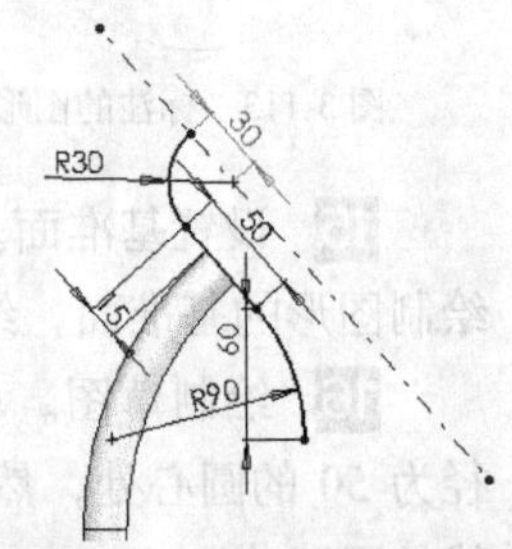

图 3-124 标注的图形

24 旋转实体。单击菜单栏中的“插入”→“凸台/基体”→“旋转”命令，此时系统弹出如图 3-125 所示的系统提示框。单击“否”按钮，旋转为一个薄壁实体，此时系统弹出如图 3-126 所示的“旋转”属性管理器。按照图 3-126 进行设置，单击“确定”图标✓，旋转生成实体。

25 设置视图方向。单击“前导视图”工具栏中的“旋转视图”图标，将视图以合适的方向显示，结果如图 3-108 所示。

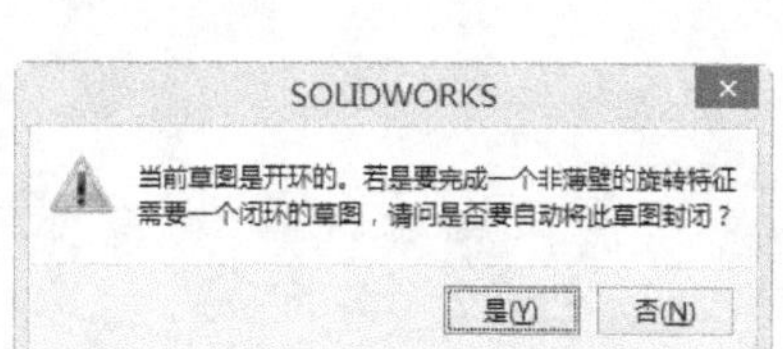

图 3-125 系统提示框

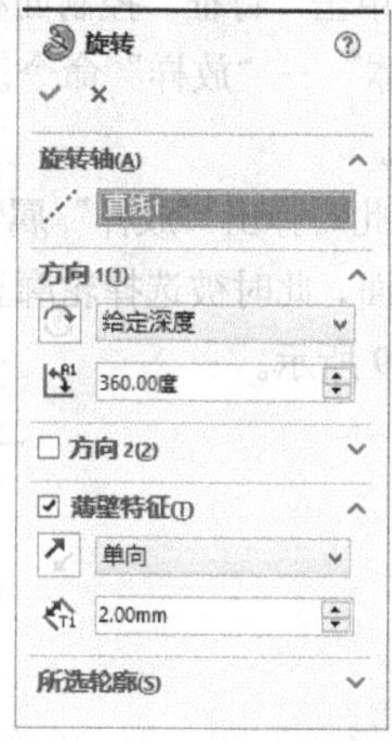

图 3-126 “旋转”属性管理器

3.6 放样特征

所谓放样是指连接多个剖面或轮廓形成的基体、凸台或切除，通过在轮廓之间进行过渡来生成特征。图 3-127 是放样特征实例。

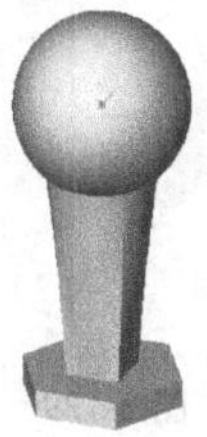

图 3-127 放样特征实例

3.6.1 设置基准面

放样特征需要连接多个面上的轮廓，这些面既可以平行也可以相交。要确定这些平面就必须用到基准面。

基准面可以用在零件或装配体中，通过使用基准面可以绘制草图、生成模型的剖面视图、生成扫描和放样中的轮廓面等。基准面的创建参照本章 3.2.1 节的内容。

3.6.2 凸台放样

通过使用空间上两个或两个以上的不同平面轮廓，可以生成最基本的放样特征。

下面结合实例介绍创建空间轮廓的放样特征的操作步骤。

【案例 3-21】本案例结果文件光盘路径为“X:\源文件\ch3\3.21.SLDPRT”，案例视频内容光盘路径为“X:\动画演示\第 3 章\3.21 凸台放样.avi”。

（1）打开随书光盘中的原始文件“X:\原始文件\ch3\3.21.SLDPRT”，打开的文件实体如图 3-128 所示。

（2）单击“特征”控制面板中的“放样凸台/基体”按钮，或单击菜单栏中的“插入”→“凸台/基体”→“放样”命令。如果要生成切除放样特征，则单击菜单栏中“插入→切除→放样”命令。

（3）此时弹出“放样”属性管理器，单击每个轮廓上相应的点，按顺序选择空间轮廓和其他轮廓的面，此时被选择轮廓显示在“轮廓”选项组中，在右侧的图形区显示生成的放样特征，如图 3-129 所示。

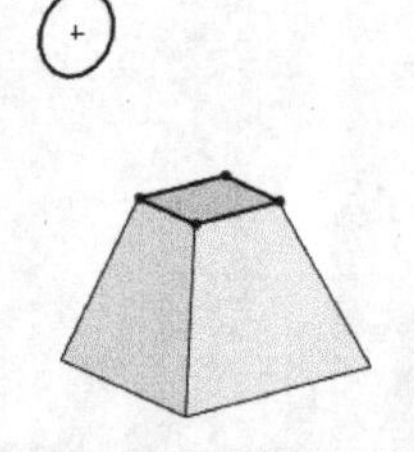

图 3-128　打开的文件实体

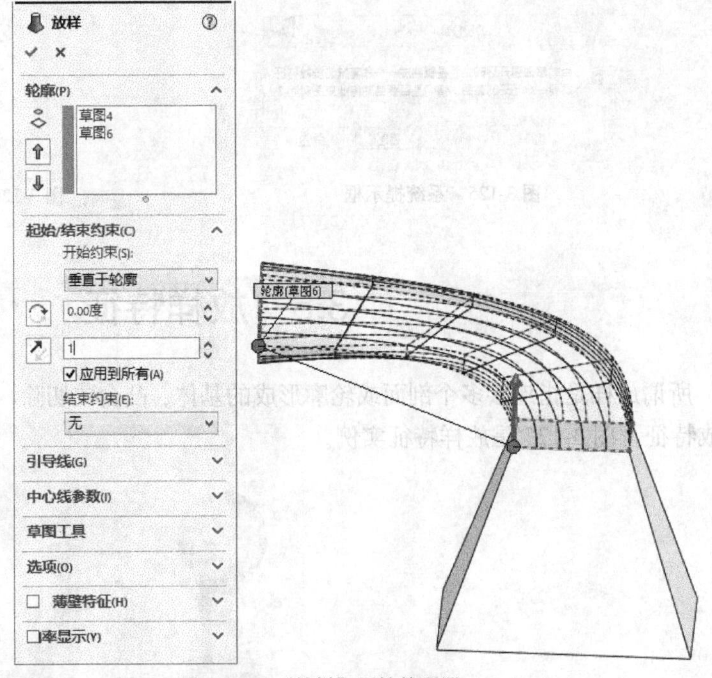

图 3-129　“放样”属性管理器

（4）单击（上移）按钮或（下移）按钮，改变轮廓的顺序。此项只针对两个以上轮廓的放样特征。

（5）如果要在放样的开始和结束处控制相切，则设置“起始/结束约束”选项组。

- 无：不应用相切。
- 垂直于轮廓：放样在起始和终止处与轮廓的草图基准面垂直。
- 方向向量：放样与所选的边线或轴相切，或与所选基准面的法线相切。
- 所有面：放样在起始处和终止处与现有几何的相邻面相切。

图 3-130 说明了相切选项的差异。

（6）如果要生成薄壁放样特征，则勾选“薄壁特征”复选框，从而激活薄壁选项。

- 选择薄壁类型（单向、两侧对称或双向）。
- 设置薄壁厚度。

（7）放样属性设置完毕，单击✔（确定）按钮，完成放样。

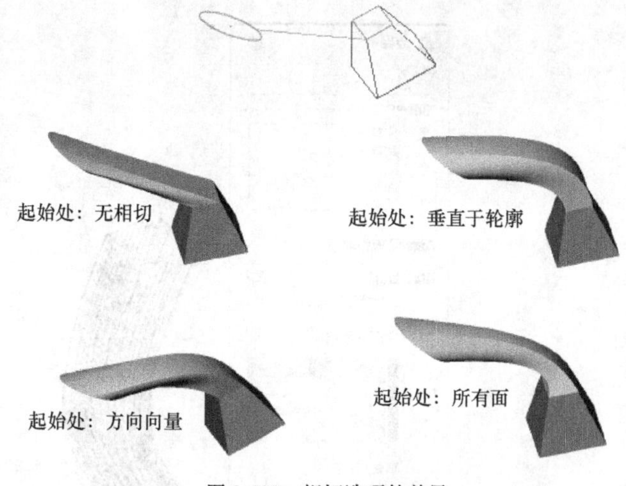

图 3-130 相切选项的差异

3.6.3 引导线放样

同生成引导线扫描特征一样，SOLIDWORKS 2016 也可以生成引导线放样特征。通过使用两个或多个轮廓并使用一条或多条引导线来连接轮廓，生成引导线放样特征。通过引导线可以帮助控制所生成的中间轮廓。图 3-131 展示了引导线放样效果。

在利用引导线生成放样特征时，应该注意以下几点。

- 引导线必须与轮廓相交。
- 引导线的数量不受限制。
- 引导线之间可以相交。
- 引导线可以是任何草图曲线、模型边线或曲线。
- 引导线可以比生成的放样特征长，放样将终止于最短的引导线的末端。

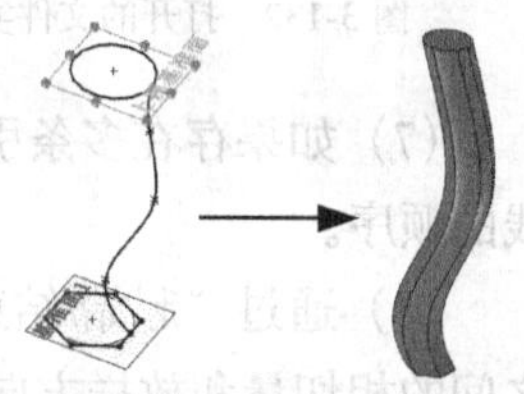

图 3-131 引导线放样效果

下面结合实例介绍创建引导线放样特征的操作步骤。

【案例 3-22】本案例结果文件光盘路径为“X:\源文件\ch3\3.22.SLDPRT”，案例视频内容光盘路径为“X:\动画演示\第 3 章\3.22 引导线放样.avi”。

（1）打开随书光盘中的原始文件“X:\原始文件\ch3\3.22.SLDPRT”，打开的文件实体如图 3-132 所示。

（2）在轮廓所在的草图中为引导线和轮廓顶点添加穿透几何关系或重合几何关系。

（3）单击“特征”控制面板中的“放样凸体/基体”按钮，或单击菜单栏中的“插入”→“凸台/基体”→“放样”菜单命令，如果要生成切除特征，则单击菜单栏中的“插入”→“切除”→“放样”命令。

（4）弹出“放样”属性管理器，单击每个轮廓上相应的点，按顺序选择空间轮廓和其他轮廓的面，此时被选择轮廓显示在“轮廓”选项组中。

（5）单击⇑（上移）按钮或⇓（下移）按钮，改变轮廓的顺序，此项只针对两个以上轮廓的放样特征。

（6）在“引导线”选项组中单击（引导线框）按钮，然后在图形区中选择引导线。此时在图形区中将显示随引导线变化的放样特征，如图 3-133 所示。

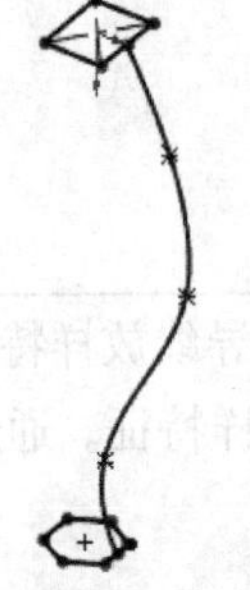

图 3-132　打开的文件实体

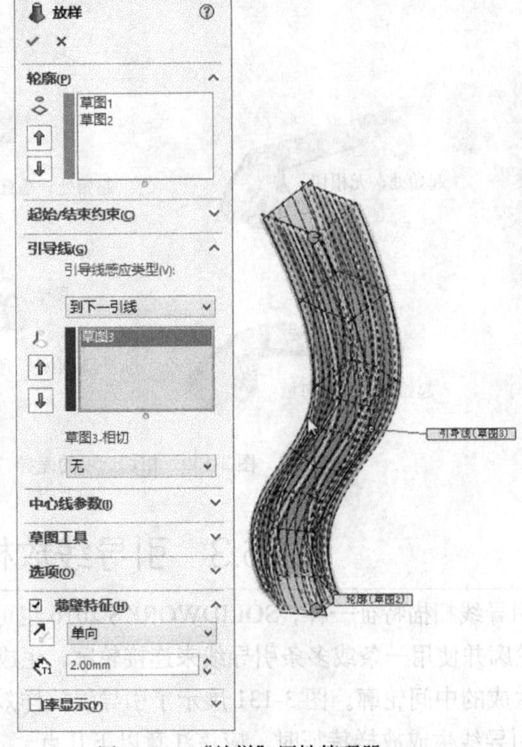

图 3-133　“放样”属性管理器

（7）如果存在多条引导线，可以单击 （上移）按钮或 （下移）按钮，改变使用引导线的顺序。

（8）通过“起始/结束约束”选项组可以控制草图、面或曲面边线之间的相切量和放样方向。

（9）如果要生成薄壁特征，则勾选“薄壁特征”复选框，从而激活薄壁选项，设置薄壁特征。

（10）放样属性设置完毕，单击 （确定）按钮，完成放样。结果如图 3-134 所示。

图 3-134　放样切除结果

技巧荟萃

绘制引导线放样时，草图轮廓必须与引导线相交。

3.6.4　中心线放样

SOLIDWORKS 2016 还可以生成中心线放样特征。中心线放样是指将一条变化的引导线作为中心线进行的放样，在中心线放样特征中，所有中间截面的草图基准面都与此中心线垂直。

中心线放样特征的中心线必须与每个闭环轮廓的内部区域相交，而不是像引导线放样那样，引导线必须与每个轮廓线相交。图 3-135 展示了中心线放样效果。

下面结合实例介绍创建中心线放样特征的操作步骤。

【案例 3-23】本案例结果文件光盘路径为“X:\源文件\ch3\3.23.SLDPRT”，案例视频内容光盘路径为“X:\动画演示\第 3 章\3.23 中心线放样.avi”。

（1）打开随书光盘中的原始文件“X:\原始文件\ch3\3.23.SLDPRT”，打开的文件实体如图 3-136 所示。

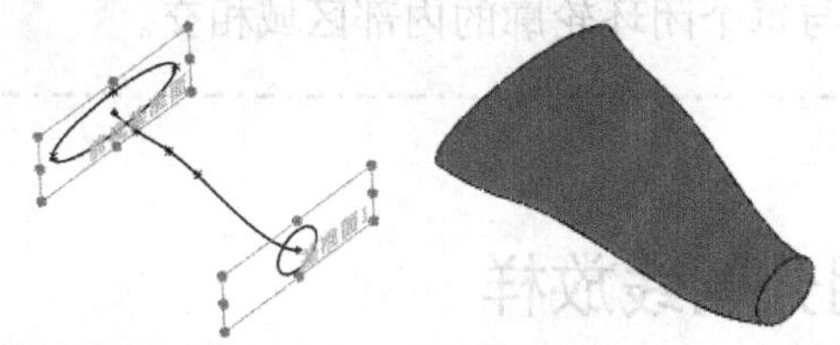

图 3-135 中心线放样效果

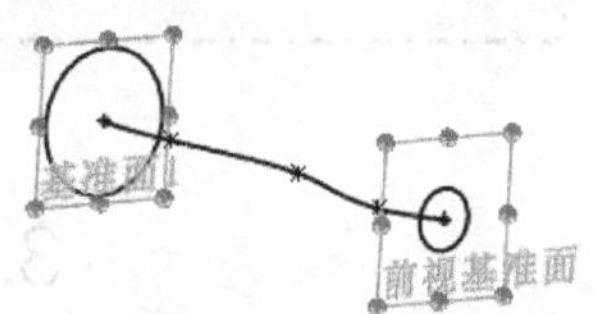

图 3-136 打开的文件实体

（2）单击“特征”控制面板中的“放样凸台/基体”按钮，或执行“插入”→“凸台/基体”→“放样”菜单命令。如果要生成切除特征，则单击菜单栏中的“插入”→“切除”→“放样”命令。

（3）弹出“放样”属性管理器，单击每个轮廓上相应的点，按顺序选择空间轮廓和其他轮廓的面，此时被选择轮廓显示在“轮廓”选项组中。

（4）单击（上移）按钮或（下移）按钮，改变轮廓的顺序，此项只针对两个以上轮廓的放样特征。

（5）在“中心线参数”选项组中单击中心线框按钮，然后在图形区中选择中心线，此时在图形区中将显示随着中心线变化的放样特征，如图 3-137 所示。

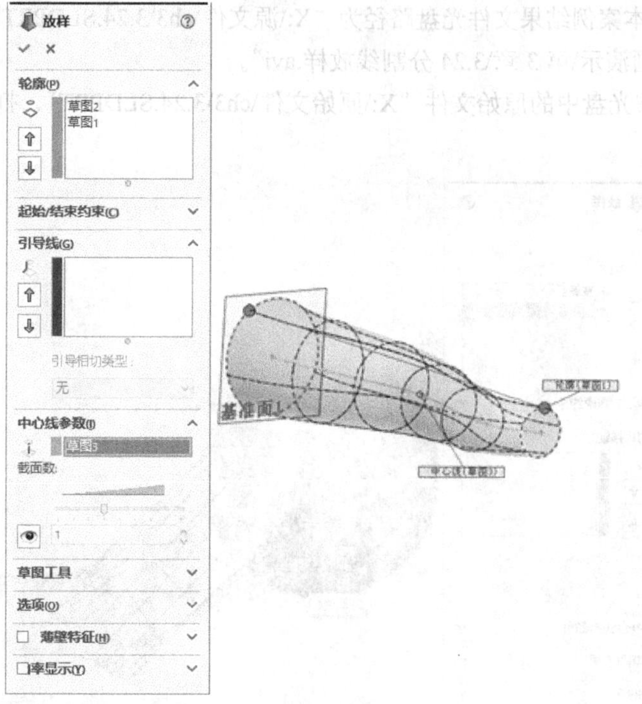

图 3-137 “放样”属性管理器

（6）调整“截面数”滑杆来更改在图形区显示的预览数。

（7）单击（显示截面）按钮，然后单击（微调框）箭头，根据截面数量查看并修正轮廓。

（8）如果要在放样的开始和结束处控制相切，则设置“起始/结束约束”选项组。

（9）如果要生成薄壁特征，则勾选“薄壁特征”复选框，并设置薄壁特征。

（10）放样属性设置完毕，单击✔（确定）按钮，完成放样。

技巧荟萃

绘制中心线放样时，中心线必须与每个闭环轮廓的内部区域相交。

3.6.5 用分割线放样

要生成一个与空间曲面无缝连接的放样特征，就必须要用到分割线放样。分割线放样可以将放样中的空间轮廓转换为平面轮廓，从而使放样特征进一步扩展到空间模型的曲面上。图 3-138 说明了分割线放样效果。

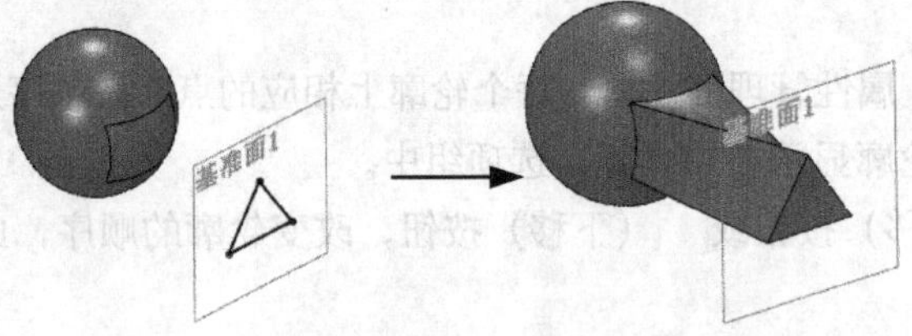

图 3-138 分割线放样效果

下面结合实例介绍创建分割线放样的操作步骤。

【案例 3-24】本案例结果文件光盘路径为“X:\源文件\ch3\3.24.SLDPRT”，案例视频内容光盘路径为“X:\动画演示\第 3 章\3.24 分割线放样.avi”。

（1）打开随书光盘中的原始文件“X:\原始文件\ch3\3.24.SLDPRT”，打开的文件实体如图 3-139 左图所示。

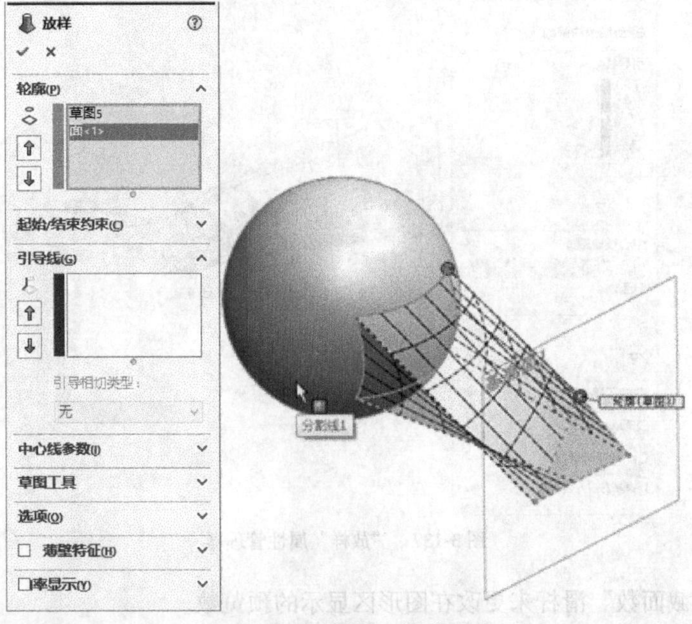

图 3-139 “放样”属性管理器

（2）单击“特征”控制面板中的“放样凸台/基体”按钮，或单击菜单栏中的“插入”→“凸台/基体”→“放样”命令。如果要生成切除特征，则单击菜单栏中的“插入”→“切除”→“放样”命令，弹出“放样”属性管理器。

（3）单击每个轮廓上相应的点，按顺序选择空间轮廓和其他轮廓的面，此时被选择轮廓显示在“轮廓”选项组中。此时，分割线也是一个轮廓，如图 3-139 所示。

（4）单击（上移）按钮或（下移）按钮，改变轮廓的顺序，此项只针对两个以上轮廓的放样特征。

（5）如果要在放样的开始和结束处控制相切，则设置“起始/结束约束”选项组。

（6）如果要生成薄壁特征，则勾选“薄壁特征”复选框，并设置薄壁特征。

（7）放样属性设置完毕，单击（确定）按钮，完成放样，效果如图 3-139 右图所示。

利用分割线放样不仅可以生成普通的放样特征，还可以生成引导线或中心线放样特征。它们的操作步骤基本一样，这里不再赘述。

3.6.6 实例——电源插头

本例绘制电源插头，如图 3-140 所示。首先绘制电源插头的主体草图并放样实体，然后在小端运用扫描和旋转命令绘制进线部分，最后在大端绘制插头。

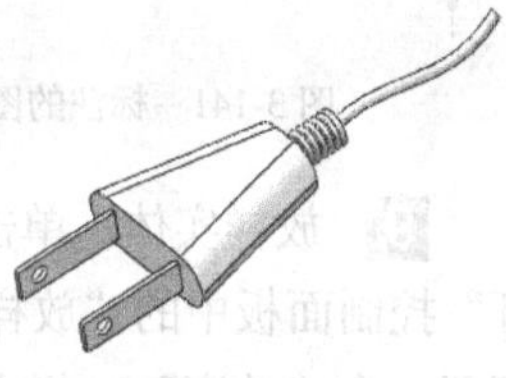

光盘文件

本案例结果文件光盘路径为“X:\源文件\ch3\电源插头.SLDPRT”。

多媒体演示参见配套光盘中的“X:\动画演示\第3章\电源插头.avi”。

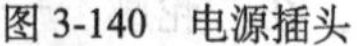

图 3-140 电源插头

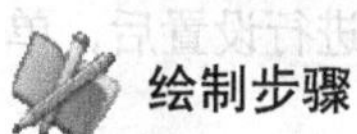

绘制步骤

1. 新建文件。单击菜单栏中的“文件”→“新建”命令，或者单击“快速访问”工具栏中的“新建”按钮，在弹出的“新建 SOLIDWORKS 文件”对话框中先单击“零件”按钮，再单击“确定”按钮，创建一个新的零件文件。

2. 绘制草图。在左侧的“FeatureManager 设计树”中用鼠标选择“前视基准面”作为绘制图形的基准面。单击“草图”控制面板中的“边角矩形”图标，绘制一个矩形。

3. 标注尺寸。单击菜单栏中的“工具”→“标注尺寸”→“智能尺寸”命令，或者单击“草图”控制面板中的“智能尺寸”图标，标注矩形的尺寸，结果如图 3-141 所示，然后退出草图绘制状态。

4. 添加基准面。在左侧的“FeatureManager 设计树”中用鼠标选择“前视基准面”，然后单击执行栏中的“插入”→“参考几何体”→“基准面”命令，此时系统弹出如图 3-142 所示的“基准面”属性管理器。在“偏移距离”文本框中输入 30mm，并调整设置基准面的方向。按照图 3-142 进行设置后，单击“确定”图标，添加一个新的基准面 1。

5. 设置视图方向。单击“前导视图”工具栏中的“等轴测”图标，将视图以等轴测方向显示，结果如图 3-143 所示。

6. 设置基准面。用鼠标选择第 4 步添加的基准面 1，然后单击“前导视图”工具栏中的“正视于”图标，将该表面作为绘制图形的基准面。

7. 绘制草图。单击“草图”控制面板中的“边角矩形”图标，在上一步设置的基准面上绘制一个矩形。

8. 标注尺寸。单击“草图”控制面板中的“智能尺寸”图标，标注矩形各边的尺寸，结果如图 3-144 所示，然后退出草图绘制状态。

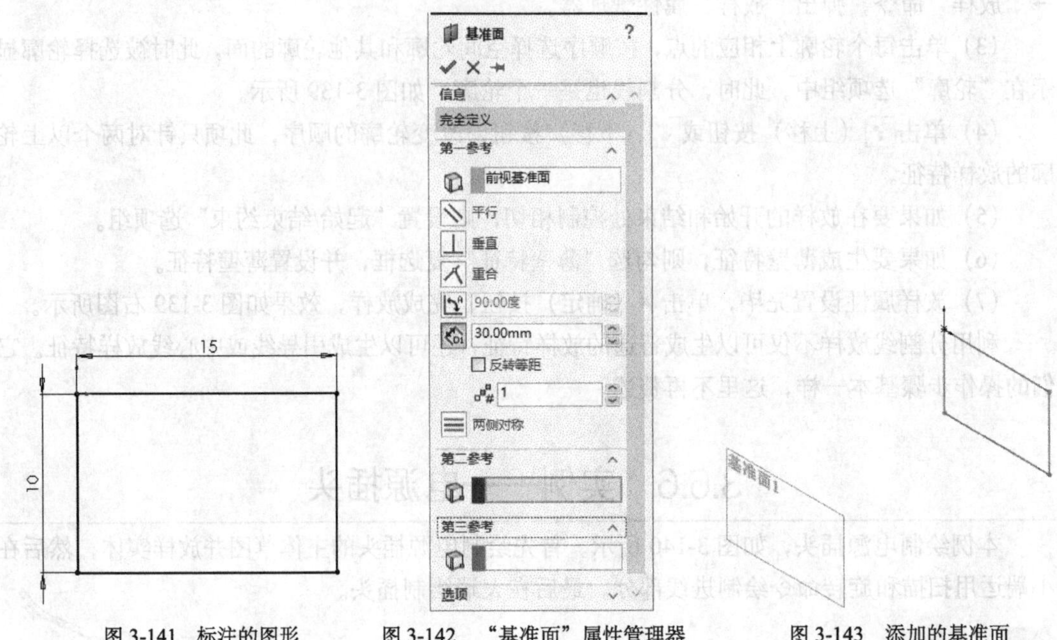

图 3-141　标注的图形　　图 3-142　“基准面”属性管理器　　图 3-143　添加的基准面

9. 放样实体。单击菜单栏中的“插入”→“凸台/基体”→“放样”命令，或者单击“特征”控制面板中的“放样凸台/基体”图标，此时系统弹出如图 3-145 所示的“放样”属性管理器。在“轮廓”一栏中，依次选择大矩形草图和小矩形草图。按照图 3-145 进行设置后，单击“确定”图标，结果如图 3-146 所示。

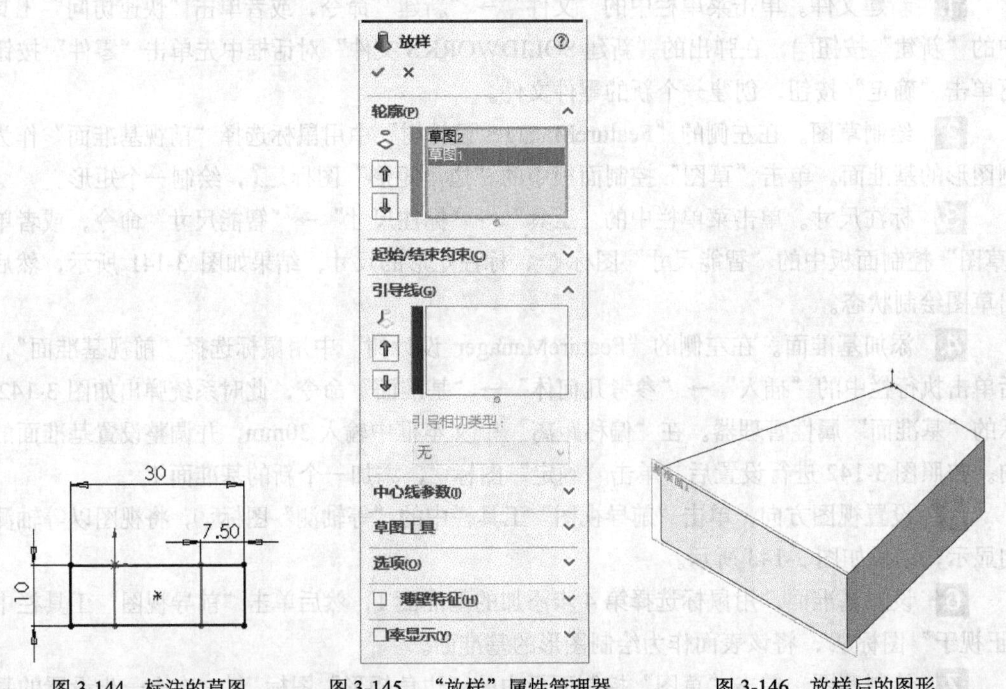

图 3-144　标注的草图　　图 3-145　“放样”属性管理器　　图 3-146　放样后的图形

技巧荟萃

在选择放样的轮廓时，要先选择大端草图，然后选择小端草图，注意顺序不要改变，读者可以反选，观测放样的效果。

10 圆角实体。执行菜单栏中的“插入”→“特征”→“圆角”命令，或者单击“特征”控制面板中的“圆角”图标，此时系统弹出“圆角”属性管理器。在“半径”文本框中输入 5mm，然后用鼠标选择如图 3-146 所示的 4 条斜边线。单击对话框中的“确定”图标，结果如图 3-147 所示。

11 添加基准面。在左侧的“FeatureManager 设计树”中用鼠标选择“右视基准面”，然后单击菜单栏中的“插入”→“参考几何体”→“基准面”命令，或者单击“参考几何体”工具栏中的“基准面”图标，此时系统弹出“基准面”属性管理器。在“偏移距离”文本框一栏输入 7.5mm，并调整设置基准面的方向。单击“确定”图标，添加一个新的基准面，结果如图 3-148 所示。

12 设置基准面。用鼠标选择上一步添加的基准面，然后单击“前导视图”工具栏中的“正视于”图标，将该表面作为绘制图形的基准面。

13 绘制草图。单击菜单栏中的“工具”→“草图绘制实体”→“直线”命令，或者单击“草图”控制面板中的“直线”图标，绘制一系列的直线段，结果如图 3-149 所示。

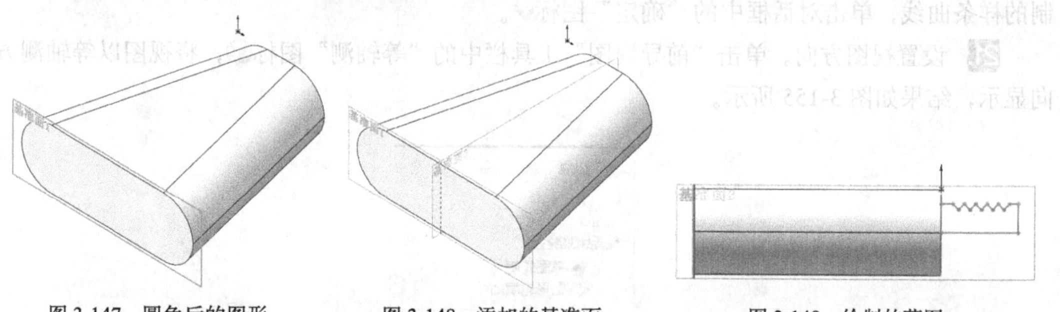

图 3-147　圆角后的图形　　图 3-148　添加的基准面　　图 3-149　绘制的草图

14 旋转实体。单击菜单栏中的“插入”→“凸台/基体”→“旋转”命令，或者单击“特征”控制面板中的“旋转凸台/基体”图标，此时系统弹出如图 3-150 所示的“旋转”对话框。在“旋转轴”一栏中，用鼠标选择上一步绘制草图中的水平直线。按照图 3-150 进行设置后，单击对话框中的“确定”图标，旋转生成实体，结果如图 3-151 所示。

15 设置基准面。用鼠标选择第 11 步设置的基准面，然后单击“前导视图”工具栏中的“正视于”图标，将该基准面作为绘制图形的基准面。

16 绘制草图。单击菜单栏中的“工具”→“草图绘制实体”→“样条曲线”命令，或者单击“草图”控制面板中的“样条曲线”图标，绘制一条曲线，结果如图 3-152 所示，然后退出草图绘制状态。

17 设置基准面。用鼠标选择如图 3-152 所示的表面 1，然后单击“前导视图”工具栏中的“正视于”图标，将该表面作为绘制图形的基准面。

18 绘制草图。单击“草图”控制面板中的“圆”图标，在上一步设置的基准面上绘制一个圆。

旋转
旋转轴(A)
直线1
方向 1(1)
给定深度
360.00度
合并结果(M)
方向 2(2)
薄壁特征(T)
所选轮廓(S)

图 3-150 “旋转”对话框

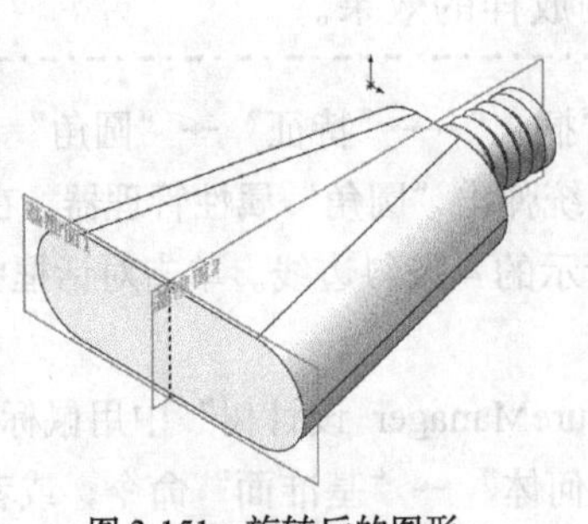

图 3-151 旋转后的图形

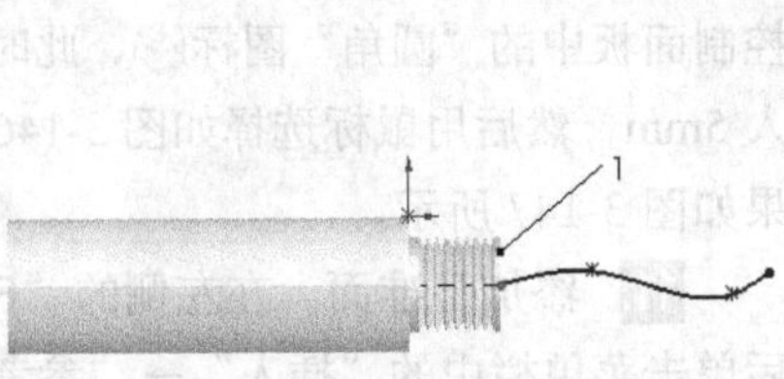

图 3-152 绘制的草图

19. 标注尺寸。单击“草图”控制面板中的“智能尺寸”图标，标注圆的直径，结果如图 3-153 所示，然后退出草图绘制状态。

20. 扫描实体。单击菜单栏中的“插入”→“凸台/基体”→“扫描”命令，或者单击“特征”控制面板中的“扫描”图标，此时系统弹出如图 3-154 所示的“扫描”属性管理器。在“轮廓”栏中，用鼠标选择第 19 步标注的圆；在“路径”栏中，用鼠标选择第 16 步绘制的样条曲线，单击对话框中的“确定”图标。

21. 设置视图方向。单击“前导视图”工具栏中的“等轴测”图标，将视图以等轴测方向显示，结果如图 3-155 所示。

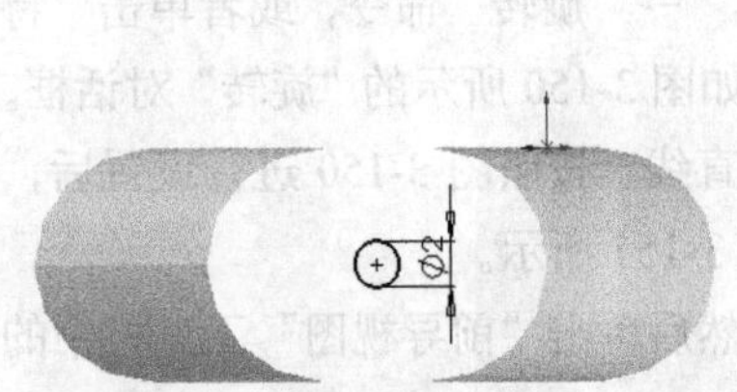

图 3-153 标注的草图

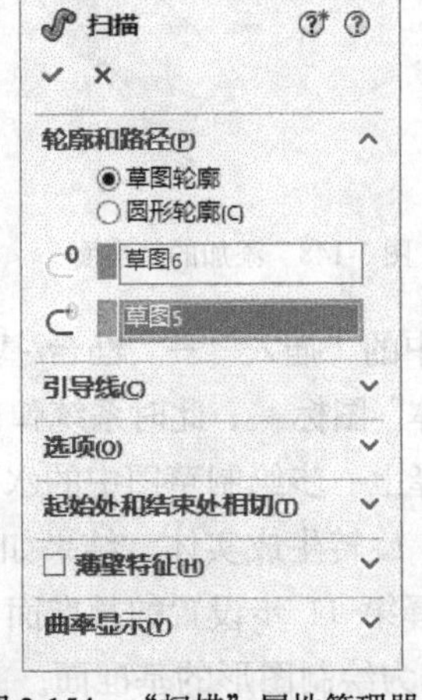

图 3-154 “扫描”属性管理器

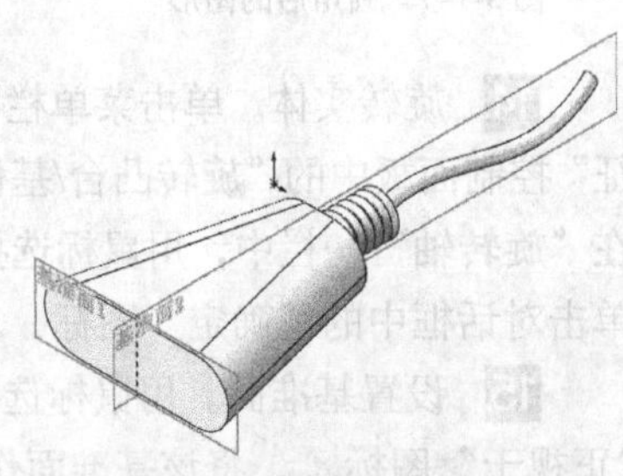

图 3-155 扫描后的图形

22. 绘制插针。设置基准面。选取基准面 1，然后单击“前导视图”工具栏中的“正视于”图标，将该面作为绘制图形的基准面。

23. 绘制草图。单击“草图”控制面板中的“边角矩形”图标，在上一步设置的基准面上绘制一个矩形。

24. 标注尺寸。单击“草图”控制面板中的“智能尺寸”图标，标注矩形各边的尺寸及其定位尺寸，结果如图 3-156 所示。

25. 拉伸实体。单击菜单栏中的“插入”→“凸台/基体”→“拉伸”命令，或者单击“特征”控制面板中的“拉伸凸台/基体”图标，此时系统弹出“凸台-拉伸”属性管理器。在“深度”文本框中输入 20mm。单击“确定”图标，结果如图 3-157 所示。

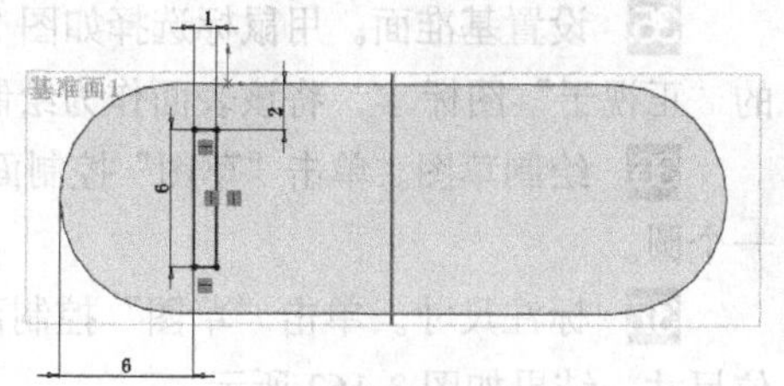

图 3-156　标注的草图

26 设置基准面。用鼠标选择如图 3-157 所示的表面 1，然后单击“前导视图”工具栏中的“正视于”图标，将该表面作为绘制图形的基准面。

27 绘制草图。单击“草图”控制面板中的“圆”图标，在上一步设置的基准面上绘制一个圆。

28 标注尺寸。单击“草图”控制面板中的“智能尺寸”图标，标注圆的直径及其定位尺寸，结果如图 3-158 所示。

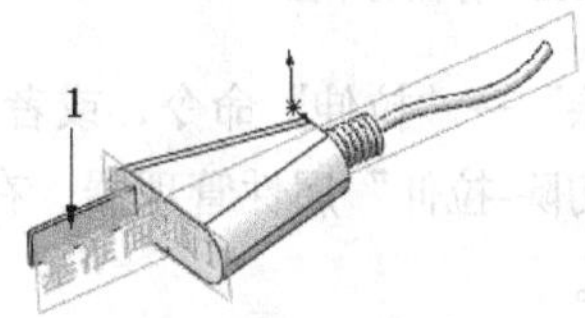

图 3-157　拉伸后的图形

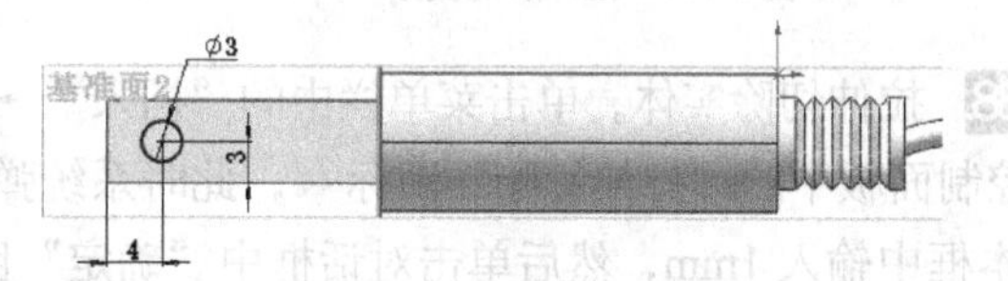

图 3-158　标注的草图

29 拉伸切除实体。单击菜单栏中的“插入”→“切除”→“拉伸”命令，或者单击“特征”控制面板中的“拉伸切除”图标，此时系统弹出“切除-拉伸”属性管理器。在“深度”文本框中输入 1mm，然后单击对话框中“确定”图标。

30 设置视图方向。单击“前导视图”工具栏中的“等轴测”图标，将视图以等轴测方向显示，结果如图 3-159 所示。

31 绘制插针。选取基准面 1，然后单击“前导视图”工具栏中的“正视于”图标，将该面作为绘制图形的基准面。

32 绘制草图。单击“草图”控制面板中的“边角矩形”图标，在上一步设置的基准面上绘制一个矩形。

33 标注尺寸。单击“草图”控制面板中的“智能尺寸”图标，标注矩形各边的尺寸及其定位尺寸，结果如图 3-160 所示。

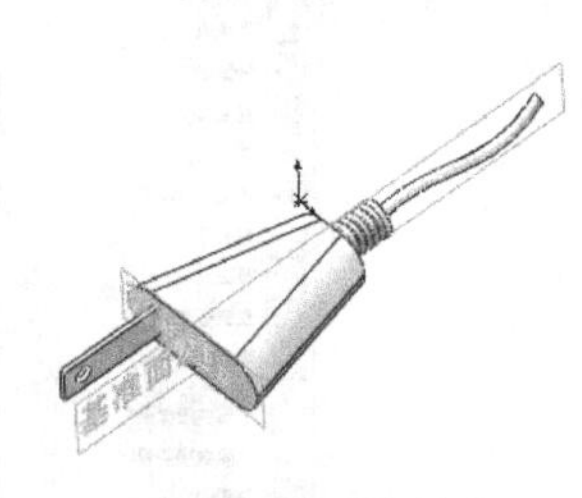
图 3-159　拉伸切除后的图形

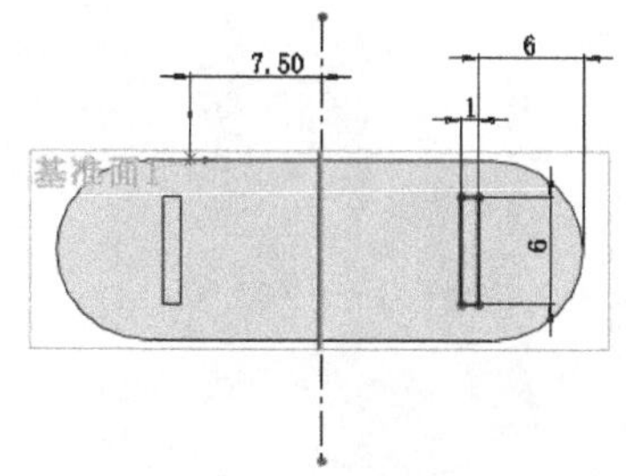

图 3-160　标注的草图

34 拉伸实体。单击菜单栏中的“插入”→“凸台/基体”→“拉伸”命令，或者单击“特征”控制面板中的“拉伸凸台/基体”图标，此时系统弹出“凸台-拉伸”属性管理器。在“深度”文本框中输入 20mm，单击“确定”图标，结果如图 3-161 所示。

35 设置基准面。用鼠标选择如图 3-161 所示的表面 1，然后单击“前导视图”工具栏中的“正视于”图标，将该表面作为绘制图形的基准面。

36 绘制草图。单击“草图”控制面板中的“圆”图标，在上一步设置的基准面上绘制一个圆。

37 标注尺寸。单击“草图”控制面板中的“智能尺寸”图标，标注圆的直径及其定位尺寸，结果如图 3-162 所示。

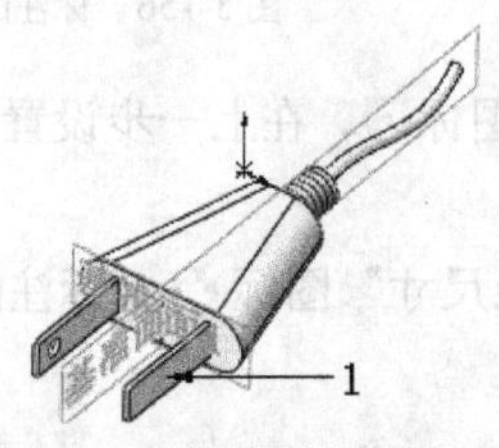

图 3-161　拉伸后的图形

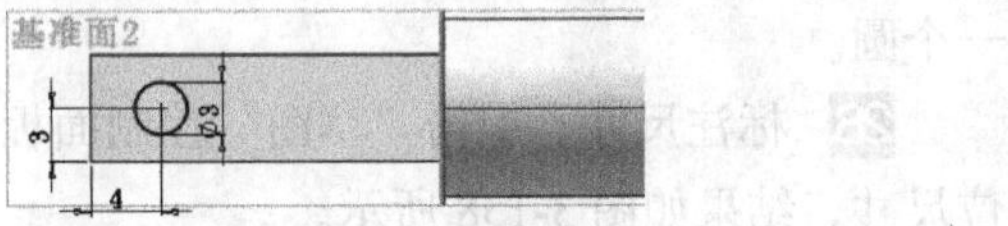

图 3-162　标注的草图

38 拉伸切除实体。单击菜单栏中的“插入”→“切除”→“拉伸”命令，或者单击“特征”控制面板中的“拉伸切除”图标，此时系统弹出“切除-拉伸”属性管理器。在“深度”文本框中输入 1mm，然后单击对话框中“确定”图标。

39 设置视图方向。单击“前导视图”工具栏中的“等轴测”图标，将视图以等轴测方向显示，结果如图 3-163 所示。

40 设置显示属性。单击菜单栏中的“视图”→“隐藏/显示”，此时系统弹出如图 3-164 所示的下拉菜单。用鼠标单击一下“基准面”、“基准轴”和“临时轴”选项，则视图中的基准面、基准轴和临时轴不再显示，结果如图 3-140 所示。

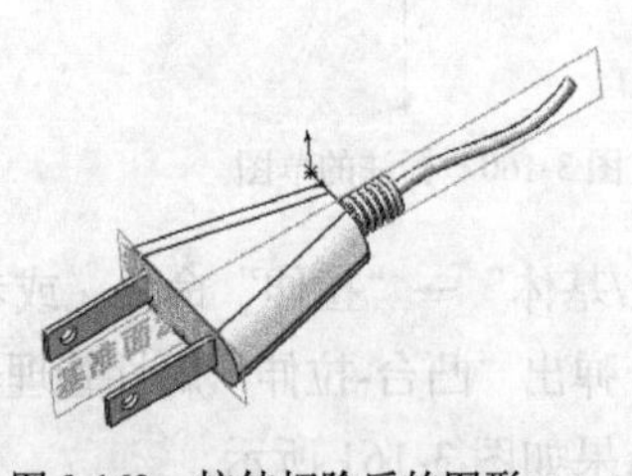

图 3-163　拉伸切除后的图形

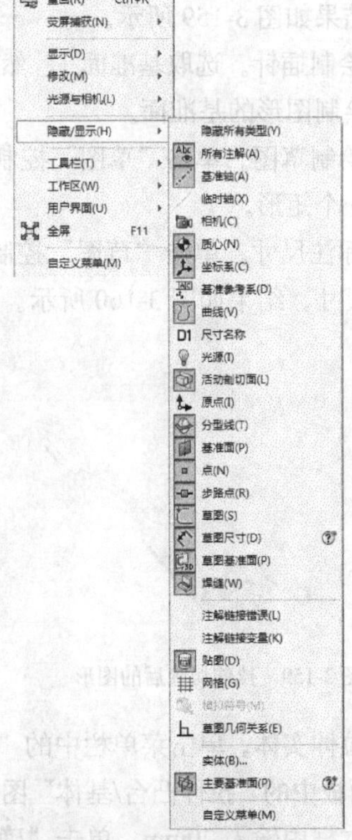

图 3-164　视图下拉菜单

3.7 综合实例——摇臂

本实例使用草图绘制命令建模，并用到“特征”控制面板中的相关命令进行实体操作，最终完成如图 3-165 所示的摇臂的绘制。

光盘文件

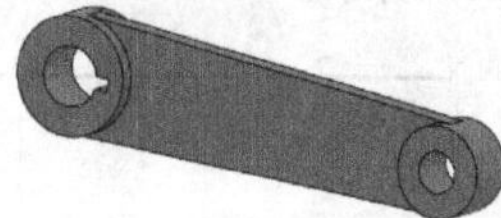

图 3-165 摇臂

本案例结果文件光盘路径为“X:\源文件\ch3\摇臂.SLDPRT”。

多媒体演示参见配套光盘中的“X:\动画演示\第 3 章\摇臂.avi”。

绘制步骤

1. 新建文件。单击菜单栏中的“文件”→“新建”命令，或者单击“快速访问”工具栏中的“新建”按钮，在弹出的“新建 SOLIDWORKS 文件”对话框中先单击“零件”按钮，再单击“确定”按钮，创建一个新的零件文件。

2. 新建草图。在左侧的“FeatureManager 设计树”中用鼠标选择“前视基准面”作为绘制图形的基准面。单击“草图绘制”按钮，新建一张草图。

3. 绘制中心线。单击“草图”控制面板中的“中心线”按钮，通过原点分别绘制一条水平中心线。

4. 绘制轮廓。利用草图绘制，绘制草图作为拉伸基体特征的轮廓，如图 3-166 所示。

5. 拉伸形成实体。单击“特征”控制面板中的“拉伸凸台/基体”按钮，设定拉伸的终止条件为“给定深度”。在微调框中设置拉伸深度为 6mm，保持其他选项的系统默认值不变，如图 3-167 所示。单击“确定”按钮，完成基体拉伸特征。

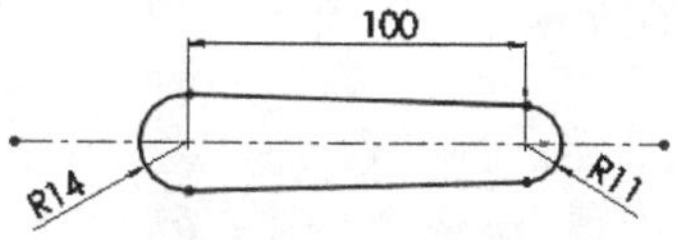

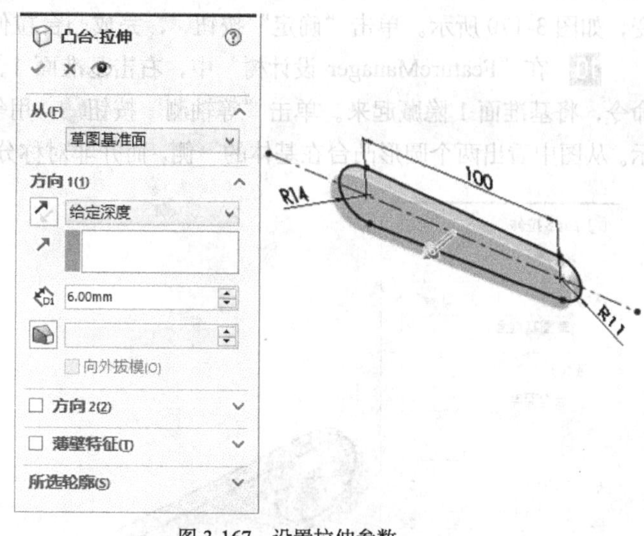

图 3-166 基体拉伸草图

图 3-167 设置拉伸参数

6. 建立基准面。选择“FeatureManager 设计树”上的前视视图，然后单击菜单栏中的“插入”→“参考几何体”→“基准面”命令或单击“参考几何体”工具栏中的“基准面”按钮。在“基准面”属性管理器上的微调框中设置偏移距离为 3mm，如图 3-168 所示。单击“确定”按钮，添加基准面。

7. 选择视图，新建草图。单击“草图绘制”按钮，在基准面 1 上打开一张草图。单击“前导视图”工具栏中的“正视于”图标，正视于基准面 1 视图。

8. 绘制圆。单击“草图”控制面板中的“圆”按钮，绘制两个圆作为凸台轮廓，如图 3-169 所示。

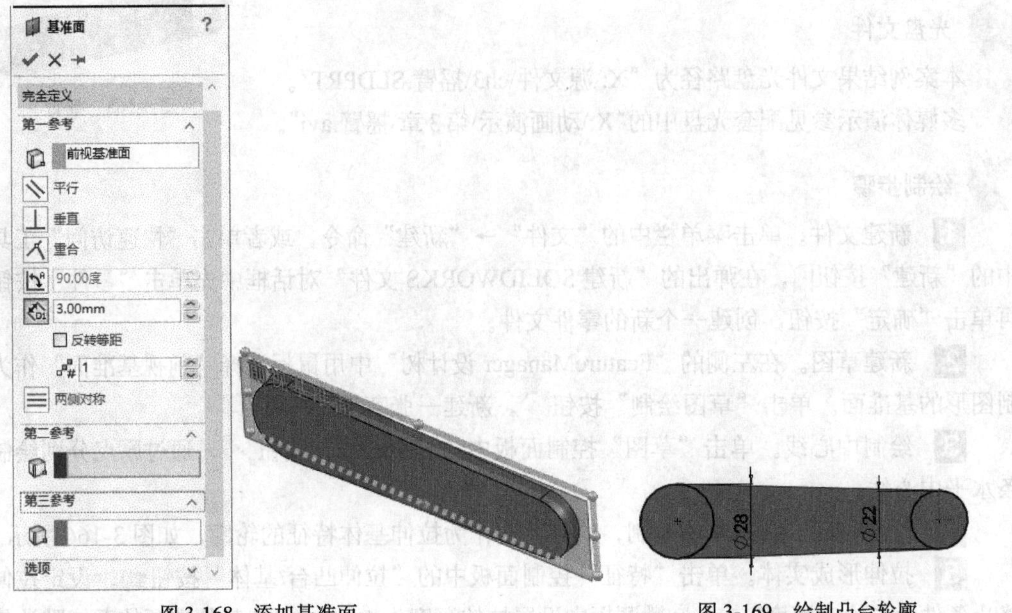

图 3-168　添加基准面　　图 3-169　绘制凸台轮廓

9. 拉伸形成实体。单击“特征”控制面板中的“拉伸凸台/基体”图标，设定拉伸的终止条件为“给定深度”。在微调框中设置拉伸深度为 7mm，保持其他选项的系统默认值不变，如图 3-170 所示。单击“确定”按钮，完成凸台拉伸特征。

10. 在“FeatureManager 设计树”中，右击基准面 1。在弹出的快捷菜单中选择“隐藏”命令，将基准面 1 隐藏起来。单击“等轴测”按钮，用等轴测视图观看图形，如图 3-171 所示。从图中看出两个圆形凸台在基体的一侧，而并非对称分布。下面需要对凸台进行重新定义。

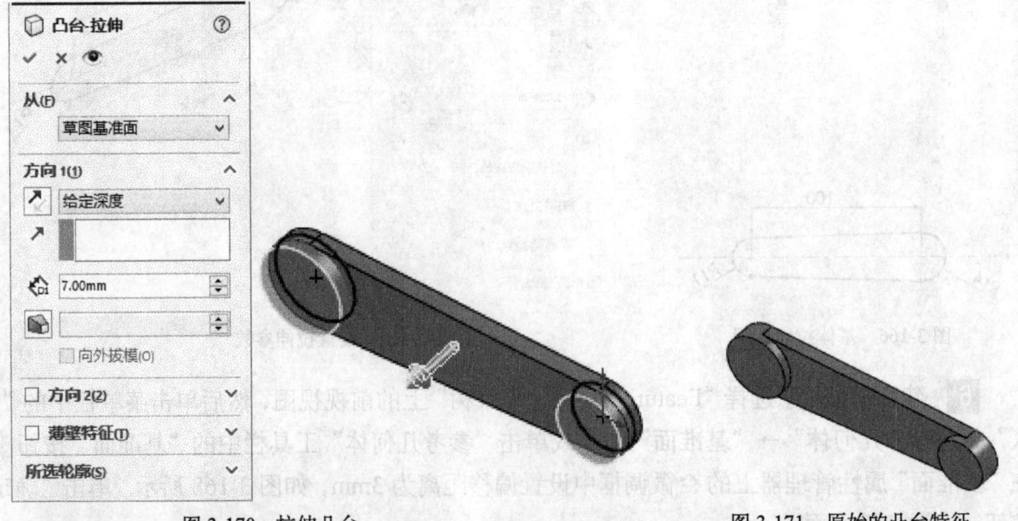

图 3-170　拉伸凸台　　图 3-171　原始的凸台特征

11. 拉伸形成实体。在“FeatureManager 设计树”中，右击特征“拉伸 2”。在弹出的快捷菜单中选择“编辑特征”命令。在“凸台-拉伸”属性管理器中将终止条件改为“两侧对称”，在微调框中设置拉伸深度为 14mm，如图 3-172 所示。单击“确定”按钮，完成凸台拉伸特征的重新定义。

12. 新建草图。选择凸台上的一个面，然后单击“草图绘制”按钮，在其上打开一张新的草图。

13. 绘制圆。单击“草图”控制面板中的“圆”按钮，分别在两个凸台上绘制两个同心圆，并标注尺寸，如图 3-173 所示。

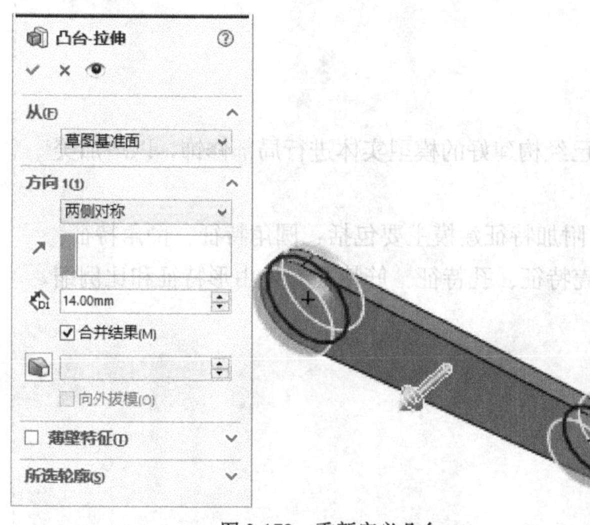

图 3-172 重新定义凸台

图 3-173 绘制同心圆

14. 切除实体。单击“特征”控制面板中的“拉伸切除”按钮，设置切除的终止条件为“完全贯穿”。单击“确定”按钮，生成切除特征，如图 3-174 所示。

因为这个摇臂零件缺少一个键槽孔，所以下面使用编辑草图的方法对草图重新定义，从而生成键槽孔。

15. 修改草图。在“FeatureManager 设计树”中右击“切除-拉伸 1”，在弹出的快捷菜单中选择“编辑草图”命令，从而打开对应的草图 3。使用绘图工具对草图 3 进行修改，如图 3-175 所示。

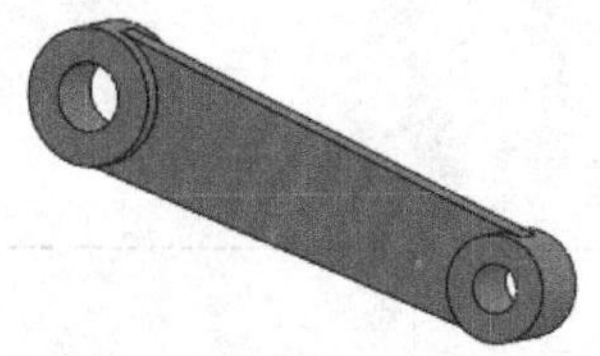

图 3-174 生成切除特征

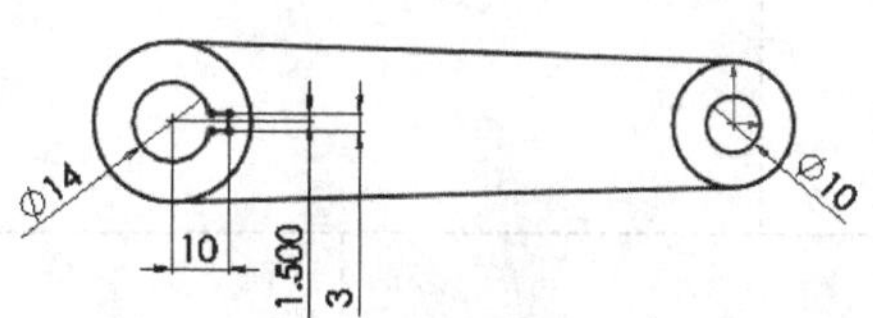

图 3-175 修改草图

16. 再次单击“草图绘制”按钮，退出草图绘制。

17. 单击“保存”按钮，将零件保存为“摇臂.SLDPRT”，最后效果如图 3-165 所示。

第 4 章

附加特征建模

附加特征建模是指对已经构建好的模型实体进行局部修饰，以增加美观并避免重复性的工作。

在 SOLIDWORKS 中附加特征建模主要包括：圆角特征、倒角特征、圆顶特征、拔模特征、抽壳特征、孔特征、筋特征、自由形特征和比例缩放特征等。

知识点

- 圆角特征
- 倒角特征
- 圆顶特征
- 拔模特征
- 抽壳特征
- 孔特征
- 筋特征
- 自由形特征
- 比例缩放

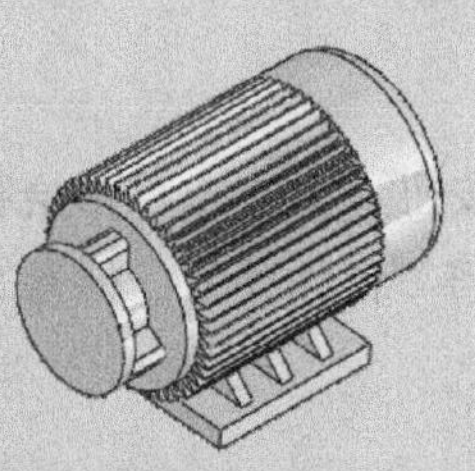

4.1 圆角特征

使用圆角特征可以在零件上生成内圆角或外圆角。圆角特征在零件设计中起着重要作用。大多数情况下，如果能在零件特征上加入圆角，则有助于造型上的变化，或是产生平滑的效果。

SOLIDWORKS 2016 可以为一个面上的所有边线、多个面、多个边线或边线环创建圆角特征。在 SOLIDWORKS 2016 中有以下几种圆角特征。

- 等半径圆角：对所选边线以相同的圆角半径进行倒圆角操作。
- 多半径圆角：可以为每条边线选择不同的圆角半径值。
- 圆形角圆角：通过控制角部边线之间的过渡，消除或平滑两条边线汇合处的尖锐接合点。
- 逆转圆角：可以在混合曲面之间沿着零件边线进入圆角，生成平滑过渡。
- 变半径圆角：可以为边线的每个顶点指定不同的圆角半径。
- 混合面圆角：通过它可以将不相邻的面混合起来。

图 4-1 展示了几种圆角特征效果。

等半径圆角

多半径圆角

圆形角圆角

逆转圆角

变半径圆角

混合面圆角

图 4-1 圆角特征效果

4.1.1 等半径圆角特征

等半径圆角特征是指对所选边线以相同的圆角半径进行倒圆角操作。下面结合实例介绍创建等半径圆角特征的操作步骤。

【案例 4-1】本案例结果文件光盘路径为“X:\源文件\ch4\4.1.SLDPRT”，案例视频内容光盘路径为“X:\动画演示\第 4 章\4.1 等半径圆角.avi”。

（1）打开随书光盘中的原始文件“X:\原始文件\ch4\4.1.SLDPRT”，打开的文件实体如图 4-2 所示。

（2）单击“特征”控制面板中的“圆角”按钮，或单击菜单栏中的“插入”→“特征”→“圆角”命令。

（3）在弹出的“圆角”属性管理器的“圆角类型”选项组中，单击“恒定大小圆角”按钮，如图 4-3 所示。

（4）在“圆角参数”选项组的（半径）文本框中设置圆角的半径。

（5）单击（边线、面、特征和环）图标右侧的列表框，然后在右侧的图形区中选择要进行圆角处理的模型边线、面或环。

（6）如果勾选“切线延伸”复选框，则圆角将延伸到与所选面或边线相切的所有面，切线延伸效果如图 4-4 所示。

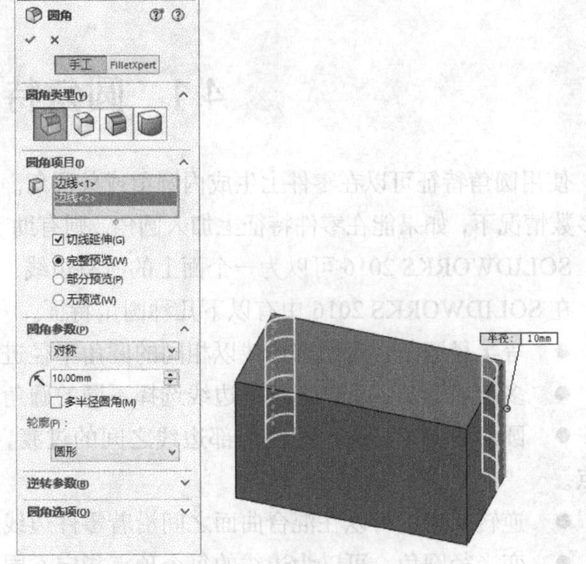

图 4-2 打开的文件实体 图 4-3 “圆角”属性管理器

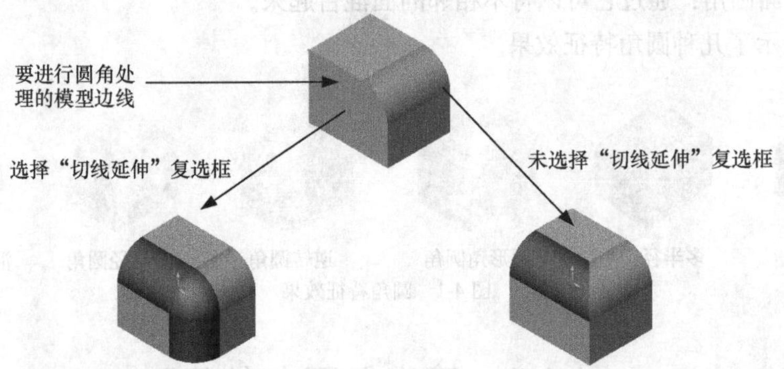

图 4-4 切线延伸效果

(7) 在“圆角选项”选项组的“扩展方式”组中选择一种扩展方式。

● 默认：系统根据几何条件（进行圆角处理的边线凸起和相邻边线等）默认选择“保持边线”或“保持曲面”选项。

● 保持边线：系统将保持邻近的直线形边线的完整性，但圆角曲面断裂成分离的曲面。在许多情况下，圆角的顶部边线中会有沉陷，如图 4-5（a）所示。

● 保持曲面：使用相邻曲面来剪裁圆角。因此圆角边线是连续且光滑的，但是相邻边线会受到影响，如图 4-5（b）所示。

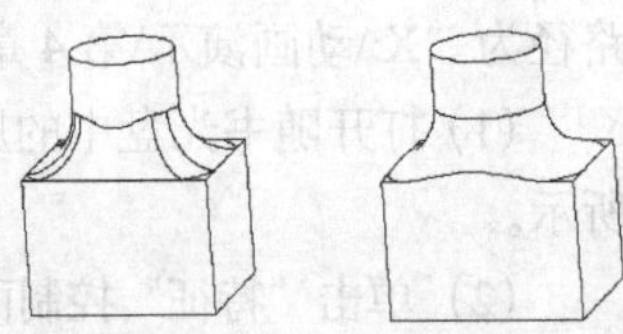

(a) 保持边线 (b) 保持曲面

图 4-5 保持边线与曲面

(8) 圆角属性设置完毕，单击✔（确定）按钮，生成等半径圆角特征。

4.1.2 多半径圆角特征

使用多半径圆角特征可以为每条所选边线选择不同的半径值，还可以为不具有公共边线的面指定多个半径。下面通过实例介绍创建多半径圆角特征的操作步骤。

【案例 4-2】本案例结果文件光盘路径为“X:\源文件\ch4\4.2.SLDPRT”，案例视频内容光盘

路径为“X:\动画演示\第 4 章\4.2 多半径圆角.avi”。

（1）打开随书光盘中的原始文件“X:\原始文件\ch4\4.2.SLDPRT”。

（2）单击“特征”控制面板中的“圆角”按钮，或单击菜单栏中的“插入”→“特征”→“圆角”命令。

（3）在弹出的“圆角”属性管理器的“圆角类型”选项组中，单击“恒定大小圆角”按钮。

（4）在“圆角参数”选项组中，勾选“多半径圆角”复选框。

（5）选取如图 4-6 所示“圆角”属性管理器中的边线<1>，在“半径”文本框中输入值 10；选取如图 4-6 所示“圆角”属性管理器中的边线<2>，在“半径”文本框中输入值 20；选取如图 4-6 所示“圆角”属性管理器中的边线<3>，在“半径”文本框中输入值 30。此时图形预览效果如图 4-7 所示。

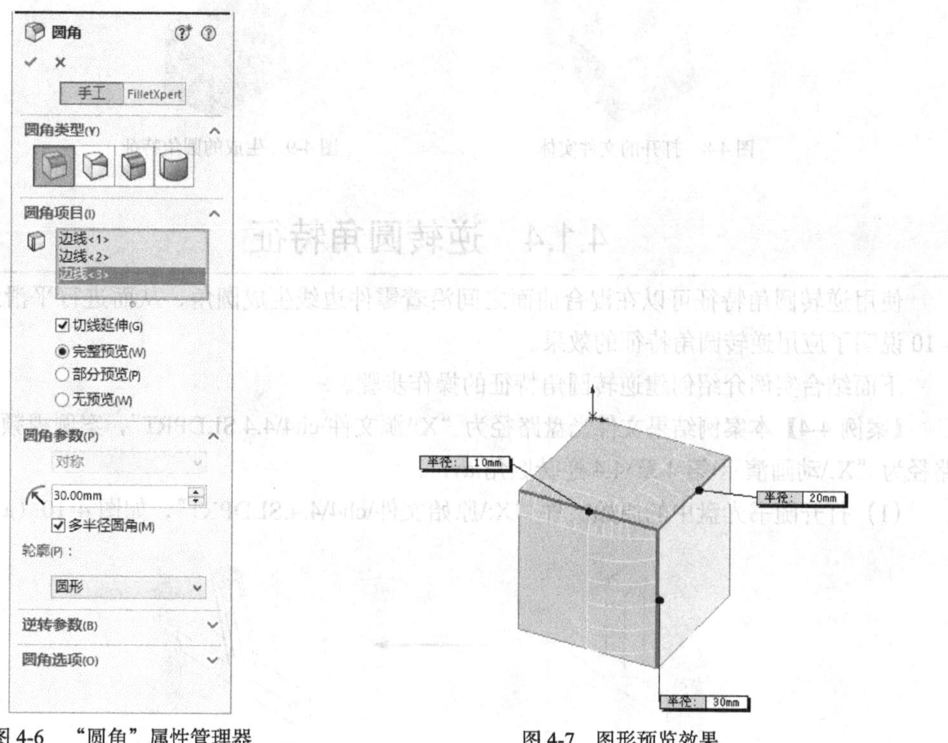

图 4-6 “圆角”属性管理器　　图 4-7 图形预览效果

（6）圆角属性设置完毕，单击（确定）按钮，生成多半径圆角特征。

4.1.3 圆形角圆角特征

使用圆形角圆角特征可以控制角部边线之间的过渡，圆形角圆角将混合连接的边线，从而消除或平滑两条边线汇合处的尖锐接合点。

下面结合实例介绍创建圆形角圆角特征的操作步骤。

【案例 4-3】本案例结果文件光盘路径为“X:\源文件\ch4\4.3.SLDPRT”，案例视频内容光盘路径为“X:\动画演示\第 4 章\4.3 圆形角圆角.avi”。

（1）打开随书光盘中的原始文件“X:\原始文件\ch4\4.3.SLDPRT”，打开的文件实体如图 4-8

所示。

（2）单击“特征”控制面板中的“圆角”按钮，或单击菜单栏中的“插入”→“特征”→“圆角”命令。

（3）在弹出的“圆角”属性管理器的“圆角类型”选项组中，单击“恒定大小圆角”按钮。

（4）在“圆角项目”选项组中，取消对“切线延伸”复选框的勾选。

（5）在“圆角参数”选项组的（半径）文本框中设置圆角半径为 8mm。

（6）单击图标右侧的列表框，然后在右侧的图形区中选择两个或更多相邻的模型边线、面或环。

（7）在“圆角选项”选项组中，勾选“圆形角”复选框。

（8）圆角属性设置完毕，单击（确定）按钮，生成圆形角圆角特征，如图 4-9 所示。

图 4-8　打开的文件实体

图 4-9　生成的圆角特征

4.1.4　逆转圆角特征

使用逆转圆角特征可以在混合曲面之间沿着零件边线生成圆角，从而进行平滑过渡。图 4-10 说明了应用逆转圆角特征的效果。

下面结合实例介绍创建逆转圆角特征的操作步骤。

【案例 4-4】本案例结果文件光盘路径为“X:\源文件\ch4\4.4.SLDPRT”，案例视频内容光盘路径为“X:\动画演示\第 4 章\4.4 逆转圆角.avi”。

（1）打开随书光盘中的原始文件“X:\原始文件\ch4\4.4.SLDPRT”，如图 4-10（a）所示。

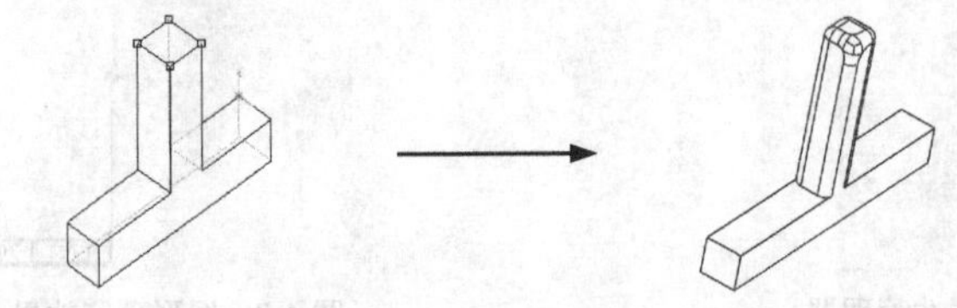

（a）未使用逆转圆角特征　　（b）使用逆转圆角特征

图 4-10　逆转圆角效果

（2）单击“特征”控制面板中的“圆角”按钮，或单击菜单栏中的“插入”→“特征”→“圆角”命令，系统弹出“圆角”属性管理器。

（3）在“圆角类型”选项组中，单击“恒定大小圆角”按钮。

（4）在“圆角参数”选项组中，勾选“多半径圆角”复选框。

（5）单击图标右侧的显示框，然后在右侧的图形区中选择 3 个或更多具有共同顶点的边线。

（6）在“逆转参数”选项组的（距离）文本框中设置距离。

（7）单击图标右侧的列表框，然后在右侧的图形区中选择一个或多个顶点作为逆转顶点。

（8）单击“设定所有”按钮，将相等的逆转距离应用到通过每个顶点的所有边线。逆转距

离将显示在 （逆转距离）右侧的列表框和图形区的标注中，如图 4-11 所示。

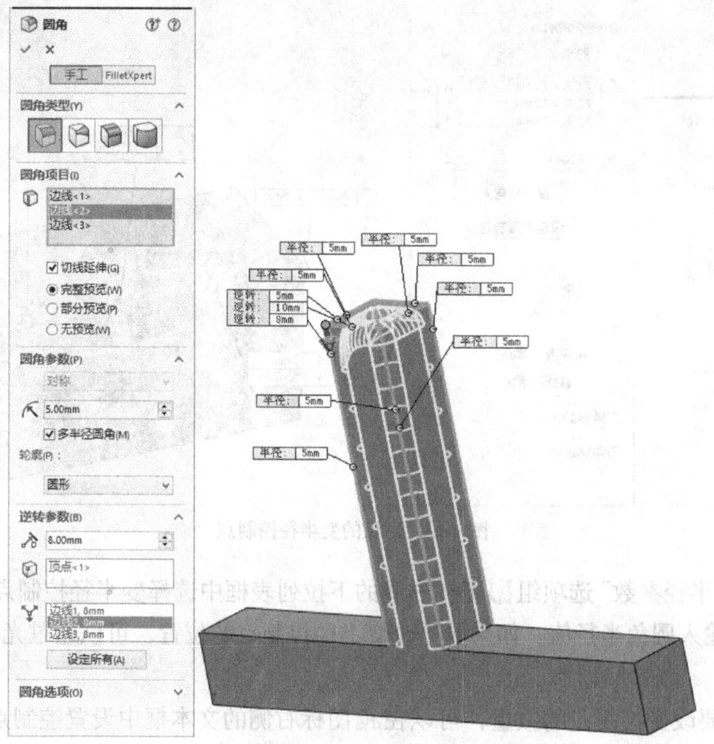

图 4-11 生成逆转圆角特征

(9) 如果要对每一条边线分别设定不同的逆转距离，则进行如下操作。

- 单击图标右侧的列表框，在右侧的图形区中选择多个顶点作为逆转顶点。
- 在（距离）文本框中为每一条边线设置逆转距离。
- 在（逆转距离）列表框中会显示每条边线的逆转距离。

(10) 圆角属性设置完毕，单击（确定）按钮，生成逆转圆角特征，如图 4-10 (b) 所示。

4.1.5 变半径圆角特征

变半径圆角特征通过对边线上的多个点（变半径控制点）指定不同的圆角半径来生成圆角，可以制造出另类的效果，变半径圆角特征如图 4-12 所示。

下面结合实例介绍创建变半径圆角特征的操作步骤。

【案例 4-5】本案例结果文件光盘路径为“X:\源文件\ch4\4.5.SLDPRT”，案例视频内容光盘路径为“X:\动画演示\第 4 章\4.5 变半径圆角.avi”。

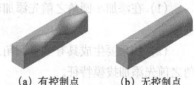

(a) 有控制点 (b) 无控制点

图 4-12 变半径圆角特征

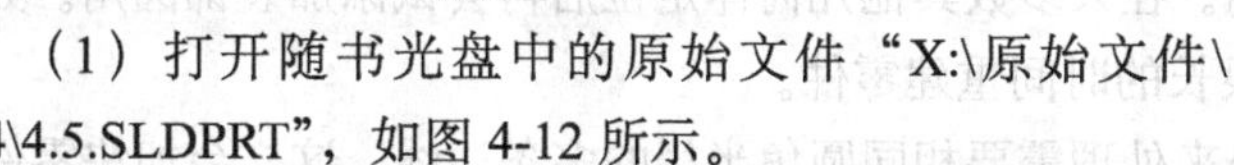

(1) 打开随书光盘中的原始文件“X:\原始文件\ch4\4.5.SLDPRT”，如图 4-12 所示。

(2) 单击“特征”控制面板中的“圆角”按钮，或单击菜单栏中的“插入”→“特征”→“圆角”命令。

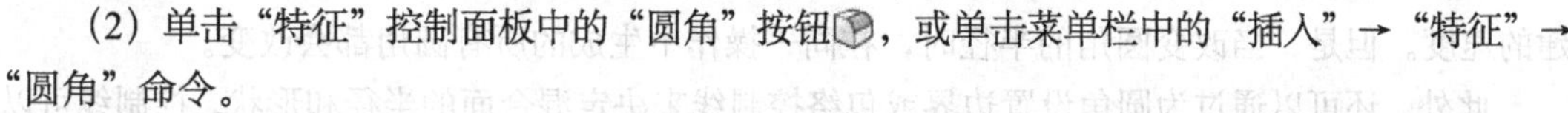

(3) 在弹出的“圆角”属性管理器的“圆角类型”选项组中，单击“变量大小圆角”按钮。

(4) 单击图标右侧的列表框，然后在右侧的图形区中选择要进行变半径圆角处理的边线。

此时，在右侧的图形区中系统会默认使用 3 个变半径控制点，如图 4-13 所示。

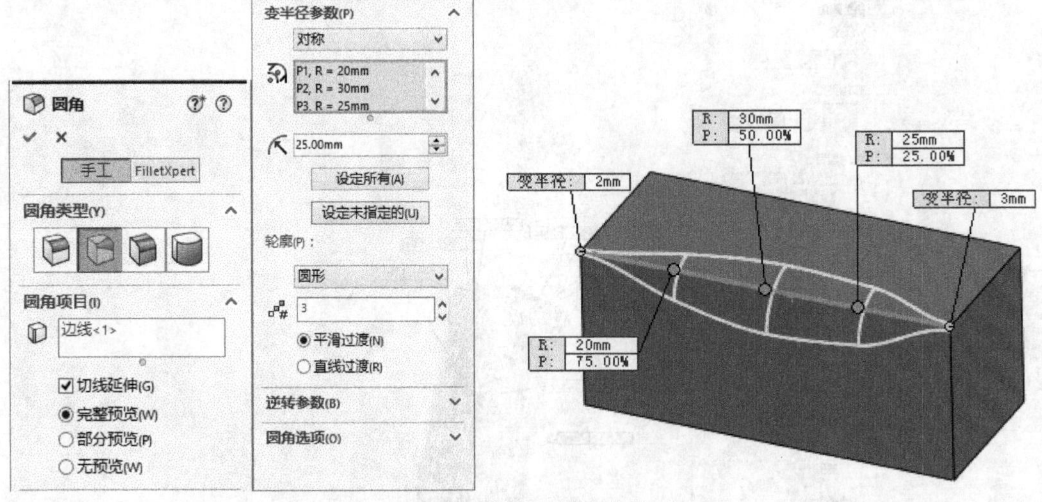

图 4-13　默认的变半径控制点

（5）在“变半径参数”选项组图标右侧的下拉列表框中选择变半径控制点，然后在（半径）文本框中输入圆角半径值。如果要更改变半径控制点的位置，可以通过光标拖动控制点到新的位置。

（6）如果要改变控制点的数量，可以在图标右侧的文本框中设置控制点的数量。

（7）选择过渡类型。

- 平滑过渡：生成一个圆角，当一个圆角边线与一个邻面结合时，圆角半径从一个半径平滑地变化为另一个半径。
- 直线过渡：生成一个圆角，圆角半径从一个半径线性地变化为另一个半径，但是不与邻近圆角的边线相结合。

（8）圆角属性设置完毕，单击（确定）按钮，生成变半径圆角特征。

技巧荟萃

如果在生成变半径控制点的过程中，只指定两个顶点的圆角半径值，而不指定中间控制点的半径，则可以生成平滑过渡的变半径圆角特征。

在生成圆角时，要注意以下几点。

（1）在添加小圆角之前先添加较大的圆角。当有多个圆角汇聚于一个顶点时，先生成较大的圆角。

（2）如果要生成具有多个圆角边线及拔模面的铸模零件，在大多数的情况下，应在添加圆角之前先添加拔模特征。

（3）应该最后添加装饰用的圆角。在大多数其他几何体定位后再尝试添加装饰圆角。如果先添加装饰圆角，则系统需要花费很长的时间重建零件。

（4）尽量使用一个“圆角”命令来处理需要相同圆角半径的多条边线，这样会加快零件重建的速度。但是，当改变圆角的半径时，在同一操作中生成的所有圆角都会改变。

此外，还可以通过为圆角设置边界或包络控制线来决定混合面的半径和形状。控制线可以是要生出圆角的零件边线或投影到一个面上的分割线。

4.1.6 实例——电机

本例绘制水气混合泵电机，如图 4-14 所示。首先绘制电机后罩的轮廓草图，并拉伸实体；再绘制电机外形草图并拉伸实体；然后绘制电机的前端和底座。

图 4-14 电机

光盘文件

实例结果文件光盘路径为“X:\源文件\ch4\电机.SLDPRT”。

多媒体演示参见配套光盘中的“X:\动画演示\第 4 章\电机.avi”。

绘制步骤

1. 新建文件。启动 SOLIDWORKS 2016，单击菜单栏中的“文件”→“新建”命令，或者单击“快速访问”工具栏中的“新建”按钮，在弹出的“新建 SOLIDWORKS 文件”对话框中先单击“零件”按钮，再单击“确定”按钮，创建一个新的零件文件。

2. 绘制电机后罩，绘制草图。在左侧的“FeatureManager 设计树”中选择“前视基准面”作为绘制图形的基准面，然后单击“草图”控制面板中的“圆”图标，以原点为圆心绘制一个圆。

3. 标注尺寸。单击菜单栏中的“工具”→“标注尺寸”→“智能尺寸”命令，或者单击“草图” 控制面板中的“智能尺寸”图标，标注上一步绘制圆的直径，结果如图 4-15 所示。

4. 拉伸实体。单击菜单栏中的“插入”→“凸台/基体”→“拉伸”命令，或者单击“特征”控制面板中的“拉伸凸台/基体”图标，此时系统弹出“凸台-拉伸”属性管理器。在“深度”文本框中输入 60mm，然后单击“确定”按钮。

5. 设置视图方向。单击“前导视图”工具栏中的“等轴测”图标，将视图以等轴测方向显示，结果如图 4-16 所示。

6. 绘制电机外形轮廓，设置基准面。单击如图 4-16 所示的表面 1，然后单击“前导视图”工具栏中的“正视于”图标，将该表面作为绘制图形的基准面。

7. 绘制草图。单击“草图”控制面板中的“圆”图标，以原点为圆心绘制一个直径为 130mm 的圆；单击“草图”控制面板中的“样条曲线”图标，绘制样条曲线；单击“草图”控制面板中的“圆周草图阵列”图标，圆周阵列绘制的样条曲线；单击“草图”控制面板中的“剪裁实体”图标，剪裁绘制的草图，结果如图 4-17 所示。

8. 拉伸实体。单击“特征”控制面板中的“拉伸凸台/基体”图标，此时系统弹出“凸台-拉伸”属性管理器。在“深度”栏中输入 150mm，然后单击“确定”图标。

9. 设置视图方向。单击“前导视图”工具栏中的“等轴测”图标，将视图以等轴测方向显示，结果如图 4-18 所示。

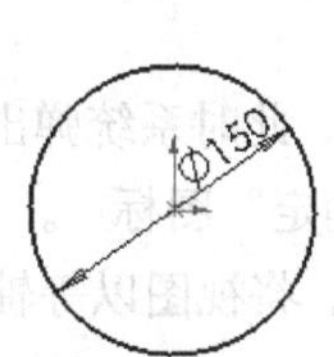

图 4-15 标注的草图

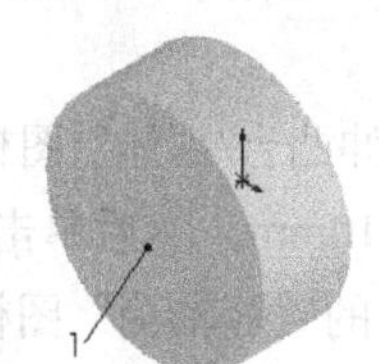

图 4-16 拉伸后的图形

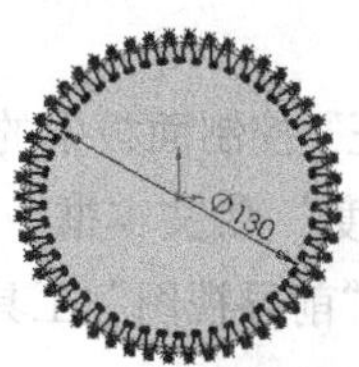

图 4-17 标注的草图

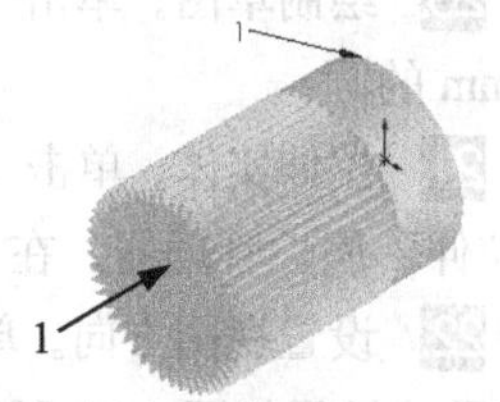

图 4-18 拉伸后的图形

10. 圆角实体。单击菜单栏中的“插入”→“特征”→“圆角”命令，或者单击“特征”

控制面板中的“圆角”图标，此时系统弹出“圆角”属性管理器。在“半径”文本框中输入 15mm，然后用鼠标选择如图 4-18 所示的边线 1。单击对话框中的“确定”按钮，结果如图 4-19 所示。

11. 绘制电机前端，设置基准面。单击如图 4-18 所示的表面 1，然后单击“前导视图”工具栏中的“正视于”图标，将该表面作为绘制图形的基准面。

12. 绘制草图。单击“草图”控制面板中的“圆”图标，以原点为圆心绘制一个直径为 130mm 的圆，如图 4-19 所示。

13. 拉伸实体。单击“特征”控制面板中的“拉伸凸台/基体”图标，此时系统弹出“凸台-拉伸”属性管理器。在“深度”文本框中输入 10mm，然后单击对话框中的“确定”按钮。

14. 设置视图方向。单击“前导视图”工具栏中的“等轴测”图标，将视图以等轴测方向显示，结果如图 4-20 所示。

15. 设置基准面。单击如图 4-20 所示的表面 1，然后单击“前导视图”工具栏中的“正视于”图标，将该表面作为绘制图形的基准面。

16. 绘制草图。单击“草图”控制面板中的“圆”图标，以原点为圆心绘制一个直径为 60mm 的圆；单击“草图”控制面板中的“直线”图标，绘制三条直线；单击“草图”控制面板中的“圆周草图阵列”，圆周阵列绘制的直线；单击“草图”控制面板中的“绘制圆角”图标，对相应的部分进行圆角；单击“草图”控制面板中的“剪裁实体”图标，剪裁绘制的草图，结果如图 4-21 所示。

17. 拉伸实体。单击“特征”控制面板中的“拉伸凸台/基体”图标，此时系统弹出“凸台-拉伸”属性管理器。在“深度”文本框中输入 30mm，然后单击对话框中的“确定”按钮。

18. 设置视图方向。单击“前导视图”工具栏中的“等轴测”图标，将视图以等轴测方向显示，结果如图 4-22 所示。

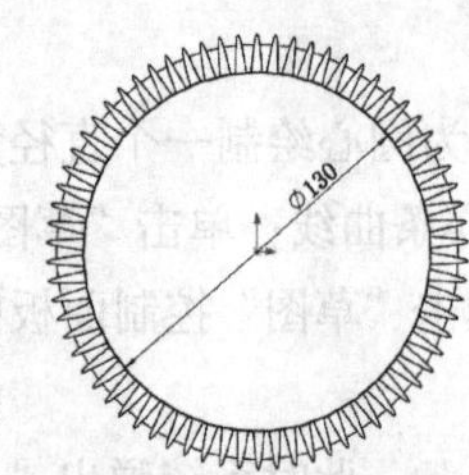

图 4-19 标注的草图

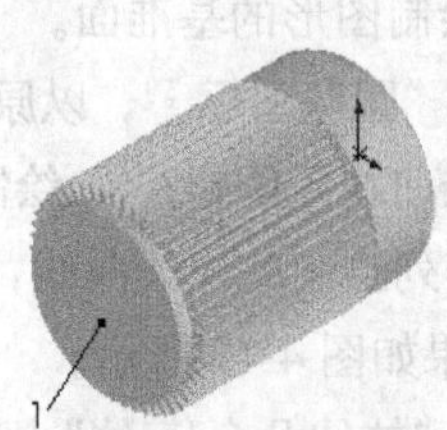

图 4-20 拉伸后的图形

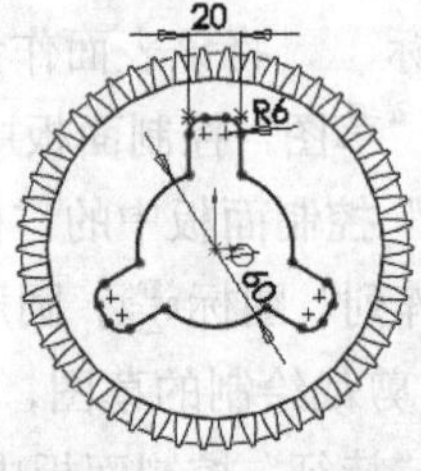

图 4-21 绘制的草图

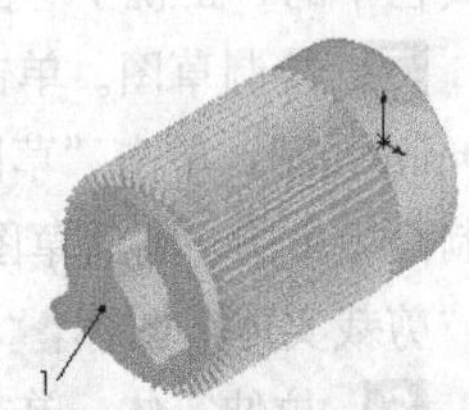

图 4-22 拉伸后的图形

19. 设置基准面。单击如图 4-22 所示的表面 1，然后单击“前导视图”工具栏中的“正视于”图标，将该表面作为绘制图形的基准面。

20. 绘制草图。单击“草图”控制面板中的“圆”图标，以原点为圆心绘制一个直径为 100mm 的圆。

21. 拉伸实体。单击“特征”控制面板中的“拉伸凸台/基体”图标，此时系统弹出“凸台-拉伸”属性管理器。在“深度”文本框中输入 10mm，然后单击“确定”图标。

22. 设置视图方向。单击“前导视图”工具栏中的“等轴测”图标，将视图以等轴测方向显示，结果如图 4-23 所示。

23. 绘制电机底座，添加基准面。在“FeatureManager 设计树”中用鼠标选择“上视基准面”作为参考基准面，然后单击菜单栏中的“插入”→“参考几何体”→“基准面”命令，此时系统弹出“基准面”属性管理器。在“偏移距离”栏中输入85mm，并调节添加基准面的方向，使其在原点的下方。单击“确定”图标✔，结果如图4-24所示。

24 设置基准面。单击上一步添加的基准面，然后单击“前导视图”工具栏中的“正视于”图标，将该基准面作为绘制图形的基准面。

25 绘制草图。单击“草图”控制面板中的“边角矩形”按钮，绘制一个矩形。

26 标注尺寸。单击“草图”控制面板中的“智能尺寸”图标，标注上一步绘制草图的尺寸，结果如图4-25所示。

27 拉伸实体。单击“特征”控制面板中的“拉伸凸台/基体”图标，此时系统弹出“凸台-拉伸”属性管理器。在“深度”文本框中输入15mm，然后单击“确定”图标✔。

28 设置视图方向。单击“前导视图”工具栏中的“等轴测”图标，将视图以等轴测方向显示。

29 设置显示属性。单击菜单栏中的“视图”→“基准面”命令，使视图中不再显示基准面，结果如图4-26所示。

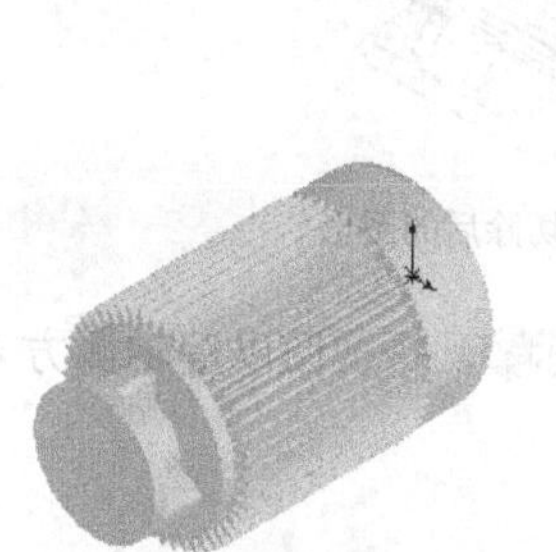

图4-23 绘制的草图

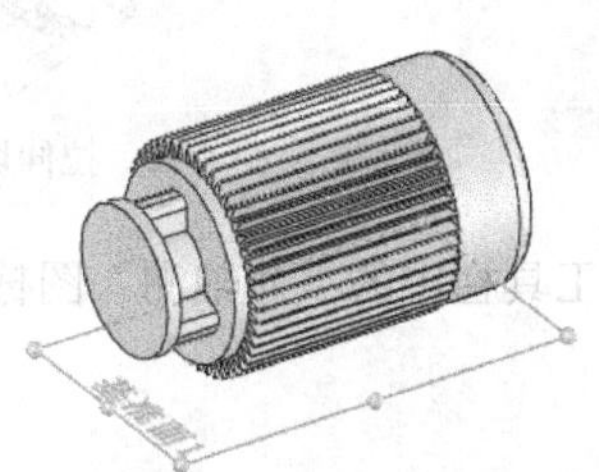

图4-24 拉伸后的图形

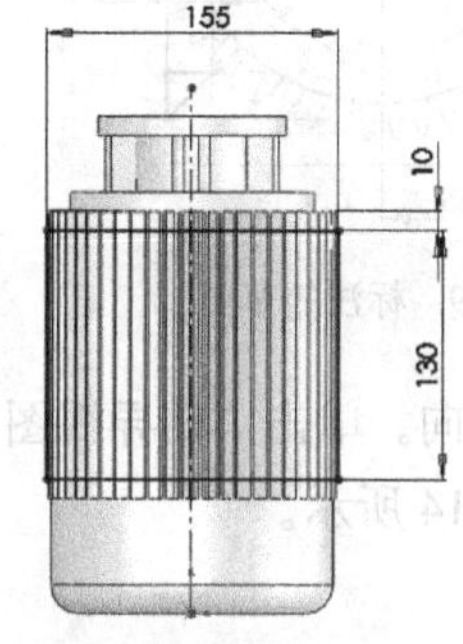

图4-25 绘制的草图

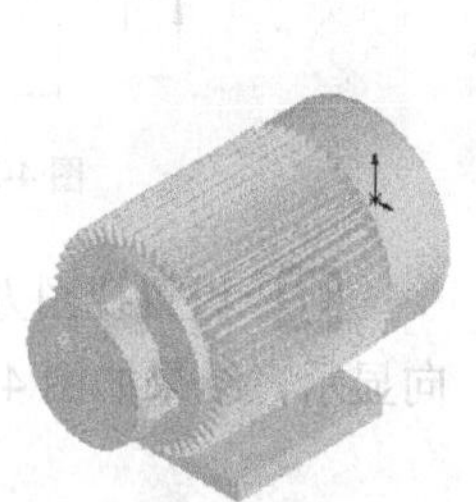

图4-26 拉伸后的图形

30 设置基准面。在左侧的“FeatureManager 设计树”中用鼠标选择“右视基准面”，然后单击“前导视图”工具栏中的“正视于”图标，将该基准面作为绘制图形的基准面。

31 绘制草图。单击“草图”控制面板中的“边角矩形”按钮，绘制三个矩形。

32 标注尺寸。单击“草图”控制面板中的“智能尺寸”图标，标注上一步绘制草图的尺寸，结果如图4-27所示。

33 拉伸实体。单击“特征”控制面板中的“拉伸凸台/基体”按钮，此时系统弹出“凸台-拉伸”属性管理器。在方向1和方向2的“深度”文本框中均输入70mm，然后单击“确定”图标✔。

34 设置视图方向。单击“前导视图”工具栏中的“等轴测”图标，将视图以等轴测方向显示，结果如图4-28所示。

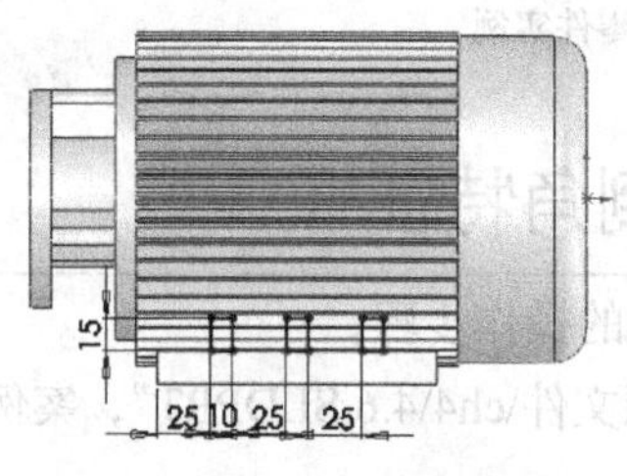

图4-27 绘制的草图

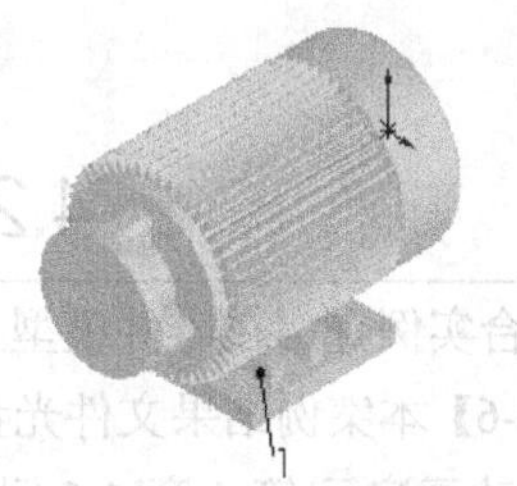

图4-28 拉伸后的图形

35 设置基准面。单击如图 4-28 所示的表面 1，然后单击“前导视图”工具栏中的“正视于”图标，将该表面作为绘制图形的基准面。

36 绘制草图。单击“草图”控制面板中的“中心线”按钮，绘制一条通过原点的竖直中心线；然后单击“草图”控制面板中的“直线”按钮，绘制如图 4-29 所示的三角形。

37 标注尺寸。单击“草图”控制面板中的“智能尺寸”按钮，标注上一步绘制草图的尺寸及其定位尺寸，结果如图 4-29 所示。

38 拉伸切除实体。单击“特征”控制面板中的“拉伸切除”按钮，此时系统弹出“切除-拉伸”属性管理器。在“深度”文本框中输入 85mm。单击“确定”图标，结果如图 4-30 所示。

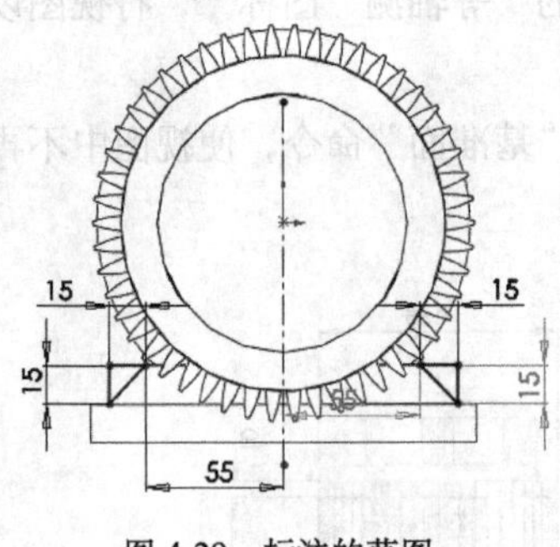

图 4-29 标注的草图

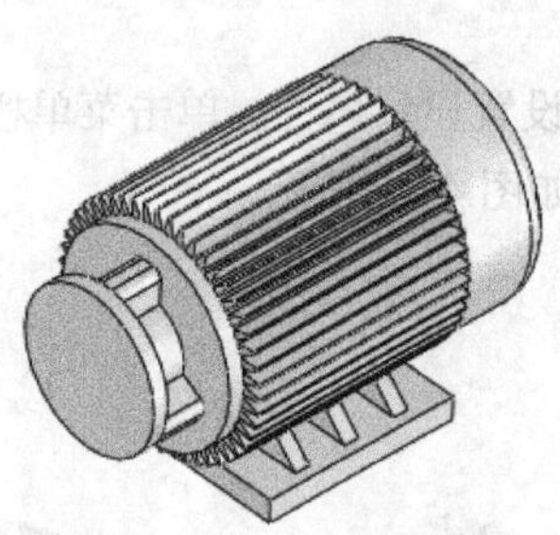

图 4-30 拉伸切除后的图形

39 设置视图方向。单击“前导视图”工具栏中的“等轴测”图标，将视图以等轴测方向显示，结果如图 4-14 所示。

4.2 倒角特征

上节介绍了圆角特征，本节将介绍倒角特征。在零件设计过程中，通常对锐利的零件边角进行倒角处理，以防止伤人和避免应力集中，便于搬运、装配等。此外，有些倒角特征也是机械加工过程中不可缺少的工艺。与圆角特征类似，倒角特征是对边或角进行倒角。图 4-31 是应用倒角特征后的零件实例。

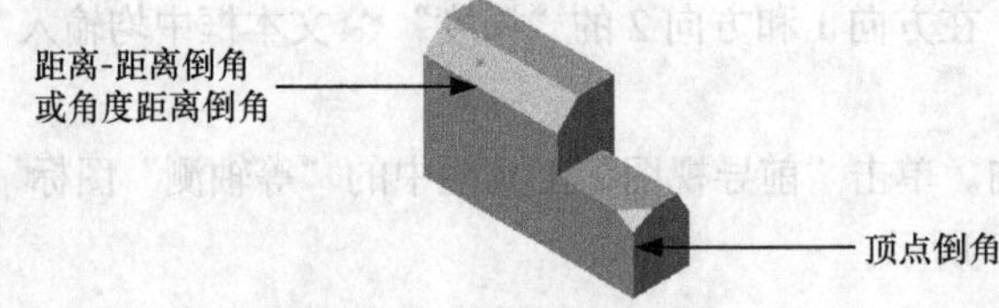

图 4-31 倒角特征零件实例

4.2.1 创建倒角特征

下面结合实例介绍在零件模型上创建倒角特征的操作步骤。

【案例 4-6】本案例结果文件光盘路径为“X:\源文件\ch4\4.6.SLDPRT”，案例视频内容光盘路径为“X:\动画演示\第 4 章\4.6 倒角.avi”。

（1）打开随书光盘中的原始文件“X:\原始文件\ch4\4.6.SLDPRT”。

（2）单击“特征”控制面板中的“倒角”按钮，或单击菜单栏中的“插入”→“特征”→“倒角”命令，系统弹出“倒角”属性管理器。

（3）在“倒角”属性管理器中选择倒角类型。

- 角度距离：在所选边线上指定距离和倒角角度来生成倒角特征，如图 4-32（a）所示。
- 距离-距离：在所选边线的两侧分别指定两个距离值来生成倒角特征，如图 4-32（b）所示。
- 顶点：在与顶点相交的 3 个边线上分别指定距顶点的距离来生成倒角特征，如图 4-32（c）所示。

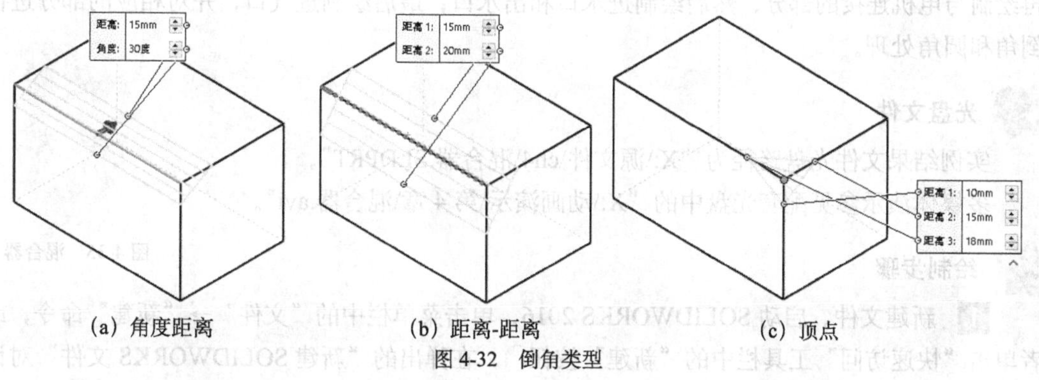

图 4-32　倒角类型

（4）单击图标右侧的列表框，然后在图形区选择边线、面或顶点，设置倒角参数，如图 4-33 所示。

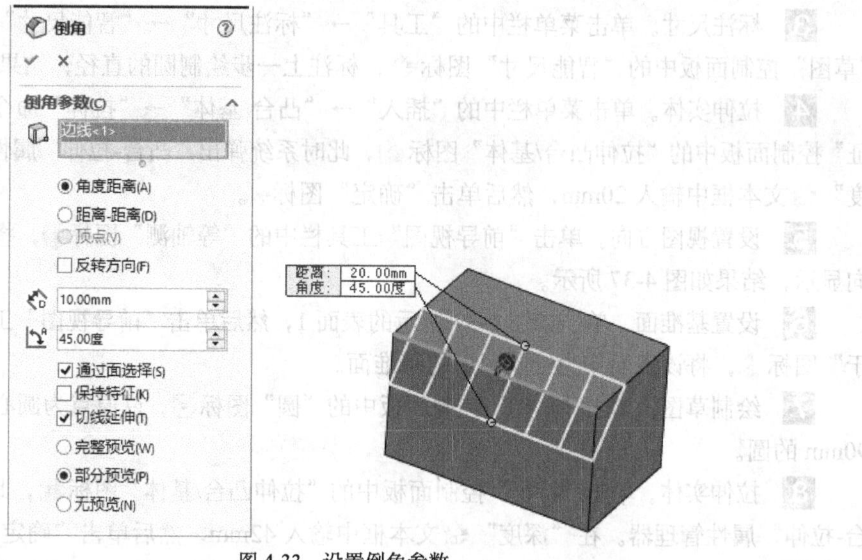

图 4-33　设置倒角参数

（5）在对应的文本框中指定距离或角度值。

（6）如果勾选“保持特征”复选框，则当应用倒角特征时，会保持零件的其他特征，如图 4-34 所示。

（7）倒角参数设置完毕，单击✓（确定）按钮，生成倒角特征。

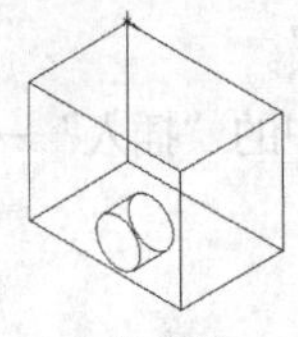

原始零件

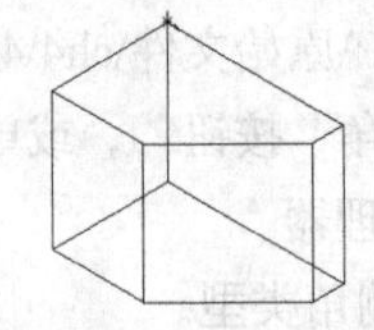

未勾选“保持特征”复选框

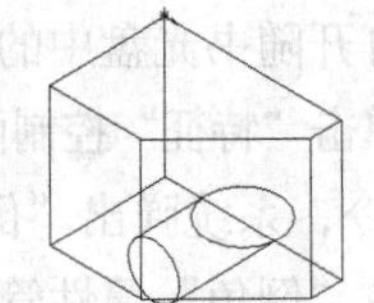

勾选“保持特征”复选框

图 4-34 倒角特征

4.2.2 实例——混合器

本例绘制水气混合泵混合器，如图 4-35 所示。首先绘制混合器盖的轮廓草图，并拉伸实体；再绘制与电机连接的部分，然后绘制进水口和出水口，最后绘制进气口，并对相应的部分进行倒角和圆角处理。

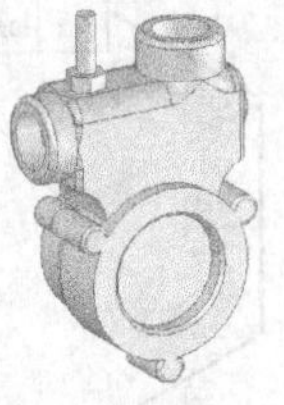

光盘文件

实例结果文件光盘路径为“X:\源文件\ch4\混合器.SLDPRT”。

多媒体演示参见配套光盘中的“X:\动画演示\第 4 章\混合器.avi”。

图 4-35 混合器

绘制步骤

1. 新建文件。启动 SOLIDWORKS 2016，单击菜单栏中的“文件”→“新建”命令，或者单击“快速访问”工具栏中的“新建”按钮，在弹出的“新建 SOLIDWORKS 文件”对话框中先单击“零件”按钮，再单击“确定”按钮，创建一个新的零件文件。

2. 绘制盖轮廓。绘制草图。在左侧的“FeatureManager 设计树”中选择“前视基准面”作为绘制图形的基准面。单击“草图”控制面板中的“圆”图标，以原点为圆心绘制一个圆。

3. 标注尺寸。单击菜单栏中的“工具”→“标注尺寸”→“智能尺寸”命令，或者单击“草图”控制面板中的“智能尺寸”图标，标注上一步绘制圆的直径，结果如图 4-36 所示。

4. 拉伸实体。单击菜单栏中的“插入”→“凸台/基体”→“拉伸”命令，或者单击“特征”控制面板中的“拉伸凸台/基体”图标，此时系统弹出“凸台-拉伸”属性管理器。在“深度”文本框中输入 20mm，然后单击“确定”图标。

5. 设置视图方向。单击“前导视图”工具栏中的“等轴测”图标，将视图以等轴测方向显示，结果如图 4-37 所示。

6. 设置基准面。单击如图 4-37 所示的表面 1，然后单击“前导视图”工具栏中的“正视于”图标，将该表面作为绘制图形的基准面。

7. 绘制草图。单击“草图”控制面板中的“圆”图标，以原点为圆心绘制一个直径为 90mm 的圆。

8. 拉伸实体。单击“特征”控制面板中的“拉伸凸台/基体”图标，此时系统弹出“凸台-拉伸”属性管理器。在“深度”文本框中输入 42mm，然后单击“确定”图标。

9. 设置视图方向。单击“前导视图”工具栏中的“等轴测”图标，将视图以等轴测方向显示，结果如图 4-38 所示。

10. 圆角实体。单击菜单栏中的“插入”→“特征”→“圆角”命令，或者单击“特征”控制面板中的“圆角”图标，此时系统弹出“圆角”属性管理器。在“半径”文本框中输入 10mm，然后用鼠标选择如图 4-38 所示的边线 1。单击“确定”图标，结果如图 4-39 所示。

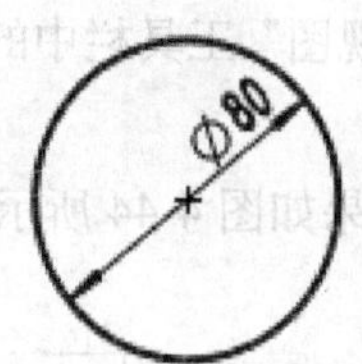

图 4-36 标注的草图

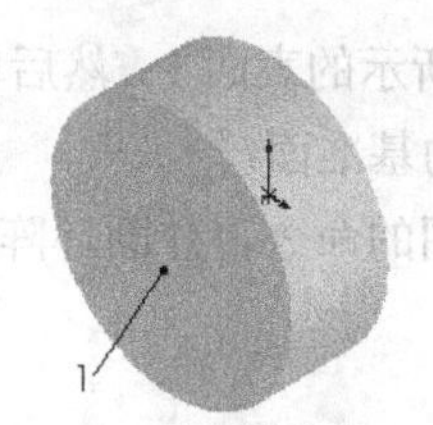
图 4-37 拉伸后的图形

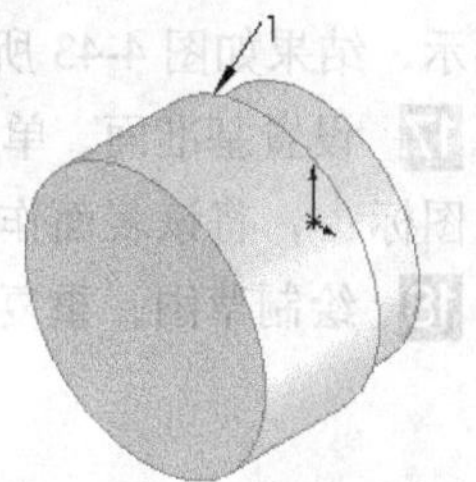
图 4-38 拉伸后的图形

11. 绘制与电机连接部分。设置基准面。在左侧的“FeatureManager 设计树”中用鼠标选择“前视基准面”，然后单击“前导视图”工具栏中的“正视于”图标，将该基准面作为绘制图形的基准面。

12. 绘制草图。单击“草图”控制面板中的“中心线”图标，以绘制一条通过原点的水平中心线和一条通过原点的斜中心线；单击“草图”控制面板中的“圆”图标，以斜中心线上的一点为圆心绘制一个圆，结果如图 4-40 所示。

13. 标注尺寸，单击“草图”控制面板中的“智能尺寸”图标，标注上一步绘制草图的尺寸，结果如图 4-40 所示。

14. 圆周阵列草图。单击菜单栏中的“工具”→“草图绘制工具”→“圆周阵列”命令，或者单击“草图”控制面板中的“圆周草图阵列”按钮，此时系统弹出如图 4-41 所示的“圆周阵列”属性管理器。在“要阵列的实体”一栏中，选择如图 4-40 所示的圆。按照图示进行设置后，单击“确定”图标，结果如图 4-42 所示。

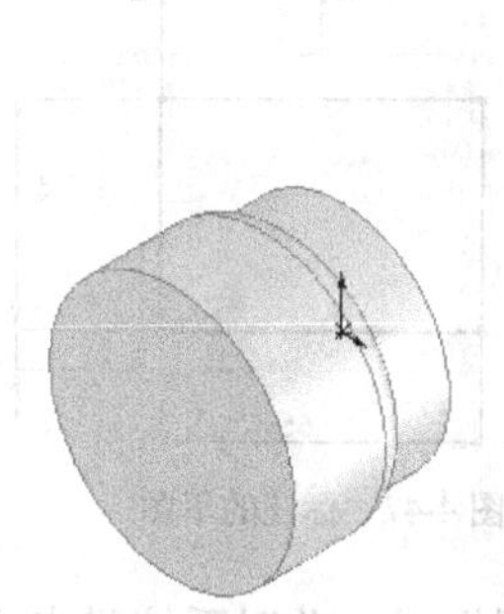
图 4-39 圆角后的图形

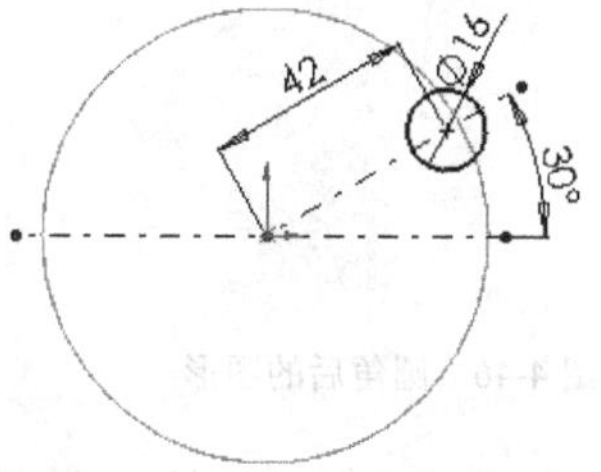

图 4-40 标注的草图

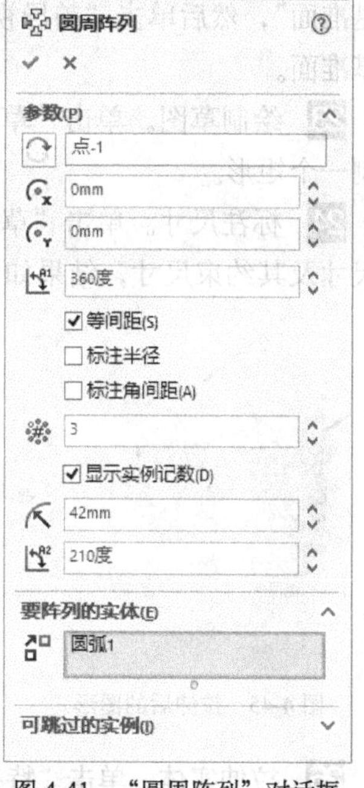

图 4-41 “圆周阵列”对话框

15. 拉伸实体。单击“特征”控制面板中的“拉伸凸台/基体”图标，此时系统弹出“凸台-拉伸”对话框。在“深度”文本框中输入 32mm，然后单击“确定”图标。

16. 设置视图方向。单击“前导视图”工具栏中的“等轴测”图标，将视图以等轴测方向显示，结果如图 4-43 所示。

17 设置基准面。单击如图 4-43 所示的表面 1，然后单击“前导视图”工具栏中的“正视于”图标，将该表面作为绘制图形的基准面。

18 绘制草图。重复上面绘制草图的命令，并圆环阵列草图，结果如图 4-44 所示。

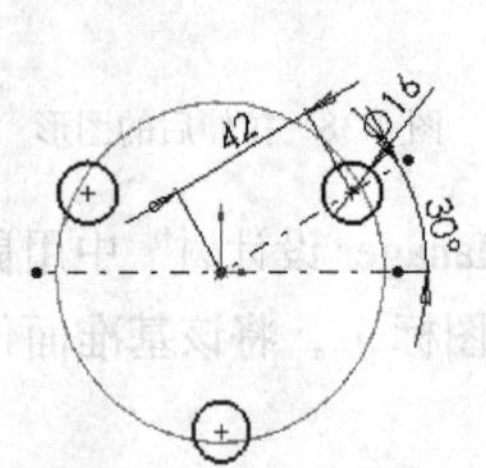

图 4-42 阵列后的草图

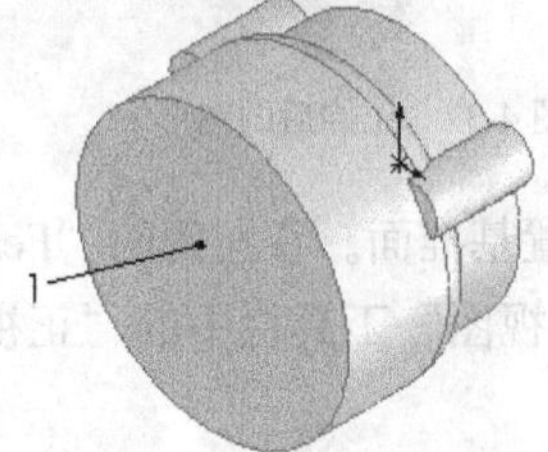

图 4-43 拉伸后的图形

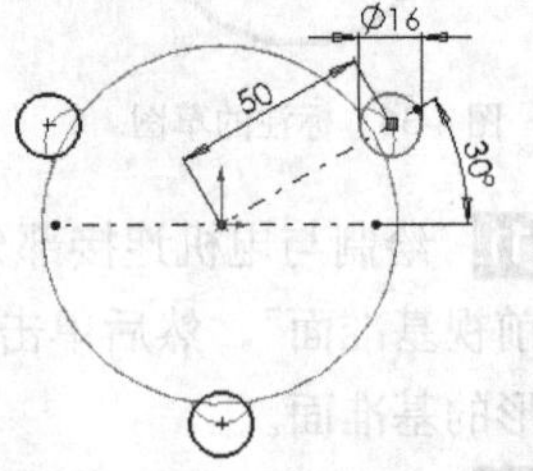

图 4-44 绘制的草图

19 拉伸实体。单击“特征”控制面板中的“拉伸凸台/基体”图标，此时系统弹出“凸台-拉伸”属性管理器。在“深度”文本框中输入 32mm，然后单击“确定”图标。

20 设置视图方向。单击“前导视图”工具栏中的“等轴测”图标，将视图以等轴测方向显示，结果如图 4-45 所示。

21 圆角实体。单击“特征”控制面板中的“圆角”图标，此时系统弹出“圆角”属性管理器。在“半径”文本框中输入 2mm，然后用鼠标选择如图 4-45 所示与边线 1 类似的 3 个特征处和与边线 2 类似的 3 个特征处。单击“确定”图标，结果如图 4-46 所示。

22 绘制顶部轮廓。设置基准面。在左侧的“FeatureManager 设计树”中用鼠标选择“上视基准面”，然后单击“前导视图”工具栏中的“正视于”图标，将该基准面作为绘制图形的基准面。

23 绘制草图。单击“草图”控制面板中的“矩形”图标，在上一步设置的基准面上绘制一个矩形。

24 标注尺寸。单击“草图” 控制面板中的“智能尺寸”图标，标注上一步绘制矩形的尺寸及其约束尺寸，结果如图 4-47 所示。

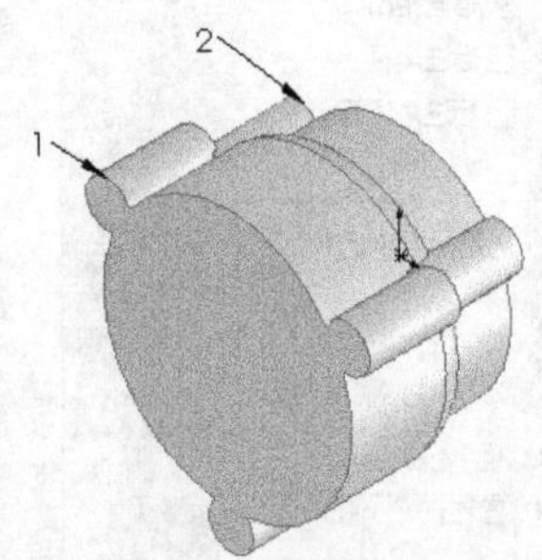

图 4-45 拉伸后的图形

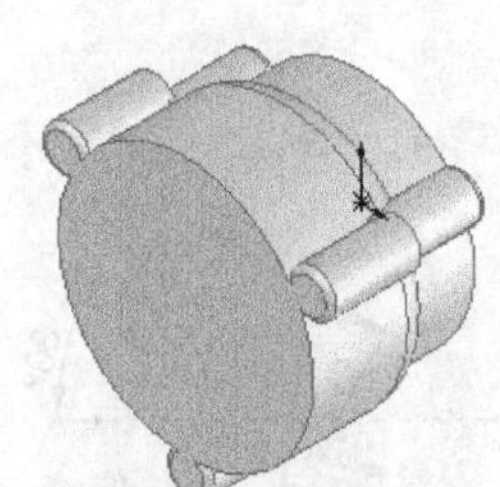
图 4-46 圆角后的图形

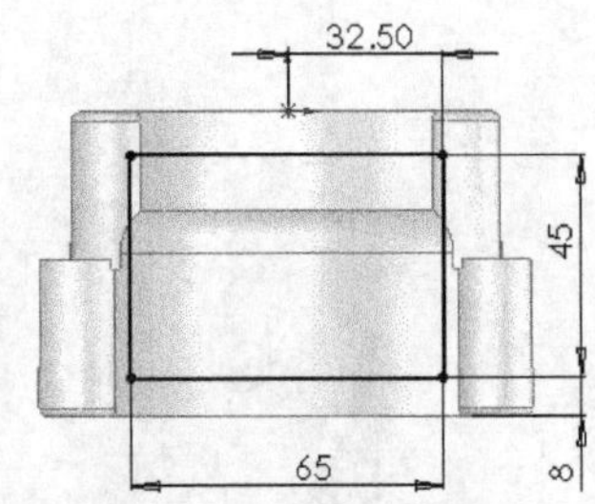

图 4-47 标注的草图

25 拉伸实体。单击“特征”控制面板中的“拉伸凸台/基体”图标，此时系统弹出“凸台-拉伸”属性管理器。在“深度”文本框中输入 50mm，然后单击“确定”图标。

26 设置视图方向。单击“前导视图”工具栏中的“等轴测”图标，将视图以等轴测方向显示，结果如图 4-48 所示。

27 设置基准面。单击如图 4-48 所示的表面 1，然后单击“前导视图”工具栏中的“正视于”图标，将该表面作为绘制图形的基准面。

28 绘制草图。单击“草图”控制面板中的“圆”图标，以原点为圆心绘制一个直径为 60mm 的圆。

29 拉伸切除实体。单击“特征”控制面板中的“拉伸切除”图标，此时系统弹出“切除-拉伸”属性管理器。在“深度”文本框中输入 10mm，然后单击“确定”图标。

30 设置视图方向。单击“前导视图”工具栏中的“等轴测”图标，将视图以等轴测方向显示，结果如图 4-49 所示。

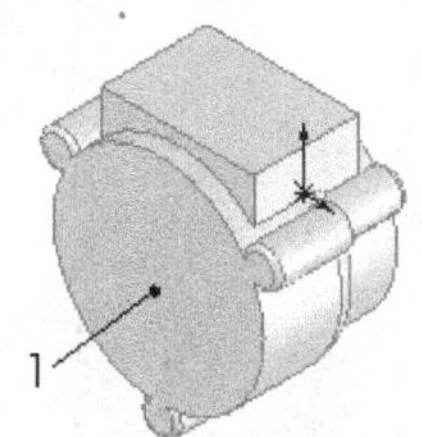

图 4-48 拉伸后的图形

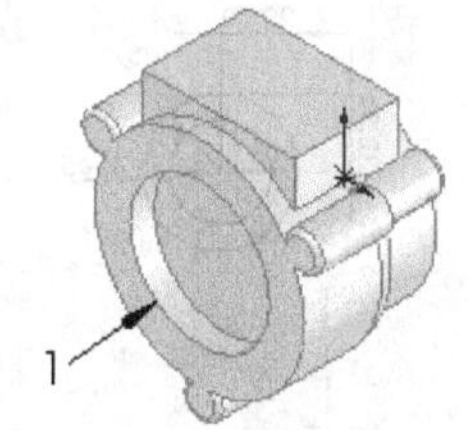

图 4-49 拉伸切除后的图形

31 倒角实体。单击“特征”控制面板中的“倒角”图标，此时系统弹出“倒角”属性管理器。在“距离”文本框中输入 2mm，然后用鼠标选择如图 4-49 所示的边线 1。单击“确定”图标，结果如图 4-50 所示。

32 设置基准面。单击如图 4-50 所示的表面 1，然后单击“前导视图”工具栏中的“正视于”图标，将该表面作为绘制图形的基准面。

33 绘制草图。单击“草图”控制面板中的“矩形”图标，在上一步设置的基准面上绘制一个矩形。

34 标注尺寸。单击“草图” 控制面板中的“智能尺寸”图标，标注上一步绘制矩形的尺寸及其约束尺寸，结果如图 4-51 所示。

35 拉伸实体。单击“特征”控制面板中的“拉伸凸台/基体”图标，此时系统弹出“凸台-拉伸”属性管理器。在“深度”文本框中输入 50mm，然后单击“确定”图标。

36 设置视图方向。单击“前导视图”工具栏中的“等轴测”图标，将视图以等轴测方向显示，结果如图 4-52 所示。

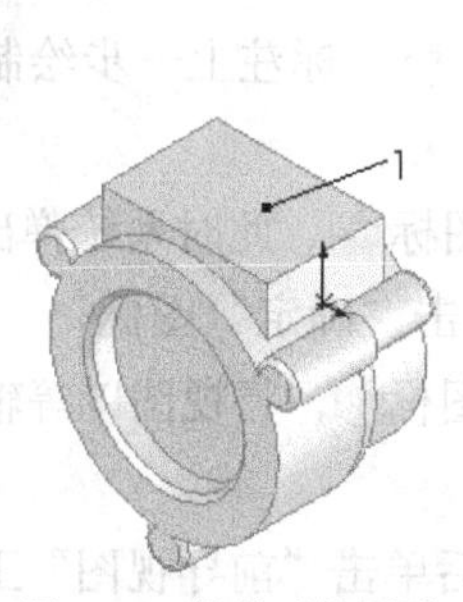

图 4-50 拉伸后的图形

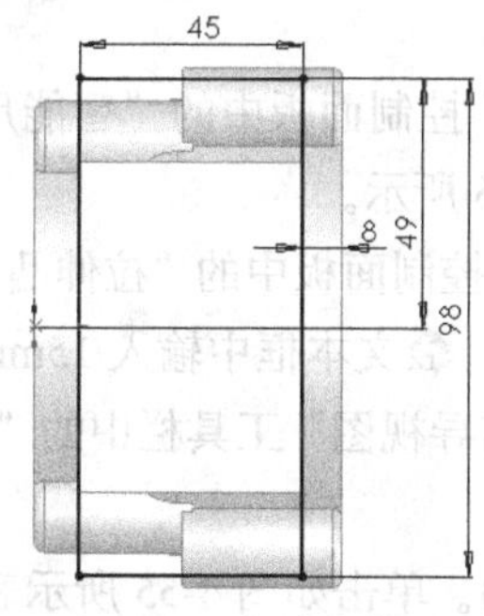

图 4-51 标注的草图

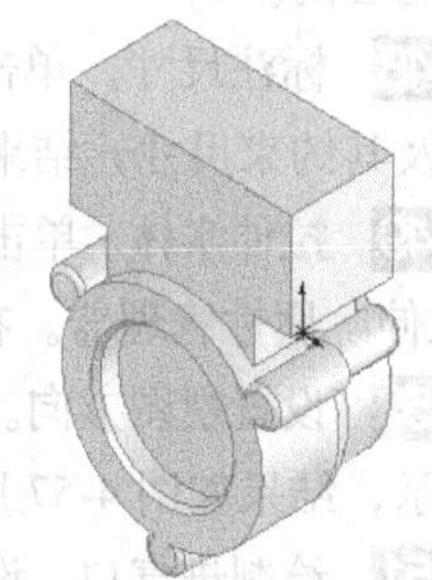

图 4-52 拉伸后的图形

37 绘制进水口。设置基准面。单击如图 4-52 所示上面实体的左后侧表面，然后单击“前导视图”工具栏中的“正视于”图标，将该表面作为绘制图形的基准面。

38 绘制草图。单击“草图”控制面板中的“圆”图标，在上一步设置的基准面上绘制两个同心圆。

39. 标注尺寸。单击“草图”控制面板中的“智能尺寸”图标，标注上一步绘制圆的直径及其约束尺寸，结果如图 4-53 所示。

40. 拉伸实体。单击“特征”控制面板中的“拉伸凸台/基体”图标，此时系统弹出“凸台-拉伸”属性管理器。在“深度”文本框中输入 15mm，然后单击“确定”图标。

41. 设置视图方向。单击“前导视图”工具栏中的“等轴测”图标，将视图以等轴测方向显示，结果如图 4-54 所示。

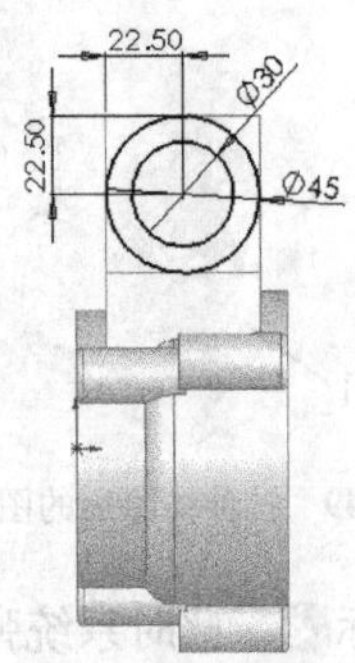

图 4-53 标注的草图

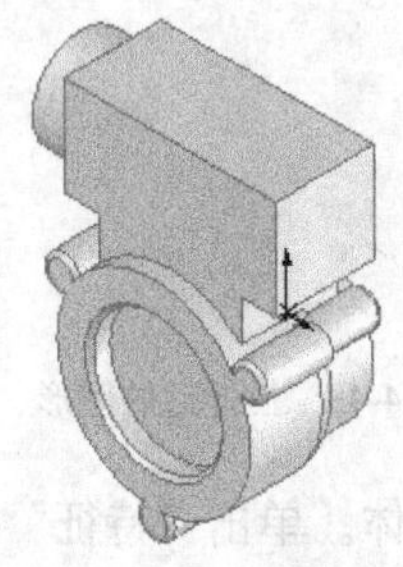

图 4-54 拉伸后的图形

42. 绘制堵盖，设置基准面。单击如图 4-54 所示上面实体的右侧表面，然后单击“前导视图”工具栏中的“正视于”图标，将该表面作为绘制图形的基准面。

43. 绘制草图。单击“草图”控制面板中的“圆”图标，在上一步设置的基准面上绘制一个直径为 30mm 的圆，并且圆心在右侧表面的中央处。

44. 拉伸实体。单击“特征”控制面板中的“拉伸凸台/基体”图标，此时系统弹出“凸台-拉伸”属性管理器。在“深度”文本框中输入 5mm，然后单击“确定”图标。

45. 设置视图方向。单击“前导视图”工具栏中的“等轴测”图标，将视图以等轴测方向显示，结果如图 4-55 所示。

46. 绘制出水口，设置基准面。单击如图 4-55 所示表面 1，然后单击“前导视图”工具栏中的“正视于”图标，将该表面作为绘制图形的基准面。

47. 绘制草图。单击“草图”控制面板中的“圆”图标，在上一步设置的基准面上绘制两个同心圆。

48. 标注尺寸。单击“草图”控制面板中的“智能尺寸”图标，标注上一步绘制圆的直径及其约束尺寸，结果如图 4-56 所示。

49. 拉伸实体。单击“特征”控制面板中的“拉伸凸台/基体”图标，此时系统弹出“凸台-拉伸”属性管理器。在“深度”文本框中输入 15mm，然后单击“确定”图标。

50. 设置视图方向。单击“前导视图”工具栏中的“等轴测”图标，将视图以等轴测方向显示，结果如图 4-57 所示。

51. 绘制进气口，设置基准面。单击如图 4-55 所示表面 1，然后单击“前导视图”工具栏中的“正视于”图标，将该表面作为绘制图形的基准面。

52. 绘制草图。单击“草图”控制面板中的“多边形”图标，绘制一个正六边形。

53. 标注尺寸。单击“草图”控制面板中的“智能尺寸”图标，标注上一步绘制草图的尺寸，结果如图 4-58 所示。

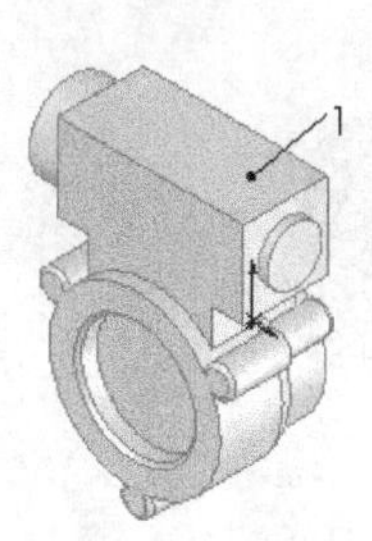

图 4-55　拉伸后的图形

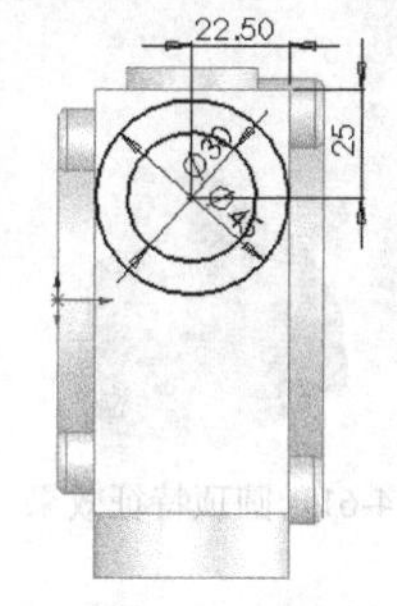

图 4-56　标注的草图

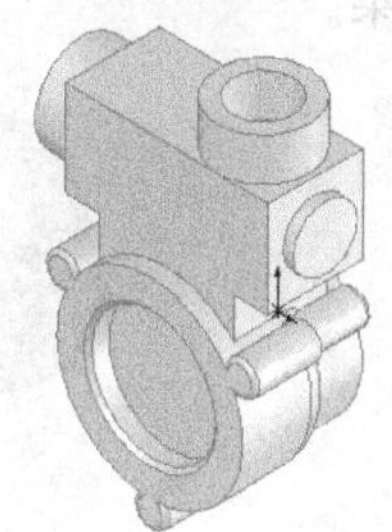
图 4-57　拉伸后的图形

54 拉伸实体。单击“特征”控制面板中的“拉伸凸台/基体”图标，此时系统弹出“凸台-拉伸”属性管理器。在“深度”文本框中输入 8mm，然后单击“确定”图标。

55 设置视图方向。单击“前导视图”控制面板中的“等轴测”图标，将视图以等轴测方向显示，结果如图 4-59 所示。

56 设置基准面。单击如图 4-59 所示表面 1，然后单击“前导视图”工具栏中的“正视于”图标，将该表面作为绘制图形的基准面。

57 绘制草图。单击“草图”控制面板中的“圆”图标，在上一步设置的基准面上以正六边形内切圆的圆心为圆心绘制一个直径为 10mm 的圆。

58 拉伸实体。单击“特征”控制面板中的“拉伸凸台/基体”图标，此时系统弹出“凸台-拉伸”对话框。在“深度”文本框中输入 30mm，然后单击“确定”图标。

59 设置视图方向。单击“前导视图”工具栏中的“等轴测”图标，将视图以等轴测方向显示，结果如图 4-60 所示。

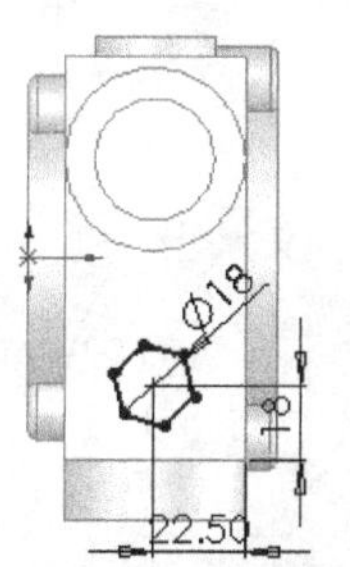

图 4-58　标注的草图

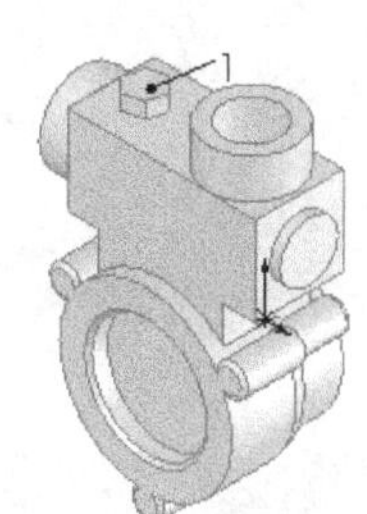

图 4-59　拉伸后的图形

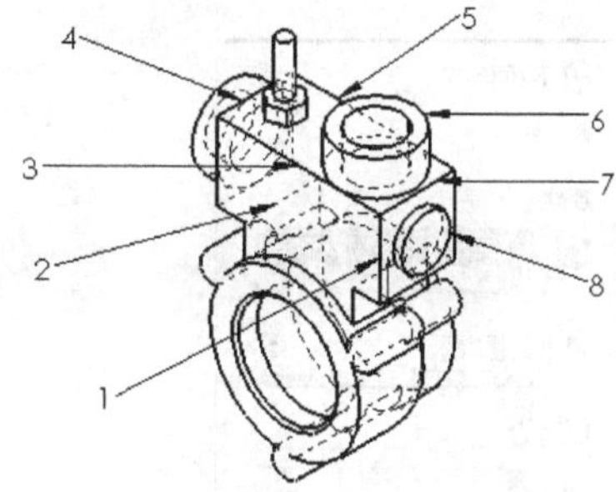

图 4-60　拉伸后的图形

60 圆角实体。单击菜单栏中的“插入”→“特征”→“圆角”命令，或者单击“特征”控制面板中的“圆角”图标，此时系统弹出“圆角”属性管理器。在“半径”文本框中输入 2mm，用鼠标选择如图 4-60 所示的边线 1 和边线 2，然后单击“确定”图标。重复此命令，将边线 3 和 5 修改成圆角为半径为 5mm 的实体；将边线 4 和 7 修改成圆角为半径为 1.5mm 的实体；将边线 6 和 8 修改成圆角为半径为 1.5mm 的实体，结果如图 4-35 所示。

4.3　圆顶特征

圆顶特征是对模型的一个面进行变形操作，生成圆顶型凸起特征。图 4-61 展示了圆顶特征的几种效果。

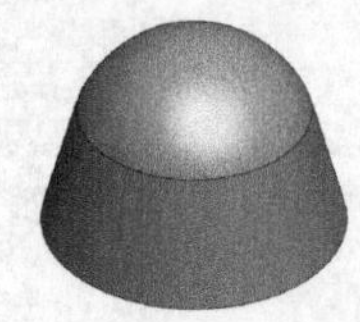
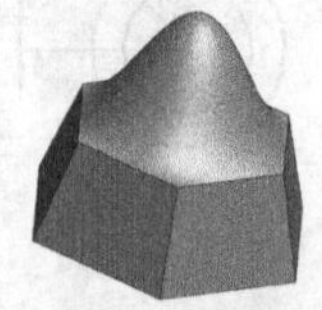
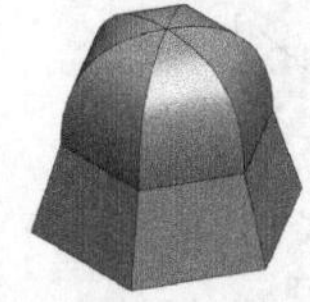

图 4-61　圆顶特征效果

4.3.1　创建圆顶特征

下面结合实例介绍创建圆顶特征的操作步骤。

【案例 4-7】本案例结果文件光盘路径为“X:\源文件\ch4\4.7.SLDPRT”，案例视频内容光盘路径为“X:\动画演示\第 4 章\4.7 圆顶.avi”。

（1）打开随书光盘中的原始文件“X:\原始文件\ch4\4.7.SLDPRT”，如图 4-62 所示。

（2）单击“特征”控制面板中的“圆顶”按钮，或单击菜单栏中的“插入”→“特征”→“圆顶”命令，此时系统弹出“圆顶”属性管理器。

（3）在“参数”选项组中，单击选择如图 4-62 所示的表面 1，在“距离”文本框中输入 50，勾选“连续圆顶”复选框，“圆顶”属性管理器设置如图 4-63 所示。

（4）单击属性管理器中的✔（确定）按钮，并调整视图的方向，连续圆顶的图形如图 4-64 所示。

图 4-65 为不勾选“连续圆顶”复选框生成的圆顶图形。

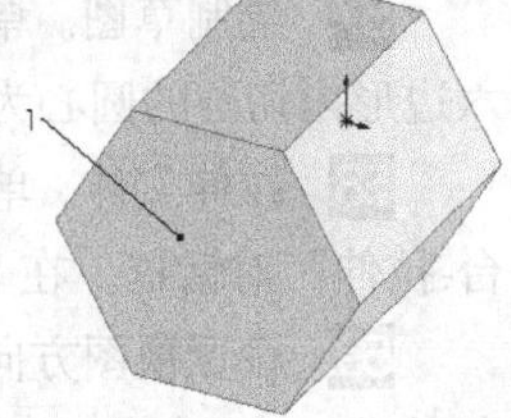

图 4-62　拉伸图形

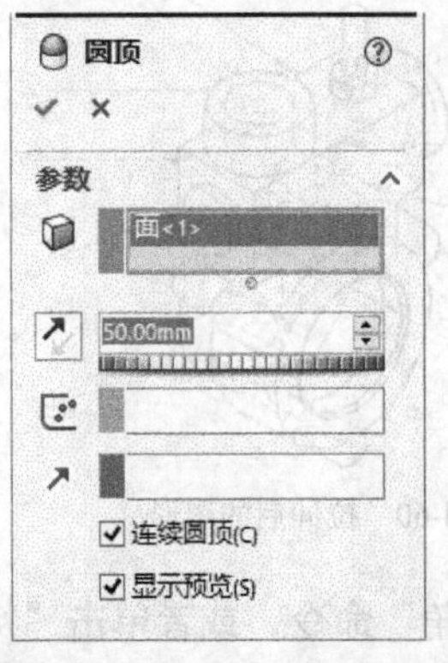

图 4-63　“圆顶”属性管理器

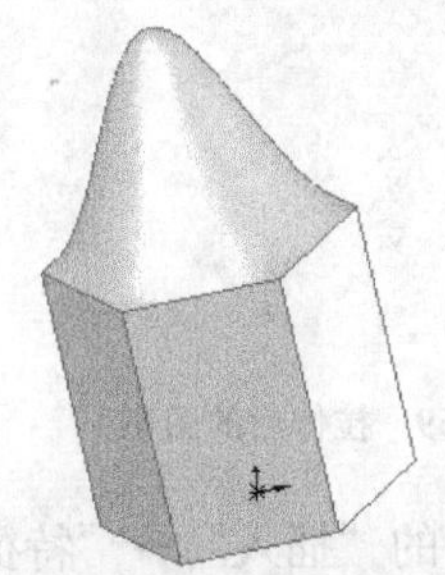

图 4-64　连续圆顶的图形

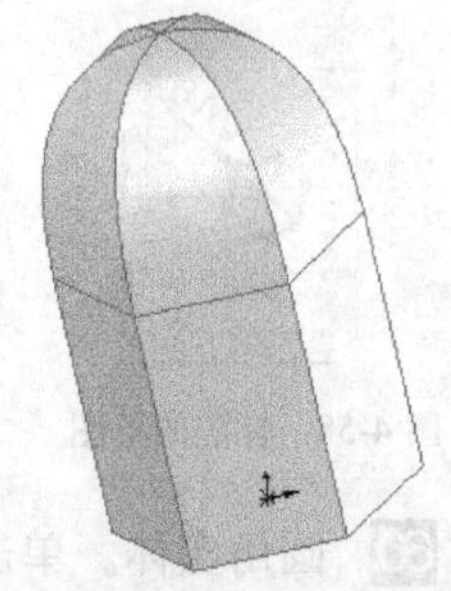

图 4-65　不连续圆顶的图形

技巧荟萃

在圆柱和圆锥模型上，可以将“距离”设置为 0，此时系统会使用圆弧半径作为圆顶的基础来计算距离。

4.3.2　实例——螺丝刀

本实例绘制的螺丝刀如图 4-66 所示。首先绘制螺丝刀的手柄部分，然后绘制圆顶，再绘制螺丝刀的端部，并拉伸切除生成“一字”头部，最后对相应部分进行圆角处理。

光盘文件

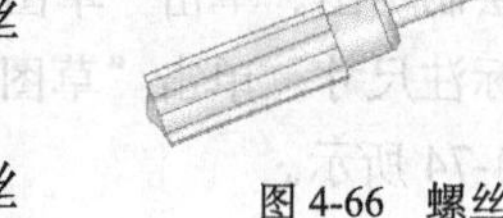

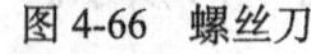
图 4-66　螺丝刀

实例结果文件光盘路径为“X:\源文件\ch4\螺丝刀.SLDPRT”。

多媒体演示参见配套光盘中的“X:\动画演示\第 4 章\螺丝刀.avi”。

绘制步骤

1. 新建文件。启动 SOLIDWORKS 2016，执行菜单栏中的“文件”→“新建”命令，创建一个新的零件文件。

2. 绘制螺丝刀手柄草图。在左侧的“FeatureManager 设计树”中选择“前视基准面”作为绘图基准面。单击“草图”控制面板中的“圆”按钮，以原点为圆心绘制一个大圆，并以原点正上方的大圆处为圆心绘制一个小圆，如图 4-67 所示，并阵列小圆如图 4-68 和图 4-69 所示。

3. 剪裁实体。单击菜单栏中的“工具”→“草图工具”→“剪裁”命令，或者单击“草图”控制面板中的“剪裁实体”按钮，剪裁图中相应的圆弧处，剪裁后的草图如图 4-70 所示。

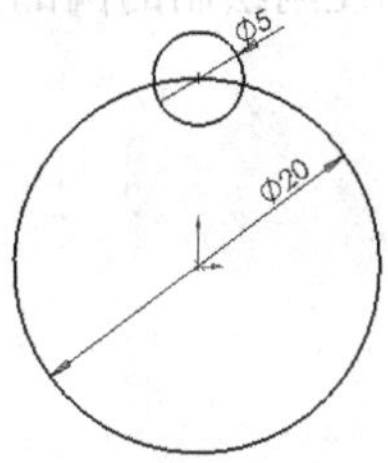

图 4-67　标注尺寸 1

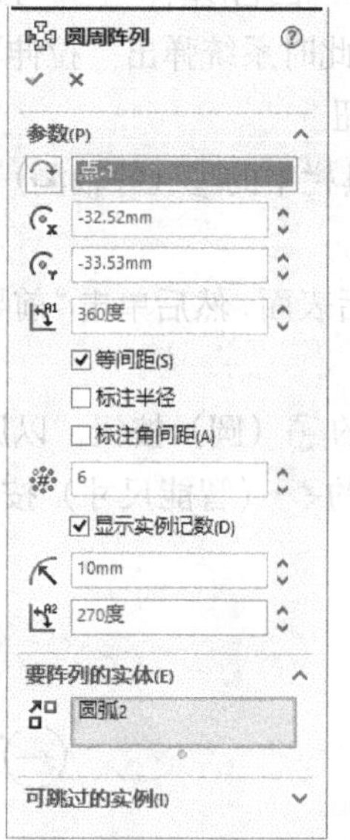

图 4-68　“圆周阵列”属性管理器

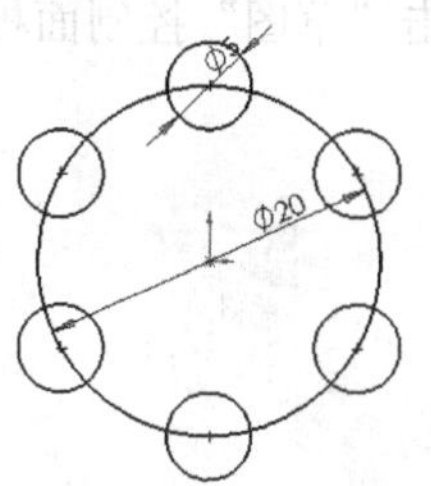

图 4-69　阵列后的草图

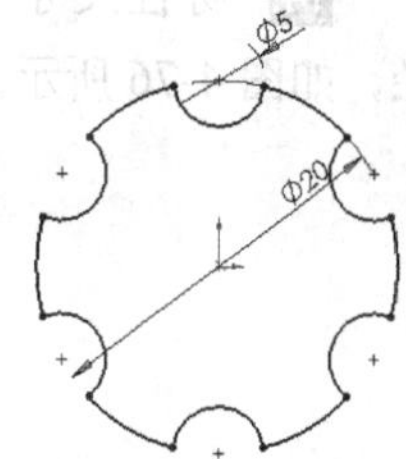

图 4-70　剪裁后的草图

4. 拉伸实体。单击菜单栏中的“插入”→“凸台/基体”→“拉伸”命令，或者单击“特征”控制面板中的（拉伸凸台/基体）按钮，此时系统弹出“凸台-拉伸”属性管理器。在深度文本框中输入 50，然后单击（确定）按钮。

5. 设置视图方向。单击“前导视图”工具栏中的（等轴测）按钮，将视图以等轴测方向显示，创建的拉伸 1 特征如图 4-71 所示。

6. 圆顶实体。单击菜单栏中的“插入”→“特征”→“圆顶”命令，或者单击“特征”控制面板中的（圆顶）按钮，此时系统弹出“圆顶”属性管理器。在“参数”选项组中，单击选择如图 4-71 所示的表面 1。按照图 4-72 进行设置后，单击（确定）按钮，圆顶实体如图 4-73 所示。

7. 设置基准面。单击选择如图 4-73 所示后表面，然后单击“前导视图”工具栏中的（正视于）按钮，将该表面作为绘制图形的基准面。

8. 绘制草图。单击“草图”控制面板中的⊙（圆）按钮，以原点为圆心绘制一个圆。

9. 标注尺寸。单击“草图”控制面板中的（智能尺寸）按钮，标注刚绘制的圆的直径，如图 4-74 所示。

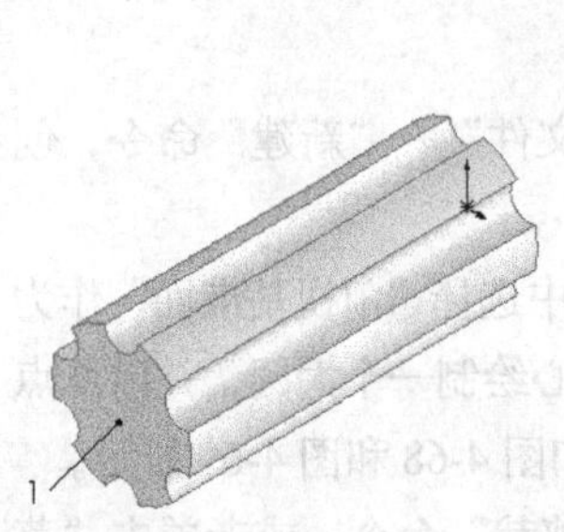

图 4-71 创建拉伸 1 特征

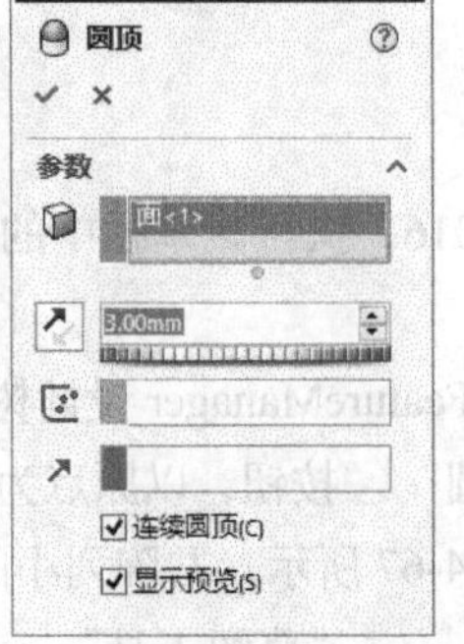

图 4-72 “圆顶”属性管理器

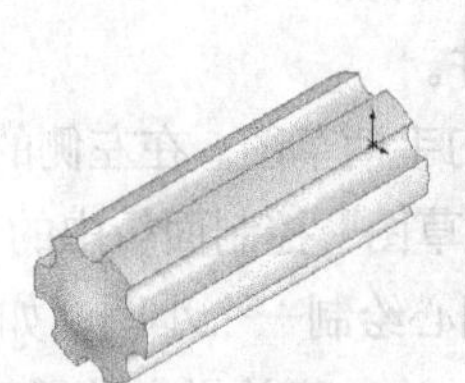
图 4-73 圆顶实体

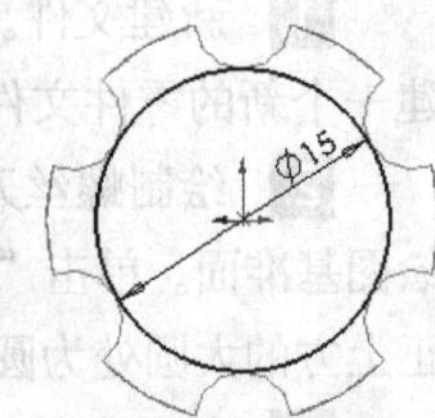

图 4-74 标注尺寸 2

10. 拉伸实体。执行菜单栏中的“插入”→“凸台/基体”→“拉伸”命令，或者单击“特征”控制面板中的（拉伸凸台/基体）按钮，此时系统弹出“拉伸”属性管理器。在（深度）文本框中输入 16，然后单击✔（确定）按钮。

11. 设置视图方向。单击“前导视图”工具栏中的（等轴测）按钮，将视图以等轴测方向显示，创建的拉伸 2 特征如图 4-75 所示。

12. 设置基准面。单击选择如图 4-75 所示后表面，然后单击“前导视图”工具栏中的（正视于）按钮，将该表面作为绘制图形的基准面。

13. 绘制草图。单击“草图”控制面板中的⊙（圆）按钮，以原点为圆心绘制一个圆。

14. 标注尺寸。单击“草图”控制面板中的（智能尺寸）按钮，标注刚绘制的圆的直径，如图 4-76 所示。

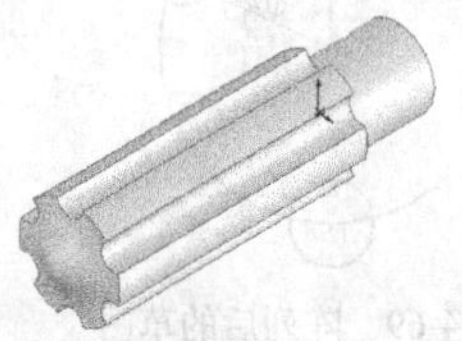
图 4-75 创建拉伸 2 特征

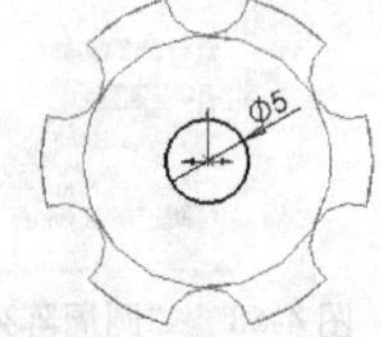

图 4-76 标注尺寸 3

15. 拉伸实体。单击“特征”控制面板中的（拉伸凸台/基体）按钮，此时系统弹出“拉伸”属性管理器。在（深度）文本框中输入 75，然后单击✔（确定）按钮。

16. 设置视图方向。单击“前导视图”工具栏中的（等轴测）按钮，将视图以等轴测方向显示，创建的拉伸 3 特征如图 4-77 所示。

17. 设置基准面。在左侧的“FeatureManager 设计树”中选择“右视基准面”，然后单击“前导视图”工具栏中的（正视于）按钮，将该基准面作为绘制图形的基准面。

18. 绘制草图。单击“草图”控制面板中的（直线）按钮，绘制两个三角形。

19. 标注尺寸。单击“草图”控制面板中的（智能尺寸）按钮，标注步骤（18）中绘制草图的尺寸，如图 4-78 所示。

20. 拉伸切除实体。执行菜单栏中的“插入”→“切除”→“拉伸”命令，或者单击“特征”控制面板中的（拉伸切除）按钮，此时系统弹出“切除-拉伸”属性管理器。在“方向 1”选项组的“终止条件”下拉列表框中选择“两侧对称”选项，然后单击（确定）按钮。

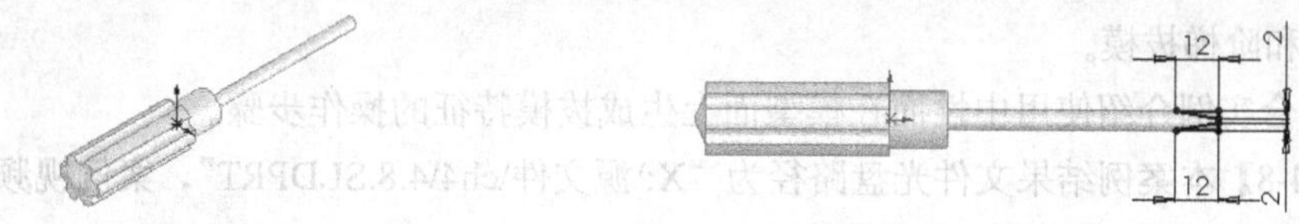

图 4-77 创建拉伸 3 特征　　图 4-78 标注尺寸 4

21 设置视图方向。单击“前导视图”工具栏中的（等轴测）按钮，将视图以等轴测方向显示，创建的拉伸 4 特征如图 4-79 所示。

22 倒圆角。单击“特征”控制面板中的（圆角）按钮，此时系统弹出“圆角”属性管理器。在（半径）文本框中输入 3，然后单击选择如图 4-79 所示的边线 1，单击（确定）按钮。

23 设置视图方向。单击“前导视图”工具栏中的（等轴测）按钮，将视图以等轴测方向显示，倒圆角后的图形如图 4-80 所示。

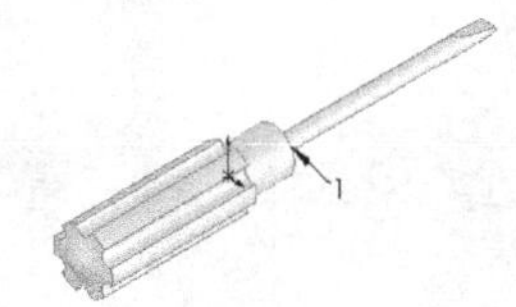

图 4-79 创建拉伸 4 特征

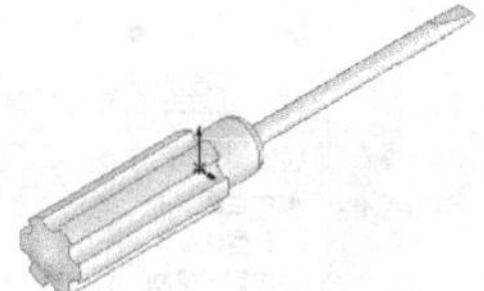

图 4-80 倒圆角后的图形

4.4 拔模特征

拔模是零件模型上常见的特征，是以指定的角度斜削模型中所选的面。经常应用于铸造零件，由于拔模角度的存在可以使型腔零件更容易脱出模具。SOLIDWORKS 提供了丰富的拔模功能。用户既可以在现有的零件上插入拔模特征，也可以在拉伸特征的同时进行拔模。本节主要介绍在现有的零件上插入拔模特征。

下面对与拔模特征有关的术语进行说明。

- 拔模面：选取的零件表面，此面将生成拔模斜度。
- 中性面：在拔模的过程中大小不变的固定面，用于指定拔模角的旋转轴。如果中性面与拔模面相交，则相交处即为旋转轴。
- 拔模方向：用于确定拔模角度的方向。

图 4-81 是一个拔模特征的应用实例。

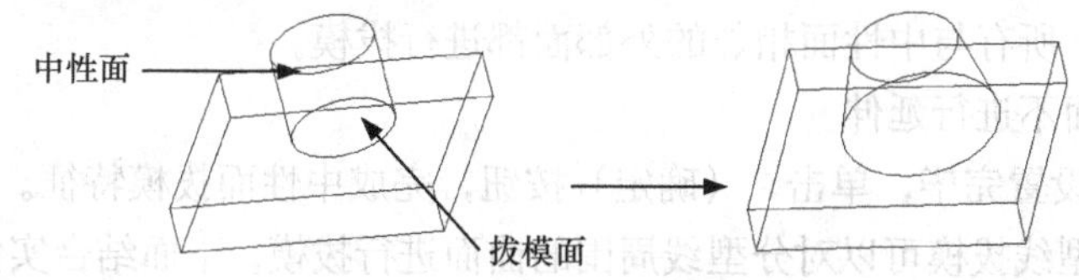

图 4-81 拔模特征实例

4.4.1 创建拔模特征

要在现有的零件上插入拔模特征，从而以特定角度斜削所选的面，可以使用中性面拔模、分型线拔模和阶梯拔模。

下面结合实例介绍使用中性面在模型面上生成拔模特征的操作步骤。

【案例 4-8】本案例结果文件光盘路径为“X:\源文件\ch4\4.8.SLDPRT”，案例视频内容光盘路径为“X:\动画演示\第 4 章\4.8 拔模.avi”。

（1）打开随书光盘中的原始文件“X:\原始文件\ch4\4.8.SLDPRT”。

（2）单击“特征”控制面板中的“拔模”按钮，或单击菜单栏中“插入”→“特征”→“拔模”命令，系统弹出“拔模”属性管理器。

（3）在“拔模类型”选项组中，选择“中性面”选项。

（4）在“拔模角度”选项组的（角度）文本框中设定拔模角度。

（5）单击“中性面”选项组中的列表框，然后在图形区中选择面或基准面作为中性面，如图 4-82 所示。

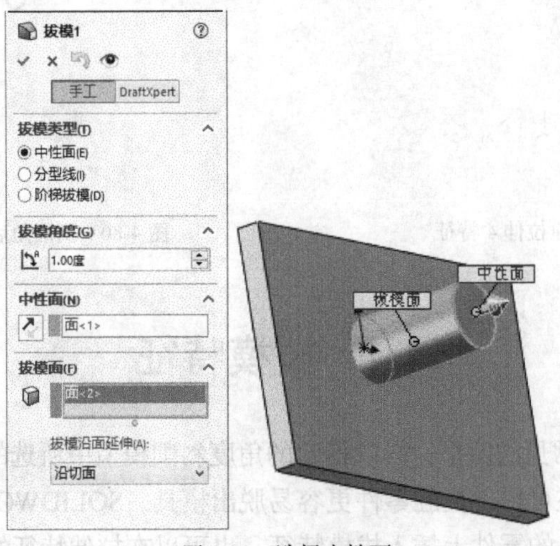

图 4-82 选择中性面

（6）图形区中的控标会显示拔模的方向，如果要向相反的方向生成拔模，单击（反向）按钮。

（7）单击“拔模面”选项组图标右侧的列表框，然后在图形区中选择拔模面。

（8）如果要将拔模面延伸到额外的面，从“拔模沿面延伸”下拉列表框中选择以下选项。

- 沿切面：将拔模延伸到所有与所选面相切的面。
- 所有面：所有从中性面拉伸的面都进行拔模。
- 内部的面：所有与中性面相邻的内部面都进行拔模。
- 外部的面：所有与中性面相邻的外部面都进行拔模。
- 无：拔模面不进行延伸。

（9）拔模属性设置完毕，单击（确定）按钮，完成中性面拔模特征。

此外，利用分型线拔模可以对分型线周围的曲面进行拔模。下面结合实例介绍插入分型线拔模特征的操作步骤。

【案例 4-9】本案例结果文件光盘路径为“X:\源文件\ch4\4.9.SLDPRT”，案例视频内容光盘

路径为“X:\动画演示\第 4 章\4.9 分型线拔模.avi”。

（1）打开随书光盘中的原始文件“X:\原始文件\ch4\4.9.SLDPRT”。

（2）单击“特征”控制面板中的“拔模”按钮，或单击菜单栏中的“插入”→“特征”→“拔模”命令，系统弹出“拔模”属性管理器。

（3）在“拔模类型”选项组中，选择“分型线”选项。

（4）在“拔模角度”选项组的（角度）文本框中指定拔模角度。

（5）单击“拔模方向”选项组中的列表框，然后在图形区中选择一条边线或一个面来指示拔模方向。

（6）如果要向相反的方向生成拔模，单击（反向）按钮。

（7）单击“分型线”选项组图标右侧的列表框，在图形区中选择分型线，如图 4-83（a）所示。

（8）如果要为分型线的每一线段指定不同的拔模方向，单击“分型线”选项组图标右侧列表框中的边线名称，然后单击“其它面”按钮。

（9）在“拔模沿面延伸”下拉列表框中选择拔模沿面延伸类型。

- 无：只在所选面上进行拔模。
- 沿相切面：将拔模延伸到所有与所选面相切的面。

（10）拔模属性设置完毕，单击（确定）按钮，完成分型线拔模特征，如图 4-83（b）所示。

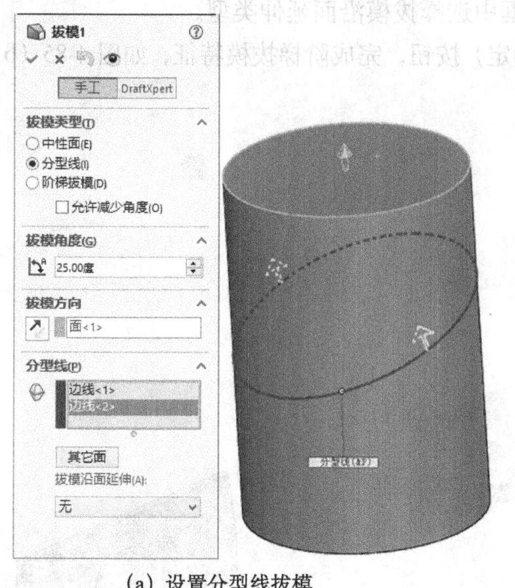

（a）设置分型线拔模

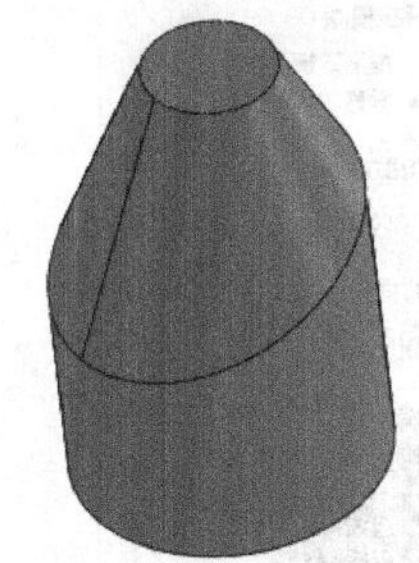

（b）分型线拔模效果

图 4-83　分型线拔模

技巧荟萃

拔模分型线必须满足以下条件：①在每个拔模面上至少有一条分型线段与基准面重合；②其他所有分型线段处于基准面的拔模方向；③没有分型线段与基准面垂直。

除了中性面拔模和分型线拔模以外，SOLIDWORKS 还提供了阶梯拔模。阶梯拔模为分型线拔模的变体，它的分型线可以不在同一平面内，如图 4-84 所示。

下面结合实例介绍插入阶梯拔模特征的操作步骤。

【案例 4-10】本案例结果文件光盘路径为“X:\源文件\ch4\4.10.SLDPRT”，案例视频内容光盘路径为“X:\动画演示\第 4 章\4.10 阶梯拔模.avi”。

(1) 打开随书光盘中的原始文件“X:\原始文件\ch4\4.10.SLDPRT”。

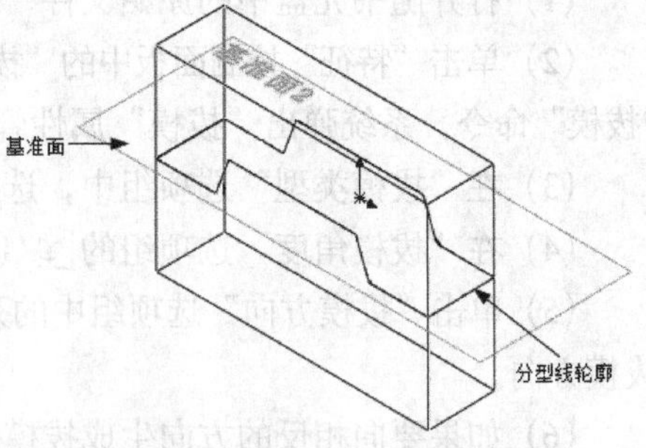

图 4-84　阶梯拔模中的分型线轮廓

(2) 单击“特征”控制面板中的“拔模”按钮，或单击菜单栏中的“插入”→“特征”→“拔模”命令，系统弹出“拔模”属性管理器。

(3) 在“拔模类型”选项组中，选择“阶梯拔模”选项。

(4) 如果想使曲面与锥形曲面一样生成，则勾选“锥形阶梯”复选框；如果想使曲面垂直于原主要面，则勾选“垂直阶梯”复选框。

(5) 在“拔模角度”选项组的（角度）文本框中指定拔模角度。

(6) 单击“拔模方向”选项组中的列表框，然后在图形区中选择一基准面指示起模方向。

(7) 如果要向相反的方向生成拔模，则单击（反向）按钮。

(8) 单击“分型线”选项组图标右侧的列表框，然后在图形区中选择分型线，如图 4-85（a）所示。

(9) 如果要为分型线的每一线段指定不同的拔模方向，则在“分型线”选项组图标右侧的列表框中选择边线名称，然后单击“其它面”按钮。

(10) 在“拔模沿面延伸”下拉列表框中选择拔模沿面延伸类型。

(11) 拔模属性设置完毕，单击（确定）按钮，完成阶梯拔模特征，如图 4-85（b）所示。

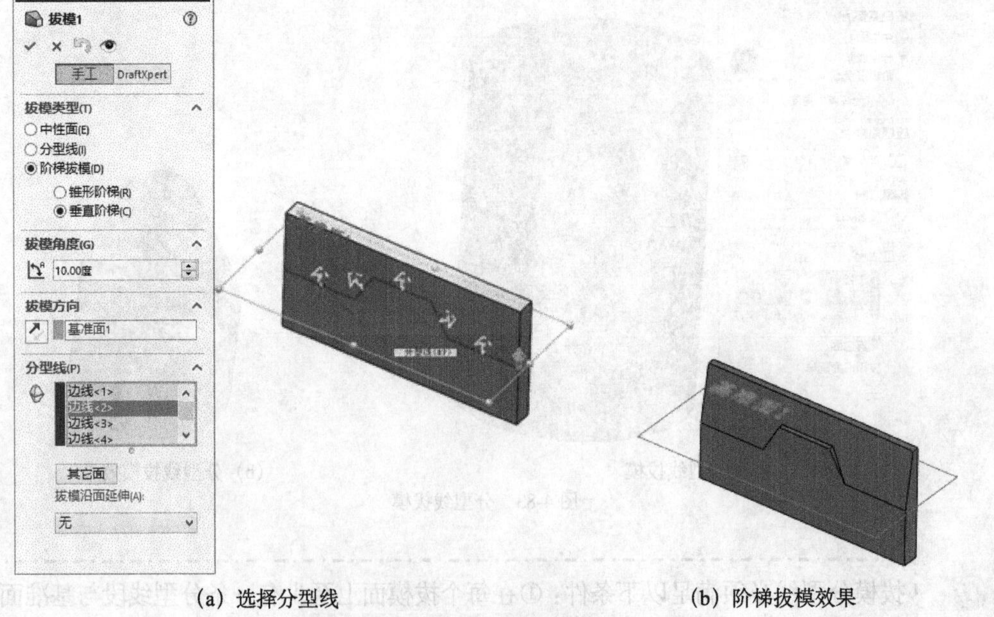

（a）选择分型线　　（b）阶梯拔模效果

图 4-85　创建阶梯拔模

4.4.2 实例——球棒

本实例绘制的球棒如图 4-86 所示。首先绘制一个圆柱体，然后绘制分割线，把圆柱体分割成两部分，将其中一部分进行拔模处理，完成球棒的绘制。

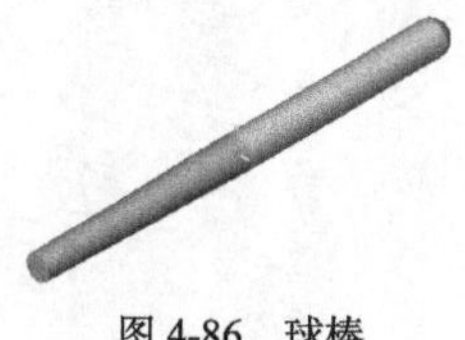

图 4-86 球棒

光盘文件

实例结果文件光盘路径为“X:\源文件\ch4\球棒.SLDPRT”。

多媒体演示参见配套光盘中的“X:\动画演示\第 4 章\球棒.avi”。

绘制步骤

1. 新建文件。启动 SOLIDWORKS 2016，单击菜单栏中的“文件”→“新建”命令，创建一个新的零件文件。

2. 绘制草图。单击“草图”控制面板中的（草图绘制）按钮，新建一张草图。默认情况下，新的草图在前视基准面上打开。单击“草图”控制面板中的（圆）按钮，绘制一个圆形作为拉伸基体特征的草图轮廓。

3. 标注尺寸。单击“草图”控制面板中的（智能尺寸）按钮，标注尺寸如图 4-87 所示。

4. 拉伸实体。单击“特征”控制面板中的（拉伸凸台/基体）按钮，或单击菜单栏中的“插入”→“凸台/基体”→“拉伸”命令，在弹出的“凸台-拉伸”属性管理器的“方向 1”选项组中设定拉伸“终止条件”为“两侧对称”；在（深度）文本框中输入 160，单击（确定）按钮，生成的拉伸实体特征如图 4-88 所示。

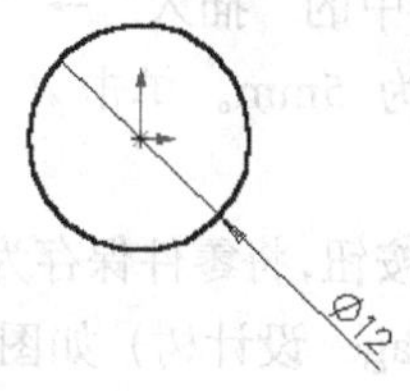

图 4-87 标注尺寸

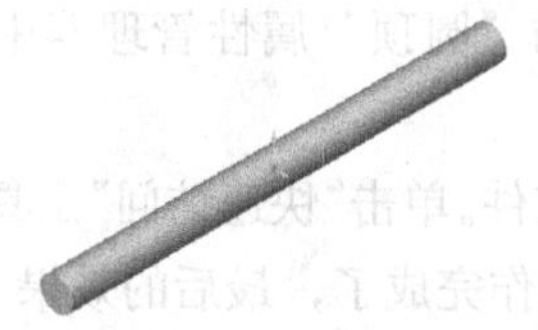

图 4-88 基体拉伸特征

5. 创建基准面。单击“参考几何体”工具栏中的“基准面”按钮，或单击菜单栏中的“插入”→“参考几何体”→“基准面”命令，系统弹出“基准面”属性管理器。选择右视基准面，然后在“基准面”属性管理器的（偏移距离）文本框中输入 20，单击（确定）按钮，生成分割线所需的基准面 1。

6. 设置基准面。单击“草图”控制面板中的（草图绘制）按钮，在基准面 1 上打开一张草图，即草图 2。单击“前导视图”工具栏中的（正视于）按钮，正视于基准面 1 视图。

7. 绘制草图。单击“草图”控制面板中的“直线”按钮，在基准面 1 上绘制一条通过原点的竖直直线，退出草图。

8. 设置视图方向。单击“前导视图”工具栏中的（隐藏线可见）按钮，以轮廓线观察模型。单击“前导视图”工具栏中的（等轴测）按钮，用等轴测视图观看图形，如图 4-89 所示。

9. 创建分割线。单击菜单栏中的“插入”→“曲线”→“分割线”命令，系统弹出“分割线”属性管理器。在“分割类型”选项组中点选“投影”单选钮，单击图标右侧的列表框，在图形区中选择草图 2 作为投影草图；单击图标右侧的列表框，然后在图形区中选择圆柱的侧面作为要分割的面，如图 4-90 所示。单击（确定）按钮，生成平均分割圆柱的分割线，如图 4-91 所示。

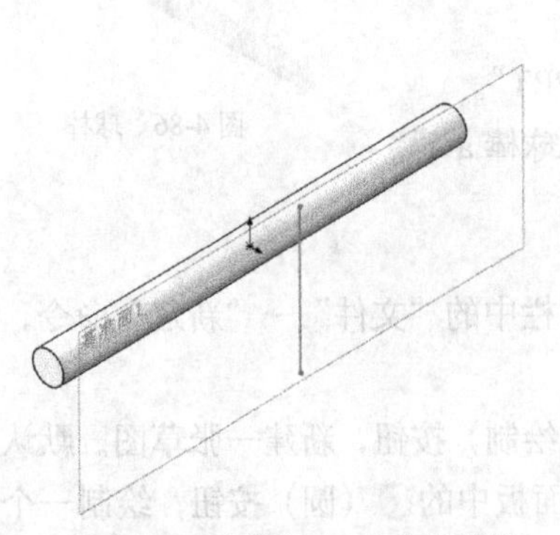
图 4-89　在基准面 1 上生成草图 2

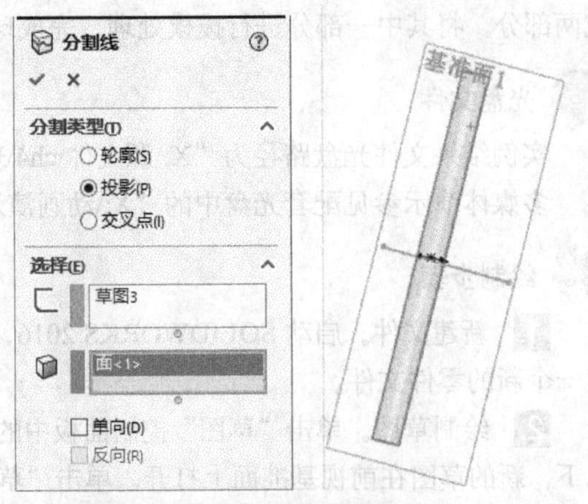

图 4-90　“分割线”属性管理器

10. 创建拔模特征。单击“特征”控制面板中的“拔模”按钮，或单击菜单栏中的“插入”→“特征”→“拔模”命令，系统弹出“拔模”属性管理器。在“拔模类型”选项组中点选“分型线”单选钮，在（角度）文本框中输入 1；在“拔模方向”选项组中选择球棒一端面，单击“分型线”选项组图标右侧的列表框，然后在图形区中选择上步创建的分割线。单击（确定）按钮，完成分型面拔模特征。

11. 创建圆顶特征。单击选择柱形的底端面（拔模的一端）作为创建圆顶的基面。单击“特征”控制面板中的“圆顶”按钮，或单击菜单栏中的“插入”→“特征”→“圆顶”命令，在弹出的“圆顶”属性管理器中指定圆顶的高度为 5mm。单击（确定）按钮，生成圆顶特征。

12. 保存文件。单击“快速访问”工具栏中的“保存”按钮，将零件保存为“球棒.SLDPRT”。至此该零件就制作完成了，最后的效果（包括 FeatureManager 设计树）如图 4-92 所示。

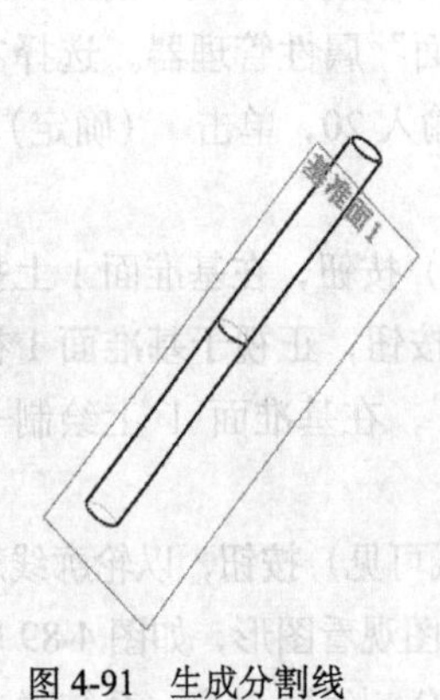

图 4-91　生成分割线

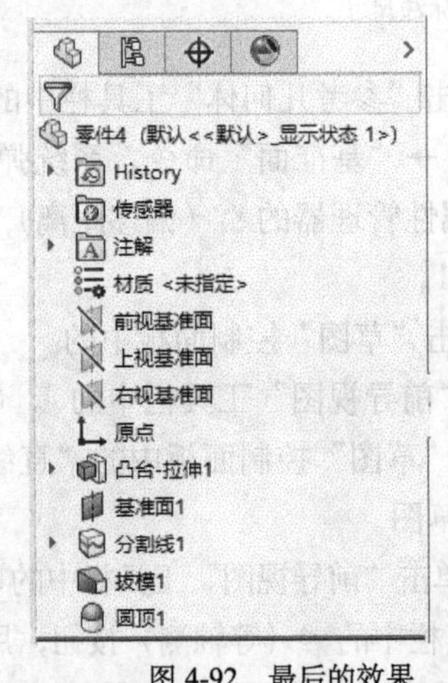

图 4-92　最后的效果

4.5　抽壳特征

抽壳特征是零件建模中的重要特征，它能使一些复杂工作变得简单化。当在零件的一个面上抽壳时，系统会掏空零件的内部，使所选择的面敞开，在剩余的面上生成薄壁特征。如果没有选择模型上的任何面，而直接对实体零件进行抽壳操作，则会生成一个闭合、掏空的模型。通常，抽壳时各个表面的厚度相等，也可以对某些表面的厚度进行单独指定，这样抽壳特征完成之后，各个零件表面的厚度就不相等了。

图 4-93 是对零件创建抽壳特征后建模的实例。

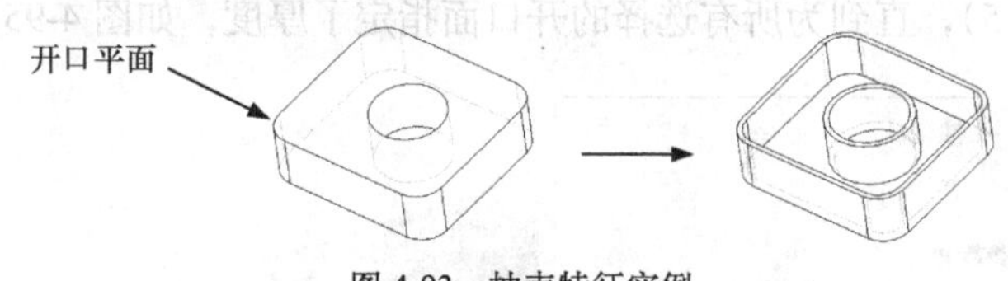

图 4-93 抽壳特征实例

4.5.1 创建抽壳特征

1. 等厚度抽壳特征

下面结合实例介绍生成等厚度抽壳特征的操作步骤。

【案例 4-11】本案例结果文件光盘路径为“X:\源文件\ch4\4.11.SLDPRT”，案例视频内容光盘路径为“X:\动画演示\第 4 章\4.11 抽壳.avi”。

（1）打开随书光盘中的原始文件“X:\原始文件\ ch4\4.11.SLDPRT”。

（2）单击“特征”控制面板中的“抽壳”按钮，或单击菜单栏中的“插入”→“特征”→“抽壳”命令，系统弹出“抽壳”属性管理器。

（3）在“参数”选项组的（厚度）文本框中指定抽壳的厚度。

（4）单击图标右侧的列表框，然后从右侧的图形区中选择一个或多个开口面作为要移除的面。此时在列表框中显示所选的开口面，如图 4-94 所示。

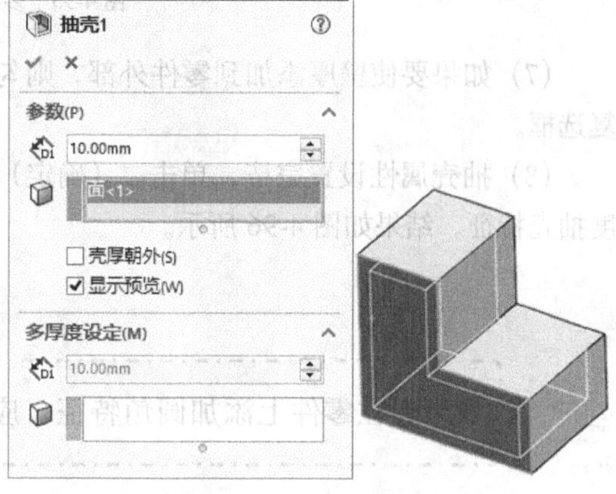

图 4-94 选择要移除的面

（5）如果勾选了“壳厚朝外”复选框，则会增加零件外部尺寸，从而生成抽壳。

（6）抽壳属性设置完毕，单击（确定）按钮，生成等厚度抽壳特征。

技巧荟萃

如果在步骤（4）中没有选择开口面，则系统会生成一个闭合、掏空的模型。

2. 具有多厚度面的抽壳特征

下面结合实例介绍生成具有多厚度面抽壳特征的操作步骤。

【案例 4-12】本案例结果文件光盘路径为“X:\源文件\ch4\4.12.SLDPRT”，案例视频内容光盘路径为“X:\动画演示\第 4 章\4.12 多厚度抽壳.avi”。

（1）打开随书光盘中的原始文件“X:\原始文件\ch4\4.12.SLDPRT”。

（2）单击“特征”控制面板中的“抽壳”按钮，或单击菜单栏中的“插入”→“特征”→

“抽壳”命令，系统弹出“抽壳”属性管理器。

(3) 单击“多厚度设定”选项组图标右侧的列表框，激活多厚度设定。

(4) 在图形区中选择开口面，这些面会在该列表框中显示出来。

(5) 在列表框中选择开口面，然后在“多厚度设定”选项组的（厚度）文本框中输入对应的壁厚。

(6) 重复步骤 (5)，直到为所有选择的开口面指定了厚度，如图 4-95 所示。

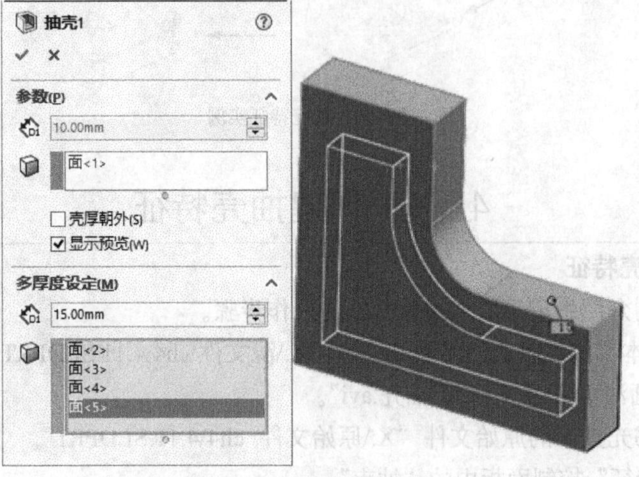

图 4-95 多厚度抽壳设置

(7) 如果要使壁厚添加到零件外部，则勾选“壳厚朝外”复选框。

(8) 抽壳属性设置完毕，单击（确定）按钮，生成多厚度抽壳特征，结果如图 4-96 所示。

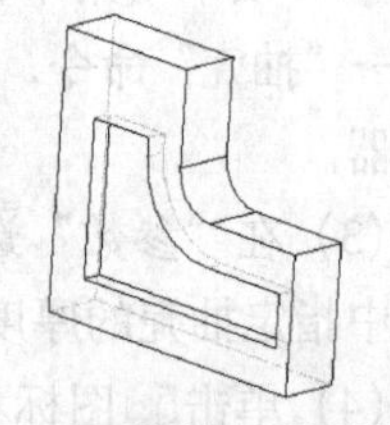

图 4-96 多厚度抽壳（剖视图）

技巧荟萃

如果想在零件上添加圆角特征，应当在生成抽壳之前对零件进行圆角处理。

4.5.2 实例——移动轮支架

本实例绘制的移动轮支架如图 4-97 所示。

光盘文件

实例结果文件光盘路径为“X:\源文件\ch4\移动轮支架.SLDPRT”。

多媒体演示参见配套光盘中的“X:\动画演示\第 4 章\移动轮支架.avi”。

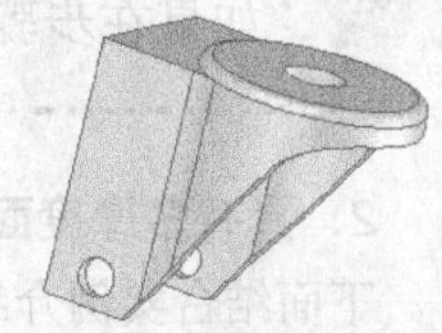

图 4-97 移动轮支架

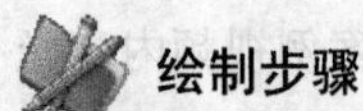

1. 新建文件。启动 SOLIDWORKS 2016，单击“快速访问”工具栏中的“新建”按钮，创建一个新的零件文件。在弹出的“新建 SOLIDWORKS 文件”对话框中选择“零件”按钮，

然后单击“确定”按钮，创建一个新的零件文件。

2 绘制主体轮廓。绘制草图。在左侧的“FeatureManager 设计树”中选择“前视基准面”作为绘制图形的基准面。单击“草图”控制面板中的“圆”按钮，以原点为圆心绘制一个直径为 58 的圆；单击“草图”控制面板中的“直线”按钮，在相应的位置绘制三条直线。

3 标注尺寸。单击“草图”控制面板中的“智能尺寸”按钮，标注上一步绘制草图的尺寸，结果如图 4-98 所示。

4 剪裁实体。单击“草图”控制面板中的“剪裁实体”按钮，剪裁直线之间的圆弧，结果如图 4-99 所示。

5 拉伸实体。单击“特征”控制面板中的“拉伸凸台/基体”按钮，此时系统弹出“凸台-拉伸”属性管理器。在“深度”文本框中输入 65，然后单击属性管理器中的“确定”图标✓。

6 设置视图方向。单击“前导视图”工具栏中的“等轴测”图标，将视图以等轴测方向显示，结果如图 4-100 所示。

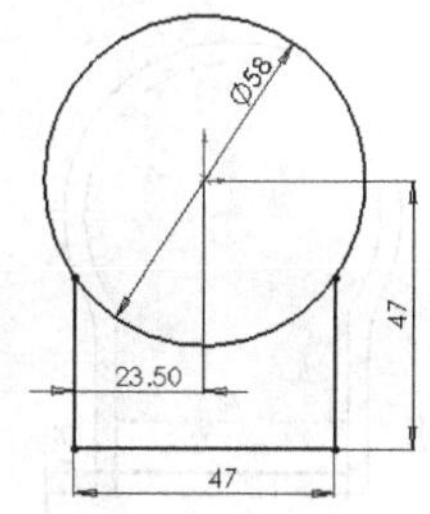

图 4-98 标注的草图

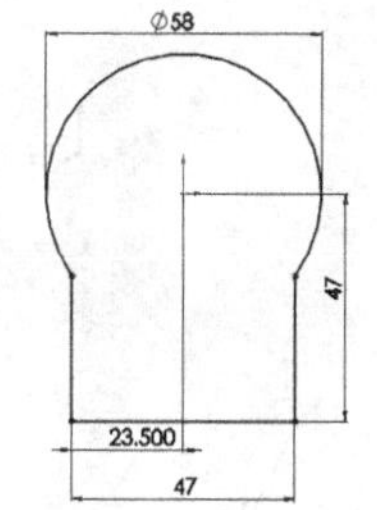

图 4-99 剪裁的草图

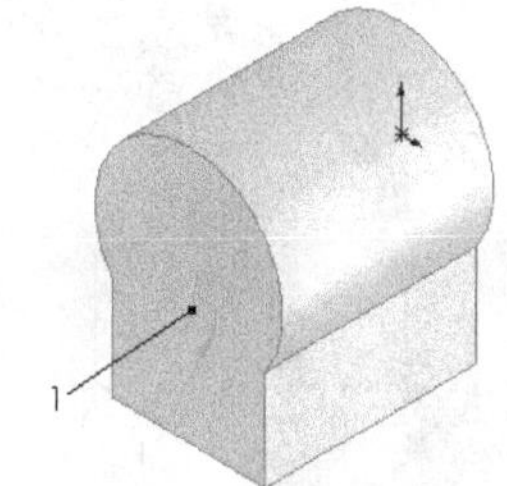

图 4-100 拉伸后的图形

7 抽壳实体。单击“特征”控制面板中的“抽壳”按钮，此时系统弹出如图 4-101 所示的“抽壳”属性管理器。在“深度”文本框中输入值 3.5，单击属性管理器中的“确定”图标✓，结果如图 4-102 所示。

8 设置基准面。在左侧的“FeatureManager 设计树”中用鼠标选择“右视基准面”，然后单击“前导视图”工具栏“正视于”图标，将该基准面作为绘制图形的基准面。

9 绘制草图。单击“草图”控制面板中的“直线”按钮，绘制 3 条直线；单击“草图”控制面板中的“3 点圆弧”按钮，绘制一个圆弧。

10 标注尺寸。单击“草图”控制面板中的“智能尺寸”按钮，标注上一步绘制的草图的尺寸，结果如图 4-103 所示。

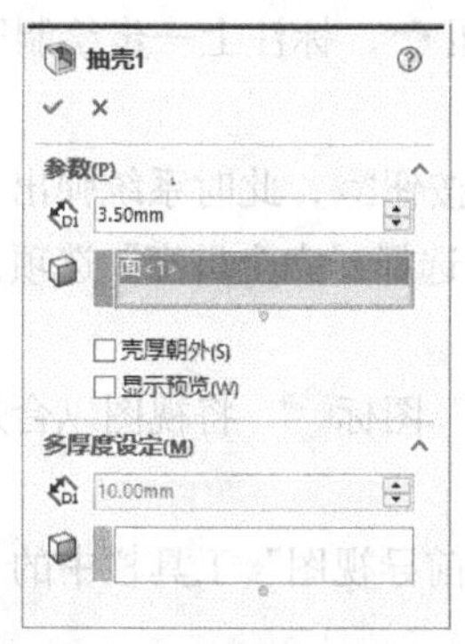

图 4-101 “抽壳”属性管理器

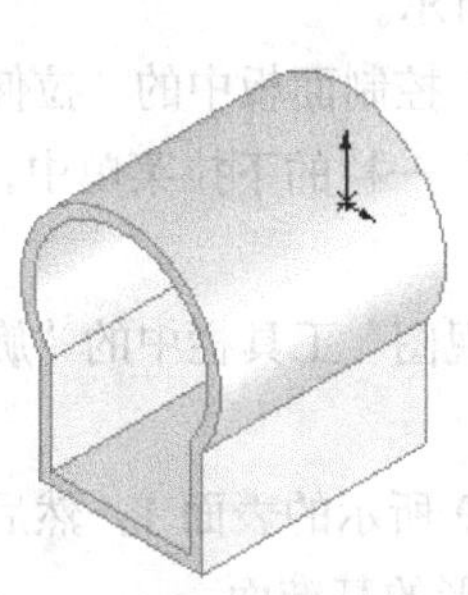
图 4-102 抽壳后的图形

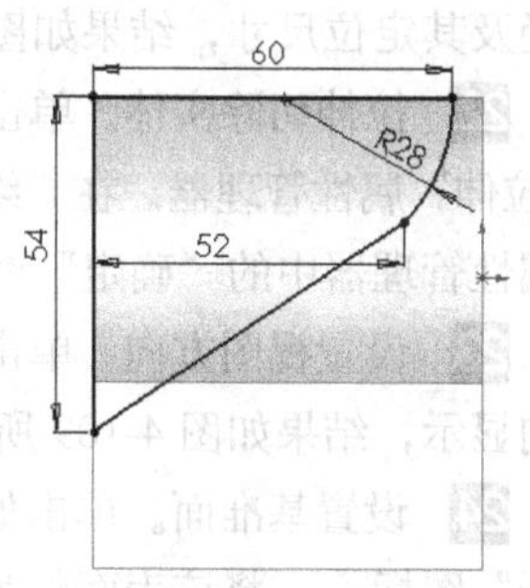

图 4-103 标注的草图

11. 拉伸切除实体。单击“特征”控制面板中的“拉伸切除”按钮，此时系统弹出“切除-拉伸”属性管理器。在方向 1 和方向 2 的“终止条件”一栏的下拉菜单中，选择“完全贯穿”选项，单击属性管理器中的“确定”图标✔。

12. 设置视图方向。单击“前导视图”工具栏中的“等轴测”图标，将视图以等轴测方向显示，结果如图 4-104 所示。

13. 圆角实体。单击“特征”控制面板上的“圆角”按钮，此时系统弹出“圆角”属性管理器。在“半径”文本框中输入值 15，然后用鼠标选择如图 4-104 所示的边线 1 以及左侧对应的边线。单击属性管理器中的“确定”图标✔，结果如图 4-105 所示。

14. 设置基准面。单击如图 4-105 所示的表面 1，然后单击“前导视图”工具栏中的“正视于”图标，将该表面作为绘制图形的基准面。

15. 绘制草图。单击“草图”控制面板中的“边角矩形”按钮，绘制一个矩形。

16. 标注尺寸。单击“草图”控制面板中的“智能尺寸”按钮，标注上一步绘制草图的尺寸，结果如图 4-106 所示。

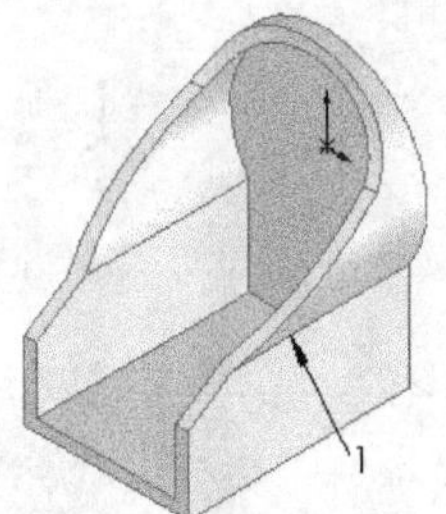

图 4-104　拉伸切除后的图形

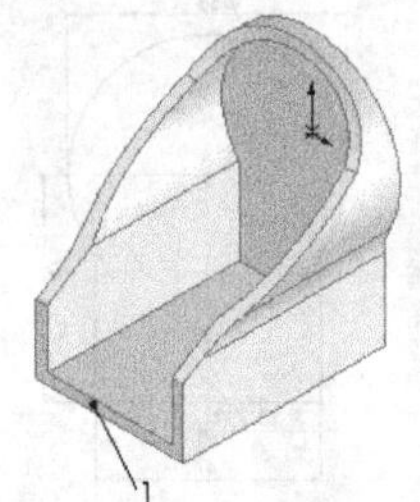

图 4-105　拉伸切除后的图形

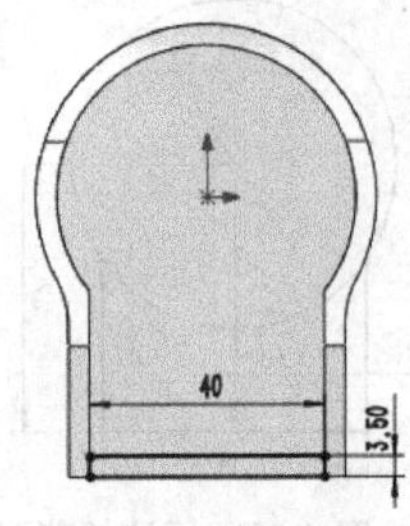

图 4-106　标注的草图

17. 拉伸切除实体。单击“特征”控制面板中的“拉伸切除”按钮，此时系统弹出“切除-拉伸”属性管理器。在“深度”文本框中输入 61.5，然后单击属性管理器中的“确定”图标✔。

18. 设置视图方向。单击“前导视图”工具栏中的“等轴测”图标，将视图以等轴测方向显示，结果如图 4-107 所示。

19. 绘制连接孔。设置基准面。单击如图 4-107 所示的表面 1，然后单击“前导视图”工具栏中的“正视于”图标，将该表面作为绘制图形的基准面。

20. 绘制草图。单击“草图”控制面板中的“圆”按钮，在上一步设置的基准面上绘制一个圆。

21. 标注尺寸。单击“草图”控制面板中的“智能尺寸”按钮，标注上一步绘制圆的直径及其定位尺寸，结果如图 4-108 所示。

22. 拉伸切除实体。单击“特征”控制面板中的“拉伸切除”按钮，此时系统弹出“切除-拉伸”属性管理器。在“终止条件”一栏的下拉菜单中，用鼠标选择“完全贯穿”选项。单击属性管理器中的“确定”图标✔。

23. 设置视图方向。单击“前导视图”工具栏中的“旋转视图”图标，将视图以合适的方向显示，结果如图 4-109 所示。

24. 设置基准面。单击如图 4-109 所示的表面 1，然后单击“前导视图”工具栏中的“正视于”图标，将该表面作为绘制图形的基准面。

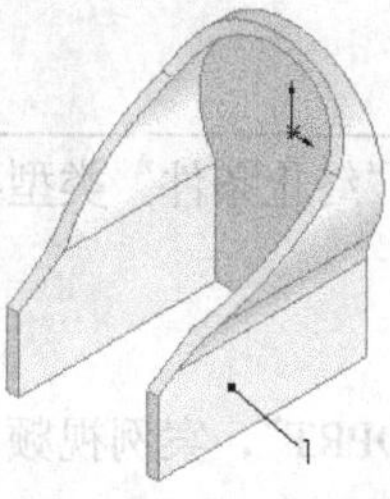

图 4-107 拉伸切除后的图形

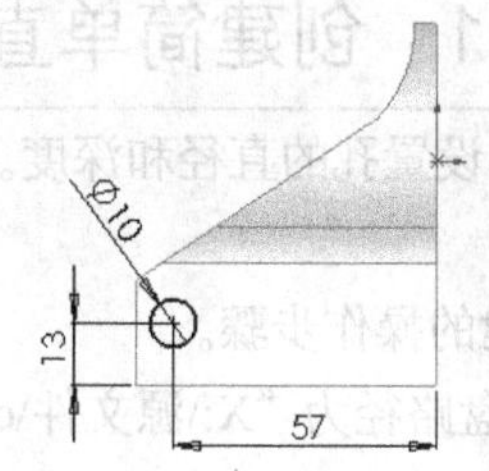

图 4-108 标注的草图

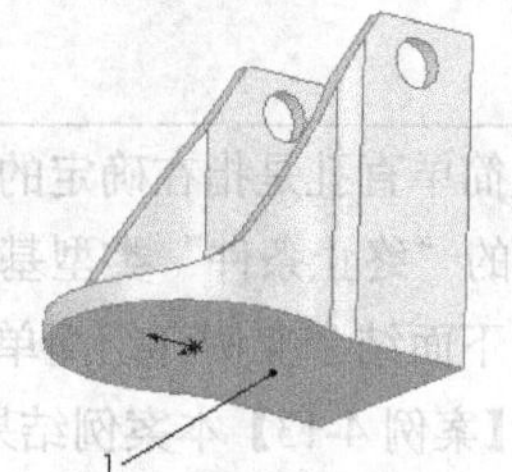

图 4-109 拉伸切除后的图形

25 绘制草图。单击“草图”控制面板中的“圆”按钮，在上一步设置的基准面上绘制一个直径为 58mm 的圆，圆心与原点重合。

26 拉伸实体。单击“特征”控制面板中的“拉伸凸台/基体”按钮，此时系统弹出“凸台-拉伸”属性管理器。在“深度”文本框中输入 3，然后单击属性管理器中的“确定”图标。

27 设置视图方向。单击“前导视图”工具栏中的“旋转视图”图标，将视图以合适的方向显示，结果如图 4-110 所示。

28 圆角实体。单击“特征”控制面板上的“圆角”按钮，此时系统弹出“圆角”属性管理器。在“半径”文本框中输入 3，然后用鼠标选择如图 4-110 所示的边线 1。单击属性管理器中的“确定”图标，结果如图 4-111 所示。

29 绘制轴孔，设置基准面。单击图 4-111 中的表面 1，然后单击“前导视图”工具栏中的“正视于”图标，将该表面作为绘制图形的基准面。

30 绘制草图。单击“草图”控制面板中的“圆”按钮，在上一步设置的基准面上绘制一个直径为 16 的圆。

31 拉伸切除实体。单击“特征”控制面板中的“拉伸切除”按钮，此时系统弹出“切除-拉伸”属性管理器。在“终止条件”一栏的下拉菜单中，用鼠标选择“完全贯穿”选项，单击属性管理器中的“确定”图标。

32 设置视图方向。单击“前导视图”工具栏中的“等轴测”图标，将视图以等轴测方向显示，结果如图 4-112 所示。

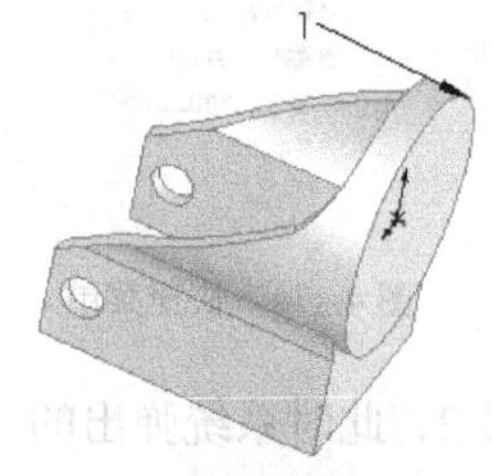

图 4-110 拉伸后的图形

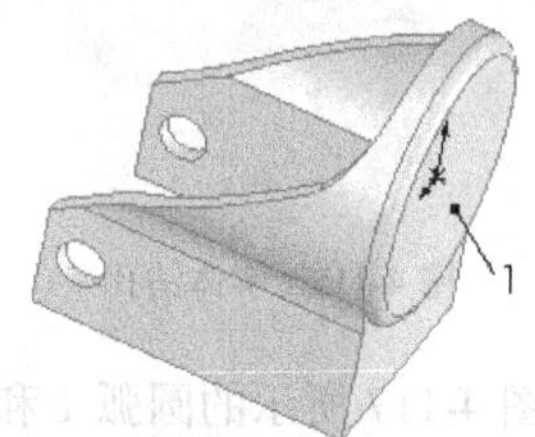

图 4-111 圆角后的图形

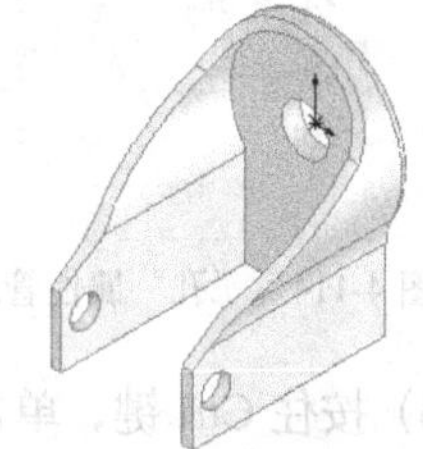

图 4-112 拉伸切除后的图形

4.6 孔特征

钻孔特征是指在已有的零件上生成各种类型的孔特征。SOLIDWORKS 提供了两大类孔特征：简单直孔和异型孔。下面结合实例介绍不同钻孔特征的操作步骤。

4.6.1 创建简单直孔

简单直孔是指在确定的平面上，设置孔的直径和深度。孔深度的“终止条件”类型与拉伸切除的“终止条件”类型基本相同。

下面结合实例介绍简单直孔创建的操作步骤。

【案例 4-13】本案例结果文件光盘路径为“X:\源文件\ch4\4.13.SLDPRT”，案例视频内容光盘路径为“X:\动画演示\第 4 章\4.13 孔.avi”。

(1) 打开随书光盘中原始文件“X:\原始文件\ch4\4.13.SLDPRT”，如图 4-113 所示。

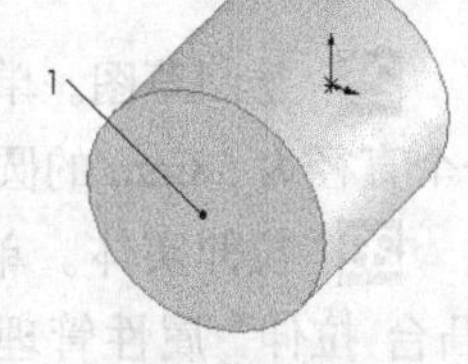

图 4-113 打开的实体

(2) 单击选择如图 4-113 所示的表面 1，单击“特征”控制面板中的“简单直孔”按钮，或单击菜单栏中的“插入”→“特征”→“简单直孔”命令，此时系统弹出“孔”属性管理器。

(3) 设置属性管理器。在“终止条件”下拉列表框中选择“完全贯穿”选项，在（孔直径）文本框中输入 30，“孔”属性管理器设置如图 4-114 所示。

(4) 单击“孔”属性管理器中的（确定）按钮，钻孔后的实体如图 4-115 所示。

(5) 在“FeatureManager 设计树”中，右击步骤 (4) 中添加的孔特征选项，此时系统弹出的快捷菜单如图 4-116 所示，单击其中的（编辑草图）按钮，编辑草图如图 4-117 所示。

图 4-114 “孔”属性管理器

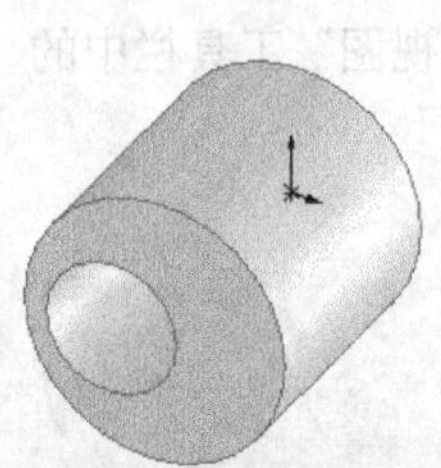

图 4-115 实体钻孔

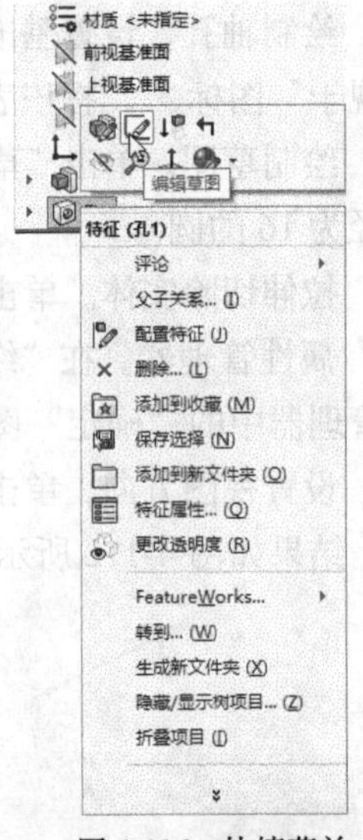

图 4-116 快捷菜单

(6) 按住 Ctrl 键，单击选择如图 4-117 所示的圆弧 1 和边线弧 2，此时系统弹出的“属性”属性管理器如图 4-118 所示。

(7) 单击“添加几何关系”选项组中的“同心”按钮，此时“同心”几何关系显示在“现有几何关系”选项组中。为圆弧 1 和边线弧 2 添加“同心”几何关系，再单击（确定）按钮。

(8) 单击图形区右上角的（退出草绘）按钮，创建的简单孔特征如图 4-119 所示。

技巧荟萃

在确定简单孔的位置时，可以通过标注尺寸的方式来确定，对于特殊的图形可以通过添加几何关系来确定。

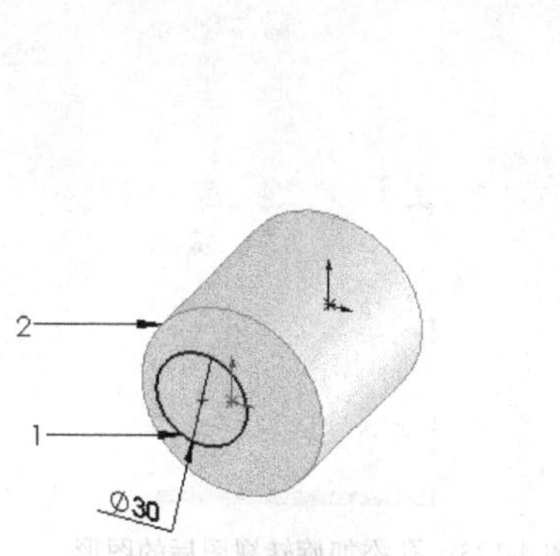

图 4-117 编辑草图

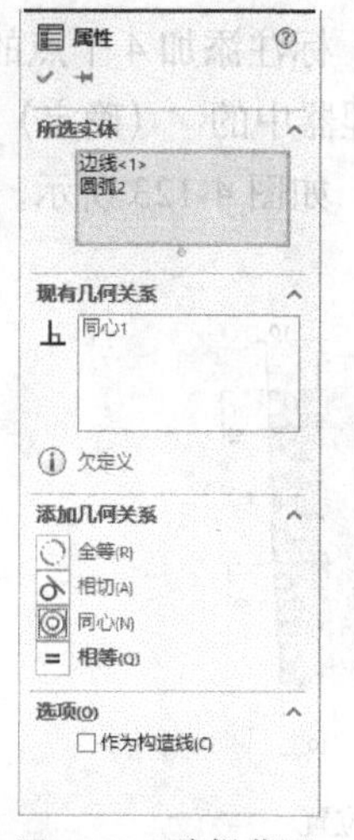

图 4-118 编辑草图

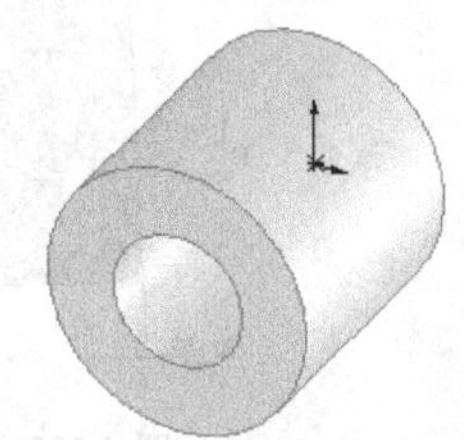
图 4-119 创建的简单孔特征

4.6.2 创建异型孔

异型孔即具有复杂轮廓的孔，主要包括柱形沉头孔、锥形沉头孔、孔、直螺纹孔、锥形螺纹孔、旧制孔、柱孔槽口、锥孔槽口和槽口 9 种。异型孔的类型和位置都是在“孔规格”属性管理器中完成。

下面结合实例介绍异型孔创建的操作步骤。

【案例 4-14】本实例结果文件光盘路径为“X:\源文件\ch4\4.14.SLDPRT”，实例视频内容光盘路径为“X:\动画演示\第 4 章\4.14 异型孔.avi”。

（1）打开随书光盘中的原始文件“X:\原始文件\ch4\4.14.SLDPRT”，打开的文件实体如图 4-120 所示。

（2）单击选择如图 4-120 所示的表面 1，单击“特征”控制面板中的“异型孔向导”按钮，或单击菜单栏中的“插入”→“特征”→“孔”→“向导”命令，此时系统弹出“孔规格”属性管理器。

（3）“孔类型”选项组按照如图 4-121 所示进行设置，然后单击“位置”选项卡，此时单击“3D 草图”按钮，在如图 4-120 所示的表面 1 上添加 4 个点。

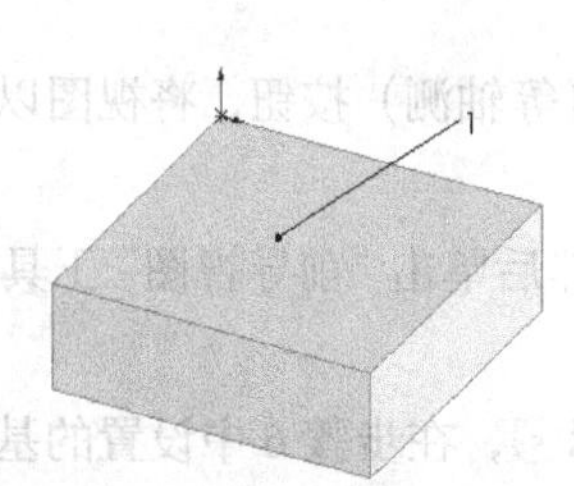

图 4-120 打开的文件实体

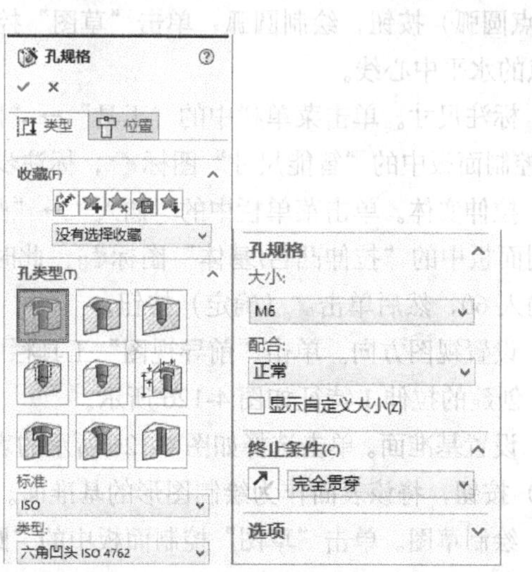

图 4-121 “孔规格”属性管理器

(4) 选择“智能尺寸”命令，标注添加 4 个点的定位尺寸，如图 4-122 所示。

(5) 单击“孔规格”属性管理器中的✓（确定）按钮，孔的添加完成。单击旋转视图按钮，使得视图以合适的方向显示，如图 4-123 所示。

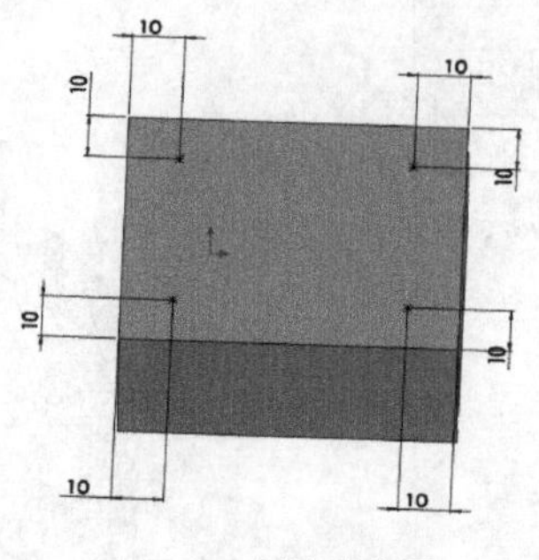

图 4-122　标注孔位置

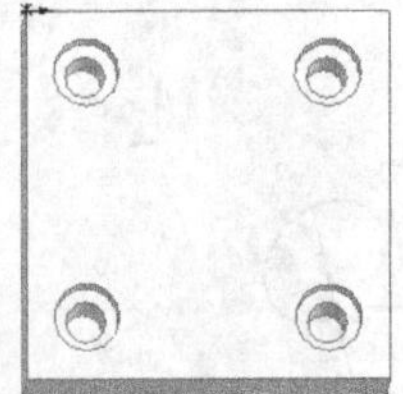
图 4-123　孔添加旋转视图后的图形

4.6.3　实例——锁紧件

本实例绘制的锁紧件如图 4-124 所示。首先绘制锁紧件的主体轮廓草图并拉伸实体，然后绘制固定螺纹孔以及锁紧螺纹孔。

光盘文件

实例结果文件光盘路径为“X:\源文件\ch4\锁紧件.SLDPRT”。

多媒体演示参见配套光盘中的“X:\动画演示\第 4 章\锁紧件.avi”。

图 4-124　锁紧件

绘制步骤

1. 新建文件。启动 SOLIDWORKS 2016，单击菜单栏中的“文件”→“新建”命令，创建一个新的零件文件。

2. 绘制锁紧件主体的草图。在左侧的“FeatureManager 设计树”中选择“前视基准面”作为绘制图形的基准面。单击“草图”控制面板中的“圆”图标，以原点为圆心绘制一个圆；单击“草图”控制面板中的“直线”图标，绘制一系列的直线；单击“草图”控制面板中的（3 点圆弧）按钮，绘制圆弧；单击“草图”控制面板中的“中心线”图标，绘制一条通过原点的水平中心线。

3. 标注尺寸。单击菜单栏中的“工具”→“标注尺寸”→“智能尺寸”命令，或者单击“草图”控制面板中的“智能尺寸”图标，标注步骤 2 中绘制草图的尺寸，如图 4-125 所示。

4. 拉伸实体。单击菜单栏中的“插入”→“凸台/基体”→“拉伸”命令，或者单击“特征”控制面板中的“拉伸凸台/基体”图标，此时系统弹出“拉伸”属性管理器。在深度文本框中输入 60，然后单击✓（确定）按钮。

5. 设置视图方向。单击“前导视图”工具栏中的（等轴测）按钮，将视图以等轴测方向显示，创建的拉伸 1 特征如图 4-126 所示。

6. 设置基准面。单击选择如图 4-126 所示的表面 1，然后单击“前导视图”工具栏中的（正视于）按钮，将该表面作为绘制图形的基准面。

7. 绘制草图。单击“草图”控制面板中的“圆”图标，在步骤 6 中设置的基准面上绘制 4 个圆。

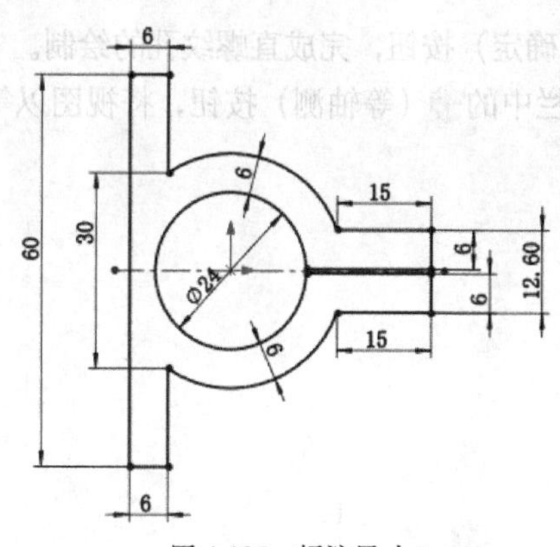

图 4-125　标注尺寸 1

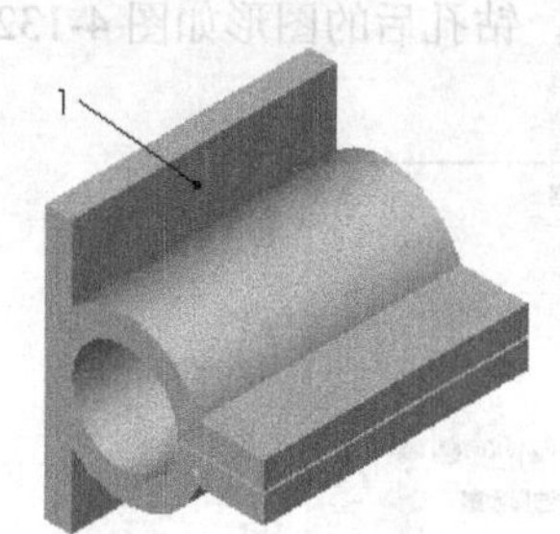

图 4-126　创建拉伸 1 特征

8. 标注尺寸。单击“草图”控制面板中的“智能尺寸”图标，标注步骤 7 中绘制的圆的直径及其定位尺寸，如图 4-127 所示。

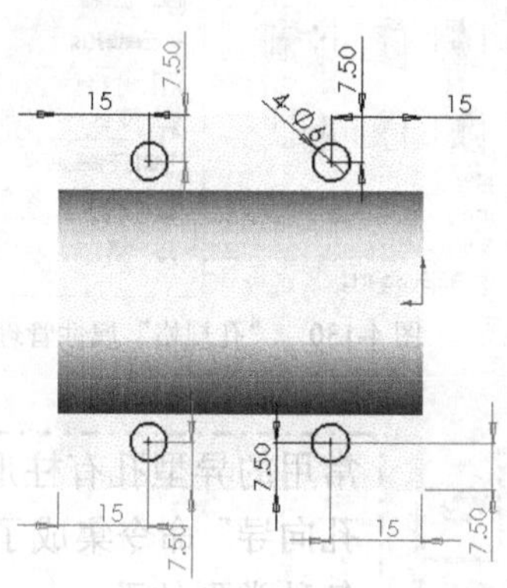

图 4-127　标注尺寸 2

9. 拉伸切除实体。单击菜单栏中的“插入”→“切除”→“拉伸”命令，或者单击“特征”控制面板中的“拉伸切除”图标，此时系统弹出“切除-拉伸”属性管理器。在“终止条件”下拉列表框中选择“完全贯穿”选项，如图 4-128 所示，单击✔（确定）按钮。

10. 设置视图方向。单击“前导视图”工具栏中的（等轴测）按钮，将视图以等轴测方向显示，创建的拉伸 2 特征如图 4-129 所示。

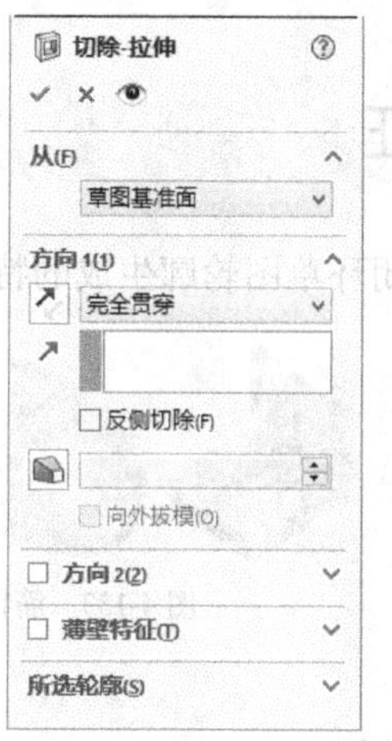

图 4-128　“切除-拉伸”属性管理器

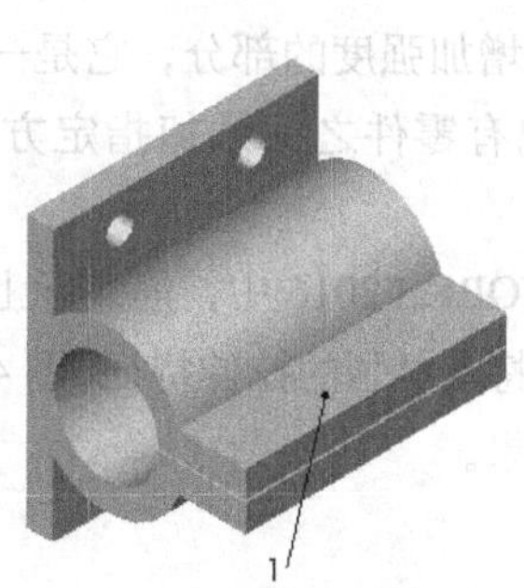

图 4-129　创建拉伸 2 特征

11. 设置基准面。单击选择如图 4-129 所示的表面 1，然后单击“前导视图”工具栏中的（正视于）按钮，将该表面作为绘制图形的基准面。

12. 添加直螺纹孔。单击菜单栏中的“插入”→“特征”→“孔”→“向导”命令，或者单击“特征”控制面板中的“异型孔向导”图标，此时系统弹出“孔规格”属性管理器。按照图 4-130 设置“类型”选项卡，然后单击“位置”选项卡，在步骤 11 中设置的基准面上添加两个点，并标注点的位置，如图 4-131 所示。单击✔（确定）按钮，完成直螺纹孔的绘制。

13 设置视图方向。单击“前导视图”工具栏中的（等轴测）按钮，将视图以等轴测方向显示，钻孔后的图形如图 4-132 所示。

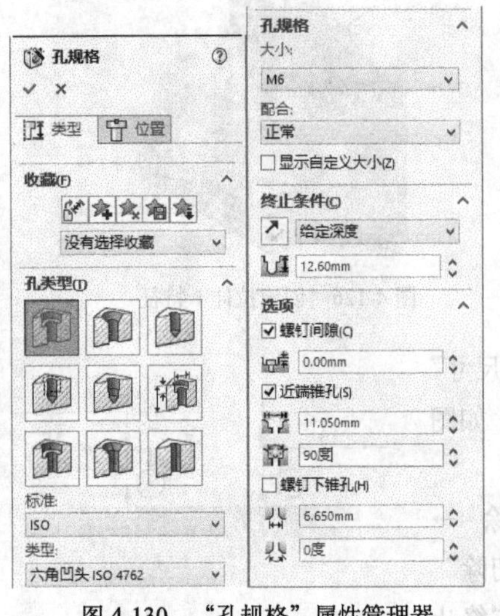
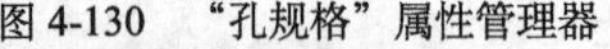

图 4-130 “孔规格”属性管理器

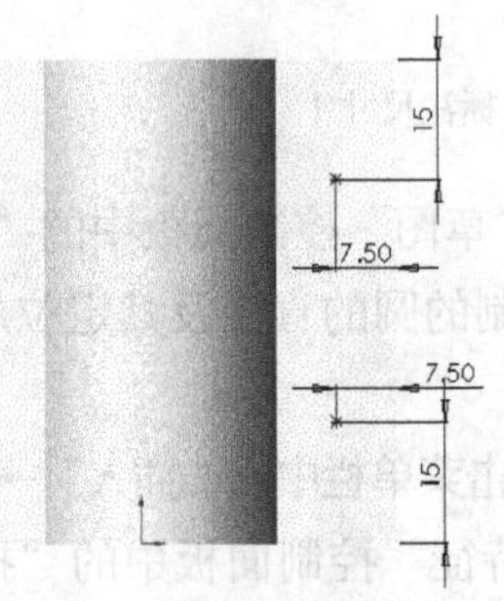

图 4-131 标注孔的位置

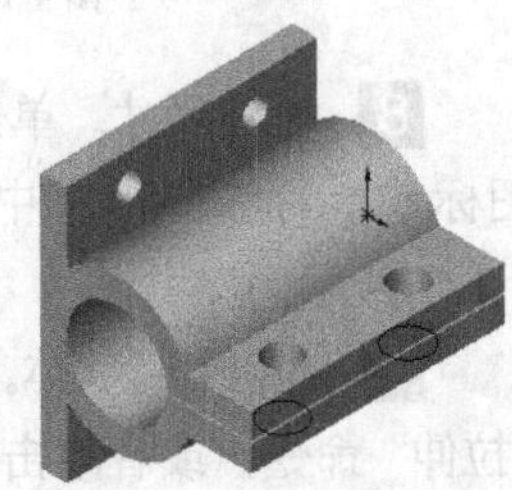

图 4-132 钻孔后的图形

技巧荟萃

常用的异型孔有柱形沉头孔、锥形沉头孔、孔、螺纹孔和管螺纹孔等。“异型孔向导”命令集成了机械设计中所有孔的类型，使用该命令可以很方便地绘制各种类型的孔。

4.7 筋特征

筋是零件上增加强度的部分，它是一种从开环或闭环草图轮廓生成的特殊拉伸实体，它在草图轮廓与现有零件之间添加指定方向和厚度的材料。

在 SOLIDWORKS 2016 中，筋实际上是由开环的草图轮廓生成的特殊类型的拉伸特征。图 4-133 展示了筋特征的几种效果。

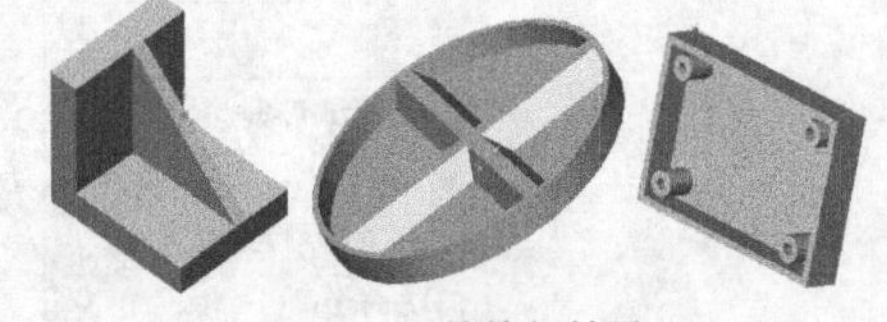

图 4-133 筋特征效果

4.7.1 创建筋特征

下面结合实例介绍筋特征创建的操作步骤。

【案例 4-15】本案例结果文件光盘路径为“X:\源文件\ch4\4.15.SLDPRT”，案例视频内容光盘路径为“X:\动画演示\第 4 章\4.15 筋.avi”。

（1）打开随书光盘中的原始文件“X:\原始文件\ch4\4.15.SLDPRT”，如图 4-134 所示。

（2）选择“前视基准面”作为筋的草绘平面，绘制如图 4-135 所示的草图。单击“特征”控制面板中的“筋”按钮，或单击菜单栏中的“插入”→“特征”→“筋”菜单命令。

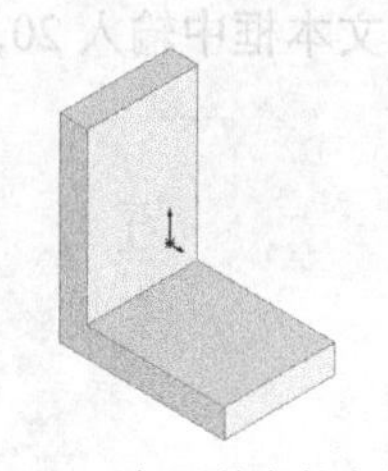

图 4-134　打开的文件实体

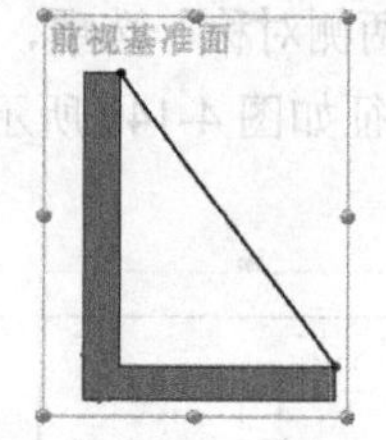

图 4-135　绘制草图

（3）此时系统弹出“筋”属性管理器。按照如图 4-136 所示进行参数设置，然后单击✔（确定）按钮。

（4）单击“前导视图”工具栏中的（等轴测）按钮，将视图以等轴测方向显示，添加的筋如图 4-137 所示。

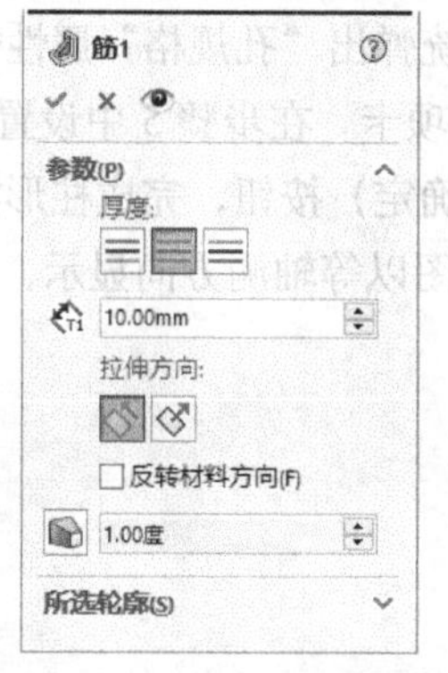

图 4-136　“筋”属性管理器

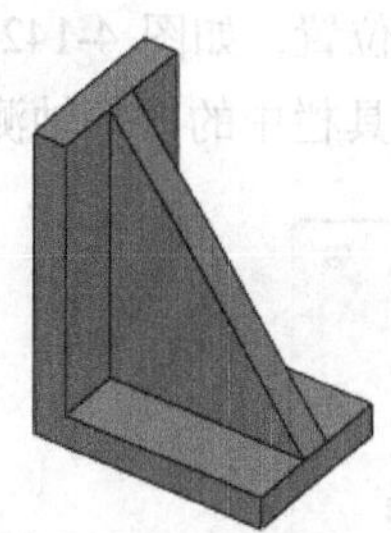

图 4-137　添加筋

4.7.2　实例——轴承座

本实例绘制的支架如图 4-138 所示。首先绘制支架底座草图并拉伸实体，然后在底座上添加柱形沉头孔，再绘制支架肋板，然后绘制轴孔，最后对相应部分进行圆角处理。

光盘文件

实例结果文件光盘路径为“X:\源文件\ch4\轴承座.SLDPRT”。

多媒体演示参见配套光盘中的“X:\动画演示\第 4 章\轴承座.avi”。

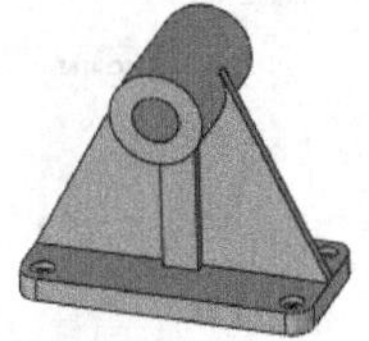

图 4-138　轴承座

绘制步骤

1. 新建文件。启动 SOLIDWORKS 2016，单击菜单栏中的“文件”→“新建”命令，创建一个新的零件文件。

2. 绘制底座的草图。在左侧“FeatureManager 设计树”中选择“前视基准面”作为绘制图形的基准面。单击“草图”控制面板中的“中心矩形”按钮，以原点为角点绘制一个 260 × 130 的矩形。

3. 标注尺寸。单击“草图”控制面板中的“智能尺寸”按钮，标注步骤 2 中绘制矩形的尺寸，如图 4-139 所示。

4. 拉伸实体。单击菜单栏中的“插入”→“凸台/基体”→“拉伸”命令，或者单击“特征”控制面板中的（拉伸凸台/基体）按钮，此时系统弹出“凸台-拉伸”属性管理器。在“方向 1”选项组中选择“两侧对称”选项，在（深度）文本框中输入 20，然后单击（确定）按钮，创建的拉伸 1 特征如图 4-140 所示。

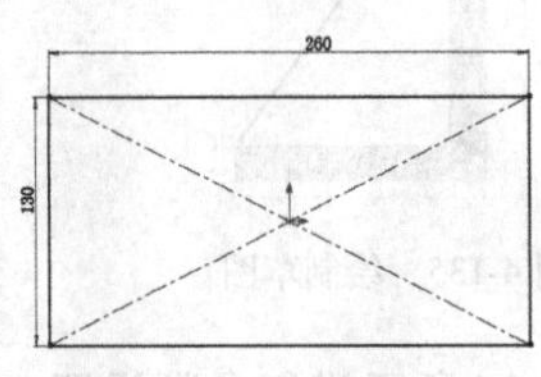

图 4-139 标注尺寸 1

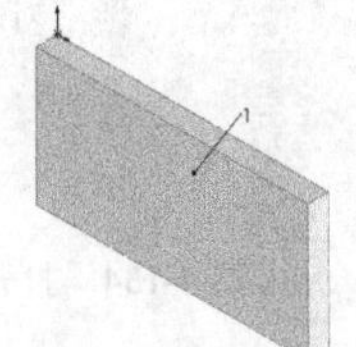
图 4-140 创建拉伸 1 特征

5. 设置基准面。单击选择如图 4-140 所示的表面 1，然后单击“前导视图”工具栏中的“正视于”按钮，将该表面作为绘制图形的基准面。

6. 添加柱形沉头孔。单击“特征”控制面板中“异型孔向导”按钮，或单击菜单栏中的“插入”→“特征”→“孔”→“向导”命令，系统弹出“孔规格”属性管理器。按照如图 4-141 所示设置“类型”选项卡，然后单击“位置”选项卡，在步骤 5 中设置的基准面上添加 4 个点，并标注点的位置，如图 4-142 所示。单击（确定）按钮，完成柱形沉头孔的绘制。单击“前导视图”工具栏中的“等轴测”按钮，将视图以等轴测方向显示，如图 4-143 所示。

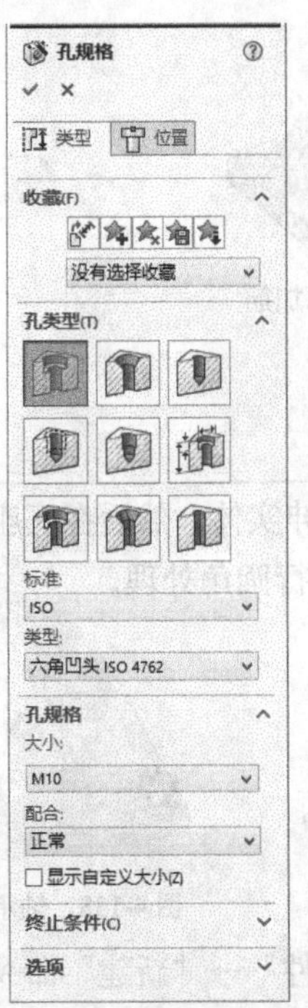

图 4-141 “孔规格”属性管理器

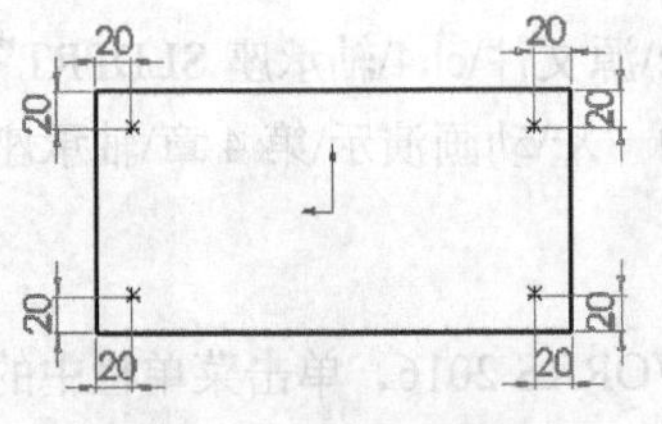

图 4-142 标注孔的位置

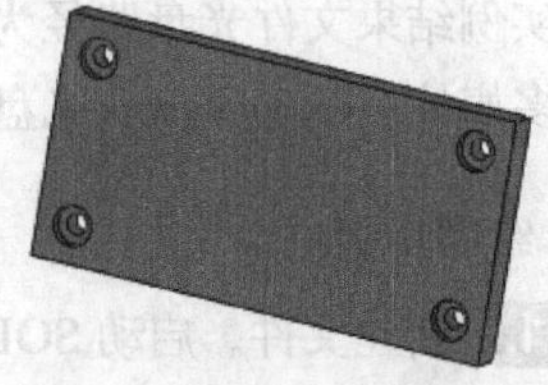
图 4-143 创建柱形沉头孔

7. 设置基准面。在左侧的“FeatureManager 设计树”中选择“上视基准面”，然后单击“前导视图”工具栏中的“正视于”按钮，将该基准面作为绘制图形的基准面。

8. 绘制草图。单击“草图”控制面板中的“圆”按钮，以竖直中心线上的一点为圆心绘制一个圆。

9. 标注尺寸。单击“草图”控制面板中的“智能尺寸”按钮，标注步骤 8 中绘制草图的尺寸，如图 4-144 所示。

10 拉伸实体。单击“特征”控制面板中的“拉伸凸台/基体”按钮，此时系统弹出“凸台-拉伸”属性管理器。在“方向 1”选项组中选择“两侧对称”选项，在（深度）文本框中输入 130，单击（确定）按钮。

11 设置视图方向。单击“前导视图”工具栏中的“等轴测”按钮，将视图以等轴测方向显示，创建的拉伸 2 特征如图 4-145 所示。

12 设置基准面。先选择上视基准面，然后单击“前导视图”工具栏中的“正视于”按钮，将该基准面作为绘制图形的基准面。

13 绘制草图。利用“直线”命令和“实体转换”命令，绘制如图 4-146 所示的草图。

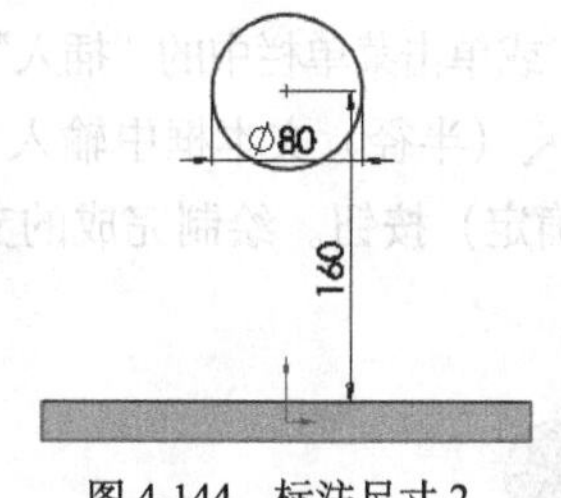

图 4-144 标注尺寸 2

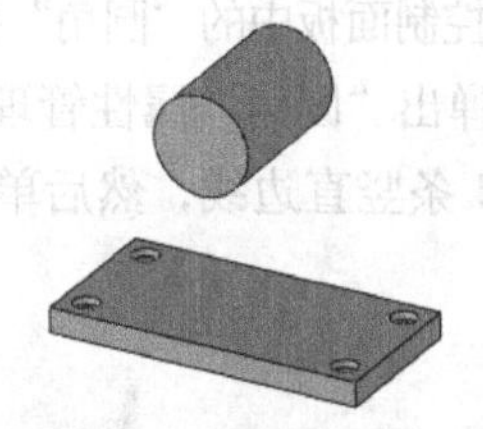
图 4-145 创建拉伸 2 特征

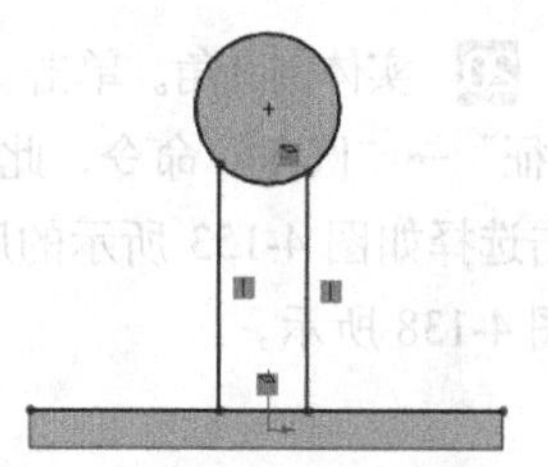
图 4-146 绘制草图

14 标注尺寸。单击“草图”控制面板中的“智能尺寸”按钮，标注步骤 13 中绘制草图的尺寸，如图 4-147 所示。

15 拉伸实体。单击“特征”控制面板中的“拉伸凸台/基体”按钮，此时系统弹出“凸台-拉伸”属性管理器。在“方向 1”选项组中选择“两侧对称”选项，在（深度）文本框中输入 30，单击（确定）按钮，创建的拉伸 3 特征如图 4-148 所示。

16 绘制线段。将上视基准面作为绘制图形的基准面。单击“草图”控制面板中的“直线”按钮，绘制斜线段，使圆柱体底面边线与斜线段相切，直线上端点与圆柱体底面边线重合，如图 4-149 所示。

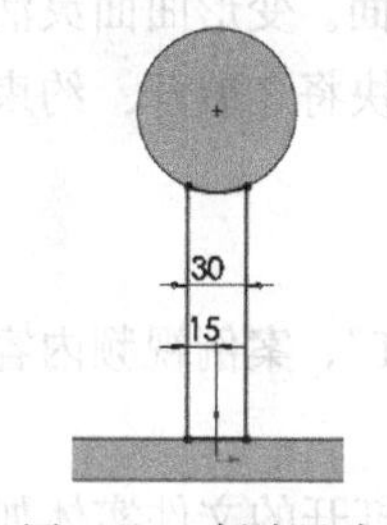

图 4-147 标注尺寸 3

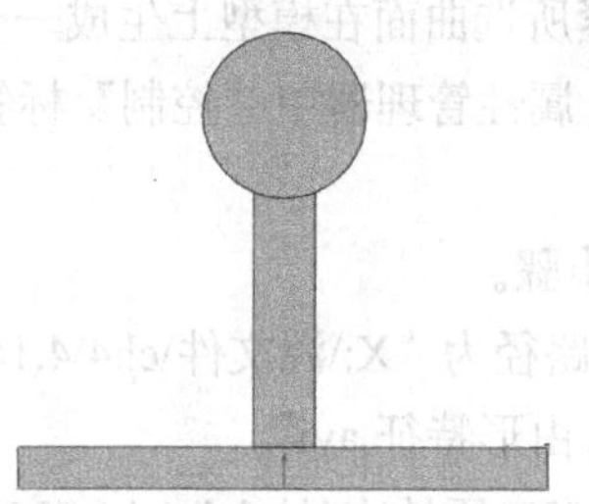
图 4-148 创建拉伸 3 特征

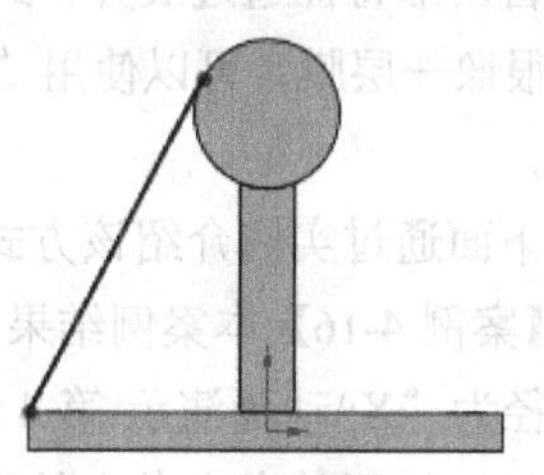
图 4-149 绘制斜线段

17 绘制筋特征。单击“特征”控制面板中的“筋”按钮，此时系统弹出“筋”属性管理器。在“参数”选项组的（厚度）文本框中输入 10，如图 4-150 所示。单击（确定）按钮，添加的筋如图 4-151 所示。

18 镜向筋板。单击“特征”控制面板中的“镜向”按钮，以右视基准平面作为镜向面，将步骤 17 中绘制的筋板镜向复制，如图 4-152 所示。

19 绘制通孔。以圆柱体底面为绘图平面，绘制一个直径为 40mm 的圆，并与底面圆同心。单击“特征”控制面板中的“拉伸切除”按钮，系统弹出“拉伸”属性管理器。在“方向 1”选项组中选择“完全贯穿”选项，然后单击（确定）按钮，结果如图 4-153 所示。

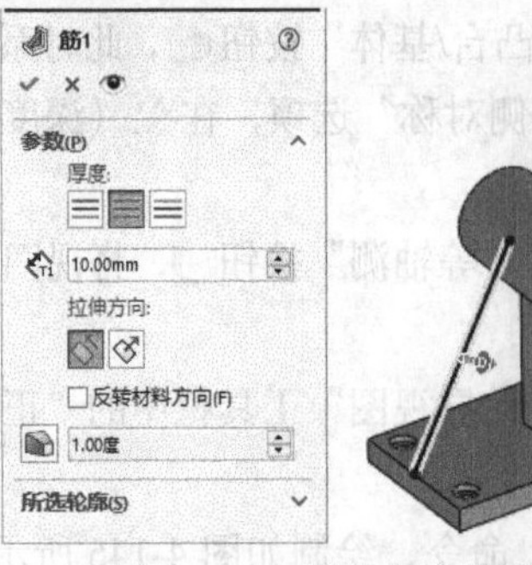

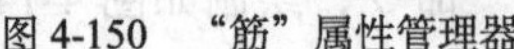
图 4-150 “筋”属性管理器

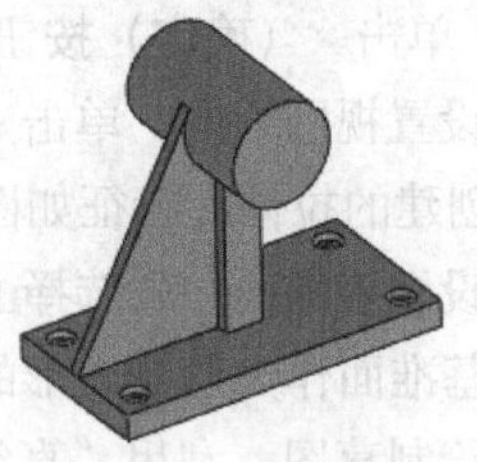
图 4-151 添加筋

20. 实体倒圆角。单击“特征”控制面板中的“圆角”按钮，或单击菜单栏中的“插入”→“特征”→“圆角”命令，此时系统弹出“圆角”属性管理器。在（半径）文本框中输入 20，单击选择如图 4-153 所示的底座的 4 条竖直边线，然后单击（确定）按钮。绘制完成的支架如图 4-138 所示。

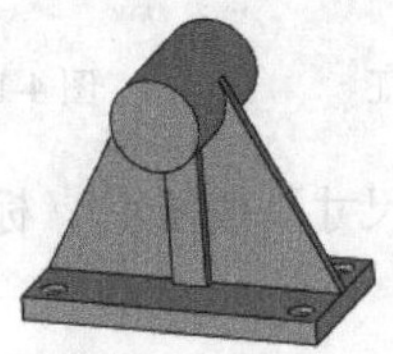
图 4-152 镜向筋

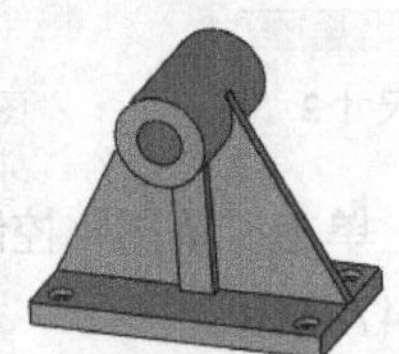
图 4-153 绘制通孔

4.8 自由形特征

自由形特征与圆顶特征类似，也是针对模型表面进行变形操作，但是具有更多的控制选项。

自由形特征通过展开、约束或拉紧所选曲面在模型上生成一个变形曲面。变形曲面灵活可变，很像一层膜，可以使用“自由形”属性管理器中“控制”标签上的滑块将之展开、约束或拉紧。

下面通过实例介绍该方式的操作步骤。

【案例 4-16】本案例结果文件光盘路径为“X:\源文件\ch4\4.16.SLDPRT”，案例视频内容光盘路径为“X:\动画演示\第 4 章\4.16 自由形特征.avi”。

（1）打开随书光盘中的原始文件“X:\原始文件\ch4\4.16.SLDPRT”，打开的文件实体如图 4-154 所示。

（2）执行“自由形”特征。单击菜单栏中的“插入”→“特征”→“自由形”命令，或者单击“特征”控制面板中的“自由形特征”按钮，此时系统弹出如图 4-155 左图所示的“自由形”属性管理器。

（3）设置属性管理器。在“面设置”栏中，选择如图 4-154 所示的表面 1，按照图 4-155 左图所示的参数设置。然后选择“控制曲线”选项栏中的“添加曲线”选项，在合适的位置上添加曲线；选择“控制点”设置框中的“添加点”选项，在添加的曲线上添加多个点，对其进行上下拖动至合适位置，如图 4-155 右图所示。

（4）确认“自由形”特征。单击属性管理器中的“确定”按钮，结果如图 4-156 所示。

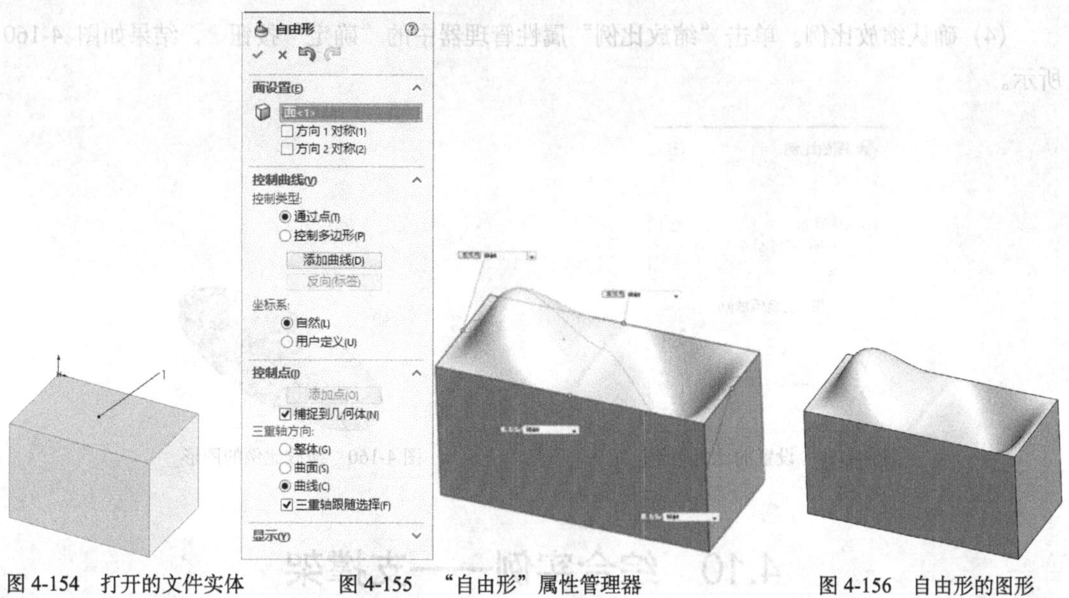

图 4-154 打开的文件实体　　图 4-155 “自由形”属性管理器　　图 4-156 自由形的图形

4.9 比例缩放

比例缩放是指相对于零件或者曲面模型的重心或模型原点来进行缩放。比例缩放仅缩放模型几何体，常在数据输出、型腔等中使用。它不会缩放尺寸、草图或参考几何体。对于多实体零件，可以缩放其中一个或多个模型的比例。

比例缩放分为统一比例缩放和非等比例缩放，统一比例缩放即等比例缩放，该缩放比较简单，不再赘述。

下面通过实例介绍比例缩放的操作步骤。

【案例 4-17】本案例结果文件光盘路径为“X:\源文件\ch4\4.17.SLDPRT”，案例视频内容光盘路径为“X:\动画演示\第 4 章\4.17 比例缩放.avi”。

（1）打开随书光盘中的原始文件“X:\原始文件\ch4\4.17.SLDPRT”，如图 4-157 所示。

（2）执行缩放比例命令。单击菜单栏中的“插入”→“特征”→“缩放比例”命令，或者单击“特征”控制面板中的“缩放比例”按钮，此时系统弹出如图 4-158 所示的“缩放比例”属性管理器。

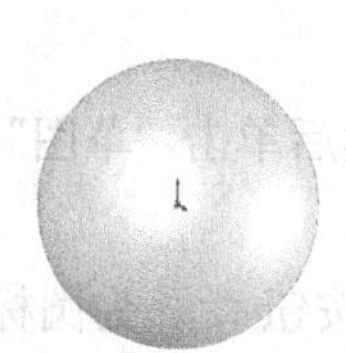

图 4-157 打开的文件实体

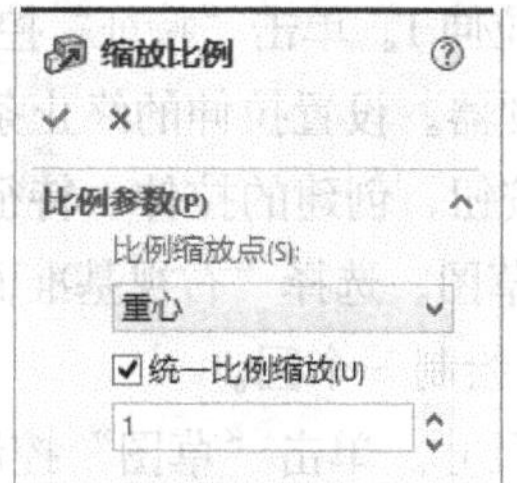

图 4-158 “缩放比例”属性管理器

（3）设置属性管理器。取消“统一比例缩放”选项的勾选，并为 X 比例因子、Y 比例因子及 Z 比例因子单独设定比例因子数值，如图 4-159 所示。

（4）确认缩放比例。单击“缩放比例”属性管理器中的“确定”按钮✓，结果如图 4-160 所示。

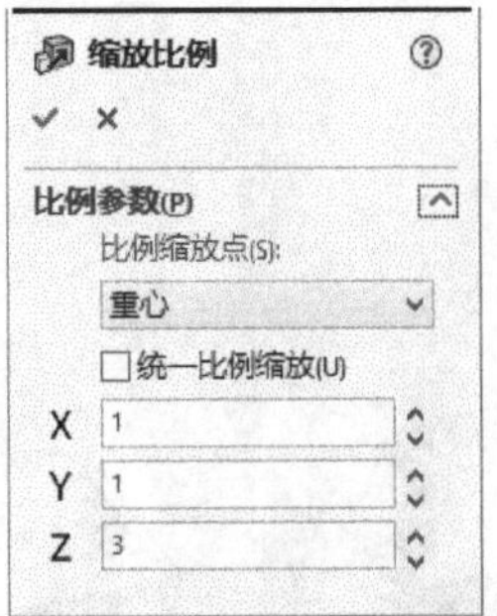

图 4-159　设置的比例因子

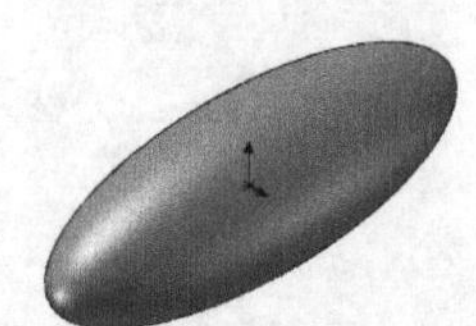

图 4-160　缩放比例的图形

4.10　综合实例——支撑架

本实例绘制的支撑架如图 4-161 所示。支撑架主要起支撑和连接作用，其形状结构按功能的不同一般分为 3 部分：工作部分、安装固定部分和连接部分。

图 4-161　支撑架

光盘文件

实例结果文件光盘路径为“X:\源文件\ch4\支撑架.SLDPRT”。

多媒体演示参见配套光盘中的“X:\动画演示\第 4 章\支撑架.avi”。

绘制步骤

1. 新建文件。启动 SOLIDWORKS 2016，单击“前导视图”工具栏中的“新建”按钮，在弹出的“新建 SOLIDWORKS 文件”属性管理器中选择“零件”按钮，然后单击“确定”按钮，创建一个新的零件文件。

2. 绘制草图。选择“前视基准面”作为草图绘制平面，然后单击菜单栏中的“工具”→“草图绘制实体”→“矩形”命令，或者单击“草图”控制面板中的“矩形”按钮，以坐标原点为中心绘制一 82 × 50 的矩形。

3. 标注尺寸。单击“草图”控制面板中的“智能尺寸”按钮，标注绘制的矩形尺寸，如图 4-162 所示。

4. 实体拉伸 1。单击“特征”控制面板中的“拉伸凸台/基体”按钮，系统弹出“凸台-拉伸”属性管理器。设置拉伸的终止条件为“给定深度”，在（深度）文本框中输入 24，单击✓（确定）按钮，创建的拉伸 1 特征如图 4-163 所示。

5. 绘制草图。选择“右视基准面”作为草图绘制平面，然后单击“草图”控制面板中的“圆”按钮，绘制一个圆。

6. 标注尺寸。单击“草图”控制面板中的“智能尺寸”按钮，为圆标注直径尺寸并定位几何关系，如图 4-164 所示。

7. 实体拉伸 2。单击“特征”控制面板中的“拉伸凸台/基体”按钮，系统弹出“凸台-拉伸”属性管理器。设置拉伸的终止条件为“两侧对称”，在（深度）文本框中输入 50，如图 4-165 所示，单击✓（确定）按钮。

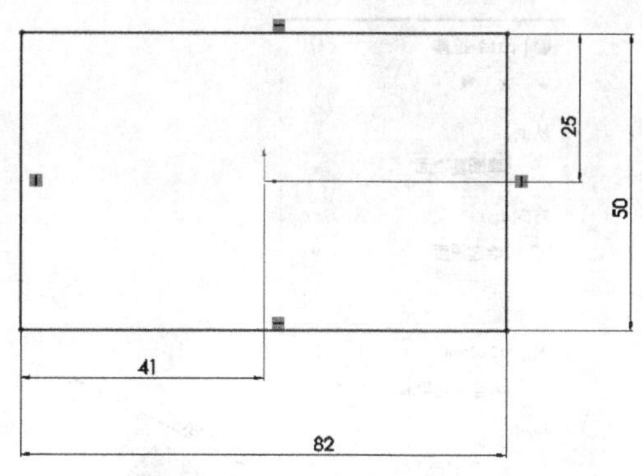

图 4-162 标注矩形尺寸

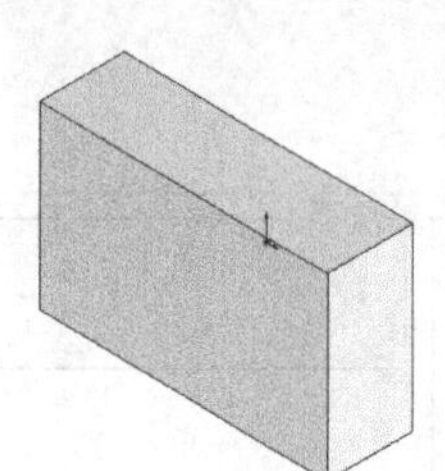

图 4-163 创建拉伸 1 特征

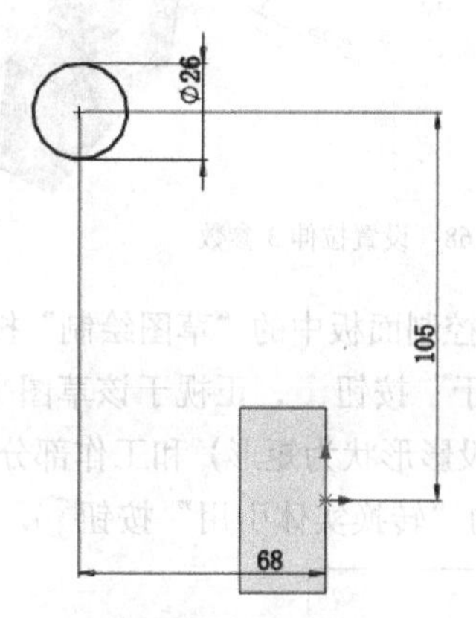

图 4-164 绘制草图

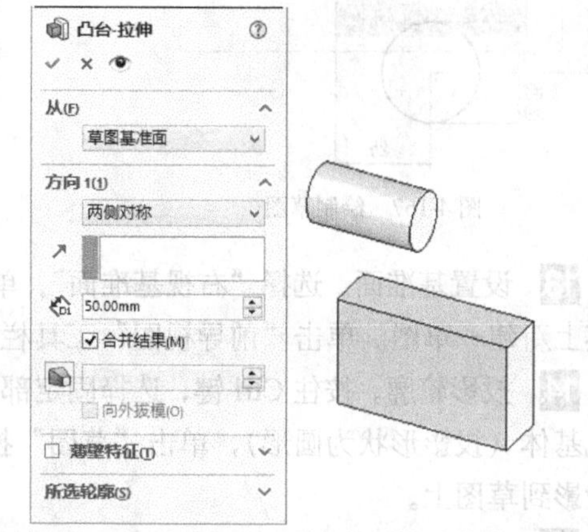

图 4-165 设置拉伸 2 参数

8 创建基准面。单击“特征”控制面板中的“基准面”按钮，选择“上视基准面”作为参考平面，在“基准面”属性管理器的（偏移距离）文本框中输入 105，如图 4-166 所示，单击（确定）按钮。

9 设置基准面。选择刚创建的“基准面 1”，单击“草图”控制面板中的“草图绘制”按钮，在其上新建一草图。单击“前导视图”工具栏中（正视于）按钮，正视于该草图。

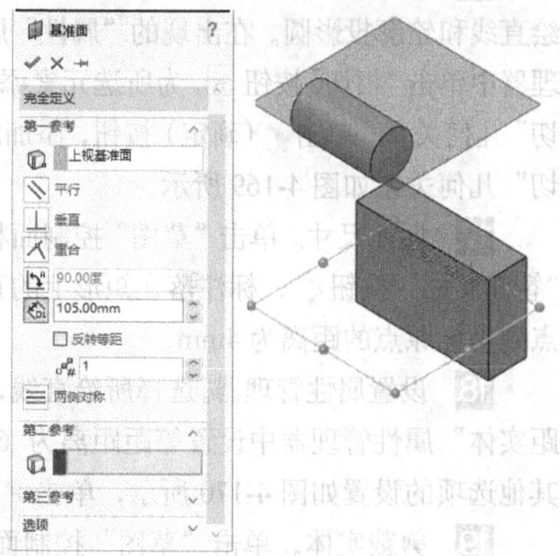

图 4-166 设置基准面参数

10 绘制草图。单击“草图”控制面板中的“圆”按钮，绘制一个圆，使其圆心的 X 坐标为 0。

11 标注尺寸。单击“草图”控制面板中的“智能尺寸”按钮，标注圆的直径尺寸并对其进行定位，如图 4-167 所示。

12 实体拉伸 3。单击“特征”控制面板中的“拉伸凸台/基体”按钮，系统弹出“凸台-拉伸”属性管理器。在“方向 1”选项组中设置拉伸的终止条件为“给定深度”，在（深度）文本框中输入 12；在“方向 2”选项组中设置拉伸的终止条件为“给定深度”，在（深度）文本框中输入 9，如图 4-168 所示，单击（确定）按钮。

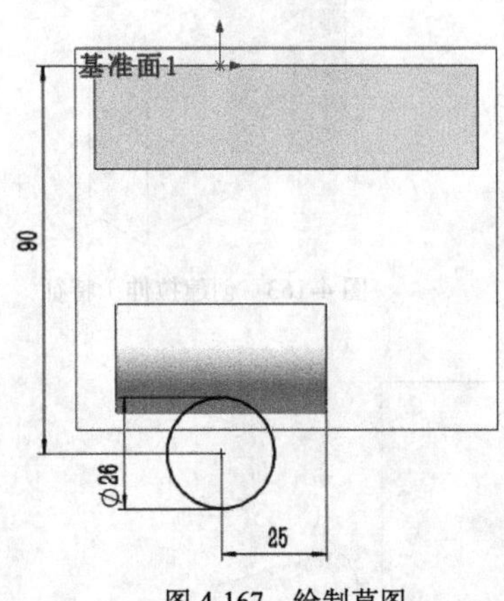

图 4-167　绘制草图

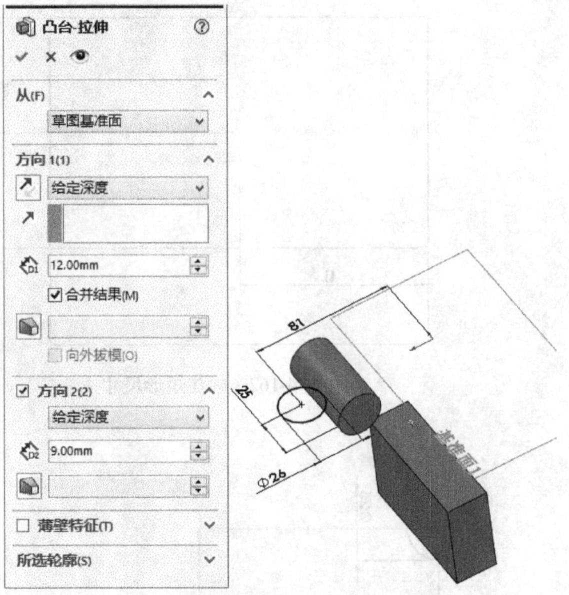

凸台-拉伸
从(F)
草图基准面
方向 1(1)
给定深度
12.00mm
合并结果(M)
向外拔模(O)
方向 2(2)
给定深度
9.00mm
薄壁特征(T)
所选轮廓(S)
81
25
Φ26
基准面1

图 4-168　设置拉伸 3 参数

13 设置基准面。选择“右视基准面”，单击“草图”控制面板中的“草图绘制”按钮，在其上新建一草图。单击“前导视图”工具栏中的“正视于”按钮，正视于该草图平面。

14 投影轮廓。按住 Ctrl 键，选择固定部分的轮廓（投影形状为矩形）和工作部分中的支撑孔基体（投影形状为圆形），单击“草图”控制面板中的“转换实体引用”按钮，将该轮廓投影到草图上。

15 草绘图形。单击“草图”控制面板中的“直线”按钮，绘制一条由圆到矩形的直线，直线的一个端点落在矩形直线上。

16 添加几何关系。按住 Ctrl 键，选择所绘直线和轮廓投影圆。在出现的“属性”属性管理器中单击“相切”按钮，为所选元素添加“相切”几何关系，单击（确定）按钮，添加的“相切”几何关系如图 4-169 所示。

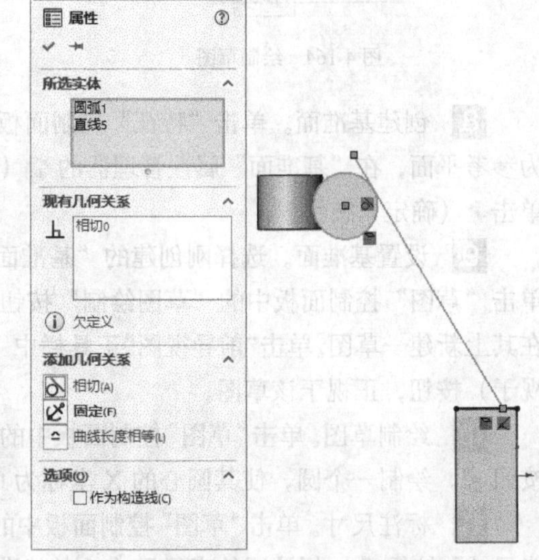

图 4-169　添加“相切”几何关系

17 标注尺寸。单击“草图”控制面板中的“智能尺寸”按钮，标注落在矩形上的直线端点到坐标原点的距离为 4mm。

18 设置属性管理器。选择所绘直线，在“等距实体”属性管理器中设置等距距离为 6mm，其他选项的设置如图 4-170 所示，单击（确定）按钮。

19 剪裁实体。单击“草图”控制面板中的“剪裁实体”按钮，剪裁掉多余的部分，完成 T 形肋中截面为 40×6 的肋板轮廓，如图 4-171 所示。

20 实体拉伸 4。单击“特征”控制面板中的“拉伸凸台/基体”按钮，系统弹出“凸台-拉伸”属性管理器。设置拉伸的终止条件为“两侧对称”，在（深度）文本框中输入 40，其他选项的设置如图 4-172 所示，单击（确定）按钮。

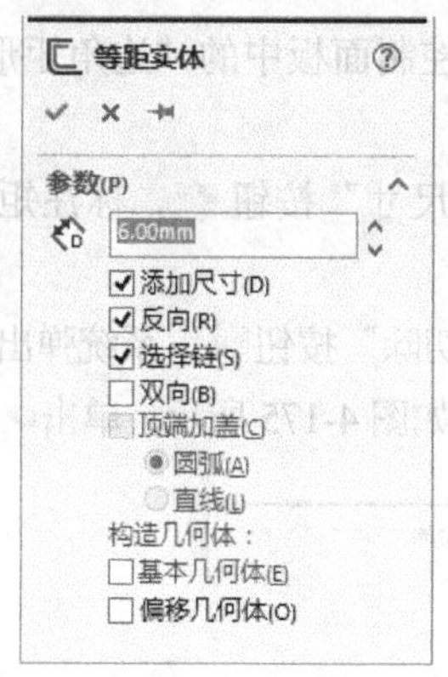

图 4-170 “等距实体”属性管理器

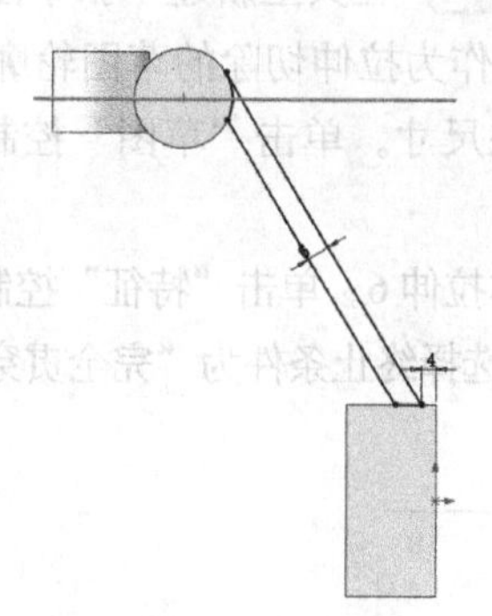

图 4-171 肋板轮廓

21 设置基准面。选择“右视基准面”作为草绘基准面，单击“草图”控制面板中的“草图绘制”按钮，在其上新建一草图。单击“前导视图”工具栏中的“正视于”按钮，正视于该草图平面。

22 投影轮廓。按住 Ctrl 键，选择固定部分（投影形状为矩形）的左上角的两条边线、工作部分中的支撑孔基体（投影形状为圆形）和肋板中内侧的边线，单击“草图”控制面板中的“转换实体引用”按钮，将该轮廓投影到草图上。

23 绘制草图。单击“草图”控制面板中的“直线”按钮，绘制一条由圆到矩形的直线，直线的一个端点落在矩形的左侧边线上，另一个端点落在投影圆上。

24 标注尺寸。单击“草图”控制面板中的“智能尺寸”按钮，为所绘直线标注尺寸定位，如图 4-173 所示。

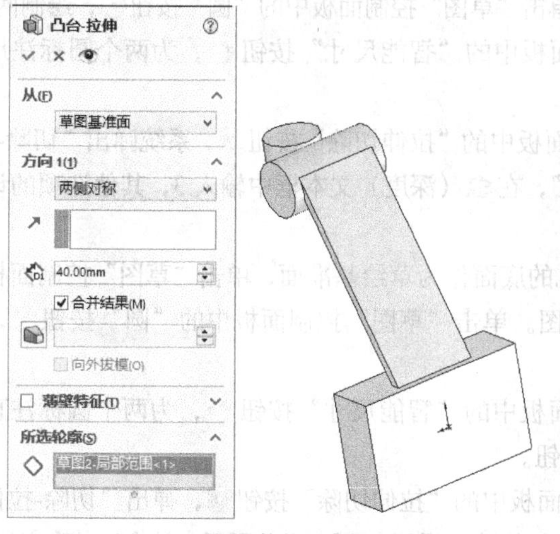

图 4-172 设置拉伸 4 参数

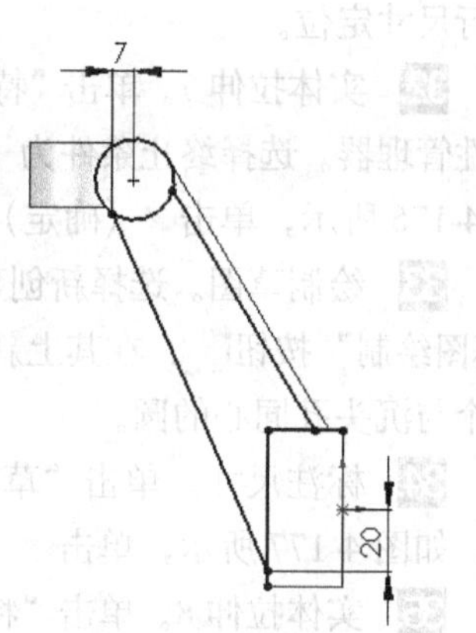

图 4-173 标注尺寸定位

25 剪裁实体。单击“草图”控制面板中的“剪裁实体”按钮，剪裁掉多余的部分，完成 T 形肋中另一肋板。

26 实体拉伸 5。单击“特征”控制面板中的“拉伸凸台/基体”按钮，系统弹出“凸台-拉伸”属性管理器。设置拉伸的终止条件为“两侧对称”，在（深度）文本框中输入 8，其他选项的设置如图 4-174 所示，单击（确定）按钮。

27 绘制草图。选择固定部分基体的侧面作为草绘基准面，单击“草图”控制面板中的“草图绘制”按钮，在其上新建一张草图。单击“草图”控制面板中的“边角矩形”按钮，绘制一个矩形作为拉伸切除的草图轮廓。

28. 标注尺寸。单击“草图”控制面板中的“智能尺寸”按钮，标注矩形尺寸并定位几何关系。

29. 实体拉伸 6。单击“特征”控制面板中的“拉伸切除”按钮，系统弹出“切除-拉伸”属性管理器。选择终止条件为“完全贯穿”，其他选项设置如图 4-175 所示，单击（确定）按钮。

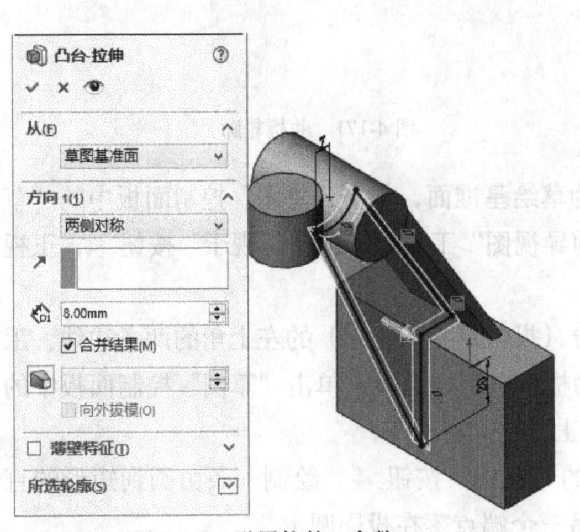

图 4-174　设置拉伸 5 参数

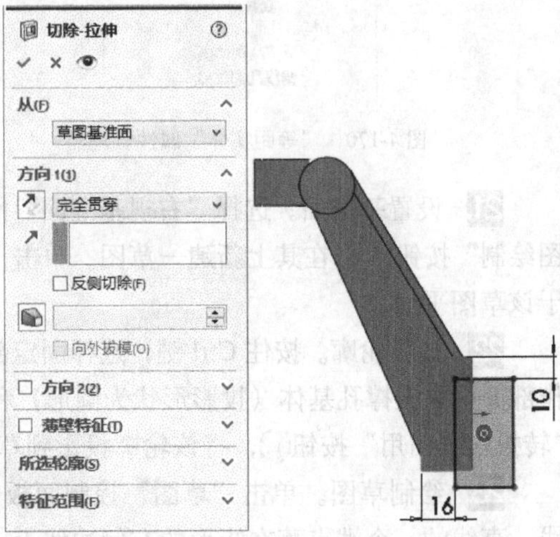

图 4-175　设置拉伸 6 参数

30. 绘制草图。选择托架固定部分的正面作为草绘基准面，单击“草图”控制面板中的“草图绘制”按钮，在其上新建一张草图。单击“草图”控制面板中的“圆”按钮，绘制两个圆。

31. 标注尺寸。单击“草图”控制面板中的“智能尺寸”按钮，为两个圆标注尺寸并进行尺寸定位。

32. 实体拉伸 7。单击“特征”控制面板中的“拉伸切除”按钮，系统弹出“切除-拉伸”属性管理器。选择终止条件为“给定深度”，在（深度）文本框中输入 3，其他选项的设置如图 4-176 所示，单击（确定）按钮。

33. 绘制草图。选择新创建的沉头孔的底面作为草绘基准面，单击“草图”控制面板中的“草图绘制”按钮，在其上新建一张草图。单击“草图”控制面板中的“圆”按钮，绘制两个与沉头孔同心的圆。

34. 标注尺寸。单击“草图”控制面板中的“智能尺寸”按钮，为两个圆标注直径尺寸，如图 4-177 所示，单击（确定）按钮。

35. 实体拉伸 8。单击“特征”控制面板中的“拉伸切除”按钮，弹出“切除-拉伸”属性管理器。选择终止条件为“完全贯穿”，其他选项设置如图 4-178 所示，单击（确定）按钮。

36. 绘制草图。选择工作部分中高度为 50mm 的圆柱的一个侧面作为草绘基准面，单击“草图”控制面板中的“草图绘制”按钮，在其上新建一草图。单击“草图”控制面板中的“圆”按钮，绘制一个与圆柱轮廓同心的圆。

37. 标注尺寸，单击“草图”控制面板中的“智能尺寸”按钮，标注圆的直径尺寸。

38. 实体拉伸 9。单击“特征”控制面板中的“拉伸切除”按钮，弹出“切除-拉伸”属性管理器。设置终止条件为“完全贯穿”，其他选项设置如图 4-179 所示，单击（确定）按钮。

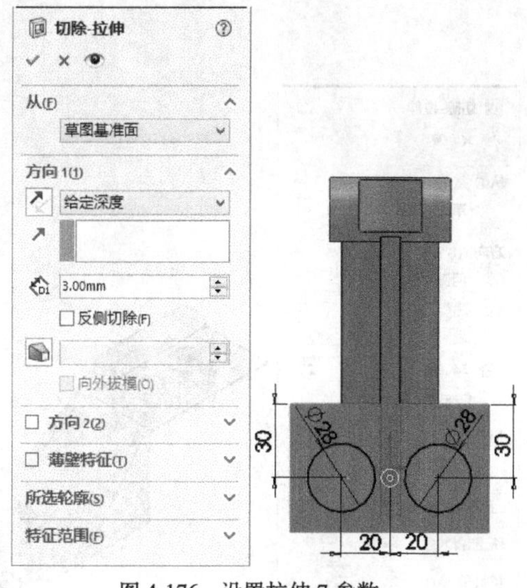

图 4-176　设置拉伸 7 参数

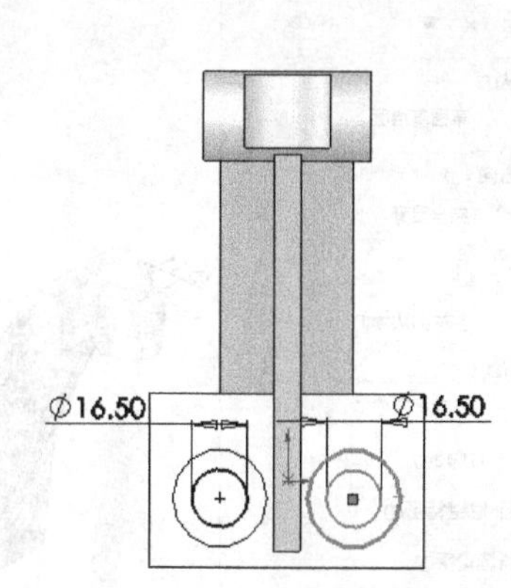

图 4-177　标注尺寸

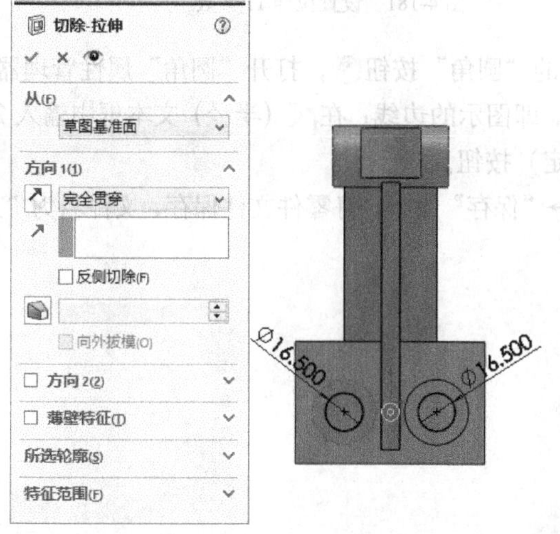

图 4-178　设置拉伸 8 参数

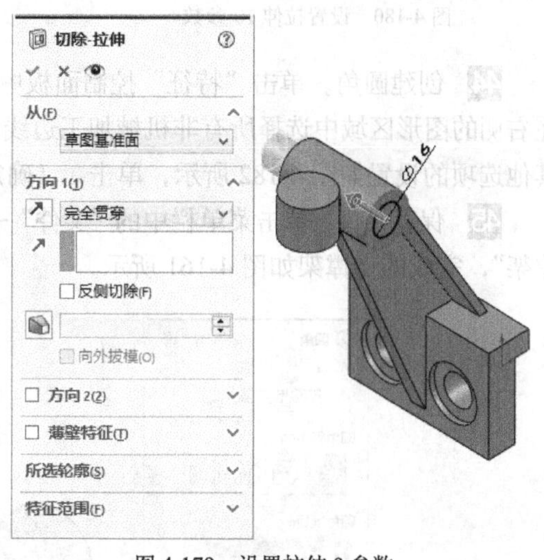

图 4-179　设置拉伸 9 参数

39 绘制草图。选择工作部分的另一个圆柱段的上端面作为草绘基准面，单击“草图”控制面板中的“草图绘制”按钮，新建草图。单击菜单栏中的“工具”→“草图绘制实体”→“圆”命令，或者单击“草图”控制面板中的“圆”按钮，绘制一与圆柱轮廓同心的圆。

40 标注尺寸。单击“草图”控制面板中的“智能尺寸”按钮，标注圆的直径尺寸为11mm。

41 实体拉伸 10。单击“特征”控制面板中的“拉伸切除”按钮，系统弹出“切除-拉伸”属性管理器。设置终止条件为“完全贯穿”，其他选项的设置如图 4-180 所示，单击（确定）按钮。

42 绘制草图。选择“基准面 1”作为草绘基准面，单击“草图”控制面板中的“草图绘制”按钮，在其上新建一草图。单击“草图”控制面板中的“边角矩形”按钮，绘制一矩形，覆盖特定区域。

43 实体拉伸 11。单击“特征”控制面板中的“拉伸切除”按钮，系统弹出“切除-拉伸”属性管理器。设置终止条件为“两侧对称”，在（深度）文本框中输入 3，其他选项的设置如图 4-181 所示，单击✔（确定）按钮。

图 4-180　设置拉伸 10 参数　　　　图 4-181　设置拉伸 11 参数

44. 创建圆角。单击“特征”控制面板中的“圆角”按钮，打开“圆角”属性管理器。在右侧的图形区域中选择所有非机械加工边线，即图示的边线；在（半径）文本框中输入 2；其他选项的设置如图 4-182 所示，单击✔（确定）按钮。

45. 保存文件。单击菜单栏中的“文件”→“保存”命令，将零件文件保存，文件名为“支撑架”，完成的支撑架如图 4-161 所示。

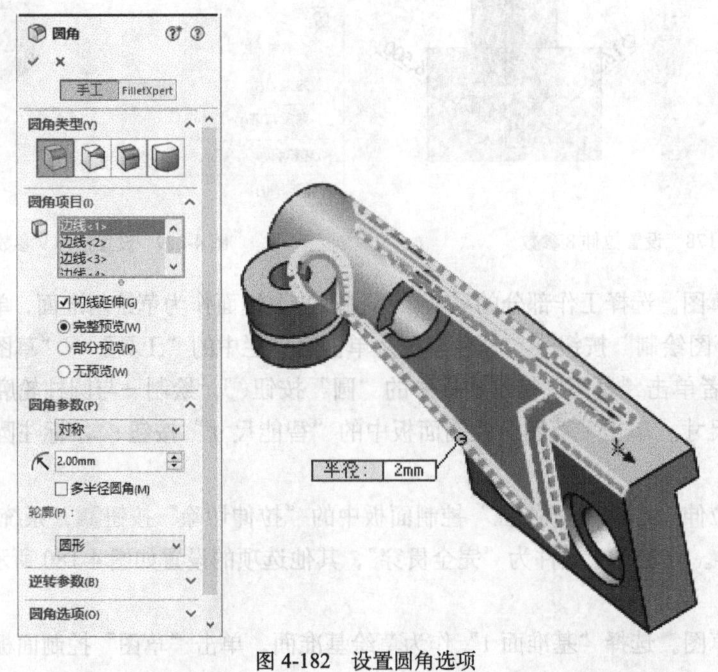

图 4-182　设置圆角选项

第5章

特征编辑

在复杂的建模过程中，单一的特征命令有时不能完成相应的建模，需要利用一些特征编辑工具来完成模型的绘制或提高绘制的效率和规范性。这些特征编辑工具包括阵列特征、镜向特征、特征的复制与删除以及参数化设计工具。

本章将简要介绍这些工具的使用方法。

知识点

- 阵列特征
- 镜向特征
- 特征的复制与删除
- 参数化设计

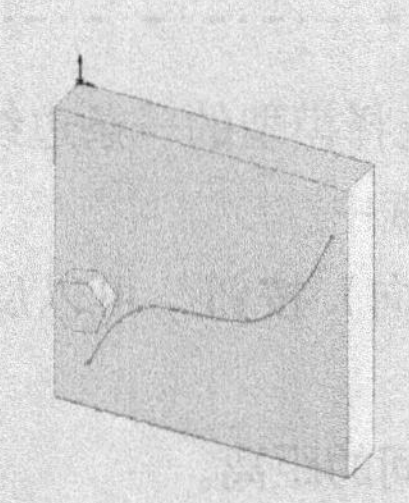

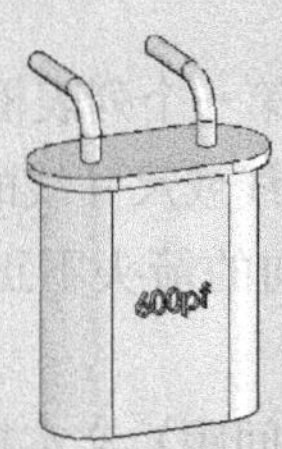

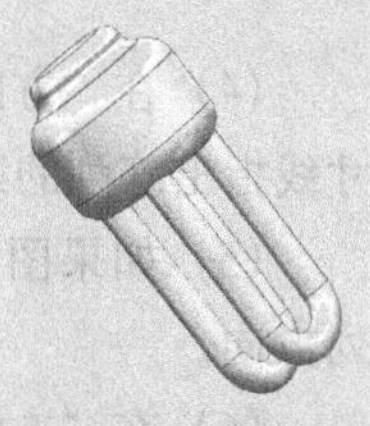

5.1 阵列特征

特征阵列用于将任意特征作为原始样本特征，通过指定阵列尺寸产生多个类似的子样本特征。特征阵列完成后，原始样本特征和子样本特征成为一个整体，用户可将它们作为一个特征进行相关的操作，如删除、修改等。如果修改了原始样本特征，则阵列中的所有子样本特征也随之更改。

SOLIDWORKS 2016 提供了线性阵列、圆周阵列、草图阵列、曲线驱动阵列、表格驱动阵列和填充阵列 6 种阵列方式。下面详细介绍前 5 种常用的阵列方式。

5.1.1 线性阵列

线性阵列是指沿一条或两条直线路径生成多个子样本特征。图 5-1 列举了线性阵列的零件模型。

下面结合实例介绍创建线性阵列特征的操作步骤。

【案例 5-1】本案例结果文件光盘路径为“X:\源文件\ch5\5.1.SLDPRT”，案例视频内容光盘路径为“X:\动画演示\第 5 章\5.1 线性阵列.avi”。

（1）打开随书光盘中的原始文件“X:\原始文件\ch5\5.1.SLDPRT”，打开的文件实体如图 5-2 所示。

图 5-1　线性阵列模型

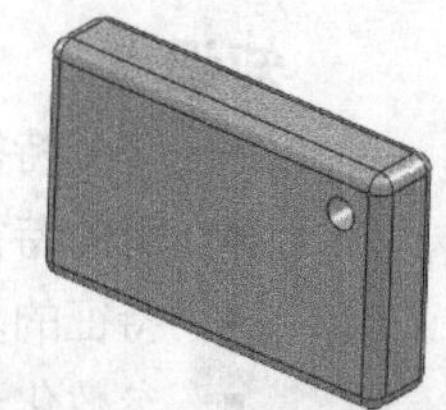

图 5-2　打开的文件实体

（2）在图形区中选择原始样本特征（切除、孔或凸台等）。

（3）单击“特征”控制面板中的“线性阵列”按钮，或单击菜单栏中的“插入”→“阵列/镜向”→“线性阵列”命令，系统弹出“线性阵列”属性管理器。在“要阵列的特征”选项组中将显示步骤（2）中所选择的特征。如果要选择多个原始样本特征，在选择特征时，需按住 Ctrl 键。

技巧荟萃

当使用特型特征来生成线性阵列时，所有阵列的特征都必须在相同的面上。

（4）在“方向 1”选项组中单击第一个列表框，然后在图形区中选择模型的一条边线或尺寸线指出阵列的第一个方向。所选边线或尺寸线的名称出现在该列表框中。

（5）如果图形区中表示阵列方向的箭头不正确，则单击（反向）按钮，可以反转阵列方向。

（6）在“方向 1”选项组的（间距）文本框中指定阵列特征之间的距离。

（7）在“方向 1”选项组的（实例数）文本框中指定该方向下阵列的特征数（包括原始

样本特征）。此时在图形区中可以预览阵列效果，如图 5-3 所示。

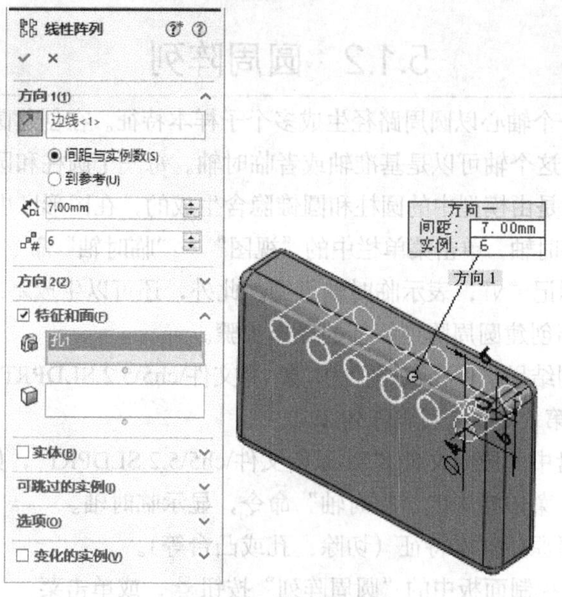

图 5-3 设置线性阵列

（8）如果要在另一个方向上同时生成线性阵列，则仿照步骤（2）～（7）中的操作，对“方向 2”选项组进行设置。

（9）在“方向 2”选项组中有一个“只阵列源”复选框。如果勾选该复选框，则在第 2 方向中只复制原始样本特征，而不复制“方向 1”中生成的其他子样本特征，如图 5-4 所示。

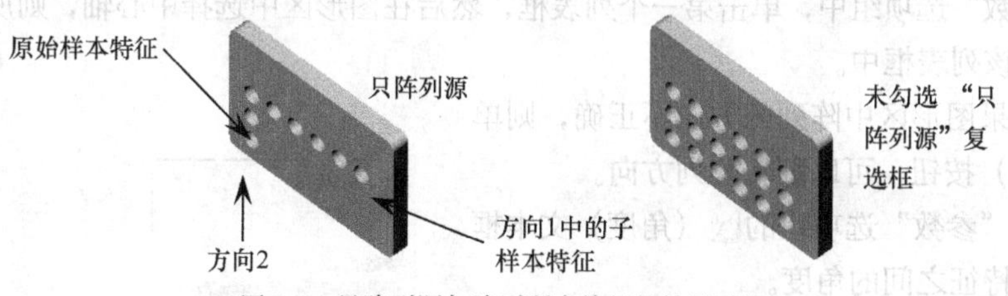

图 5-4 只阵列源与阵列所有特征的效果对比

（10）在阵列中如果要跳过某个阵列子样本特征，则在“可跳过的实例”选项组中单击按钮右侧的列表框，并在图形区中选择想要跳过的某个阵列特征，这些特征将显示在该列表框中。图 5-5 显示了可跳过的实例效果。

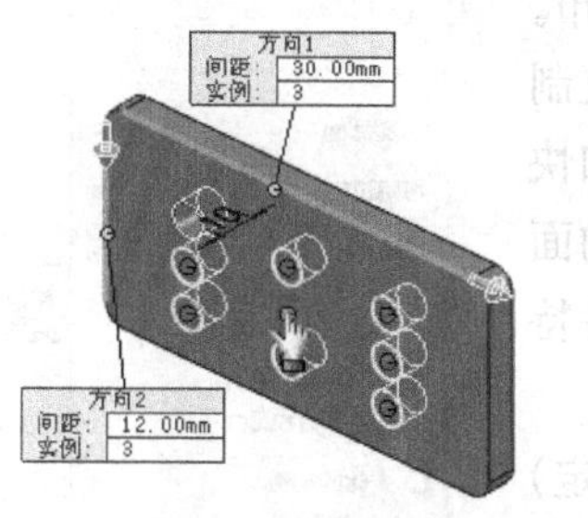

选择要跳过的实例

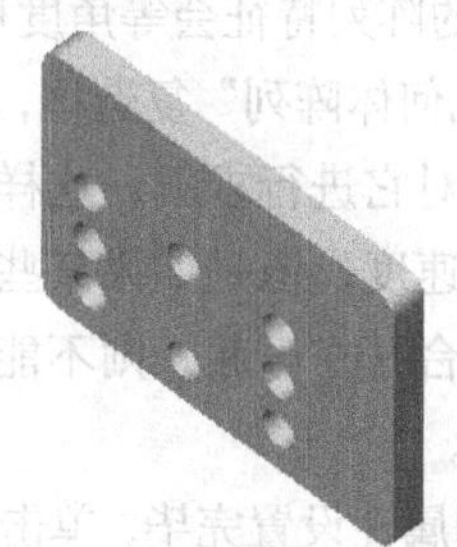
应用要跳过的实例

图 5-5 阵列时应用可跳过实例

（11）线性阵列属性设置完毕，单击✔（确定）按钮，生成线性阵列。

5.1.2 圆周阵列

圆周阵列是指绕一个轴心以圆周路径生成多个子样本特征。在创建圆周阵列特征之前，首先要选择一个中心轴，这个轴可以是基准轴或者临时轴。每一个圆柱和圆锥面都有一条轴线，称之为临时轴。临时轴是由模型中的圆柱和圆锥隐含生成的，在图形区中一般不可见。在生成圆周阵列时需要使用临时轴，单击菜单栏中的“视图”→“临时轴”命令就可以显示临时轴了。此时该菜单旁边出现标记“√”，表示临时轴可见。此外，还可以生成基准轴作为中心轴。

下面结合实例介绍创建圆周阵列特征的操作步骤。

【案例 5-2】本案例结果文件光盘路径为“X:\源文件\ch5\5.2.SLDPRT”，案例视频内容光盘路径为“X:\动画演示\第 5 章\5.2 圆周阵列.avi”。

（1）打开随书光盘中的原始文件“X:\原始文件\ch5\5.2.SLDPRT”，如图 5-6 所示。

（2）执行“视图”菜单栏中的“临时轴”命令，显示临时轴。

（3）在图形区选择原始样本特征（切除、孔或凸台等）。

（4）单击“特征”控制面板中的“圆周阵列”按钮，或单击菜单栏中的“插入”→“阵列/镜向”→“圆周阵列”命令，系统弹出“圆周阵列”属性管理器。

（5）在“要阵列的特征”选项组中高亮显示步骤（3）中所选择的特征。如果要选择多个原始样本特征，需按住 Ctrl 键进行选择。此时，在图形区生成一个中心轴，作为圆周阵列的圆心位置。

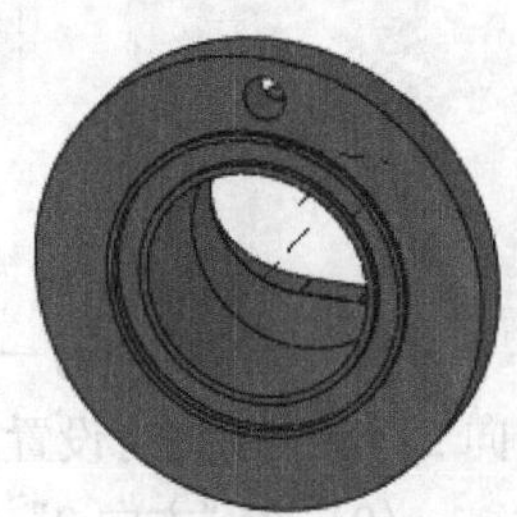

图 5-6 打开的文件实体

在“参数”选项组中，单击第一个列表框，然后在图形区中选择中心轴，则所选中心轴的名称显示在该列表框中。

（6）如果图形区中阵列的方向不正确，则单击（反向）按钮，可以翻转阵列方向。

（7）在“参数”选项组的（角度）文本框中指定阵列特征之间的角度。

（8）在“参数”选项组的（实例数）文本框中指定阵列的特征数（包括原始样本特征）。此时在图形区中可以预览阵列效果，如图 5-7 所示。

（9）勾选“等间距”复选框，则总角度将默认为 360 度，所有的阵列特征会等角度均匀分布。

（10）勾选“几何体阵列”复选框，则只复制原始样本特征而不对它进行求解，这样可以加快生成及重建模型的速度。但是如果某些特征的面与零件的其余部分合并在一起，则不能为这些特征生成几何体阵列。

（11）圆周阵列属性设置完毕，单击✔（确定）按钮，生成圆周阵列。

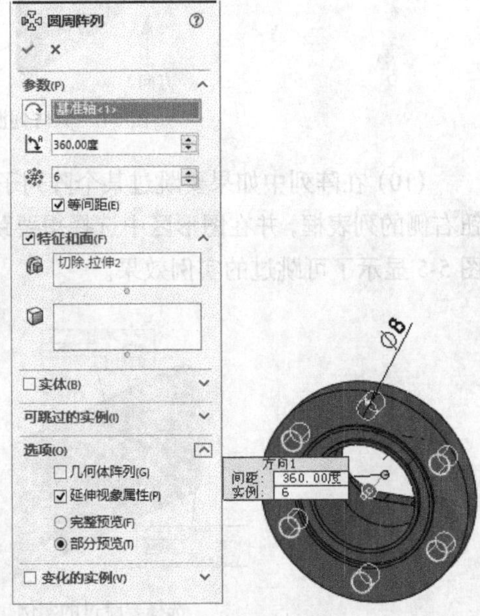

图 5-7 预览圆周阵列效果

5.1.3 草图阵列

SOLIDWORKS 2016 还可以根据草图上的草图点来安排特征的阵列。用户只要控制草图上的草图点，就可以将整个阵列扩散到草图中的每个点。

下面结合实例介绍创建草图阵列的操作步骤。

【案例 5-3】本案例结果文件光盘路径为“X:\源文件\ch5\5.3.SLDPRT”，案例视频内容光盘路径为“X:\动画演示\第 5 章\5.3 草图阵列.avi”。

（1）打开随书光盘中的原始文件“X:\原始文件\ch5\5.3.SLDPRT”，如图 5-8 所示。

（2）选取如图 5-8 所示的图形表面 1 作为草绘平面，单击“草图绘制”按钮。

（3）单击“草图”控制面板中的 ▫（点）按钮，绘制驱动阵列的草图点，如图 5-9 所示。

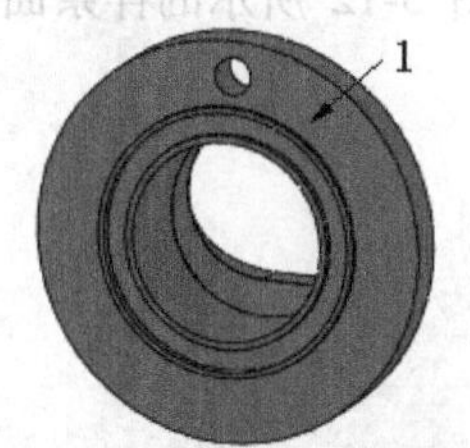

图 5-8 打开的文件实体

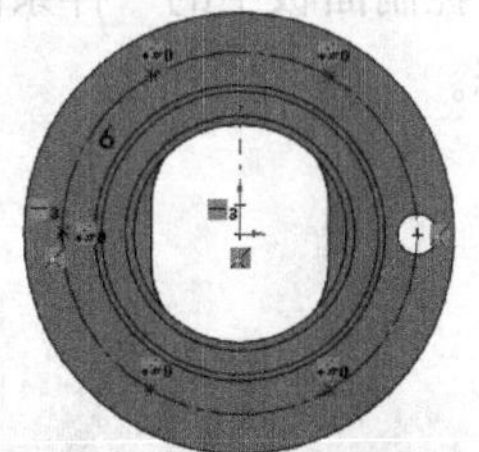

图 5-9 草图

（4）单击“草图绘制”按钮，关闭草图。

（5）单击“特征”控制面板中的（草图驱动的阵列）按钮，或者单击菜单栏中的“插入”→“阵列/镜向”→“由草图驱动的阵列”命令，系统弹出“由草图驱动的阵列”属性管理器。

（6）在“选择”选项组中，单击按钮右侧的列表框，然后选择驱动阵列的草图，则所选草图的名称显示在该列表框中。

（7）选择参考点。

- 重心：如果点选该单选钮，则使用原始样本特征的重心作为参考点。
- 所选点：如果点选该单选钮，则在图形区中选择参考顶点。可以使用原始样本特征的重心、草图原点、顶点或另一个草图点作为参考点。

（8）单击“要阵列的特征”选项组按钮右侧的列表框，然后选择要阵列的特征。此时在图形区中可以预览阵列效果，如图 5-10 所示。

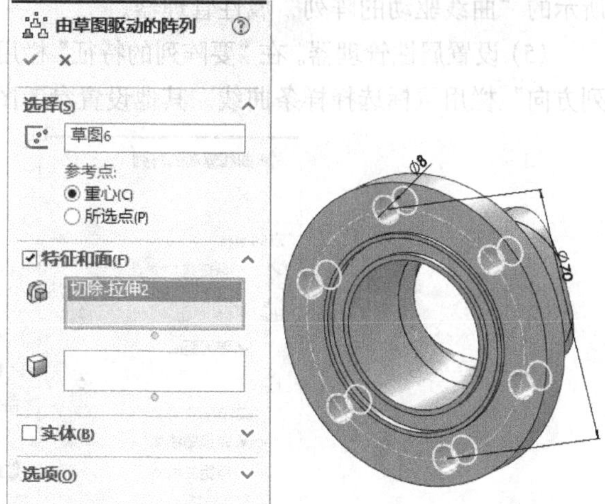

图 5-10 预览阵列效果

（9）勾选“几何体阵列”复选框，则只复制原始样本特征而不对它进行求解，这样可以加快生成及重建模型的速度。但是如果某些特征的面与零件的其余部分合并在一起，则不能为这些特征生成几何体阵列。

（10）草图阵列属性设置完毕，单击✓（确定）按钮，生成草图驱动的阵列。

5.1.4 曲线驱动阵列

曲线驱动阵列是指沿平面曲线或者空间曲线生成的阵列实体。

下面结合实例介绍创建曲线驱动阵列的操作步骤。

【案例 5-4】本案例结果文件光盘路径为“X:\源文件\ch5\5.4.SLDPRT”，案例视频内容光盘路径为“X:\动画演示\第 5 章\5.4 草图阵列.avi”。

（1）打开随书光盘中的原始文件“X:\原始文件\ch5\5.4.SLDPRT”，如图 5-11 所示。

（2）设置基准面。用鼠标选择如图 5-11 所示的表面 1，然后单击“前导视图”工具栏中的“正视于”按钮，将该表面作为绘制图形的基准面。

（3）绘制草图。单击菜单栏中的“工具”→“草图绘制实体”→“样条曲线”命令，或者单击“特征”控制面板中的“样条曲线”按钮，绘制如图 5-12 所示的样条曲线，然后退出草图绘制状态。

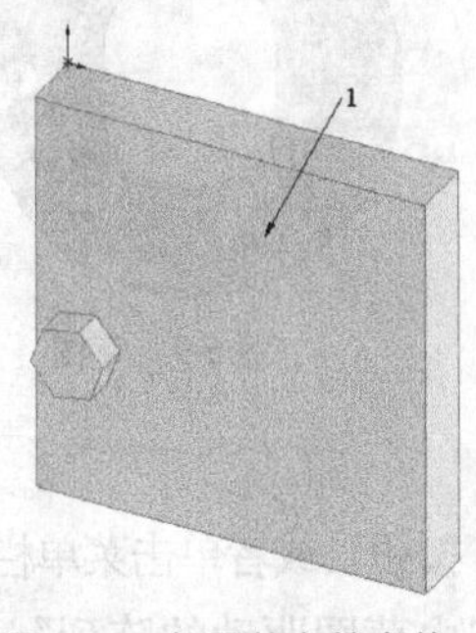

图 5-11　打开的文件实体

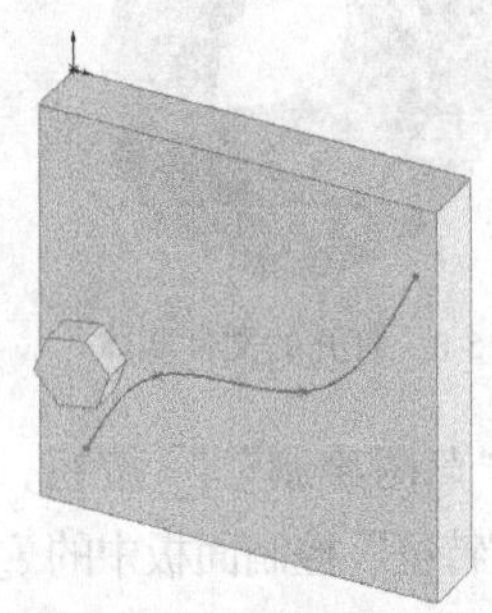
图 5-12　切除拉伸的图形

（4）执行曲线驱动阵列命令。单击菜单栏中的“插入”→“阵列/镜向”→“曲线驱动的阵列”命令，或者单击“特征”控制面板中的“曲线驱动的阵列”按钮，此时系统弹出如图 5-13 所示的“曲线驱动的阵列”属性管理器。

（5）设置属性管理器。在“要阵列的特征”栏用鼠标选择如图 5-12 所示拉伸的实体，在“阵列方向”栏用鼠标选择样条曲线。其他设置参考图 5-13。

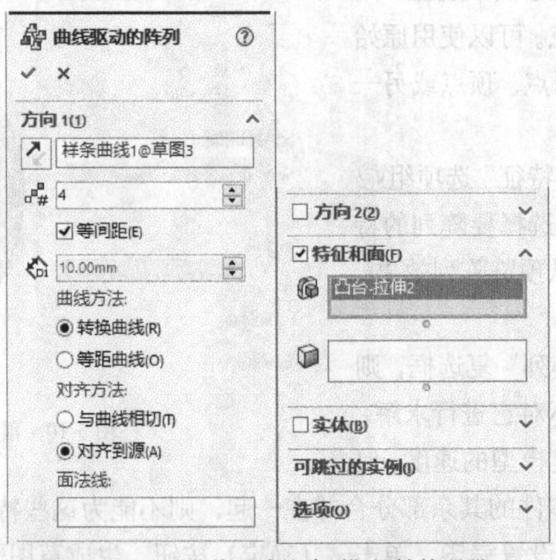

图 5-13　“曲线驱动的阵列”属性管理器

（6）确认曲线驱动阵列的特征。单击“曲线驱动的阵列”属性管理器中的“确定”按钮✓，结果如图 5-14 所示。

（7）取消视图中草图显示。单击菜单栏中的“视图”→“草图”命令，取消视图中草图的显示，结果如图 5-15 所示。

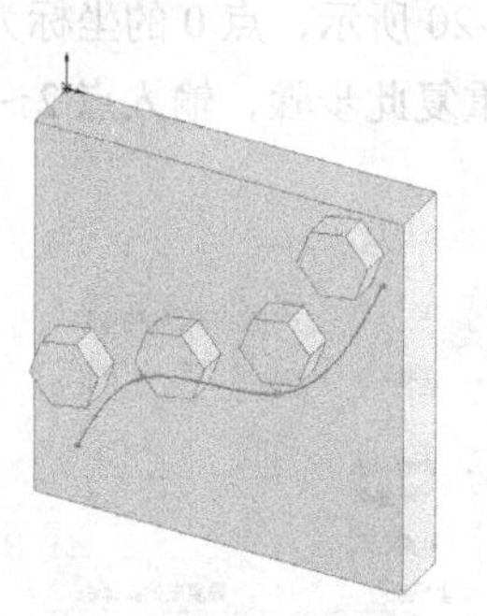

图 5-14　曲线驱动阵列的图形

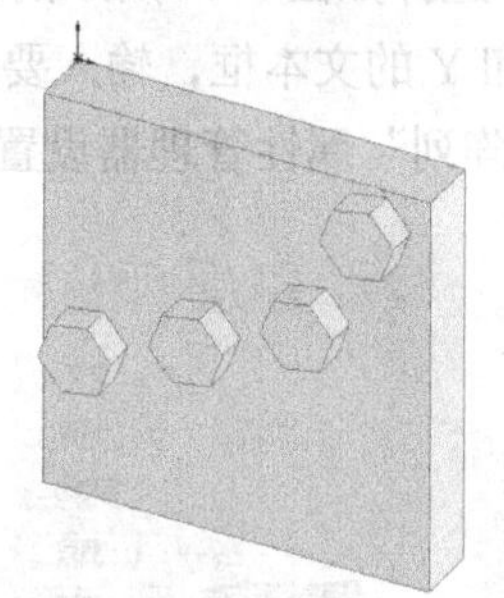

图 5-15　取消草图显示的图形

5.1.5　表格驱动阵列

表格驱动阵列是指添加或检索以前生成的 X-Y 坐标，在模型的面上增添源特征。

下面结合实例介绍创建表格驱动阵列的操作步骤。

【案例 5-5】本案例结果文件光盘路径为“X:\源文件\ch5\5.5.SLDPRT”，案例视频内容光盘路径为“X:\动画演示\第 5 章\5.5 草图阵列.avi”。

（1）打开随书光盘中的原始文件“X:\原始文件\ch5\5.5.SLDPRT”，如图 5-16 所示。

（2）执行坐标系命令。单击菜单栏中的“插入”→“参考几何体”→“坐标系”命令，或者单击“参考几何体”工具栏中的“坐标系”按钮，此时系统弹出如图 5-17 所示的“坐标系”属性管理器，创建一个新的坐标系。

（3）设置属性管理器。在“原点”栏用鼠标选择如图 5-16 所示的点 A；在“X 轴参考方向”栏用鼠标选择图 5-16 中的边线 1；在“Y 轴参考方向”栏用鼠标选择图 5-16 中的边线 2；在“Z 轴参考方向”栏用鼠标选择图 5-16 中的边线 3。

（4）确认创建的坐标系。单击“坐标系”属性管理器中的“确定”按钮✓，结果如图 5-18 所示。

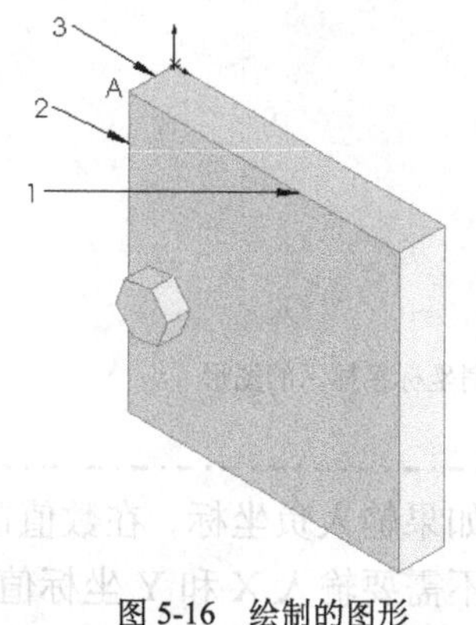

图 5-16　绘制的图形

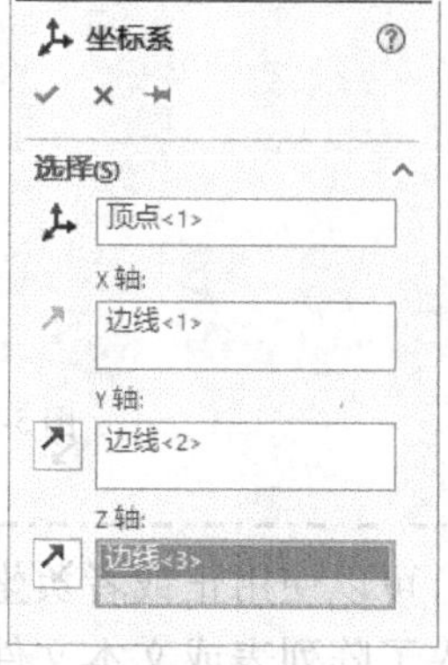

图 5-17　“坐标系”属性管理器

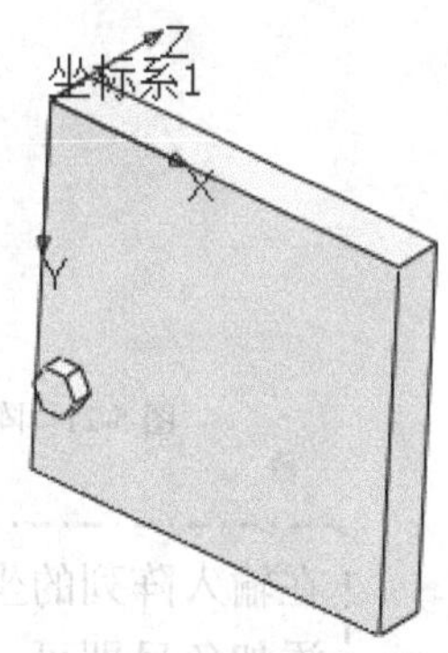

图 5-18　创建坐标系的图形

（5）执行表格驱动阵列命令。单击菜单栏中的“插入”→“阵列/镜向”→“表格驱动的阵列”命令，或者单击“特征”控制面板中的“表格驱动的阵列”按钮，此时系统弹出如图 5-19 所示的“由表格驱动的阵列”属性管理器。

（6）设置属性管理器。在“要复制的特征”栏用鼠标选择如图 5-12 所示的拉伸实体；在“坐标系”栏用鼠标选择如图 5-18 所示的坐标系 1。如图 5-20 所示，点 0 的坐标为源特征的坐标，双击点 1 的 X 和 Y 的文本框，输入要阵列的坐标值；重复此步骤，输入点 2～点 5 的坐标值，“由表格驱动的阵列”属性管理器设置如图 5-20 所示。

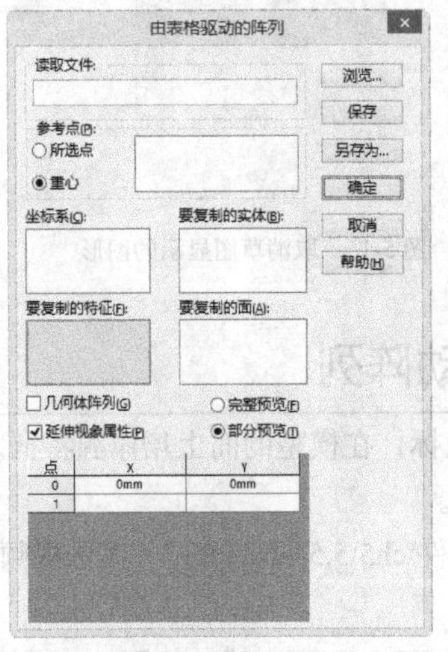

图 5-19 “由表格驱动的阵列”属性管理器

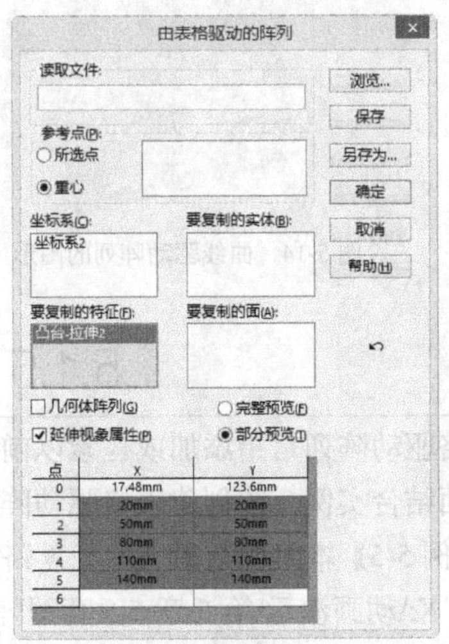

图 5-20 “由表格驱动的阵列”属性管理器

（7）确认表格驱动阵列特征。单击“由表格驱动的阵列”属性管理器中的“确定”按钮，结果如图 5-21 所示。

（8）取消显示视图中的坐标系。单击菜单栏中的“视图”→“隐藏/显示”→“坐标系”命令，取消视图中坐标系的显示，结果如图 5-22 所示。

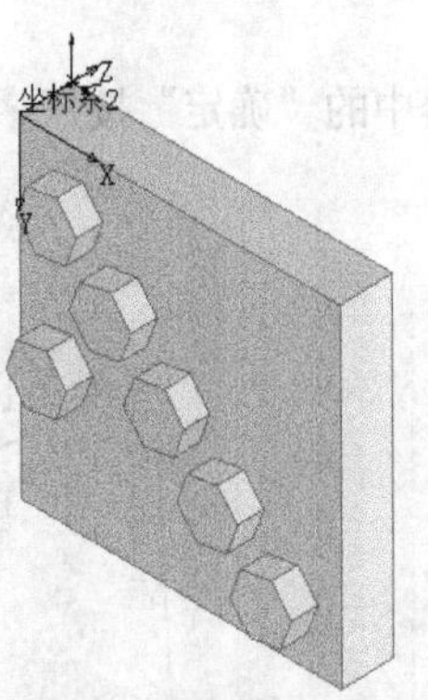

图 5-21 阵列的图形

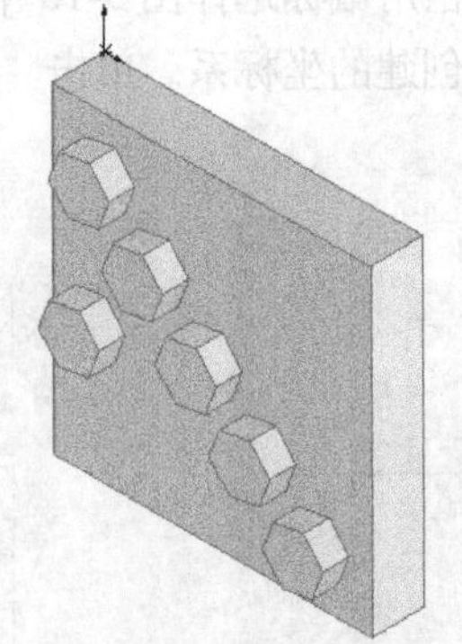

图 5-22 取消坐标系显示的图形

在输入阵列的坐标值时，可以使用正或者负坐标，如果输入负坐标，在数值前添加负号即可。如果输入了阵列表或文本文件，就不需要输入 X 和 Y 坐标值。

5.1.6 实例——电容

本例绘制电容，如图 5-23 所示。首先绘制电容电解池草图，然后拉伸实体，即电容的主体；再绘制电容的封盖，然后以封盖为基准面绘制电容的管脚，最后以主体为基准面，在其上绘制草图文字并拉伸。

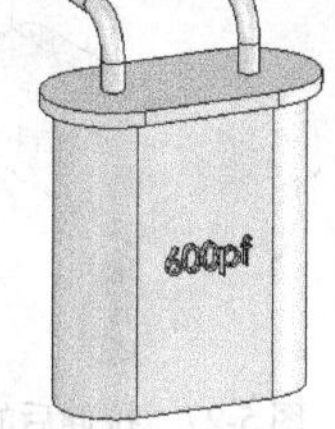

图 5-23 电容

光盘文件

实例结果文件光盘路径为"X:\源文件\ch5\电容.SLDPRT"。

多媒体演示参见配套光盘中的"X:\动画演示\第 5 章\电容.avi"。

绘制步骤

1. 新建文件。启动 SOLIDWORKS 2016，单击菜单栏中的"文件"→"新建"命令，或者单击"快速访问"工具栏中的"新建"按钮，在弹出的"新建 SOLIDWORKS 文件"对话框中先单击"零件"按钮，再单击"确定"按钮，创建一个新的零件文件。

2. 绘制电容电解池。绘制草图。在左侧的"FeatureManager 设计树"中用鼠标选择"前视基准面"作为绘制图形的基准面。单击"草图"控制面板中的"边角矩形"按钮，绘制一个矩形；单击"草图"控制面板中的"3 点圆弧"按钮，在矩形的左右两侧绘制两个圆弧，结果如图 5-24 所示。

3. 标注尺寸。执行菜单栏中的"工具"→"标注尺寸"→"智能尺寸"命令，或者单击"草图"控制面板中的"智能尺寸"按钮，标注图中矩形各边的尺寸及圆弧的尺寸，结果如图 5-25 所示。

4. 剪裁实体。执行菜单栏中的"工具"→"草图绘制工具"→"剪裁"命令，或者单击"草图"控制面板中的"剪裁实体"按钮，将如图 5-25 所示矩形和圆弧交界的两条直线进行剪裁，结果如图 5-26 所示。

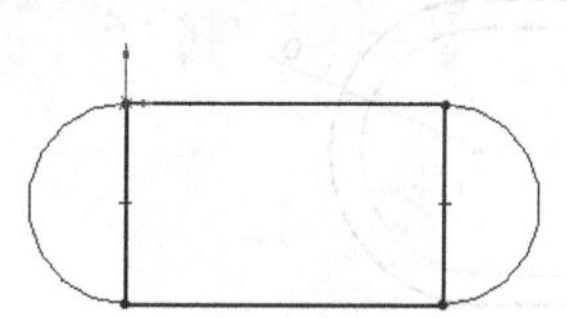
图 5-24 绘制的草图

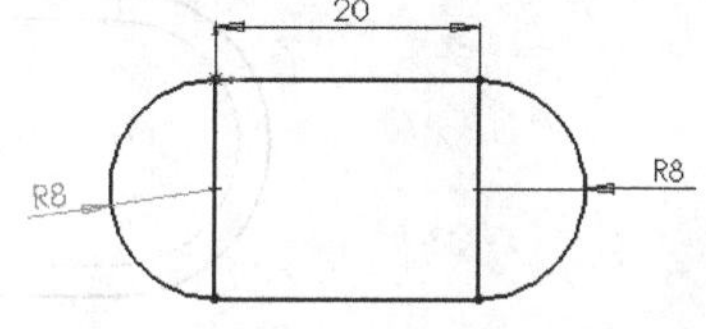

图 5-25 标注后的图形

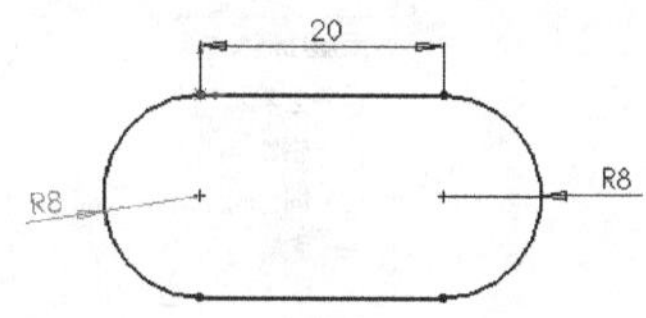

图 5-26 剪裁后的图形

5. 拉伸实体。单击菜单栏中的"插入"→"凸台/基体"→"拉伸"命令，或者单击"特征"控制面板中的"拉伸凸台/基体"按钮，此时系统弹出"凸台-拉伸"属性管理器。在"深度"文本框中输入 40mm，然后单击"确定"按钮。

6. 设置视图方向。单击"前导视图"工具栏中的"等轴测"按钮，将视图以等轴测方向显示，结果如图 5-27 所示。

7. 绘制电容的封盖，设置基准面。选择如图 5-27 所示的表面 1，然后单击"前导视图"工具栏中的"正视于"按钮，将该表面作为绘图的基准面。

8. 绘制草图。单击"草图"控制面板中的"边角矩形"按钮，绘制一个矩形，单击"草图"控制面板中的"3 点圆弧"按钮，在矩形的左右两侧绘制两个圆弧。

9. 标注尺寸。单击"草图"控制面板中的"智能尺寸"按钮，标注上一步绘制的矩形各边的尺寸及圆弧的尺寸，结果如图 5-28 所示。

10. 剪裁实体。单击菜单栏中的“工具”→“草图绘制工具”→“剪裁”命令，或者单击“草图”控制面板中的“剪裁实体”按钮，将如图 5-28 所示矩形和圆弧交界的两个直线进行剪裁，结果如图 5-29 所示。

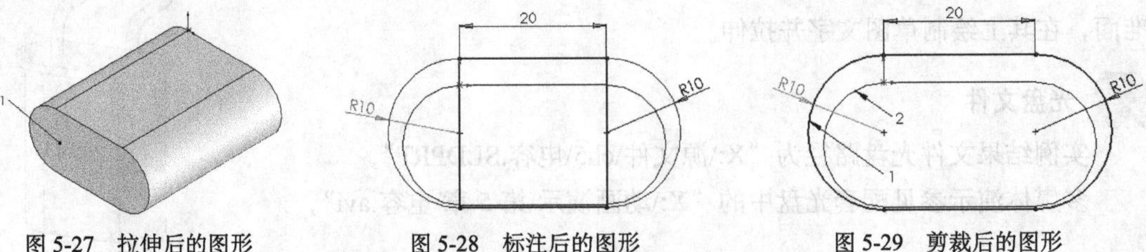

图 5-27　拉伸后的图形　　图 5-28　标注后的图形　　图 5-29　剪裁后的图形

11. 添加几何关系。单击菜单栏中的“工具”→“几何关系”→“添加”命令，或者单击“草图”控制面板中的“添加几何关系”按钮，此时系统弹出如图 5-30 所示的“添加几何关系”对话框。单击如图 5-29 所示的圆弧 1 和圆弧 2，此时所选的实体出现在对话框中，然后单击对话框中的“同心”按钮，此时“同心”关系出现在对话框中。设置好几何关系后，单击对话框中的“确定”按钮，结果如图 5-31 所示。

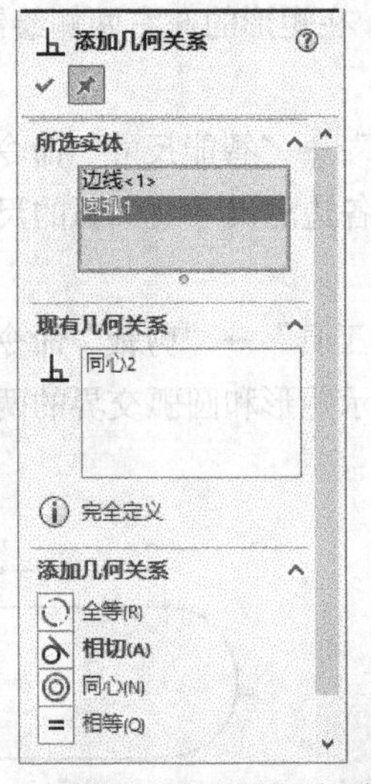

图 5-30　“添加几何关系”对话框

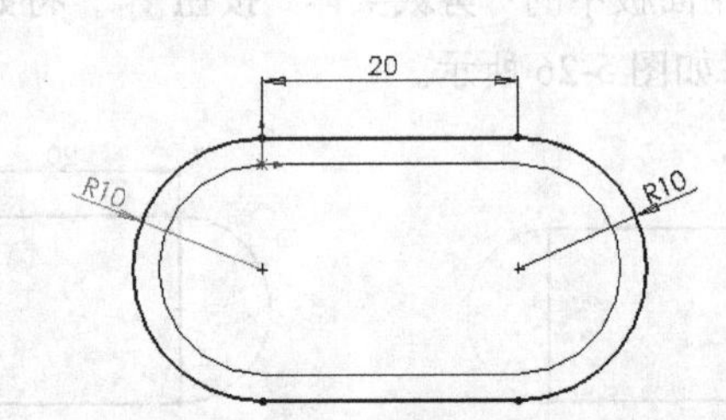

图 5-31　同心后的图形

12. 拉伸实体。单击菜单栏中的“插入”→“凸台/基体”→“拉伸”命令，或者单击“特征”控制面板中的“拉伸凸台/基体”按钮，此时系统弹出“凸台-拉伸”属性管理器。在“深度”文本框中输入 2，然后单击“确定”按钮。

13. 设置视图方向。单击“前导视图”工具栏中的“等轴测”按钮，将视图以等轴测方向显示，结果如图 5-32 所示。

14. 绘制电容管脚，设置基准面。选择如图 5-32 所示的表面 1，然后单击“前导视图”工具栏中的“正视于”按钮，将该表面作为绘图的基准面。

15. 绘制草图。单击“草图”控制面板中的“圆”按钮，在上一步设置的基准面上绘制一个圆。

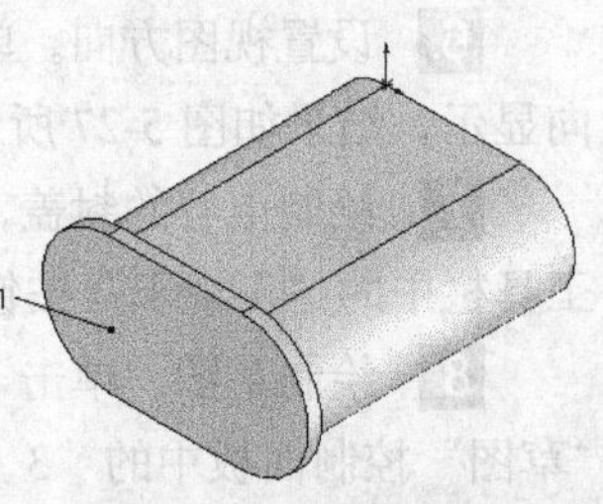

图 5-32　拉伸后的图形

16. 标注尺寸。单击“草图”控制面板中的“智能尺寸”按钮，标注圆的直径，结果如图 5-33 所示。

17. 添加几何关系。单击“显示/删除几何关系”工具栏中的“添加几何关系”按钮，将如图 5-33 所示的圆弧 1 和圆弧 2 添加为“同心”几何关系，具体操作参见第 11 步的介绍，然后退出草图绘制状态。

18. 创建基准面 1。单击“特征”控制面板中的“参考几何体”按钮，选择“基准面”命令，对弹出的“基准面”对话框进行设置。第一参考选择直径为 3mm 圆的圆心，第二参考为右视基准面。单击按钮完成基准面 1 的创建。

19. 绘制草图。单击“草图”控制面板中的“直线”按钮，绘制两条直线，直线的一个端点在第 15 步绘制的圆的圆心处，结果如图 5-34 所示。

20. 绘制圆角。单击菜单栏中的“工具”→“草图工具”→“圆角”命令，或者单击“草图”控制面板中的“绘制圆角”按钮，此时系统弹出“绘制圆角”属性管理器。在“半径”文本框中输入 6mm，然后选择上一步绘制的两条直线段，结果如图 5-35 所示，然后退出草图绘制状态。

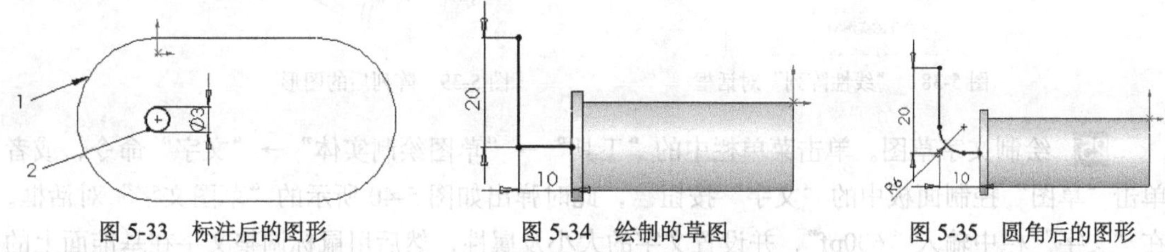

图 5-33　标注后的图形　　图 5-34　绘制的草图　　图 5-35　圆角后的图形

21. 设置视图方向。单击“前导视图”工具栏中的“等轴测”按钮，将视图以等轴测方向显示，结果如图 5-36 所示。

22. 扫描实体。单击菜单栏中的“插入”→“凸台/基体”→“扫描”命令，或者单击“特征”控制面板中的“扫描”按钮，此时系统弹出“扫描”属性管理器。在“轮廓”一栏中，用鼠标选择如图 5-36 所示的圆 1；在“路径”栏用鼠标选择如图 5-36 所示的草图 2。单击“确定”按钮，结果如图 5-37 所示。

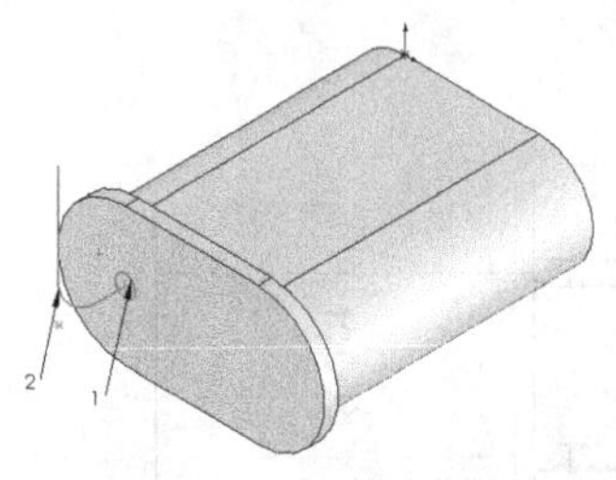

图 5-36　等轴测视图

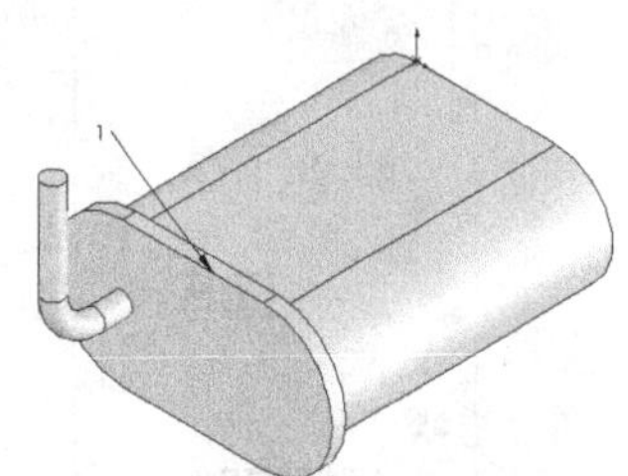

图 5-37　扫描后的图形

23. 线性阵列实体。单击菜单栏中的“插入”→“阵列/镜向”→“线性阵列”命令，或者单击“特征”控制面板中的“线性阵列”按钮，此时系统弹出“线性阵列”属性管理器，如图 5-38 所示。在“边线”栏用鼠标选择如图 5-37 所示的边线 1；在“间距”文本框中输入值 20mm；在“实例数”文本框中输入 2；在“要阵列的特征”栏选择第 22 步扫描的实体。单击“确定”按钮，结果如图 5-39 所示。

24. 绘制电容文字。设置基准面。用鼠标选择如图 5-39 所示的底面，然后单击“前导视图”工具栏中的“正视于”按钮，将该表面作为绘制图形的基准面。

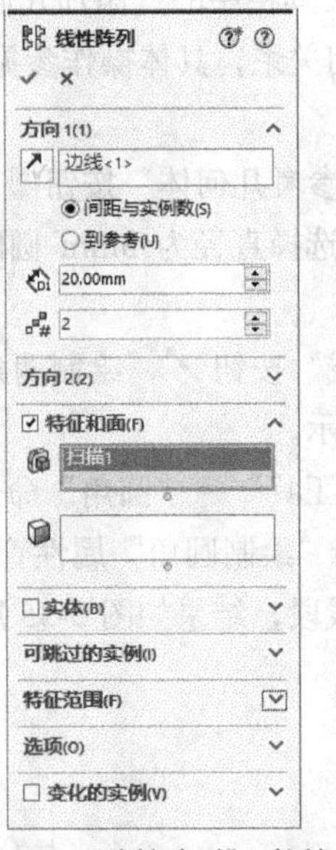

图 5-38 “线性阵列”对话框

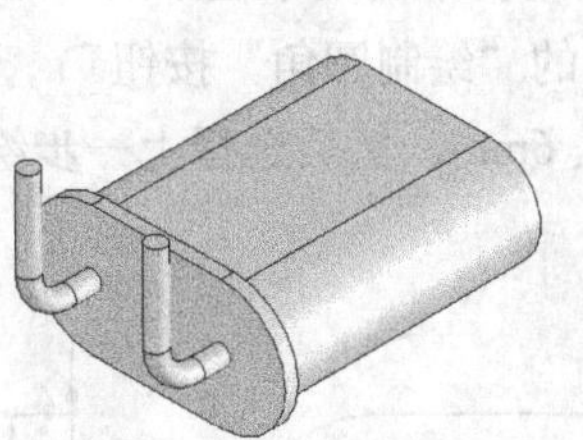

图 5-39 阵列后的图形

25. 绘制文字草图。单击菜单栏中的“工具”→“草图绘制实体”→“文字”命令，或者单击“草图”控制面板中的“文字”按钮，此时弹出如图 5-40 所示的“草图文字”对话框。在“文字”栏中输入“600pf”，并设置文字的大小及属性，然后用鼠标调整文字在基准面上的位置。单击对话框中的“确定”按钮，结果如图 5-41 所示。

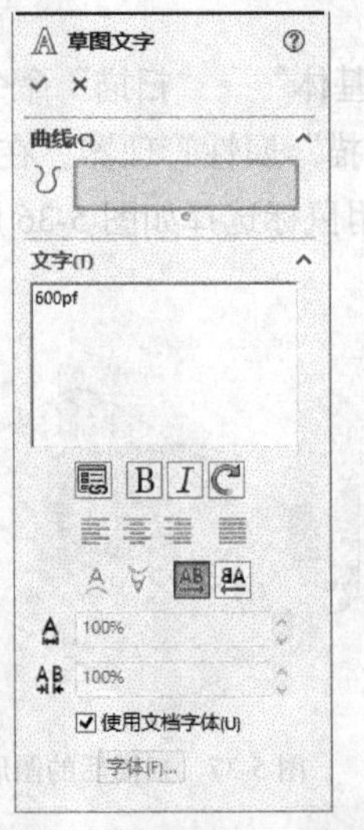

图 5-40 “草图文字“对话框

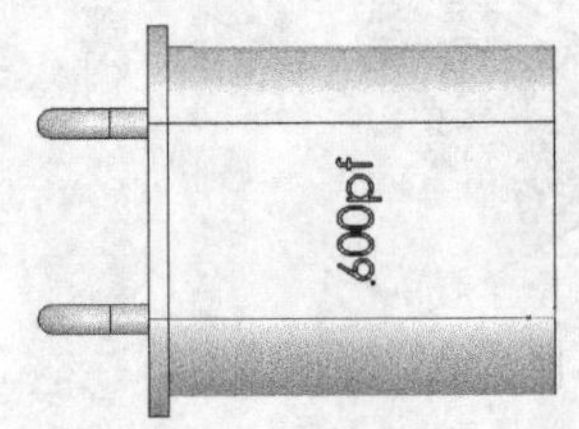

图 5-41 绘制的草图文字

26. 拉伸草图文字。单击菜单栏中的“插入”→“凸台/基体”→“拉伸”命令，或者单击“特征”控制面板中的“拉伸凸台/基体”按钮，此时系统弹出如图 5-42 所示“凸台-拉伸”属性管理器。在“深度”文本框中输入 1mm，按照图示进行设置后，单击“确定”按钮，结果如图 5-43 所示。

27. 设置视图方向。单击“前导视图”工具栏中的“旋转视图”按钮，将视图以合适的方向显示，结果如图 5-23 所示。

图 5-42 “凸台-拉伸”属性管理器

图 5-43 拉伸后的图形

5.2 镜向特征

如果零件结构是对称的，用户可以只创建零件模型的一半，然后使用镜向特征的方法生成整个零件。如果修改了原始特征，则镜向的特征也随之更改。图 5-44 为运用镜向特征生成的零件模型。

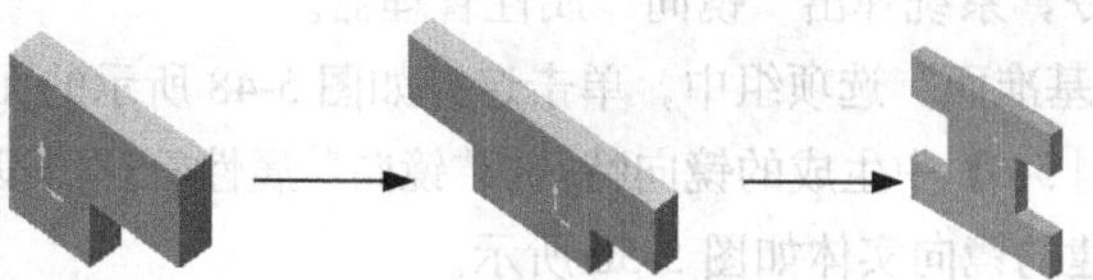

图 5-44 镜向特征生成零件

5.2.1 创建镜向特征

镜向命令按照对象的不同，可以分为镜向特征和镜向实体。

1．镜向特征

镜向特征是指以某一平面或者基准面作为参考面，对称复制一个或者多个特征。

下面结合实例介绍创建镜向特征的操作步骤。

【案例 5-6】本案例结果文件光盘路径为“X:\源文件\ch5\5.6.SLDPRT”，案例视频内容光盘路径为“X:\动画演示\第 5 章\5.6 镜向.avi”。

（1）打开随书光盘中原始文件“X:\原始文件\ch5\5.6.SLDPRT”，打开的文件实体如图 5-45 所示。

（2）单击“特征”控制面板中的“镜向”按钮，或单击菜单栏中的“插入”→“阵列/镜向”→“镜向”命令，系统弹出“镜向”属性管理器。

(3) 在“镜向面/基准面”选项组中，单击选择如图 5-46 所示的前视基准面；在“要镜向的特征”选项组中，选择拉伸特征 1 和拉伸特征 2，“镜向”属性管理器设置如图 5-46 所示。单击✔（确定）按钮，创建的镜向特征如图 5-47 所示。

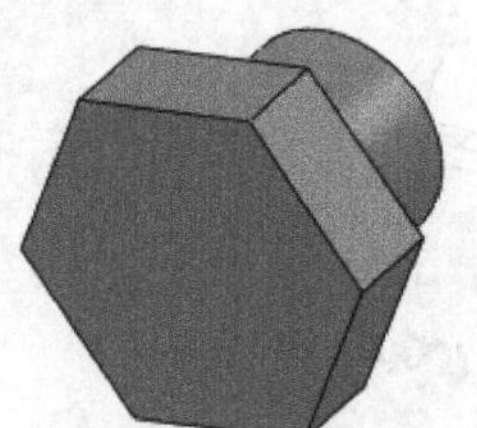
图 5-45　打开的文件实体

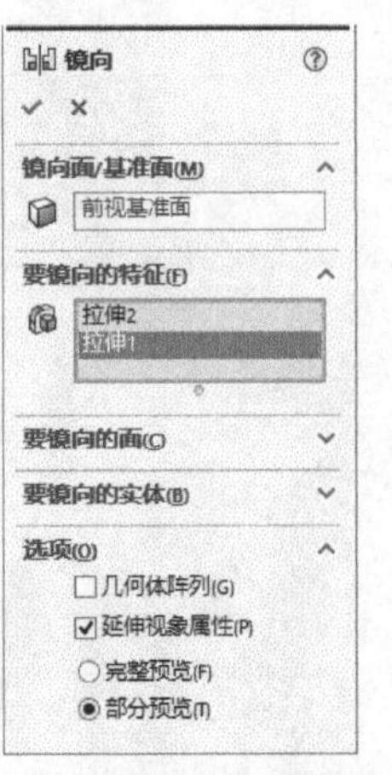

图 5-46　“镜向”属性管理器

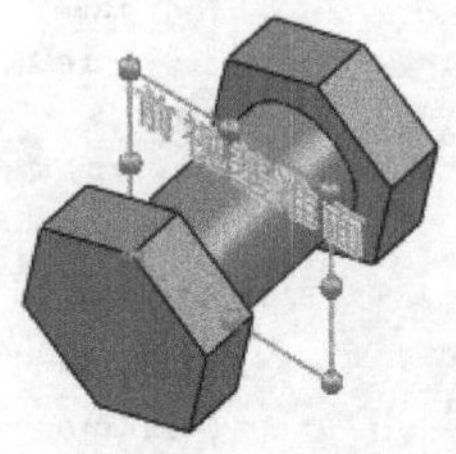
图 5-47　镜向特征

2．镜向实体

镜向实体是指以某一平面或者基准面作为参考面，对称复制视图中的整个模型实体。

下面介绍创建镜向实体的操作步骤。

【案例 5-7】本案例结果文件光盘路径为“X:\源文件\ch5\5.7.SLDPRT”，案例视频内容光盘路径为“X:\动画演示\第 5 章\5.7 镜向.avi”。

(1) 打开随书光盘中的原始文件“X:\原始文件\ch5\5.7.SLDPRT”，打开的文件实体如图 5-48 所示。

(2) 单击“特征”控制面板中的“镜向”按钮，或单击菜单栏中的“插入”→“阵列/镜向”→“镜向”命令，系统弹出“镜向”属性管理器。

(3) 在“镜向面/基准面”选项组中，单击选择如图 5-48 所示的面 1；在“要镜向的实体”选项组中，选择【案例 5-6】中生成的镜向特征。“镜向”属性管理器设置如图 5-49 所示。单击✔（确定）按钮，创建的镜向实体如图 5-50 所示。

图 5-48　打开的文件实体

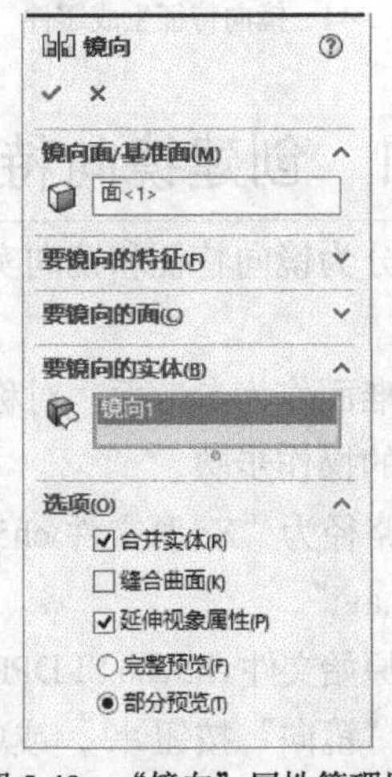

图 5-49　“镜向”属性管理器

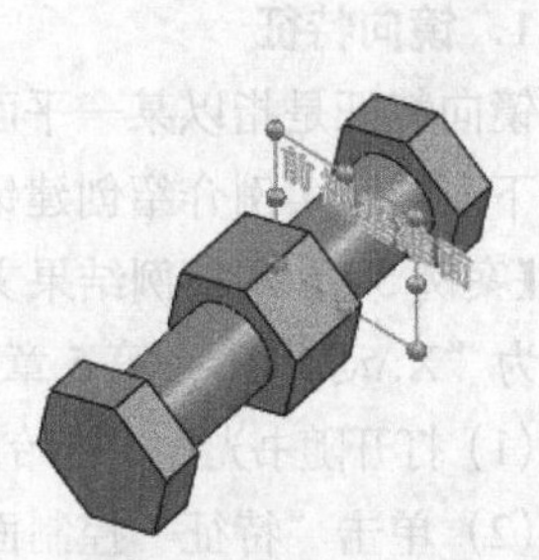
图 5-50　镜向实体

5.2.2 实例——台灯灯泡

本例绘制台灯灯泡，如图 5-51 所示。首先绘制灯泡底座的外形草图，拉伸为实体轮廓；然后绘制灯管草图，扫描为实体；最后绘制灯尾。

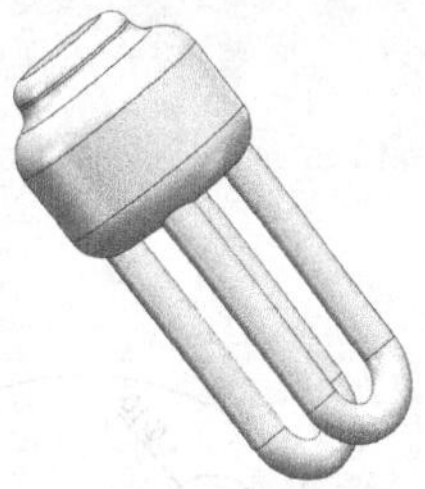

光盘文件

实例结果文件光盘路径为“X:\源文件\ch5\台灯灯泡.SLDPRT”。

多媒体演示参见配套光盘中的“X:\动画演示\第 5 章\台灯灯泡.avi”。

绘制步骤

图 5-51 台灯灯泡

1. 新建文件。启动 SOLIDWORKS 2016，单击菜单栏中的“文件”→“新建”命令，或者单击“快速访问”工具栏中的“新建”按钮，在弹出的“新建 SOLIDWORKS 文件”对话框中先单击“零件”按钮，再单击“确定”按钮，创建一个新的零件文件。

2. 绘制底座，绘制草图。在左侧的“FeatureManager 设计树”中用鼠标选择“前视基准面”作为绘制图形的基准面。单击“草图”控制面板中的“圆”按钮，绘制一个圆心在原点的圆。

3. 标注尺寸。单击菜单栏中的“工具”→“标注尺寸”→“智能尺寸”命令，或者单击“草图”控制面板中的“智能尺寸”按钮，标注圆的直径，结果如图 5-52 所示。

4. 拉伸实体。单击菜单栏中的“插入”→“凸台/基体”→“拉伸”命令，或者单击“特征”控制面板中的“拉伸凸台/基体”按钮，此时系统弹出“凸台-拉伸”属性管理器。在“深度”文本框中输入 40mm，然后单击“确定”按钮，结果如图 5-53 所示。

5. 设置基准面。用鼠标单击如图 5-53 所示的面 1，然后单击“前导视图”工具栏中的“正视于”按钮，将该表面作为绘制图形的基准面，结果如图 5-54 所示。

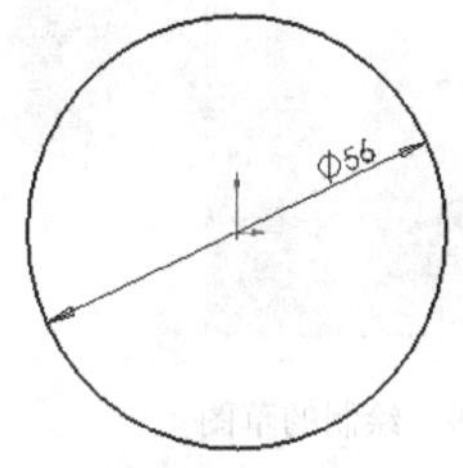

图 5-52 绘制的草图

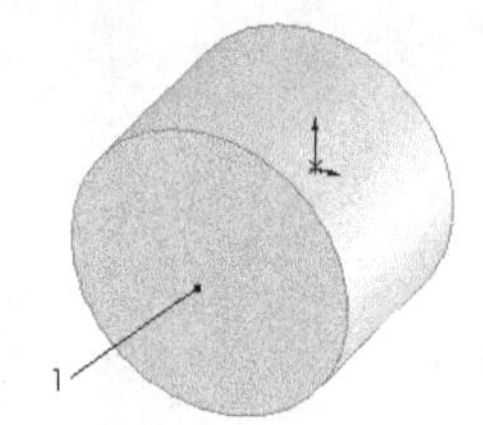

图 5-53 拉伸后的图形

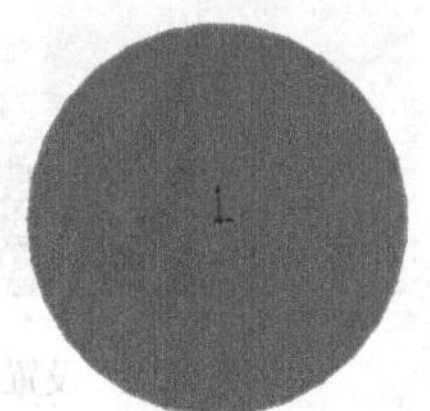

图 5-54 设置的基准面

6. 绘制灯管草图。单击菜单栏中的“工具”→“草图绘制实体”→“圆”命令，或者单击“草图”控制面板中的“圆”按钮，在上一步设置的基准面上绘制一个圆。

7. 标注尺寸。单击“草图”控制面板中的“智能尺寸”按钮，标注上一步绘制圆的直径及其定位尺寸，结果如图 5-55 所示，然后退出草图绘制。

8. 添加基准面。在左侧的“FeatureManager 设计树”中用鼠标选择“右视基准面”作为参考基准面，添加新的基准面。单击菜单栏中的“插入”→“参考几何体”→“基准面”命令，或者单击“参考几何体”工具栏中“基准面”按钮，此时系统弹出如图 5-56 所示的“基准面”属性管理器。在“偏移距离”文本框中输入 13mm，并调整设置基准面的方向。按照图示进行设置后，单击“确定”按钮，结果如图 5-57 所示。

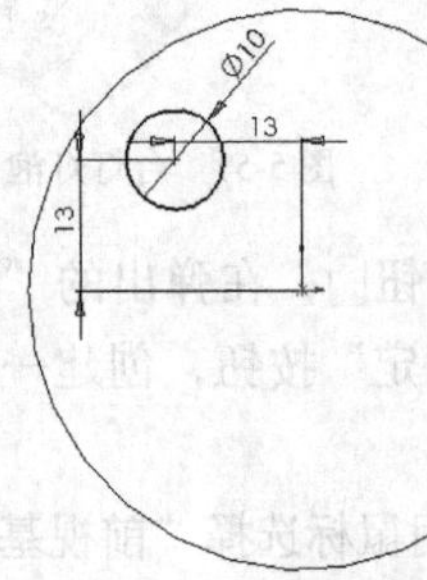

图 5-55　标注的图形

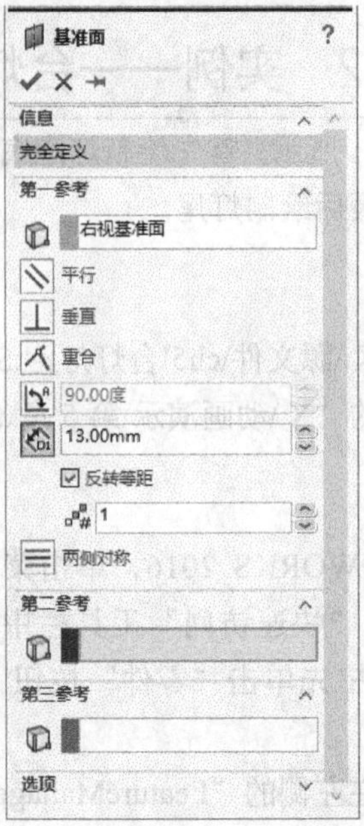

图 5-56　“基准面”对话框

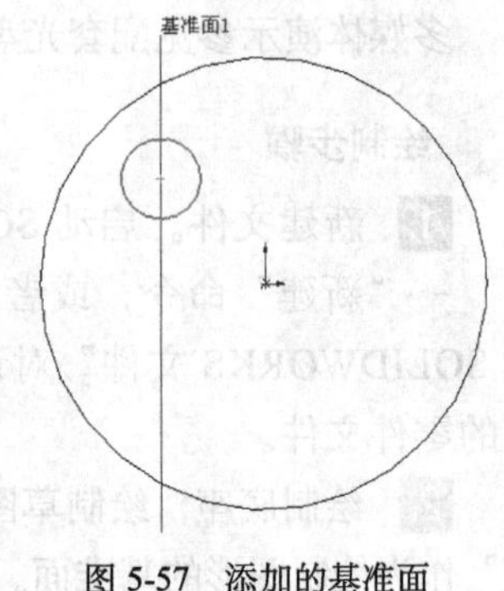

图 5-57　添加的基准面

9. 设置基准面。单击“前导视图”工具栏中的“正视于”按钮，将该基准面作为绘制图形的基准面，结果如图 5-58 所示。

10. 绘制草图。单击“草图”控制面板中的“直线”按钮，绘制起点在如图 5-57 所示小圆的圆心的直线，单击“草图”控制面板中的“中心线”按钮，绘制一条通过原点的水平中心线，结果如图 5-59 所示。

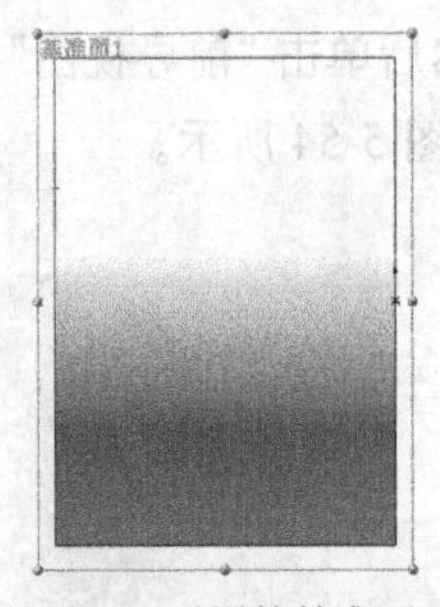

图 5-58　设置的基准面

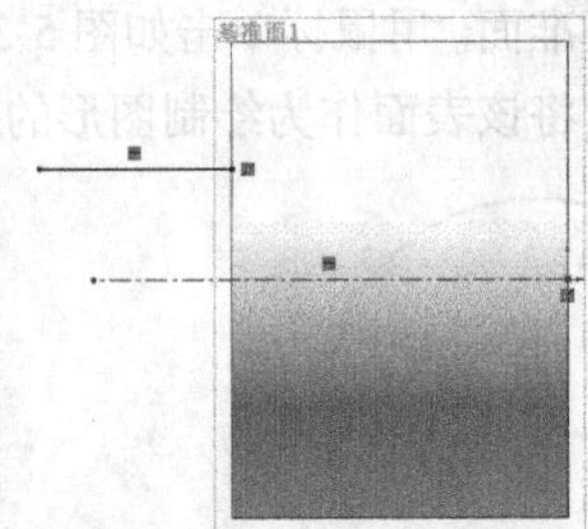

图 5-59　绘制的草图

11. 镜向实体。单击菜单栏中的“工具”→“草图绘制工具”→“镜向”命令，或者单击“草图”控制面板中的“镜向实体”按钮，此时系统弹出“镜向”属性管理器。在“要镜向的实体”一栏中，依次选择第 10 步绘制的直线；在“镜向点”一栏中选择第 10 步绘制的水平中心线。单击对话框中的“确定”按钮，结果如图 5-60 所示。

12. 绘制草图。单击“草图”控制面板中的“切线弧”按钮，绘制一个端点为两条直线端点的圆弧，结果如图 5-61 所示。

13. 标注尺寸。单击“草图”控制面板中的“智能尺寸”按钮，标注图 5-61 中的尺寸，结果如图 5-62 所示，然后退出草图绘制。

14. 设置视图方向。单击“前导视图”工具栏中的“等轴测”按钮，将视图以等轴测方向显示，结果如图 5-63 所示。

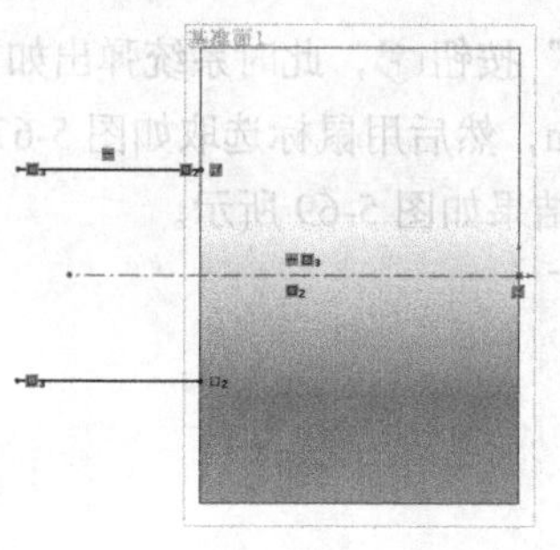

图 5-60　镜向后的图形

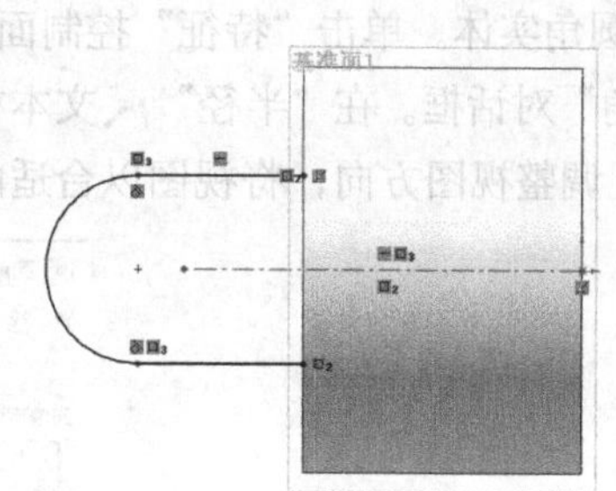

图 5-61　绘制的草图

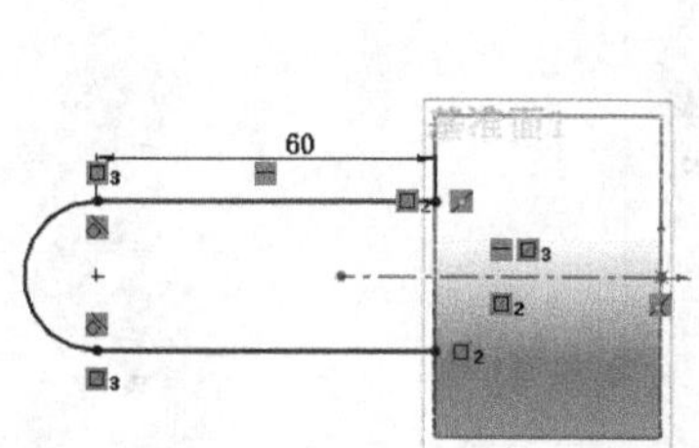

图 5-62　标注的草图

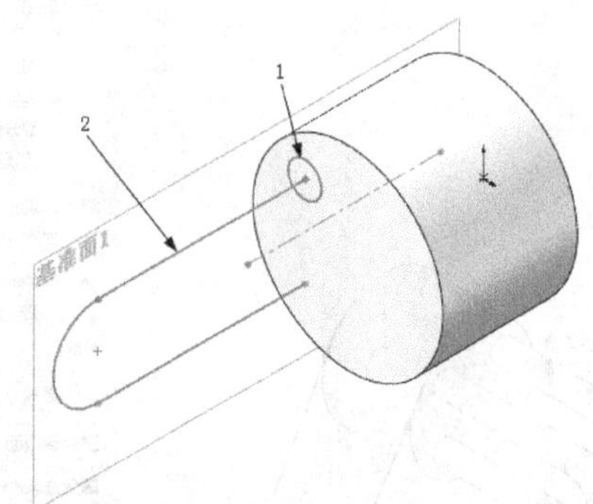

图 5-63　等轴测视图

15. 扫描实体。单击菜单栏中的“插入”→“凸台/基体”→“扫描”命令，或者单击“特征”控制面板中的“扫描”按钮，此时系统弹出如图 5-64 所示的“扫描”属性管理器。在“轮廓”栏用鼠标选择如图 5-63 所示的圆 1；在“路径”栏用鼠标选择如图 5-63 所示的草图 2，单击“确定”按钮。

16. 隐藏基准面。单击菜单栏中的“视图”→“隐藏/显示”→“基准面”命令，视图中就不会显示基准面，结果如图 5-65 所示。

17. 镜向实体。单击菜单栏中的“插入”→“阵列/镜向”→“镜向”命令，或者单击“特征”控制面板中的“镜向”按钮，此时系统弹出如图 5-66 所示的“镜向”属性管理器。在“镜向面/基准面”栏，用鼠标选择“右视基准面”；在“要镜向的特征”一栏中，用鼠标选择扫描的实体。单击对话框中的“确定”按钮，结果如图 5-67 所示。

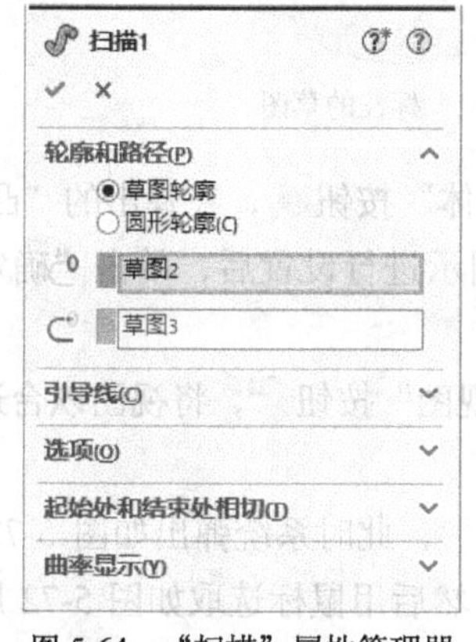

图 5-64　“扫描”属性管理器

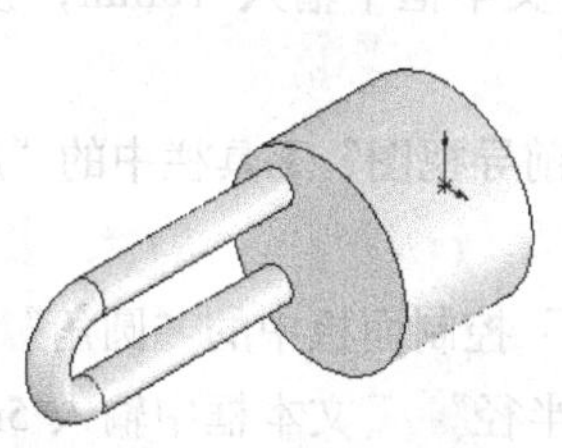

图 5-65　扫描后的图形

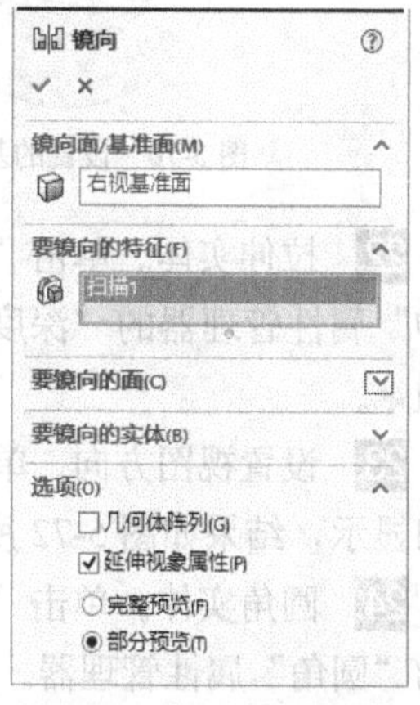

图 5-66　“镜向”对话框

18. 圆角实体。单击“特征”控制面板中的“圆角”按钮，此时系统弹出如图 5-68 所示的“圆角”对话框。在“半径”文本框中输入 10mm，然后用鼠标选取如图 5-67 所示的边线 1 和 2。调整视图方向，将视图以合适的方向显示，结果如图 5-69 所示。

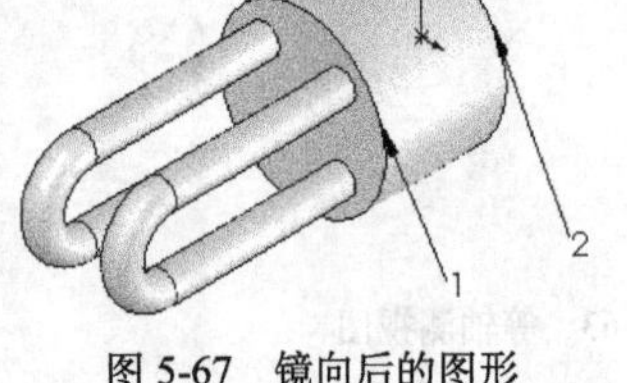

图 5-67　镜向后的图形

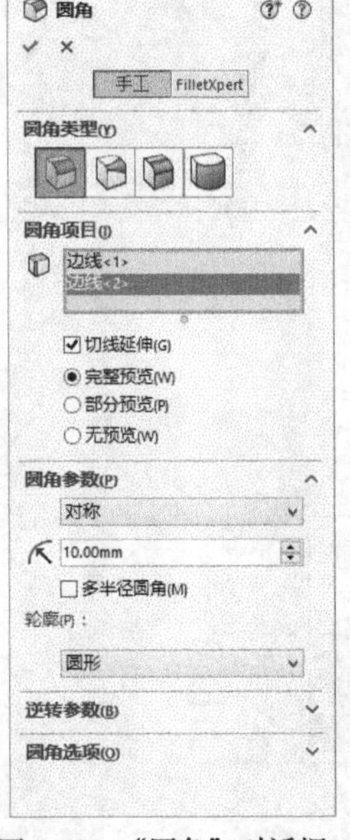

图 5-68　“圆角”对话框

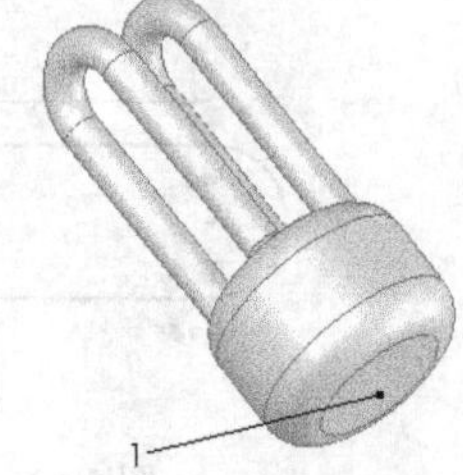

图 5-69　圆角后的图形

19. 绘制灯尾。设置基准面。选择如图 5-69 所示的表面 1，然后单击“前导视图”工具栏中的“正视于”按钮，将该表面作为绘制图形的基准面，结果如图 5-70 所示。

20. 绘制草图。单击“草图”控制面板中的“圆”按钮，以原点为圆心绘制一个圆。

21. 标注尺寸。单击“草图”控制面板中的“智能尺寸”按钮，标注上一步绘制圆的直径，结果如图 5-71 所示。

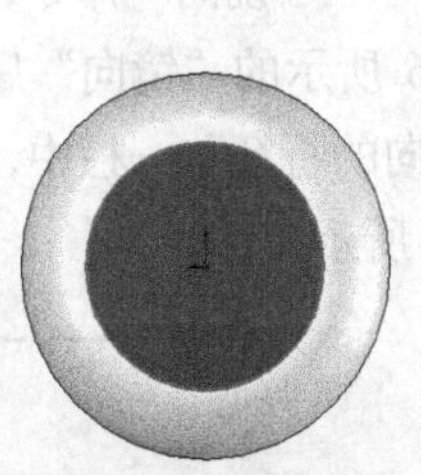
图 5-70　设置的基准面

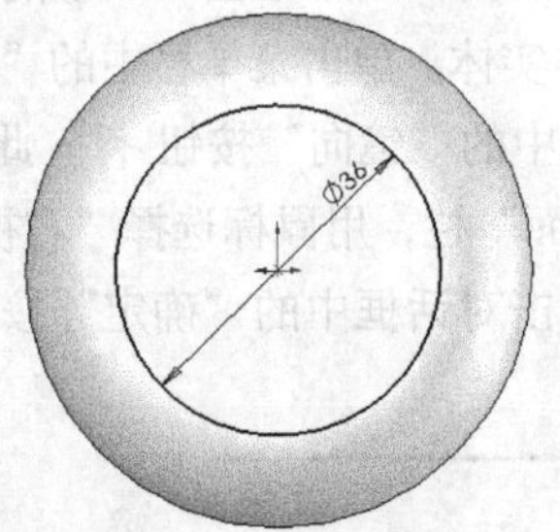

图 5-71　标注的草图

22. 拉伸实体。单击“特征”控制面板中的“拉伸凸台/基体”按钮，在弹出的“凸台-拉伸”属性管理器的“深度”文本框中输入 10mm，按照图示进行设置后，单击“确定”按钮。

23. 设置视图方向。单击“前导视图”工具栏中的“旋转视图”按钮，将视图以合适的方向显示，结果如图 5-72 所示。

24. 圆角实体。单击“特征”控制面板中的“圆角”按钮，此时系统弹出如图 5-73 所示的“圆角”属性管理器。在“半径”文本框中输入 5mm，然后用鼠标选取如图 5-72 所示的边线 1 和 2。按照图示进行设置后，单击“确定”按钮，结果如图 5-74 所示。

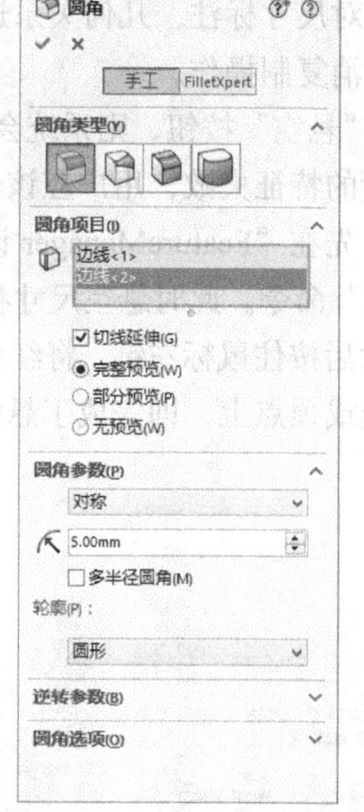
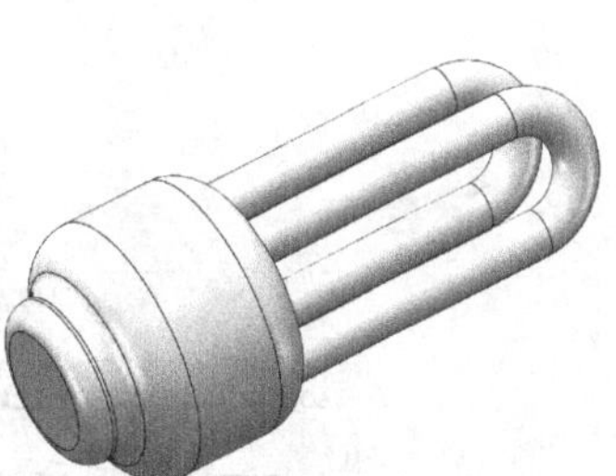

图 5-72 拉伸后的图形　　图 5-73 “圆角”属性管理器　　图 5-74 圆角后的图形

5.3 特征的复制与删除

在零件建模过程中，如果有相同的零件特征，用户可以利用系统提供的特征复制功能进行复制，这样可以节省大量的时间，达到事半功倍的效果。

SOLIDWORKS 2016 提供的复制功能，不仅可以实现同一个零件模型中的特征复制，还可以实现不同零件模型之间的特征复制。

下面结合实例介绍在同一个零件模型中复制特征的操作步骤。

【案例 5-8】本案例结果文件光盘路径为“X:\源文件\ch5\5.8.SLDPRT”，案例视频内容光盘路径为“X:\动画演示\第 5 章\5.8 复制特征.avi”。

（1）打开随书光盘中的原始文件“X:\原始文件\ch5\5.8.SLDPRT”，如图 5-75 所示。

（2）在图形区中选择特征，此时该特征在图形区中将以高亮度显示。

（3）按住 Ctrl 键，拖动特征到所需的位置上（同一个面或其他的面上）。

（4）如果特征具有限制其移动的定位尺寸或几何关系，则系统会弹出“复制确认”对话框，如图 5-76 所示，询问对该操作的处理。

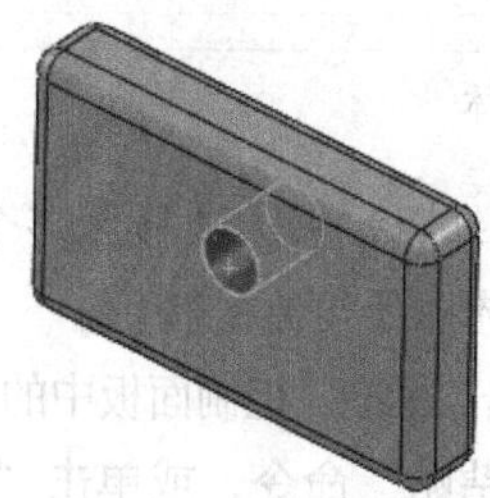

图 5-75 打开的文件实体

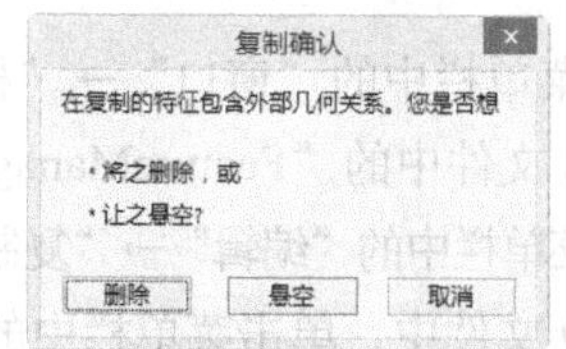

图 5-76 “复制确认”对话框

- 单击“删除”按钮，将删除限制特征移动的几何关系和定位尺寸。

- 单击“悬空”按钮，将不对尺寸标注、几何关系进行求解。
- 单击“取消”按钮，将取消复制操作。

（5）如果在步骤（4）中单击“悬空”按钮，则系统会弹出“警告”对话框，如图 5-77 所示。警告在模型中的草图可使以后的特征失败，用户应该修复特征之前的草图。

（6）要重新定义悬空尺寸，首先在“FeatureManager 设计树”中右击对应特征的草图，在弹出的快捷菜单中单击“编辑草图”命令。此时悬空尺寸将以灰色显示，在尺寸的旁边还有对应的红色控标，如图 5-78 所示。然后按住鼠标左键，将红色控标拖动到新的附加点。释放鼠标左键，将尺寸重新附加到新的边线或顶点上，即完成了悬空尺寸的重新定义。

图 5-77 “SOLIDWORKS”对话框

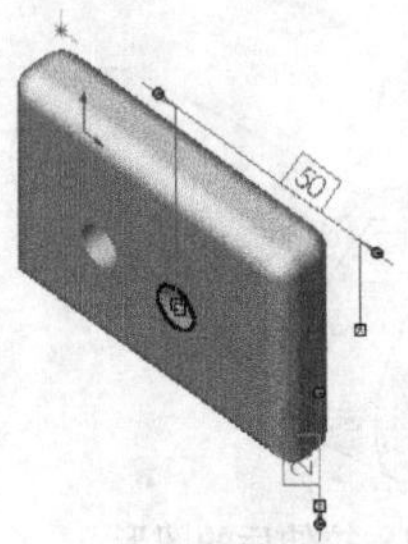

图 5-78 显示悬空尺寸

下面介绍将特征从一个零件复制到另一个零件上的操作步骤。

【案例 5-9】本案例结果文件光盘路径为“X:\源文件\ch5\5.9.SLDPRT”，案例视频内容光盘路径为“X:\动画演示\第 5 章\5.9 复制特征.avi”。

（1）打开随书光盘中的两个原始文件“X:\原始文件\ch5\5.9.SLDPRT”及“X:\原始文件\ch5\5.8. SLDPRT”，如图 5-79 所示。

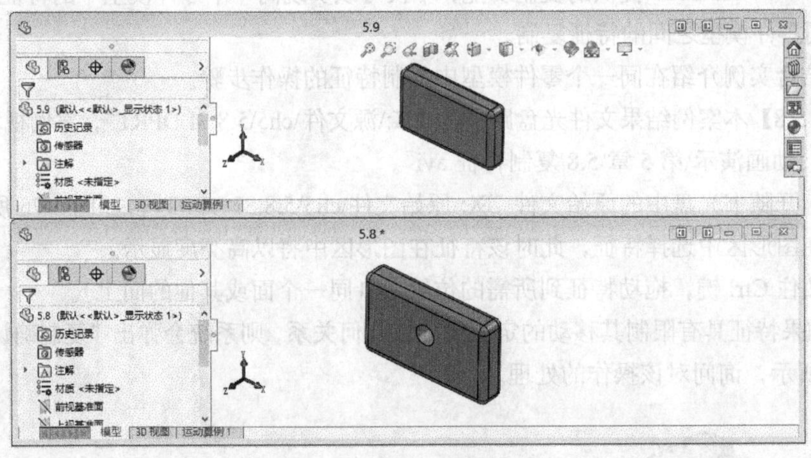

图 5-79 打开的文件实体

（2）单击菜单栏中的“窗口”→“横向平铺”命令，以平铺方式显示多个文件。

（3）在 5.8 文件中的“FeatureManager 设计树”中选择要复制的特征。

（4）单击菜单栏中的“编辑”→“复制”命令，或单击“标准”控制面板中的“复制”按钮。

（5）在 5.9 文件中，单击菜单栏中的“编辑”→“粘贴”命令，或单击“快速访问”工具栏中的“粘贴”按钮。

系统会弹出“复制确认”对话框，如图 5-80 所示，询问对该操作的处理。单击“悬空”按钮，系统会弹出如图 5-81 所示的“警告”对话框，单击“继续”按钮，选择复制的特征单击右键，则系统会弹出“什么错”对话框，如图 5-82 所示。警告在模型中的尺寸和几何关系已不存在，用户应该重新定义悬空尺寸，单击“关闭”按钮。

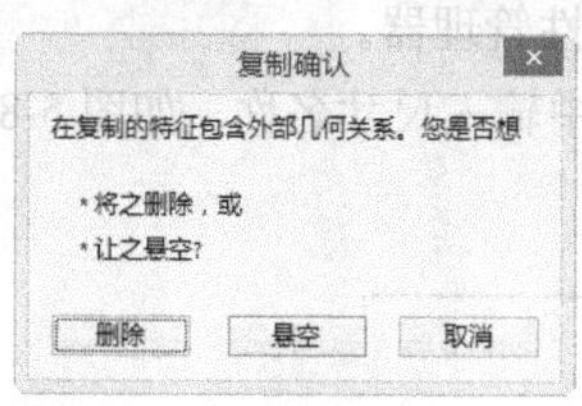

图 5-80 “复制确认”对话框

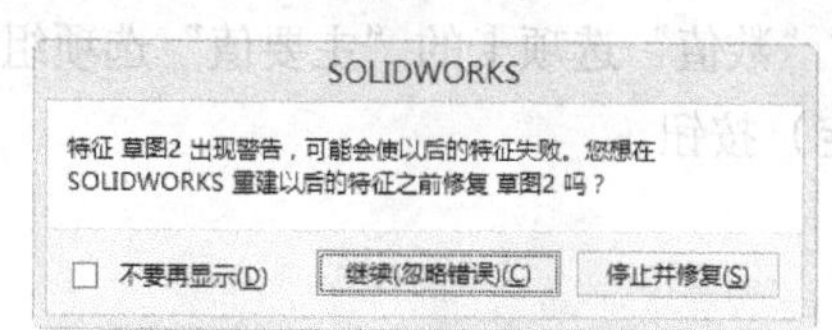

图 5-81 “警告”对话框

（6）要重新定义悬空尺寸，首先在 5.9 文件中的“FeatureManager 设计树”中右击对应特征的草图，在弹出的快捷菜单中单击“编辑草图”按钮。此时悬空尺寸将以灰色显示，选取尺寸，尺寸的旁边会出现对应的红色控标，如图 5-83 所示。然后按住鼠标左键，将红色控标拖动到新的附加点，释放鼠标左键，尺寸改变，双击尺寸进行修改，即完成了悬空尺寸的重新定义，结果如图 5-84 所示。

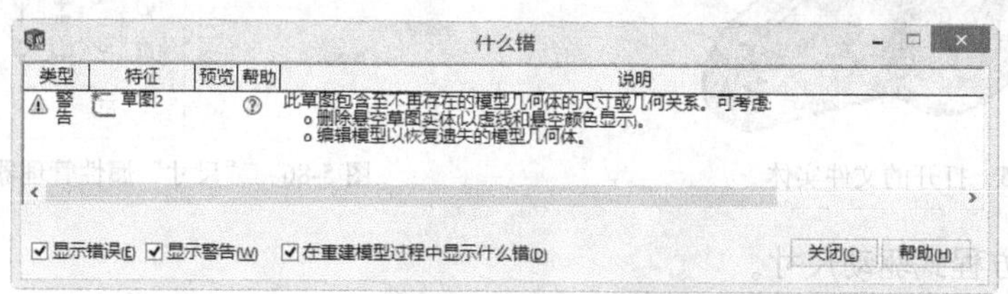

图 5-82 “什么错”对话框

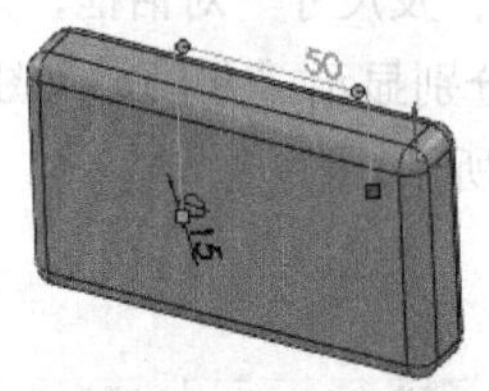

图 5-83 显示悬空尺寸

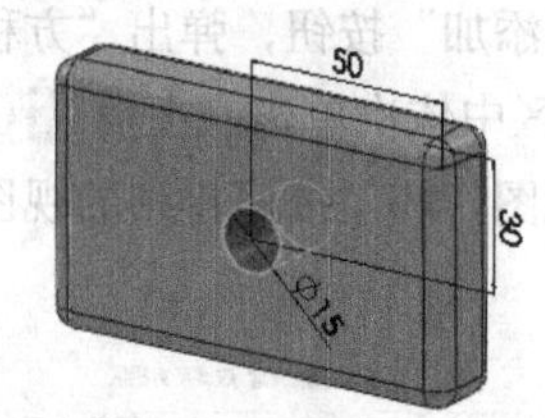

图 5-84 结果图

5.4 参数化设计

在设计的过程中，可以通过设置参数之间的关系或事先建立参数的规范达到参数化或智能化建模的目的，下面简要介绍。

5.4.1 方程式驱动尺寸

连接尺寸只能控制特征中不属于草图部分的数值，即特征定义尺寸，而方程式可以驱动任何尺寸。当在模型尺寸之间生成方程式后，特征尺寸成为变量，它们之间必须满足方程式的要求，互相牵制。当删除方程式中使用的尺寸或尺寸所在的特征时，方程式也一起被删除。

下面结合实例介绍生成方程式驱动尺寸的操作步骤。

【案例 5-10】案例视频内容光盘路径为“X:\动画演示\第 5 章\5.10 方程式尺寸.avi”。

（1）为尺寸添加变量名。

1）打开随书光盘中的原始文件“X:\原始文件\ch5\5.10.SLDPRT”，如图 5-85 所示。

2）在“FeatureManager 设计树”中，右击（注解）文件夹，在弹出的快捷菜单中单击“显示特征尺寸”命令，此时在图形区中零件的所有特征尺寸都显示出来。

3）在图形区中，单击尺寸值，系统弹出“尺寸”属性管理器。

4）在“数值”选项卡的“主要值”选项组的文本框中输入尺寸名称，如图 5-86 所示。单击（确定）按钮。

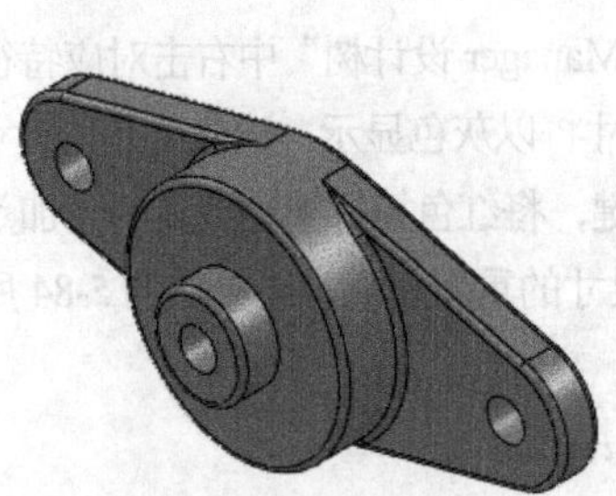

图 5-85　打开的文件实体

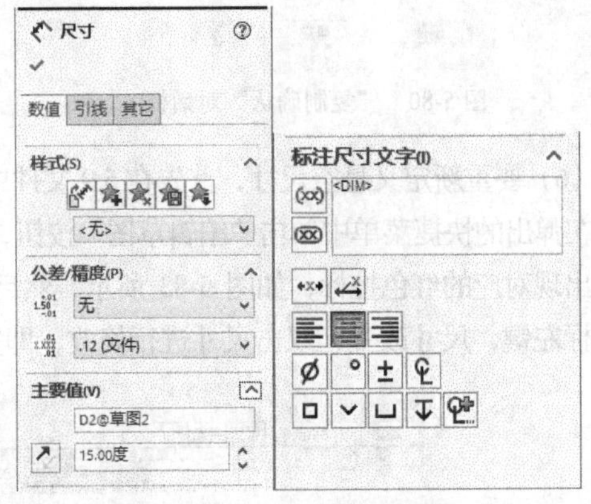

图 5-86　“尺寸”属性管理器

（2）建立方程式驱动尺寸。

1）单击菜单栏中的“工具”→“方程式”命令，系统弹出“方程式、整体变量、及尺寸”对话框。单击“添加”按钮，弹出“方程式、整体变量、及尺寸”对话框，如图 5-87 所示。

2）在图形区中依次单击左上角按钮，分别显示“方程式视图”、“草图方程式视图”、“尺寸视图”和“按序排列的视图”，如图 5-87 所示。

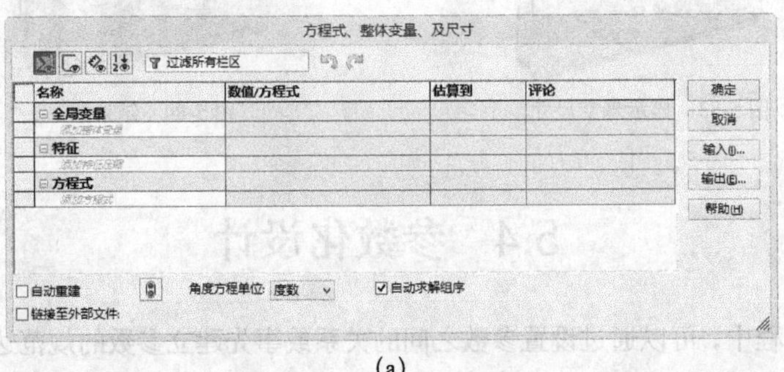

(a)

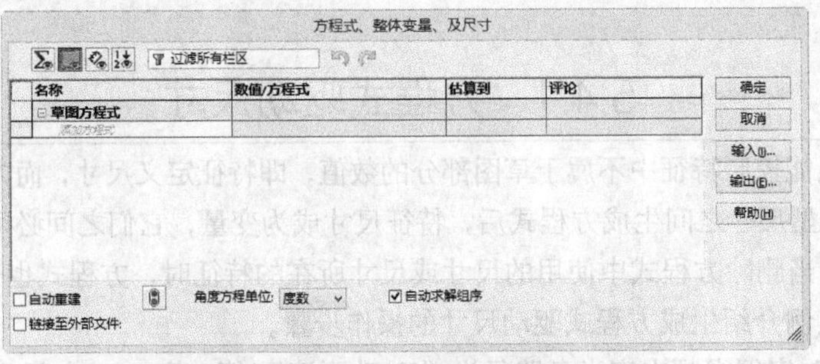

(b)

图 5-87　“方程式、整体变量及尺寸”对话框

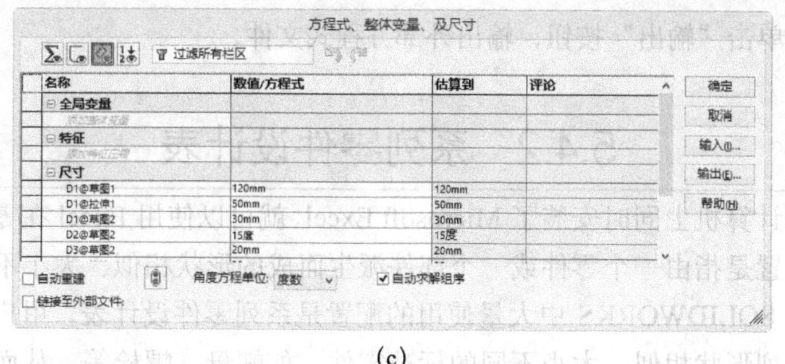

(c)

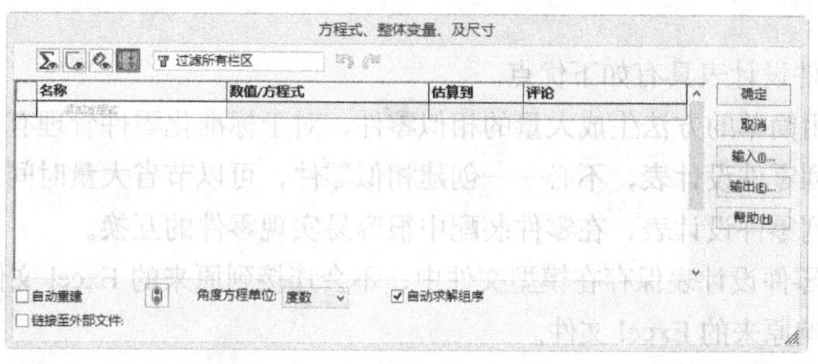

(d)

图 5-87 “方程式、整体变量及尺寸”对话框（续）

3）单击对话框中的“重建模型”按钮，或单击菜单栏中的“编辑”→“重建模型”命令来更新模型，所有被方程式驱动的尺寸会立即更新。此时在“FeatureManager 设计树”中会出现（方程式）文件夹，右击该文件夹即可对方程式进行编辑、删除、添加等操作。

被方程式驱动的尺寸无法在模型中以编辑尺寸值的方式来改变。

为了更好地了解设计者的设计意图，还可以在方程式中添加注释文字，也可以像编程那样将某个方程式注释掉，避免该方程式的运行。

下面介绍在方程式中添加注释文字的操作步骤。

(1) 可直接在“方程式”下方空白框中输入内容，如图 5-87（a）所示。

(2) 单击如图 5-87 所示“方程式、整体变量、及尺寸”对话框中的 输入(I)... 按钮，在弹出如图 5-88 所示的“打开”对话框选择要添加注释的方程式，即可添加外部方程式文件。

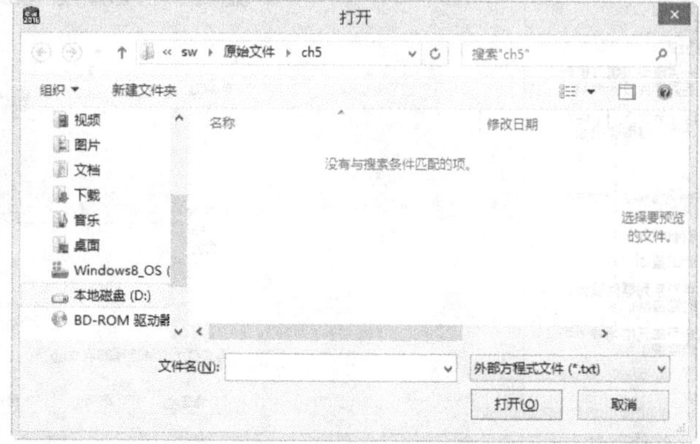

图 5-88 “打开”对话框

（3）同理，单击“输出”按钮，输出外部方程式文件。

5.4.2 系列零件设计表

如果用户的计算机上同时安装了 Microsoft Excel，就可以使用 Excel 在零件文件中直接嵌入新的配置。配置是指由一个零件或一个部件派生而成的形状相似、大小不同的一系列零件或部件集合。在 SOLIDWORKS 中大量使用的配置是系列零件设计表，用户可以利用该表很容易地生成一系列形状相似、大小不同的标准零件，如螺母、螺栓等，从而形成一个标准零件库。

使用系列零件设计表具有如下优点。

- 可以采用简单的方法生成大量的相似零件，对于标准化零件管理有很大帮助。
- 使用系列零件设计表，不必一一创建相似零件，可以节省大量时间。
- 使用系列零件设计表，在零件装配中很容易实现零件的互换。

生成的系列零件设计表保存在模型文件中，不会连接到原来的 Excel 文件，在模型中所进行的更改不会影响原来的 Excel 文件。

下面结合实例介绍在模型中插入一个新的空白的系列零件设计表的操作步骤。

【案例 5-11】本案例结果文件光盘路径为“X:\源文件\ch5\5.11.SLDPRT”，案例视频内容光盘路径为“X:\动画演示\第 5 章\5.11 系列零件设计表.avi”。

（1）打开随书光盘中的原始文件“X:\原始文件\ch5\5.11.SLDPRT”。

（2）单击菜单栏中的“插入”→“表格”→“设计表”命令，系统弹出“系列零件设计表”属性管理器，如图 5-89 所示。在“源”选项组中点选“空白”单选钮，然后单击✔（确定）按钮。

（3）系统弹出如图 5-90 所示的“添加行和列”对话框和一个 Excel 工作表，单击“确定”按钮，Excel 工具栏取代了 SOLIDWORKS 工具栏，如图 5-91 所示。

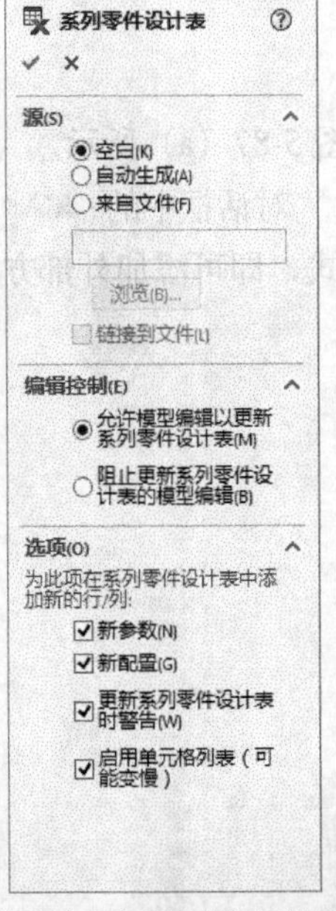

图 5-89 “系列零件设计表”属性管理器

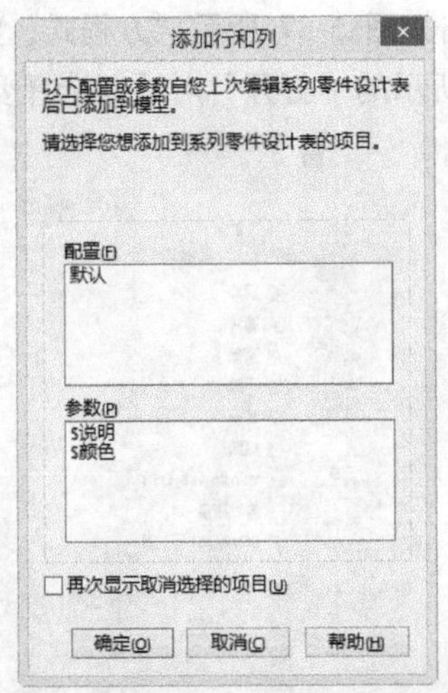

图 5-90 “添加行和列”对话框

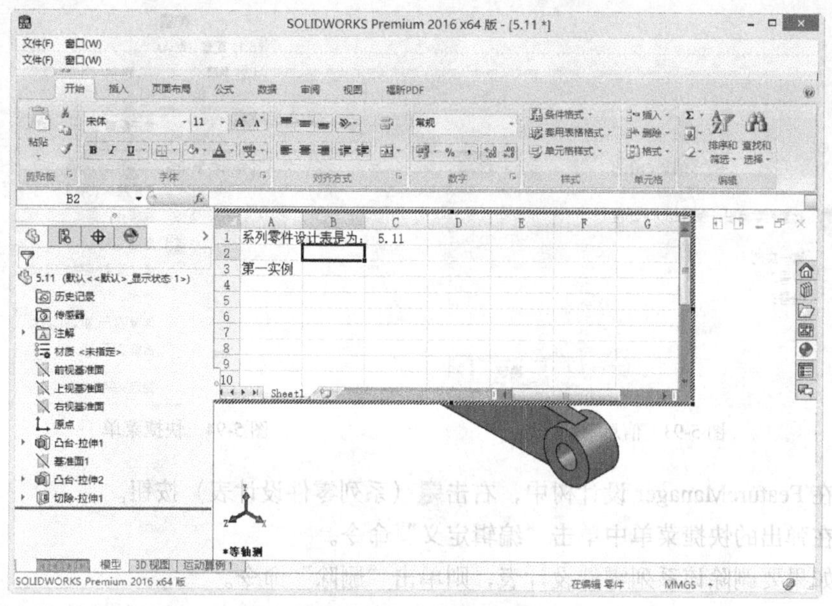

图 5-91 插入的 Excel 工作表

(4) 在表的第 2 行输入要控制的尺寸名称，也可以在图形区中双击要控制的尺寸，则相关的尺寸名称出现在第 2 行中，同时该尺寸名称对应的尺寸值出现在“第一实例”行中。

(5) 重复步骤 (4)，直到定义完模型中所有要控制的尺寸。

(6) 如果要建立多种型号，则在列 A（单元格 A4、A5……）中输入想生成的型号名称。

(7) 在对应的单元格中输入该型号对应控制尺寸的尺寸值，如图 5-92 所示。

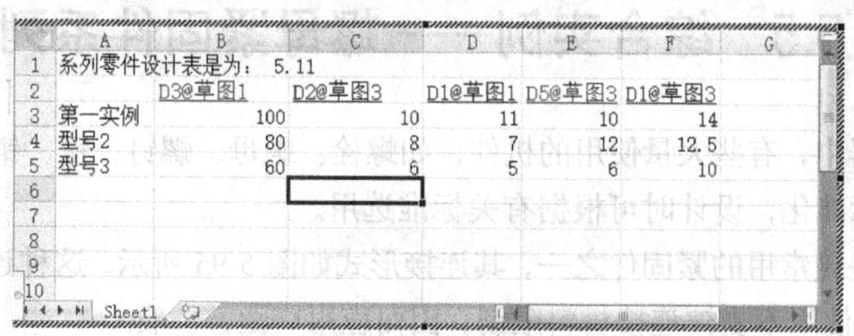

	A	B	C	D	E	F	G
1	系列零件设计表是为: 5.11						
2		D3@草图1	D2@草图3	D1@草图1	D5@草图3	D1@草图3	
3	第一实例	100	10	11	10	14	
4	型号2	80	8	7	12	12.5	
5	型号3	60	6	5	6	10	
6							
7							
8							
9							
10							

图 5-92 输入控制尺寸的尺寸值

(8) 向工作表中添加信息后，在表格外单击，将其关闭。

(9) 此时，系统会显示一条信息，如图 5-93 所示，列出所生成的型号，单击“确定”按钮。

当用户创建完成一个系列零件设计表后，其原始样本零件就是其他所有型号的样板，原始零件的所有特征、尺寸、参数等均有可能被系列零件设计表中的型号复制使用。

下面介绍将系列零件设计表应用于零件设计中的操作步骤。

(1) 单击图形区左侧面板顶部的 (ConfigurationManager 设计树) 选项卡。

(2) ConfigurationManager 设计树中显示了该模型中系列零件设计表生成的所有型号。

(3) 右击要应用型号，在弹出的快捷菜单中单击“显示配置”命令，如图 5-94 所示。

(4) 系统就会按照系列零件设计表中该型号的模型尺寸重建模型。

下面介绍对已有的系列零件设计表进行编辑的操作步骤。

(1) 单击图形区左侧面板顶部的 (FeatureManager 设计树) 选项卡。

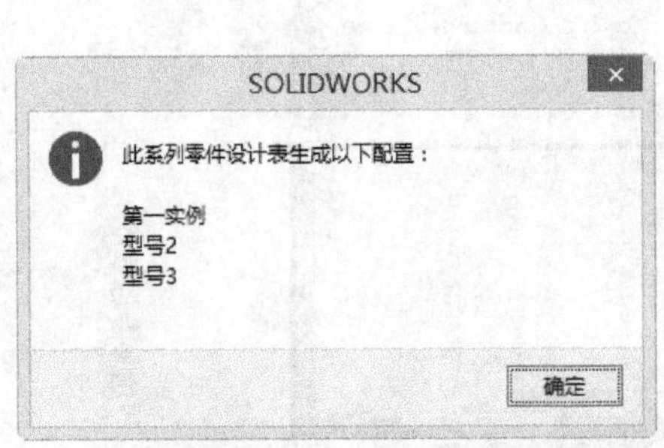

图 5-93　信息对话

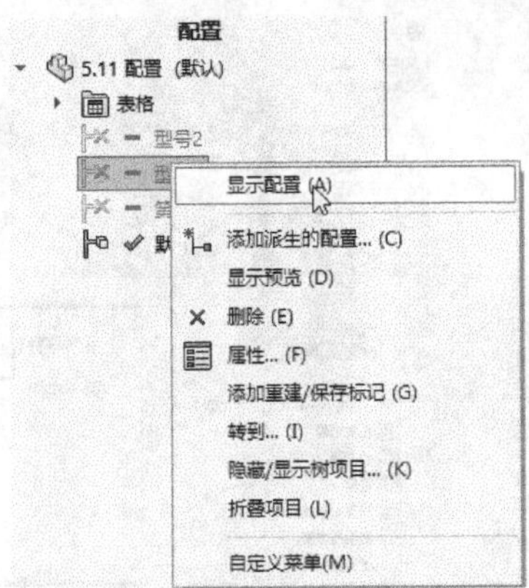

图 5-94　快捷菜单

（2）在 FeatureManager 设计树中，右击（系列零件设计表）按钮。

（3）在弹出的快捷菜单中单击“编辑定义”命令。

（4）如果要删除该系列零件设计表，则单击“删除”命令。

在任何时候，用户均可在原始样本零件中加入或删除特征。如果是加入特征，则加入后的特征将是系列零件设计表中所有型号成员的共有特征。若某个型号成员正在被使用，则系统将会依照所加入的特征自动更新该型号成员。如果是删除原样本零件中的某个特征，则系列零件设计表中的所有型号成员的该特征都将被删除。若某个型号成员正在被使用，则系统会将工作窗口自动切换到现在的工作窗口，完成更新被使用的型号成员。

5.5　综合实例——螺母紧固件系列

在机器或仪器中，有些大量使用的机件，如螺栓、螺母、螺钉、键、销、轴承等，它们的结构和尺寸均已标准化，设计时可根据有关标准选用。

螺栓和螺母是最常用的紧固件之一，其连接形式如图 5-95 所示。这种连接构造简单、成本较低、安装方便、使用不受被连接材料限制，因而应用广泛，一般用于被连接厚度尺寸较小或能从被连接件两边进行安装的场合。

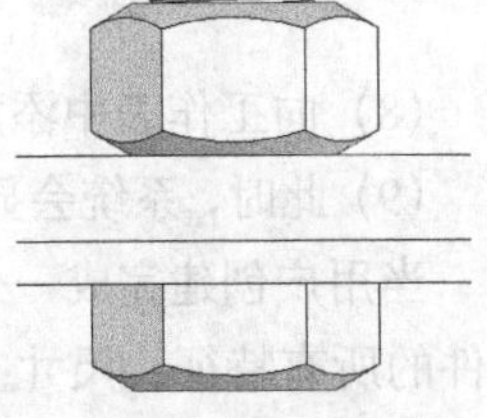

图 5-95　螺栓连接形式

光盘文件

实例结果文件光盘路径为“X:\源文件\ch5\螺母系列表.SLDPRT”。

多媒体演示参见配套光盘中的“X:\动画演示\第 5 章\螺母.avi”。

螺纹的加工方法有车削、铣削、攻丝、套丝、滚压及磨削等。根据螺纹的使用功能与使用量不同，尺寸大小、牙型等不同而选择不同的加工方法。

本节将创建符合标准 QJ3146.3/2-2002H（中华人民共和国航天行业标准）的 M12、M14、M16、M18、M20 的一系列六角薄螺母，如图 5-96 所示。

建模的过程是首先中规中矩地建立一个符合标准的 M12 螺母，然后利用系列零件设计表来生成一系列大小相同、形状相似的标准零件。

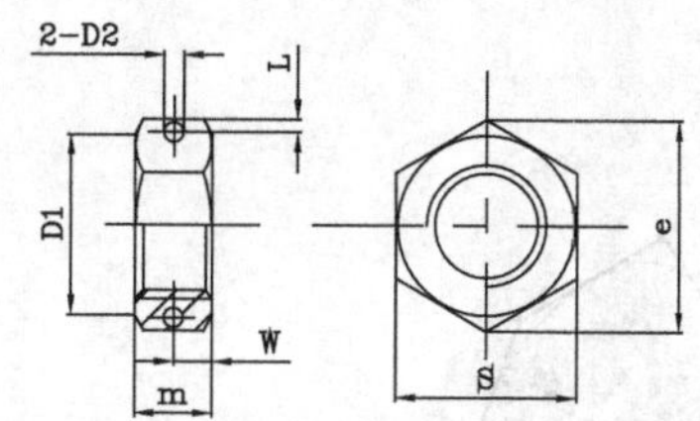

螺纹规格		S		m		L	D1	D2	W
公称 直径 D	螺距	基本 尺寸	极限 偏差	基本 尺寸	极限 偏差				
M12	1.5	19		7.2			18		2.6
M14				8.4	0 -0.36		21		3.1
M16			0 -0.33	9.6		1.2	23	1.5	3.6
M18				10.8	0 -0.43		26		4.1
M20				12			29		4.6

图 5-96　QJ3146.3/2-2002H 螺母

绘制步骤

1. 新建文件。启动 SOLIDWORKS 2016，单击菜单栏中的“文件”→“新建”命令，或者单击“快速访问”工具栏中的“新建”按钮，在弹出的“新建 SOLIDWORKS 文件”对话框中先单击“零件”按钮，再单击“确定”按钮，创建一个新的零件文件。

2. 绘制螺母外形轮廓。选择“前视基准面”作为草图绘制平面，单击“草图绘制”按钮，进入草图编辑状态。单击“草图”控制面板中的“多边形”按钮，以坐标原点为多边形内切圆圆心绘制一个正六边形，根据 SOLIDWORKS 提供的自动跟踪功能将正六边形的一个顶点放置到水平位置。

3. 标注尺寸。单击菜单栏中的“工具”→“标注尺寸”→“智能尺寸”命令，或者单击“草图”控制面板中的“智能尺寸”按钮，标注圆的直径尺寸为 19mm。

4. 拉伸实体。单击菜单栏中的“插入”→“凸台/基体”→“拉伸”命令，或者单击“特征”控制面板中的“拉伸凸台/基体”按钮，设置拉伸的终止条件为“两侧对称”；在按钮右侧的微调框中设置拉伸深度为 7.2mm；其余选项如图 5-97 所示。单击“确定”按钮，生成螺母基体。

5. 绘制边缘倒角。选择“上视基准面”，单击“草图绘制”按钮，在其上新建一草图。

6. 绘制草图。单击“草图”控制面板中的“中心线”按钮，绘制一条通过原点的水平中心线；单击“草图”控制面板中的“点”按钮，绘制两个点；单击“草图”控制面板中的“直线”按钮，绘制螺母两侧的两个三角形。

7. 标注尺寸。单击“草图”控制面板中的“智能尺寸”按钮，标注尺寸，如图 5-98 所示。

8. 旋转切除实体。单击菜单栏中的“插入”→“切除”→“旋转”命令，或者单击“特征”控制面板中的“旋转切除”按钮，在图形区域中选择通过坐标原点的竖直中心线作为旋转的中心轴，其他选项如图 5-99 所示。单击“确定”按钮，生成旋转切除特征。

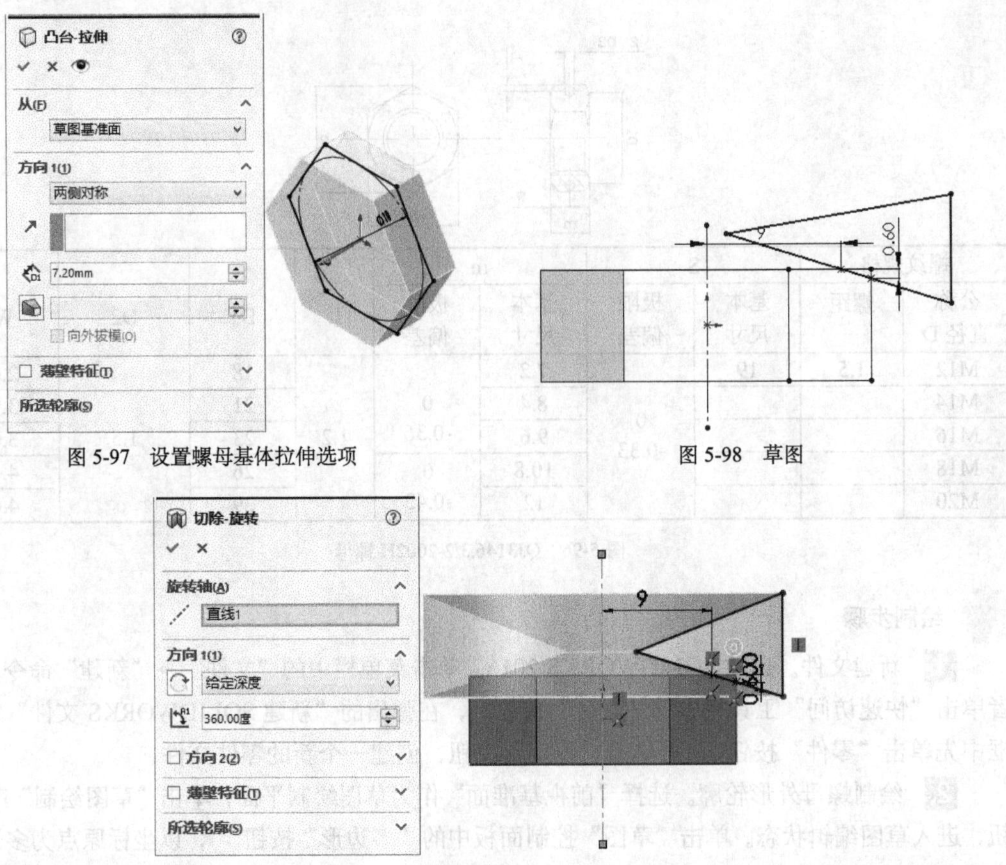

图 5-97 设置螺母基体拉伸选项

图 5-98 草图

图 5-99 设置旋转切除选项

9. 单击“特征”控制面板中的“镜向”按钮，或单击菜单栏中的“插入”→“阵列/镜向”→“镜向”命令，选择“FeatureManager 设计树”中的“前视基准面”作为镜向面；选择刚生成的“切除-旋转 1”特征作为要镜向的特征，其他的选项如图 5-100 所示。单击“确定”按钮✔，创建镜向特征。

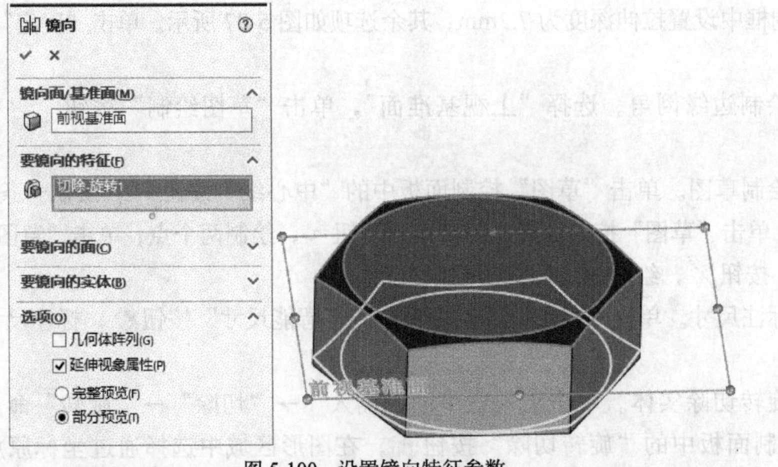

图 5-100 设置镜向特征参数

10. 绘制草图。选择螺母基体的上端面，单击“草图绘制”按钮，在其上新建一草图。单击“草图”控制面板中的“圆”按钮，以坐标原点为圆心绘制一圆。

11. 标注尺寸。单击“草图”控制面板中的“智能尺寸”按钮，标注圆的直径尺寸为10.5mm。

12. 拉伸切除实体。单击菜单栏中的“插入”→“切除”→“拉伸”命令，或者单击“特征”控制面板中的“拉伸切除”按钮，设置拉伸类型为“完全贯穿”，具体的选项如图 5-101所示。单击“确定”按钮，完成拉伸切除特征。

13. 生成螺纹线。单击菜单栏中的“插入”→“注解”→“装饰螺纹线”命令，单击螺纹孔的边线作为“螺纹设定”中的圆形边线；选择终止条件为“通孔”，在按钮右侧的微调框中设置“次要直径”为 12mm；具体的选项如图 5-102 所示。单击“确定”按钮，完成螺纹孔的创建。

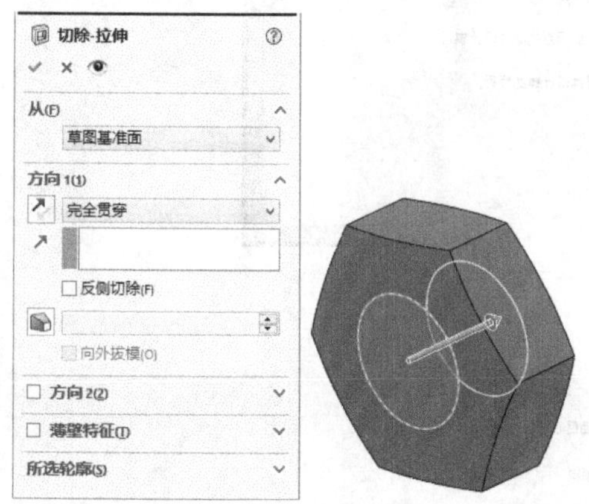

图 5-101　设置拉伸切除类型

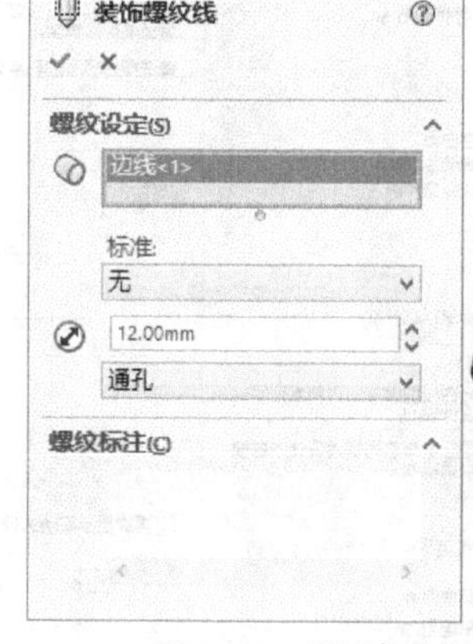

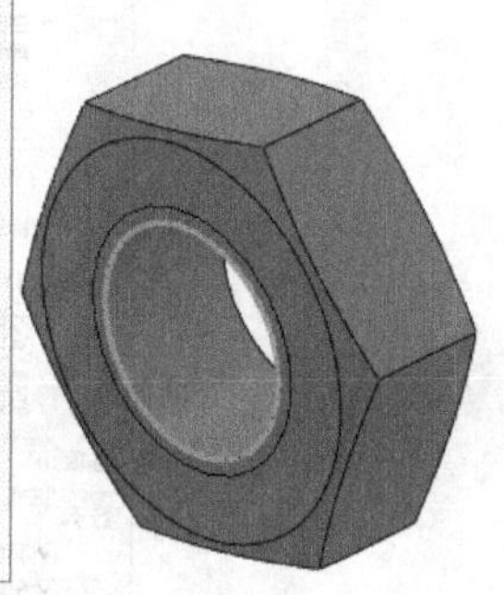

图 5-102　设置装饰螺纹线选项

14. 生成系列零件设计表。如果用户的计算机上同时安装了 Microsoft Excel，就可以使用 Excel 在零件文件中直接嵌入新的配置。配置是指由一个零件或一个部件派生而成的形状相似、大小不同的一系列零件或部件集合。在 SOLIDWORKS 中大量使用的配置是系列零件设计表，利用系列零件设计表用户可以很容易生成一系列大小相同、形状相似的标准零件，如螺母、螺栓等，从而形成一个标准零件库。

使用系列零件设计表具有如下优点。

- 可以采用简单的方法生成大量的相似零件，对于标准化零件管理有很大帮助。
- 使用系列零件设计表，不必一一创建相似零件，从而可以节省大量时间。
- 使用系列零件设计表，在零件装配中很容易实现零件的互换。

生成系列零件设计表的主要步骤如下。

（1）创建一个原始样本零件模型。

（2）选取系列零件设计表中的零件成员要包含的特征或变化尺寸，选取时要按照特征或尺寸的重要程度依次选取。在此用户应注意，原始样本零件中没有被选取的特征或尺寸，将是系列零件设计表中所有成员共同具有的特征或尺寸，即系列零件设计表中各成员的共性部分。

（3）利用 Microsoft Excel 97 以上的版本编辑、添加系列零件设计表的成员包含的特征或变化尺寸。

生成的系列零件设计表保存在模型文件中，并且不会连接到原来的 Excel 文件。在模型中所进行的更改不会影响原来的 Excel 文件。

下面就以 M12 的螺母作为原始样本零件创建系列零件设计表，从而创建一系列的零件。

（1）用鼠标右键单击“FeatureManager 设计树”中的注解文件夹，在打开的快捷菜单中选择“显示特征尺寸”。这时，在图形区域中零件的所有特征尺寸都显示出来。作为特征定义尺寸，它们的颜色是蓝色的，而对应特征中的草图尺寸则显示为黑色，如图 5-103 所示。

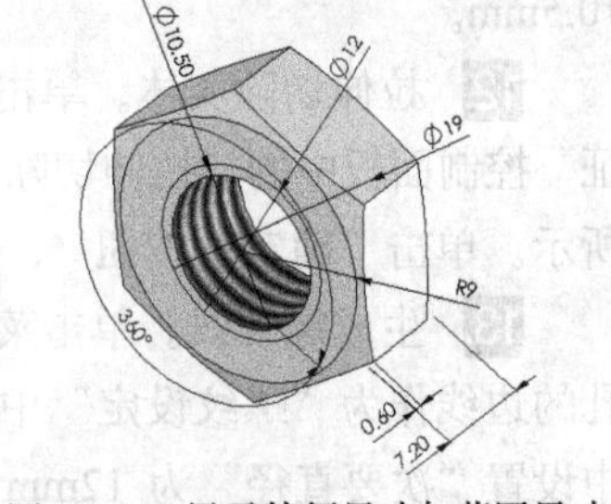

图 5-103　显示特征尺寸与草图尺寸

（2）单击菜单栏中的“插入”→“表格”→“设计表”命令。在“系列零件设计表”属性编辑器中的“源”栏中选择“空白”。单击“确定”按钮✔，在出现的“添加行和列”对话框中，单击“确定”按钮，如图 5-104 所示。

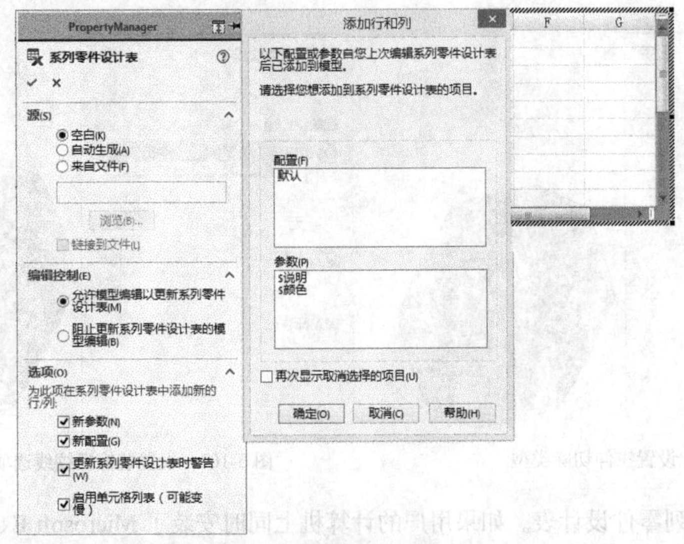

图 5-104　选择添加到系列零件设计表中的尺寸

这时，出现一个 Excel 工作表出现在零件文件窗口中，Excel 工具栏取代了 SOLIDWORKS 工具栏，在图形区域中双击各个驱动尺寸，如图 5-105 所示。

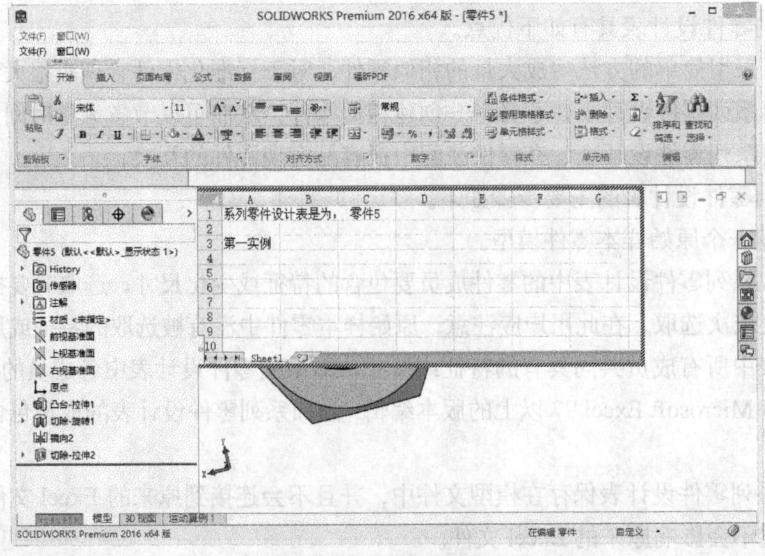

图 5-105　系列零件设计表

（3）在系列零件设计表中，输入如图 5-106 所示的数据。

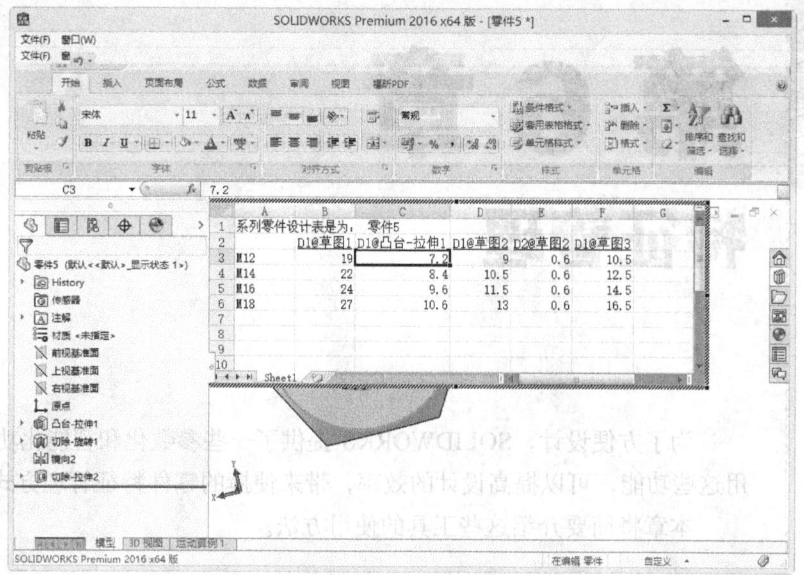

图 5-106 零件表数据

（4）单击图形的空白区域，从而生成 M12、M14、M16、M18 的螺母，单击如图 5-107 所示的“确定”按钮完成系列零件设计表的制作。

（5）单击 SOLIDWORKS 窗口左边面板顶部的 ConfigurationManager 按钮。在 ConfigurationManager 设计树中显示了该模型中系列零件设计表生成的所有型号。

（6）右击要应用的型号，在打开的快捷菜单中选择“显示配置”命令，如图 5-108 所示。系统就会按照系列零件设计表中该型号的模型尺寸重建模型。

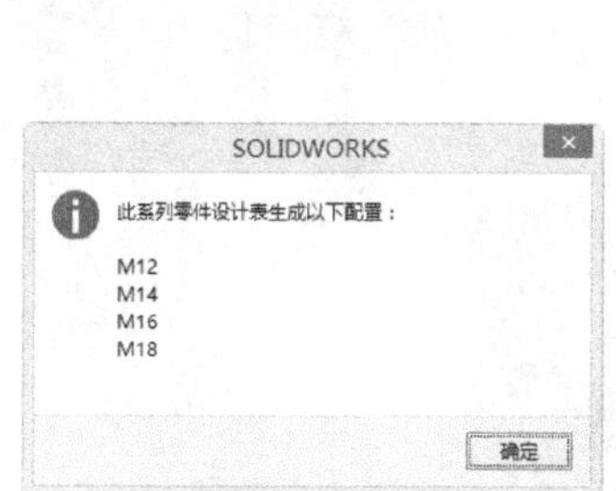

图 5-107 提示生成的配置

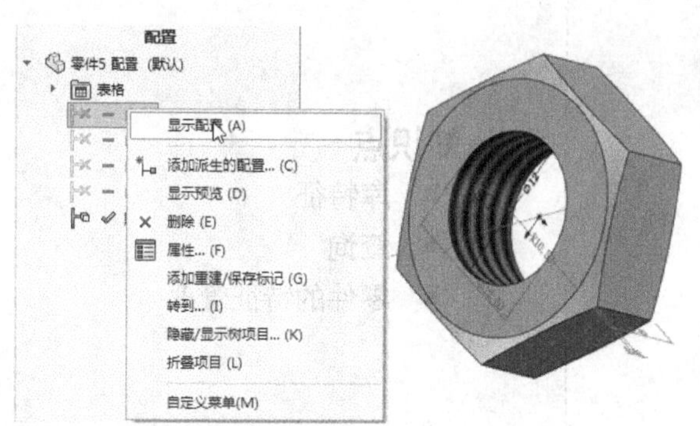

图 5-108 设置配置

（7）完成模型的构建后，单击“保存”按钮，将零件保存为“螺母系列表.SLDPRT”。

第6章

特征管理

为了方便设计，SOLIDWORKS 提供了一些参数化和智能化功能。利用这些功能，可以提高设计的效率，带来便捷的零件特征管理方式。

本章将简要介绍这些工具的使用方法。

知识点

- 库特征
- 查询
- 零件的特征管理

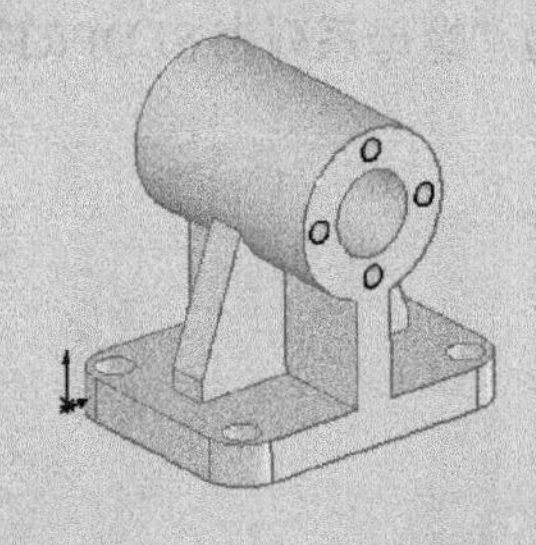

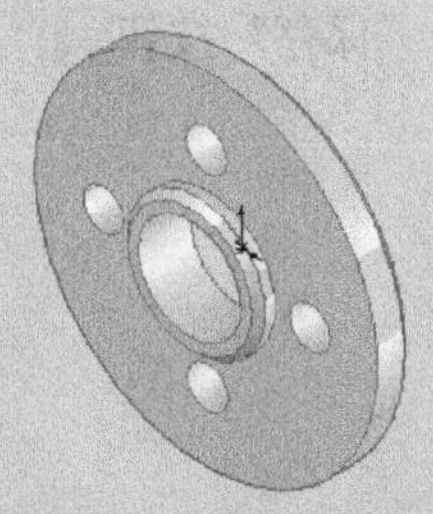

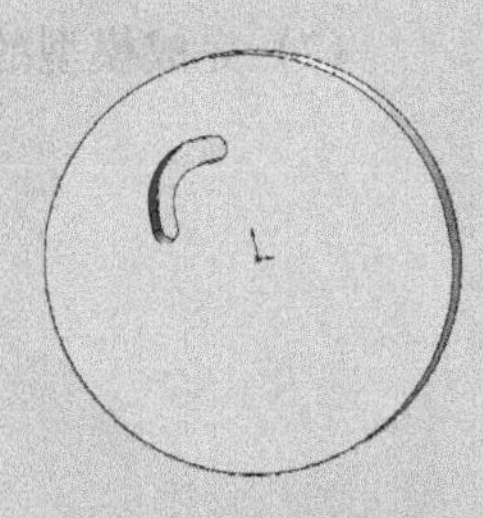

6.1 库特征

SOLIDWORKS 2016 允许用户将常用的特征或特征组（如具有公用尺寸的孔或槽等）保存到库中，便于日后使用。用户可以使用几个库特征作为块来生成一个零件，这样既可以节省时间，又有助于保持模型中的统一性。

用户可以编辑插入零件的库特征。当库特征添加到零件后，目标零件与库特征零件就没有关系了，对目标零件中库特征的修改不会影响到包含该库特征的其他零件。

库特征只能应用于零件，不能添加到装配体中。

技巧荟萃

大多数类型的特征可以作为库特征使用，但不包括基体特征本身。系统无法将包含基体特征的库特征添加到已经具有基体特征的零件中。

6.1.1 库特征的创建与编辑

如果要创建一个库特征，首先要创建一个基体特征来承载作为库特征的其他特征，也可以将零件中的其他特征保存为库特征。

下面介绍创建库特征的操作步骤。

【案例 6-1】本案例结果文件光盘路径为“X:\源文件\ch6\6.1.SLDPRT”，案例视频内容光盘路径为“X:\动画演示\第 6 章\6.1 库特征.avi”。

（1）打开随书光盘中的原始文件“X:\原始文件\ch6\6.1.SLDPRT”。

（2）在基体上创建包括库特征的特征。如果要用尺寸来定位库特征，则必须在基体上标注特征的尺寸。

（3）在“FeatureManager 设计树”中，选择作为库特征的特征。如果要同时选取多个特征，则在选择特征的同时按住 Ctrl 键。

（4）单击菜单栏中的“文件”→“另存为”命令，系统弹出“另存为”对话框。选择“保存类型”为“Lib Feat Part（*.sldlfp）”，并输入文件名称，如图 6-1 所示。单击“保存”按钮，生成库特征。

此时，在“FeatureManager 设计树”中，零件图标将变为库特征图标，其中库特征包括的每个特征都用字母 L 标记，如图 6-2 所示。在库特征零件文件中（.sldlfp）还可以对库特征进行编辑。如要添加另一个特征，则右击要添加的特征，在弹出的快捷菜单中单击“添加到库”命令。

如要从库特征中移除一个特征，则右击该特征，在弹出的快捷菜单中单击“从库中删除”命令。

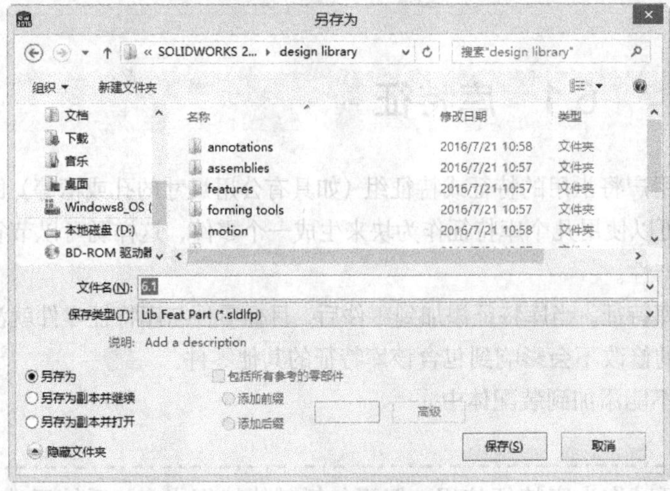

图 6-1　保存库特征

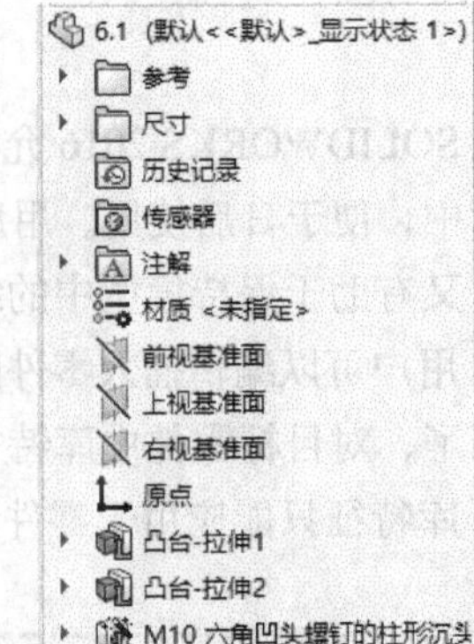

图 6-2　库特征图标

6.1.2　将库特征添加到零件中

在库特征创建完成后，就可以将库特征添加到零件中去。下面结合实例介绍将库特征添加到零件中的操作步骤。

【案例 6-2】本案例结果文件光盘路径为“X:\源文件\ch6\6.2.SLDPRT”，案例视频内容光盘路径为“X:\动画演示\第 6 章\6.2 将库特征添加到零件.avi”。

（1）打开随书光盘中的原始文件“X:\原始文件\ch6\6.2.SLDPRT”。

（2）在图形区右侧的任务窗格中单击（设计库）按钮，系统弹出“设计库”对话框，如图 6-3 所示。这是 SOLIDWORKS 2016 安装时预设的库特征。

（3）浏览到库特征所在目录，从下窗格中选择库特征，然后将其拖动到零件的面上，即可将库特征添加到目标零件中。打开的库特征文件如图 6-4 所示。

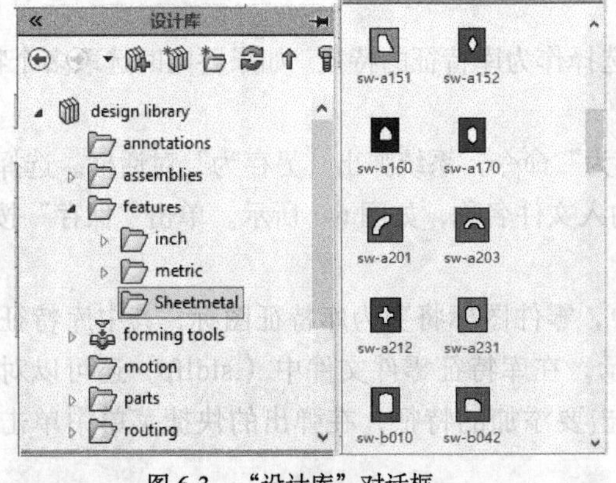

图 6-3　“设计库”对话框

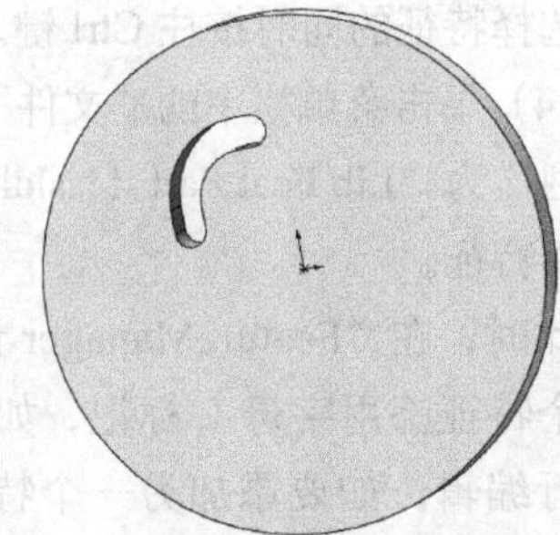

图 6-4　打开的库特征文件

在将库特征插入到零件中后，可以用下列方法编辑库特征。

- 使用（编辑特征）按钮或“编辑草图”命令编辑库特征。
- 通过修改定位尺寸将库特征移动到目标零件的另一位置。

此外，还可以将库特征分解为该库特征中包含的每个单个特征。只需在“FeatureManager 设计树”中右击库特征图标，然后在弹出的快捷菜单中单击“解散库特征”命令，则库特征图标被移除，库特征中包含的所有特征都在“FeatureManager 设计树”中单独列出。

6.2 查询

查询功能主要是查询所建模型的表面积、体积及质量等相关信息，计算设计零部件的结构强度、安全因子等。SOLIDWORKS 提供了 3 种查询功能，即测量、质量特性与截面属性。这 3 个命令按钮位于“工具”工具栏中。

6.2.1 测量

测量功能可以测量草图、三维模型、装配体或者工程图中直线、点、曲面、基准面的距离、角度、半径、大小，以及它们之间的距离、角度、半径或尺寸。当测量两个实体之间的距离时，Delta X、Y 和 Z 的距离会显示出来。当选择一个顶点或草图点时，会显示其 X、Y 和 Z 的坐标值。

下面结合实例介绍测量点坐标、测量距离、测量面积与周长的操作步骤。

【案例 6-3】案例视频内容光盘路径为“X:\动画演示\第 6 章\6.3 查询.avi”。

（1）打开随书光盘中的原始文件“X:\原始文件\ch6\6.3.SLDPRT”，如图 6-5 所示。

（2）单击菜单栏中的“工具”→“评估”→“测量”命令，或者单击“评估”控制面板中的“测量”按钮，系统弹出“测量”对话框。

（3）测量点坐标。测量点坐标主要用来测量草图中的点、模型中的顶点坐标。单击如图 6-5 所示的点 1，在“测量”对话框中便会显示该点的坐标值，如图 6-6 所示。

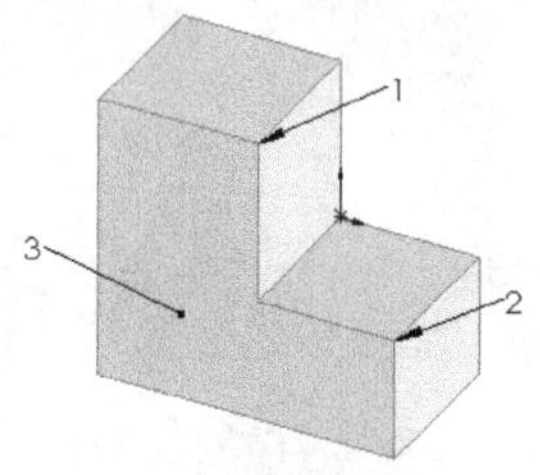

图 6-5 打开的文件实体

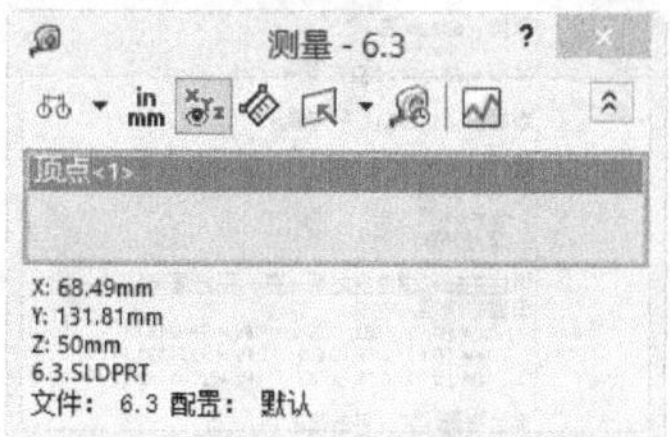

图 6-6 测量点坐标的“测量”对话框

（4）测量距离。测量距离主要用来测量两点、两条边和两面之间的距离。单击如图 6-5 所示的点 1 和点 2，在“测量”对话框中便会显示所选两点的绝对距离以及 X、Y 和 Z 坐标的差值，如图 6-7 所示。

（5）测量面积与周长。测量面积与周长主要用来测量实体某一表面的面积与周长。单击图 6-5 所示的面 3，在“测量”对话框中便会显示该面的面积与周长，如图 6-8 所示。

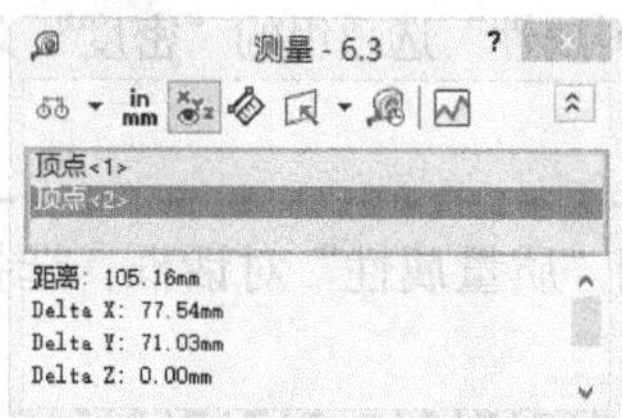

图 6-7 测量距离的“测量”对话框

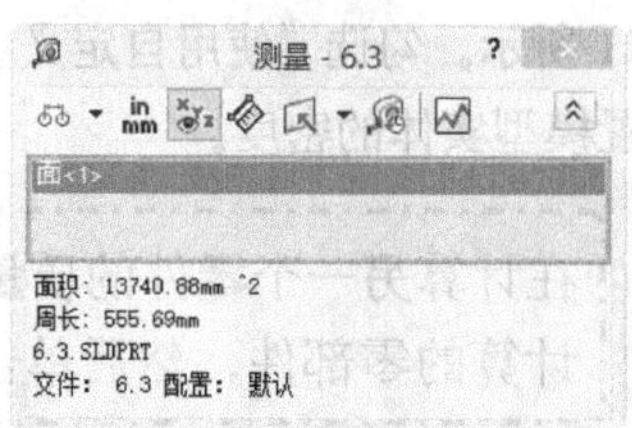

图 6-8 测量面积与周长的“测量”对话框

技巧荟萃

执行“测量”命令时，可以不必关闭对话框而切换不同的文件。当前激活的文件名会出现在“测量”对话框的顶部，如果选择了已激活文件中的某一测量项目，则对话框中的测量信息会自动更新。

6.2.2 质量属性

质量特性功能可以测量模型实体的质量、体积、表面积与惯性矩等。

下面结合实例介绍质量特性的操作步骤。

【案例 6-4】案例视频内容光盘路径为“X:\动画演示\第 6 章\6.4 质量.avi”。

（1）打开随书光盘中的原始文件“X:\原始文件\ch6\6.4. SLDPRT”，如图 6-5 所示。

（2）单击菜单栏中的“工具”→“评估”→“质量特性”命令，或者单击“评估”控制面板中的“质量特性”按钮，系统弹出的“质量属性”对话框如图 6-9 所示。在该对话框中会自动计算出该模型实体的质量、体积、表面积与惯性矩等，模型实体的主轴和重心显示在视图中，如图 6-10 所示。

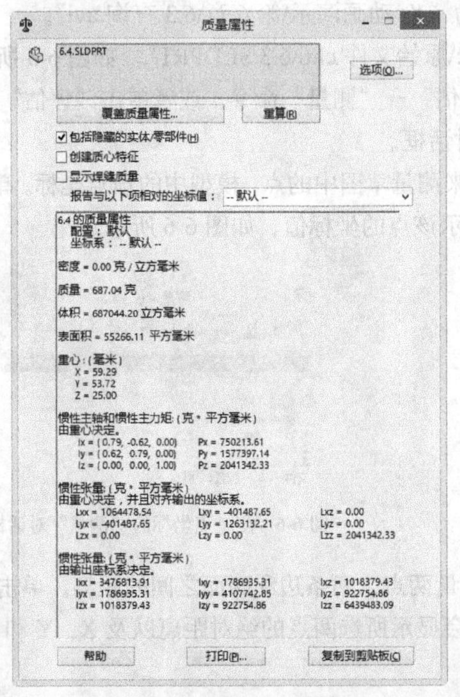

图 6-9 “质量属性”对话框

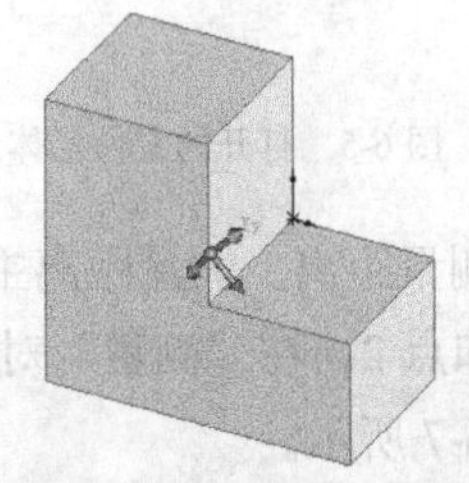

图 6-10 显示主轴和重心

（3）单击“质量属性”对话框中的“选项”按钮，系统弹出“质量/剖面属性选项”对话框，如图 6-11 所示。勾选“使用自定义设定”单选钮，在“材料属性”选项组的“密度”文本框中可以设置模型实体的密度。

技巧荟萃

在计算另一个零件的质量特性时，不需要关闭“质量属性”对话框，选择需要计算的零部件，然后单击“重算”按钮即可。

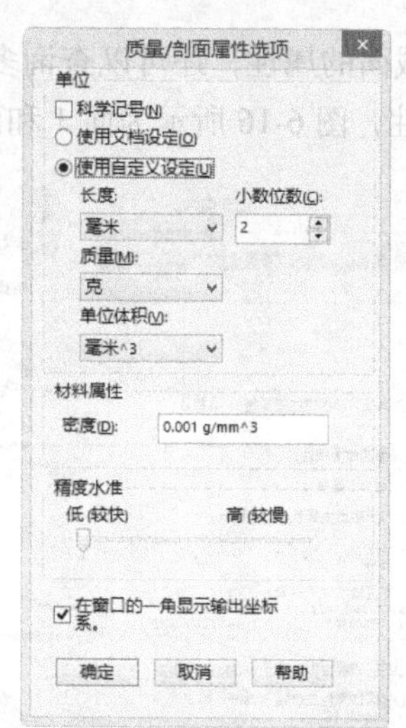

图 6-11　“质量/剖面属性选项”对话框

6.2.3　截面属性

截面属性可以查询草图、模型实体中平面或者剖面的某些特性，如截面面积、截面重心的坐标、在重心的面惯性矩、在重心的面惯性极力矩、位于主轴和零件轴之间的角度以及面心的二次矩等。下面结合实例介绍截面属性的操作步骤。

【案例 6-5】案例视频内容光盘路径为“X:\动画演示\第 6 章\6.5 截面.avi”。

（1）打开随书光盘中的原始文件“X:\原始文件\ch6\6.5.SLDPRT”，如图 6-12 所示。

（2）单击菜单栏中的“工具”→“评估”→“截面属性”命令，或者单击“评估”控制面板中的“截面属性”按钮，系统弹出“截面属性”对话框。

（3）单击如图 6-12 所示的面 1，然后单击“截面属性”对话框中的“重算”按钮，计算结果出现在该对话框中，如图 6-13 所示。所选截面的主轴和重心显示在视图中，如图 6-14 所示。

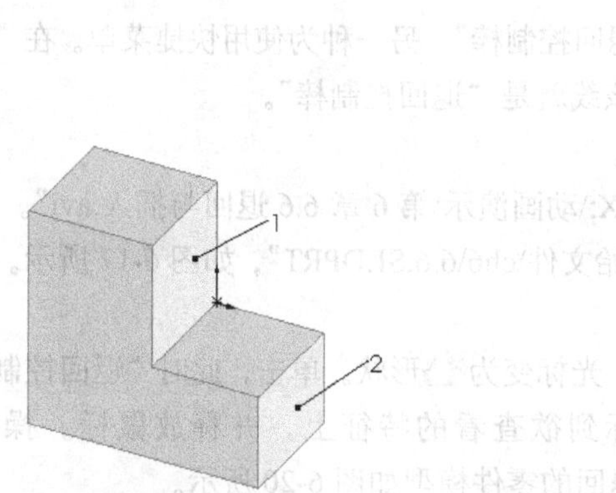

图 6-12　打开的文件实体

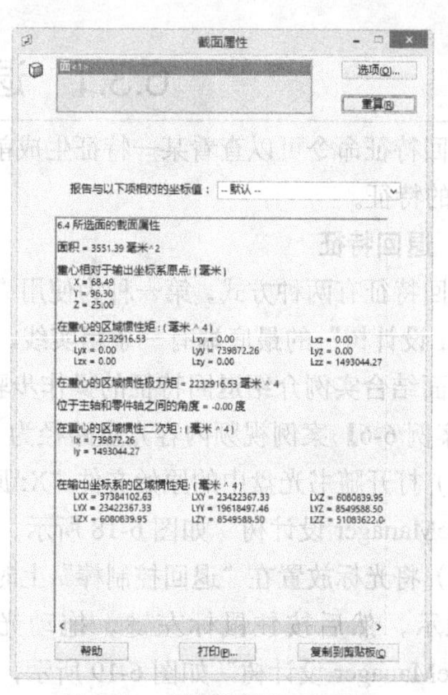

图 6-13　“截面属性”对话框 1

截面属性不仅可以查询单个截面的属性，还可以查询多个平行截面的联合属性。图 6-15 为图 6-12 中面 1 和面 2 的联合属性，图 6-16 所示为面 1 和面 2 的主轴和重心显示。

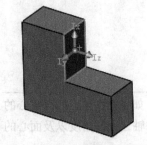

图 6-14　显示主轴和重心的图形 1

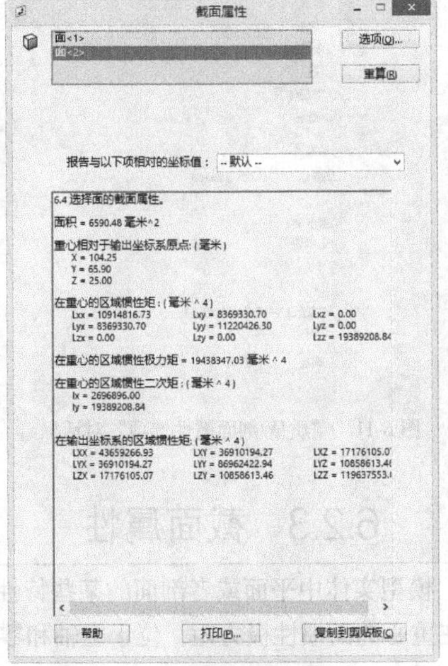

图 6-15　“截面属性”对话框 2

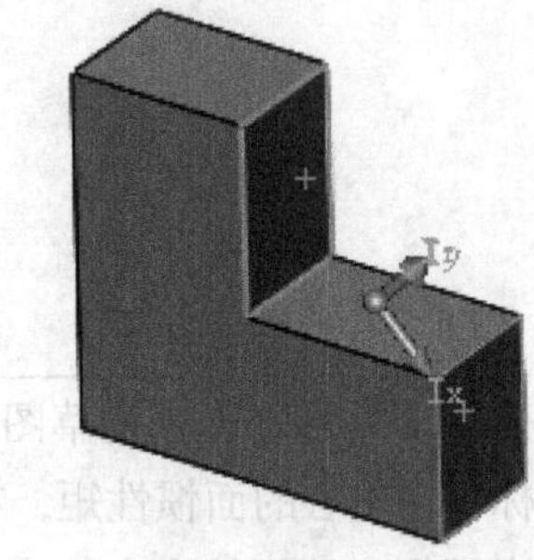

图 6-16　显示主轴和重心的图形 2

6.3　零件的特征管理

零件的建模过程实际上是创建和管理特征的过程。本节介绍零件的特征管理，即退回与插入特征、压缩与解除压缩特征、动态修改特征。

6.3.1　退回与插入特征

退回特征命令可以查看某一特征生成前后模型的状态，插入特征命令用于在某一特征之后插入新的特征。

1．退回特征

退回特征有两种方式，第一种为使用“退回控制棒”，另一种为使用快捷菜单。在“Feature Manager 设计树”的最底端有一条粗实线，该线就是“退回控制棒”。

下面结合实例介绍退回特征的操作步骤。

【案例 6-6】案例视频内容光盘路径为“X:\动画演示\第 6 章\6.6 退回与插入.avi”。

(1) 打开随书光盘中的原始文件“X:\原始文件\ch6\6.6.SLDPRT”，如图 6-17 所示。基座的“FeatureManager 设计树”如图 6-18 所示。

(2) 将光标放置在“退回控制棒”上时，光标变为形状。单击，此时“退回控制棒”以蓝色显示，然后按住鼠标左键，拖动光标到欲查看的特征上，并释放鼠标。操作后的“FeatureManager 设计树”如图 6-19 所示，退回的零件模型如图 6-20 所示。

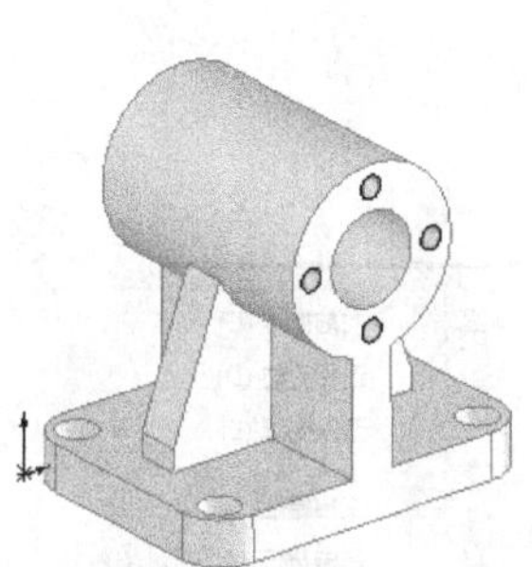

图 6-17 打开的文件实体

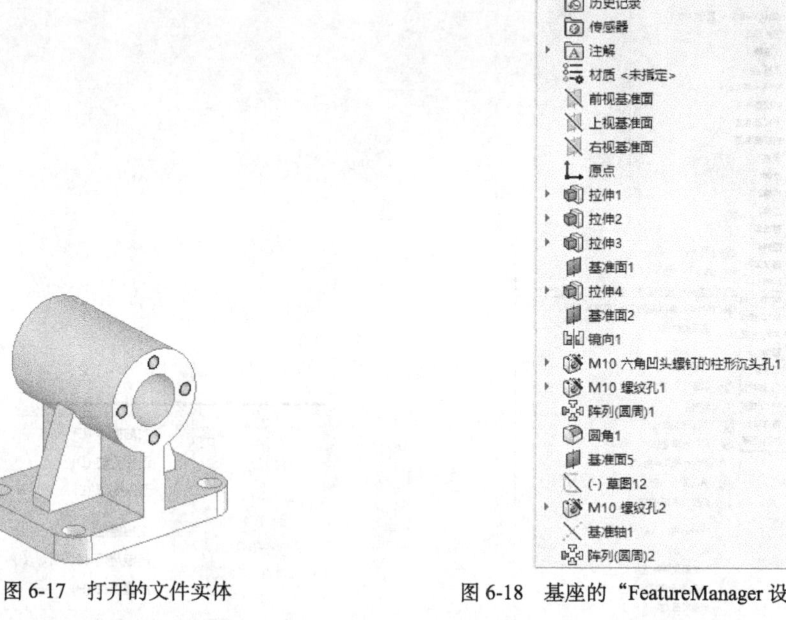

图 6-18 基座的“FeatureManager 设计树”

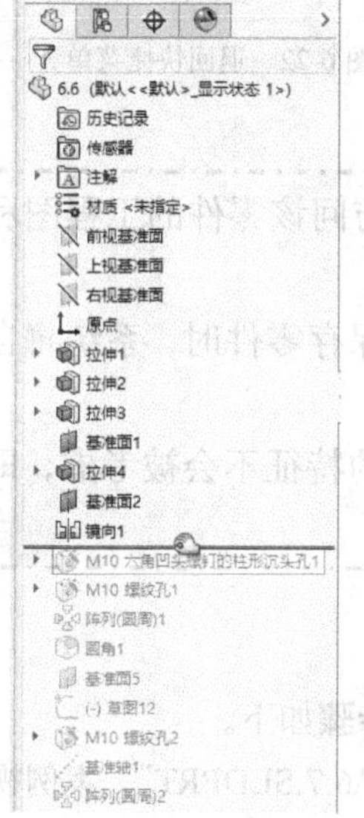

图 6-19 操作后的“FeatureManager 设计树”

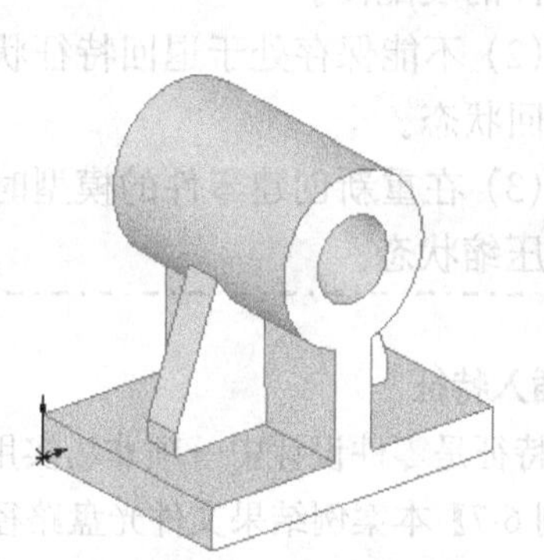

图 6-20 退回的零件模型

从图 6-20 中可以看出，查看特征后的特征在零件模型上没有显示，表明该零件模型退回到该特征以前的状态。

退回特征还可以使用快捷菜单进行操作，右击“FeatureManager 设计树”中的“M10 六角凹头螺钉的柱形沉头孔 1”特征，系统弹出的快捷菜单如图 6-21 所示，单击“退回”按钮↰，此时该零件模型退回到该特征以前的状态，如图 6-20 所示。也可以在退回状态下，使用如图 6-22 所示的退回快捷菜单，根据需要选择需要的退回操作。

在退回快捷菜单中，“向前推进”命令表示退回到下一个特征；“退回到前”命令表示退回到上一退回特征状态；“退回到尾”命令表示退回到特征模型的末尾，即处于模型的原始状态。

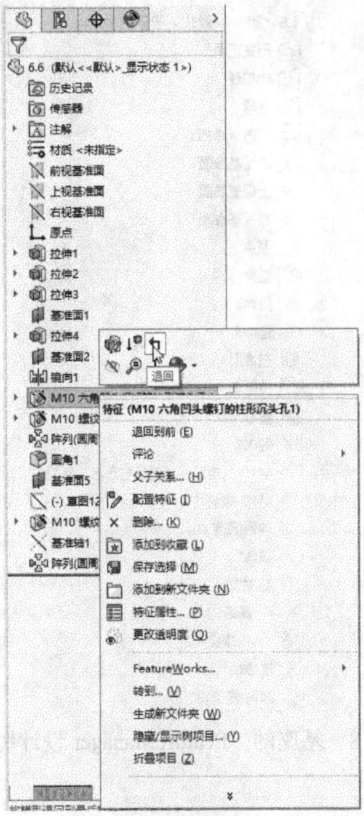

图 6-21　快捷菜单

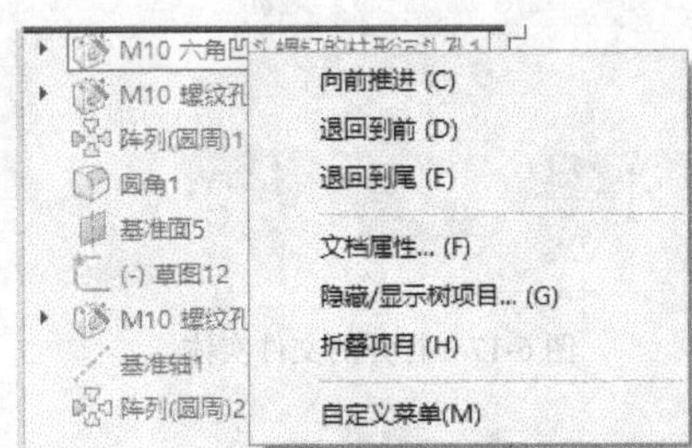

图 6-22　退回快捷菜单

技巧荟萃

(1) 当零件模型处于退回特征状态时，将无法访问该零件的工程图和基于该零件的装配图。

(2) 不能保存处于退回特征状态的零件图，在保存零件时，系统将自动释放退回状态。

(3) 在重新创建零件的模型时，处于退回状态的特征不会被考虑，即视其处于压缩状态。

2．插入特征

插入特征是零件设计中一项非常实用的操作，其操作步骤如下。

【案例 6-7】本案例结果文件光盘路径为“X:\源文件\ch6\6.7.SLDPRT”，案例视频内容光盘路径为“X:\动画演示\第 6 章\6.7 退回与插入.avi”。

(1) 打开随书光盘中的原始文件“X:\原始文件\ch6\6.7.SLDPRT”，如图 6-23 所示。

(2) 将“FeatureManager 设计树”中的“退回控制棒”拖到需要插入特征的位置，如图 6-24 所示。

(3) 根据设计需要生成新的拉伸切除特征。选择零件左端面为草图绘制平面，单击“正视于”按钮，单击“草图”控制面板中的“圆”按钮，绘制一圆，单击“智能尺寸”按钮，设置圆的直径尺寸为 40mm。单击“特征”控制面板中的“拉伸-切除”按钮，方向 1 选项组中的“终止条件”选项选择“完全贯穿”，单击确定按钮完成特征绘制。

(4) 将“退回控制棒”拖动到设计树的最后位置，完成特征插入，结果如图 6-25 所示。

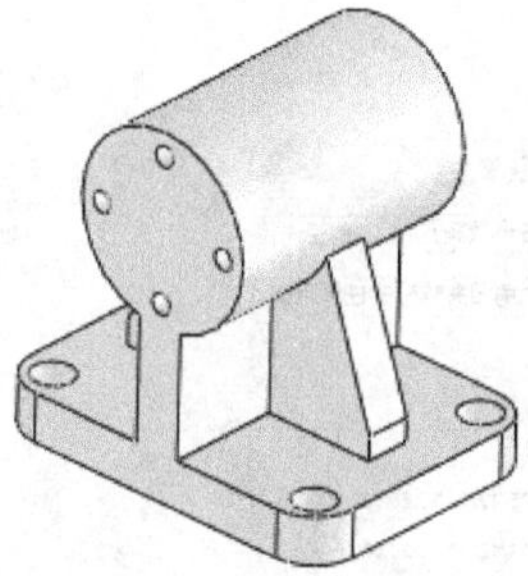

图 6-23 打开的文件实体

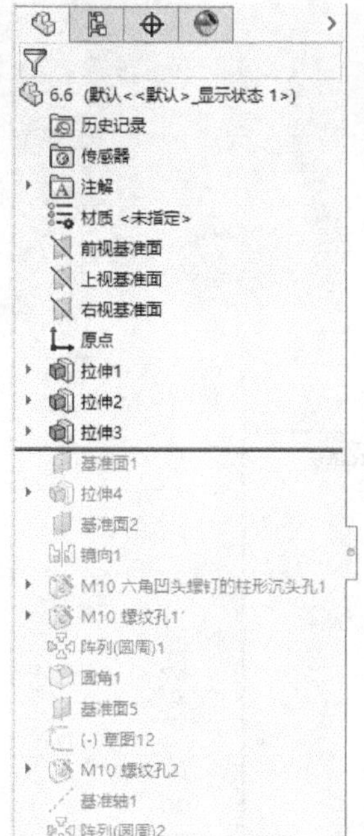

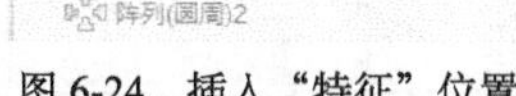

图 6-24 插入“特征”位置

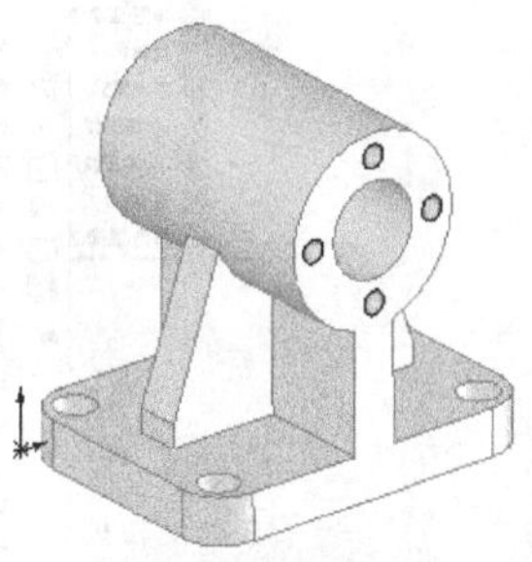

图 6-25 结果图

6.3.2 压缩与解除压缩特征

1．压缩特征

压缩的特征可以从“FeatureManager 设计树”中选择需要压缩的特征，也可以从视图中选择需要压缩特征的一个面。

下面通过实例介绍该方式的操作步骤。

【案例 6-8】本案例结果文件光盘路径为“X:\源文件\ch6\6.8.SLDPRT”，案例视频内容光盘路径为“X:\动画演示\第 6 章\6.8 压缩特征.avi”。

打开随书光盘中的原始文件“X:\原始文件\ch6\6.8.SLDPRT”，如图 6-23 所示。

下面介绍 3 种压缩特征的方法。

（1）菜单栏方式：选择要压缩的特征，然后单击菜单栏中的“编辑”→“压缩”→“此配置”命令。

（2）快捷菜单方式：在“FeatureManager 设计树”中，右击需要压缩的特征，在弹出的快捷菜单中单击 （压缩）按钮，如图 6-26 所示。

（3）对话框方式：在“FeatureManager 设计树”中，右击需要压缩的特征，在弹出的快捷菜单中单击“特征属性”命令。在弹出的“特征属性”对话框中勾选“压缩”复选框，然后单击“确定”按钮，如图 6-27 所示。

特征被压缩后，在模型中不再被显示，但是并没有被删除，被压缩的特征在“FeatureManager 设计树”中以灰色显示。图 6-28 为基座镜向特征后面的特征被压缩后的图形，图 6-29 为压缩后的“FeatureManager 设计树”。

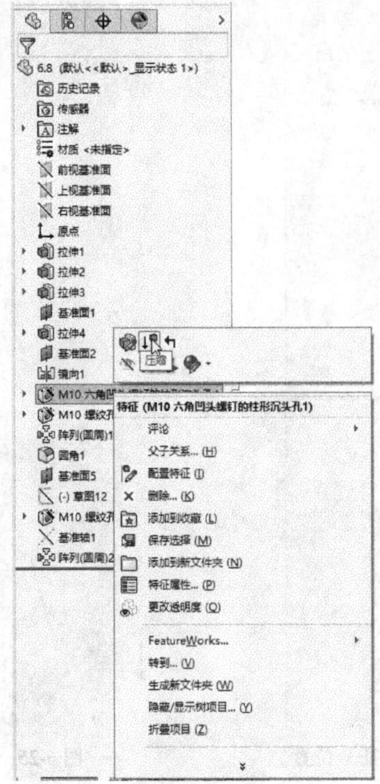

图 6-26　快捷菜单

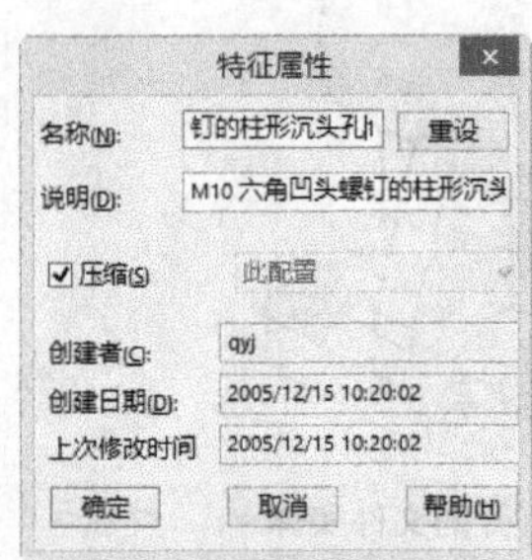

图 6-27　“特征属性”对话框

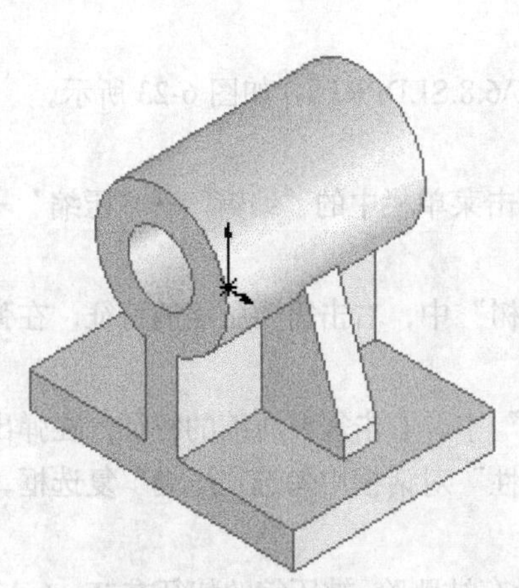

图 6-28　压缩特征后的基座

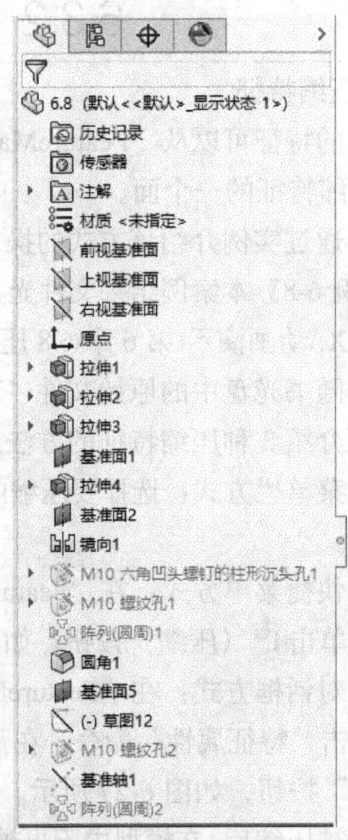

图 6-29　压缩后的“FeatureManager 设计树”

2．解除压缩特征

解除压缩的特征必须从“FeatureManager 设计树”中选择需要压缩的特征，而不能从视图中选择该特征的某一个面，因为视图中该特征不被显示。

下面通过实例介绍该方式的操作步骤。

【案例 6-9】本案例结果文件光盘路径为“X:\源文件\ch6\6.9.SLDPRT”，案例视频内容光盘路径为“X:\动画演示\第 6 章\6.9 解除压缩特征.avi”。

打开随书光盘中的原始文件“X:\原始文件\ch6\6.9.SLDPRT”，如图 6-30 所示。

与压缩特征相对应，解除压缩特征的方法有以下几种。

（1）菜单栏方式：选择要解除压缩的特征，然后单击菜单栏中的“编辑”→“解除压缩”→“此配置”命令。

（2）快捷菜单方式：在“FeatureManager 设计树”中，右击要解除压缩的特征，在弹出的快捷菜单中单击 （解除压缩）按钮。

（3）对话框方式：在“FeatureManager 设计树”中，右击要解除压缩的特征，在弹出的快捷菜单中单击“特征属性”命令。在弹出的“特征属性”对话框中取消对“压缩”复选框的勾选，然后单击“确定”按钮。

压缩的特征被解除以后，视图中将显示该特征，“FeatureManager 设计树”中该特征将以正常模式显示，如图 6-31 所示。

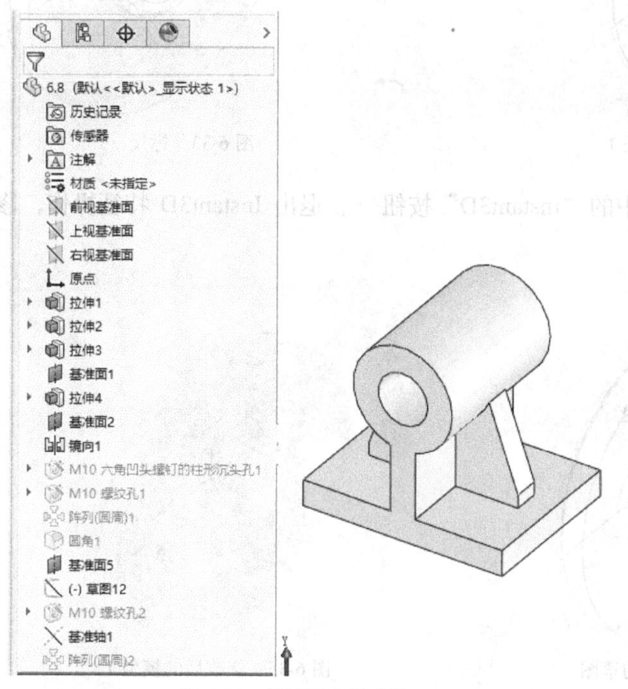

图 6-30 打开的文件实体

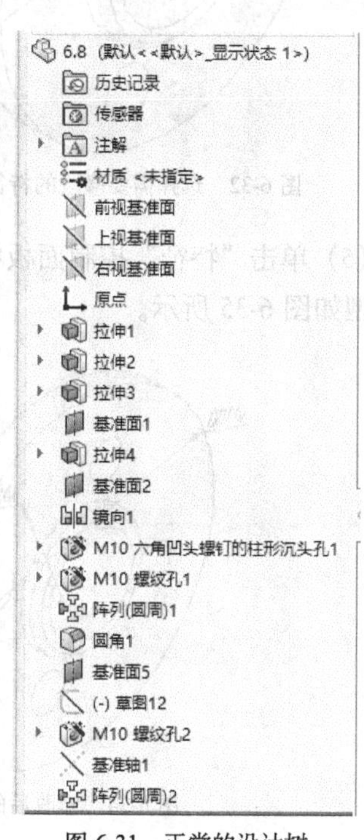

图 6-31 正常的设计树

6.3.3 Instant3D

Instant3D 可以使用户通过拖动控标或标尺来快速生成和修改模型几何体。动态修改特征是指系统不需要退回编辑特征的位置，直接对特征进行动态修改的命令。动态修改是通过控标移动、旋转来调整拉伸及旋转特征的大小。通过动态修改可以修改草图，也可以修改特征。

下面结合实例介绍动态修改特征的操作步骤。

【案例 6-10】本案例结果文件光盘路径为“X:\源文件\ch6\6.10.SLDPRT”，案例视频内容光盘路径为“X:\动画演示\第 6 章\6.10 Instant3D.avi”。

1．修改草图

（1）打开随书光盘中的原始文件“X:\原始文件\ch6\6.10.SLDPRT”。

（2）单击“特征”控制面板中的“Instant3D”按钮，开始动态修改特征操作。

（3）单击“FeatureManager 设计树”中的“拉伸 1”下的“草图 1”作为要修改的特征，视图中该特征被亮显，如图 6-32 所示，同时，出现该特征的修改控标。

（4）拖动直径为 85.11mm 的控标，屏幕出现标尺，如图 6-33 所示。使用屏幕上的标尺可以精确的修改草图，修改后的草图如图 6-34 所示。

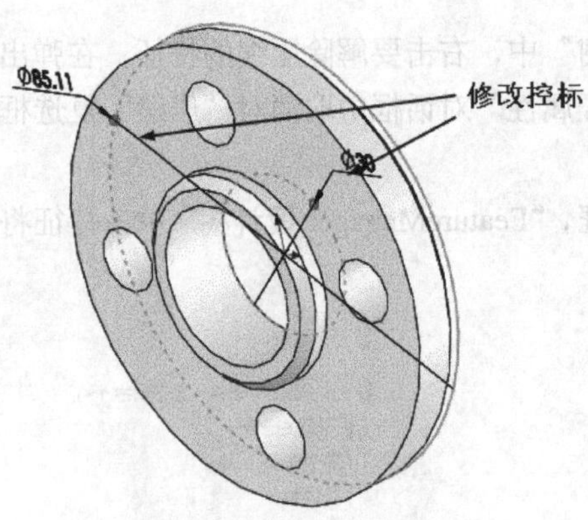

图 6-32　选择需要修改的特征 1

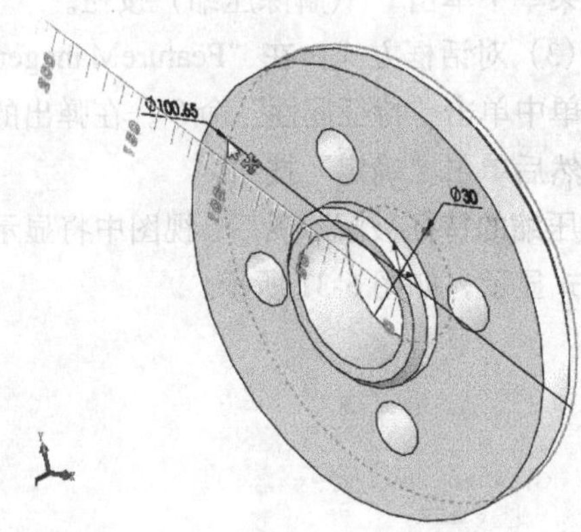

图 6-33　标尺

（5）单击“特征”控制面板中的“Instant3D”按钮，退出 Instant3D 特征操作，修改后的模型如图 6-35 所示。

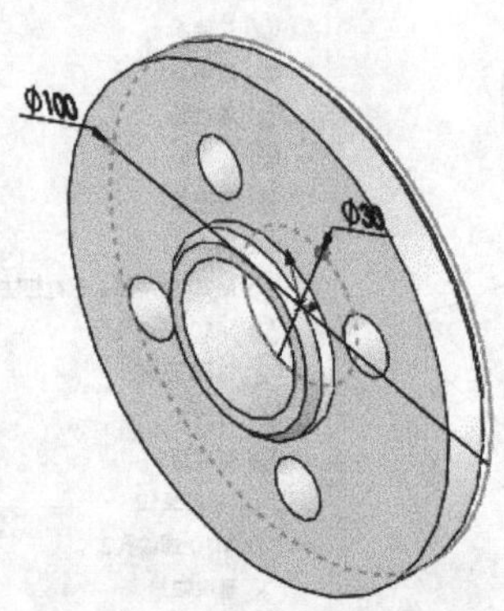

图 6-34　修改后的草图

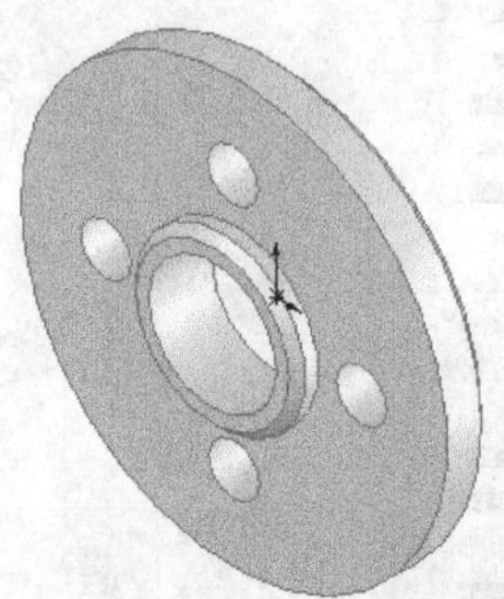
图 6-35　修改后的模型 1

2．修改特征

（1）单击“特征”控制面板中的“Instant3D”按钮，开始动态修改特征操作。

（2）单击“FeatureManager 设计树”中的“拉伸 2”作为要修改的特征，视图中该特征被亮显，如图 6-36 所示，同时，出现该特征的修改控标。

（3）拖动距离为 5mm 的修改控标，调整拉伸的长度，如图 6-37 所示。

（4）单击“特征”控制面板中的“Instant3D”按钮，退出 Instant3D 特征操作，修改后的模型如图 6-38 所示。

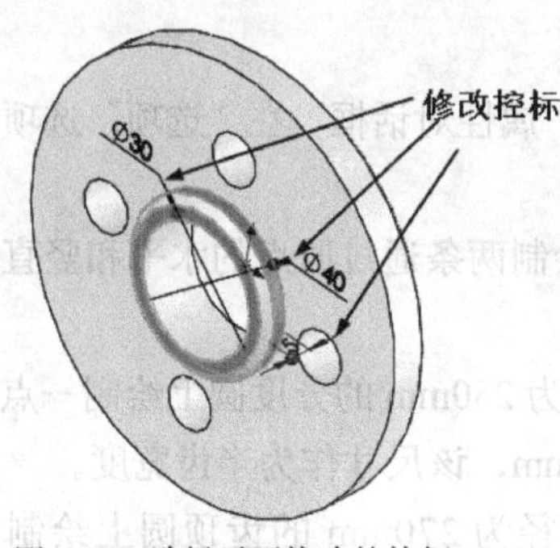

图 6-36 选择需要修改的特征 2

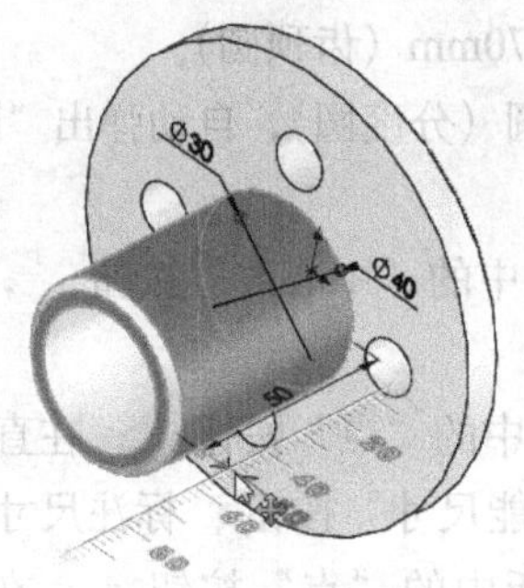

图 6-37 拖动修改控标

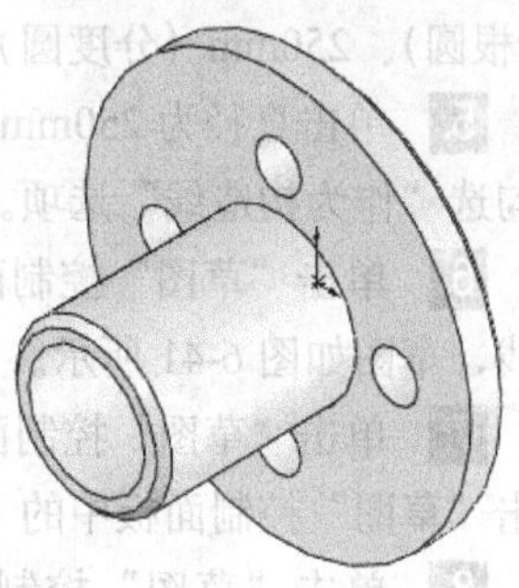
图 6-38 修改后的模型 2

6.4 综合实例——斜齿圆柱齿轮

本例绘制斜齿圆柱齿轮。图 6-39 为此斜齿圆柱齿轮的各项参数。图 6-40 为此斜齿圆柱齿轮的二维工程图。

模数	m	8
齿数	Z	19
齿形角	α	20°
齿顶高系数	h	1
径向变位系数	X	0
精度等级	7-GB10095-94	
公法线平均长度及偏差	$W.E_w$	$256.52^{-0.088}_{-0.176}$
公法线长度变动公差	Fw	0.036
径向综和公差	Fi"	0.090
一齿径向综和公差	fi"	0.032
齿向公差	Fβ	0.011

图 6-39 斜齿圆柱齿轮的参数

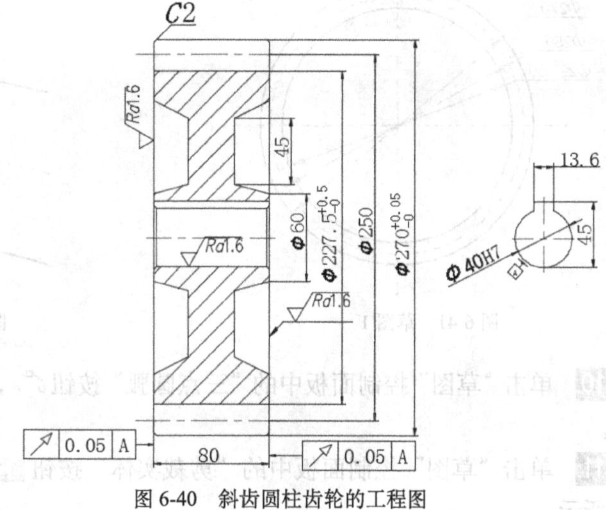

图 6-40 斜齿圆柱齿轮的工程图

光盘文件

实例结果文件光盘路径为“X:\源文件\ch6\斜齿圆柱齿轮.SLDPRT”。

多媒体演示参见配套光盘中的“X:\动画演示\第 6 章\斜齿圆柱齿轮.avi”。

操作步骤

步骤 1 绘制齿形

1. 新建文件。单击“快速访问”工具栏中的“新建”按钮，在弹出的“新建 SOLIDWORKS 文件”属性管理器中选择“零件”按钮，然后单击“确定”按钮，创建一个新的零件文件。

2. 选择左侧“FeatureManager 设计树”中的“前视基准面”作为草图绘制平面，单击“草图”控制面板中的“草图绘制”按钮，进入草图编辑状态。

3. 单击“草图”控制面板中的“圆”按钮，以原点为圆心绘制 3 个同心圆。

4. 单击“草图”控制面板中的“智能尺寸”按钮，标注 3 个圆的直径分别为 227.5mm

(齿根圆)、250mm(分度圆)、270mm(齿顶圆)。

5. 单击直径为250mm的圆(分度圆),自动弹出“圆”属性对话框,在“选项”选项组中勾选“作为构造线”选项。

6. 单击“草图”控制面板中的“中心线”按钮,绘制两条通过原点的水平和竖直中心线,草图如图6-41所示。

7. 单击“草图”控制面板中的“点”按钮,在直径为250mm的分度圆上绘制一点,单击“草图”控制面板中的“智能尺寸”按钮标注尺寸8mm,该尺寸作为半齿宽度。

8. 单击“草图”控制面板中的“点”按钮,在直径为270mm的齿顶圆上绘制一点,单击“草图”控制面板中的“智能尺寸”按钮标注尺寸为3.5mm,该尺寸作为齿顶宽度。

9. 单击“草图”控制面板中的“点”按钮,在直径为227.5的齿根圆上绘制一点,单击“草图”控制面板中的“智能尺寸”按钮标注尺寸为12mm,该尺寸作为齿根宽度,草图如图6-42所示。

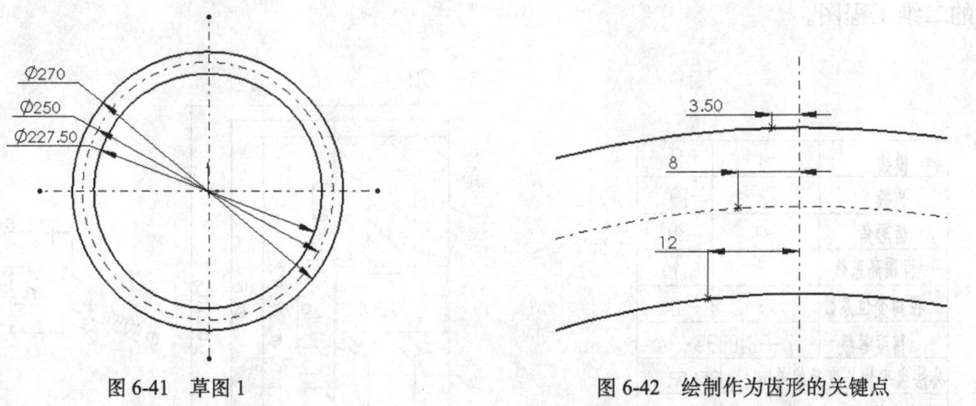

图6-41 草图1　　图6-42 绘制作为齿形的关键点

10. 单击“草图”控制面板中的“三点圆弧”按钮,绘制齿形,并标注尺寸,如图6-43所示。

11. 单击“草图”控制面板中的“剪裁实体”按钮,裁剪掉与齿形无关的线条,如图6-44所示。

12. 单击“草图”控制面板中的“镜向实体”按钮,镜向修剪后的齿形,形成一完整的齿廓,如图6-45所示。

13. 单击“草图”控制面板中的“退出草图”按钮,完成草图的绘制并退出草图。

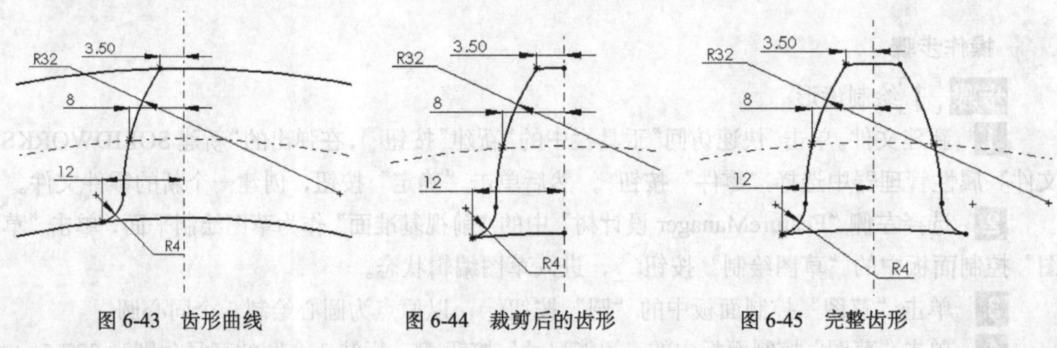

图6-43 齿形曲线　　图6-44 裁剪后的齿形　　图6-45 完整齿形

步骤 2 创建齿条

1. 创建基准面。单击“特征”控制面板中的“基准面”按钮，选择“前视基准面”作为参考实体。点击“偏移距离”按钮，在输入框中输入等距距离 80mm，单击“确定”按钮，创建与齿形草图所在平面距离为 80mm 的“基准面 1”。

2. 绘制草图。选择“基准面 1”作为草图平面，单击“草图”控制面板中的“草图绘制”按钮，进入草图编辑状态。选择在“前视基准面”上绘制的齿形，单击“转换实体引用”按钮，将齿形投影到“基准面 1”上。

3. 旋转齿形。选择转换为“基准面 1”的草图轮廓，单击“草图”控制面板中的“旋转实体”按钮；选择图形区域中的原点作为“基准点”；在“参数”栏目中的“角度”文本框中输入 8°，从而将齿形轮廓以原点为旋转中心旋转 8°，如图 6-46 所示。单击“确定”按钮，完成草图旋转即完成斜齿轮的另一个轮廓，如图 6-47 所示。

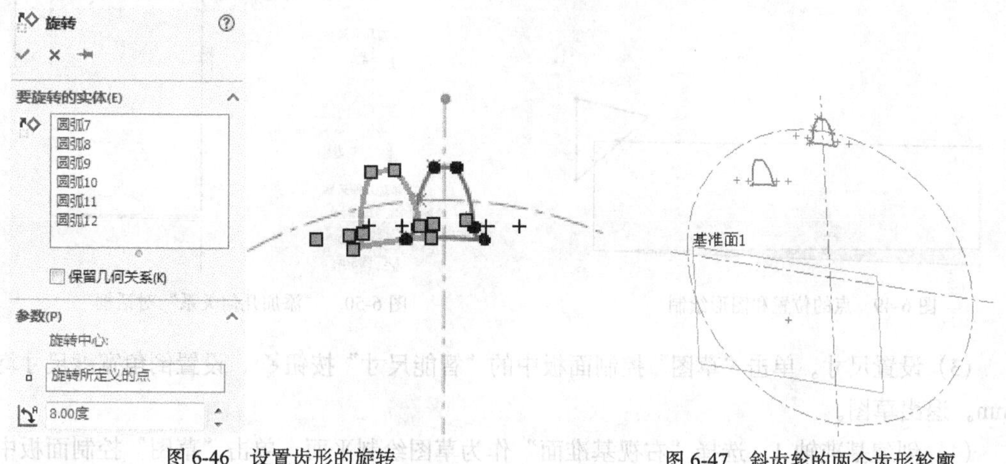

图 6-46 设置齿形的旋转　　图 6-47 斜齿轮的两个齿形轮廓

4. 放样齿条。单击“特征”控制面板中的“放样凸台/基体”按钮，选择两个齿形轮廓草图作为放样轮廓。单击“确定”按钮，完成齿条的放样特征，如图 6-48 所示。

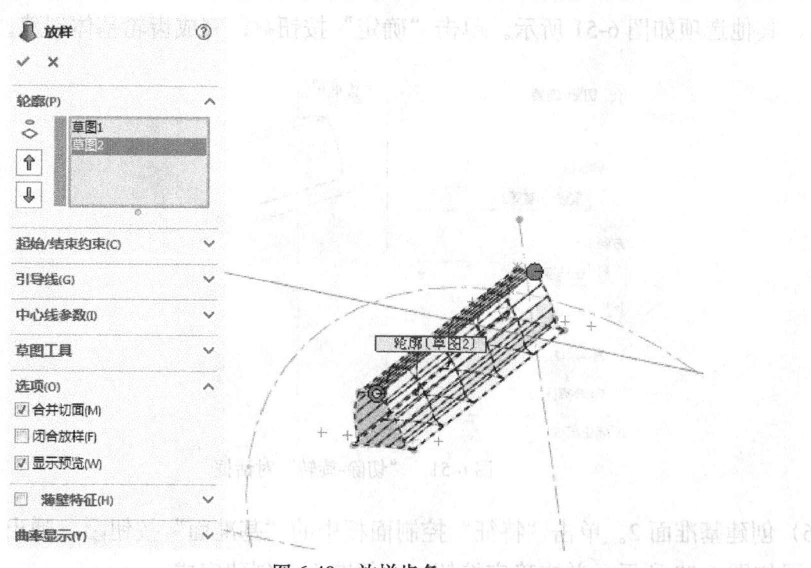

图 6-48 放样齿条

5. 齿条倒角。

（1）选择“右视基准面”作为草图绘制平面，单击“草图”控制面板中的“草图绘制”按钮，进入草图编辑状态。单击“草图”控制面板中的“点”按钮，绘制两个点。单击“草图”控制面板中的“直线”按钮，绘制如图 6-49 所示的图形。

（2）添加几何约束。单击“草图”控制面板中的“添加几何关系”按钮，弹出“添加几何关系”对话框，设置“点”与“直线”的重合关系，如图 6-50 所示。单击“确定”按钮，完成几何关系的添加。

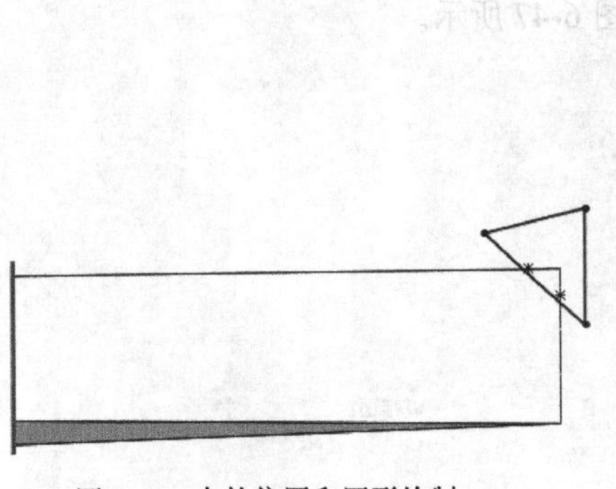

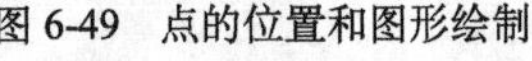
图 6-49　点的位置和图形绘制

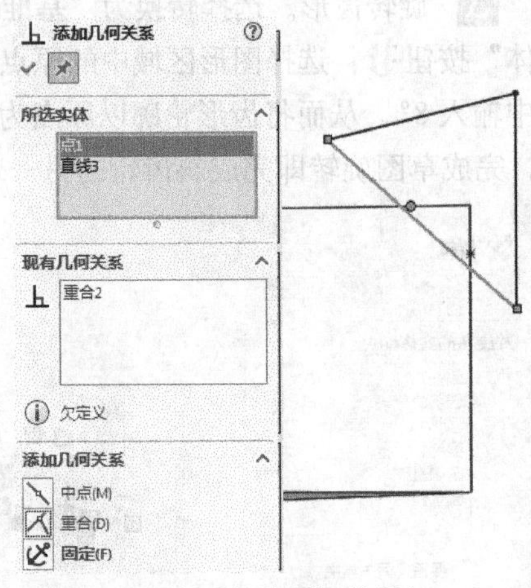

图 6-50　“添加几何关系”对话框

（3）设置尺寸。单击“草图”控制面板中的“智能尺寸”按钮，设置倒角宽度尺寸均为 1mm。退出草图。

（4）创建基准轴 1。选择“右视基准面”作为草图绘制平面，单击“草图”控制面板中的“中心线”按钮，绘制一条水平中心线，然后退出草图绘制。单击“特征”控制面板中的“基准轴”按钮，选择“草图 4”作为基准轴，单击“确定”按钮，完成基准轴 1 的创建。

（5）生成基体。单击“特征”控制面板中的“切除-旋转”按钮，选择“基准轴 1”作为旋转轴，其他选项如图 6-51 所示。单击“确定”按钮，完成齿轮基体创建。

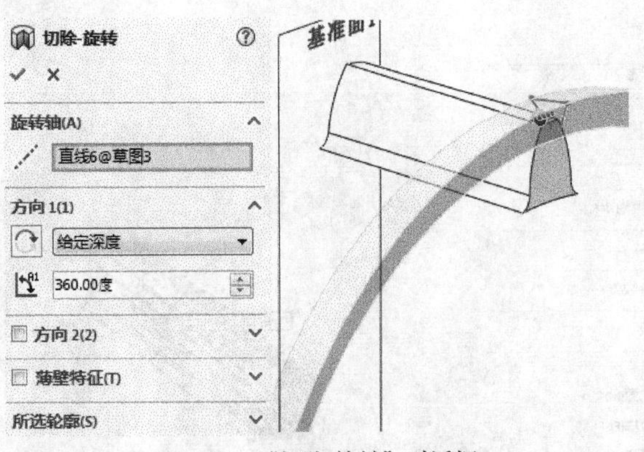

图 6-51　“切除-旋转”对话框

（6）创建基准面 2。单击“特征”控制面板中的“基准面”按钮，弹出“基准面”对话框，设置如图 6-52 所示。单击确定按钮，基准面 2 创建完成。

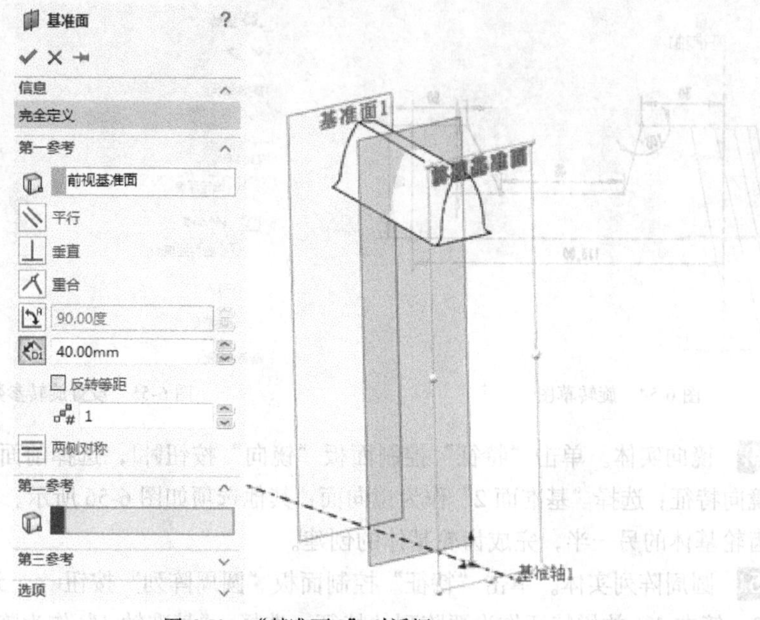

图 6-52 “基准面 2”对话框

（7）单击“特征”控制面板中的镜向按钮，弹出“镜向”对话框，设置如图 6-53 所示。单击“确定”按钮✔，完成另一倒角创建完成。

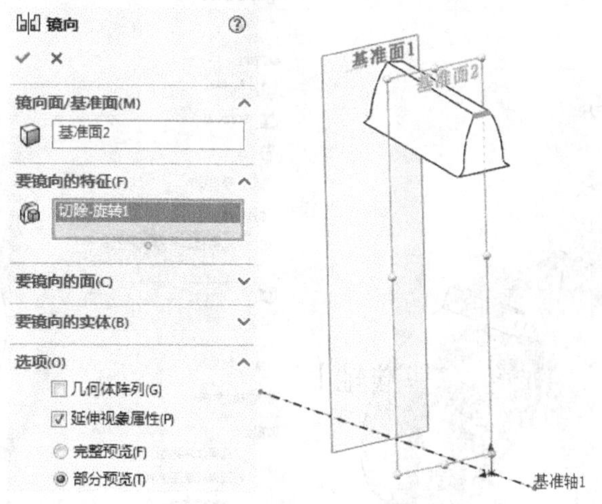

图 6-53 “镜向”对话框

步骤 3 创建齿轮基体

1. 绘制草图。选择“上视基准面”作为草图绘制平面，单击“草图”控制面板中的“草图绘制”按钮，进入草图编辑状态。单击“草图”控制面板中的“直线”按钮，绘制作为齿轮基体的旋转草图。

2. 标主尺寸。单击“草图”控制面板中的“智能尺寸”按钮，标注齿轮基体草图，如图 6-54 所示。

3. 生成基体。单击“特征”控制面板中的“旋转凸台/基体”按钮，选择“基准轴 1”作为旋转轴，其他选项如图 6-55 所示。单击“确定”按钮✔，创建齿轮基体。

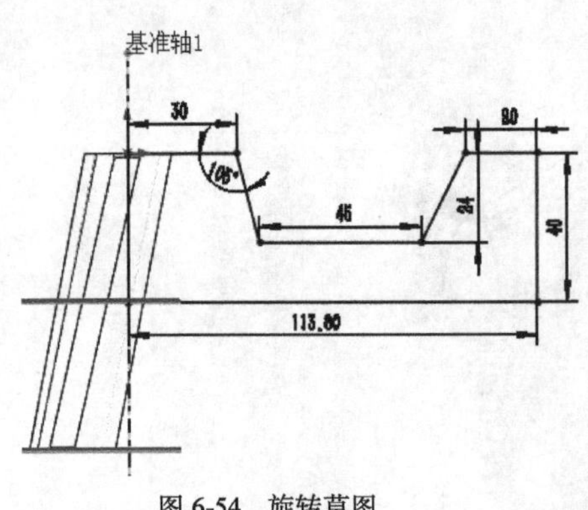

图 6-54　旋转草图

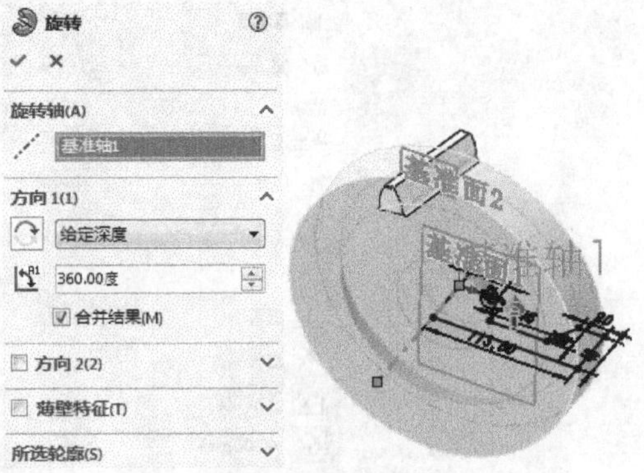

图 6-55　设置旋转参数

4. 镜向实体。单击“特征”控制面板“镜向”按钮，选择前面步骤创建的齿轮基体作为镜向特征；选择“基准面 2”作为镜向面；其他选项如图 6-56 所示。单击“确定”按钮✔，创建齿轮基体的另一半，完成齿轮基体的创建。

5. 圆周阵列实体。单击“特征”控制面板“圆周阵列”按钮，选择作为齿条的切除-旋转 2、镜向 1、放样特征作为要阵列的特征；选择 “基准轴 1”作为阵列轴；在“实例数”微调框中输入要阵列的实例个数为 25，其他选项如图 6-57 所示。单击“确定”按钮✔，完成实体齿形的阵列复制。

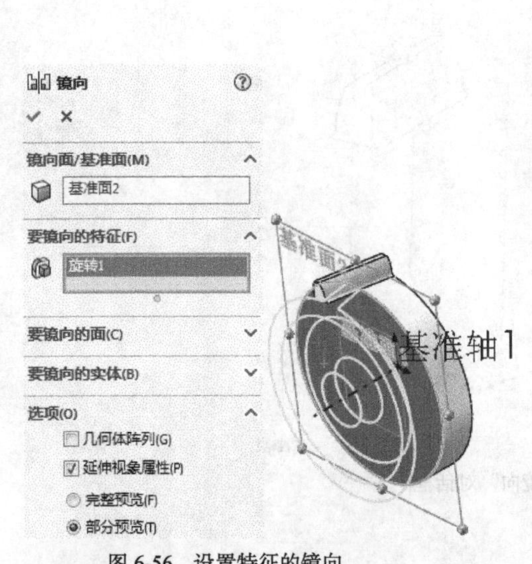

图 6-56　设置特征的镜向

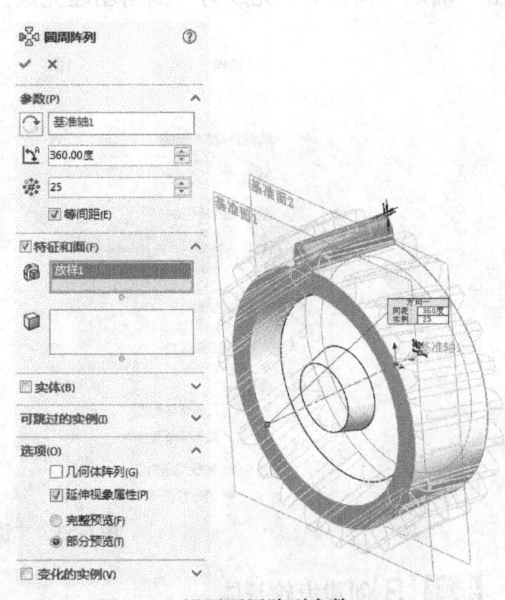

图 6-57　设置圆周阵列参数

步骤 4 创建齿轮安装孔

1. 绘制草图。选择“前视基准面”作为草图绘制平面，单击“草图”控制面板中的“草图绘制”按钮，进入草图编辑状态。单击“草图”控制面板中的“圆”按钮和“直线”按钮，绘制齿轮安装孔的草图。

2. 标注尺寸。单击“草图”控制面板中的“剪裁实体”按钮，裁剪掉多余部分，单击“草图”控制面板中的“智能尺寸”按钮，标注安装孔尺寸，如图 6-58 所示。

3. 拉伸切除实体。单击“特征”控制面板中的“拉伸切除”按钮，在“切除-拉伸”

属性管理器中设置终止条件为“完全贯穿”，其他选项如图 6-59 所示。单击“确定”按钮✓，完成齿轮安装孔的创建。

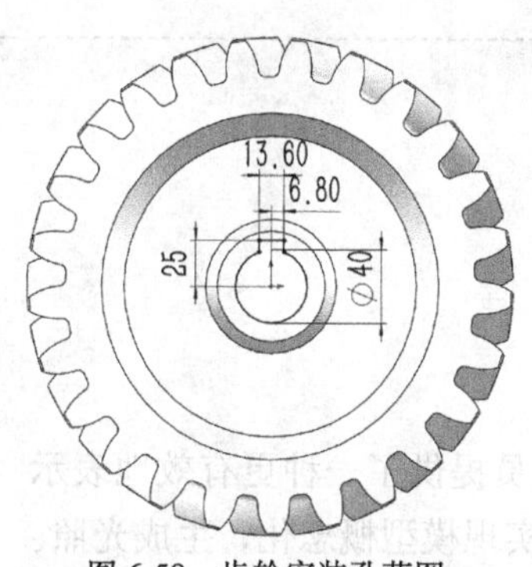

图 6-58 齿轮安装孔草图

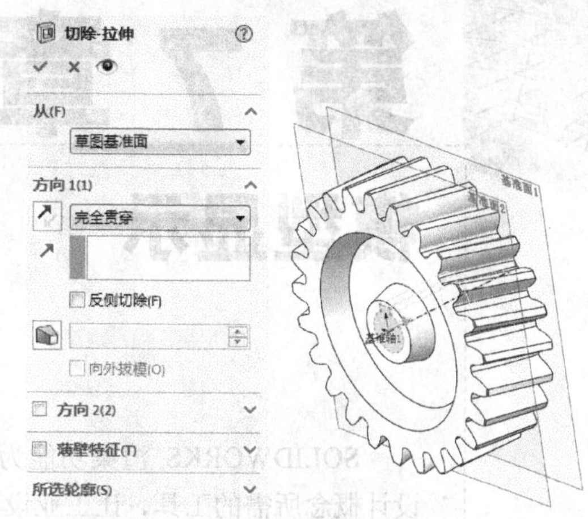

图 6-59 设置拉伸切除参数

4. 安装孔倒角。单击“特征”控制面板中的“倒角”按钮，弹出“倒角”属性管理器，设置如图 6-60 所示。单击“确定”按钮✓，完成安装孔单面倒角。重复此步骤完成另一面的倒角。结果如图 6-61 所示。

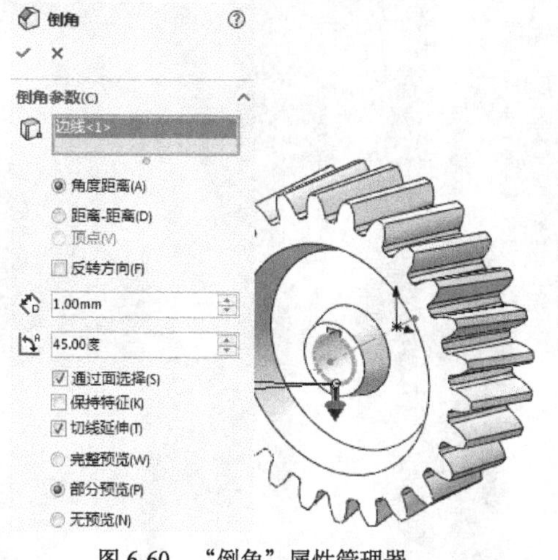

图 6-60 “倒角”属性管理器

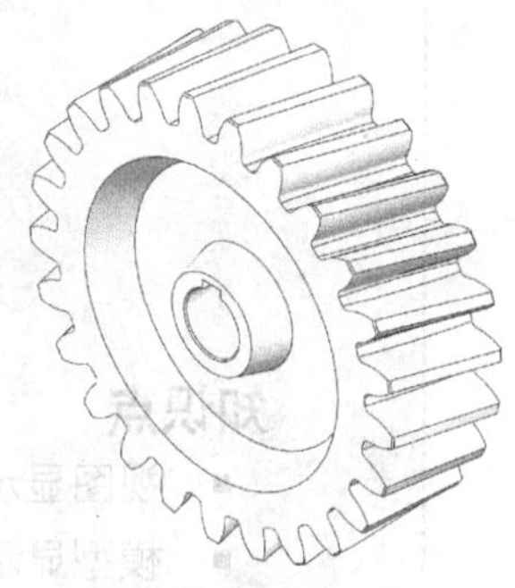

图 6-61 斜齿轮

5. 保存文件。单击“快速访问”工具栏中的“保存”按钮，将零件文件保存，文件名为“斜齿圆柱齿轮”。

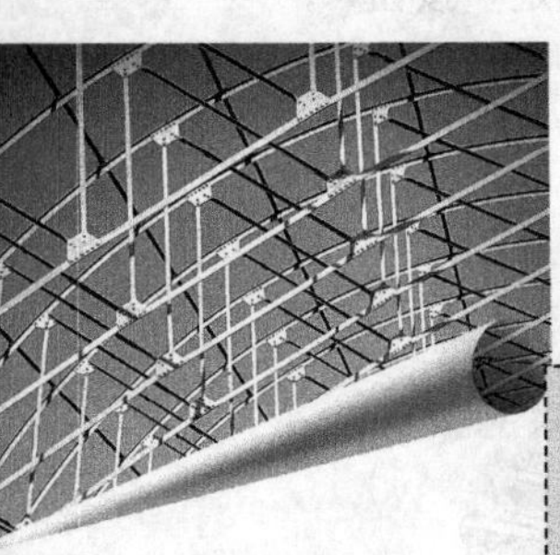

第 7 章

模型显示

SOLIDWORKS 渲染功能为工业设计人员提供了一种更有效地表示设计概念所需的工具，让工业设计人员快速实现模型概念化，生成光照、颜色效果，形成逼真的图片，减少原型样机成本并能够快速地将产品投放市场。

知识点

- 视图显示
- 模型显示
- PhotoView 360 渲染

7.1 视图显示

在 SOLIDWORKS 中为了方便观察零件，系统提供了 5 种显示方式，下面详细介绍。

7.1.1 显示方式

1. 显示视图

在“前导视图”工具栏或者“视图”→“显示”菜单栏中提供了 5 种显示方式：带边线上色、上色、消除隐藏线、隐藏线可见和线架图。

下面结合实例介绍显示视图的操作步骤。

【案例 7-1】本案例结果文件光盘路径为“X:\源文件\ch7\7.1.SLDPRT”，案例视频内容光盘路径为“X:\动画演示\第 7 章\7.1 显示视图.avi”。

（1）打开随书光盘中的原始文件“X:\原始文件\ch7\7.1.SLDPRT”。

（2）单击“前导视图”工具栏上的“显示样式”按钮，或者单击菜单栏中的“视图”→“显示”命令，选择显示的不同方式。

图 7-1 为不同显示方式的效果。

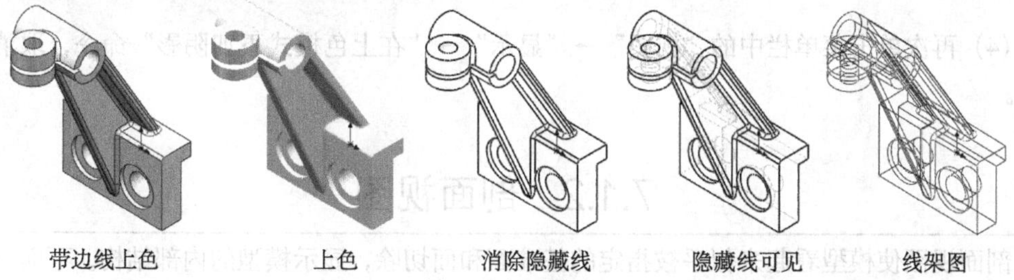

图 7-1 显示视图

2. 切边显示

下面结合实例介绍切边显示的操作步骤。

【案例 7-2】本案例结果文件光盘路径为“X:\源文件\ch7\7.2.SLDPRT”，案例视频内容光盘路径为“X:\动画演示\第 7 章\7.2 切边显示.avi”。

（1）打开随书光盘中的原始文件“X:\原始文件\ch7\7.2.SLDPRT”。

（2）单击菜单栏中的“视图”→“显示”→“切边可见”/“切边显示为双点画线”/“切边不可见”命令，切换切边的显示，如图 7-2 所示。

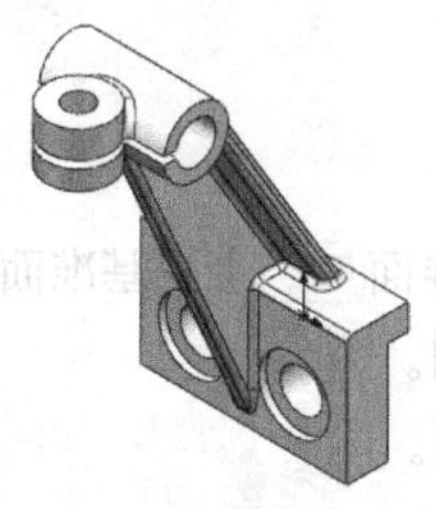

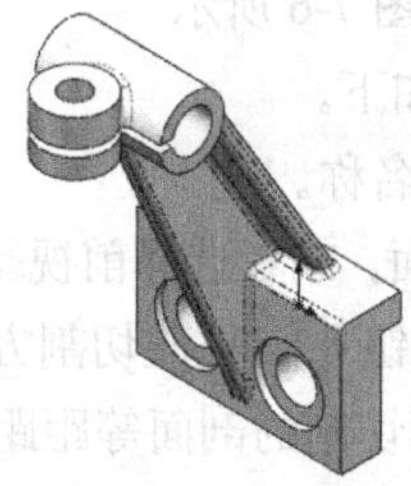

图 7-2 切边显示

3. 在上色模式下加阴影

在模型下面显示阴影。当显示阴影时，光源从当前视图中模型的最上面零件出现，当旋转模型时，阴影随模型旋转。下面结合实例介绍在上色模式下加阴影的操作步骤。

【案例 7-3】本案例结果文件光盘路径为“X:\源文件\ch7\7.3.SLDPRT”，案例视频内容光盘路径为“X:\动画演示\第 7 章\7.3 在上色模式下加阴影.avi”。

（1）打开随书光盘中的原始文件“X:\原始文件\ch7\7.3.SLDPRT”。

（2）单击菜单栏中的“视图”→“显示”，选择“在上色模式下加阴影”命令，模型显示如图 7-3 所示。

（3）旋转视图到一定位置，此时阴影也随着模型旋转，如图 7-4 所示。

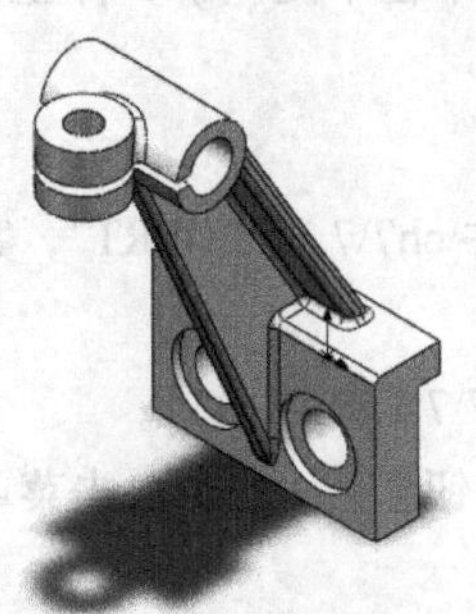

图 7-3　在上色模式下加阴影

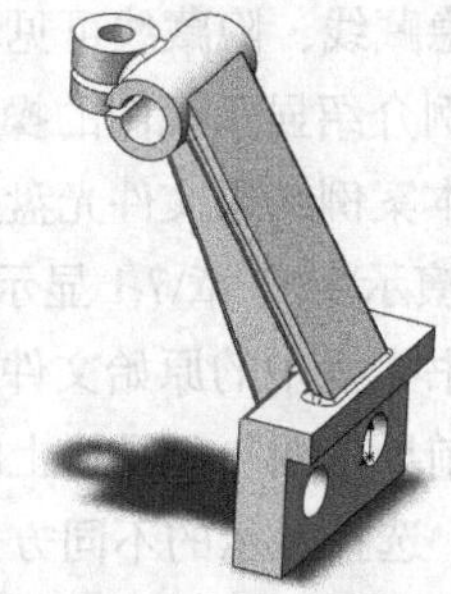

图 7-4　阴影随着模型旋转

（4）再次单击菜单栏中的“视图”→“显示”→“在上色模式下加阴影”命令，取消阴影显示。

7.1.2　剖面视图

剖面视图使模型看起来似乎被指定的基准面和面切除，显示模型的内部结构。下面结合实例介绍一下剖面视图的操作步骤。

【案例 7-4】本案例结果文件光盘路径为“X:\源文件\ch7\7.4.SLDPRT”，案例视频内容光盘路径为“X:\动画演示\第 7 章\7.4 剖面视图.avi”。

（1）打开随书光盘中的原始文件“X:\原始文件\ch7\7.4.SLDPRT”。

（2）单击菜单栏中的“视图”→“显示”命令，选择“剖面视图”按钮，弹出如图 7-5 所示的“剖面视图”属性管理器。

（3）在属性管理器中选择“右视基准面”作为参考剖面，在“剖面 1”选项组还可以设置参考剖面的偏移距离以及旋转角度。

（4）单击“确定”按钮✔，结果如图 7-6 所示。

“剖面视图”属性管理器选项说明如下。

- 视图名称：输入剖面视图的名称。
- 参考剖面：选择一个基准面或面，或者选择前视基准面、上视基准面、右视基准面来生产剖面视图，单击“反向”按钮，更改切割方向。
- 等距距离：设置从平面或面切割的剖面等距距离。
- X 旋转：沿 X 轴旋转参考剖面。
- Y 旋转：沿 Y 轴旋转参考剖面。

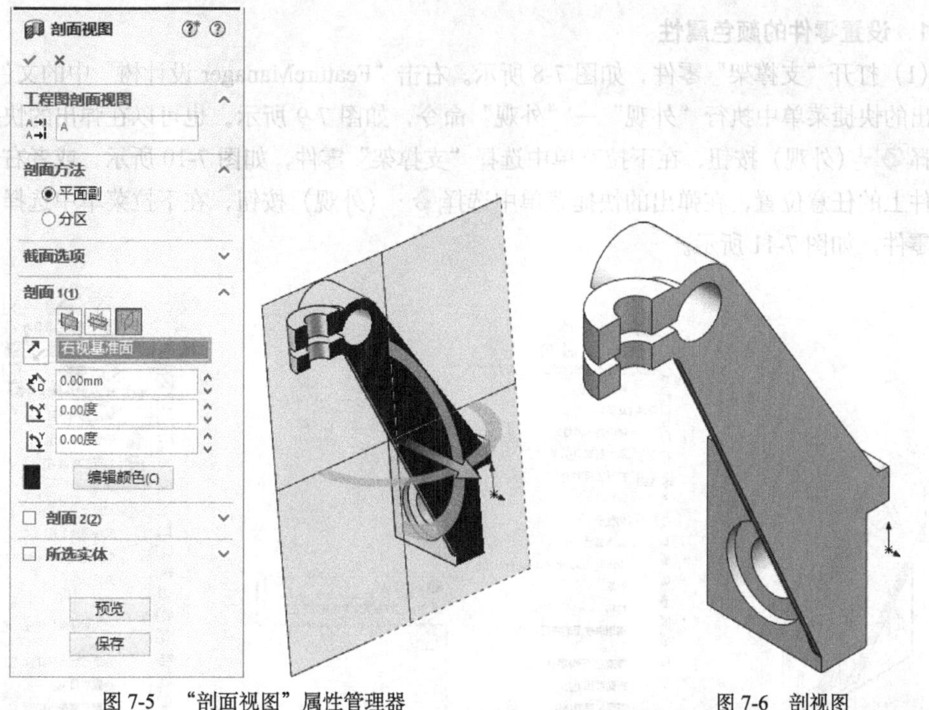

图 7-5 “剖面视图”属性管理器　　　图 7-6 剖视图

● 编辑颜色：改变剖面视图的颜色。单击“编辑颜色”按钮，弹出“颜色”对话框，在对话框中选择剖面的颜色。

● 保存：单击此按钮，弹出“另存为”对话框，如图 7-7 所示。设置选项后单击“保存”按钮，保存“剖面视图”。

● 视图方向：将剖面视图另存为命名的视图。

● 工程图注解视图：为剖面视图生成注解视图。

(5) 再次单击菜单栏中的“视图”→“显示”命令，选择“剖面视图”按钮，使模型返回完整视图。

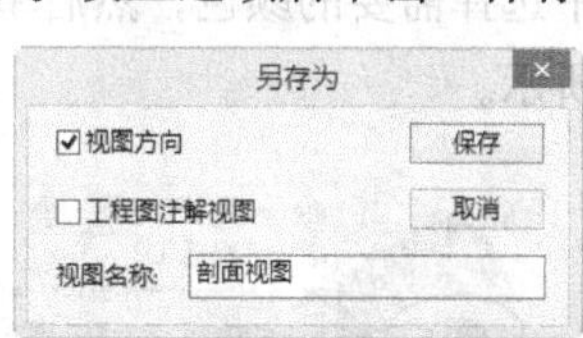

图 7-7 “另存为”对话框

7.2 模型显示

零件建模时，SOLIDWORKS 提供了外观显示。可以根据实际需要设置零件的颜色及照明度，使设计的零件更加接近实际情况。

7.2.1 设置零件的颜色

设置零件的颜色包括设置整个零件的颜色属性、设置所选特征的颜色属性以及设置所选面的颜色属性。

下面结合实例介绍设置零件颜色的操作步骤。

【案例 7-5】本案例结果文件光盘路径为“X:\源文件\ch7\7.5.SLDPRT”，案例视频内容光盘路径为“X:\动画演示\第 7 章\7.5 设置零件的颜色.avi”。

1．设置零件的颜色属性

（1）打开“支撑架”零件，如图 7-8 所示。右击“FeatureManager 设计树”中的文件名称，在弹出的快捷菜单中执行“外观”→“外观”命令，如图 7-9 所示。也可以在弹出的快捷菜单中选择 （外观）按钮，在下拉菜单中选择“支撑架”零件，如图 7-10 所示，或者右击视图中零件上的任意位置，在弹出的快捷菜单中选择 （外观）按钮，在下拉菜单中选择“支撑架”零件，如图 7-11 所示。

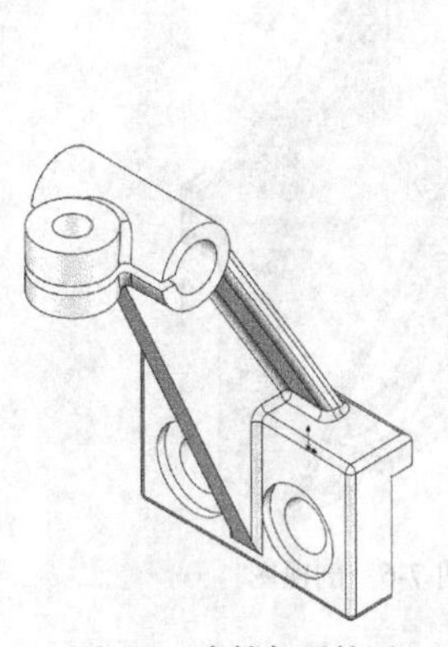

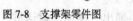

图 7-8　支撑架零件图

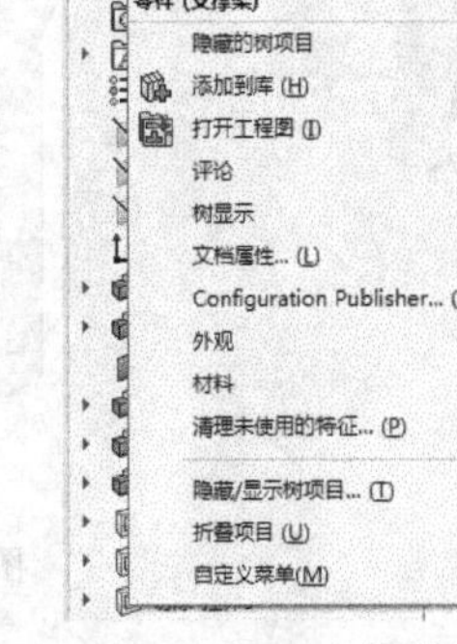

图 7-9　快捷菜单 1

图 7-10　快捷菜单 2

（2）系统弹出的“颜色”属性管理器如图 7-12 所示，在“基本”选项卡的“颜色”选项组中选择需要的颜色，然后单击✓（确定）按钮，此时整个零件将以设置的颜色显示，如图 7-13 所示。

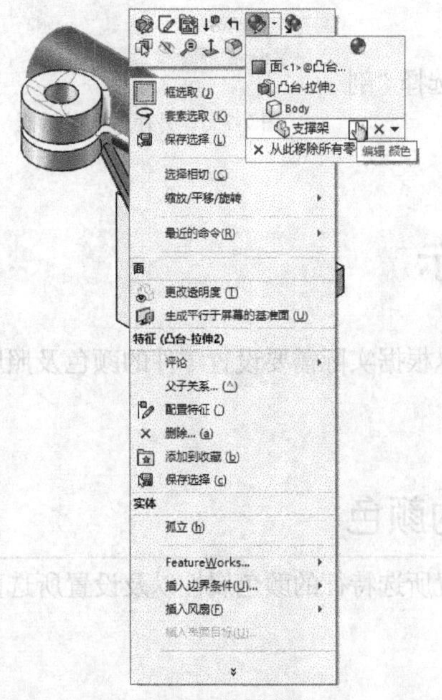

图 7-11　快捷菜单 3

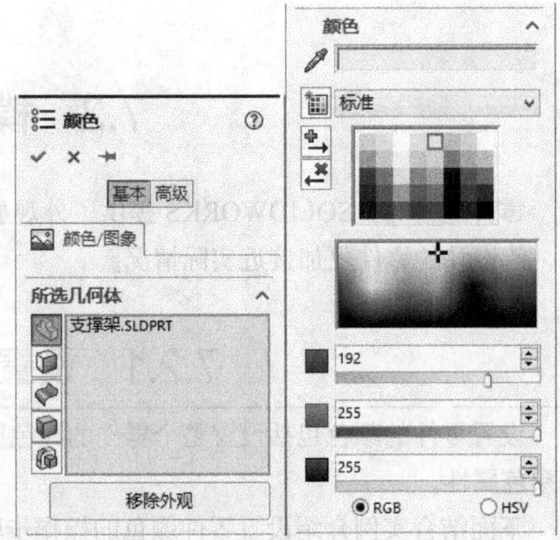

图 7-12　“颜色”属性管理器

2．设置所选特征的颜色

（1）在“FeatureManager 设计树”中选择需要改变颜色的特征，可以按 Ctrl 键选择多个特征。

（2）右击所选特征，在弹出的快捷菜单中单击（外观）按钮，在下拉菜单中选择步骤（1）中选中的特征，如图 7-14 所示，或者在视图中右击要更改颜色的特征，在弹出的快捷菜单中单击（外观）按钮，在下拉菜单中选择选中的特征，如图 7-15 所示。

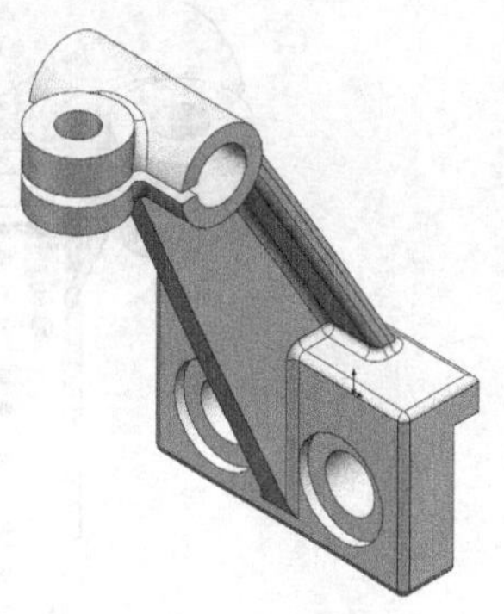

图 7-13　更改颜色

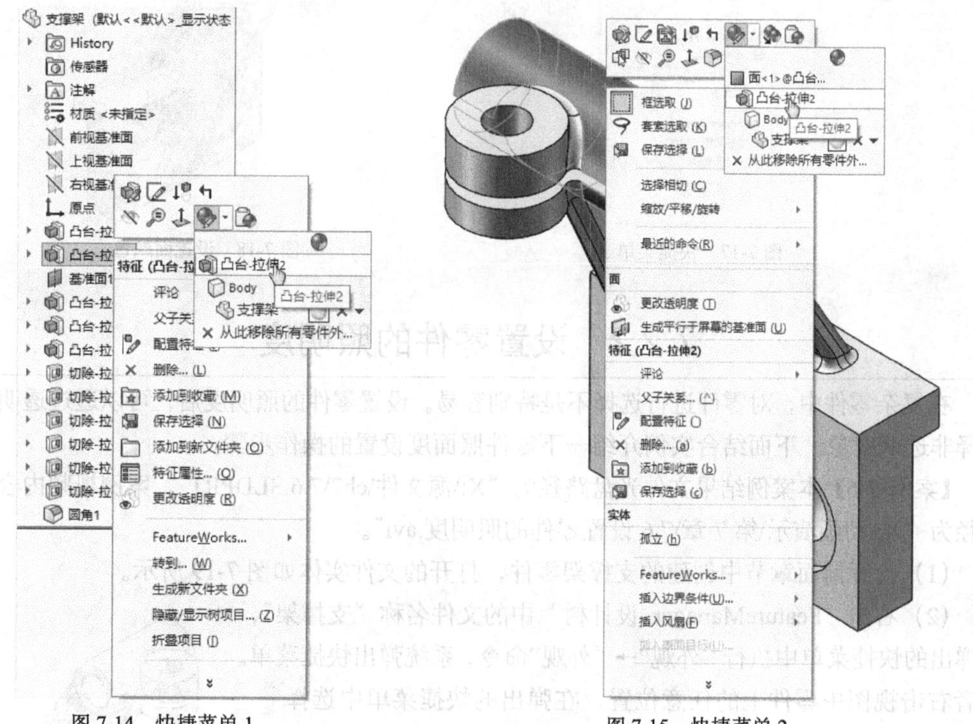

图 7-14　快捷菜单 1　　图 7-15　快捷菜单 2

（3）系统弹出“颜色”属性管理器，在“基本”选项卡的“颜色”选项组中选择需要的颜色为粉色，然后单击✔（确定）按钮图标，设置颜色后的特征如图 7-16 所示。

3．设置所选面的颜色属性

（1）右击要更改颜色的面，在弹出的快捷菜单中单击（外观）按钮，在下拉菜单中选择刚选中的面，如图 7-17 所示。

（2）系统弹出“颜色”属性管理器。在“基本”选项卡的“颜色”选项组中选择需要的颜色为黄色，然后单击✔（确定）按钮，设置颜色后的面如图 7-18 所示。

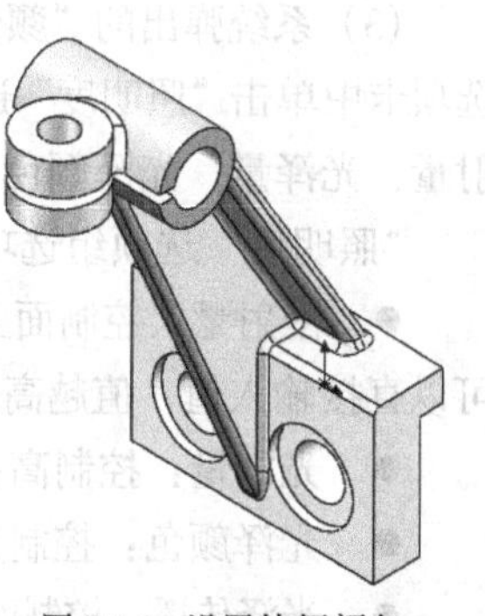

图 7-16　设置特征颜色

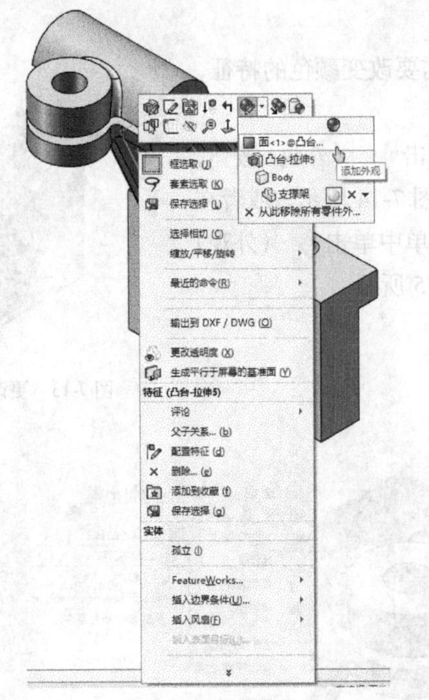

图 7-17　快捷菜单 3

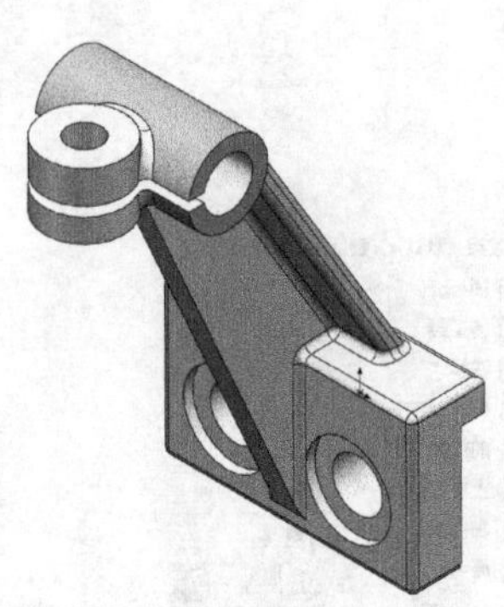

图 7-18　设置面颜色

7.2.2　设置零件的照明度

在复杂零件中，对零件进行选择不是特别容易。设置零件的照明度后，可以透过透明零件选择非透明对象。下面结合实例介绍一下零件照面度设置的操作步骤。

【案例 7-6】本案例结果文件光盘路径为“X:\源文件\ch7\7.6.SLDPRT”，案例视频内容光盘路径为“X:\动画演示\第 7 章\7.6 设置零件的照明度.avi”。

（1）打开前面章节中创建的支撑架零件，打开的文件实体如图 7-19 所示。

（2）右击“FeatureManager 设计树”中的文件名称“支撑架”，在弹出的快捷菜单中执行“外观”→“外观”命令，系统弹出快捷菜单。或者右击视图中零件上的任意位置，在弹出的快捷菜单中选择（外观）按钮，在下拉菜单中选择“支撑架”，如图 7-20 所示。

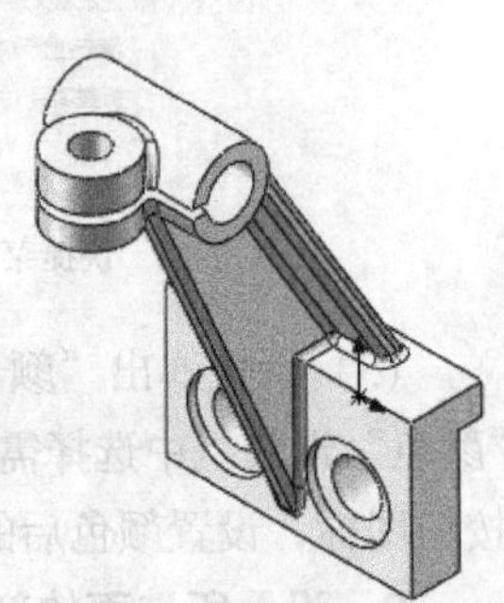

图 7-19　支撑架装配体

（3）系统弹出的“颜色”属性管理器如图 7-21 所示，在“高级”选项卡中单击“照明度”选项组，在属性管理器中可以调整零件的漫射量、光泽量、光泽颜色、反射量以及透明量等。

“照明度”选项组选项说明如下。

- 漫射量：控制面上的光线强度，拖动滑动块调整值大小，也可以直接输入值，值越高，面上显得越亮。
- 光泽量：控制高亮区，使面显得更为光亮。
- 光泽颜色：控制光泽零部件内反射高亮显示的颜色。
- 光泽传播：控制面上的反射模糊度，使面显得粗糙或光滑。值越高，高亮区越大越柔和。
- 反射量：以 0 到 1 的比例控制表面反射度。如果设置为 0，看不到反射，如果设置为 1，表面为镜面。

- 透明量：控制面上的透明程度。值越高照明度越高。

(4) 在属性管理器中设置好各参数后，如图 7-22 所示。单击“确定”按钮✔，设置照明度后的图形如图 7-23 所示。

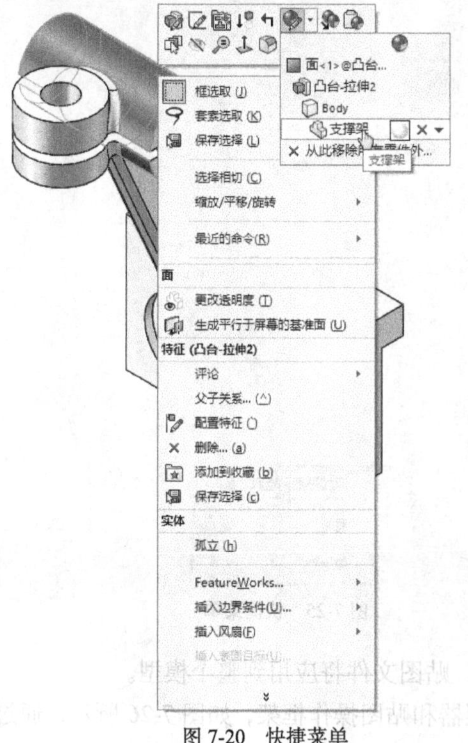

图 7-20 快捷菜单

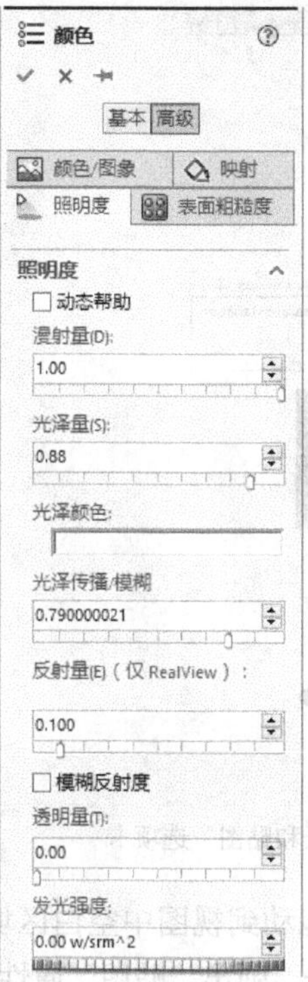

图 7-21 “照明度”选项组

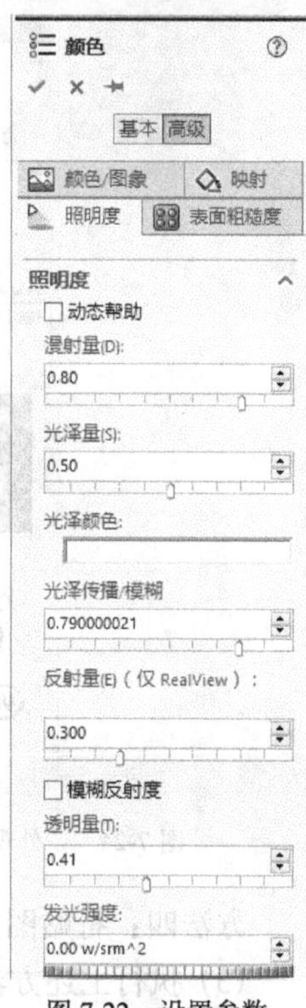

图 7-22 设置参数

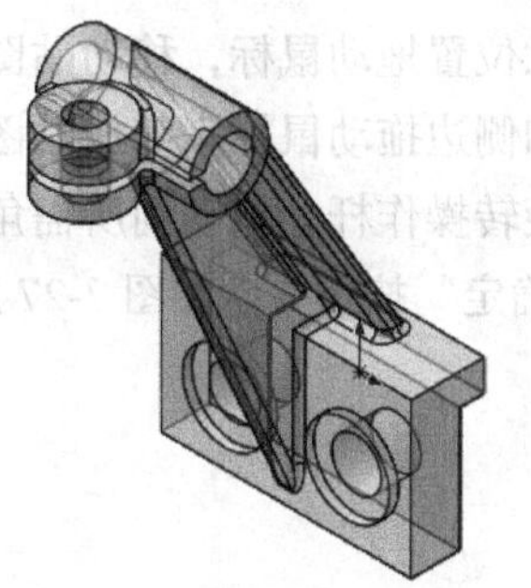

图 7-23 更改照明度

7.2.3 贴图

下面结合实例介绍一下贴图的操作步骤。

【案例 7-7】本案例结果文件光盘路径为“X:\源文件\ch7\7.7.SLDPRT”，案例视频内容光盘路径为“X:\动画演示\第 7 章\7.7 贴图.avi”。

(1) 打开前面章节绘制的支撑架零件。打开的实体如图 7-19 所示。

(2) 在任务窗格中选择“外观、布景和贴图”选项卡，展开贴图选择标志文件夹，如图 7-24 所示，在下窗格中选择贴图文件将其添加到零件，有以下几种方法。

方法一：将贴图文件拖动到模型实体，如面或曲面。

方法二：在视图中选择要添加贴图的面，在“外观、布景和贴图”选项卡中双击贴图文件。

方法三：在视图中选择要添加贴图的面，在“外观、布景和贴图”选项卡中右击贴图文件，在弹出的快捷菜单中选择“添加贴图到选取对象”选项，如图 7-25 所示。

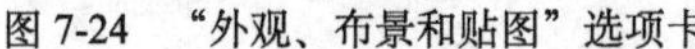

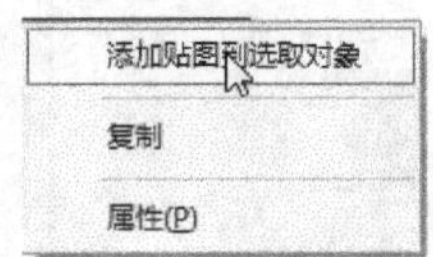

图 7-24　“外观、布景和贴图”选项卡　　　　图 7-25　快捷菜单

方法四：将贴图文件拖动到视图中空白区域处，贴图文件将应用到整个模型。

(3) 执行上述方法之一，弹出“贴图”属性管理器和贴图操作框架，如图 7-26 所示。通过操作框架可以对贴图进行编辑。

- 移动：通过在框内的任意位置拖动鼠标，移动贴图。
- 缩放：通过在框的角落和侧边拖动鼠标来缩放贴图。
- 旋转：在贴图中心选取旋转操作杆，拖动到所需角度。

(4) 对贴图编辑后，单击“确定”按钮✓，如图 7-27 所示。

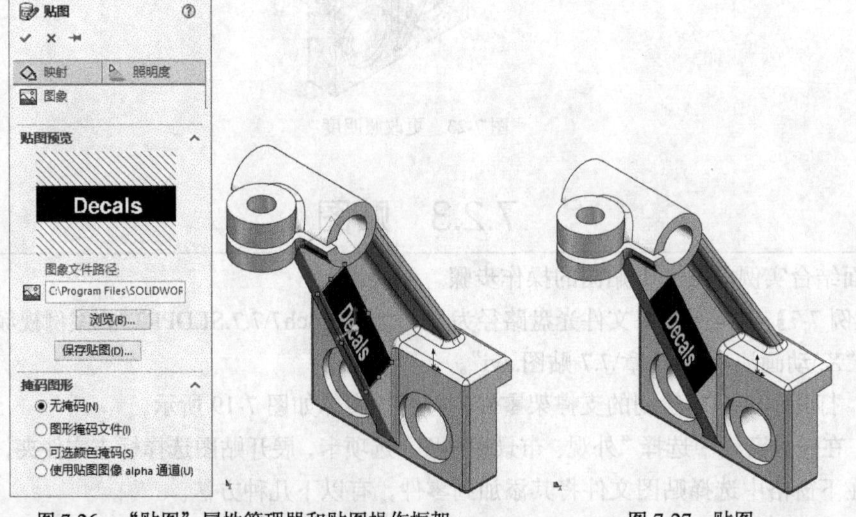

图 7-26　“贴图”属性管理器和贴图操作框架　　　　图 7-27　贴图

7.2.4 布景

1．添加布景

(1) 在任务窗格中选择“外观、布景和贴图”选项卡，展开布景文件夹，如图 7-28 所示，在下窗格中选择布景文件将其添加到视图中，有以下几种方法。

方法一：将布景文件拖动到视图中任意位置。

方法二：在“外观、布景和贴图”选项卡中双击布景文件。

方法三：在“外观、布景和贴图”选项卡中右击布景文件，在弹出的快捷菜单中选择“将布景添加到零件”选项，如图 7-29 所示。

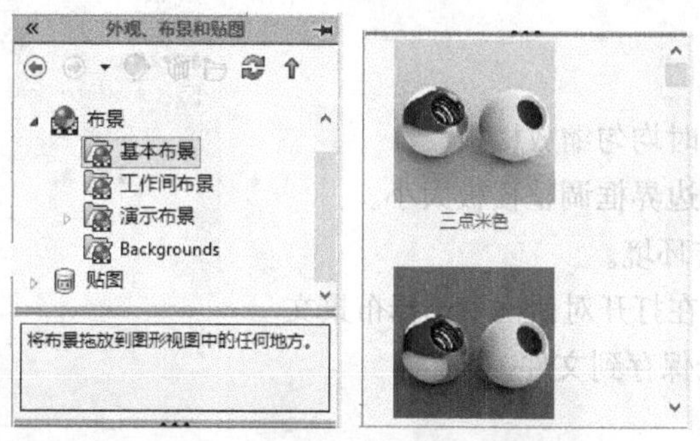

图 7-28 “外观、布景和贴图”选项卡

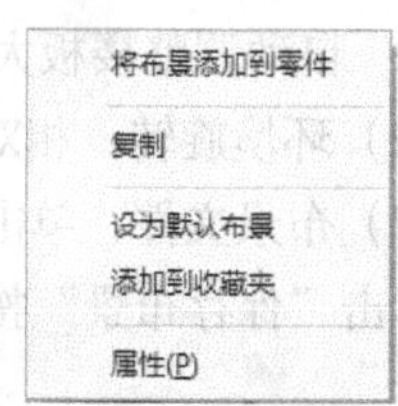

图 7-29 快捷菜单

(2) 执行上述方法之一，更改视图布景。

2．编辑布景

在视图中空白处单击鼠标右键，弹出如图 7-30 所示的快捷菜单，选择“编辑布景”选项，弹出“编辑布景”属性管理器，如图 7-31 所示。

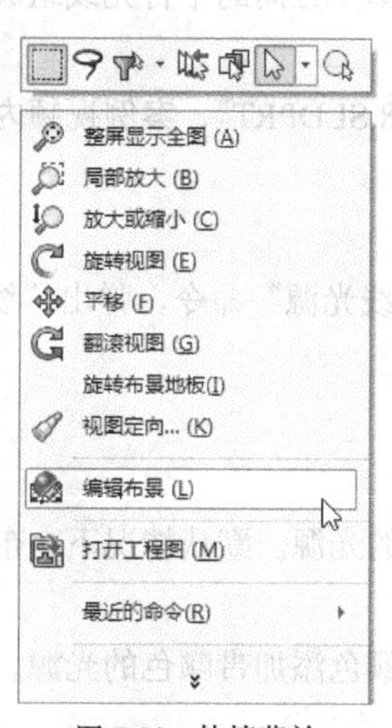

图 7-30 快捷菜单

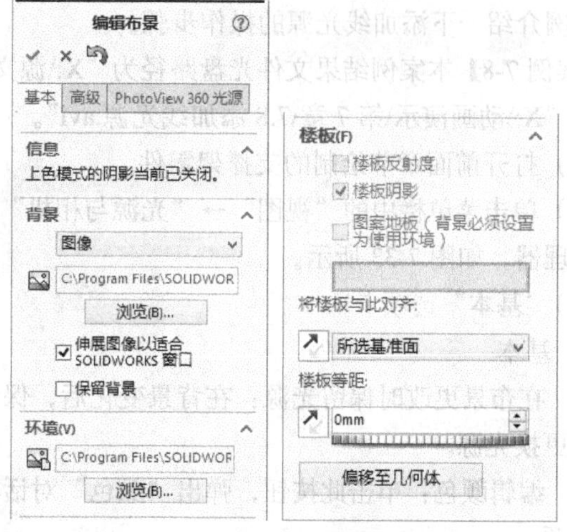

图 7-31 “编辑布景”属性管理器

“编辑布景”属性管理器选项说明如下。

“基本”选项卡，如图 7-31 所示。

(1) 背景：随布景使用背景图像，这样在模型背景后的内容与由环境所投射的反射不同。

(2) 环境：选取任何球状映射为布景环境的图像，单击“浏览”按钮，在打开对话框中选择图像的球状映射。

(3) 楼板

● 楼板反射度：在楼板上显示模型反射。

● 楼板阴影：在楼板上显示模型所投射的阴影。

● 将楼板与此对齐：将楼板与基准面对齐。在下拉列表中选取XY、YZ、XZ或基准面与楼板对齐。

● 楼板等距：设置楼板到模型的高度。

“高级”选项卡，如图 7-32 所示。

(1) 楼板大小/旋转

● 固定高宽比例：更改高度或宽度时均匀缩放楼板。

● 自动调整楼板大小：根据模型的边界框调整楼板大小。

(2) 环境旋转：相对于模型水平旋转环境。

(3) 布景文件：单击“浏览”按钮，在打开对话框中选择布景文件，单击“保存布景”按钮，将当前布景保存到文件。

图 7-32 “高级”选项卡

7.2.5 光源

1. 添加线光源

线光源的光来自距离无限远的光源。它是一光柱，由来自单一方向的平行光线组成。下面结合实例介绍一下添加线光源的操作步骤。

【案例 7-8】本案例结果文件光盘路径为“X:\源文件\ch7\7.8.SLDPRT”，案例视频内容光盘路径为“X:\动画演示\第 7 章\7.8 添加线光源.avi”。

(1) 打开前面章节绘制的支撑架零件。

(2) 单击菜单栏中的“视图”→“光源与相机”→“添加线光源”命令，弹出“线光源”属性管理器，如图 7-33 所示。

(3)“基本”选项卡

1) 基本

● 在布景更改时保留光源：在背景变化后，保留模型中的光源。默认情况下，布景变化时将会更换光源。

● 编辑颜色：单击此按钮，弹出“颜色”对话框，选择颜色添加带颜色的光源。默认为白色光源。

2) 光源位置

● 锁定到模型：保持光源相对于模型的位置。取消此复选框的勾选，光源在模型空间中保持固定。

● 经度/纬度：移动滑块或者直接输入数值调整光源的位置。按 Tab 键光源位置绕模型原点翻转 180 度。

（4）“SOLIDWORKS”选项卡

● 在 SOLIDWORKS 中打开：在视图窗口中打开或者关闭环境光源，默认情况下为打开环境光源。

● 环境光源：控制光源的强度。移动滑块或者直接输入 0 到 1 之间的值。数值越高，光源强度越高。

● 明暗度：控制光源的明暗度，移动滑块或者直接输入 0 到 1 之间的值。数值越高，最靠近光源的模型面上投射光线越多。

● 光泽度：控制光泽表面在光线照射处展示强光的能力。移动滑块或者直接输入 0 到 1 之间的值。数值越高，强光越显著，外观越光亮。

（5）“PhotoView 360”选项卡

● 在 PhotoView 360 中打开：在 PhotoView 360 中打开光源，光源在默认情况下关闭。同时，启用 PhotoView 360 照明选项。

● 明暗度：在 PhotoView 360 中设置光源明暗度。

● 阴影：在 PhotoView 360 中启用阴影。

● 阴影柔和度：增强或柔和光源的阴影投射。此数值越低，阴影越深。此数值越高，阴影越浅，但可能会影响渲染时间。要模拟太阳的效果，可试验使用 3 至 5 之间的值。

● 阴影品质：减少柔和阴影中的颗粒度，当增加阴影柔和度时，可试验使用该设定较高值以降低颗粒度，增加此设定可增加渲染时间。

（6）在属性管理器中调整光源的强度、明暗度以及调整光源位置，如图 7-34 所示。

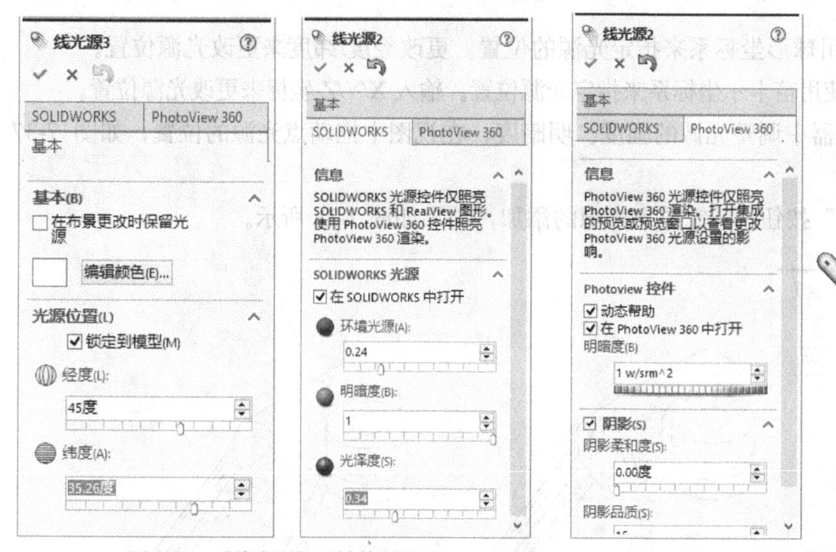

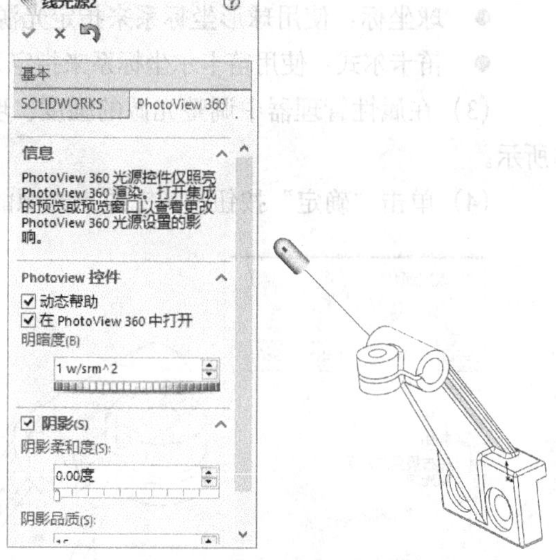

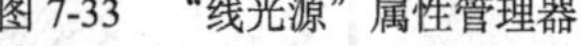

图 7-33 “线光源”属性管理器　　图 7-34 设置“线光源”参数

（7）单击“确定”按钮✓，完成线光源的添加，结果如图 7-35 所示。

2．添加点光源

点光源的光来自位于模型空间特定坐标处一个非常小的光源。点光源向所有方向发射光线。下面结合实例介绍一下添加点光源的操作步骤。

【案例 7-9】本案例结果文件光盘路径为“X:\源文件\ch7\7.9.SLDPRT”，案例视频内容光盘

路径为“X:\动画演示\第 7 章\7.9 添加点光源.avi”。

（1）打开前面章节绘制的支撑架零件。

（2）单击菜单栏中的“视图”→“光源与相机”→“添加点光源”命令，弹出“点光源”属性管理器，如图 7-36 所示。

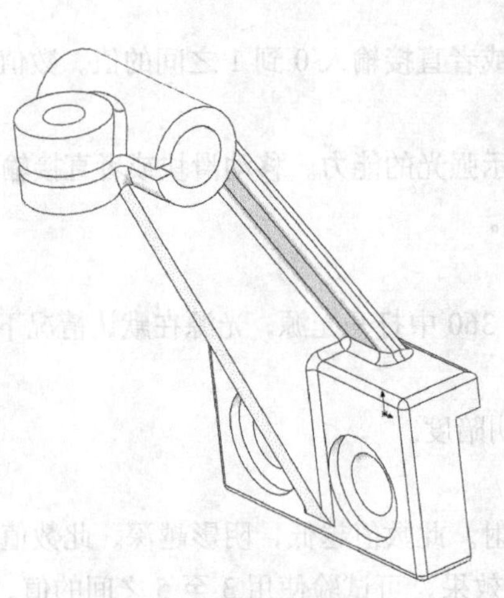

图 7-35 添加线光源

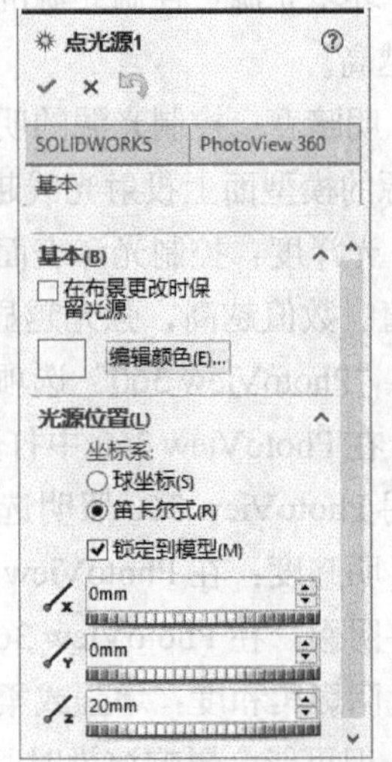

图 7-36 “点光源”属性管理器

“点光源”属性管理器选项说明如下。

1）基本：同“线光源”属性管理器中的“基本”选项组，这里不再介绍。

2）光源位置

- 球坐标：使用球形坐标系来指定光源的位置。更改经度/纬度来更改光源位置。
- 笛卡尔式：使用笛卡尔坐标系来指定光源位置。输入 X/Y/Z 坐标来更改光源位置。

（3）在属性管理器中调整光源的强度、明暗度，在视图中拖动点光源的位置，如图 7-37 所示。

（4）单击“确定”按钮✔，完成点光源的添加，结果如图 7-38 所示。

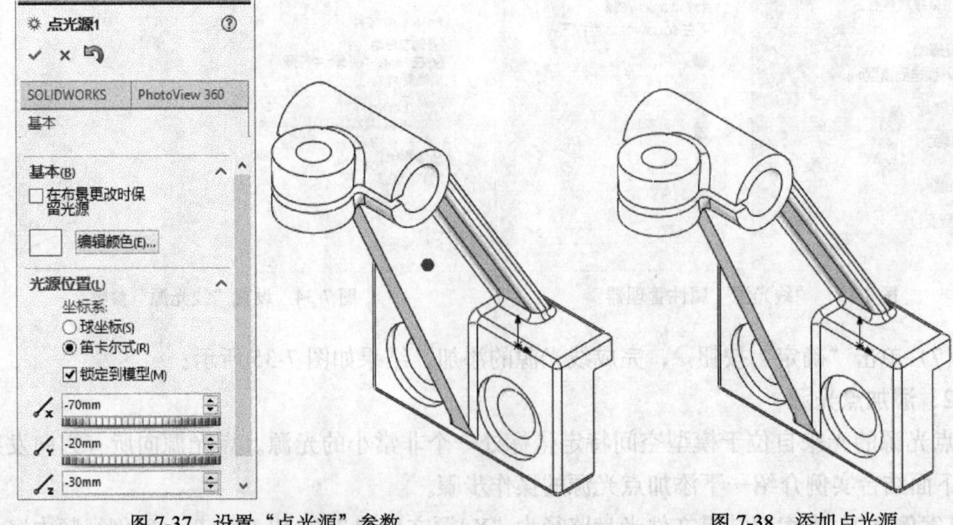

图 7-37 设置“点光源”参数　　图 7-38 添加点光源

3. 添加聚光源

聚光源来自一个限定的聚焦光源，具有锥形光束，其中心位置最为明亮，它可以投射到模型的指定区域。下面结合实例介绍一下添加聚光源的操作步骤。

【案例 7-10】本案例结果文件光盘路径为“X:\源文件\ch7\7.10.SLDPRT”，案例视频内容光盘路径为“X:\动画演示\第 7 章\7.10 添加聚光源.avi”。

(1) 打开前面章节绘制的支撑架零件。

(2) 单击菜单栏中的“视图”→“光源与相机”→“添加聚光源”命令，弹出“聚光源”属性管理器，如图 7-39 所示。

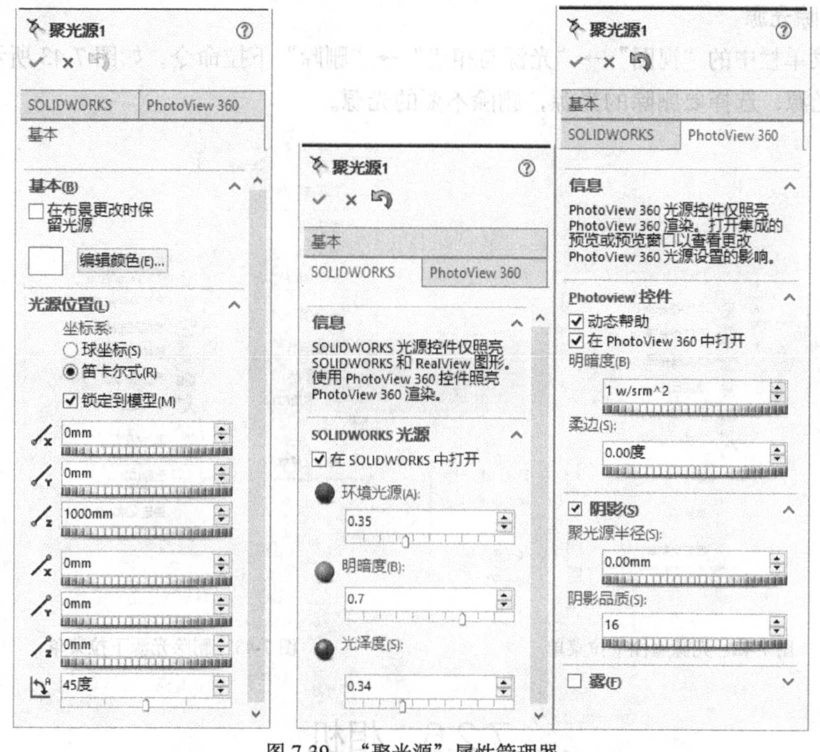

图 7-39 “聚光源”属性管理器

(3) 在属性管理器中调整光源的强度、明暗度，在视图中拖动聚光源的位置，如图 7-40 所示。

(4) 单击“确定”按钮✓，完成聚光源的添加，结果如图 7-41 所示。

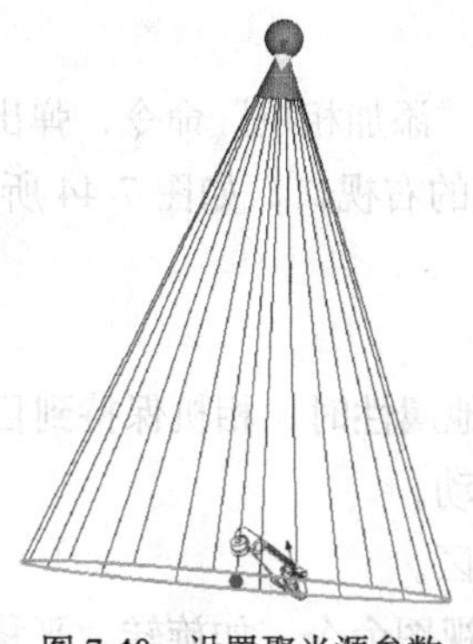

图 7-40 设置聚光源参数

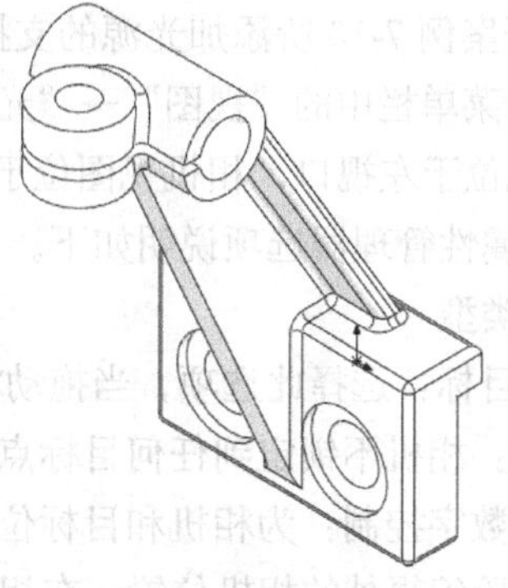

图 7-41 添加聚光源

4．编辑光源

下面结合实例介绍一下光源编辑的操作步骤。

【案例 7-11】本案例结果文件光盘路径为“X:\源文件\ch7\7.11.SLDPRT”，案例视频内容光盘路径为“X:\动画演示\第 7 章\7.11 编辑光源.avi”。

（1）打开案例 7-10 所添加光源的支撑架零件。

（2）单击菜单栏中的“视图”→“光源与相机”→“属性”下拉命令，如图 7-42 所示，选择要编辑的光源，弹出相应的属性管理器。

（3）在属性管理器中修改参数，单击“确定”按钮✓，完成光源的编辑。

5．删除光源

单击菜单栏中的“视图”→“光源与相机”→“删除”下拉命令，如图 7-43 所示，显示所有添加的光源，选择要删除的光源，删除不要的光源。

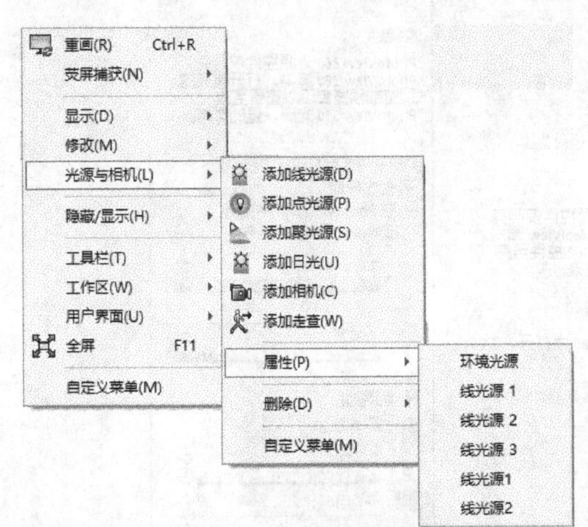

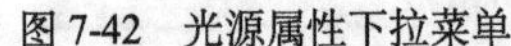
图 7-42 光源属性下拉菜单

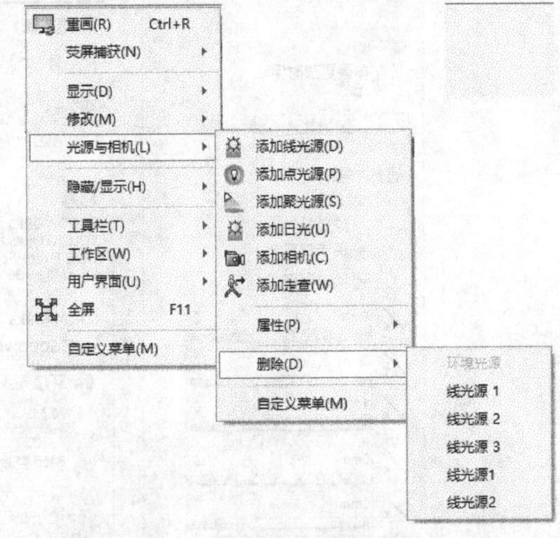

图 7-43 删除光源下拉菜单

7.2.6 相机

1．添加相机

下面结合实例介绍一下添加相机的操作步骤。

【案例 7-12】本案例结果文件光盘路径为“X:\源文件\ch7\7.12.SLDPRT”，案例视频内容光盘路径为“X:\动画演示\第 7 章\7.12 添加相机.avi”。

（1）打开案例 7-10 所添加光源的支撑架零件。

（2）单击菜单栏中的“视图”→“光源与相机”→“添加相机”命令，弹出“相机”属性管理器，相机位于左视口，相机视图位于激活视图方向的右视口，如图 7-44 所示。

“相机”属性管理器选项说明如下。

1）相机类型

- 对准目标：选择此选项，当拖动相机或设置其他属性时，相机保持到目标点的视线。
- 浮动：相机不锁定到任何目标点，而可任意移动。
- 显示数字控制：为相机和目标位置显示数字栏区。
- 锁定除编辑外的相机位置：在相机视图中禁用视图命令，如旋转、平移等，在编辑相机视图时除外。

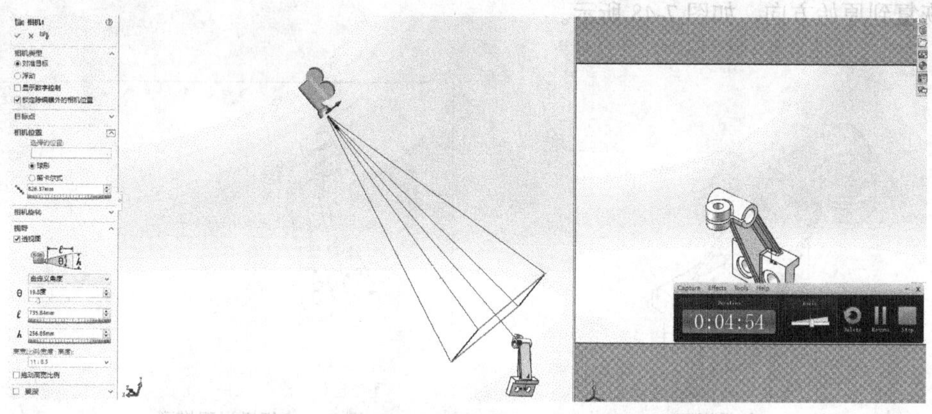

图 7-44 “相机”属性管理器、相机以及相机视图

2）目标点：在图形区域中，单击模型上的点、边线或面来指定目标点。

3）相机位置

● 选择的位置：相机可以放在空间任意位置，也可以将相机连接到零部件上或草图中的实体。

● 球形：可根据绕 Z 轴的球面通过设置相对于目标的值以数字形式指定相机位置。

● 笛卡尔式：通过设置相对于模型原点的值以数字形式指定相机位置。

4）相机旋转：定义相机的定位与方向。

5）视野：指定镜头的尺寸。

（3）在属性管理器中设置更改各种属性，并在视图中拖动相机的位置、目标以及视野到如图 7-45 所示的位置。

（4）单击“确定”按钮✔，关闭属性管理器。相机窗口也关闭，模型恢复到原始方向。在运动算例中的显示管理器中添加了一相机，如图 7-46 所示。

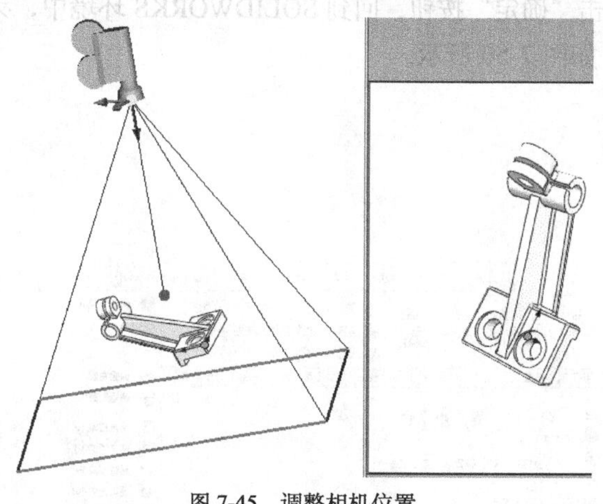

图 7-45 调整相机位置

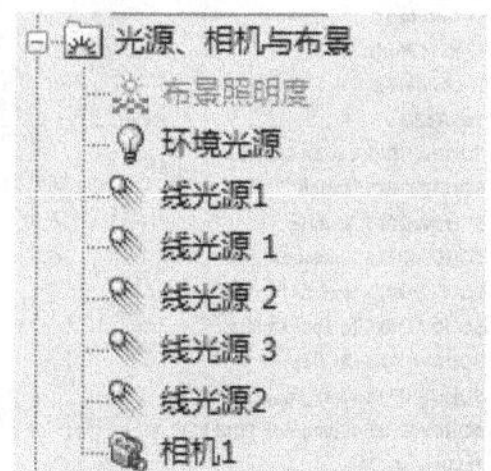

图 7-46 添加相机

2．相机视图

（1）单击菜单栏中的“视图”→“显示”→“相机视图”命令，通过相机查看模型，如图 7-47 所示。

（2）再次单击菜单栏中的“视图”→“显示”→“相机视图”命令，关闭相机视图窗口，模型恢复到原始方向，如图 7-48 所示。

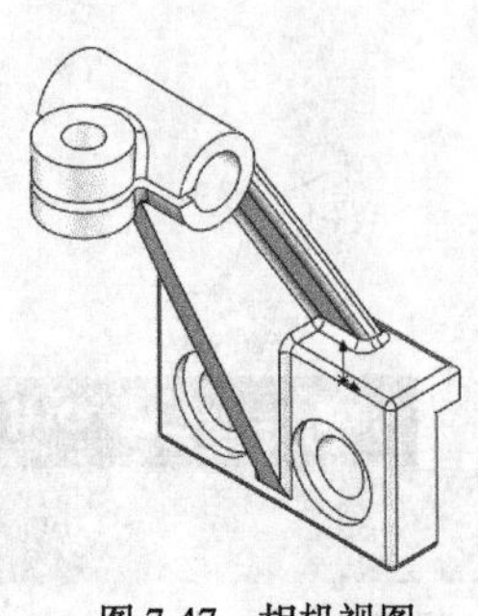

图 7-47　相机视图

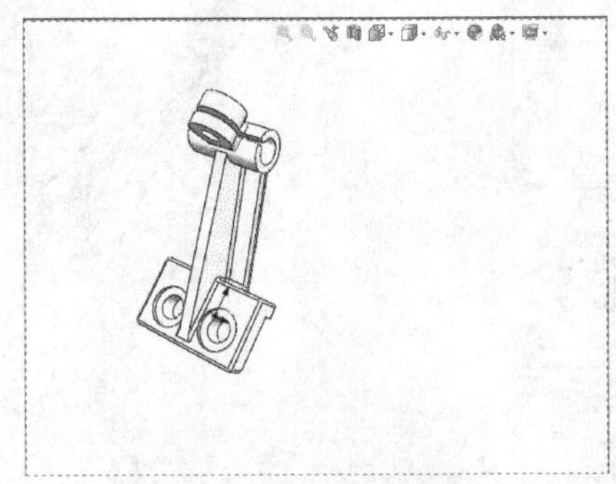

图 7-48　相机视图模型

7.3　PhotoView 360 渲染

通过 PhotoView 360 插件可以对零件进行外观、布景和贴图编辑，然后对零件进行渲染，并对渲染进行设置。

7.3.1　加载 PhotoView 360 插件

在 SOLIDWORKS 2016 中“PhotoView 360”作为 SOLIDWORKS 本身的一个插件存在，无须额外安装。

下面介绍一下添加“PhotoView 360”插件的两种方法。

(1) 单击菜单栏中的“工具”→“插件”命令，系统弹出如图 7-49 所示的“插件”对话框，勾选“PhotoView 360”及开启选项，单击“确定”按钮。回到 SOLIDWORKS 环境中，菜单栏中自动添加“PhotoView 360”菜单栏，如图 7-50 所示。

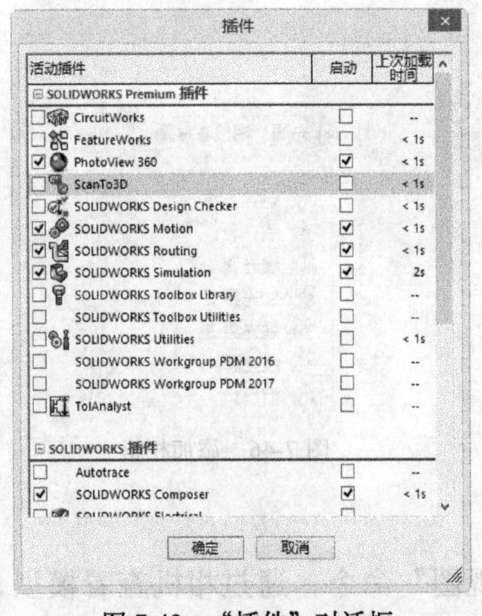

图 7-49　“插件”对话框

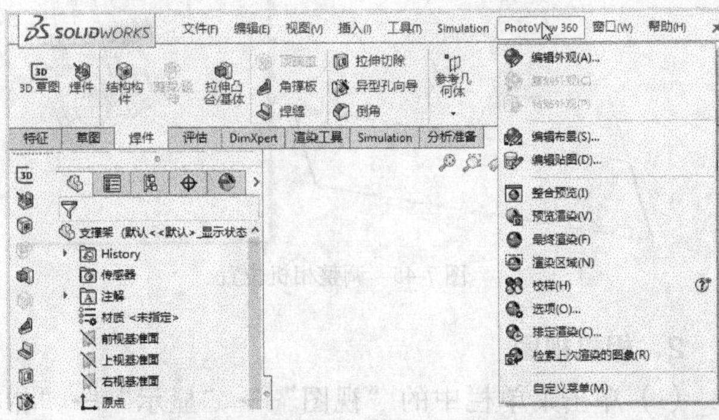

图 7-50　“PhotoView 360”菜单栏

(2) 也可以在工具栏处单击鼠标右键，在弹出的工具栏选项中勾选“渲染工具”选项，弹出“渲染工具”工具栏，在工具栏中包含“PhotoView 360”的工具选项，如图 7-51 所示。

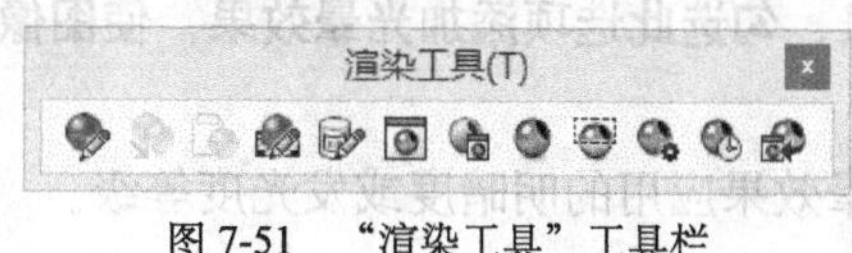

图 7-51　“渲染工具”工具栏

7.3.2　编辑渲染选项

编辑渲染选项功能由 PhotoView 360 控制设定，包括输出图像品质和渲染品质。

单击“PhotoView 360”下拉列表中的“选项”按钮，弹出“PhotoView 360 选项”属性管理器，如图 7-52 所示。

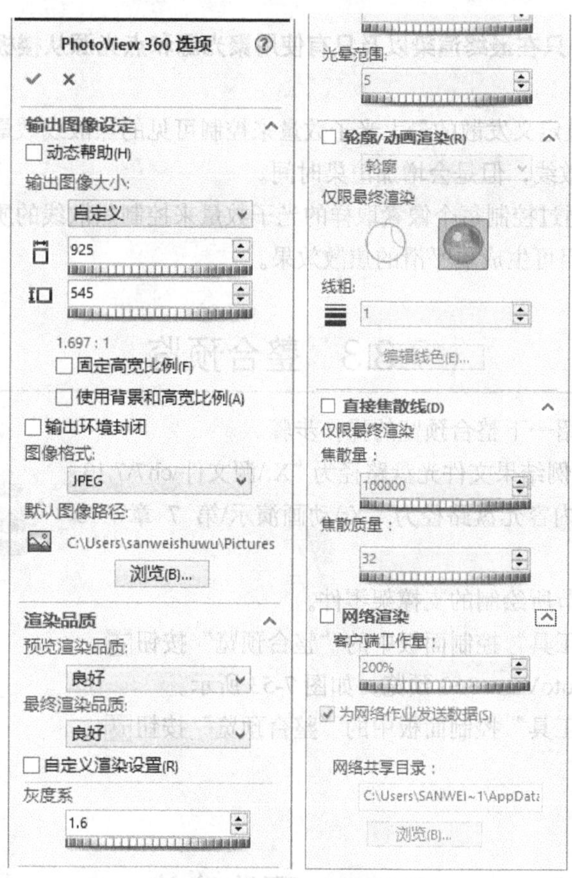

图 7-52　“PhotoView 360 选项”属性管理器

1．输出图像设定

- 输出图像大小：将输出图像的大小设定到标准宽度和高度。
- 固定高宽比例：保留输出图像中宽度到高度的当前比例。
- 使用背景和高宽比：将最终渲染的高宽比设定为背景图像的高宽比。
- 图像格式：为渲染的图像更改文件类型。

2．渲染品质

- 预览渲染品质：为预览设置品质等级，品质等级越高需要渲染的时间越长。
- 最终渲染品质：为最终渲染设定品质等级，品质等级越高需要渲染的时间越长。

3．光晕：仅限最终渲染，勾选此选项添加光晕效果，使图像中发光或反射的对象周围发出强光。

- 光晕设定：标示光晕效果应用的明暗度或发光度等级。
- 光晕范围：设定光晕从光源辐射的距离。

4．轮廓动画渲染：勾选此选项给模型的外边线添加轮廓线。

- 只随轮廓渲染：只以轮廓线进行渲染。
- 渲染轮廓和实体模型：以轮廓线渲染图像。
- 线粗：设定轮廓线的粗细。
- 编辑线色：设定轮廓线的颜色。单击此按钮，弹出“颜色”对话框，在对话框中选择适当颜色。

5．直接焦散线：只在最终渲染以及只有使用聚光源和点光源从楼板外观或物理几何体反射时可见。

- 焦散量：通过定义发散的最大光子数量来控制可见的焦散线数量。增加光子数量，可生成清晰和鲜明的焦散线，但是会增加渲染时间。
- 焦散质量：通过控制每个像素取样的光子数量来控制焦散线的质量。增加焦散质量的值会损失一些细节，但可生成更平滑的焦散效果。

7.3.3 整合预览

下面结合实例介绍一下整合预览的操作步骤。

【案例 7-13】本案例结果文件光盘路径为“X:\源文件\ch7\7.13.SLDPRT”，案例视频内容光盘路径为“X:\动画演示\第 7 章\7.13 整合预览.avi”。

（1）打开前面章节所绘制的支撑架零件。

（2）单击“渲染工具”控制面板中的“整合预览”按钮，在图形区域内显示 PhotoView 360 预览，如图 7-53 所示。

（3）单击“渲染工具”控制面板中的“整合预览”按钮，取消整合预览。

图 7-53　整合预览

7.3.4 预览渲染

下面结合实例介绍一下预览渲染的操作步骤。

【案例 7-14】本案例结果文件光盘路径为“X:\源文件\ch7\7.14.SLDPRT”，案例视频内容光盘路径为“X:\动画演示\第 7 章\7.14 预览渲染.avi”。

（1）打开前面章节所绘制的支撑架零件。

（2）单击菜单栏中的“PhotoView 360”→“预览窗口”命令，打开“PhotoView 360 2016”

预览窗口，如图 7-54 所示。

- 暂停 ：停止预览窗口的所有更新。
- 重设 ：更新预览窗口并恢复文件的更新传送。

（3）在 SOLIDWORKS 绘图区中更改零件的外观，如图 7-55 所示。

图 7-54 “PhotoView 360 2016”预览窗口

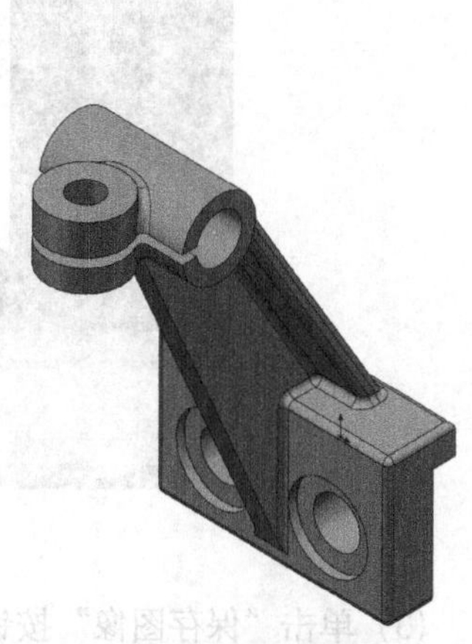

图 7-55 更改外观

（4）在“PhotoView 360”预览窗口中单击“重设”按钮，图形渲染后结果如图 7-56 所示。

图 7-56 “PhotoView 360”预览窗口

7.3.5 最终渲染

下面结合实例介绍一下最终渲染的操作步骤。

【案例 7-15】本案例结果文件光盘路径为“X:\源文件\ch7\7.15.SLDPRT”，案例视频内容光盘路径为“X:\动画演示\第 7 章\7.15 最终渲染.avi”。

（1）打开前面章节所绘制的支撑架零件。

（2）单击“渲染工具”控制面板中的“最终渲染”按钮，打开“PhotoView 360”预览窗口和“最终渲染”窗口，如图 7-57 所示。

图 7-57　“最终渲染”窗口

（3）单击“保存图像”按钮保存图像，弹出“保存图像”对话框，选择保存路径，并在“保存类型”下拉列表中选择文件类型，如图 7-58 所示，单击“保存”按钮，输出渲染后的图片。

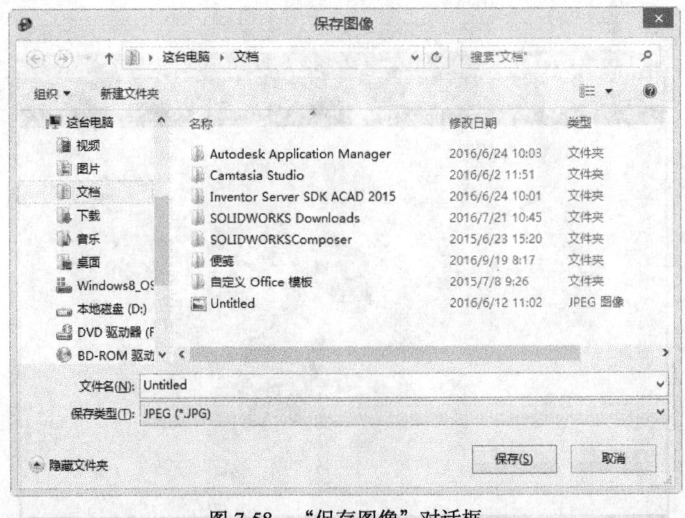

图 7-58　“保存图像”对话框

（4）单击“最终渲染”窗口中的“关闭窗口”按钮，关闭“最终渲染”窗口。

7.3.6 排定渲染

排定渲染是在指定时间进行渲染并将之保存到文件。

单击“渲染工具”控制面板中的“排定渲染”按钮，打开“排定渲染”对话框，如图 7-59 所示。

1. **文件名称**：设置输出文件的名称。文件类型在“PhotoView 选项”属性管理器中的“图像格式”内指定。

2. **保存文件**：设置保存输出文件的目录。单击 ... 按钮，弹出“另存为”对话框，选择保存路径，如图 7-60 所示，单击“保存”按钮，保存文件。

3. **任务排定**

- 在上一任务后开始：在排定了另一个渲染时使用。
- 开始时间：指定开始渲染时间。
- 开始日期：指定开始渲染日期。

4. **设定**：单击此按钮，弹出“渲染设置”对话框，显示与渲染相关的设置信息，不能更改，如图 7-61 所示。

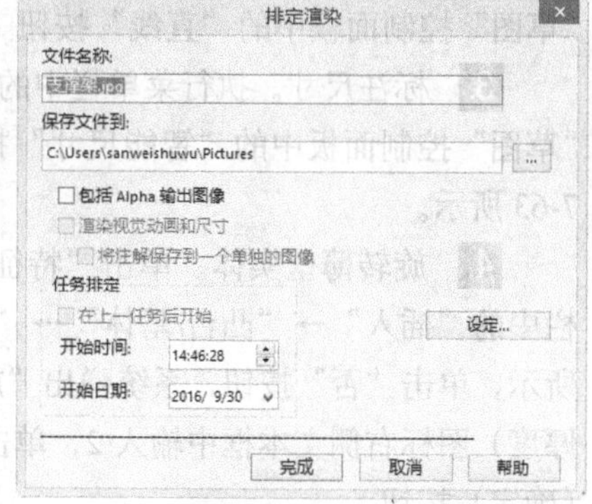

图 7-59 “排定渲染”对话框

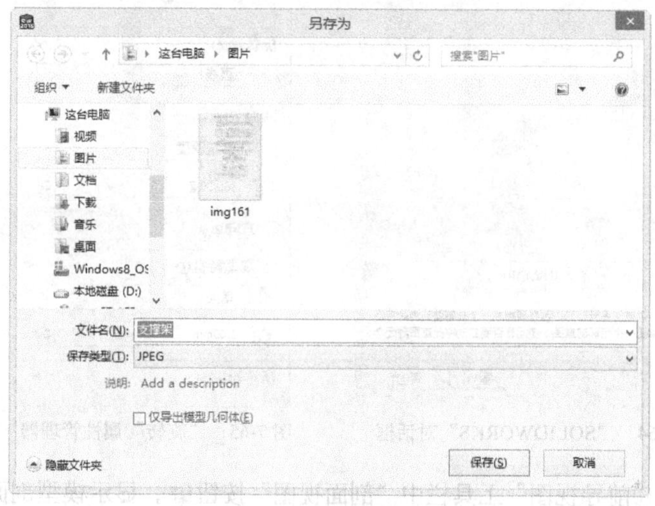

图 7-60 “另存为”对话框

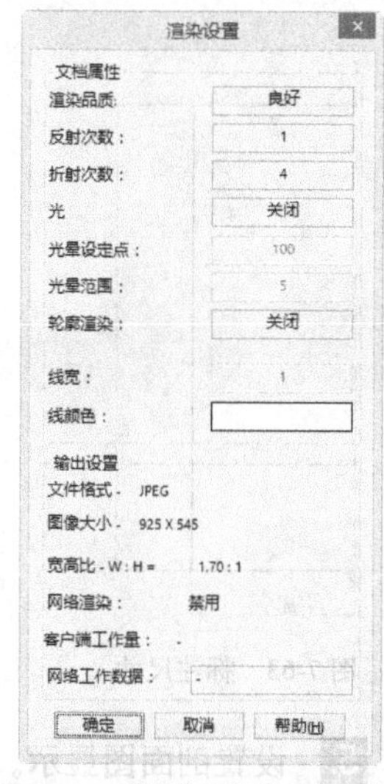

图 7-61 “渲染设置”对话框

7.4 综合实例——茶叶盒

本实例绘制的茶叶盒，如图 7-62 所示。

首先利用“旋转”命令绘制茶叶盒盒身，再利用“旋转切除”等命令设置局部细节，再利用模型显示，最后设置各表面的外观和颜色。

光盘文件

实例结果文件光盘路径为“X:\源文件\ch7\茶叶盒.SLDPRT”。

多媒体演示参见配套光盘中的“X:\动画演示\第 7 章\茶叶盒.avi”。

图 7-62 茶叶盒

绘制步骤

1. 新建文件。启动 SOLIDWORKS 2016，单击菜单栏中的“文件”→“新建”命令，创建一个新的零件文件。

2. 绘制茶叶盒草图。在左侧的“FeatureManager 设计树”中选择“前视基准面”作为草绘基准面。单击“草图”控制面板中的“中心线”按钮，绘制通过原点的竖直中心线；单击“草图”控制面板中的“直线”按钮，绘制 3 条直线。

3. 标注尺寸。执行菜单栏中的“工具”→“标注尺寸”→“智能尺寸”命令，或者单击“草图”控制面板中的“智能尺寸”按钮，标注步骤（2）中绘制的各直线段的尺寸，如图 7-63 所示。

4. 旋转薄壁实体。单击“特征”控制面板中的“旋转凸台/基体”按钮，或单击菜单栏中的“插入”→“凸台/基体”→“旋转”命令，弹出“SOLIDWORKS”对话框，如图 7-64 所示，单击“否”按钮，系统弹出“旋转”属性管理器。在“薄壁特征”选项组中（方向 1 厚度）图标右侧文本框中输入 2，单击“反向”按钮。其他选项设置如图 7-65 所示，单击（确定）按钮。

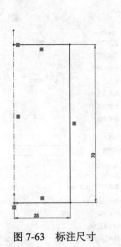

图 7-63　标注尺寸

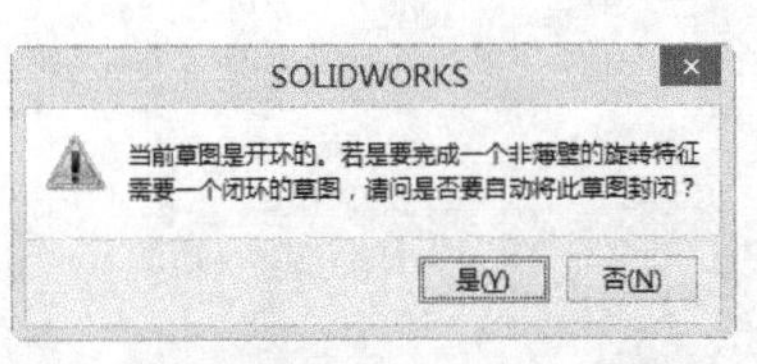

图 7-64　“SOLIDWORKS”对话框

图 7-65　“旋转”属性管理器

5. 设置剖面图显示。单击“前导视图”工具栏中“剖面视图”按钮，显示模型剖面视图，如图 7-66 所示，单击（确定）按钮，退出剖面视图。

6. 设置基准面。在左侧的“FeatureManager 设计树”中选择“前视基准面”，然后单击“前导视图”工具栏中的“正视于”按钮，将该基准面作为草绘基准面。

7. 绘制草图。单击“草图”控制面板中的“中心线”按钮，绘制通过原点的竖直中心线；单击“草图”控制面板中的“圆”按钮，绘制圆。

8. 标注尺寸。单击“草图”控制面板中的“智能尺寸”按钮，标注步骤（7）中绘制草图的尺寸，如图 7-67 所示。

9. 旋转实体。单击“特征”控制面板中的“旋转凸台/基体”按钮，或选择菜单栏中的“插入”→“凸台/基体”→“旋转”命令，系统弹出“旋转”属性管理器。选项设置如图 7-68 所示，单击（确定）按钮完成实体，如图 7-69 所示。

10. 设置基准面。选择“前视基准面”，然后单击“前导视图”工具栏中的“正视于”按钮，将该表面作为草绘基准面。

11. 绘制草图。单击“草图”控制面板中的“中心线”按钮，绘制通过原点的竖直中心线；单击“草图”控制面板中的“边角矩形”按钮，在步骤（10）中设置的基准面上绘制一个矩形。

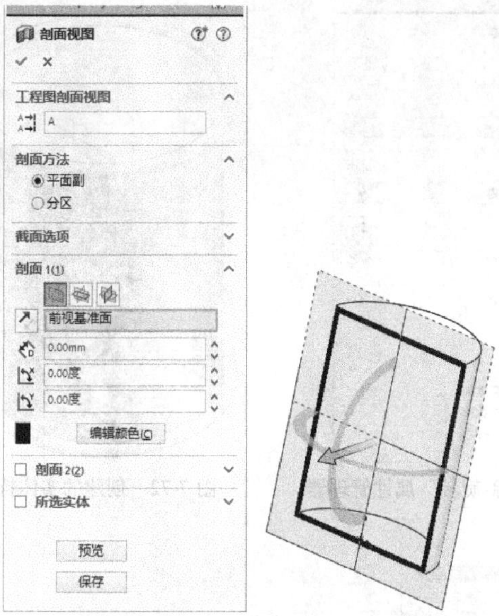

图 7-66　剖面视图

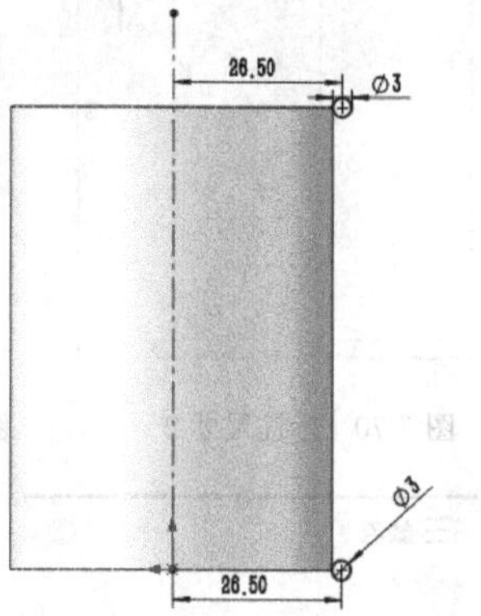

图 7-67　标注草图尺寸

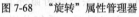

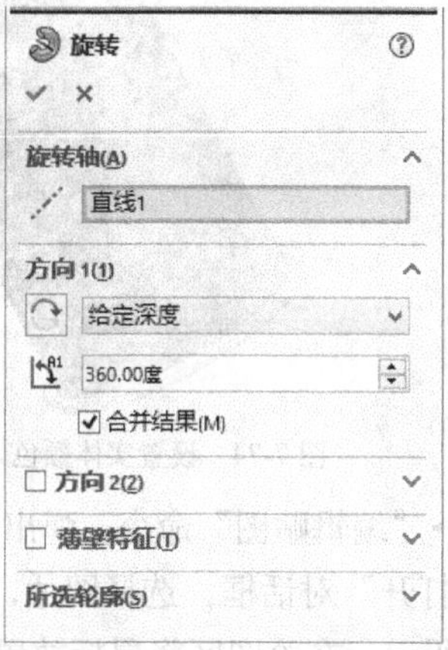

图 7-68　“旋转”属性管理器

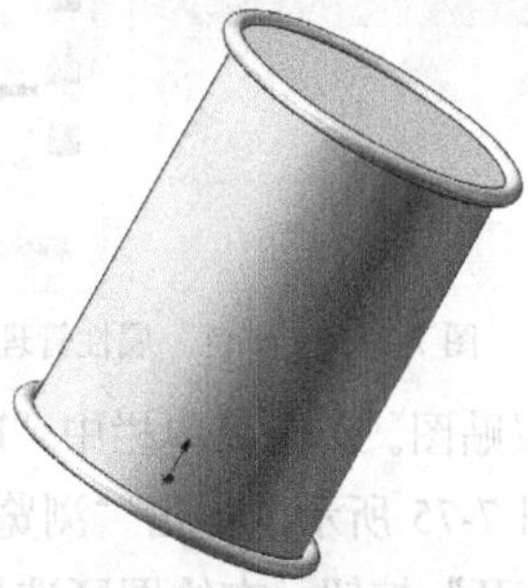

图 7-69　创建旋转实体

12 标注尺寸。单击“草图”控制面板中的“智能尺寸”按钮，标注步骤（11）中绘制矩形的尺寸及其定位尺寸，如图 7-70 所示。

13 切除实体。单击“特征”控制面板中的“旋转切除”按钮，系统弹出“切除-旋转”属性管理器，如图 7-71 所示，然后单击（确定）按钮。

14 设置视图方向。单击“前导视图”工具栏中的“等轴测”按钮，将视图以等轴测方向显示，创建的实体特征如图 7-72 所示。

技巧荟萃

在 SOLIDWORKS 中，外观设置的对象有多种：面、曲面、实体、特征、零部件等。其外观库是系统预定义的，通过对话框既可以设置纹理的比例和角度，也可以设置其混合颜色。

15 设置颜色属性。单击菜单栏中“PhotoView 360”→“编辑外观”命令或者选择特征单击右键，在系统弹出的快捷菜单中单击“外观”按钮，在下拉菜单中选择刚选中的实体，系统弹出“颜色”属性管理器，如图 7-73 所示。按图 7-72 中各面对应的颜色设置实体。单击“颜色”属性管理器中的（确定）按钮，设置外观后的图形如图 7-74 所示。

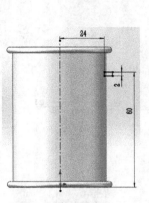

图 7-70　标注尺寸 2

图 7-71　“切除-旋转”属性管理器

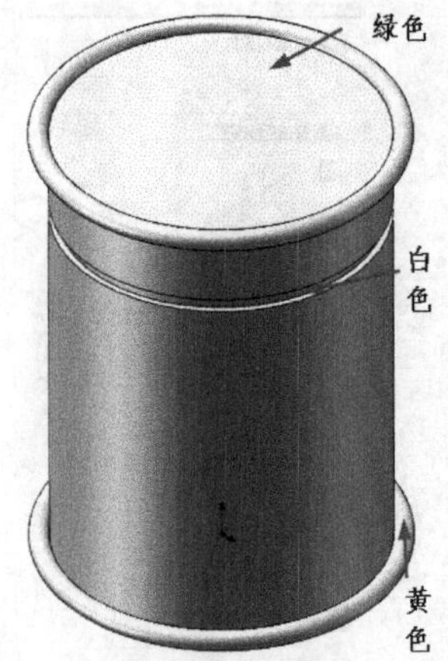

图 7-72　创建的实体特征

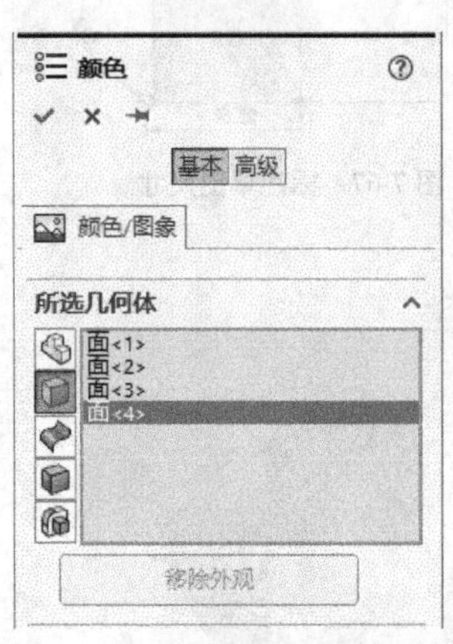

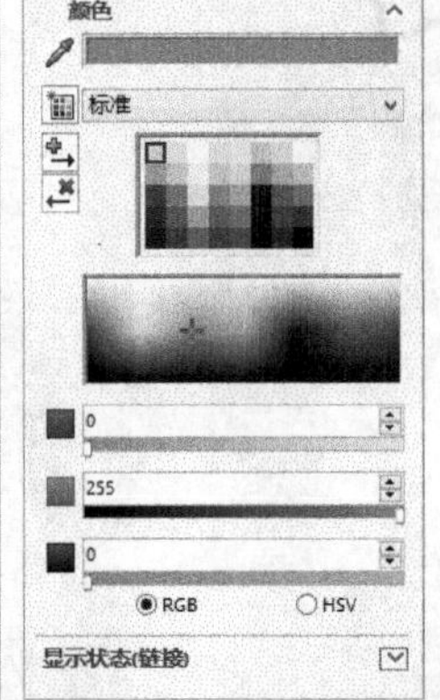

图 7-73　“颜色”属性管理器

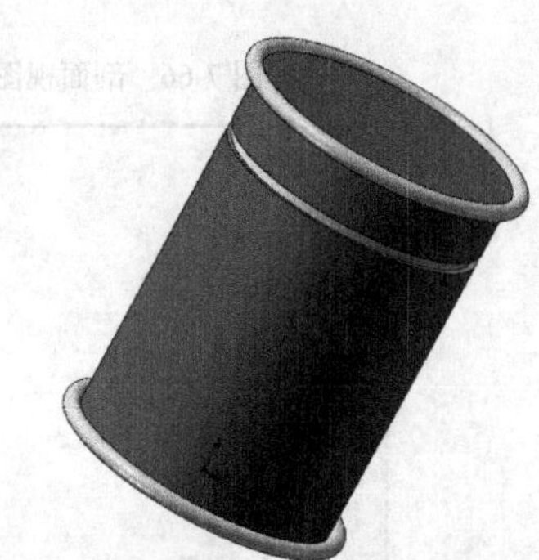

图 7-74　设置实体颜色

16 设置贴图。单击菜单栏中“PhotoView 360”→“编辑贴图”命令，弹出“贴图”属性管理器，如图 7-75 所示，单击“浏览”按钮，弹出“打开”对话框，选择图片，如图 7-76 所示，单击“打开”按钮，在绘图区选择面，如图 7-77 所示，在绘图区将鼠标放置在矩形框上，绘图区显示图标后，调整图片，单击✓（确定）按钮，完成设置。重复此操作设置其余面，设置后的图形如图 7-78 所示。

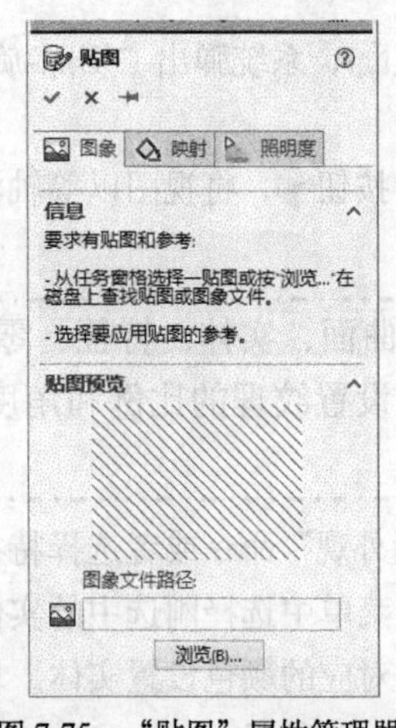

图 7-75　“贴图”属性管理器

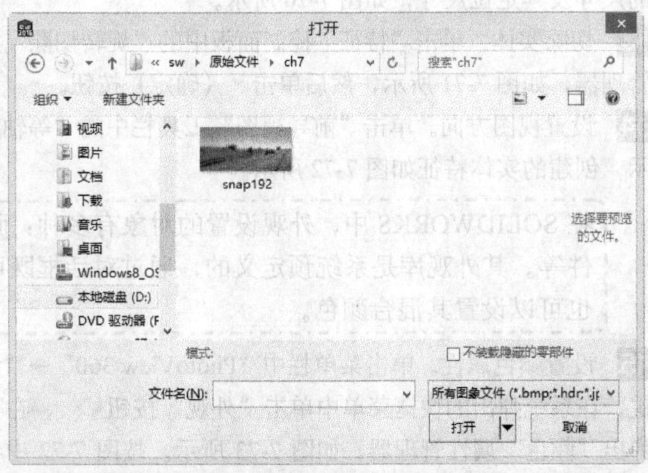

图 7-76　“打开”对话框

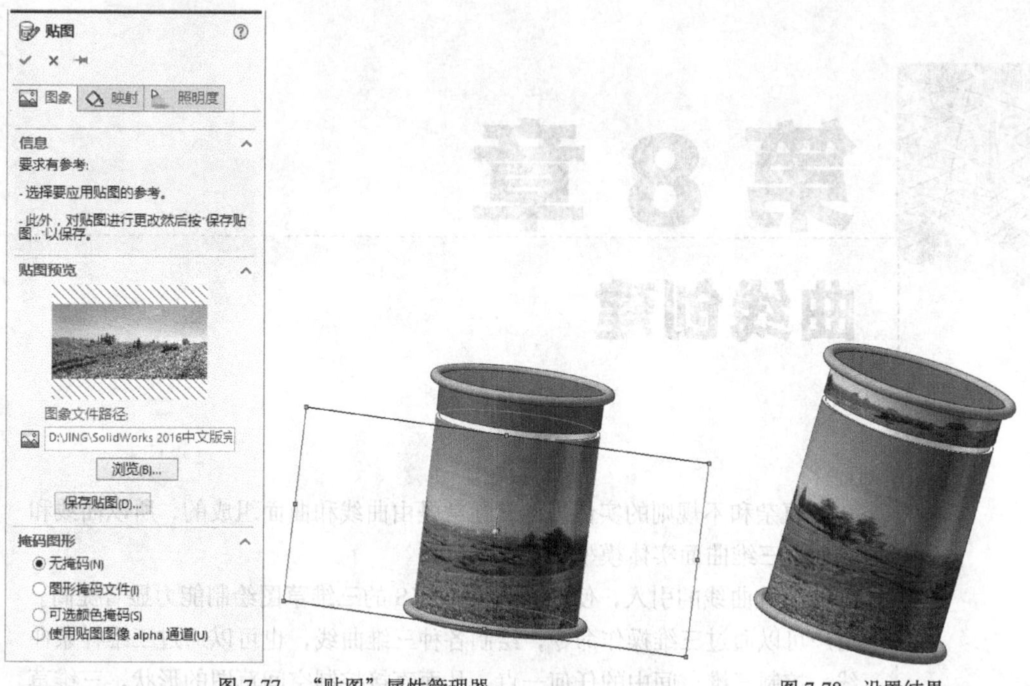

图 7-77 “贴图”属性管理器　　图 7-78 设置结果

17 单击菜单栏中的“PhotoView 360”→“最终渲染”命令，弹出“零件 1”对话框，进行渲染，完成渲染后弹出“最终渲染”对话框，显示渲染结果，如图 7-79 所示。

图 7-79 渲染结果

第 8 章

曲线创建

复杂和不规则的实体模型，通常是由曲线和曲面组成的，所以曲线和曲面是三维曲面实体模型建模的基础。

三维曲线的引入，使 SOLIDWORKS 的三维草图绘制能力显著提高。用户可以通过三维操作命令，绘制各种三维曲线，也可以通过三维样条曲线，控制三维空间中的任何一点，从而直接控制空间草图的形状。三维草图的绘制通常用于创建管路设计和线缆设计，以作为其他复杂三维模型的扫描路径。

知识点

- 三维草图
- 创建曲线

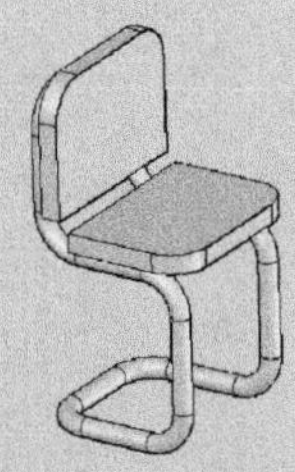

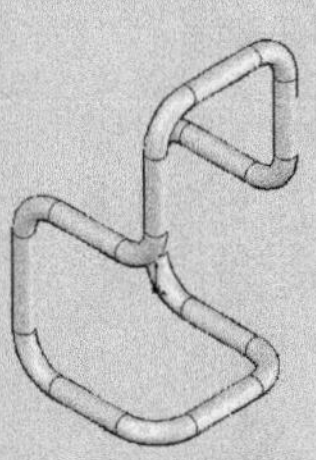

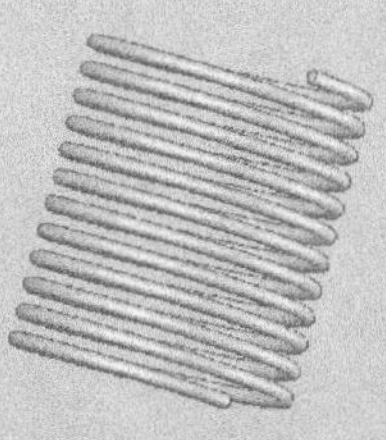

8.1 三维草图

在学习曲线生成方式之前，首先要了解三维草图的绘制，它是生成空间曲线的基础。

SOLIDWORKS 可以直接在基准面上或者在三维空间的任意点绘制三维草图实体，绘制的三维草图可以作为扫描路径、扫描的引导线，也可以作为放样路径、放样中心线等。

8.1.1 绘制三维草图

1. 绘制三维空间直线

【案例 8-1】本案例结果文件光盘路径为“X:\源文件\ch8\8.1.SLDPRT”，案例视频内容光盘路径为“X:\动画演示\第 8 章\8.1 三维直线.avi”。

（1）新建一个文件。单击“前导视图”工具栏中的“等轴测”按钮，设置视图方向为等轴测方向。在该视图方向下，坐标 X、Y、Z 3 个方向均可见，可以比较方便地绘制三维草图。

（2）单击菜单栏中的“插入”→“3D 草图”命令，或者单击“草图”控制面板中的“3D 草图”按钮，进入三维草图绘制状态。

（3）单击“草图”控制面板中需要绘制的草图工具，本例单击“草图”控制面板中的“直线”按钮，或选择菜单栏中的“工具”→“草图绘制实体”→“直线”命令，开始绘制三维空间直线，注意此时在绘图区中出现了空间控标，如图 8-1 所示。

（4）以原点为起点绘制草图，基准面为控标提示的基准面，方向由光标拖动决定，图 8-2 为在 XY 基准面上绘制草图。

图 8-1　空间控标

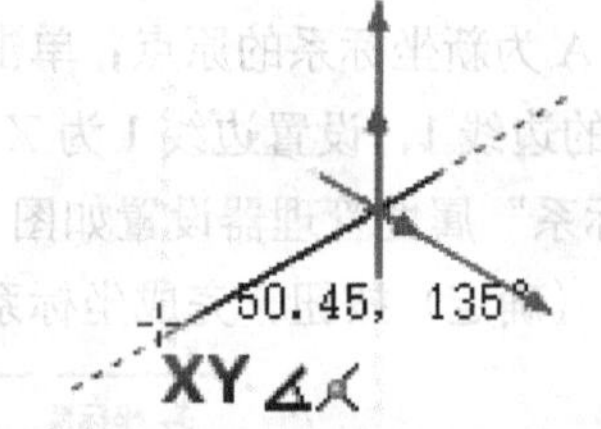

图 8-2　在 XY 基准面上绘制草图

（5）步骤（4）是在 XY 基准面上绘制直线，当继续绘制直线时，控标会显示出来。按 Tab 键，可以改变绘制的基准面，依次为 XY、YZ、ZX 基准面。图 8-3 为在 YZ 基准面上绘制草图。按 Tab 键依次绘制其他基准面上的草图，绘制完的三维草图如图 8-4 所示。

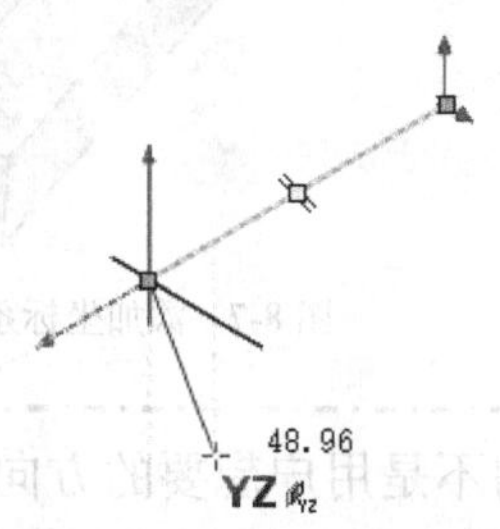

图 8-3　在 YZ 基准面上绘制草图

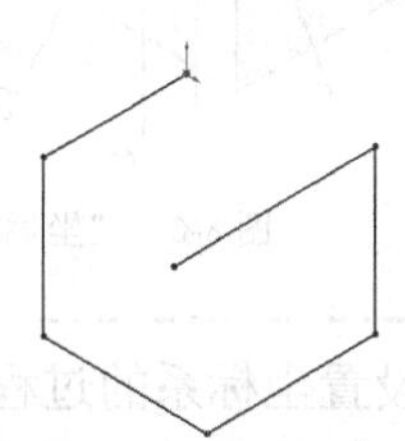
图 8-4　绘制完的三维草图

技巧荟萃

在绘制三维草图时，绘制的基准面要以控标显示为准，不要主观判断，通过按 Tab 键，变换视图的基准面。

(6) 再次单击“草图”控制面板中的“3D 草图”按钮3D，或者在绘图区右击，在弹出的快捷菜单中，单击“退出草图”命令，退出三维草图绘制状态。

二维草图和三维草图既有相似之处，又有不同之处。在绘制三维草图时，二维草图中的所有圆、弧、矩形、直线、样条曲线和点等工具都可用，曲面上的样条曲线工具只能用在三维草图中。在添加几何关系时，二维草图中大多数几何关系都可用于三维草图中，但是对称、阵列、等距和等长线例外。

另外需要注意的是，对于二维草图，其绘制的草图实体是所有几何体在草绘基准面上的投影，而三维草图是空间实体。

在绘制三维草图时，除了使用系统默认的坐标系外，用户还可以定义自己的坐标系，此坐标系将同测量、质量特性等工具一起使用。

2．建立坐标系

【案例 8-2】本案例结果文件光盘路径为“X:\源文件\ch8\8.2.SLDPRT”，案例视频内容光盘路径为“X:\动画演示\第 8 章\8.2 坐标系.avi”。

(1) 打开随书光盘中的原始文件“X:\原始文件\ch8\8.2.SLDPRT”，如图 8-5 所示。

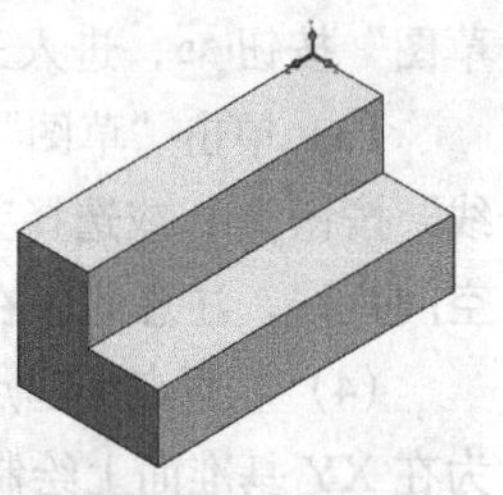

图 8-5 打开的文件实体

(2) 单击“特征”控制面板中的“坐标系”按钮，或单击菜单栏中的“插入”→“参考几何体”→“坐标系”命令，系统弹出“坐标系”属性管理器，如图 8-6 所示。

(3) 单击图标右侧的“原点”列表框，然后单击如图 8-6 所示的点 A，设置点 A 为新坐标系的原点；单击“X 轴”下面的“X 轴参考方向”列表框，然后单击如图 8-6 所示的边线 1，设置边线 1 为 X 轴；依次设置如图 8-6 所示的边线 2 为 Y 轴，边线 3 为 Z 轴，“坐标系”属性管理器设置如图 8-6 所示。

(4) 单击✔（确定）按钮，完成坐标系的设置，添加坐标系后的图形如图 8-7 所示。

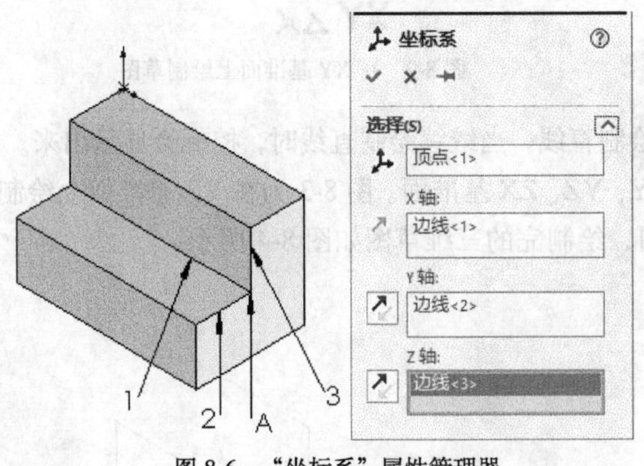

图 8-6 “坐标系”属性管理器

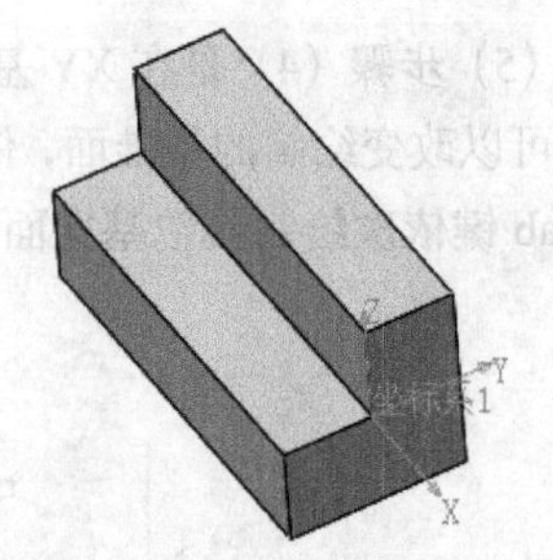

图 8-7 添加坐标系后的图形

技巧荟萃

在设置坐标系的过程中，如果坐标轴的方向不是用户想要的方向，可以单击“坐标系”属性管理器中设置轴左侧的（反转方向）按钮进行设置。

在设置坐标系时，X 轴、Y 轴和 Z 轴的参考方向可为以下实体。

- 顶点、点或者中点：将轴向的参考方向与所选点对齐。
- 线性边线或者草图直线：将轴向的参考方向与所选边线或者直线平行。
- 非线性边线或者草图实体：将轴向的参考方向与所选实体上的所选位置对齐。
- 平面：将轴向的参考方向与所选面的垂直方向对齐。

8.1.2 实例——办公椅

本实例绘制的办公椅如图 8-8 所示。在建模过程中要先绘制支架部分，再分别绘制椅垫和椅背。

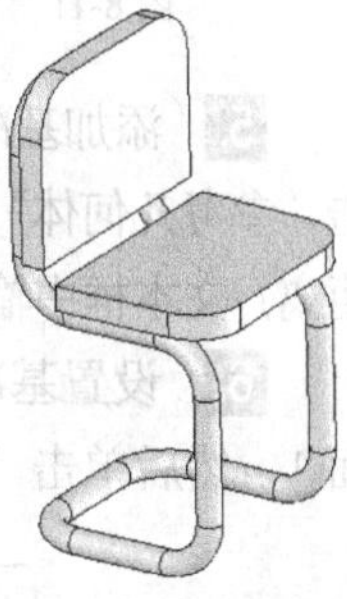

光盘文件

实例结果文件光盘路径为“X:\源文件\ch8\办公椅.SLDPRT”。

多媒体演示参见配套光盘中的“X:\动画演示\第 8 章\办公椅.avi”。

绘制步骤

图 8-8 办公椅

1. 新建文件。单击菜单栏中的“文件”→“新建”命令，或者单击“快速访问”工具栏中的“新建”按钮，在弹出的“新建 SOLIDWORKS 文件”属性管理器中选择“零件”按钮，然后单击“确定”按钮，创建一个新的零件文件。

2. 绘制三维草图。单击菜单栏中的“插入”→“3D 草图”命令，然后单击“草图”控制面板中的“直线”按钮，并借助 Tab 键，改变绘制的基准面，绘制如图 8-9 所示的三维草图。

3. 标注尺寸及添加几何关系。标注的尺寸 1 如图 8-10 所示。

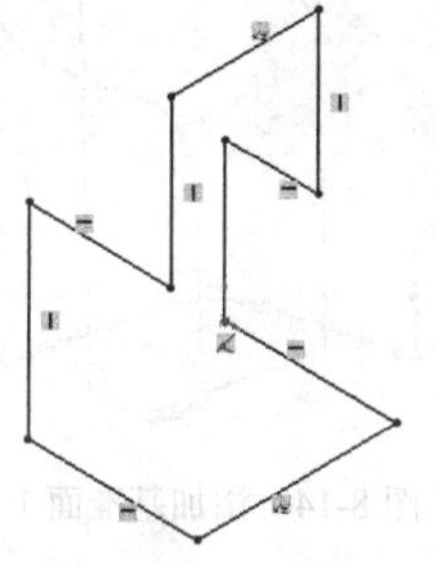

图 8-9 绘制三维草图

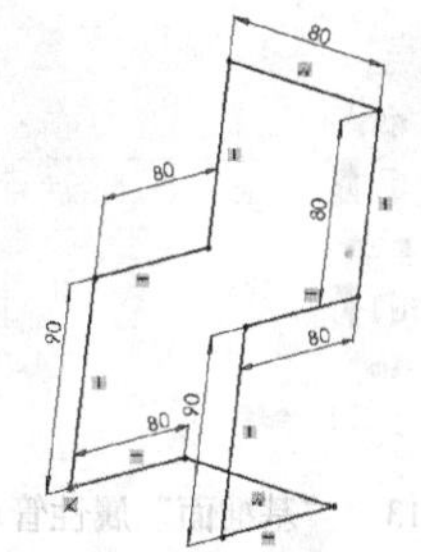

图 8-10 标注尺寸 1

4. 绘制圆角。单击“草图”控制面板中的“绘制圆角”按钮，系统弹出“绘制圆角”属性管理器。依次选择如图 8-10 所示的每个直角处的两条直线段，设置圆角半径为 20mm，如图 8-11 所示。单击✔（确定）按钮，绘制圆角后的图形如图 8-12 所示。

技巧荟萃

> 在绘制三维草图时，首先将视图方向设置为等轴测。另外，空间坐标的控制很关键。空间坐标会提示视图的绘制方向，还要注意，在改变绘制的基准面时，要按 Tab 键。

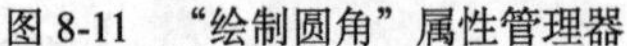

图 8-11 “绘制圆角”属性管理器

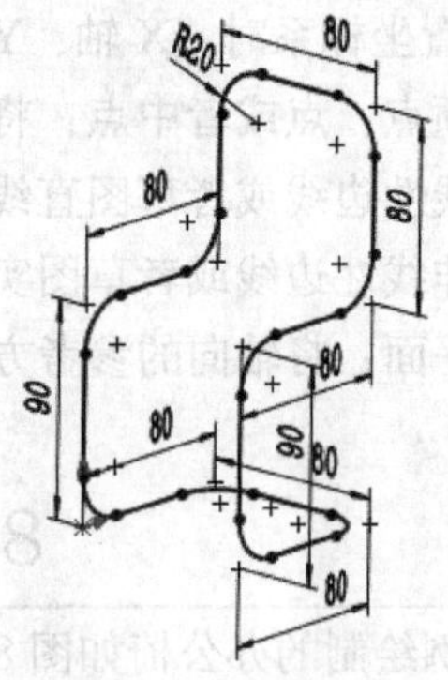

图 8-12 绘制圆角

5. 添加基准面。在左侧的“FeatureManager 设计树”中用鼠标选择“右视基准面”，然后单击“参考几何体”工具栏中的“基准面”按钮，系统弹出“基准面”属性管理器。在（偏移距离）文本框中输入 40，如图 8-13 所示，单击（确定）按钮，添加的基准面 1 如图 8-14 所示。

6. 设置基准面。在左侧的“FeatureManager 设计树”中，单击选择步骤 5 中添加的基准面 1，然后单击“前导视图”工具栏中的“正视于”按钮，将该基准面设置为草绘基准面。

图 8-13 “基准面”属性管理器 1

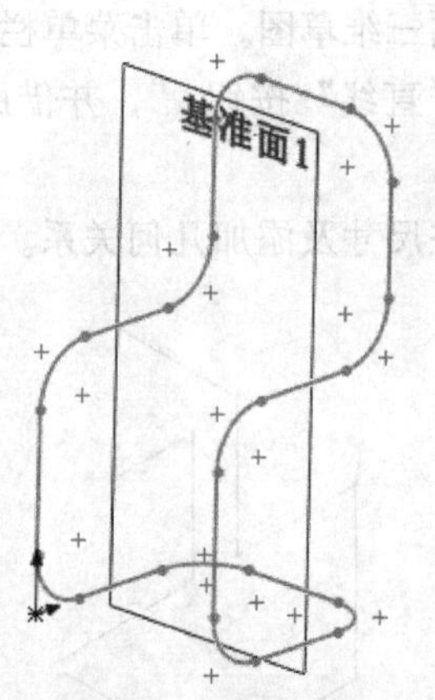

图 8-14 添加基准面 1

7. 绘制草图。单击“草图”控制面板中的“圆”按钮，绘制一个圆，原点自动捕获在直线上。单击“草图”控制面板中的“智能尺寸”按钮，标注圆的直径，如图 8-15 所示。

8. 设置视图方向。单击“前导视图”工具栏中的（等轴测）按钮，将视图以等轴测方向显示，等轴测视图如图 8-16 所示，然后退出草图绘制。

9. 扫描实体。单击菜单栏中的“插入”→“凸台/基体”→“扫描”命令，或者单击“特征”控制面板中的“扫描”按钮，系统弹出“扫描”属性管理器。在（轮廓）列表框中，单击选择步骤 7 中绘制的圆；在（路径）列表框中，单击选择步骤 2 中绘制圆角后的三维草图，如图 8-17 所示。单击（确定）按钮，扫描后的图形如图 8-18 所示。

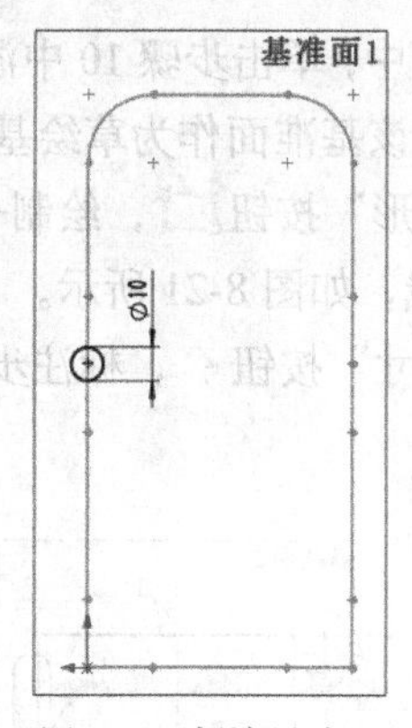

图 8-15　标注尺寸 2

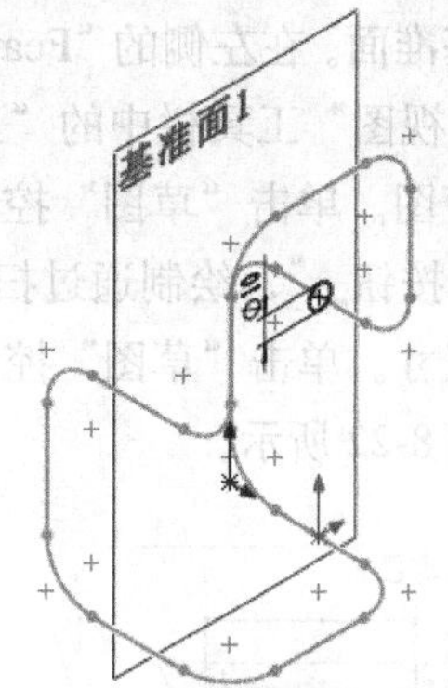

图 8-16　等轴测视图 1

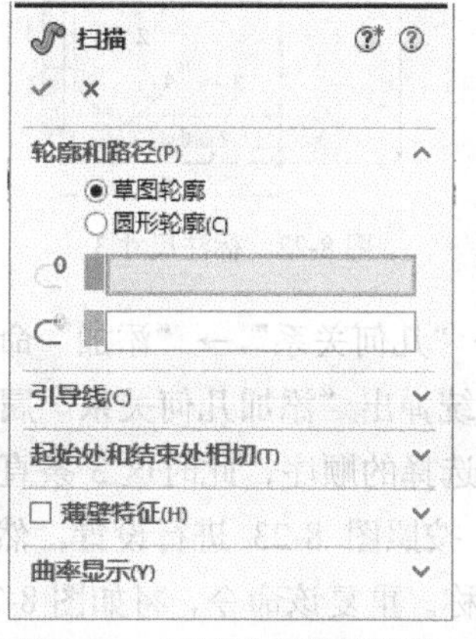

图 8-17　“扫描”属性管理器

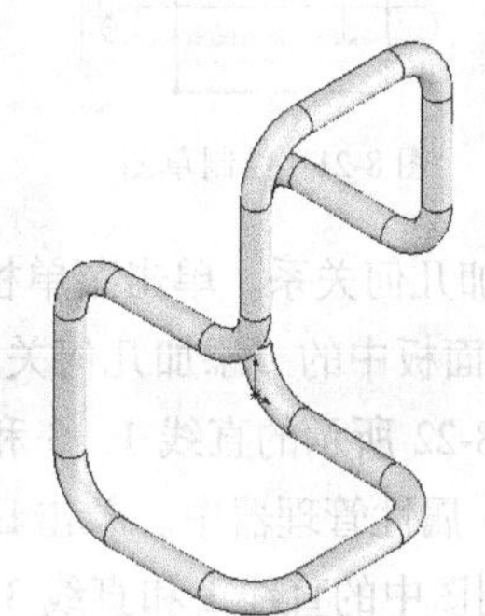
图 8-18　扫描实体

10. 添加基准面。在左侧的“FeatureManager 设计树”中选择“上视基准面”，然后单击“参考几何体”工具栏中的“基准面”按钮，系统弹出“基准面”属性管理器。在（偏移距离）文本框中输入 95，如图 8-19 所示。单击（确定）按钮，添加的基准面 2 如图 8-20 所示。

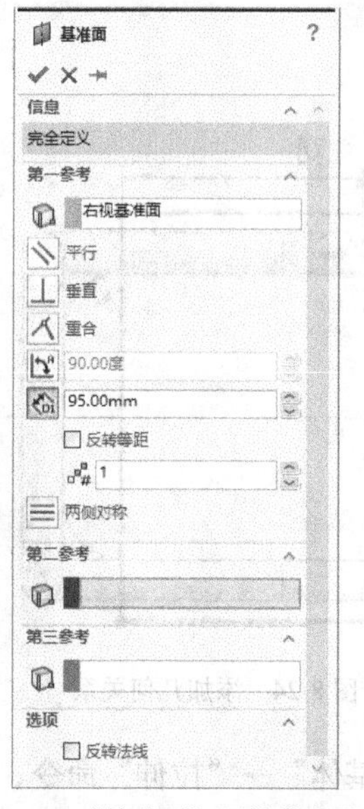

图 8-19　“基准面”属性管理器 2

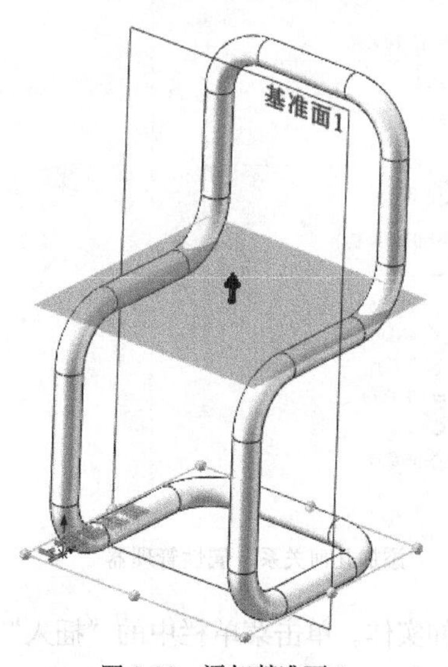

图 8-20　添加基准面 2

11. 设置基准面。在左侧的“FeatureManager 设计树”中，单击步骤 10 中添加的基准面 2，然后单击“前导视图”工具栏中的“正视于”按钮，将该基准面作为草绘基准面。

12. 绘制草图。单击“草图”控制面板中的“边角矩形”按钮，绘制一个矩形，然后单击“中心线”按钮，绘制通过扫描实体中间的中心线，如图 8-21 所示。

13. 标注尺寸。单击“草图”控制面板中的“智能尺寸”按钮，标注步骤 12 中绘制的矩形尺寸，如图 8-22 所示。

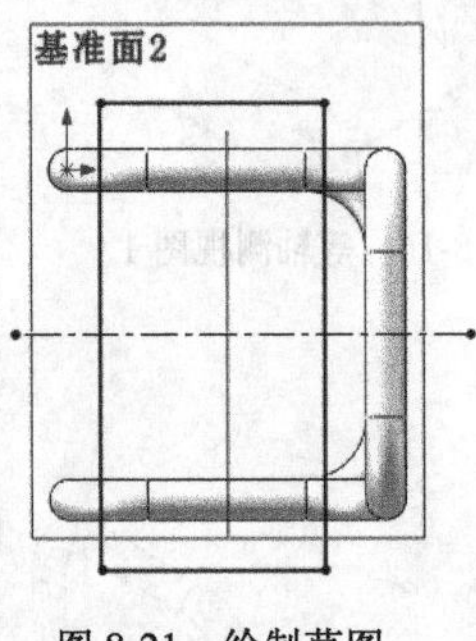

图 8-21 绘制草图

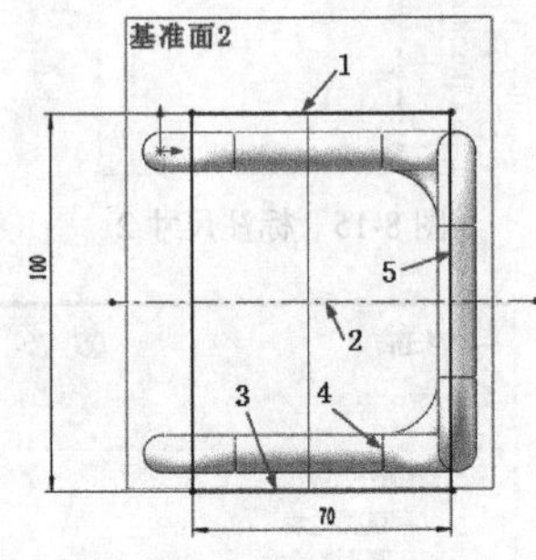

图 8-22 标注尺寸 3

14. 添加几何关系。单击菜单栏中的“工具”→“几何关系”→“添加”命令，或者单击“草图”控制面板中的“添加几何关系”按钮，系统弹出“添加几何关系”属性管理器。依次选择如图 8-22 所示的直线 1、3 和中心线 2，注意选择的顺序，此时这 3 条直线出现在“添加几何关系”属性管理器中。单击（对称）按钮，按照图 8-23 进行设置，然后单击（确定）按钮，则图中的直线 1 和直线 3 关于中心线 2 对称。重复该命令，将如图 8-22 所示的直线 4 和直线 5 设置为“共线”几何关系，添加几何关系后的图形如图 8-24 所示。

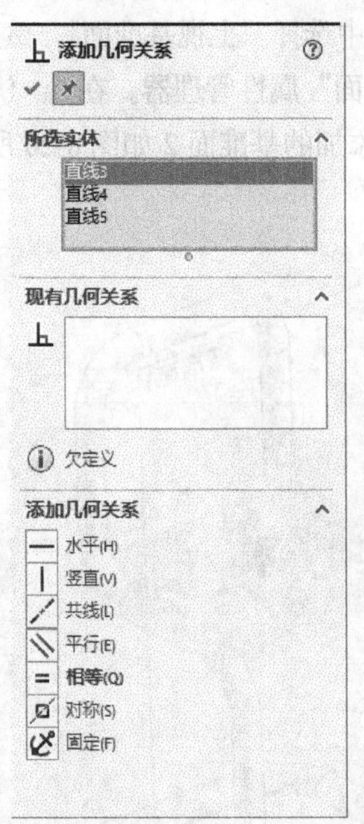

图 8-23 “添加几何关系”属性管理器

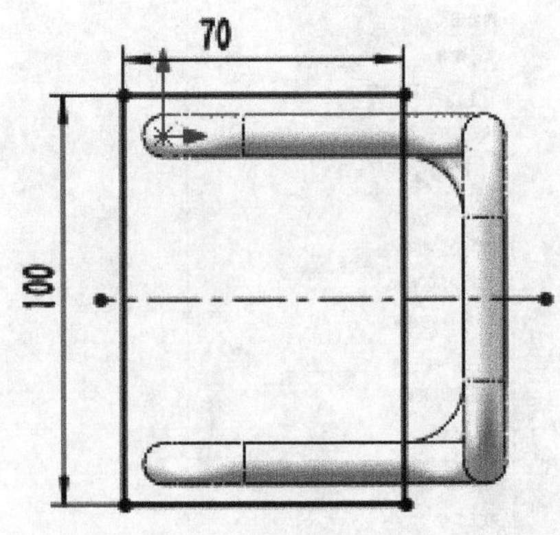

图 8-24 添加几何关系

15. 拉伸实体。单击菜单栏中的“插入”→“凸台/基体”→“拉伸”命令，或者单击“特征”控制面板中的“拉伸凸台/基体”按钮，系统弹出“拉伸”属性管理器。在（深度）

文本框中输入 10，单击✓（确定）按钮，实体拉伸完毕。

16. 设置视图方向。单击“前导视图”工具栏中的“等轴测”按钮，将视图以等轴测方向显示，等轴测视图如图 8-25 所示。

17. 添加基准面。在左侧的“FeatureManager 设计树”中选择“右视基准面”，然后单击“参考几何体”工具栏中的“基准面”按钮，系统弹出“基准面”属性管理器。“第一参考”选择为“前视基准面”，在（等距距离）文本框中输入 75，单击✓（确定）按钮，添加基准面 3，如图 8-26 所示。

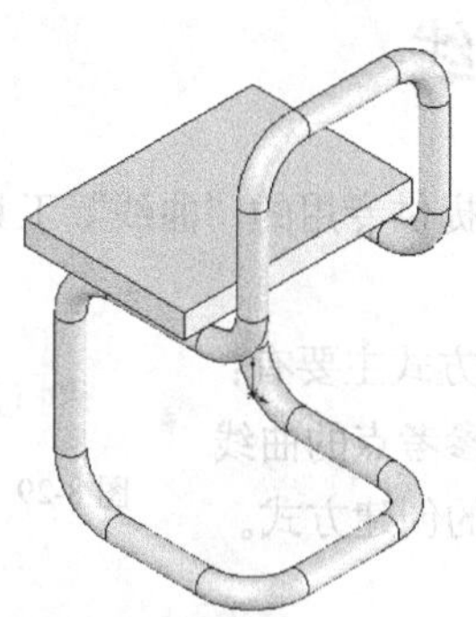

图 8-25　等轴测视图 2

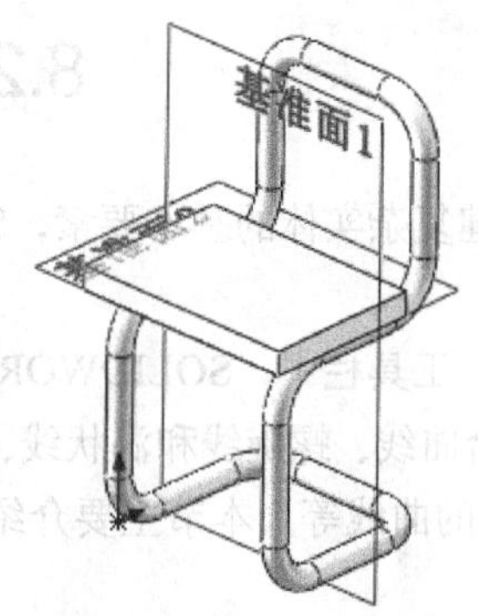

图 8-26　添加基准面 3

18. 设置基准面。在左侧的“FeatureManager 设计树”中，单击步骤 17 中添加的基准面 3，然后单击“前导视图”工具栏中的“正视于”按钮，将该基准面作为草绘基准面。

19. 绘制草图。单击“草图”控制面板中的“边角矩形”按钮，绘制一个矩形。单击“中心线”按钮，绘制通过扫描实体中间的中心线。标注草图尺寸和添加几何关系，如图 8-27 所示。

20. 设置视图方向。单击“前导视图”工具栏中的“等轴测”按钮，将视图以等轴测方向显示。

21. 拉伸实体。单击菜单栏中的“插入”→“凸台/基体”→“拉伸”命令，或者单击“特征”控制面板中的“拉伸凸台/基体”按钮，系统弹出“拉伸”属性管理器。在（深度）文本框中输入 10，由于系统默认的拉伸方向是坐标的正方向，所以需要改变拉伸的方向，单击（反向）按钮，改变拉伸方向。单击✓（确定）按钮，实体拉伸完毕，拉伸后的图形如图 8-28 所示。

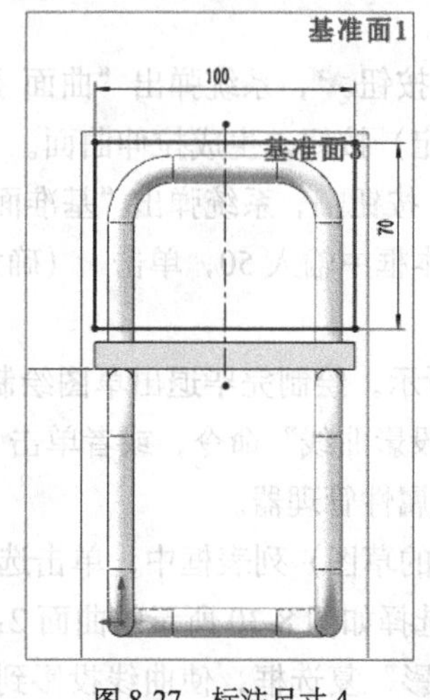

图 8-27　标注尺寸 4

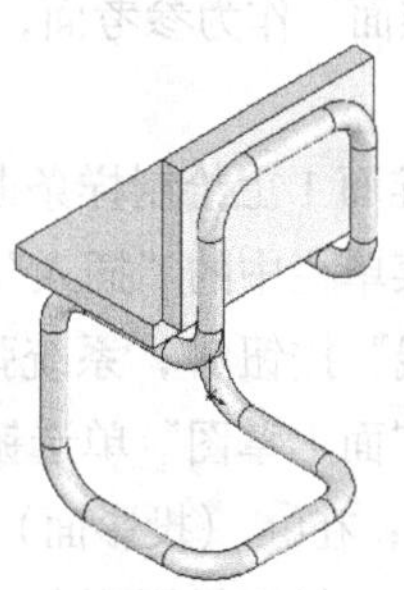

图 8-28　实体拉伸

22 设置视图方向。单击“前导视图”工具栏中的“旋转视图”按钮，将视图以合适的方向显示。

23 实体倒圆角。执行菜单栏中的“插入”→“特征”→“圆角”命令，或者单击“特征”控制面板中的“圆角”按钮，系统弹出“圆角”属性管理器。在（半径）文本框中输入20，然后依次选择椅垫外侧的两条竖直边，单击（确定）按钮。重复执行“圆角”命令，对椅背上面的两条直边倒圆角，半径也为20mm，倒圆角后的实体如图8-8所示。

8.2 创建曲线

曲线是构建复杂实体的基本要素，SOLIDWORKS提供专用的“曲线”工具栏，如图8-29所示。

图8-29 “曲线”工具栏

在“曲线”工具栏中，SOLIDWORKS创建曲线的方式主要有：投影曲线、组合曲线、螺旋线和涡状线、分割线、通过参考点的曲线与通过XYZ点的曲线等。本节主要介绍各种不同曲线的创建方式。

8.2.1 投影曲线

在SOLIDWORKS中，投影曲线主要有两种创建方式。一种方式是将绘制的曲线投影到模型面上，生成一条三维曲线；另一种方式是在两个相交的基准面上分别绘制草图，此时系统会将每一个草图沿所在平面的垂直方向投影得到一个曲面，这两个曲面在空间中相交，生成一条三维曲线。下面将分别介绍采用两种方式创建曲线的操作步骤。

1．利用绘制曲线投影到模型面上生成投影曲线

【案例8-3】本案例结果文件光盘路径为“X:\源文件\ch8\8.3.SLDPRT”，案例视频内容光盘路径为“X:\动画演示\第8章\8.3投影曲线.avi”。

（1）新建一个文件，在左侧的“FeatureManager设计树”中选择“前视基准面”作为草绘基准面。

（2）单击“草图”控制面板中的“样条曲线”按钮，或单击菜单栏中的“工具”→“草图绘制实体”→“样条曲线”命令，绘制样条曲线。

（3）单击“曲面”控制面板中的“曲面-拉伸”按钮，系统弹出“曲面-拉伸”属性管理器。在（深度）文本框中输入120，单击（确定）按钮，生成拉伸曲面。

（4）单击“参考几何体”工具栏中的“基准面”按钮，系统弹出“基准面”属性管理器。选择“上视基准面”作为参考面，在（深度）文本框中输入50，单击（确定）按钮，添加基准面1。

（5）在基准面1上绘制样条曲线，如图8-30所示。绘制完毕退出草图绘制状态。

（6）单击菜单栏中的“插入”→“曲线”→“投影曲线”命令，或者单击“曲线”工具栏中的“投影曲线”按钮，系统弹出“投影曲线”属性管理器。

（7）点选“面上草图”单选钮，在（要投影的草图）列表框中，单击选择如图8-30所示的样条曲线1；在（投影面）列表框中，单击选择如图8-30所示的曲面2；在视图中观测投影曲线的方向，是否投影到曲面，勾选“反转投影”复选框，使曲线投影到曲面上。“投影

曲线”属性管理器设置如图 8-31 所示。

（8）单击✔（确定）按钮，生成的投影曲线 1 如图 8-32 所示。

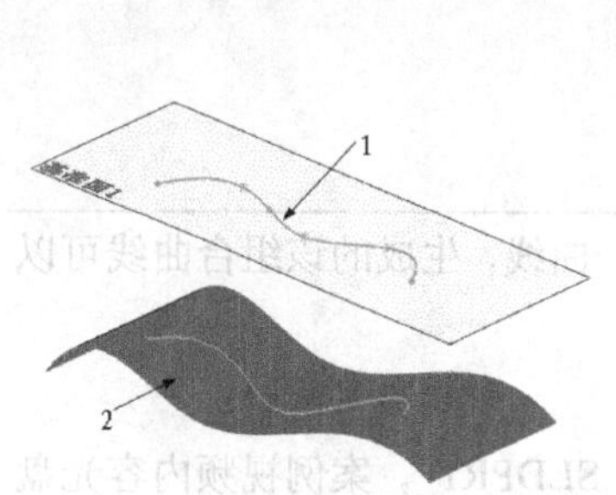

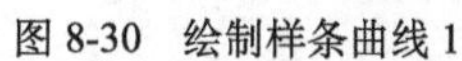

图 8-30 绘制样条曲线 1

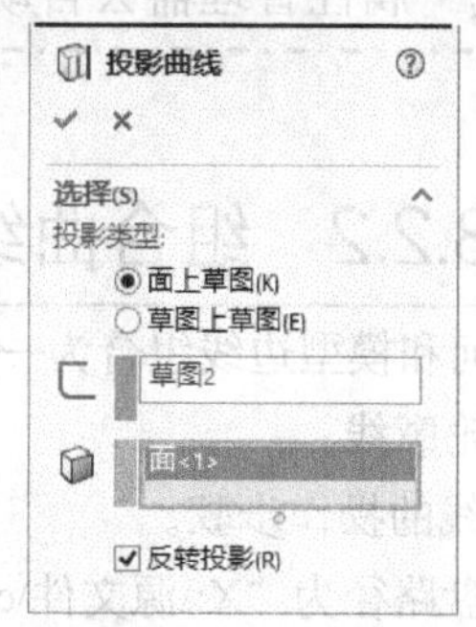

图 8-31 “投影曲线”属性管理器 1

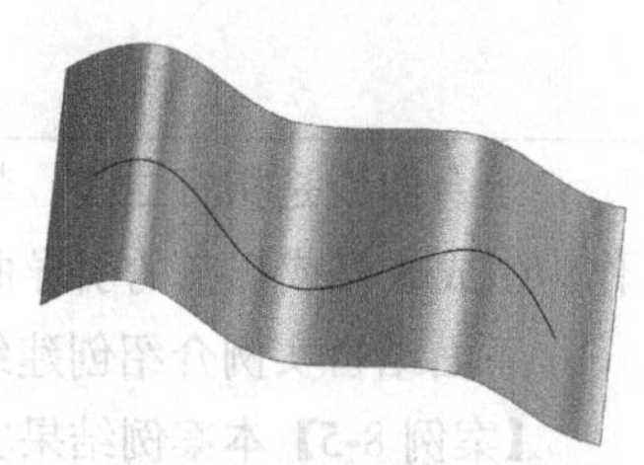

图 8-32 投影曲线 1

2．利用两个相交的基准面上的曲线生成投影曲线

【案例 8-4】本案例结果文件光盘路径为“X:\源文件\ch8\8.4.SLDPRT”，案例视频内容光盘路径为“X:\动画演示\第 8 章\8.4 投影曲线.avi”。

（1）新建一个文件，在左侧的“FeatureManager 设计树”中选择“前视基准面”作为草绘基准面。

（2）单击菜单栏中的“工具”→“草图绘制实体”→“样条曲线”命令，在步骤（1）中设置的基准面上绘制一个样条曲线，如图 8-33 所示，然后退出草图绘制状态。

（3）在左侧的“FeatureManager 设计树”中选择“上视基准面”作为草绘基准面。

（4）单击菜单栏中的“工具”→“草图绘制实体”→“样条曲线”命令，在步骤（3）中设置的基准面上绘制一个样条曲线，如图 8-34 所示，然后退出草图绘制状态。

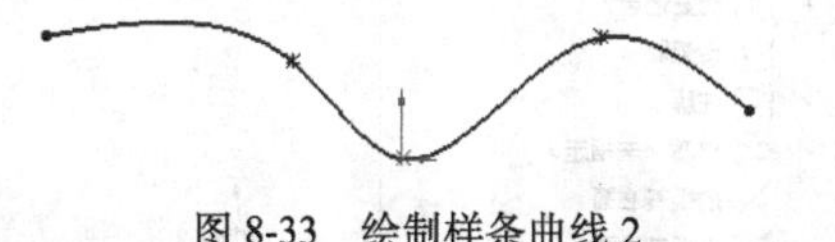

图 8-33 绘制样条曲线 2

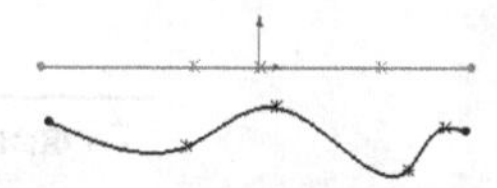

图 8-34 绘制样条曲线 3

（5）单击菜单栏中的“插入”→“曲线”→“投影曲线”命令，系统弹出“投影曲线”属性管理器。

（6）点选“草图上草图”单选钮，在⊏（要投影的草图）列表框中，选择如图 8-34 所示的两条样条曲线，如图 8-35 所示。

（7）单击✔（确定）按钮，生成的投影曲线如图 8-36 所示。

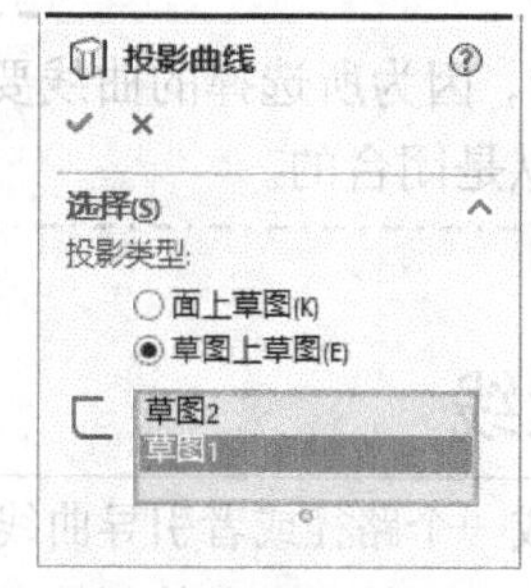

图 8-35 “投影曲线”属性管理器 2

图 8-36 投影曲线 2

技巧荟萃

如果在执行投影曲线命令之前，先选择了生成投影曲线的草图，则在执行投影曲线命令后，“投影曲线”属性管理器会自动选择合适的投影类型。

8.2.2 组合曲线

组合曲线是指将曲线、草图几何和模型边线组合为一条单一曲线，生成的该组合曲线可以作为生成放样或扫描的引导曲线、轮廓线。

下面结合实例介绍创建组合曲线的操作步骤。

【案例 8-5】本案例结果文件光盘路径为“X:\源文件\ch8\8.5.SLDPRT”，案例视频内容光盘路径为“X:\动画演示\第 8 章\8.5 组合曲线.avi”。

(1) 打开随书光盘中的原始文件“X:\原始文件\ch8\8.5.SLDPRT”，打开的文件实体如图 8-37 所示。

(2) 单击菜单栏中的“插入”→“曲线”→“组合曲线”命令，或者单击“曲线”工具栏中的 (组合曲线) 按钮，系统弹出“组合曲线”属性管理器。

(3) 在“要连接的实体”选项组中，选择如图 8-37 所示的边线 1、边线 2、边线 3 和边线 4，如图 8-38 所示。

(4) 单击✔(确定) 按钮，生成所需要的组合曲线。生成组合曲线后的图形及其“FeatureManager 设计树”如图 8-39 所示。

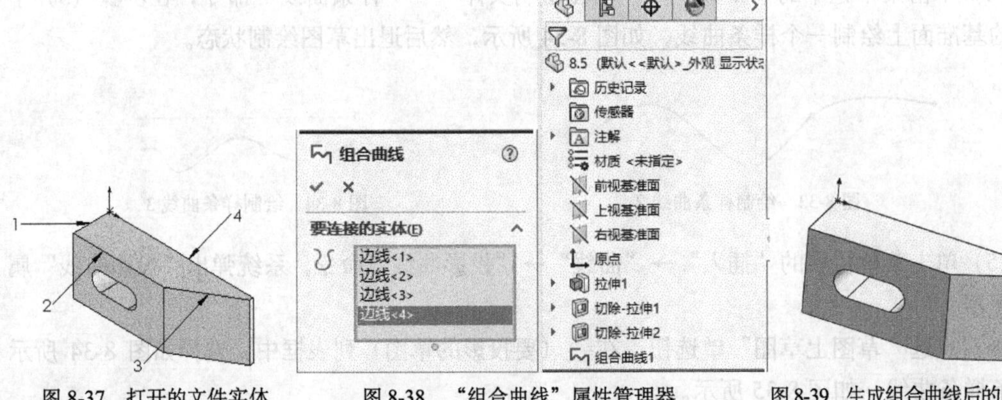

图 8-37 打开的文件实体　　图 8-38 “组合曲线”属性管理器　　图 8-39 生成组合曲线后的图形及其“FeatureManager 设计树”

技巧荟萃

在创建组合曲线时，所选择的曲线必须是连续的，因为所选择的曲线要生成一条曲线。生成的组合曲线可以是开环的，也可以是闭合的。

8.2.3 螺旋线和涡状线

螺旋线和涡状线通常在零件中生成，这种曲线可以被当成一个路径或者引导曲线使用在扫描的特征上，或作为放样特征的引导曲线，通常用来生成螺纹、弹簧和发条等零件。下面将分别介绍绘制这两种曲线的操作步骤。

1. 创建螺旋线

【案例 8-6】本案例结果文件光盘路径为“X:\源文件\ch8\8.6.SLDPRT”，案例视频内容光盘路径为“X:\动画演示\第 8 章\8.6 螺旋线.avi”。

(1) 新建一个文件，在左侧的“FeatureManager 设计树”中选择“前视基准面”作为草绘基准面。

(2) 单击“草图”控制面板中“圆”按钮，在步骤 (1) 中设置的基准面上绘制一个圆，然后单击“草图”控制面板中“智能尺寸”按钮，标注绘制圆尺寸，如图 8-40 所示。

(3) 单击“曲线”工具栏中的“螺旋线/涡状线”按钮，或单击菜单栏中的“插入”→“曲线”→“螺旋线/涡状线”命令，系统弹出“螺旋线/涡状线”属性管理器。

(4) 在“定义方式”选项组中，选择“螺距和圈数”选项，点选“恒定螺距”单选钮，在“螺距”文本框中输入 15；在“圈数”文本框中输入 6；在“起始角度”文本框中输入 135，其他设置如图 8-41 所示。

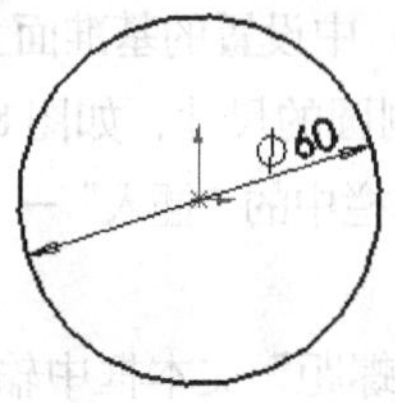

图 8-40 标注尺寸 1

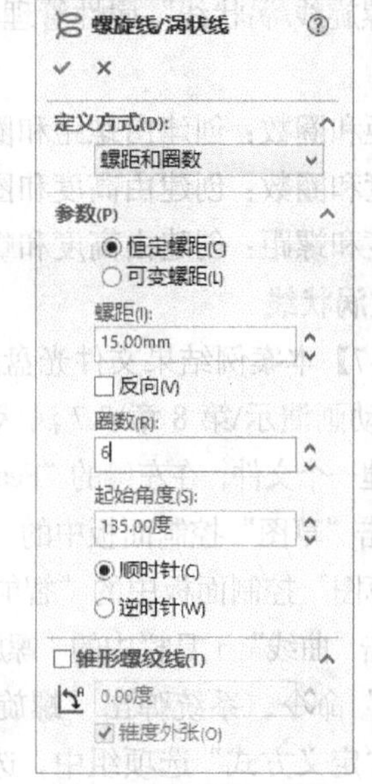

图 8-41 “螺旋线/涡状线”属性管理器 1

(5) 单击 (确定) 按钮，生成所需要的螺旋线。

(6) 单击右键在弹出的快捷菜单中选择“旋转视图”按钮，将视图以合适的方向显示。生成的螺旋线及其“FeatureManager 设计树”如图 8-42 所示。

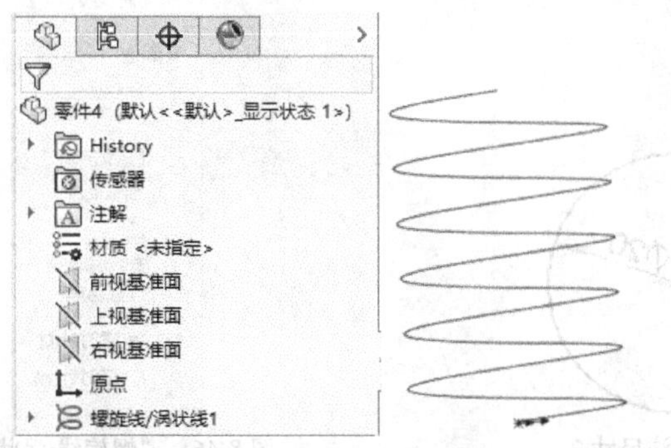

图 8-42 生成的螺旋线及其“FeatureManager 设计树”

使用该命令还可以生成锥形螺纹线，如果要绘制锥形螺纹线，则在如图 8-41 所示的“螺旋线/涡状线”属性管理器中勾选“锥形螺纹线”复选框。

图 8-43 为取消对“锥度外张”复选框的勾选后生成的内张锥形螺纹线。图 8-44 为勾选“锥度外张”复选框后生成的外张锥形螺纹线。

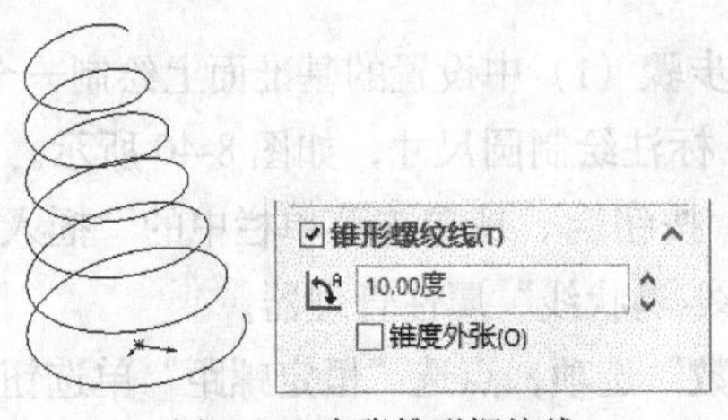

图 8-43　内张锥形螺纹线

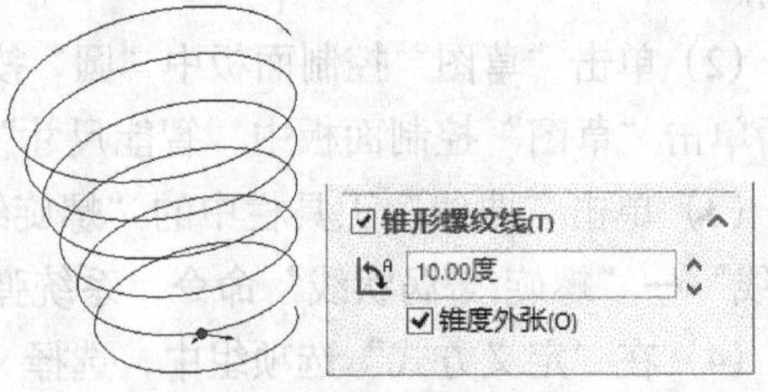

图 8-44　外张锥形螺纹线

在创建螺纹线时，有螺距和圈数、高度和圈数、高度和螺距等几种定义方式，这些定义方式可以在“螺旋线/涡状线”属性管理器的“定义方式”选项中进行选择。下面简单介绍这几种方式的意义。

- 螺距和圈数：创建由螺距和圈数所定义的螺旋线，选择该选项时，参数相应发生改变。
- 高度和圈数：创建由高度和圈数所定义的螺旋线，选择该选项时，参数相应发生改变。
- 高度和螺距：创建由高度和螺距所定义的螺旋线，选择该选项时，参数相应发生改变。

2．创建涡状线

【案例 8-7】本案例结果文件光盘路径为“X:\源文件\ch8\8.7.SLDPRT”，案例视频内容光盘路径为“X:\动画演示\第 8 章\8.7 涡状线.avi”。

（1）新建一个文件，在左侧的“FeatureManager 设计树”中选择“前视基准面”作为草绘基准面。

（2）单击“草图”控制面板中的“圆”按钮，在步骤（1）中设置的基准面上绘制一个圆，然后单击“草图”控制面板中的“智能尺寸”按钮，标注绘制圆的尺寸，如图 8-45 所示。

（3）单击“曲线”工具栏中的“螺旋线”按钮，或单击菜单栏中的“插入”→“曲线”→“螺旋线/涡状线”命令，系统弹出“螺旋线/涡状线”属性管理器。

（4）在“定义方式”选项组中，选择“涡状线”选项；在“螺距”文本框中输入 15；在“圈数”文本框中输入 5；在“起始角度”文本框中输入 135，其他设置如图 8-46 所示。

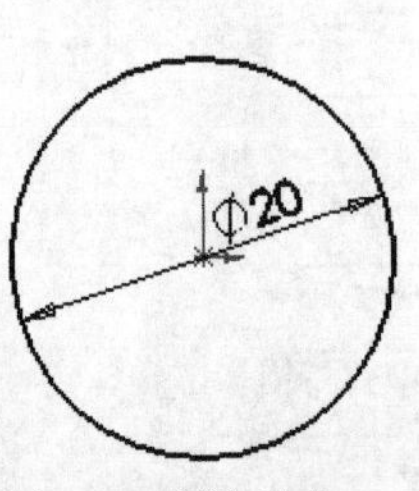

图 8-45　标注尺寸 2

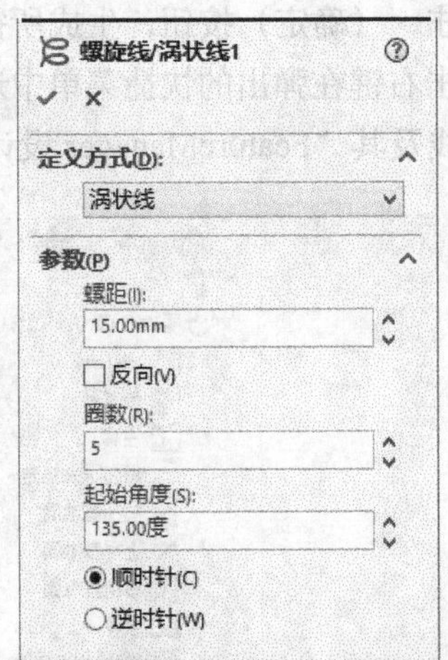

图 8-46　“螺旋线/涡状线”属性管理器 2

（5）单击（确定）按钮，生成的涡状线及其“FeatureManager 设计树”如图 8-47 所示。

SOLIDWORKS 既可以生成顺时针涡状线，也可以生成逆时针涡状线。在执行命令时，系统默认的生成方式为顺时针方式，顺时针涡状线如图 8-48 所示。在如图 8-46 所示“螺旋线/涡状线”属性管理器中点选“逆时针”单选钮，就可以生成逆时针方向的涡状线，如图 8-49 所示。

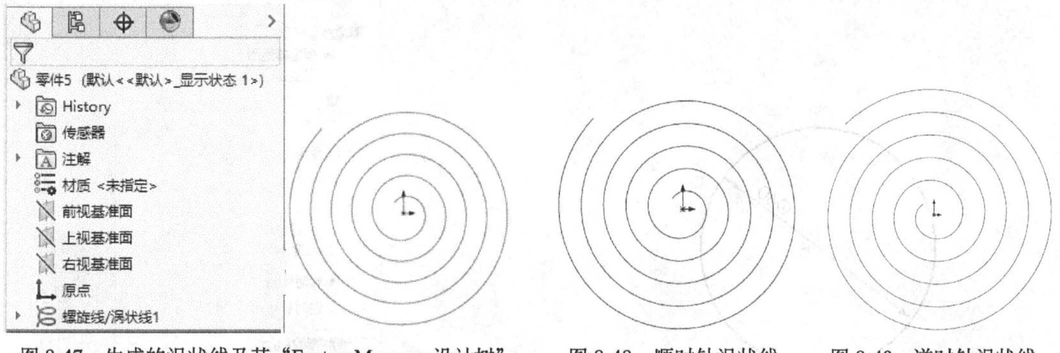

图 8-47　生成的涡状线及其“FeatureManager 设计树”　　图 8-48　顺时针涡状线　　图 8-49　逆时针涡状线

8.2.4　实例——弹簧

本例绘制弹簧，如图 8-50 所示。首先绘制一个圆形草图，然后生成螺旋线，作为弹簧的外形路径；再绘制一个圆，作为弹簧的外形轮廓；然后执行扫描命令，生成弹簧实体。

图 8-50　弹簧

光盘文件

实例结果文件光盘路径为“X:\源文件\ch8\弹簧.SLDPRT”。

多媒体演示参见配套光盘中的“X:\动画演示\第 8 章\弹簧.avi”。

绘制步骤

1. 新建文件。单击菜单栏中的“文件”→“新建”命令，或者单击“快速访问”工具栏中的“新建”按钮，在弹出的“新建 SOLIDWORKS 文件”对话框中先单击“零件”按钮，再单击“确定”按钮，创建一个新的零件文件。

2. 绘制草图。在左侧的“FeatureManager 设计树”中用鼠标选择“前视基准面”作为绘制图形的基准面。单击“草图”控制面板中的“圆”按钮，以原点为圆心绘制一个圆。

3. 标注尺寸。单击“草图”控制面板中的“智能尺寸”按钮，标注上一步绘制圆的直径，结果如图 8-51 所示。

4. 生成螺旋线。单击“曲线”工具栏中的“螺旋线”按钮，或单击菜单栏中的“插入”→“曲线”→“螺旋线/涡状线”命令，此时系统弹出如图 8-52 所示的“螺旋线/涡状线”对话框。按照图示进行设置后，单击对话框中的“确定”图标。

5. 设置视图方向。单击“前导视图”工具栏中的“等轴测”图标，将视图以等轴测方向显示，结果如图 8-53 所示。

6. 设置基准面。在左侧的“FeatureManager 设计树”中选择“右视基准面”，然后单击“前导视图”工具栏中的“正视于”按钮，将该基准面作为绘制图形的基准面。

7. 绘制草图。单击“草图”控制面板中的“圆”按钮，以螺旋线右上端点为圆心绘制一个圆。

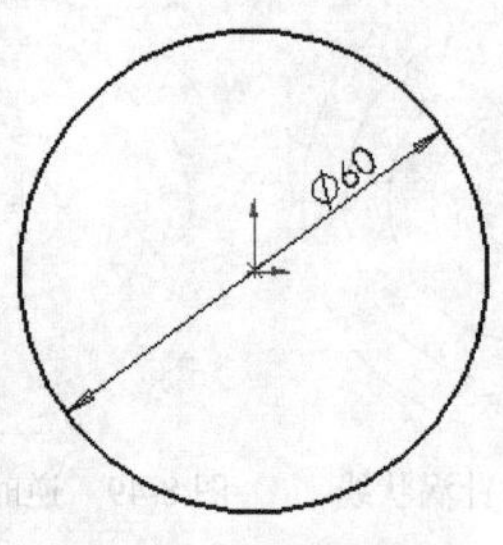

图 8-51　标注的草图

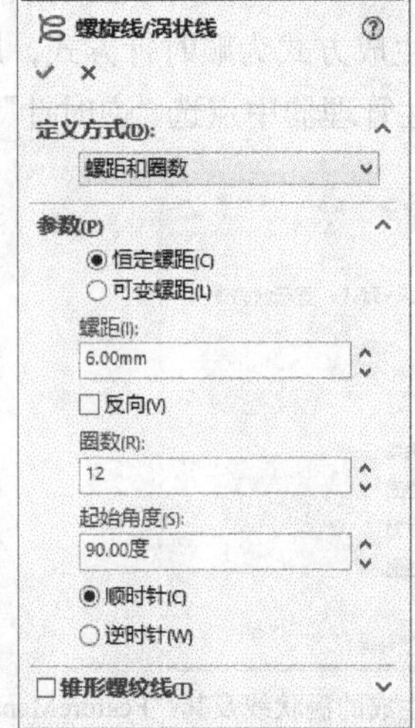

图 8-52　“螺旋线/涡状线”对话框

8. 标注尺寸。单击“草图”控制面板中的“智能尺寸”按钮，标注上一步绘制圆的直径，结果如图 8-54 所示，然后退出草图绘制状态。

9. 扫描实体。单击“特征”控制面板中的“扫描”按钮，或执行“插入”→“凸台/基体”→“扫描”菜单命令，此时系统弹出“扫描”属性管理器。在“轮廓”栏用鼠标选择图 8-54 中绘制的圆；在“路径”栏用鼠标选择图 8-53 生成的螺旋线。单击“确定”图标，扫描后的图形如图 8-55 所示。

10. 设置视图方向。单击“前导视图”工具栏中的“等轴测”图标，将视图以等轴测方向显示，结果如图 8-55 所示。

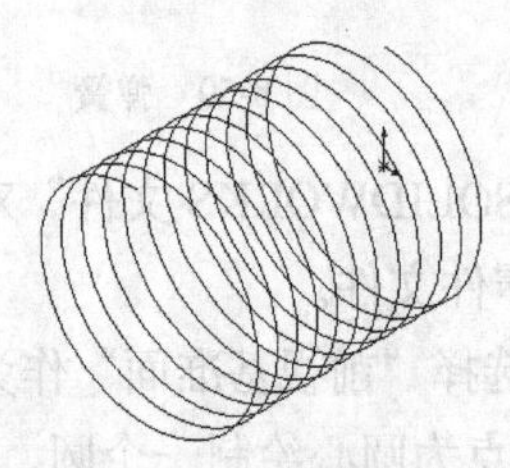

图 8-53　生成的螺旋线

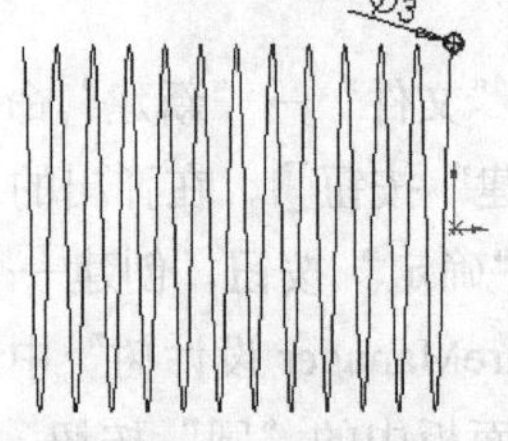

图 8-54　标注的草图

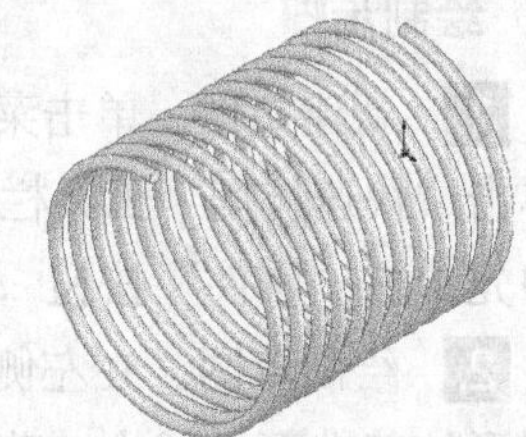

图 8-55　扫描后的图形

8.2.5　分割线

分割线工具将草图投影到曲面或平面上，它可以将所选的面分割为多个分离的面，从而可以选择操作其中一个分离面，也可将草图投影到曲面实体生成分割线。利用分割线可创建拔模特征、混合面圆角，并可延展曲面来切除模具。创建分割线有以下几种方式。

- 投影：将一条草图线投影到一表面上创建分割线。
- 侧影轮廓线：在一个圆柱形零件上生成一条分割线。
- 交叉：以交叉实体、曲面、面、基准面或曲面样条曲线分割面。

下面结合实例介绍以投影方式创建分割线的操作步骤。

【案例 8-8】本案例结果文件光盘路径为“X:\源文件\ch8\8.8.SLDPRT”，案例视频内容光盘路径为“X:\动画演示\第 8 章\8.8 分割线.avi”。

（1）打开随书光盘中的原始文件“X:\原始文件\ch8\8.8.SLDPRT”，打开的文件实体如图 8-56 所示。

（2）单击菜单栏中的“插入”→“参考几何体”→“基准面”命令，系统弹出“基准面”属性管理器。在（参考实体）列表框中，单击选择如图 8-56 所示的面 1；在（偏移距离）文本框中输入 30，并调整基准面的方向，“基准面”属性管理器设置如图 8-57 所示；单击（确定）按钮，添加一个新的基准面，添加基准面后的图形如图 8-58 所示。

（3）单击步骤（2）中添加的基准面，然后单击“前导视图”工具栏中的“正视于”按钮，将该基准面作为草绘基准面。

（4）单击菜单栏中的“工具”→“草图绘制实体”→“样条曲线”命令，在步骤（2）中设置的基准面上绘制一个样条曲线，如图 8-59 所示，然后退出草图绘制状态。

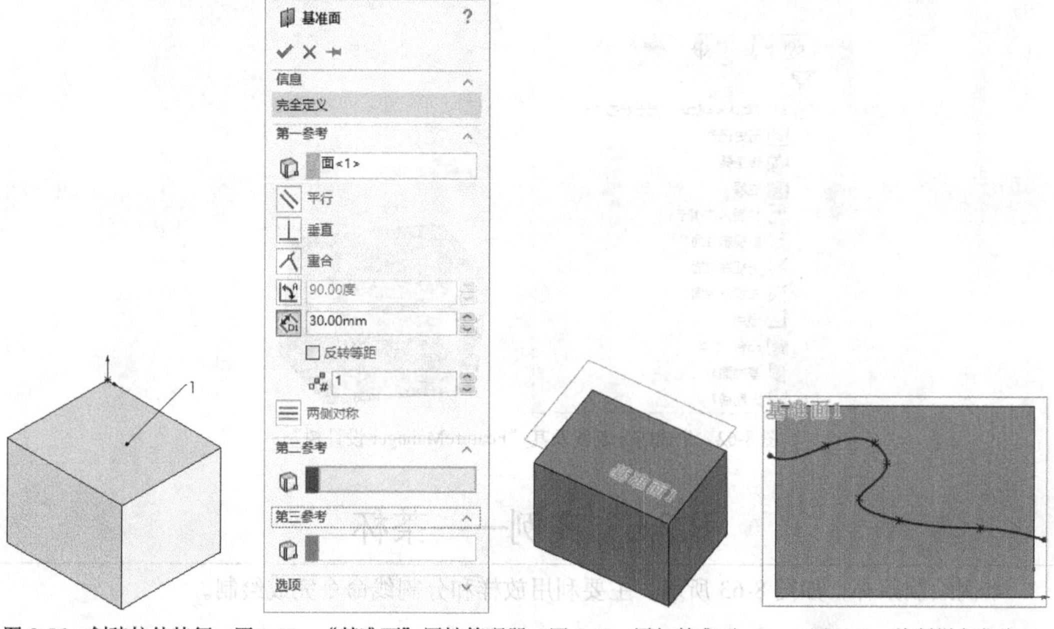

图 8-56　创建拉伸特征　图 8-57　“基准面”属性管理器　图 8-58　添加基准面　图 8-59　绘制样条曲线

（5）单击“前导视图”工具栏中的“等轴测”按钮，将视图以等轴测方向显示，如图 8-60 所示。

（6）单击菜单栏中的“插入”→“曲线”→“分割线”命令，或者单击“曲线”工具栏中的“分割线”按钮，系统弹出“分割线”属性管理器。

（7）在“分割类型”选项组中，点选“投影”单选钮，在（要投影的草图）列表框中，单击选择如图 8-60 所示的草图 2；在（要分割的面）列表框中，单击选择如图 8-60 所示的面 1，具体设置如图 8-61 所示。

技巧荟萃

在使用投影方式绘制投影草图时，绘制的草图在投影面上的投影必须穿过要投影的面，否则系统会提示错误，而不能生成分割线。

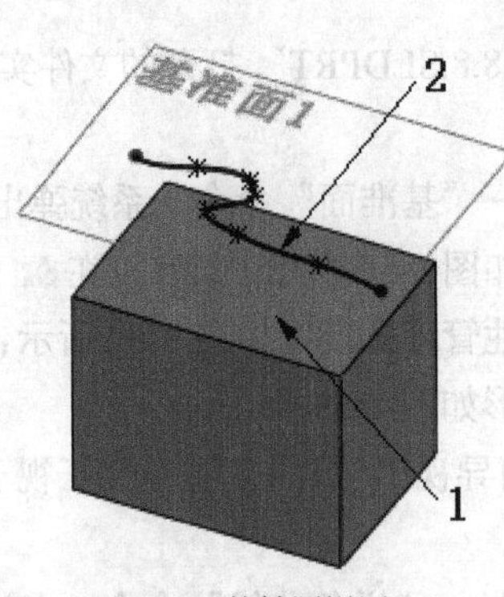

图 8-60　等轴测视图

分割线
分割类型(T)
轮廓(S)
投影(P)
交叉点(I)
选择(E)
草图3
面<1>
单向(D)
反向(R)

图 8-61　“分割线”属性管理器

（8）单击✔（确定）按钮，生成的分割线及其“FeatureManager 设计树”如图 8-62 所示。

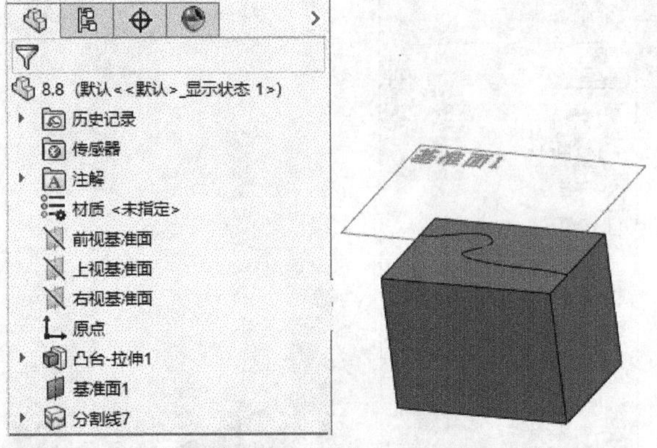

图 8-62　生成的分割线及其“FeatureManager 设计树”

8.2.6　实例——茶杯

本例绘制茶杯，如图 8-63 所示。主要利用放样和分割线命令完成绘制。

光盘文件

实例结果文件光盘路径为“X:\源文件\ch8\茶杯.SLDPRT”。

多媒体演示参见配套光盘中的“X:\动画演示\第 8 章\茶杯.avi”。

绘制步骤

图 8-63　茶杯

1. 新建文件。单击菜单栏中的“文件”→“新建”命令，或者单击“快速访问”工具栏中的“新建”按钮，在弹出的“新建 SOLIDWORKS 文件”对话框中先单击“零件”按钮，再单击“确定”按钮，创建一个新的零件文件。

2. 新建草图。在设计树中选择“前视基准面”，单击“草图绘制”按钮，新建一张草图。

3. 绘制轮廓。单击“草图”面板中的“中心线”图标按钮，绘制一条通过原点的竖直中心线。单击“草图”面板中的“直线”图标按钮和单击“草图”面板中的“切线弧”图标按钮，绘制旋转的轮廓。

4. 单击“草图”控制面板中的“智能尺寸”按钮，对旋转轮廓进行标注，如图 8-64 所示。

5. 单击“特征”控制面板中的“旋转”按钮。在弹出的询问对话框（图 8-65）中单击按钮“否”。在微调框中设置旋转角度为 360°。单击薄壁拉伸的反向按钮，使薄壁向内部拉伸，并在微调框中设置薄壁的厚度为 1mm。单击按钮从而生成薄壁旋转特征，如图 8-66 所示。

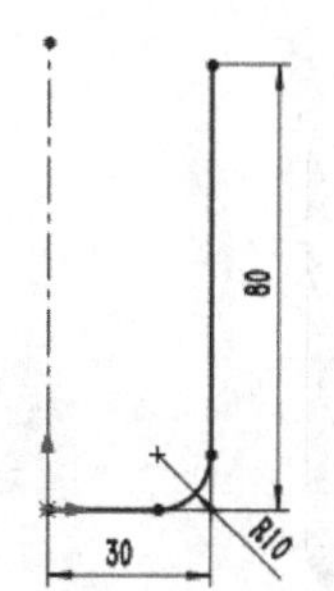

图 8-64　旋转草图轮廓

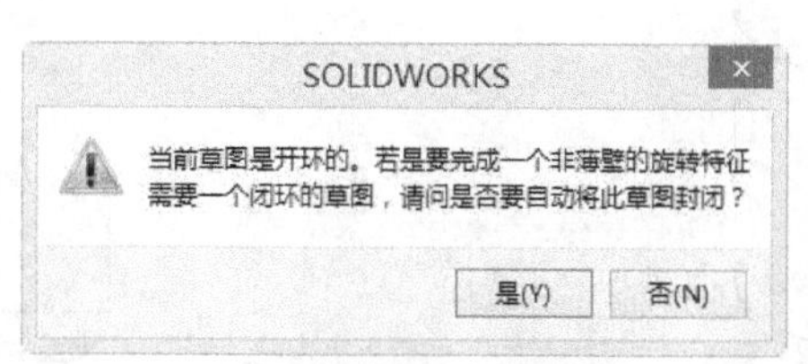

图 8-65　询问对话框

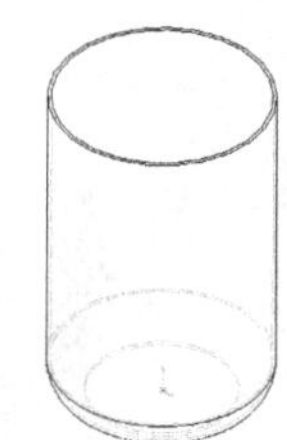
图 8-66　旋转特征

6. 选择“FeatureManager 设计树”上的“前视基准面”，单击“草图绘制”按钮，在前视视图上再打开一张草图。

7. 单击“前导视图”工具栏中的“正视于”按钮，正视于前视视图。

8. 单击“草图”控制面板中的“三点圆弧”按钮，绘制一条与轮廓边线相交的圆弧作为放样的中心线并标注尺寸，如图 8-67 所示。

9. 再次单击“草图”控制面板中的“三点圆弧”按钮，退出草图的绘制。

10. 选择特征管理器设计树上的“上视基准面”，单击“参考几何体”工具栏中的“基准面”按钮。在“基准面”属性管理器上的微调框中设置等距距离为 48mm。单击按钮生成基准面 1，如图 8-68 所示。

11. 单击“草图绘制”按钮，在基准面 1 视图上再打开一张草图。

12. 单击“前导视图”工具栏中的“正视于”按钮，以正视于基准面 1 视图。

13. 单击“草图”控制面板中的“圆”按钮，绘制一个直径为 8mm 的圆，如图 8-69 所示。

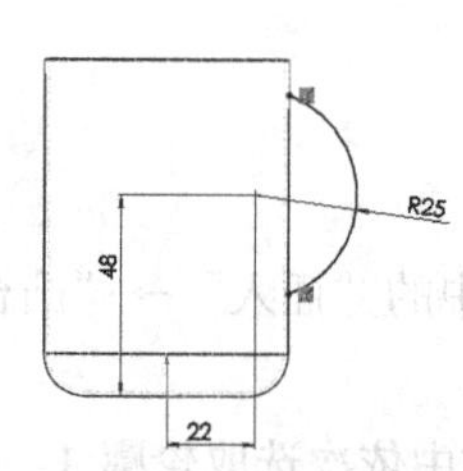

图 8-67　绘制放样路径

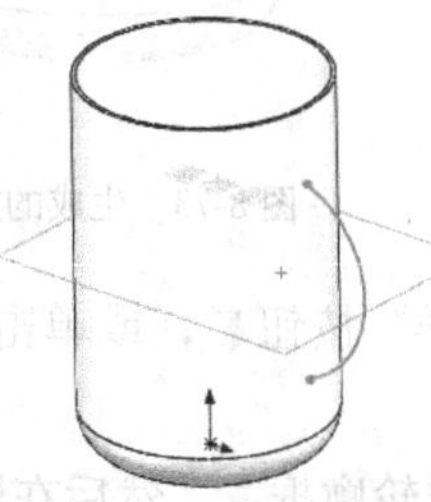
图 8-68　生成基准面

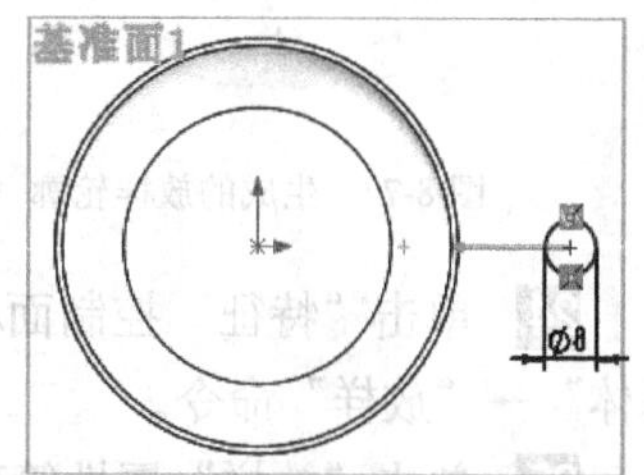

图 8-69　绘制放样轮廓

14. 单击“草图绘制”按钮，退出草图的绘制。

15. 选择特征管理器设计树上的“右视基准面”，单击“参考几何体”工具栏中的“基准面”按钮。在属性管理器的微调框中设置等距距离为 50mm。单击“确定”按钮生成基准面 2。

16. 单击“前导视图”工具栏中的“等轴测”图标，用等轴测视图观看图形，如图 8-70 所示。

17. 单击“前导视图”工具栏中的“正视于”按钮，正视于基准面 2 视图。

18. 单击“草图”控制面板中的“椭圆”按钮，绘制椭圆。

19. 单击“草图”控制面板中的“添加几何关系”按钮，为椭圆的两个长轴端点添加水平几何关系。

20. 标注椭圆尺寸，如图 8-71 所示。

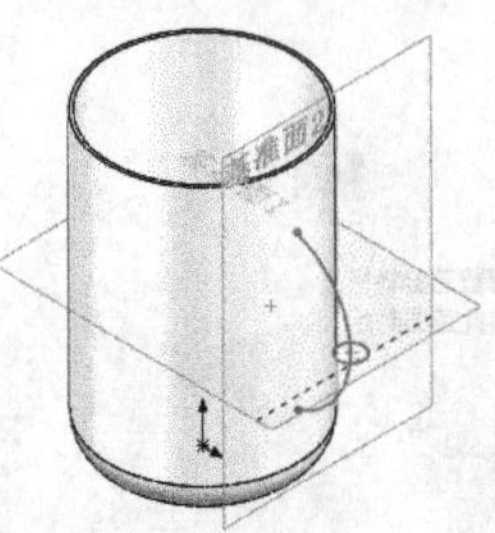

图 8-70　等轴测视图下的模型

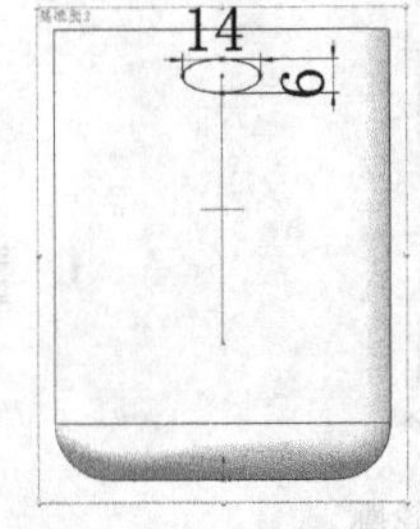

图 8-71　标注椭圆

21. 再次单击“草图绘制”按钮，退出草图的绘制。

22. 单击菜单栏中的“插入”→“曲线”→“分割线”命令，在“分割线”属性管理器中设置分割类型为“投影”。选择要分割的面为旋转特征的轮廓面。单击“确定”按钮生成分割线，如图 8-72（等轴测视图）所示。

23. 因为分割线不允许在同一草图上存在两个闭环轮廓，所以要仿照步骤 17～22 再生成一个分割线。不同的是，这个轮廓在中心线的另一端，如图 8-73 所示。

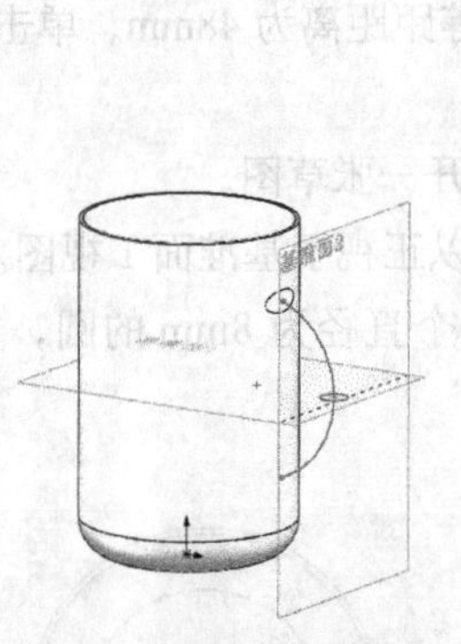

图 8-72　生成的放样轮廓

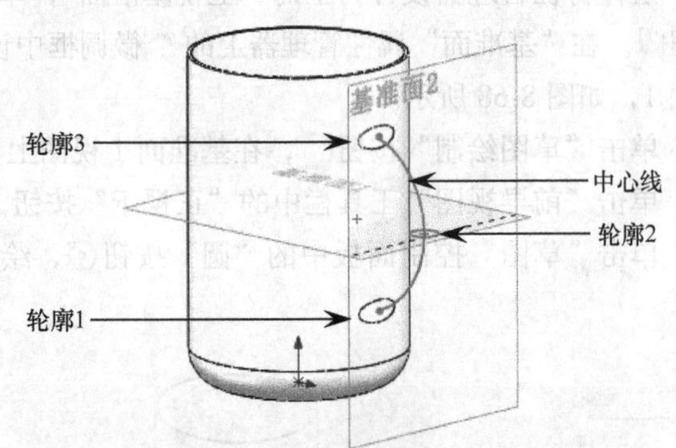

图 8-73　生成的放样轮廓

24. 单击“特征”控制面板中的“放样”按钮，或单击菜单栏中的“插入”→“凸台/基体”→“放样”命令。

25. 单击“放样”属性管理器中的放样轮廓框，然后在图形区域中依次选取轮廓 1、轮廓 2 和轮廓 3。单击中心线参数框，在图形区域中选取中心线。单击“确定”按钮，生成沿中心线的放样特征。

26. 单击“保存”按钮，将零件保存为“杯子.SLDPRT”。至此该零件就制作完成了，最后的效果（包括特征管理器设计树）如图 8-74 所示。

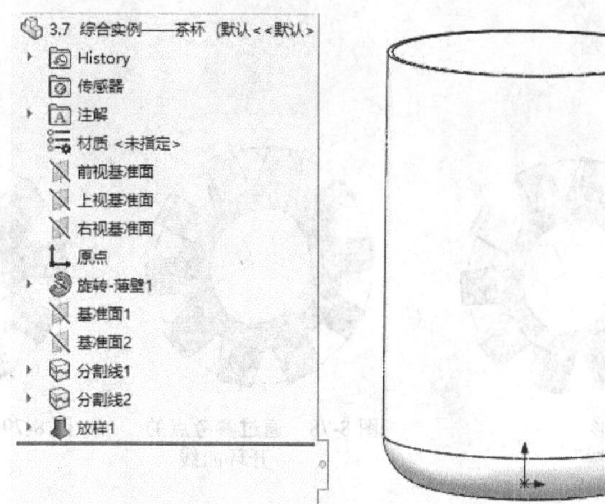

图 8-74 最后的效果

8.2.7 通过参考点的曲线

通过参考点的曲线是指生成一个或者多个平面上点的曲线。

下面结合实例介绍创建通过参考点曲线的操作步骤。

【案例 8-9】本案例结果文件光盘路径为“X:\源文件\ch8\8.9.SLDPRT”，案例视频内容光盘路径为“X:\动画演示\第 8 章\8.9 通过参考点曲线.avi”。

(1) 打开随书光盘中的原始文件“X:\原始文件\ch8\8.9.SLDPRT”，打开的文件实体如图 8-75 所示。

(2) 单击菜单栏中的“插入”→“曲线”→“通过参考点的曲线”命令，或者单击“曲线”工具栏中的“通过参考点的曲线”按钮，系统弹出“通过参考点的曲线”属性管理器。

(3) 在“通过点”选项组中，依次单击选择如图 8-75 所示的点，其他设置如图 8-76 所示。

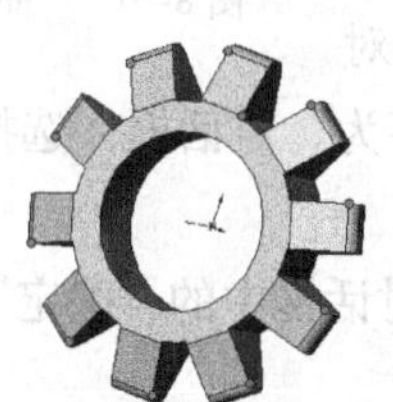

图 8-75 打开的文件实体

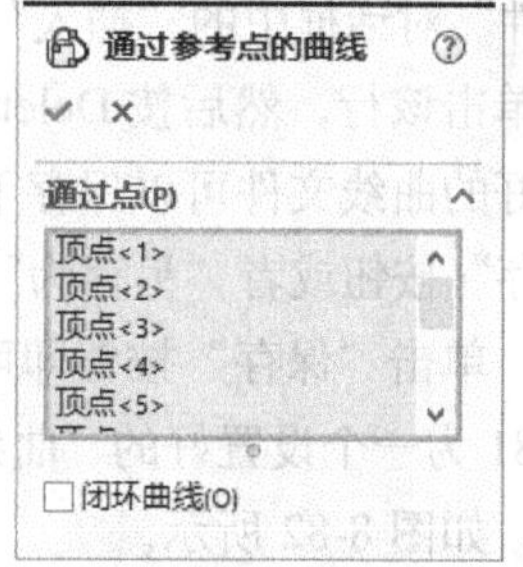

图 8-76 “通过参考点的曲线”属性管理器

(4) 单击 (确定) 按钮，生成通过参考点的曲线。生成曲线后的图形及其“FeatureManager 设计树”如图 8-77 所示。

在生成通过参考点的曲线时，系统默认生成的为开环曲线，如图 8-78 所示。如果在“通过参考点的曲线”属性管理器中勾选“闭环曲线”复选框，则执行命令后，会自动生成闭环曲线，如图 8-79 所示。

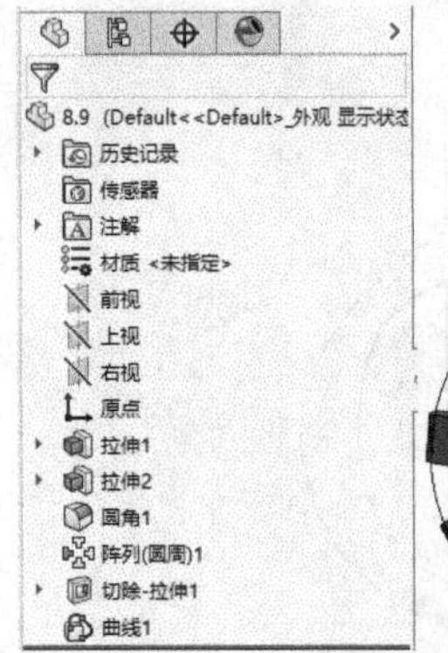

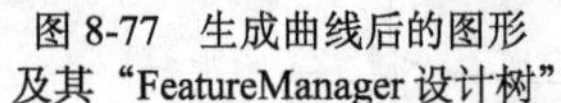
图 8-77 生成曲线后的图形及其“FeatureManager 设计树”

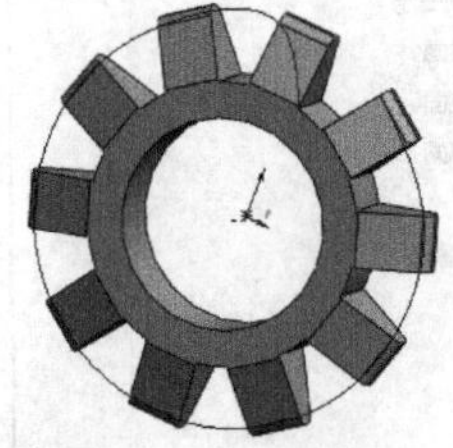
图 8-78 通过参考点的开环曲线

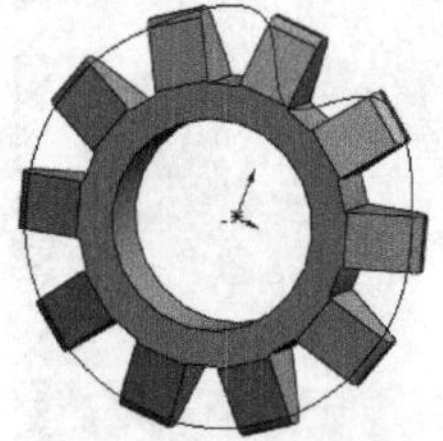
图 8-79 通过参考点的闭环曲线

8.2.8 通过 XYZ 点的曲线

通过 *XYZ* 点的曲线是指生成通过用户定义的点的样条曲线。在 SOLIDWORKS 中，用户既可以自定义样条曲线通过的点，也可以利用点坐标文件生成样条曲线。

1. 通过 XYZ 点创建曲线

下面结合实例介绍创建通过 XYZ 点的曲线的操作步骤。

【案例 8-10】本案例结果文件光盘路径为“X:\源文件\ch8\8.10. SLDPRT”，案例视频内容光盘路径为“X:\动画演示\第 8 章\8.10 XYZ 曲线.avi”。

（1）单击菜单栏中的“插入”→“曲线”→“通过 XYZ 点的曲线”命令，或者单击“曲线”工具栏中的“通过 XYZ 点的曲线”按钮，系统弹出的“曲线文件”对话框如图 8-80 所示。

（2）单击 X、Y 和 Z 坐标列各单元格并在每个单元格中输入一个点坐标。

（3）在最后一行的单元格中双击时，系统会自动增加一个新行。

（4）如果要在行的上面插入一个新行，只要单击该行，然后单击“曲线文件”对话框中的“插入”按钮即可；如果要删除某一行的坐标，单击该行，然后按 Delete 键即可。

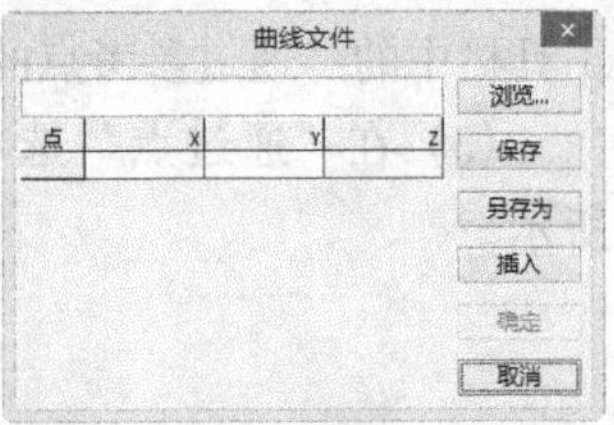

图 8-80 “曲线文件”对话框

（5）设置好的曲线文件可以保存下来。单击“曲线文件”对话框中的“保存”按钮或者“另存为”按钮，系统弹出“另存为”对话框，选择合适的路径，输入文件名称，单击“保存”按钮即可。

（6）图 8-81 为一个设置好的“曲线文件”对话框，单击对话框中的“确定”按钮，即可生成需要的曲线，如图 8-82 所示。

保存曲线文件时，SOLIDWORKS 默认文件的扩展名称为“*.sldcrv”，如果没有指定扩展名，SOLIDWORKS 应用程序会自动添加扩展名“.sldcrv”。

在 SOLIDWORKS 中，除了在“曲线文件”对话框中输入坐标来定义曲线外，还可以通过文本编辑器、Excel 等应用程序生成坐标文件，将其保存为“*.txt”文件，然后导入系统即可。

技巧荟萃

在使用文本编辑器、Excel 等应用程序生成坐标文件时，文件中必须只包含坐标数据，而不能是 X、Y 或 Z 的标号及其他无关数据。

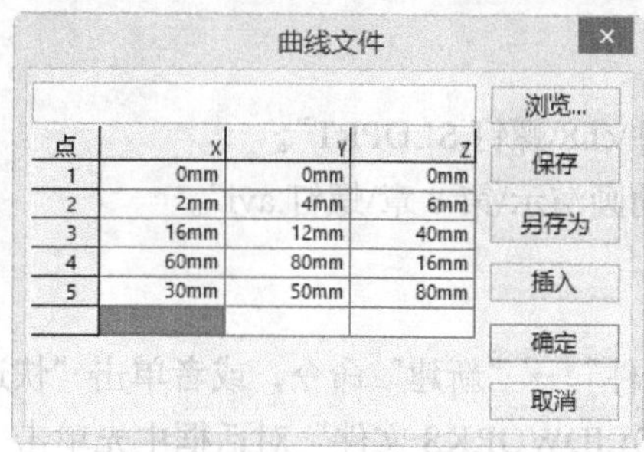

图 8-81　设置好的“曲线文件”对话框

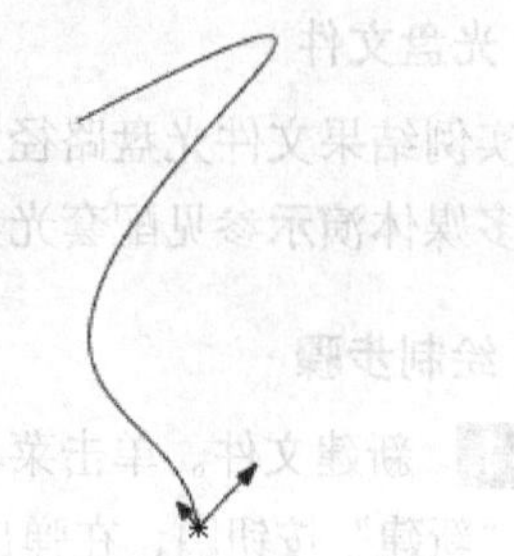

图 8-82　通过 XYZ 点的曲线

2．通过导入坐标文件创建曲线

下面介绍通过导入坐标文件创建曲线的操作步骤。

【案例 8-11】本案例结果文件光盘路径为“X:\源文件\ch8\8.11. SLDPRT”，案例视频内容光盘路径为“X:\动画演示\第 8 章\8.11 导入坐标文件创建曲线.avi”。

（1）单击菜单栏中的“插入”→“曲线”→“通过 XYZ 点的曲线”命令，或者单击“曲线”工具栏中的 ↻（通过 XYZ 点的曲线）按钮，系统弹出的“曲线文件”对话框如图 8-83 所示。

（2）单击“曲线文件”对话框中的“浏览”按钮，弹出“打开”对话框，查找需要输入的文件名称，然后单击“打开”按钮。

（3）插入文件后，文件名称显示在“曲线文件”对话框中，并且在图形区中可以预览显示效果，如图 8-83 所示。双击其中的坐标可以修改坐标值，直到满意为止。

（4）单击“曲线文件”对话框中的“确定”按钮，生成需要的曲线。

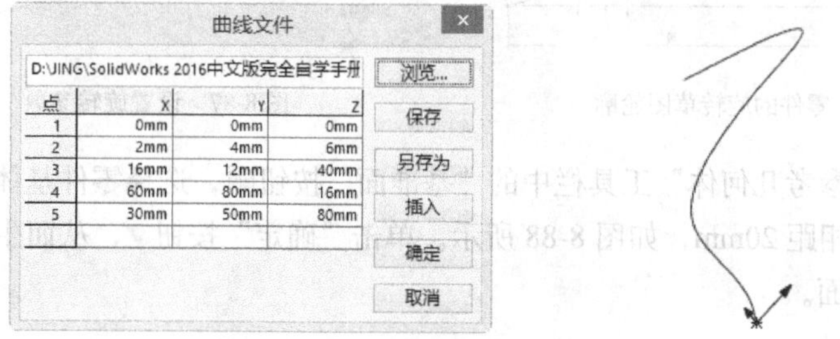

图 8-83　插入的文件及其预览效果

8.3　综合实例——螺钉

本实例绘制的螺钉如图 8-84 所示，螺钉尺寸如图 8-85 所示。基本绘制方法是结合“螺旋线”命令和“旋转”命令以及“扫描切除”命令来完成模型创建。

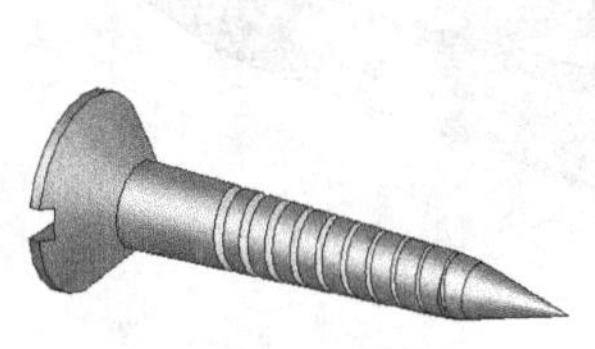

图 8-84　螺钉

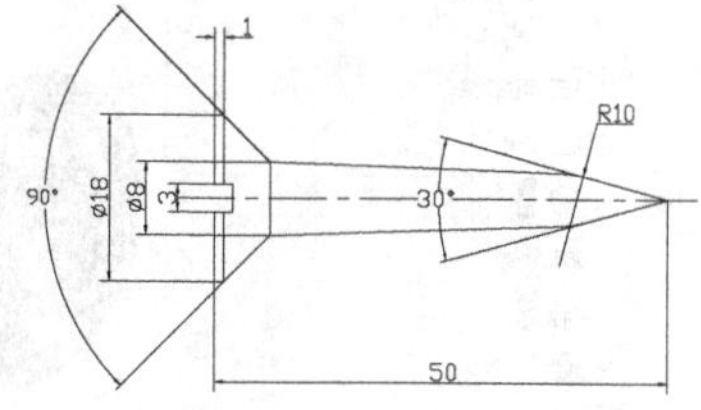

图 8-85　螺钉尺寸

光盘文件

实例结果文件光盘路径为“X:\源文件\ch8\螺钉.SLDPRT”。

多媒体演示参见配套光盘中的“X:\动画演示\第 8 章\螺钉.avi”。

绘制步骤

1. 新建文件。单击菜单栏中的“文件”→“新建”命令，或者单击“快速访问”工具栏中的“新建”按钮，在弹出的“新建 SOLIDWORKS 文件”对话框中先单击“零件”按钮，再单击“确定”按钮，创建一个新的零件文件。

2. 创建外观

（1）选择“前视基准面”，单击“草图绘制”按钮，新建草图。

（2）利用草图绘制工具绘制“螺钉”的旋转轮廓草图，并标注驱动尺寸和添加几何关系，如图 8-86 所示。单击“特征”控制面板中的“旋转”按钮，打开“旋转”属性管理器。SOLIDWORKS 会自动将草图中唯一的中心线作为旋转轴，在图标右侧的角度微调框中设置旋转的角度为 360°，如图 8-87 所示。单击“确定”按钮，从而旋转生成“螺钉”基体。

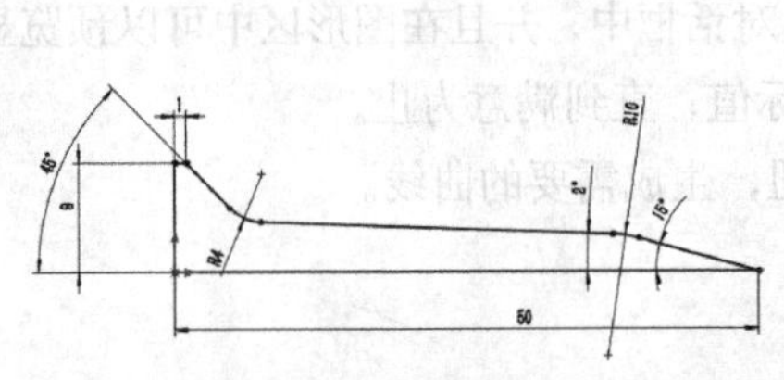

图 8-86　零件的旋转草图轮廓

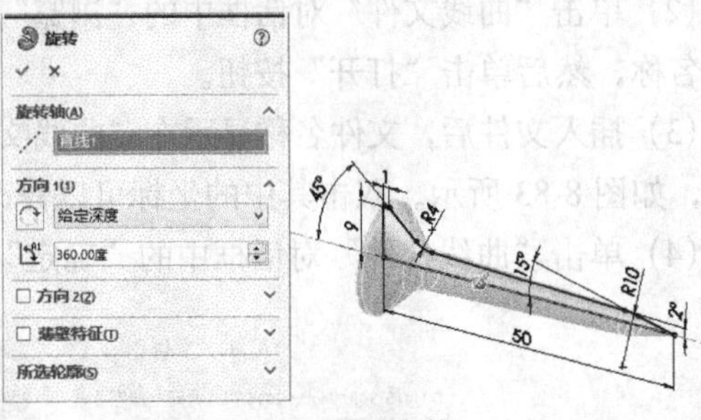

图 8-87　设置旋转参数

（3）单击“参考几何体”工具栏中的“基准面”按钮，选择零件基体上的左端面，设置基准面与左端面相距 20mm，如图 8-88 所示。单击“确定”按钮，从而生成平行于零件左端面 20mm 的基准面。

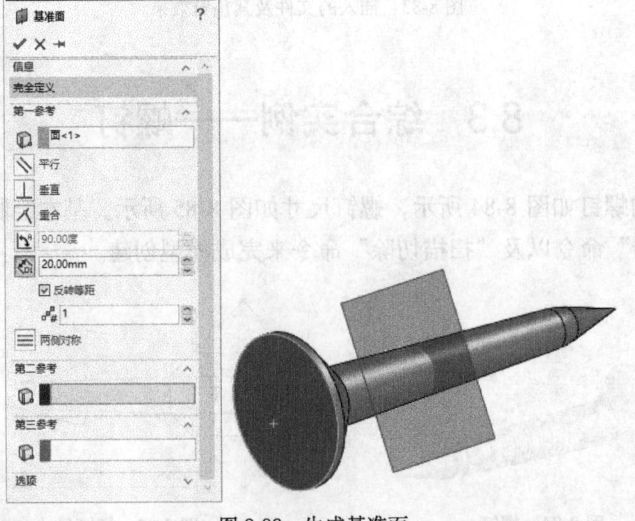

图 8-88　生成基准面

（4）单击“草图绘制”按钮，在新生成的“基准面”新建草图。单击“草图”控制面板中的“圆”按钮，绘制一圆，并标注直径尺寸为 4mm，作为螺旋线的基圆。

（5）单击菜单栏中的“插入”→“曲线”→“螺旋线/涡状线”命令，或单击“螺旋线/涡状线”按钮，在“螺旋线/涡状线”属性管理器中设置定义方式为高度 30mm，螺距 2.5mm，起始角度 0°，其他选项如图 8-89 所示。单击“确定”按钮，生成螺旋线。

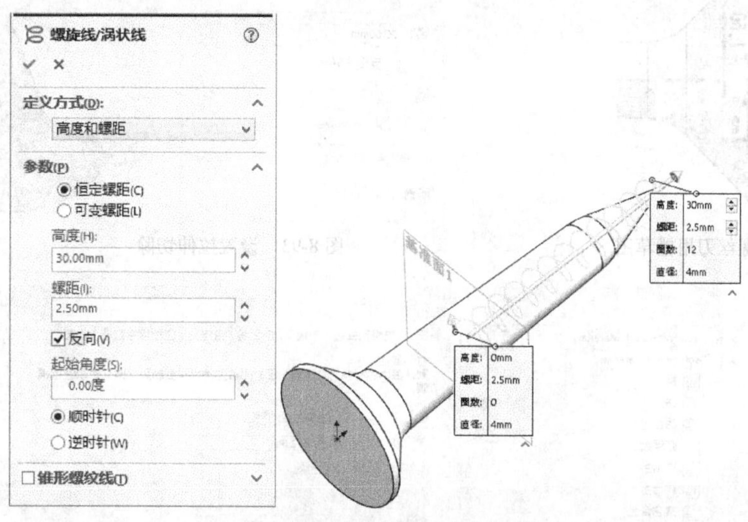

图 8-89 “螺旋线/涡状线”属性管理器

（6）选择“前视基准面”，单击“草图绘制”按钮，新建草图。单击“直线”按钮，绘制齿沟截面草图，如图 8-90 所示。值得注意的是齿沟槽的顶点应与螺旋线与草图的交点重合，这可以利用 SOLIDWORKS 提供的自动跟踪功能实现。上述参数是笔者自己设置的，等有了确切的参数，只要一改就行。单击“草图绘制”按钮，退出该草图。

（7）单击“特征”控制面板中的“扫描切除”按钮，或单击菜单栏中的“插入”→“切除”→“扫描”命令，选择齿沟截面草图作为扫描切除的轮廓，螺旋线作为扫描路径。单击“确定”按钮，从而生成螺纹，如图 8-91 所示。

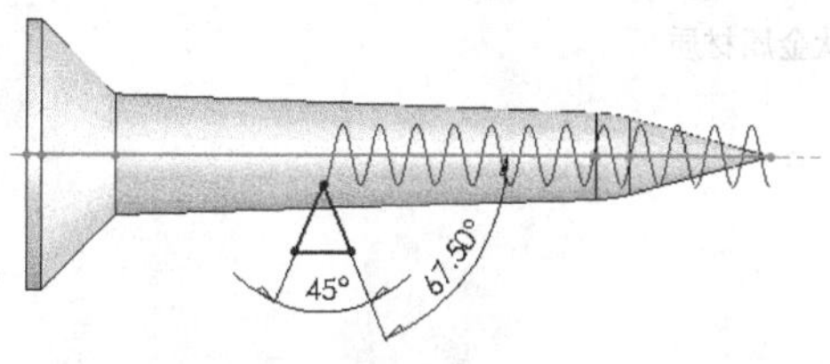

图 8-90 螺纹齿截面草图

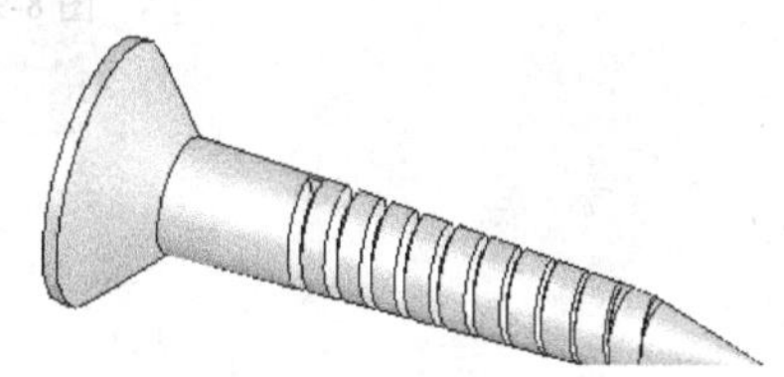

图 8-91 螺纹效果

3. 开螺丝刀用槽、渲染

（1）选择“前视基准面”作为草绘平面，绘制 3 × 2 的螺丝刀用槽草图，如图 8-92 所示。

（2）单击“特征”控制面板中的“拉伸切除”按钮，设置“终止条件”为“两侧对称”；深度为 30mm；其他选项保持不变，如图 8-93 所示。单击“确定”按钮，从而生成螺丝刀槽。

（3）单击菜单栏中的“编辑”→“外观”→“材质”命令，在“材料”对话框中选择“其它金属”→“钛”，如图 8-94 所示。单击“确定”按钮，完成材质的指定。最后结果如图 8-84 所示。

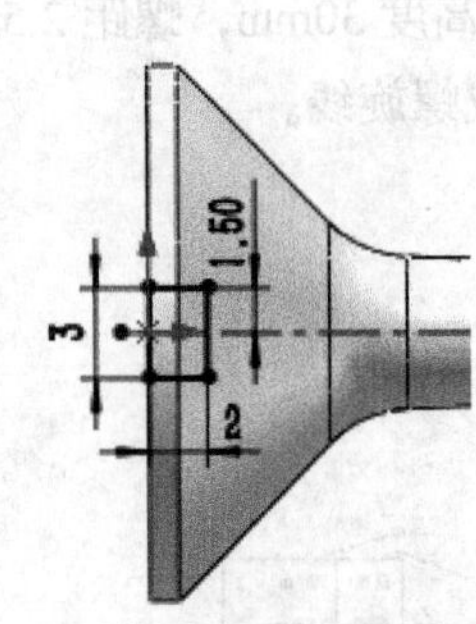

图 8-92　螺丝刀用槽草图

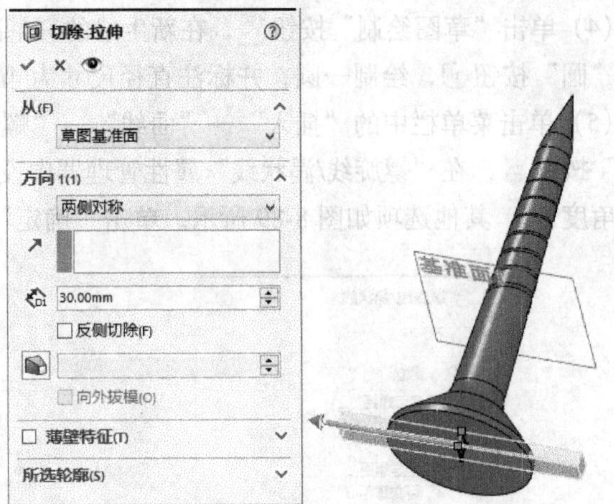

图 8-93　设置拉伸切除

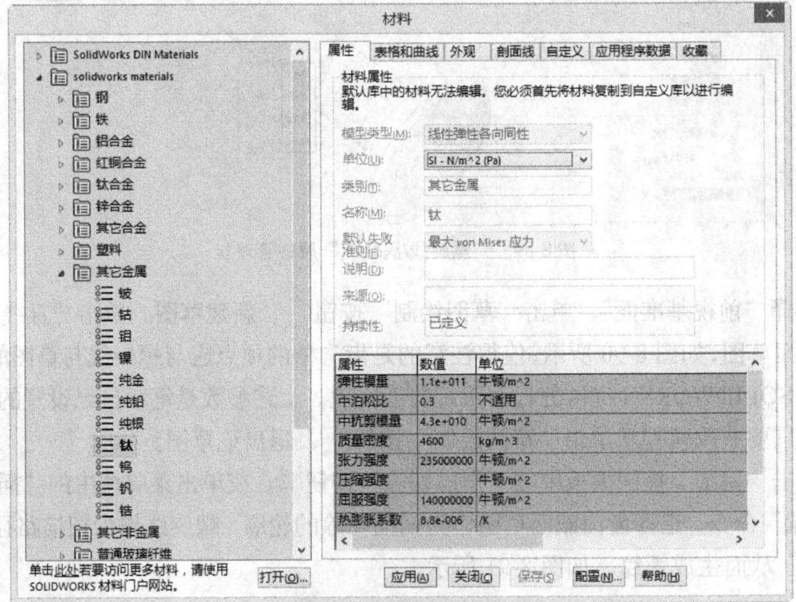

图 8-94　指定钛金属材质

第 9 章

曲面创建

曲面是一种可用来生成实体特征的几何体，它用来描述相连的零厚度几何体，如单一曲面、缝合的曲面、剪裁和圆角的曲面等。在一个单一模型中可以拥有多个曲面实体。SOLIDWORKS 强大的曲面建模功能，使其广泛地应用在机械设计、模具设计、消费类产品设计等领域。

本章将介绍曲面创建和编辑的相关功能以及相应的实例。

知识点

- 创建曲面
- 编辑曲面

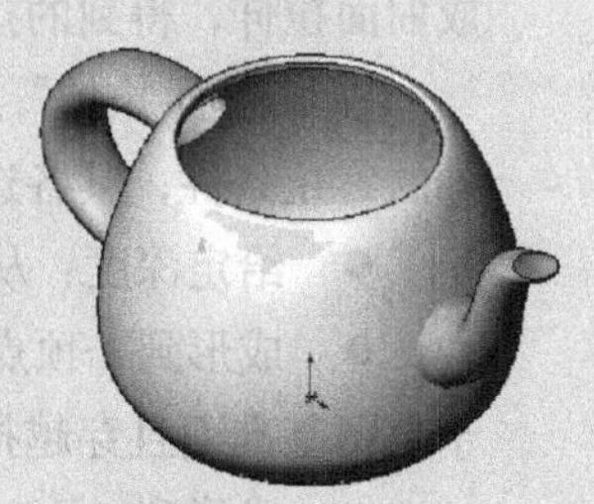

9.1 创建曲面

一个零件中可以有多个曲面实体。SOLIDWORKS 提供了专门的“曲面”工具栏，如图 9-1 所示。利用该工具栏中的图标按钮既可以生成曲面，也可以对曲面进行编辑。读者也可以利用“曲面”控制面板中的命令绘制曲面。

SOLIDWORKS 提供多种方式来创建曲面，主要有以下几种。

- 由草图或基准面上的一组闭环边线插入一个平面。

图 9-1 “曲面”工具栏

- 由草图拉伸、旋转、扫描或者放样生成曲面。
- 由现有面或者曲面生成等距曲面。
- 从其他程序（如 CATIA、ACIS、Pro/ENGINEER、Unigraphics、SolidEdge、Autodesk Inventor 等）输入曲面文件。
- 由多个曲面组合成新的曲面。

9.1.1 拉伸曲面

拉伸曲面是指将一条曲线拉伸为曲面。拉伸曲面可以从以下几种情况开始拉伸，即从草图所在的基准面拉伸、从指定的曲面/面/基准面开始拉伸、从草图的顶点开始拉伸以及从与当前草图基准面等距的基准面上开始拉伸等。

下面结合实例介绍拉伸曲面的操作步骤。

【案例 9-1】本案例结果文件光盘路径为“X:\源文件\ch9\9.1.SLDPRT”，案例视频内容光盘路径为“X:\动画演示\第 9 章\9.1 拉伸曲面.avi”。

（1）新建一个文件，在左侧的“FeatureManager 设计树”中选择“前视基准面”作为草绘基准面。

（2）单击“草图”控制面板中的“样条曲线”按钮，或单击菜单栏中的“工具”→“草图绘制实体”→“样条曲线”命令，在步骤（1）中设置的基准面上绘制一个样条曲线，如图 9-2 所示。

（3）单击“曲面”控制面板中的“拉伸曲面”按钮，或单击菜单栏中的“插入”→“曲面”→“拉伸曲面”命令，系统弹出“曲面-拉伸”属性管理器，如图 9-3 所示。

（4）按照图 9-3 进行选项设置，注意设置曲面拉伸的方向，然后单击✓（确定）按钮，完成曲面拉伸，得到的拉伸曲面如图 9-4 所示。

在“曲面-拉伸”属性管理器中，“方向 1”选项组的“终止条件”下拉列表框用来设置拉伸的终止条件，其各选项的意义如下。

- 给定深度：从草图的基准面拉伸特征到指定距离处形成拉伸曲面。
- 成形到一顶点：从草图基准面拉伸特征到模型的一个顶点所在的平面，这个平面平行于草图基准面且穿越指定的顶点。
- 成形到一面：从草图基准面拉伸特征到指定的面或者基准面。

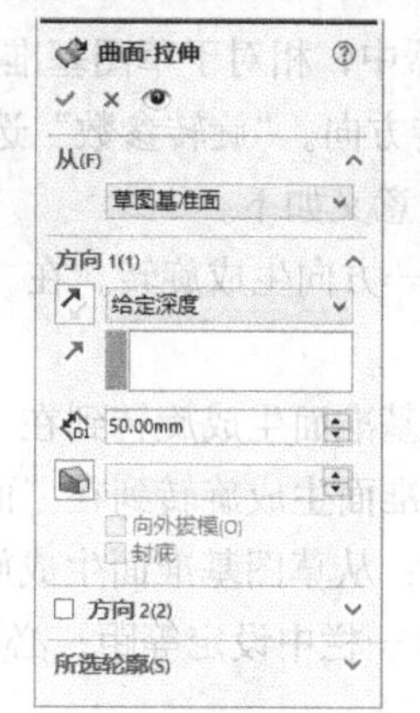

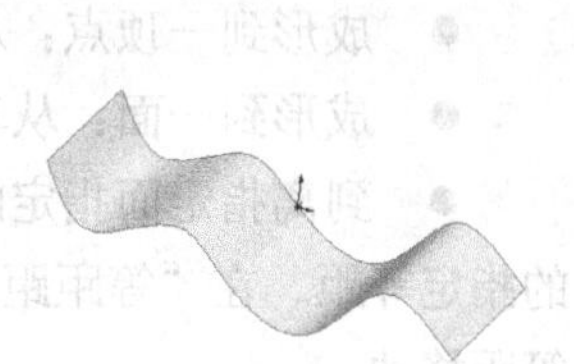

图 9-2 绘制样条曲线　　图 9-3 “曲面-拉伸”属性管理器　　图 9-4 拉伸曲面图

- 到离指定面指定的距离：从草图基准面拉伸特征到离指定面的指定距离处生成拉伸曲面。
- 成形到实体：从草图基准面拉伸特征到指定实体处。
- 两侧对称：以指定的距离拉伸曲面，并且拉伸的曲面关于草图基准面对称。

9.1.2 旋转曲面

旋转曲面是指将交叉或者不交叉的草图，用所选轮廓指针生成旋转曲面。旋转曲面主要由 3 部分组成，即旋转轴、旋转类型和旋转角度。

下面结合实例介绍旋转曲面的操作步骤。

【案例 9-2】本案例结果文件光盘路径为“X:\源文件\ch9\9.2.SLDPRT”，案例视频内容光盘路径为“X:\动画演示\第 9 章\9.2 旋转曲面.avi”。

(1) 打开随书光盘中的原始文件“X:\原始文件\ch9\9.2.SLDPRT”，如图 9-5 所示。

(2) 单击“曲面”控制面板中的“旋转曲面”图标按钮，或单击菜单栏中的“插入”→“曲面”→“旋转曲面”命令，系统弹出“曲面-旋转”属性管理器。

(3) 按照图 9-6 进行选项设置，注意设置曲面拉伸的方向，然后单击✓（确定）按钮，完成曲面旋转，得到的旋转曲面如图 9-7 所示。

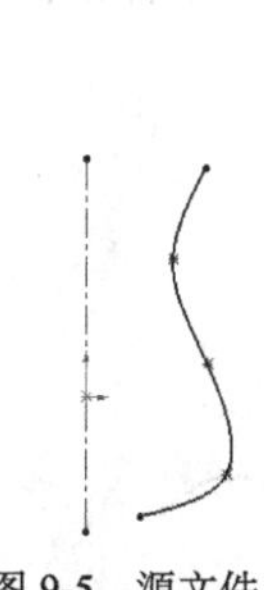

图 9-5 源文件

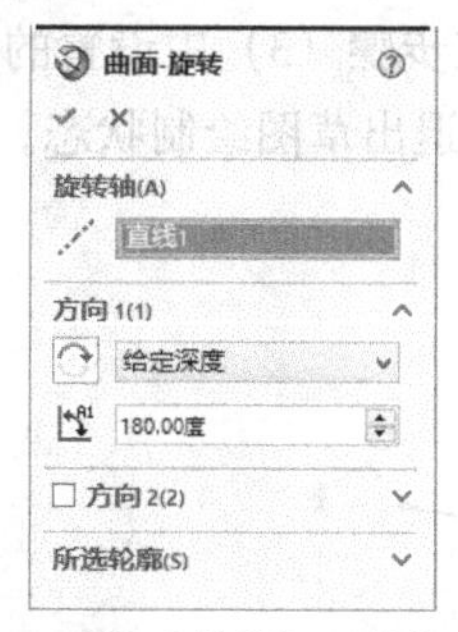

图 9-6 “曲面-旋转”属性管理器

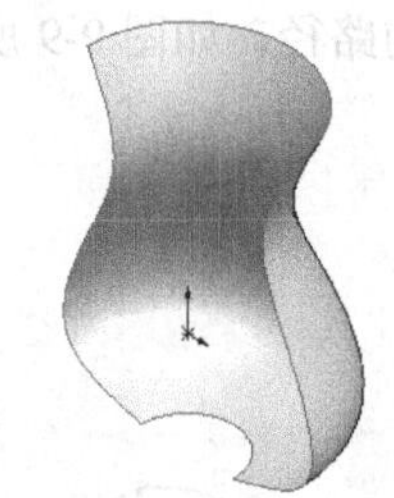

图 9-7 旋转曲面后

技巧荟萃

生成旋转曲面时，绘制的样条曲线可以和中心线交叉，但是不能穿越。

在“曲面-旋转”属性管理器中，相对于草图基准面设定旋转特征的终止条件。如有必要，单击“反向”按钮来反转旋转方向。“旋转参数”选项组的“旋转类型”下拉列表框用来设置旋转的终止条件，其各选项的意义如下。

- 给定深度：从草图以单一方向生成旋转。在“方向 1”下拉列表“角度”中设定由旋转所包容的角度。
- 成形到一顶点：从草图基准面生成旋转到在“顶点”一栏中所指定的曲面。
- 成形到一面：从草图基准面生成旋转到在“面/基准面”一栏中所指定的曲面。
- 到离指定面指定的距离：从草图基准面生成旋转到在“面/基准面”一栏中所指定的指定等距。在“等距距离”一栏中设定等距。必要时，选择“反向等距”，以便以反方向等距移动。
- 两侧对称：从草图基准面以顺时针和逆时针方向生成旋转，它位于旋转“方向 1”下拉列表中“角度”的中央。

9.1.3 扫描曲面

扫描曲面是指通过轮廓和路径的方式生成曲面，与扫描特征类似，也可以通过引导线扫描曲面。

下面结合实例介绍扫描曲面的操作步骤。

【案例 9-3】本案例结果文件光盘路径为“X:\源文件\ch9\9.3.SLDPRT”，案例视频内容光盘路径为“X:\动画演示\第 9 章\9.3 扫描曲面.avi”。

（1）新建一个文件，在左侧的“FeatureManager 设计树”中选择“前视基准面”作为草绘基准面。

（2）单击“草图”控制面板中的“样条曲线”按钮，或单击菜单栏中的“工具”→“草图绘制实体”→“样条曲线”命令，在步骤（1）中设置的基准面上绘制一个样条曲线，作为扫描曲面的轮廓，如图 9-8 所示，然后退出草图绘制状态。

（3）在左侧的“FeatureManager 设计树”中选择“右视基准面”，将右视基准面作为草绘基准面。

（4）单击“草图”控制面板中的“样条曲线”按钮，或单击菜单栏中的“工具”→“草图绘制实体”→“样条曲线”命令，在步骤（3）中设置的基准面上绘制一个样条曲线，作为扫描曲面的路径，如图 9-9 所示，然后退出草图绘制状态。

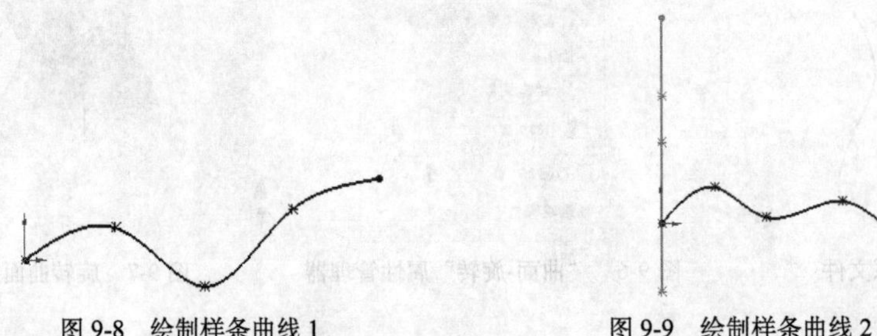

图 9-8　绘制样条曲线 1　　图 9-9　绘制样条曲线 2

（5）单击“曲面”控制面板中的“扫描曲面”按钮，或单击菜单栏中的“插入”→“曲面”→“扫描”命令，系统弹出“曲面-扫描”属性管理器。

(6) 在 (轮廓) 列表框中，单击选择步骤 (2) 中绘制的样条曲线；在 (路径) 列表框中，单击选择步骤 (4) 中绘制的样条曲线，如图 9-10 所示。单击 (确定) 按钮，完成曲面扫描。

(7) 单击“前导视图”工具栏中的 (等轴测) 按钮，将视图以等轴测方向显示，创建的扫描曲面如图 9-11 所示。

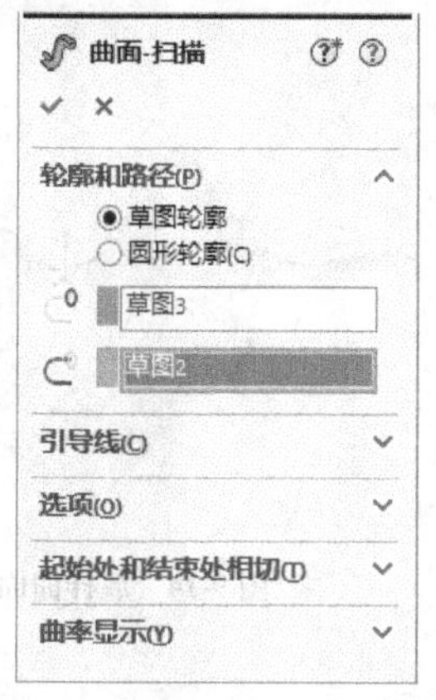

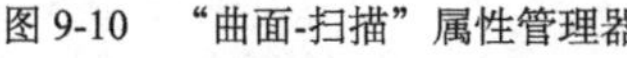

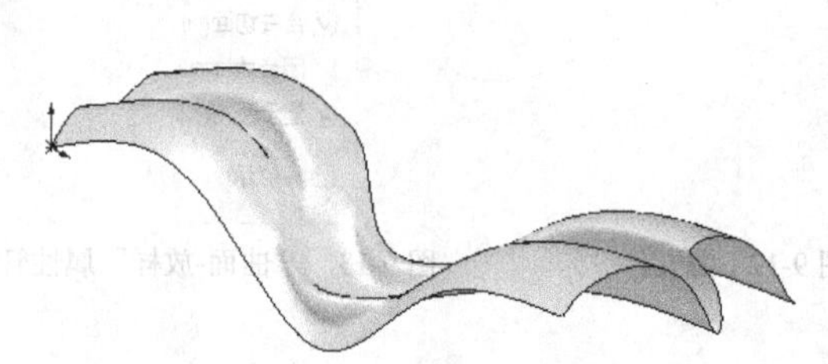

图 9-10 “曲面-扫描”属性管理器　　图 9-11 扫描曲面

技巧荟萃

在使用引导线扫描曲面时，引导线必须贯穿轮廓草图，通常需要在引导线和轮廓草图之间建立重合和穿透几何关系。

9.1.4 放样曲面

放样曲面是指通过曲线之间的平滑过渡而生成曲面的方法。放样曲面主要由放样的轮廓曲线组成，如果有必要可以使用引导线。

下面结合实例介绍放样曲面的操作步骤。

【案例 9-4】本案例结果文件光盘路径为“X:\源文件\ch9\9.4.SLDPRT”，案例视频内容光盘路径为“X:\动画演示\第 9 章\9.4 放样曲面.avi”。

(1) 打开随书光盘中原始文件“X:\原始文件\ch9\9.4.SLDPRT”，如图 9-12 所示。

(2) 单击“曲面”控制面板中的“放样曲面”图标按钮，或单击菜单栏中的“插入”→“曲面”→“放样曲面”命令，系统弹出“曲面-放样”属性管理器。

(3) 在“轮廓”选项组中，依次选择如图 9-12 所示的样条曲线 1、样条曲线 2 和样条曲线 3，如图 9-13 所示。

(4) 单击属性管理器中的 (确定) 按钮，创建的放样曲面如图 9-14 所示。

技巧荟萃

(1) 放样曲面时，轮廓曲线的基准面不一定要平行。

(2) 放样曲面时，可以应用引导线控制放样曲面的形状。

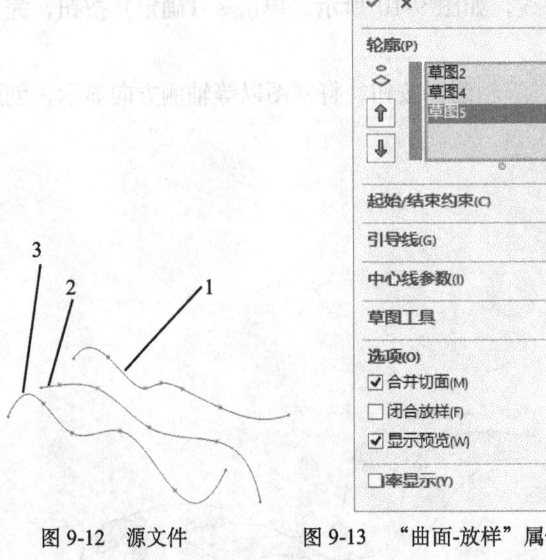

图 9-12　源文件　　图 9-13　“曲面-放样”属性管理器

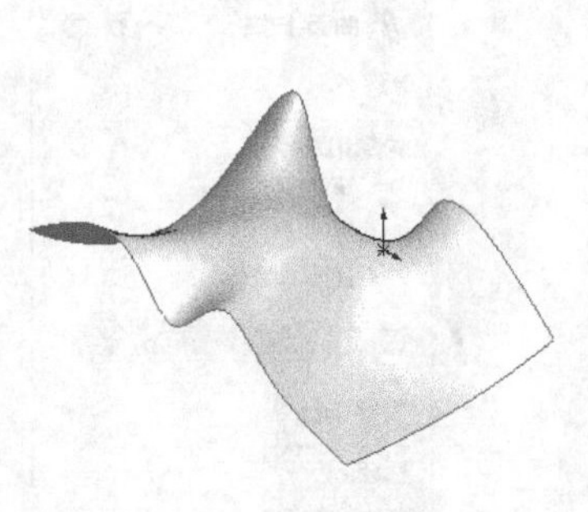

图 9-14　放样曲面

9.1.5　等距曲面

等距曲面是指将已经存在的曲面以指定的距离生成另一个曲面，该曲面可以是模型的轮廓面，也可以是绘制的曲面。

下面结合实例介绍等距曲面的操作步骤。

【案例 9-5】本案例结果文件光盘路径为“X:\源文件\ch9\9.5.SLDPRT”，案例视频内容光盘路径为“X:\动画演示\第 9 章\9.5 等距曲面.avi”。

（1）打开随书光盘中原始文件“X:\原始文件\ch9\9.5.SLDPRT”，如图 9-15 所示。

（2）单击“曲面”控制面板中的“等距曲面”按钮，或单击菜单栏中的“插入”→“曲面”→“等距曲面”命令，系统弹出“等距曲面”属性管理器。

（3）在（要等距的曲面或面）列表框中，单击选择如图 9-15 所示的面 1；在（等距距离）文本框中输入 70，并注意调整等距曲面的方向，如图 9-16 所示。

（4）单击（确定）按钮，生成的等距曲面如图 9-17 所示。

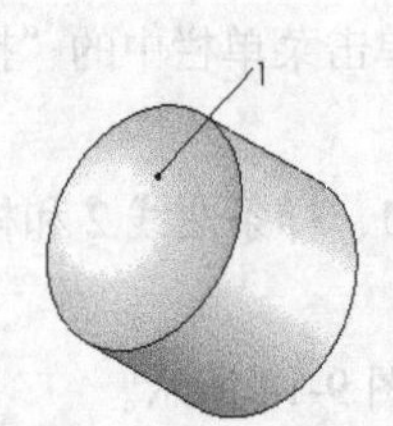

图 9-15　打开的文件实体

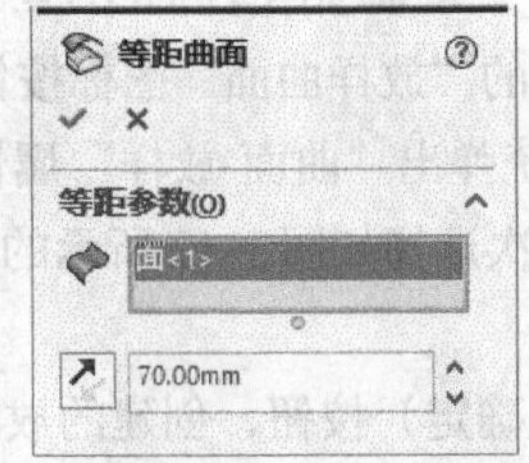

图 9-16　“等距曲面”属性管理器

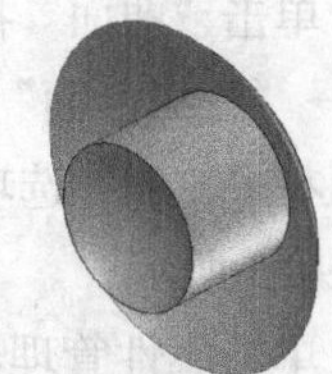

图 9-17　等距曲面

技巧荟萃

等距曲面可以生成距离为 0 的等距曲面，用于生成一个独立的轮廓面。

9.1.6 延展曲面

用户可以通过延展分割线、边线，并平行于所选基准面来生成曲面。延展曲面在拆模时最常用。当零件进行模塑，产生凸、凹模之前，必须先生成模块与分模面，延展曲面就用来生成分模面。

下面结合实例介绍延展曲面的操作步骤。

【案例 9-6】本案例结果文件光盘路径为“X:\源文件\ch9\9.6.SLDPRT”，案例视频内容光盘路径为“X:\动画演示\第 9 章\9.6 延展曲面.avi”。

（1）打开随书光盘中的原始文件“X:\原始文件\ch9\9.6.SLDPRT”，如图 9-18 所示。

（2）单击“曲面”控制面板中的“延展曲面”图标按钮，或单击菜单栏中的“插入”→“曲面”→“延展曲面”命令。

（3）在“延展曲面”属性管理器中，单击“延展参数”栏中的第一个显示框，然后在图形区域中选择如图 9-18 所示的模型面 1；单击图标右侧的显示框，然后在右面的图形区域中选择如图 9-18 所示的延展的边线 2。“延展曲面”属性管理器如图 9-19 所示。

（4）单击（确定）按钮，生成的延展曲面如图 9-20 所示。

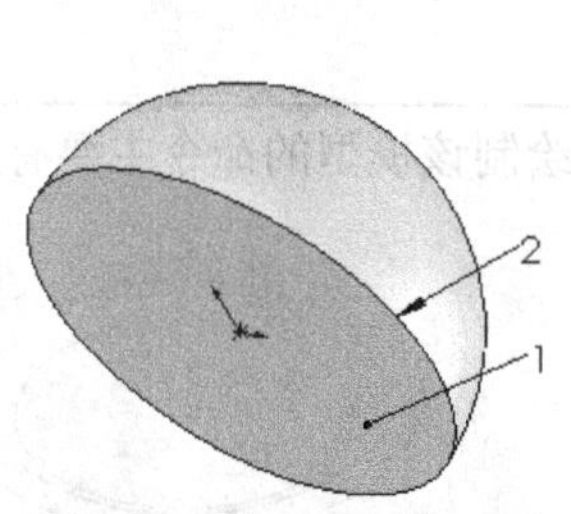

图 9-18 打开的文件实体

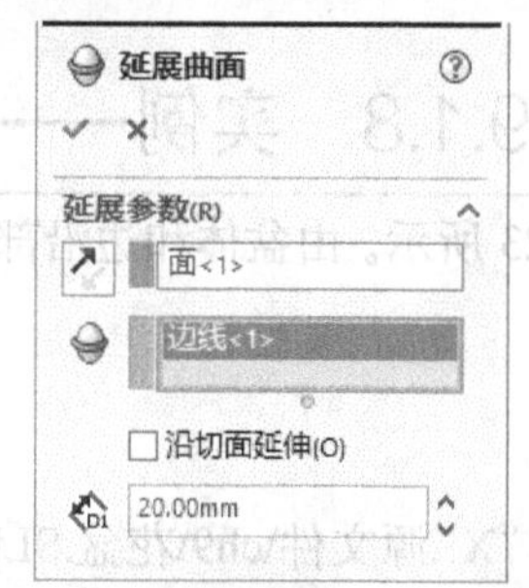

图 9-19 “延展曲面”属性管理器

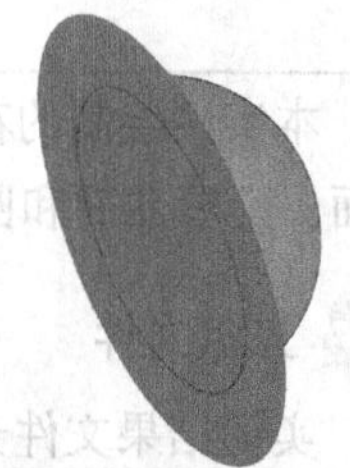
图 9-20 延展曲面

9.1.7 缝合曲面

缝合曲面是将两个或者多个平面或者曲面组合成一个面。

下面结合实例介绍缝合曲面的操作步骤。

【案例 9-7】本案例结果文件光盘路径为“X:\源文件\ch9\9.7.SLDPRT”，案例视频内容光盘路径为“X:\动画演示\第 9 章\9.7 缝合曲面.avi”。

（1）打开随书光盘中的原始文件“X:\原始文件\ch9\9.7.SLDPRT”，如图 9-21 所示。

（2）单击“曲面”控制面板中的“缝合曲面”按钮，或单击菜单栏中的“插入”→“曲面”→“缝合曲面”命令，系统弹出“缝合曲面”属性管理器，如图 9-22 所示。

（3）单击（要缝合的曲面和面）列表框，选择如图 9-21 所示的面 1、曲面 2 和面 3。

（4）单击（确定）按钮，生成缝合曲面。

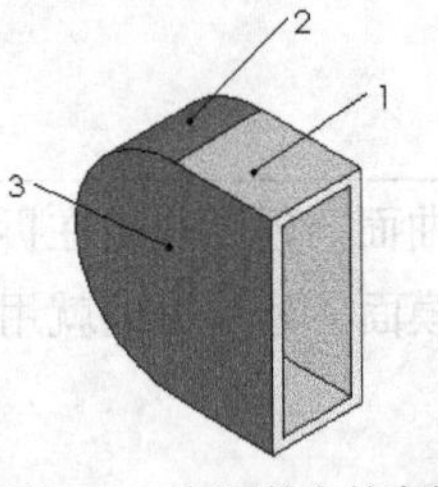

图 9-21　打开的文件实体

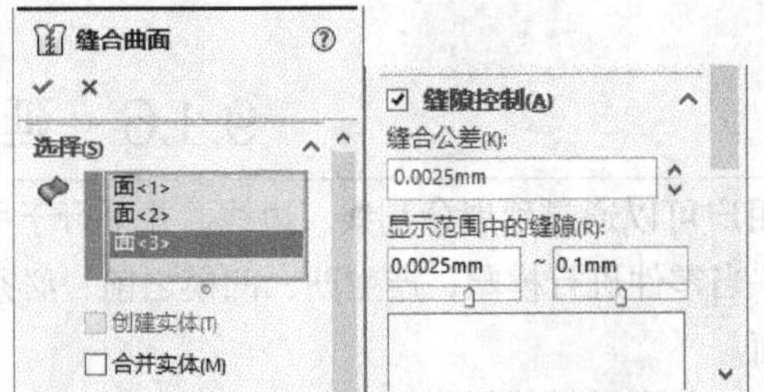

图 9-22　“缝合曲线”属性管理器

技巧荟萃

使用曲面缝合时，要注意以下几项。

（1）曲面的边线必须相邻并且不重叠。

（2）曲面不必处于同一基准面上。

（3）缝合的曲面实体可以是一个或多个相邻曲面实体。

（4）缝合曲面不吸收用于生成它们的曲面。

（5）在缝合曲面形成一闭合体积或保留为曲面实体时生成一实体。

（6）在使用基面选项缝合曲面时，必须使用延展曲面。

（7）曲面缝合前后，曲面和面的外观没有任何变化。

9.1.8　实例——花盆

本实例绘制的花盆如图 9-23 所示。由盆体和边沿部分组成。绘制该模型的命令主要有旋转曲面、延展曲面和圆角曲面等。

光盘文件

实例结果文件光盘路径为“X:\源文件\ch9\花盆.SLDPRT”。

多媒体演示参见配套光盘中的“X:\动画演示\第 9 章\花盆.avi”。

图 9-23　花盆模型

绘制步骤

1. 新建文件。单击菜单栏中的“文件”→“新建”命令，或者单击“快速访问”工具栏中的“新建”图标，此时系统弹出如图 9-24 所示的“新建 SOLIDWORKS 文件”对话框，在其中选择“零件”图标，然后单击“确定”按钮，创建一个新的零件文件。

2. 绘制花盆盆体

（1）设置基准面。在左侧“FeatureManager 设计树”中用鼠标选择“上视基准面”，然后单击“前导视图”工具栏中的“正视于”按钮，将该基准面作为绘制图形的基准面。

（2）绘制草图。单击菜单栏中的“工具”→“草图绘制实体”→“中心线”命令，绘制一条通过原点的竖直中心线，然后单击“草图”控制面板中的“直线”按钮，绘制两条直线。

（3）标注尺寸。单击“草图”控制面板中的“智能尺寸”按钮，标注上一步绘制的草图，结果如图 9-25 所示。

（4）旋转曲面。单击“曲面”控制面板中的“旋转曲面”图标按钮，或单击菜单栏中的“插入”→“曲面”→“旋转曲面”命令，此时系统弹出如图 9-26 所示的“曲面-旋转”属性管理器。在“旋转轴”栏用鼠标选择如图 9-25 所示的竖直中心线，其他设置如图 9-26 所示。单击属性管理器中的“确定”按钮✓，完成曲面旋转。

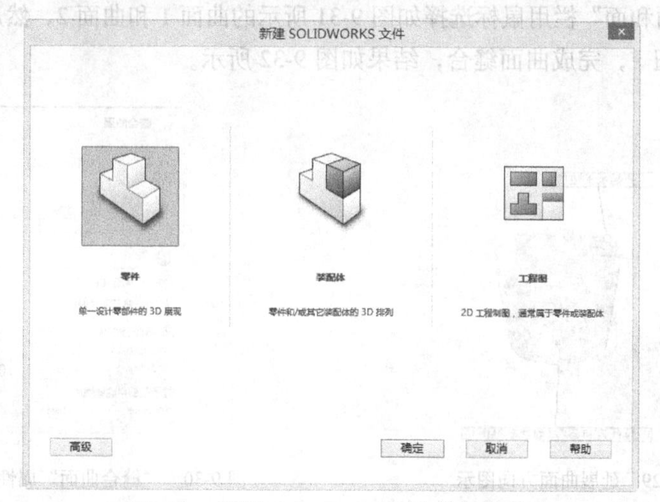

图 9-24 “新建 SOLIDWORKS 文件”对话框

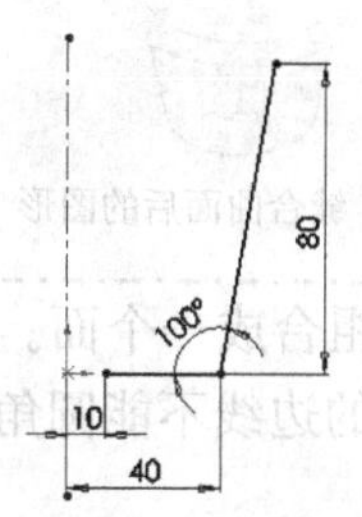

图 9-25 标注的草图

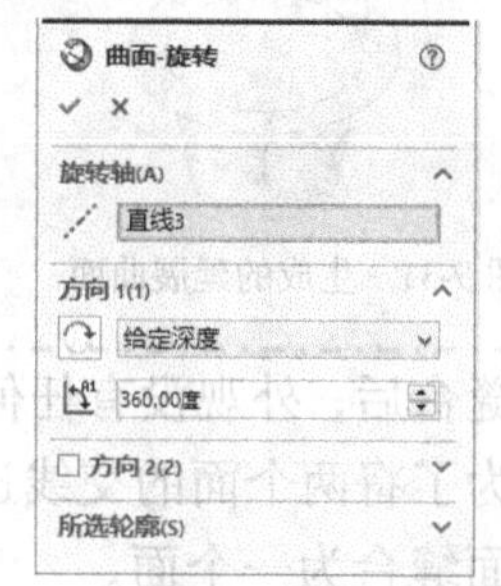

图 9-26 “曲面-旋转”属性管理器

（5）生成花盆盆体。观测视图区域中的预览图形，然后单击属性管理器中的“确定”按钮✓，生成花盆盆体。结果如图 9-27 所示。

3. 绘制花盆边沿

（1）执行延展曲面命令。单击“曲面”控制面板中的“延展曲面”按钮，或单击菜单栏中的“插入”→“曲面”→“延展曲面”命令，此时系统弹出“延展曲面”属性管理器。

（2）设置“延展曲面”属性管理器。在属性管理器的“延展方向参考”栏用鼠标选择“FeatureManager 设计树”中的“前视基准面”；在“要延展的边线“栏用鼠标选择图 9-27 中的边线 1，此时属性管理器如图 9-28 所示。在设置过程中注意延展曲面的方向，如图 9-28 所示。

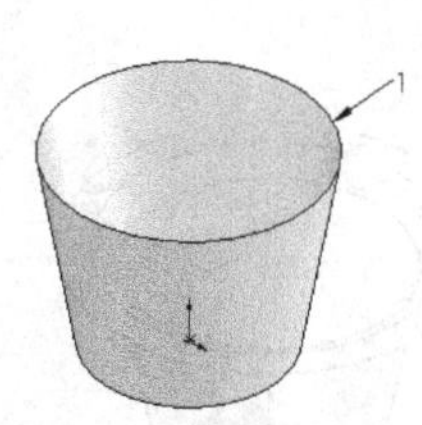

图 9-27 花盆盆体

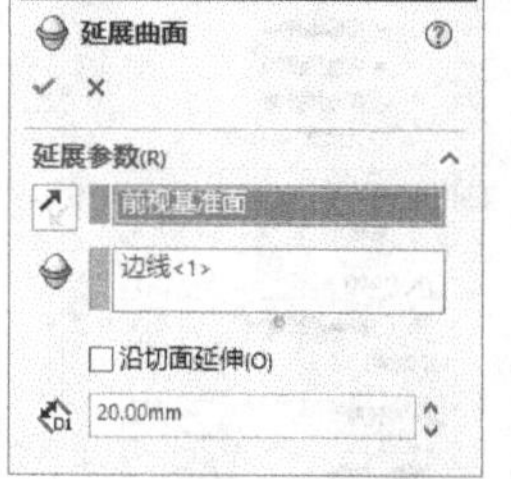

图 9-28 “延展曲面”属性管理器

（3）确认延展曲面。单击属性管理器中“确定”按钮✓，生成延展曲面，如图 9-29 所示。

（4）缝合曲面。单击“曲面”控制面板中的“缝合曲面”按钮，或单击菜单栏中的“插入”→“曲面”→“缝合曲面”命令，此时系统弹出如图 9-30 所示的“缝合曲面”属性管理器。在“要缝合的曲面和面”栏用鼠标选择如图 9-31 所示的曲面 1 和曲面 2，然后单击属性管理器中的“确定”按钮✔，完成曲面缝合，结果如图 9-32 所示。

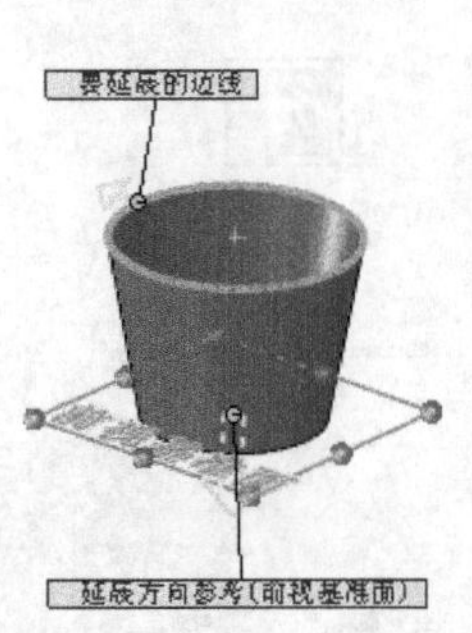

图 9-29　延展曲面方向图示

图 9-30　“缝合曲面”属性管理器

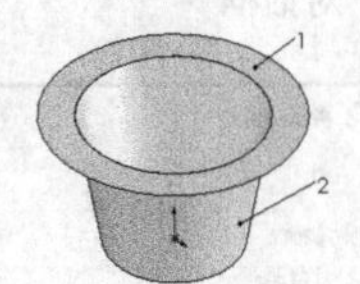

图 9-31　生成的延展曲面

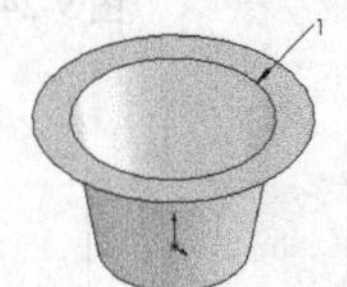

图 9-32　缝合曲面后的图形

技巧荟萃

曲面缝合后，外观没有任何变化，只是将多个面组合成一个面。此处缝合的意义是为了将两个面的交线进行圆角处理，因为面的边线不能圆角处理，所以将两个面缝合为一个面。

（5）圆角曲面。单击“特征”控制面板中的“圆角”按钮，此时系统弹出“圆角”属性管理器。在“圆角项目”的“边线、面、特征和环”栏用鼠标选择如图 9-32 所示的边线 1；在“半径”栏中输入值 10mm，其他设置如图 9-33 所示。单击属性管理器中的“确定”图标按钮✔，完成圆角处理，结果如图 9-34 所示。

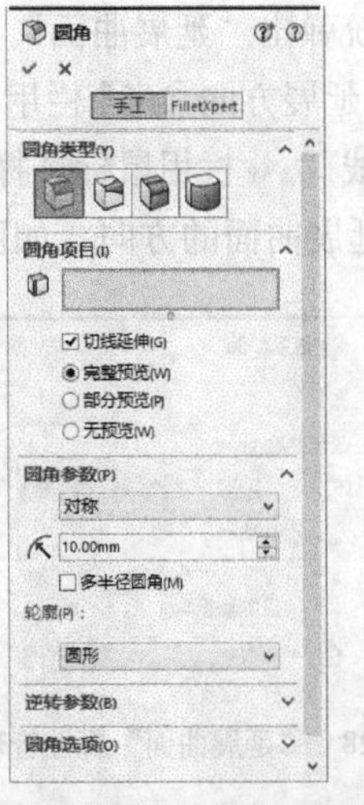

图 9-33　“圆角”属性管理器

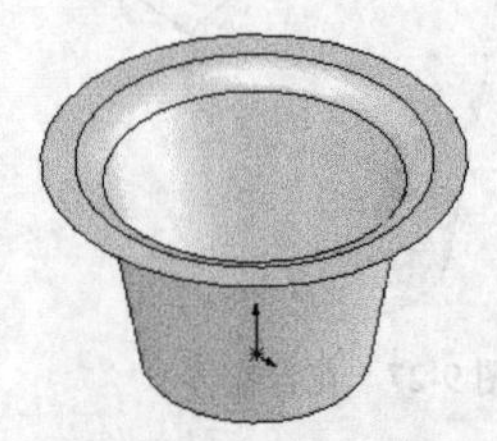

图 9-34　圆角后的图形

9.2 编辑曲面

9.2.1 延伸曲面

延伸曲面是指将现有曲面的边缘，沿着切线方向，以直线或者随曲面的弧度方向产生附加的延伸曲面。

下面结合实例介绍延伸曲面的操作步骤。

【案例 9-8】本案例结果文件光盘路径为“X:\源文件\ch9\9.8.SLDPRT”，案例视频内容光盘路径为“X:\动画演示\第 9 章\9.8 延伸曲面.avi”。

（1）打开随书光盘中的原始文件“X:\原始文件\ch9\9.8.SLDPRT”，如图 9-35 所示。

（2）单击“曲面”控制面板中的“延伸曲面”图标按钮，或单击菜单栏中的“插入”→“曲面”→“延伸曲面”命令，系统弹出“延伸曲面”属性管理器。

（3）单击（所选面/边线）列表框，选择如图 9-35 所示的边线 1；点选“距离”单选钮，在（距离）文本框中输入 60；在“延伸类型”选项中，点选“同一曲面”单选钮，如图 9-36 所示。

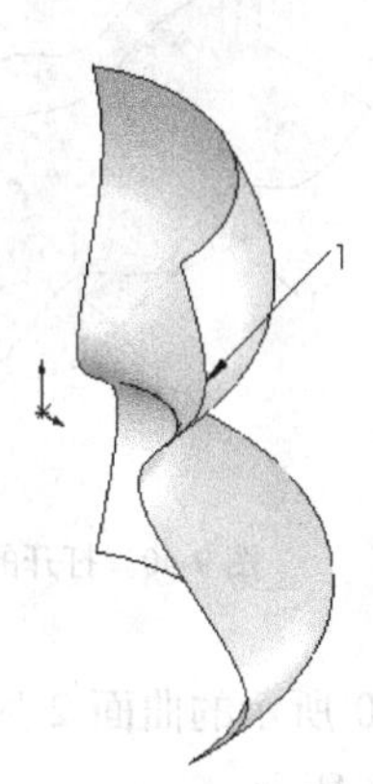

图 9-35　打开的文件实体

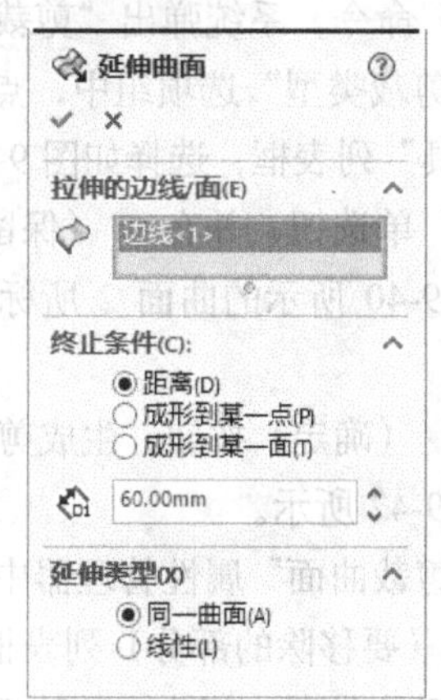

图 9-36　“延伸曲面”属性管理器

（4）单击（确定）按钮，生成的延伸曲面如图 9-37 所示。

延伸曲面的延伸类型有两种方式：一种是同一曲面类型，是指沿曲面的几何体延伸曲面；另一种是线性类型，是指沿边线相切于原有曲面来延伸曲面。图 9-38 是使用同一曲面类型生成的延伸曲面，图 9-39 是使用线性类型生成的延伸曲面。

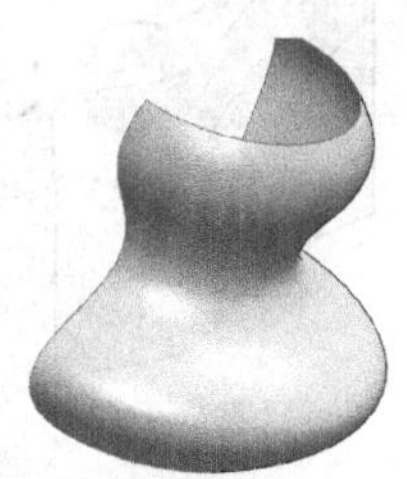

图 9-37　延伸曲面

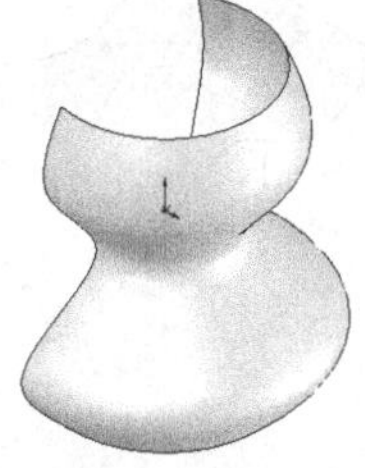

图 9-38　同一曲面类型生成的延伸曲面

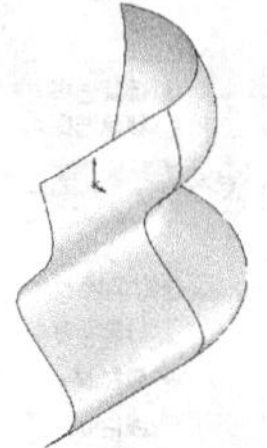

图 9-39　线性类型生成的延伸曲面

在“延伸曲面”属性管理器的“终止条件”选项中，各单选钮的意义如下。

- 距离：按照在（距离）文本框中指定的数值延伸曲面。
- 成形到某一面：将曲面延伸到（曲面/面）列表框中选择的曲面或者面。
- 成形到某一点：将曲面延伸到（顶点）列表框中选择的顶点或者点。

9.2.2 剪裁曲面

剪裁曲面是指使用曲面、基准面或者草图作为剪裁工具来剪裁相交曲面，也可以将曲面和其他曲面联合使用作为相互的剪裁工具。

剪裁曲面有标准和相互两种类型。标准类型是指使用曲面、草图实体、曲线、基准面等来剪裁曲面；相互类型是指使用曲面本身来剪裁多个曲面。

下面结合实例介绍两种类型剪裁曲面的操作步骤。

1．标准类型剪裁曲面

【案例 9-9】本案例结果文件光盘路径为“X:\源文件\ch9\9.9.SLDPRT”，案例视频内容光盘路径为“X:\动画演示\第 9 章\9.9 剪裁曲面.avi”。

（1）打开随书光盘中的原始文件“X:\原始文件\ch9\9.9.SLDPRT”，如图 9-40 所示。

（2）单击“曲面”控制面板中的“剪裁曲面”按钮，或单击菜单栏中的“插入”→“曲面”→“剪裁”命令，系统弹出“剪裁曲面”属性管理器。

（3）在“剪裁类型”选项组中，点选“标准”单选钮；单击“剪裁工具”列表框，选择如图 9-40 所示的曲面 1；点选“保留选择”单选钮，并在（保留的部分）列表框中，单击选择如图 9-40 所示的曲面 2 所标注处，其他设置如图 9-41 所示。

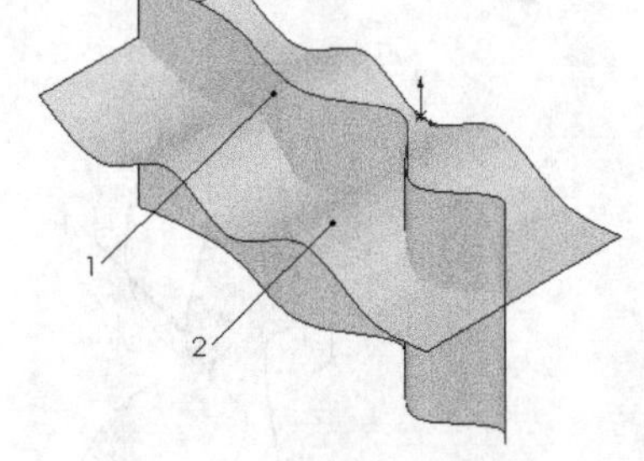

图 9-40　打开的文件实体

（4）单击（确定）按钮，生成剪裁曲面。保留选择的剪裁图形如图 9-42 所示。

如果在“剪裁曲面”属性管理器中点选“移除选择”单选钮，并在（要移除的部分）列表框中，单击选择如图 9-40 所示的曲面 2 所标注处，则会移除曲面 1 前面的曲面 2 部分，移除选择的剪裁图形如图 9-43 所示。

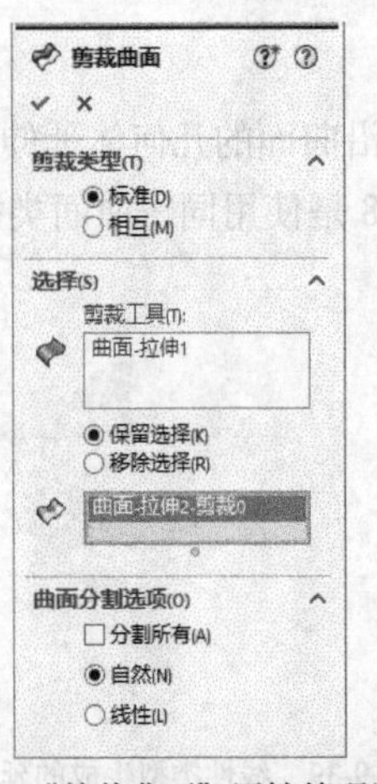

图 9-41　“剪裁曲面”属性管理器 1

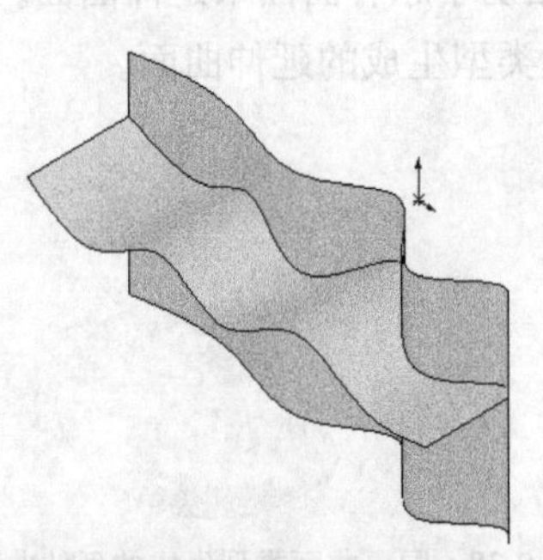
图 9-42　保留选择的剪裁图形 1

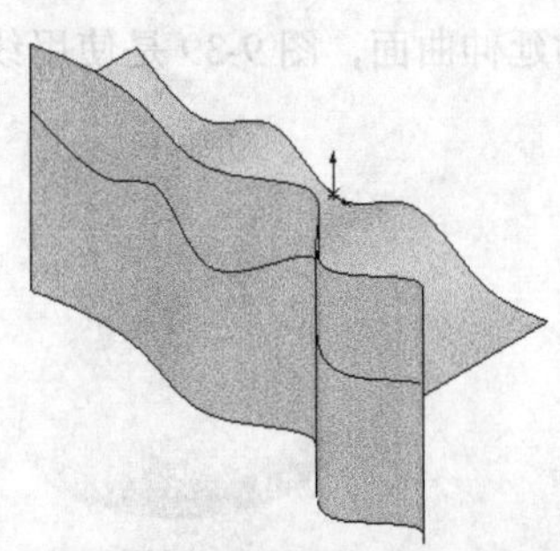
图 9-43　移除选择的剪裁图形 1

2．相互类型剪裁曲面

【案例 9-10】本案例结果文件光盘路径为“X:\源文件\ch9\9.10.SLDPRT”，案例视频内容光盘路径为“X:\动画演示\第 9 章\9.10 剪裁曲面.avi”。

(1) 打开随书光盘中的原始文件“X:\原始文件\ch9\9.10.SLDPRT”，如图 9-40 所示。

(2) 单击“曲面”控制面板中的“剪裁曲面”图标按钮，或单击菜单栏中的“插入”→“曲面”→“剪裁”命令，系统弹出“剪裁曲面”属性管理器。

(3) 在“剪裁类型”选项组中，点选“相互”单选钮；在“剪裁曲面”列表框中，单击选择如图 9-40 所示的曲面 1 和曲面 2；点选“保留选择”单选钮，并在（保留的部分）列表框中单击，选择如图 9-40 所示的曲面 1 和曲面 2 所标注处，其他设置如图 9-44 所示。

(4) 单击✓（确定）按钮，生成剪裁曲面。保留选择的剪裁图形如图 9-45 所示。

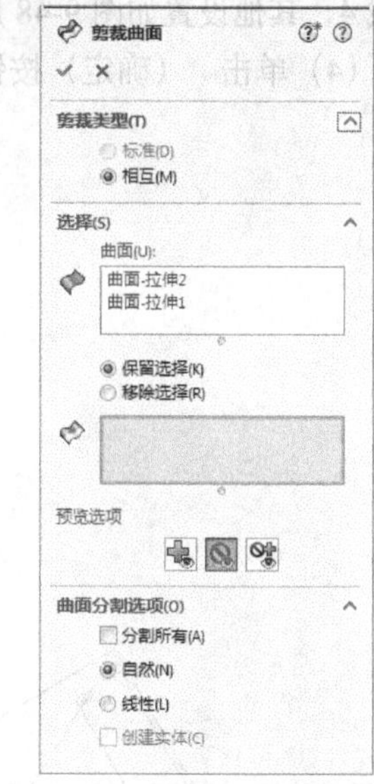

图 9-44 “剪裁曲面”属性管理器 2

如果在“剪裁曲面”属性管理器中点选“移除选择”单选钮，并在（要移除的部分）列表框中，单击选择如图 9-40 所示的曲面 1 和曲面 2 所标注处，则会移除曲面 1 和曲面 2 的所选择部分，移除选择的剪裁图形如图 9-46 所示。

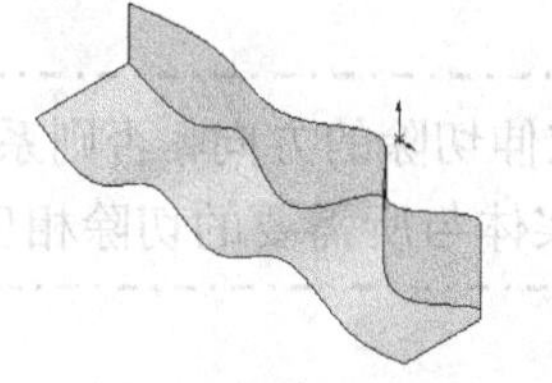
图 9-45 保留选择的剪裁图形 2

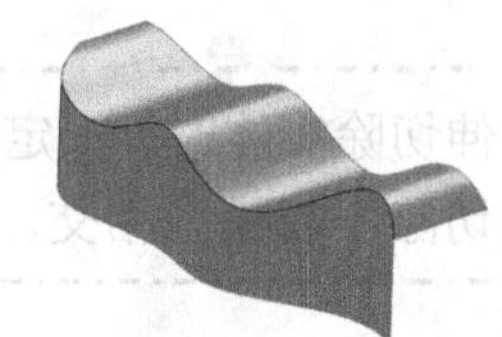
图 9-46 移除选择的剪裁图形 2

9.2.3 填充曲面

填充曲面是指在现有模型边线、草图或者曲线定义的边界内构成带任何边数的曲面修补。填充曲面通常用在以下几种情况中。

- 纠正没有正确输入到 SOLIDWORKS 中的零件，比如该零件有丢失的面。
- 填充型心和型腔造型零件中的孔。
- 构建用于工业设计的曲面。
- 生成实体模型。
- 用于包括作为独立实体的特征或合并这些特征。

下面结合实例介绍填充曲面的操作步骤。

【案例 9-11】本案例结果文件光盘路径为“X:\源文件\ch9\9.11.SLDPRT”，案例视频内容光盘路径为“X:\动画演示\第 9 章\9.11 填充曲面.avi”。

(1) 打开随书光盘中的原始文件“X:\原始文件\ch9\9.11.SLDPRT”，如图 9-47 所示。

(2) 单击菜单栏中的“插入”→“曲面”→“填充”命令，或者单击“曲面”控制面板中的“填充曲面”图标按钮◈，系统弹出“填充曲面”属性管理器。

（3）在“修补边界”选项组中，单击依次选择如图 9-47 所示的边线 1、边线 2、边线 3 和边线 4，其他设置如图 9-48 所示。

（4）单击✔（确定）按钮，生成的填充曲面如图 9-49 所示。

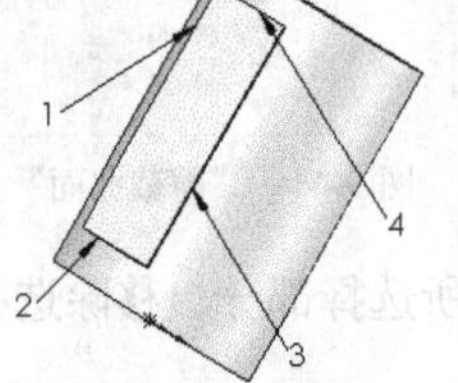

图 9-47　打开的文件实体

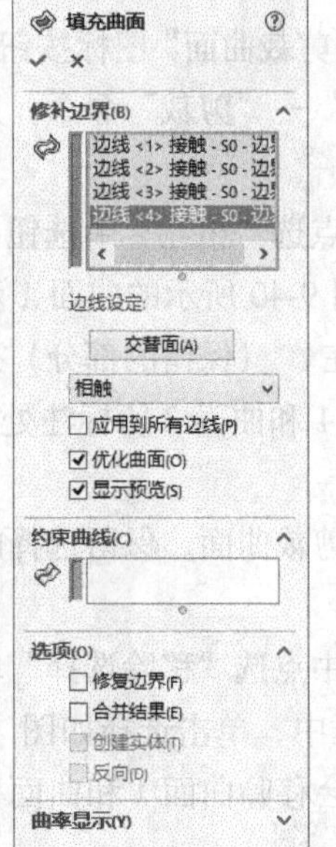

图 9-48　“填充曲面”属性管理器

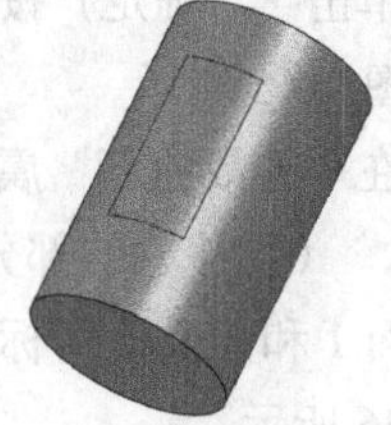

图 9-49　填充曲面

技巧荟萃

进行拉伸切除实体时，一定要注意调节拉伸切除的方向，否则系统会提示，所进行的切除不与模型相交，或者切除的实体与所需要的切除相反。

9.2.4　中面

中面工具可以在实体上合适的所选双对面之间生成中面。合适的双对面应该处处等距，并且必须属于同一实体。

与所有在 SOLIDWORKS 中生成的曲面相同，中面包括所有曲面的属性。中面通常有以下几种情况。

- 单个：从图形区中选择单个等距面生成中面。
- 多个：从图形区中选择多个等距面生成中面。
- 所有：单击“曲面-中面”属性管理器中的“查找双对面”按钮，让系统选择模型上所有合适的等距面，用于生成所有等距面的中面。

下面结合实例介绍中面的操作步骤。

【案例 9-12】本案例结果文件光盘路径为“X:\源文件\ch9\9.12.SLDPRT”，案例视频内容光盘路径为“X:\动画演示\第 9 章\9.12 中面.avi”。

（1）打开随书光盘中的原始文件“X:\原始文件\ch9\9.12.SLDPRT”，如图 9-50 所示。

（2）单击菜单栏中的“插入”→“曲面”→“中面”命令，或者单击“曲面”控制面板中的“中面”图标按钮，系统弹出“中面”属性管理器。

(3) 在“面 1”列表框中，单击选择如图 9-50 所示的面 1；在“面 2”列表框中，单击选择如图 9-50 所示的面 2；在“定位”文本框中输入 50，“中面”属性管理器设置如图 9-51 所示。单击✔（确定）按钮，生成的中面如图 9-52 所示。

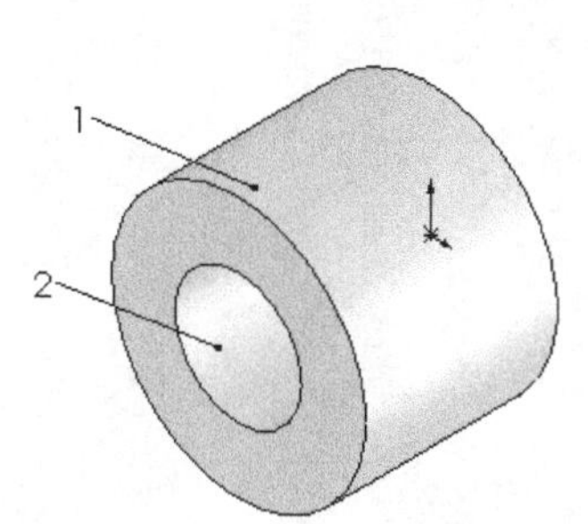

图 9-50　打开的文件实体

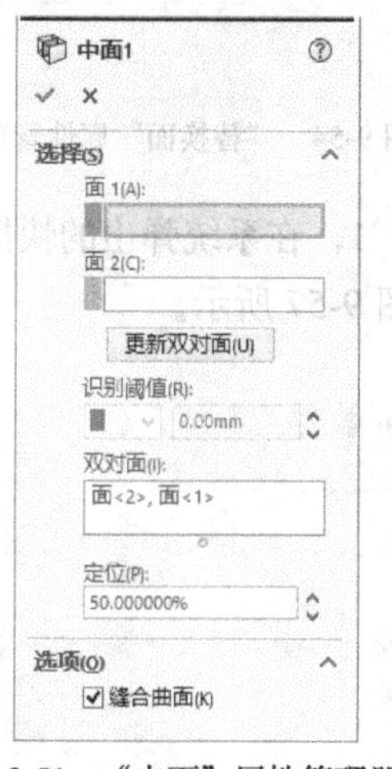

图 9-51　“中面”属性管理器

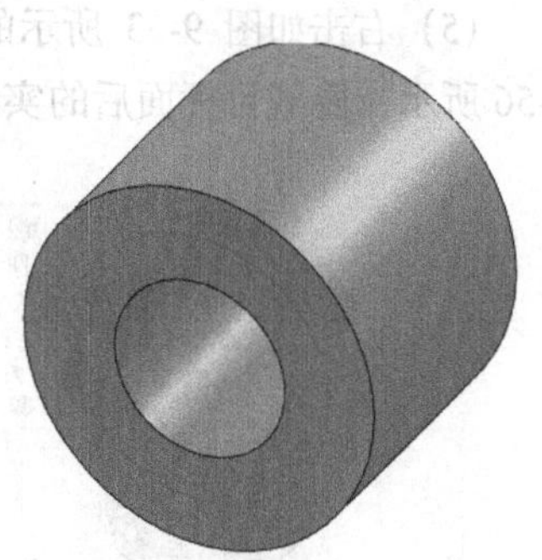

图 9-52　创建中面

技巧荟萃

生成中面的定位值，是从面 1 的位置开始，位于面 1 和面 2 之间。

9.2.5　替换面

替换面是指以新曲面实体来替换曲面或者实体中的面。替换曲面实体不必与旧的面具有相同的边界。在替换面时，原来实体中的相邻面自动延伸并剪裁到替换曲面实体。

替换面通常有以下几种情况。

- 以一曲面实体替换另一个或者一组相连的面。
- 在单一操作中，用一相同的曲面实体替换一组以上相连的面。
- 在实体或曲面实体中替换面。

在上面的几种情况中，比较常用的是用一曲面实体替换另一个曲面实体中的一个面。下面结合实例介绍该替换面的操作步骤。

【案例 9-13】本案例结果文件光盘路径为“X:\源文件\ch9\9.13.SLDPRT”，案例视频内容光盘路径为：“X:\动画演示\第 9 章\9.13 替换面.avi”。

(1) 打开随书光盘中的原始文件“X:\原始文件\ch9\9.13.SLDPRT”，如图 9-53 所示。

(2) 单击菜单栏中的“插入”→“面”→“替换”命令，或者单击“曲面”控制面板中的“替换面”图标按钮，系统弹出“替换面”属性管理器。

(3) 在（替换的目标面）列表框中，单击选择如图 9-53 所示的面 2；在（替换曲面）列表框中，单击选择如图 9-53 所示的曲面 1，如图 9-54 所示。

(4) 单击✔（确定）按钮，生成的替换面如图 9-55 所示。

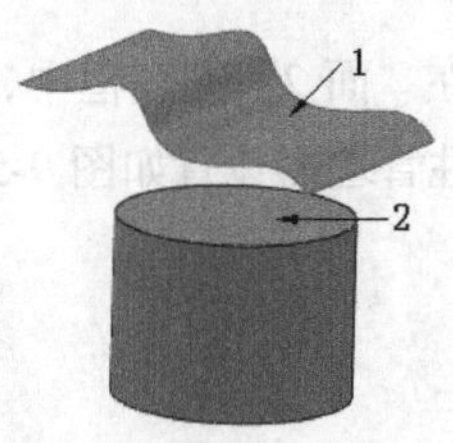

图 9-53　打开的文件实体

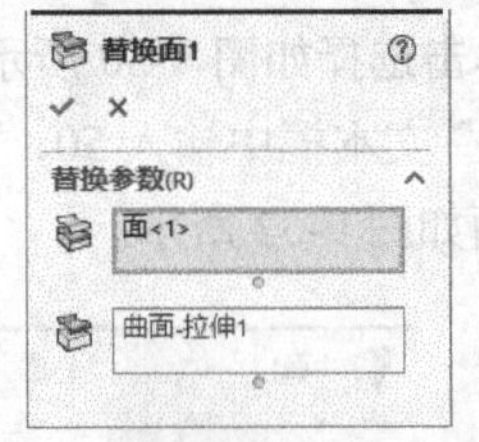

图 9-54　"替换面"属性管理器

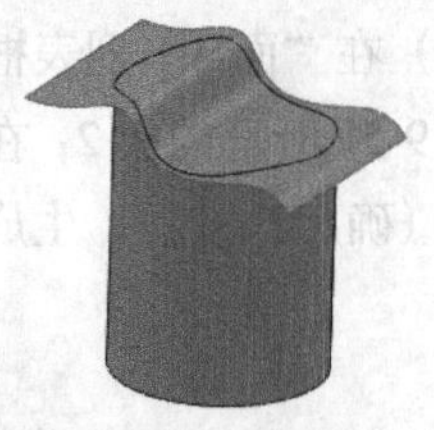
图 9-55　创建替换面

（5）右击如图 9-53 所示的曲面 1，在系统弹出的快捷菜单中单击（隐藏）按钮，如图 9-56 所示，隐藏目标面后的实体如图 9-57 所示。

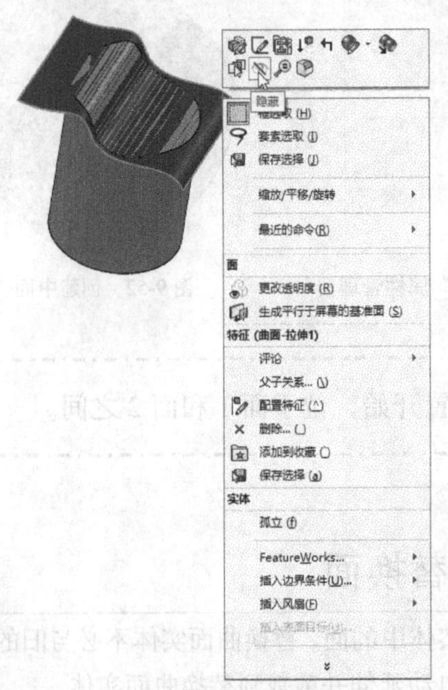

图 9-56　快捷菜单

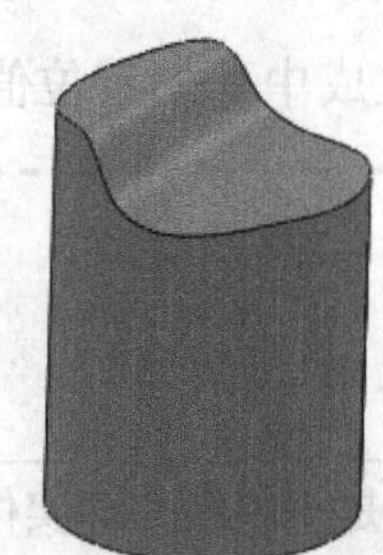
图 9-57　隐藏目标面后的实体

在替换面中，替换的面有两个特点：一是必须替换，必须相连；二是不必相切。替换曲面实体可以是以下几种类型之一。

- 可以是任何类型的曲面特征，如拉伸、放样等。
- 可以是缝合曲面实体或者复杂的输入曲面实体。
- 通常比正替换的面要宽和长，但在某些情况下，当替换曲面实体比要替换的面小的时候，替换曲面实体会自动延伸以与相邻面相遇。

9.2.6　删除面

删除面通常有以下几种情况。

- 删除：从曲面实体删除面，或者从实体中删除一个或多个面来生成曲面。
- 删除并修补：从曲面实体或者实体中删除一个面，并自动对实体进行修补和剪裁。
- 删除并填补：删除面并生成单一面，将任何缝隙填补起来。

下面结合实例介绍删除面的操作步骤。

【案例 9-14】本案例结果文件光盘路径为“X:\源文件\ch9\9.14.SLDPRT”，案例视频内容光盘路径为“X:\动画演示\第 9 章\9.14 删除面.avi”。

（1）打开随书光盘中的原始文件“X:\原始文件\ch9\9.14.SLDPRT”，如图 9-58 所示。

（2）单击“曲面”控制面板中的“删除面”按钮，或单击菜单栏中的“插入”→“面”→“删除面”命令，系统弹出“删除面”属性管理器。

（3）在（要删除的面）列表框中，单击选择如图 9-58 所示的面 1；在“选项”选项组中点选“删除”单选钮，如图 9-59 所示。

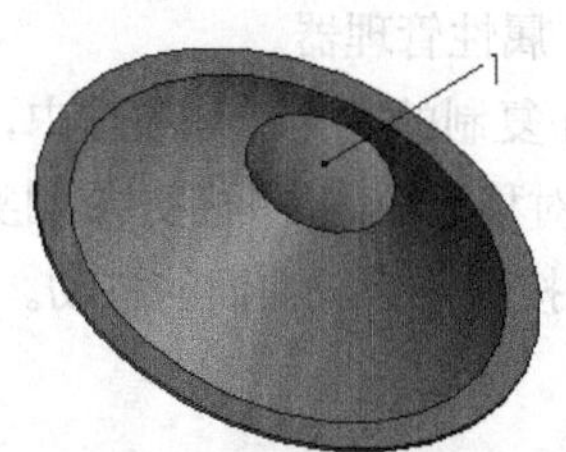

图 9-58 打开的文件实体

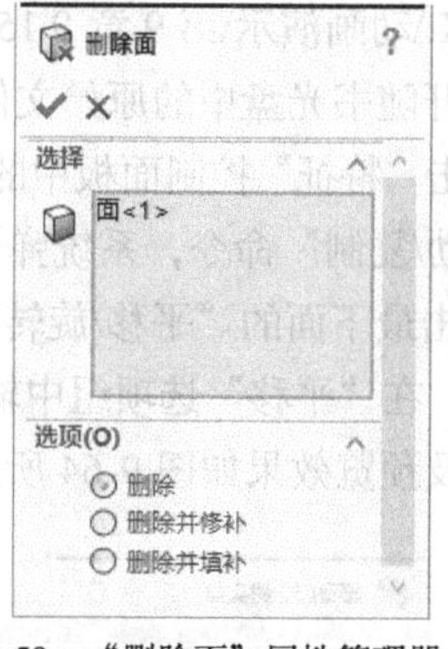

图 9-59 “删除面”属性管理器 1

（4）单击（确定）按钮，将选择的面删除，删除面后的实体如图 9-60 所示。

执行删除面命令，可以将指定的面删除并修补。以如图 9-60 所示的实体为例，执行删除面命令时，在“删除面”属性管理器的（要删除的面）列表框中，单击选择如图 9-58 所示的面 1；在“选项”选项组中点选“删除并修补”单选钮，然后单击（确定）按钮，面 1 被删除并修补，删除并修补面后的实体如图 9-61 所示。

执行删除面命令，可以将指定的面删除并填充删除面后的实体。以如图 9-58 所示的实体为例，执行删除面命令时，在“删除面”属性管理器的（要删除的面）列表框中，单击选择如图 9-58 所示的面 1；在“选项”选项组中点选“删除并填补”单选钮，并勾选“相切填补”复选框，“删除面”属性管理器设置如图 9-62 所示。单击（确定）按钮，面 1 被删除并相切填补。删除并填补面后的实体如图 9-63 所示。

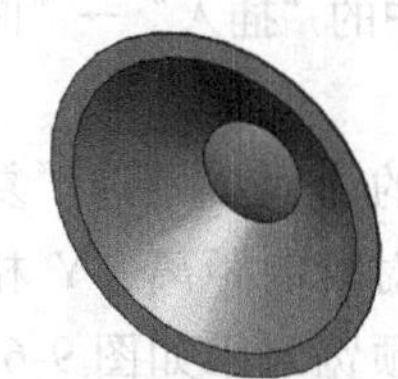

图 9-60 删除面后的实体

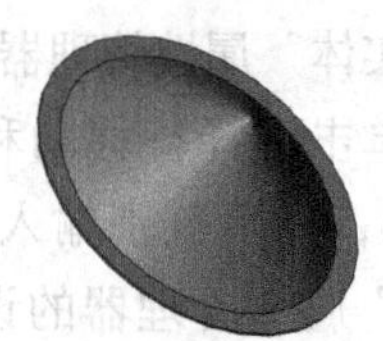

图 9-61 删除并修补面后的实体

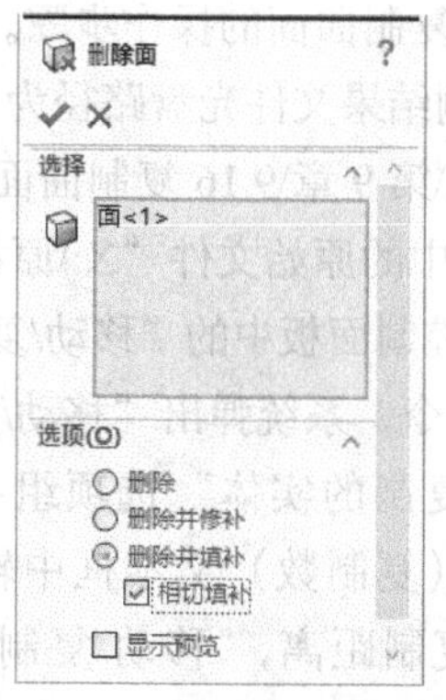

图 9-62 “删除面”属性管理器 2

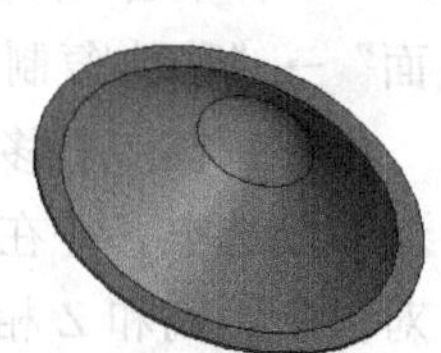

图 9-63 删除并填补面后的实体

9.2.7 移动/复制/旋转曲面

执行该命令，可以使用户像对拉伸特征、旋转特征那样对曲面特征进行移动、复制和旋转等操作。

1. 移动曲面

下面结合实例介绍移动曲面的操作步骤。

【案例 9-15】本案例结果文件光盘路径为“X:\源文件\ch9\9.15.SLDPRT”，案例视频内容光盘路径为“X:\动画演示\第 9 章\9.15 移动曲面.avi”。

（1）打开随书光盘中的原始文件“X:\原始文件\ch9\9.15.SLDPRT”。

（2）单击“特征”控制面板中的“移动/复制”按钮，或单击菜单栏中的“插入”→“曲面”→“移动/复制”命令，系统弹出“移动/复制实体”属性管理器。

（3）单击最下面的“平移/旋转”按钮，在“要移动/复制的实体”选项组中，单击选择待移动的曲面，在“平移”选项组中输入 X、Y 和 Z 的相对移动距离，“移动/复制实体”属性管理器的设置及预览效果如图 9-64 所示。单击（确定）按钮，完成曲面的移动。

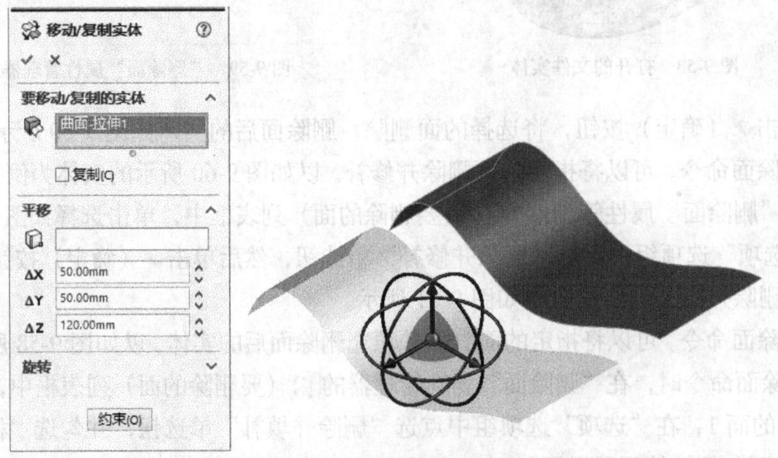

图 9-64 “移动/复制实体”属性管理器的设置及预览效果

2. 复制曲面

下面结合实例介绍复制曲面的操作步骤。

【案例 9-16】本案例结果文件光盘路径为“X:\源文件\ch9\9.16.SLDPRT”，案例视频内容光盘路径为“X:\动画演示\第 9 章\9.16 复制曲面.avi”。

（1）打开随书光盘中的原始文件“X:\原始文件\ch9\9.16.SLDPRT”。

（2）单击“特征”控制面板中的“移动/复制”按钮，或单击菜单栏中的“插入”→“曲面”→“移动/复制”命令，系统弹出“移动/复制实体”属性管理器。

（3）在“要移动/复制的实体”选项组中，单击选择待移动和复制的曲面；勾选“复制”复选框，并在（复制数）文本框中输入 4；然后分别输入 X 相对复制距离、Y 相对复制距离和 Z 相对复制距离，“移动/复制实体”属性管理器的设置及预览效果如图 9-65 所示。

（4）单击（确定）按钮，复制的曲面如图 9-66 所示。

图 9-65 “移动/复制实体”属性管理器的设置及预览效果　　图 9-66 复制曲面

3．旋转曲面

下面结合实例介绍旋转曲面的操作步骤。

【案例 9-17】本案例结果文件光盘路径为“X:\源文件\ch9\9.17.SLDPRT”，案例视频内容光盘路径为“X:\动画演示\第 9 章\9.17 旋转曲面.avi”。

（1）打开随书光盘中的原始文件“X:\原始文件\ch9\9.17.SLDPRT”。

（2）单击“特征”控制面板中的“移动/复制”按钮，或单击菜单栏中的“插入”→“曲面”→“移动/复制”命令，系统弹出“移动/复制实体”属性管理器。

（3）在“旋转”选项组中，分别输入 X 旋转原点、Y 旋转原点、Z 旋转原点、X 旋转角度、Y 旋转角度和 Z 旋转角度值，“移动/复制实体”属性管理器的设置及预览效果如图 9-67 所示。

（4）单击✔（确定）按钮，旋转后的曲面如图 9-68 所示。

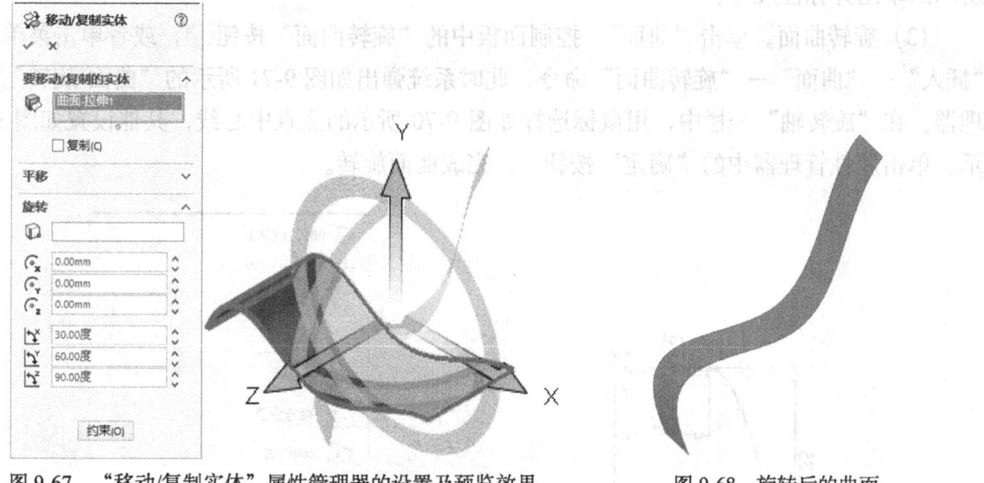

图 9-67 “移动/复制实体”属性管理器的设置及预览效果　　图 9-68 旋转后的曲面

9.3 综合实例——茶壶模型

茶壶模型如图 9-69 所示。绘制该模型的命令主要有旋转曲面、放样曲面、剪裁曲面和填充曲面等命令。

图 9-69　茶壶模型

9.3.1　绘制壶身

光盘文件

实例结果文件光盘路径为“X:\源文件\ch9\壶身.SLDPRT”。

多媒体演示参见配套光盘中的“X:\动画演示\第 9 章\壶身.avi”。

绘制步骤

1. 新建文件。单击菜单栏中的“文件”→“新建”命令，或者单击“快速访问”工具栏中的“新建”按钮，在弹出的“新建 SOLIDWORKS 文件”对话框中先单击“零件”按钮，再单击“确定”按钮，创建一个新的零件文件。

2. 绘制壶体

（1）设置基准面。在左侧“FeatureManager 设计树”中用鼠标选择“前视基准面”，然后单击“前导视图”工具栏中的“正视于”按钮，将该基准面作为绘制图形的基准面。

（2）绘制草图。单击“草图”控制面板中的“中心线”按钮，绘制一条通过原点的竖直中心线；单击“草图” 控制面板中的“样条曲线”按钮和“直线”按钮，绘制如图 9-70 所示的草图并标注尺寸。

（3）旋转曲面。单击“曲面” 控制面板中的“旋转曲面”按钮，或者单击菜单栏中的“插入”→“曲面”→“旋转曲面”命令，此时系统弹出如图 9-71 所示的“曲面-旋转”属性管理器。在“旋转轴”一栏中，用鼠标选择如图 9-70 所示的竖直中心线，其他设置如图 9-71 所示。单击属性管理器中的“确定”按钮，完成曲面旋转。

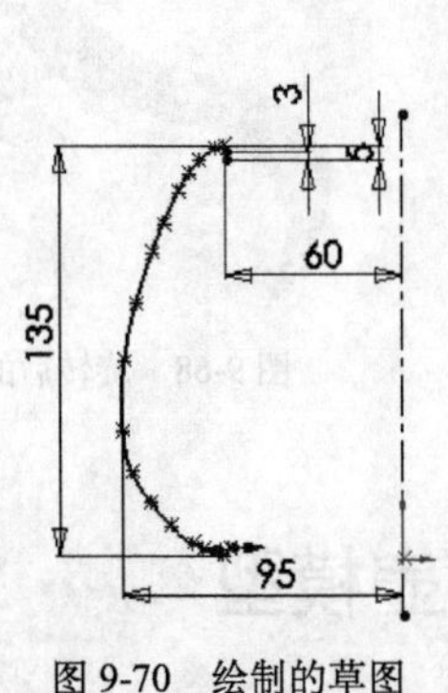

图 9-70　绘制的草图

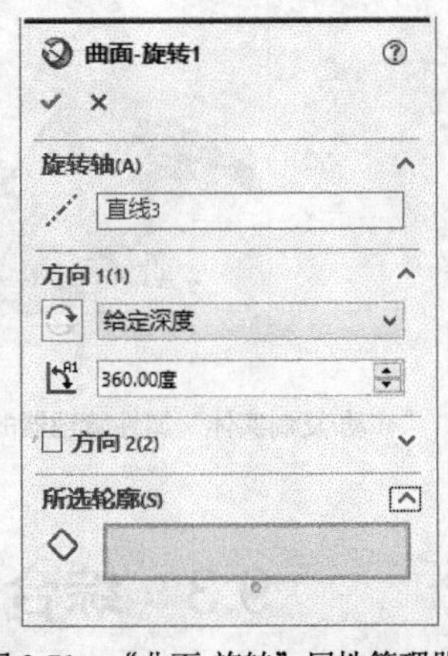

图 9-71　“曲面-旋转”属性管理器

（4）设置视图方向。单击“前导视图”工具栏中的“等轴测”按钮，将视图以等轴测方向显示，结果如图 9-72 所示。

3. 绘制壶嘴

（1）设置基准面。在左侧“FeatureManager 设计树”中用鼠标选择“前视基准面”，然后单击“前导视图”工具栏中的“正视于”按钮，将该基准面作为绘制图形的基准面。

（2）绘制草图。单击“草图”控制面板中的“样条曲线”按钮和“直线”按钮，绘制如图 9-73 所示的草图并标注尺寸。注意在绘制过程中将某些线段作为构造线，然后退出草图绘制状态。

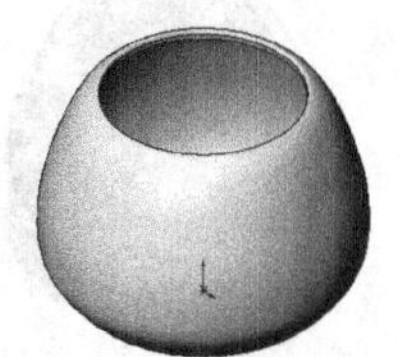

图 9-72　旋转曲面后的图形

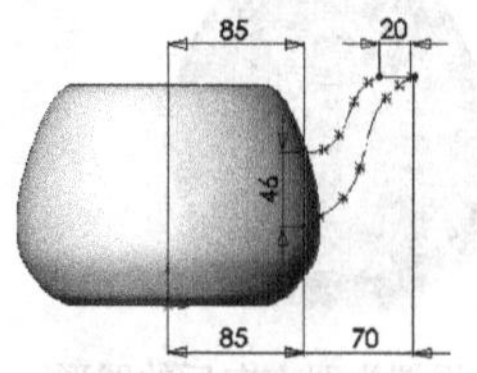

图 9-73　绘制的草图

（3）添加基准面。单击“参考几何体”工具栏中的“基准面”按钮，或者单击菜单栏中的“插入”→“参考几何体”→“基准面”命令，此时系统弹出如图 9-74 所示的“基准面”属性管理器。选择“FeatureManager 设计树”中的“右视基准面”和如图 9-73 所示长为 46 直线的一个端点。单击属性管理器中的“确定”按钮，添加一个基准面。

（4）设置视图方向。单击“前导视图”工具栏中的“等轴测”按钮，将视图以等轴测方向显示，结果如图 9-75 所示。

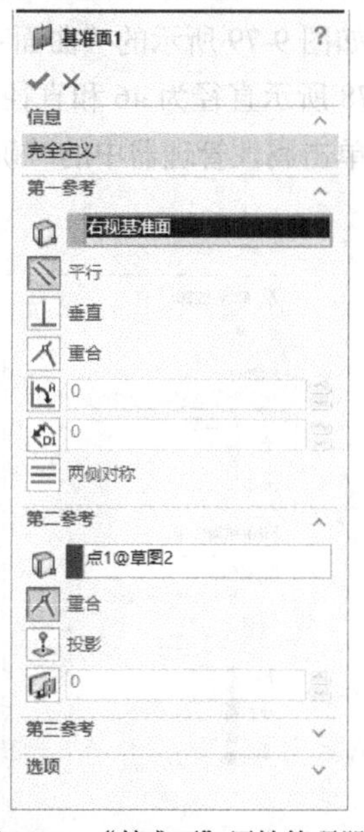

图 9-74　“基准面”属性管理器

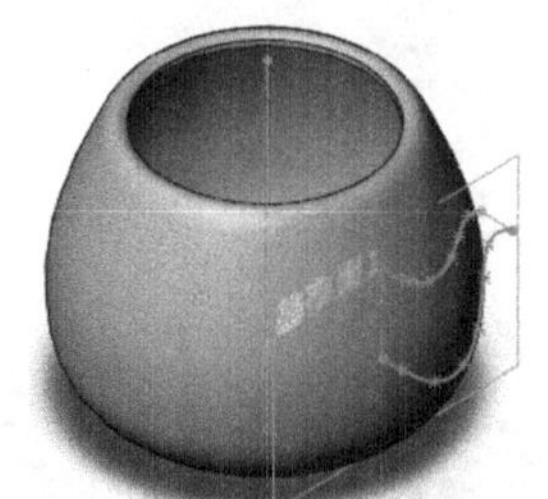

图 9-75　设置视图方向后的图形

（5）设置基准面。在左侧“FeatureManager 设计树”中用鼠标选择“基准面 1”，然后单击“前导视图”工具栏中的“正视于”按钮，将该基准面作为绘制图形的基准面。

（6）绘制草图。单击“草图”控制面板中的“圆”按钮，以如图 9-73 所示长为 46 直线的中点为圆心，以长为直径绘制一个圆，然后退出草图绘制状态。

（7）设置视图方向。单击“前导视图”工具栏中的“等轴测”按钮，将视图以等轴测方向显示，结果如图 9-76 所示。

（8）添加基准面。单击“参考几何体”工具栏中的“基准面”按钮，或者单击菜单栏中的“插入”→“参考几何体”→“基准面”命令，此时系统弹出“基准面”属性管理器。选择“FeatureManager 设计树”中的“上视基准面”和如图 9-73 所示长为 20 直线的一个端点。单击属性管理器中的“确定”按钮，添加一个基准面，结果如图 9-77 所示。

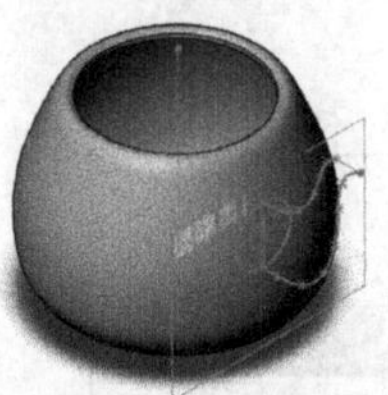

图 9-76 设置视图方向后的图形

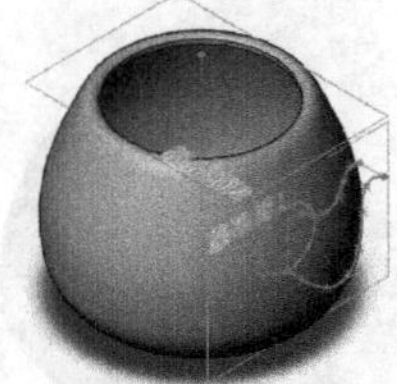

图 9-77 添加基准面后的图形

（9）设置基准面。在左侧“FeatureManager 设计树”中用鼠标选择“基准面 2”，然后单击“前导视图”工具栏中的“正视于”按钮，将该基准面作为绘制图形的基准面。

（10）绘制草图。单击“草图” 控制面板中的“圆”按钮，以如图 9-73 所示长为 20 直线的中点为圆心，以长为直径绘制一个圆，然后退出草图绘制状态。

（11）设置视图方向。单击“前导视图”工具栏中的“等轴测”按钮，将视图以等轴测方向显示，结果如图 9-78 所示。

（12）放样曲面。单击“曲面” 控制面板中的“放样曲面”按钮，或者单击菜单栏中的“插入”→“曲面”→“放样曲面”命令，此时系统弹出如图 9-79 所示的“曲面-放样”属性管理器。在属性管理器的“轮廓”栏用鼠标依次选择如图 9-78 所示直径为 46 和直径为 20 的草图；在“引导线”栏用鼠标选择如图 9-73 所示绘制的草图。单击属性管理器中的“确定”按钮，生成放样曲面，结果如图 9-80 所示。

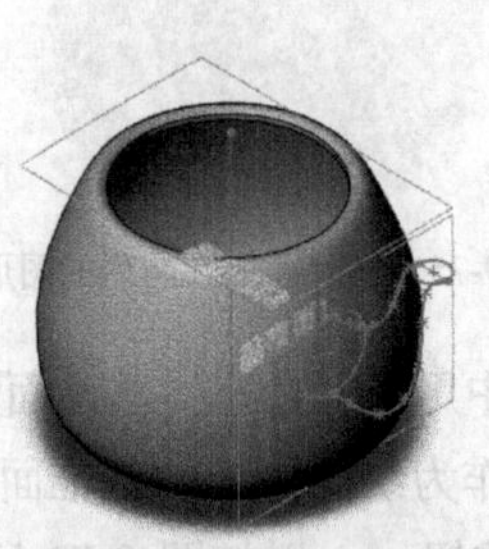

图 9-78 设置视图方向后的图形

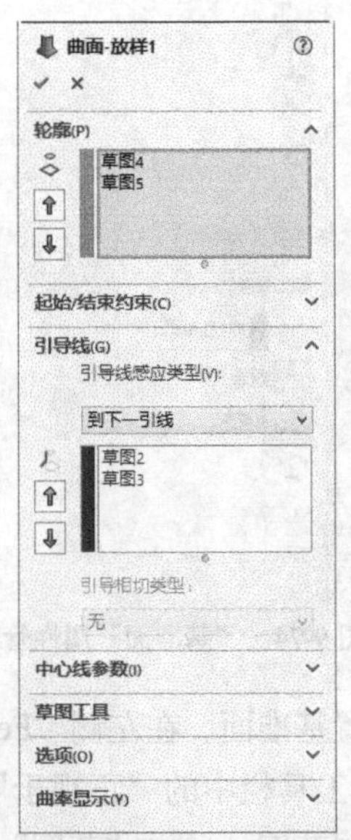

图 9-79 “曲面-放样”属性管理器

4. 绘制壶把手

（1）添加基准面。单击“参考几何体”工具栏中的“基准面”按钮，或者单击菜单栏中的“插入”→“参考几何体”→“基准面”命令，此时系统弹出如图 9-81 所示“基准面”属性管理器。在“选择”栏用鼠标选择“FeatureManager 设计树”中的“右视基准面”；在“偏移距离”栏中输入 70mm，并注意添加基准面的方向。单击属性管理器中的“确定”图标按钮，添加一个基准面，结果如图 9-82 所示。

图 9-80 放样曲面后的图形

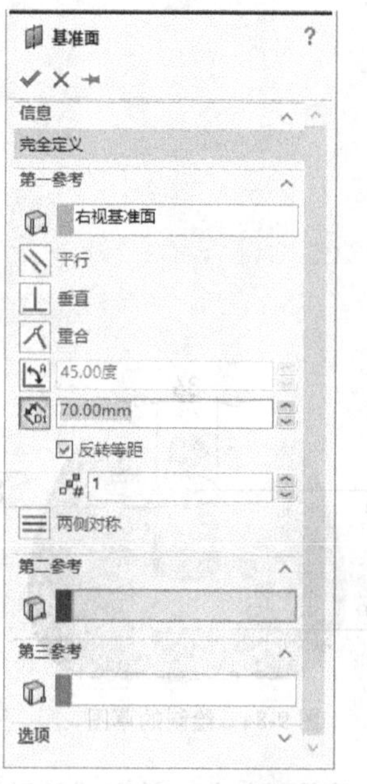

图 9-81 “基准面”属性管理器

（2）设置基准面。在左侧“FeatureManager 设计树”中用鼠标选择“基准面 3”，然后单击“前导视图”工具栏中的“正视于”按钮，将该基准面作为绘制图形的基准面。

（3）绘制草图。单击“草图”控制面板中的“椭圆”按钮，绘制如图 9-83 所示的草图并标注尺寸，然后退出草图绘制状态。

图 9-82 添加基准面后的图形

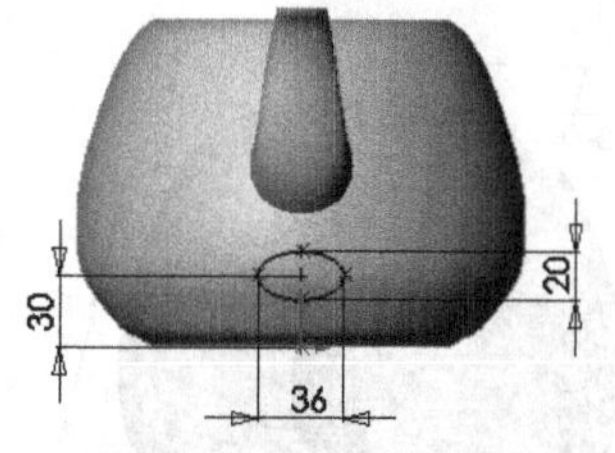

图 9-83 绘制的草图

（4）设置基准面。在左侧“FeatureManager 设计树”中用鼠标选择“基准面 3”，然后单击“前导视图”工具栏中的“正视于”按钮，将该基准面作为绘制图形的基准面。

（5）绘制草图。单击“草图”控制面板中的“椭圆”按钮，绘制如图 9-84 所示的草图并标注尺寸，然后退出草图绘制状态。

（6）添加基准面。单击“参考几何体”工具栏中的“基准面”按钮，或者单击菜单栏中的“插入”→“参考几何体”→“基准面”命令，此时系统弹出如图 9-85 所示的“基准面”属性管理器。在“选择”栏用鼠标选择“FeatureManager 设计树”中的“上视基准面”；在“距离”栏中输入 70mm，并注意添加基准面的方向。单击属性管理器中的“确定”按钮✔，添加一个基准面。

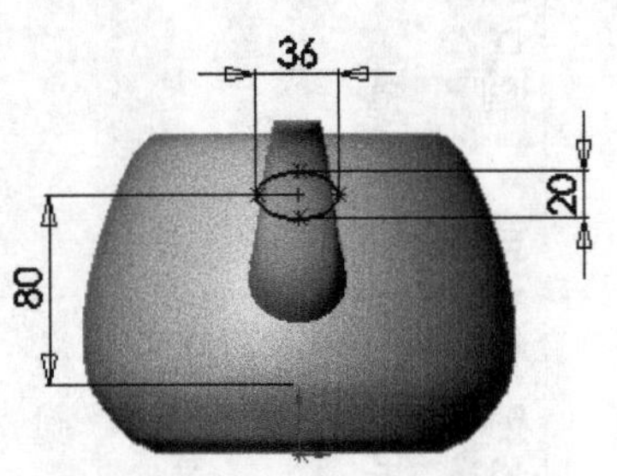

图 9-84　绘制的草图

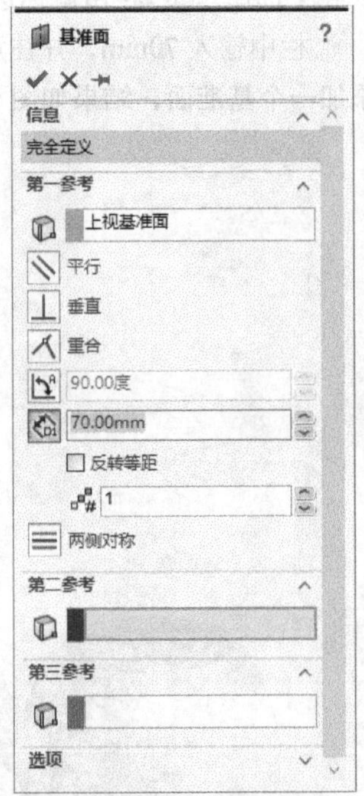

图 9-85　“基准面”属性管理器

（7）设置视图方向。单击“前导视图”工具栏中的“等轴测”按钮，将视图以等轴测方向显示，结果如图 9-86 所示。

（8）设置基准面。在左侧“FeatureManager 设计树”中用鼠标选择“基准面 4”，然后单击“前导视图”工具栏中的“正视于”按钮，将该基准面作为绘制图形的基准面。

（9）绘制草图。单击“草图”控制面板中的“椭圆”按钮，绘制如图 9-87 所示的草图并标注尺寸，然后退出草图绘制状态。

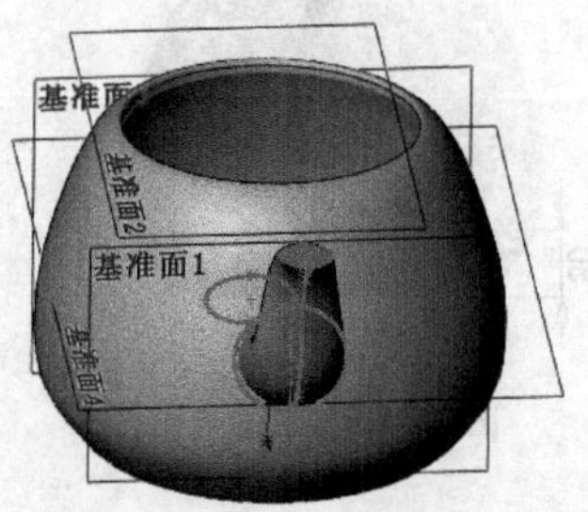

图 9-86　添加基准面后的图形

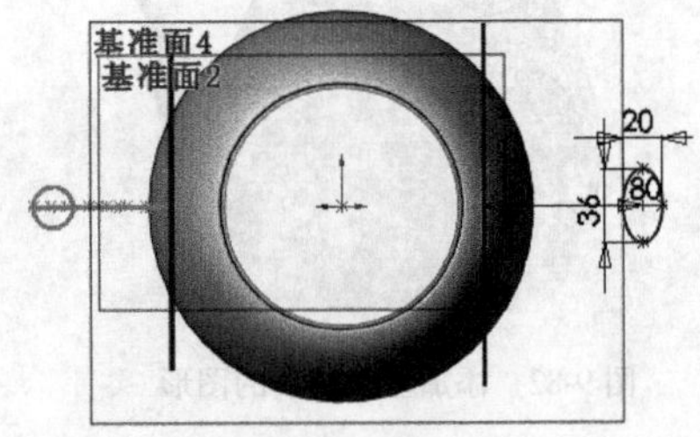

图 9-87　绘制的草图

（10）设置基准面。在左侧“FeatureManager 设计树”中用鼠标选择“前视基准面”，然后单击“前导视图”工具栏中的“正视于”按钮，将该基准面作为绘制图形的基准面。

（11）绘制草图。单击“草图” 控制面板中的“样条曲线”按钮，绘制如图 9-88 所示的草图，然后退出草图绘制状态。

技巧荟萃

绘制样条曲线时，样条曲线的起点和终点分别位于椭圆草图的圆心，并且中间点也通过另一个椭圆草图的圆心。

（12）设置视图方向。单击“前导视图”工具栏中的“等轴测”按钮，将视图以等轴测方向显示，结果如图 9-89 所示。

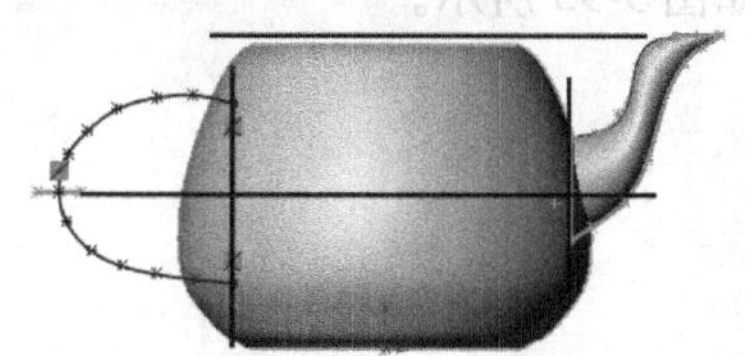

图 9-88 绘制的草图

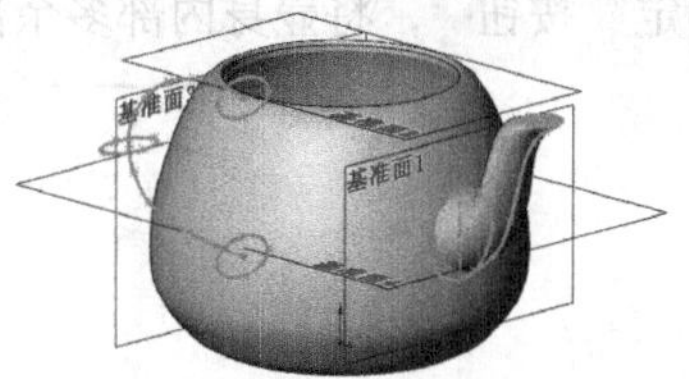

图 9-89 设置视图方向后的图形

（13）扫描曲面。单击“曲面” 控制面板中的“扫描曲面”按钮，或者单击菜单栏中的“插入”→“曲面”→“扫描曲面”命令，此时系统弹出如图 9-90 所示的“曲面-扫描”属性管理器。在“轮廓”栏选择如图 9-84 所示的草图；在“路径”栏选择如图 9-88 所示的草图。单击属性管理器中的“确定”按钮，完成曲面扫描，结果如图 9-91 所示。

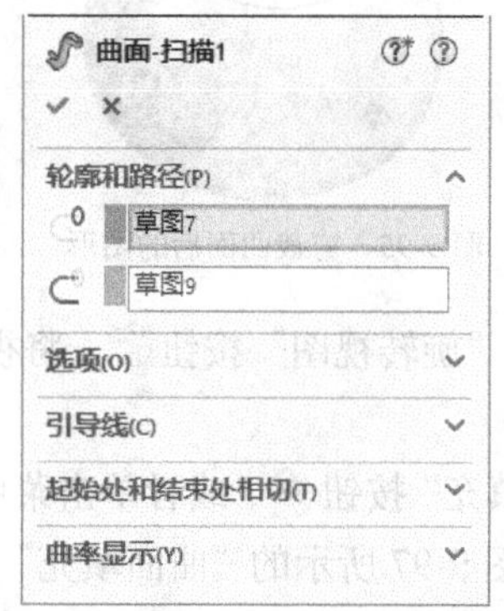

图 9-90 “曲面-扫描”属性管理器

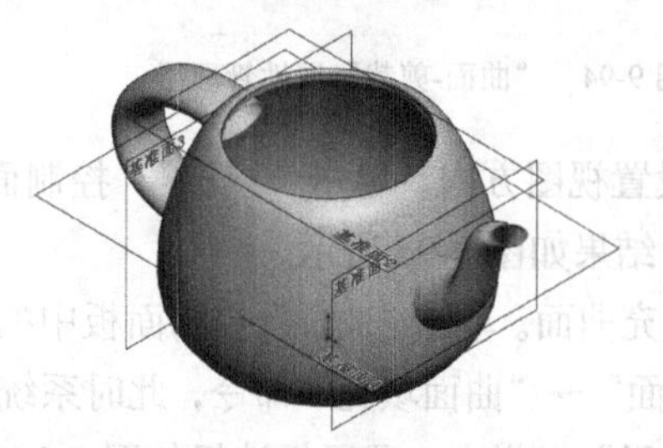

图 9-91 扫描曲面后的图形

技巧荟萃

用户可以再绘制通过 3 个椭圆草图的引导线，使用放样曲面命令，生成壶把手，这样可以使把手更加细腻。

（14）设置视图显示。执行“视图”→“基准面”和“草图”命令，取消视图中基准面和草图的显示，结果如图 9-92 所示。

5. 编辑壶身

（1）设置视图方向。单击“前导视图”工具栏中的“旋转视图”按钮，将视图以合适的方向显示，结果如图 9-93 所示。

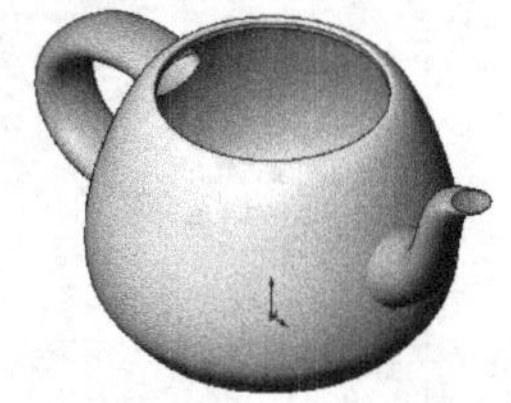

图 9-92 设置视图显示后的图形

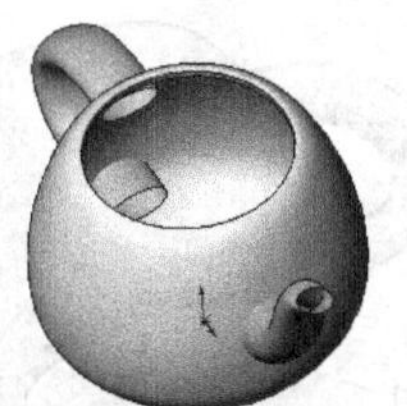

图 9-93 设置视图方向后的图形

（2）剪裁曲面。单击“曲面” 控制面板中的“剪裁曲面”按钮，或者单击菜单栏中的“插入”→“曲面”→“剪裁曲面”命令，此时系统弹出如图 9-94 所示的“曲面-剪裁”属性管理器。在“剪裁类型”栏用鼠标点选“相互”选项；在“曲面”栏用鼠标选择“FeatureManager 设计树”中的“曲面-扫描 1”、“曲面-旋转 1”和“曲面-放样 1”；点选“保留选择”，然后在“要保留的部分”一栏中，用鼠标选择视图中壶身外侧的壶体、壶嘴和壶把手。单击属性管理器中的“确定”按钮，将壶身内部多余部分剪裁，结果如图 9-95 所示。

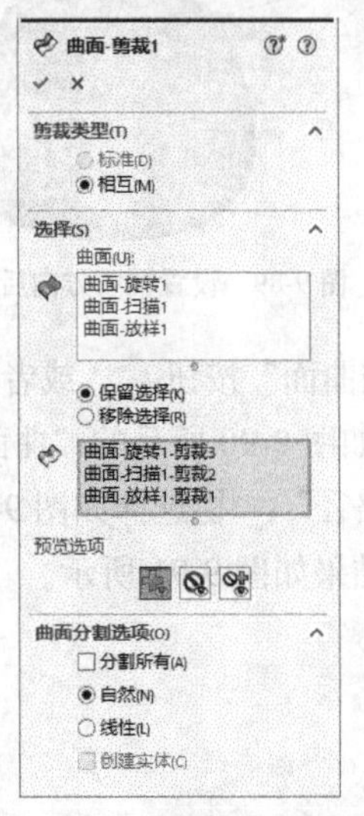

图 9-94 “曲面-剪裁”属性管理器

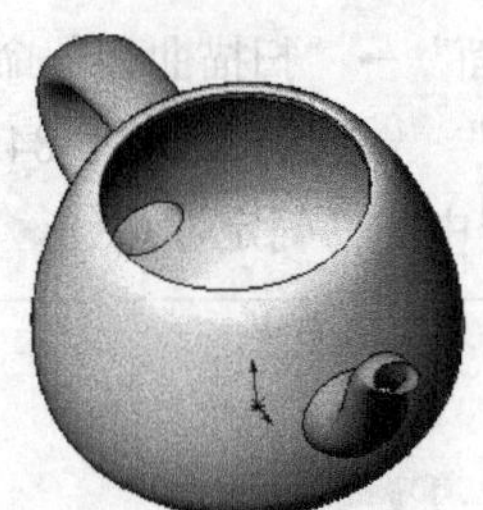

图 9-95 剪裁曲面后的图形

（3）设置视图方向。单击“视图” 控制面板中的“旋转视图”按钮，将视图以合适的方向显示，结果如图 9-96 所示。

（4）填充曲面。单击“曲面”控制面板中的“曲面填充”按钮，或者单击菜单栏中的“插入”→“曲面”→“曲面填充”命令，此时系统弹出如图 9-97 所示的“曲面填充”属性管理器。在“修补边界”一栏中，用鼠标选择如图 9-96 所示的边线 1。单击属性管理器中的“确定”按钮，填充壶底曲面，结果如图 9-98 所示。

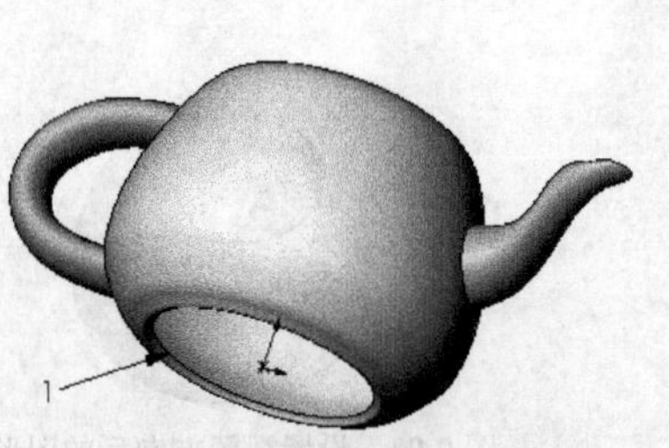

图 9-96 设置视图方向后的图形

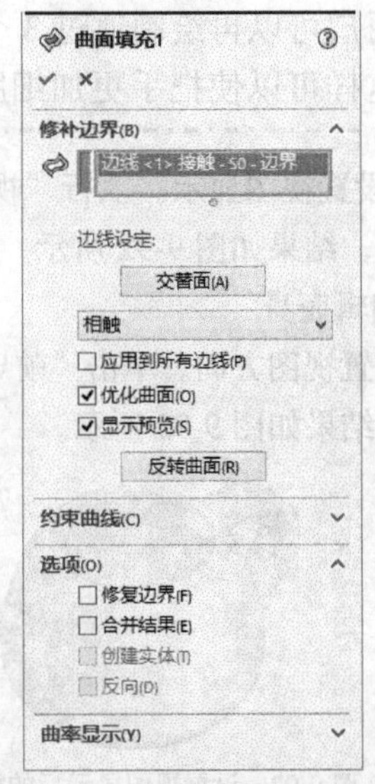

图 9-97 “曲面填充”属性管理器

（5）设置视图方向。单击“前导视图”工具栏中的“旋转视图”按钮，将视图以合适的方向显示，结果如图 9-99 所示。

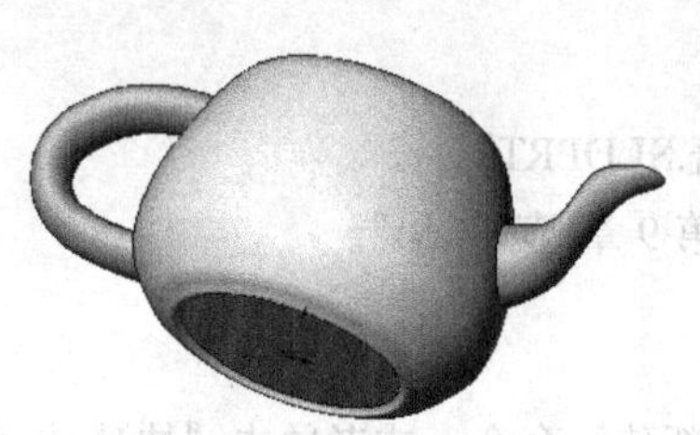

图 9-98 填充曲面后的图形

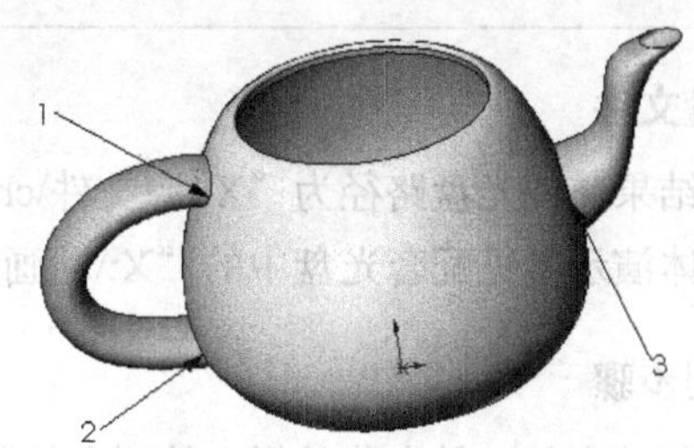

图 9-99 设置视图方向后的图形

（6）圆角处理。单击“特征” 控制面板中的“圆角”按钮，或单击菜单栏中的“插入”→“特征”→“圆角”菜单命令，此时系统弹出如图 9-100 所示的“圆角”属性管理器。在“圆角类型”栏点选“恒定大小圆角”按钮；在“边、线、面、特征和环”栏选择如图 9-99 所示的边线 1、边线 2 和边线 3；在“半径”栏中输入 10mm。单击属性管理器中的“确定”按钮，完成圆角处理，结果如图 9-101 所示。

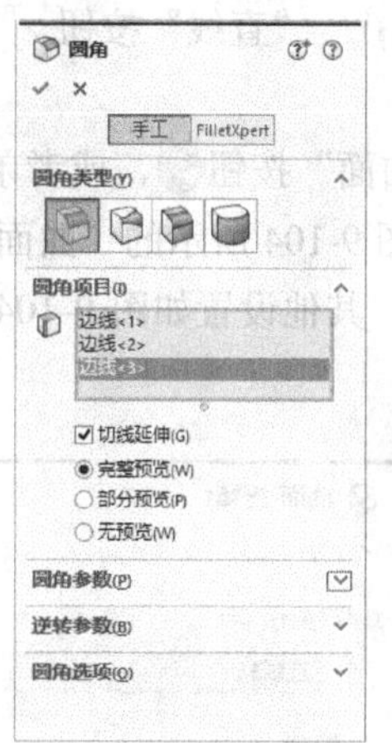

图 9-100 “圆角”属性管理器

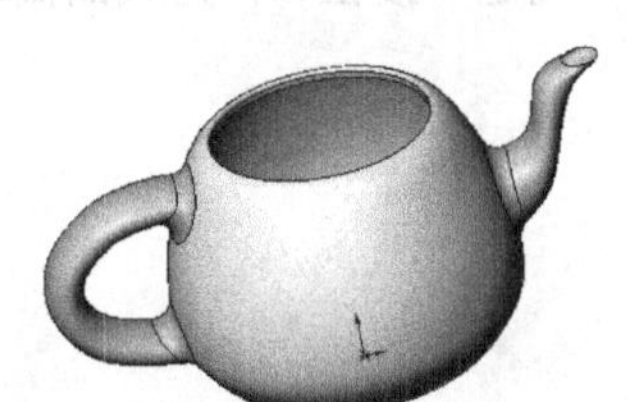

图 9-101 圆角后的图形

壶身模型及其“FeatureManager 设计树”如图 9-102 所示。

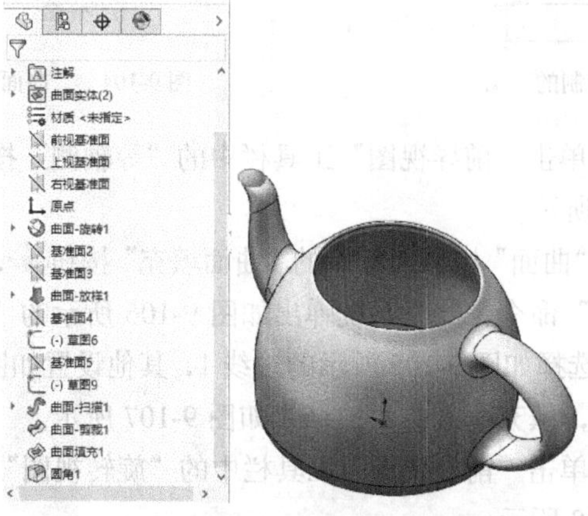

图 9-102 壶身及其“FeatureManager 设计树”

9.3.2 绘制壶盖

光盘文件

实例结果文件光盘路径为“X:\源文件\ch9\壶盖.SLDPRT”。

多媒体演示参见配套光盘中的“X:\动画演示\第 9 章\壶盖.avi”。

绘制步骤

1. 新建文件。单击菜单栏中的“文件”→“新建”命令，或者单击“快速访问”工具栏中的“新建”按钮，在弹出的“新建 SOLIDWORKS 文件”对话框中先单击“零件”按钮，再单击“确定”按钮，创建一个新的零件文件。

2. 绘制壶盖

（1）设置基准面。在左侧“FeatureManager 设计树”中用鼠标选择“前视基准面”，然后单击“前导视图”工具栏中的“正视于”按钮，将该基准面作为绘制图形的基准面。

（2）绘制草图。单击“草图” 控制面板中的“中心线”按钮，绘制一条通过原点的竖直中心线；单击“草图” 控制面板中的“样条曲线”按钮、“直线”按钮和“绘制圆角”按钮，绘制如图 9-103 所示的草图并标注尺寸。

（3）旋转曲面。单击“曲面” 控制面板中的“旋转曲面”按钮，或者单击菜单栏中的“插入”→“曲面”→“旋转曲面”命令，此时系统弹出如图 9-104 所示的“曲面-旋转”属性管理器。在“旋转轴”栏选择如图 9-103 所示的竖直中心线，其他设置如图 9-104 所示。单击属性管理器中的“确定”按钮，完成曲面旋转。

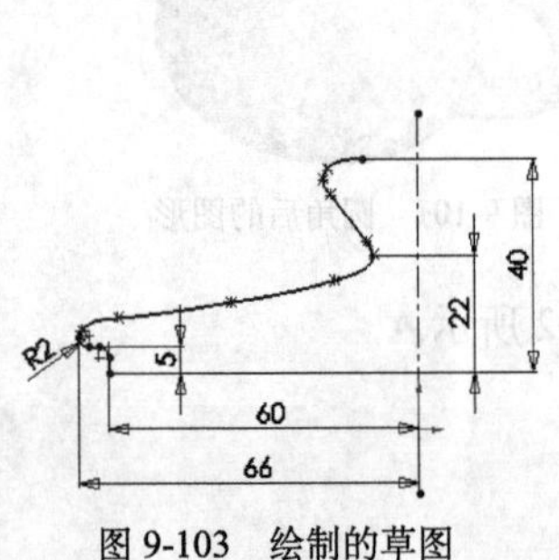

图 9-103　绘制的草图

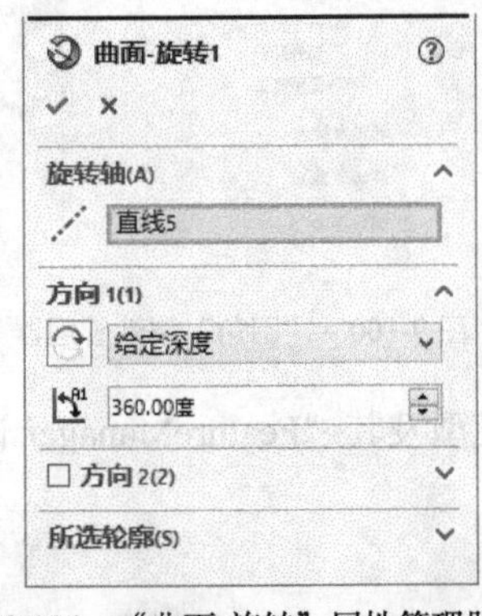

图 9-104　“曲面-旋转”属性管理器

（4）设置视图方向。单击“前导视图”工具栏中的“等轴测”按钮，将视图以等轴测方向显示，结果如图 9-105 所示。

（5）填充曲面。单击“曲面”控制面板中的“曲面填充”按钮，或者单击菜单栏中的“插入”→“曲面”→“填充”命令，此时系统弹出如图 9-106 所示的“曲面填充”属性管理器。在“修补边界”栏用鼠标选择如图 9-105 所示的边线 1，其他设置如图 9-106 所示。单击属性管理器中的“确定”按钮，填充壶盖曲面，结果如图 9-107 所示。

（6）设置视图方向。单击“前导视图”工具栏中的“旋转视图”按钮，将视图以合适的方向显示，结果如图 9-108 所示。

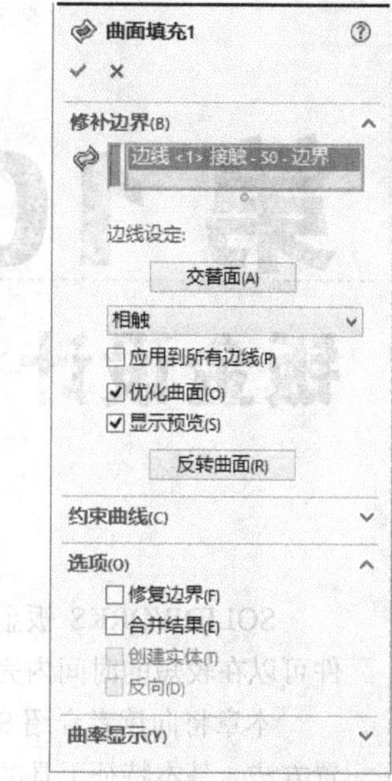

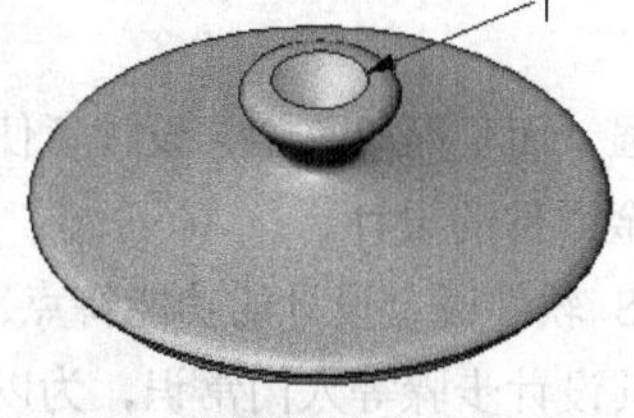

图 9-105 设置视图方向后的图形

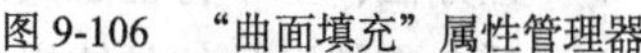

图 9-106 “曲面填充”属性管理器

图 9-107 填充曲面后的图形

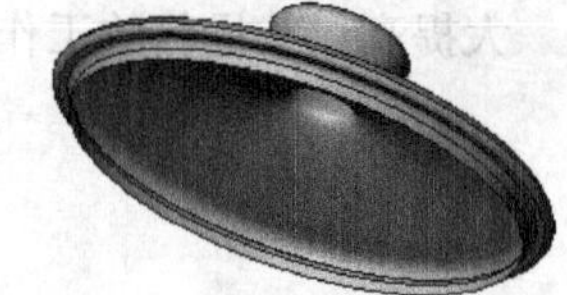

图 9-108 改变视图方向后的图形

壶盖及其“FeatureManager 设计树”如图 9-109 所示。

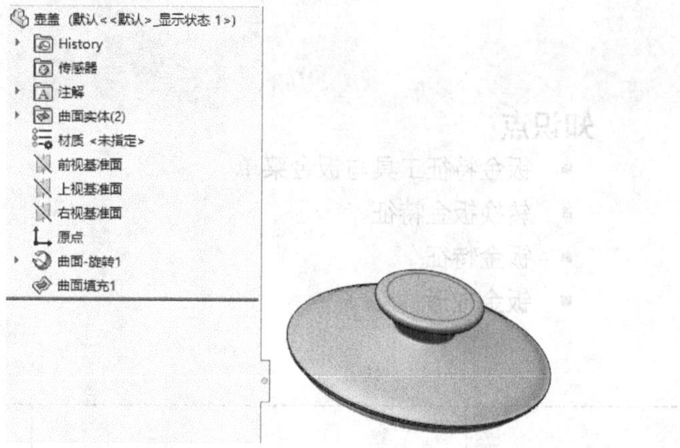

图 9-109 壶盖及其“FeatureManager 设计树”

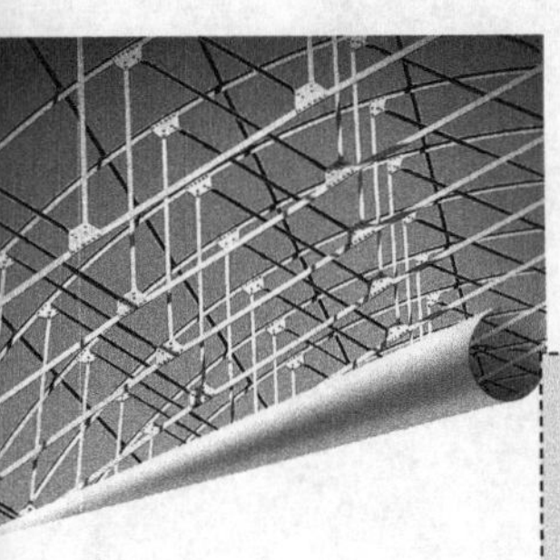

第 10 章

钣金设计

SOLIDWORKS 钣金设计功能较强，而且简单易学，设计者使用此软件可以在较短的时间内完成较复杂钣金零件的设计。

本章将向读者介绍 SOLIDWORKS 软件钣金设计的功能特点、系统设置方法、基本特征工具的使用方法及其设计步骤等入门常识，为以后进行钣金零件设计的具体操作打下基础，同时，对本章内容的熟练掌握可以大大提高后续操作的工作效率。

知识点

- 钣金特征工具与钣金菜单
- 转换钣金特征
- 钣金特征
- 钣金成形

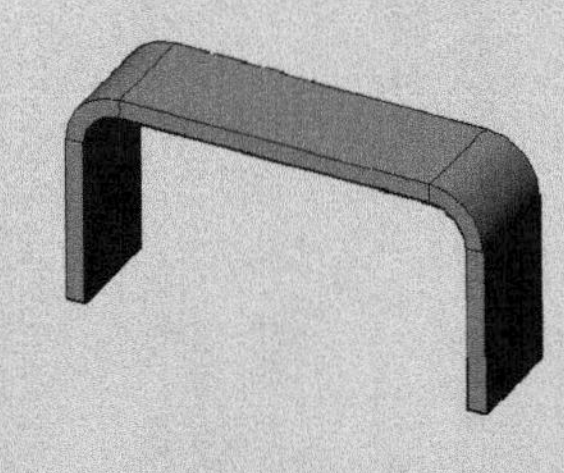

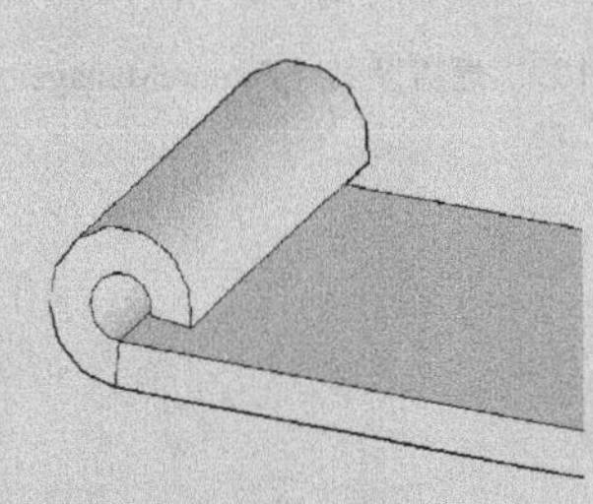

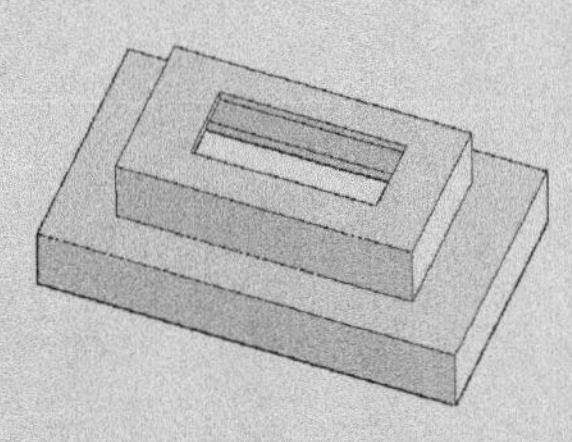

10.1 概述

使用 SOLIDWORKS 2016 软件进行钣金零件设计，常用的方法基本上可以分为两种。

● 使用钣金特有的特征来生成钣金零件。

这种设计方法将直接考虑作为钣金零件来开始建模：从最初的基体法兰特征开始，利用了钣金设计软件的所有功能和特殊工具、命令和选项。对于几乎所有的钣金零件而言，这是最佳的方法。因为用户从最初设计阶段开始就生成零件作为钣金零件，所以消除了多余步骤。

● 将实体零件转换成钣金零件。

在设计钣金零件过程中，也可以按照常见的设计方法设计零件实体，然后将其转换为钣金零件。也可以在设计过程中，先将零件展开，以便于应用钣金零件的特定特征。由此可见，将一个已有的零件实体转换成钣金零件是本方法的典型应用。

10.2 钣金特征工具与钣金菜单

10.2.1 启用钣金特征工具栏

启动 SOLIDWORKS 2016 软件并新建零件后，单击菜单栏中的“工具”→“自定义”命令，弹出如图 10-1 所示的“自定义”对话框。在对话框中，单击工具栏中“钣金”选项，然后单击“确定”按钮。在 SOLIDWORKS 用户界面将显示钣金特征工具栏，如图 10-2 所示。

图 10-1 “自定义”对话框

图 10-2　钣金特征工具栏

10.2.2　钣金菜单

单击菜单栏中的“插入”→“钣金”命令，将可以找到“钣金”下拉菜单，如图 10-3 所示。

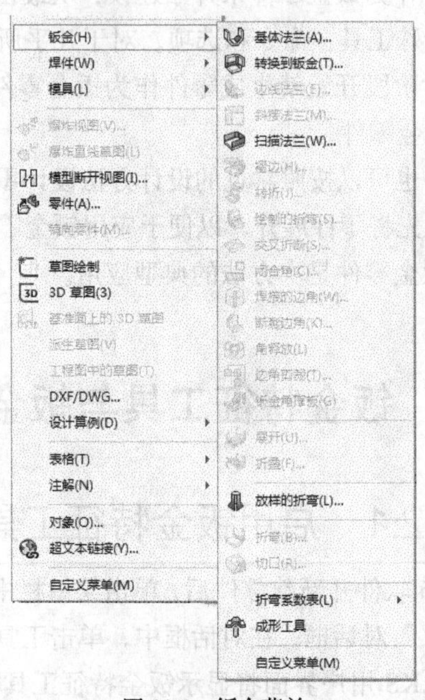

图 10-3　钣金菜单

10.3　转换钣金特征

10.3.1　使用基体-法兰特征

利用 （基体-法兰）命令生成一个钣金零件后，钣金特征将出现在如图 10-4 所示特征管理器中。

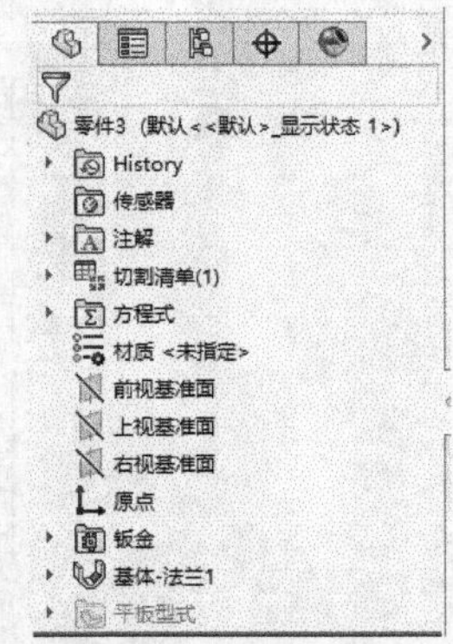

图 10-4　钣金特征

在该特征管理器中包含 3 个特征，它们分别代表钣金的 3 个基本操作。

- 钣金特征：包含了钣金零件的定义。此特征保存了整个零件的默认折弯参数信息，如折弯半径、折弯系数、自动切释放槽（预切槽）比例等。
- 基体-法兰特征：该项是此钣金零件的第一个实体特征，包括深度和厚度等信息。
- 平板型式特征：在默认情况下，当零件处于折弯状态时，平板型式特征是被压缩的，将该特征解除压缩即展开钣金零件。

在特征管理器中，当平板型式特征被压缩时，添加到零件的所有新特征均自动插入到平板型式特征上方。

在特征管理器中，当平板型式特征解除压缩后，新特征插入到平板型式特征下方，并且不在折叠零件中显示。

10.3.2 用零件转换为钣金的特征

利用已经生成的零件转换为钣金特征时，首先在 SOLIDWORKS 中生成一个零件，通过插入折弯按钮生成钣金零件，这时在特征管理器中有 3 个特征，如图 10-5 所示。

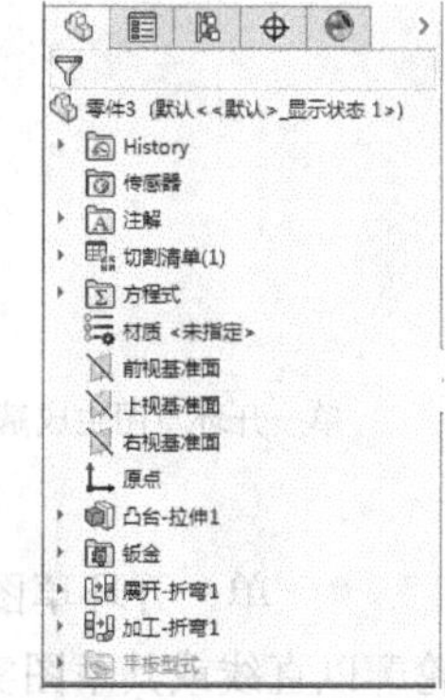

图 10-5 钣金特征

这 3 个特征分别代表钣金的 3 个基本操作。

- 钣金特征：包含了钣金零件的定义，此特征保存了整个零件的默认折弯参数信息，如折弯半径、折弯系数、自动切释放槽（预切槽）比例等。
- 展开-折弯特征：该项代表展开的钣金零件，此特征包含将尖角或圆角转换成折弯的有关信息，每个由模型生成的折弯作为单独的特征列出在“展开-折弯”下。

技巧荟萃

“展开-折弯”选项板中列出的“尖角-草图”包含由系统生成的所有尖角和圆角折弯的折弯线，此草图无法编辑，但可以隐藏或显示。

- 加工-折弯特征：该选项包含的是将展开的零件转换为成形零件的过程，由在展开状态中指定的折弯线所生成的折弯列在此特征中。

技巧荟萃

特征管理器中的（加工-折弯）图标后列出的特征不会在零件展开视图中出现。读者可以通过将特征管理器退回到“加工-折弯”特征之前展开零件的视图。

10.4 钣金特征

在 SOLIDWORKS 软件系统中，钣金零件是实体模型中结构比较特殊的一种，其具有带圆角的薄壁特征，整个零件的壁厚都相同，折弯半径都是选定的半径值；SOLIDWORKS 为满足这类需求定制了特殊的钣金工具用于钣金设计。

10.4.1 法兰特征

SOLIDWORKS 具有 4 种不同的法兰特征工具来生成钣金零件，使用这些法兰特征可以按预定的厚度给零件增加材料。这 4 种法兰特征依次是：基体法兰、薄片（凸起法兰）、边线法兰、斜线法兰。

1．基体法兰

基体法兰是新钣金零件的第一个特征。基体法兰被添加到 SOLIDWORKS 零件后，系统就会将该零件标记为钣金零件。折弯添加到适当位置，并且特定的钣金特征被添加到“FeatureManager 设计树”中。

基体法兰特征是从草图生成的。草图可以是单一开环轮廓、单一闭环轮廓或多重封闭轮廓，如图 10-6 所示。

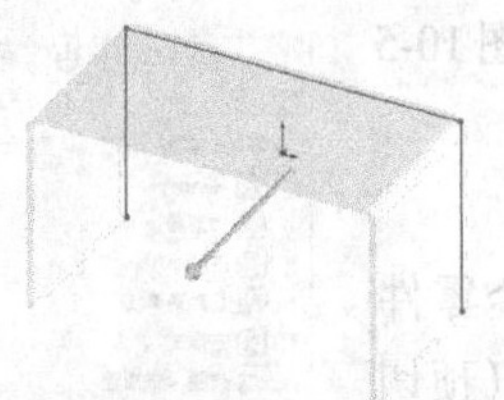
单一开环草图生成基体法兰

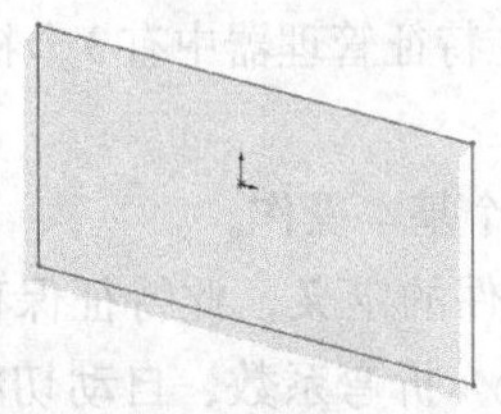
单一闭环草图生成基体法兰

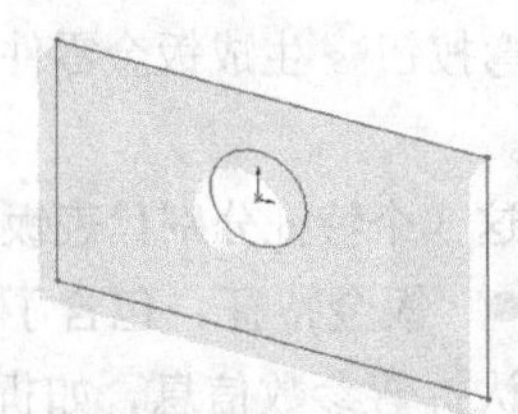
多重封闭轮廓生成基体法兰

图 10-6 基体法兰图例

- 单一开环草图轮廓：可用于拉伸、旋转、剖面、路径、引导线以及钣金，典型的开环轮廓以直线或其草图实体绘制。
- 单一闭环草图轮廓：可用于拉伸、旋转、剖面、路径、引导线以及钣金，典型的单一闭环轮廓是用圆、方形、闭环样条曲线以及其他封闭的几何形状绘制的。
- 多重封闭轮廓：可用于拉伸、旋转以及钣金。如果有一个以上的轮廓，其中一个轮廓必须包含其他轮廓，典型的多重封闭轮廓是用圆、矩形以及其他封闭的几何形状绘制的。

技巧荟萃

在一个 SOLIDWORKS 零件中，只能有一个基体法兰特征，且样条曲线对于包含开环轮廓的钣金为无效的草图实体。

在进行基体法兰特征设计过程中，开环草图作为拉伸薄壁特征来处理，封闭的草图则作为展开的轮廓来处理。如果用户需要从钣金零件的展开状态开始设计钣金零件，可以使用封闭的草图来建立基体法兰特征。

【案例 10-1】本案例结果文件光盘路径为“X:\源文件\ch10\10.1.SLDPRT”，本案例视频内容光盘路径为“X:\动画演示\第 10 章\10.1 基体法兰.avi”。

操作步骤如下。

（1）单击“钣金”控制面板中的“基体法兰/薄片”按钮，或单击菜单栏中的“插入”→“钣金”→“基体法兰”命令。

（2）绘制草图。在左侧的“FeatureManager 设计树”中选择“前视基准面”作为绘图基准面，绘制草图，然后单击“退出草图”图标，结果如图 10-7 所示。

（3）修改基体法兰参数。在“基体法兰”属性管理器中，修改“深度”文本框中的数值为 30mm；“厚度”文本框中的数值为 5mm；“折弯半径”文本框中的数值为 10mm，然后单击“确定”图标。生成基体法兰实体如图 10-8 所示。

基体法兰在“FeatureManager 设计树”中显示为基体-法兰，注意同时添加了其他两种特征：钣金和平板型式，如图 10-9 所示。

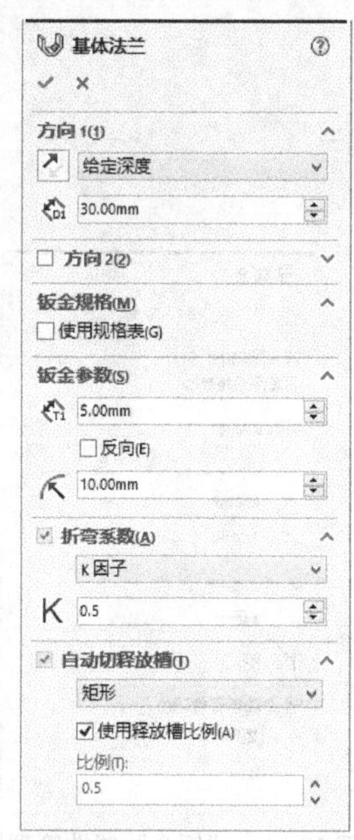

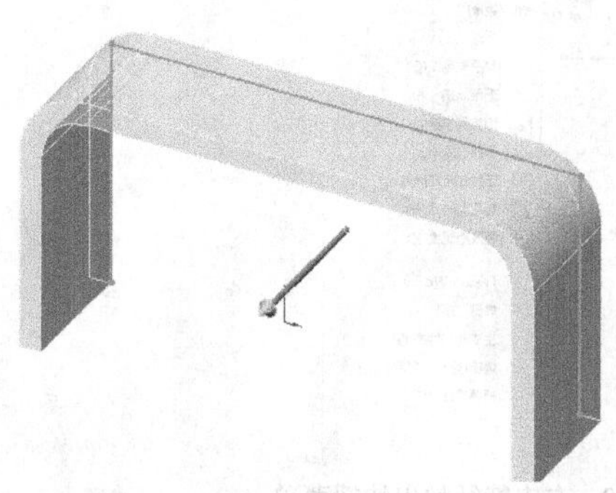

图 10-7　拉伸基体法兰草图

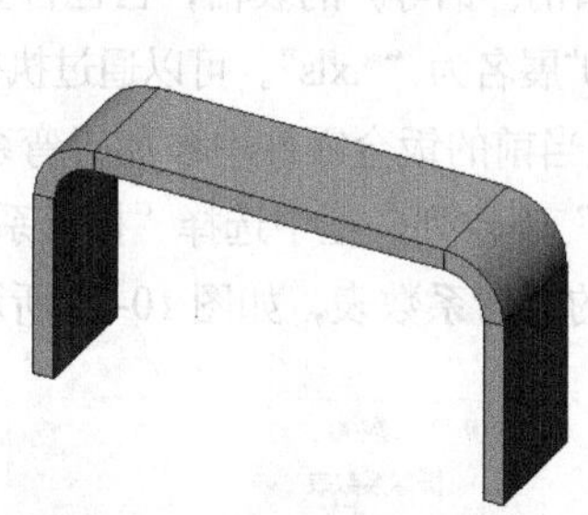

图 10-8　生成的基体法兰实体

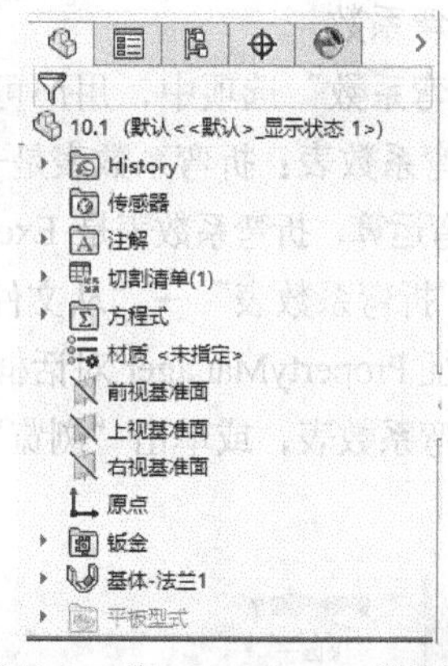

图 10-9　“FeatureManager 设计树”

2．钣金特征

在生成基体法兰特征时，同时生成钣金特征，如图 10-9 所示。通过对钣金特征的编辑，可以设置钣金零件的参数。

在“FeatureManager 设计树”中用鼠标右击钣金特征，在弹出的快捷菜单中选择“编辑特征”图标，如图 10-10 所示。弹出“钣金”属性管理器，如图 10-11 所示。钣金特征中包含用来设计钣金零件的参数，这些参数可以在其他法兰特征生成的过程中设置，也可以在钣金特征中编辑定义来改变它们。

（1）折弯参数

● 固定的面或边：该选项被选中的面或边在展开时保持不变。在使用基体法兰特征建立钣金零件时，该选项不可选。

● 折弯半径：该选项定义了建立其他钣金特征时默认的折弯半径，也可以针对不同的折弯给定不同的半径值。

● 厚度：在该选项中设定一数值以指定钣金厚度。

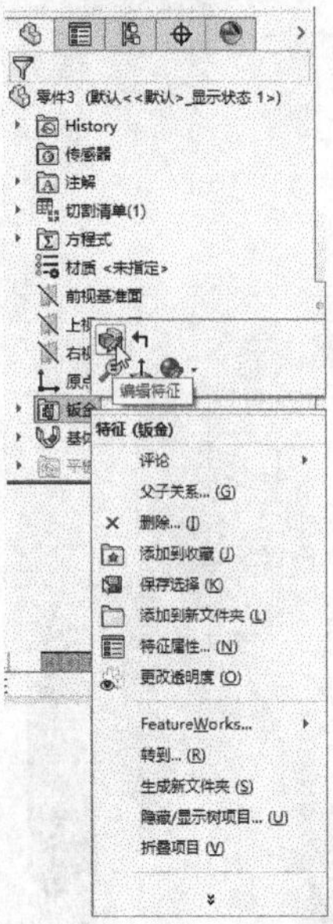

图 10-10　右击特征弹出快捷菜单

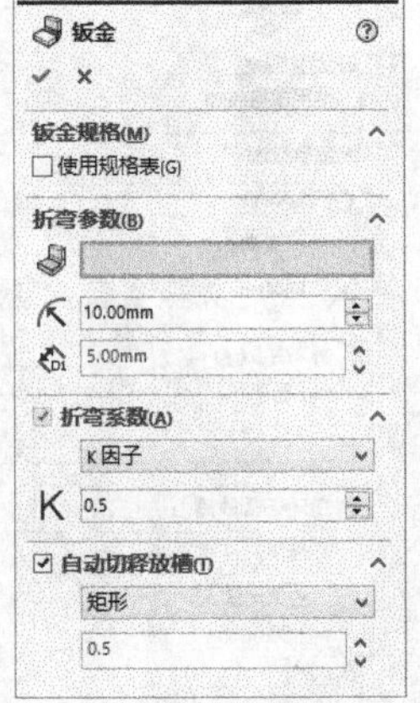

图 10-11　“钣金”属性管理器

（2）折弯系数

在“折弯系数”选项中，用户可以选择 4 种类型的折弯系数表，如图 10-12 所示。

● 折弯系数表：折弯系数表是一种指定材料（如钢、铝等）的表格，它包含基于板厚和折弯半径的折弯运算，折弯系数表是 Execl 表格文件，其扩展名为“*.xls”。可以通过执行“插入”→“钣金”→“折弯系数表”→“从文件”菜单命令，在当前的钣金零件中添加折弯系数表。也可以在钣金特征 PropertyManager 对话框中的“折弯系数”下拉列表框中选择“折弯系数表”，并选择指定的折弯系数表，或单击“浏览”按钮使用其他的折弯系数表，如图 10-13 所示。

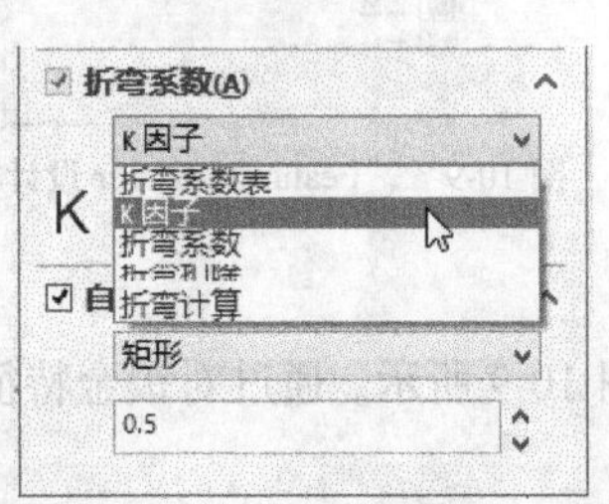

图 10-12　“折弯系数”类型

图 10-13　选择“折弯系数表”

● K 因子：K 因子在折弯计算中是一个常数，它是内表面到中性面的距离与材料厚度的比率。

● 折弯系数和折弯扣除：可以根据用户的经验和工厂实际情况给定一个实际的数值。

● 折弯计算：从清单中选择一个表，或单击“浏览”来浏览到表格。

（3）自动切释放槽

在“自动切释放槽”下拉列表框中可以选择 3 种不同的释放槽类型。

● 矩形：在需要进行折弯释放的边上生成一个矩形切除，如图 10-14（a）所示。

● 撕裂形：在需要撕裂的边和面之间生成一个撕裂口，而不是切除，如图 10-14（b）所示。

● 矩圆形：在需要进行折弯释放的边上生成一个矩圆形切除，如图 10-14（c）所示。

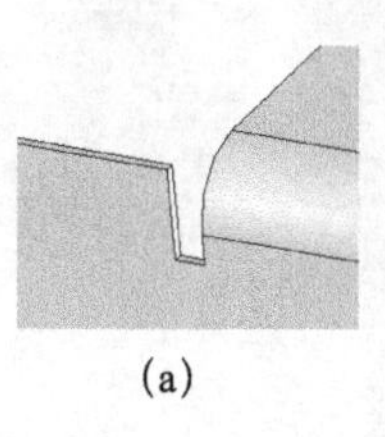
(a)

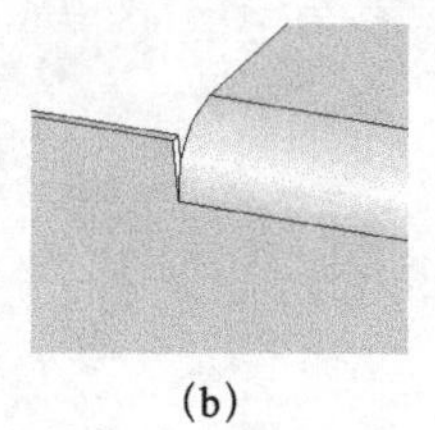
(b)

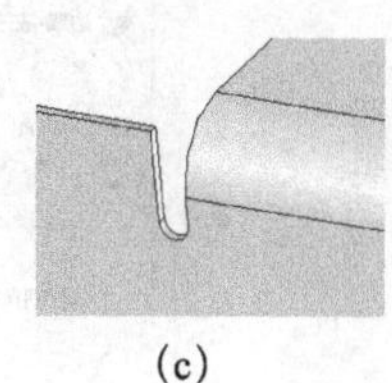
(c)

图 10-14 释放槽类型

3. 薄片

薄片特征可为钣金零件添加薄片。系统会自动将薄片特征的深度设置为钣金零件的厚度。至于深度的方向，系统会自动将其设置为与钣金零件重合，从而避免实体脱节。

在生成薄片特征时，需要注意的是，草图可以是单一闭环、多重闭环或多重封闭轮廓。草图必须位于垂直于钣金零件厚度方向的基准面或平面上。可以编辑草图，但不能编辑定义。其原因是已将深度、方向及其他参数设置为与钣金零件参数相匹配。

操作步骤如下。

(1) 单击“钣金”控制面板中的“基体法兰/薄片”按钮，或单击菜单栏中的“插入”→“钣金”→“基体法兰”命令。系统提示，要求绘制草图或者选择已绘制好的草图。

(2) 单击鼠标左键，选择零件表面作为绘制草图基准面，如图 10-15 所示。

(3) 在选择的基准面上绘制草图，如图 10-16 所示。然后单击“退出草图”图标，生成薄片特征，如图 10-17 所示。

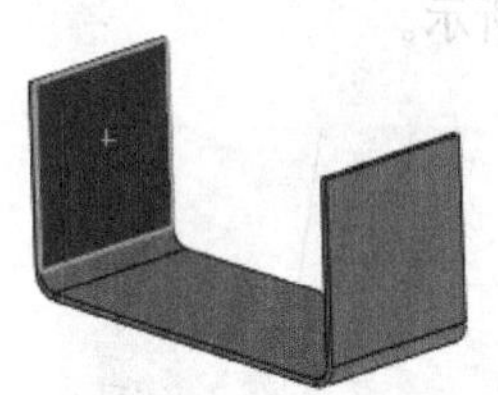
图 10-15 选择草图基准面

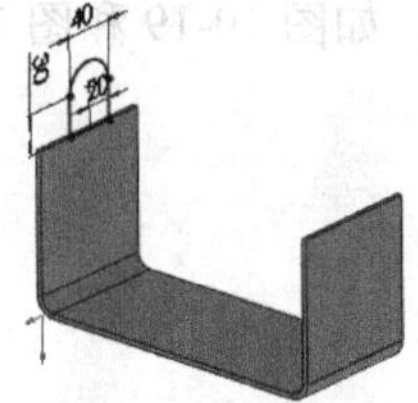
图 10-16 绘制草图

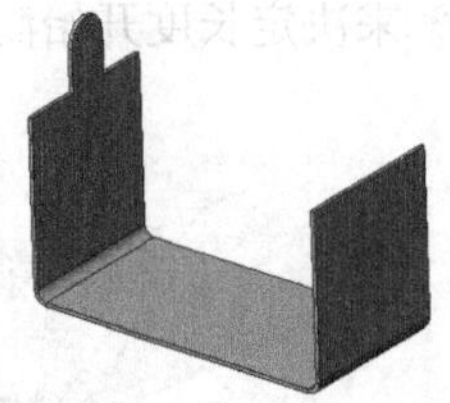
图 10-17 生成薄片特征

也可以先绘制草图，然后再单击“钣金”控制面板中的“基体法兰/薄片”图标，来生成薄片特征。

10.4.2 边线法兰

使用边线法兰特征工具可以将法兰添加到一条或多条边线。添加边线法兰时，所选边线必须为线性。系统自动将褶边厚度链接到钣金零件的厚度上。轮廓的一条草图直线必须位于所选边线上。

【案例 10-2】本案例结果文件光盘路径为“X:\源文件\ch10\10.2.SLDPRT”，视频内容光盘路径为“X:\动画演示\第 10 章\10.2 边线法兰.avi”。

(1) 打开随书光盘中的原始文件“X:\原始文件\ch10\10.2.SLDPRT”。单击“钣金”控制面板中的“边线法兰”按钮，或单击菜单栏中的“插入”→“钣金”→“边线法兰”命令。弹出“边线-法兰”属性管理器，如图 10-18 所示。单击鼠标选择钣金零件的一条边，在属性管理器的“边线”栏中将显示所选择边线，如图 10-18 所示。

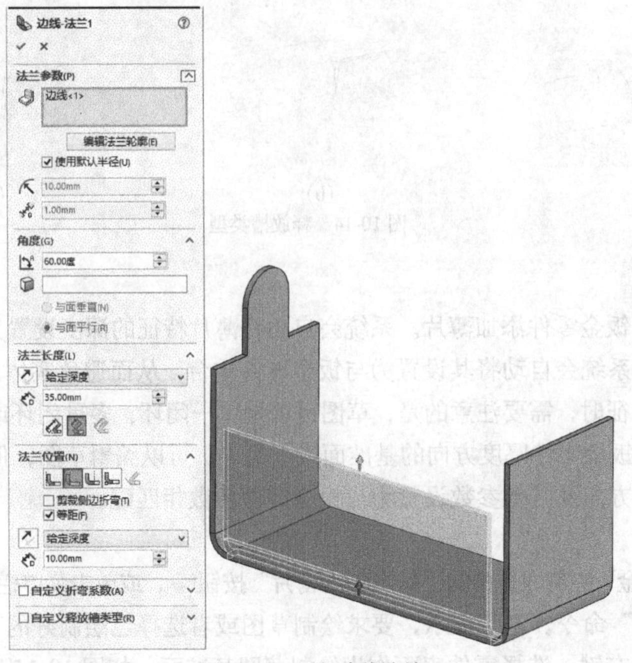

图 10-18　添加边线法兰

（2）设定法兰角度和长度。在“角度”文本框中输入 60。在法兰长度输入栏选择给定深度选项，同时输入 35。确定法兰长度有两种方式，即采用“外部虚拟交点”或“内部虚拟交点”来决定长度开始测量的位置，如图 10-19 和图 10-20 所示。

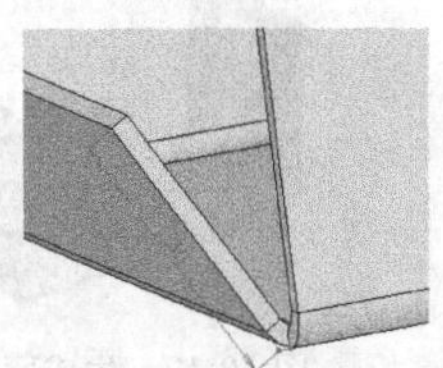

图 10-19　采用“外部虚拟交点”确定法兰长度

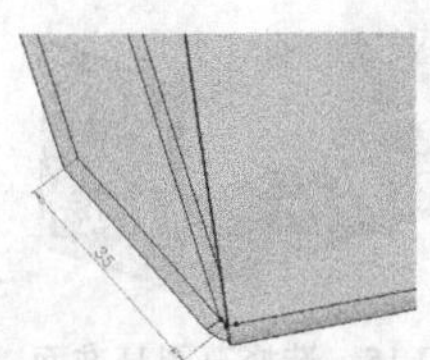

图 10-20　采用“内部虚拟交点”确定法兰长度

（3）设定法兰位置。在法兰位置选择选项中有 4 种选项可供选择，即“材料在内”、“材料在外”、“折弯在外”和“虚拟交点的折弯”，不同的选项产生的法兰位置不同，如图 10-21～图 10-24 所示。在本实例中，选择“材料在外”选项，最后结果如图 10-25 所示。

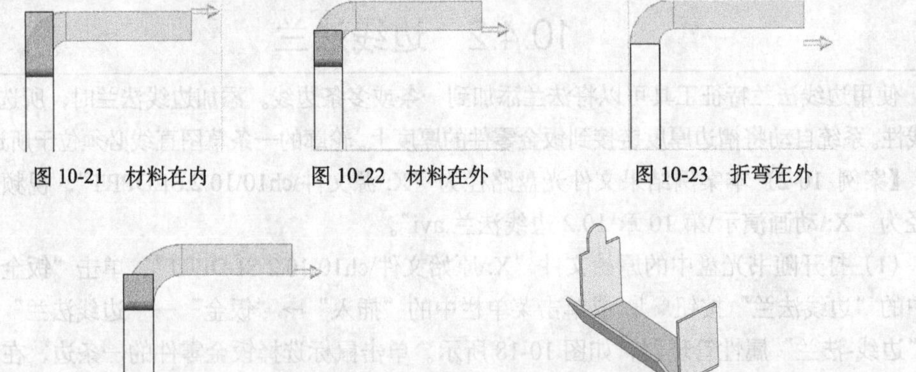

图 10-21　材料在内　图 10-22　材料在外　图 10-23　折弯在外

图 10-24　虚拟交点的折弯　图 10-25　生成边线法兰

在生成边线法兰时，如果要切除邻近折弯的多余材料，在属性管理器中选择“剪裁侧边折弯”，结果如图 10-26 所示。欲从钣金实体等距法兰，选择“等距”。然后，设定等距终止条件及其相应参数，如图 10-27 所示。

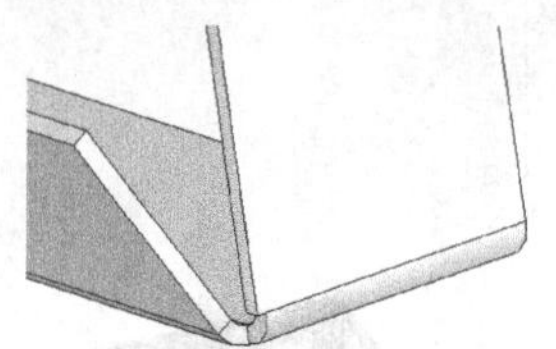

图 10-26 生成边线法兰时剪裁侧边折弯

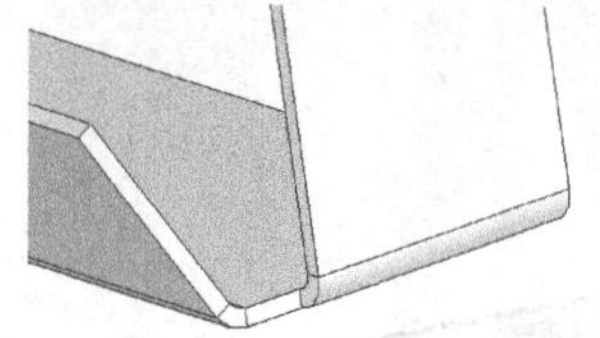

图 10-27 生成边线法兰时生成等距法兰

10.4.3 斜接法兰

斜接法兰特征可将一系列法兰添加到钣金零件的一条或多条边线上。生成斜接法兰特征之前首先要绘制法兰草图，斜接法兰的草图可以是直线或圆弧。使用圆弧绘制草图生成斜接法兰，圆弧不能与钣金零件厚度边线相切，如图 10-28 所示，此圆弧不能生成斜接法兰；圆弧可与长边线相切，或通过在圆弧和厚度边线之间放置一小段的草图直线，如图 10-29 和图 10-30 所示，这样可以生成斜接法兰。

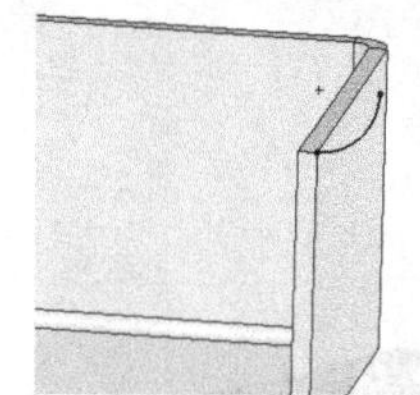

图 10-28 圆弧与厚度边线相切

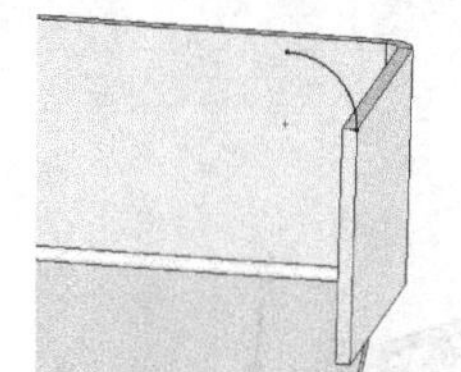

图 10-29 圆弧与长度边线相切

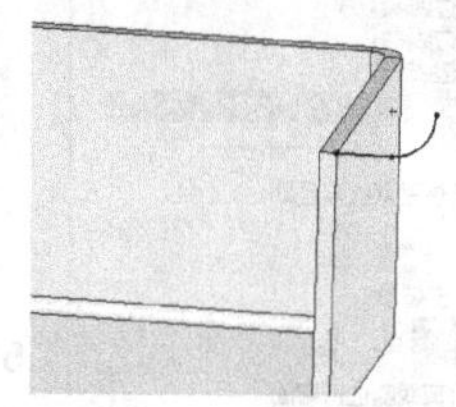

图 10-30 圆弧通过直线与厚度边相接

斜接法兰轮廓可以包括一个以上的连续直线。例如，它可以是 L 形轮廓。草图基准面必须垂直于生成斜接法兰的第一条边线。系统自动将褶边厚度链接到钣金零件的厚度上。可以在一系列相切或非相切边线上生成斜接法兰特征。可以指定法兰的等距，而不是在钣金零件的整条边线上生成斜接法兰。

【案例 10-3】本案例结果文件光盘路径为“X:\源文件\ch10\10.3.SLDPRT”，视频内容光盘路径为“X:\动画演示\第 10 章\10.3 斜接法兰.avi”。

操作步骤如下。

（1）打开随书光盘中的原始文件“X:\原始文件\ch10\10.3.SLDPRT”。单击鼠标，选择如图 10-31 所示零件表面作为绘制草图基准面，绘制直线草图，直线长度为 20mm。

（2）单击“钣金”控制面板中的“斜接法兰”按钮，或单击菜单栏中的“插入”→“钣金”→“斜接法兰”命令。弹出“斜接法兰”属性管理器，如图 10-32 所示。系统随即会选定斜接法兰特征的第一条边线，且图形区域中出现斜接法兰的预览。

（3）单击鼠标拾取钣金零件的其他边线，结果如图 10-33 所示，然后单击“确定”按钮✓，最后结果如图 10-34 所示。

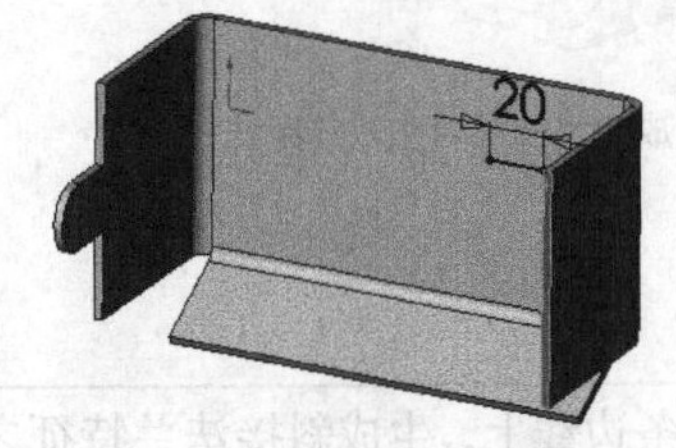

图 10-31　绘制直线草图

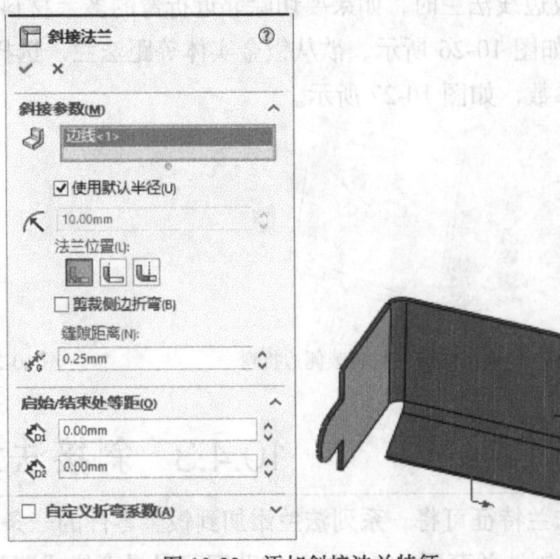

图 10-32　添加斜接法兰特征

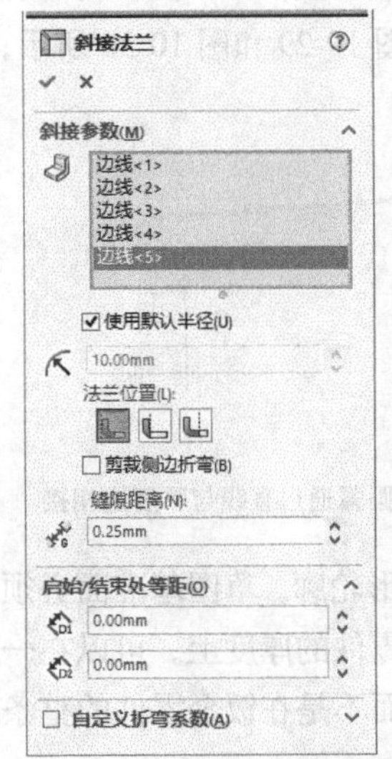

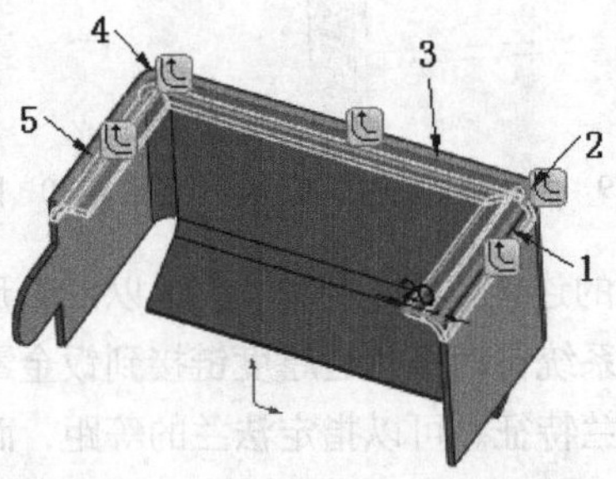

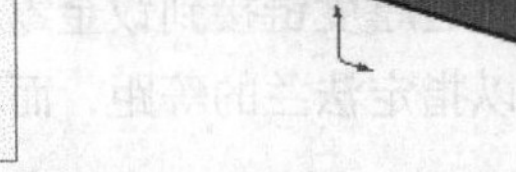

图 10-33　拾取斜接法兰其他边线

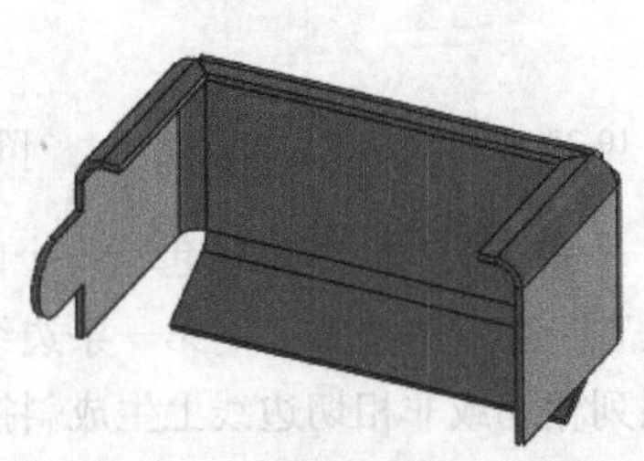

图 10-34　生成斜接法兰

技巧荟萃

如有必要，可以为部分斜接法兰指定等距距离。在“斜接法兰”属性管理器“启始/结束处等距”输入栏中输入“开始等距距离”和“结束等距距离”数值。（如果想使斜接法兰跨越模型的整个边线，将这些数值设置到零。）其他参数设置可以参考前文中边线法兰的讲解。

10.4.4　褶边特征

褶边工具可将褶边添加到钣金零件的所选边线上。生成褶边特征时所选边线必须为直线。斜接边角被自动添加到交叉褶边上。如果选择多个要添加褶边的边线，则这些边线必须在同一个面上。

【案例 10-4】本案例结果文件光盘路径为“X:\源文件\ch10\10.4.SLDPRT”，视频内容光盘路径为“X:\动画演示\第 10 章\10.4 褶边特征.avi”。

操作步骤如下。

（1）打开随书光盘中的原始文件“X:\原始文件\ch10\10.4.SLDPRT”。单击“钣金”控制面板中的“褶边”按钮，或单击菜单栏中的“插入”→“钣金”→“褶边”命令。弹出“褶边”属性管理器。在图形区域中，选择想添加褶边的边线，如图 10-35 所示。

（2）在“褶边”属性管理器中，选择“材料在内”选项，在类型和大小栏中，选择“打开”选项，其他设置默认，然后单击“确定”按钮，最后结果如图 10-36 所示。

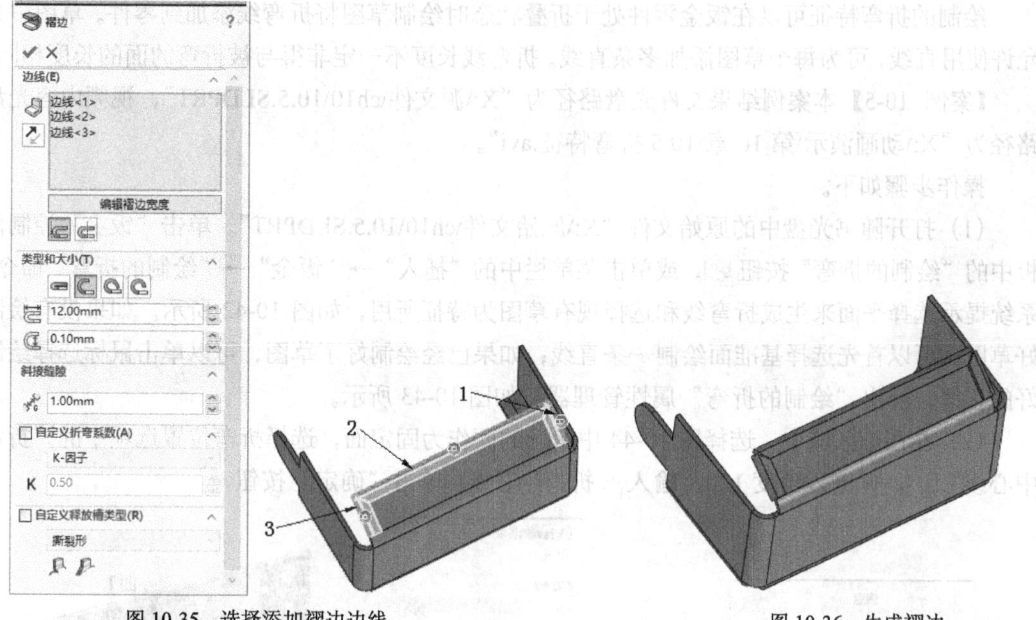

图 10-35 选择添加褶边边线　　图 10-36 生成褶边

褶边类型共有 4 种，分别是“闭合”，如图 10-37 所示；“打开”，如图 10-38 所示；“撕裂形”，如图 10-39 所示；“滚轧”，如图 10-40 所示。每种类型褶边都有其对应的尺寸设置参数。长度参数只应用于闭合和打开褶边，间隙距离参数只应用于打开褶边，角度参数只应用于撕裂形和滚轧褶边，半径参数只应用于撕裂形和滚轧褶边。

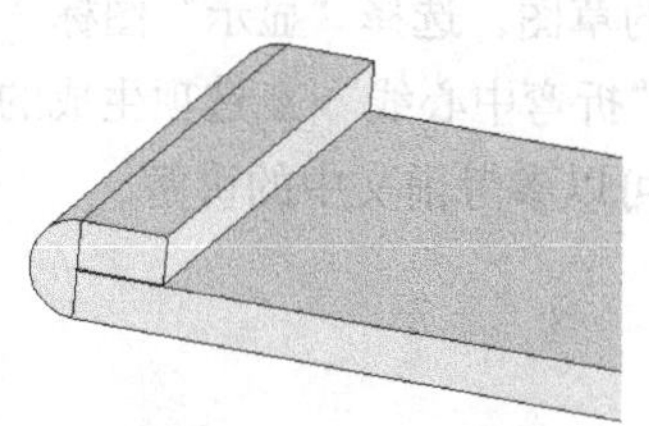

图 10-37 “闭合”类型褶边

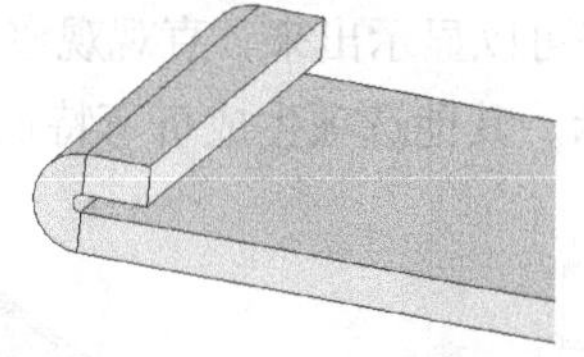

图 10-38 “打开”类型褶边

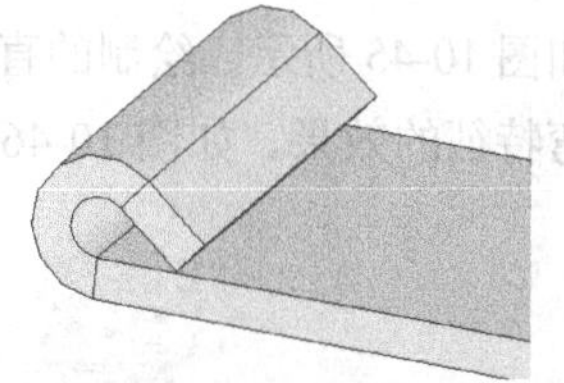

图 10-39 “撕裂形”类型褶边

选择多条边线添加褶边时，在属性管理器中可以通过设置“斜接缝隙”的“切口缝隙”数值来设定这些褶边之间的缝隙，斜接边角被自动添加到交叉褶边上。例如输入 3，上述实例将更改为如图 10-41 所示。

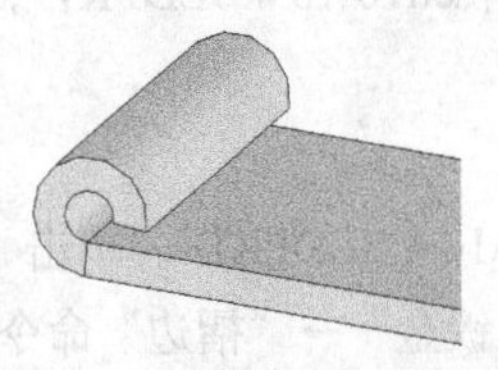

图 10-40 “滚轧”类型褶边

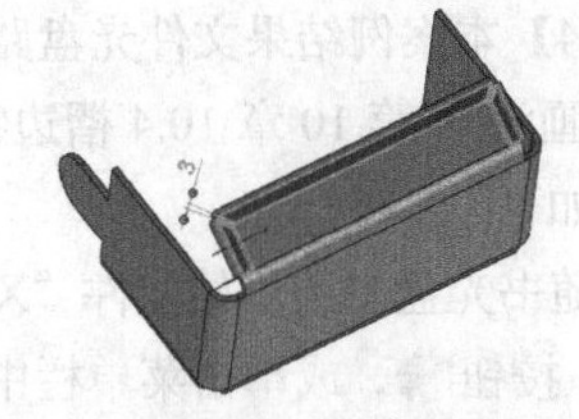

图 10-41 更改褶边之间的缝隙

10.4.5 绘制的折弯特征

绘制的折弯特征可以在钣金零件处于折叠状态时绘制草图将折弯线添加到零件。草图中只允许使用直线，可为每个草图添加多条直线。折弯线长度不一定非得与被折弯的面的长度相同。

【案例 10-5】本案例结果文件光盘路径为“X:\源文件\ch10\10.5.SLDPRT”，视频内容光盘路径为“X:\动画演示\第 10 章\10.5 折弯特征.avi”。

操作步骤如下。

(1) 打开随书光盘中的原始文件“X:\原始文件\ch10\10.5.SLDPRT”。单击“钣金”控制面板中的“绘制的折弯”按钮，或单击菜单栏中的“插入”→“钣金”→“绘制的折弯”命令。系统提示选择平面来生成折弯线和选择现有草图为特征所用，如图 10-42 所示。如果没有绘制好草图，可以首先选择基准面绘制一条直线；如果已经绘制好了草图，可以单击鼠标选择绘制好的直线，弹出“绘制的折弯”属性管理器，如图 10-43 所示。

(2) 在图形区域中，选择图 10-44 中所选的面作为固定面，选择折弯位置选项中的“折弯中心线”，并输入角度 120，输入折弯半径 5，单击“确定”按钮。

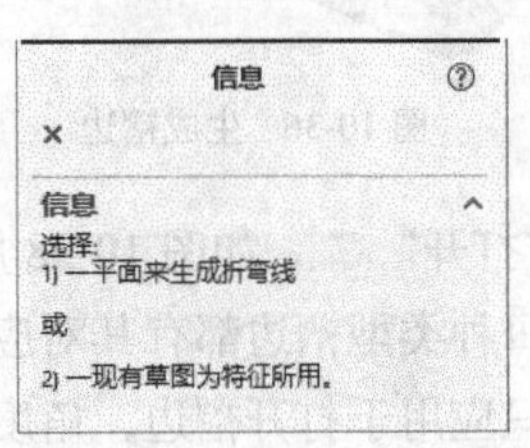

图 10-42 “绘制的折弯”提示信息

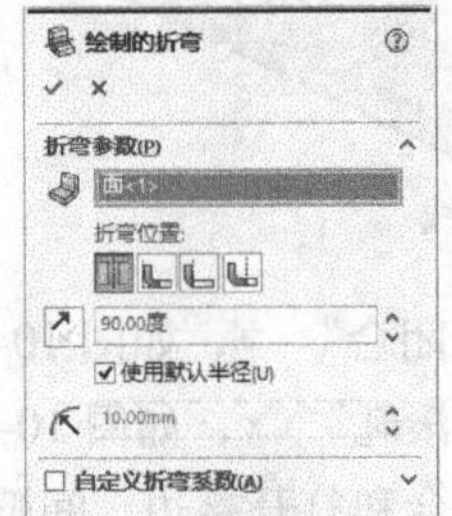

图 10-43 “绘制的折弯”属性管理器

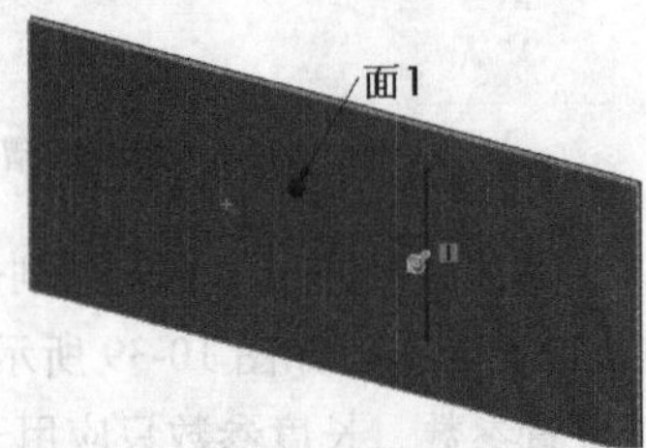

图 10-44 选择固定面

(3) 右击“FeatureManager 设计树”中绘制的折弯 1 特征的草图，选择“显示”图标，如图 10-45 所示。绘制的直线将可以显示出来，直观观察到以“折弯中心线”选项生成的折弯特征的效果，如图 10-46 所示。其他选项生成折弯特征效果可以参考前文中的讲解。

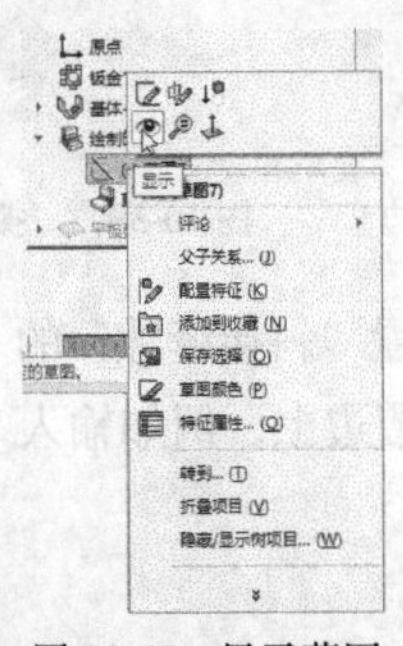

图 10-45 显示草图

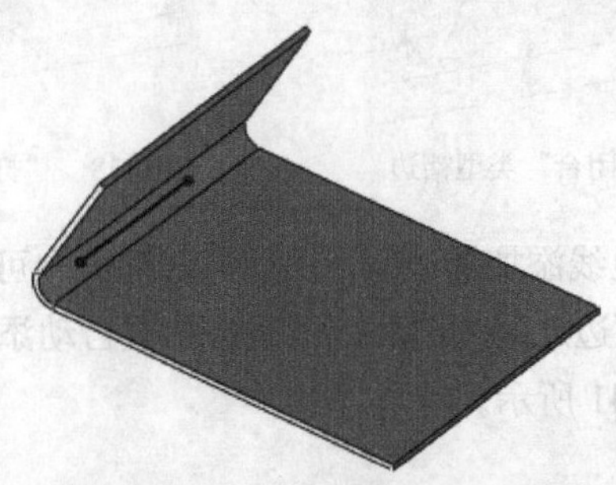

图 10-46 生成绘制的折弯

10.4.6 闭合角特征

使用闭合角特征工具可以在钣金法兰之间添加闭合角，即钣金特征之间添加材料。通过闭合角特征工具可以完成以下功能：通过选择面来为钣金零件同时闭合多个边角；关闭非垂直边角；将闭合边角应用到带有 90° 以外折弯的法兰；调整缝隙距离，由边界角特征所添加的两个材料截面之间的距离；调整重叠/欠重叠比率（重叠的材料与欠重叠材料之间的比率，数值 1 表示重叠和欠重叠相等）；闭合或打开折弯区域。

【案例 10-6】本案例结果文件光盘路径为“X:\源文件\ch10\10.6.SLDPRT”，视频内容光盘路径为“X:\动画演示\第 10 章\10.6 闭合角特征.avi”。

操作步骤如下。

（1）打开随书光盘中的原始文件“X:\原始文件\ch10\10.6.SLDPRT”。单击“钣金”控制面板中的“闭合角”按钮，或单击菜单栏中的“插入”→“钣金”→“闭合角”命令，弹出“闭合角”属性管理器，选择需要延伸的面，如图 10-47 所示。

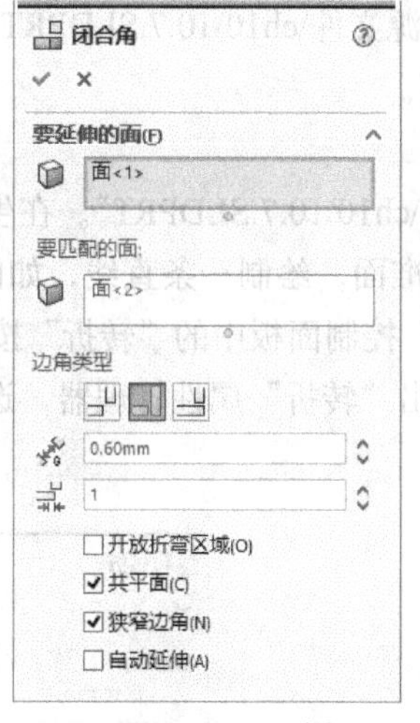

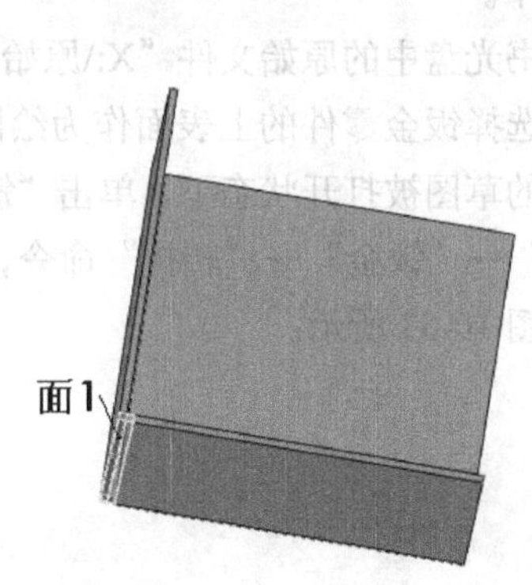

图 10-47 选择需要延伸的面

（2）选择边角类型中的“重叠”选项，单击“确定”按钮。在“缝隙距离”栏中输入数值过小时系统提示错误，如图 10-48 所示，不能生成闭合角。

（3）在缝隙距离输入栏中，更改缝隙距离为 0.6，单击“确定”按钮，生成重叠闭合角，结果如图 10-49 所示。

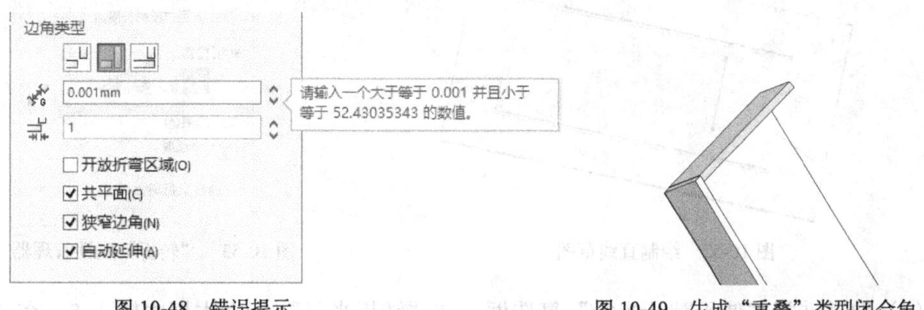

图 10-48 错误提示　　图 10-49 生成“重叠”类型闭合角

使用其他边角类型选项可以生成不同形式的闭合角。图 10-50 是使用边角类型中“对接”选项生成的闭合角；图 10-51 是使用边角类型中“欠重叠”选项生成的闭合角。

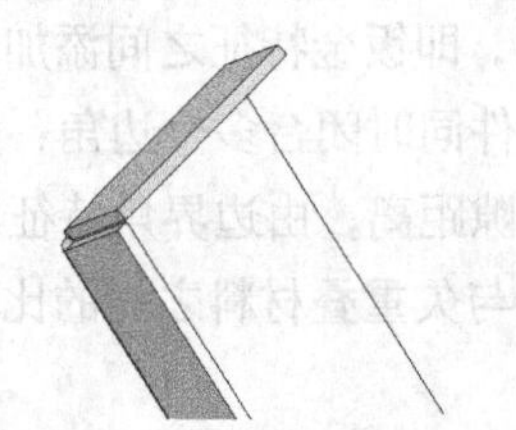

图 10-50 “对接”类型闭合角

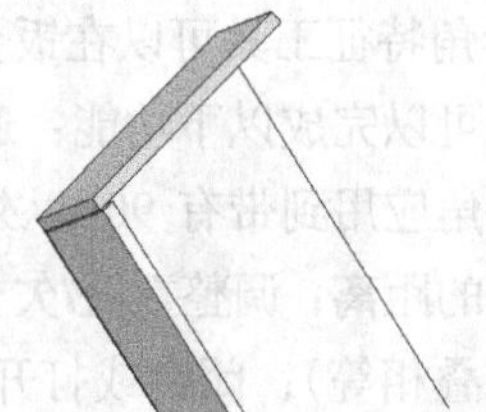

图 10-51 “欠重叠”类型闭合角

10.4.7 转折特征

使用转折特征工具可以在钣金零件上通过草图直线生成两个折弯。生成转折特征的草图必须只包含一根直线。直线不需要是水平和垂直直线。折弯线长度不必与正折弯面的长度相同。

【案例 10-7】本案例结果文件光盘路径为“X:\源文件\ch10\10.7.SLDPRT”，视频内容光盘路径为“X:\动画演示\第 10 章\10.7 转折角特征.avi”。

操作步骤如下。

（1）打开随书光盘中的原始文件“X:\原始文件\ch10\10.7.SLDPRT”。在生成转折特征之前首先绘制草图，选择钣金零件的上表面作为绘图基准面，绘制一条直线，如图 10-52 所示。

（2）在绘制的草图被打开状态下，单击“钣金”控制面板中的“转折”按钮，或选择菜单栏中的“插入”→“钣金”→“转折”命令，弹出“转折”属性管理器，选择箭头所指的面作为固定面，如图 10-53 所示。

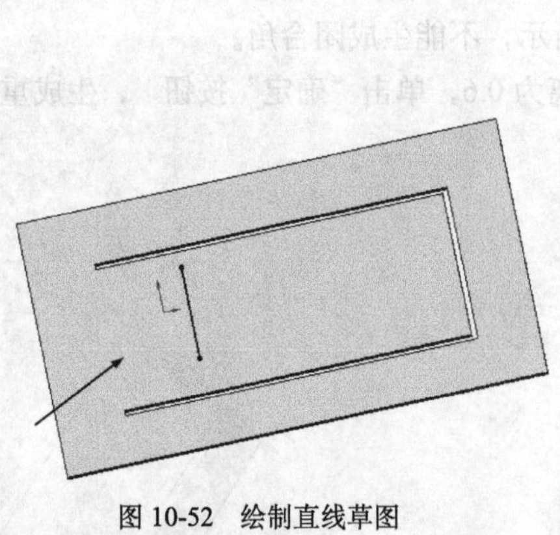

图 10-52 绘制直线草图

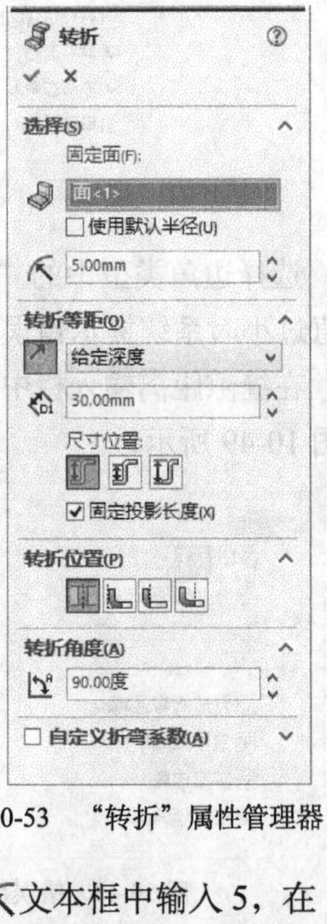

图 10-53 “转折”属性管理器

（3）取消选择“使用默认半径”复选框，在“转折半径”文本框中输入 5，在“转折等距”文本框中输入 30。选择尺寸位置栏中的“外部等距”按钮，并且选择“固定投影长度”复选框。在转折位置栏中选择“折弯中心线”按钮。其他设置为默认，单击“确定”按钮，结果如图 10-54 所示。

生成转折特征时，在“转折”属性管理器中选择不同的尺寸位置选项、是否选择“固定投影长度”选项都将生成不同的转折特征。例如，上述实例中使用“外部等距”选项生成的转折特征尺寸如图 10-55 所示。使用“内部等距”选项生成的转折特征尺寸如图 10-56 所示。使用“总尺寸”选项生成的转折特征尺寸如图 10-57 所示。取消“固定投影长度”选项生成的转折投影长度将减小，如图 10-58 所示。

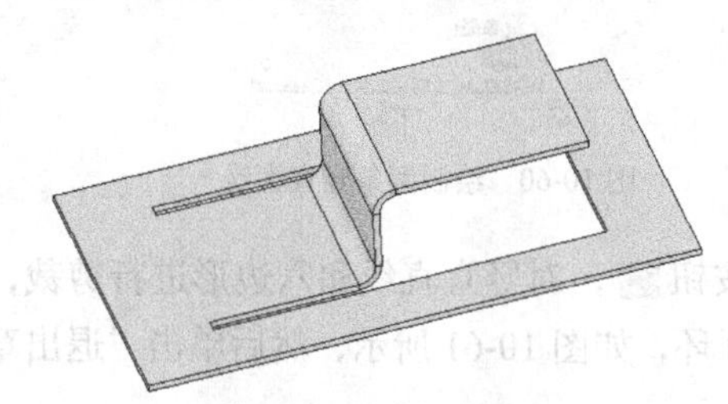

图 10-54 生成转折特征

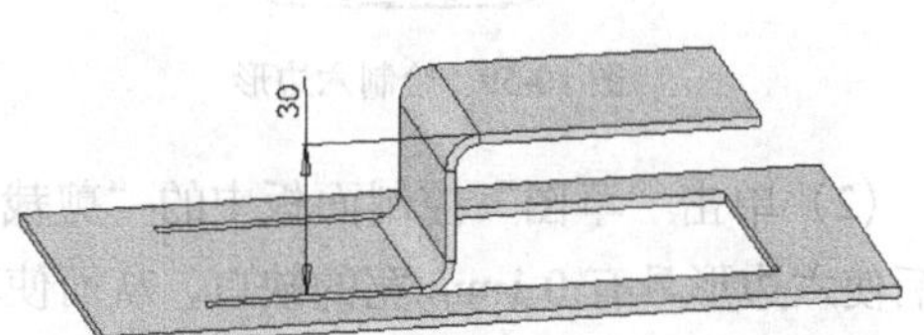

图 10-55 使用“外部等距”生成的转折

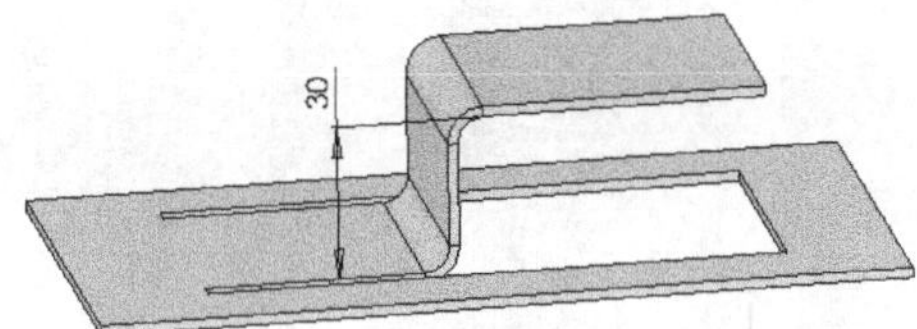

图 10-56 使用“内部等距”生成的转折

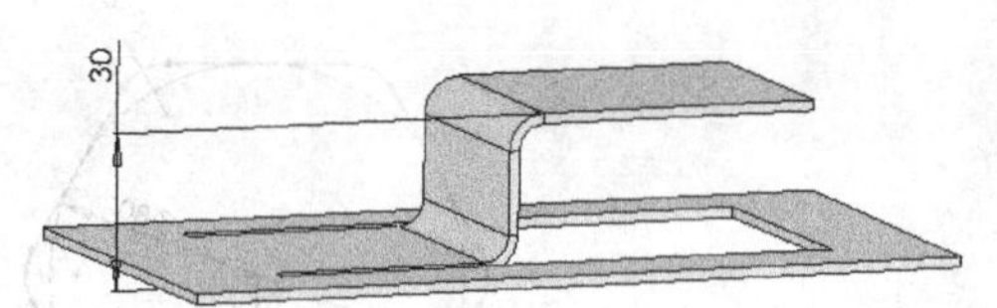

图 10-57 使用“总尺寸”生成的转折

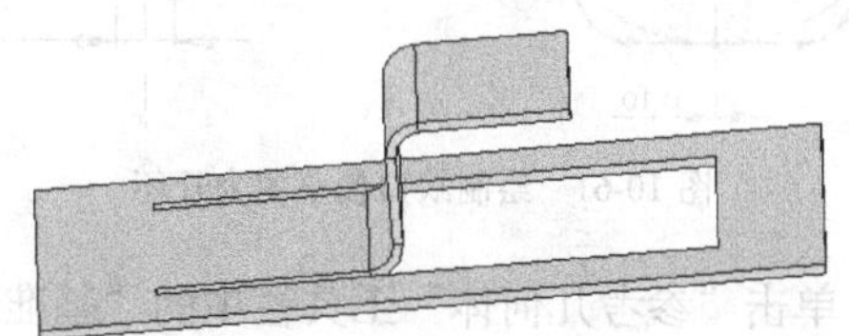

图 10-58 取消“固定投影长度”选项生成的转折

在转折位置栏中还有不同的选项可供选择，在前面的特征工具中已经讲解过，这里不再重复。

10.4.8 放样折弯特征

使用放样折弯特征工具可以在钣金零件中生成放样的折弯。放样的折弯和零件实体设计中的放样特征相似，需要两个草图才可以进行放样操作。草图必须为开环轮廓，轮廓开口应同向对齐，以使平板型式更精确。草图不能有尖锐边线。

【案例 10-8】本案例结果文件光盘路径为“X:\源文件\ch10\10.8.SLDPRT”，视频内容光盘路径为“X:\动画演示\第 10 章\10.8 放样折弯特征.avi”。

（1）首先绘制第一个草图。在左侧的“FeatureManager 设计树”中选择“上视基准面”作为绘图基准面，然后单击“草图”控制面板中的“多边形”按钮，或单击菜单栏中的“工具”→“草图绘制实体”→“多边形”命令，绘制一个六边形，标注六边形内接圆直径为 80。将六边形尖角进行圆角，半径为 10，如图 10-59 所示。绘制一条竖直的构造线，然后绘制两条与构造线平行的直线，单击“显示/删除几何关系”工具栏中的“添加几何关系”按钮上，选择两条竖直直线和构造线，添加“对称”几何关系，然后标注两条竖直直线距离为 0.1，如图 10-60 所示。

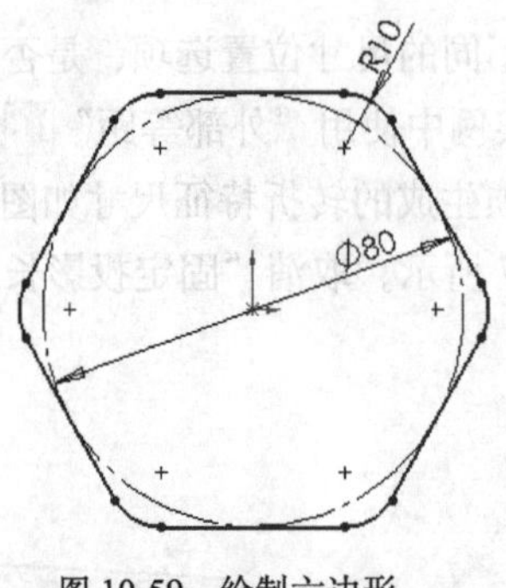

图 10-59　绘制六边形

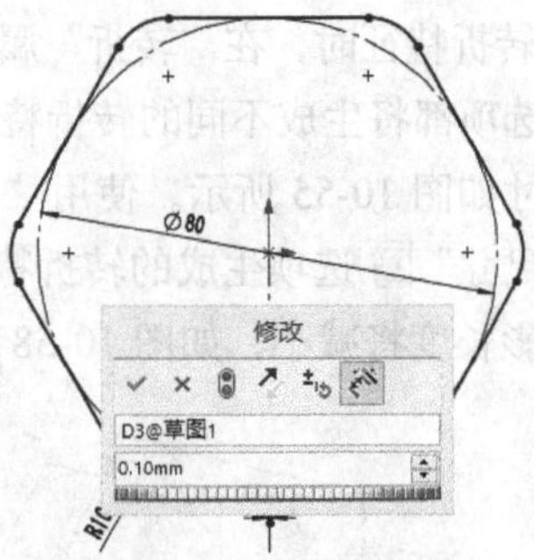

图 10-60　绘制两条竖直直线

（2）单击“草图”控制面板中的“剪裁实体”按钮，对竖直直线和六边形进行剪裁，最后使六边形具有 0.1mm 宽的缺口，从而使草图为开环，如图 10-61 所示，然后单击“退出草图”图标。

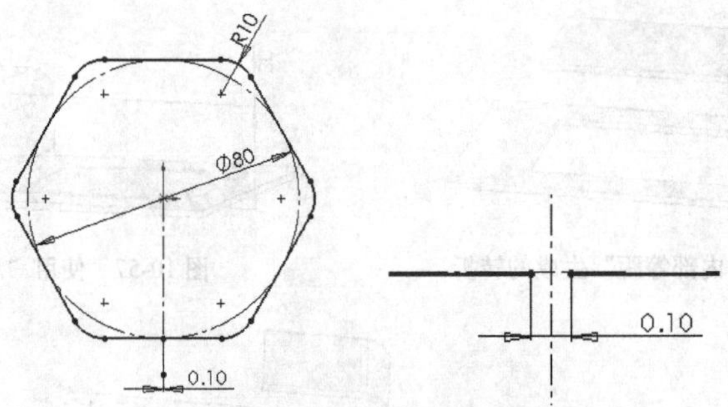

图 10-61　绘制缺口使草图为开环

（3）绘制第 2 个草图。单击“参考几何体”工具栏中的“基准面”按钮，或单击菜单栏中的“插入”→“参考几何体”→“基准面”命令，弹出“基准面”属性管理器，在对话框中“第一参考”栏中选择上视基准面，输入距离值 80，生成与上视基准面平行的基准面，如图 10-62 所示。使用上述相似的操作方法，在圆草图上绘制一个 0.1mm 宽的缺口，使圆草图为开环，如图 10-63 所示，然后单击 “退出草图”按钮。

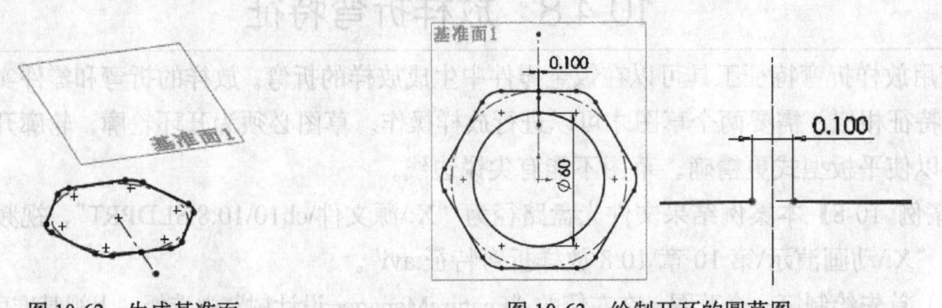

图 10-62　生成基准面　　图 10-63　绘制开环的圆草图

（4）单击“钣金”控制面板中的“放样折弯”按钮，或单击菜单栏中的“插入”→“钣金”→“放样的折弯”命令，弹出“放样折弯”属性管理器，在图形区域中选择两个草图，起点位置要对齐。键入厚度值 1，单击“确定”按钮✓，结果如图 10-64 所示。

技巧荟萃

基体法兰特征不与放样的折弯特征一起使用。放样折弯使用 K 因子和折弯系数来计算折弯。放样的折弯不能被镜向。在选择两个草图时，起点位置要对齐，即要在草图的相同位置，否则将不能生成放样折弯。如图 10-65 所示，箭头所选起点则不能生成放样折弯。

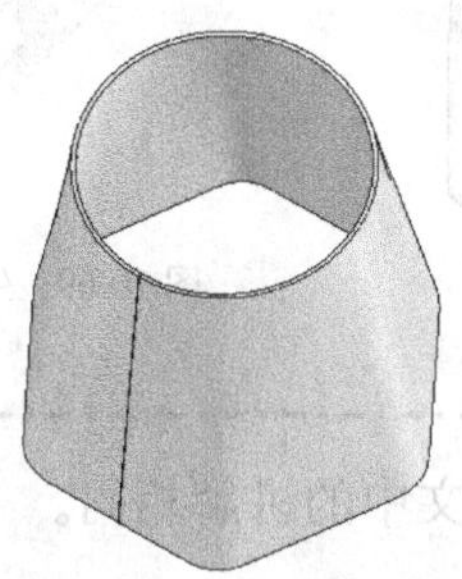
图 10-64 生成的放样折弯特征

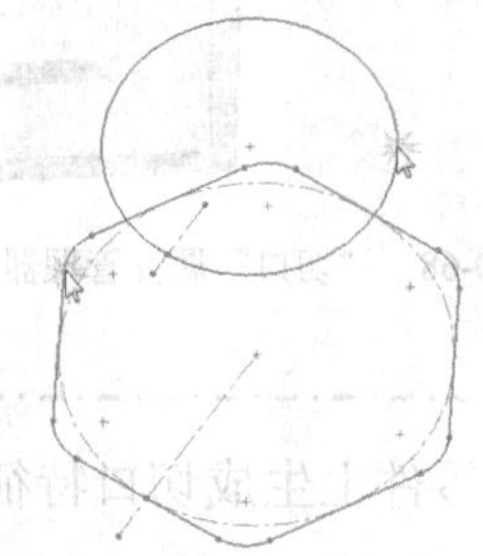
图 10-65 错误地选择草图起点

10.4.9 切口特征

使用切口特征工具可以在钣金零件或者其他任意的实体零件上生成切口特征。能够生成切口特征的零件，应该具有一个相邻平面且厚度一致，这些相邻平面形成一条或多条线性边线或一组连续的线性边线，而且是通过平面的单一线性实体。

在零件上生成切口特征时，可以沿所选内部或外部模型边线生成，或者从线性草图实体生成，也可以通过组合模型边线和单一线性草图实体生成切口特征。下面在一壳体零件（图 10-66）上生成切口特征。

【案例 10-9】本案例结果文件光盘路径为“X:\源文件\ch10\10.9.SLDPRT”，视频内容光盘路径为“X:\动画演示\第 10 章\10.9 切口特征.avi”。

操作步骤如下。

（1）打开随书光盘中的原始文件“X:\原始文件\ch10\10.9.SLDPRT”。选择壳体零件的上表面作为绘图基准面。然后单击“前导视图”工具栏中的“正视于”按钮，单击“草图”控制面板中的“直线”按钮，绘制一条直线，如图 10-67 所示。

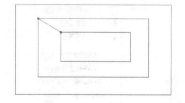

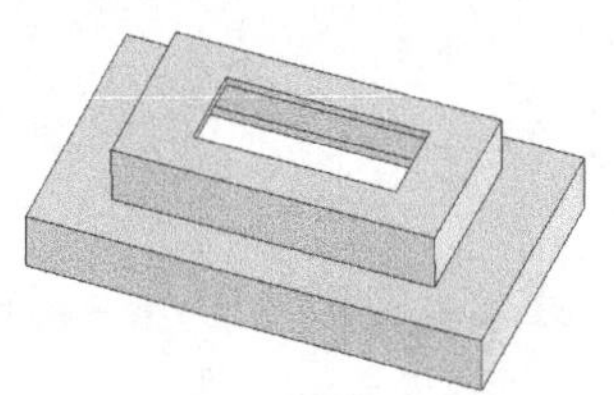
图 10-66 壳体零件

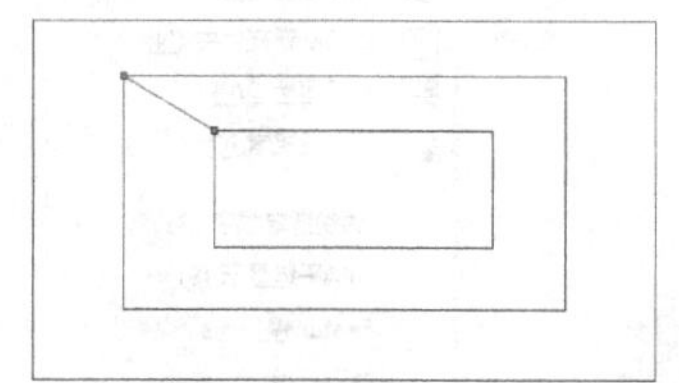
图 10-67 绘制直线

（2）单击“钣金”控制面板中的“切口”按钮，或单击菜单栏中的“插入”→“钣金”→“切口”命令，弹出“切口”属性管理器，单击鼠标选择绘制的直线和一条边线来生成切口，如图 10-68 所示。

（3）在属性管理器中的切口缝隙输入框中输入 1，单击“改变方向”按钮，将可以改变切口的方向，每单击一次，切口方向将切换到另一个方向，接着是另外一个方向，然后返回到两个方向，单击“确定”图标✔，结果如图 10-69 所示。

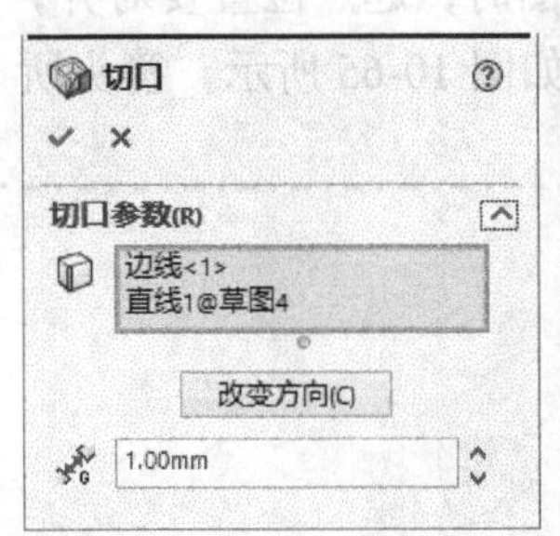

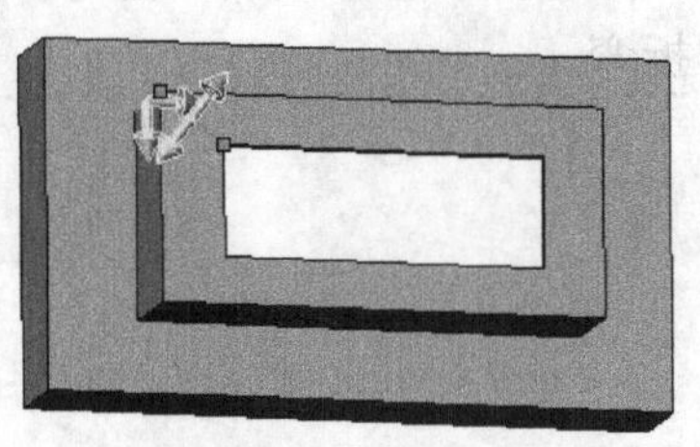
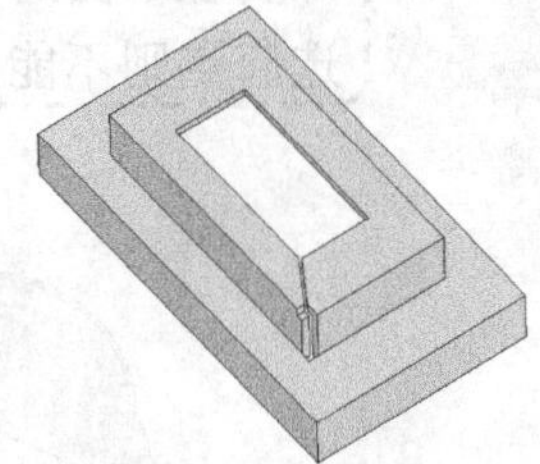
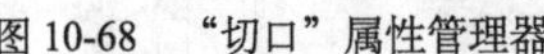

图 10-68 “切口”属性管理器　　图 10-69 生成切口特征

技巧荟萃

在钣金零件上生成切口特征，操作方法与上文中的讲解相同。

10.4.10 展开钣金折弯

展开钣金零件的折弯有两种展开的方式：一种是将钣金零件整个展开；另外一种是将钣金零件中的部分折弯有选择性地部分展开。下面将分别讲解。

1. 整个钣金零件展开

要展开整个零件，如果钣金零件的“FeatureManager 设计树”中的平板型式特征存在，可以右击平板型式特征，在弹出的菜单中单击“解除压缩”图标，如图 10-70 所示。或者单击“钣金”控制面板中的“展开”按钮，可以将钣金零件整个展开，如图 10-71 所示。

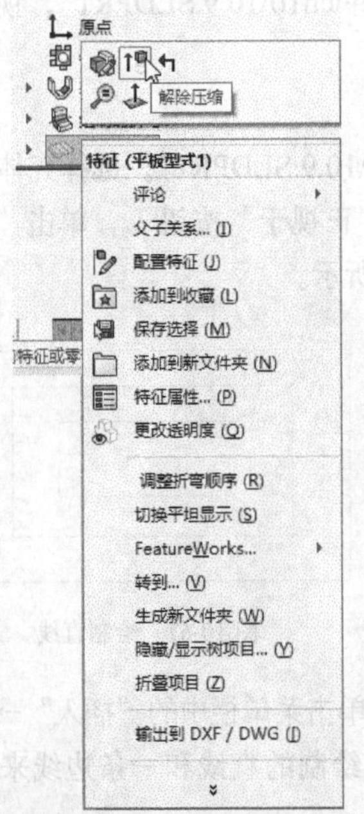

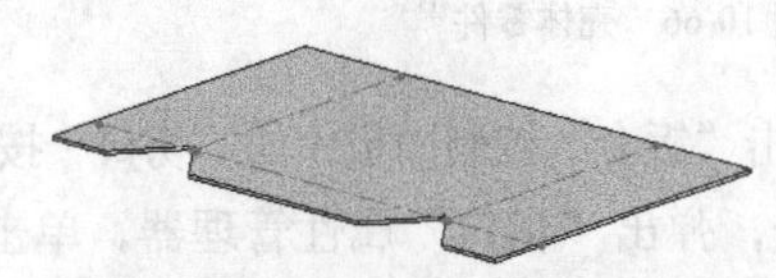

图 10-70 解除平板型式特征的压缩　　图 10-71 展开整个钣金零件

技巧荟萃

当使用此方法展开整个零件时，将应用边角处理以生成干净、展开的钣金零件，使得在制造过程中不会出错。如果不想应用边角处理，可以右击平板型式，在弹出的菜单中选择“编辑特征”，在“平板型式”属性管理器中取消“边角处理”选项，如图 10-72 所示。

要将整个钣金零件折叠，可以右击钣金零件“FeatureManager 设计树”中的平板型式特征，在弹出的菜单中选择“压缩”按钮，或者单击“钣金”控制面板中的“折叠”按钮，使此图标弹起，即可以将钣金零件折叠。

2. 将钣金零件部分展开

要展开或折叠钣金零件的一个、多个或所有折弯，可使用“展开”和“折叠”特征工具。使用此展开特征工具可以往折弯上添加切除特征。首先，添加一展开特征来展开折弯，然后添加切除特征，最后，添加一折叠特征将折弯返回到其折叠状态。

操作步骤如下。

【案例 10-10】本案例结果文件光盘路径为“X:\源文件\ch10\10.10.SLDPRT”，视频内容光盘路径为“X:\动画演示\第 10 章\10.10 展开折弯.avi”。

(1) 打开随书光盘中的原始文件“X:\原始文件\ch10\10.10.SLDPRT”。单击“钣金”控制面板中的“展开”按钮，或单击菜单栏中的“插入”→“钣金”→“展开”命令，弹出“展开”属性管理器，如图 10-73 所示。

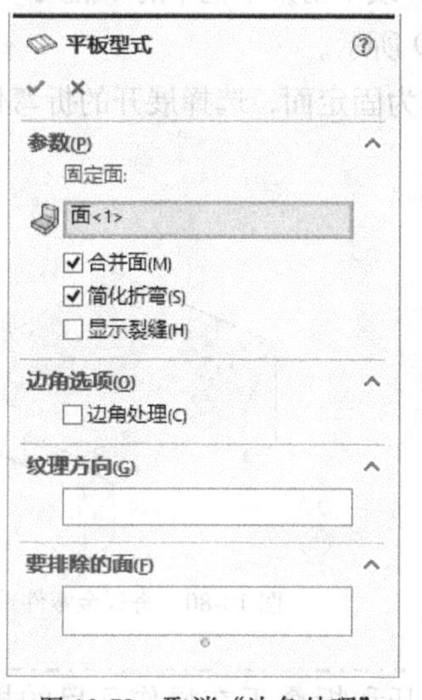

图 10-72 取消“边角处理”

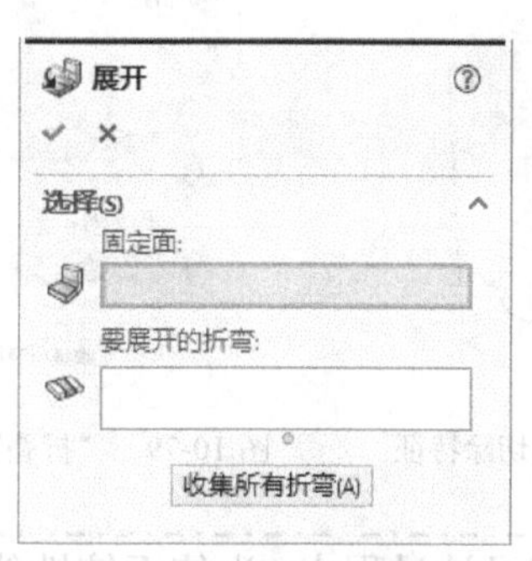

图 10-73 “展开”属性管理器

(2) 在图形区域中选择箭头所指的面作为固定面，选择箭头所指的折弯作为要展开的折弯，如图 10-74 所示。单击“确定”按钮，结果如图 10-75 所示。

(3) 选择钣金零件上箭头所指表面作为绘图基准面，如图 10-76 所示。然后单击“前导视图”工具栏中的“正视于”按钮，单击“草图”控制面板中的“矩形”按钮，绘制矩形草图，如图 10-77 所示。单击“特征”控制面板中的“拉伸切除”按钮，或单击菜单栏中的“插入”→“切除”→“拉伸”命令，在弹出的“切除-拉伸”属性管理器“终止条件”栏中选择“完全贯穿”，然后单击“确定”按钮，生成切除拉伸特征，如图 10-78 所示。

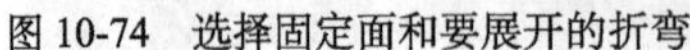

图 10-74　选择固定面和要展开的折弯

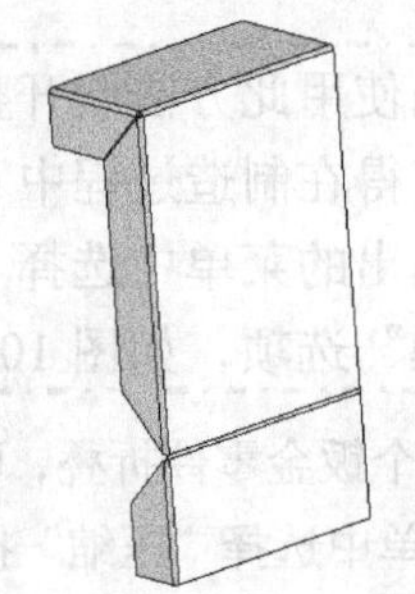

图 10-75　展开一个折弯

图 10-76　设置基准面

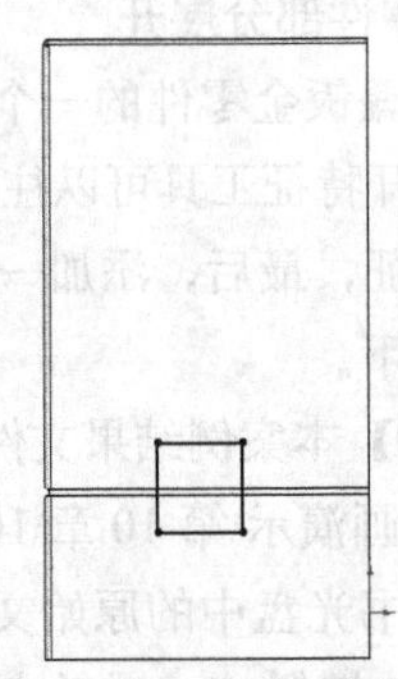

图 10-77　绘制矩形草图

（4）单击“钣金”控制面板中的“折叠”按钮，或单击菜单栏中的“插入”→“钣金”→“折叠”命令，弹出“折叠”属性管理器，如图 10-79 所示。

（5）在图形区域中选择在展开操作中选择的面作为固定面，选择展开的折弯作为要折叠的折弯，单击“确定”按钮✓，结果如图 10-80 所示。

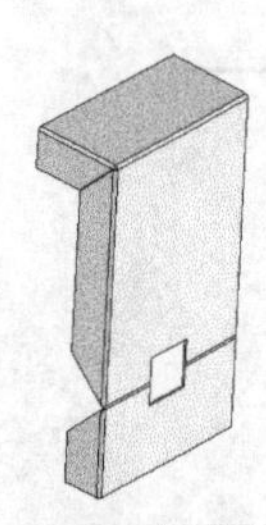

图 10-78　生成切除特征

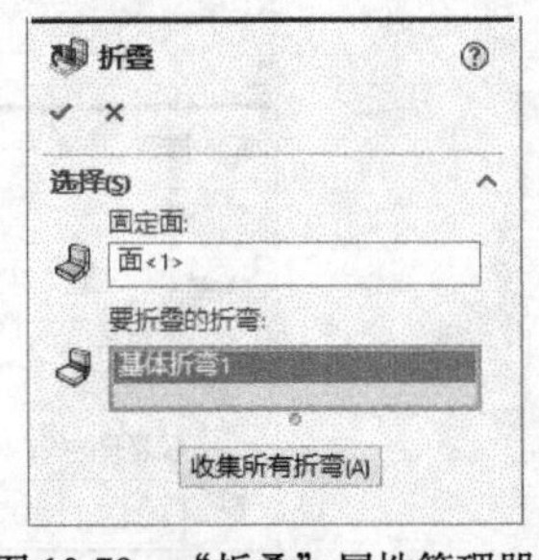

图 10-79　“折叠”属性管理器

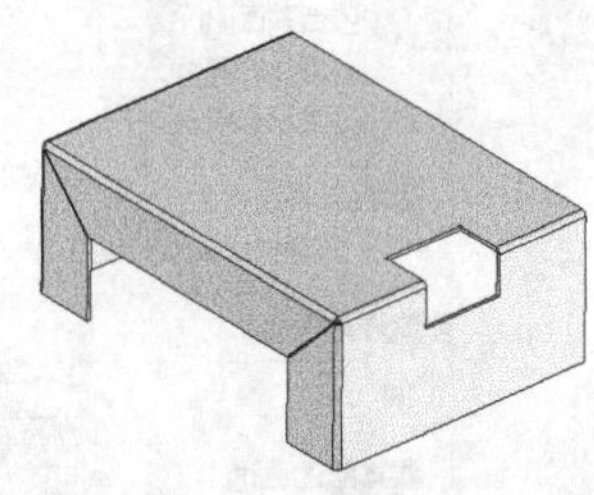

图 10-80　将钣金零件重新折叠

技巧荟萃

在设计过程中，为使系统性能更快，只展开和折叠正在操作项目的折弯。在“展开”特征 PropertyManager 对话框和“折叠”特征 PropertyManager 对话框，选择“收集所有折弯”命令，将可以把钣金零件所有折弯展开或折叠。

10.4.11　断开边角/边角剪裁特征

使用断开边角特征工具可以从折叠的钣金零件的边线或面切除材料。使用边角剪裁特征工具可以从展开的钣金零件的边线或面切除材料。

1．断开边角

断开边角操作只能在折叠的钣金零件中操作。

【案例 10-11】本案例结果文件光盘路径为“X:\源文件\ch10\10.11.SLDPRT”，视频内容光盘路径为“X:\动画演示\第 10 章\10.11 断开边角.avi”。

操作步骤如下。

（1）打开随书光盘中的原始文件“X:\原始文件\ch10\10.11.SLDPRT”。单击“钣金”控制面板中的“断开边角/边角剪裁”按钮，或者单击菜单栏中的“插入”→“钣金”→“断开边角”命令，弹出“断开-边角”属性管理器。在图形区域中，单击想断开的边角边线或法兰面，如图 10-81 所示。

（2）在“折断类型”中选择“倒角”选项，输入距离值 5，单击“确定”按钮，结果如图 10-82 所示。

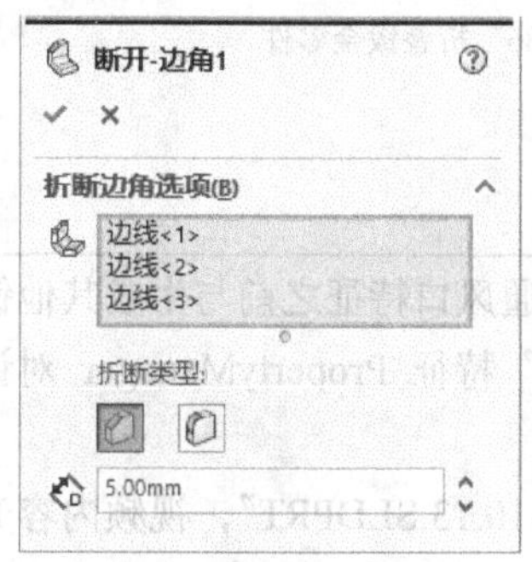

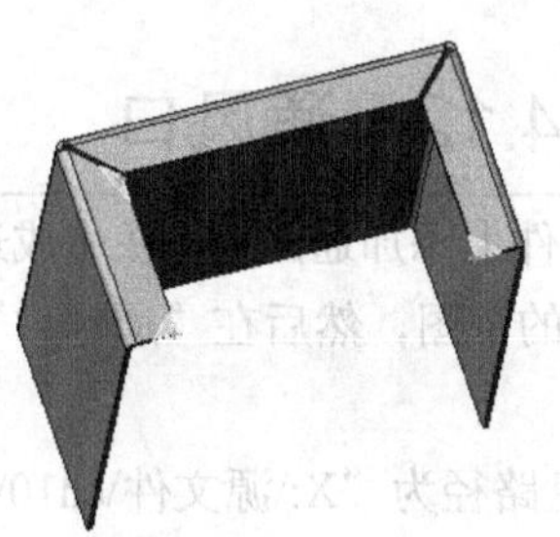

图 10-81　选择要断开边角的边线和面

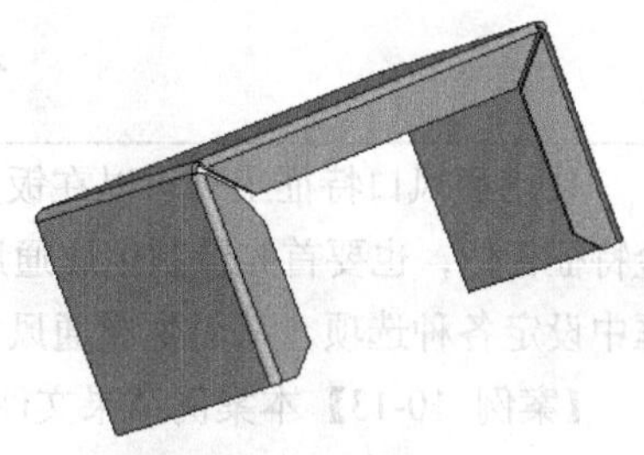

图 10-82　生成断开边角特征

2．边角剪裁

边角剪裁操作只能在展开的钣金零件中操作，在零件被折叠时边角剪裁特征将被压缩。

【案例 10-12】本案例结果文件光盘路径为“X:\源文件\ch10\10.12.SLDPRT”，视频内容光盘路径为“X:\动画演示\第 10 章\10.12 边角剪裁.avi”。

操作步骤如下。

（1）打开随书光盘中的原始文件“X:\原始文件\ch10\10.12.SLDPRT”。单击“钣金”控制面板中的“展开”按钮，或单击菜单栏中的“插入”→“钣金”→“展开”命令，将钣金零件整个展开，如图 10-83 所示。

（2）单击“钣金”控制面板中的“断开边角/边角剪裁”按钮，或单击菜单栏中的“插入”→“钣金”→“断开边角/边角剪裁”命令，在图形区域中，选择要折断边角边线或法兰面，如图 10-84 所示。

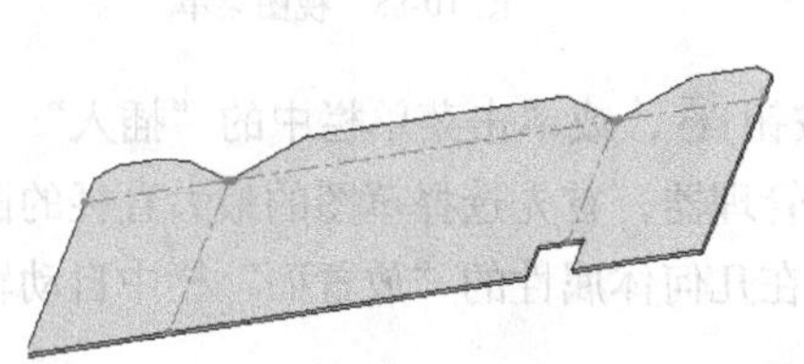

图 10-83　展开钣金零件

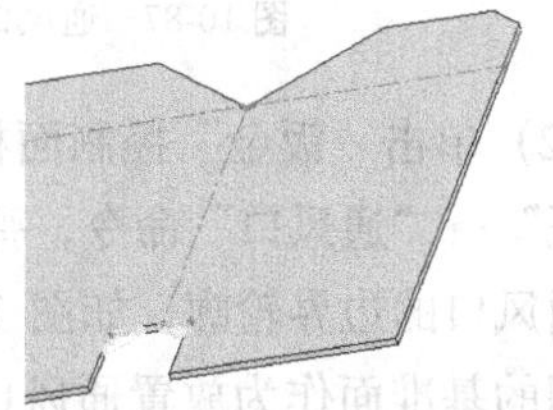

图 10-84　选择要折断边角的边线和面

（3）在“折断类型”中选择“倒角”选项，输入距离值 5，单击“确定”按钮，结果如图 10-85 所示。

(4) 右击钣金零件“FeatureManager 设计树”中的平板型式特征，在弹出的菜单中选择“压缩”命令，或者单击“钣金”控制面板中的“折叠”按钮，使此图标弹起，将钣金零件折叠。边角剪裁特征将被压缩，如图 10-86 所示。

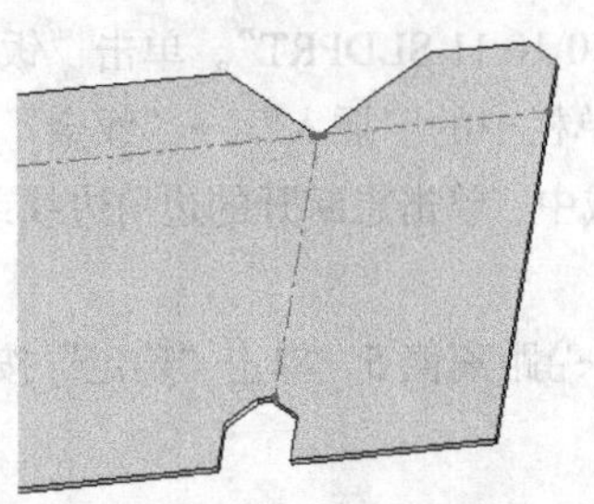

图 10-85　生成边角剪裁特征

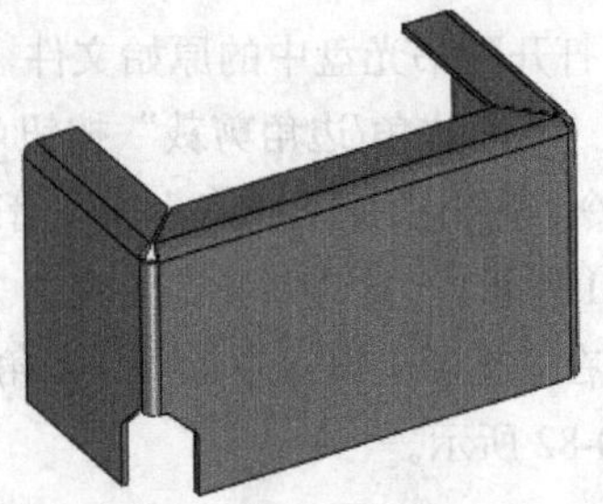

图 10-86　折叠钣金零件

10.4.12　通风口

使用通风口特征工具可以在钣金零件上添加通风口。在生成通风口特征之前与生成其他钣金特征相似，也要首先绘制生成通风口的草图，然后在“通风口”特征 PropertyManager 对话框中设定各种选项，从而生成通风口。

【案例 10-13】本案例结果文件光盘路径为“X:\源文件\ch10\10.13.SLDPRT”，视频内容光盘路径为“X:\动画演示\第 10 章\10.13 通风口.avi”。

操作步骤如下。

(1) 打开随书光盘中的原始文件“X:\原始文件\ch10\10.13.SLDPRT”。首先在钣金零件的表面绘制如图 10-87 所示的通风口草图。为了使草图清晰，可以单击菜单栏中的“视图”→“隐藏/显示”→“草图几何关系”命令，如图 10-88 所示，使草图几何关系不显示，结果如图 10-89 所示，然后单击“退出草图”按钮。

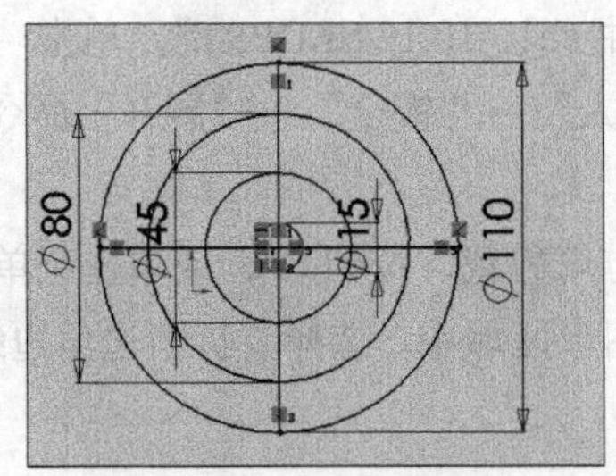

图 10-87　通风口草图

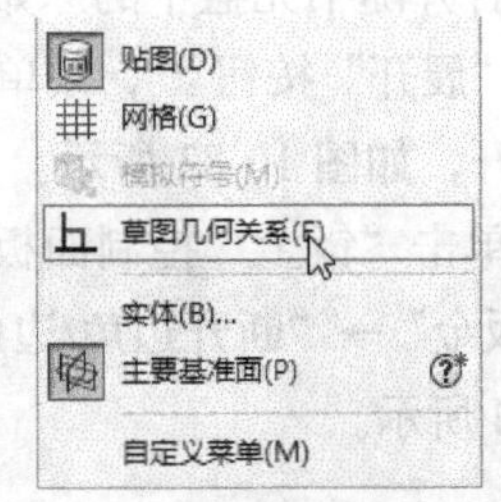

图 10-88　视图菜单

(2) 单击“钣金”控制面板中的“通风口”按钮，或单击菜单栏中的“插入”→“扣合特征”→“通风口”命令，弹出“通风口”属性管理器，首先选择草图的最大直径的圆草图作为通风口的边界轮廓，如图 10-90 所示。同时，在几何体属性的“放置面”栏中自动输入绘制草图的基准面作为放置通风口的表面。

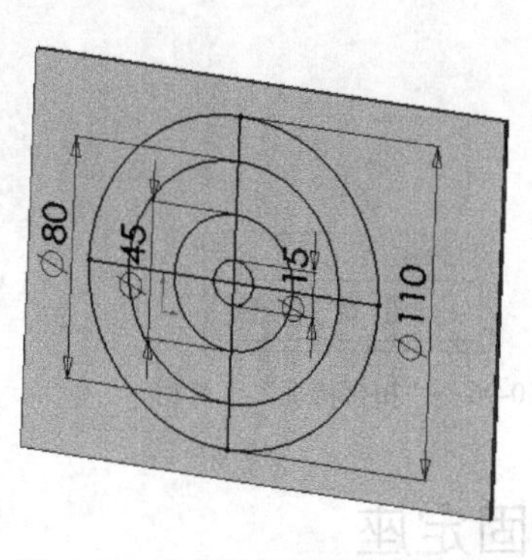

图 10-89　使草图几何关系不显示

图 10-90　选择通风口的边界

（3）在“圆角半径”输入栏中输入相应的圆角半径数值，本实例中输入 3。这些值将应用于边界、筋、翼梁和填充边界之间的所有相交处产生圆角，如图 10-91 所示。

（4）在“筋”下拉列表框中选择通风口草图中的两个互相垂直的直线作为筋轮廓，在“筋宽度”文本框中输入 5，如图 10-92 所示。

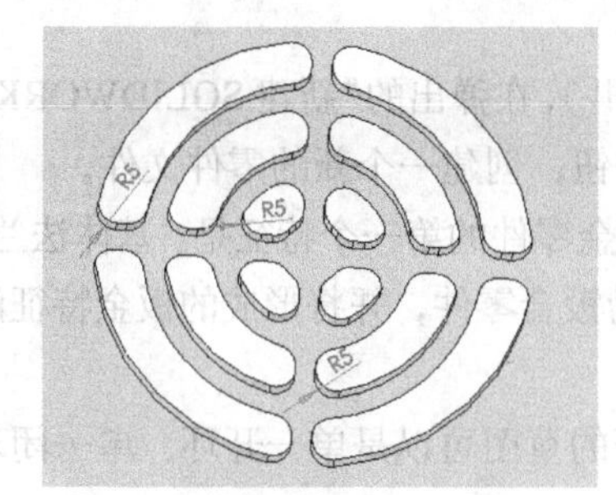

图 10-91　通风口圆角

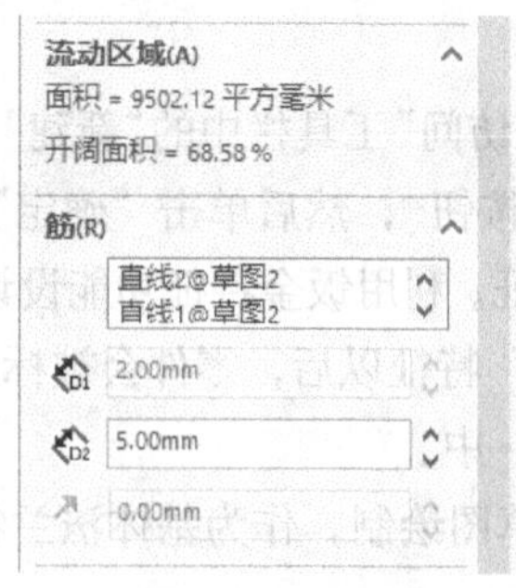

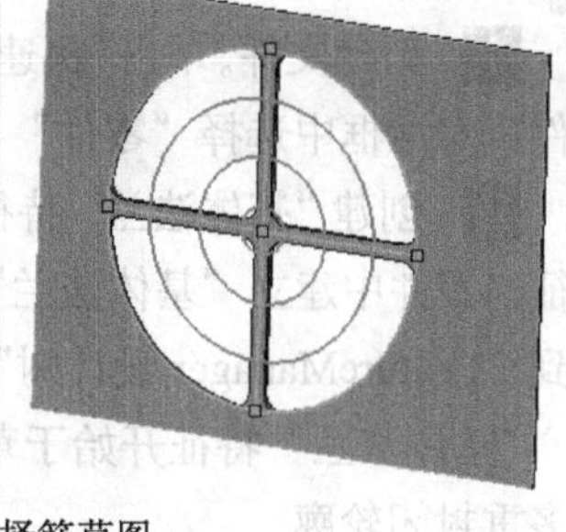
图 10-92　选择筋草图

（5）在“翼梁”下拉列表框中选择通风口草图中的两个同心圆作为翼梁轮廓，在“翼梁宽度”文本框中输入 5，如图 10-93 所示。

（6）在“填充边界”下拉列表框中选择通风口草图中的最小圆作为填充边界轮廓，如图 10-94 所示。最后单击“确定”按钮，结果如图 10-95 所示。

图 10-93　选择翼梁草图

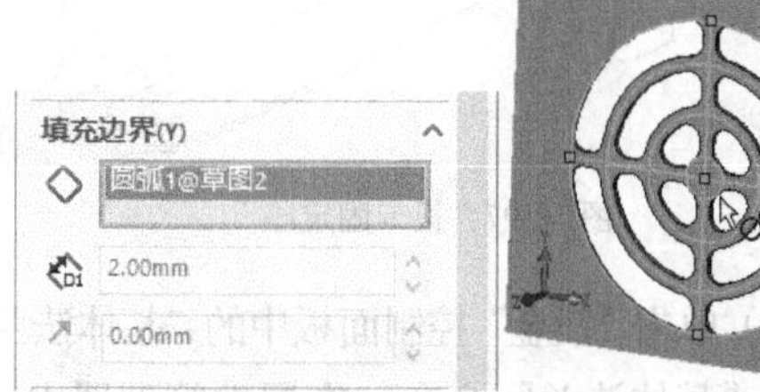

图 10-94　选择填充边界草图

技巧荟萃

如果在“钣金”控制面板中找不到“通风口”按钮，可以利用“视图”→“工具栏”→“扣合特征”命令，使“扣合特征”工具栏在操作界面中显示出来，在此工具栏中可以找到“通风口”图标，如图 10-96 所示。

图 10-95　生成通风口特征

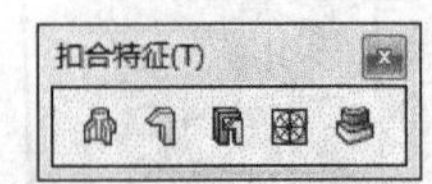

图 10-96　“扣合特征”工具栏

10.4.13　实例——板卡固定座

图 10-97 是计算机某型号的板卡固定座。

光盘文件

实例结果文件光盘路径为“X:\源文件\ch10\板卡固定座.SLDPRT”。

多媒体演示参见配套光盘中的“X:\动画演示\第 10 章\板卡固定座.avi”。

绘制步骤

1. 新建文件。单击“快速访问”工具栏中的“新建”按钮，在弹出的“新建 SOLIDWORKS 文件”对话框中选择“零件”按钮，然后单击“确定”按钮，创建一个新的零件文件。

2. 创建“基体法兰”特征。利用钣金特征功能设计钣金零件的第一个特征是“基体法兰”特征，零件中建立“基体法兰”特征以后，零件会被标记为钣金零件，并将形成的钣金特征添加到“FeatureManager 设计树”中。

“基体法兰”特征开始于草图绘制，作为基体法兰特征的草图可以是单一开环、单一闭环或多重封闭轮廓。

(1) 在“FeatureManager 设计树”中选择“前视基准面”，单击“草图绘制”按钮，将其作为草绘平面。绘制如图 10-98 所示的草图，并标注尺寸。

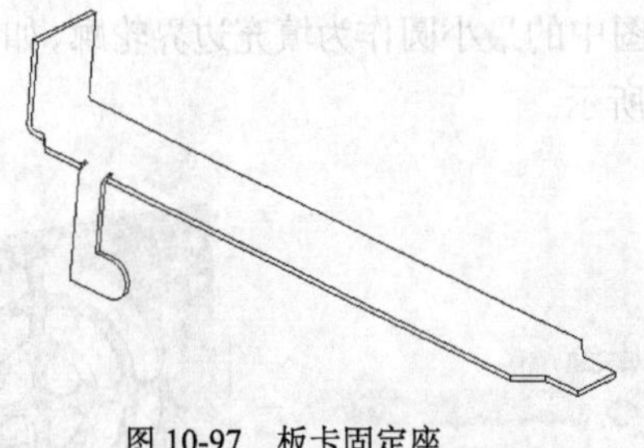

图 10-97　板卡固定座

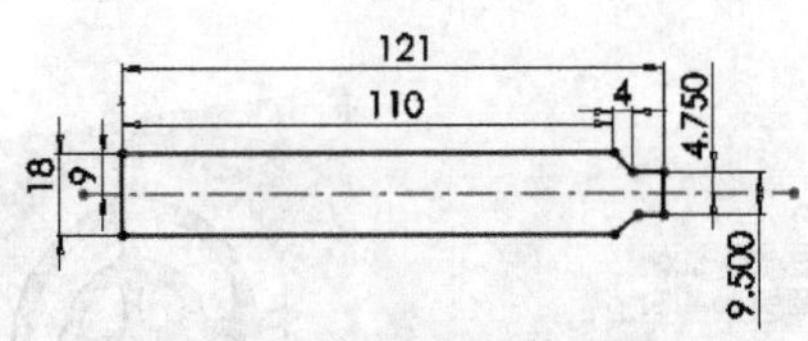

图 10-98　基体法兰特征草图

(2) 单击“钣金”控制面板中的“基体法兰/薄片”按钮，或单击菜单栏中的“插入”→“钣金”→“基体法兰”命令，在属性管理器中定义钣金零件参数，如图 10-99 所示。

“基体法兰”特征建立后，会自动形成 3 个特征：“钣金”、“基体-法兰”和“平板型式”。钣金从图形区域的显示来看，和建立一个拉伸为 1mm 的“拉伸凸台”特征并无区别，但在零件的“FeatureManager 设计树”中，零件被标记为钣金零件，并生成了钣金零件特定的一些特征，如图 10-100 所示。

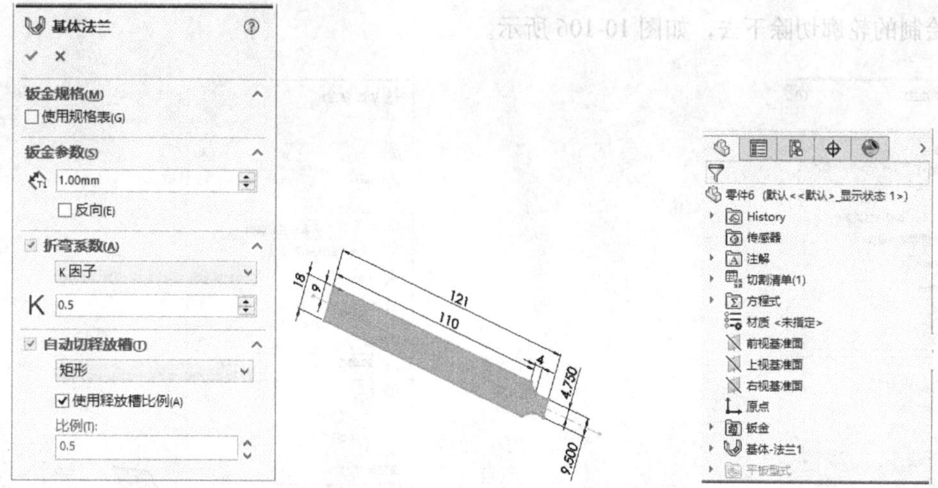

图 10-99　定义钣金参数　　　　图 10-100　钣金零件的“FeatureManager 设计树”

钣金零件和其他实体零件的不同之处就是钣金零件具有钣金零件的标识，并且具有钣金零件所有的特征。在钣金零件的设计树中：

“钣金”包含了默认的折弯参数，如折弯半径、折弯系数等。

“基体-法兰”定义了钣金零件的厚度以及基体法兰特征的轮廓草图。

“平板型式”表示了钣金零件在展开状态下的形状。建立基体法兰以后，该特征默认为压缩状态。解除该特征压缩即可以显示钣金零件的展开状态。

3. 创建“边线法兰”特征。利用边线法兰特征可以利用钣金零件的一条直线边线自动生成法兰特征。“边线法兰”特征的草图应为封闭的草图，要求草图的一条边线必须和钣金零件的一条边线具有重合关系。

（1）选择“基体法兰”特征的边线，单击“钣金”控制面板中的“边线法兰”按钮，或单击菜单栏中的“插入”→“钣金”→“边线法兰”命令。在打开的“边线-法兰”属性管理器中定义边线法兰的参数，如图 10-101 所示。单击“确定”按钮✓，创建特征。

（2）单击“钣金”控制面板中的“边线法兰”按钮，或单击菜单栏中的“插入”→“钣金”→“边线法兰”命令，打开“边线-法兰”属性管理器。选择基体法兰的一条边线，然后单击“编辑法兰轮廓”按钮，如图 10-102 所示。

“边线法兰”特征自动产生的草图是一个矩形，将矩形草图形状修改为如图 10-103 所示的形状并标注尺寸。注意图中轮廓的下边线和基体法兰的边线重合。

（3）在“轮廓草图”对话框中，单击“完成”按钮，完成草图编辑。单击“确定”按钮✓，建立的边线法兰特征如图 10-104 所示。

4. 创建“展开/折叠”特征。利用“展开/折叠”特征，可在钣金零件中展开和折叠一个或多个折弯。展开/折叠特征的组合应用，可以很方便地建立折弯的切除。基本思路是首先将需要切除的折弯展开，建立拉伸切除后再将展开的折弯折叠起来。

（1）单击“钣金”控制面板中的“展开”按钮，或单击菜单栏中的“插入”→“钣金”→“展开”命令，打开“展开”属性管理器，设置展开选项如图 10-105 所示。

（2）选择基体法兰的固定面，单击“草图绘制”按钮，在其上新建一草图。

（3）使用草图绘制工具绘制拉伸切除草图。单击“特征”控制面板中的“拉伸切除”按钮，或单击菜单栏中的“插入”→“切除”→“拉伸”命令，设置拉伸深度为“完全贯穿”，将所绘制的轮廓切除下去，如图 10-106 所示。

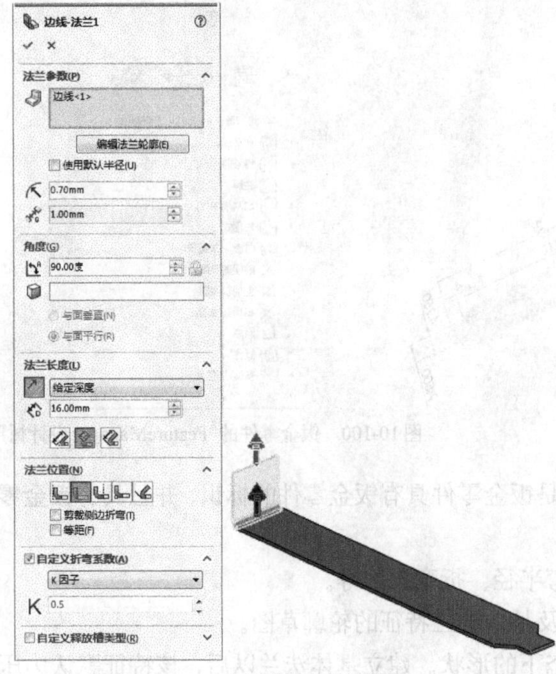

图 10-101　定义边线法兰参数

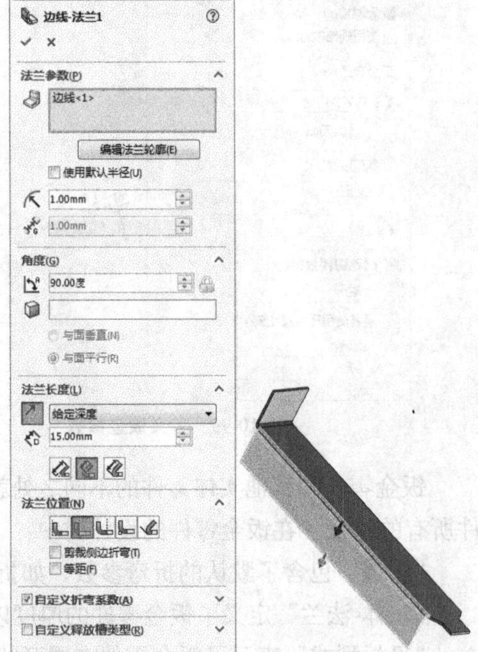

图 10-102　建立边线法兰

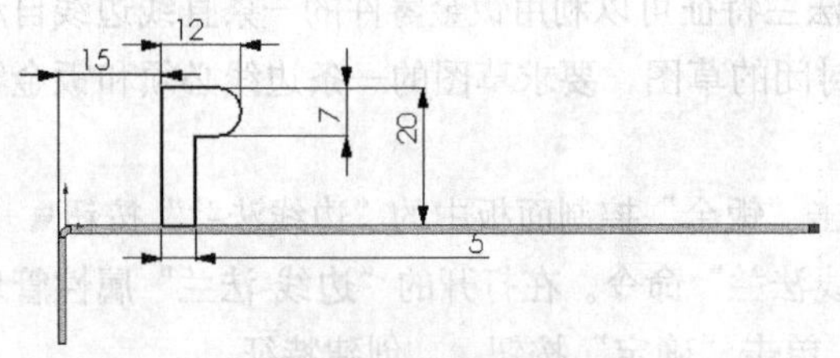

图 10-103　修改边线法兰草图

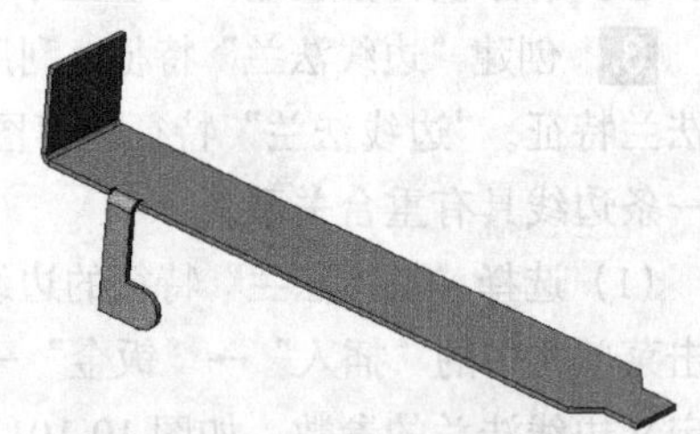

图 10-104　边线法兰特征

图 10-105　展开指定的折弯

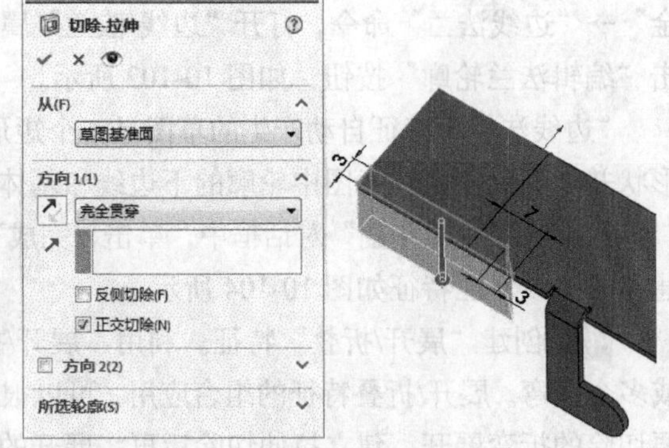

图 10-106　设置“切除-拉伸”参数

（4）单击“钣金”控制面板中的“折叠”按钮，或单击菜单栏中的“插入”→“钣金”→“折叠”菜单命令，打开“折叠”属性管理器，选择折弯和固定面，如图 10-107 所示。

（5）单击“确定”按钮✔，将展开的折弯恢复状态。单击“保存”按钮，将文件保存为“板卡固定座.SLDPRT”。

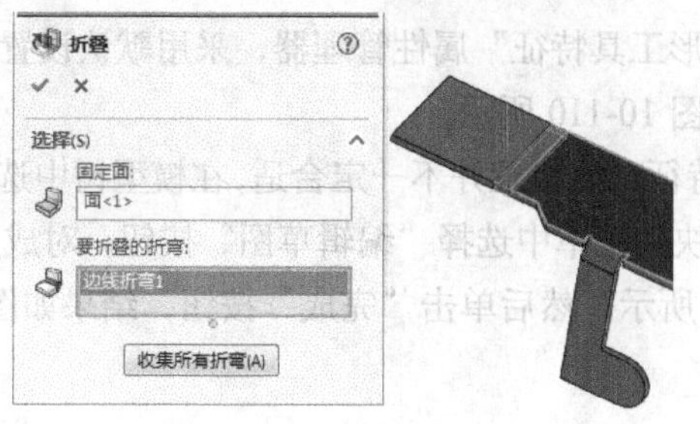

图 10-107　再次折叠

10.5　钣金成形

利用 SOLIDWORKS 软件中的钣金成形工具可以生成各种钣金成形特征，软件系统中已有的成形工具有 5 种，分别是 embosses（凸起）、extruded flanges（冲孔）、louvers（百叶窗板）、ribs（筋）和 lances（切开）5 种成形特征。

用户也可以在设计过程中自己创建新的成形工具或者对已有的成形工具进行修改。

10.5.1　使用成形工具

【案例 10-14】本案例结果文件光盘路径为“X:\源文件\ch10\10.14.SLDPRT”，视频内容光盘路径为“X:\动画演示\第 10 章\10.14 成形工具.avi”。

使用成形工具的操作步骤如下。

（1）打开随书光盘中的原始文件“X:\原始文件\ch10\10.14.SLDPRT”。首先创建或者打开一个钣金零件文件。单击“设计库”图标，弹出“设计库”对话框，在对话框中按照路径“Design Library\forming tools\”可以找到 5 种成形工具的文件夹，在每一个文件夹中都有若干种成形工具，如图 10-108 所示。

（2）在设计库中选择 embosses（凸起）工具中的“circular emboss”成形图标，按下鼠标左键，将其拖入钣金零件需要放置成形特征的表面，如图 10-109 所示。

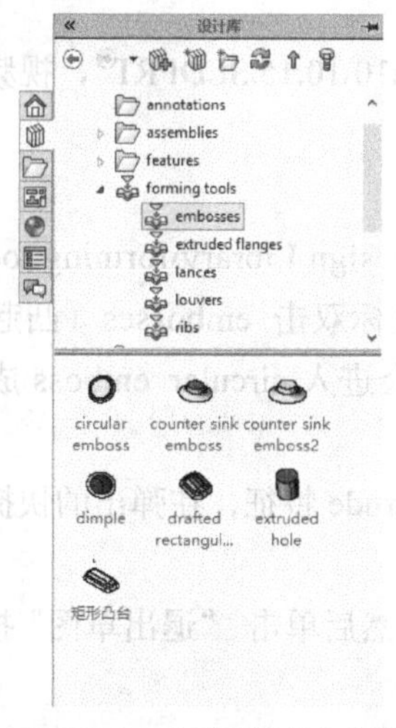

图 10-108　成形工具存在位置

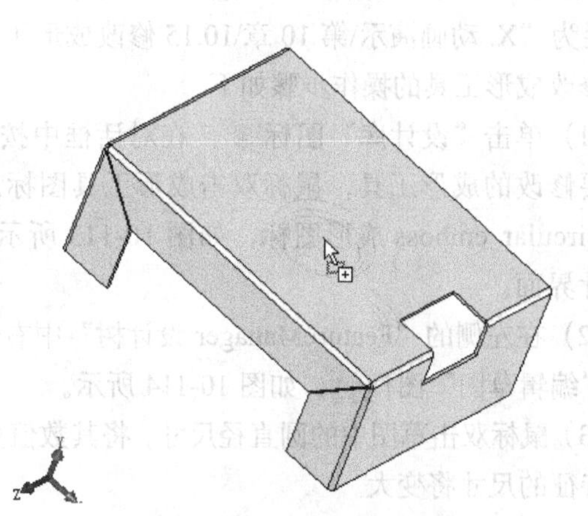

图 10-109　将成形工具拖入放置表面

(3) 系统会弹出“成形工具特征”属性管理器，采用默认设置，单击“确定”按钮✔，完成对成形工具的添加，如图 10-110 所示。

(4)随意拖放的成形特征可能位置并不一定合适,在模型树中选择成形工具中的“草图 16”，单击鼠标右键，在弹出的快捷菜单中选择“编辑草图”按钮，对成形工具的定位尺寸进行标注和编辑，结果如图 10-111 所示。然后单击“完成”按钮，结果如图 10-112 所示。

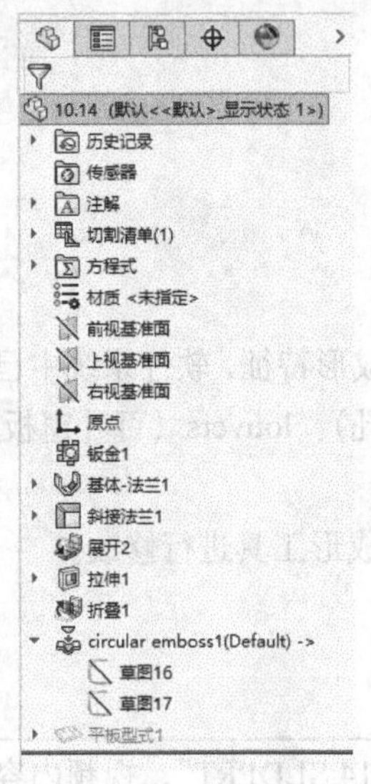

图 10-110 模型树

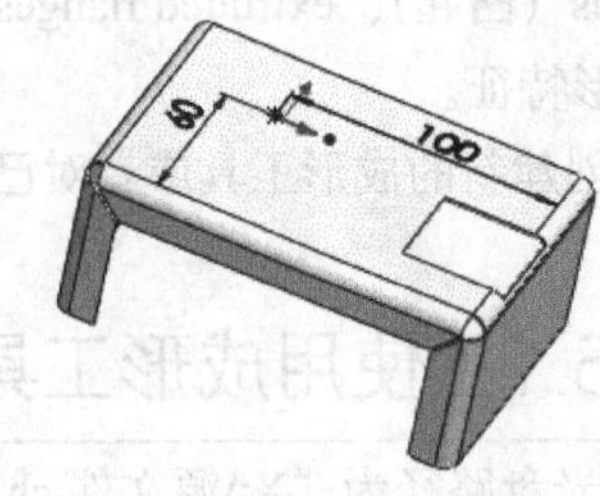

图 10-111 标注成形特征位置尺寸

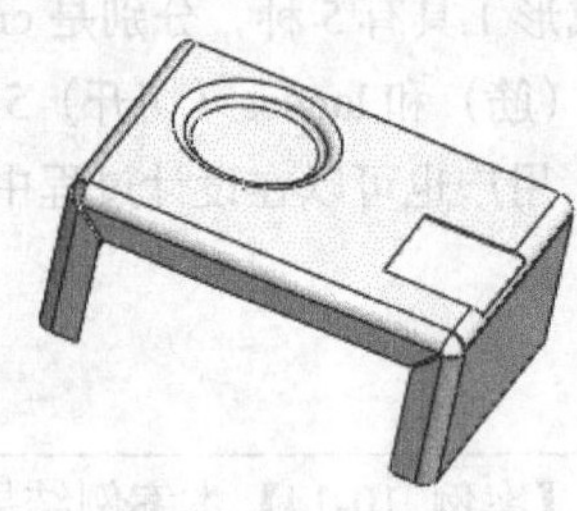
图 10-112 生成的成形特征

技巧荟萃

使用成形工具时，默认情况下成形工具向下行进，即形成的特征方向是“凹”，如果要使其方向变为“凸”，需要在拖入成形特征的同时按一下 Tab 键。

10.5.2 修改成形工具

SOLIDWORKS 软件自带的成形工具形成的特征在尺寸上不能满足用户使用要求时，用户可以自行修改。

【案例 10-15】本案例结果文件光盘路径为“X:\源文件\ch10\10.15.SLDPRT”，视频内容光盘路径为“X:\动画演示\第 10 章\10.15 修改成形工具.avi”。

修改成形工具的操作步骤如下。

(1) 单击“设计库”图标，在对话框中按照路径“Design Library\forming tools\”找到需要修改的成形工具，鼠标双击成形工具图标。例如，鼠标双击 embosses（凸起）工具中的 circular emboss 成形图标，如图 10-113 所示。系统将会进入 circular emboss 成形特征的设计界面。

(2) 在左侧的“FeatureManager 设计树”中右击 Boss-Extrude 特征，在弹出的快捷菜单中单击“编辑草图”图标，如图 10-114 所示。

(3) 鼠标双击草图中的圆直径尺寸，将其数值更改为 70，然后单击“退出草图”按钮，成形特征的尺寸将变大。

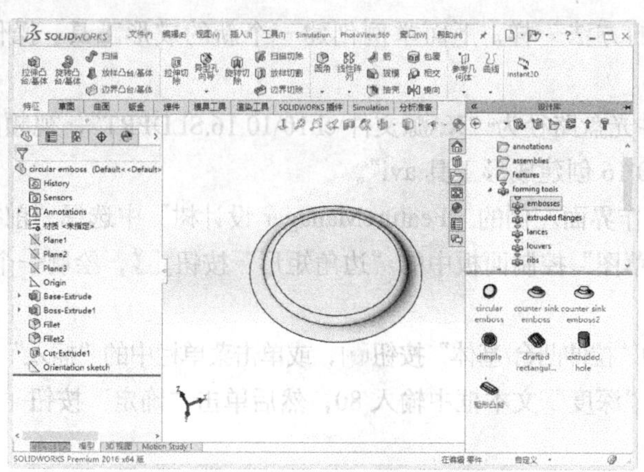
图 10-113 双击 circular emboss 成形图标

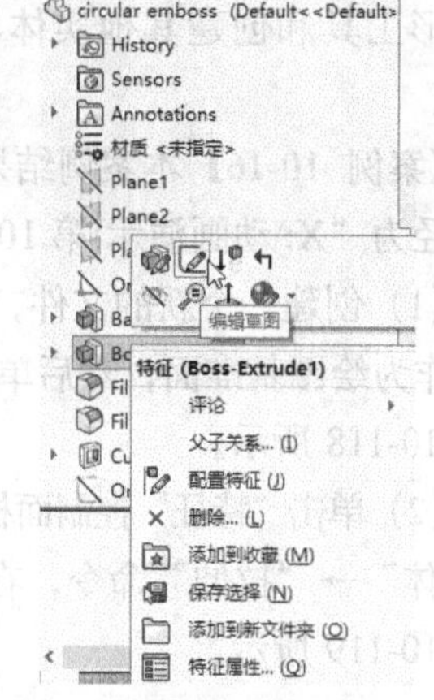

图 10-114 编辑 Boss-Extrude 特征草图

（4）在左侧的“FeatureManager 设计树”中右击 Fillet 特征，在弹出的快捷菜单中单击“编辑特征”图标，如图 10-115 所示。

（5）在 Fillet 属性管理器中更改圆角半径数值为 10，如图 10-116 所示。单击“确定”按钮✔，结果如图 10-117 所示，单击菜单栏中的“文件”→“另保存”命令将成形工具保存。

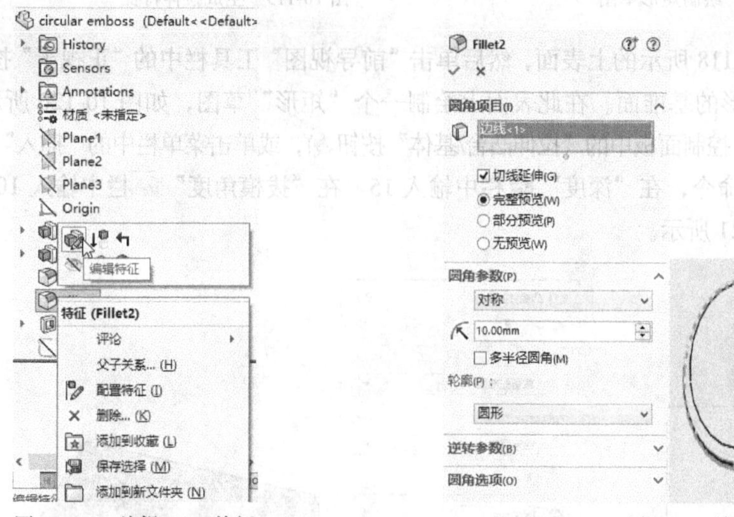

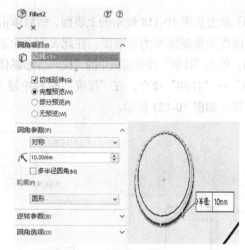

图 10-115 编辑 Fillet 特征　　图 10-116 编辑 Fillet 特征

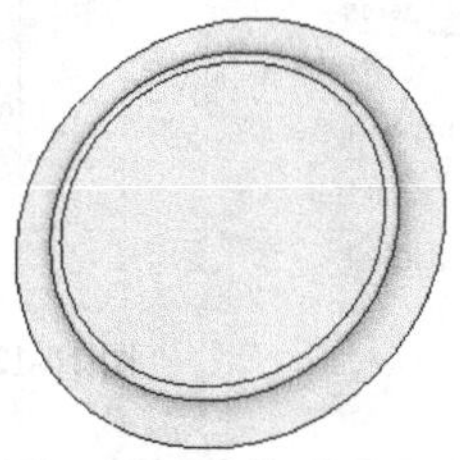
图 10-117 修改后的 Boss-Extrude 特征

10.5.3 创建新成形工具

用户可以自己创建新的成形工具，然后将其添加到“设计库”中，以备后用。创建新的成形工具和创建其他实体零件的方法一样。下面举例创建一个新的成形工具，操作步骤如下。

【案例 10-16】本案例结果文件光盘路径为“X:\源文件\ch10\10.16.SLDPRT”，视频内容光盘路径为“X:\动画演示\第 10 章\10.16 创建成形工具.avi”。

（1）创建一个新的文件，在操作界面左侧的“FeatureManager 设计树”中选择“前视基准面”作为绘图基准面，然后单击“草图”控制面板中的“边角矩形”按钮，绘制一个矩形，如图 10-118 所示。

（2）单击“特征”控制面板中的“拉伸凸台/基体”按钮，或单击菜单栏中的“插入”→“凸台/基体”→“拉伸”命令，在“深度”文本框中输入 80，然后单击“确定”按钮，结果如图 10-119 所示。

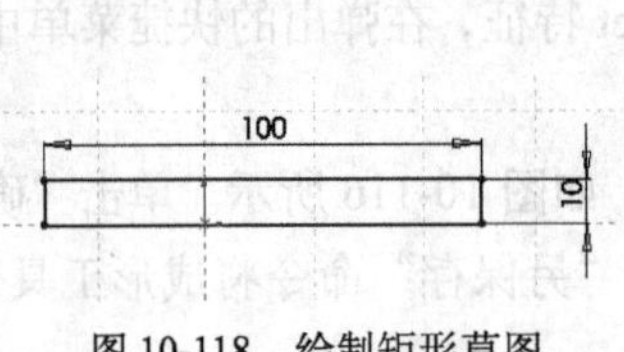

图 10-118　绘制矩形草图

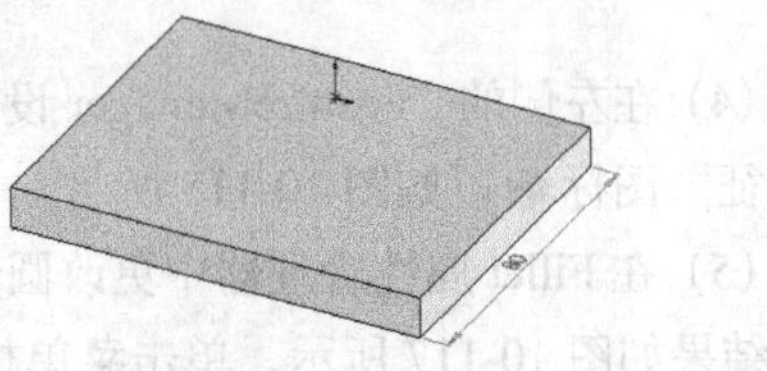

图 10-119　生成拉伸特征

（3）单击如图 10-118 所示的上表面，然后单击“前导视图”工具栏中的“正视于”按钮，将该表面作为绘制图形的基准面。在此表面上绘制一个“矩形”草图，如图 10-120 所示。

（4）单击“特征”控制面板中的“拉伸凸台/基体”按钮，或单击菜单栏中的“插入”→“凸台/基体”→“拉伸”命令，在“深度”栏中输入 15，在“拔模角度”栏中输入 10，拉伸生成特征，如图 10-121 所示。

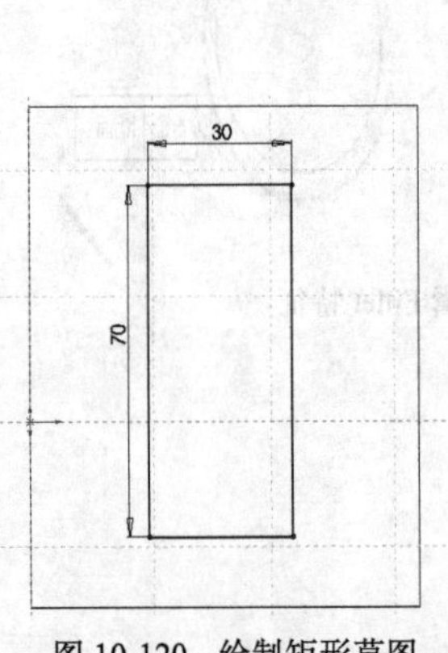

图 10-120　绘制矩形草图

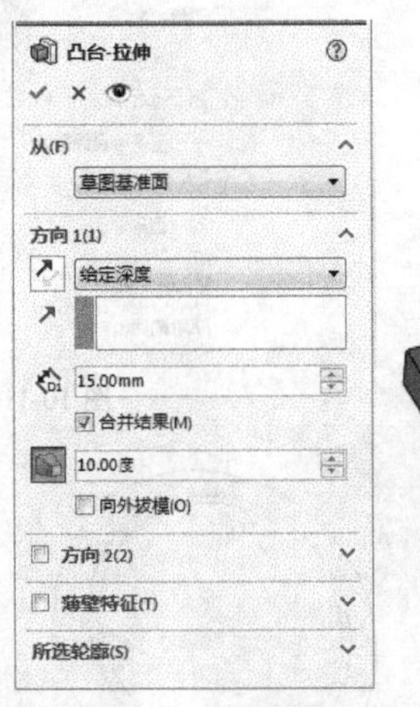

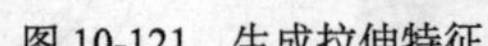

图 10-121　生成拉伸特征

（5）单击“特征”控制面板中的“圆角”按钮，或单击菜单栏中的“插入”→“特征”→“圆角”命令，设置圆角半径为 6，按住 Shift 键，依次选择拉伸特征的各个边线，如图 10-122 所示，然后单击“确定”按钮，结果如图 10-123 所示。

（6）单击图 10-123 中矩形实体的一个侧面，然后单击“草图”操控板中的“草图绘制”图标，再单击“草图”控制面板中的“转换实体引用”按钮，生成矩形草图，如图 10-124

所示。

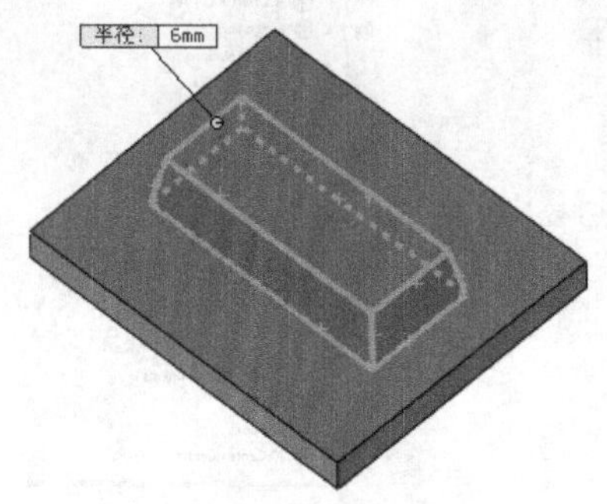

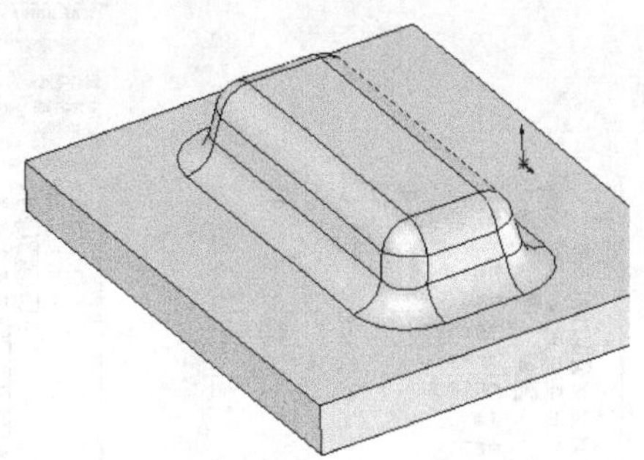

图 10-122 选择圆角边线　　图 10-123 生成圆角特征

（7）单击“特征”控制面板中的“拉伸切除”按钮，或单击菜单栏中的“插入”→“切除”→“拉伸”命令，在弹出的“切除-拉伸”属性管理器“终止条件”一栏中选择“完全贯穿”，如图 10-125 所示，然后单击“确定”按钮。

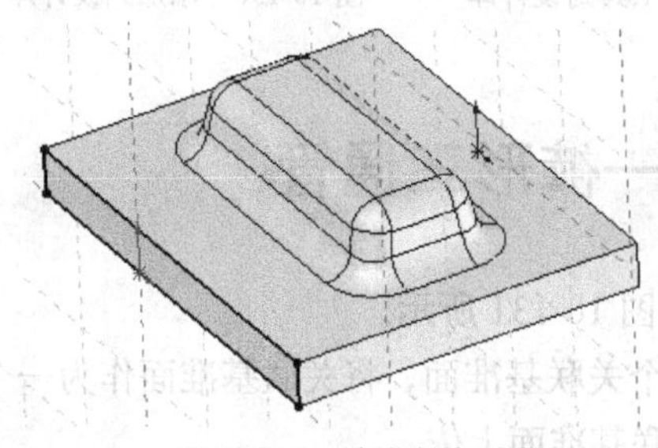
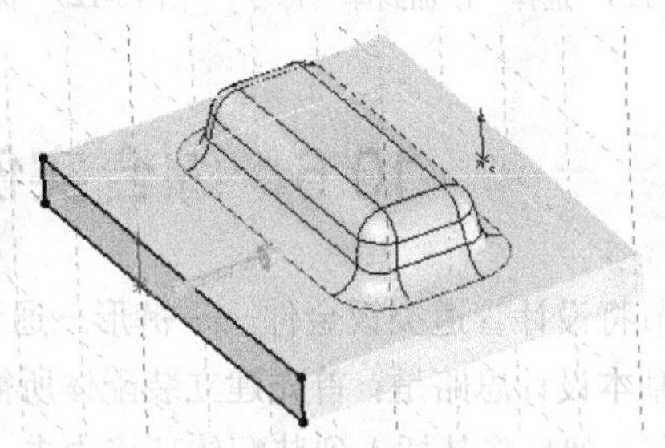

图 10-124 转换实体引用　　图 10-125 完全贯穿切除

（8）单击如图 10-126 所示的底面，然后单击“前导视图”工具栏中的“正视于”按钮，将该表面作为绘制图形的基准面。单击“草图”控制面板中的“圆”按钮，以基准面的中心为圆心绘制一个圆，如图 10-127 所示，单击“退出草图”按钮。

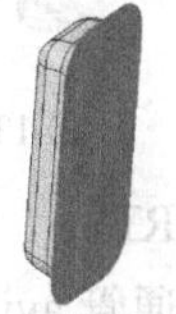
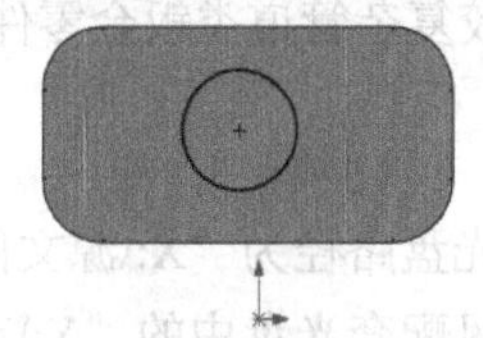

图 10-126 选择草图基准面　　图 10-127 绘制定位草图

技巧荟萃

在步骤（8）中绘制的草图是成形工具的定位草图，必须绘制，否则成形工具将不能放置到钣金零件上。

（9）首先，将零件文件保存，然后，在操作界面左边成形工具零件的“FeatureManager 设计树”中，右击零件名称，在弹出的快捷菜单中选择“添加到库”命令，如图 10-128 所示。系统弹出“另存为”对话框，在对话框中选择保存路径为“Design Library\forming tools\embosses\”，如图 10-129 所示。将此成形工具命名为“矩形凸台”，单击“保存”按钮，可以把新生成的成形工具保存在设计库中，如图 10-130 所示。

图 10-128 选择“添加到库”命令

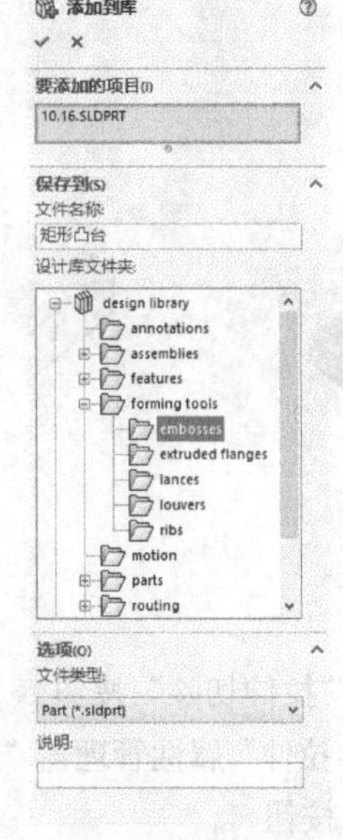

图 10-129 保存成形工具到设计库

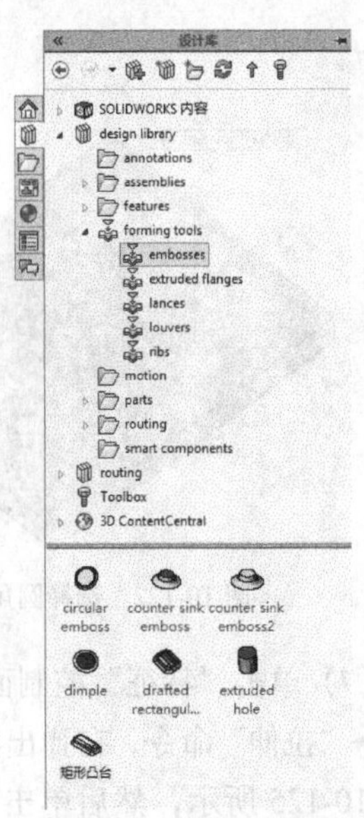

图 10-130 添加到设计库

10.6 综合实例——裤形三通管

本节将设计管道类钣金件——裤形三通管，如图 10-131 所示。

其基本设计思路是：首先建立装配体所需的各个关联基准面，将关联基准面作为一个零件文件保存，然后将其插入到装配体环境中去，在关联基准面上依次执行关联设计方法生成侧面管、斜接管及中间管钣金零件，最后通过镜向零部件生成完整的裤形三通管。在设计过程中，多次运用到了转换实体引用工具，大大提高了设计效率。同时，还运用了插入折弯、放样折弯、拉伸实体/切除等工具，通过本实例的设计，将可以掌握较复杂管道类钣金零件的设计方法。

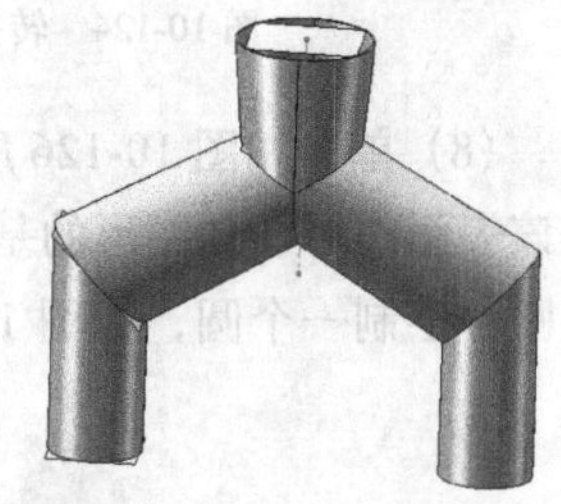

图 10-131 生成的裤形三通管

光盘文件

实例结果文件光盘路径为“X:\源文件\ch10\裤形三通管.SLDPRT”。

多媒体演示参见配套光盘中的“X:\动画演示\第 10 章\裤形三通管.avi”。

绘制步骤

1. 启动 SOLIDWORKS 2016，单击“快速访问”工具栏中的“新建”按钮，或执行“文件”→“新建”菜单命令，在弹出的“新建 SOLIDWORKS 文件”对话框中选择“零件”按钮，然后单击“确定”按钮，创建一个新的零件文件。

2. 绘制草图构造线。在左侧的“FeatureManager 设计树”中选择“前视基准面”作为绘图基准面，然后单击“草图”面板中的“中心线”按钮，绘制两条竖直直线和一条斜线并标注智能尺寸，如图 10-132 所示。

3. 绘制草图。

(1) 单击“草图”面板中的“直线”按钮，绘制两条水平线和两条斜线，如图 10-133

所示。对草图进行智能尺寸标注，如图 10-134 所示。

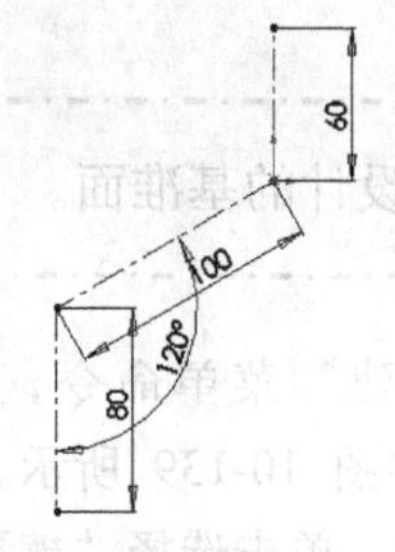

图 10-132 绘制草图构造线

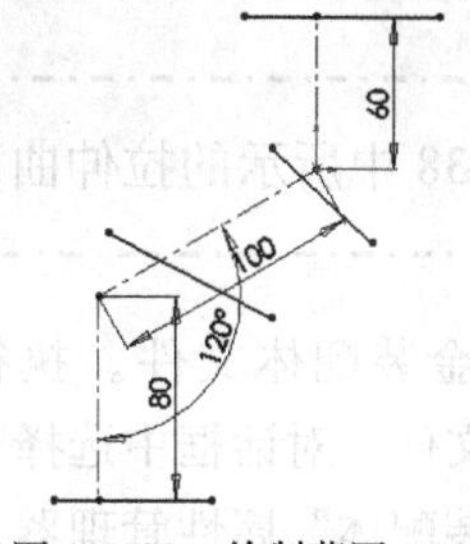

图 10-133 绘制草图

（2）单击“显示/删除几何关系”工具栏中的“添加几何关系”按钮⊥，将第一条水平线和竖直构造线的端点作“中点”和“重合”约束，如图 10-135 所示。

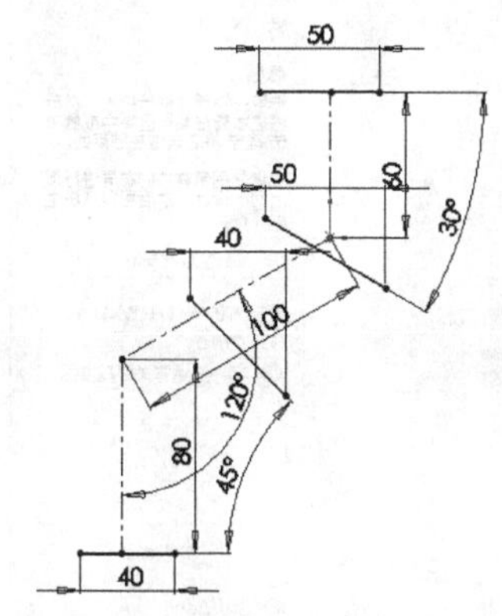

图 10-134 标注草图智能尺寸

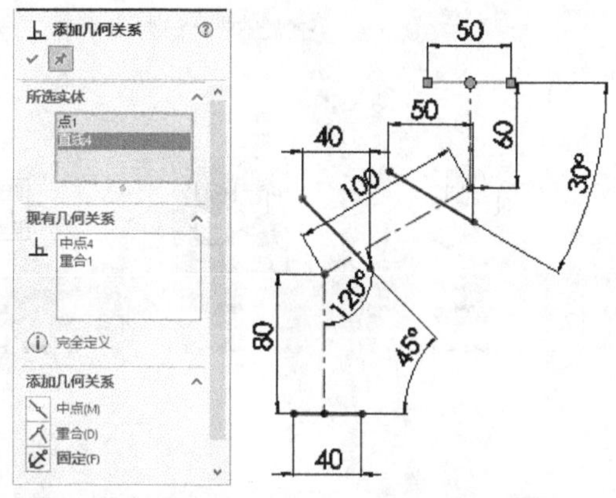

图 10-135 添加“中点”和“重合”约束

（3）添加几何关系操作，将其他两条斜线和一条水平线添加与构造线端点和交点的“中点”和“重合”约束，如图 10-136 所示。单击“退出草图”按钮，退出草图编辑状态。

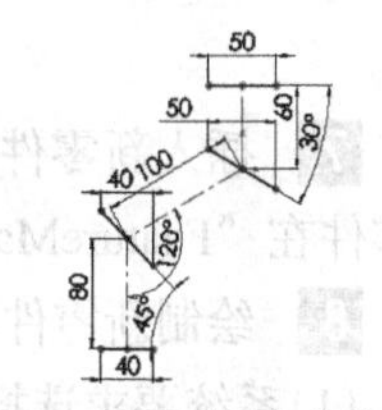

图 10-136 添加其他线条“中点”和“重合”约束

4. 生成“曲面-拉伸”特征。单击“曲面” 控制面板中的“拉伸曲面”按钮，或执行“插入”→“曲面”→“拉伸曲面”菜单命令，然后鼠标单击选择草图，弹出“曲面-拉伸”属性管理器，在“终止条件”栏中选择“两侧对称”，在“深度”输入栏中键入数值 40，如图 10-137 所示。单击“确定”按钮✔，生成拉伸曲面，如图 10-138 所示。

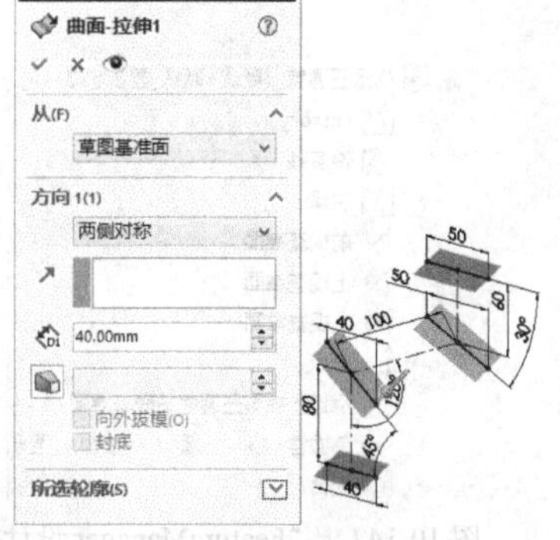

图 10-137 进行拉伸曲面操作

图 10-138 生成拉伸曲面

5 保存基准面文件。单击“保存”按钮，保存此零件文件，命名为“裤形三通管关联基准面”。

注意：图 10-138 中所示的拉伸曲面将作为钣金关联设计的基准面。

6 建立钣金装配体文件。执行“文件”→“新建”菜单命令，在弹出的“新建 SOLIDWORKS 文件”对话框中选择“装配体”文件，如图 10-139 所示。单击“确定”按钮，弹出“开始装配体”属性管理器，如图 10-140 所示，单击选择“裤形三通管关联基准面”零件，将基准面插入装配体中，单击“保存”按钮，将装配体文件命名为“裤形三通管”保存。

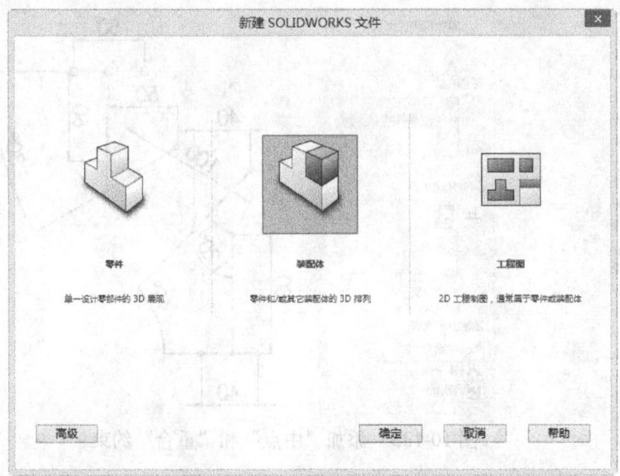

图 10-139　新建装配体文件

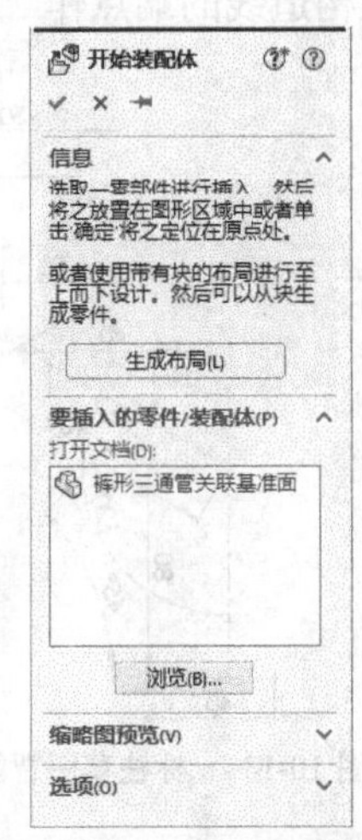

图 10-140　插入基准面零件

7 插入新零件。执行“插入”→“零部件”→“新零件”菜单命令，系统将添加一个新零件在“FeatureManager 设计树”中。

8 绘制新零件草图。

(1)系统要求选择一个面作为放置零件的基准面，如图 10-141 所示，单击选择鼠标箭头所指的面作为放置零件的基准面。

(2) 在“FeatureManager 设计树”中右击新插入的零件，在弹出的菜单中选择“重新命名零件”命令，重新命名零件的名称为“侧面管”，如图 10-142 所示。

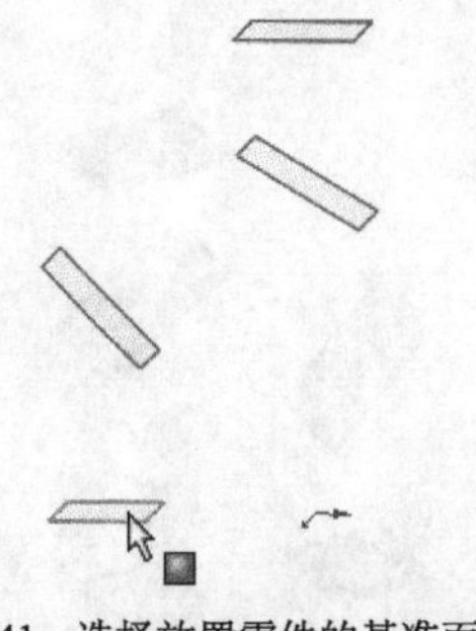

图 10-141　选择放置零件的基准面

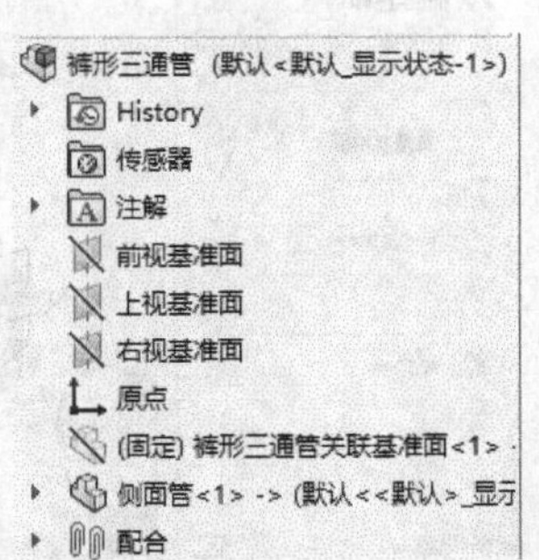

图 10-142　“FeatureManager 设计树”

9 绘制新零件草图。

(1) 单击“前导视图”工具栏中的“正视于”按钮，正视于绘制草图基准面，单击“草图”面板中的“圆心/起点/终点圆弧”按钮，绘制一个圆弧，圆弧的圆心在绘图基准面的中心点，可以执行智能捕捉功能来确定中心点，如图 10-143 所示。执行智能捕捉功能捕捉基准面边线的中点作为圆弧的起点，这时，系统将自动添加起点在边线中点的几何关系，如图 10-144 所示。

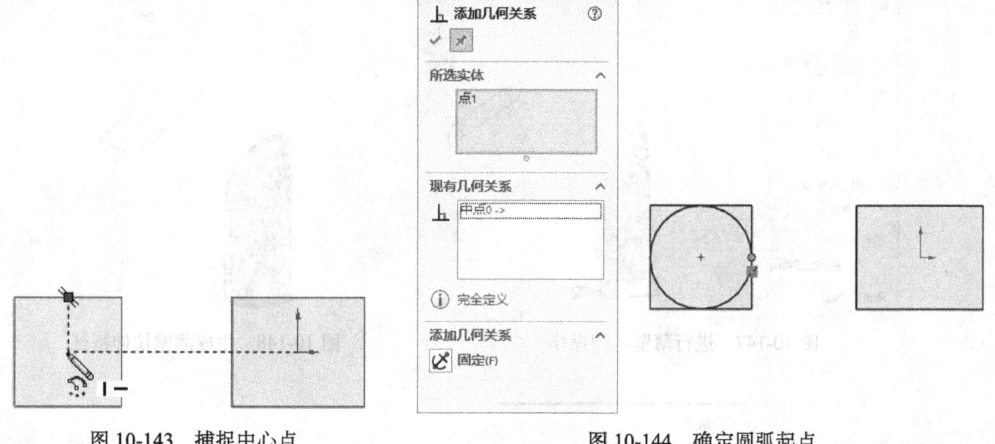

图 10-143 捕捉中心点

图 10-144 确定圆弧起点

(2) 单击圆弧的圆心，弹出圆心的“添加几何关系”对话框，添加固定约束几何关系，如图 10-145 所示，使圆弧中心固定。单击“草图”面板中的“智能标注”按钮，标注圆弧的起点和终点距离尺寸，修改尺寸数值为 0.1，如图 10-146 所示。

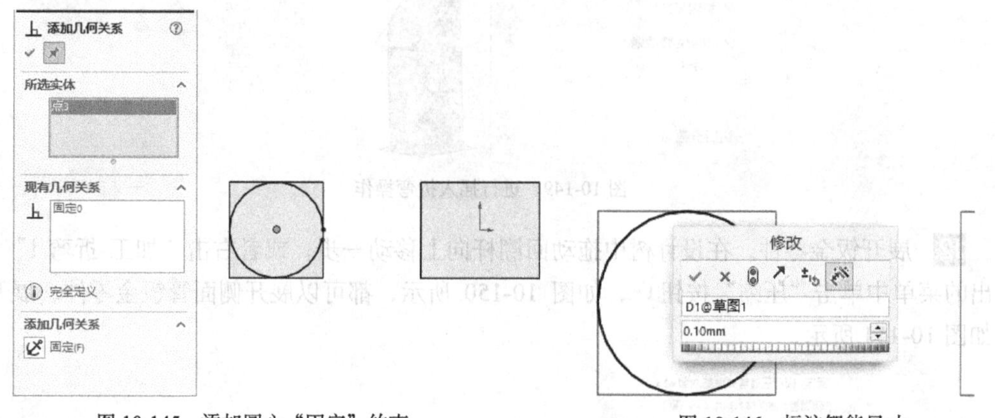

图 10-145 添加圆心“固定”约束

图 10-146 标注智能尺寸

10 生成“拉伸”特征。单击“特征”面板中的“拉伸凸台/基体”按钮，或执行“插入”→“凸台/基体”→“拉伸”菜单命令，系统弹出“凸台-拉伸”属性管理器，在方向 1 的“终止条件”栏中选择“成形到一面”，单击倾斜的绘图基准面，选择“薄壁特征”选项，在“类型”选择栏中选择“单向”，在“厚度”栏中键入值 1，如图 10-147 所示，然后单击“确定”按钮，最后结果如图 10-148 所示。

11 生成“插入折弯”特征。单击“钣金”控制面板中的“插入折弯”按钮，或执行“插入”→“钣金”→“折弯”菜单命令，弹出“折弯”属性管理器，在“固定的面和边线” 输入栏中选择侧面管零件的一条边线作为固定边，在“折弯半径”输入栏键入数值 1，其他采用默认设置，如图 10-149 所示，单击“确定”按钮✔，在“FeatureManager 设计树”中添加了钣金特征。

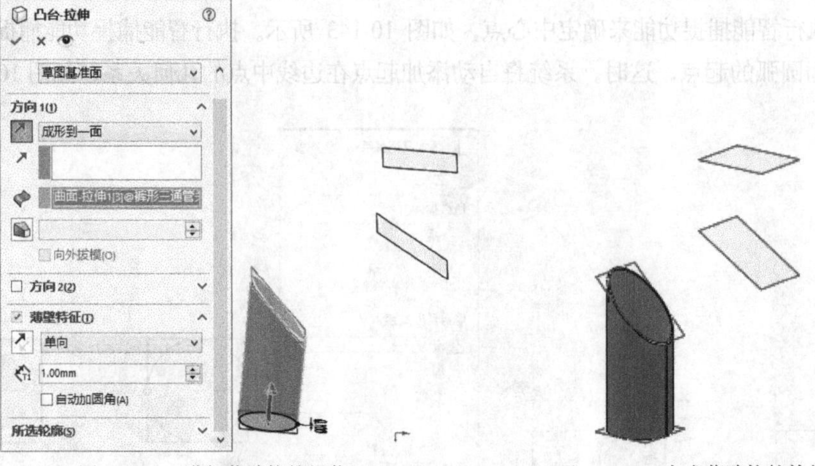

图 10-147 进行薄壁拉伸操作　　图 10-148 生成薄壁拉伸特征

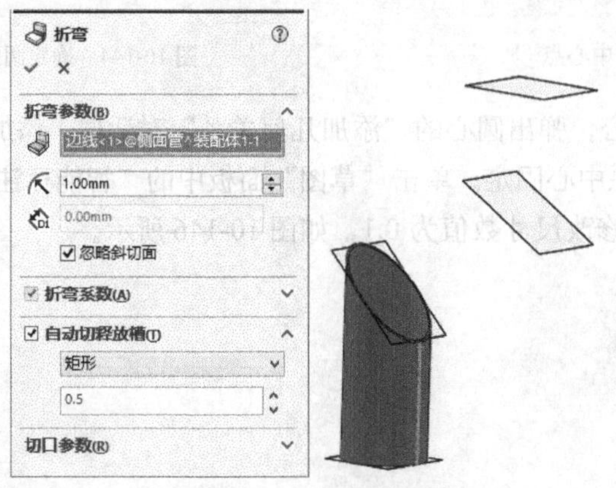

图 10-149 进行插入折弯操作

12. 展开钣金零件。在设计树中拖动回溯杆向上移动一步，或者右击“加工-折弯 1”，在弹出的菜单中单击“压缩”按钮，如图 10-150 所示，都可以展开侧面管钣金零件。展开结果如图 10-151 所示。

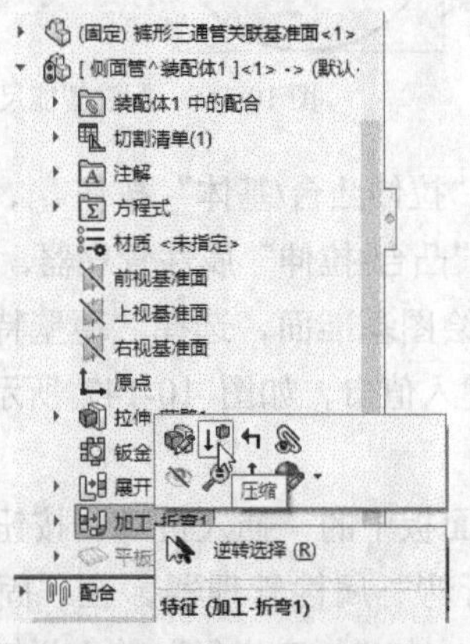

图 10-150 展开钣金零件操作

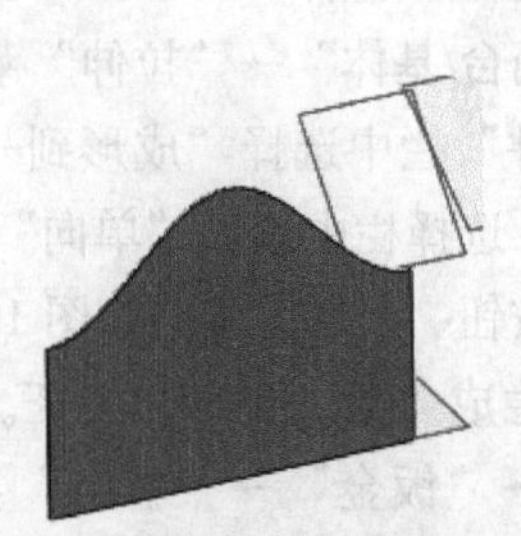

图 10-151 展开的侧面管钣金零件

13 退出“侧面管”编辑状态。单击“装配体”面板中的“编辑零部件”按钮，退出“侧面管”零件的编辑状态。

14 插入新零件。执行“插入”→“零部件”→“新零件”菜单命令，系统将添加一个新零件在“FeatureManager 设计树”中。这时系统在右下角提示选择放置新零件的面或基准面。为了避免出现配合错误，可以不选择放置新零件的面或基准面，按 Esc 键放弃选择放置新零件的面或基准面。

15 重新命名新零件。在“FeatureManager 设计树”中右击新插入的零件，在弹出的菜单中选择“重新命名零件”命令，如图 10-152 所示，重新命名零件的名称为“斜接管”。

16 进入“斜接管”编辑状态。在“FeatureManager 设计树”中选择“斜接管”零件，单击“装配体”面板中的“编辑零部件”按钮，进入“斜接管”零件的编辑状态。

17 绘制草图 1。在草图绘制状态下，选择如图 10-153 所示的面作为基准面，单击选择侧面管斜面的外边线，然后单击“草图”面板中的“转换实体引用”按钮，将此边线转化为草图图素，如图 10-154 所示。单击转换所得的椭圆线条，在弹出的属性管理器中将椭圆图素的现有几何关系“在边线上”约束删除掉，如图 10-155 所示。

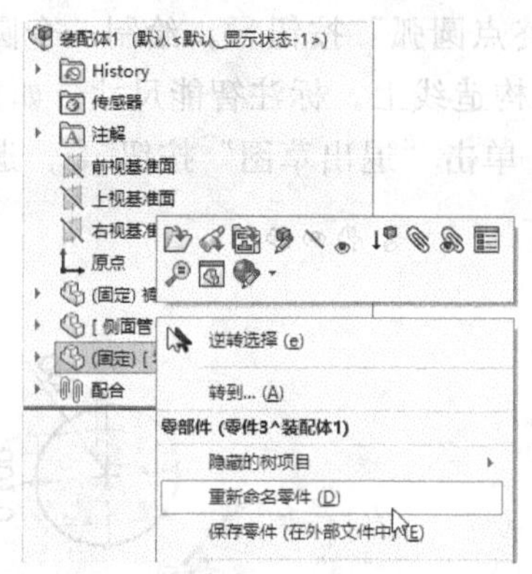

图 10-152 重新命名新零件

图 10-153 选择绘制草图基准面

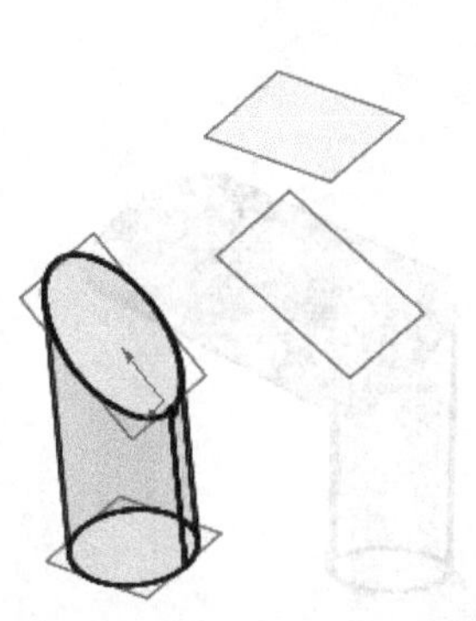

图 10-154 将斜面边线进行转换实体引用

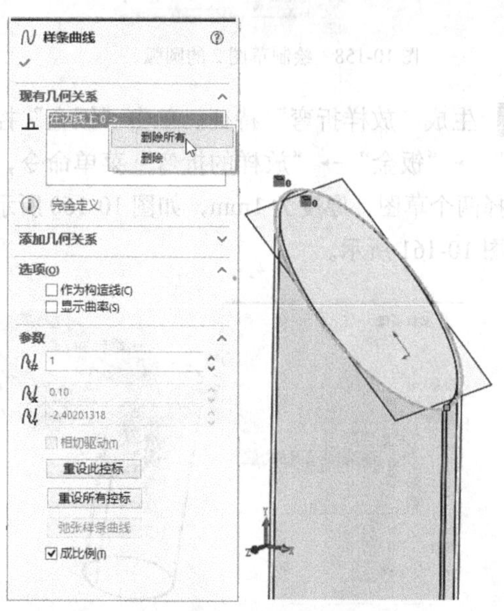

图 10-155 删除“在边线上”约束

18. 绘制草图 2。

(1)选择图 10-156 所示的基准面作为绘制斜接管的草图 2 的基准面。为了绘图方便，先过基准面的中点绘制两条互相垂直的构造线，如图 10-157 所示。

删除几何约束的目的是当侧面管展开时斜接管不会出错。因为斜接管的草图 1 引用了侧面管的斜边线。

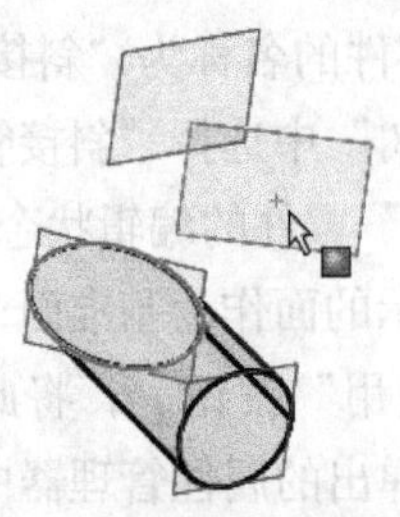

图 10-156　选择绘制草图 2 基准面

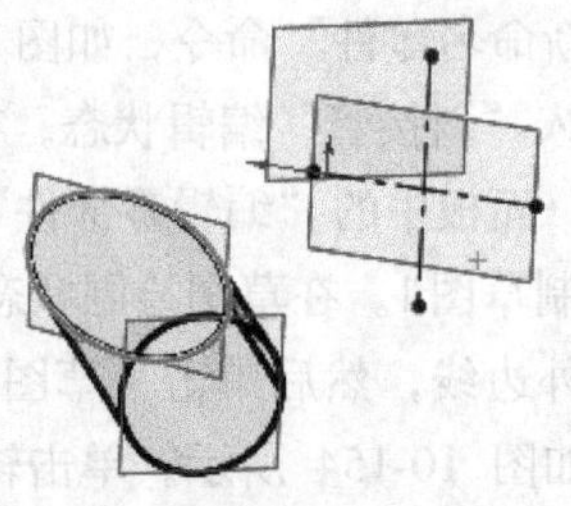

图 10-157　绘制构造线

(2) 单击“草图”面板中的“圆心/起点/终点圆弧”按钮，绘制一个圆弧，圆弧的圆心在两条构造线的交点，起点也在一条较长构造线上，标注智能尺寸，如图 10-158 所示。最后标注圆弧的半径，如图 10-159 所示。单击“退出草图”按钮，退出草图编辑状态。

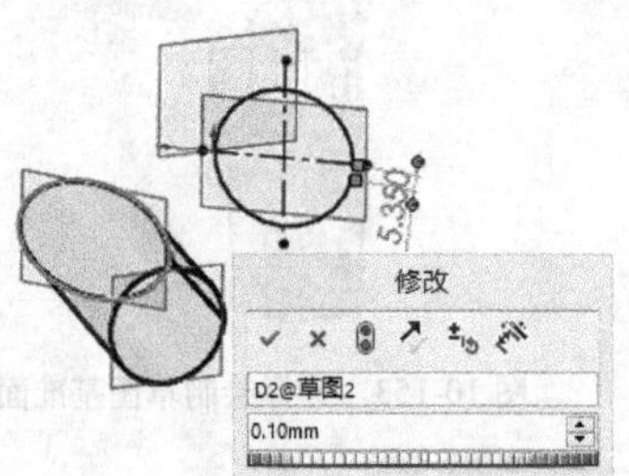

图 10-158　绘制草图 2 的圆弧

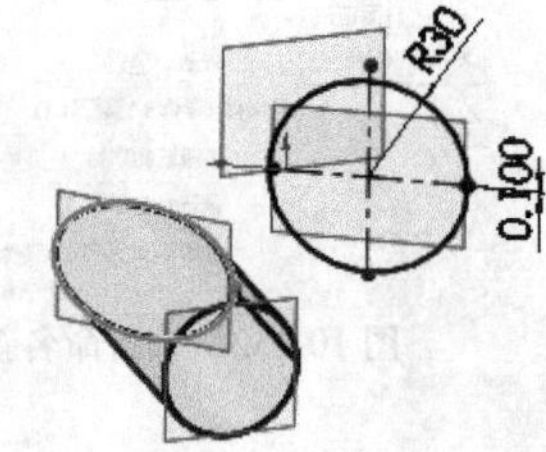

图 10-159　标注圆弧半径

19. 生成“放样折弯”特征。单击“钣金”控制面板中的“放样折弯”按钮，或执行“插入”→“钣金”→“放样的折弯”菜单命令，弹出“放样折弯”属性管理器，在图形区域中选择两个草图，厚度为 1mm，如图 10-160 所示，单击 “确定”按钮，生成放样折弯特征，如图 10-161 所示。

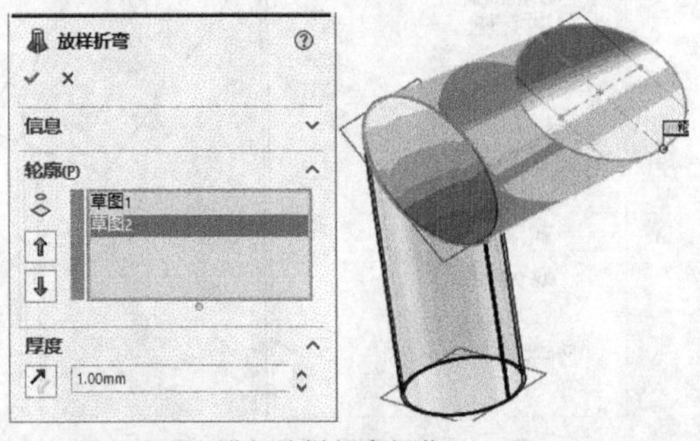

图 10-160　进行放样折弯操作

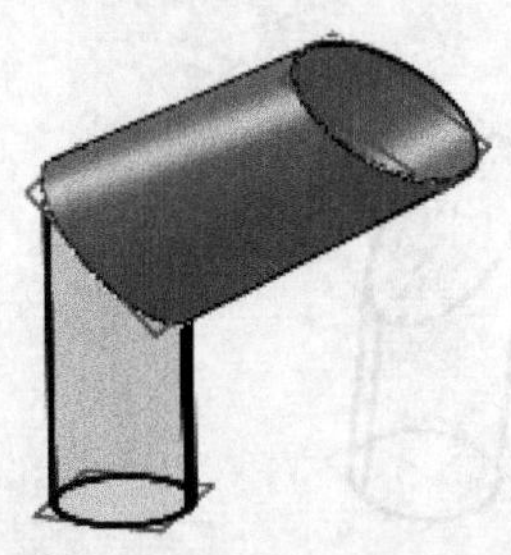

图 10-161　生成放样折弯特征

20. 编辑关联基准面。

(1) 在“FeatureManager 设计树”中右击“裤形三通管关联基准面”，在弹出的菜单中单击“编辑”按钮，如图 10-162 所示。选择“前视基准面”作为绘图基准面，绘制一条竖直的构造线，构造线过箭头所指曲面投影线的中点，如图 10-163 所示，单击“退出草图”按钮，退出草图编辑状态。

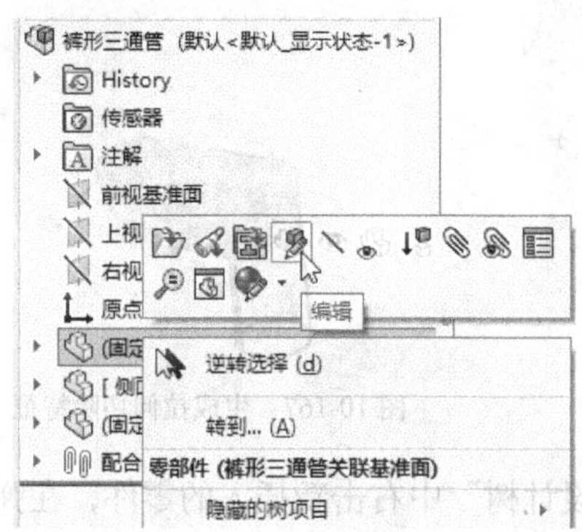

图 10-162 选择编辑零件命令

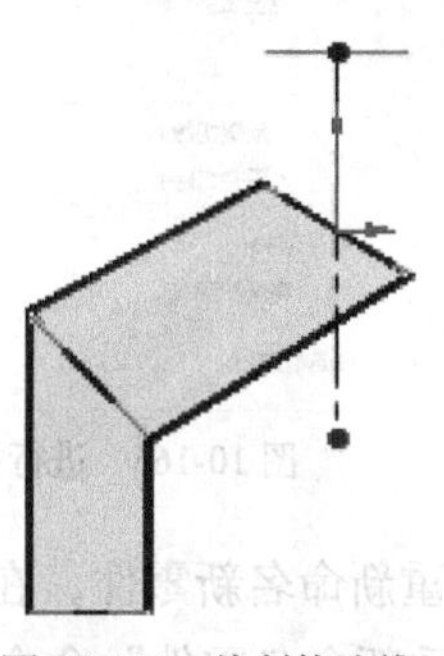

图 10-163 绘制构造线

(2) 单击“装配体”面板中的“编辑零部件”按钮，退出“裤形三通管关联基准面”的编辑状态。

21. 进入“斜接管”编辑状态。在“FeatureManager 设计树”中右击“斜接管”，在弹出的菜单中单击“编辑”按钮，进入编辑状态。选择“前视基准面”作为绘图基准面，单击“草图”面板中的“草图绘制”按钮，进入草图编辑状态，如图 10-164 所示。

22. 绘制草图 3。拾取竖直构造线，单击“草图”面板中的“转换实体引用”按钮，将此构造线转化为竖直草图直线，如图 10-165 所示。

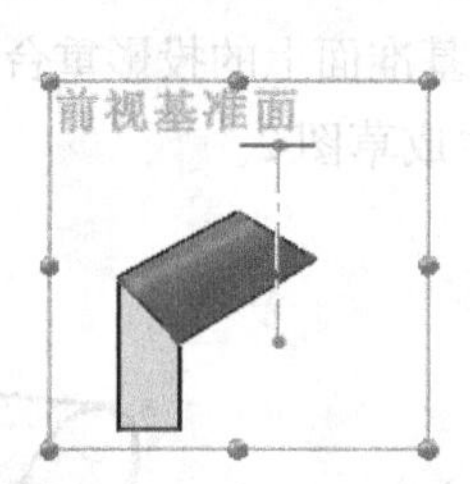

图 10-164 选择前视基准面

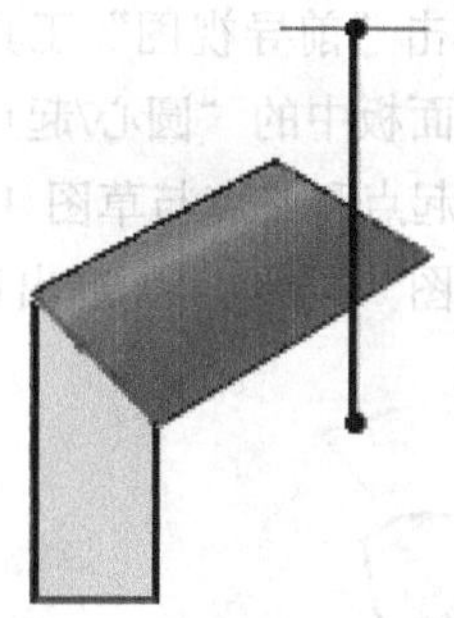

图 10-165 绘制竖直直线

23. 进行拉伸切除。

(1) 在草图编辑状态下，单击“特征”面板中的“拉伸切除”按钮，或执行“插入”→“切除”→“拉伸”菜单命令，系统弹出“切除-拉伸”属性管理器，在方向 1 的“终止条件”栏中选择“完全贯穿”，如图 10-166 所示，单击“确定”按钮，切除斜接管的多余部分，结果如图 10-167 所示。

(2) 单击“装配体”面板中的“编辑零部件”按钮，退出“斜接管”的编辑状态。

24. 插入新零件。执行“插入”→“零部件”→“新零件”菜单命令，系统将添加一个新零件在“FeatureManager 设计树”中。这时系统在右下角提示选择放置新零件的面或基准面，为了避免出现配合错误，可以不选择放置新零件的面或基准面，按 Esc 键放弃选择放置新零件的面或基准面。

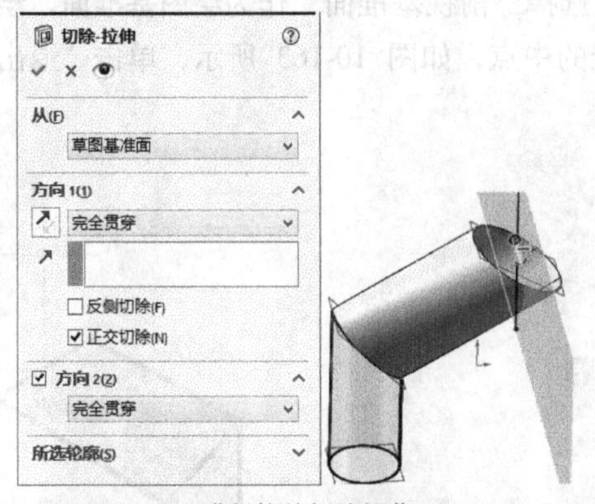

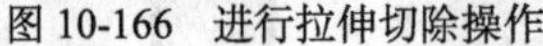
图 10-166 进行拉伸切除操作

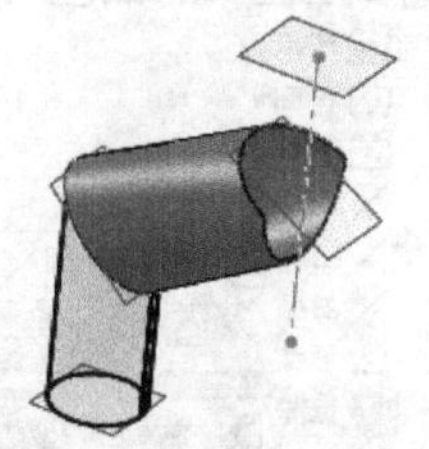
图 10-167 生成拉伸切除特征

25. 重新命名新零件。在“FeatureManager 设计树”中右击新插入的零件，在弹出的菜单中选择“重新命名零件”命令，重新命名零件的名称为“中间管”。

26. 进入“中间管”编辑状态。在“FeatureManager 设计树”中选择“中间管”零件，单击“装配体”面板中的“编辑零部件”按钮，进入“中间管”零件的编辑状态。

27. 绘制中间管草图 1。选择如图 10-168 所示的面作为绘图基准面，在草图绘制状态下，单击选择斜接管斜面的外边线，然后单击“草图”面板中的“转换实体引用”按钮，将此边线转化为草图图素，如图 10-169 所示。单击转换所得的曲线线条，在弹出的 PropertyManager 属性管理器对话框中，将此线条的现有几何关系“在边线上”约束删除掉，单击“退出草图”按钮，退出草图编辑状态。

28. 绘制草图 2。首先选择如图 10-170 所示的基准面作为绘制中间管的草图 2 的基准面。为了绘图方便，单击“前导视图”工具栏中的“正视于”按钮，正视于绘制草图基准面。然后单击“草图”面板中的“圆心/起点/终点圆弧”按钮，绘制一个半圆圆弧，圆弧的圆心在基准面的中心，起点和终点与草图 1 曲线的两端点在基准面上的投影重合，如图 10-171 所示。单击“退出草图”按钮，退出草图编辑状态，生成草图 2。

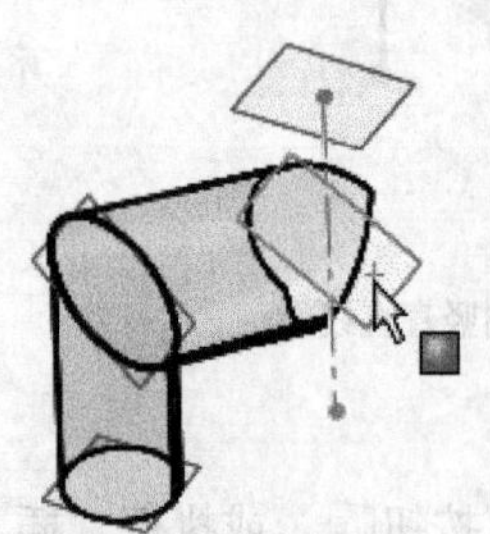
图 10-168 选择基准面

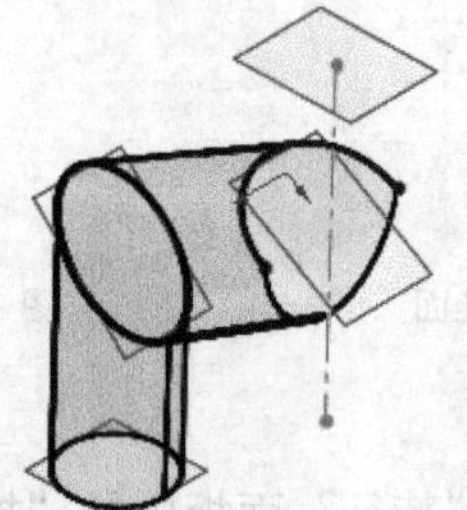
图 10-169 将斜面边线进行转换实体引用

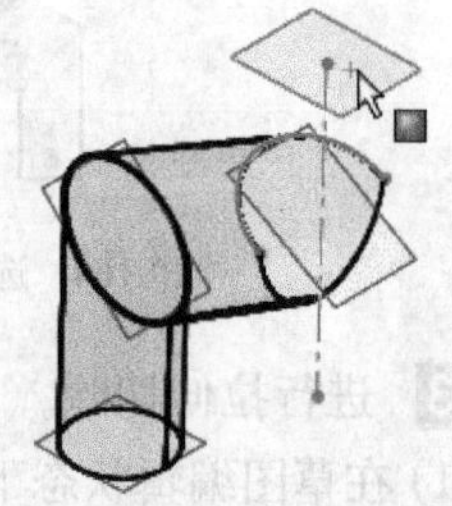
图 10-170 选择基准面

29. 生成“放样折弯”特征。单击“钣金”控制面板中的“放样折弯”按钮，或执行“插入”→“钣金”→“放样的折弯”菜单命令，弹出“放样折弯”属性管理器，在图形区域中选择中间管的两个草图，厚度为 1mm，如图 10-172 所示，单击 “确定”按钮，生成放样折弯特征。

30. 退出零件编辑状态。单击“钣金”选项卡中的“编辑零部件”按钮，退出“中间管”的编辑状态。

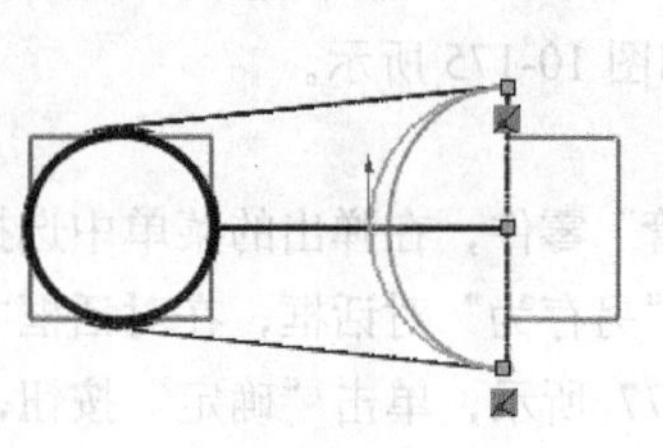

图 10-171 绘制草图 2

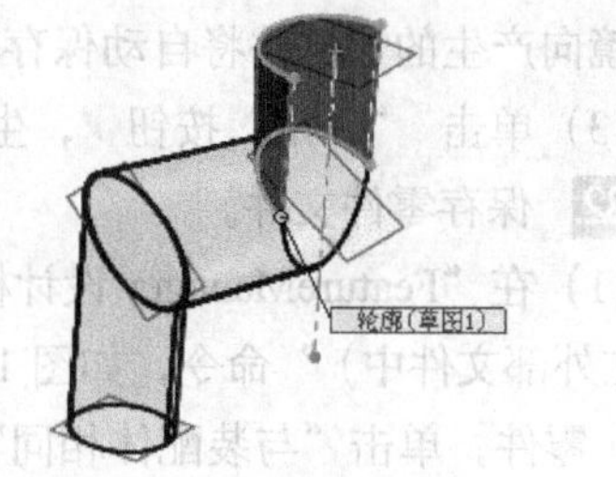

图 10-172 进行放样折弯操作

31. 镜向零部件。

（1）执行“插入”→“镜向零部件”菜单命令，弹出“镜向零部件”特征 PropertyManager 对话框。在“FeatureManager 设计树”中选择“三通管”零件的右视基准面作为镜向基准面，如图 10-173 所示。

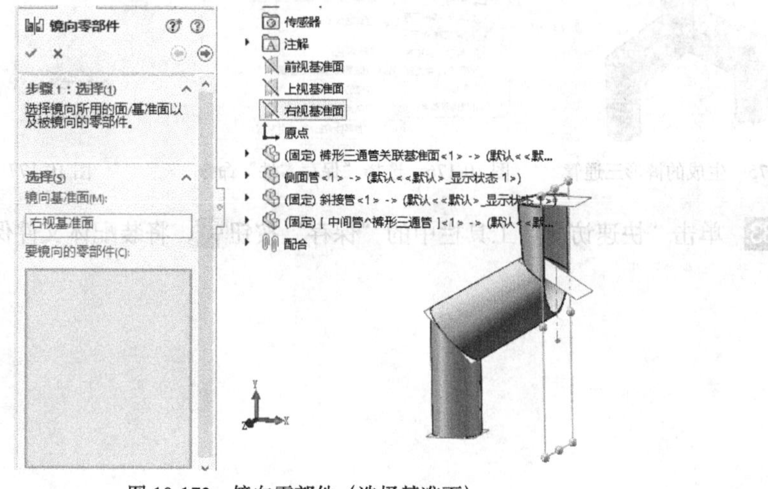

图 10-173 镜向零部件（选择基准面）

（2）拾取中间管、斜接管和侧面管作为要镜向的零部件，为每个零部件设定状态（镜向或复制），如图 10-174 所示，单击“往下”按钮，进入“步骤 2：设定方位”管理器，在管理器中可以对选取零件重新定向。

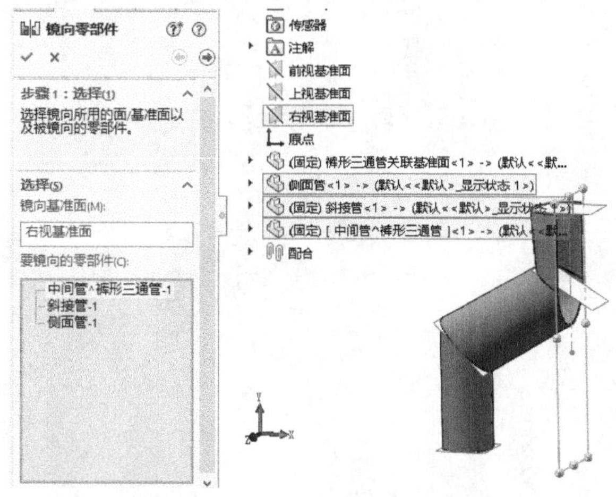

图 10-174 选择要镜向的零部件

镜向产生的零部件将自动保存在与装配体相同的文件夹中，也可以更改保存的路径。

(3) 单击 "确定" 按钮✓，生成最后的装配体如图 10-175 所示。

32. 保存零件文件。

(1) 在 "FeatureManager 设计树" 中右击 "侧面管" 零件，在弹出的菜单中选择 "保存零件 (在外部文件中)" 命令，如图 10-176 所示，弹出 "另存为" 对话框，在对话框中选择 "侧面管" 零件，单击 "与装配体相同" 按钮，如图 10-177 所示，单击 "确定" 按钮，完成 "侧面管" 零件的保存。

(2) 重复上述操作，完成 "斜接管" 和 "中间管" 零件的保存，保存路径与装配体相同。

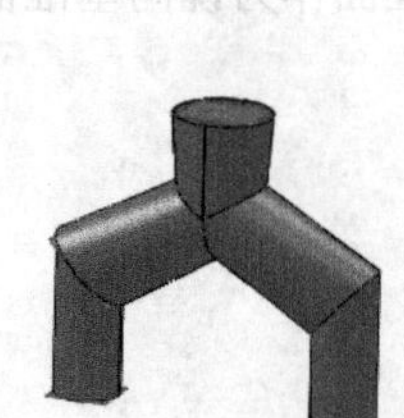

图 10-175　生成的裤形三通管

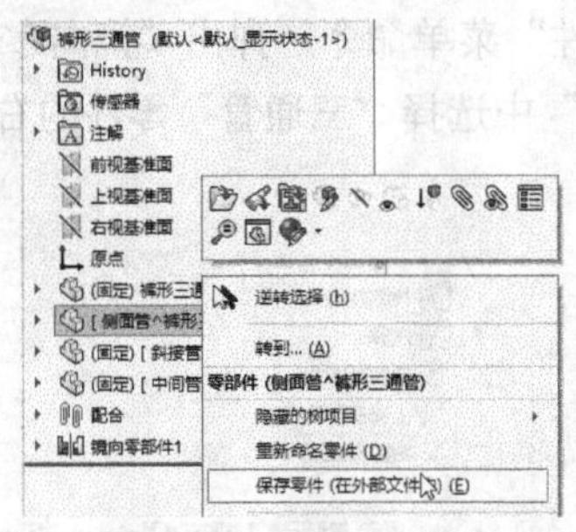

图 10-176　选择 "保存零件" 命令

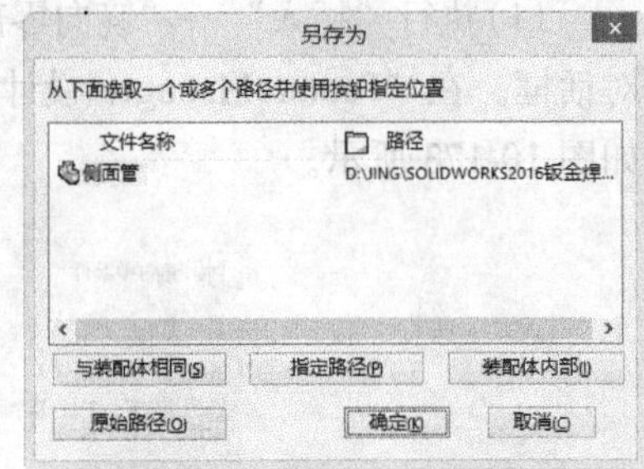

图 10-177　"另存为" 对话框

33. 单击 "快速访问" 工具栏中的 "保存" 按钮，将装配体文件保存。

第 11 章 焊接设计

利用 SOLIDWORKS 软件可以较方便地进行焊件的设计。本章介绍其焊件功能中的“结构构件”、“角撑板”、“圆角焊缝”等特征，使焊件设计的效率更高，然后介绍焊件切割清单以及装配体中焊缝的创建过程。最后将向读者介绍篮球架实例的设计思路及其设计步骤。通过对复杂焊接零件的设计，可以综合运用到焊件设计工具的各项功能，进一步熟练设计技巧。

知识点

- 焊接基础
- 焊件特征工具与焊件菜单
- 焊件特征
- 结构构件特征
- 剪裁/延伸特征
- 顶端盖特征
- 角撑板特征
- 圆角焊缝特征
- 焊件切割清单
- 装配体中焊缝的创建

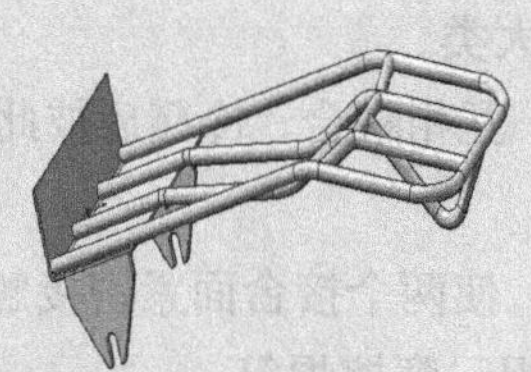

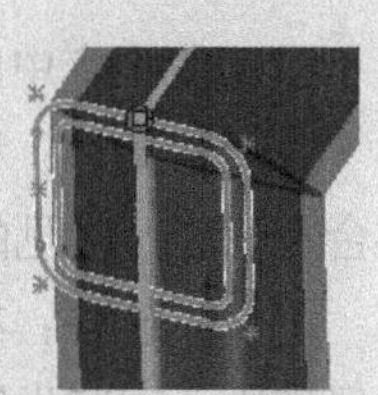

11.1 概述

使用 SOLIDWORKS 2016 软件的焊件功能可以进行焊接零件设计。执行焊件功能中的焊接结构构件可以设计出各种焊接框架结构件，如图 11-1 所示。也可以执行焊件工具栏中的剪裁和延伸特征功能设计各种焊接箱体、支架类零件，如图 11-2 所示。在实体焊件设计过程中都能够设计出相应的焊缝，真实地体现焊接件的焊接方式。

图 11-1 焊件框架

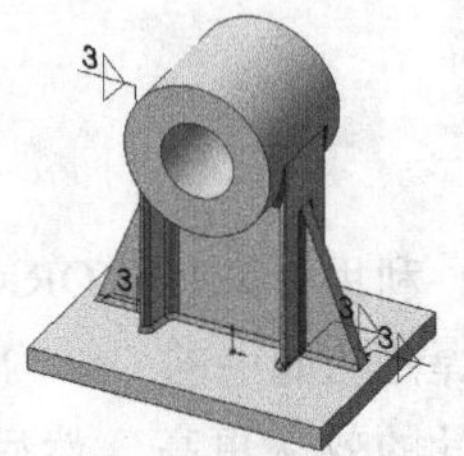

图 11-2 H 形轴承支架

设计好实体焊接件后，还可以生成焊件的工程图，在工程图中生成焊件的切割清单，如图 11-3 所示。

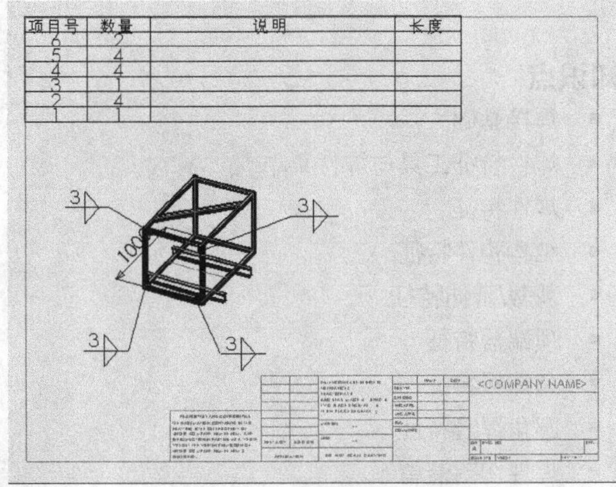

图 11-3 焊件工程图

11.2 焊接基础

工业生产中应用焊接方法很多，按焊接过程的特点可归纳为三大类。

（1）熔焊：利用局部加热的方法将焊接结合处加热到熔化状态，互相融合，冷凝后彼此结合在一起。常见的有电弧焊、气焊等。

（2）压焊：在焊接时不论对焊件加热与否，都施加一定的压力，使两个接合面紧密接触，促进原子间产生结合作用，以获得两个焊件的牢固连接，例如电阻焊、摩擦焊等。

（3）钎焊：它与熔焊有相似之处，也可获得牢固的连接，但两者之间有本质的区别。这种方法是利用比焊件熔点低的钎料和焊件一同加热，是钎料熔化，而焊件本身不熔化，利用液态钎料湿润焊件，填充接头间隙，并与焊件相互扩散，实现与固态被焊金属的结合，冷凝后彼此连接起来，如锡焊和铜焊等。

11.2.1 焊缝形式

焊缝是构成焊接接头的主体部分，对接焊缝和角焊缝是焊缝的基本形式。根据是否承受载荷又可分为工作焊缝和联系焊缝，如图 11-4 所示。按焊缝所在的空间位置又可分为平焊缝、立焊缝、横焊缝及仰焊缝等，如图 11-5 所示。按焊缝的断续情况可分为连续焊缝和间断焊缝，如图 11-6 所示。间断焊缝仅起联系作用和对密封没有要求的场合。

工作焊缝，外力与焊缝垂直
联系焊缝，外力与焊缝平行

图 11-4 工作焊缝和联系焊缝

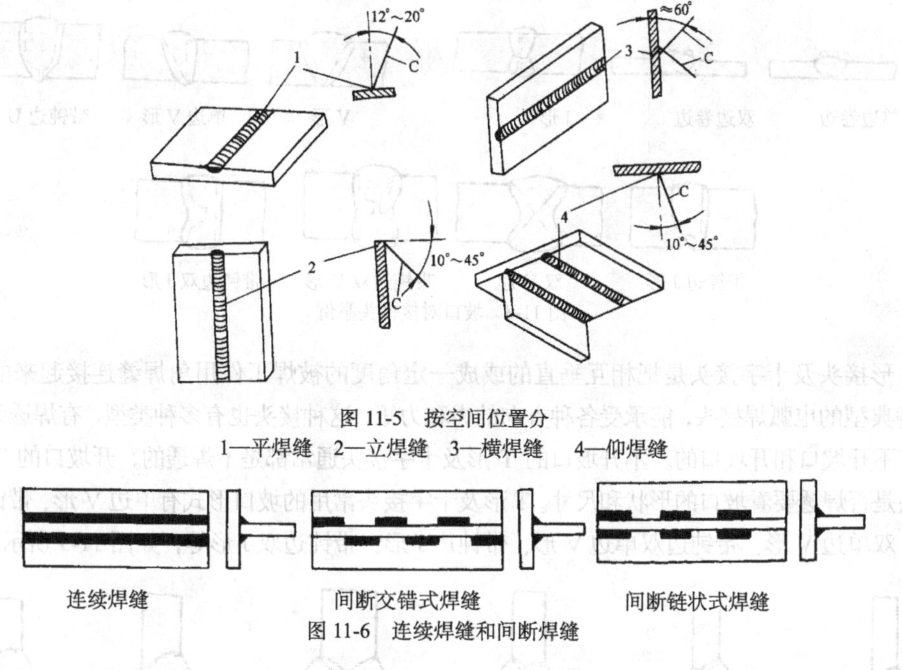

图 11-5 按空间位置分

1—平焊缝 2—立焊缝 3—横焊缝 4—仰焊缝

图 11-6 连续焊缝和间断焊缝

11.2.2 焊接接头

焊接接头的种类和形式很多，可以从不同的角度将它们分类。例如，可按所采用的焊接方法、接头构造形式以及破口形状、焊缝类型等来分类。但焊接接头的基本类型实际上共有 5 种，如图 11-7 所示。

对接接头是把同一平面上的两种被焊工件相对焊接起来而形成的接头。从受力的角度看，对接接头是比较理想的接头形式，与其他类型的接头相比，它的受力状况较好，应力集中程度较小。为了保证焊接质量、减少焊接变形和焊接材料消耗，根据板厚或壁厚的不同，往往需要把被焊工件的对接边缘加工成各种形式的坡口，进行坡口焊接，对接接头常用的坡口形式如图 11-8 所示。

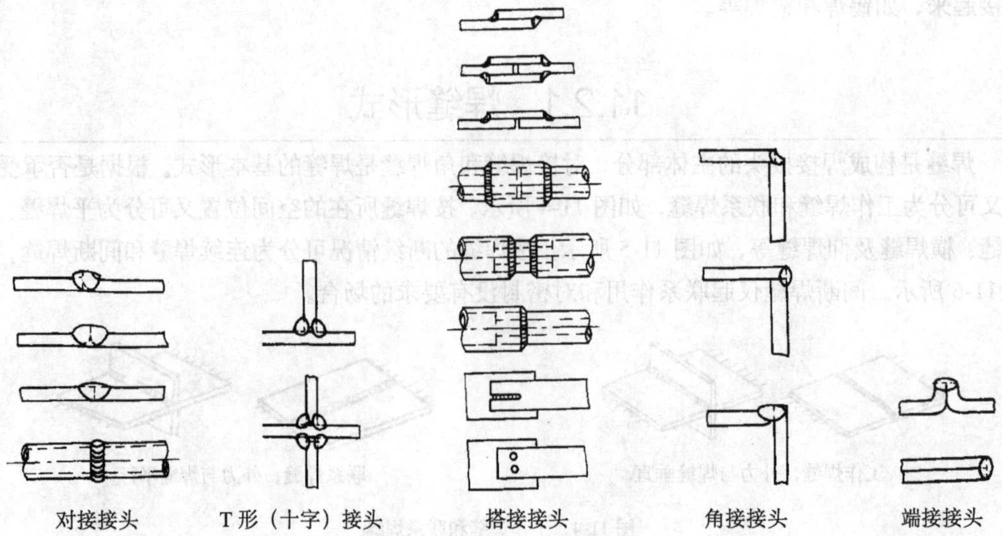

对接接头　T 形（十字）接头　搭接接头　角接接头　端接接头

图 11-7　焊接接头的基本类型

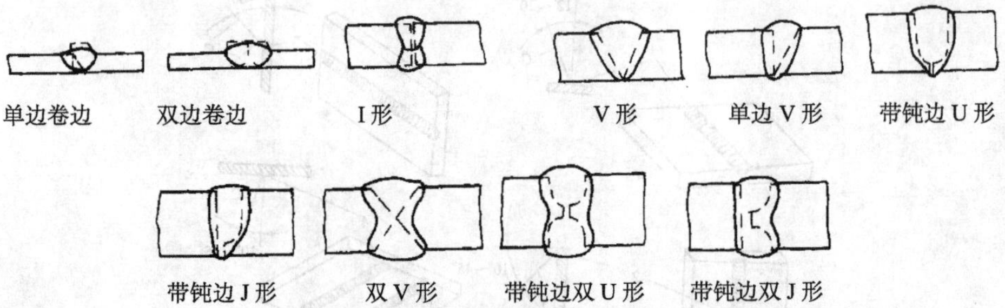

单边卷边　双边卷边　I 形　V 形　单边 V 形　带钝边 U 形

带钝边 J 形　双 V 形　带钝边双 U 形　带钝边双 J 形

图 11-8　坡口对接接头举例

T 形接头及十字接头是把相互垂直的或成一定角度的被焊工件用角焊缝连接起来的接头，是一种典型的电弧焊接头，能承受各种方向的力和力矩。这种接头也有多种类型，有焊透和不焊透的，有不开坡口和开坡口的。不开坡口的 T 形及十字接头通常都是不焊透的，开坡口的 T 形及十字接头是否焊透要看坡口的形状和尺寸。T 形及十字接头常用的坡口形式有单边 V 形、带钝边单边 V 形、双单边 V 形、带钝边双单边 V 形、带钝边 J 形、带钝边双 J 形等，如图 11-9 所示。

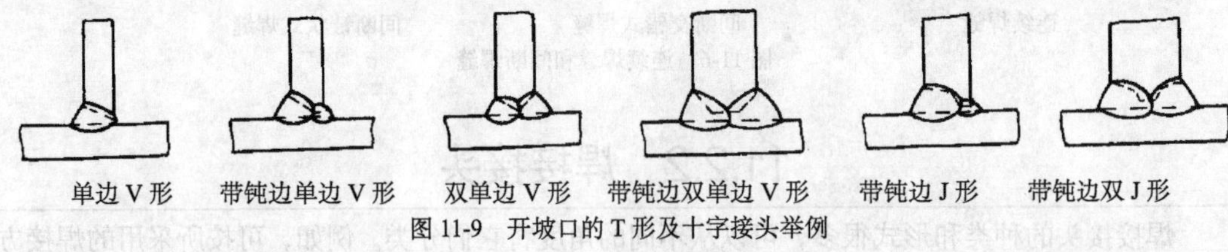

图 11-9　开坡口的 T 形及十字接头举例

搭接接头是把两被焊工件部分地重叠在一起或加上专门的搭接件用角焊缝或塞焊缝、槽焊缝连接起来的接头。搭接接头的应力分布不均匀，疲劳强度较低，不是理想的接头类型。但由于其焊前准备和装配工作简单，在结构中仍然得到广泛应用。搭接接头有多种连接形式。不带搭接件的搭接接头有多种连接形式。不带搭接件的搭接接头，一般采用正面角焊缝、侧面角焊缝或正面、侧面联合角焊缝连接，有时也用塞焊缝、槽焊缝，如图 11-10 所示。

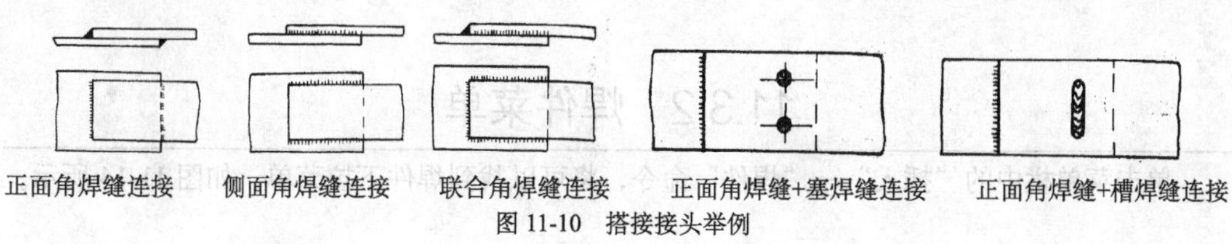

图 11-10 搭接接头举例

角接接头是两被焊工件端面间构成大于 30°、小于 135° 夹角的接头。角接接头多用于箱形构件上，常见的连接形式如图 11-11 所示。它的承载能力视其连接形式不同而各异。图 11-11（a）最为简单，但承载能力最差，特别是当接头处承受弯曲力矩时，焊根处会产生严重的应力集中，焊缝容易自根部撕裂。图 11-11（b）采用双面角焊缝连接，其承载能力可大大提高。图 11-11（c）为开坡口焊透的角接接头，有较高的强度，而且具有很好的棱角，但厚板可能出现层状撕裂问题。图 11-11（d）是最易装配的角接接头，不过其棱角并不理想。端接接头是两被焊工件重叠放置或两被焊工件之间的夹角不大于 30°，在端部进行连接的接头。

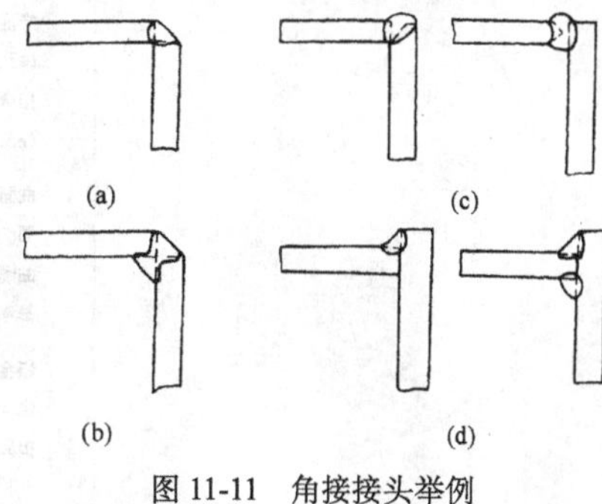

图 11-11 角接接头举例

11.3 焊件特征工具与焊件菜单

11.3.1 启用焊件特征工具栏

启动 SOLIDWORKS 2016 软件后，单击菜单栏中的“工具”→“自定义”命令，弹出“自定义”对话框，如图 11-12 所示。在对话框中选取工具栏中“焊件”选项，然后单击“确定”按钮。在 SOLIDWORKS 用户界面右侧将显示焊件特征工具栏，如图 11-13 所示。

图 11-12 “自定义”对话框

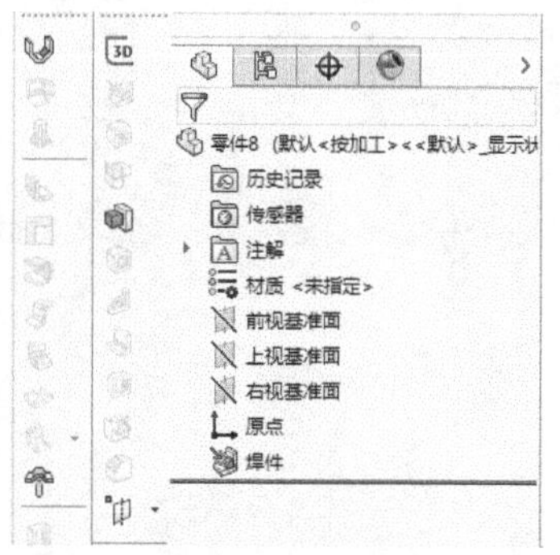
图 11-13 焊件特征工具栏

11.3.2 焊件菜单

单击菜单栏中的“插入”→“焊件”命令，将可以找到焊件下拉菜单，如图 11-14 所示。

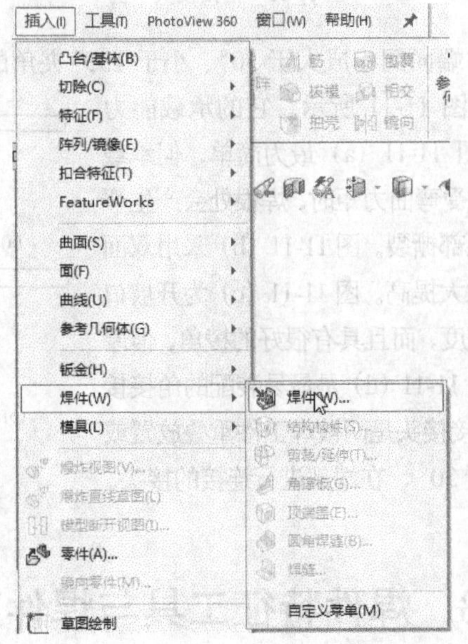

图 11-14 焊件菜单

11.3.3 启用焊件特征工具栏

启动 SOLIDWORKS 2016 软件后，在功能区的标签栏上单击右键，弹出右键快捷菜单，如图 11-15 所示。在对话框中选取“焊件”选项。在 SOLIDWORKS 用户界面中将显示焊件特征功能区，如图 11-16 所示。

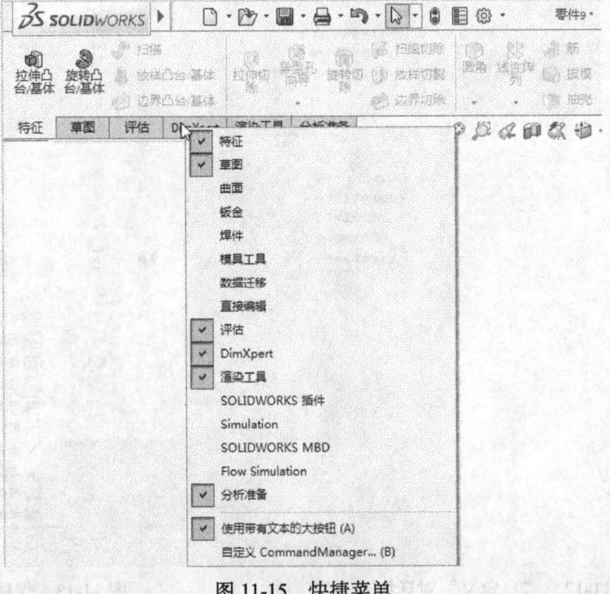

图 11-15 快捷菜单

图 11-16 焊件特征功能区

11.4 焊件特征

在 SOLIDWORKS 软件系统中，焊件功能主要提供了焊件特征工具、结构构件特征工具、角撑板特征工具、顶端盖特征工具、圆角焊缝特征工具、剪裁/延伸特征工具。“焊件”工具栏如图 11-17 所示，在工具栏中还包括拉伸凸台/基体、拉伸切除、倒角、异型孔等特征工具，其使用方法与常见实体设计相同。在本节中主要介绍焊件所特有的特征工具使用方法。

在进行焊件设计时，单击“焊件”工具栏中的“焊件”按钮，或单击菜单栏中的“插入”→“焊件”→“焊件”命令，可以将实体零件标记为焊接件。同时，焊件特征将被添加到“FeatureManager 设计树”中，如图 11-18 所示。

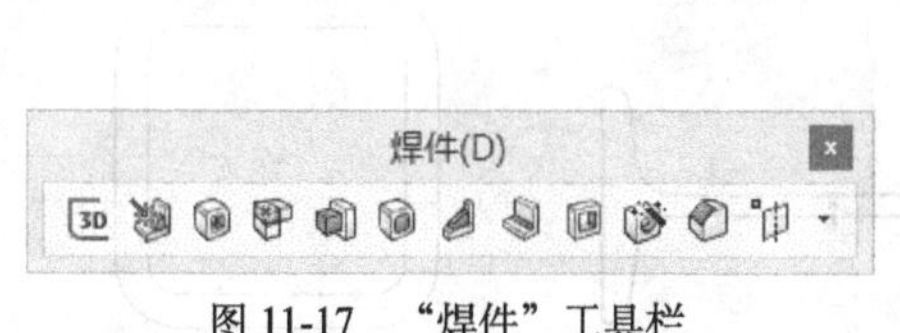

图 11-17 “焊件”工具栏

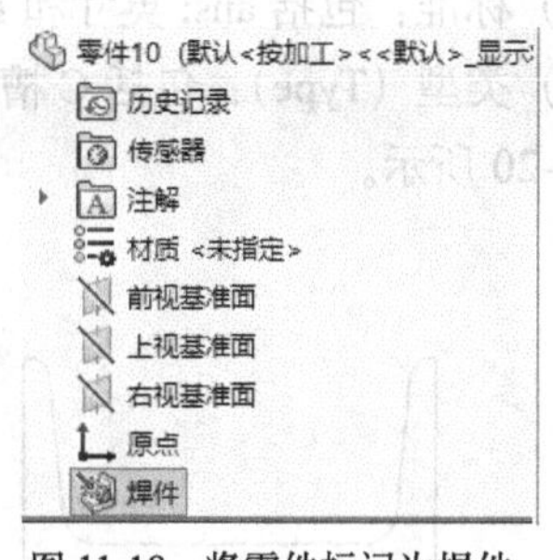

图 11-18 将零件标记为焊件

如果使用焊件功能的结构构件特征工具来生成焊件，系统将自动将零件标记为焊接件，自动将“焊件”按钮添加到“FeatureManager 设计树”中。

11.5 结构构件特征

在 SOLIDWORKS 中具有包含多种焊接结构件（例如角铁、方形管、矩形管等）的特征库，可供设计者选择使用。这些焊接结构件在形状及尺寸上具有两种标准，即 ansi 和 iso 两种标准。每一种类型的结构件都具有多种尺寸，可供选择使用。

在使用结构构件生成焊件时，首先要绘制草图，即使用线性或弯曲草图实体生成多个带基准面的 2D 草图，或生成 3D 草图，或 2D 和 3D 相组合的草图。

11.5.1 结构构件特征说明

单击“焊件”工具栏中的“结构构件”按钮，或单击菜单栏中的“插入”→“焊件”→“结构构件”菜单命令，选择草图或者绘制草图后，“结构构件”属性管理器如图 11-19 所示。

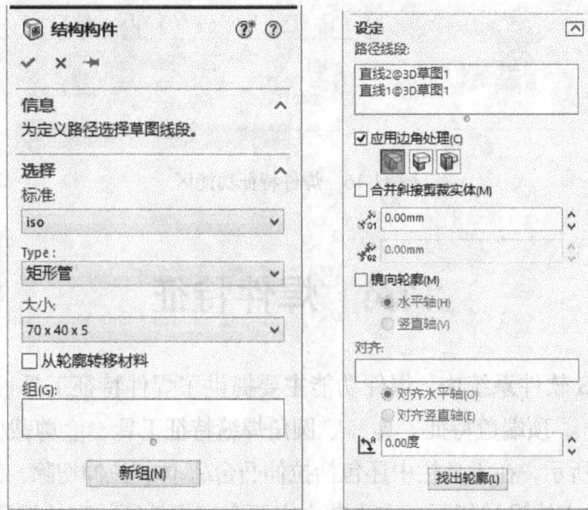

图 11-19 “结构构件”属性管理器

选项说明如下。

1. “选择”选项组

（1）标准：包括 ansi 英寸和 iso 两种标准。

（2）类型（Type）：包括 C 槽、sb 横梁、方形管、管道、角铁和矩形管 6 种类型，示意图如图 11-20 所示。

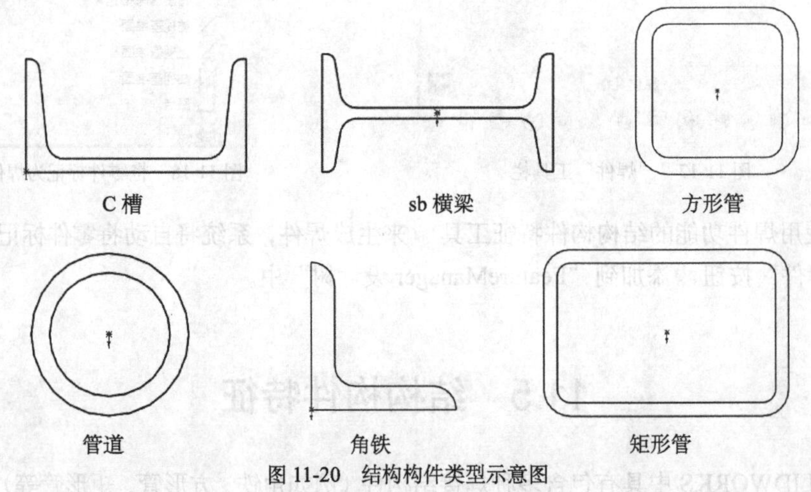

图 11-20 结构构件类型示意图

（3）大小：选择轮廓类型后，在下拉列表中选择轮廓的尺寸，每一种类型对应的轮廓尺寸不一样。

（4）组：选择要配置的组。单击“新组”按钮，在此构件中生成一个新组。

2. “设定”选项组

（1）路径线段：列出选择的创建结构构件的线段。

（2）应用边角处理：当结构构件在边角处交叉时定义如何剪裁组的线段。取消“应用边角处理”复选框，结构构件如图 11-21 所示。勾选“应用边角处理”复选框，包括“终端斜接”、“终端对接 1” 和“终端对接 2”，示意图如图 11-22 所示。

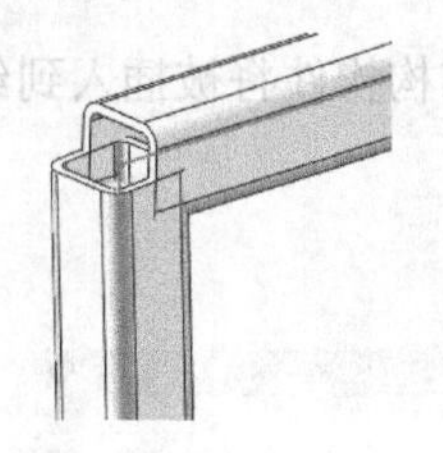
图 11-21 取消“应用边角处理”

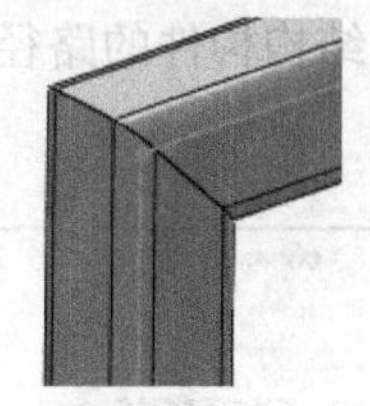
终端斜接

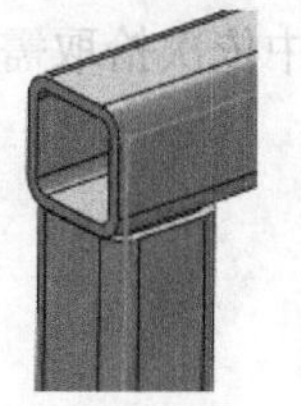
终端对接 1

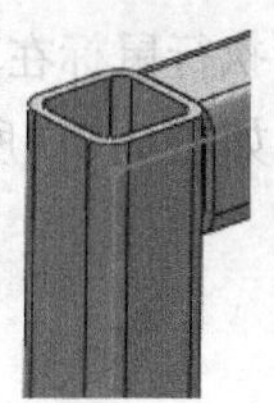
终端对接 2

图 11-22 勾选“应用边角处理”

（3）“同一组中连接的线段之间的缝隙”：指定相同组中的线段边角处的焊接缝隙，但仅适用于相邻组。

（4）“不同组线段之间的缝隙”：指定焊接缝隙，在此处该组的线段端点与另一个组中的线段邻接。

（5）镜向轮廓：沿组的水平轴或竖直轴镜向轮廓。

（6）对齐：将组的水平轴或竖直轴与任何选定的向量对齐。

（7）“旋转角度”：设置结构构件的旋转角度。

（8）更改穿透点。

焊件中的结构构件是由草图拉伸生成的实体，所谓穿透点就是在将结构构件应用到焊件草图中时，结构构件的截面轮廓草图中用于与焊件草图线段相重合的关键点，系统默认的穿透点是结构构件的截面轮廓草图的原点。如图 11-23 所示，方形管的默认穿透点是中心点（即草图原点）。

要更改穿透点，可以单击“找出轮廓”按钮，系统将自动放大显示结构件的截面轮廓草图，并且显示出多个可能使用的穿透点，如图 11-24 中箭头所指点。执行鼠标可以选择更改不同的穿透点，如图 11-25 所示，将穿透点更改为截面轮廓草图的上边线中点。

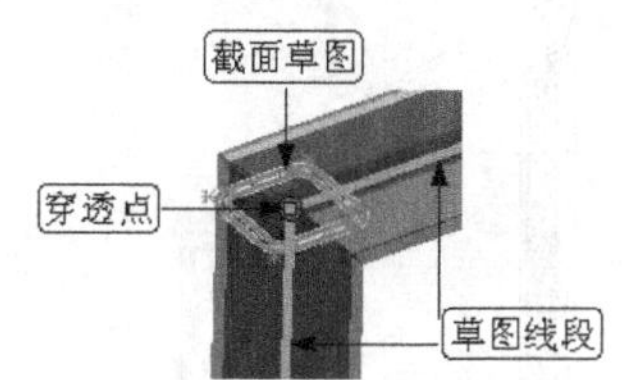

图 11-23 方形管的默认穿透点

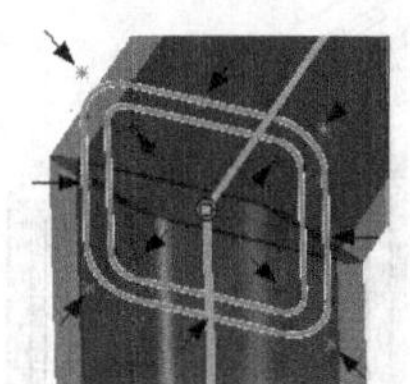
图 11-24 方形管可能选用的穿透点

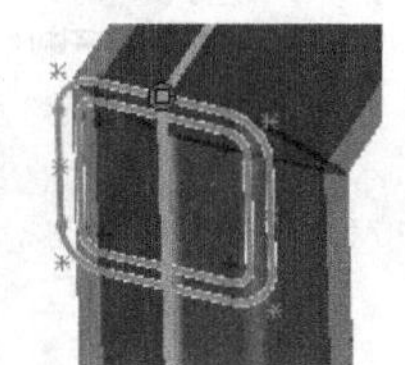
图 11-25 更改方形管的穿透点

11.5.2 结构构件特征创建步骤

下面结合实例介绍结构构件特征创建的操作步骤。

【案例 11-1】本案例结果文件光盘路径为“X:\源文件\ch11\11.1.SLDPRT”，案例视频内容光盘路径为“X:\动画演示\第 11 章\11.1 结构构件特征创建的操作.avi”。

（1）绘制草图。单击“草图”控制面板中的“中心矩形”按钮，或单击菜单栏中的“工具”→“草图绘制实体”→“中心矩形”命令，在任一基准面上绘制一个矩形，如图 11-26 所示，然后单击“退出草图”按钮。

（2）添加结构构件。单击“焊件”控制面板中的“结构构件”按钮，或单击菜单栏中的“插入”→“焊件”→“结构构件”命令，弹出“结构构件”属性管理器。在“标准”选择栏中选择“iso”，在“Type”选择栏中选择“方形管”，在“大小”选择栏中选择“40×40×4”，然后执行鼠标在草图中依次拾取需要插入结构构件的路径线段，结构构件将被插入到绘图区域，如图 11-27 所示。

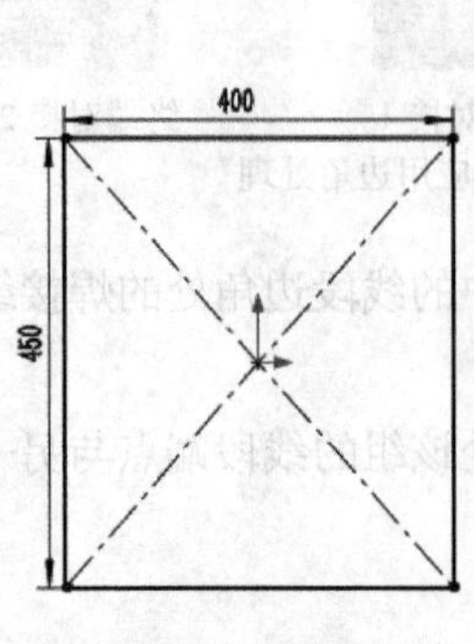

图 11-26　绘制矩形草图

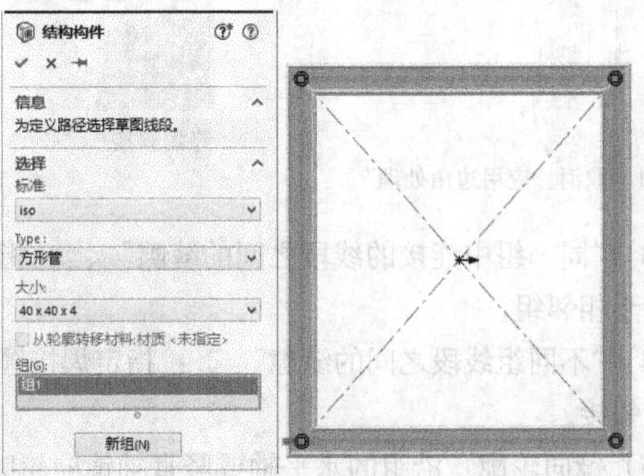

图 11-27　插入件

（3）应用边角处理。在对话框中勾选“应用边角处理”复选框，选择“终端斜接”，可以对结构构件进行边角处理，如图 11-28 所示。

（4）更改旋转角度。在“旋转角度”输入栏中输入相应角度值 60，结构构件将旋转 60°，单击“确定”按钮，如图 11-29 所示。

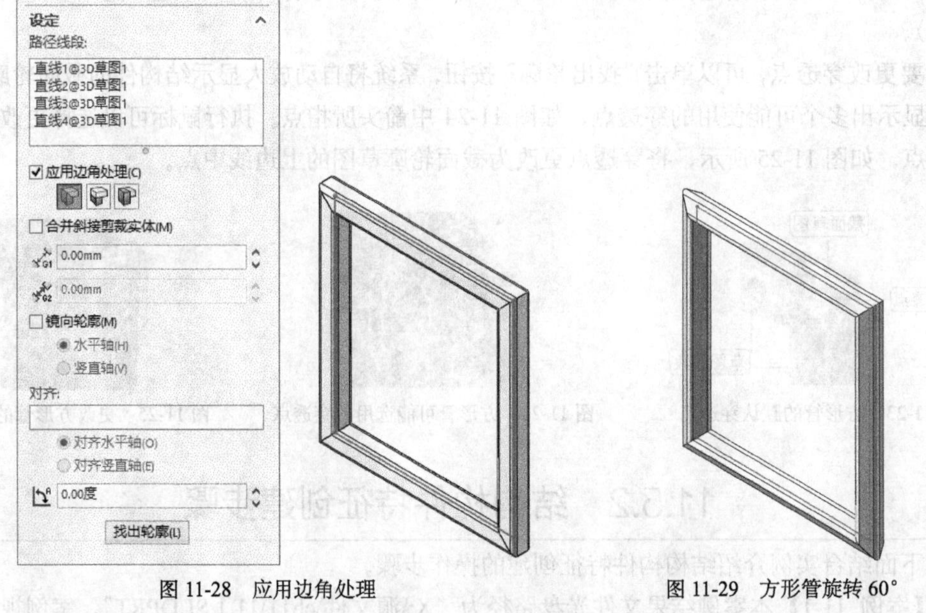

图 11-28　应用边角处理　　　　图 11-29　方形管旋转 60°

11.5.3　生成自定义结构构件轮廓

SOLIDWORKS 软件系统中的结构构件特征库中可供选择使用的结构构件的种类、大小是有限的。设计者可以将自己设计的结构构件的截面轮廓保存到特征库中，供以后选择使用。

下面结合生成大小为 100×100×2 的方形管轮廓实例介绍生成自定义结构构件轮廓的操作步骤。

【案例 11-2】本案例结果文件光盘路径为“X:\源文件\ch11\11.2.SLDPRT”，案例视频内容光盘路径为“X:\动画演示\第 11 章\11.2 自定义生成结构构件轮廓.avi”。

（1）绘制草图。单击“草图”控制面板中的“中心矩形”按钮，或单击菜单栏中的“工具”→“草图”→“绘制工具矩形”命令，在前视基准面绘制一个矩形，标注智能尺寸。然后，单击“草图”控制面板中的“绘制圆角”按钮，绘制圆角，如图 11-30 所示，然后，单击“草图”控制面板中的“等距实体”按钮，输入等距距离数值 2，如图 11-31 所示，生成等距实体草图，单击“退出草图”按钮。

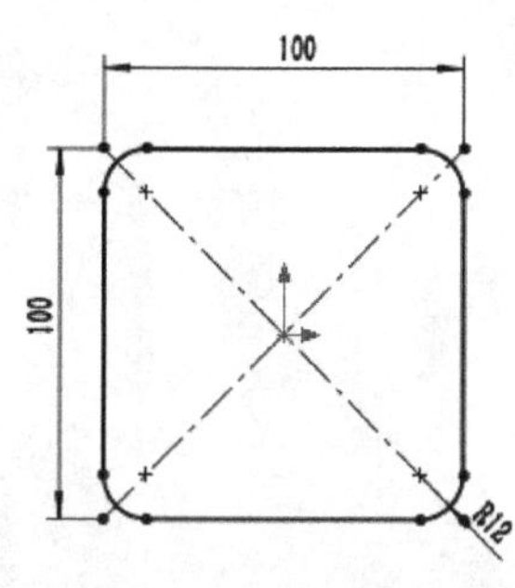

图 11-30　绘制矩形并倒圆角

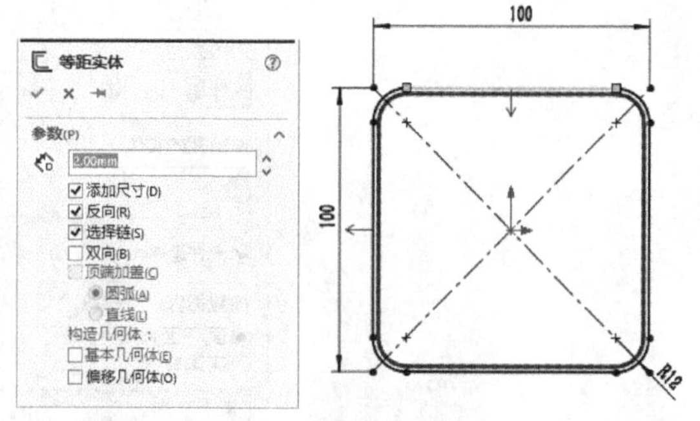

图 11-31　生成等距实体

（2）保存自定义结构构件轮廓。在“FeatureManager 设计树”中，选择草图，单击菜单栏中的“文件”→“另存为”命令将自定义结构构件轮廓保存。

焊件结构件的轮廓草图文件的默认位置为：安装\SOLIDWORKS\lang\chinese-simplified\weldment profiles（焊件轮廓）文件夹中的子文件夹。单击“保存”，将所绘制的草图保存为文件名“100×100×2”，文件类型为*.sldlfp。保存在“\iso\square tube”文件夹中，如图 11-32 所示。

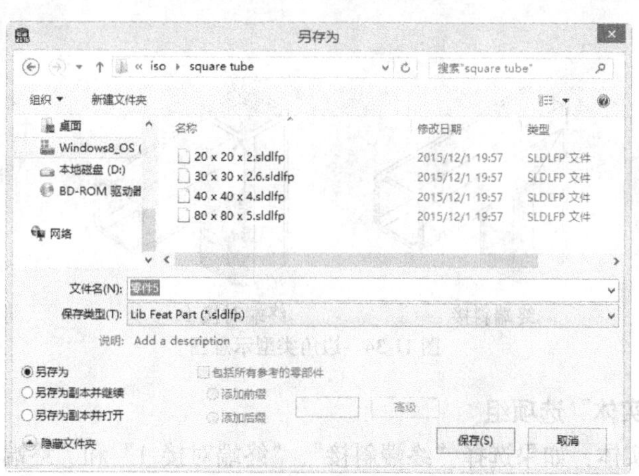

图 11-32　保存自定义结构构件轮廓

11.6　剪裁/延伸特征

在生成焊件时，可以使用剪裁/延伸特征工具来剪裁或延伸结构构件，使之在焊件零件中正确对接。此特征工具适用于：两个处于在拐角处汇合的结构构件；一个或多个相对于结构构件与另一实体相汇合；结构构件同时的两端。

11.6.1 剪裁/延伸特征选项说明

单击“焊件”控制面板中的“剪裁/延伸”按钮，或单击菜单栏中的“插入”→“焊件”→“剪裁/延伸”命令，弹出“剪裁/延伸”属性管理器，如图 11-33 所示。

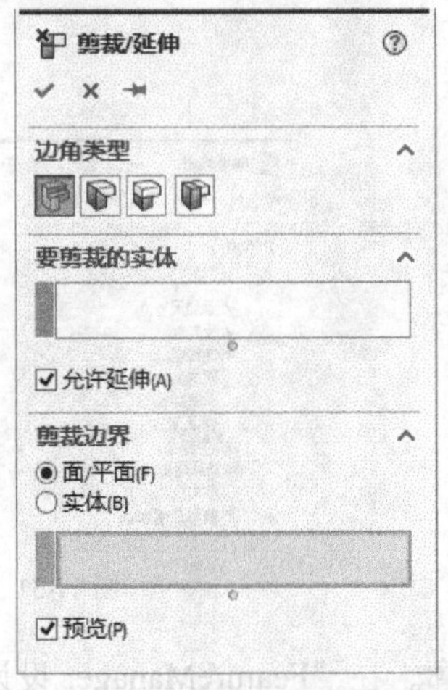

图 11-33 “剪裁/延伸”属性管理器

选项说明如下。

1.“边角类型”选项组

包括“终端剪裁”、“终端斜接”、“终端对接 1”和“终端对接 2”，示意图如图 11-34 所示。

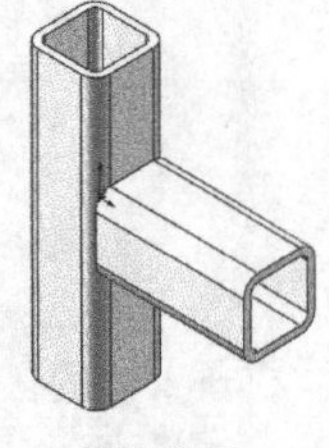
终端剪裁

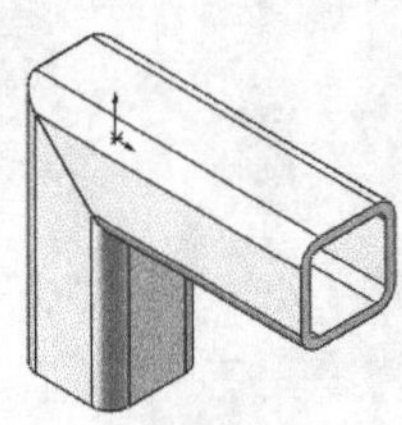
终端斜接

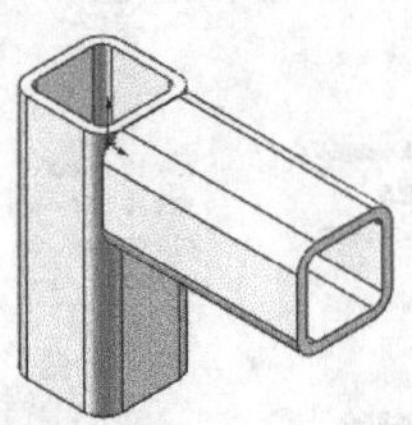
终端对接 1

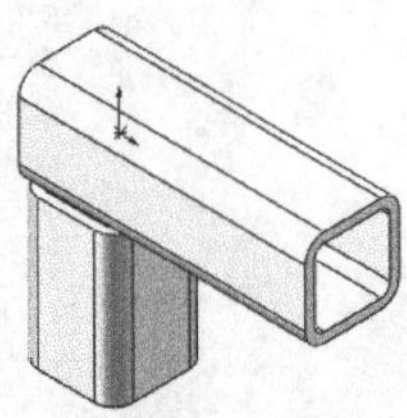
终端对接 2

图 11-34 边角类型示意图

2.“要剪裁的实体”选项组

(1) 要剪裁的实体：如果选择“终端斜接”、“终端对接 1”和“终端对接 2”中的一种边角类型，只能选择一个要剪裁的实体；如果选择“终端剪裁”边角类型，可以选择一个或多个要剪裁的实体。

(2) 允许延伸：勾选此复选框，如果线段未到达剪裁边界，则将线段延长至其边界。示意图如图 11-35 所示。

3.“剪裁边界”选项组

(1) 面/平面和实体：选择面或者实体作为剪裁边界。只有“终端剪裁”边角类型有此选项。示意图如图 11-36 所示。如果选择面/基准面作为剪裁边界，则在保留和放弃之间切换以选择要保留的线段，如图 11-37 所示。

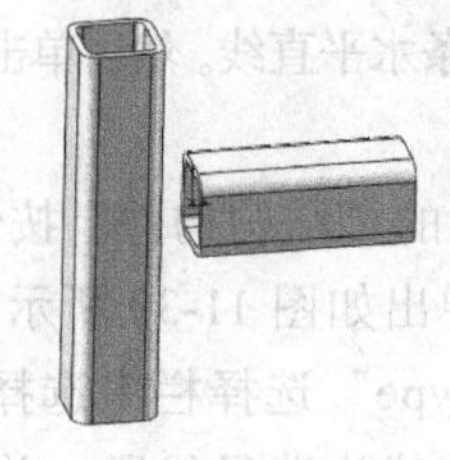
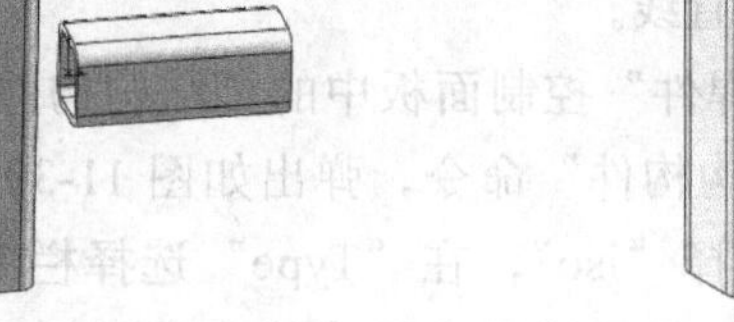

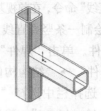

未延伸前　　勾选“允许延伸”

图 11-35　延伸示意图

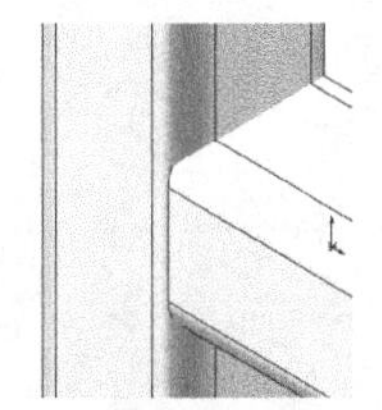
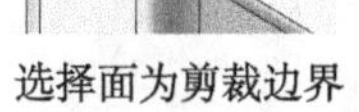
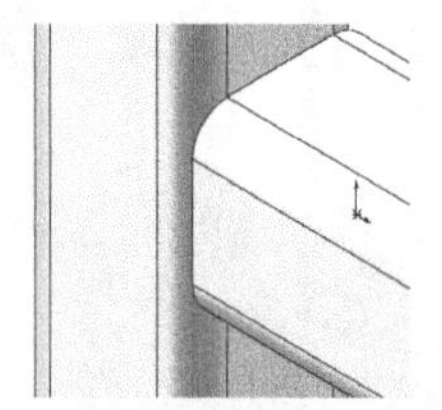

选择面为剪裁边界　　选择实体为剪裁边界

图 11-36　剪裁边界示意图

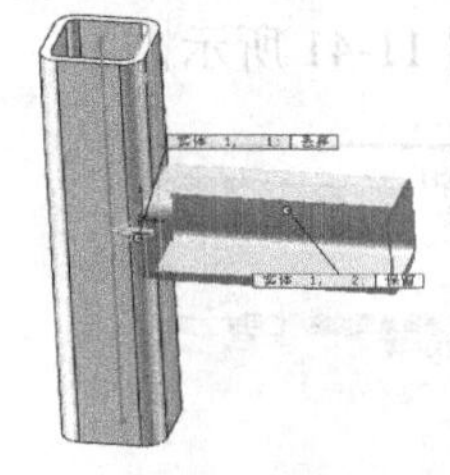

图 11-37　保留和放弃示意图

（2）允许延伸：勾选此复选框，以允许结构构件进行延伸或剪裁；取消此复选框的勾选，则只可进行剪裁。

（3）实体之间的切除：如果选择“终端剪裁”、“终端对接 1”和“终端对接 2”中的一种边角类型，有“实体之间的简单切除”和“实体之间的封顶切除”，示意图如图 11-38 所示。

1）“实体之间的简单切除”：选择此选项，使结构构件与平面接触面相齐平（有助于制造）。

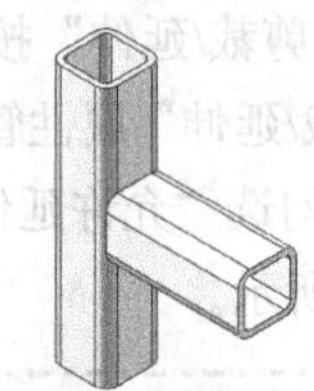
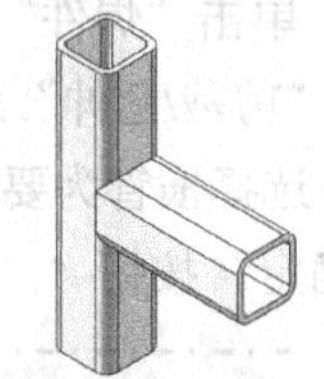

实体之间的简单切除　　实体之间的封顶切除

图 11-38　实体之间的切除示意图

2）“实体之间的封顶切除”：选择此选项，将结构构件剪裁到接触实体。

（4）焊接缝隙：勾选此选项，在“剪裁焊接缝隙”中输入焊接缝隙。缝隙会减少剪裁项目的长度，但保持结构的总长度。

技巧荟萃

如果通过基准面或面进行剪裁并保留所有部分，则这些部分会被切除。如果放弃任何部分，则剩下的相邻部分将组合在一起。

11.6.2　剪裁/延伸特征创建步骤

下面结合实例介绍剪裁/延伸特征创建的操作步骤。

【案例 11-3】本案例结果文件光盘路径为“X:\源文件\ch11\11.3.SLDPRT”，案例视频内容光盘路径为“X:\动画演示\第 11 章\11.3 剪裁延伸特征.avi”。

（1）绘制草图。单击“草图”控制面板中的“直线”按钮，或单击菜单栏中的“工具”→

“草图绘制实体”→“直线”命令，在前视基准面绘制一条水平直线。然后单击“退出草图”按钮。重复“直线”命令，绘制一条竖直直线。

（2）创建结构构件。单击“焊件”控制面板中的“结构构件”按钮，或单击菜单栏中的“插入”→“焊件”→“结构构件”命令，弹出如图 11-39 所示的“结构构件”属性管理器。在“标准”选择栏中选择“iso”，在“Type”选择栏中选择“方形管”，在“大小”选择栏中选择“40×40×4”，然后拾取水平直线为路径线段，单击“确定”按钮，结果如图 11-40 所示。重复“结构构件”命令，选择竖直直线为路径线段，创建竖直管，结果如图 11-41 所示。

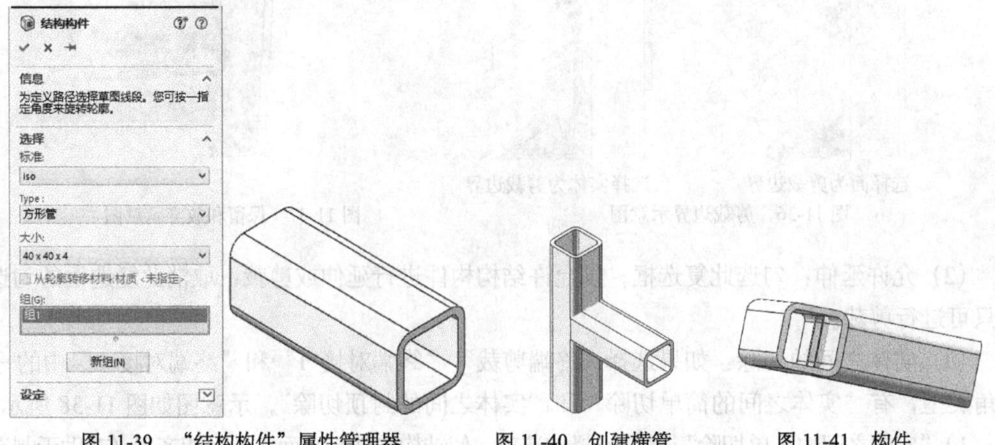

图 11-39 “结构构件”属性管理器　　图 11-40 创建横管　　图 11-41 构件

（3）剪裁延伸构件。单击“焊件”控制面板中的“剪裁/延伸”按钮，或单击菜单栏中的“插入”→“焊件”→“剪裁/延伸”命令，弹出“剪裁/延伸”属性管理器，如图 11-42 所示。选择“终端斜接”类型，选择横管为要剪裁的实体，并勾选“允许延伸”复选框，选择竖直管件为剪裁边界，单击“确定”按钮，结果如图 11-43 所示。

技巧荟萃

选择平面为剪裁边界通常更有效且性能更好。只在相当于诸如圆形管道或阶梯式曲面之类的非平面实体剪裁时选择实体。

顶端盖特征工具用于闭合敞开的结构构件，如图 11-43 所示。

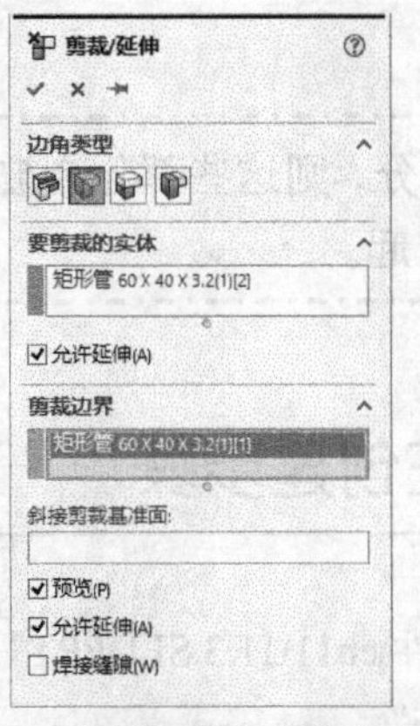

图 11-42 “剪裁/延伸”属性管理器

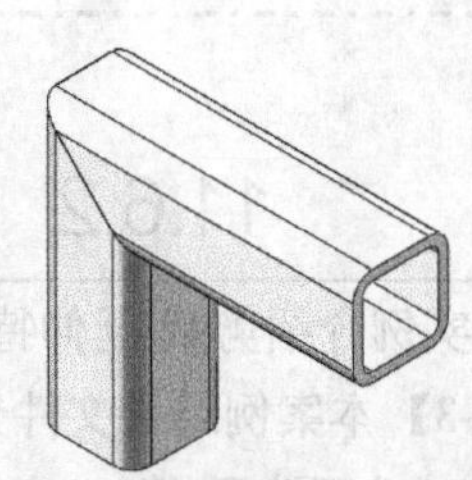

图 11-43 剪裁实体

11.7 顶端盖特征

11.7.1 顶端盖特征选项说明

单击“焊件”控制面板中的“顶端盖”按钮，或单击菜单栏中的“插入”→“焊件”→“顶端盖”命令，弹出如图 11-44 所示的“顶端盖”属性管理器。

选项说明如下。

1．“参数”选项组

(1)“面”：选择一个或多个轮廓面。

(2) 厚度方向：设置顶端盖的厚度方向，包括“向外”和“向内”两种，如图 11-45 所示。在中输入厚度。

“向外”：从结构向外延伸，结构的总长度增加。

“向内”：向结构内延伸，结构总长度不变。

“内部”：将顶端盖以指定的等距距离放在结构构件内部。

2．“等距”选项组

在生成顶端盖特征过程中的顶端盖等距是指结构构件边线到顶端盖边线之间的距离，如图 11-46 所示。在进行等距设置时，可以选择使用厚度比率来进行设置，或者不使用厚度比率来设置。如果选择使用厚度比率，指定的厚度比率值应介于 0 和 1 之间。等距则等于结构构件的壁厚乘以指定的厚度比率。

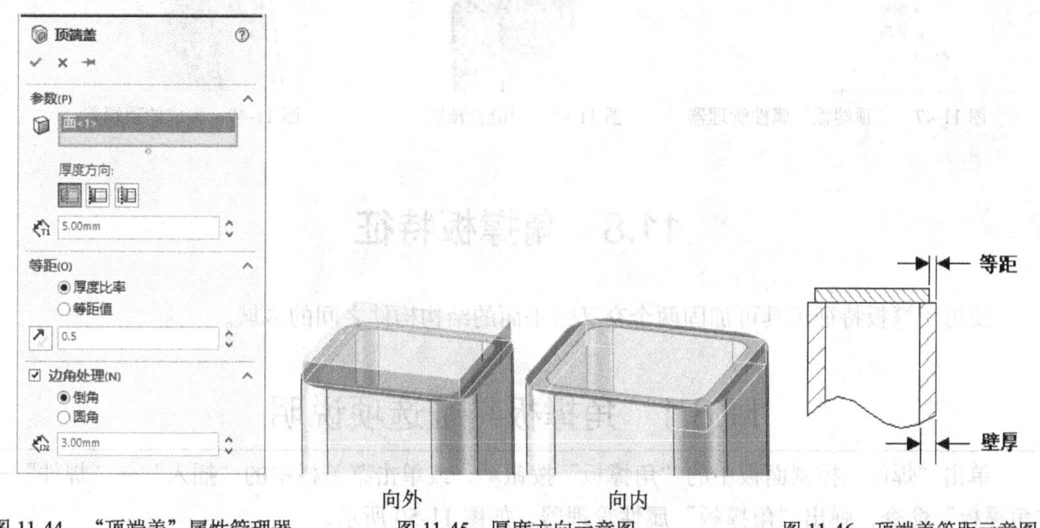

图 11-44 “顶端盖”属性管理器　　图 11-45 厚度方向示意图　　图 11-46 顶端盖等距示意图

11.7.2 顶端盖特征创建步骤

下面结合实例介绍顶端盖特征创建的操作步骤。

【案例 11-4】本案例结果文件光盘路径为“X:\源文件\ch11\11.4.SLDPRT”，案例视频内容光盘路径为“X:\动画演示\第 11 章\11.4 顶端盖特征创建.avi”。

（1）打开随书光盘中的原始文件“X:\原始文件\ch11\11.4.SLDPRT”。

（2）启动命令。单击“焊件”控制面板中的“顶端盖”按钮，或单击菜单栏中的“插入”→“焊件”→“顶端盖”命令，弹出“顶端盖”属性管理器，如图 11-47 所示。

（3）设置轮廓面。在视图区中选取如图 11-48 所示的端面为轮廓面。

（4）设置厚度。在属性管理器中选择“向外”厚度方向，输入厚度为 5。

（5）进行倒角设置。点选“厚度比率”按钮，输入“厚度比率”为 0.5；点选“边角处理”复选框中的“倒角”按钮，输入“倒角距离”为 3。单击“确定”按钮，生成顶端盖后的效果如图 11-49 所示。

技巧荟萃

生成顶端盖时只能在有线性边线的轮廓上生成。

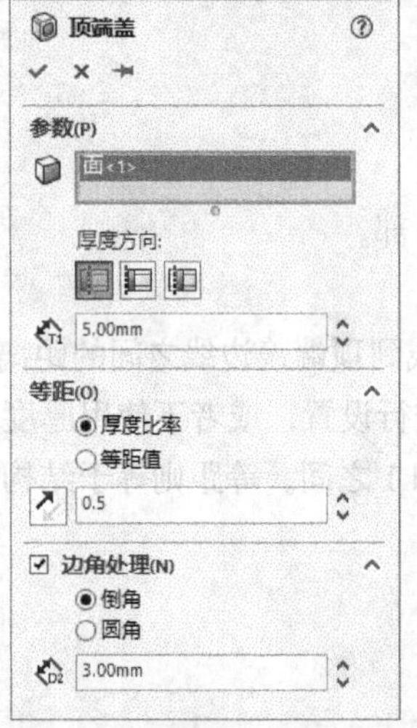

图 11-47 “顶端盖”属性管理器

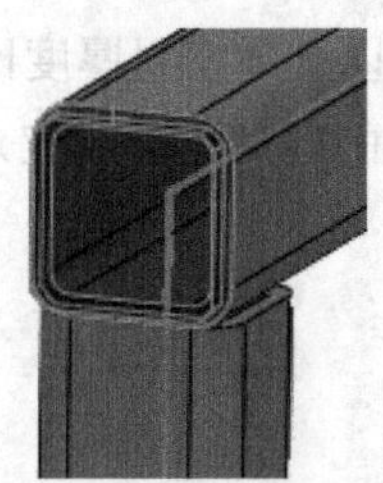

图 11-48 顶端盖预览

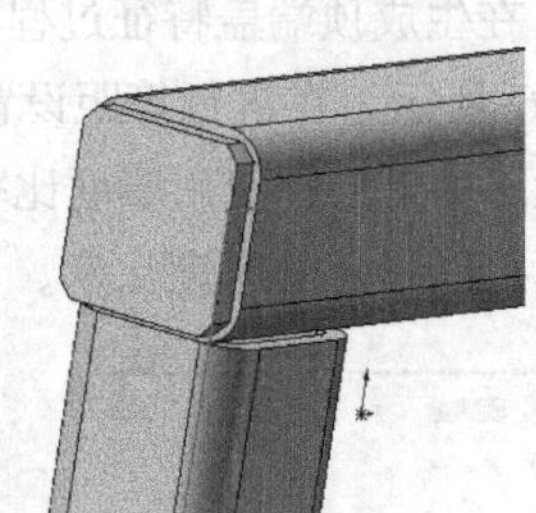

图 11-49 生成的顶端盖

11.8 角撑板特征

使用角撑板特征工具可加固两个交叉带平面的结构构件之间的区域。

11.8.1 角撑板特征选项说明

单击“焊件”控制面板中的“角撑板”按钮，或单击菜单栏中的“插入”→“焊件”→“角撑板”命令，弹出“角撑板”属性管理器，如图 11-50 所示。

1. “支撑面”选项组

（1）“选择面”：从两个交叉结构构件选择相邻平面。

（2）“反转轮廓 D1 和 D2 参数”：反转轮廓距离 1 和轮廓距离 2 之间的数值。

2. “轮廓”选项组

（1）系统提供了两种类型的角撑板，包括“三角形角撑板”和“多边形角撑板”，示意图如图 11-51 所示。

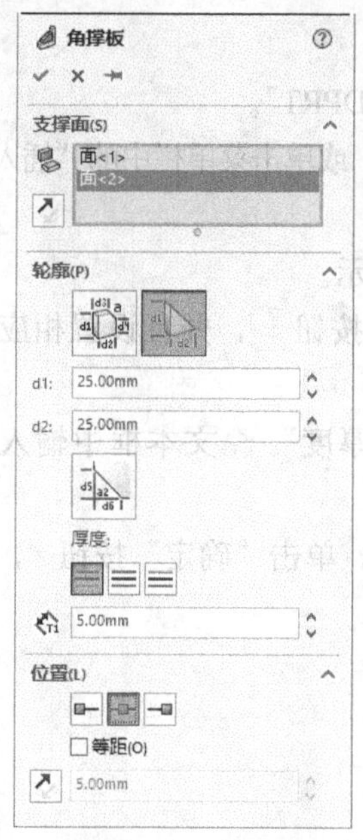

图 11-50 “角撑板”属性管理器

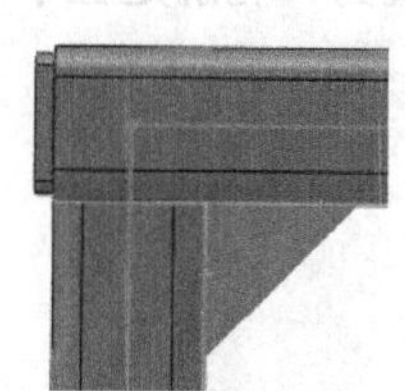

三角形角撑板

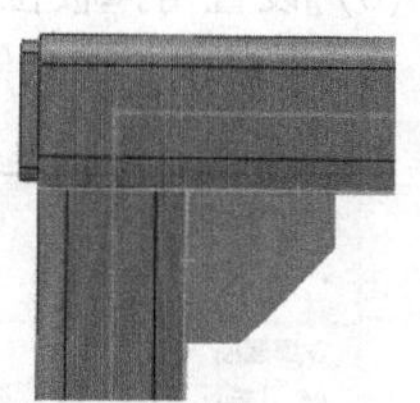

多边形角撑板

图 11-51 角撑板类型

（2）厚度：角撑板的厚度有三种设置方式，分别是“内边”、“两边”和“外边”，如图 11-52 所示。

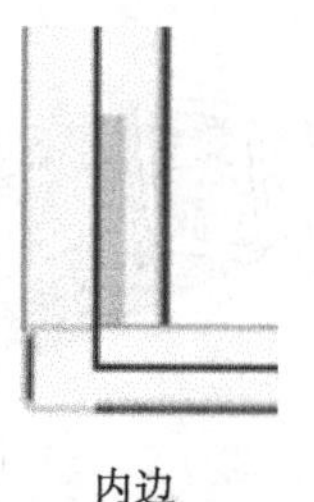

内边

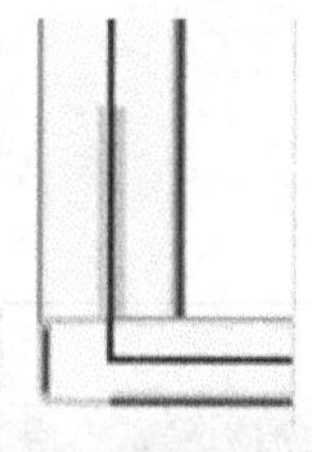

两边

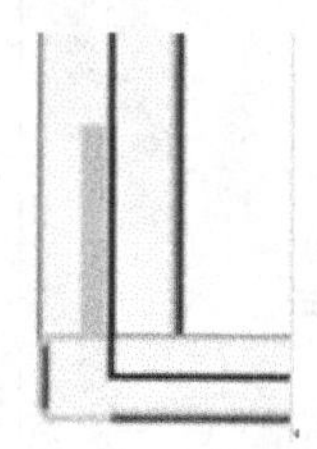

外边

图 11-52 厚度设置方式

（3）“位置”选项组：角撑板的位置设置也有三种方式，分别为“轮廓定位于起点”、“轮廓定位于中点”和“轮廓定位于端点”，示意图如图 11-53 所示。

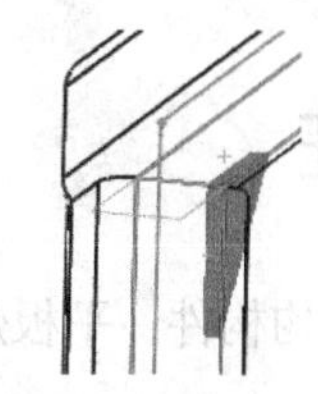

轮廓定位于起点

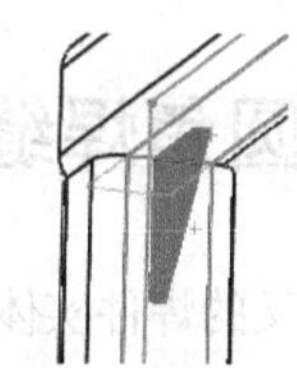

轮廓定位于中点

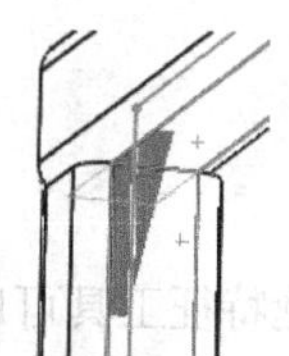

轮廓定位于端点

图 11-53 位置设置

11.8.2 角撑板特征创建步骤

下面结合实例介绍角撑板特征创建的操作步骤。

【案例 11-5】本案例结果文件光盘路径为“X:\源文件\ch11\11.5.SLDPRT”，案例视频内容光盘路径为“X:\动画演示\第 11 章\11.5 角撑板特征创建.avi”。

（1）打开随书光盘中的原始文件“X:\原始文件\ch11\11.5.SLDPRT”。

（2）启动命令。单击“焊件”控制面板中的“角撑板”按钮，或单击菜单栏中的“插入”→“焊件”→“角撑板”命令，弹出“角撑板”属性管理器。

（3）选择支撑面。选择生成角撑板的支撑面，如图 11-54 所示。

（4）选择轮廓。在“轮廓”选择栏中选择“三角形轮廓”按钮，并且设置相应的边长数值。

（5）设置厚度参数。选择“内边”厚度，在“角撑板厚度”文本框中输入厚度为 10。

（6）设置角撑板位置。设置位置为“轮廓定位于中点”，单击“确定”按钮，结果如图 11-55 所示。

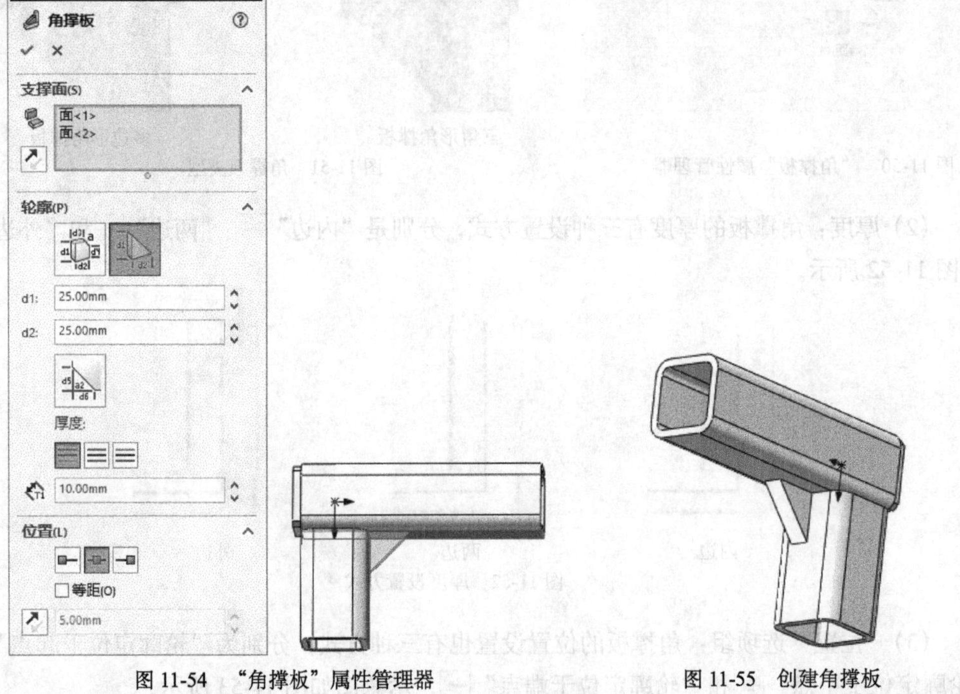

图 11-54 “角撑板”属性管理器　　图 11-55 创建角撑板

11.9 圆角焊缝特征

使用圆角焊缝特征工具可以在任何交叉的焊件实体（如结构构件、平板焊件、角撑板）之间添加全长、间歇或交错圆角焊缝。

11.9.1 圆角焊缝特征选项说明

单击“焊件”控制面板中的“圆角焊缝”按钮，或单击菜单栏中的“插入”→“焊件”→“圆角焊缝”命令，弹出“圆角焊缝”属性管理器，如图 11-56 所示。

“箭头边”选项组说明如下。

（1）焊缝类型：包括全长、间歇和交错，示意图如图 11-57 所示。

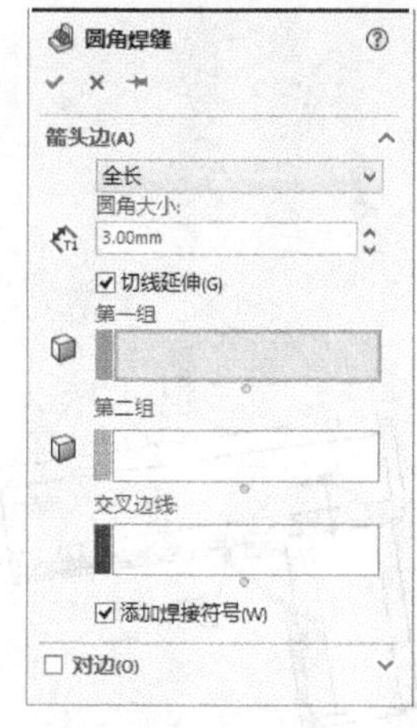

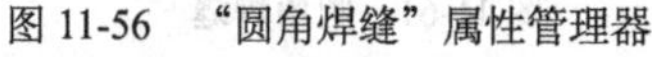

图 11-56 “圆角焊缝”属性管理器

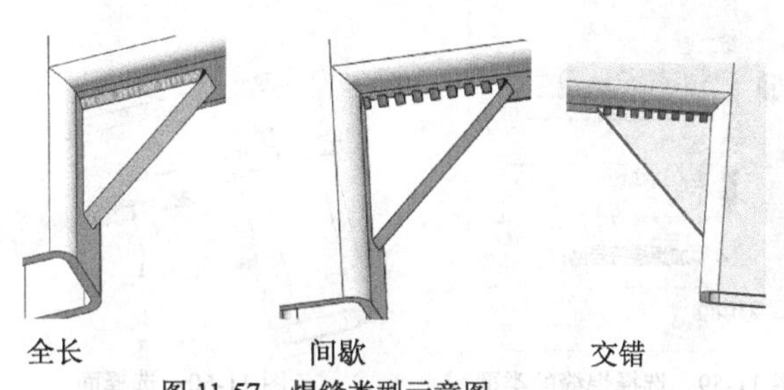

图 11-57 焊缝类型示意图

（2）圆角大小：指圆角焊缝的支柱长度。在文本框中输入圆角大小。

（3）焊缝长度：指每个焊缝段的长度，仅限间歇和交错类型。

（4）节距：指每个焊缝起点之间的距离，仅限间歇和交错类型。

（5）切线延伸：勾选此复选框，焊缝将沿着交叉边线延伸。示意图如图 11-58 所示。

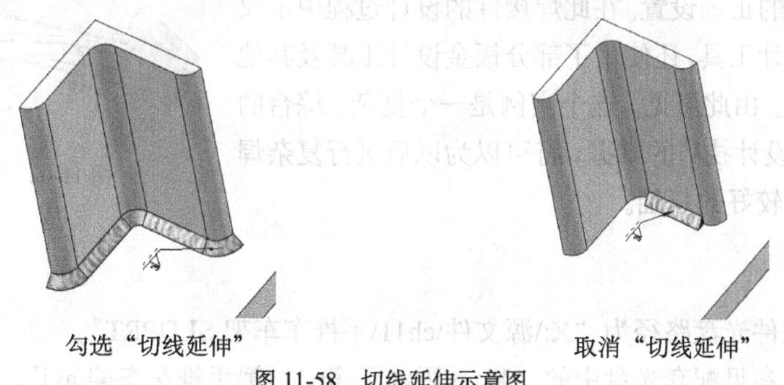

图 11-58 切线延伸示意图

11.9.2 圆角焊缝特征创建步骤

下面结合实例介绍圆角焊缝特征创建的操作步骤。

【案例 11-6】本案例结果文件光盘路径为“X:\源文件\ch11\11.6.SLDPRT”，案例视频内容光盘路径为“X:\动画演示\第 11 章\11.6 圆角焊缝特征创建.avi”。

（1）打开随书光盘中的原始文件“X:\原始文件\ch11\11.6.SLDPRT”。

（2）启动命令。单击“焊件”控制面板中的“圆角焊缝”按钮，或单击菜单栏中的“插入”→“焊件”→“圆角焊缝”命令，弹出“圆角焊缝”属性管理器。

（3）设置焊缝选项。选择“全长”类型，输入圆角大小为 5。勾选“切线延伸”复选框。如图 11-59 所示。

（4）选择面。在视图区选择图 11-60 中的面 1 为面组 1，选择面 2 为面组 2。

（5）完成焊缝。单击“确定”按钮，结果如图 11-61 所示。

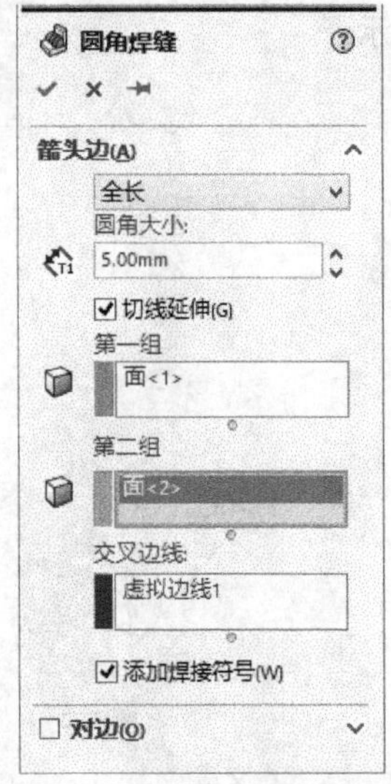

图 11-59　选择焊缝的类型

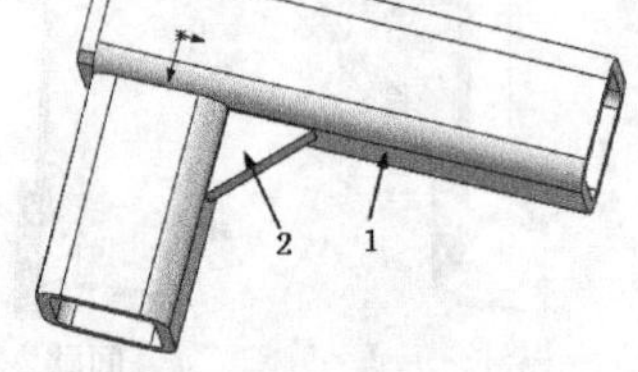

图 11-60　选择面

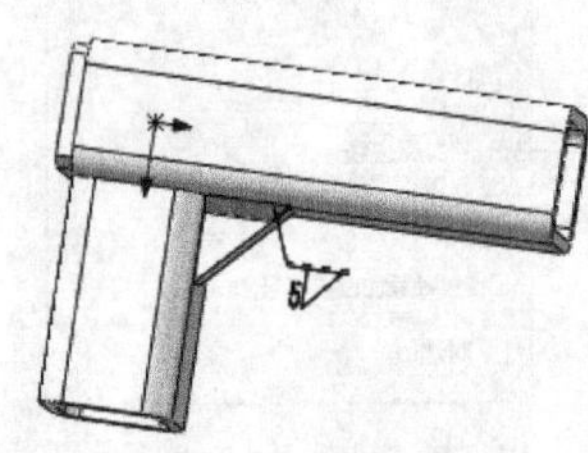

图 11-61　圆角焊缝

11.9.3　实例——手推车车架

手推车车架是一个以管道结构构件为主体的焊接件，如图 11-62 所示。在设计过程中，其 3D 草图的绘制过程较复杂，具有一定的难度，绘制草图时，尤其要注意坐标的正确设置。在此焊接件的设计过程中不仅运用了焊件的设计工具，还使用了部分钣金设计工具及其他的实体特征工具。由此可见，这个实例是一个复杂、综合的设计实例，对其设计技巧的掌握，将可以为以后进行复杂焊接件的设计打下较好的基础。

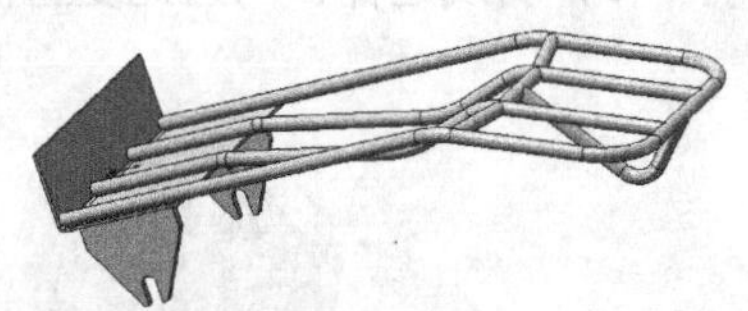

图 11-62　手推车车架

光盘文件

实例结果文件光盘路径为“X:\源文件\ch11\手推车车架.SLDPRT”。

多媒体演示参见配套光盘中的“X:\动画演示\第 11 章\手推车车架.avi”。

绘制步骤

1. 启动 SOLIDWORKS 2016，执行“文件”→“新建”菜单命令，或者单击“快速访问”工具栏中的“新建”按钮，在弹出的“新建 SOLIDWORKS 文件”对话框中选择“零件”按钮，然后单击“确定”按钮，创建一个新的零件文件。

2. 绘制草图。在左侧的“FeatureManager 设计树”中选择“前视基准面”作为绘图基准面，然后单击“草图”控制面板中的“中心线”按钮，过原点绘制一条水平构造线，单击“草图”控制面板中的“添加几何关系”按钮，在弹出的“添加几何关系”属性管理器中，单击水平构造线和原点，添加“中点”约束并标注尺寸，如图 11-63 所示，单击“退出草图”按钮。

3. 绘制 3D 草图。

（1）单击“草图”控制面板中的“3D 草图”按钮，单击“直线”按钮，按一下 Tab 键，将坐标系切换为 XY 坐标，过水平构造线的两个端点绘制两条竖直直线并标注智能尺寸，如图 11-64 所示。

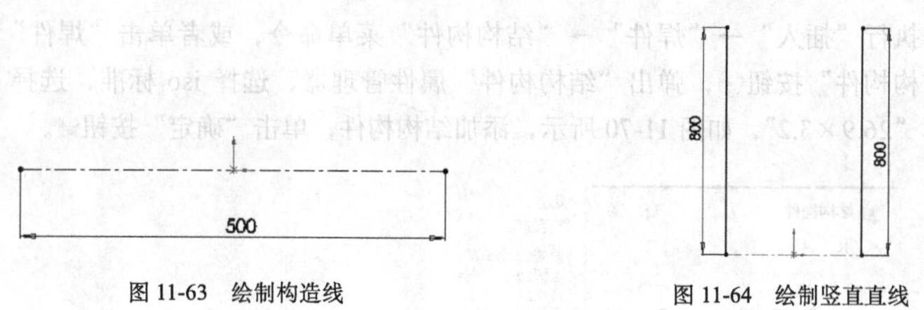

图 11-63　绘制构造线

图 11-64　绘制竖直直线

（2）按 Tab 键，将坐标系切换为 YZ 坐标，过如图 11-65 所示的端点绘制直线，标注智能尺寸，如图 11-66 所示。继续绘制其他 3D 直线，最后结果如图 11-67 所示。

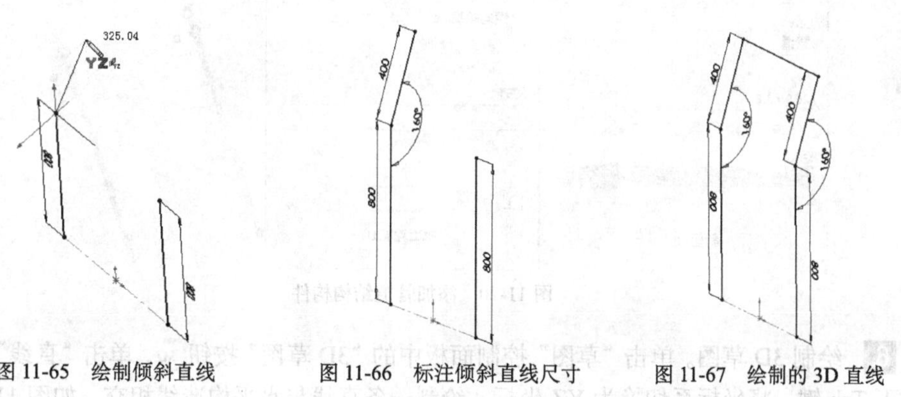

图 11-65　绘制倾斜直线

图 11-66　标注倾斜直线尺寸

图 11-67　绘制的 3D 直线

4. 绘制圆角。单击“草图”控制面板中的“绘制圆角”按钮，弹出“绘制圆角”属性管理器，在对话框中分别键入半径数值 200、100，对草图添加圆角，如图 11-68 所示，单击“退出草图”按钮。

5. 添加“管道结构构件”。

（1）在草图中右击任一条线条，在弹出的快捷菜单中选择“选择链”命令，进行预选路径，如图 11-69 所示。

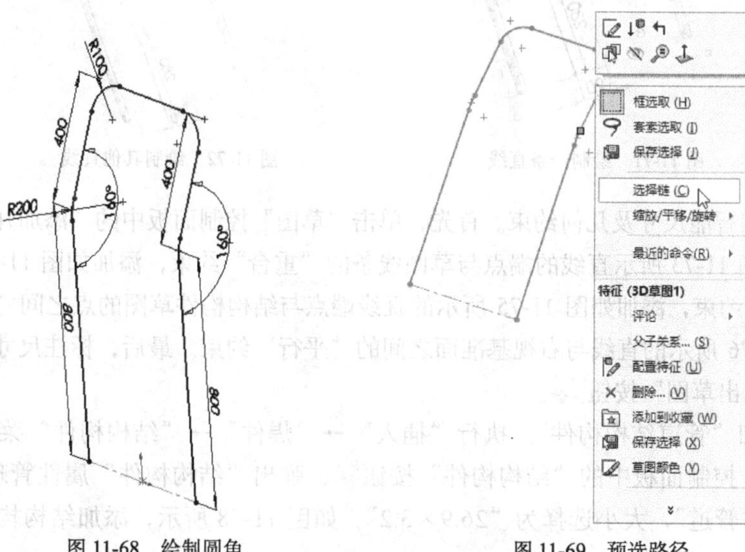

图 11-68　绘制圆角

图 11-69　预选路径

（2）执行“插入”→“焊件”→“结构构件”菜单命令，或者单击“焊件”控制面板中的“结构构件”按钮，弹出“结构构件”属性管理器，选择 iso 标准，选择“管道”，大小选择“26.9×3.2”，如图 11-70 所示，添加结构构件，单击“确定”按钮✔。

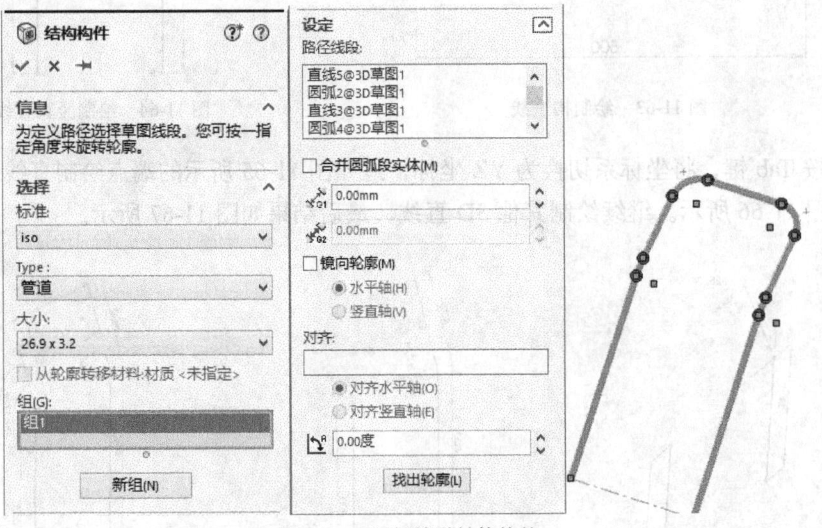

图 11-70　添加管道结构构件

6. 绘制 3D 草图。单击“草图”控制面板中的“3D 草图”按钮，单击“直线”按钮，按一下 Tab 键，将坐标系切换为 YZ 坐标，绘制一条直线与水平构造线相交，如图 11-71 所示，标注智能尺寸，继续在 YZ 坐标平面内绘制几条直线，如图 11-72 所示。

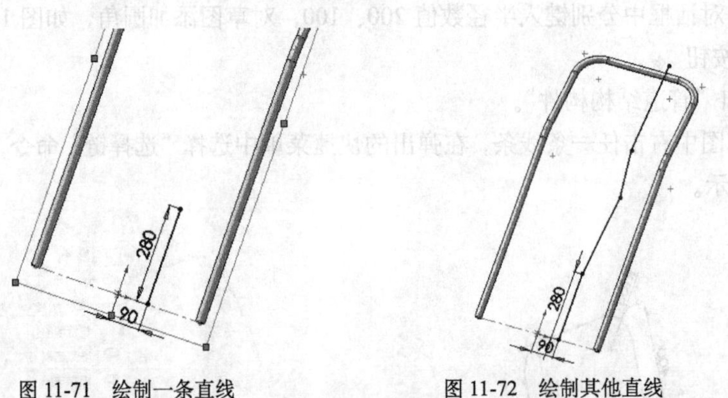

图 11-71　绘制一条直线　　图 11-72　绘制其他直线

7. 添加智能尺寸及几何约束。首先，单击“草图”控制面板中的“添加几何关系”按钮，添加如图 11-73 所示直线的端点与草图线条的“重合”约束，添加如图 11-74 所示的两直线的“平行”约束，添加如图 11-75 所示的直线端点与结构构件草图的点之间“沿 X”约束，添加如图 11-76 所示的直线与右视基准面之间的“平行”约束。最后，标注尺寸如图 11-77 所示，单击“退出草图”按钮。

8. 添加“管道结构构件”。执行“插入”→“焊件”→“结构构件”菜单命令，或者单击“焊件”控制面板中的“结构构件”按钮，弹出“结构构件”属性管理器，选择 iso 标准，选择“管道”，大小选择为“26.9×3.2”，如图 11-78 所示，添加结构构件，单击“确定”按钮✔。

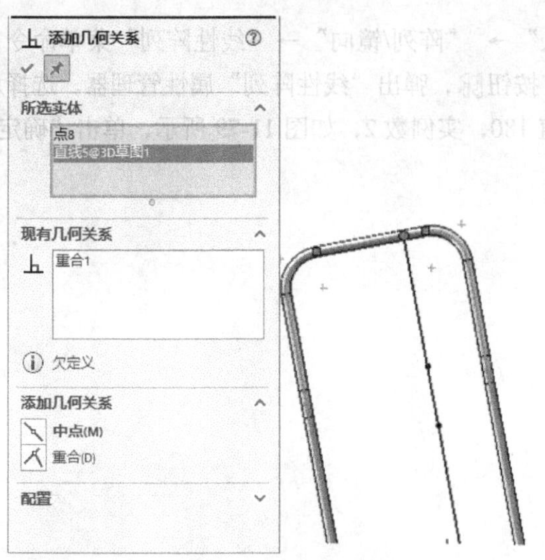

图 11-73 添加“重合”约束

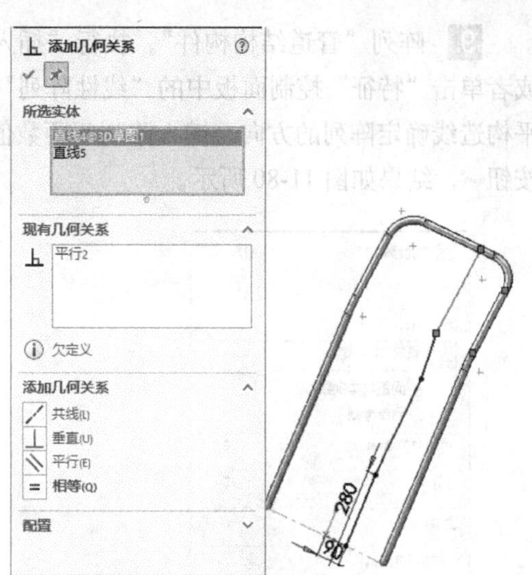

图 11-74 添加“平行”约束

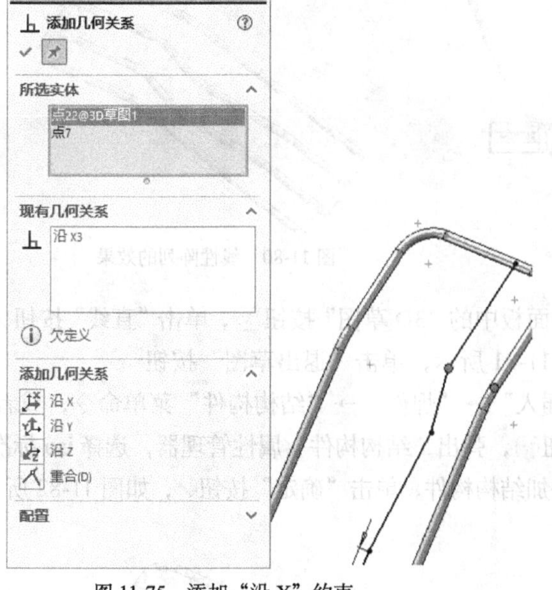

图 11-75 添加“沿 X”约束

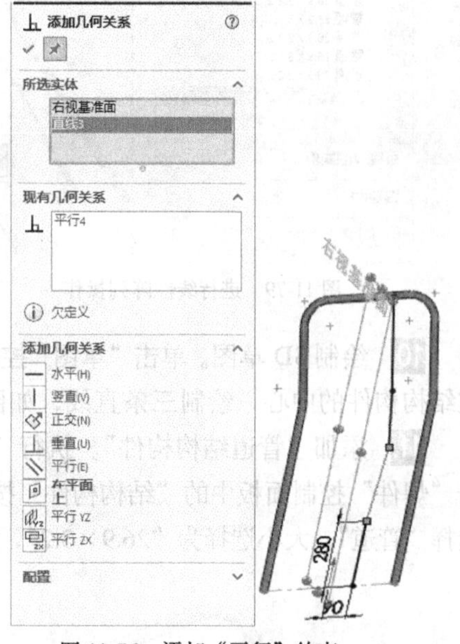

图 11-76 添加“平行”约束

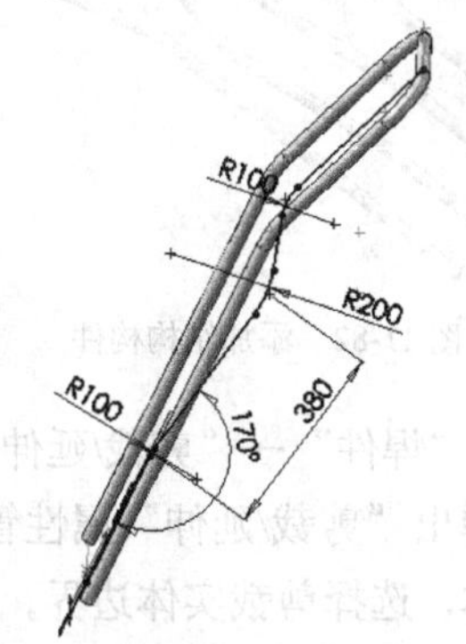

图 11-77 标注尺寸

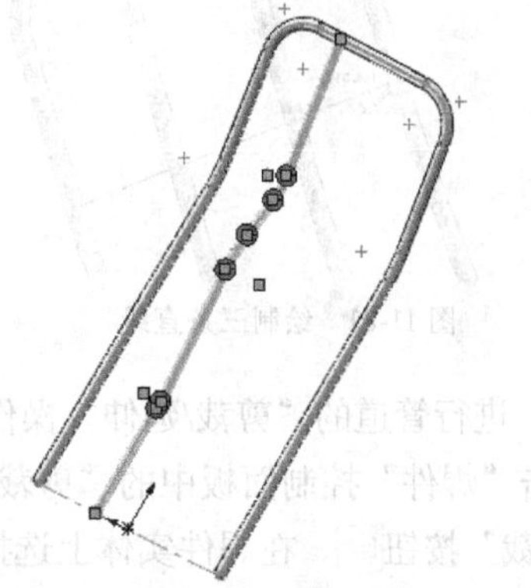
图 11-78 添加管道结构构件

9. 阵列“管道结构构件”。执行“插入”→“阵列/镜向”→“线性阵列”菜单命令，或者单击“特征”控制面板中的“线性阵列”按钮，弹出“线性阵列”属性管理器，选择水平构造线确定阵列的方向，键入阵列间距数值 180，实例数 2，如图 11-79 所示，单击“确定”按钮✓，结果如图 11-80 所示。

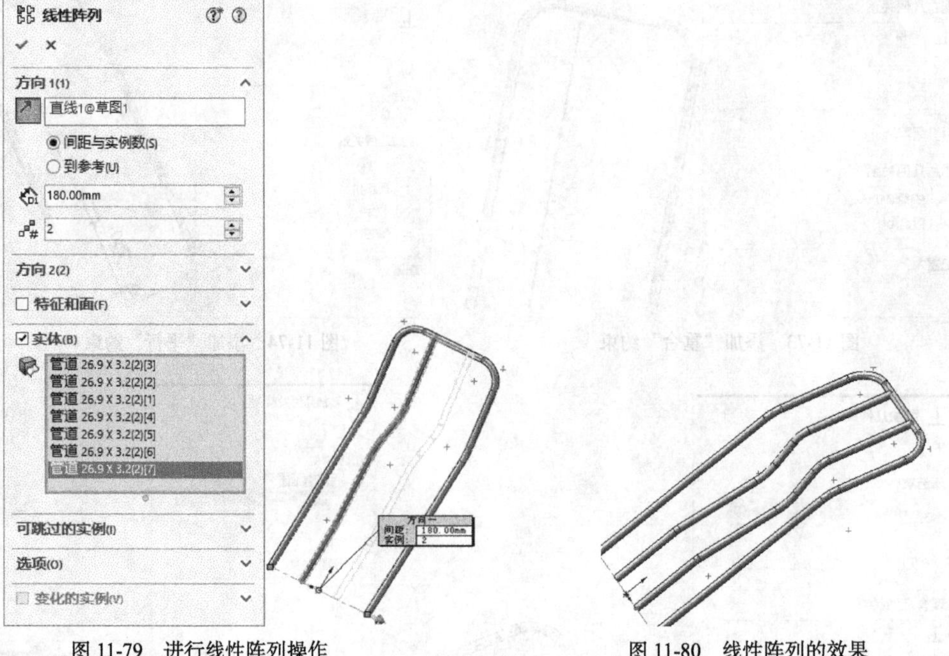

图 11-79　进行线性阵列操作　　图 11-80　线性阵列的效果

10. 绘制 3D 草图。单击“草图”控制面板中的“3D 草图”按钮，单击“直线”按钮，过结构构件的中心，绘制三条直线，如图 11-81 所示，单击“退出草图”按钮。

11. 添加“管道结构构件”。执行“插入”→“焊件”→“结构构件”菜单命令，或者单击“焊件”控制面板中的“结构构件”按钮，弹出“结构构件”属性管理器，选择 iso 标准，选择“管道”，大小选择为“26.9×3.2”，添加结构构件，单击“确定”按钮✓，如图 11-82 所示。

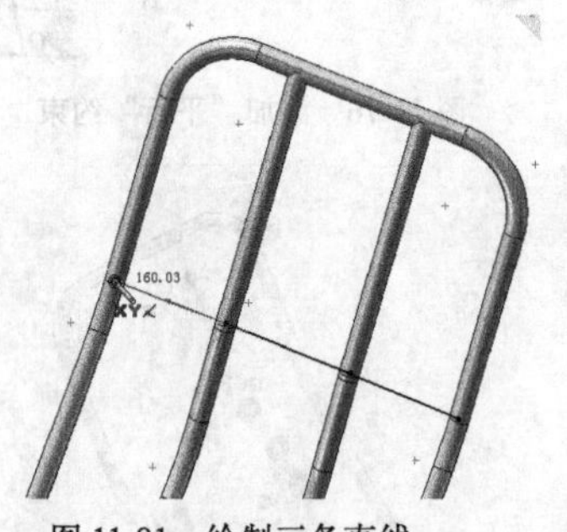

图 11-81　绘制三条直线

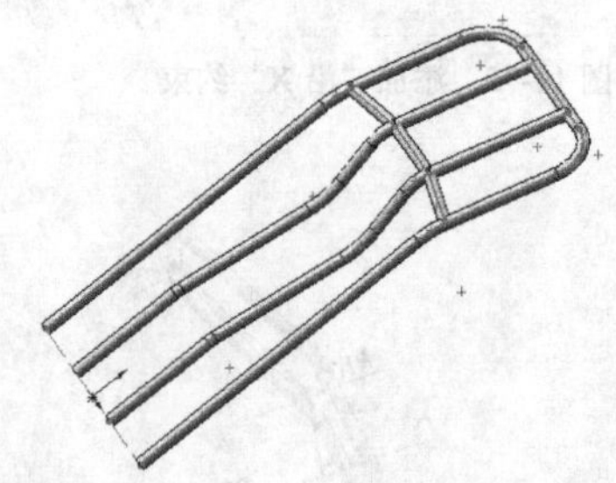

图 11-82　添加结构构件

12. 进行管道的“剪裁/延伸”操作。执行“插入”→“焊件”→“剪裁/延伸”菜单命令，或者单击“焊件”控制面板中的“剪裁/延伸”按钮，弹出“剪裁/延伸”属性管理器，单击“终端剪裁”按钮，在焊件实体上选择要剪裁的管道实体，选择剪裁实体边界，单击“确定”按钮✓，如图 11-83 所示，完成对管道的剪裁。

13. 对中间管道的“剪裁/延伸”操作。重复上述操作，在焊件实体上选择要剪裁的中间管道实体，选择纵向的管道作为剪裁实体边界，如图 11-84 所示，单击“确定”按钮✔，完成对管道的剪裁。

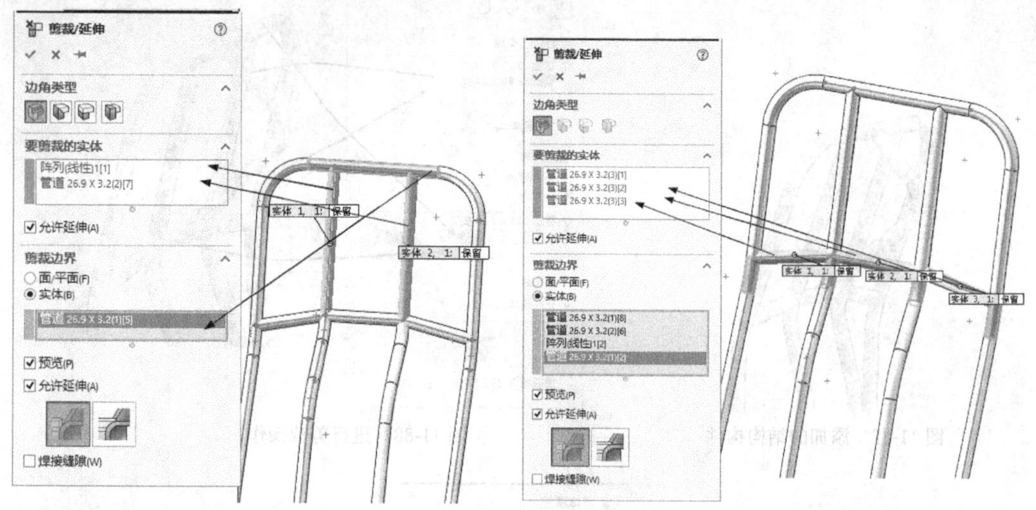

图 11-83　进行剪裁操作　　　　图 11-84　对中间管道进行剪裁操作

14. 绘制 3D 草图。单击“草图”控制面板中的“3D 草图”按钮，单击“直线”按钮，在 YZ 坐标平面内过如图 11-85 所示的结构构件的中心点，绘制两条直线，标注尺寸和绘制圆角，如图 11-86 所示，单击“退出草图”按钮。

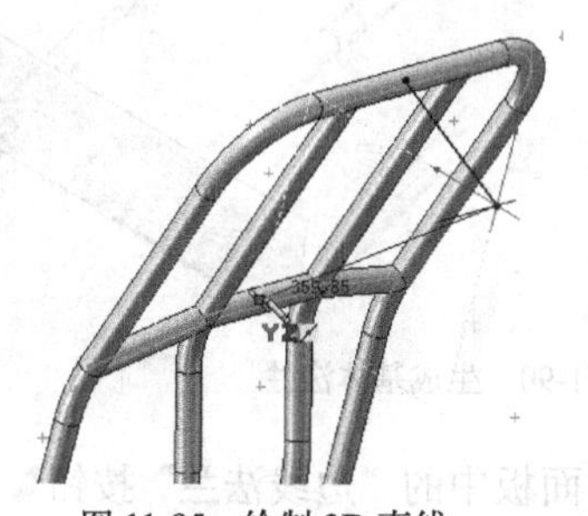

图 11-85　绘制 3D 直线

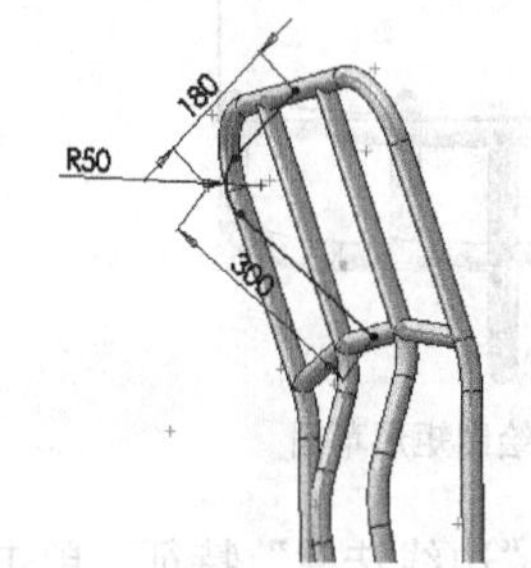

图 11-86　标注尺寸及绘制圆角

15. 添加“管道结构构件”。执行“插入”→“焊件”→“结构构件”菜单命令，或者单击“焊件”控制面板中的“结构构件”按钮，弹出“结构构件”属性管理器，选择 iso 标准，选择“管道”，大小选择“26.9×3.2”，添加结构构件，单击“确定”按钮✔，如图 11-87 所示。

16. 进行“剪裁/延伸”操作。执行“插入”→“焊件”→“剪裁/延伸”菜单命令，对步骤 15 中添加的结构构件进行剪裁，如图 11-88 所示，单击“确定”按钮✔。

17. 绘制草图。以“上视基准面”作为绘图基准面，单击“草图”控制面板中的“边角矩形”按钮，绘制一个矩形，添加几何关系使矩形内侧与管道结构构件相切，标注尺寸，如图 11-89 所示。

18. 生成“基体法兰”特征。单击“钣金”控制面板中的“基体法兰/薄片”按钮，弹出“基体法兰”属性管理器，键入厚度数值 6，其他设置如图 11-90 所示，单击“确定”按钮✔，生成基体法兰。

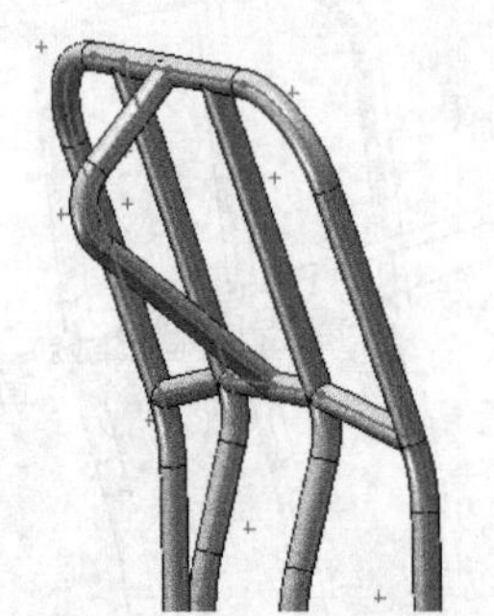
图 11-87　添加的结构构件

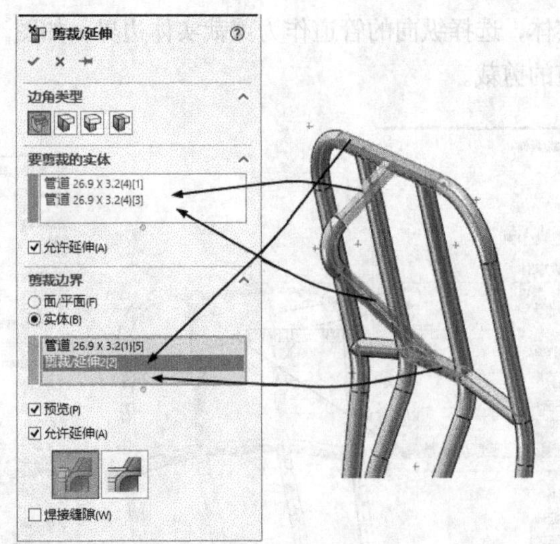

图 11-88　进行剪裁操作

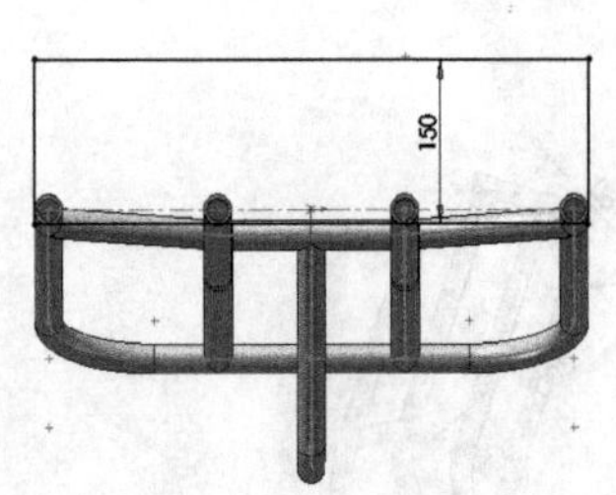

图 11-89　绘制矩形草图

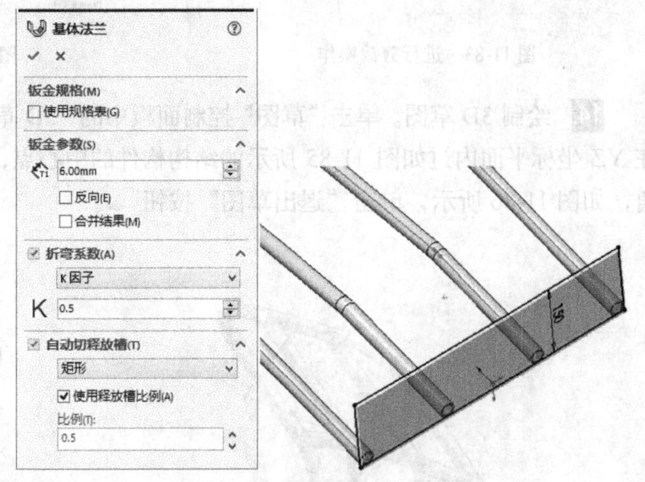

图 11-90　生成基体法兰

19. 生成“边线法兰”特征。单击“钣金”控制面板中的“边线法兰”按钮，弹出“边线-法兰”属性管理器，键入折弯半径数值 5，法兰长度数值 250，其他设置如图 11-91 所示，单击“确定”按钮✔，生成边线法兰。

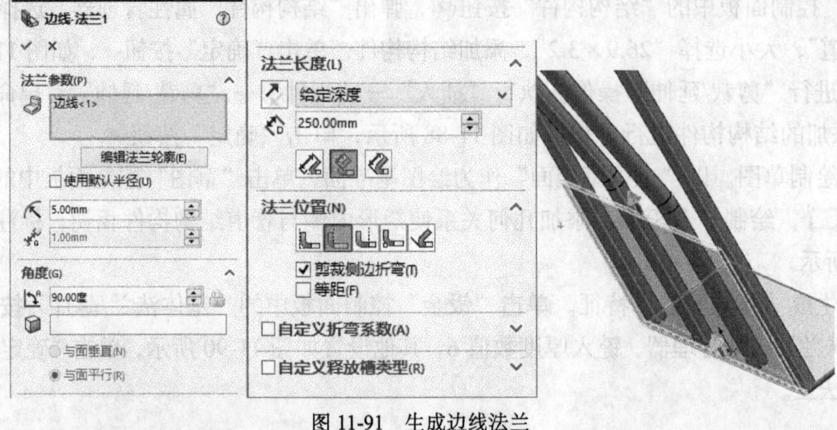

图 11-91　生成边线法兰

20. 对管道结构构件进行切除。为了避免结构构件与钣金件发生干涉，需要对结构构件的前端进行倒角。首先以右视基准面作为绘制基准面，绘制三条直线和一段圆弧，如图 11-92 所示，然后单击“特征”控制面板中的“拉伸切除”按钮，进行两个方向的完全贯穿反侧切除，如图 11-93 所示。单击“确定”按钮✔，结果如图 11-94 所示。

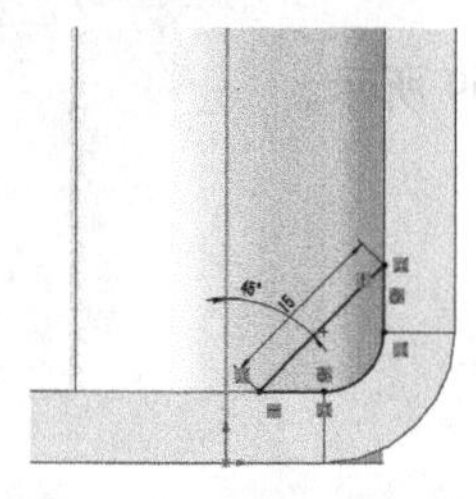
图 11-92　绘制草图

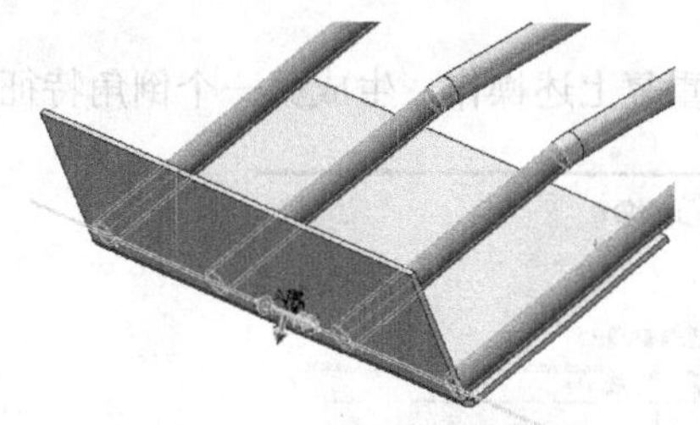
图 11-93　进行拉伸切除

21. 选择基准面。单击如图 11-95 所示的平面，作为绘制草图的基准面，单击“前导视图”工具栏中的“正视于”按钮。

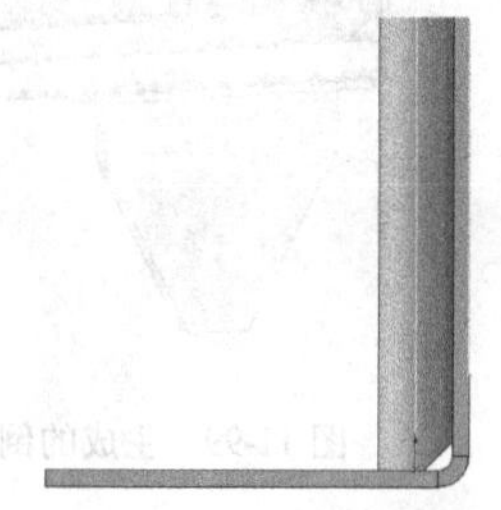
图 11-94　拉伸切除的结果

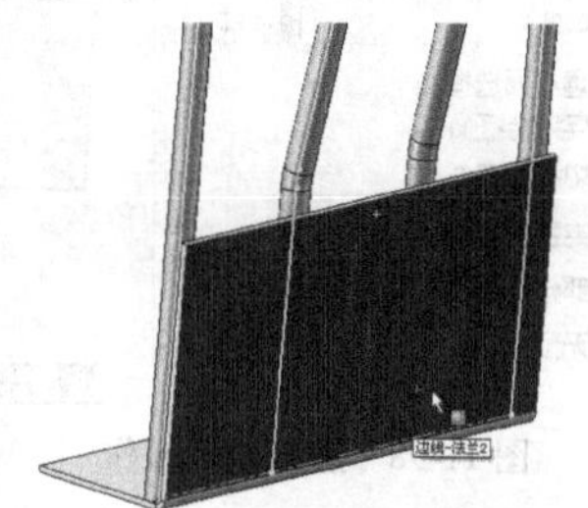
图 11-95　选择基准面

22. 绘制草图。单击“草图”控制面板中的“边角矩形”按钮，绘制一个矩形并标注其智能尺寸，如图 11-96 所示。

23. 生成“拉伸”特征。执行“插入”→“凸台/基体”→“拉伸”菜单命令，或者单击“特征”控制面板中的“拉伸凸台/基体”按钮，在“凸台-拉伸”属性管理器“深度”栏中键入数值 180，如图 11-97 所示，单击“确定”按钮✔，生成拉伸实体特征。

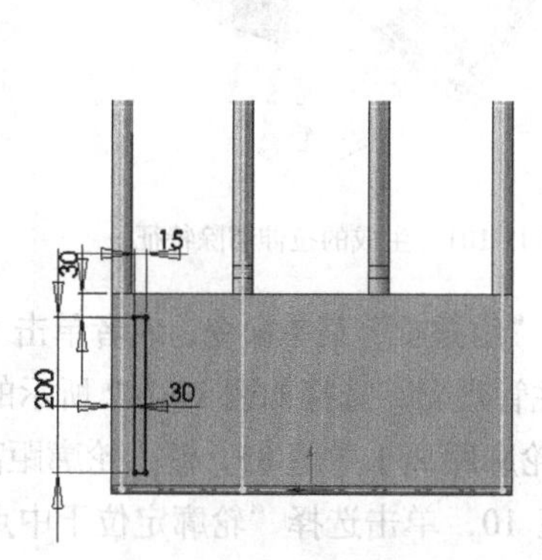

图 11-96　绘制草图

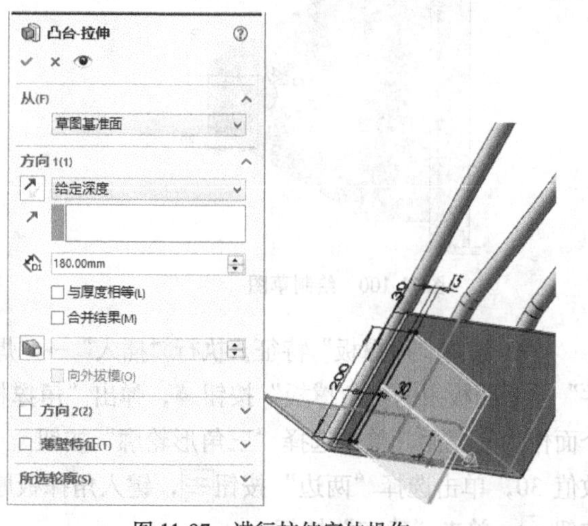

图 11-97　进行拉伸实体操作

24. 生成“倒角”特征。

(1) 执行“插入”→“特征”→“倒角”菜单命令，或者单击“特征”控制面板中的“倒角”按钮，在“倒角”属性管理器中选择“角度距离”选项，在“距离”栏中键入数值 130，在“角度”栏中键入数值 30，如图 11-98 所示，单击“确定”按钮，生成倒角特征。

(2) 重复上述操作，生成另一个倒角特征，结果如图 11-99 所示。

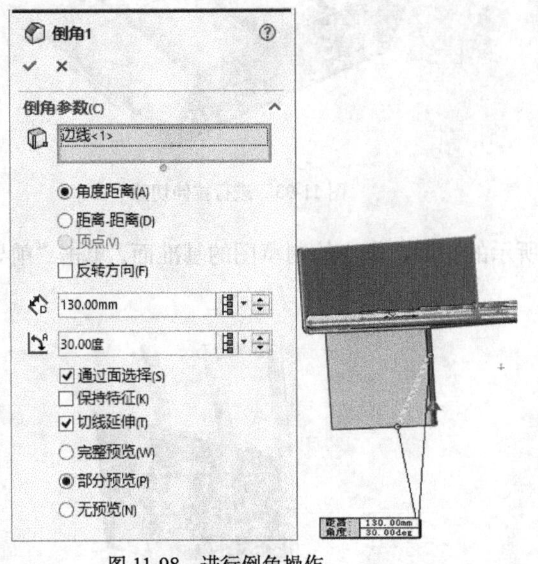

图 11-98 进行倒角操作

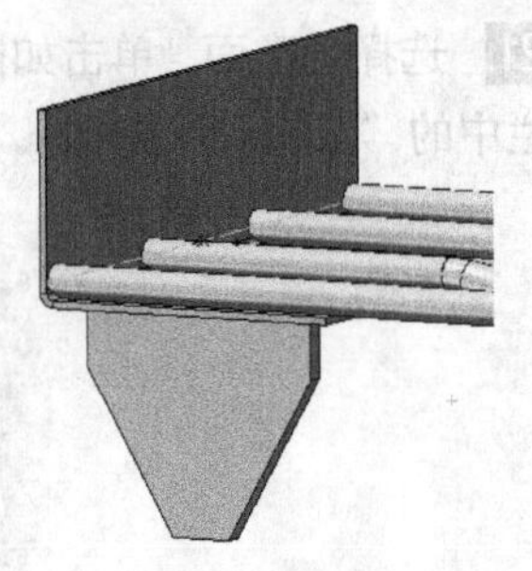

图 11-99 生成的倒角

25. 绘制草图。执行“草图”绘制工具，以拉伸实体的侧面作为绘图基准面绘制草图，标注其智能尺寸，如图 11-100 所示。

26. 生成“拉伸切除”特征。执行“插入”→“切除”→“拉伸”菜单命令，或者单击“特征”控制面板中的“拉伸切除”按钮，在“切除-拉伸”属性管理器的“终止条件”栏中选择“完全贯穿”，单击“确定”按钮，生成的拉伸切除特征如图 11-101 所示。

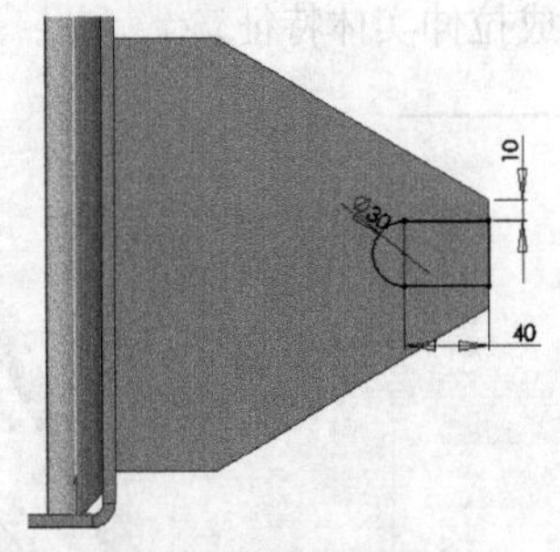

图 11-100 绘制草图

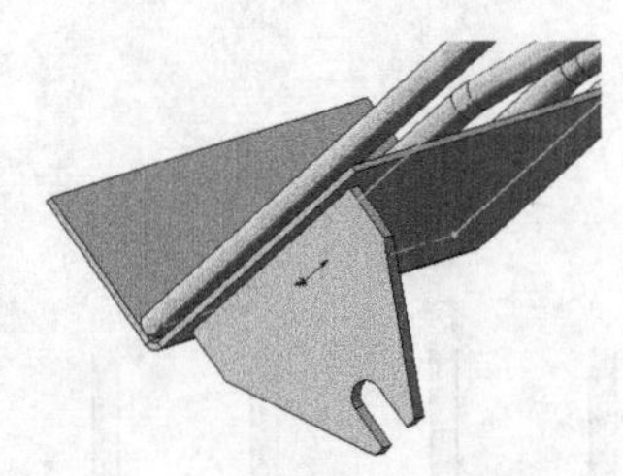

图 11-101 生成的拉伸切除特征

27. 添加“角撑板”特征。执行“插入”→“焊件”→“角撑板”菜单命令，或者单击“焊件”控制面板中的“角撑板”按钮，弹出“角撑板”属性管理器，选择如图 11-102 所示的两个面作为支撑面，单击选择“三角形轮廓”按钮，键入轮廓距离 1 数值 85，键入轮廓距离 2 数值 30，单击选择“两边”按钮，键入角撑板厚度数值 10，单击选择“轮廓定位于中点”按钮，单击“确定”按钮。

28. 添加一侧的“圆角焊缝”特征。执行“插入”→“焊件”→“圆角焊缝”菜单命令，或者单击“焊件”控制面板中的“圆角焊缝”按钮，弹出“圆角焊缝”属性管理器，选择“全长”焊缝类型，键入焊缝大小数值 5，勾选“切线延伸”，在面组 1 和面组 2 选项框中，分别选择如图 11-103 所示的面，单击“确定”按钮✓。

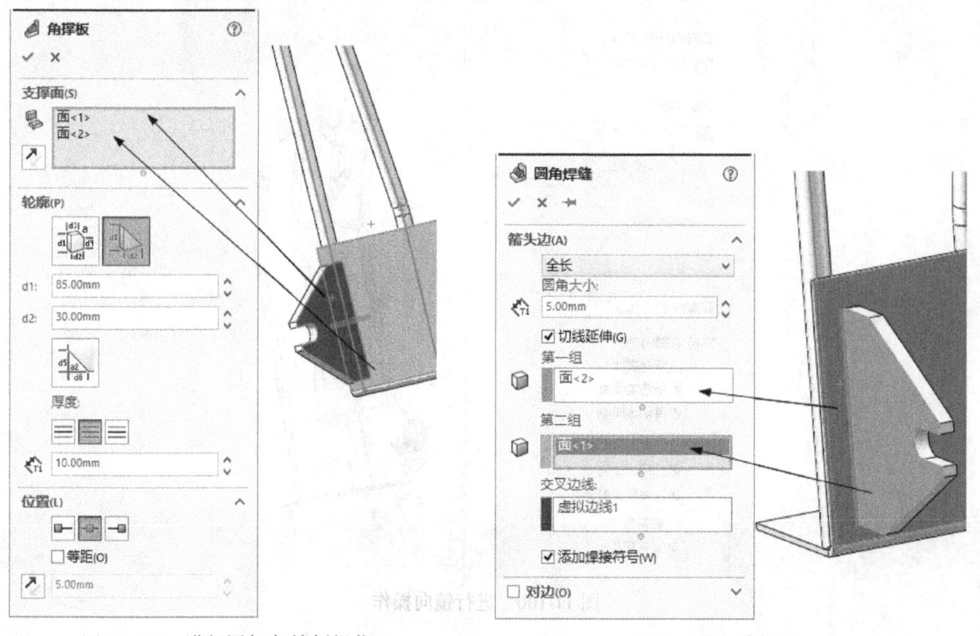

图 11-102 进行添加角撑板操作　　　　图 11-103 选择面

29. 添加另一侧的“圆角焊缝”特征。重复上述操作，分别选择如图 11-104 所示的面，单击“确定”按钮✓，生成另一侧的圆角焊缝，如图 11-105 所示。

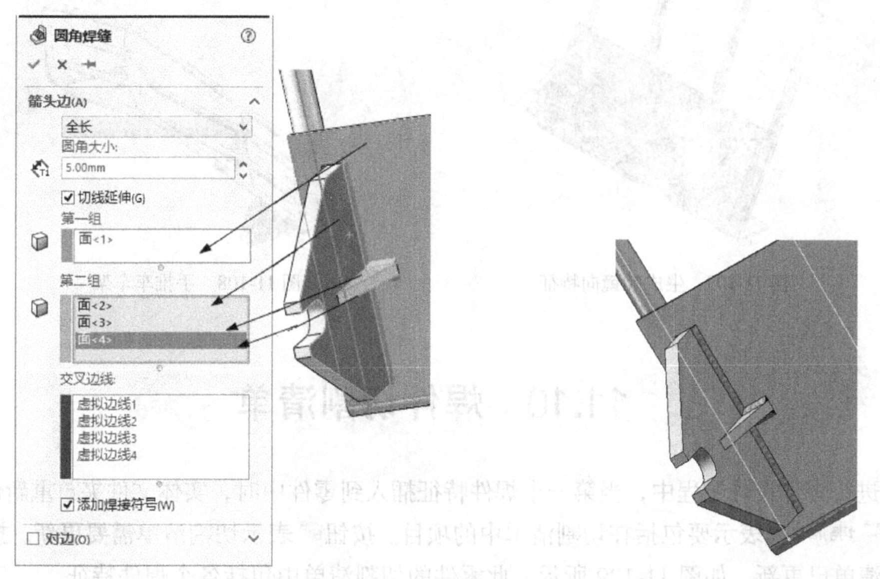

图 11-104 选择面　　　　图 11-105 生成的圆角焊缝

30. 进行“镜向”操作。执行“插入”→“阵列/镜向”→“镜向”菜单命令，或者单击“特征”控制面板中的“镜向”按钮，在如图 11-106 所示的“镜向”属性管理器的“镜向面/基准面”

栏中选择“右视基准面”，在“要镜向的特征”栏中选择拉伸实体、倒角、圆角焊缝等特征，单击“确定”按钮✔，生成镜向特征如图 11-107 所示。

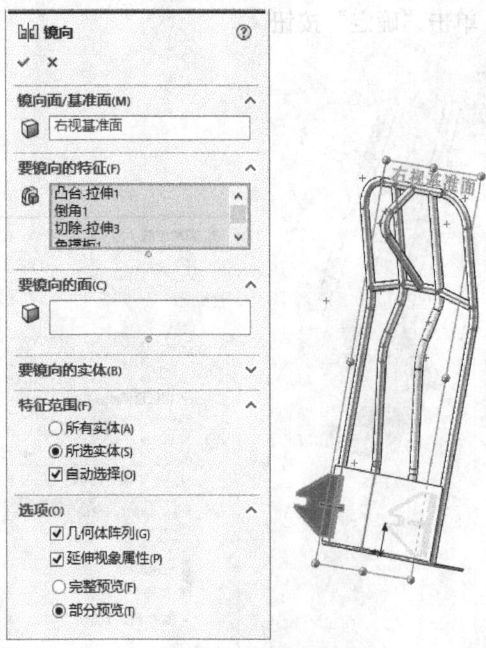

图 11-106　进行镜向操作

31. 保存文件。单击“快速访问”工具栏中的“保存”按钮，将文件进行保存，最后结果如图 11-108 所示。

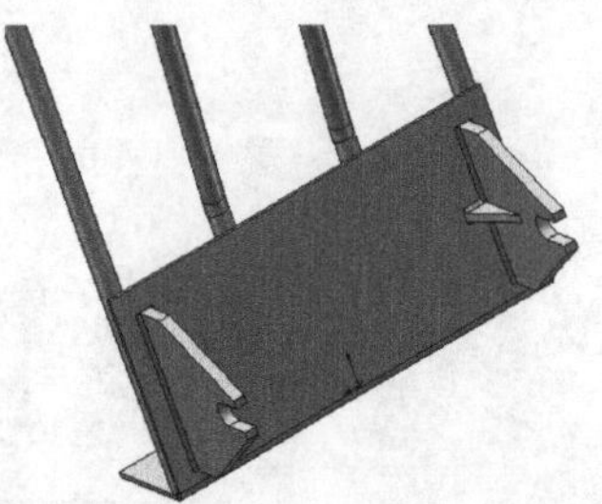

图 11-107　生成的镜向特征

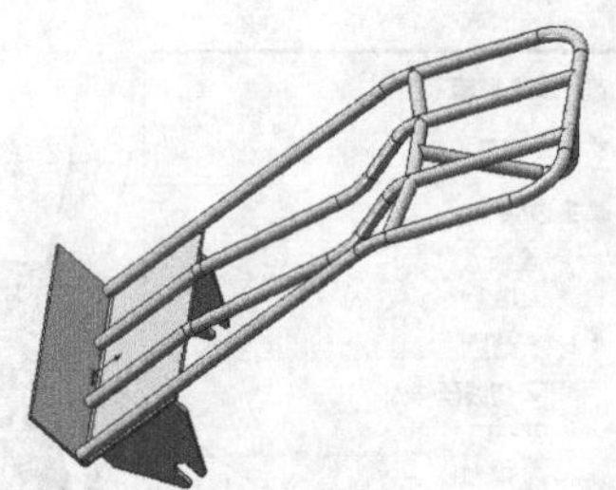

图 11-108　手推车车架

11.10　焊件切割清单

在进行焊件设计过程中，当第一个焊件特征插入到零件中时，实体文件夹重新命名为切割清单 切割清单 以表示要包括在切割清单中的项目。按钮表示切割清单需要更新。按钮表示切割清单已更新。如图 11-109 所示，此零件的切割清单中包括各个焊件特征。

图 11-109 焊件切割清单

11.10.1 更新焊件切割清单

在焊件零件文档的“FeatureManager 设计树”中用右键执行切割清单，然后选择更新。切割清单按钮变为。相同项目在切割清单项目子文件夹中列组在一起。

技巧荟萃

焊缝不包括在切割清单中。

11.10.2 将特征排除在切割清单之外

在设计过程中如果要将焊接特征排除在切割清单之外，可以右击焊件特征，在弹出的菜单中选择“制作焊缝”命令，更新切割清单后，此焊件特征将被排斥在外。若想将先前排斥在外的特征包括在内，右击焊件特征，在弹出的菜单中选择“制作非焊缝”命令，如图 11-110 所示。

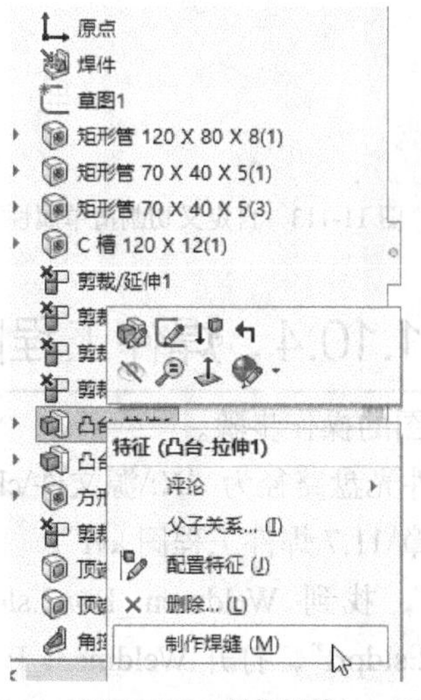

图 11-110 制作焊缝

11.10.3 自定义焊件切割清单属性

用户在设计过程中可以自定义焊件切割清单属性，在“FeatureManager 设计树”中右击焊件“切割清单”，在弹出的菜单中执行“属性”，如图 11-111 所示，将会弹出“切割清单属性”对话框，如图 11-112 所示。

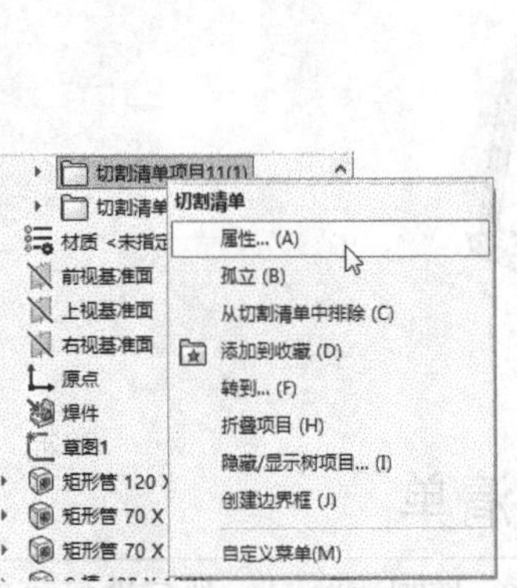

图 11-111 右击切割清单

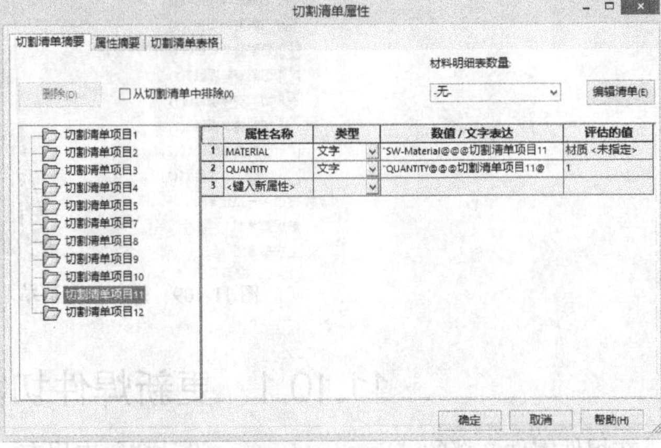

图 11-112 “切割清单属性”对话框

在对话框中可以对其每一项内容进行自定义，如图 11-113 所示，最后单击“确定”按钮。

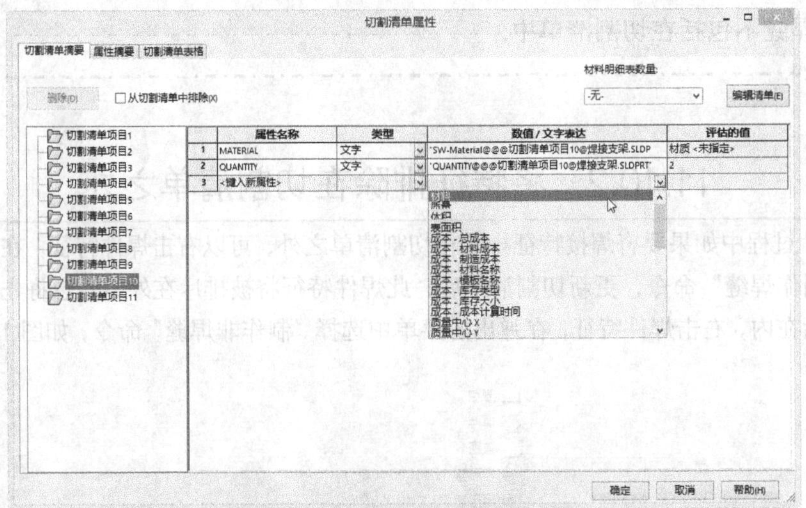

图 11-113 自定义切割清单属性

11.10.4 焊件工程图

下面结合实例介绍焊件工程图的操作步骤。

【案例 11-7】本案例结果文件光盘路径为“X:\源文件\ch11\11.7.SLDPRT”，案例视频内容光盘路径为“X:\动画演示\第 11 章\11.7 焊件工程图.avi”。

（1）进入软件安装路径下，找到 Weldment_Box2.sldprt 文件，其路径是“\samples\tutorial\weldments\Weldment_Box2.sldprt”，打开 Weldment_Box2.sldprt 零件文件。

（2）单击“快速访问”工具栏中的“从零件/装配体制作工程图”按钮，系统打开如图

11-114 所示的“图纸格式/大小”对话框，对图纸格式进行设置后单击“确定”按钮，进入工程图设计界面。

(3) 单击“视图布局”面板中的“模型视图”按钮，弹出“模型视图”属性管理器，选择零件 Weldment_Box2.sldprt 作为要插入的零件，如图 11-115 所示，单击按钮，进入选择“视图”和“方向”界面，如图 11-116 所示。选择“等轴测图”，在方向下的更多视图中，选择“上下二等角轴测”视图，自定义比例为 1:10，在尺寸类型下选择“真实”，单击“确定”按钮✔，结果如图 11-117 所示。

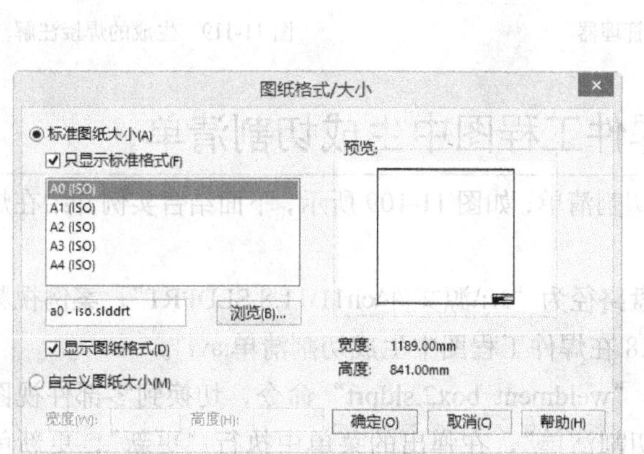

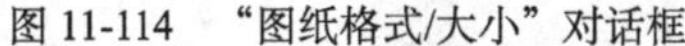

图 11-114 “图纸格式/大小”对话框

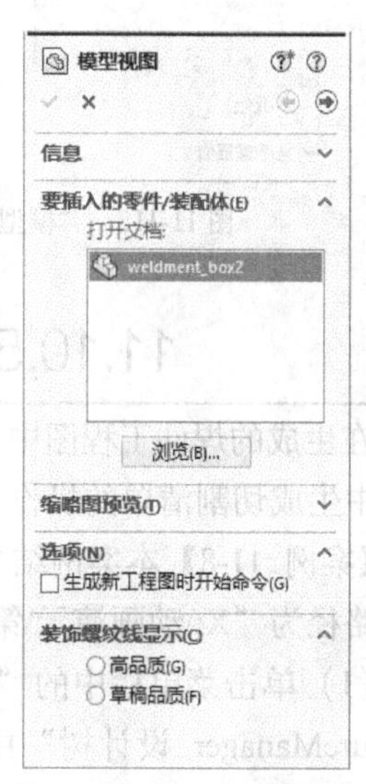

图 11-115 “模型视图”属性管理器

(4) 添加焊接符号。单击“注解”控制面板中的“模型项目”按钮，弹出“模型项目”属性管理器，在“来源/目标”栏中选择“整个模型”，在“尺寸”栏中单击“为工程图标注”按钮，在“注解”栏中单击“焊接符号”按钮，其他设置如图 11-118 所示，单击“确定”按钮✔，拖动焊接注解将之定位，如图 11-119 所示。

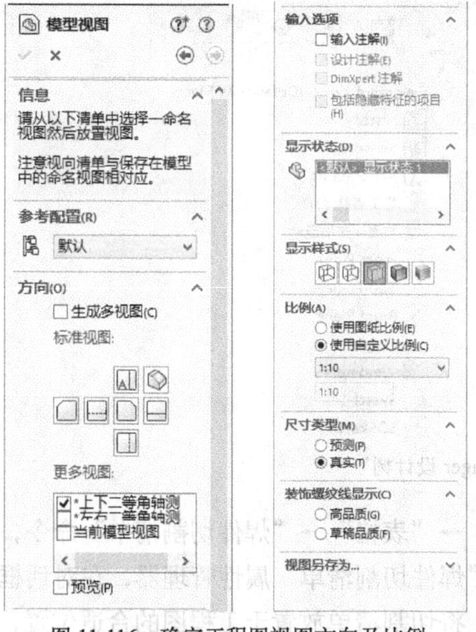

图 11-116 确定工程图视图方向及比例

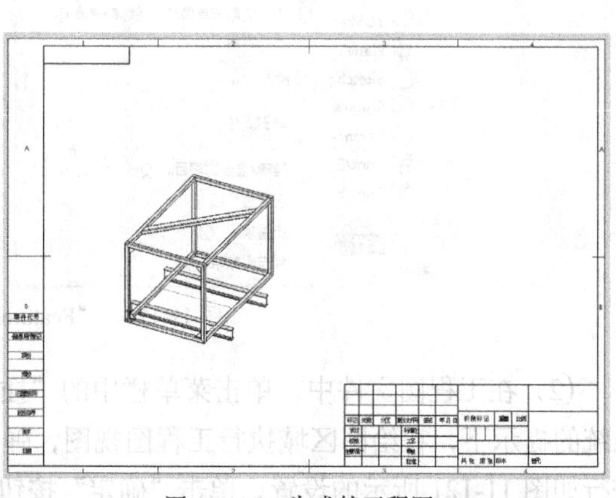

图 11-117 生成的工程图

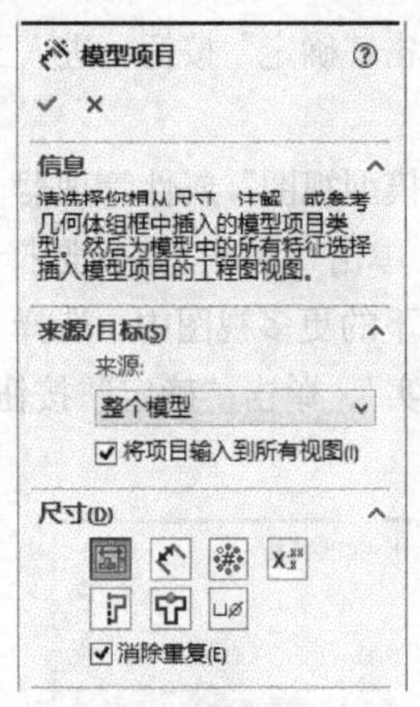

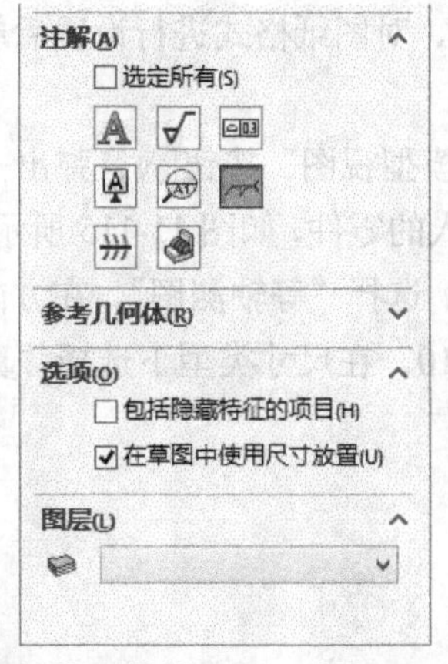

图 11-118 “模型项目”属性管理器

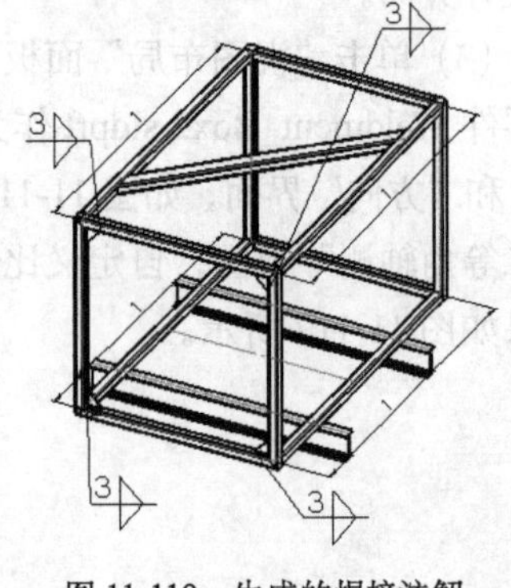

图 11-119 生成的焊接注解

11.10.5 在焊件工程图中生成切割清单

在生成的焊件工程图中可以添加切割清单，如图 11-109 所示，下面结合实例介绍在焊件工程图中生成切割清单的操作步骤。

【案例 11-8】本案例结果文件光盘路径为“X:\源文件\ch11\11.8.SLDPRT”，案例视频内容光盘路径为“X:\动画演示\第 11 章\11.8 在焊件工程图中生成切割清单.avi”。

（1）单击菜单栏中的“窗口”→“weldment_box2.sldprt”命令，切换到零部件视图，在“FeatureManager 设计树”中右击“切割清单”，在弹出的菜单中执行“更新”，更新前后的“FeatureManager 设计树”如图 11-120 所示。

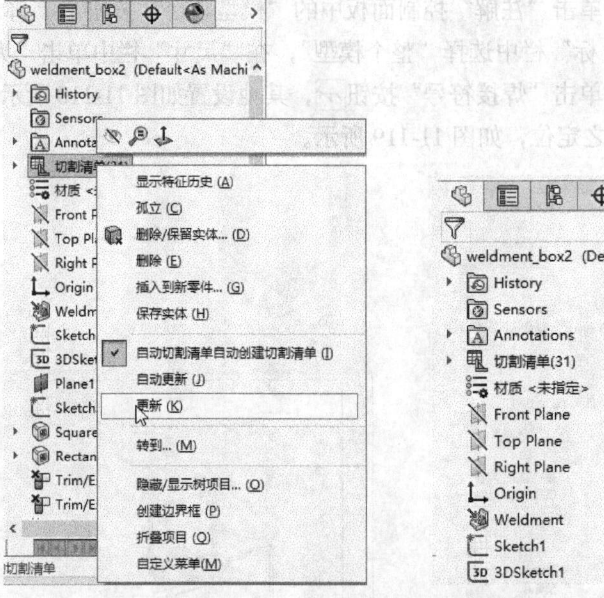

图 11-120 “FeatureManager 设计树”

（2）在工程图文件中，单击菜单栏中的“插入”→“表格”→“焊件切割清单”命令，在系统的提示下，在绘图区域执行工程图视图，弹出“焊件切割清单”属性管理器，在对话框中进行如图 11-121 所示的设置，单击“确定”按钮✔，将切割清单放置于工程图的合适位置，结果如图 11-122 所示。

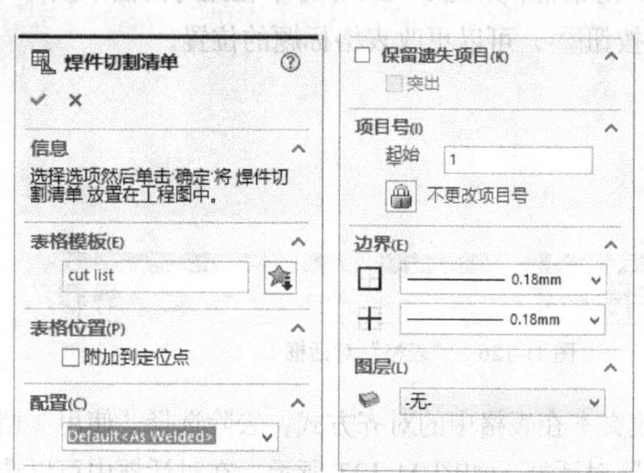

图 11-121 “焊件切割清单”属性管理器

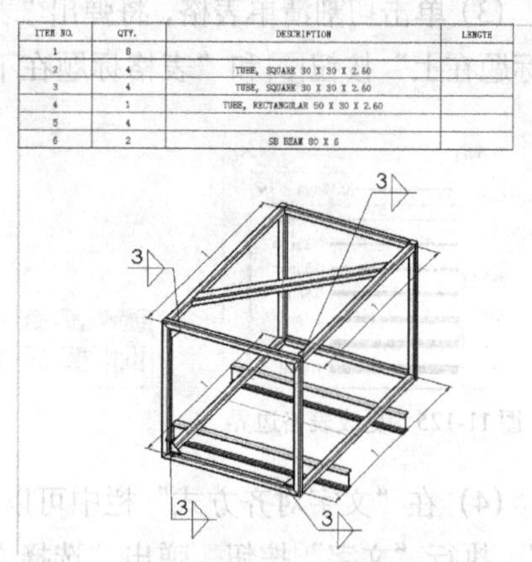

图 11-122 添加焊件切割清单

11.10.6 编辑切割清单

对添加的焊件切割清单可以进行编辑，修改文字内容、字体、表格尺寸等操作，下面结合实例介绍编辑切割清单的操作步骤。

【案例 11-9】本案例结果文件光盘路径为“X:\源文件\ch11\11.9.SLDPRT”，案例视频内容光盘路径为“X:\动画演示\第 11 章\11.9 编辑切割清单.avi”。

(1) 右击切割清单表格中任何地方，在弹出的菜单中选择“属性”命令，如图 11-123 所示，弹出“焊件切割清单”属性管理器，如图 11-124 所示，在属性管理器中可以选择“表格位置”和更改项目“起始”。

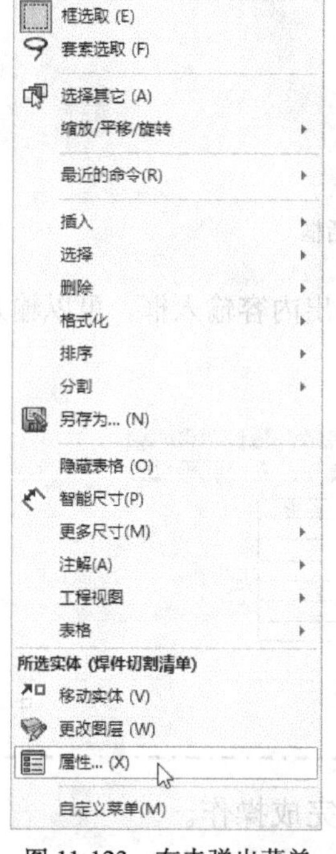

图 11-123 右击弹出菜单

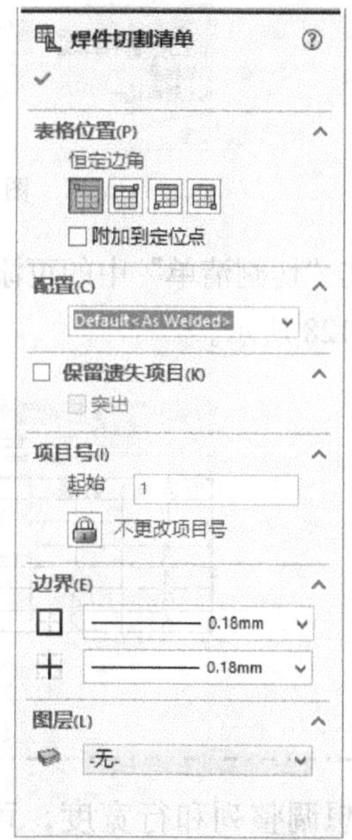

图 11-124 “焊件切割清单”属性管理器

（2）在边界栏中可以更改表格边界和边界线条的粗细，如图 11-125 所示。

（3）单击切割清单表格，将弹出“表格”对话框，如图 11-126 所示，在此对话框中执行“表格标题在上”按钮和“表格标题在下”按钮，可以更改表格标题的位置。

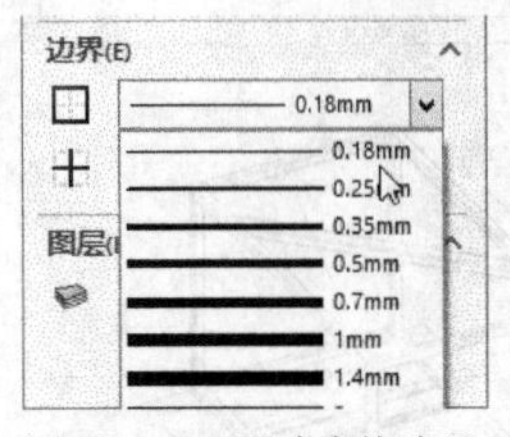

图 11-125 更改表格边界

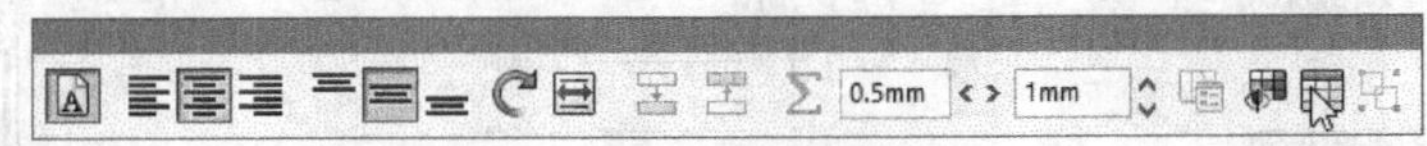

图 11-126 “表格”对话框

（4）在“文字对齐方式”栏中可以更改文本在表格中的对齐方式，去除选择“使用文档文字”，执行“文字”按钮，弹出“选择文字”对话框，如图 11-127 所示，在对话框中可以选择“字体”、“字体样式”及更改字体的“高度”和“字号”。

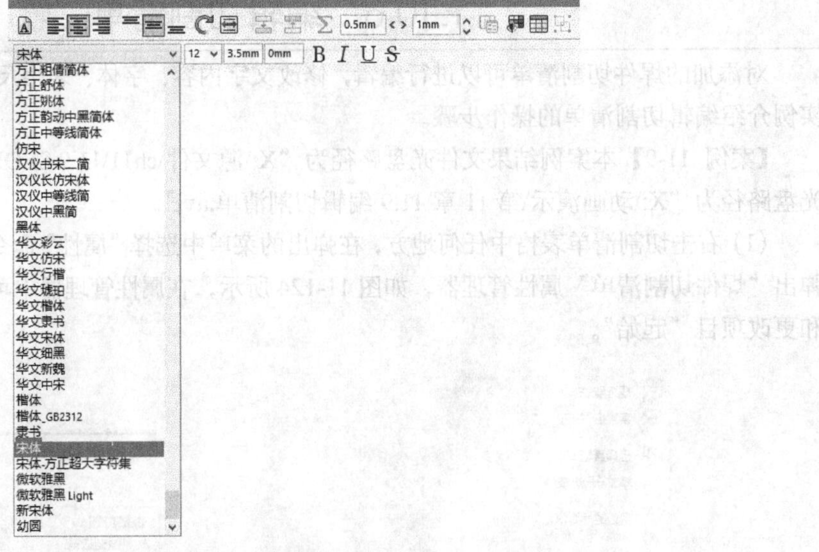

图 11-127 “选择文字”对话框

（5）双击“切割清单”中的可添加注释部分表格，弹出内容输入框，可以输入要添加的注释，如图 11-128 所示。

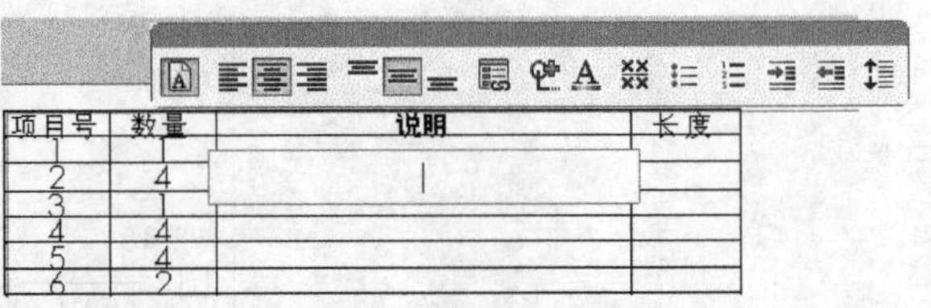

图 11-128 添加文字注释

若想调整列和行宽度，可以拖动列和行边界完成操作。

11.10.7 添加零件序号

下面结合实例介绍添加零件序号的操作步骤。

【案例 11-10】本案例结果文件光盘路径为“X:\源文件\ch11\11.10.SLDPRT”，案例视频内容光盘路径为“X:\动画演示\第11章\11.10 添加零件序号.avi”。

（1）单击“注解”控制面板中的“自动零件序号”按钮，或执行选择需要添加零件序号的工程图，单击菜单栏中的“插入”→“注解”→“自动零件序号”命令，弹出“自动零件序号”属性管理器，在对话框的“零件序号布局”栏中单击“布置零件序号到方形”按钮，如图 11-129 所示。

（2）在“自动零件序号”属性管理器中的“零件序号设定”栏中，选择“圆形”样式，选择“紧密配合”大小设置，选择“项目数”作为零件序号文字，如图 11-130 所示，单击“确定”按钮，添加零件序号如图 11-131 所示。

图 11-129 选择零件序号布局

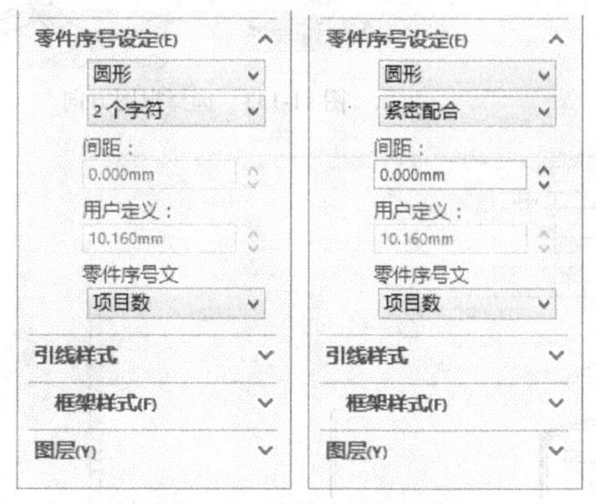

图 11-130 选择零件序号设定

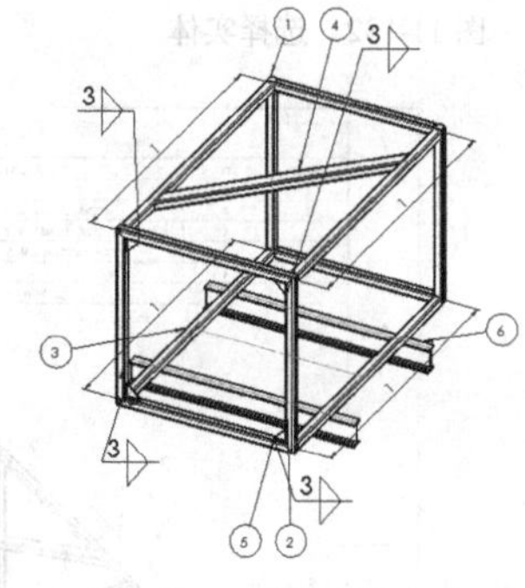

图 11-131 添加零件序号

技巧荟萃

每个零件序号的项目号与切割清单中的项目号相同。

11.10.8 生成焊件实体的视图

在生成工程图时，可以生成焊件零件的单一实体工程图视图，下面结合实例介绍生成焊件实体的视图的操作步骤。

【案例 11-11】本案例结果文件光盘路径为“X:\源文件\ch11\11.11.SLDPRT”，案例视频内容光盘路径为“X:\动画演示\第 11 章\11.11 生成焊件实体的视图.avi”。

（1）在工程图文档中，单击菜单栏中的“插入”→“工程图视图”→“相对于模型”命令，弹出提示框，要求在另一窗口中选择实体。

（2）执行“窗口”菜单命令，选择焊件的实体零件文件，弹出“相对视图”属性管理器，点选“所选实体”选项，并且在焊件实体中选择相应的实体，如图 11-132 所示。

（3）在“相对视图”属性管理器中，单击“第一方向”选择框，选择“前视”视图方向，在实体上选择相应的面，确定前视方向；单击“第二方向”选择框，选择“右视”视图方向，在实体上选择相应的面，确定右视方向，如图 11-133 所示，单击“确定”按钮✔，切换到工程图界面，将零件实体的工程视图放置在合适的位置，如图 11-134 所示。

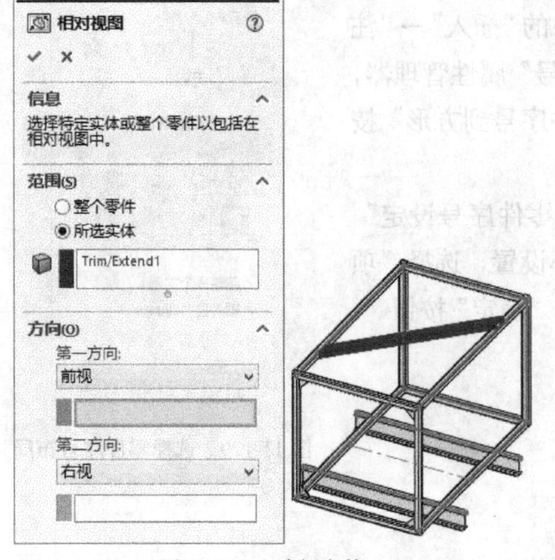

图 11-132　选择实体

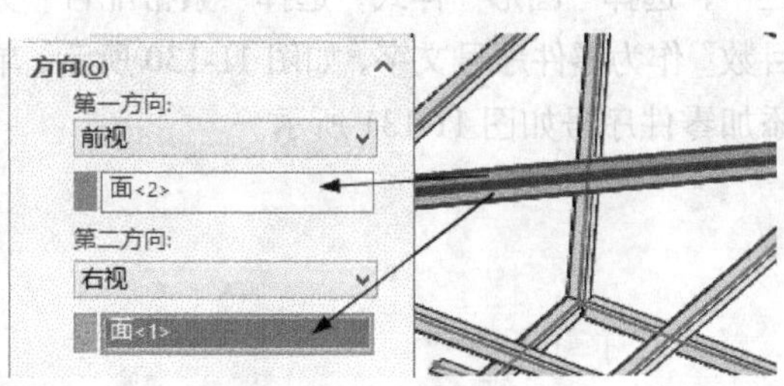

图 11-133　选择视图方向

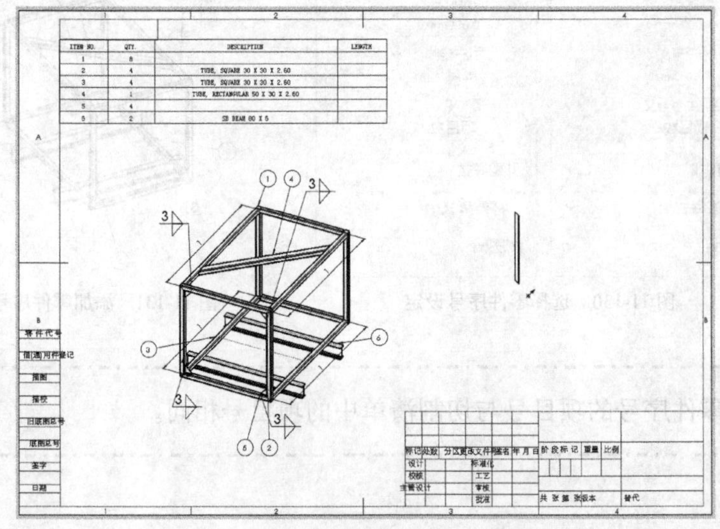

ITEM NO.	QTY.	DESCRIPTION	LENGTH
1	8		
2	4	TUBE, SQUARE 30 X 30 X 2.60	
3	4	TUBE, SQUARE 30 X 30 X 2.60	
4	1	TUBE, RECTANGULAR 50 X 30 X 2.60	
5	4		
6	2	SB BEAM 80 X 5	

图 11-134　生成焊件实体的工程视图

11.11　装配体中焊缝的创建

前面介绍了多实体零件生成的焊件中圆角焊缝的创建方法，在使用关联设计进行装配体设计过程中，也可以在装配体焊接零件中添加多种类型的焊缝。本节将介绍在装配体的零件之间创建焊缝零部件和编辑焊缝零部件的方法，以及相关的焊缝形状、参数、标注等方面的知识。

11.11.1 焊接类型

在 SOLIDWORKS 装配体中运用“焊缝”命令可以将多种焊接类型的焊缝零部件添加到装配体中，生成的焊缝属于装配体特征，是关联装配体中生成的新装配体零部件。可以在零部件之间添加 ANSI、ISO 标准支持的焊接类型，常用的焊接类型如表 11-1 和表 11-2 所示。

表 11-1　　ANSI 标准焊接类型

焊接类型	符号	图示	焊接类型	符号	图示
两凸缘对接	^	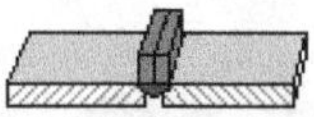	无坡口 I 形对接	‖	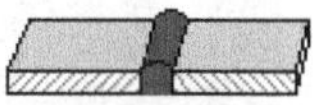
单面 V 形对接	V	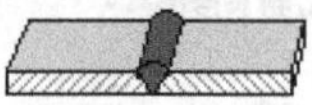	单面斜面 K 形对接	V	
单面 V 形根部对接	Y	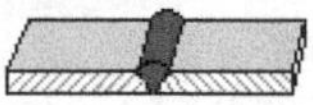	单面根部斜面/K 形根部对接	Y	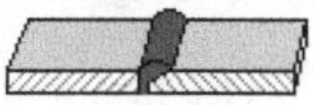

表 11-2　　ISO 标准焊接类型

焊接类型	符号	图示	焊接类型	符号	图示
U 形对接	Y	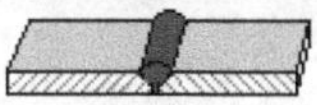	J 形对接	Y	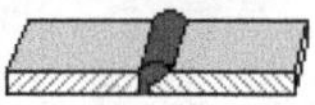
背后焊接	⌓	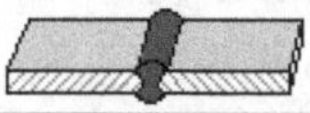	填角焊接	◺	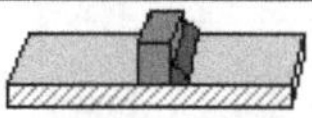
沿缝焊接	⊖	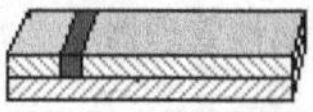	—	—	—

11.11.2 焊缝的顶面高度和半径

当焊缝的表面形状为凸起或凹陷时，必须指定顶面焊接高度。对于背后焊接，还要指定底面焊接高度。如果表面形状是平面，则没有表面高度。

1．焊缝的顶面高度

对于凸起的焊接，顶面高度是指焊缝最高点与接触面之间的距离 H，如图 11-135 所示。

对于凹陷的焊接，顶面高度是指由顶面向下测量的距离 h，如图 11-136 所示。

2．填角焊接焊缝的半径

焊缝可以想象为一个沿着焊缝滚动的球，如图 11-137 所示，此球的半径即为所测量的焊缝的半径，在此填角焊接中，指定的半径是 10mm，顶面焊接高度是 2mm。焊缝的边线位于球与接触面的相切点。

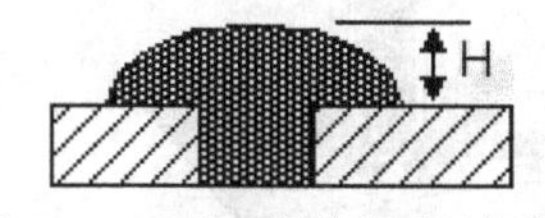

图 11-135　凸起焊缝的顶面高度

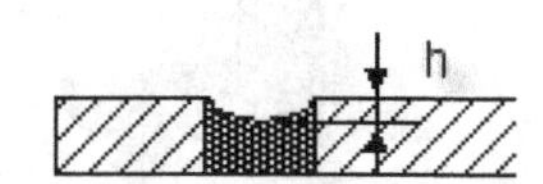

图 11-136　凹陷焊缝的顶面高度

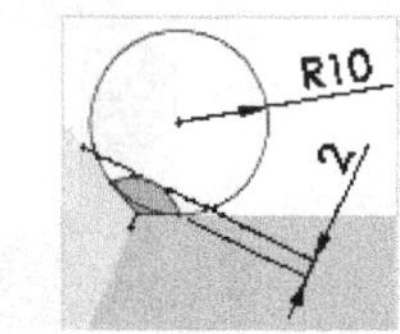

图 11-137　填角焊接焊缝的半径

11.11.3 焊缝结合面

在 SOLIDWORKS 装配体中，焊缝的结合面分为顶面、结合面和接触面。所有焊接类型都必须选择接触面，除此以外，某些焊接类型还需要选择结合面和顶面。

单击“焊件”控制面板中的“焊缝”按钮，或单击菜单栏中的“插入”→“焊件”→“焊缝”命令，弹出“焊缝”属性管理器，如图 11-138 所示。

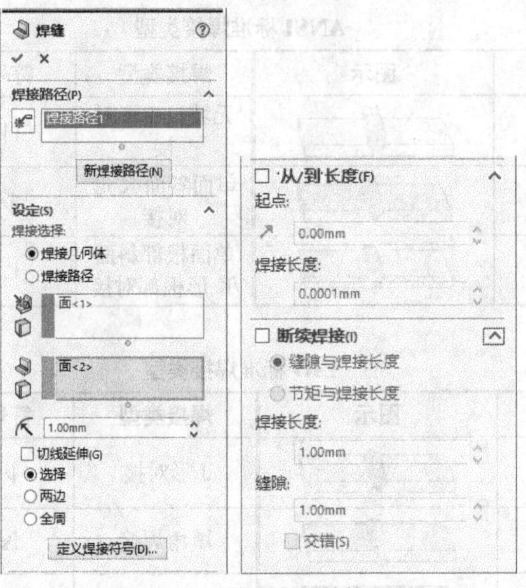

图 11-138 “焊缝”属性管理器

1. 焊接路径

(1)“智能焊接选择工具”：在要应用焊缝的位置上绘制路径。

(2)“新焊接路径”按钮：定义新的焊接路径。生成新的焊接路径与先前创建的焊接路径脱节。

2. 设定

(1) 焊接选择：选择要应用焊缝的面或边线。

(2) 焊缝大小：设置焊缝厚度，在中输入焊缝大小。

(3) 切线延伸：勾选此复选框，将焊缝应用到与所选面或边线相切的所有边线。

(4) 选择：选择此单选按钮，将焊缝应用到所选面或边线，示意图如图 11-139（a）所示。

(5) 两边：选择此单选按钮，将焊缝应用到所选面或边线以及相对的面或边线，示意图如图 11-139（b）所示。

(6) 全周：将焊缝应用到所选面或边线以及所有相邻的面和边线，示意图如图 11-139（c）所示。

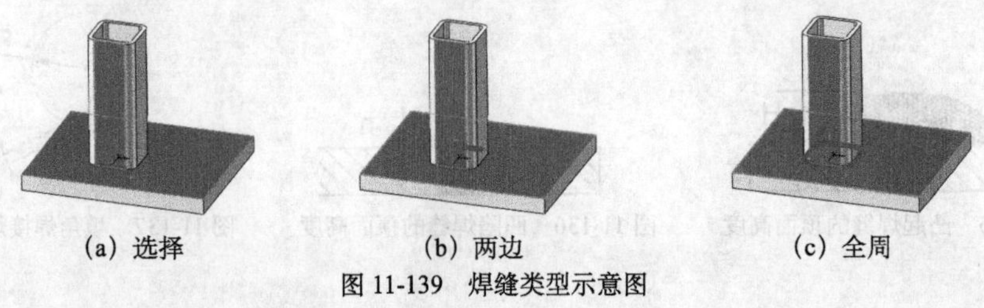

（a）选择　（b）两边　（c）全周

图 11-139 焊缝类型示意图

（7）“定义焊接符号”按钮：单击此按钮，弹出如图 11-140 所示的“ISO 焊接符号”对话框，在该对话框中定义焊接符号设置。

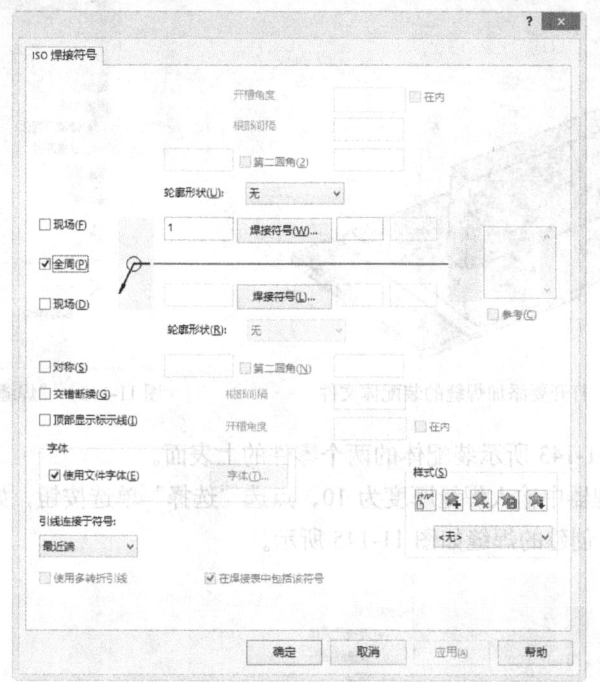

图 11-140 “ISO 焊接符号”对话框

3．“从/到”长度

（1）起点：焊缝从第一端的起始位置。单击“反向”按钮，焊缝从对侧端开始，在文本框中输入起点距离。

（2）焊接长度：在文本框中输入焊缝长度。

4．断续焊接

（1）缝隙与焊接长度：选择此单选按钮，通过缝隙和焊接长度设定断续焊缝。

（2）节距与焊接长度：选择此单选按钮，通过节距和焊接长度设定断续焊缝。节距是指焊接长度加上缝隙。它是通过计算一条焊缝的中心到下一条焊缝的中心之间的距离而得出的。

11.11.4 创建焊缝

在 SOLIDWORKS 的装配体中，可以将多种焊接类型添加到装配体中，焊缝成为在关联装配体中生成的新装配体零部件，属于装配体特征。下面以关联装配体——连接板为例，介绍创建焊缝的步骤。

【案例 11-12】本案例结果文件光盘路径为“X:\源文件\ch11\11.12.sldasm”，案例视频内容光盘路径为“X:\动画演示\第 11 章\11.12 生成焊件实体的视图.avi”。

（1）打开装配体文件“连接板.sldasm”，如图 11-141 所示。

（2）单击菜单栏中的“插入”→“焊件”→“焊缝”命令，弹出“焊缝”属性管理器，如图 11-142 所示。

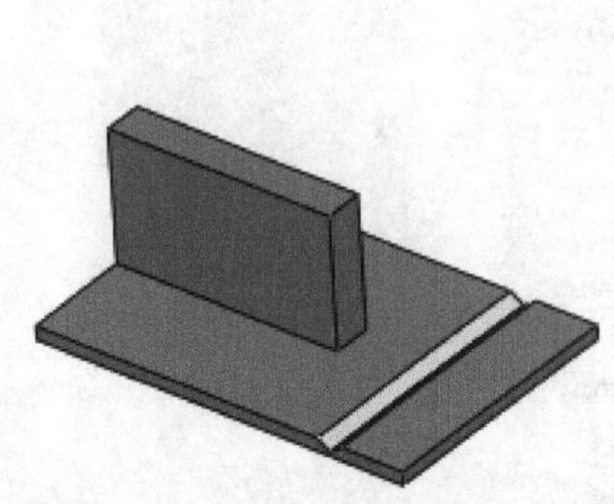

图 11-141　打开要添加焊缝的装配体文件

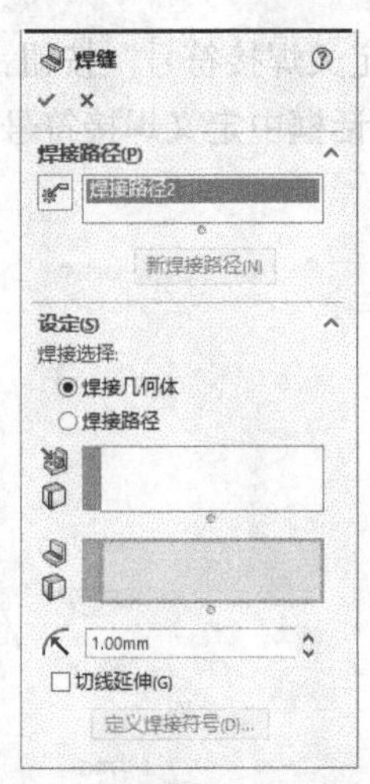

图 11-142　“焊缝”属性管理器

（3）选择如图 11-143 所示装配体的两个零件的上表面。

（4）在属性管理器中输入焊缝厚度为 10，点选“选择”单选按钮，如图 11-144 所示。单击“确定”按钮✔，创建的焊缝如图 11-145 所示。

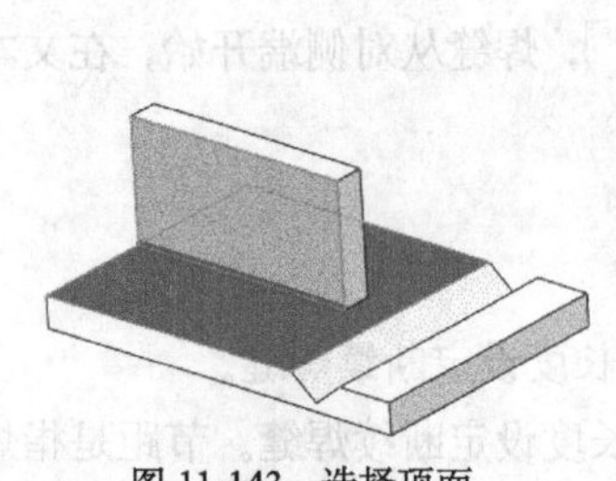

图 11-143　选择顶面

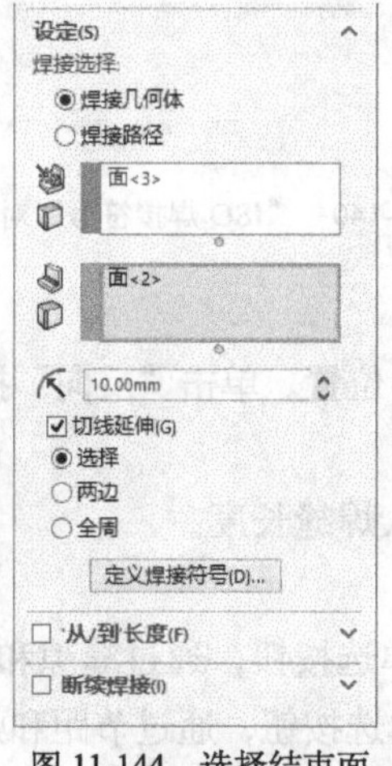

图 11-144　选择结束面

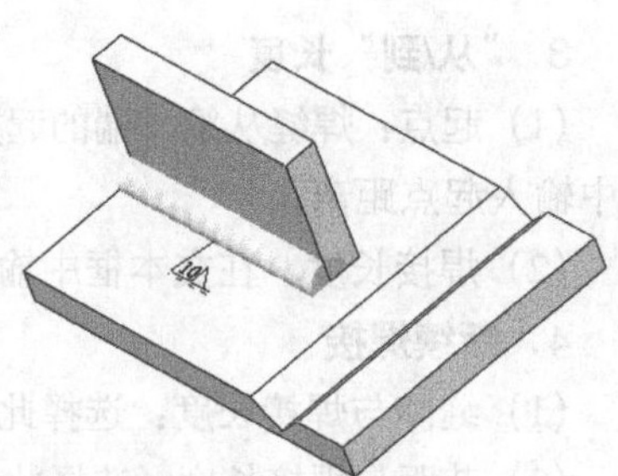

图 11-145　创建的焊缝

11.12　综合实例——篮球架

本节将设计篮球架，如图 11-146 所示。其基本设计思路是：首先绘制草图，通过拉伸创建底座，然后创建结构构件，通过剪裁创建支架，最后通过拉伸创建篮板。

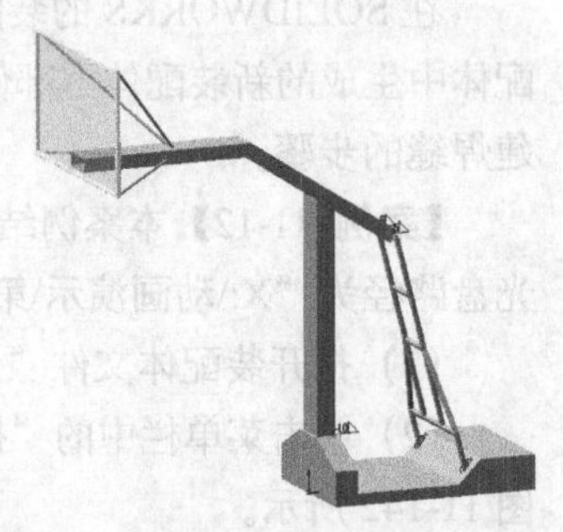

图 11-146　篮球架

 **光盘文件**

实例结果文件光盘路径为“X:\源文件\ch11\篮球架.SLDASM”。

多媒体演示参见配套光盘中的“X:\动画演示\第 11 章\篮球架.avi”。

绘制步骤

11.12.1 绘制底座

1. 启动 SOLIDWORKS 2016，单击“快速访问”工具栏中的“新建”按钮，或单击菜单栏中的“文件”→“新建”命令，在弹出的“新建 SOLIDWORKS 文件”对话框中选择“零件”按钮，然后单击“确定”按钮，创建一个新的零件文件。

2. 设置基准面。在左侧“FeatureManager 设计树”中用鼠标选择“前视基准面”，然后单击“前导视图”工具栏中的“正视于”按钮，将该基准面作为绘制图形的基准面。单击“草图”控制面板中的“草图绘制”按钮，进入草图绘制状态。

3. 绘制草图。单击“草图”控制面板中的“直线”按钮，绘制如图 11-147 所示的草图并标注尺寸。

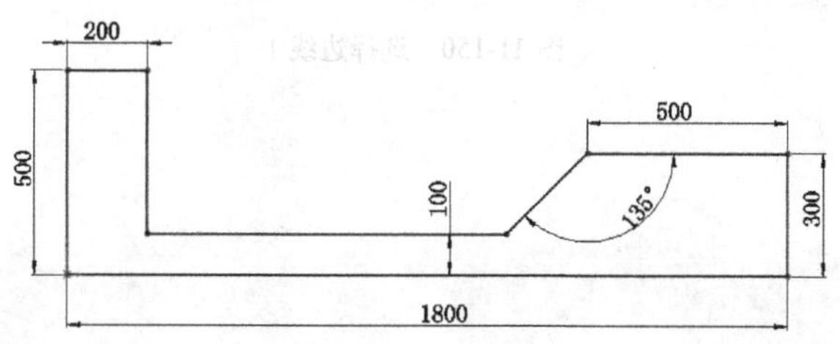

图 11-147　绘制草图

4. 拉伸实体。单击菜单栏中的“插入”→“凸台/基体”→“拉伸”命令，或者单击“特征”控制面板中的“拉伸凸台/基体”按钮，弹出如图 11-148 所示的“凸台-拉伸”属性管理器。设置终止条件为“两侧对称”，输入拉伸距离为 1200mm，单击“确定”按钮，结果如图 11-149 所示。

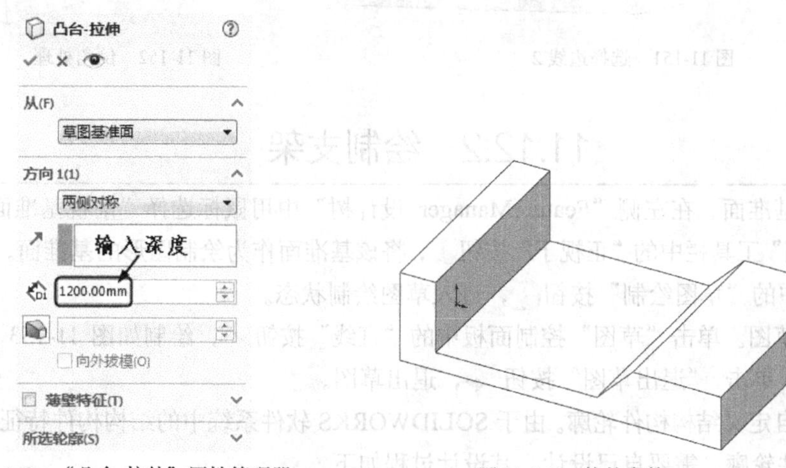

图 11-148　“凸台-拉伸”属性管理器　　图 11-149　拉伸实体

5. 倒角。单击菜单栏中的“插入”→“特征”→“倒角”命令，或者单击“特征”控制面板中的“倒角”按钮，弹出如图 11-150 所示的“倒角”属性管理器。选择“距离-距离”类型，输入倒角距离 1 为 400mm，倒角距离 2 为 200mm，在视图中选择如图 11-150 所示的边线，单击“确定”按钮✔。重复“倒角”命令，对另一侧边线进行倒角处理，如图 11-151 所示；结果如图 11-152 所示。

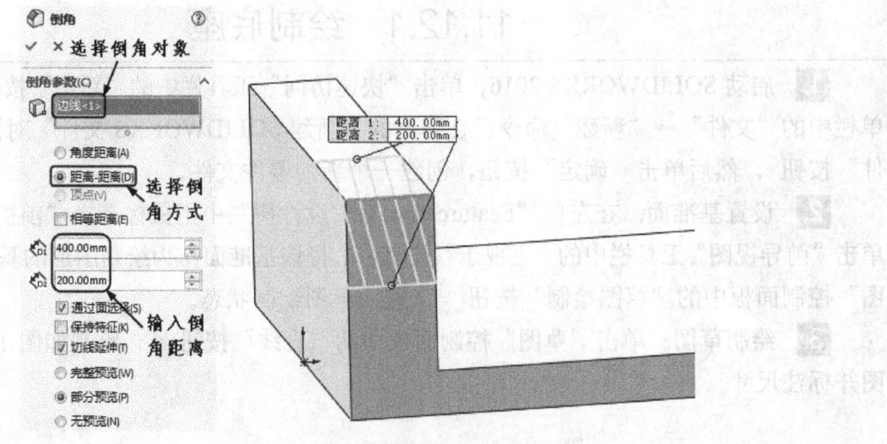

图 11-150　选择边线 1

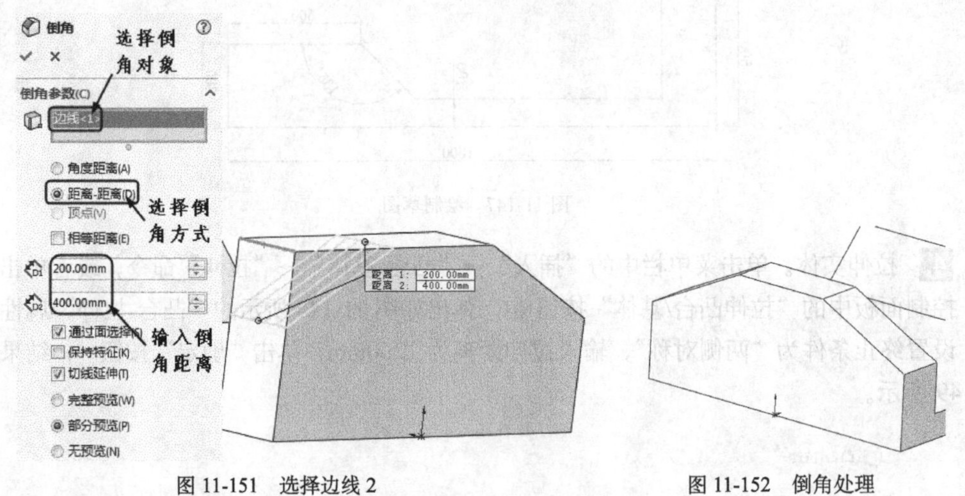

图 11-151　选择边线 2　　　　图 11-152　倒角处理

11.12.2　绘制支架

1. 设置基准面。在左侧“FeatureManager 设计树”中用鼠标选择“前视基准面”，然后单击“前导视图”工具栏中的“正视于”按钮，将该基准面作为绘制图形的基准面。单击“草图”控制面板中的“草图绘制”按钮，进入草图绘制状态。

2. 绘制草图。单击“草图”控制面板中的“直线”按钮，绘制如图 11-153 所示的草图并标注尺寸。单击 “退出草图”按钮，退出草图。

3. 生成自定义结构构件轮廓。由于 SOLIDWORKS 软件系统中的结构构件特征库中没有需要的结构构件轮廓，需要自己设计，其设计过程如下。

(1) 单击“快速访问”工具栏中的“新建”按钮，或单击菜单栏中的“文件”→“新建”命令，在弹出的“新建 SOLIDWORKS 文件”对话框中选择“零件”按钮，然后单击“确定”按钮，创建一个新的零件文件。

(2) 设置基准面。在左侧“FeatureManager 设计树”中用鼠标选择“前视基准面”，然后单击“前导视图”工具栏中的“正视于”按钮，将该基准面作为绘制图形的基准面。单击“草图”控制面板中的“草图绘制”按钮，进入草图绘制状态。

（3）绘制草图。单击“草图”控制面板中的“中心矩形”按钮，或单击菜单栏中的“工具”→“草图绘制实体”→“中心矩形”命令，在绘图区域以原点为中心绘制两个矩形，标注智能尺寸，如图 11-154 所示，单击“退出草图”按钮。

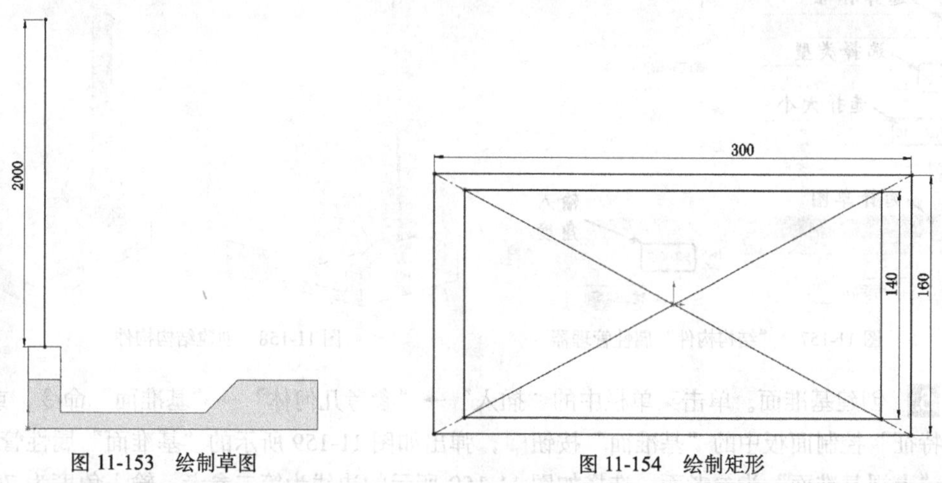

图 11-153　绘制草图　　　图 11-154　绘制矩形

4. 保存自定义结构构件轮廓。在“FeatureManager 设计树”中，选择草图，单击菜单栏中的“文件”→“另存为”命令，将轮廓文件保存。焊件结构构件的轮廓草图文件的默认位置为：安装目录\SOLIDWORKS\lang\chinese-simplified\weldment profiles（焊件轮廓）文件夹中的子文件夹。单击“保存”，将所绘制的草图保存为文件名 300×160×10，文件类型为*.sldlfp。保存在安装目录\SOLIDWORKS\lang\chinese-sim plified\wel dment profiles（焊件轮廓）\iso\rectangular tube 文件夹中，如图 11-155 所示。设计树如图 11-156 所示。

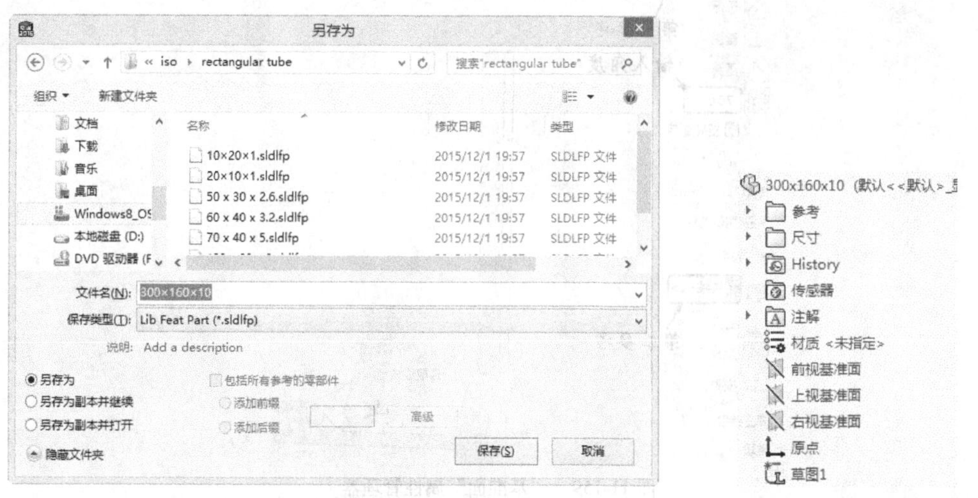

图 11-155　保存结构构件轮廓　　　图 11-156　保存构件轮廓草图的设计树

5. 创建结构构件。单击“焊件”控制面板中的“结构构件”按钮，或单击菜单栏中的“插入”→“焊件”→“结构构件”命令，弹出“结构构件”属性管理器，选择“iso”标准，选择“矩形管”，大小选择为“300×160×10”，然后在视图中选择草图 1，在“设定”选项组输入角度为 90 度，如图 11-157 所示。单击“确定”按钮✔，添加结构构件如图 11-158 所示。

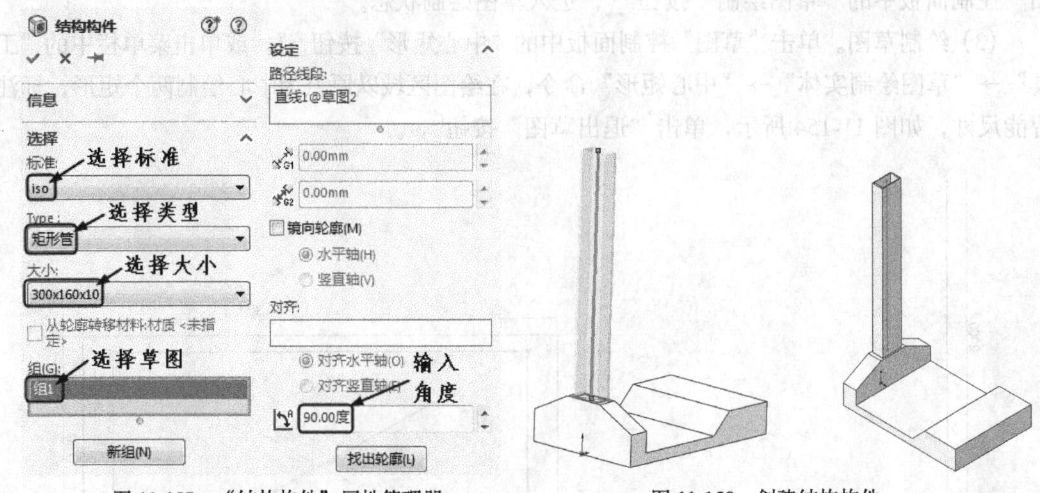

图 11-157　“结构构件”属性管理器　　　　图 11-158　创建结构构件

6. 创建基准面。单击菜单栏中的“插入”→“参考几何体”→“基准面”命令，或者单击“特征”控制面板中的“基准面”按钮，弹出如图 11-159 所示的“基准面”属性管理器。选择“上视基准面”为参考面，选择如图 11-159 所示的边线为第二参考，输入角度为 76 度，单击“确定”按钮✔，完成基准面 2 的创建。

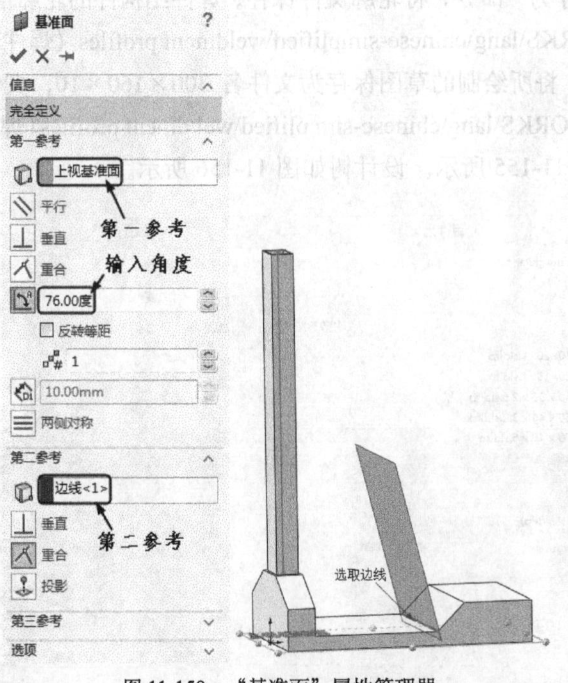

图 11-159　“基准面”属性管理器

7. 创建基准面。单击菜单栏中的“插入”→“参考几何体”→“基准面”命令，或者单击“特征”控制面板中的“基准面”按钮，弹出如图 11-160 所示的“基准面”属性管理器。选择“基准面 2”为参考面，输入偏移距离为 120mm，单击“确定”按钮✔，完成基准面 3 的创建，结果如图 11-161 所示。

8. 设置基准面。在左侧“FeatureManager 设计树”中用鼠标选择“基准面 3”，然后单击“前导视图”工具栏中的“正视于”按钮，将该基准面作为绘制图形的基准面。单击“草图”控制面板中的“草图绘制”按钮，进入草图绘制状态。

9. 绘制草图。单击“草图”控制面板中的“直线”按钮，绘制如图 11-162 所示的草图并标注尺寸。

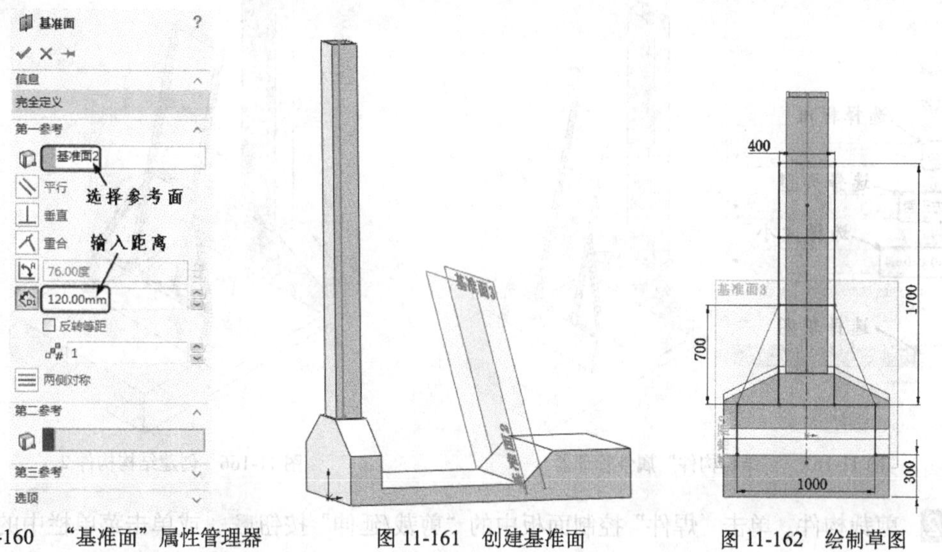

图 11-160 “基准面”属性管理器　图 11-161 创建基准面　图 11-162 绘制草图

10. 创建结构构件。单击“焊件”控制面板中的“结构构件”按钮，或单击菜单栏中的“插入”→“焊件”→“结构构件”命令，弹出“结构构件”属性管理器，选择“iso”标准，选择“方形管”，大小选择为“40×40×4”，选择上步创建的草图，单击“新组”按钮，添加新组，如图 11-163 所示。单击“确定”按钮，添加结构构件如图 11-164 所示。

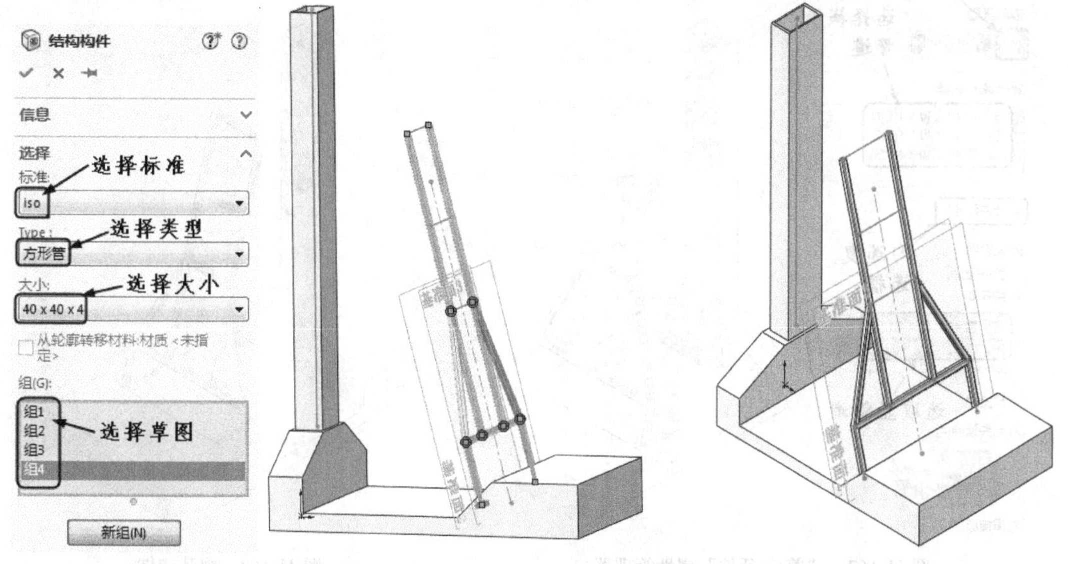

图 11-163 “结构构件”属性管理器　图 11-164 创建结构构件 1

11. 创建结构构件。单击“焊件”控制面板中的“结构构件”按钮，或单击菜单栏中的

“插入”→“焊件”→“结构构件”命令，弹出“结构构件”属性管理器，选择“iso”标准，选择“方形管”，大小选择“40×40×4”，选择上步创建的草图，单击“新组”按钮，添加新组，如图 11-165 所示。单击“确定”按钮✔，添加结构构件如图 11-166 所示。

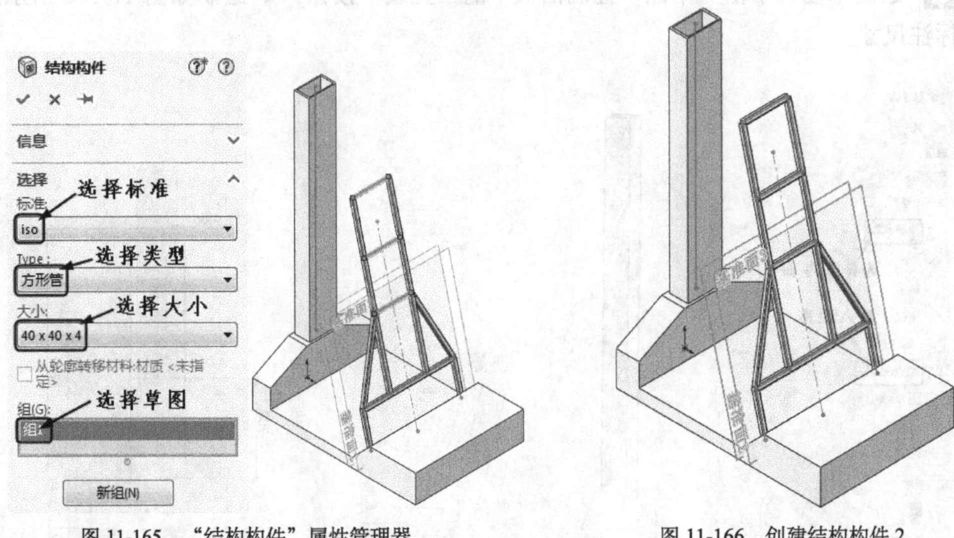

图 11-165　“结构构件”属性管理器　　图 11-166　创建结构构件 2

12. 剪裁构件。单击“焊件”控制面板中的“剪裁/延伸”按钮，或单击菜单栏中的“插入”→“焊件”→“剪裁/延伸”命令，弹出“剪裁/延伸”属性管理器，选择“结构构件 2”为要剪裁的实体，选择“结构构件 1”为剪裁边界，如图 11-167 所示。单击“确定”按钮✔，剪裁结果如图 11-168 所示。

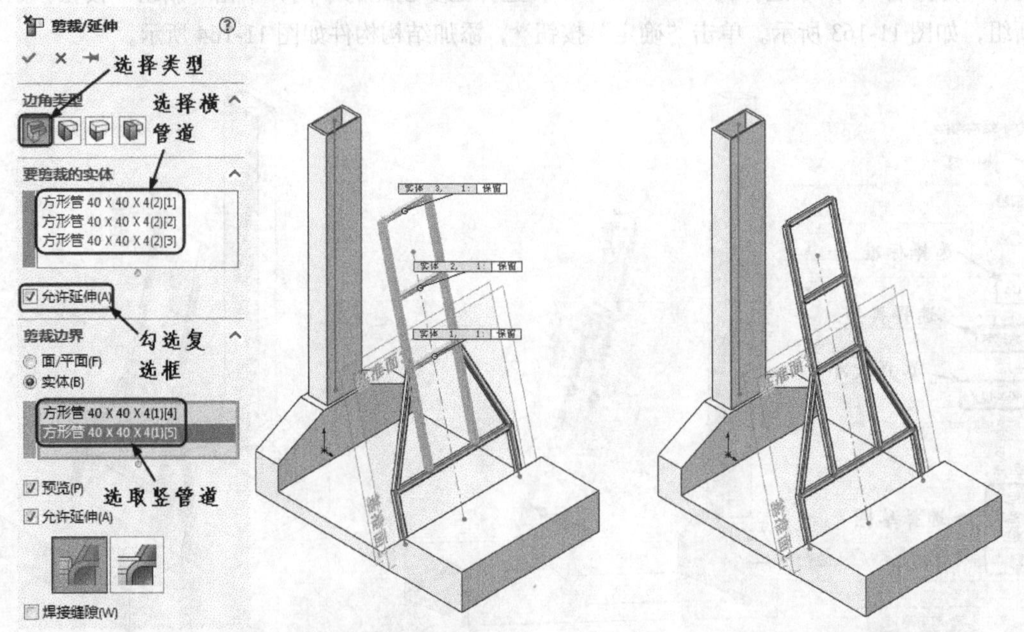

图 11-167　“剪裁/延伸”属性管理器　　图 11-168　剪裁构件

13. 设置基准面。在左侧“FeatureManager 设计树”中用鼠标选择“前视基准面”，然后单击“前导视图”工具栏中的“正视于”按钮，将该基准面作为绘制图形的基准面。单击“草图”控制面板中的“草图绘制”按钮，进入草图绘制状态。

14. 绘制草图。单击“草图”控制面板中的“直线”按钮，绘制如图 11-169 所示的草图并标注尺寸。

15. 生成自定义结构构件轮廓。由于 SOLIDWORKS 软件系统中的结构构件特征库中没有需要的结构构件轮廓，需要自己设计，其设计过程如下。

(1) 单击“快速访问”工具栏中的“新建”按钮，或单击菜单栏中的“文件”→“新建”命令，在弹出的“新建 SOLIDWORKS 文件”对话框中选择“零件”按钮，然后单击“确定”按钮，创建一个新的零件文件。

(2) 设置基准面。在左侧“FeatureManager 设计树”中用鼠标选择“前视基准面”，然后单击“前导视图”工具栏中的“正视于”按钮，将该基准面作为绘制图形的基准面。单击“草图”控制面板中的“草图绘制”按钮，进入草图绘制状态。

(3) 绘制草图。单击“草图”控制面板中的“中心矩形”按钮，或单击菜单栏中的“工具”→“草图绘制实体”→“中心矩形”命令，在绘图区域以原点为中心绘制两个矩形，标注智能尺寸，如图 11-170 所示，单击 “退出草图”按钮。

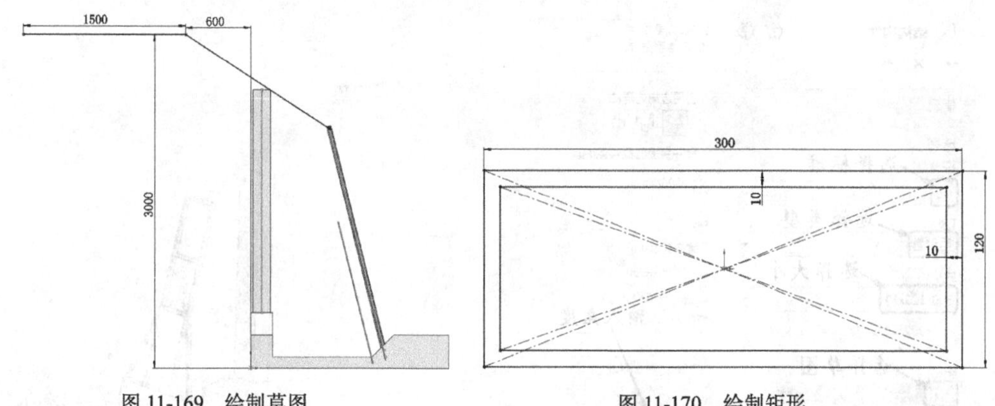

图 11-169 绘制草图　　图 11-170 绘制矩形

16. 保存自定义结构构件轮廓。在“FeatureManager 设计树”中，选择草图，单击菜单栏中的“文件”→“另存为”命令，将轮廓文件保存。焊件结构件的轮廓草图文件的默认位置为：安装目录\SOLIDWORKS\lang\chinese-simplified\weldment profiles（焊件轮廓）文件夹中的子文件夹。单击“保存”，将所绘制的草图保存为文件名 300×120×10，文件类型为*.sldlfp。保存在安装目录\SOLIDWORKS\lang\chinese-simplified\weldment profiles（焊件轮廓）\iso\rectangular tube 文件夹中，如图 11-171 所示。单击“保存”按钮，设计树如图 11-172 所示。

17. 创建结构构件。单击“焊件”控制面板中的“结构构件”按钮，或单击菜单栏中的“插入”→“焊件”→“结构构件”命令，弹出“结构构件”属性管理器，选择“iso”标准，选择“矩形管”，大小选择为“300×120×10”，然后在视图中选择草图 1，在“设定”选项组输入角度为 90 度，如图 11-173 所示。单击“确定”按钮，添加结构构件如图 11-174 所示。

18. 剪裁构件。单击“焊件”控制面板中的“剪裁/延伸”按钮，或单击菜单栏中的“插入”→“焊件”→“剪裁/延伸”命令，弹出“剪裁/延伸”属性管理器，选择“结构构件 1”为要剪裁的实体，选择“结构构件 4”为剪裁边界，如图 11-175 所示；单击“确定”按钮。重复“剪裁构件”命令，选择“结构构件 4”为剪裁实体，选择“结构构件 1”为剪裁边界，如图 11-176 所示，剪裁结果如图 11-177 所示。

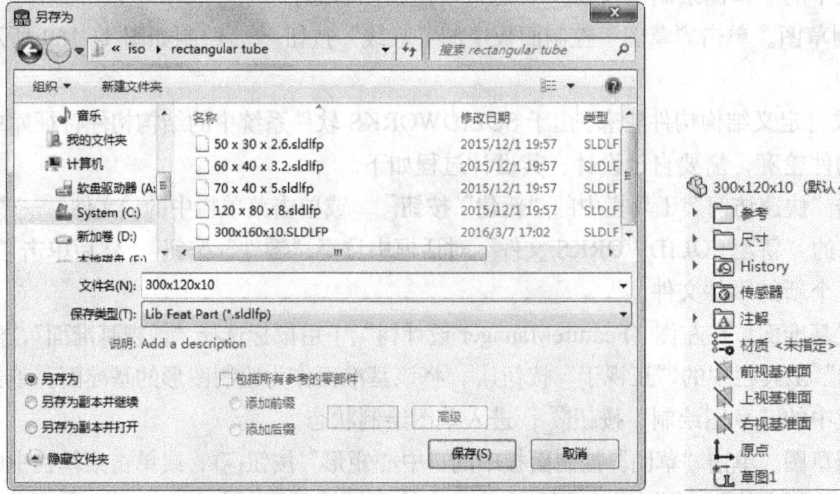

图 11-171　保存结构构件轮廓　　图 11-172　保存构件轮廓草图的设计树

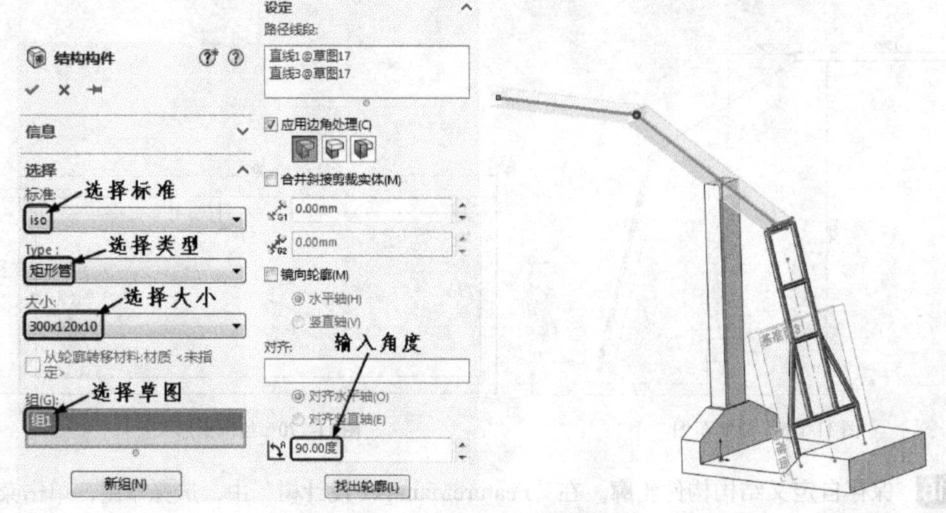

图 11-173　"结构构件"属性管理器

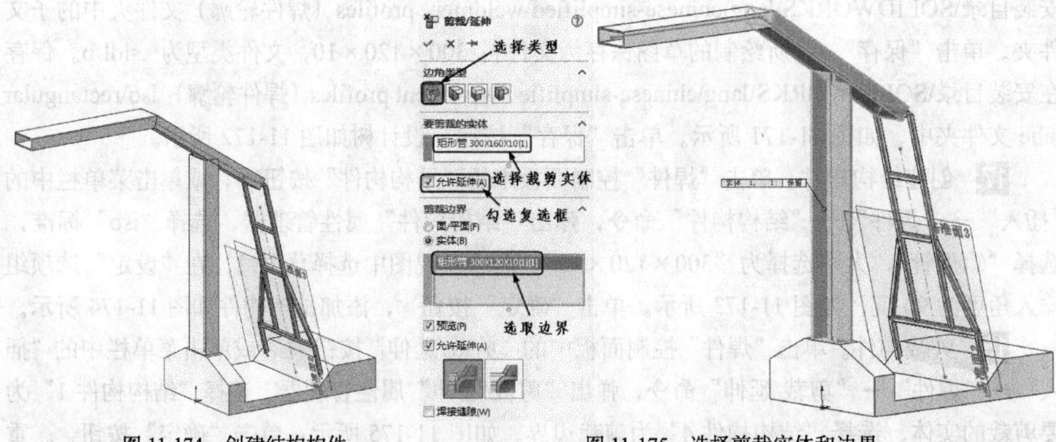

图 11-174　创建结构构件　　图 11-175　选择剪裁实体和边界

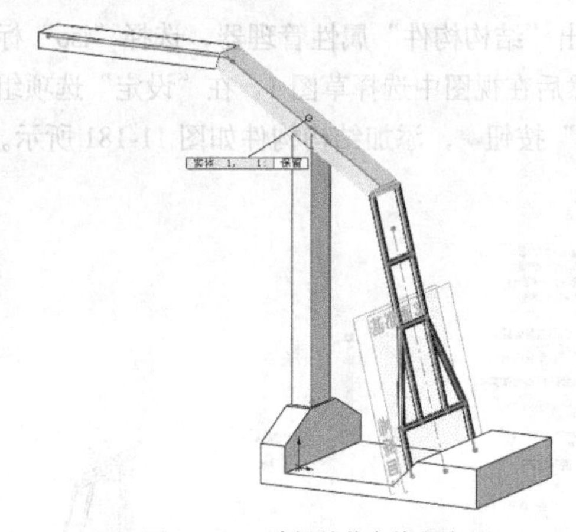

图 11-176　选择剪裁实体和边界

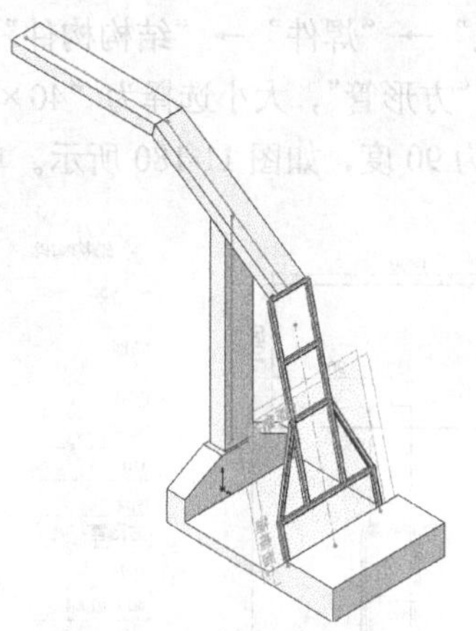

图 11-177　剪裁构件

11.12.3　绘制篮板

1. 创建基准面。单击菜单栏中的“插入”→“参考几何体”→“基准面”命令，或者单击“特征”控制面板中的“基准面”按钮，弹出如图 11-178 所示的“基准面”属性管理器。选择“右视基准面”为参考面，选择如图 11-178 所示的点为第二参考，单击“确定”按钮✓，完成基准面 2 的创建。

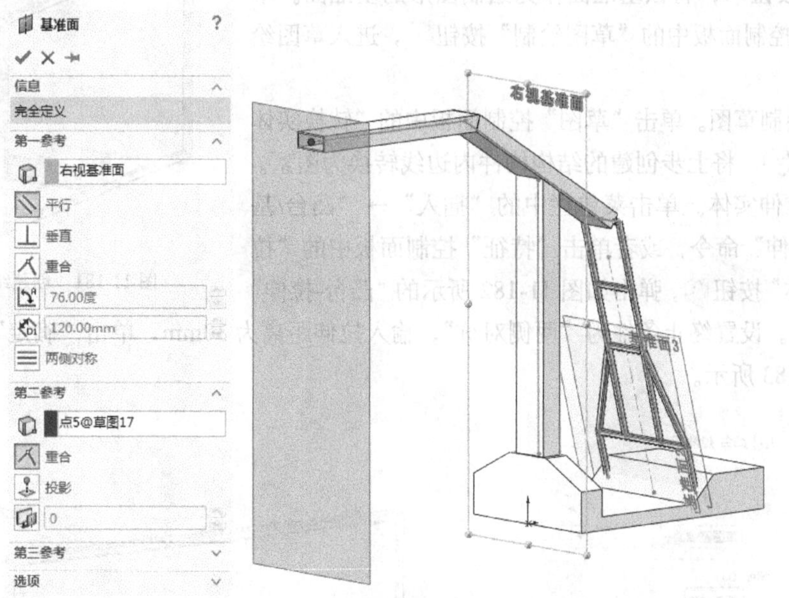

图 11-178　“基准面”属性管理器

2. 设置基准面。在左侧“FeatureManager 设计树”中用鼠标选择“基准面 9”，然后单击“前导视图”工具栏中的“正视于”按钮，将该基准面作为绘制图形的基准面。单击“草图”控制面板中的“草图绘制”按钮，进入草图绘制状态。

3. 绘制草图。单击“草图”控制面板中的“直线”按钮，绘制如图 11-179 所示的草图并标注尺寸。

4. 创建结构构件。单击“焊件”控制面板中的“结构构件”按钮，或单击菜单栏中的

“插入”→“焊件”→“结构构件”命令，弹出“结构构件”属性管理器，选择“iso”标准，选择“方形管”，大小选择为“40×40×4”，然后在视图中选择草图1，在“设定”选项组输入角度为90度，如图11-180所示。单击“确定”按钮✔，添加结构构件如图11-181所示。

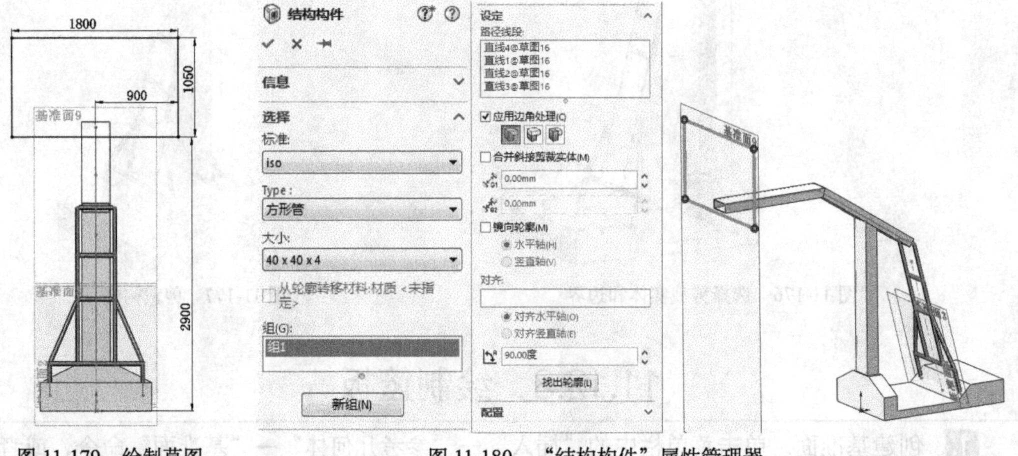

图11-179　绘制草图　　图11-180　“结构构件”属性管理器

5. 设置基准面。在左侧“FeatureManager设计树”中用鼠标选择“基准面9”，然后单击“前导视图”工具栏中的“正视于”按钮，将该基准面作为绘制图形的基准面。单击“草图”控制面板中的“草图绘制”按钮，进入草图绘制状态。

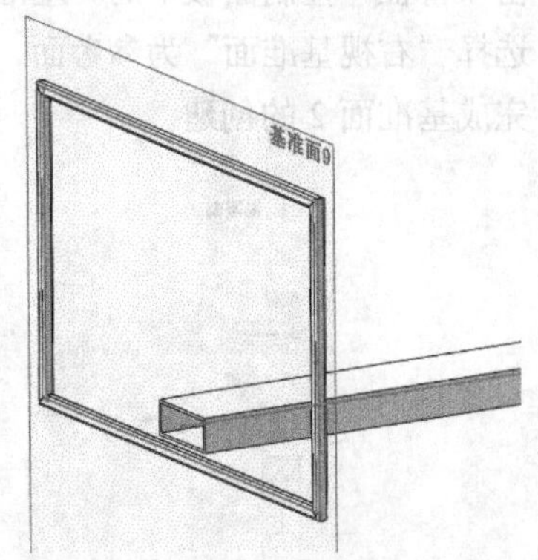

图11-181　创建结构构件

6. 绘制草图。单击“草图”控制面板中的“转换实体引用”按钮，将上步创建的结构构件内边线转换为图素。

7. 拉伸实体。单击菜单栏中的“插入”→“凸台/基体”→“拉伸”命令，或者单击“特征”控制面板中的“拉伸凸台/基体”按钮，弹出如图11-182所示的“凸台-拉伸”属性管理器。设置终止条件为“两侧对称”，输入拉伸距离为30mm，单击“确定”按钮✔，结果如图11-183所示。

图11-182　“凸台-拉伸”属性管理器

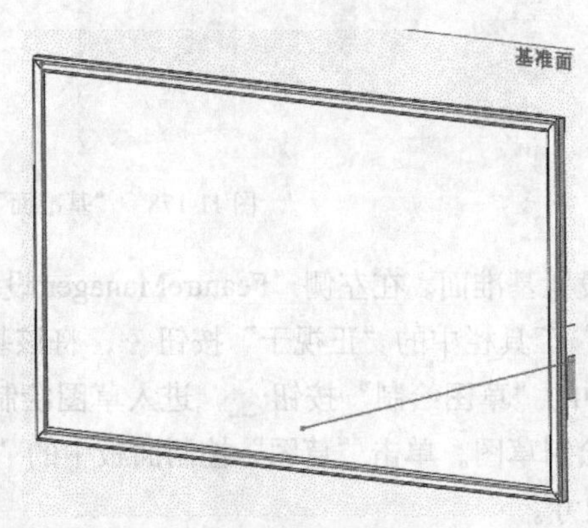

图11-183　拉伸实体

8. 创建焊缝。单击“焊件”控制面板中的“焊缝”按钮，或单击菜单栏中的“插入”→“焊件”→“焊缝”命令，弹出“焊缝”属性管理器，选择如图 11-184 所示的几个面，输入半径为 10mm，如图 11-184 所示；单击“确定”按钮✔，结果如图 11-185 所示。重复“焊缝”命令，创建其他焊缝，半径为 5mm，结果如图 11-186 所示。

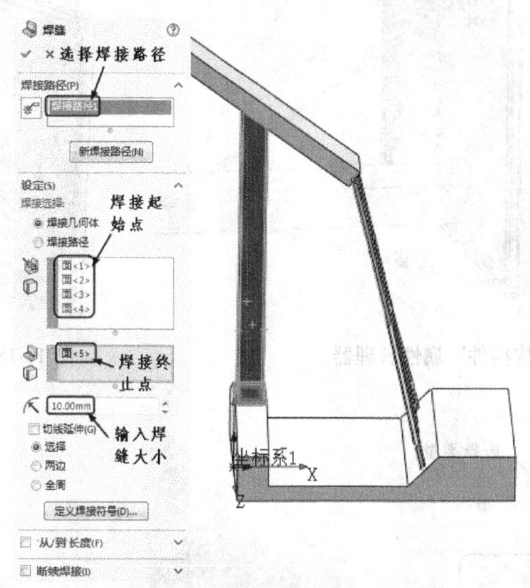

图 11-184 “焊缝”属性管理器

9. 绘制 3D 草图。单击“草图”控制面板中的“3D 草图”按钮，然后单击“草图”控制面板中的“直线”按钮，绘制如图 11-187 所示的草图并标注尺寸。

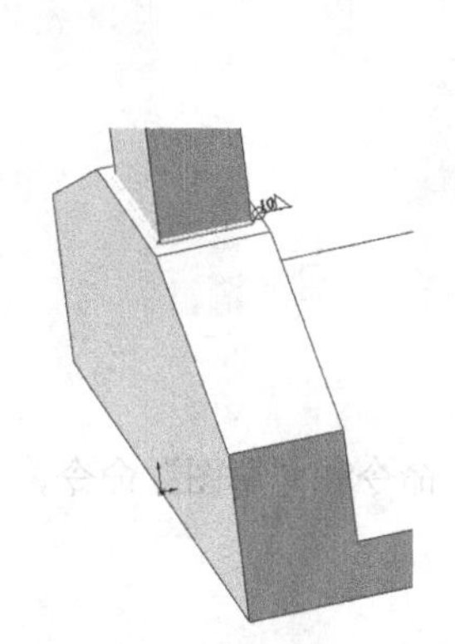
图 11-185 创建半径为 10 的焊缝

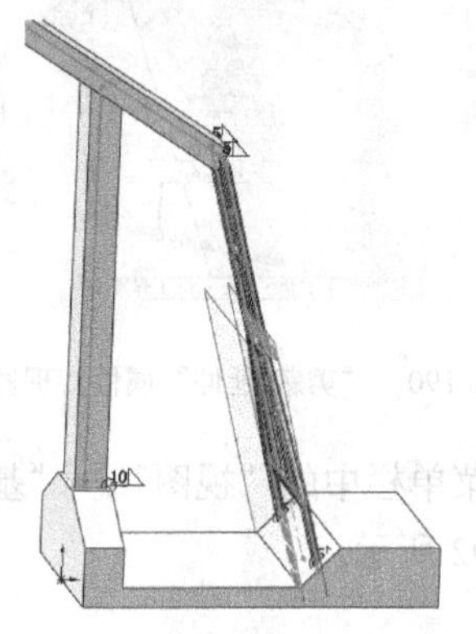
图 11-186 创建半径为 5 的焊缝

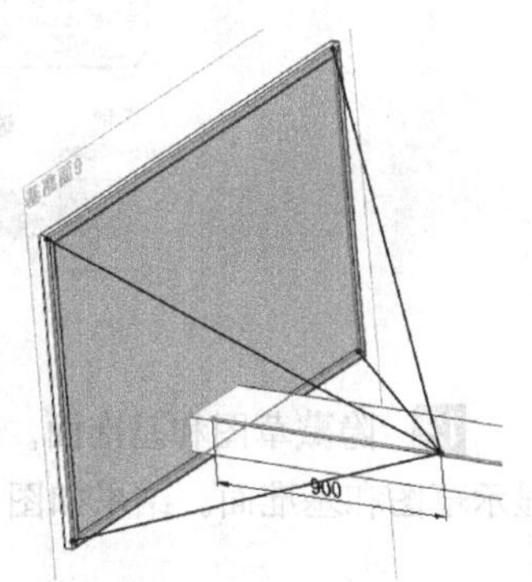

图 11-187 绘制 3D 草图

10. 创建结构构件。单击“焊件”控制面板中的“结构构件”按钮，或单击菜单栏中的“插入”→“焊件”→“结构构件”命令，弹出“结构构件”属性管理器，选择“iso”标准，选择“管道”，大小选择为“26.9×3.2”，然后在视图中选择 3D 草图，如图 11-188 所示。单击“确定”按钮✔，添加结构构件如图 11-189 所示。

11. 剪裁构件。单击“焊件”控制面板中的“剪裁/延伸”按钮，或单击菜单栏中的“插入”→“焊件”→“剪裁/延伸”命令，弹出“剪裁/延伸”属性管理器，选择“结构构件 6”为要剪裁的实体，选择“结构构件 5”和“结构构件 4”为剪裁边界，如图 11-190 所示；单击“确定”按钮✔。剪裁结果如图 11-191 所示。

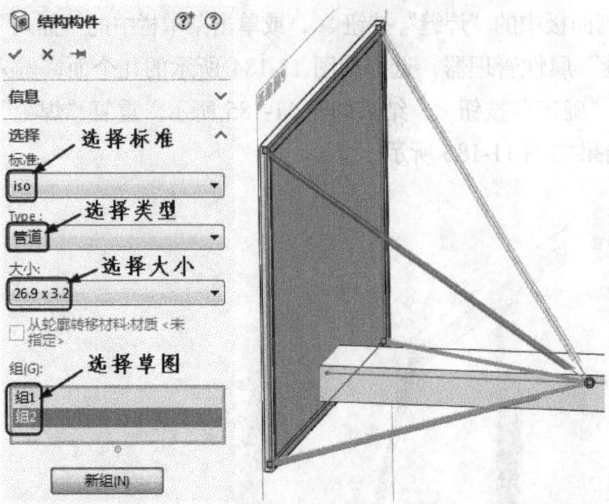

图 11-188 “结构构件”属性管理器

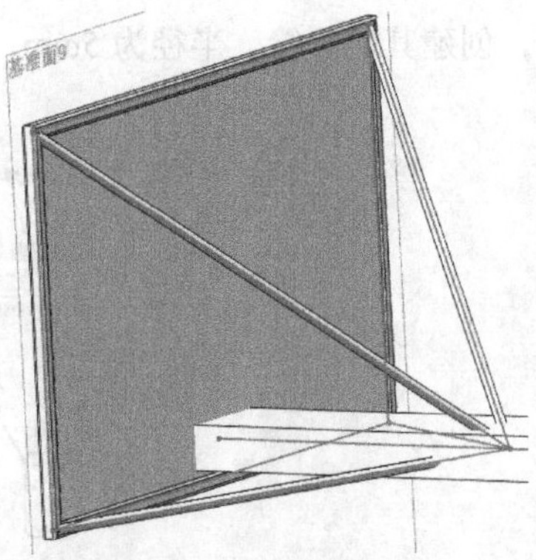

图 11-189 创建结构构件

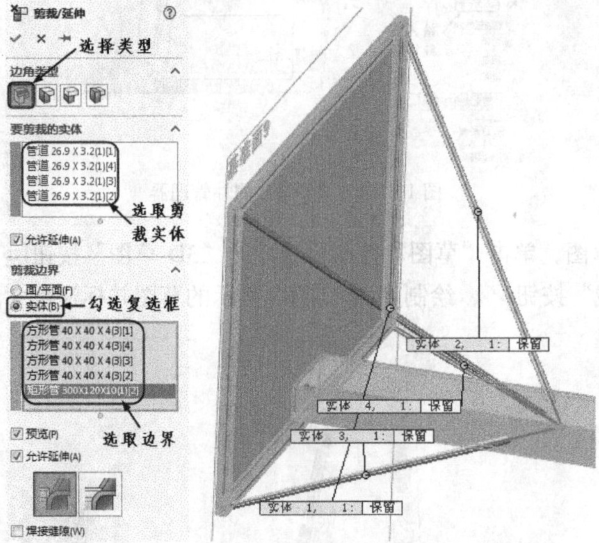

图 11-190 “剪裁/延伸”属性管理器

12. 隐藏草图和基准面。单击菜单栏中的“视图”→“基准面”命令和“草图”命令，不显示草图和基准面。结果如图 11-192 所示。

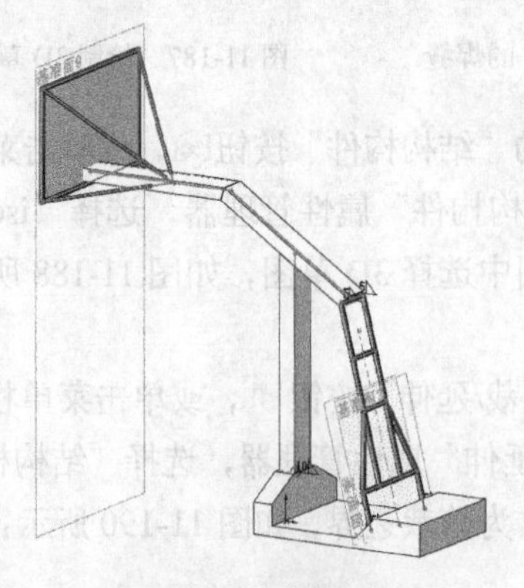

图 11-191 剪裁构件

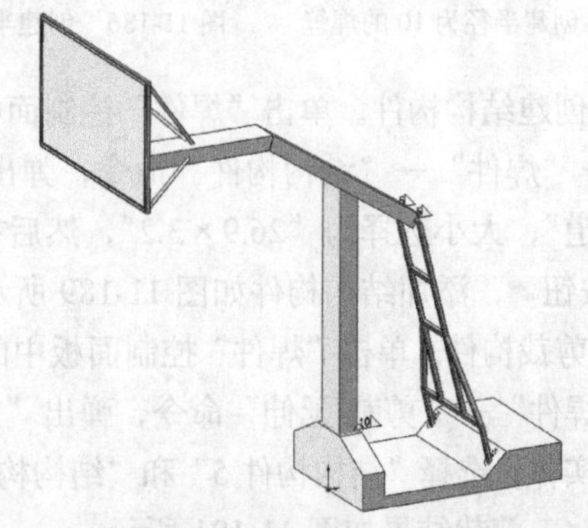

图 11-192 隐藏草图和基准面

11.12.4 渲染

1. 设置支架和底座延伸。在左侧“FeatureManager 设计树”中用鼠标选择篮球架的支架结构构件，然后单击鼠标右键，在弹出的快捷菜单中选择“外观”，如图 11-193 所示。弹出如图 11-194 所示的“颜色”属性管理器，设置颜色的 RGB 值为“150，255，150”，单击“确定”按钮✓，结果如图 11-195 所示。

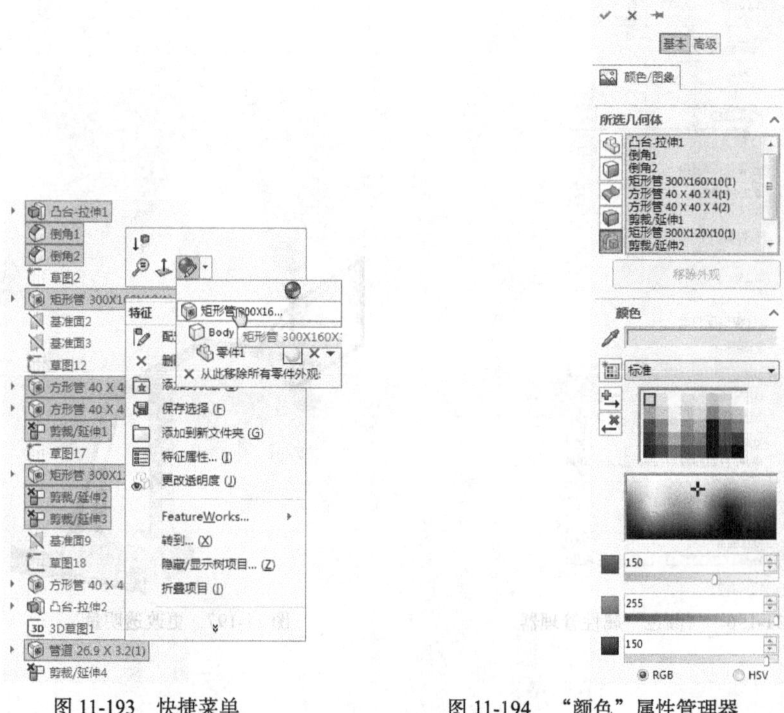

图 11-193 快捷菜单

图 11-194 “颜色”属性管理器

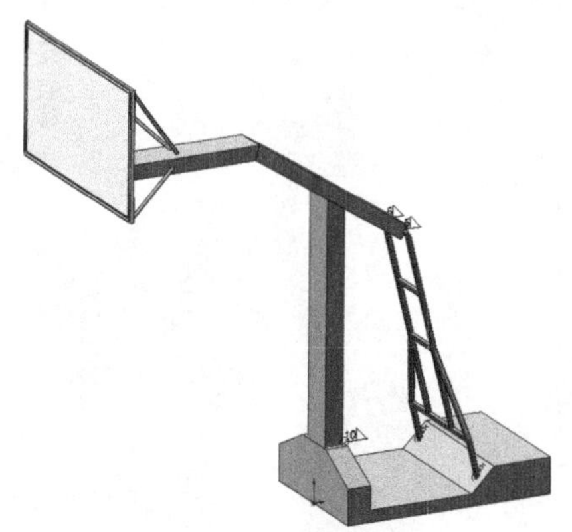

图 11-195 添加颜色

2. 设置篮板透明量。在左侧“FeatureManager 设计树”中用鼠标选择篮球板，然后单击鼠标右键，在弹出的快捷菜单中选择“外观”，弹出如图 11-196 所示的“颜色”属性管理器，单击“高级”选项卡，在“照明度”选项中设置透明量为 0.8，单击“确定”按钮✓，结果如图 11-197 所示。

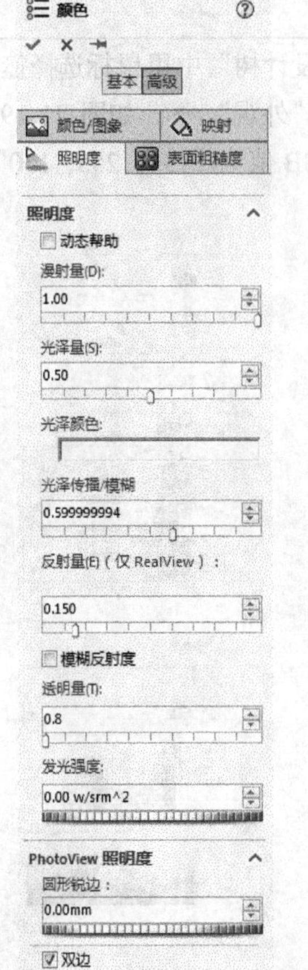

图 11-196 “颜色”属性管理器

图 11-197 更改透明量

第12章 装配体设计

对于机械设计而言单纯的零件没有实际意义，一个运动机构和一个整体才有意义。将已经设计完成的各个独立的零件，根据实际需要装配成一个完整的实体。在此基础上对装配体进行运动测试，检查是否完成整机的设计功能，才是整个设计的关键，这也是SOLIDWORKS的优点之一。

本章将介绍装配体基本操作、装配体配合方式、运动测试、装配体文件中零件的阵列和镜向以及爆炸视图等。

知识点

- 装配体基本操作
- 定位零部件
- 零件的复制、阵列与镜向
- 装配体检查
- 爆炸视图
- 装配体的简化

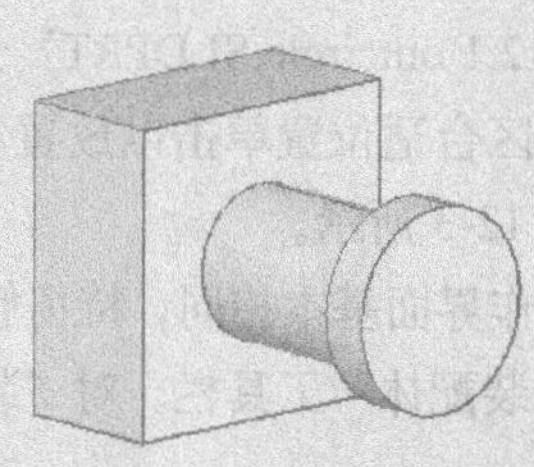

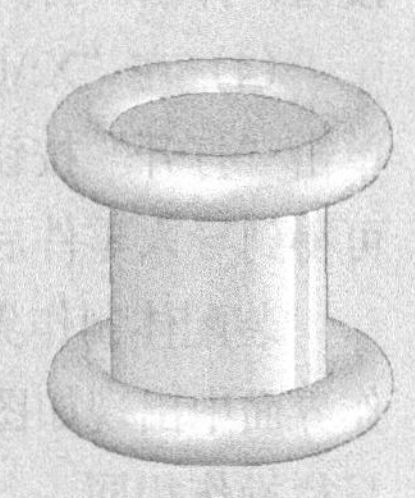

12.1 装配体基本操作

要实现对零部件进行装配，必须首先创建一个装配体文件。本节将介绍创建装配体的基本操作，包括新建装配体文件、插入装配零件与删除装配零件。

12.1.1 创建装配体文件

下面介绍创建装配体文件的操作步骤。

【案例 12-1】本案例结果文件光盘路径为“X:\源文件\ch12\12.1.SLDASM”，案例视频内容光盘路径为“X:\动画演示\第 12 章\12.1 创建装配体.avi”。

（1）单击菜单栏中的“文件”→“新建”命令，弹出“新建 SOLIDWORKS 文件”对话框，如图 12-1 所示。

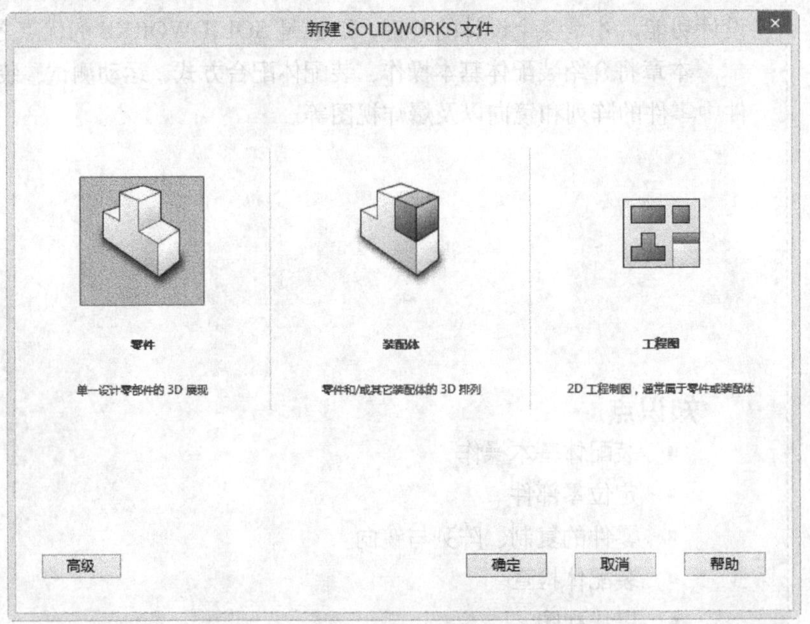

图 12-1　“新建 SOLIDWORKS 文件”对话框

（2）在对话框中选择“装配体”按钮，进入装配体制作界面，如图 12-2 所示。

（3）在“开始装配体”属性管理器中，单击“要插入的零件/装配体”选项组中的“浏览”按钮，弹出“打开”对话框。

（4）在“X:\原始文件\ch12\12.1\outcircle.SLDPRT”选择一个零件作为装配体的基准零件，单击“打开”按钮，然后在图形区合适位置单击以放置零件。然后调整视图为“等轴测”，即可得到导入零件后的界面，如图 12-3 所示。

装配体制作界面与零件的制作界面基本相同，特征管理器中出现一个配合组，在装配体制作界面中出现如图 12-4 所示的“装配体”工具栏，对“装配体”工具栏的操作与前边介绍的工具栏操作相同。

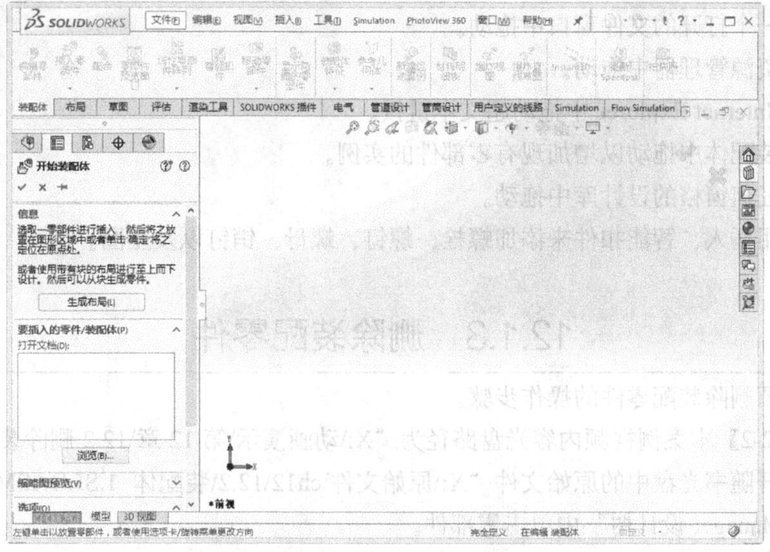

图 12-2 装配体制作界面

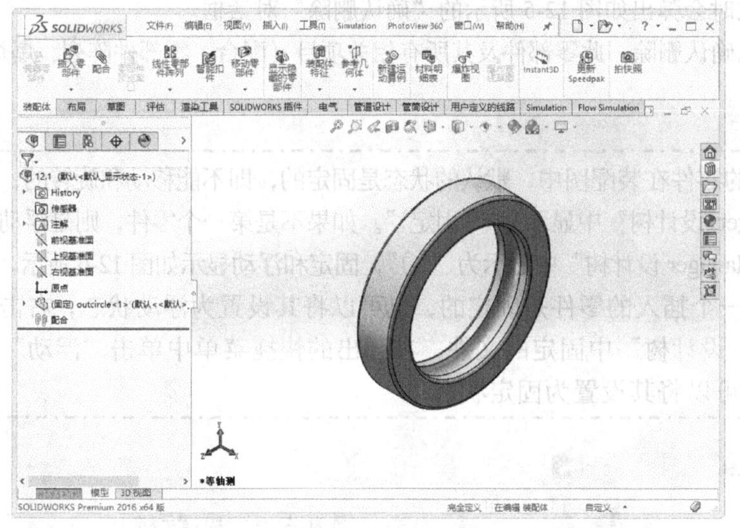

图 12-3 导入零件后的界面

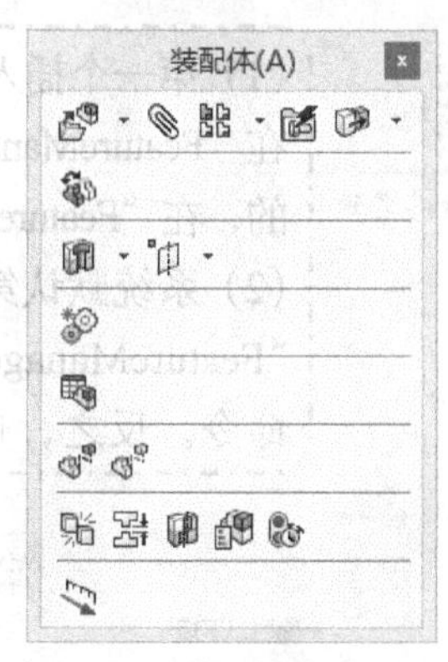

图 12-4 "装配体"工具栏

(5) 将一个零部件（单个零件或子装配体）放入装配体中时，这个零部件文件会与装配体文件链接。此时零部件出现在装配体中，零部件的数据还保存在原零部件文件中。

技巧荟萃

对零部件文件所进行的任何改变都会更新装配体。保存装配体时文件的扩展名为"*.SLDASM"，其文件名前的图标也与零件图不同。

12.1.2 插入装配零件

制作装配体需要按照装配的过程，依次插入相关零件，有多种方法可以将零部件添加到一个新的或现有的装配体中。

(1) 使用插入零部件属性管理器。

(2) 从任何窗格中的文件探索器拖动。

（3）从一个打开的文件窗口中拖动。

（4）从资源管理器中拖动。

（5）从 Internet Explorer 中拖动超文本链接。

（6）在装配体中拖动以增加现有零部件的实例。

（7）从任何窗格的设计库中拖动。

（8）使用插入、智能扣件来添加螺栓、螺钉、螺母、销钉以及垫圈。

12.1.3 删除装配零件

下面介绍删除装配零件的操作步骤。

【案例 12-2】本案例视频内容光盘路径为“X:\动画演示\第 12 章\12.2 删除装配体.avi”。

（1）打开随书光盘中的原始文件“X:\原始文件\ch12\12.2\装配体 1.SLDASM”，在图形区或“FeatureManager 设计树”中单击零部件。

（2）按 Delete 键，或单击菜单栏中的“编辑”→“删除”命令，或右击，在弹出的快捷菜单中单击“删除”命令，此时会弹出如图 12-5 所示的“确认删除”对话框。

（3）单击“是”按钮以确认删除，此零部件及其所有相关项目（配合、零部件阵列、爆炸步骤等）都会被删除。

技巧荟萃

（1）第一个插入的零件在装配图中，默认的状态是固定的，即不能移动和旋转的，在“FeatureManager 设计树”中显示为“(固定)”。如果不是第一个零件，则是浮动的，在“FeatureManager 设计树”中显示为“(-)”，固定和浮动显示如图 12-6 所示。

（2）系统默认第一个插入的零件是固定的，也可以将其设置为浮动状态，右击“FeatureManager 设计树”中固定的文件，在弹出的快捷菜单中单击“浮动”命令。反之，也可以将其设置为固定状态。

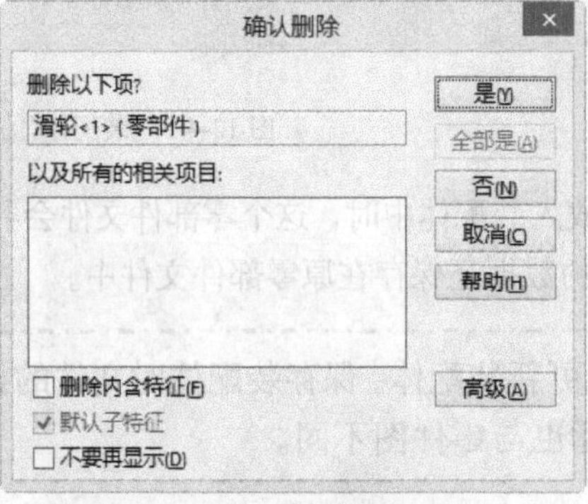

图 12-5 “确认删除”对话框

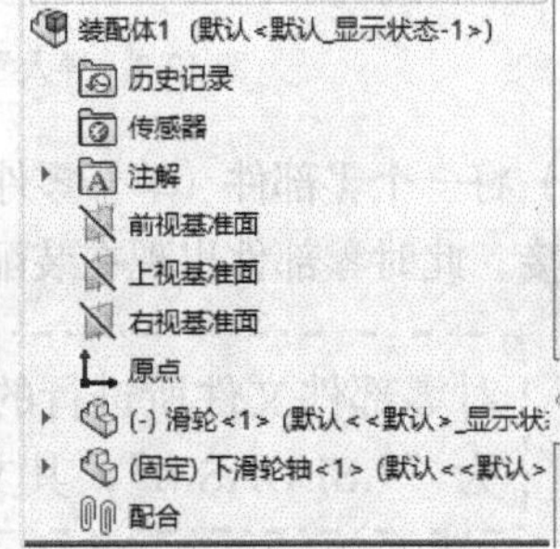

图 12-6 固定和浮动显示

12.2 定位零部件

在零部件放入装配体中后，用户可以移动、旋转零部件或固定它的位置，用这些方法可以大致确定零部件的位置，然后再使用配合关系来精确地定位零部件。

12.2.1 固定零部件

当一个零部件被固定之后，它就不能相对于装配体原点移动了。默认情况下，装配体中的第一个零件是固定的。如果装配体中至少有一个零部件被固定下来，它就可以为其余零部件提供参考，防止其他零部件在添加配合关系时意外移动。

要固定零部件，只要在“FeatureManager 设计树”或图形区中，右击要固定的零部件，在弹出的快捷菜单中单击“固定”命令即可。如果要解除固定关系，只要在快捷菜单中单击“浮动”命令即可。

当一个零部件被固定之后，在“FeatureManager 设计树”中，该零部件名称的左侧出现文字“固定”，表明该零部件已被固定。

12.2.2 移动零部件

在“FeatureManager 设计树”中，只要前面有“(-)”符号的，该零件即可被移动。

下面介绍移动零部件的操作步骤。

【案例 12-3】本案例视频内容光盘路径为“X:\动画演示\第 12 章\12.3 移动零部件.avi”。

(1) 单击“装配体”控制面板中的“移动零部件”按钮，或者单击菜单栏中的“工具”→“零部件”→“移动”命令，系统弹出的“移动零部件”属性管理器如图 12-7 所示。

(2) 选择需要移动的类型，然后拖动到需要的位置。

(3) 单击✔（确定）按钮，或者按 Esc 键，取消命令操作。

在“移动零部件”属性管理器中，移动零部件的类型有自由拖动、沿装配体 XYZ、沿实体、由 Delta XYZ 和到 XYZ 位置 5 种，如图 12-8 所示，下面分别介绍。

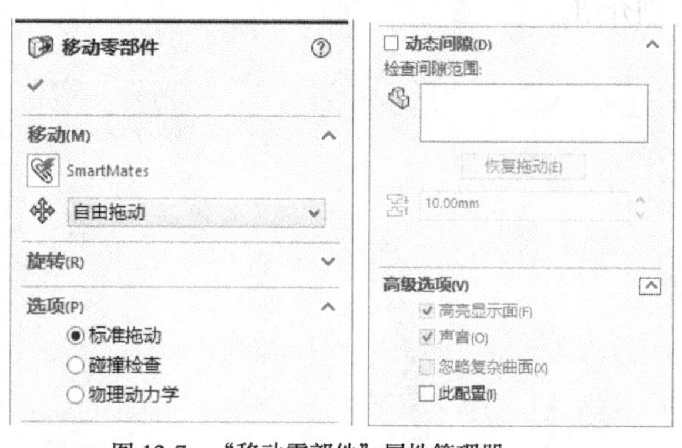

图 12-7 “移动零部件”属性管理器

图 12-8 移动零部件的类型

- 自由拖动：系统默认选项，可以在视图中把选中的文件拖动到任意位置。
- 沿装配体 XYZ：选择零部件并沿装配体的 X、Y 或 Z 方向拖动。视图中显示的装配体坐标系可以确定移动的方向，在移动前要在欲移动方向的轴附近单击。
- 沿实体：首先选择实体，然后选择零部件并沿该实体拖动。如果选择的实体是一条直线、边线或轴，所移动的零部件具有一个自由度。如果选择的实体是一个基准面或平面，所移动的零部件具有两个自由度。
- 由 Delta XYZ：在属性管理器中键入移动 Delta XYZ 的范围，如图 12-9 所示，然后单击“应用”按钮，零部件按照指定的数值移动。

● 到 XYZ 位置：选择零部件的一点，在属性管理中键入 X、Y 或 Z 坐标，如图 12-10 所示，然后单击“应用”按钮，所选零部件的点移动到指定的坐标位置。如果选择的项目不是顶点或点，则零部件的原点会移动到指定的坐标处。

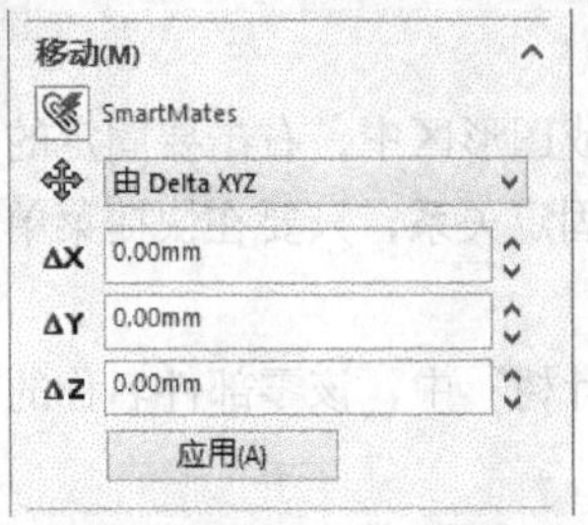

图 12-9 “由 Delta XYZ”设置

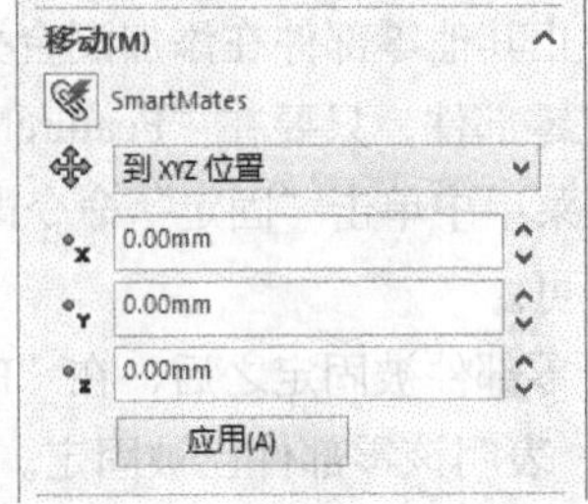

图 12-10 “到 XYZ 位置”设置

12.2.3 旋转零部件

在“FeatureManager 设计树”中，只要前面有“(-)”符号，该零件即可被旋转。

下面介绍旋转零部件的操作步骤。

【案例 12-4】本案例视频内容光盘路径为“X:\动画演示\第 12 章\12.4 旋转零部件.avi”。

（1）单击“装配体”控制面板中的“旋转零部件”按钮，或者单击菜单栏中的“工具”→“零部件”→“旋转”命令，系统弹出的“旋转零部件”属性管理器如图 12-11 所示。

（2）选择需要旋转的类型，然后根据需要确定零部件的旋转角度。

（3）单击✓（确定）按钮，或者按 Esc 键，取消命令操作。

在“旋转零部件”属性管理器中，旋转零部件的类型有 3 种，即自由拖动、对于实体和由 Delta XYZ，如图 12-12 所示，下面分别介绍。

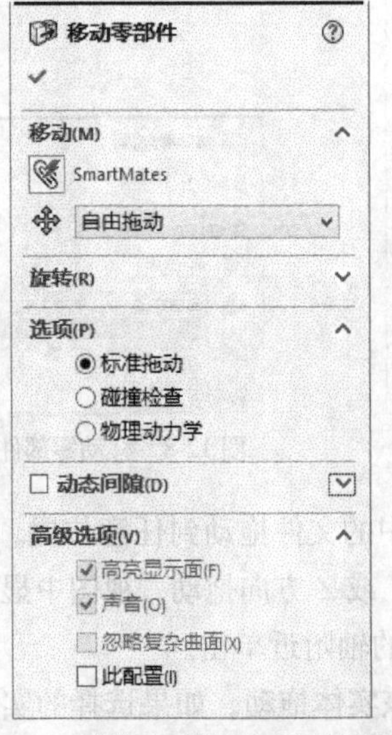

图 12-11 “移动零部件”属性管理器

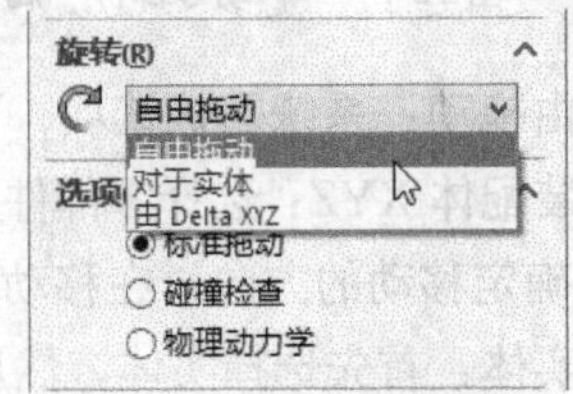

图 12-12 旋转零部件的类型

● 自由拖动：选择零部件并沿任何方向旋转拖动。

● 对于实体：选择一条直线、边线或轴，然后围绕所选实体旋转零部件。

● 由 Delta XYZ：在属性管理器中键入旋转 Delta XYZ 的范围，然后单击“应用”按钮，零部件按照指定的数值进行旋转。

技巧荟萃

(1) 不能移动或者旋转一个已经固定或者完全定义的零部件。
(2) 只能在配合关系允许的自由度范围内移动和选择该零部件。

12.2.4 添加配合关系

使用配合关系，可相对于其他零部件来精确地定位零部件，还可定义零部件如何相对于其他的零部件移动和旋转。只有添加了完整的配合关系，才算完成了装配体模型。

下面结合实例介绍为零部件添加配合关系的操作步骤。

【案例 12-5】本案例结果文件光盘路径为“X:\源文件\ch12\12.5.SLDASM”，案例视频内容光盘路径为“X:\动画演示\第 12 章\12.5 添加配合关系.avi”。

(1) 打开随书光盘中的原始文件“X:\原始文件\ch12\12.5\12.5. SLDASM”。

(2) 单击“装配体”控制面板中的“配合”按钮，或者单击菜单栏中的“工具”→“配合”命令，系统弹出“配合”属性管理器。

(3) 在图形区中的零部件上选择要配合的实体，所选实体会显示在（要配合实体）列表框中，如图 12-13 所示。

(4) 选择所需的对齐条件。

● （同向对齐）：以所选面的法向或轴向的相同方向来放置零部件。

● （反向对齐）：以所选面的法向或轴向的相反方向来放置零部件。

(5) 系统会根据所选的实体，列出有效的配合类型。单击对应的配合类型按钮，选择配合类型。

● （重合）：面与面、面与直线（轴）、直线与直线（轴）、点与面、点与直线之间重合。

● （平行）：面与面、面与直线（轴）、直线与直线（轴）、曲线与曲线之间平行。

● （垂直）：面与面、直线（轴）与面之间垂直。

● （同轴心）：圆柱与圆柱、圆柱与圆锥、圆形与圆弧边线之间具有相同的轴。

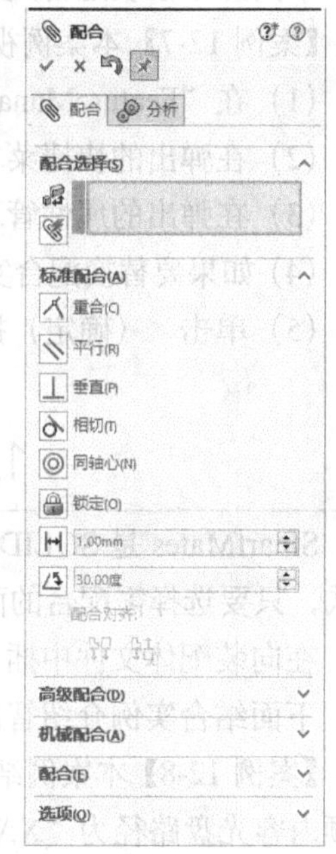

图 12-13 “配合”属性管理器

(6) 图形区中的零部件将根据指定的配合关系移动，如果配合不正确，单击（撤销）按钮，然后根据需要修改选项。

(7) 单击（确定）按钮，应用配合。

当在装配体中建立配合关系后，配合关系会在“FeatureManager 设计树”中以图标表示。

12.2.5 删除配合关系

如果装配体中的某个配合关系有错误，用户可以随时将它从装配体中删除掉。

下面结合实例介绍删除配合关系的操作步骤。

【案例 12-6】本案例结果文件光盘路径为“X:\源文件\ch12\12.6.SLDASM”，案例视频内容光盘路径为“X:\动画演示\第 12 章\12.6～12.7.avi”。

（1）打开随书光盘中的原始文件“X:\原始文件\ch12\12.6\12.6.SLDASM”，在“FeatureManager 设计树”中，右击想要删除的配合关系。

（2）在弹出的快捷菜单中单击“删除”命令或按 Delete 键。

（3）弹出“确认删除”对话框，如图 12-14 所示，单击“是”按钮，以确认删除。

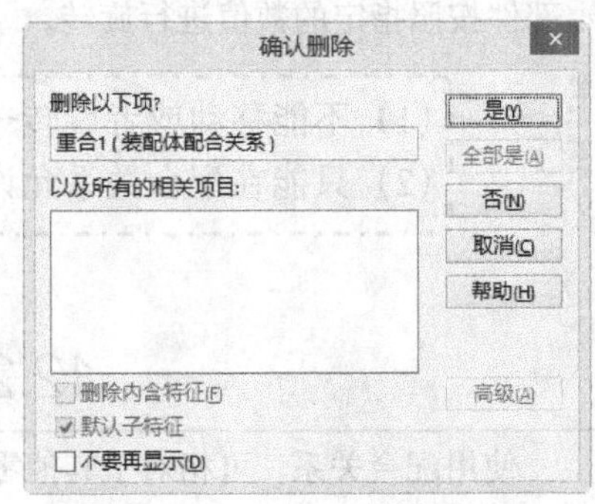

图 12-14 “确认删除”对话框

12.2.6 修改配合关系

用户可以像重新定义特征一样，对已经存在的配合关系进行修改。

下面介绍修改配合关系的操作步骤。

【案例 12-7】本案例视频内容光盘路径为“X:\动画演示\第 12 章\12.6～12.7.avi”。

（1）在“FeatureManager 设计树”中，右击要修改的配合关系。

（2）在弹出的快捷菜单中单击（编辑定义）按钮。

（3）在弹出的属性管理器中改变所需选项。

（4）如果要替换配合实体，在（要配合实体）列表框中删除原来实体后，重新选择实体。

（5）单击（确定）按钮，完成配合关系的重新定义。

12.2.7 SmartMates 配合方式

SmartMates 是 SOLIDWORKS 提供的一种智能装配，是一种快速的装配方式。利用该装配方式，只要选择需配合的两个对象，系统就会自动配合定位。

在向装配体文件中插入零件时，也可以直接添加装配关系。

下面结合实例介绍智能装配的操作步骤。

【案例 12-8】本案例结果文件光盘路径为“X:\源文件\ch12\12.8 智能配合.SLDASM”，案例视频内容光盘路径为“X:\动画演示\第 12 章\12.8 智慧配合.avi”。

（1）单击菜单栏中的“文件”→“新建”命令，或者单击“快速访问”工具栏中的（新建）按钮，创建一个装配体文件。

（2）单击菜单栏中的“插入”→“零部件”→“现有零件/装配体”命令，选择“X:\原始文件\ch12\12.8\底座.SLDPRT”，插入已绘制的名为“底座”的文件，并调节视图中零件的方向。

（3）单击菜单栏中的“文件”→“打开”命令，选择“X:\原始文件\ch12\12.8\圆柱.SLDPRT”，打开已绘制的名为“圆柱”的文件，并调节视图中零件的方向。

（4）单击菜单栏中的“窗口”→“横向平铺”命令，将窗口设置为横向平铺方式，两个文件的横向平铺窗口如图 12-15 所示。

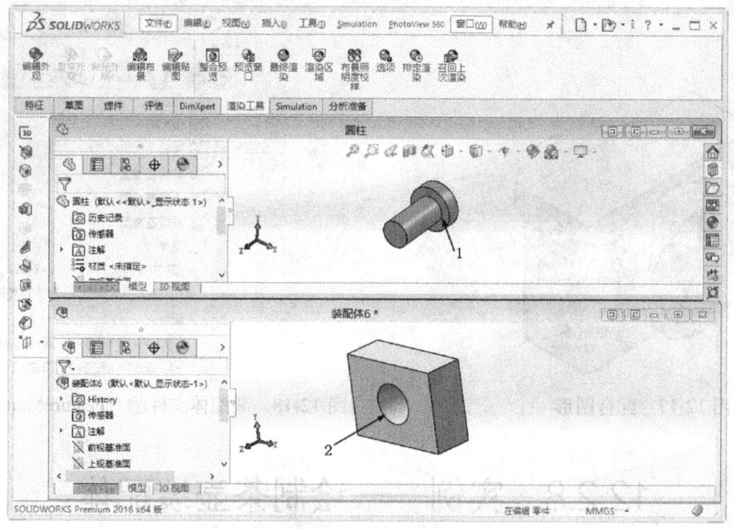
图 12-15 两个文件的横向平铺窗口

（5）在“圆柱”零件窗口中，单击如图 12-15 所示的边线 1，然后按住鼠标左键拖动零件到装配体文件中，装配体的预览模式如图 12-16 所示。

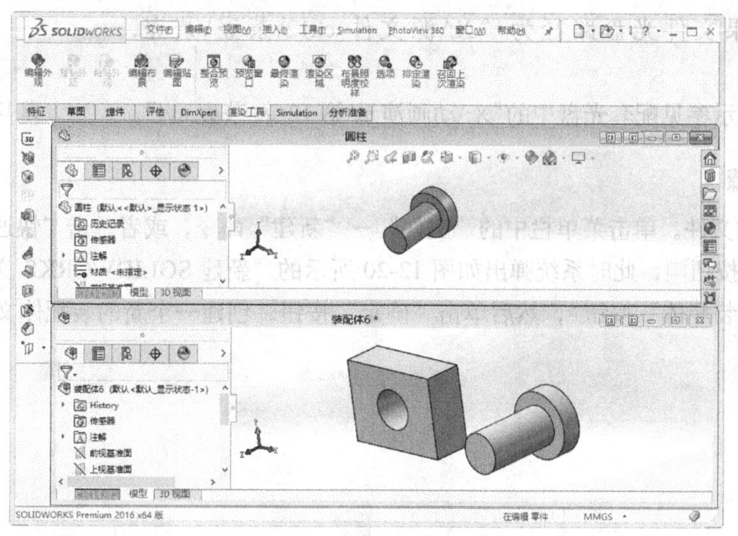
图 12-16 装配体的预览模式

（6）在如图 12-15 所示的边线 2 附近移动光标，当指针变为时，智能装配完成，然后松开鼠标，装配后的图形如图 12-17 所示。

（7）双击装配体文件“FeatureManager 设计树”中的“配合”选项，可以看到添加的配合关系，装配体文件的“FeatureManager 设计树”如图 12-18 所示。

技巧荟萃

在拖动零件到装配体文件中时，可能有几个可能的装配位置，此时需要移动光标选择需要的装配位置。

使用 Smartmates 命令进行智能配合时，系统需要安装 SOLIDWORKS Toolbox 工具箱，如果安装系统时没有安装该工具箱，则该命令不能使用。

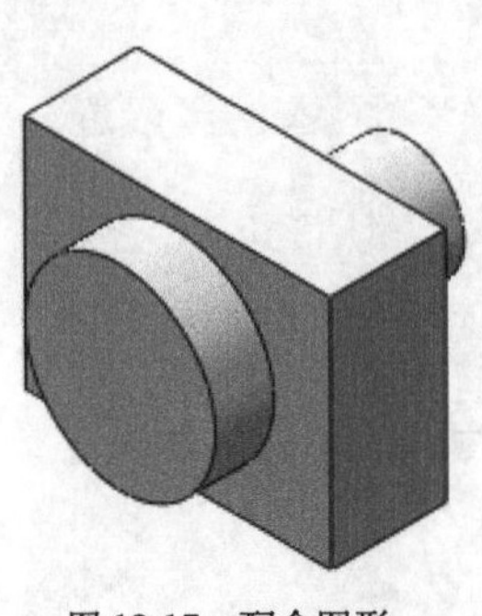

图 12-17　配合图形

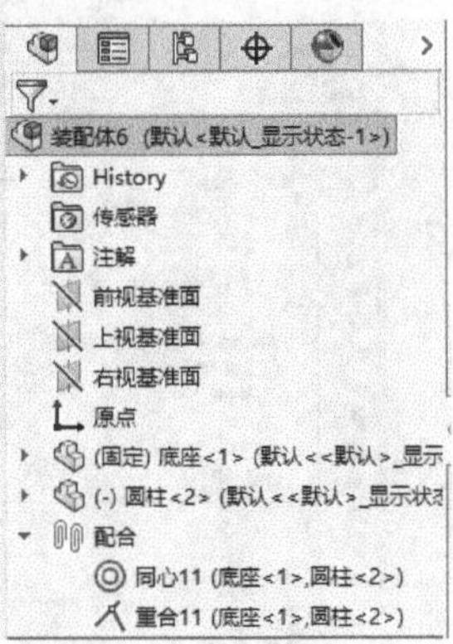

图 12-18　装配体文件的“FeatureManager 设计树”

12.2.8　实例——绘制茶壶装配体

茶壶模型如图 12-19 所示。在 9.3 节绘制壶身和壶盖的基础上利用装配体相关基本操作命令完成装配体绘制。

光盘文件

图 12-19　茶壶

实例结果文件光盘路径为“X:\源文件\ch12\茶壶\茶壶.SLDASM”。

多媒体演示参见配套光盘中的“X:\动画演示\第 12 章\茶壶.avi”。

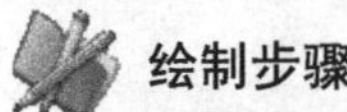

绘制步骤

1. 新建文件。单击菜单栏中的“文件”→“新建”命令，或者单击“快速访问”工具栏中的“新建”按钮，此时系统弹出如图 12-20 所示的“新建 SOLIDWORKS 文件”对话框，在其中选择“装配体”按钮，然后单击“确定”按钮，创建一个新的装配体文件。

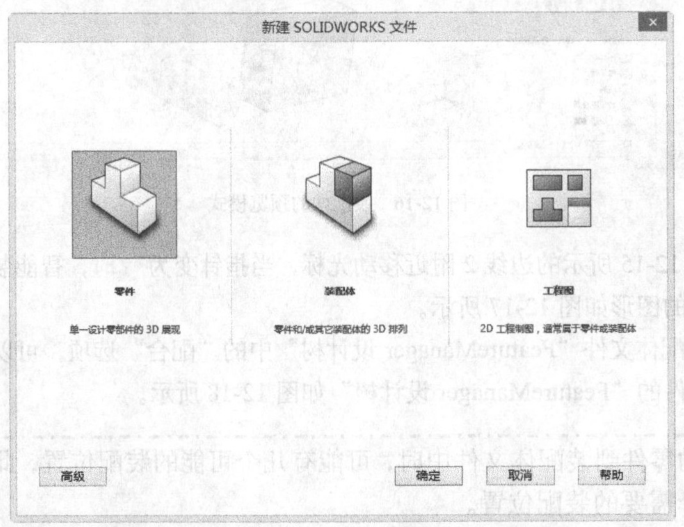

图 12-20　“新建 SOLIDWORKS 文件”对话框

2. 绘制茶壶装配体

（1）插入壶身。单击菜单栏中的“插入”→“零部件”→“现有零件/装配体”菜单命令，或者单击“装配体”控制面板中的“插入零部件”按钮，此时系统弹出如图 12-21 所示的“插入零部件”属性管理器。单击“浏览”按钮，此时系统弹出如图 12-22 所示的“打开”对话框，在其中选择需要的零部件，即“壶身.SLDPRT”。单击“打开”按钮，此时所选的零部件显示在如图 12-21 所示的“打开文档”一栏中。单击“确定”按钮✔，此时所选的零部件出现在视图中。

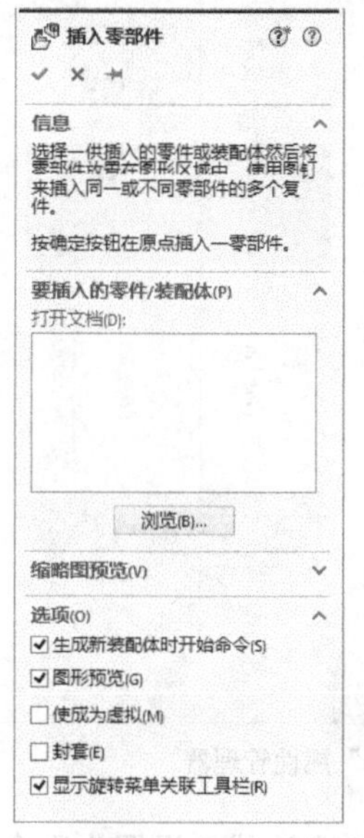

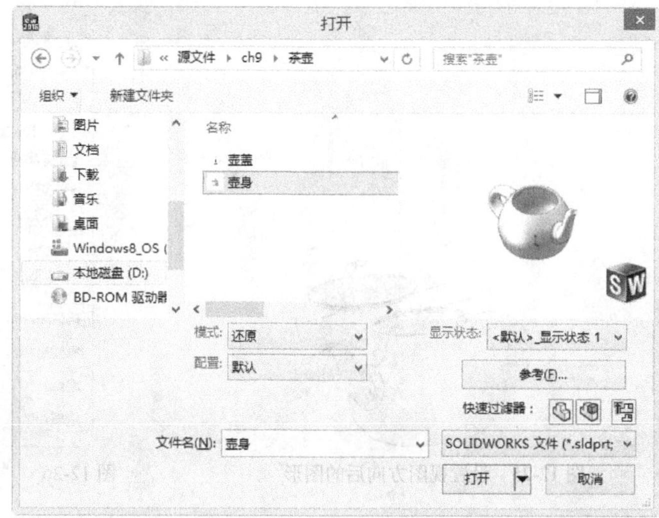

图 12-21 “插入零部件”属性管理器　　图 12-22 “打开”对话框

（2）设置视图方向。单击“前导视图”工具栏中的“等轴测”按钮，将视图以等轴测方向显示，结果如图 12-23 所示。

（3）取消草图显示。执行“视图”→“隐藏/显示”→“草图”菜单命令，取消视图中草图的显示。

（4）插入壶盖。单击菜单栏中的“插入”→“零部件”→“现有零件/装配体”命令，插入壶盖，具体操作步骤参考步骤（1），将壶盖插入到图中合适的位置，结果如图 12-24 所示。

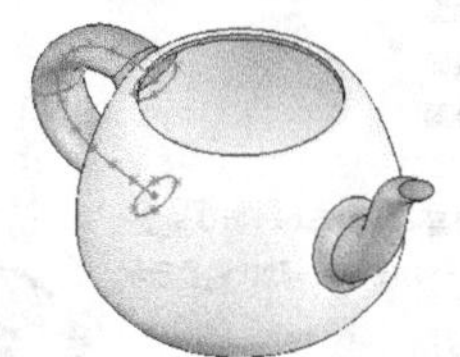

图 12-23 插入壶身后的图形

图 12-24 插入壶盖后的图形

（5）设置视图方向。单击“前导视图”工具栏中的“旋转视图”按钮，将视图以合适的方向显示，结果如图 12-25 所示。

（6）插入配合关系。单击“装配体”控制面板中的“配合”按钮，或者单击菜单栏中的“插入”→“配合”命令，此时系统弹出“配合”属性管理器。在属性管理器的“配合选择”一栏中，选择如图 12-25 所示的面 3 和面 4。单击“标准配合”栏中的“同轴心”按钮，将面 3 和面 4 设置为同轴心配合关系，如图 12-26 所示。单击属性管理器中的“确定”按钮✔，完成配合，结果如图 12-27 所示。

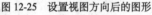

图 12-25　设置视图方向后的图形

图 12-26　“同心”属性管理器

（7）插入配合关系。重复步骤（6），将如图 12-25 所示的边线 1 和边线 2 设置为重合配合关系，结果如图 12-28 所示。

（8）设置视图方向。单击“前导视图”工具栏中的“等轴测”按钮，将视图以等轴测方向显示。

茶壶装配体模型及其“FeatureManager 设计树”如图 12-29 所示。

图 12-27　插入同轴心配合关系后的图形

图 12-28　插入重合配合关系后的图形

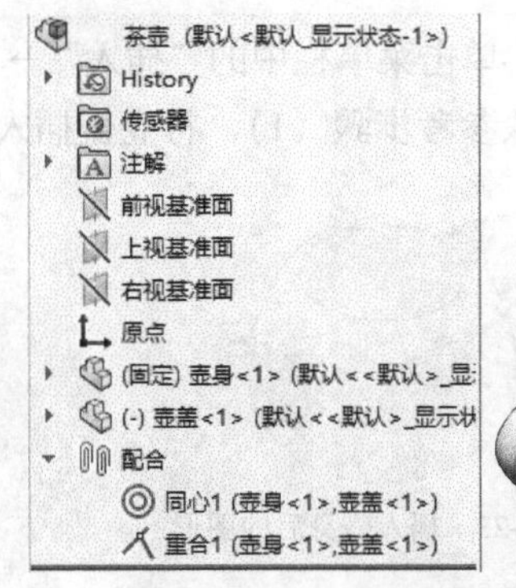

图 12-29　茶壶装配体及其“FeatureManager 设计树”

12.3　零件的复制、阵列与镜向

在同一个装配体中可能存在多个相同的零件，在装配时用户可以不必重复地插入零件，而是利用复制、阵列或者镜向的方法，快速完成具有规律性的零件的插入和装配。

12.3.1 零件的复制

SOLIDWORKS 可以复制已经在装配体文件中存在的零部件，下面结合实例介绍复制零部件的操作步骤。

【案例 12-9】本案例结果文件光盘路径为“X:\源文件\ch12\12.9.SLDASM”，案例视频内容光盘路径为“X:\动画演示\第 12 章\12.9 复制零件.avi”。

（1）打开随书光盘中的原始文件“X:\原始文件\ch12\12.9\12.9.SLDASM”，如图 12-30 所示。

（2）按住 Ctrl 键，在“FeatureManager 设计树”中选择需要复制的零部件，然后将其拖动到视图中合适的位置，复制后的装配体如图 12-31 所示，复制后的“FeatureManager 设计树”如图 12-32 所示。

（3）添加相应的配合关系，配合后的装配体如图 12-33 所示。

图 12-30 打开的文件实体

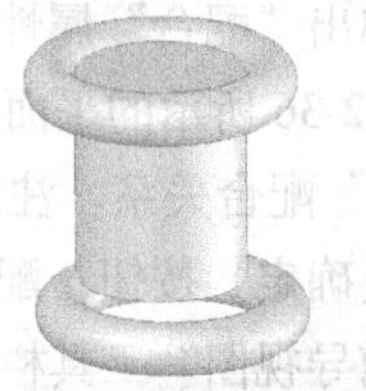

图 12-31 复制后的装配体

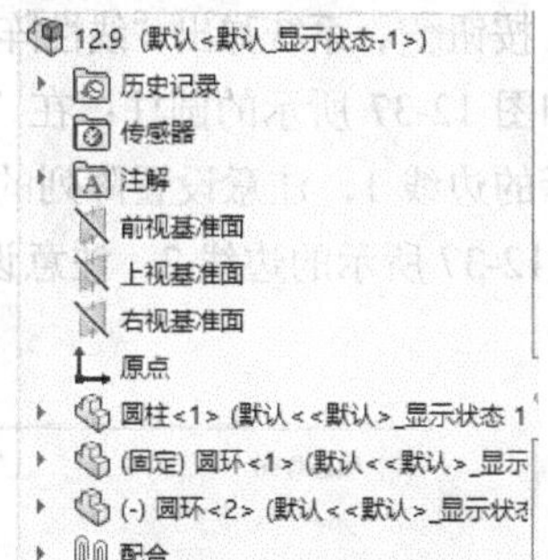

图 12-32 复制后的“FeatureManager 设计树”

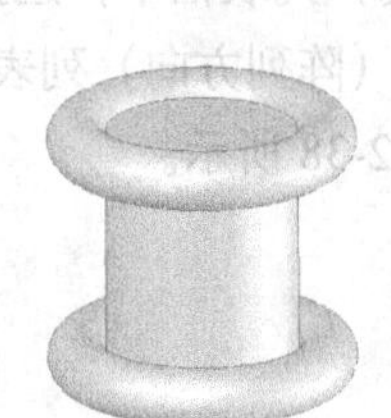

图 12-33 配合后装配体

12.3.2 零件的阵列

零件的阵列分为线性阵列和圆周阵列。如果装配体中具有相同的零件，并且这些零件按照线性或者圆周的方式排列，可以使用线性阵列和圆周阵列命令进行操作。下面结合实例介绍线性阵列的操作步骤，其圆周阵列操作与此类似，读者可自行练习。

线性阵列可以同时阵列一个或者多个零部件，并且阵列出来的零件不需要再添加配合关系，即可完成配合。

【案例 12-10】本案例结果文件光盘路径为“X:\源文件\ch12\12.10.SLDASM”，案例视频内容光盘路径为“X:\动画演示\第 12 章\12.10 阵列零件.avi”。

（1）单击菜单栏中的“文件”→“新建”命令，创建一个装配体文件。

（2）在打开的“开始装配体”属性管理器中单击“浏览”按钮，在打开的“打开”对话框中，选择“X:\源文件\ch12\12.10 底座.SLDPRT”，插入已绘制的名为“底座”文件，并调节视图中零件的方向，底座零件的尺寸如图 12-34 所示。

(3) 单击“装配体”控制面板上的“插入零部件”按钮，选择“X:\原始文件\ch12\12.10\圆柱.SLDPRT”，插入已绘制的名为“圆柱”文件，圆柱零件的尺寸如图 12-35 所示。调节视图中各零件的方向，插入零件后的装配体如图 12-36 所示。

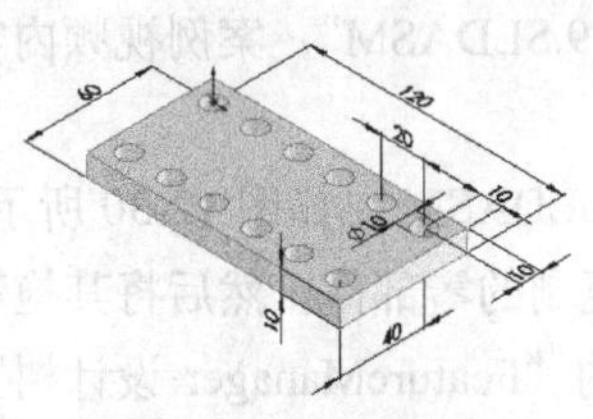

图 12-34 底座零件

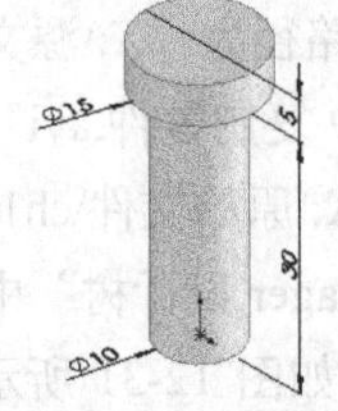
图 12-35 圆柱零件

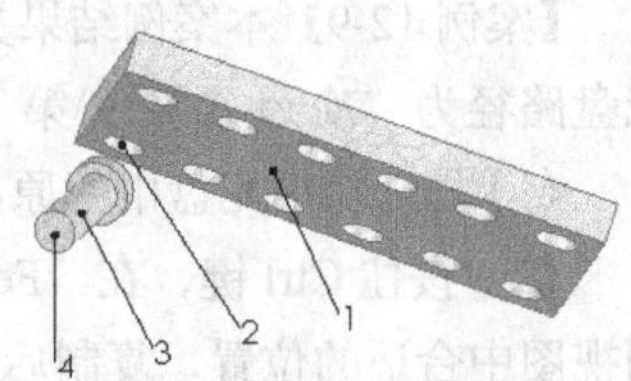

图 12-36 插入零件后的装配体

(4) 单击“装配体”控制面板上的“配合”按钮，或者单击菜单栏中的“插入”→“配合”命令，系统弹出“配合”属性管理器。

(5) 将如图 12-36 所示的平面 1 和平面 4 添加为“重合”配合关系，将圆柱面 2 和圆柱面 3 添加为“同轴心”配合关系，注意配合的方向。

(6) 单击✔（确定）按钮，配合添加完毕。

(7) 单击“前导视图”工具栏中的“等轴测”按钮，将视图以等轴测方向显示，配合后的等轴测视图如图 12-37 所示。

(8) 单击“装配体”控制面板上的“线性阵列”按钮，系统弹出“线性阵列”属性管理器。

(9) 在“要阵列的零部件”选项组中，选择如图 12-37 所示的圆柱；在“方向 1”选项组的（阵列方向）列表框中，选择如图 12-37 所示的边线 1，注意设置阵列的方向；在“方向 2”选项组的（阵列方向）列表框中，选择如图 12-37 所示的边线 2，注意设置阵列的方向，其他设置如图 12-38 所示。

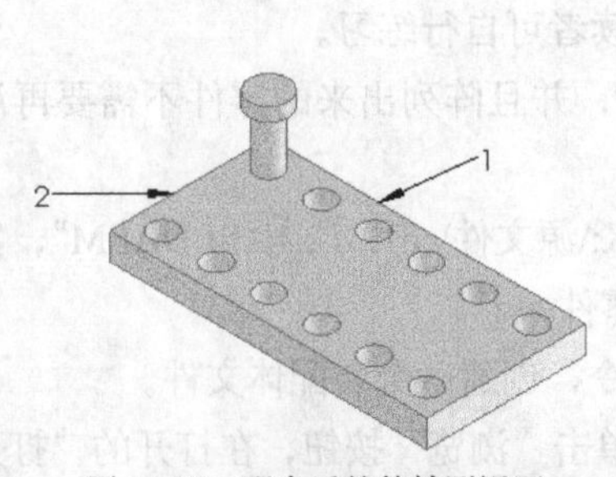

图 12-37 配合后的等轴测视图

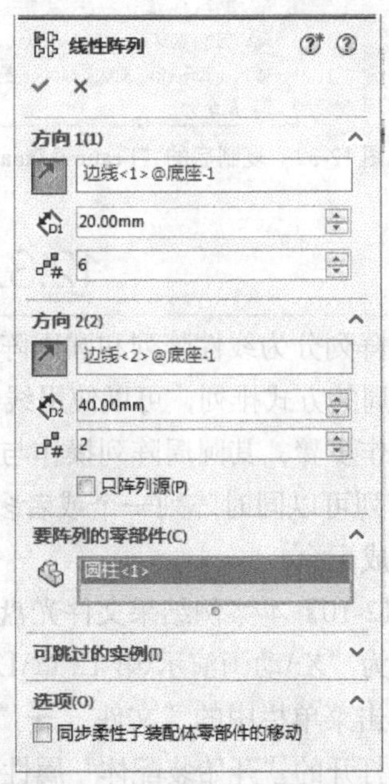

图 12-38 “线性阵列”属性管理器

(10) 单击✔（确定）按钮，完成零件的线性阵列，线性阵列后的图形如图 12-39 所示，此时装配体的“FeatureManager 设计树”如图 12-40 所示。

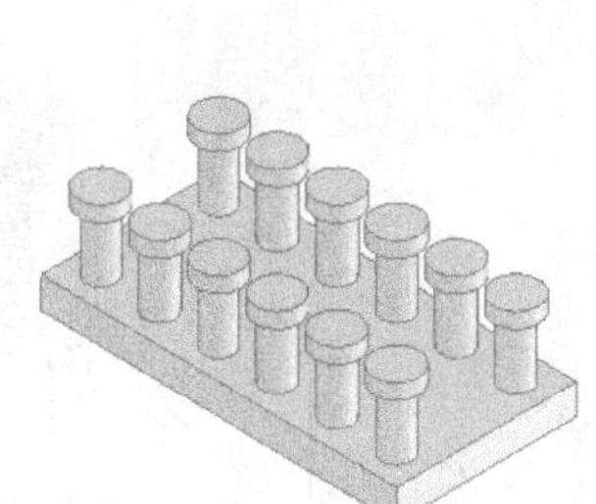

图 12-39 线性阵列

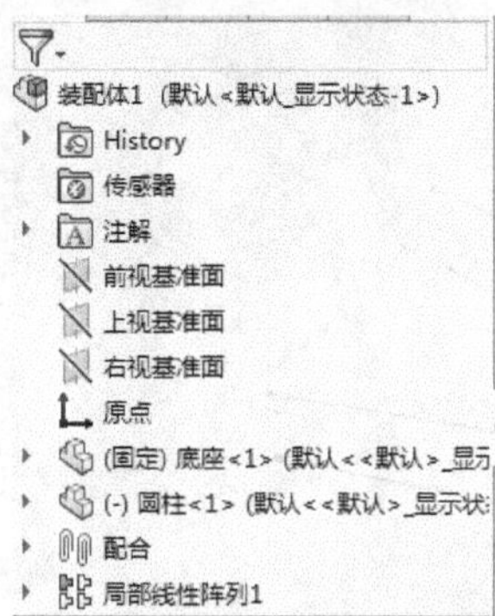

图 12-40 “FeatureManager 设计树”

12.3.3 零件的镜向

装配体环境中的镜向操作与零件设计环境中的镜向操作类似。在装配体环境中，有相同且对称的零部件时，可以使用镜向零部件操作来完成。

【案例 12-11】本案例结果文件光盘路径为“X:\源文件\ch12\12.11.SLDASM”，案例视频内容光盘路径为“X:\动画演示\第 12 章\12.11 镜向零件.avi”。

(1) 单击菜单栏中的“文件”→“新建”命令，创建一个装配体文件。

(2) 在打开的“开始装配体”属性管理器中单击“浏览”按钮，在打开的“打开”对话框中，选择“X:\原始文件\ch12\12.11 底座.SLDPRT”，插入已绘制的名为“底座”文件，并调节视图中零件的方向，底座平板零件的尺寸如图 12-41 所示。

(3) 单击“装配体”控制面板上的“插入零部件”按钮，选择“X:\源文件\ch12\12.11 圆柱.SLDPRT”，插入已绘制的名为“圆柱”文件，圆柱零件的尺寸如图 12-42 所示。调节视图中各零件的方向，插入零件后的装配体如图 12-43 所示。

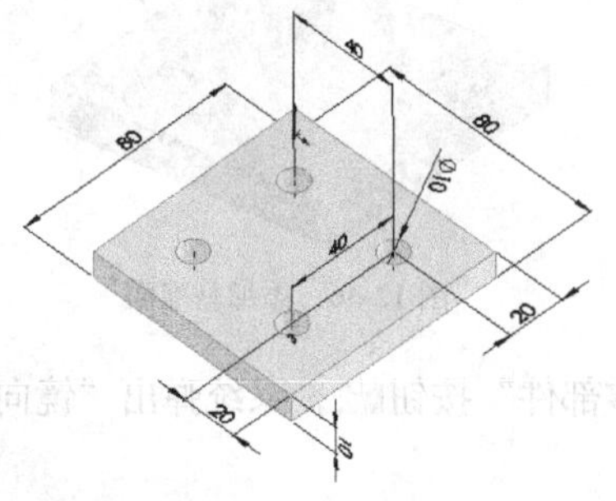

图 12-41 底座平板零件

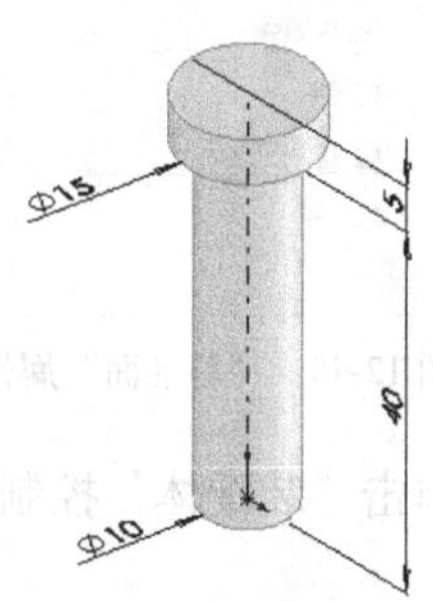

图 12-42 圆柱零件

(4) 单击“装配体”控制面板上的“配合”按钮，或者单击菜单栏中的“插入”→“配合”命令，系统弹出“配合”属性管理器。

(5) 将如图 12-43 所示的平面 1 和平面 3 添加为“重合”配合关系，将圆柱面 2 和圆柱面 4 添加为“同轴心”配合关系，注意配合的方向。

(6) 单击✔（确定）按钮，配合添加完毕。

(7) 单击"前导视图"工具栏中的"等轴测"按钮，将视图以等轴测方向显示。配合后的等轴测视图如图 12-44 所示。

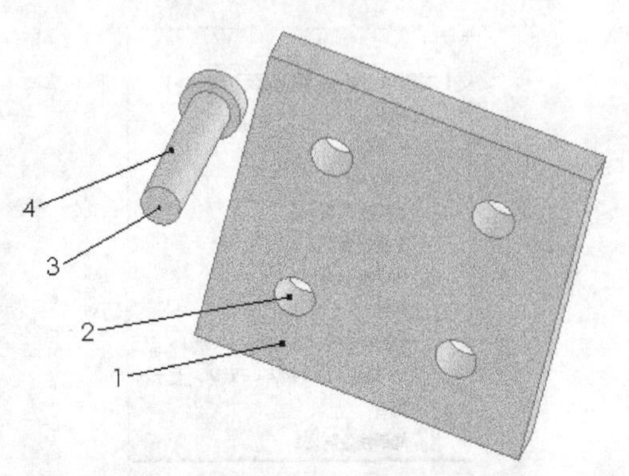

图 12-43　插入零件后的装配体

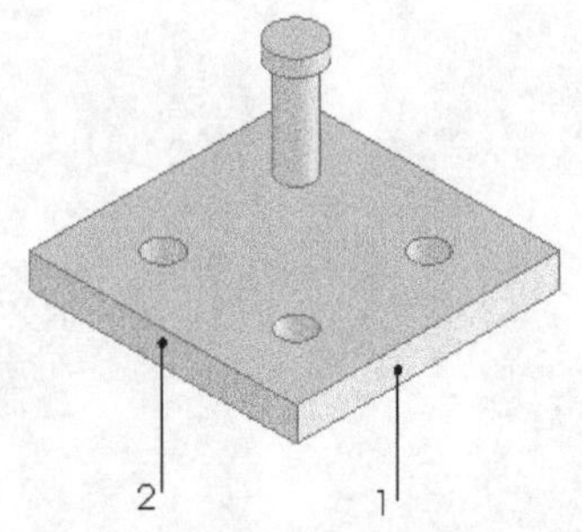

图 12-44　配合后的等轴测视图

(8) 单击"参考几何体"工具栏中的"基准面"按钮，或单击菜单栏中的"插入"→"参考几何体"→"基准面"命令，系统弹出"基准面"属性管理器。

(9) 在（参考实体）列表框中，选择如图 12-44 所示的面 1，在（偏移距离）文本框中输入 40，注意添加基准面的方向，其他设置如图 12-45 所示，添加如图 12-46 所示的基准面 1。重复该命令，添加如图 12-46 所示的基准面 2。

图 12-45　"基准面"属性管理器

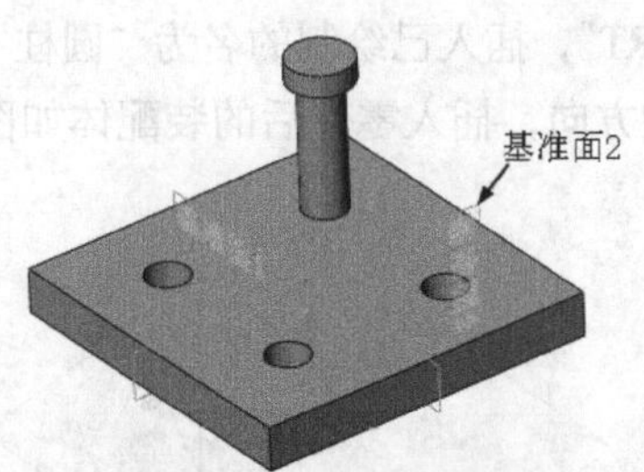

图 12-46　添加基准面

(10) 单击"装配体"控制面板上的"镜向零部件"按钮，系统弹出"镜向零部件"属性管理器。

(11) 在"镜向基准面"列表框中，选择如图 12-46 所示的基准面 1；在"要镜向的零部件"列表框中，选择如图 12-46 所示的圆柱，如图 12-47 所示，单击（下一步）按钮，"镜向零部件"属性管理器如图 12-48 所示。

(12) 单击（确定）按钮，零件镜向完毕，镜向后的图形如图 12-49 所示。

(13) 单击"装配体"控制面板上的"镜向零部件"按钮，系统弹出"镜向零部件"属性管理器。

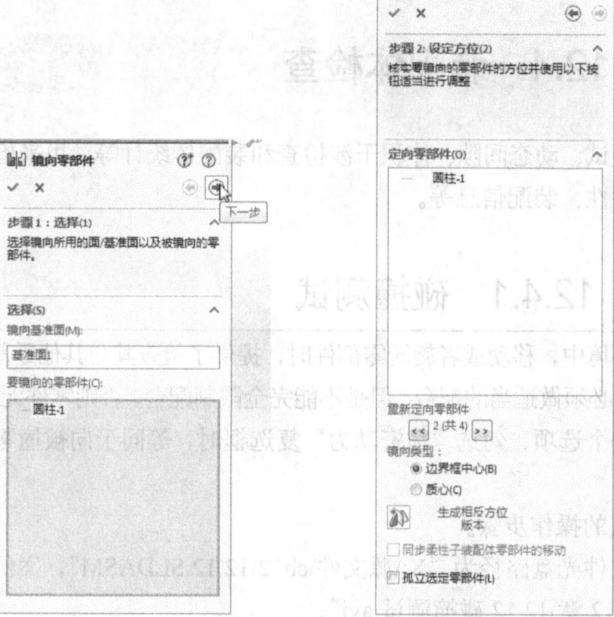

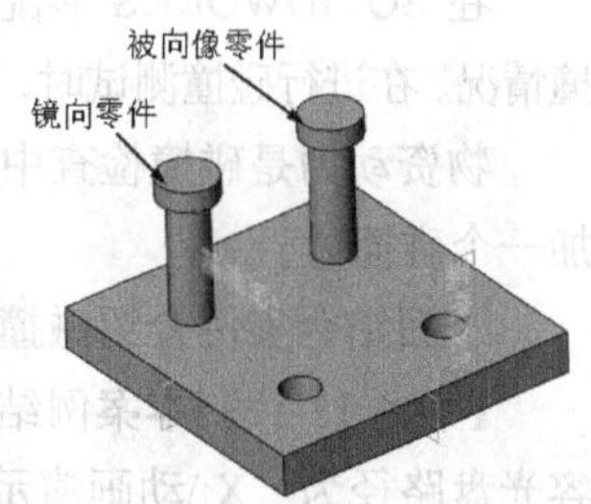

图 12-47 “镜向零部件”属性管理器 1　图 12-48 “镜向零部件”属性管理器 2　图 12-49 镜向零件

（14）在“镜向基准面”列表框中，选择如图 12-49 所示的基准面 2；在“要镜向的零部件”列表框中，选择如图 12-49 所示的两个圆柱，单击➡（下一步）按钮。选择“圆柱-1”，然后单击“重新定向零部件”按钮，如图 12-50 所示。

（15）单击✔（确定）按钮，零件镜向完毕，镜向后的装配体图形如图 12-51 所示，此时装配体文件的“FeatureManager 设计树”如图 12-52 所示。

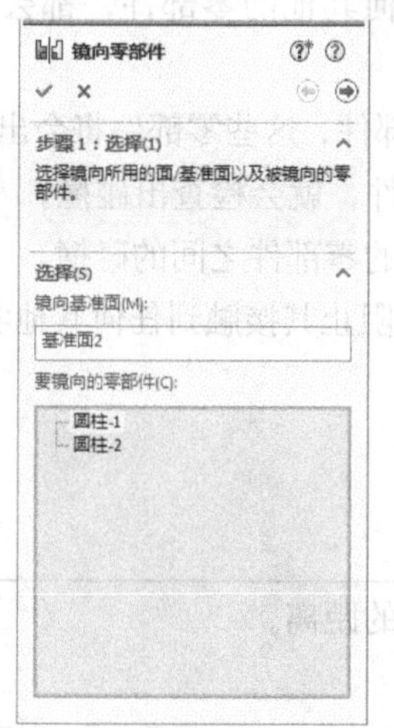

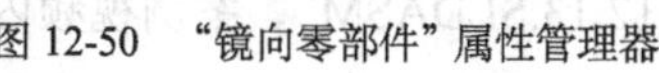

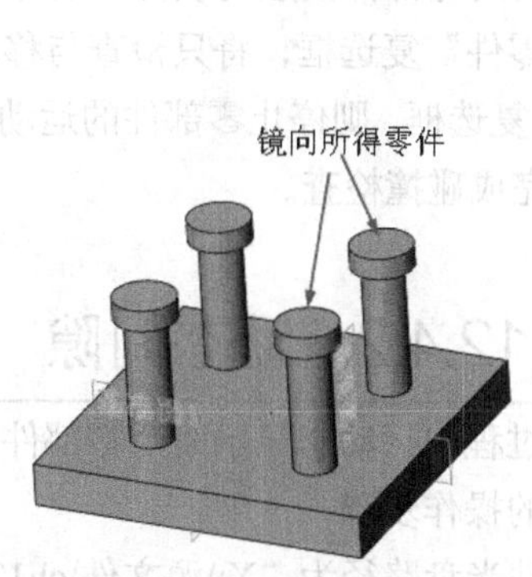

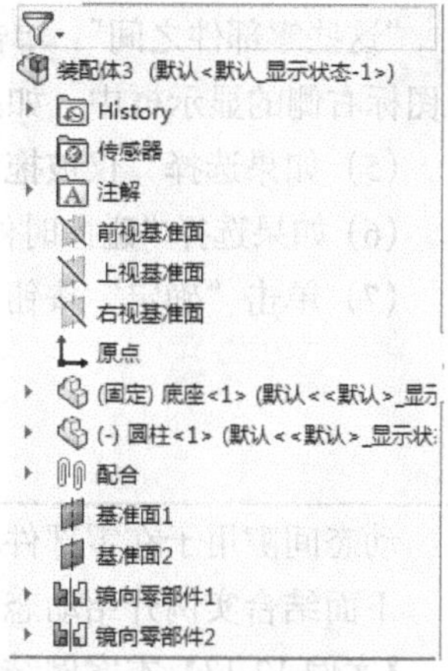

图 12-50 “镜向零部件”属性管理器　图 12-51 镜向后的装配体图形　图 12-52 “FeatureManager 设计树”

技巧荟萃

从上面的案例操作步骤可以看出，不但可以对称地镜向原零部件，而且还可以反方向镜向零部件，要灵活应用该命令。

12.4 装配体检查

装配体检查主要包括碰撞测试、动态间隙、体积干涉检查和装配体统计等，用来检查装配体各个零部件装配后装配的正确性、装配信息等。

12.4.1 碰撞测试

在 SOLIDWORKS 装配体环境中，移动或者旋转零部件时，提供了检查其与其他零部件的碰撞情况。在进行碰撞测试时，零件必须做适当的配合，但是不能完全限制配合，否则零件无法移动。

物资动力是碰撞检查中的一个选项，勾选“物资动力”复选框时，等同于向被撞零部件施加一个碰撞力。

下面结合实例介绍碰撞测试的操作步骤。

【案例 12-12】本案例结果文件光盘路径为“X:\源文件\ch12\12.12.SLDASM”，案例视频内容光盘路径为“X:\动画演示\第 12 章\12.12 碰撞测试.avi”。

（1）打开随书光盘中的原始文件“X:\原始文件\ch12\12.12 碰撞测试\12.12.SLDASM”，两个轴件与基座的凹槽为“同轴心”配合方式。

（2）单击“装配体”控制面板上的“移动”按钮或“旋转”按钮。

（3）选择“移动零部件”属性管理器或“旋转零部件”属性管理器“选项”栏中的“碰撞检查”单选按钮。

（4）指定检查范围。

“所有零部件之间”：如果移动的零部件接触到装配体中任何其他的零部件，都会检查出碰撞。

“这些零部件之间”：单击该单选按钮后在图形区域中指定零部件，这些零部件将会出现在图标右侧的显示框中。如果移动的零部件接触到该框中的零部件，就会检查出碰撞。

（5）如果选择“仅被拖动的零件”复选框，将只检查与移动的零部件之间的碰撞。

（6）如果选择“碰撞时停止”复选框，则停止零部件的运动以阻止其接触到任何其他实体。

（7）单击“确定”按钮，完成碰撞检查。

12.4.2 动态间隙

动态间隙用于在零部件移动过程中，动态显示两个零部件间的距离。

下面结合实例介绍动态间隙的操作步骤。

【案例 12-13】本案例结果文件光盘路径为“X:\源文件\ch12\12.13.SLDASM”，案例视频内容光盘路径为“X:\动画演示\第 12 章\12.13 动态间隙.avi”。

（1）打开随书光盘中的原始文件“X:\原始文件\ch12\12.13 动态间隙\12.13.SLDASM”。两个轴件与基座的凹槽为“同轴心”配合方式。

（2）单击“装配体”控制面板上的“移动”按钮或“旋转”按钮。

（3）在“移动零部件”属性管理器或“旋转零部件”属性管理器中选择“动态间隙”复选框。

(4) 单击“检查间隙范围”栏下的第一个显示框，然后在图形区域中选择要检测的零部件。

(5) 单击“在指定间隙停止”按钮，然后在右边的微调框中指定一个数值。当所选零部件之间的距离小于该数值时，将停止移动零部件。

(6) 单击“恢复拖动”按钮。

(7) 在图形区域中拖动所选的零部件时，间隙尺寸将在图形区域中动态更新，如图 12-53 所示。

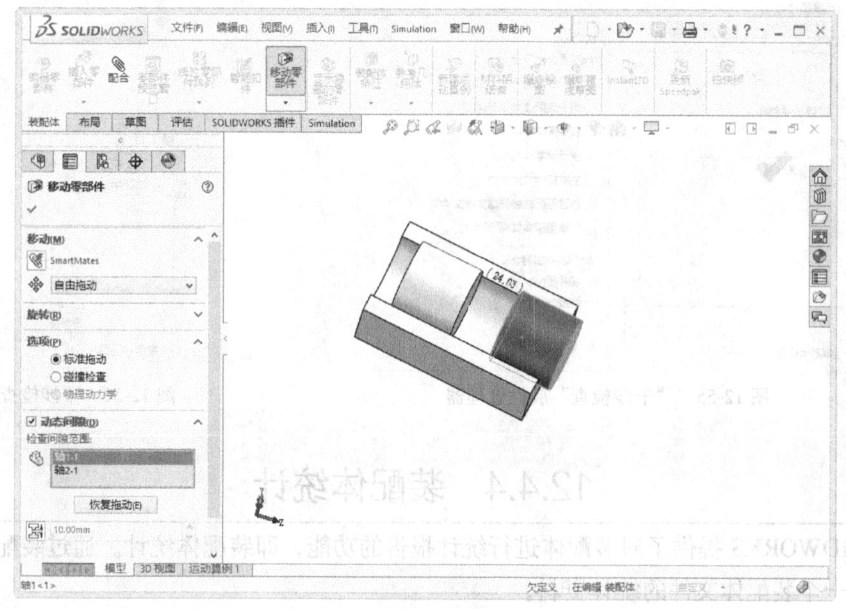

图 12-53 间隙尺寸的动态更新

(8) 单击“确定”按钮，完成动态间隙的检测。

技巧荟萃

动态间隙设置时，在“指定间隙停止”一栏中输入的值，用于确定两零件之间停止的距离。当两零件之间的距离为该值时，零件就会停止运动。

12.4.3 体积干涉检查

在一个复杂的装配体文件中，直接判别零部件是否发生干涉是件比较困难的事情。SOLIDWORKS 提供了体积干涉检查工具，利用该工具可以比较容易地在零部件之间进行干涉检查，并且可以查看发生干涉的体积。

下面结合实例介绍体积干涉检查的操作步骤。

【案例 12-14】本案例结果文件光盘路径为“X:\源文件\ch12\12.14.SLDASM”，案例视频内容光盘路径为“X:\动画演示\第 12 章\12.14 干涉检查.avi”。

(1) 打开随书光盘中的原始文件“X:\原始文件\ch12\12.14 干涉检查\12.14.SLDASM”，两个轴件与基座的凹槽为“同轴心”配合方式，调节两个轴件相互重合，体积干涉检查装配体文件如图 12-54 所示。

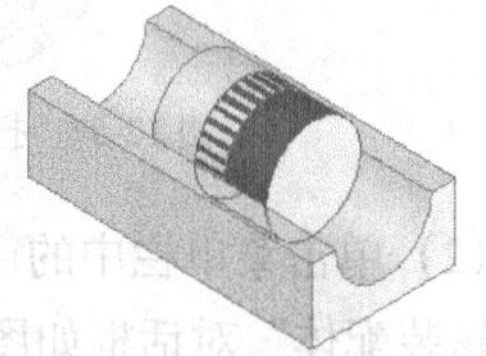

图 12-54 体积干涉检查装配体文件

（2）单击“装配体”控制面板中的“干涉检查”按钮，弹出“干涉检查”属性管理器。

（3）勾选“视重合为干涉”复选框，单击“计算”按钮，如图 12-55 所示。

（4）干涉检查结果出现在“结果”选项组中，如图 12-56 所示。在“结果”选项组中，不但显示干涉的体积，而且还显示干涉的数量以及干涉的个数等信息。

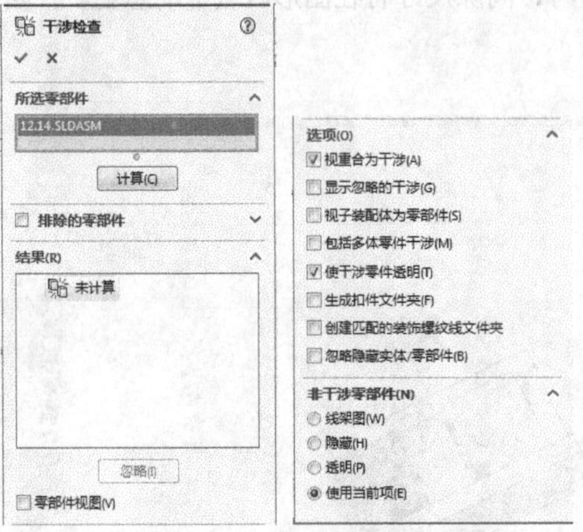

图 12-55 “干涉检查”属性管理器

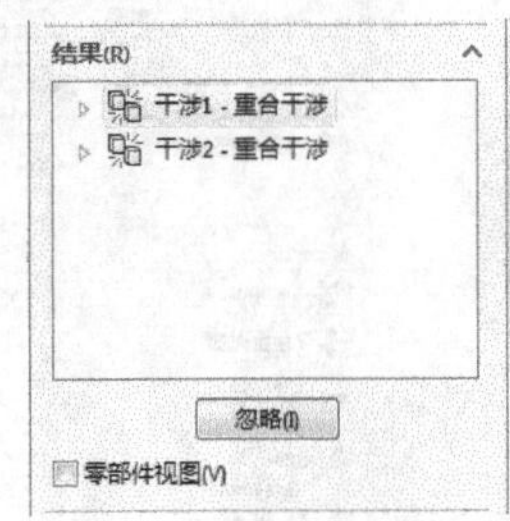

图 12-56 干涉检查结果

12.4.4 装配体统计

SOLIDWORKS 提供了对装配体进行统计报告的功能，即装配体统计。通过装配体统计，可以生成一个装配体文件的统计资料。

下面结合实例介绍装配体统计的操作步骤。

【案例 12-15】本案例视频内容光盘路径为“X:\动画演示\第 12 章\12.15 装配统计.avi”。

（1）打开随书光盘中的源文件“X:\原始文件\ch12\12.15 脚踏轮装配体\移动轮装配体.SLDASM”，如图 12-57 所示，装配体的“FeatureManager 设计树”如图 12-58 所示。

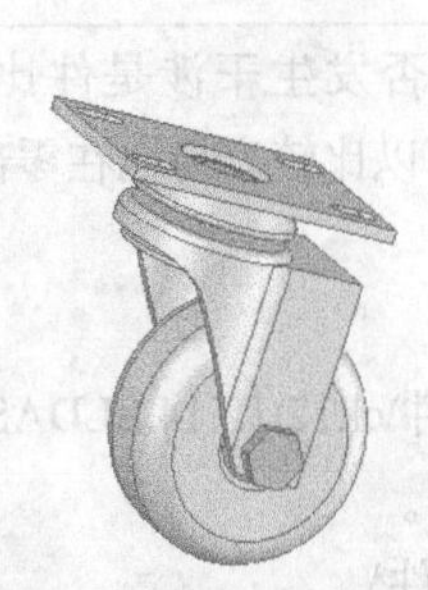

图 12-57 打开的文件实体

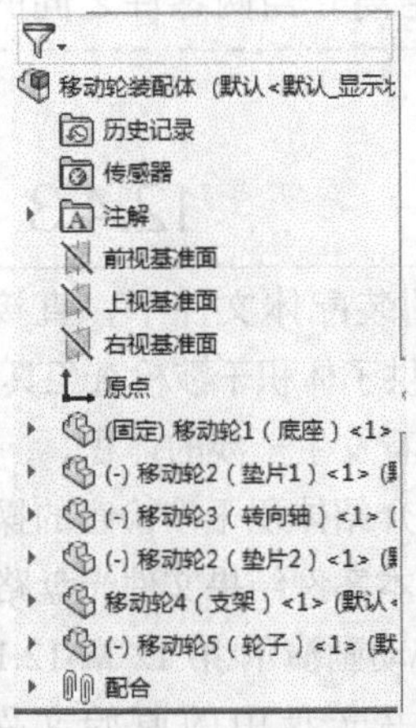

图 12-58 “FeatureManager 设计树”

（2）单击菜单栏中的“工具”→“评估”→“性能评估”命令，系统弹出的“性能评估-移动轮装配体”对话框如图 12-59 所示。

（3）单击“性能评估-移动轮装配体”对话框中的“关闭”按钮，关闭该对话框。

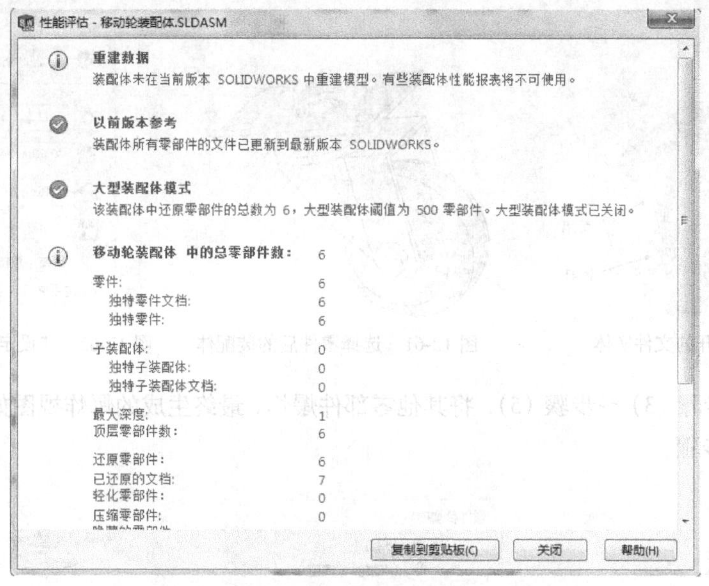

图 12-59 “性能评估-移动轮装配体”对话框

12.5 爆炸视图

在零部件装配体完成后，为了在制造、维修及销售中，直观地分析各个零部件之间的相互关系，我们将装配图按照零部件的配合条件来产生爆炸视图。装配体爆炸以后，用户不可以对装配体添加新的配合关系。

12.5.1 生成爆炸视图

爆炸视图可以很形象地查看装配体中各个零部件的配合关系，常称为系统立体图。爆炸视图通常用于介绍零件的组装流程、仪器的操作手册及产品使用说明书中。

下面结合实例介绍爆炸视图的操作步骤。

【案例 12-16】本案例结果文件光盘路径为“X:\源文件\ch12\12.16.SLDASM”，案例视频内容光盘路径为“X:\动画演示\第 12 章\12.16 爆炸视图.avi”。

(1) 打开随书光盘的原始文件“X:\原始文件\ch12\12.16 脚踏轮装配体\12.16.SLDASM”，打开的文件实体如图 12-60 所示。

(2) 单击“装配体”控制面板中的“爆炸视图”按钮，系统弹出“爆炸”属性管理器。

(3) 在“设定”选项组的（爆炸步骤零部件）列表框中，单击如图 12-60 所示的“底座”零件，此时装配体中被选中的零件被亮显，并且出现一个设置移动方向的坐标，选择零件后的装配体如图 12-61 所示。

(4) 单击如图 12-61 所示的坐标的某一方向，确定要爆炸的方向，然后在“设定”选项组的（爆炸距离）文本框中输入爆炸的距离值，如图 12-62 所示。

(5) 在“设定”选项组中，单击（反向）按钮，反方向调整爆炸视图，单击“应用”按钮，观测视图中预览的爆炸效果。单击“完成”按钮，第一个零件爆炸完成，第一个爆炸零件视图如图 12-63 所示，并且在“爆炸步骤”选项组中生成“爆炸步骤 1”，如图 12-64 所示。

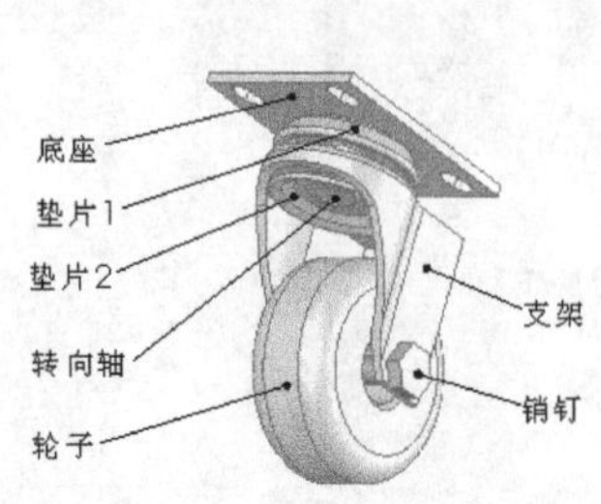

图 12-60　打开的文件实体

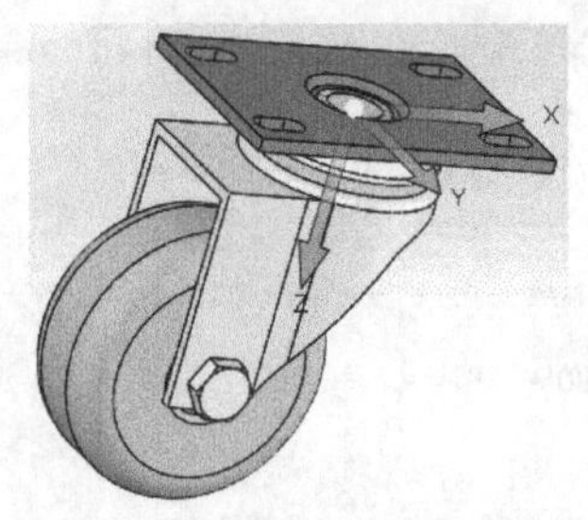
图 12-61　选择零件后的装配体

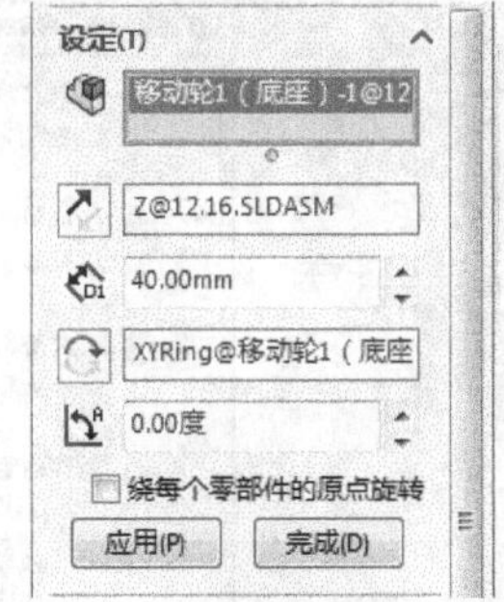

图 12-62　“设定”选项组的设置

（6）重复步骤（3）～步骤（5），将其他零部件爆炸，最终生成的爆炸视图如图 12-65 所示，共有 5 个爆炸步骤。

图 12-63　第一个爆炸零件视图

图 12-64　生成的爆炸步骤 1

图 12-65　最终爆炸视图

技巧荟萃

在生成爆炸视图时，建议对每一个零件在每一个方向上的爆炸设置为一个爆炸步骤。如果一个零件需要在 3 个方向上爆炸，建议使用 3 个爆炸步骤，这样可以很方便地修改爆炸视图。

12.5.2　编辑爆炸视图

装配体爆炸后，可以利用“爆炸”属性管理器进行编辑，也可以添加新的爆炸步骤。

下面结合实例介绍编辑爆炸视图的操作步骤。

【案例 12-17】本案例结果文件光盘路径为“X:\源文件\ch12\12.17.SLDASM”，案例视频内容光盘路径为“X:\动画演示\第 12 章\12.17 编辑爆炸视图.avi”。

（1）打开随书光盘的原始文件“X:\原始文件\ch12\12.17 编辑爆炸视图\移动轮装配体.SLDASM”，如图 12-65 所示。

（2）单击左侧“FeatureManager 设计树”中的“配置”图标，打开“爆炸视图 1”，如图 12-66 所示。

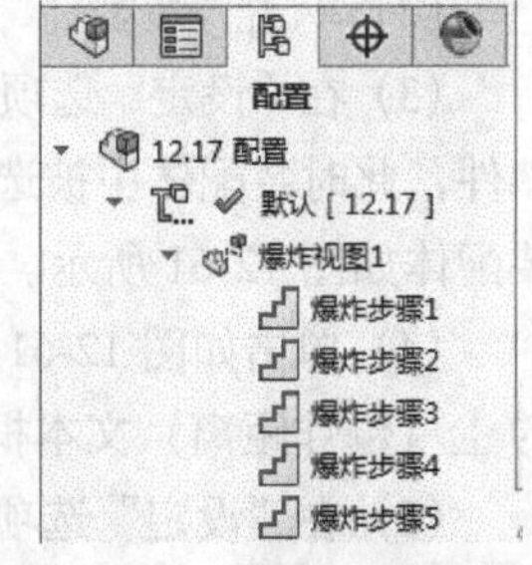

图 12-66　“配置”选项显示

（3）右击“爆炸步骤”选项组中的“爆炸步骤 1”，在弹出的快捷菜单中执行“编辑爆炸步骤”命令，此时弹出“爆炸”属性管理器，将“爆炸步骤 1”的爆炸设置显示在“设定”选项组中，如图 12-67 所示。

（4）修改“设定”选项组中的距离参数，或者拖动视图中要爆炸的零部件，然后单击“完成”按钮，即可完成对爆炸视图的修改。

(5) 在“爆炸步骤 1”的右键快捷菜单中单击“删除”命令，该爆炸步骤就会被删除，零部件恢复爆炸前的配合状态，删除爆炸步骤 1 后的视图如图 12-68 所示。

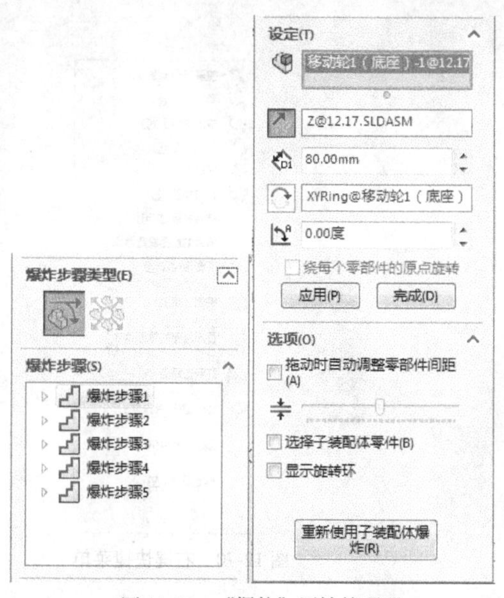

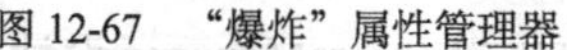
图 12-67 “爆炸”属性管理器

图 12-68 删除爆炸步骤 1 后的视图

12.6 装配体的简化

在实际设计过程中，一个完整的机械产品的总装配图是很复杂的，通常由许多的零件组成。SOLIDWORKS 提供了多种简化的手段，通常使用的是改变零部件的显示属性以及改变零部件的压缩状态来简化复杂的装配体。SOLIDWORKS 中的零部件有 2 种显示状态。

- （隐藏）：仅隐藏所选零部件在装配图中的显示。
- （压缩）：装配体中的零部件不被显示，并且可以减少工作时装入和计算的数据量。

12.6.1 零部件显示状态的切换

零部件有显示和隐藏两种状态。通过设置装配体文件中零部件的显示状态，可以将装配体文件中暂时不需要修改的零部件隐藏起来。零部件的显示和隐藏不影响零部件本身，只是改变其在装配体中的显示状态。

切换零部件显示状态常用的有 3 种方法，下面分别介绍。

(1) 快捷菜单方式。在“FeatureManager 设计树”或者图形区中，单击要隐藏的零部件，在弹出的左键快捷菜单中单击（隐藏零部件）按钮，如图 12-69 所示。如果要显示隐藏的零部件，则右击图形区，在弹出的右键快捷菜单中单击“显示隐藏的零部件”命令，如图 12-70 所示。

(2) 工具栏方式。在“FeatureManager 设计树”或者图形区中，选择需要隐藏或者显示的零部件，然后单击“装配体”控制面板上的“隐藏/显示零部件”按钮，即可实现零部件的隐藏和显示状态的切换。

(3) 菜单方式。在“FeatureManager 设计树”或者图形区中，选择需要隐藏的零部件，然后单击菜单栏中的“编辑”→“隐藏”→“当前显示状态”命令，将所选零部件切换到隐藏状态。选择需要显示的零部件，然后单击菜单栏中的“编辑”→“显示”→“当前显示状态”命令，将所选的零部件切换到显示状态。

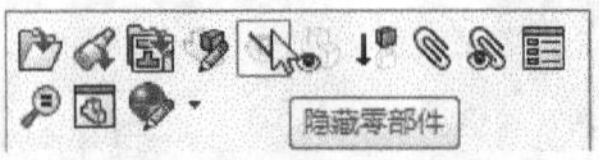

图 12-69 左键快捷菜单

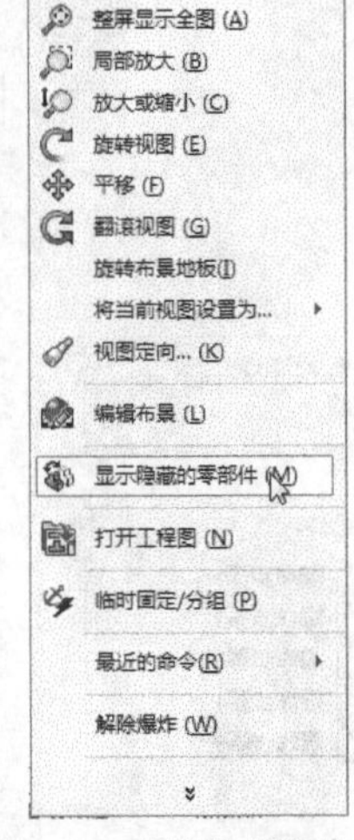

图 12-70 右键快捷菜单

图 12-71 为脚轮装配体图形，图 12-72 为脚轮的“FeatureManager 设计树”，图 12-73 为隐藏支架（脚轮 4）零件后的装配体图形，图 12-74 为隐藏零件后的“FeatureManager 设计树”（脚轮 4 前的零件图标变为灰色）。

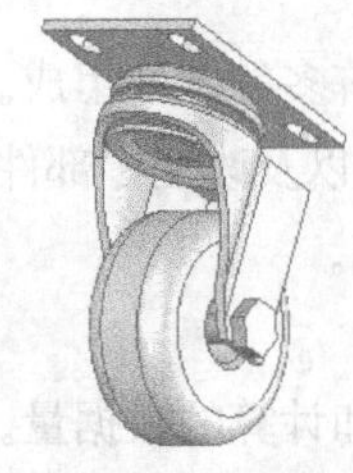
图 12-71 脚轮装配体图形

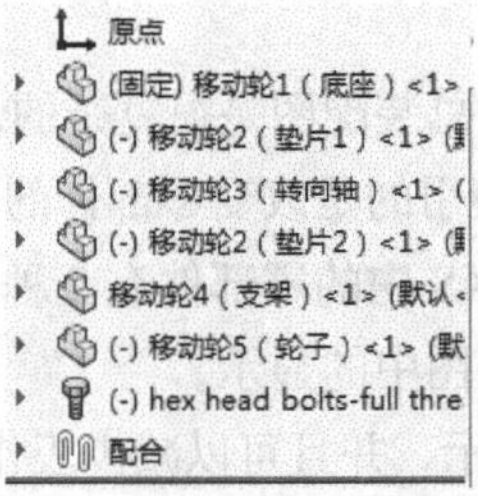

图 12-72 脚轮的“FeatureManager 设计树”

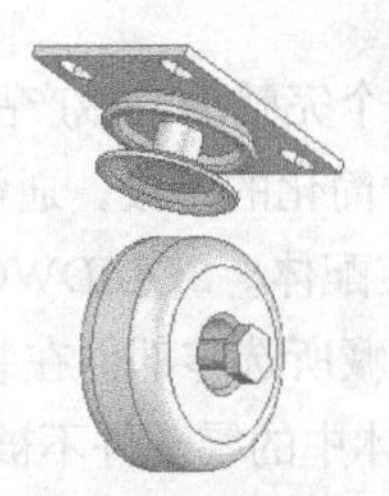
图 12-73 隐藏支架后的装配体图形

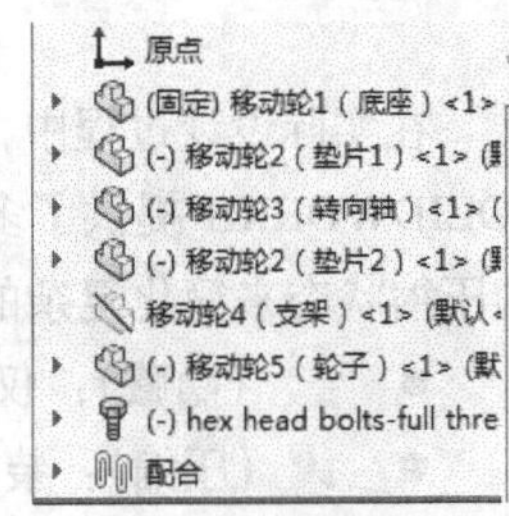

图 12-74 隐藏零件后的“FeatureManager 设计树”

12.6.2 零部件压缩状态的切换

在某段设计时间内，可以将某些零部件设置为压缩状态，这样可以减少工作时装入和计算的数据量。装配体的显示和重建会更快，可以更有效地利用系统资源。

装配体零部件共有还原、压缩和轻化 3 种压缩状态，下面分别介绍。

1．还原

还原是使装配体中的零部件处于正常显示状态，还原的零部件会完全装入内存，可以使用所有功能并可以完全访问。

常用设置还原状态的操作步骤是使用左键快捷菜单，具体操作步骤如下。

（1）在“FeatureManager 设计树”中，单击被轻化或者压缩的零件，系统弹出左键快捷菜单，单击（解除压缩）按钮。

（2）在“FeatureManager 设计树”中，右击被轻化的零件，在系统弹出的右键快捷菜单中单击“设定为还原”命令，则所选的零部件将处于正常的显示状态。

2．压缩

压缩命令可以使零件暂时从装配体中消失。处于压缩状态的零件不再装入内存，所以装入速度、重建模型速度及显示性能均有提高，减少了装配体的复杂程度，提高了计算机的运行速度。

被压缩的零部件不等同于该零部件被删除，它的相关数据仍然保存在内存中，只是不参与运算而已，它可以通过设置很方便地调入装配体中。

被压缩零部件包含的配合关系也被压缩。因此，装配体中的零部件位置可能变为欠定义。当恢复零部件显示时，配合关系可能会发生矛盾，因此在生成模型时，要小心使用压缩状态。

常用设置压缩状态的操作步骤是使用右键快捷菜单，在“FeatureManager 设计树”或者图形区中，右击需要压缩的零件，在系统弹出的右键快捷菜单中单击（压缩）按钮，则所选的零部件将处于压缩状态。

3．轻化

当零部件为轻化时，只有部分零件模型数据装入内存，其余的模型数据根据需要装入，这样可以显著提高大型装配体的性能。使用轻化的零件装入装配体比使用完全还原的零部件装入同一装配体速度更快。因为需要计算的数据比较少，包含轻化零部件的装配重建速度也更快。

常用设置轻化状态的操作步骤是使用右键快捷菜单，在“FeatureManager 设计树”或者图形区中，右击需要轻化的零件，在系统弹出的右键快捷菜单中单击“设定为轻化”命令，则所选的零部件将处于轻化的显示状态。

图 12-75 是将图 12-71 所示的支架（脚轮 4）零件设置为轻化状态后的装配体图形，图 12-76 为轻化后的“FeatureManager 设计树”。

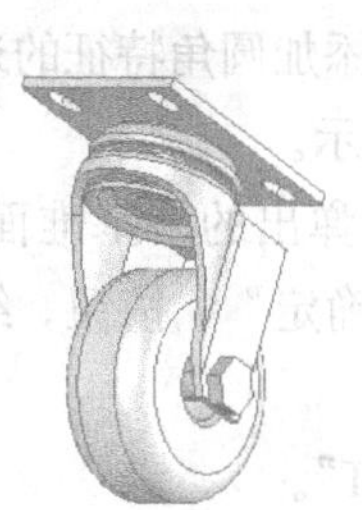

图 12-75　轻化后的装配体图形

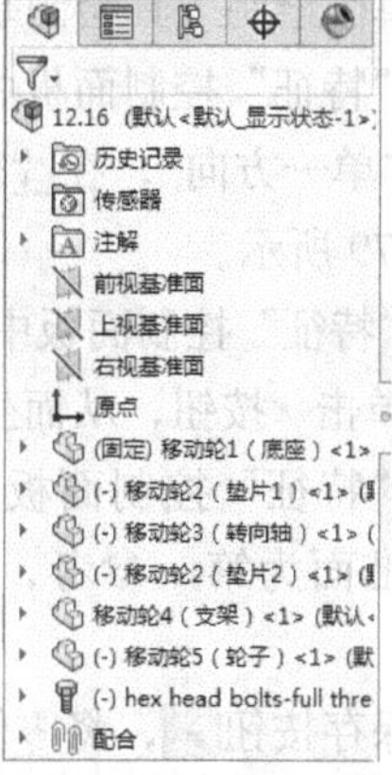

图 12-76　轻化后的“FeatureManager 设计树”

对比图 12-71 和图 12-75 可以得知，轻化后的零件并不从装配图中消失，只是减少了该零件装入内存中的模型数据。

12.7　综合实例——轴承

本节通过生成深沟球滚动轴承装配体模型的全过程（零件创建、装配模型、模型分析），全面复习前面章节中的内容。深沟球滚动轴承包括 4 个基本零件：轴承外圈、轴承内圈、滚动体和保持架。图 12-77 显示了深沟球滚动轴承的装配体模型。

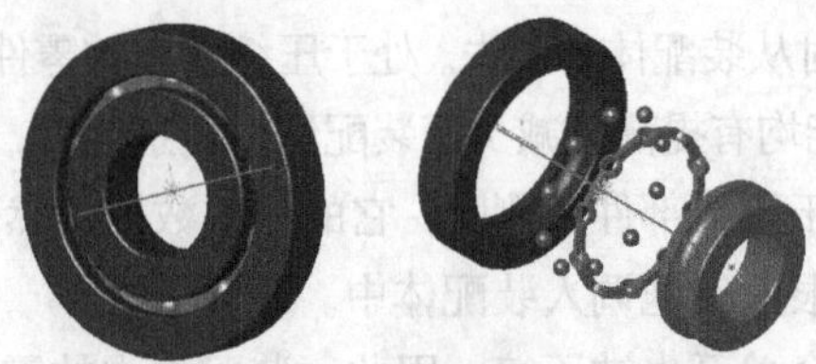

图 12-77　深沟球滚动轴承的装配体模型与爆炸视图

12.7.1　轴承外圈

光盘文件

实例结果文件光盘路径为“X:\源文件\ch12\轴承\outcircle.SLDPRT”。

多媒体演示参见配套光盘中的“X:\动画演示\第 12 章\轴承外圈.avi”。

绘制步骤

1. 新建文件。单击“快速访问”工具栏中的“新建”按钮，单击“零件”按钮，然后单击“确定”按钮，新建一个零件文件。

2. 绘制草图

（1）在打开的模型树中选择“前视基准面”作为草图绘制平面，单击“草图”控制面板中的“草图绘制”按钮，新建一张草图。

（2）利用草图绘制工具绘制基体旋转的草图轮廓，并标注尺寸，如图 12-78 所示。

（3）单击“特征”控制面板中的“旋转凸台/基体”按钮。在“旋转”属性管理器中设置旋转类型为“单一方向”，在微调框中设置旋转角度为 360°。单击按钮，从而生成旋转特征，如图 12-79 所示。

（4）单击“特征”控制面板中的“圆角”按钮。选中要添加圆角特征的边，将圆角半径设置为 2mm。单击按钮，从而生成圆角特征，如图 12-80 所示。

（5）单击“特征”控制面板中的“基准面”按钮。在弹出的“基准面”属性管理器中选择右视基准面为第一参考，偏移距离为 15mm，单击“确定”按钮，结果如图 12-81 所示。

（6）单击保存按钮，将零件保存为“轴承外圈. SLDPRT”。

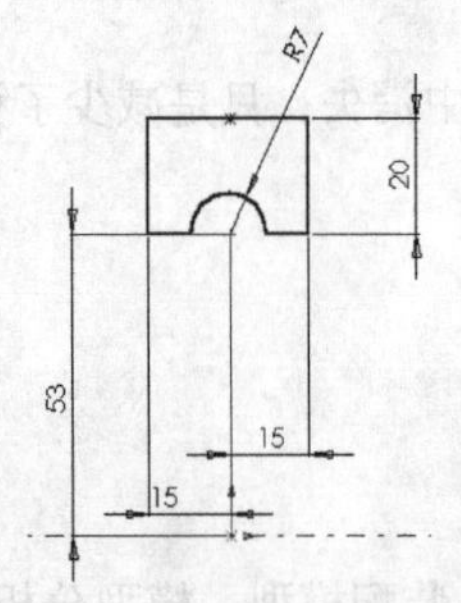

图 12-78　旋转草图轮廓

图 12-79　旋转特征

图 12-80　生成圆角特征

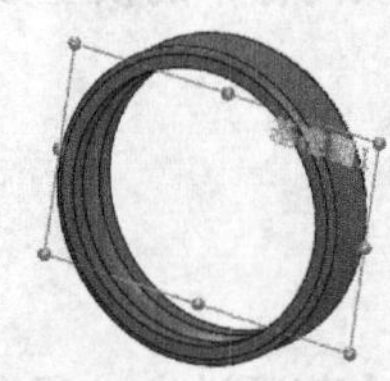

图 12-81　生成基准面

12.7.2 轴承内圈

光盘文件

实例结果文件光盘路径为“X:\源文件\ch12\轴承\轴承内圈.SLDPRT”。

多媒体演示参见配套光盘中的“X:\动画演示\第 12 章\轴承内圈.avi”。

“轴承内圈. SLDPRT”与轴承外圈的生成过程完全一样，不再重复，最后得到轴承内圈如图 12-82 所示。

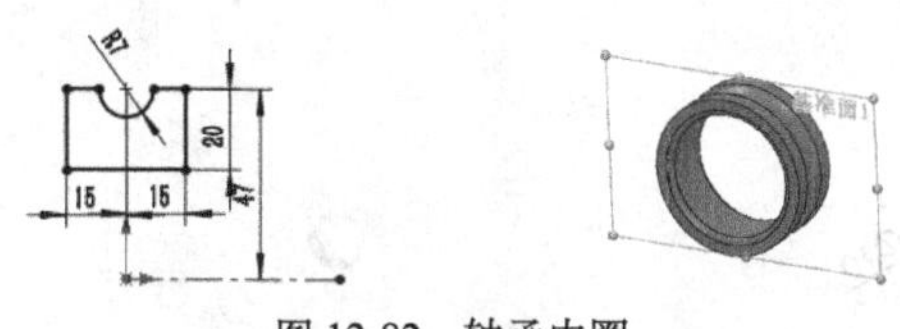

图 12-82 轴承内圈

12.7.3 滚动体

滚动体实际上是一个子装配体，首先制作该子装配体中用到的零件“round. SLDPRT”。

光盘文件

实例结果文件光盘路径为“X:\源文件\ch12\轴承\滚珠.SLDPRT”。

多媒体演示参见配套光盘中的“X:\动画演示\第 12 章\滚珠.avi”。

绘制步骤

1. 新建文件。单击“快速访问”工具栏中的“新建”按钮，在打开的“新建 SOLIDWORKS 文件”对话框中选择“零件”模型，单击“确定”按钮新建一个零件模型。

2. 在模型树选择“前视基准面”作为草图绘制平面，单击“草图绘制”图标，新建草图。

3. 绘制草图

（1）单击“草图”控制面板中的“中心线”按钮，绘制一条竖直的中心线，并标注中心线到原点的距离为 50mm，这条中心线作为旋转凸台/基体特征的旋转轴。

（2）单击“草图”控制面板中的“圆”按钮，绘制一个以点（50，0）为圆心、直径为 10mm 的圆。

（3）单击“草图”控制面板中的“直线”按钮，绘制一条过上下象限的竖直直线。

（4）单击“草图”控制面板中的“剪裁实体”按钮，剪裁掉中心线左侧的半圆。

（5）利用草图绘制工具绘制基体旋转的草图轮廓，并标注尺寸，如图 12-83 所示。

4. 创建滚珠。单击“特征”控制面板中的“旋转凸台/基体”按钮。在“旋转”属性管理器中设置旋转类型为“单一方向”，在微调框中设置旋转角度为 360°，单击“确定”按钮，生成旋转特征，如图 12-84 所示。

5. 创建基准轴

（1）在模型树选择“前视基准面”作为草图绘制平面，单击“草图”控制面板中的“草图绘制”图标，新建草图。

(2) 绘制一条通过原点的竖直直线。再次单击“草图绘制” 按钮，退出草图的编辑状态。

(3) 选择步骤（2）中的直线，然后单击“参考几何体”工具栏中的“基准轴”按钮。将该直线设置为基准轴 1。

6. 单击“保存” 按钮，将零件保存为“滚珠. SLDPRT”，最后的效果如图 12-85 所示。

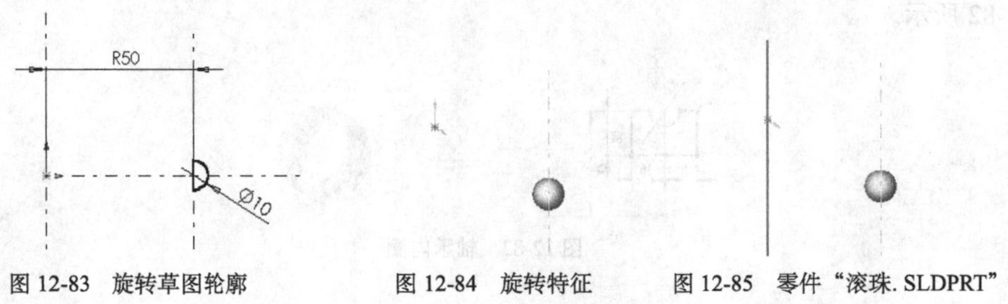

图 12-83 旋转草图轮廓　　图 12-84 旋转特征　　图 12-85 零件“滚珠. SLDPRT”

12.7.4 子装配体

下面利用零件“滚珠. SLDPRT”制作作为滚动体的“子装配体.SLDASM”。

光盘文件

实例结果文件光盘路径为“X:\源文件\ch12\轴承\子装配体.SLDASM”。

多媒体演示参见配套光盘中的“X:\动画演示\第 12 章\子装配体.avi”。

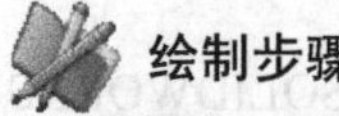

绘制步骤

1. 新建文件。单击“快速访问”工具栏中的“新建”按钮，在打开的“新建 SOLIDWORKS 文件”对话框中选择“装配体”模型，新建一个装配体文件。

2. 单击菜单栏中的“窗口”→“横向平铺”命令，将零件“滚珠. SLDPRT”和装配体平铺在窗口中。

3. 将零件“滚珠. SLDPRT”拖动到装配体窗口中，当鼠标指针变为形状时，释放鼠标，如图 12-86 所示。

4. 选择图形区域中的竖直线，将其设置为基准轴。

5. 选择“FeatureManager 设计树”中的上视基准面，将其设置为基准面 1。

6. 单击“装配体”控制面板中的“圆周零部件阵列”按钮。在出现的“圆周阵列”属性管理器中单击图标右侧的显示框，然后在图形区域中选择竖直线，将其设置为基准轴。在微调框中指定阵列的零件数（包括原始零件特征），此处指定 10 个阵列零件。此时在图形区域中可以预览阵列的效果。单击“要阵列的零部件”显示框，然后在“FeatureManager 设计树”中或图形区域中选择作为滚珠的零件“滚珠”。选择了“等间距”复选框，则总角度将默认为 360°，所有的阵列特征会等角度均匀分布，如图 12-87 所示。

7. 单击“确定”按钮，生成零件的圆周阵列，如图 12-88 所示。

8. 单击“保存”按钮，将装配体保存为“子装配体.SLDASM”。

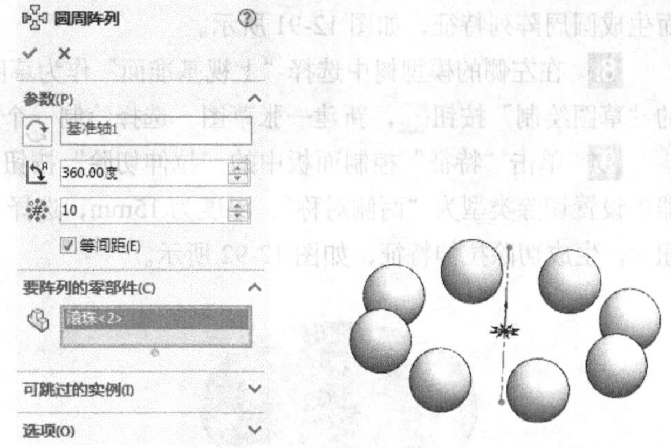

图 12-86 载入零件“round. SLDPRT” 图 12-87 指定阵列零件的个数与间距 图 12-88 圆周零件阵列

12.7.5 保持架

保持架是整个装配体模型的重点和难点。保持架也是在零件“round. SLDPRT”的基础上制作的，只是保持架仍然是零件而非子装配体。

光盘文件

实例结果文件光盘路径为“X:\源文件\ch12\轴承\保持架.SLDPRT”。

多媒体演示参见配套光盘中的“X:\动画演示\第 12 章\保持架.avi”。

绘制步骤

1. 打开零件“滚珠. SLDPRT”。

2. 单击菜单栏中的“文件”→“另存为”命令，将其另存为“保持架. SLDPRT”。

3. 重新定义球的直径为 14mm。

4. 在打开的模型树中选择“上视基准面”作为草图绘制平面，单击“草图”控制面板中的“草图绘制”按钮，新建一张草图。

5. 绘制一个以原点为圆心的圆，并标注尺寸，如图 12-89 所示。

6. 单击“特征”控制面板中的“拉伸凸台/基体”按钮。在“凸台-拉伸”属性管理器中设置拉伸类型为“两侧对称”，拉伸深度为 4mm。单击“确定”按钮，生成拉伸特征，如图 12-90 所示。

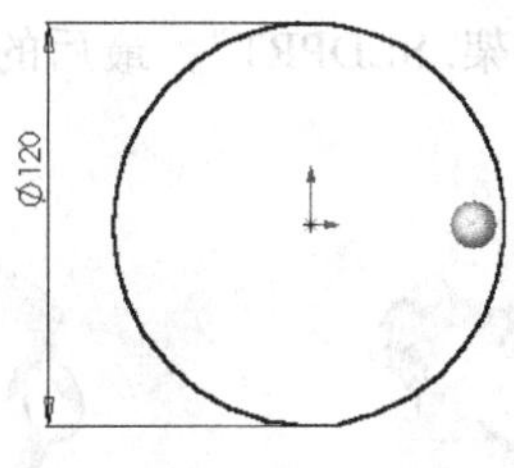

图 12-89 拉伸草图轮廓

图 12-90 拉伸特征

7. 单击“特征”控制面板中的“圆周阵列”按钮。在“圆周阵列”属性管理器中设置阵列的特征为旋转，即滚珠。设置阵列数为 10，阵列轴为基准轴 1。单击“确定”按钮，从而生成圆周阵列特征，如图 12-91 所示。

8. 在左侧的模型树中选择“上视基准面”作为草图绘制平面，单击“草图”控制面板中的“草图绘制”按钮，新建一张草图。选择绘制一个直径为 106mm 的圆，然后退出草图。

9. 单击“特征”控制面板中的“拉伸切除”按钮。在打开的“切除-拉伸”属性管理器中设置切除类型为“两侧对称”、深度为 15mm，选择“反侧切除”复选框，单击“确定”按钮，生成切除拉伸特征，如图 12-92 所示。

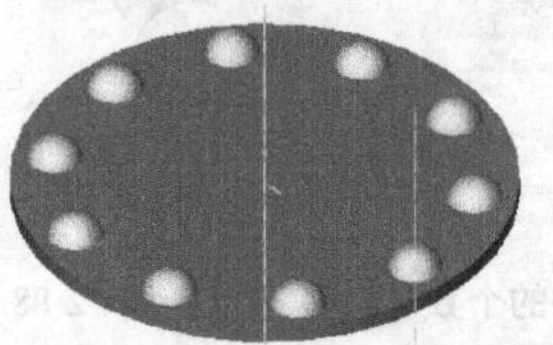

图 12-91　圆周阵列

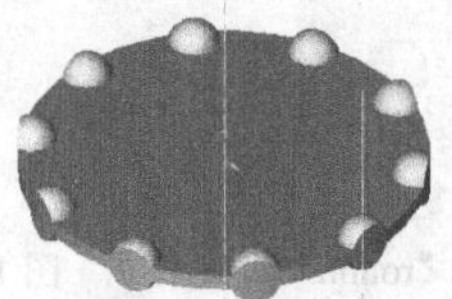

图 12-92　生成切除特征

10. 仿照步骤 8～步骤 9，生成另一个切除拉伸特征，如图 12-93 所示。

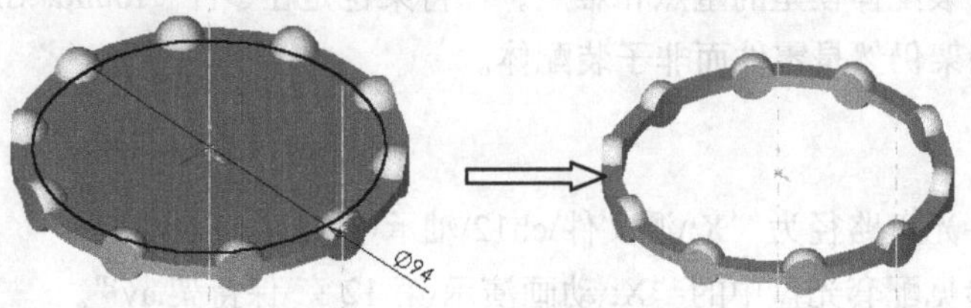

图 12-93　生成另一个切除拉伸特征

11. 在“FeatureManager 设计树”中选择右视基准面，单击“草图”控制面板中的“草图绘制”按钮，在其上建立新的草图。

12. 绘制一个以原点为圆心、直径为 10mm 的圆。

13. 单击“特征”控制面板中的“拉伸切除”按钮，在打开的“切除-拉伸”属性管理器中设置切除类型为“完全贯穿”，单击“确定”按钮，从而生成切除拉伸特征，如图 12-94 所示。

14. 单击“特征”控制面板中的“圆周阵列”按钮，在打开的“圆周阵列”属性管理器中设置阵列的特征为在步骤 13 中生成的切除特征，设置阵列数为 10，阵列轴为“基准轴 1”，单击“确定”按钮，生成圆周阵列特征，如图 12-95 所示。

15. 将上视视图设置为基准面 1，以备将来装配之用。

16. 单击“保存”按钮，将零件保存为“保持架. SLDPRT”，最后的效果如图 12-96 所示。

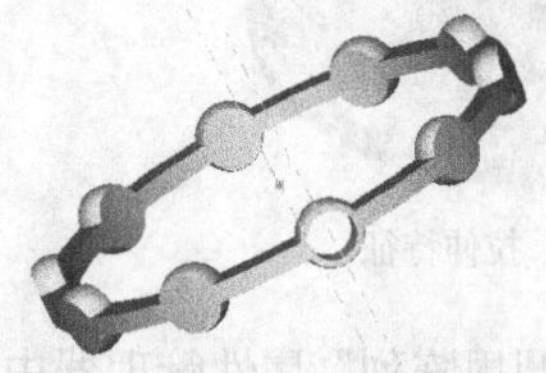

图 12-94　应用切除特征生成孔

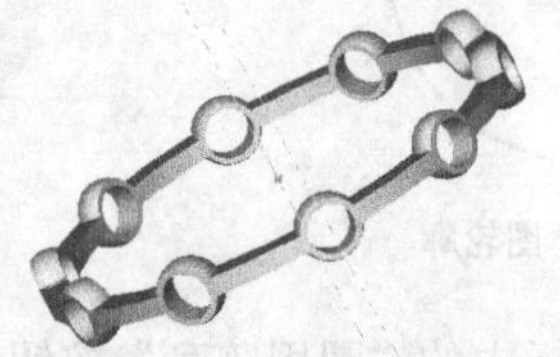

图 12-95　切除特征的圆周阵列

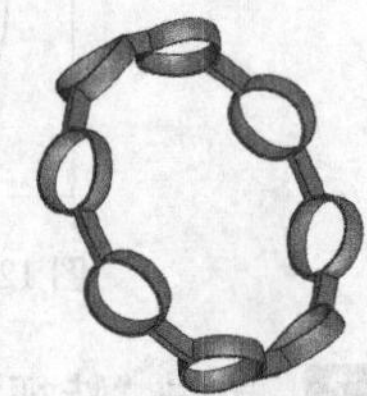

图 12-96　保持架的最后效果

12.7.6 装配零件

前面已经创建了深沟球轴承的内外圈、滚动体和保持架，下面将为这些零件添加装配体约束，将它们装配为完整的部件，并生成爆炸视图。

光盘文件

实例结果文件光盘路径为“X:\源文件\ch12\轴承\装配零件.SLDASM”。

多媒体演示参见配套光盘中的“X:\动画演示\第 12 章\装配零件.avi”。

绘制步骤

1. 新建文件。单击“快速访问”工具栏中的“新建”按钮，在打开的“新建 SOLIDWORKS 文件”对话框中选择“装配体”模型，新建一个装配体文件。

2. 单击菜单栏中的“插入”→“零部件”→“现有零件/装配体”命令。

3. 将零件“轴承外圈. SLDPRT”插入到装配体中，当鼠标指针变为形状时，释放鼠标，使轴承外圈的基准面和装配体基准面重合。

4. 将“轴承内圈. SLDPRT”、“保持架. SLDPRT”和“滚动体.SLDASM”插入到装配体中。为了便于零部件的区别，对它们应用不同的颜色，如图 12-97 所示。

5. 单击“装配体”操控板上的“配合”按钮。在图形区域中选择保持架的轴线和滚动体的轴线。在“配合”属性管理器中选择配合类型为重合。单击“确定”按钮，完成该配合，此时配合如图 12-98 所示。

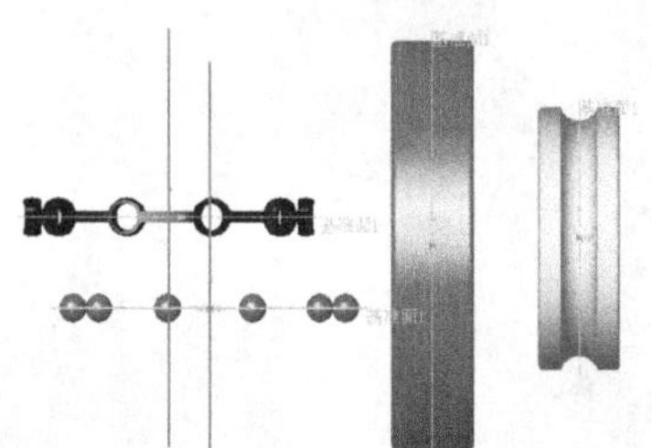

图 12-97 载入零部件后的装配体

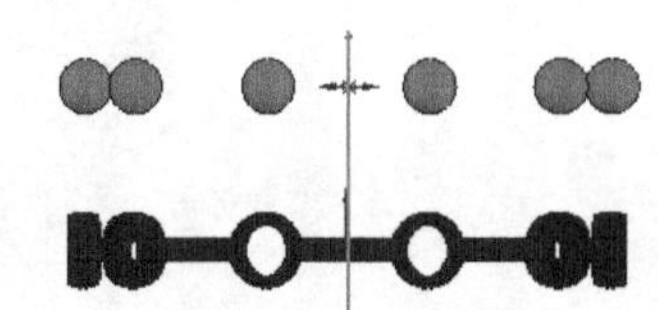

图 12-98 轴线应用“重合”配合关系

6. 选择保持架上的基准面 1 和滚动体上的基准面 1，为它们添加重合配合关系，单击“确定”按钮，选择保持架上的前视基准面和滚动体上的前视基准面，为它们添加重合配合关系，单击“确定”按钮，完成该配合，如图 12-99 所示。

7. 单击“前导视图”工具栏中的“等轴测”按钮，以等轴测视图观看模型。

8. 单击“装配体”操控板上的“旋转零部件”按钮，将配合好的保持架和滚动体旋转到合适的角度。

9. 单击“装配体”操控板上的“配合”按钮。选择保持架上的边线和轴承内圈的边线。为它们添加同轴心配合关系，如图 12-100 所示。

10. 选择保持架上的基准面 1 和轴承内圈上的基准面 1。为它们添加重合配合关系，选择两者之间的距离为 15mm。单击“确定”按钮，完成该配合。

11. 选择轴承外圈的边线和轴承内圈的边线，并为它们添加同轴心关系。单击“确定”按钮完成配合。

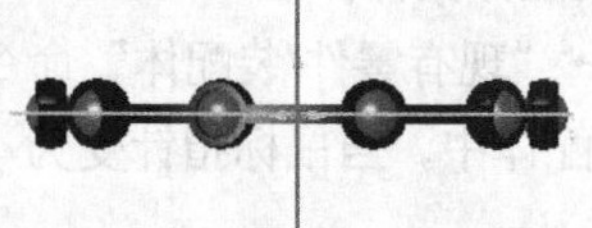

图 12-99　完成滚动体与保持架的配合

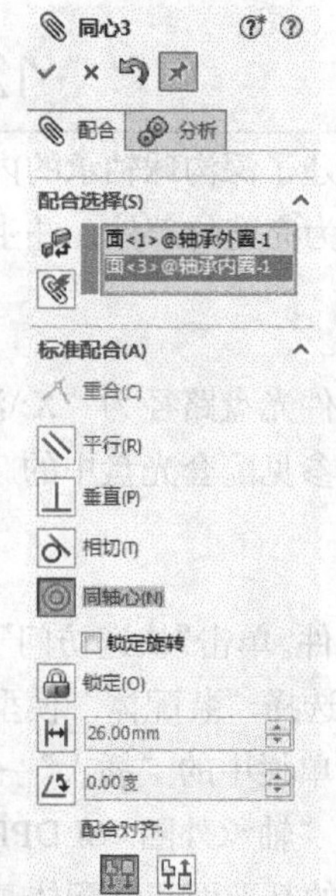

图 12-100　添加配合关系

12 选择轴承外圈上的基准面 1 和轴承内圈上的基准面 1，为它们添加重合关系。单击“确定”按钮✓完成配合。

13 将基准面和基准轴以及原点隐藏起来，最后的效果如图 12-77 所示。

第 13 章 工程图的绘制

工程图在产品设计过程中是很重要的，它一方面体现着设计结果，另一方面也是指导生产的重要依据。在许多应用场合，工程图起到了方便设计人员之间的交流、提高工作效率的作用。在工程图方面，SOLIDWORKS 系统提供了强大的功能，用户可以很方便地借助于零件或三维模型创建所需的各个视图，包括剖面视图、局部放大视图等。

知识点

- 工程图的绘制方法
- 定义图纸格式
- 标准三视图的绘制
- 模型视图的绘制
- 派生视图的绘制
- 操纵视图
- 注解的标注
- 分离工程图
- 打印工程图

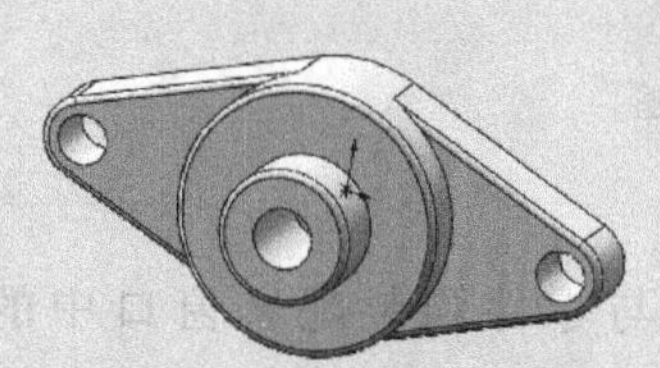

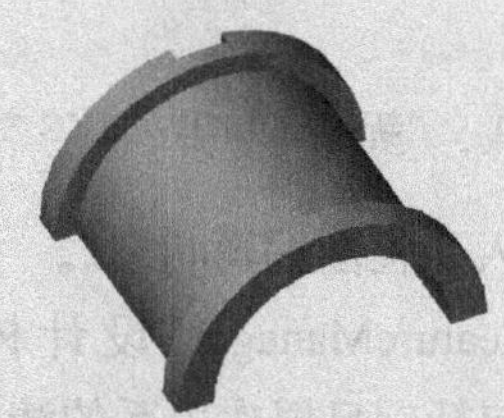

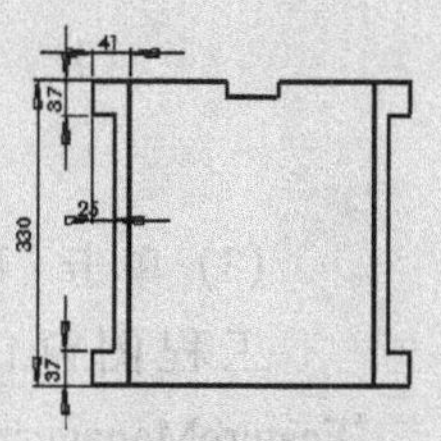

13.1　工程图的绘制方法

默认情况下，SOLIDWORKS 系统在工程图和零件或装配体三维模型之间提供全相关的功能，全相关意味着无论什么时候修改零件或装配体的三维模型，所有相关的工程视图将自动更新，以反映零件或装配体的形状和尺寸变化；反之，当在一个工程图中修改一个零件或装配体尺寸时，系统也将自动地将相关的其他工程视图及三维零件或装配体中的相应尺寸加以更新。

在安装 SOLIDWORKS 软件时，可以设定工程图与三维模型间的单向链接关系，这样当在工程图中对尺寸进行了修改时，三维模型并不更新。如果要改变此选项的话，只有再重新安装一次软件。

此外，SOLIDWORKS 系统提供多种类型的图形文件输出格式。包括最常用的 DWG 和 DXF 格式以及其他几种常用的标准格式。

工程图包含一个或多个由零件或装配体生成的视图。在生成工程图之前，必须先保存与它有关的零件或装配体的三维模型。

下面介绍创建工程图的操作步骤。

(1) 单击“快速访问”工具栏中的□（新建）按钮，或单击菜单栏中的“文件”→“新建”命令。

(2) 在弹出的“新建 SOLIDWORKS 文件”对话框的“模板”选项卡中选择“工程图”图标，如图 13-1 所示。

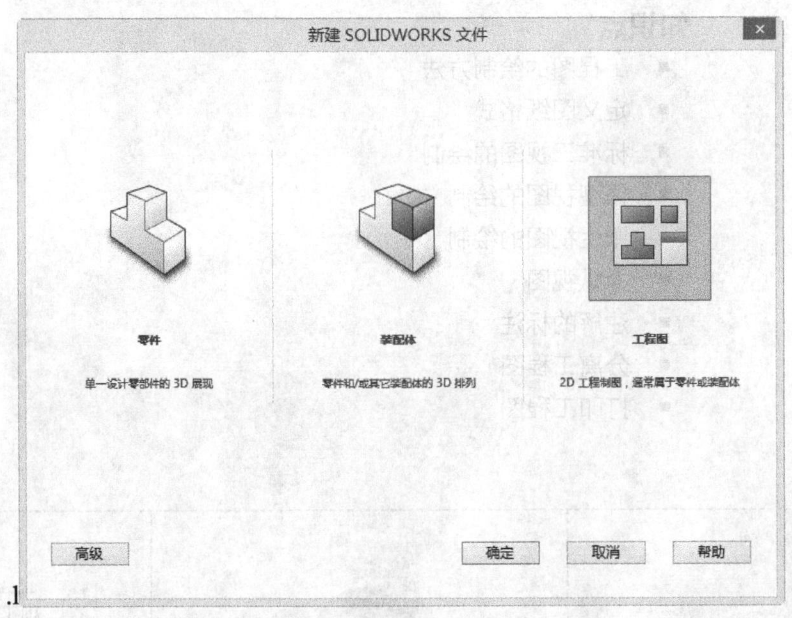

图 13-1　“新建 SOLIDWORKS 文件”对话框

(3) 单击“确定”按钮，进入工程图编辑状态。。

工程图窗口中也包括“FeatureManager 设计树”，它与零件和装配体窗口中的“FeatureManager 设计树”相似，包括项目层次关系的清单。每张图纸有一个图标，每张图纸下有图纸格式和每个视图的图标。项目图标旁边的符号⊞表示它包含相关的项目，单击它将展开所有的项目并显示其内容。工程图窗口如图 13-2 所示。

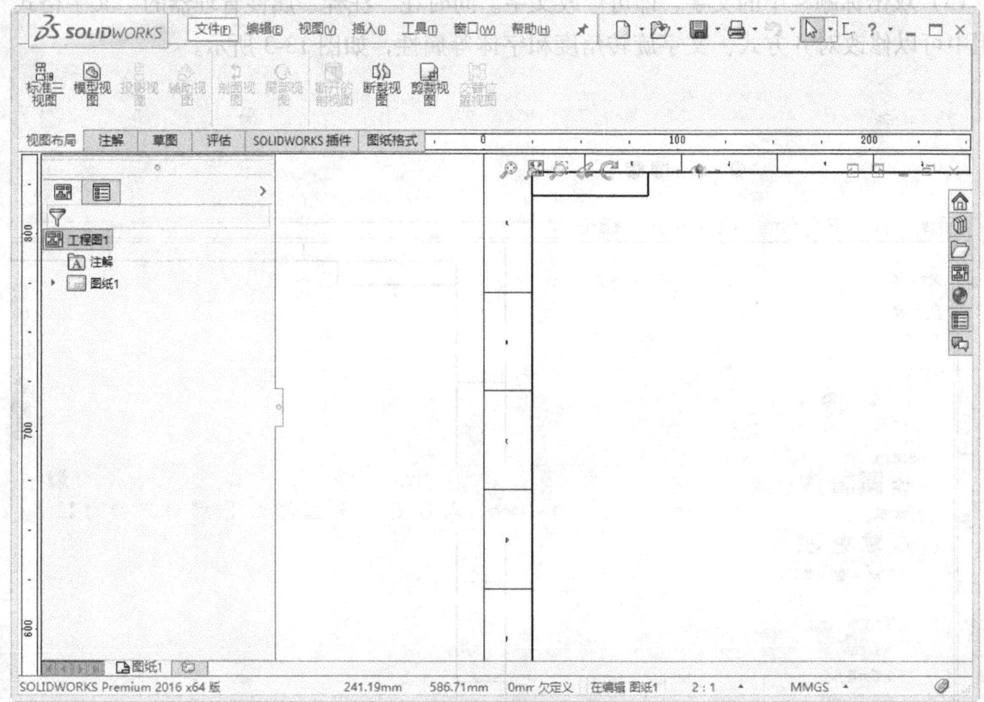

图 13-2 工程图窗口

标准视图包含视图中显示的零件和装配体的特征清单。派生的视图（如局部或剖面视图）包含不同的特定视图项目（如局部视图图标、剖切线等）。

工程图窗口的顶部和左侧有标尺，标尺会报告图纸中光标指针的位置。执行菜单栏中的“视图”→“标尺”命令，可以打开或关闭标尺。

如果要放大视图，右击“FeatureManager 设计树”中的视图名称，在弹出的快捷菜单中单击“放大所选范围”命令。

用户可以在“FeatureManager 设计树”中重新排列工程图文件的顺序，在图形区拖动工程图到指定的位置。

工程图文件的扩展名为“.slddrw”。新工程图使用所插入的第一个模型的名称。保存工程图时，模型名称作为默认文件名出现在“另存为”对话框中，并带有扩展名“.slddrw”。

13.2 定义图纸格式

SOLIDWORKS 提供的图纸格式不符合任何标准，用户可以自定义工程图纸格式以符合本单位的标准格式。

1．定义图纸格式

下面介绍定义工程图纸格式的操作步骤。

(1) 右击工程图纸上的空白区域，或者右击“FeatureManager 设计树”中的 (图纸格式) 图标。

（2）在弹出的快捷菜单中单击“编辑图纸格式”命令。

（3）双击标题栏中的文字，即可修改文字。同时在“注释”属性管理器的“文字格式”选项组中可以修改对齐方式、文字旋转角度和字体等属性，如图 13-3 所示。

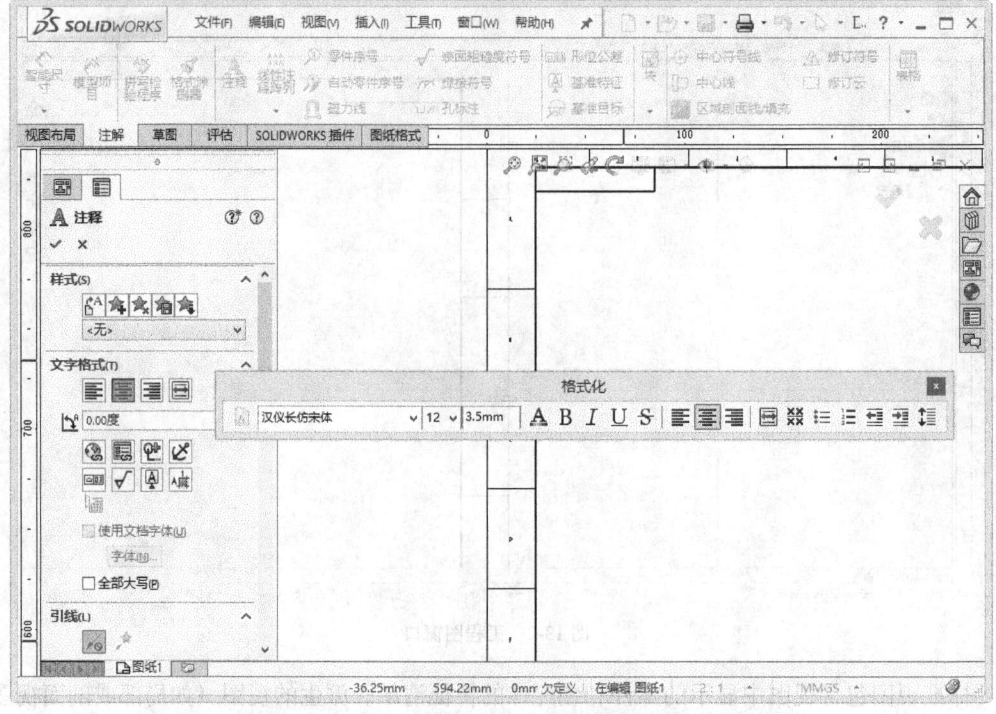

图 13-3 “注释”属性管理器

（4）如果要移动线条或文字，单击该项目后将其拖动到新的位置。

（5）如果要添加线条，则单击“草图”控制面板中的（直线）按钮，然后绘制线条。

（6）在“FeatureManager 设计树”中右击（图纸）选项，在弹出的快捷菜单中单击“属性”命令。

（7）系统弹出的“图纸属性”对话框如图 13-4 所示，具体设置如下。

1）在“名称”文本框中输入图纸的标题。

2）在“比例”文本框中指定图纸上所有视图的默认比例。

3）在“标准图纸大小”列表框中选择一种标准纸张（如 A4、B5 等）。如果点选“自定义图纸大小”单选钮，则在下面的“宽度”和“高度”文本框中指定纸张的大小。

4）单击“浏览”按钮，可以使用其他图纸格式。

5）在“投影类型”选项组中点选“第一视角”或“第三视角”单选钮。

6）在“下一视图标号”文本框中指定下一

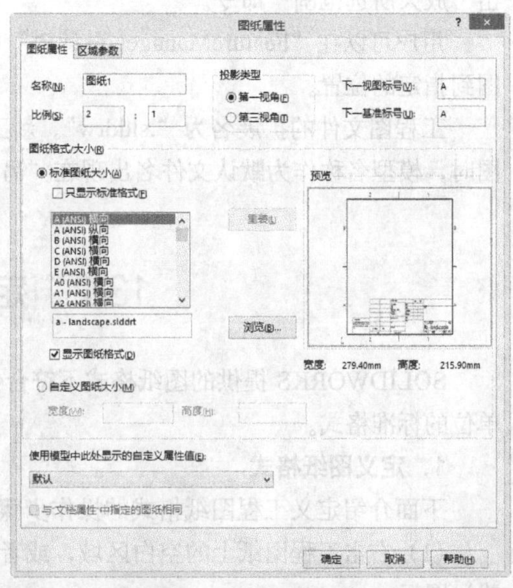

图 13-4 “图纸属性”对话框

个视图要使用的英文字母代号。

7）在“下一基准标号”文本框中指定下一个基准标号要使用的英文字母代号。

8）如果图纸上显示了多个三维模型文件，在“使用模型中此处显示的自定义属性值”下拉列表框中选择一个视图，工程图将使用该视图包含模型的自定义属性。

（8）单击“确定”按钮，关闭“图纸属性”对话框。

2．保存图纸格式

下面介绍保存图纸格式的操作步骤。

（1）单击菜单栏中的“文件”→“保存图纸格式”命令，系统弹出“保存图纸格式”对话框。

（2）如果要替换 SOLIDWORKS 提供的标准图纸格式，则单击“标准图纸格式”单选按钮，然后在下拉列表框中选择一种图纸格式。单击“确定”按钮。图纸格式将被保存在<安装目录>\ data 下。

（3）如果要使用新的图纸格式，可以点选“自定义图纸大小”单选钮，自行输入图纸的高度和宽度；或者单击“浏览”按钮，选择图纸格式保存的目录并打开，然后输入图纸格式名称，最后单击“确定”按钮。

（4）单击“保存”按钮，关闭对话框。

13.3 标准三视图的绘制

在创建工程图前，应根据零件的三维模型，考虑和规划零件视图，如工程图由几个视图组成，是否需要剖视图等。考虑清楚后，再进行零件视图的创建工作，否则如同用手工绘图一样，可能创建的视图不能很好地表达零件的空间关系，给其他用户的识图、看图造成困难。

标准三视图是指从三维模型的主视、左视、俯视 3 个正交角度投影生成 3 个正交视图，如图 13-5 所示。

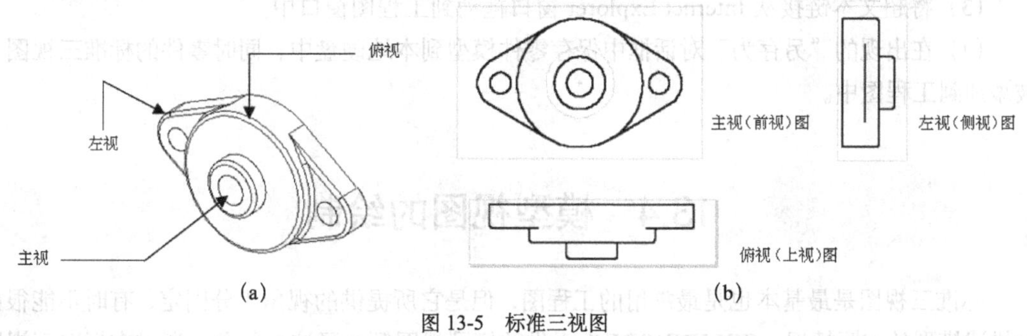

图 13-5 标准三视图

在标准三视图中，主视图与俯视图及左视图有固定的对齐关系。俯视图可以竖直移动，左视图可以水平移动。SOLIDWORKS 生成标准三视图的方法有多种，这里只介绍常用的两种。

1．用标准方法生成标准三视图

下面结合实例介绍用标准方法生成标准三视图的操作步骤。

【案例 13-1】本案例结果文件光盘路径为“X:\源文件\ch13\13.1.SLDDRW”，案例视频内容光盘路径为“X:\动画演示\第 13 章\13.1 标准方法生成标准三视图.avi”。

（1）打开随书光盘中的原始文件“X:\原始文件\ch13\13.1\13.1sourse.SLDPRT”，打开的文件实体如图 13-5（a）所示。

（2）新建一张工程图。

（3）单击“视图布局”控制面板中的（标准三视图）按钮，或执行菜单栏中的“插入”→“工程视图”→“标准三视图”命令，此时光标指针变为形状。

（4）在“标准视图”属性管理器中提供了 4 种选择模型的方法。

- 选择一个包含模型的视图。
- 从另一窗口的“FeatureManager 设计树”中选择模型。
- 从另一窗口的图形区中选择模型。
- 在工程图窗口右击，在快捷菜单中单击“从文件中插入”命令。

（5）执行菜单栏中的“窗口”→“文件”命令，进入到零件或装配体文件中。

（6）利用步骤（4）中的一种方法选择模型，系统会自动回到工程图文件中，并将三视图放置在工程图中。

如果不打开零件或装配体模型文件，用标准方法生成标准三视图的操作步骤如下。

（1）新建一张工程图。

（2）单击“视图布局”控制面板中的（标准三视图）按钮，或执行菜单栏中的“插入”→“工程视图”→“标准三视图”命令。

（3）在弹出的“标准三视图”属性管理器中，单击“浏览”按钮。

（4）在弹出的“插入零部件”对话框中浏览到所需的模型文件，单击“打开”按钮，标准三视图便会放置在图形区中。

2．利用 Internet Explorer 中的超文本链接生成标准三视图

利用 Internet Explorer 中的超文本链接生成标准三视图的操作步骤如下。

（1）新建一张工程图。

（2）在 Internet Explorer（4.0 或更高版本）中，导航到包含 SOLIDWORKS 零件文件超文本链接的位置。

（3）将超文本链接从 Internet Explorer 窗口拖动到工程图窗口中。

（4）在出现的“另存为”对话框中保存零件模型到本地硬盘中，同时零件的标准三视图也被添加到工程图中。

13.4　模型视图的绘制

标准三视图是最基本也是最常用的工程图，但是它所提供的视角十分固定，有时不能很好地描述模型的实际情况。SOLIDWORKS 提供的模型视图解决了这个问题。通过在标准三视图中插入模型视图，可以从不同的角度生成工程图。

下面结合实例介绍插入模型视图的操作步骤。

【案例 13-2】本案例结果文件光盘路径为“X:\源文件\ch13\13.2.SLDDRW”，案例视频内容光盘路径为“X:\动画演示\第 13 章\13.2 插入模型视图.avi”。

（1）单击“快速访问”工具栏中的“新建”按钮，在弹出的“新建 SOLIDWORKS 文件”对话框中先单击“工程图”按钮，再单击“确定”按钮，新建一张工程图。

进入“工程图”的操作界面即是模型视图操作界面。

（2）选择“模型视图”中的“浏览”按钮 浏览(B)... ，打开随书光盘中的原始文件“X:\原始文件\ch13\13.2\13.2sourse.SLDPRT”，打开的文件实体如图 13-6 所示。

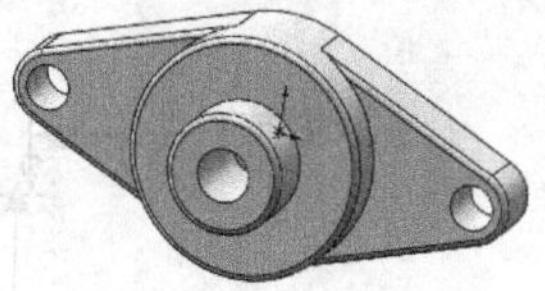

图 13-6 三维模型

（3）当回到工程图文件中时，光标指针变为形状，用光标拖动一个视图方框表示模型视图的大小。

（4）在“模型视图”属性管理器的“方向”选项组中选择视图的投影方向。

（5）单击鼠标左键，从而在工程图中放置模型视图，如图 13-7 所示。

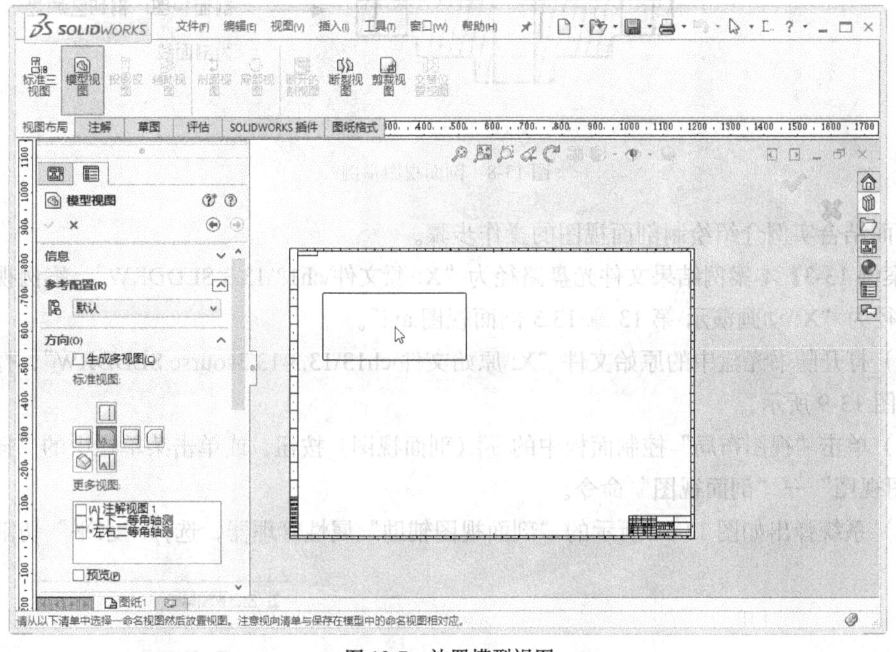

图 13-7 放置模型视图

（6）如果要更改模型视图的投影方向，则双击“方向”选项中的视图方向。

（7）如果要更改模型视图的显示比例，则点选“使用自定义比例”单选钮，然后输入显示比例。

（8）单击✔（确定）按钮，完成模型视图的插入。

13.5 派生视图的绘制

派生视图是指从标准三视图、模型视图或其他派生视图中派生出来的视图，包括剖面视图、旋转剖视图、投影视图、辅助视图、局部视图和断裂视图等。

13.5.1 剖面视图

剖面视图是指用一条剖切线分割工程图中的一个视图，然后从垂直于剖面方向投影得到的视图，如图 13-8 所示。

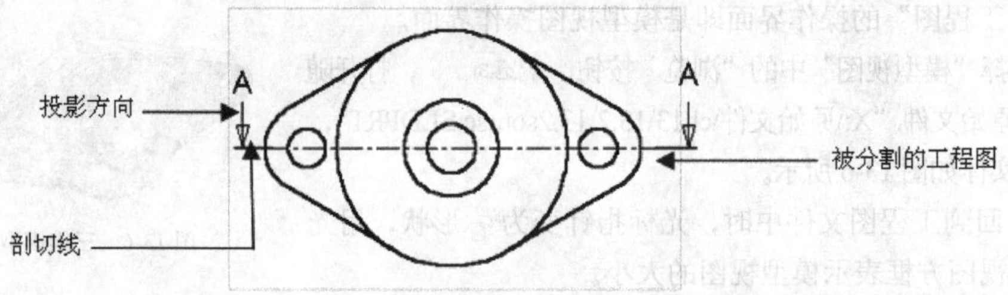

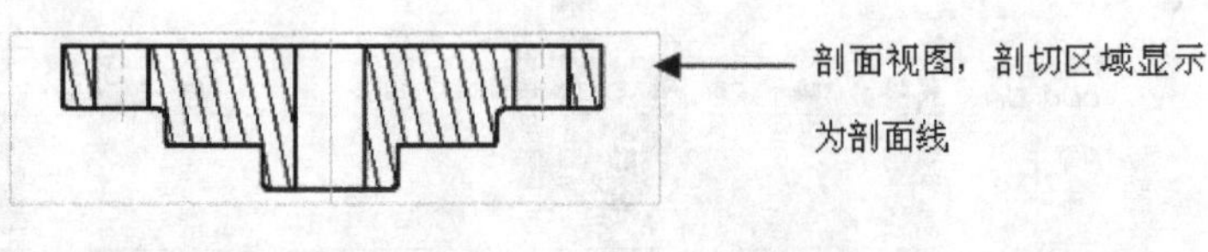

图 13-8 剖面视图举例

下面结合实例介绍绘制剖面视图的操作步骤。

【案例 13-3】本案例结果文件光盘路径为“X:\源文件\ch13\13.3.SLDDRW”，案例视频内容光盘路径为“X:\动画演示\第 13 章\13.3 剖面视图.avi”。

（1）打开随书光盘中的原始文件“X:\原始文件\ch13\13.3\13.3sourse.SLDDRW”，打开的工程图如图 13-9 所示。

（2）单击“视图布局”控制面板中的 （剖面视图）按钮，或单击菜单栏中的“插入”→“工程图视图”→“剖面视图”命令。

（3）系统弹出如图 13-10 所示的“剖面视图辅助”属性管理器，选择“水平”切割线 。

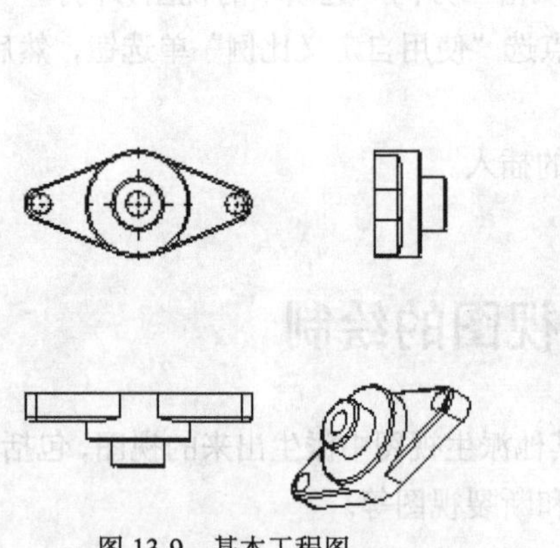

图 13-9 基本工程图

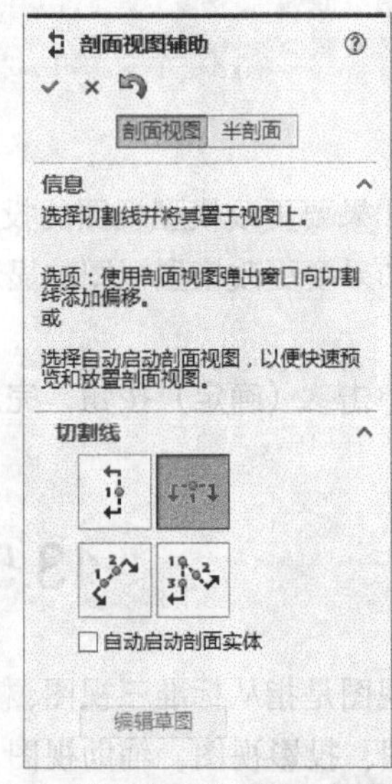

图 13-10 “剖面视图”辅助属性管理器

（4）在工程图上放置剖切线，单击“确定”按钮✔，系统弹出“剖面视图”属性管理器，并会在垂直于剖切线的方向出现一个方框，表示剖切视图的大小。拖动这个方框到适当的位置，则剖切视图被放置在工程图中。

（5）在“剖面视图”属性管理器中设置相关选项，如图 13-11（a）所示。

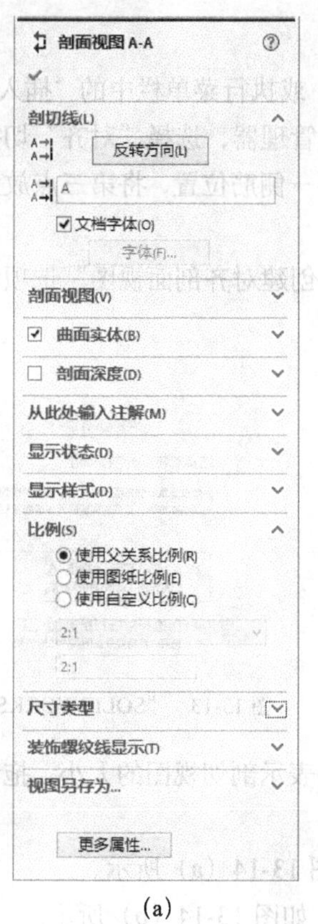

(a)

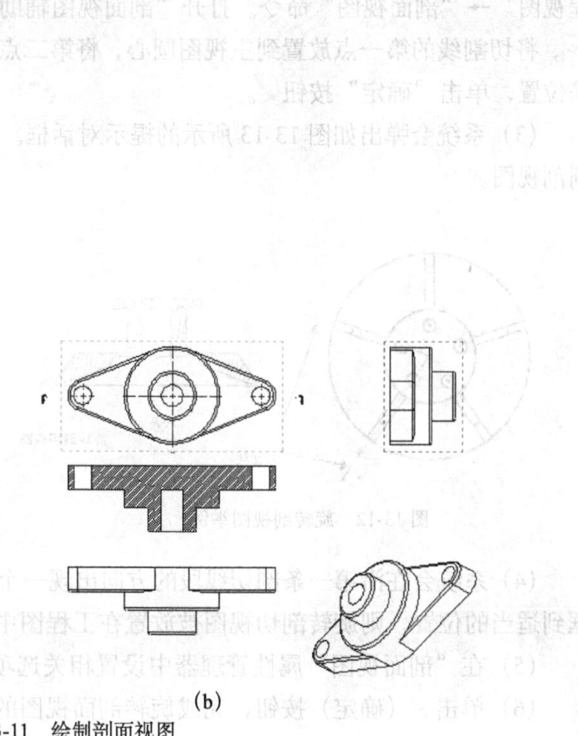

(b)

图 13-11　绘制剖面视图

1）单击“反转方向”复选框，则会反转切除的方向。

2）在 （名称）文本框中指定与剖面线或剖面视图相关的字母。

3）如果剖面线没有完全穿过视图，勾选“部分剖面”复选框将会生成局部剖面视图。

4）如果勾选“只显示切面”复选框，则只有被剖面线切除的曲面才会出现在剖面视图上。

5）如果点选“使用图纸比例”单选钮，则剖面视图上的剖面线将会随着图纸比例的改变而改变。

6）如果点选“使用自定义比例”单选钮，则定义剖面视图在工程图纸中的显示比例。

（6）单击✔（确定）按钮，完成剖面视图的插入，如图 13-11（b）所示。

新剖面是由原实体模型计算得来的，如果模型更改，此视图将随之更新。

13.5.2　旋转剖视图

旋转剖视图中的剖切线是由两条具有一定角度的线段组成的。系统从垂至于剖切方向投影生成剖面视图，如图 13-12 所示。

下面结合实例介绍生成旋转剖切视图的操作步骤。

【案例 13-4】本案例结果文件光盘路径为“X:\源文件\ch13\13.4.SLDDRW”，案例视频内容光盘路径为“X:\动画演示\第 13 章\13.4 旋转剖切视图.avi”。

（1）打开随书光盘中原始文件“X:\原始文件\ch13\13.4\13.4sourse.SLDDRW”，打开的工程图如图 13-12 左图所示。

（2）单击“视图布局”控制面板中的“剖视图”按钮，或执行菜单栏中的“插入”→“工程视图”→“剖面视图”命令。打开“剖面视图辅助”属性管理器，选择“对齐”切割线类型，将切割线的第一点放置到主视图圆心，将第二点放置到一侧筋位置，将第三点放置到相邻筋位置，单击“确定”按钮。

（3）系统会弹出如图 13-13 所示的提示对话框。单击“创建对齐剖面视图”选项，即可得到剖视图。

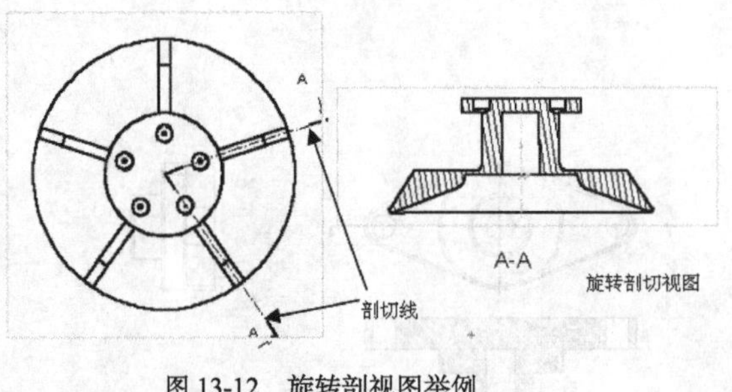

图 13-12　旋转剖视图举例

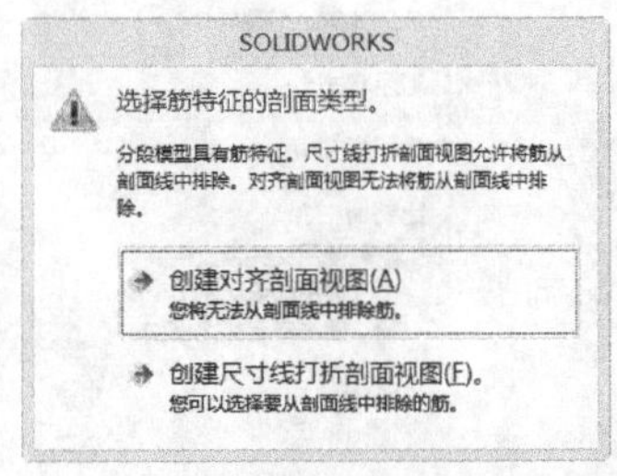

图 13-13　“SOLIDWORKS”对话框

（4）系统会在沿第一条剖切线段的方向出现一个方框，表示剖切视图的大小，拖动这个方框到适当的位置，则旋转剖切视图被放置在工程图中。

（5）在“剖面视图”属性管理器中设置相关选项，如图 13-14（a）所示。

（6）单击（确定）按钮，完成旋转剖面视图的插入，如图 13-14（b）所示。

（a）

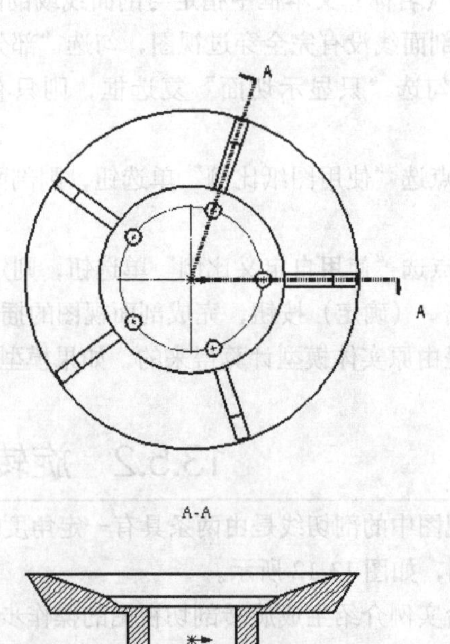

（b）

图 13-14　绘制旋转剖视图

13.5.3 投影视图

投影视图是通过从正交方向对现有视图投影生成的视图，如图 13-15 所示。

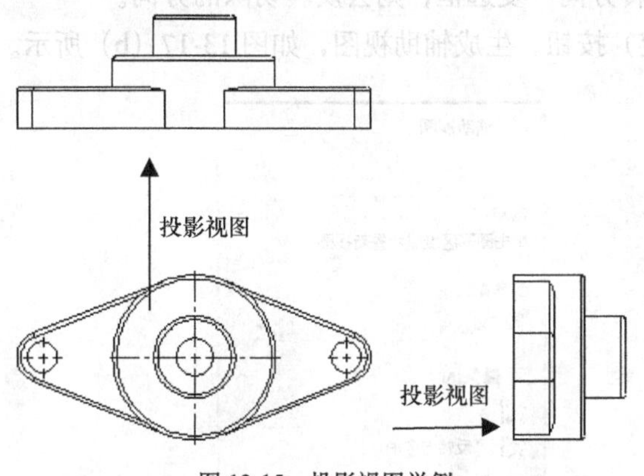

图 13-15 投影视图举例

下面结合实例介绍生成投影视图的操作步骤。

【案例 13-5】本案例结果文件光盘路径为“X:\源文件\ch13\13.5.SLDDRW”，案例视频内容光盘路径为“X:\动画演示\第 13 章\13.5 投影视图.avi”。

(1)在工程图中选择一个要投影的工程视图(打开随书光盘中原始文件“X:\原始文件\ch13\13.5\13.5sourse. SLDDRW”，打开的工程图如图 13-15 所示) 。

(2) 单击“视图布局”控制面板中的 (投影视图) 按钮，或执行菜单栏中的“插入”→“工程图视图”→“投影视图”命令。

(3) 系统将根据光标指针在所选视图的位置决定投影方向。可以从所选视图的上、下、左、右 4 个方向生成投影视图。

(4) 系统会在投影方向出现一个方框，表示投影视图的大小，拖动这个方框到适当的位置，单击一下则投影视图被放置在工程图中，即生成投影视图。

13.5.4 辅助视图

辅助视图类似于投影视图，它的投影方向垂直所选视图的参考边线，如图 13-16 所示。

下面结合实例介绍插入辅助视图的操作步骤。

【案例 13-6】本案例结果文件光盘路径为“X:\源文件\ch13\13.6.SLDDRW”，案例视频内容光盘路径为“X:\动画演示\第 13 章\13.6 辅助视图.avi”。

(1) 打开随书光盘中原始文件“X:\原始文件\ch13\13.6\13.6sourse. SLDDRW”，打开的工程图如图 13-16 所示。

(2) 单击“视图布局”控制面板中的 (辅助视图) 按钮，或执行菜单栏中的“插入”→“工程图视图”→“辅助视图”命令。

(3) 选择要生成辅助视图的工程视图中的一条直线作为参考边线，参考边线可以是零件的边线、侧影轮廓线、轴线或所绘制的直线。

(4) 系统会在与参考边线垂直的方向出现一个方框，表示辅助视图的大小，拖动这个方框到适当的位置，则辅助视图被放置在工程图中。

（5）在“辅助视图”属性管理器中设置相关选项，如图 13-17（a）所示。

1）在（名称）文本框中指定与剖面线或剖面视图相关的字母。

2）如果勾选“反转方向”复选框，则会反转切除的方向。

（6）单击✔（确定）按钮，生成辅助视图，如图 13-17（b）所示。

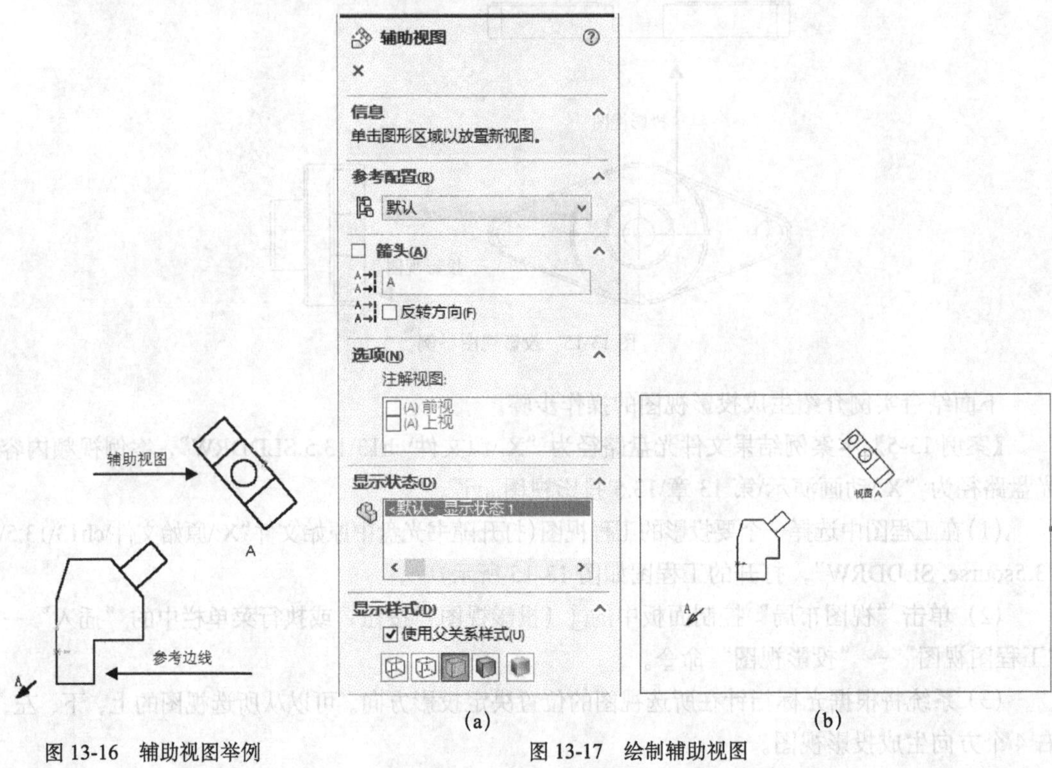

图 13-16　辅助视图举例　　图 13-17　绘制辅助视图

13.5.5　局部视图

可以在工程图中生成一个局部视图，来放大显示视图中的某个部分，如图 13-18 所示。局部视图可以是正交视图、三维视图或剖面视图。

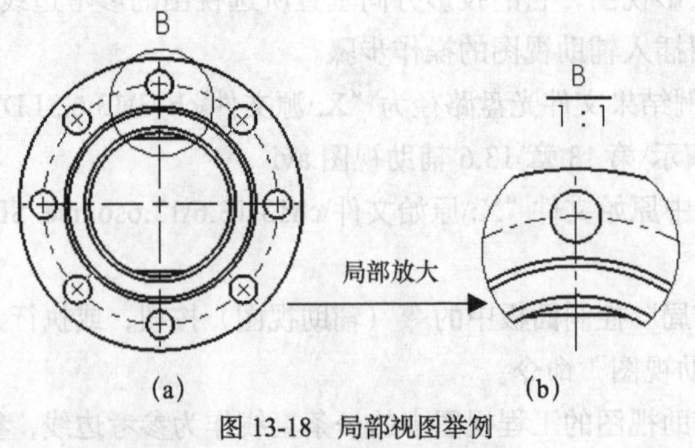

图 13-18　局部视图举例

下面结合实例介绍绘制局部视图的操作步骤。

【案例 13-7】本案例结果文件光盘路径为“X:\源文件\ch13\13.7.SLDDRW”，案例视频内容光盘路径为“X:\动画演示\第 13 章\13.7 局部视图.avi”。

（1）打开随书光盘中源文件“X:\源文件\ch13\13.7\13.7sourse.SLDDRW”，打开的工程图如图 13-18（a）所示。

（2）单击“视图布局”控制面板中的 （局部视图）按钮，或执行菜单栏中的“插入”→“工程图视图”→“局部视图”命令。

（3）此时，“草图”控制面板中的 （圆）按钮被激活，利用它在要放大的区域绘制一个圆。

（4）系统会弹出一个方框，表示局部视图的大小，拖动这个方框到适当的位置，则局部视图被放置在工程图中。

（5）在“局部视图”属性管理器中设置相关选项，如图 13-19（a）所示。

1） （样式）下拉列表框：在下拉列表框中选择局部视图图标的样式，有“依照标准”、“断裂圆”、“带引线”、“无引线”和“相连”5 种样式。

2） （名称）文本框：在文本框中输入与局部视图相关的字母。

3）如果在“局部视图”选项组中勾选了“完整外形”复选框，则系统会显示局部视图中的轮廓外形。

4）如果在“局部视图”选项组中勾选了“钉住位置”复选框，在改变派生局部视图的视图大小时，局部视图将不会改变大小。

5）如果在“局部视图”选项组中勾选了“缩放剖面线图样比例”复选框，将根据局部视图的比例来缩放剖面线图样的比例。

（6）单击 （确定）按钮，生成局部视图，如图 13-19（b）所示。

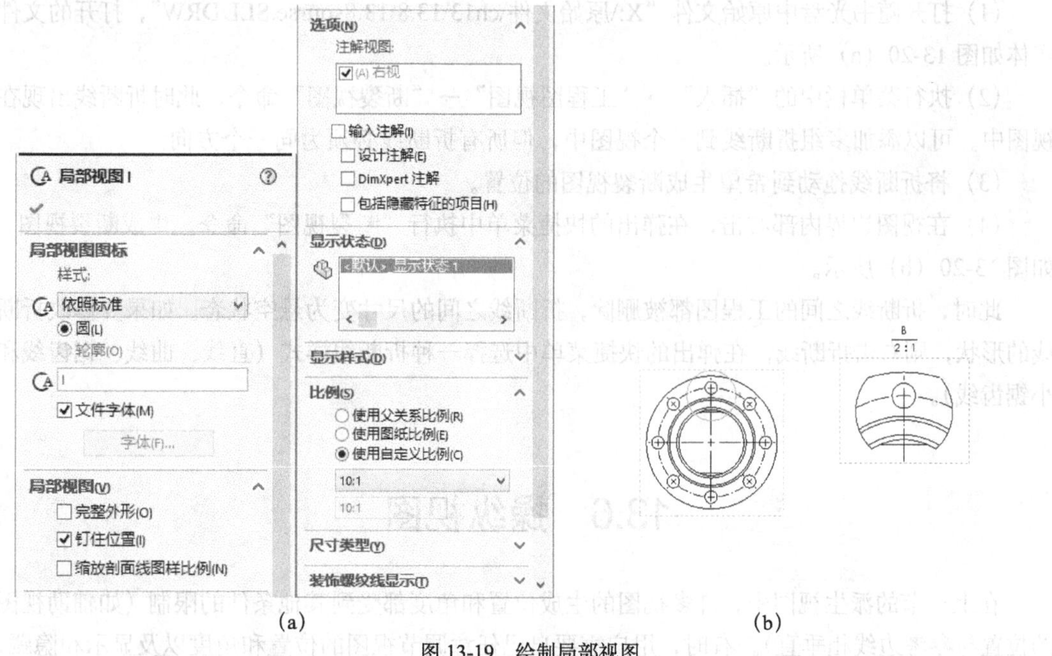

(a) (b)

图 13-19 绘制局部视图

此外，局部视图中的放大区域还可以是其他任何的闭合图形。其方法是首先绘制用来作放大区域的闭合图形，然后再单击 （局部视图）按钮，其余的步骤相同。

13.5.6 断裂视图

工程图中有一些截面相同的长杆件（如长轴、螺纹杆等），这些零件在某个方向的尺寸比其他方向的尺寸大很多，而且截面没有变化。因此可以利用断裂视图将零件用较大比例显示在工程图上，如图 13-20 所示。

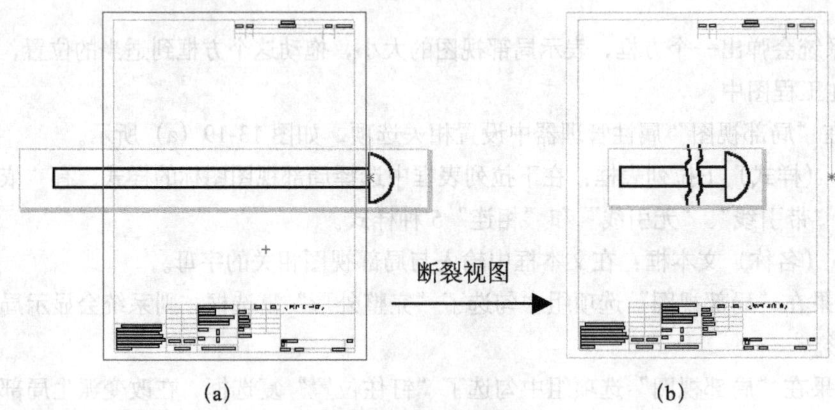

图 13-20 断裂视图举例

下面结合实例介绍绘制断裂视图的操作步骤。

【案例 13-8】本案例结果文件光盘路径为“X:\源文件\ch13\13.8.SLDDRW”，案例视频内容光盘路径为“X:\动画演示\第 13 章\13.8 断裂视图.avi”。

（1）打开随书光盘中原始文件“X:\原始文件\ch13\13.8\13.8sourse.SLDDRW”，打开的文件实体如图 13-20（a）所示。

（2）执行菜单栏中的“插入”→“工程图视图”→“断裂视图”命令，此时折断线出现在视图中。可以添加多组折断线到一个视图中，但所有折断线必须为同一个方向。

（3）将折断线拖动到希望生成断裂视图的位置。

（4）在视图边界内部右击，在弹出的快捷菜单中执行“断裂视图”命令，生成断裂视图，如图 13-20（b）所示。

此时，折断线之间的工程图都被删除，折断线之间的尺寸变为悬空状态。如果要修改折断线的形状，则右击折断线，在弹出的快捷菜单中选择一种折断线样式（直线、曲线、锯齿线和小锯齿线）。

13.6 操纵视图

在上一节的派生视图中，许多视图的生成位置和角度都受到其他条件的限制（如辅助视图的位置与参考边线相垂直）。有时，用户需要自己任意调节视图的位置和角度以及显示和隐藏，SOLIDWORKS 就提供了这项功能。此外，SOLIDWORKS 还可以更改工程图中的线型、线条颜色等。

13.6.1 移动和旋转视图

光标指针移到视图边界上时，光标指针变为✥形状，表示可以拖动该视图。如果移动的视图与其他视图没有对齐或约束关系，可以拖动它到任意的位置。

如果视图与其他视图之间有对齐或约束关系，若要任意移动视图，其操作步骤如下。

（1）单击要移动的视图。

（2）执行菜单栏中的“工具”→“对齐工程图视图”→“解除对齐关系”命令。

（3）单击该视图，即可以拖动它到任意的位置。

SOLIDWORKS 提供了两种旋转视图的方法，一种是绕着所选边线旋转视图，一种是绕视图中心点以任意角度旋转视图。

1．绕边线旋转视图

（1）在工程图中选择一条直线。

（2）执行菜单栏中的“工具”→“对齐工程图视图”→“水平边线”命令，或执行菜单栏中的“工具”→“对齐工程图视图”→“竖直边线”命令。

（3）此时视图会旋转，直到所选边线为水平或竖直状态，旋转视图如图 13-21 所示。

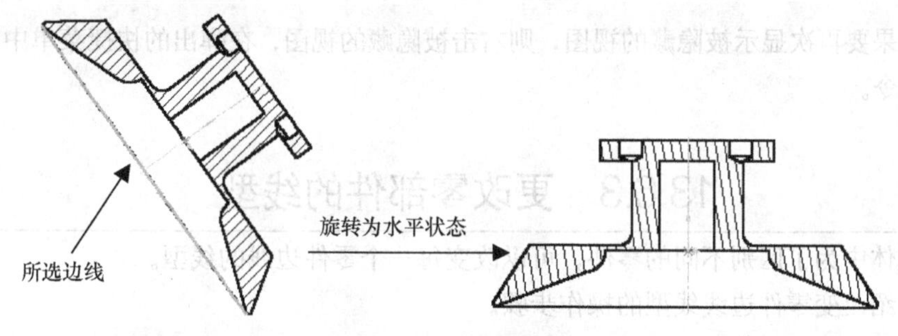

图 13-21 旋转视图

2．围绕中心点旋转视图

（1）选择要旋转的工程视图。

（2）单击“前导视图”工具栏中的（旋转）按钮，系统弹出的“旋转工程视图”对话框如图 13-22 所示。

（3）使用以下方法旋转视图。

- 在“旋转工程视图”对话框的“工程视图角度”文本框中输入旋转的角度。
- 使用鼠标直接旋转视图。

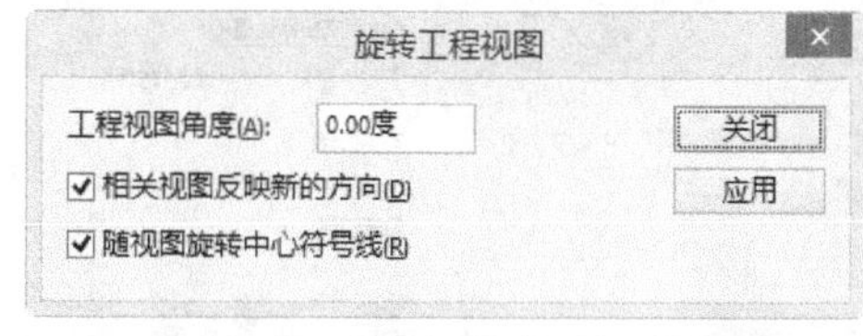

图 13-22 “旋转工程视图”对话框

（4）如果在“旋转工程视图”对话框中勾选了“相关视图反映新的方向”复选框，则与该视图相关的视图将随着该视图的旋转做相应的旋转。

（5）如果勾选了“随视图旋转中心符号线”复选框，则中心符号线将随视图一起旋转。

13.6.2 显示和隐藏

在编辑工程图时，可以使用“隐藏视图”命令来隐藏一个视图。隐藏视图后，可以使用“显示视图”命令再次显示此视图。当用户隐藏了具有从属视图（如局部、剖面或辅助视图等）的父视图时，可以选择是否一并隐藏这些从属视图。再次显示父视图或其中一个从属视图时，同样可选择是否显示相关的其他视图。

下面介绍隐藏或显示视图的操作步骤。

（1）在“FeatureManager 设计树”或图形区中右击要隐藏的视图。

（2）在弹出的快捷菜单中执行“隐藏”命令，如果该视图有从属视图（局部、剖面视图等），则弹出询问对话框，如图 13-23 所示。

（3）单击“是”按钮，将会隐藏其从属视图；单击“否”按钮，将只隐藏该视图。此时，视图被隐藏起来。当光标移动到该视图的位置时，将只显示该视图的边界。

（4）如果要查看工程图中隐藏视图的位置，但不显示它们，则执行菜单栏中的“视图”→“显示被隐藏的视图”命令，此时被隐藏的视图将显示如图 13-24 所示的形状。

图 13-23　询问对话框

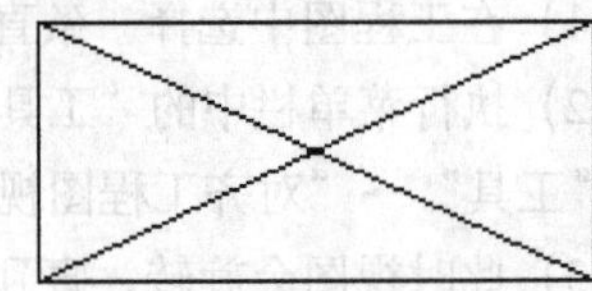

图 13-24　被隐藏的视图

（5）如果要再次显示被隐藏的视图，则右击被隐藏的视图，在弹出的快捷菜单中单击“显示视图”命令。

13.6.3　更改零部件的线型

在装配体中为了区别不同的零件，可以改变每一个零件边线的线型。

下面介绍改变零件边线线型的操作步骤。

（1）在工程视图中右击要改变线型的视图。

（2）在弹出的快捷菜单中执行“零部件线型”命令，系统弹出“零部件线型”对话框，如图 13-25 所示。

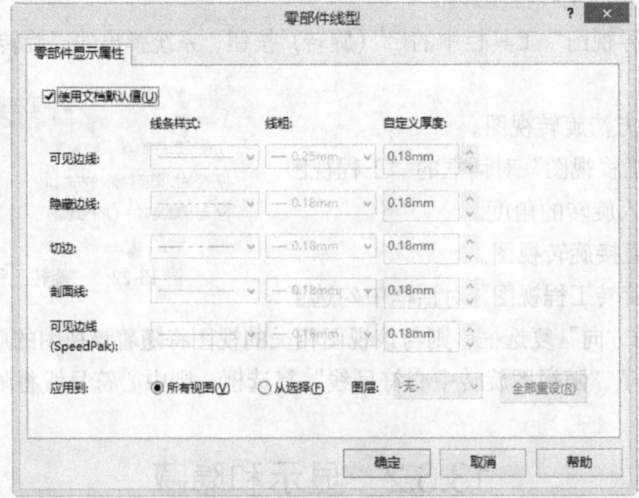

图 13-25　“零部件线型”对话框

（3）消除对“使用文档默认值”复选框的勾选。

（4）在“边线类型”列表框中选择一个边线样式。

（5）在对应的“线条样式”和“线粗”下拉列表框中选择线条样式和线条粗细。

（6）重复步骤（4）～步骤（5），直到为所有边线类型设定线型。

（7）如果点选“应用到”选项组中的“从选择”单选钮，则会将此边线类型设定应用到该零件视图和它的从属视图中。

（8）如果点选“所有视图”单选钮，则将此边线类型设定应用到该零件的所有视图。

（9）如果零件在图层中，可以从“图层”下拉列表框中改变零件边线的图层。

（10）单击“确定”按钮，关闭对话框，应用边线类型设定。

13.6.4 图层

图层是一种管理素材的方法，可以将图层看作是重叠在一起的透明塑料纸，假如某一图层上没有任何可视元素，就可以透过该层看到下一层的图像。用户可以在每个图层上生成新的实体，然后指定实体的颜色、线条粗细和线型。还可以将标注尺寸、注解等项目放置在单一图层上，避免它们与工程图实体之间的干涉。SOLIDWORKS 还可以隐藏图层，或将实体从一个图层上移动到另一图层。

下面介绍建立图层的操作步骤。

（1）执行菜单栏中的“视图”→“工具栏”→“图层”命令，打开“图层”工具栏，如图 13-26 所示。

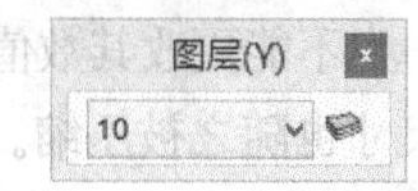

图 13-26 “图层”工具栏

（2）单击 （图层属性）按钮，打开“图层”对话框。

（3）在“图层”对话框中单击“新建”按钮，则在对话框中建立一个新的图层，如图 13-27 所示。

（4）在“名称”选项中指定图层的名称。

（5）双击“说明”选项，然后输入该图层的说明文字。

（6）在“开关”选项中有一个灯泡图标，若要隐藏该图层，则双击该图标，灯泡变为灰色，图层上的所有实体都被隐藏起来。要重新打开图层，再次双击该灯泡图标。

（7）如果要指定图层上实体的线条颜色，单击“颜色”选项，在弹出的“颜色”对话框中选择颜色，如图 13-28 所示。

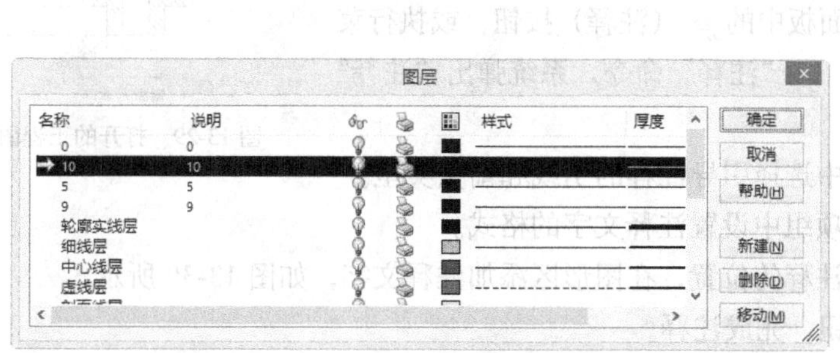

图 13-27 “图层”对话框

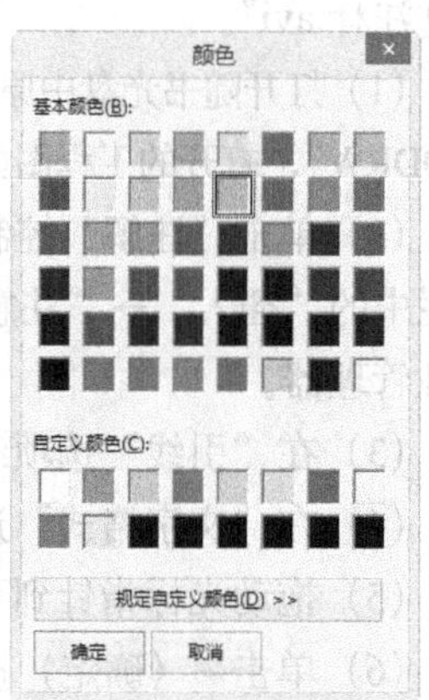

图 13-28 “颜色”对话框

（8）如果要指定图层上实体的线条样式或厚度，则单击“样式”或“厚度”选项，然后从弹出的清单中选择想要的样式或厚度。

（9）如果建立了多个图层，可以使用“移动”按钮来重新排列图层的顺序。

（10）单击“确定”按钮，关闭对话框。

建立了多个图层后，只要在“图层”工具栏的“图层”下拉列表框中选择图层，就可以导航到任意的图层。

13.7 注解的标注

如果在三维零件模型或装配体中添加了尺寸、注释或符号，则在将三维模型转换为二维工程图纸的过程中，系统会将这些尺寸、注释等一起添加到图纸中。在工程图中，用户可以添加必要的参考尺寸、注解等，这些注解和参考尺寸不会影响零件或装配体文件。

工程图中的尺寸标注是与模型相关联的，模型中的更改会反映在工程图中。通常用户在生成每个零件特征时生成尺寸，然后将这些尺寸插入到各个工程视图中。在模型中更改尺寸会更新工程图，反之，在工程图中更改插入的尺寸也会更改模型。用户可以在工程图文件中添加尺寸，但是这些尺寸是参考尺寸，并且是从动尺寸，参考尺寸显示模型的测量值，但并不驱动模型，也不能更改其数值，但是当更改模型时，参考尺寸会相应更新。当压缩特征时，特征的参考尺寸也随之被压缩。

默认情况下，插入的尺寸显示为黑色，包括零件或装配体文件中显示为蓝色的尺寸（如拉伸深度），参考尺寸显示为灰色，并带有括号。

13.7.1 注释

为了更好地说明工程图，有时要用到注释，如图 13-29 所示。注释可以包括简单的文字、符号或超文本链接。

下面结合实例介绍添加注释的操作步骤。

【案例 13-9】本案例结果文件光盘路径为“X:\源文件\ch13\13.9.SLDDRW”，案例视频内容光盘路径为“X:\动画演示\第 13 章\13.9 注释.avi”。

（1）打开随书光盘中原始文件“X:\原始文件\ch13\13.9\13.9sourse.SLDDRW”，打开的工程图如图 13-29 所示。

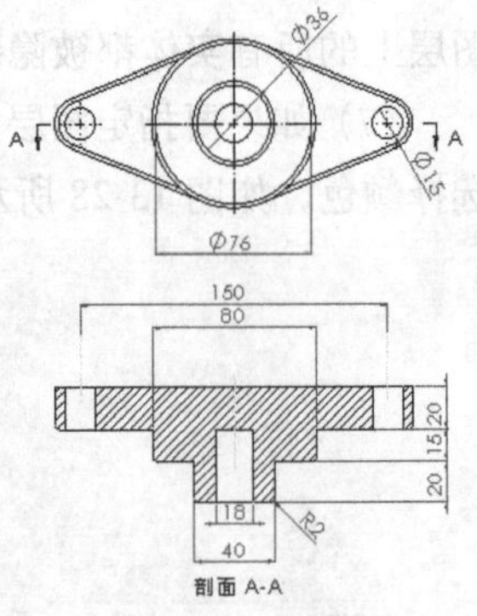

图 13-29　打开的工程图

（2）单击“注解”控制面板中的 A （注释）按钮，或执行菜单栏中的“插入”→“注解”→“注释”命令，系统弹出“注释”属性管理器。

（3）在“引线”选项组中选择引导注释的引线和箭头类型。

（4）在“文字格式”选项组中设置注释文字的格式。

（5）拖动光标指针到要注释的位置，在图形区添加注释文字，如图 13-30 所示。

（6）单击✔（确定）按钮，完成注释。

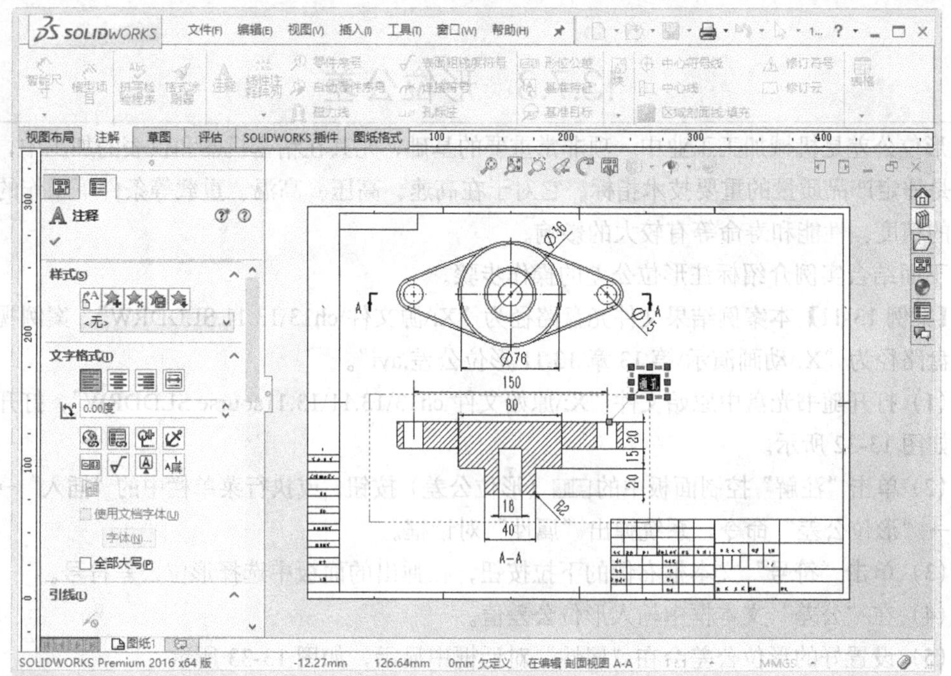

图 13-30 添加注释文字

13.7.2 表面粗糙度

表面粗糙度符号√用来表示加工表面上的微观几何形状特性，它对于机械零件表面的耐磨性、疲劳强度、配合性能、密封性、流体阻力以及外观质量等都有很大的影响。下面结合实例介绍插入表面粗糙度的操作步骤。

【案例 13-10】本案例结果文件光盘路径为“X:\源文件\ch13\13.10.SLDDR W”，案例视频内容光盘路径为“X:\动画演示\第 13 章\13.10 表面粗糙度.avi”。

（1）打开随书光盘中原始文件“X:\原始文件\ch13\13.10\13.10sourse.SLDDRW”，打开的工程图如图 13-29 所示。

（2）单击“注解”控制面板中的√（表面粗糙度）按钮，或执行菜单栏中的“插入”→“注解”→“表面粗糙度符号”命令。

（3）在弹出的“表面粗糙度”属性管理器中设置表面粗糙度的属性，如图 13-31 所示。

（4）在图形区中单击，以放置表面粗糙度符号。

（5）可以不关闭对话框，设置多个表面粗糙度符号到图形上。

（6）单击✔（确定）按钮，完成表面粗糙度的标注。

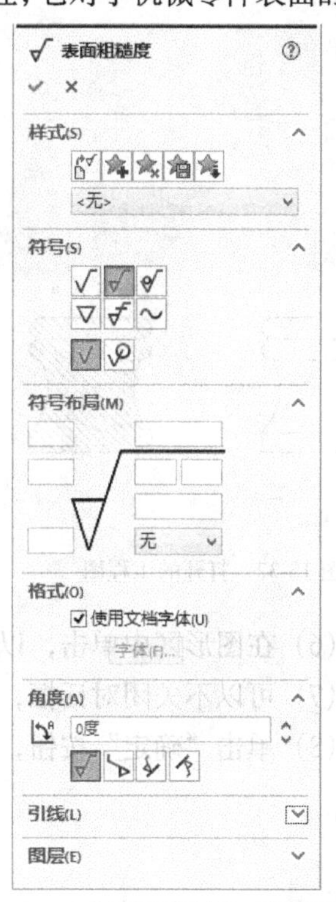

图 13-31 “表面粗糙度”属性管理器

13.7.3　形位公差

形位公差是机械加工工业中一项非常重要的基础，尤其在精密机器和仪表的加工中，形位公差是评定产品质量的重要技术指标。它对于在高速、高压、高温、重载等条件下工作的产品零件的精度、性能和寿命等有较大的影响。

下面结合实例介绍标注形位公差的操作步骤。

【案例 13-11】本案例结果文件光盘路径为“X:\源文件\ch13\13.11.SLDDRW”，案例视频内容光盘路径为“X:\动画演示\第 13 章\13.11 形位公差.avi”。

（1）打开随书光盘中原始文件“X:\原始文件\ch13\13.11\13.11sourse.SLDDRW”，打开的工程图如图 13-32 所示。

（2）单击“注解”控制面板中的 （形位公差）按钮，或执行菜单栏中的“插入”→“注解”→“形位公差”命令，系统弹出“属性”对话框。

（3）单击“符号”文本框右侧的下拉按钮，在弹出的面板中选择形位公差符号。

（4）在“公差”文本框中输入形位公差值。

（5）设置好的形位公差会在“属性”对话框中显示，如图 13-33 所示。

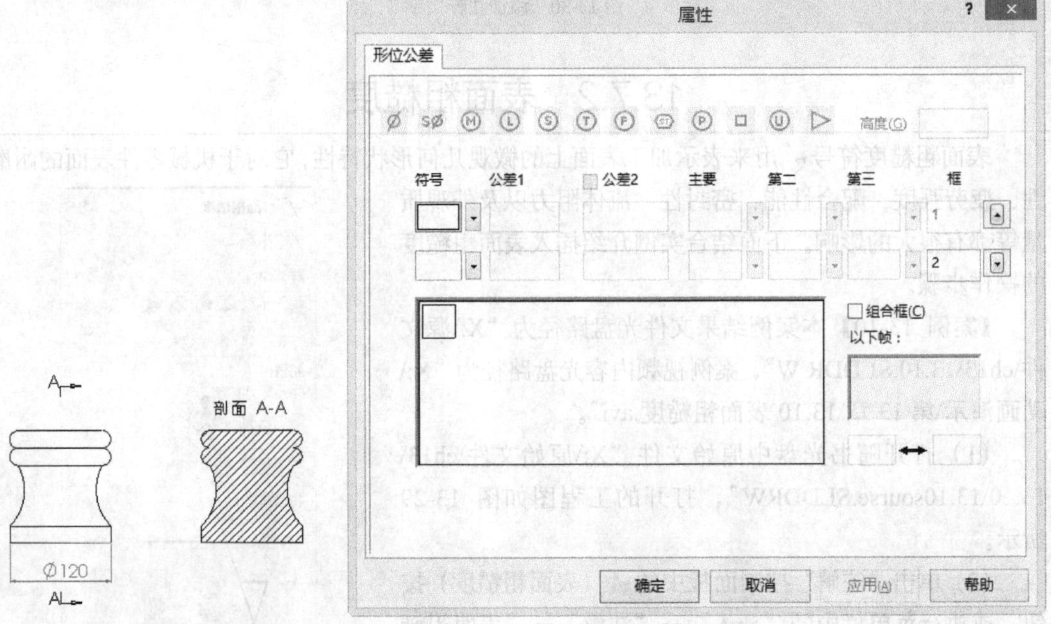

图 13-32　打开的工程图　　图 13-33　“属性”对话框

（6）在图形区中单击，以放置形位公差。

（7）可以不关闭对话框，设置多个形位公差到图形上。

（8）单击“确定”按钮，完成形位公差的标注。

13.7.4　基准特征符号

基准特征符号用来表示模型平面或参考基准面。

下面结合实例介绍插入基准特征符号的操作步骤。

【案例 13-12】本案例结果文件光盘路径为“X:\源文件\ch13\13.12.SLDDRW”，案例视频内容光盘路径为“X:\动画演示\第 13 章\13.12 基准特征符号.avi”。

(1) 打开随书光盘中原始文件“X:\原始文件\ch13\13.12\13.12sourse.SLDDRW”，打开的工程图如图 13-34 所示。

(2) 单击“注解”控制面板中的（基准特征符号）按钮，或执行菜单栏中的“插入”→“注解”→“基准特征符号”命令。

(3) 在弹出的“基准特征”属性管理器中设置属性，如图 13-35 所示。

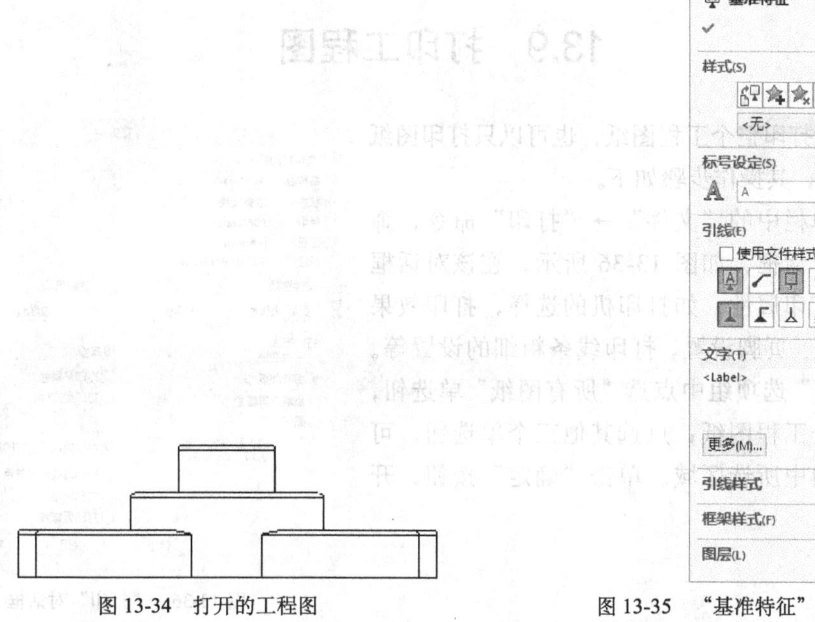

图 13-34 打开的工程图　　图 13-35 “基准特征”属性管理器

(4) 在图形区中单击，以放置符号。

(5) 可以不关闭对话框，设置多个基准特征符号到图形上。

(6) 单击（确定）按钮，完成基准特征符号的标注。

13.8 分离工程图

分离格式的工程图无需将三维模型文件装入内存，即可打开并编辑工程图。用户可以将 RapidDraft 工程图传送给其他的 SOLIDWORKS 用户而不传送模型文件。分离工程图的视图在模型的更新方面也有更多的控制。当设计组的设计员编辑模型时，其他的设计员可以独立地在工程图中进行操作，对工程图添加细节及注解。

由于内存中没有装入模型文件，以分离模式打开工程图的时间将大幅缩短。因为模型数据未被保存在内存中，所以有更多的内存可以用来处理工程图数据，这对大型装配体工程图来说是很大的性能改善。

下面介绍转换工程图为分离工程图格式的操作步骤。

(1) 单击“快速访问”工具栏中的（打开）按钮，或单击菜单栏中的“文件”→“打开”命令。

（2）在“打开”对话框中选择要转换为分离格式的工程图。

（3）单击“打开”按钮，打开工程图。

（4）单击“快速访问”工具栏中的（保存）按钮，选择“保存类型”为“分离的工程图”，保存并关闭文件。

（5）再次打开该工程图，此时工程图已经被转换为分离格式的工程图。

在分离格式的工程图中进行的编辑方法与普通格式的工程图基本相同，这里就不再赘述。

13.9 打印工程图

用户可以打印整个工程图纸，也可以只打印图纸中所选的区域，其操作步骤如下。

单击菜单栏中的“文件”→“打印”命令，弹出“打印”对话框，如图 13-36 所示。在该对话框中设置相关打印属性，如打印机的选择，打印效果的设置，页眉、页脚设置，打印线条粗细的设置等。在“打印范围”选项组中点选“所有图纸”单选钮，可以打印整个工程图纸；点选其他三个单选钮，可以打印工程图中所选区域。单击“确定”按钮，开始打印。

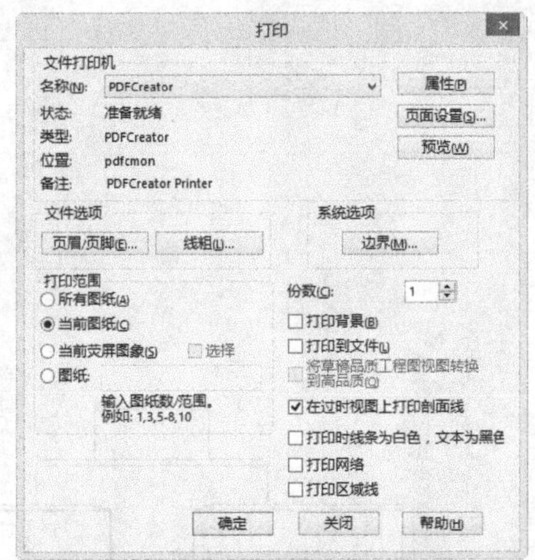

图 13-36 “打印”对话框

13.10 综合实例——轴瓦工程图

本例将通过如图 13-37 所示轴瓦零件的工程图创建实例，综合利用前面所学的知识讲述利用 SOLIDWORKS 的工程图功能创建工程图的一般方法和技巧。

光盘文件

实例结果文件光盘路径为“X:\源文件\ch13\轴瓦工程图.SLDDRW”。

多媒体演示参见配套光盘中的“X:\动画演示\第 13 章\轴瓦工程图动画.avi”。

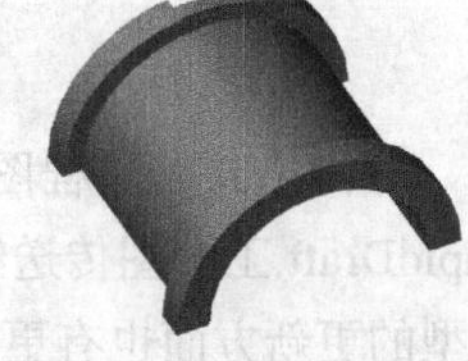
图 13-37 轴瓦零件图

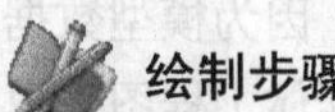
绘制步骤

1. 进入 SOLIDWORKS，执行菜单栏中的“文件”→“打开”命令，在弹出的“打开”对话框中选择将要转化为工程图的零件文件。

2. 单击“快速访问”工具栏中的（从零件/装配图制作工程图）命令，此时会弹出“图纸格式/大小”对话框，选择“自定义图纸大小”并设置图纸尺寸如图 13-38 所示。单击“确定”按钮，完成图纸设置。

3. 此时在图形编辑窗口会出现如图 13-39 所示的放置框，在图纸中合适的位置放置正视图，如图 13-40 所示。

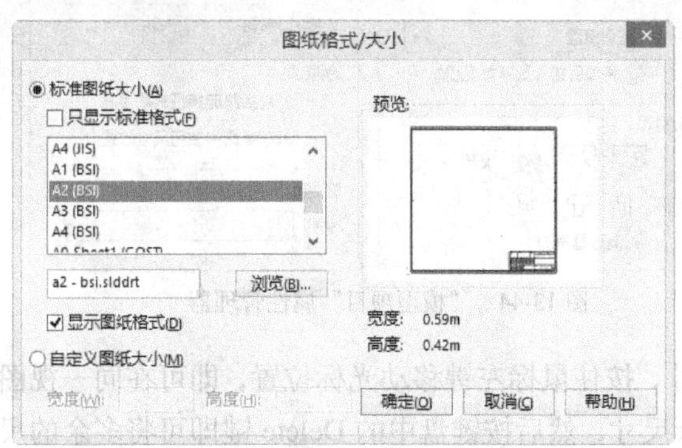

图 13-38 “图纸格式/大小”对话框

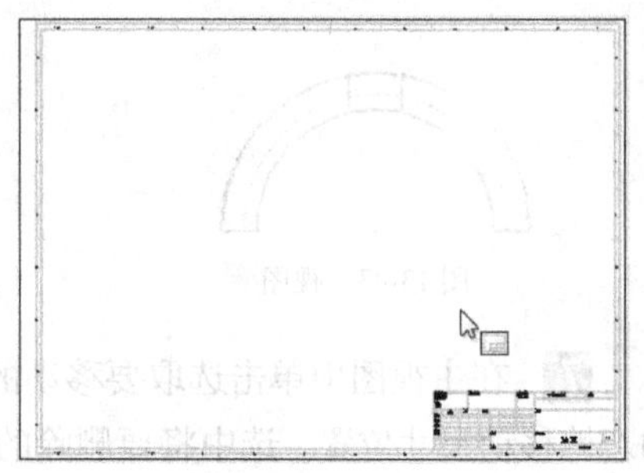

图 13-39 放置框

4. 利用同样的方法，在图形操作窗口放置俯视图（由于该零件图比较简单，故侧视图没有标出），相对位置如图 13-41 所示。

5. 在图形窗口中的正视图内单击，此时会出现“工程图视图 1”属性管理器，设置相关参数：在“显示样式”面板中选择 （隐藏线可见）按钮（见图 13-42），此时的视图将显示隐藏线，如图 13-43 所示。

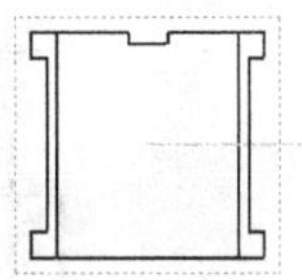

图 13-40 正视图

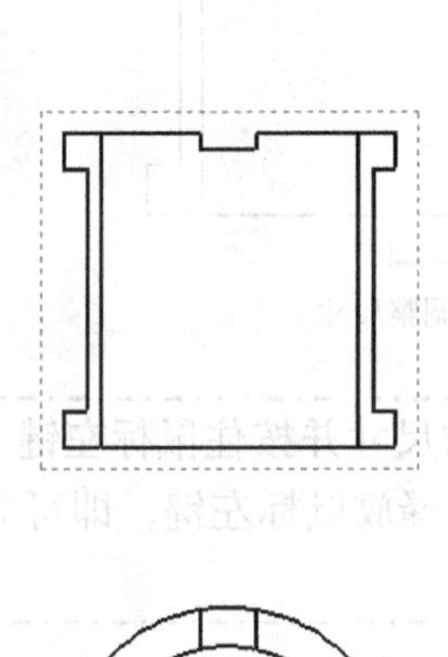

图 13-41 视图模型

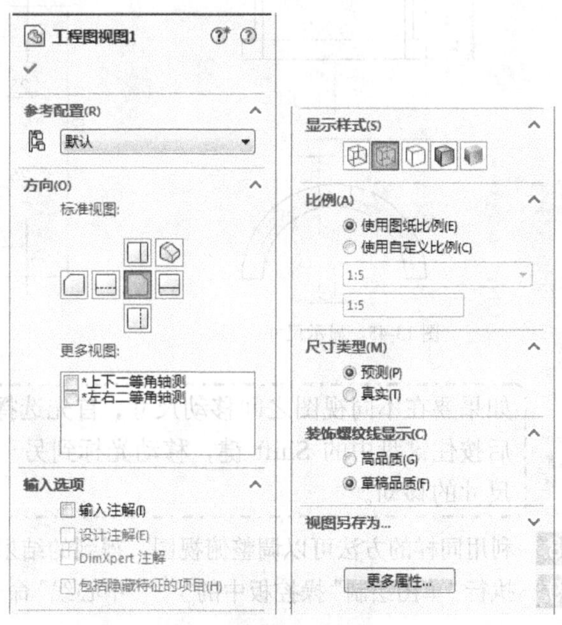

图 13-42 “工程图视图 1”属性管理器

6. 执行单击“注解”控制面板中的“模型项目”按钮，会出现“模型项目”属性管理器，在属性管理器中设置各参数，如图 13-44 所示，单击属性管理器中的✔按钮，这时会在视图中自动显示尺寸，如图 13-45 所示。

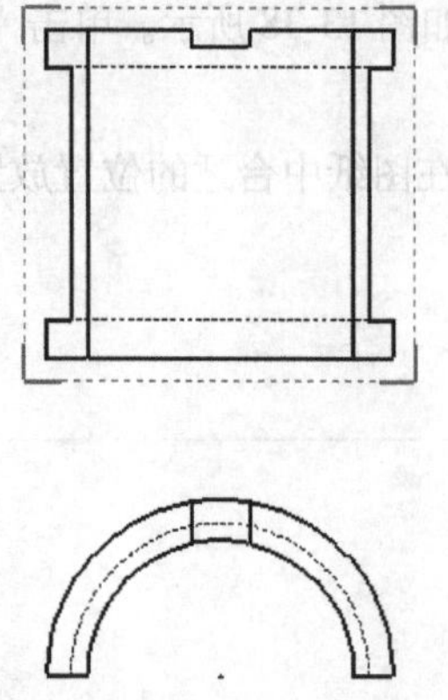

图 13-43　视图

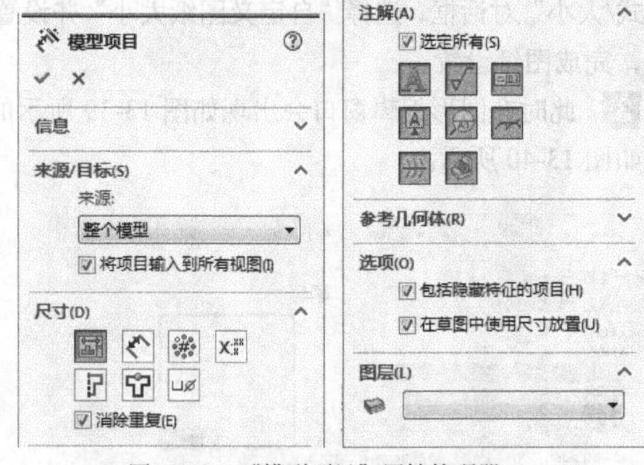

图 13-44　“模型项目”属性管理器

7. 在主视图中单击选取要移动的尺寸，按住鼠标左键移动光标位置，即可在同一视图中动态地移动尺寸位置。选中将要删除的多余尺寸，然后按键盘中的 Delete 键即可将多余的尺寸删除，调整后的主视图如图 13-46 所示。

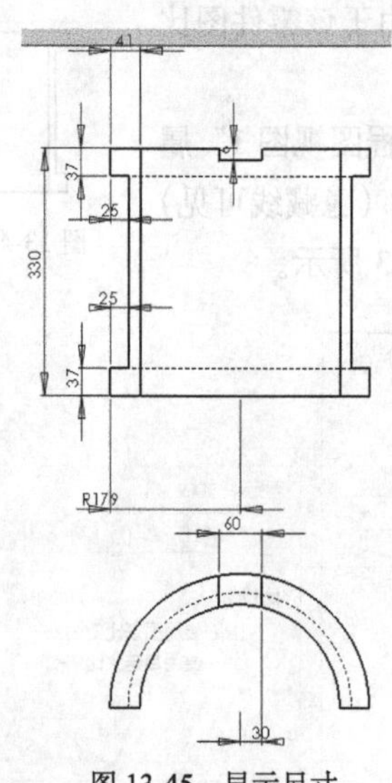

图 13-45　显示尺寸

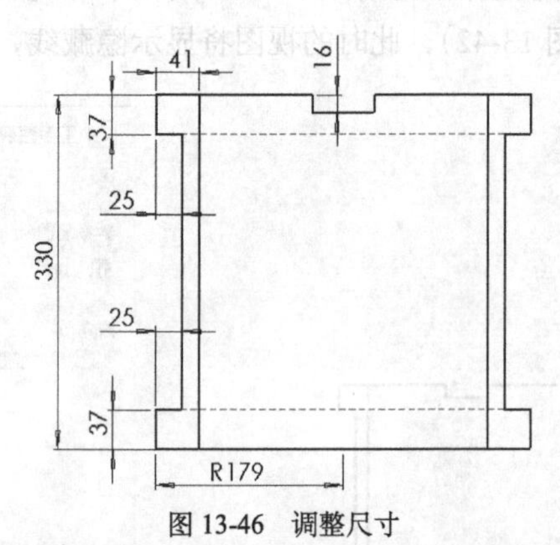

图 13-46　调整尺寸

技巧荟萃

> 如果要在不同视图之间移动尺寸，首先选择要移动的尺寸并按住鼠标左键，然后按住键盘中的 Shift 键，移动光标到另一个视图中释放鼠标左键，即可完成尺寸的移动。

8. 利用同样的方法可以调整俯视图，得到的结果如图 13-47 所示。

9. 执行“草图绘制”操控板中的“中心线”命令，在主视图中绘制中心线，如图 13-48 所示。

10. 执行菜单栏中的“工具”→“标注尺寸”→“智能尺寸”命令，或者选择“注解”操控板中的按钮，标注视图中的尺寸，在标注过程中将不符合国标的尺寸删除，最终得到的结果如图 13-49 所示。

11. 选择“注解”操控板中的按钮，会出现“表面粗糙度”属性管理器，在属性管理器中设置各参数，如图 13-50 所示。

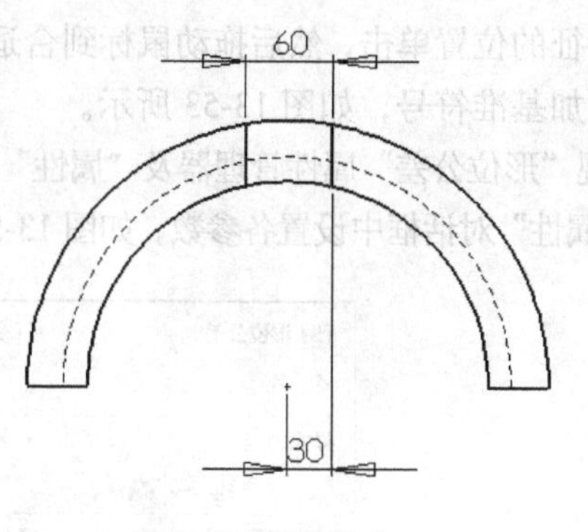

图 13-47 调整尺寸

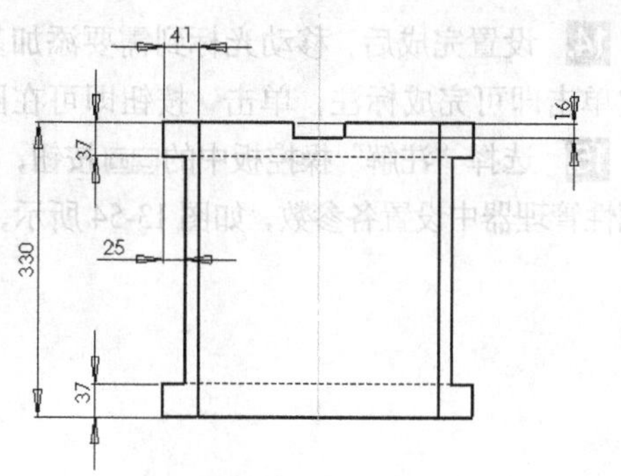

图 13-48 绘制中心线

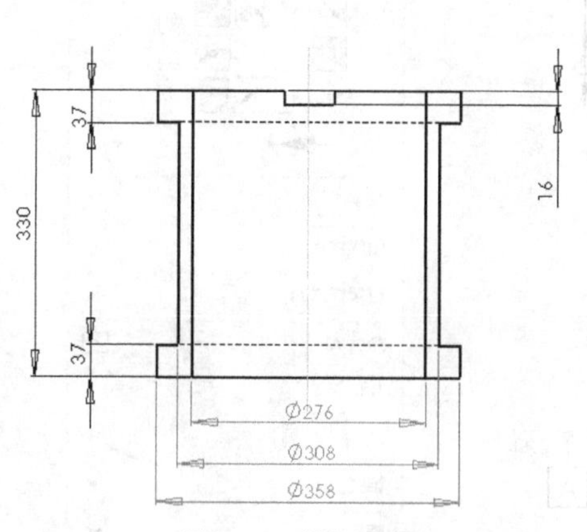

图 13-49 添加尺寸

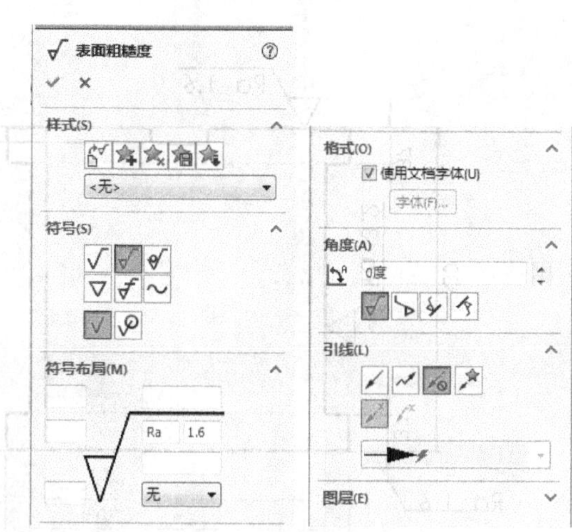

图 13-50 “表面粗糙度”属性管理器

12. 设置完成后，移动光标到需要标注表面粗糙度的位置，单击即可完成标注，单击属性管理器中的✓按钮，表面粗糙度即可完成标注。下表面的标注需要设置角度为 180 度，标注表面粗糙度效果如图 13-51 所示。

13. 选择“注解”操控板中的 按钮，会出现“基准特征”属性管理器，在属性管理器中设置各参数，如图 13-52 所示。

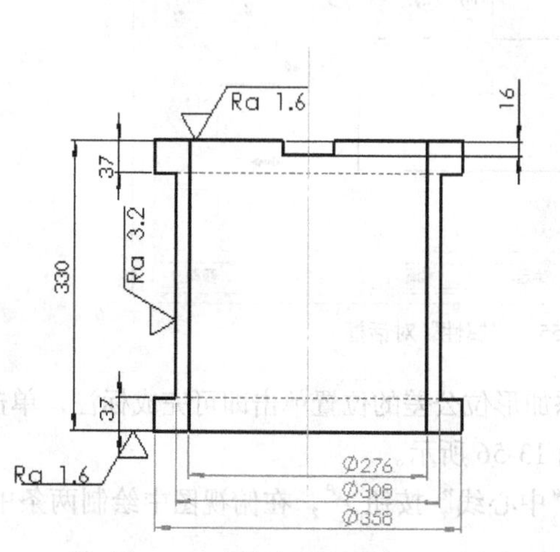

图 13-51 标注表面粗糙度

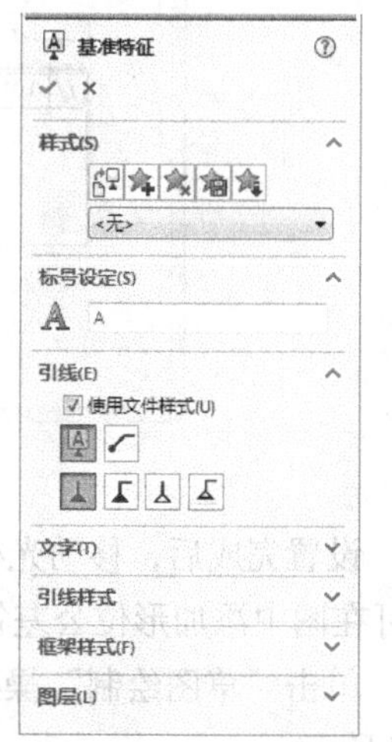

图 13-52 “基准特征”属性管理器

14. 设置完成后，移动光标到需要添加基准特征的位置单击，然后拖动鼠标到合适的位置再次单击即可完成标注，单击✔按钮即可在图中添加基准符号，如图 13-53 所示。

15. 选择“注解”操控板中的▭按钮，会出现“形位公差”属性管理器及“属性”对话框，在属性管理器中设置各参数，如图 13-54 所示，在“属性”对话框中设置各参数，如图 13-55 所示。

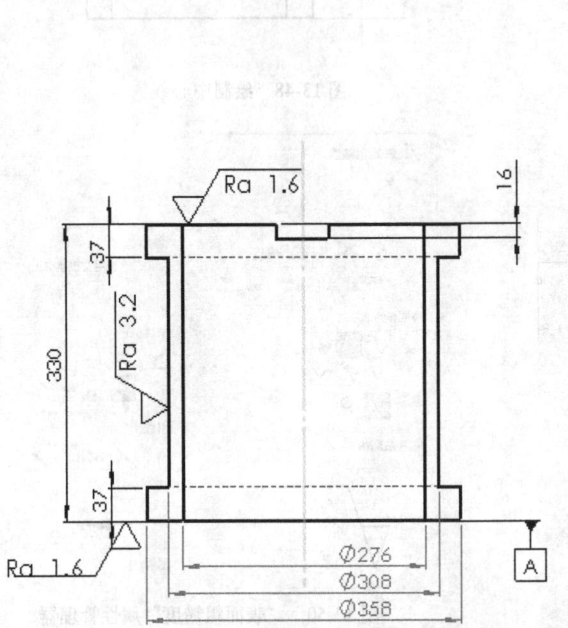

图 13-53　添加基准符号

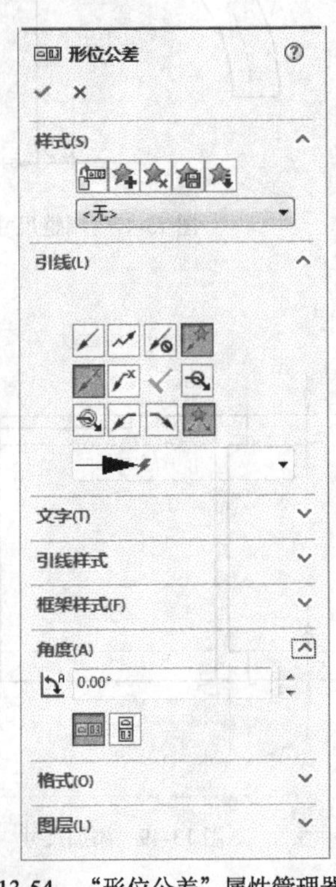

图 13-54　“形位公差”属性管理器

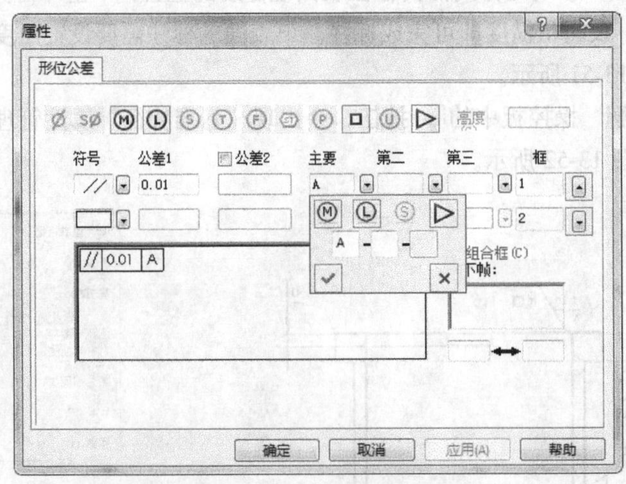

图 13-55　“属性”对话框

16. 设置完成后，移动光标到需要添加形位公差的位置单击即可完成标注，单击“确定”按钮即可在图中添加形位公差符号，如图 13-56 所示。

17. 单击“草图绘制”操控板中的“中心线”按钮，在俯视图中绘制两条中心线，如图 13-57 所示。

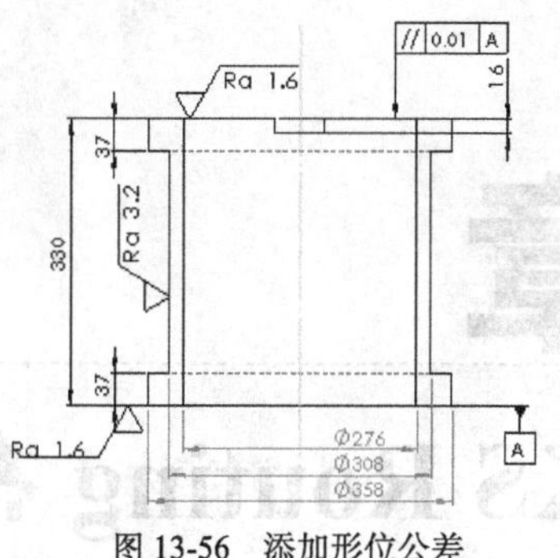

图 13-56 添加形位公差

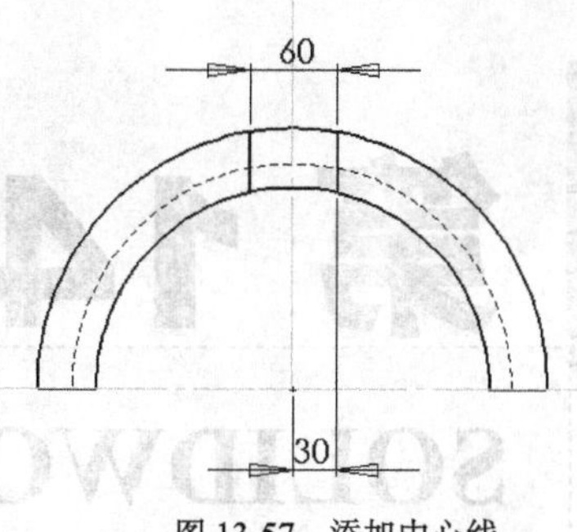

图 13-57 添加中心线

18. 选择主视图中的所有尺寸，如图 13-58 所示，在“尺寸”属性管理器的“尺寸界线/引线显示”属性管理器中选择实心箭头，如图 13-59 所示，单击确定按钮。

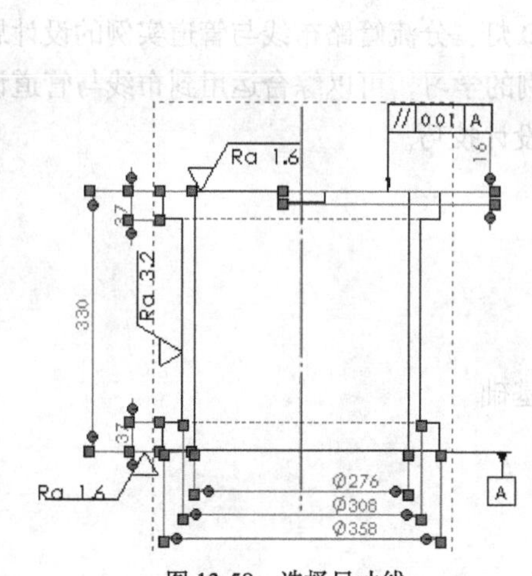

图 13-58 选择尺寸线

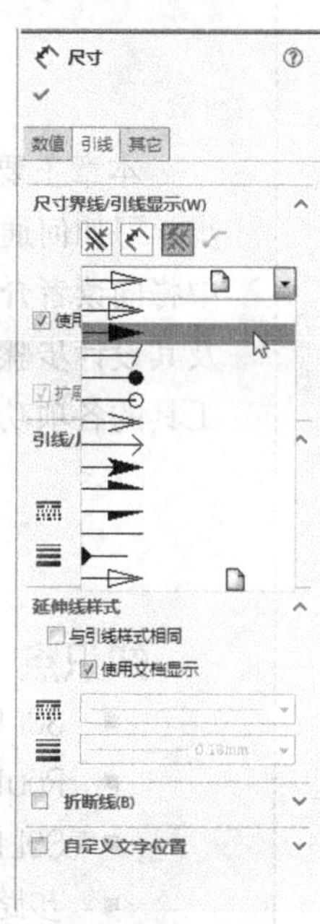

图 13-59 “尺寸界线/引线显示”属性管理器

19. 利用同样的方法修改俯视图中尺寸的属性，如图 13-60 所示，最终可以得到如图 13-61 所示的工程图。工程图的生成到此即结束。

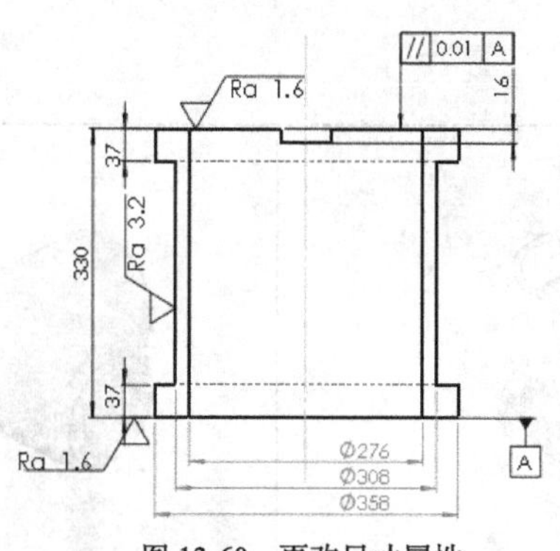

图 13-60 更改尺寸属性

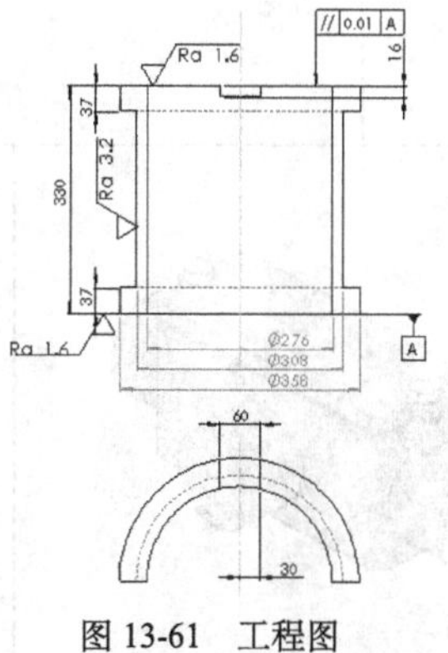
图 13-61 工程图

第 14 章

SOLIDWORKS Routing 布线与管道设计

本章主要是布线与管道的使用基础知识，通过对各种工具的介绍来逐步学习如何通过 SOLIDWORKS Routing 来进行布线与管道的设计。在本章中将向读者介绍视频接线、LED 灯、分流管路布线与管道实例的设计思路及其设计步骤。通过对这些实例的学习，可以综合运用到布线与管道设计工具的各项功能，进一步熟练设计技巧。

知识点

- SOLIDWORKS Routing 基础
- Routing 系统选项
- SOLIDWORKS 设计库
- 步路库管理
- 步路工具
- 编辑、平展线路
- 管道和管筒

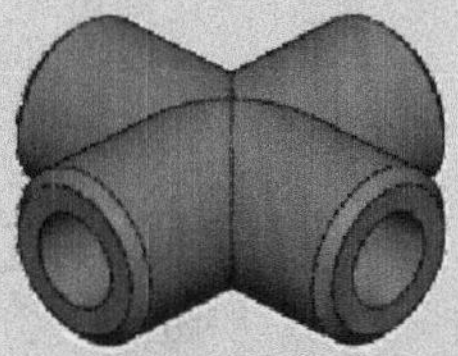

14.1 SOLIDWORKS Routing 基础

在 SOLIDWORKS Routing 中，当将某些零部件插入到装配体时，都将自动生成一个线路子装配体。生成其他类型的子装配体时，通常包含在线路子装配体中，然后将线路子装配体作为零部件插入到总装配体中。图 14-1 为 SOLIDWORKS Routing 所创建的电脑内的线路。

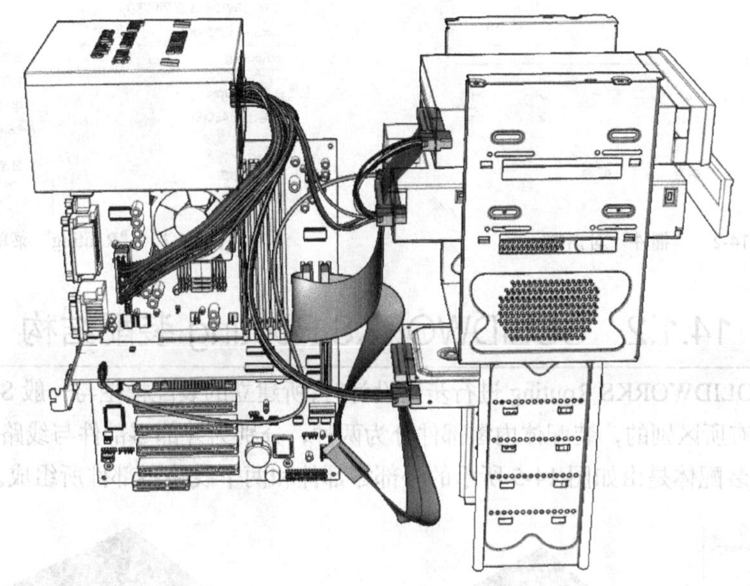

图 14-1 电脑内的线路

14.1.1 启动 SOLIDWORKS Routing 插件

SOLIDWORKS Routing 随 SOLIDWORKS Premium 安装。要使用 Routing，必须加载 Routing 插件。

（1）打开 SOLIDWORKS 2016 应用程序，然后单击菜单栏中的“工具”→“插件”。

（2）在打开如图 14-2 所示的“插件”对话框中：

要在当前 SOLIDWORKS 会话中使用 Routing，在活动插件下选择 Routing，即选中前面的框；

要在每启动 SOLIDWORKS 后自动加载 SOLIDWORKS Routing 插件，在启动栏下选择 Routing，即选中后面的框。

（3）单击“插件”对话框中的“确定”按钮。此时会加载 Routing 插件，同时“Routing”菜单将显示在菜单栏中，如图 14-3 所示。

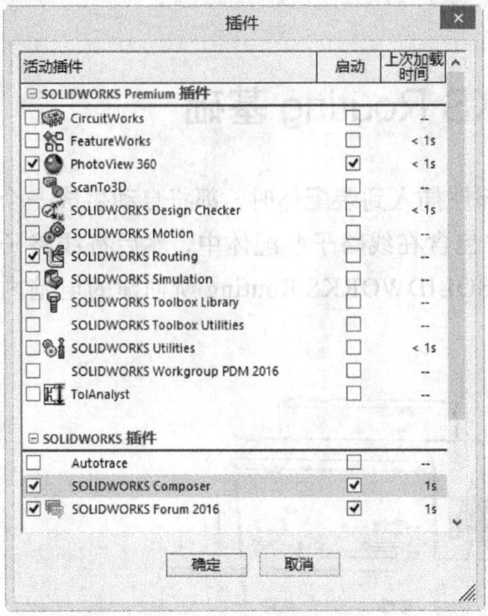

图 14-2 “插件”对话框

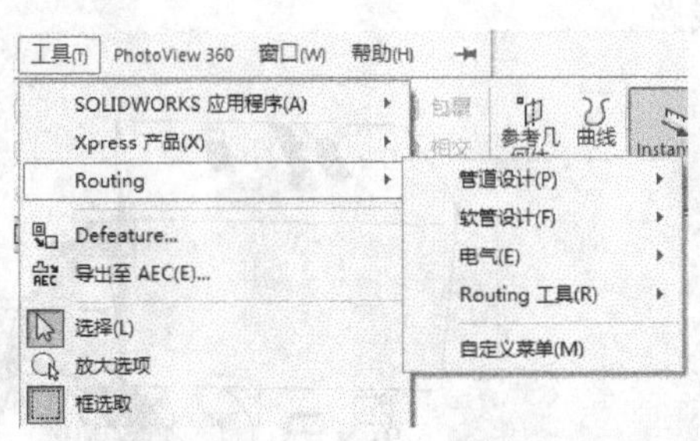

图 14-3 “Routing”菜单

14.1.2 SOLIDWORKS Routing 装配结构

在使用 SOLIDWORKS Routing 进行步路设计时，所建立的装配模型与一般 SOLIDWORKS 装配体结构是有所区别的，装配体内零部件分为两种，分别为外部零部件与线路零部件。如图 14-4 所示的总装配体是由如图 14-5 所示的外部零部件和两个线路零部件所组成。

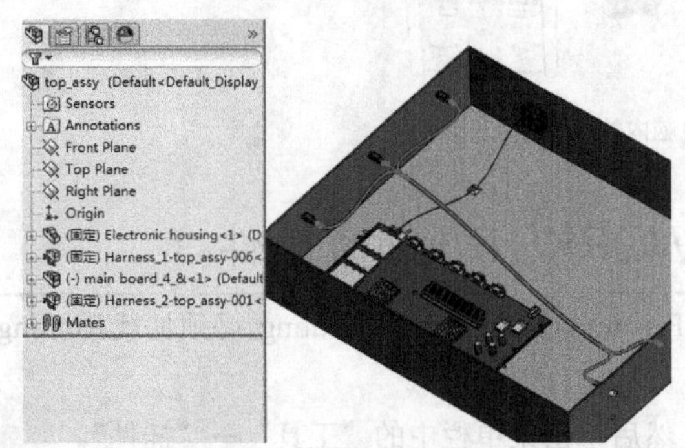

图 14-4 总装配体

图 14-5 外部零部件

为了便于管理每组线路零部件单独为一个装配体文件，图 14-6 为图 14-4 中的一个线路零部件，它的树形目录结构包括线路中的零部件、线路零件与路线。其中“零部件”目录中的零件为线路中所使用的 SOLIDWORKS 设计库中的零部件，均为直接自 SOLIDWORKS 设计库中拖动得来；“线路零件”目录中为线路中的电缆或管道；“路线”目录中为线路或管道的走线，以 3D 草图的形式存放。

14.1.3 SOLIDWORKS Routing 中的文件名称

SOLIDWORKS Routing 零部件默认的命名规则如下。

线路子装配体的默认格式：RouteAssy#-<装配体名称>.sldasm。

线路子装配体中的电缆、管筒、管道零部件的默认格式：Cable（Tube/Pipe）-RouteAssy# -<装配体名称>.sldprt（配置）。

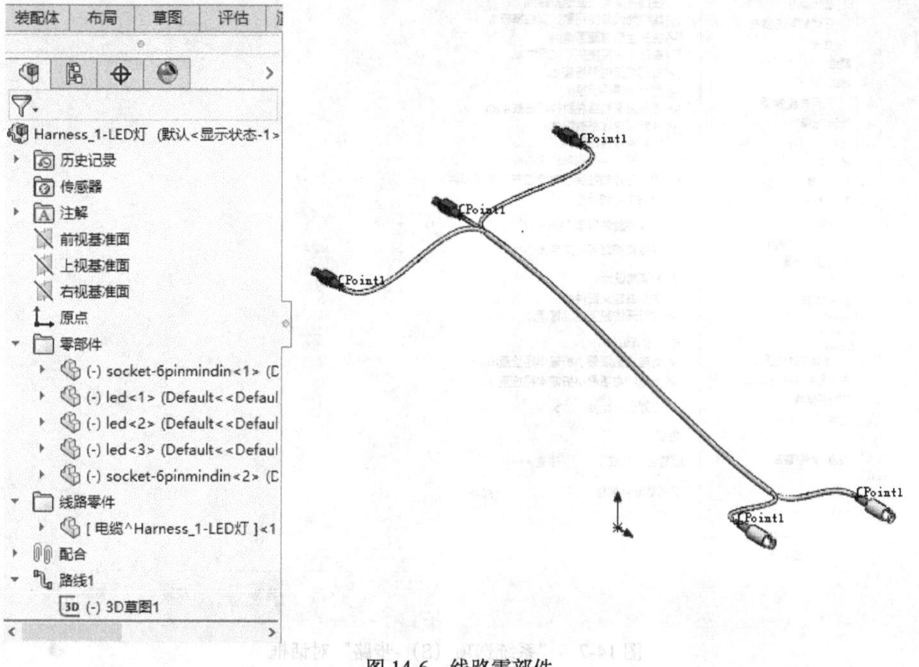

图 14-6 线路零部件

14.1.4 线路的类型

线路子装配体由三个类型的零部件组成：

- 配件和接头；
- 管道、管筒和电力零部件；
- 线路零部件，是线路路径中心线的 3D 草图。

14.2 Routing 系统选项

激活 SOLIDWORKS Routing 插件后，在系统选项中会出现“步路”选项，单击菜单栏中的“工具”→“选项”命令，系统弹出“系统选项”对话框，选择其中的“步路”栏，则显示如图 14-7 所示的“系统选项（S）-步路”对话框。另外还可以通过单击菜单栏中的“工具”→“Routing”→“Routing 工具”→“Routing 选项设置”命令，此对话框与“系统选项（S）-步路”对话框界面格式不同，但内容是一样的。在任一对话框中进行设置均可以。

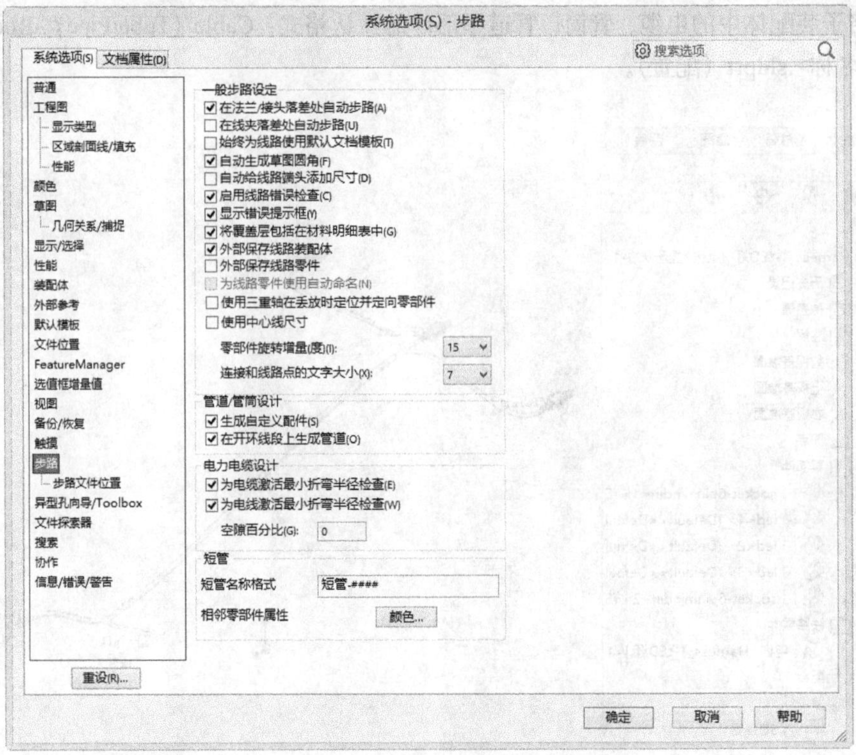

图 14-7 “系统选项（S）-步路”对话框

14.2.1 一般步路设定

1．在法兰/接头落差处自动步路

当选取此选项时，自动进入到线路设计。将零部件（如法兰、管筒配件或电气接头）丢放在装配体中时自动生成子装配体并开始步路。

2．在线夹落差处自动步路

当选取此选项时，自动生成管筒和电气电缆线。选择此选项将在线夹放置于线路中时从当前线路端通过丢放线夹而自动生成一样条曲线。

3．始终为线路使用默认文档模板

当选取此选项时，软件自动使用在步路文件位置步路模板区域中指定的默认模板。当取消选择时，软件在生成线路装配体时将要求指定模板。

4．自动生成草图圆角

选取此选项，在绘制草图时自动在交叉点添加圆角。圆角半径以所选弯管零件、折弯半径或最大电缆直径为基础。此选项仅应用于作为管道装配体路径的 3D 草图。

5．自动给线路端头添加尺寸

当选取此选项时，标注从接头或配件延伸出来的线路端头的长度，从而确保这些线路段在接头或配件移除时可正确更新。

6．启用线路错误检查

除了标准错误检查之外，还可以在管道和管筒中进行遗失弯管检查、遗失约束检查和没对齐的变径管检查；在电气线路中进行最小折弯半径错误的检查。并可在属性管理器设计树中为受影响的项目加注意符号。

7．显示错误提示框（只在选定了启用线路错误检查时才可使用）

显示错误信息，可在此单击“我如何修复此问题？”，了解修复错误的详细建议。

8．零部件旋转增量（角度）

在放置过程中，可以通过按住 Shift 键并按下左和右方向键来旋转弯管、T 形接头和十字形接头，旋转增量为角度。

9．连接和线路点的文字大小

当选取此选项时，为连接点和线路点将文字比例缩放到文档注释字体的一小部分。在大小范围的底部，文字消失，但仍可选择字号。

10．将覆盖层包括在材料明细表中

当选取此选项时，为线路设计装配体在材料明细表中包括覆盖层。

11．外部保存线路装配体

当选取此选项时，将线路装配体保存为外部文件。消除选取，将线路保存为虚拟零部件。

12．外部保存线路零件

当选取此选项时，将线路设计零部件保存为外部文件。消除选取，将零部件保存为虚拟零部件。

14.2.2 管道/管筒设计

1．生成自定义接头

当需要时，自动生成默认弯管接头的自定义配置。但只有当标准弯管配置可以被切割以生成自定义弯管时，才可完成此操作。

2．在开环线段上生成管道

为只在一端连接到接头的 3D 草图生成管道。例如，如果没有将法兰添加到管道的末端，则最后一条草图线段（超出管道最后一个接头）为开环线段。如果取消选择此选项，则在开环线段上不会生成管道。

14.2.3 电气电缆

1．为电线激活最小折弯半径检查

如果线路中圆弧或样条曲线的折弯半径小于电缆库中为单独电线或电缆芯线所指定的最小值，将报告错误。如果装配体中存在许多电线，此选项可能会使运行速度缓慢。

2．默认折弯半径检查总是在管筒设计和电气线路中进行

如果线路中圆弧或样条曲线的折弯半径小于管筒或线圈直径的 3 倍，它将报告错误。

3．空隙百分比

按空隙百分比自动增加所计算的电缆切割长度，从而弥补实际安装中可能产生的下垂、扭结等。

14.3 SOLIDWORKS 设计库

大多数常见的管道零部件（包括零件和装配体），在 SOLIDWORKS 的设计库中都能找到。当然在需要时也可以创建自定义零部件和设计库。表 14-1 为电气库中零部件，表 14-2 为管道和管筒零部件。

表 14-1　　电气库中零部件

表 14-2　　管道与管筒零部件

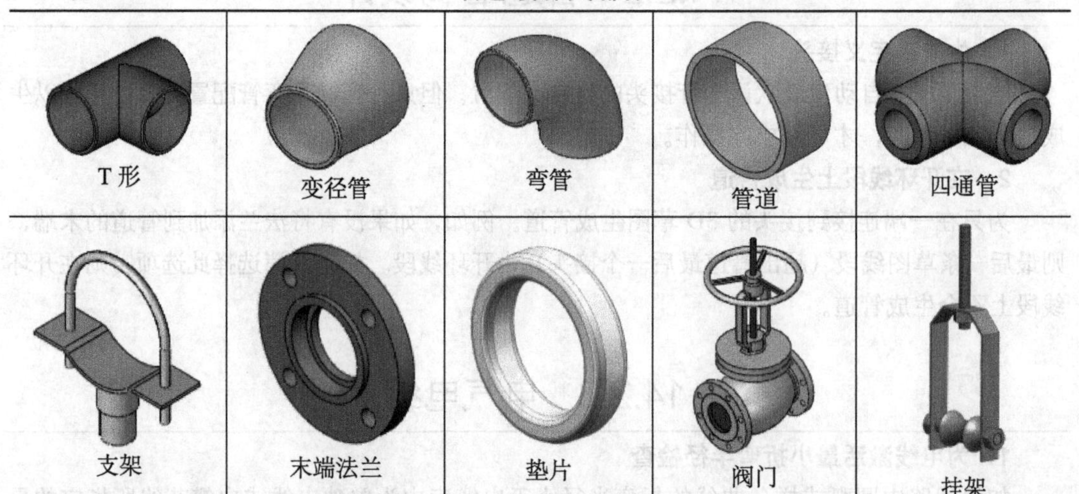

14.4　步路库管理

Routing 提供了电气、管道和管筒零件库的管理。可以模拟附加零件，然后将它们添加到库中。

可以在步路库中找到预定义零件集合，在设计库中也可以找到。设计库在任务窗格中提供特征、零件和装配体文件。文件可插入到零件和装配体中。

可以使用 Routing Library Manager 生成新步路零件文件，然后将其作为零部件添加到设计库。可以使用 Routing Library Manager 的 Routing 零部件向导为现有零件添加一个或多个连接点，使其可用于步路装配体中，然后将这些零件添加到设计库。

14.4.1 Routing 文件位置

使用“Routing Library Manager”可以用来设置 Routing 中用到的文件位置。可以通过单击菜单栏中的“Routing”→“Routing 工具”→“Routing Library Manager”命令，打开“Routing Library Manager”对话框，单击对话框中的“Routing 文件位置和设定”选项卡，打开如图 14-8 所示的对话框。

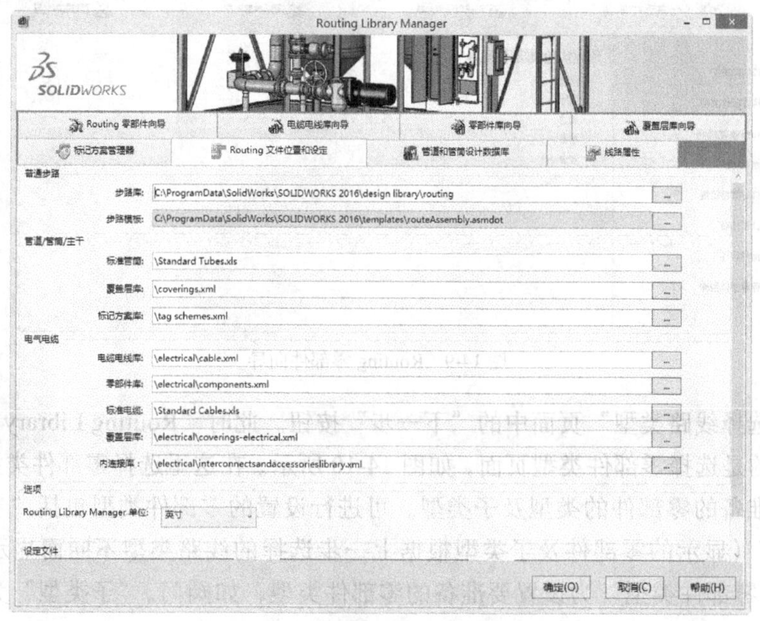

图 14-8 Routing 文件位置和设定

（1）普通步路：“步路库”用于指定存储步路零部件的文件夹。“步路模板”用于指定要用于新线路装配体的步路模板。在此处指定模板之前，要确定所指定的文件夹在“选项”→“文件位置”中已经被列为文件模板。

（2）管道/管筒/主干：“标准管筒”为标准管筒指定 Excel 文件。“覆盖层库”为管筒覆盖层材料指定“.htm”文件。“标记方案库”为标记方案管理器中定义的标记方案指定“.htm”文件。也可以使用此位置加载现有的标记方案“.xml”文件，使方案显示在标记方案管理器的方案视图下。

（3）电气电缆：“电缆电线库”为电缆/电线库指定“.htm”文件。“零部件库”为零部件库指定“.htm”文件。“标准电缆”为标准电缆指定 Excel 文件。“覆盖层库”为电线和电缆的覆盖层材料指定“.htm”文件。

（4）选项：“Routing Library Manager 单位”设置数据的默认单位。

（5）设定文件：“装载设定”从“.sqy”文件装入文件位置设置。“装入默认值”将文件位置设置重置为原始系统默认值。“保存设置”将设置保存到“.sqy”文件位置。

14.4.2 步路零部件向导

通过单击菜单栏中的“Routing”→“Routing 工具”→“Routing Library Manager”命令，打开“Routing Library Manager”对话框，单击对话框中的“Routing 零部件向导”选项卡，打

开如图 14-9 所示的对话框。此对话框用于设置零部件的线路类型。可以进行选择的零部件的线路类型有“电气”、“其它”、“管道设计”和“管筒设计”。其中“其它”为没有进入线路的设备（如箱或泵）或属于多个类别的混合零部件（如电动阀）等。

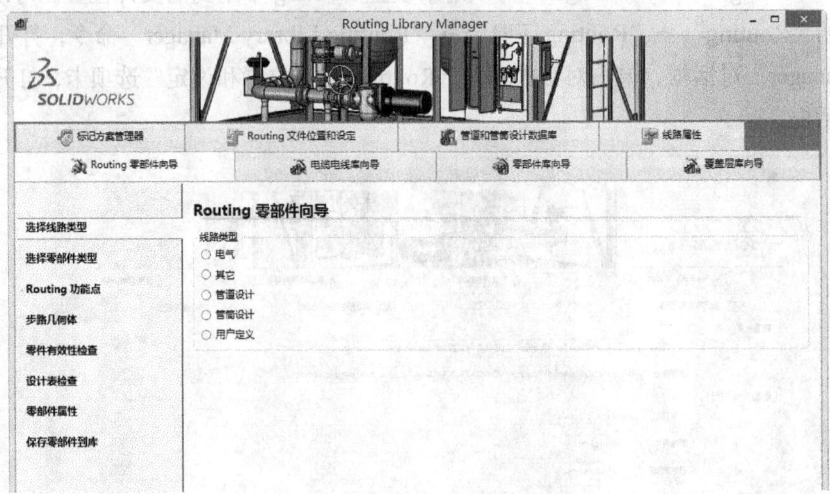

图 14-9　Routing 零部件向导

单击“选择线路类型”页面中的“下一步”按钮。此时“Routing Library Manager”对话框中显示的是选择零部件类型页面，如图 14-10 所示。在这里选择零部件类型，此对话框用于设置要准备的零部件的类型及子类型。可进行设置的零部件类型包括“零部件类型”及“子类型”（显示的零部件及子类型根据上一步选择的线路类型不同而显示不同的零部件）。其中“零部件类型”为设置要准备的零部件类型，如阀门。“子类型”为选择子类型（如果零部件类型有子类型的话），如果将零部件类型设置为阀门，则可以选择子类型，如闸门阀。

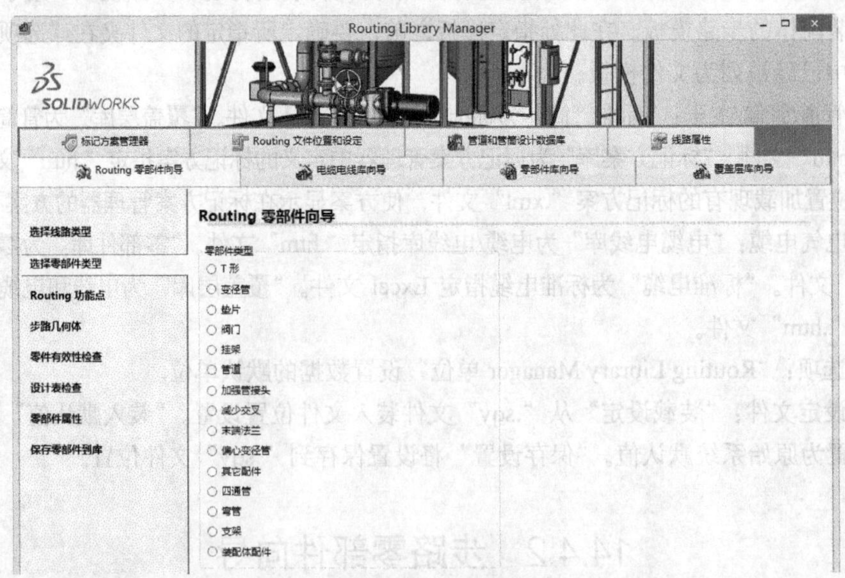

图 14-10　选择零部件类型

单击“选择零部件类型”页面中的“下一步”按钮，此时“Routing Library Manager”对话框中显示的是 Routing 功能点页面，如图 14-11 所示。使用此对话框可查看零部件上现有的连接点（CPoints）和步路点 （RPoints），以及确定是否需要添加任何点。此页面分为两部分，分别为“所需点添加”及“连接点配置”。

图 14-11 Routing 功能点

- 必要及可选的点。必须添加必要的点。其中的选项如下。

添加： 用于将连接点或步路点添加到零部件。

编辑： 用于编辑连接点或步路点的几何体。

删除： 用于删除连接点或步路点。

- 连接点配置。包含的选项如下。

添加所有连接点： 在线路中放置零件时从所有连接点产生端头。

不连接连接点： 在线路中放置零件时不从任何连接点产生端头。

选取连接点： 用于指定在线路中放置零件时，哪些连接点应该产生端头。

单击“Routing 功能点”页面中的“下一步”按钮，此时“Routing Library Manager”对话框中显示的是步路几何体页面，如图 14-12 所示。此对话框用于添加、编辑或删除步路几何体，如垂直轴和对齐轴。步路几何体适用于线路使用的特殊特征。特征和尺寸的名称必须与向导指定的名称完全相同。例如，弯管中的 BendRadius@ElbowArc 确定弯管每个配置的折弯半径。

在向导中将显示每个零部件必要及可选的几何体。在选择零部件类型对话框中设置的零部件类型用于设置零部件类型和确定必要的特征，因此选择正确的零部件类型很重要。

单击“步路几何体”页面中的“下一步”按钮。此时“Routing Library Manager”对话框中显示的是配合参考页面，如图 14-13 所示，使用此对话框可添加、编辑或删除配合参考，以定位插入的零部件。此对话框仅在零部件类型适用于配合参考时才会显示。

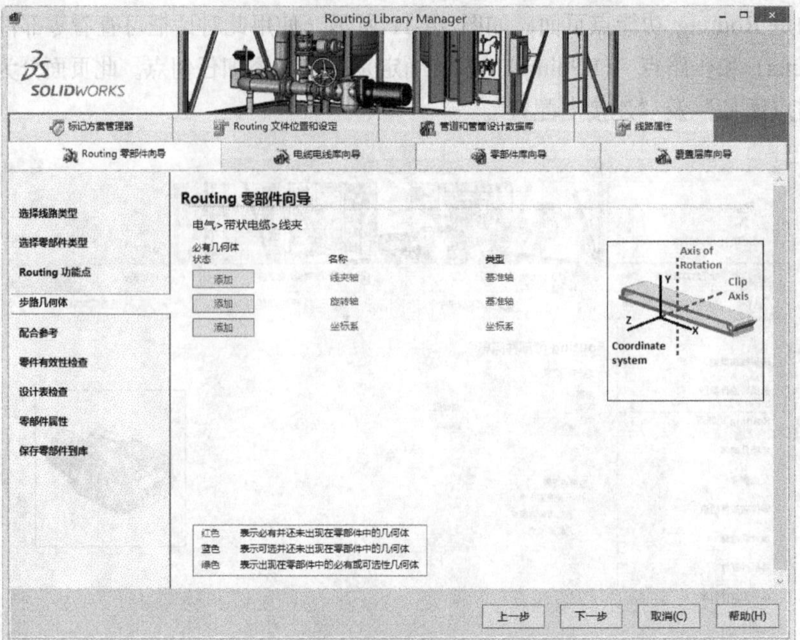

图 14-12 步路几何体

图 14-13 配合参考

可进行的设置为必要及可选性配合参考。

- 添加：用于添加向导建议的配合参考。
- 编辑：用于编辑配合参考。
- 删除：用于删除配合参考。

单击“配合参考”页面中的“下一步”按钮，此时“Routing Library Manager”对话框中显示的是零件有效性检查页面，此对话框用于了解零件中是否缺少任何必要的项目，如连接点和线路点。如无错误的话，将会如图 14-14 所示。

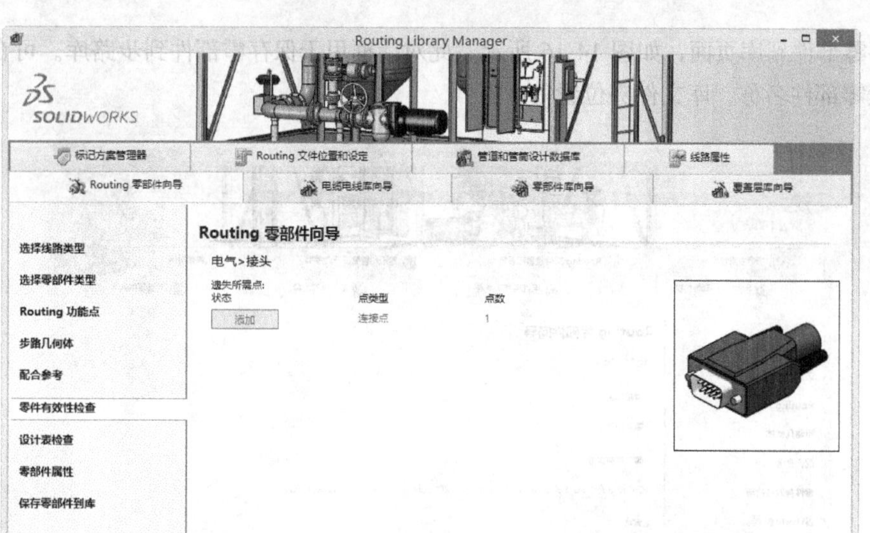

图 14-14 零件有效性检查

单击"零件有效性检查"页面中的"下一步"按钮，此时"Routing Library Manager"对话框中显示的是零部件配置属性页面，如图 14-15 所示。此对话框用于查看零件属性及其值。应使用具有多个配置的零件的系列零件设计表。其中可进行的设置如下。

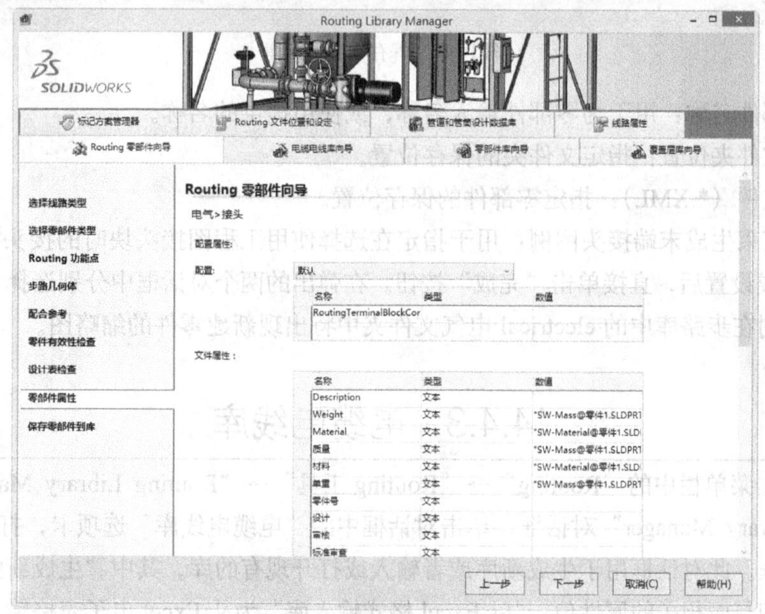

图 14-15 零部件属性

- 打开设计表：打开零件的现有设计表以编辑配置。
- 生成系列零件设计表：生成新的系列零件设计表。生成系列零件设计表按钮在零件具有两个或以上配置并且没有系列零件设计表时可用。
- 配置：用于选择配置以查看个别配置的属性。
- SKey 说明： 用于为零件选择 SKey。如果选择后缀中包含星号的 SKey，请为输入剩余的 SKEY 字符输入值。

单击零部件属性页面中的"下一步"按钮，此时"Routing Library Manager"对话框中显示的是保存零部件到库页面，如图 14-16 所示。此对话框用于保存零部件到步路库。可在此对话框中设置零部件名称、库文件夹位置等。

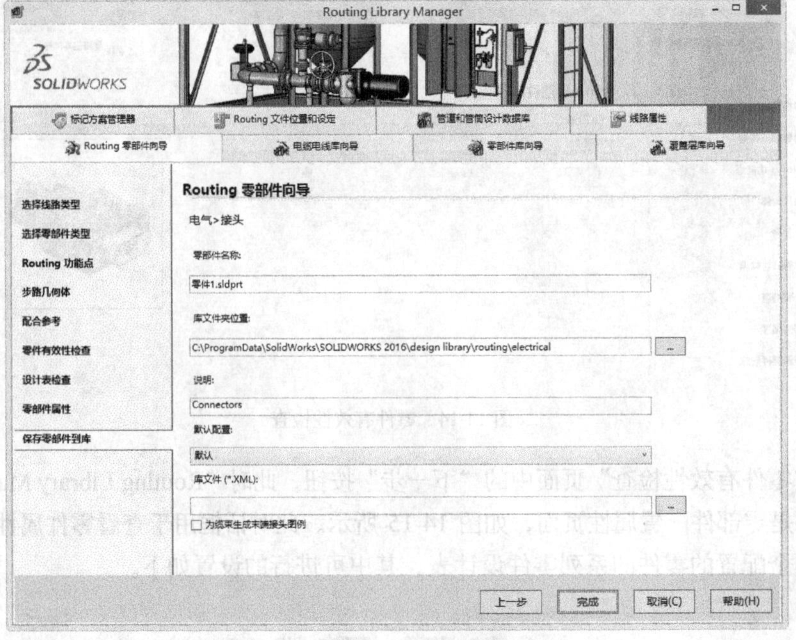

图 14-16　保存零部件到库

- 零部件名称：用于为零部件输入名称，或使用提供的名称。
- 库文件夹位置：指定文件夹的保存位置。
- 库文件（*.XML）：指定零部件的保存位置。
- 为缆束生成末端接头图例：用于指定在选择使用工程图接头块时的接头视图。

全部完成设置后，直接单击“完成”按钮。在弹出的两个对话框中分别选择“是”和“确定”按钮，则在步路库中的 electrical 电气文件夹中将出现新建零件的缩略图。

14.4.3　电缆电线库

通过单击菜单栏中的“Routing”→“Routing 工具”→“Routing Library Manager”，打开“Routing Library Manager”对话框，单击对话框中的“电缆电线库”选项卡，打开如图 14-17 所示的对话框。此对话框用于生成新库或者输入或打开现有的库。其中“生成新的库”为生成一个库并添加与库相关的属性值；“以 Excel 格式输入库”为从 Excel 电子表格输入库数据以生成库；“打开现有库（XML 格式）”为打开现有的库并编辑与库相关的属性。

1．生成新的库

在生成新库时，可以选择是电缆库、电线库还是带电缆库，并且添加与库相关的属性值。生成新的库的步骤如下。

（1）选择电缆电线库欢迎对话框中的“生成新的库”选项，单击“下一步”按钮进入到如图 14-18 所示的电缆电线库对话框中。

（2）从电缆电线库对话框的列表中选择要生成的库的类型：电缆库、电线库或带电缆库。

（3）双击电缆名称（电线库则为名称）下的空单元格，将会出现一个采用各属性默认值的行。

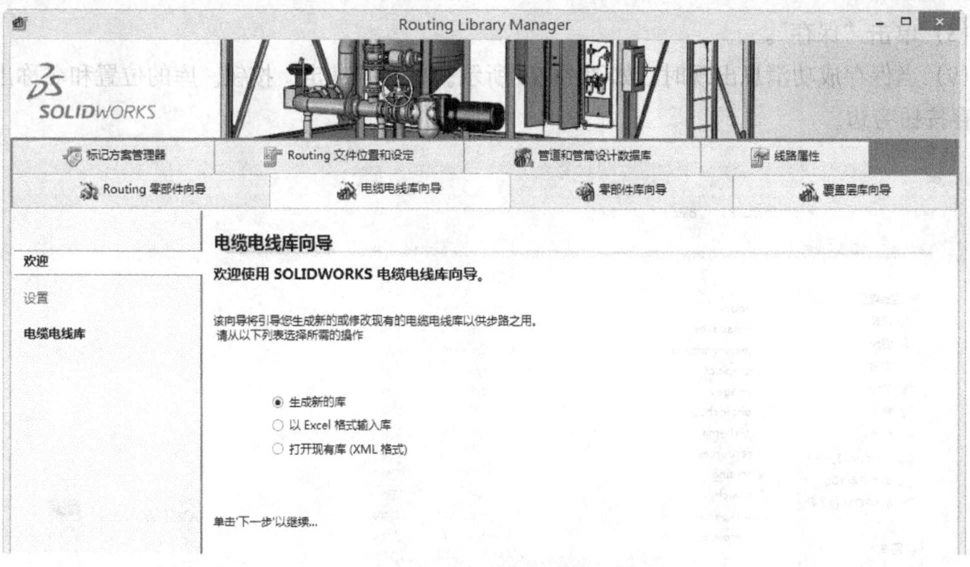

图 14-17　电缆电线库欢迎对话框

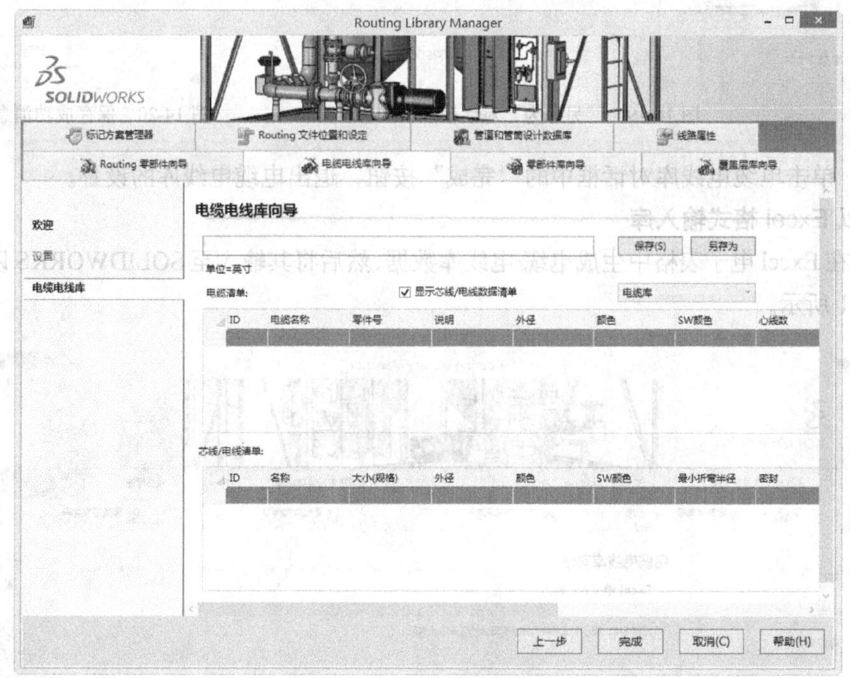

图 14-18　电缆电线库对话框

（4）双击第一行中的每个单元格，并插入属性的值。

（5）如果要为芯线/电线属性添加值（仅电缆库）：

1）选择显示芯线/电线数据清单；

2）在电缆清单下选择电缆；

3）在芯线/电线清单下，插入属性的值。每根电缆可能有多行。

（6）对其他行重复步骤（3）～（5）。

（7）单击“保存”按钮，弹出如图 14-19 所示的“另存为”对话框。然后在“另存为”对话框中浏览至一个位置并输入库的名称。

（8）单击“保存”。

（9）当保存成功消息出现时，如图 14-20 所示。单击“确定”按钮。库的位置和名称出现在保存按钮旁边。

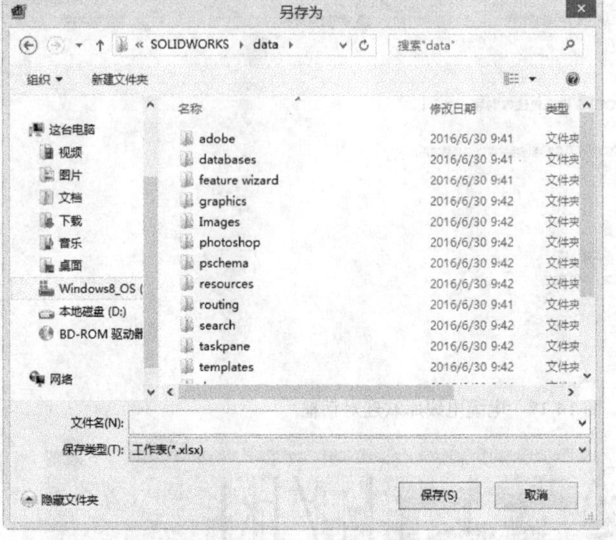

图 14-19 “另存为”对话框

图 14-20 保存成功消息对话框

（10）单击电缆电线库对话框中的“完成”按钮，退出电缆电线库的设置。

2．以 Excel 格式输入库

可以在 Excel 电子表格中生成电缆/电线库数据，然后将其输入至 SOLIDWORKS 以生成库，如图 14-21 所示。

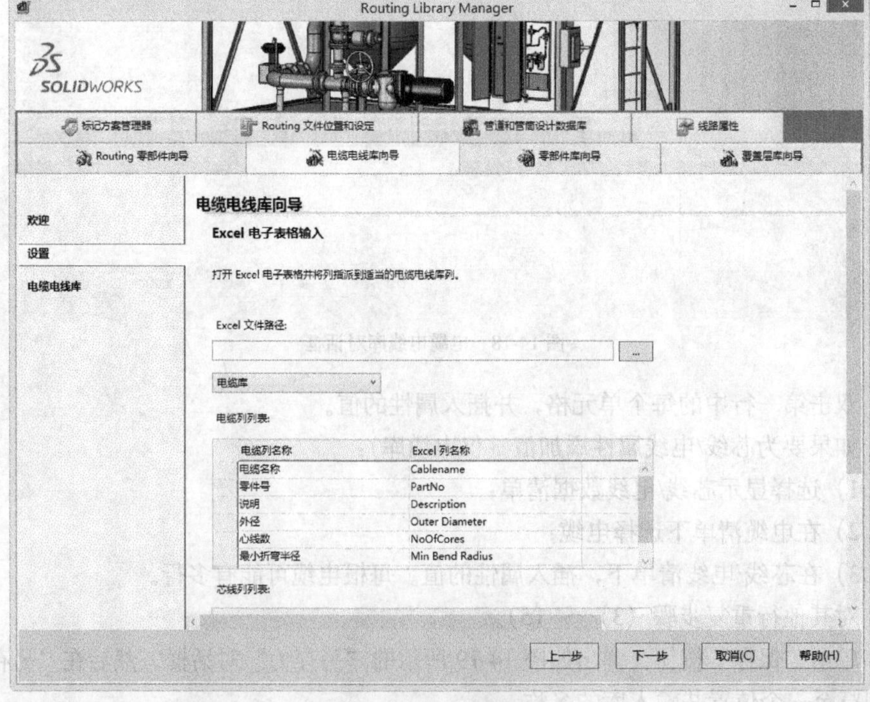

图 14-21 以 Excel 格式输入库

（1）在 Excel 文件路径下，单击 … 并打开要输入的 Excel 文件。

（2）从列表中选择要生成的库的类型：电缆库、电线库或带电缆库。与所选库类型对应的表格将会出现。（有两个用于电缆库的表格。）

（3）在表格中的 Excel 列名称下，双击每行并选择 Excel 电子表格中的列名称以映射至库列。

（4）单击“下一步”。然后在“电缆电线库”对话框中设置选项。

14.5 步路工具

步路工具中包含了电气、管道和管筒通用的基础工具。包含连接点和线路点、自动步路、电缆夹及标准电缆和管筒。

14.5.1 连接点和线路点

连接点为电气接头中电缆开始或结束的点。电气接头需要有至少一个由线路类型设定为电气的连接点。这将定义零件为一电气接头并提供有关线路的信息，如图 14-22 和图 14-23 所示。

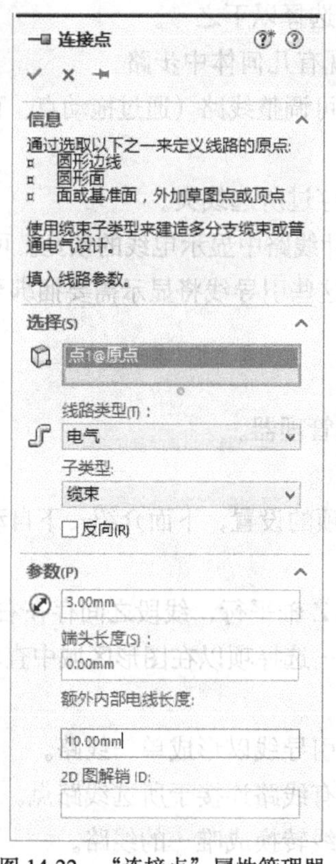

图 14-22 “连接点”属性管理器

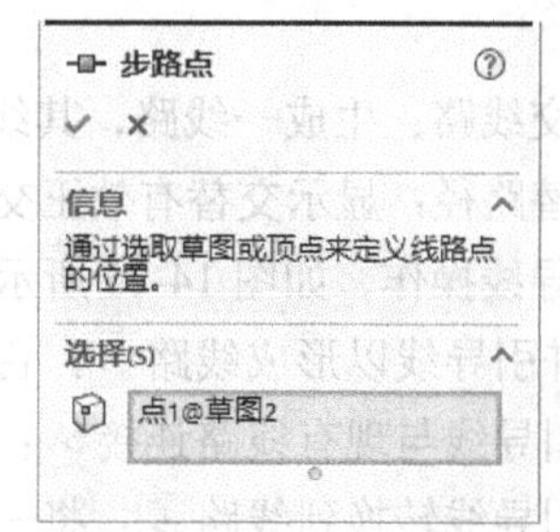

图 14-23 “步路点”属性管理器

1．电气接头的连接点

在具有多个管脚的接头中，有两种方法可定义接头点。

（1）可使用一个连接点来代表所有接头的管脚，并将所有电线/电缆步路到该连接点。管脚连接数据被看成是内部数据。

（2）可单独造型每个管脚，每个管脚可有单独连接点。然后可将单个电线步路到每个管脚。这应只在绝对必要时才进行，因为这可增加模型的复杂性。

2．生成电气接头

在生成电气接头模型时需要添加将接头定位在装配体中的配合参考。首先生成一个草图点用于定位连接点。根据需要添加尺寸和几何关系以确定点的位置完全被定义。然后将点定位在使电缆开始或结束的地方。

14.5.2 自动步路

自动步路工具是使用频率比较高的命令。图 14-24 为“自动步路”属性管理器。利用自动步路工具可以在 3D 线路草图时自动在现有几何体中进行步路、可以在线路草图以外的某些对象中自动步路、可更新线路以穿越所选线夹、可以更新线路以穿越任何轴、可以显示展现连接数据的引导线，操纵这些引导线，并将之转换为线路。

1．自动步路的步骤

（1）在编辑线路时，单击“步路工具工具栏”中的“自动步路”命令或单击菜单栏中的“Routing”→“Routing 工具”→“自动步路”命令。

（2）在“自动步路”属性管理器中，步路模式下选择以下之一。

- 自动步路：选择以在 3D 线路草图中自动在现有几何体中步路。
- 编辑（拖动）：选择以更改到编辑模式，这样可调整线路（通过拖动点、直线等）而无须关闭属性管理器。
- 重新步路样条曲线：选择以更新线路，使之穿过所选线夹。
- 引导线：选取以在包含有连接数据的电缆设计线路中显示电线的预览。可使用“从/到”清单自动添加连接数据，或使用编辑电线手工添加。这些引导线将显示需要捆绑至完工线路上的电线连接。

（3）设定自动步路选项。

（4）单击“确定”按钮，关闭“自动步路”属性管理器。

2．自动步路中的选项

在“自动步路”属性管理器中还需要用到一些选项的设置，下面介绍一下自动步路中的一些选项。

（1）正交线路：生成一线路，其线段与 X、Y 和 Z 轴平行，线段之间存在右角度。

（2）交替路径：显示交替有效正交线路。滚动到一选择项以在图形区域中查看交替线路。

（3）引导线操作，如图 14-25 所示。

- 合并引导线以形成线路：合并两条或多条引导线以形成单一线路。
- 将引导线与现有线路连接：将引导线与现有线路连接于所选线路点。
- 将引导线转换到线路：将一条或多条引导线转换成唯一的线路。

（4）准则

- 显示：消除选择以关闭引导线显示并返回到自动步路模式。
- 更改时更新：选择以在对引导线作更改时自动更新显示。当消除选择时，单击更新引导线来手动更新显示。
- 按长度过滤引导线：选择以按长度过滤引导线的显示状态。

- 显示最短：移动滑块，直到看到的最短引导线可看见为止。
- 显示最长：移动滑块，直到看到的最长引导线可看见为止。

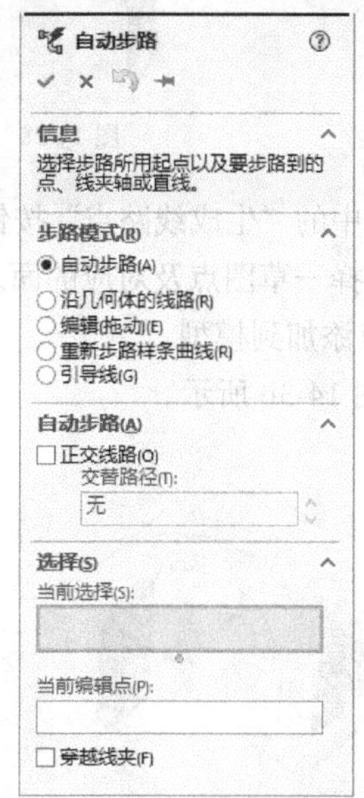

图 14-24 “自动步路”属性管理器

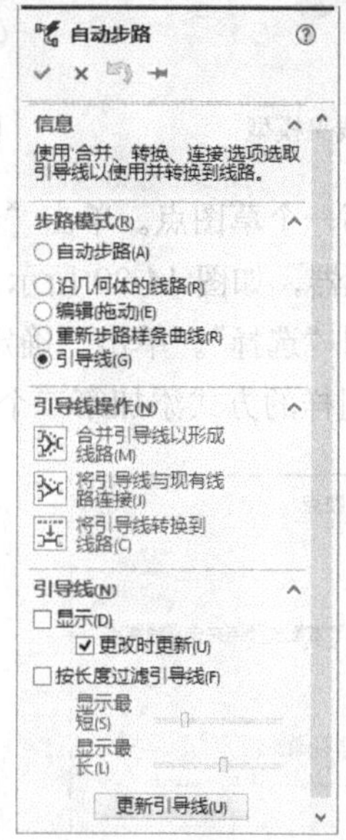

图 14-25 引导线操作

14.5.3 电缆夹

电缆夹及其他类似硬件（电缆夹钳、扎索、托架等）常用来将电缆或灵活管筒沿其路线约束在所选点。

通过电缆夹的相关命令可以将电缆夹放置在线路子装配体中，软件将自动将一样条曲线从电缆夹中步路。通过在主装配体中放置线夹，然后在线路子装配体中自动步路一穿越线夹的样条曲线。

一般线夹具有多个配置，以不同大小生成线夹的多个配置，这样在电缆直径更改时，线夹自动根据适当的配置调整大小，而且在生成一通过线夹的线路后移动线夹。线路更新以与线夹的新位置匹配。在将线夹放置在装配体中时可以旋转线夹也可以之后旋转。

另外还可以使用虚拟线夹（这不要求有任何实体几何体）来定位线路。

1．生成线夹

在自动步路中，可以利用系统自带库里面的线夹零件，也可以自己生成带线路点和轴心的线夹，下面结合实例介绍生成线夹的操作步骤。

【案例 14-1】本案例结果文件光盘路径为“X:\源文件\ch14\14.1.SLDPRT”，案例视频内容光盘路径为“X:\动画演示\第 14 章\14.1 生成线夹.avi”。

(1) 生成线夹模型，如图 14-26 所示。添加任何可能要将线夹定位在装配体中的配合参考。

(2) 生成草图点以创建线路点。首先在线夹的边侧面上打开一张草图，如图 14-27 所示。然后单击“草图”控制面板中的“点”按钮 ▫，添加一与线夹半径的中心重合的草图点。关闭草图，采用同样的方式在另一面上创建另一草图点，结果如图 14-28 所示。

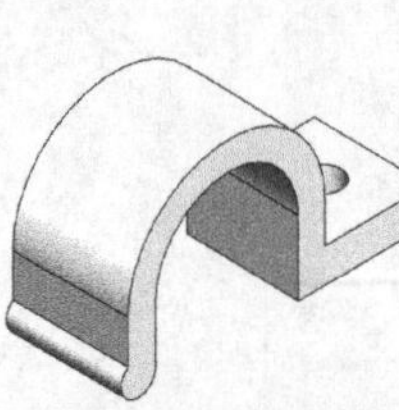

图 14-26 线夹模型

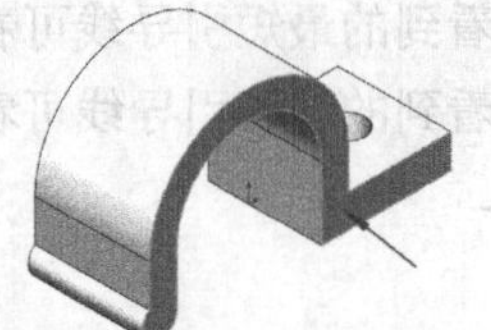

图 14-27 草图平面

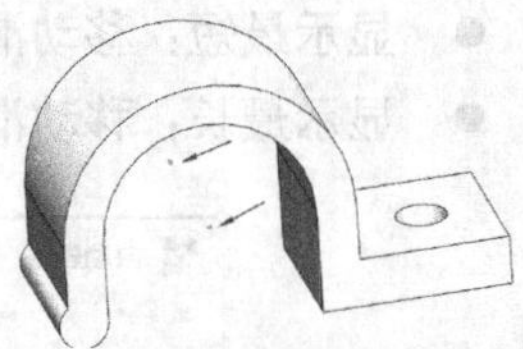

图 14-28 草图点

（3）添加第一个草图点。单击“步路工具”工具栏中的“生成线路点”按钮。弹出“步路点”属性管理器，如图 14-29 所示。在图形区域中选择一草图点及对应的面。点和面在属性管理器中添加到“选择”。单击“确定”按钮 。线路点添加到模型。

（4）采用同样的方式添加第二个线路点，结果如图 14-30 所示。

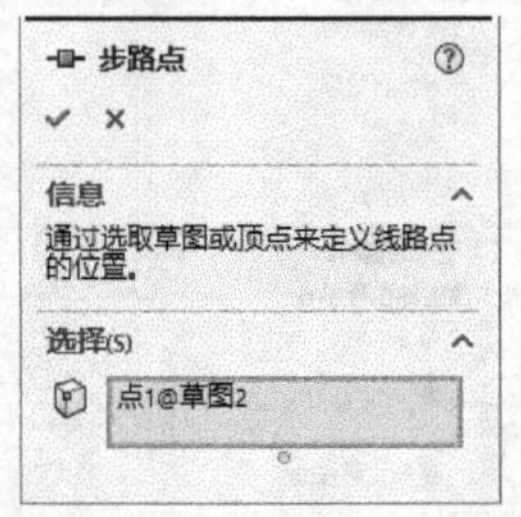

图 14-29 “步路点”属性管理器

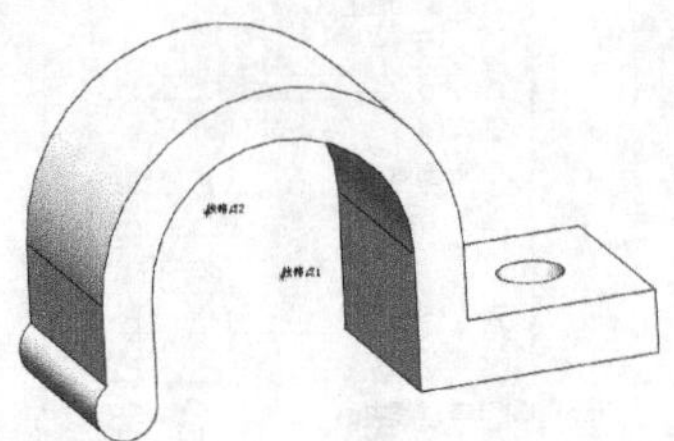

图 14-30 添加线路点

（5）单击“参考几何体”工具栏中的“基准轴”按钮，在两个线路点之间添加一个轴，然后单击“确定”按钮创建基准轴，如图 14-31 所示。

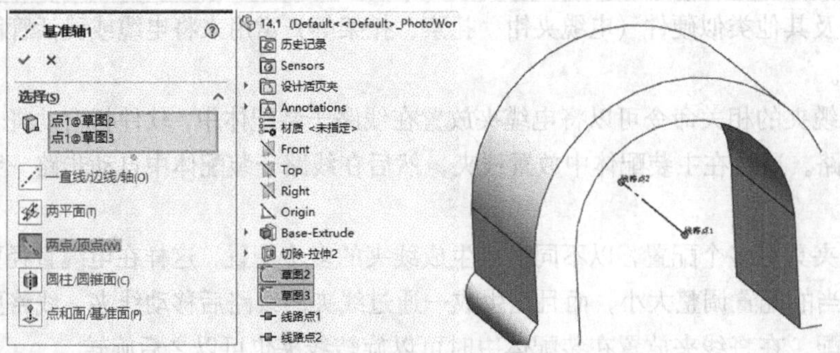

图 14-31 基准轴

（6）保存零件。

当编辑线路时，可通过选择轴或将线夹丢放在线路中来自动步路穿过线夹。

2. 步路通过线夹

在装配体中生成线夹和电缆后，将电缆穿越线夹来进行步路的方法有两种，分别为通过线夹在线夹落差处自动步路和利用现有线段步路通过线夹。

将步路通过线夹在线夹落差处自动步路：

（1）单击菜单栏中的“工具”→“选项”→“系统选项”→“步路”命令，然后选择在线夹落差处自动步路。

（2）编辑线路子装配体，并根据需要添加接头。然后从接头之一开始线路，或者在任何线路段的端点处选择一个点来定义当前的线路端点。

（3）将线夹拖动到线路内，并丢放到位。一样条曲线将从当前的线路端点添加到线夹上的最近线路点。线路端点将自动被移动到此线夹的第二个线路点。通过放置下一个线夹、绘制一直线或样条曲线或选择终端接头零部件来继续步路。线夹为线路子装配体一个零部件。

将现有线段步路通过线夹：

（1）单击“步路”工具栏中的“步路通过线夹”按钮，或单击菜单栏中的“Routing”→“步路工具”→“步路通过线夹”命令。

（2）在属性管理器中指定线路段和线夹。

（3）单击“确定”按钮 。

可以通过在自动步路属性管理器中选择步路模式下的重新步路样条曲线来更新现有线路，使之穿过所选线夹。

14.5.4 实例——视频接线

本例首先通过 Routing Library Manager 来创建接头零部件与线夹的零部件，然后打开装配体文件，将接头和线夹分别插入到装配体中，生成步路装配体，然后生成线路，最后导入线夹并将线缆通过线夹，如图 14-32 所示。

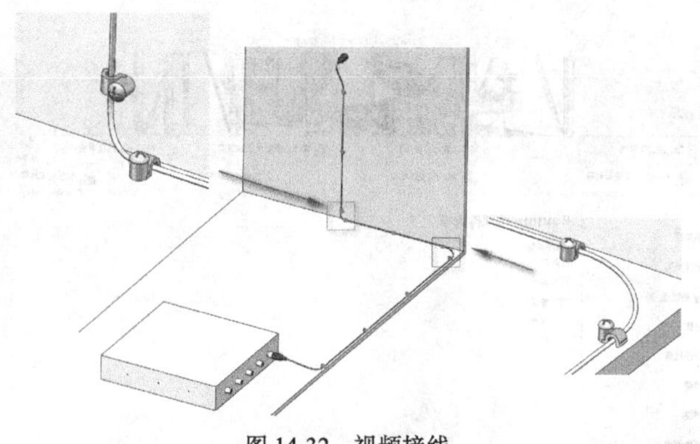

图 14-32　视频接线

光盘文件

实例结果文件光盘路径为“X:\源文件\ch14\视频接线”。

多媒体演示参见配套光盘中的“X:\动画演示\第 14 章\视频接线.avi”。

绘制步骤

1. 创建接头零部件。

（1）打开“Vedio_Male.SLDPRT”，该文件位于“视频接线”文件夹内。打开后的模型如图 14-33 所示。

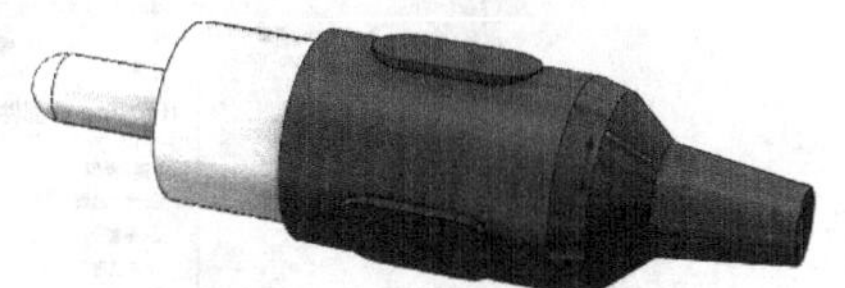

图 14-33　Vedio_Male 零件

（2）单击菜单栏中的“Routing”→“Routing 工具”→“Routing Library Manager”命令，打开如图 14-34 所示的“Routing Library Manager”对话框。

（3）单击“Routing Library Manager”对话框中的“Routing 零部件向导”标签，选择 Routing 零部件向导中的“电气”选项，如图 14-35 所示，创建线路类型为电气零件库。单击“下一步”按钮。

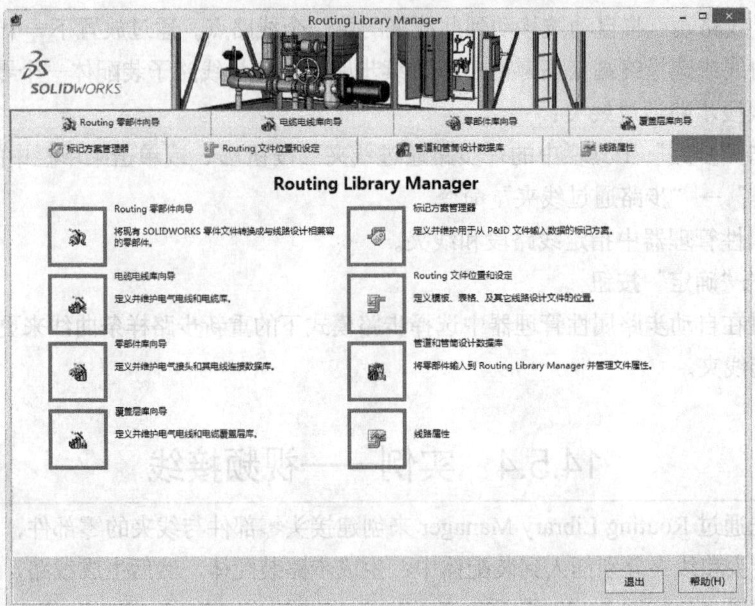

图 14-34　“Routing Library Manager”对话框

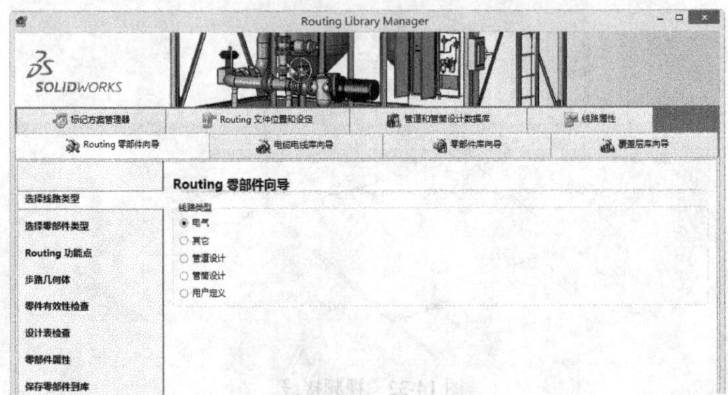

图 14-35　选择线路类型

（4）此时“Routing Library Manager”对话框中显示的是选择零部件类型页面，在这里选择零部件类型为“接头”，如图 14-36 所示。单击“下一步”按钮。

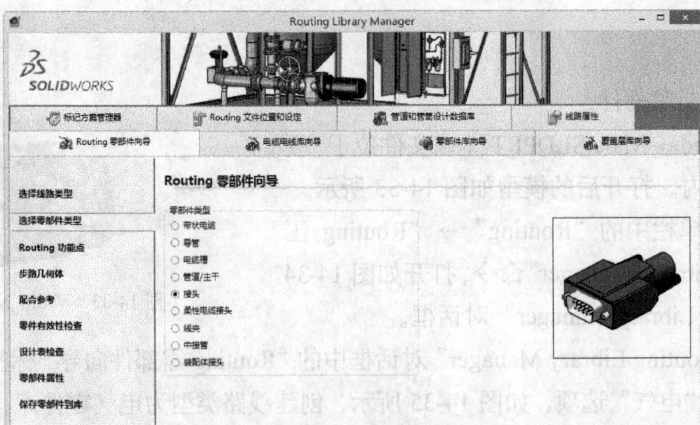

图 14-36　选择零部件类型

（5）此时“Routing Library Manager”对话框中显示的是 Routing 功能点页面，在这里首先单击“添加”按钮，返回到 SOLIDWORKS Routing 界面及“连接点”属性管理器，然后单击前视基准面及原点。输入线路直径为 3mm，端头长度为 10mm，如图 14-37 所示。设置完成后单击“连接点”属性管理器中的“确定”按钮✓，返回到“Routing Library Manager”对话框。选择连接点配置为“添加所有连接点”，如图 14-38 所示。单击“下一步”按钮。

图 14-37 “连接点”属性管理器　　图 14-38 Routing 功能点

（6）此时“Routing Library Manager”对话框中显示的是步路几何体页面，如图 14-39 所示，在这里不要求有特殊几何体，单击“下一步”按钮。

图 14-39 步路几何体

（7）此时“Routing Library Manager”对话框中显示的是配合参考页面，如图 14-40 所示，在这里首先单击“添加”按钮，返回到 SOLIDWORKS Routing 界面及“配合参考”属性管理器，然后选择如图 14-40 所示的圆边线。在配合关系中选择“反向对齐”。设置完成后单击“配合参考”属性管理器中的“确定”按钮✔，返回到“Routing Library Manager”对话框，如图 14-41 所示，单击“下一步”按钮。

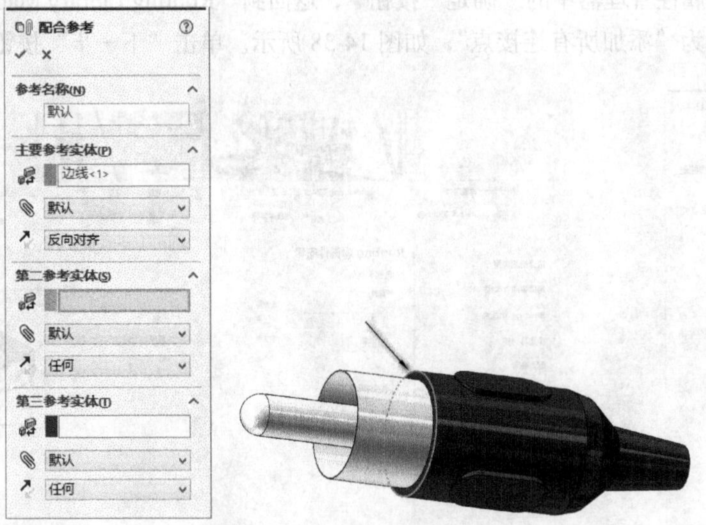

图 14-40　“配合参考”属性管理器

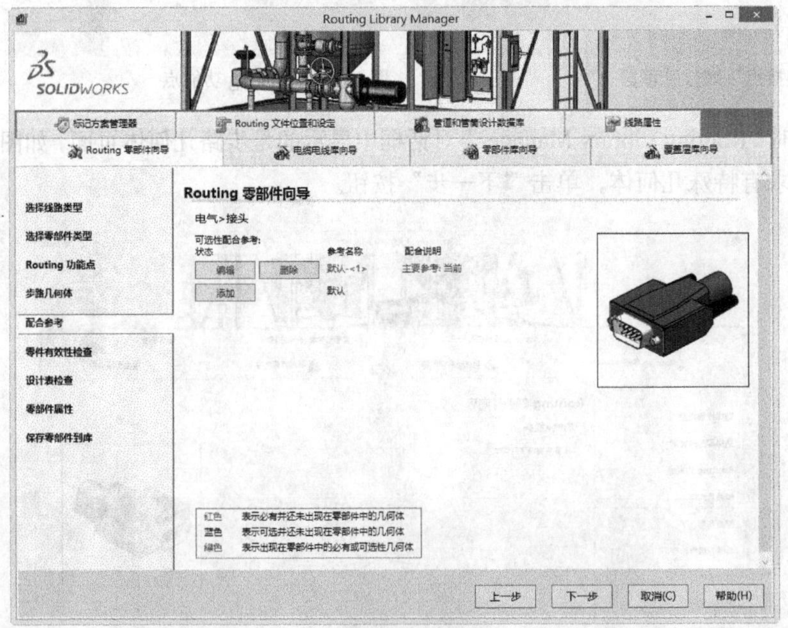

图 14-41　配合参考

（8）此时“Routing Library Manager”对话框中显示的是零件有效性检查页面，如无错误的话，将会如图 14-42 所示，单击“下一步”按钮。

（9）此时“Routing Library Manager”对话框中显示的是零部件配置属性页面，如图 14-43 所示。在这里可以进行系列零件的设计，由于我们所创建的接头没有系列零件，所以此步直接单击“下一步”按钮即可。

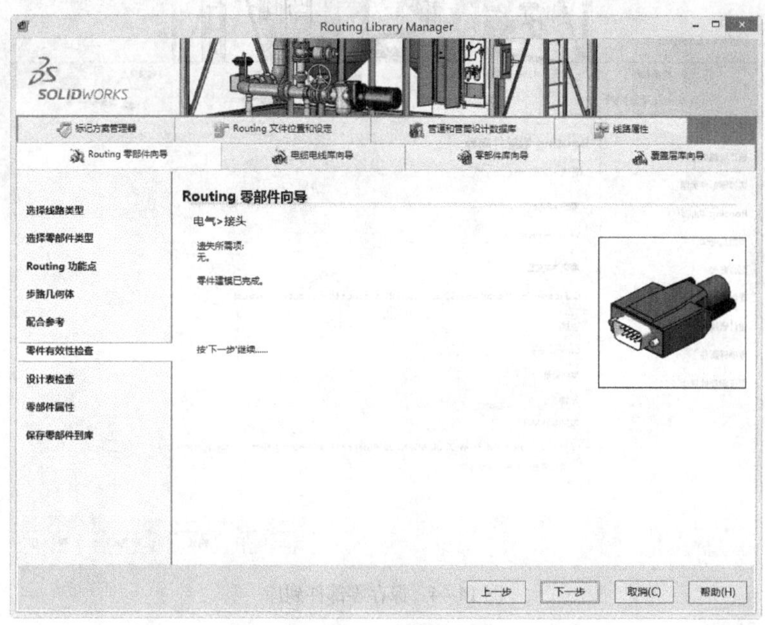

图 14-42 零件有效性检查

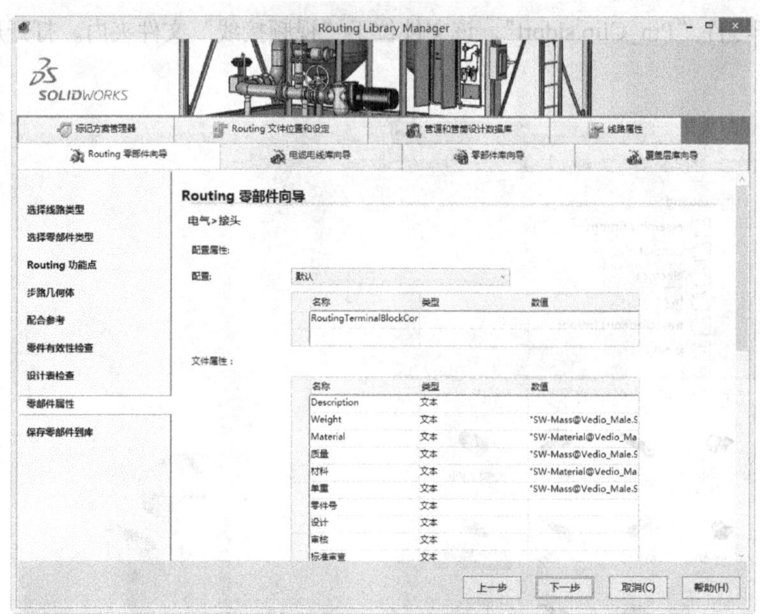

图 14-43 零部件属性

（10）此时“Routing Library Manager”对话框中显示的是保存零部件到库页面，如图 14-44 所示。输入零部件名称为“Vedio_Male”，采取默认的库文件位置，直接单击“完成”按钮。弹出的两个对话框中分别选择“是”和“确定”按钮，则在步路库中的 electrical 电气文件夹中将出现 Vedio_Male 的缩略图，如图 14-45 所示。

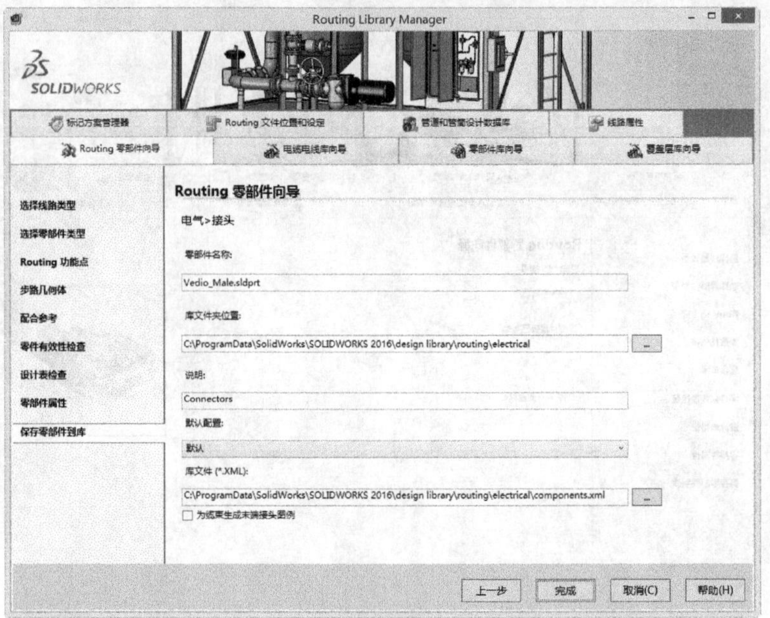

图 14-44　保存零部件到库

2. 创建线夹零部件。

（1）打开零件“Pin_Clip.sldprt”，该文件位于“视频接线”文件夹内。打开后的模型如图 14-46 所示。

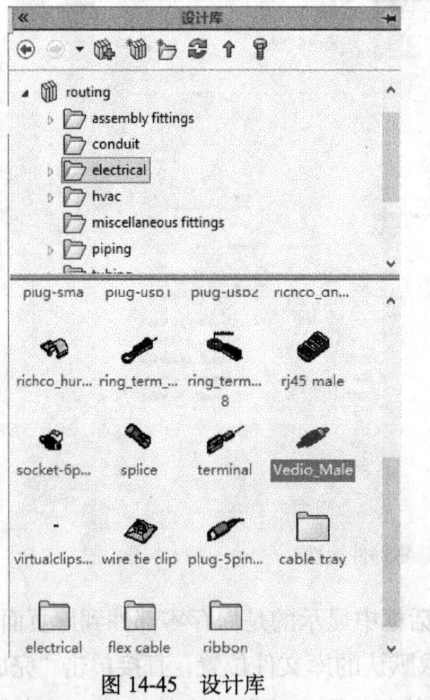

图 14-45　设计库

图 14-46　Pin_Clip 零件

（2）单击菜单栏中的“Routing”→“Routing 工具”→“Routing Library Manager”命令，打开如图 14-47 所示的“Routing Library Manager”对话框。

图 14-47 “Routing Library Manager”对话框

（3）单击“Routing Library Manager”对话框中的“Routing 零部件向导”标签，选择 Routing 零部件向导中的“电气”选项，如图 14-48 所示，创建线路类型为电气零件库。单击“下一步”按钮。

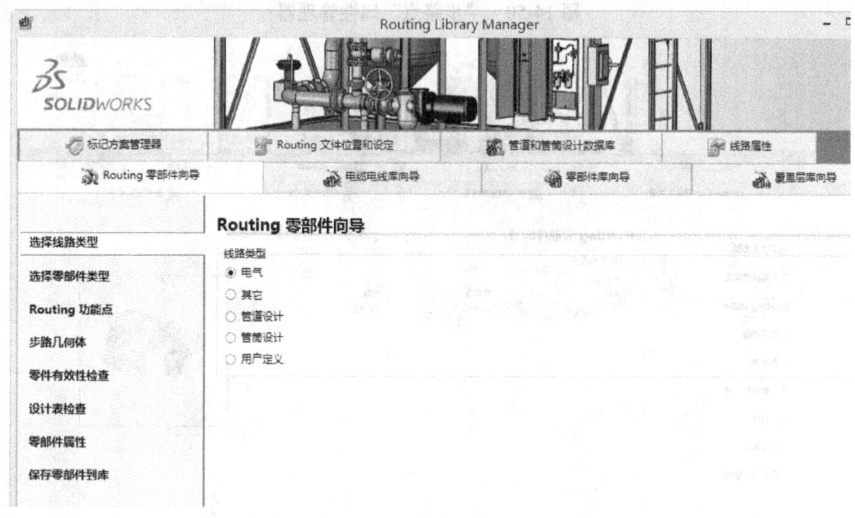

图 14-48 选择线路类型

（4）此时“Routing Library Manager”对话框中显示的是选择零部件类型页面，在这里选择零部件类型为“线夹”，如图 14-49 所示。单击“下一步”按钮。

（5）此时“Routing Library Manager”对话框中显示的是 Routing 功能点页面，在这里首先单击“添加”按钮，返回到 SOLIDWORKS Routing 界面及“步路点”属性管理器，然后选择模型草图 7 中的点 1，如图 14-50 所示。单击“步路点”属性管理器中的“确定”按钮✓。完成后再次单击“添加”按钮再次添加一个步路点。结果如图 14-51 所示，单击“下一步”按钮。

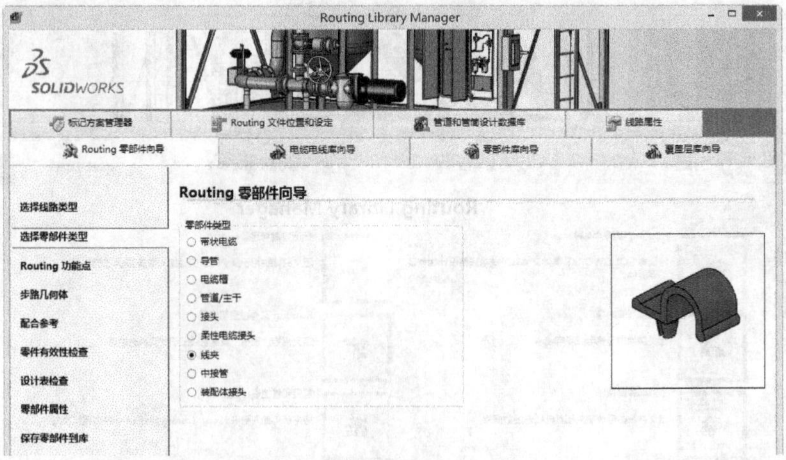

图 14-49　选择零部件类型

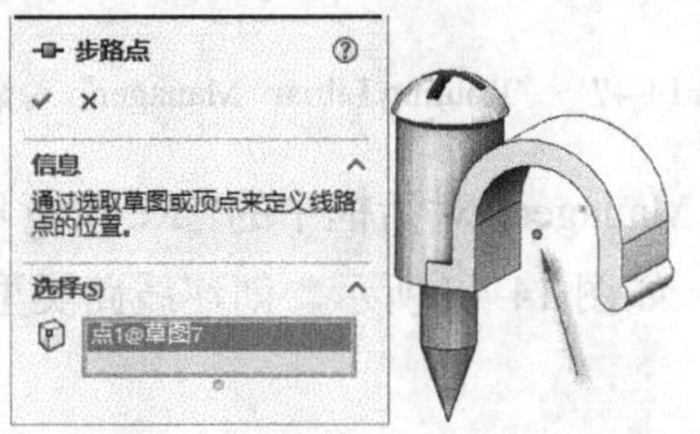

图 14-50　“步路点”属性管理器

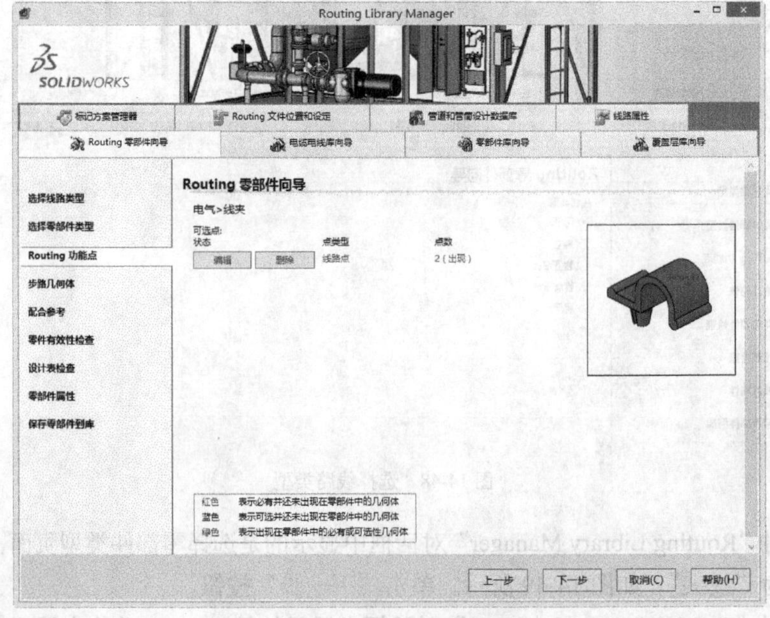

图 14-51　Routing 功能点

（6）此时“Routing Library Manager”对话框中显示的是步路几何体页面，单击线夹轴前的“添加”按钮，在弹出的对话框中单击“新建”按钮，然后按住 Ctrl 键选择连接点 1 和连接点 2，单击“基准轴”属性管理器中的“确定”按钮✔，创建线夹基准轴。如图 14-52 左图所示，返回到步路几何体页面，单击旋转轴前的“添加”按钮，然后选择竖直的圆柱面，如图 14-52 右图所示，单击“基准轴”属性管理器中的“确定”按钮✔。返回到步路几何体页面，如图 14-53

所示，单击“下一步”按钮。

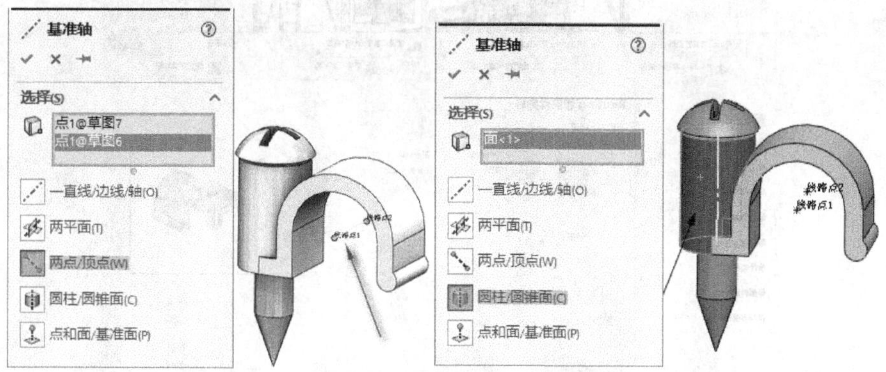

图 14-52 “基准轴”属性管理器

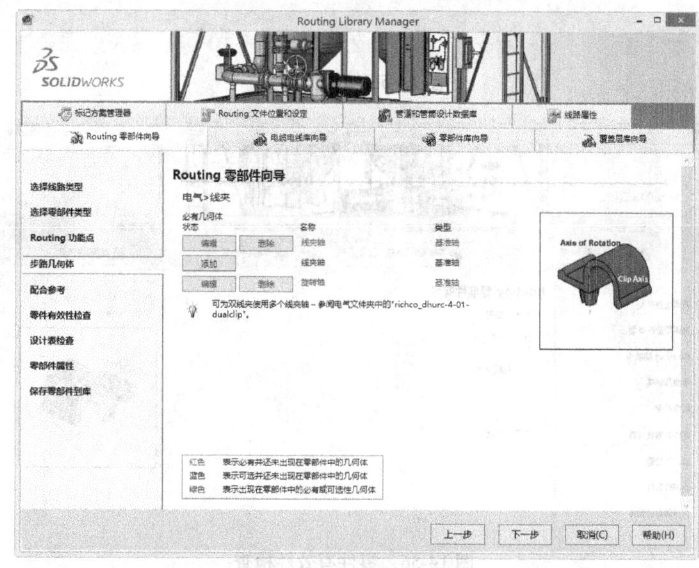

图 14-53 步路几何体

（7）此时“Routing Library Manager”对话框中显示的是配合参考页面，在这里首先单击“添加”按钮，返回到 SOLIDWORKS Routing 界面及“配合参考”属性管理器，然后选择如图 14-54 所示的圆边线。在配合关系中选择“反向对齐”。设置完成后单击“配合参考”属性管理器中的“确定”按钮✓，返回到“Routing Library Manager”对话框，如图 14-55 所示，单击“下一步”按钮。

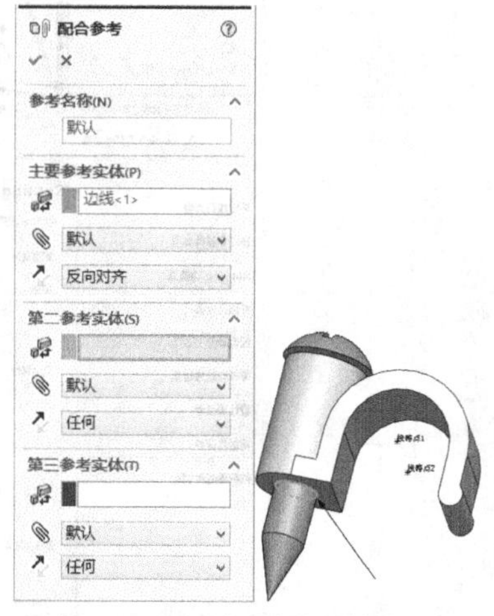

图 14-54 “配合参考”属性管理器

（8）此时“Routing Library Manager”对话框中显示的是零件有效性检查页面，如无错误的话，将会如图 14-56 所示，单击“下一步”按钮。

（9）此时“Routing Library Manager”对话框中显示的是零部件配置属性页面，如图 14-57 所示。在这里可以进行系列零件的设计，直接单击“下一步”按钮。

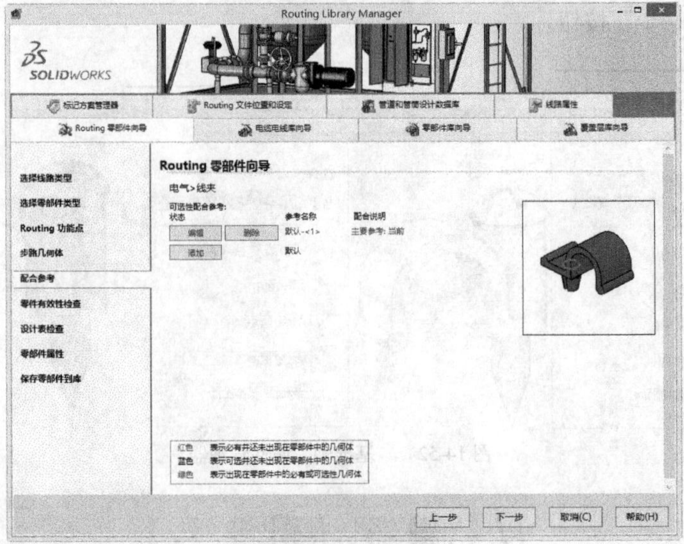

图 14-55　配合参考

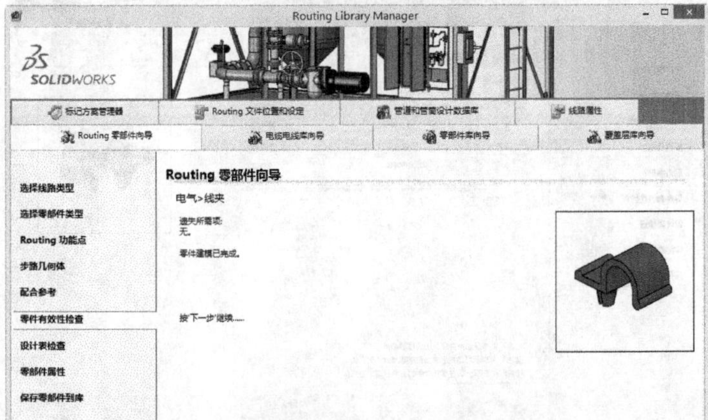

图 14-56　零件有效性检查

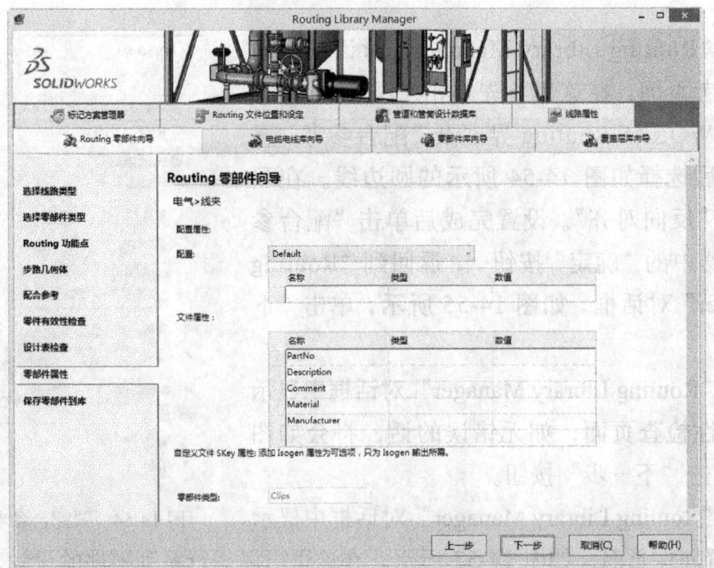

图 14-57　零部件属性

（10）此时“Routing Library Manager”对话框中显示的是保存零部件到库页面，如图 14-58 所示。输入零部件名称为“Pin_Clip”，采取默认的库文件位置，直接单击“完成”按钮。在弹出的两个对话框中分别选择“是”和“确定”按钮。

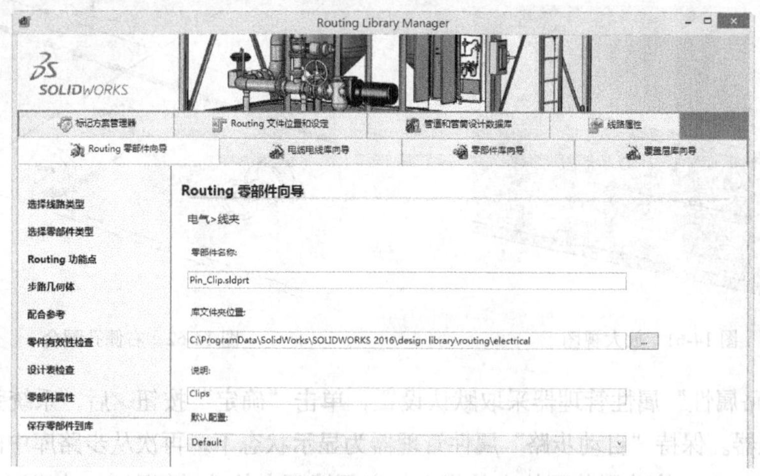

图 14-58　保存零部件到库

3. 生成线路。

（1）打开装配体“Vedio.SLDASM”，该文件位于“视频接线”文件夹内。打开后的模型如图 14-59 所示。

（2）单击“线路”工具栏中的“电气”按钮，打开“电气”工具栏。然后单击“电气”工具栏中的“通过拖/放来开始”按钮，此时右侧会弹出设计库，浏览到步路库中的 electrical 电气文件夹，如图 14-60 所示。

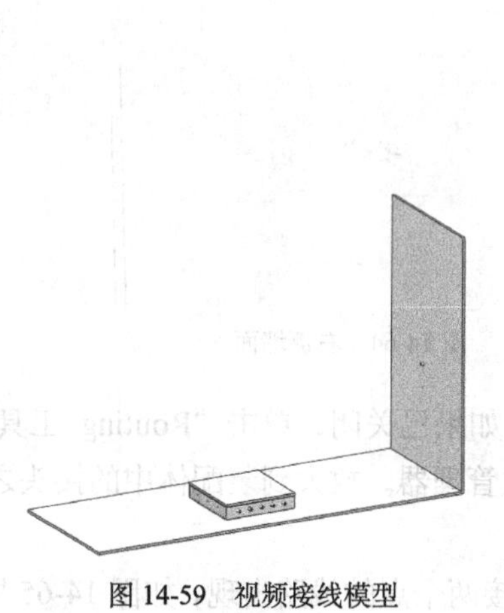

图 14-59　视频接线模型

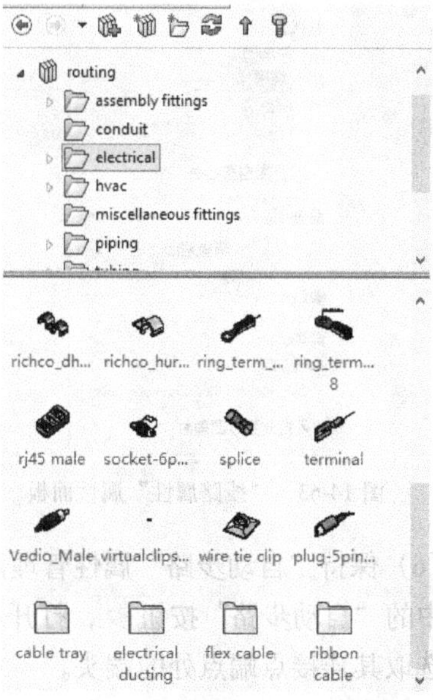

图 14-60　步路设计库

（3）放大视图到如图 14-61 所示的位置，查看左侧壁中的孔。

（4）从步路库中的电气文件夹中选取 Vedio_Male。如图 14-60 所示，将接头拖动到装配体中并将之与最右侧孔进行配合，如图 14-62 所示。系统弹出如图 14-63 所示的“线路属性”属性管理器。

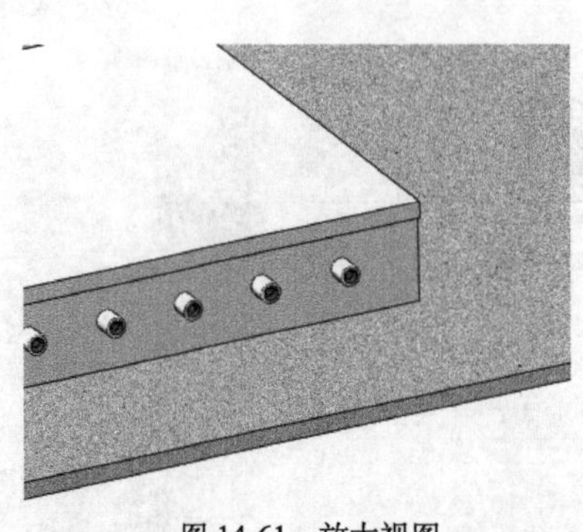

图 14-61　放大视图

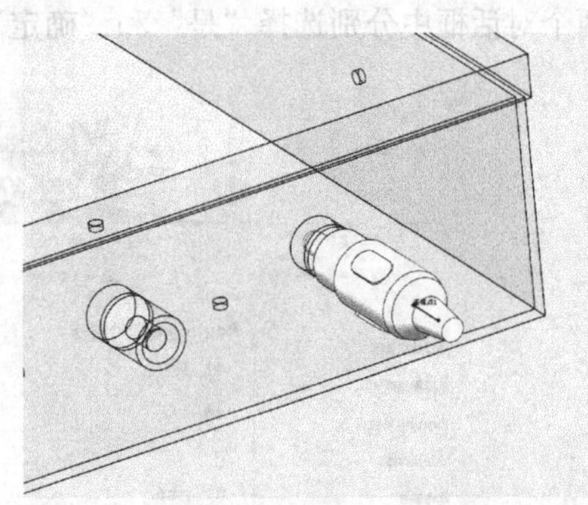

图 14-62　右侧孔配合

（5）“线路属性”属性管理器采取默认设置，单击“确定”按钮✔后，系统弹出“自动步路”属性管理器。保持“自动步路”属性管理器为显示状态下，再次从步路库中的电气文件夹中选取 Vedio_Male，拖动到装配体中并将之与右侧墙面上的孔进行配合，如图 14-64 所示。

图 14-63　“线路属性”属性面板

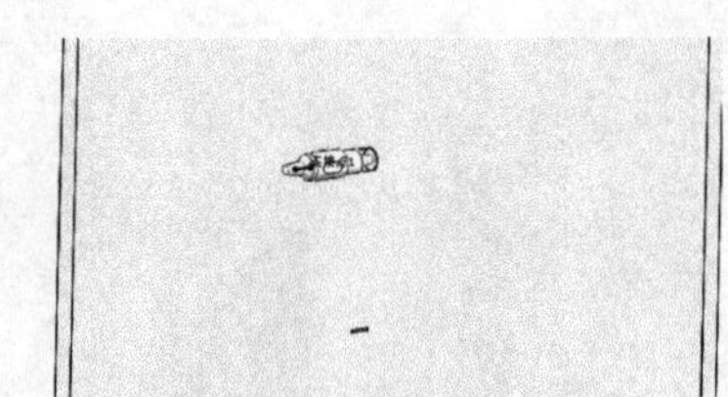

图 14-64　右侧墙面

（6）保持“自动步路”属性管理器为显示状态下，如果已关闭，单击“Routing 工具”工具栏中的“自动步路”按钮，打开“自动步路”属性管理器。放大到装配体中的接头之一，然后选取其连接点端点处的端头。

（7）放大到另一个接头并选取其末端端头。此时连接两个点的线路出现，如图 14-65 所示。单击“自动步路”属性管理器中的“确定”按钮✔。

4. 添加线夹。

（1）从步路库的电气文件夹选取线夹。将线夹拖动到装配体底面左侧的孔中并将之与孔配合，如图 14-66 所示。继续添加另外 9 个线夹，结果如图 14-67 所示。

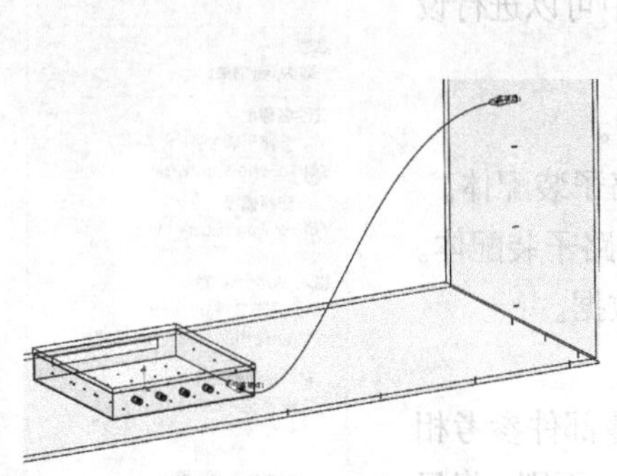
图 14-65 连接线

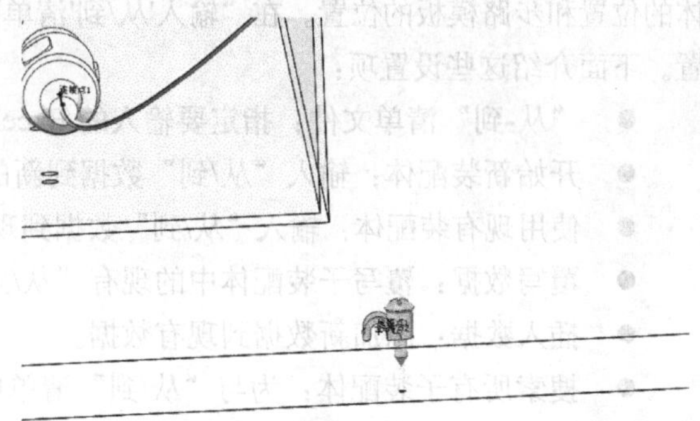
图 14-66 添加线夹

（2）旋转线夹。单击“Routing 工具”工具栏中的“旋转线夹”按钮，弹出“零部件旋转/对齐”属性管理器，首先选择线夹，然后输入旋转的度数，将 1～4 线夹旋转 90°、5～7 线夹旋转 180°、8～10 线夹旋转-90°。

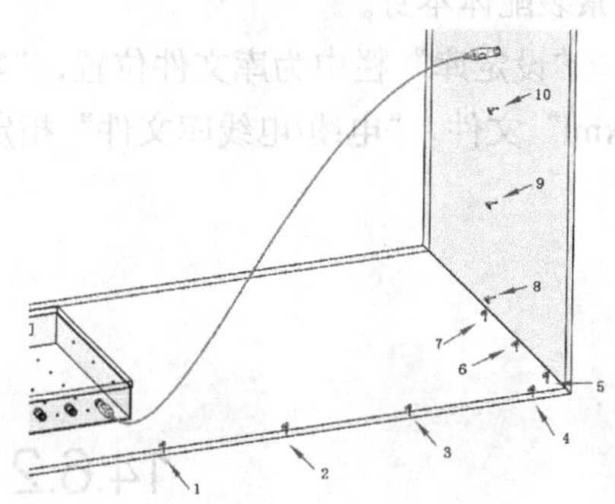
图 14-67 添加线夹

（3）单击“Routing 工具”工具栏中的“步路通过线夹”按钮，弹出如图 14-68 所示的“步路通过线夹”属性管理器，首先选择线缆，然后依次单击每个线夹。线缆在每次单击时就会穿过选定的线夹，单击“确定”按钮。完成后的图形如图 14-69 所示。

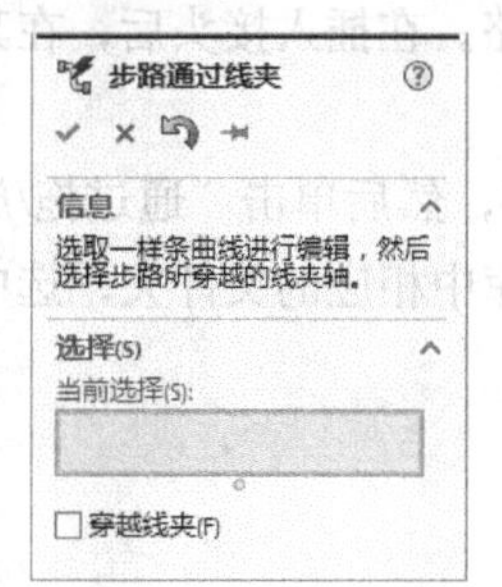

图 14-68 “步路通过线夹”属性管理器

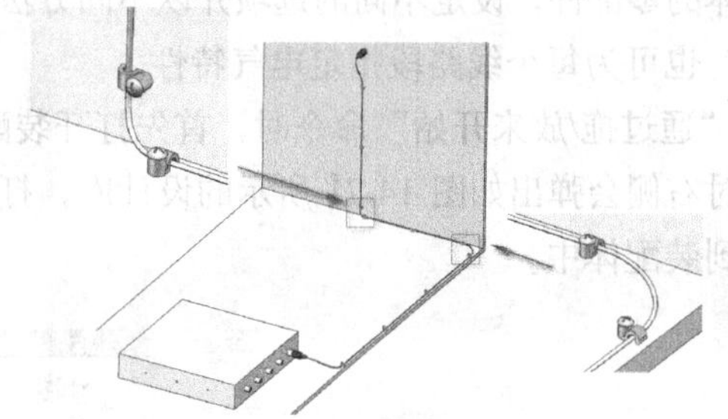
图 14-69 通过线夹

14.6 电气

线路子装配体总是顶层装配体的零部件。当将某些零部件插入到装配体时，都将自动生成一个线路子装配体。在设计线路系统时，首选方法是将线路作为缆束进行模拟。这对分别模拟线路和电缆具有多项非常重要的优点。这样可使 SOLIDWORKS 进行许多计算，大大减少出错的机会。

14.6.1 按“从/到”开始

利用“从/到”清单命令可以从 Excel 电子表格中输入电气连接和零部件数据。单击 Routing 工具栏中的“按‘从/到’开始”命令，打开如图 14-70 所示的“输入电气数据”属性管理器。

“输入电气数据”属性管理器中“文件名称”栏内分别为本装配体的位置和步路模板的位置。在“输入'从/到'清单”栏中可以进行设置。下面介绍这些设置项：

- “从-到”清单文件：指定要输入的 Excel 文件。
- 开始新装配体：输入“从/到”数据到新的线路子装配体。
- 使用现有装配体：输入“从/到”数据到现有线路子装配体。
- 覆写数据：覆写子装配体中的现有“从/到”数据。
- 插入数据：添加新数据到现有数据。
- 搜索所有子装配体：为与“从/到”清单中的零部件参考相符的预放置接头搜索当前的装配体以及其所有子装配体。否则，将只搜索装配体本身。

“设定库”栏中为库文件位置，“零部件库文件”指定零部件库“.xml”文件，“电缆/电线库文件”指定电缆库“.xml”文件。

图 14-70 “输入电气数据”属性管理器

14.6.2 通过拖/放来开始

“通过拖/放来开始”命令手动生成电气线路装配体。根据是否想使接头成为主装配体或线路子装配体的零部件，设定不同的选项并以不同方法开始线路。在插入接头后，在其间绘制路径。另外，也可为每个线路段指定电气特性。

利用“通过拖/放来开始”命令时，首先打开装配体文件，然后单击“通过拖/放来开始”命令，此时右侧会弹出如图 14-71 所示的设计库，打开设计库中相应的文件夹，选中库中的零件并拖放到装配体中。

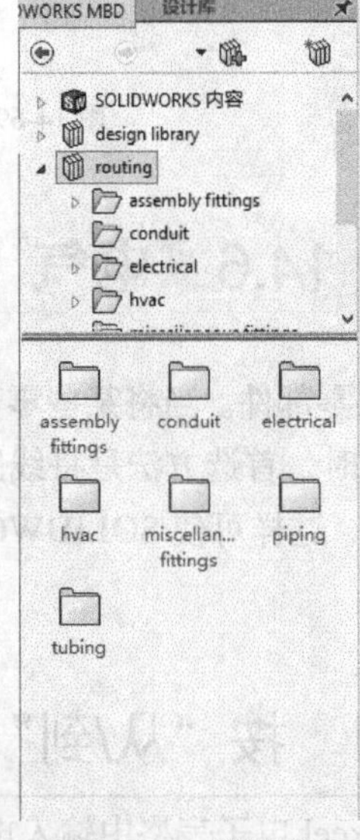

图 14-71 设计库

14.6.3 折弯

利用折弯命令可以在三个电缆线段接合处生成折弯和相切，添加折弯前后的效果如图14-72所示。

图 14-72 添加折弯

添加折弯的步骤如下。

(1) 单击“步路”工具栏中的“添加折弯”按钮，或单击菜单栏中的“Routing”→“电气”→“添加折弯”命令，然后选取三个电缆段的接合处。

(2) 用右键单击三个电缆线段接合处，然后选择添加折弯。

(3) 折弯添加完毕。软件根据穿越点的电线决定半径和实体。

14.6.4 编辑线路

在定义线路子装配体中接头之间的路径后，可将电缆/电线数据与路径相关联。线路直径将更新，以反映出为每个路径所选择的电缆或电线的直径。图 14-73 为“编辑电线”属性管理器。

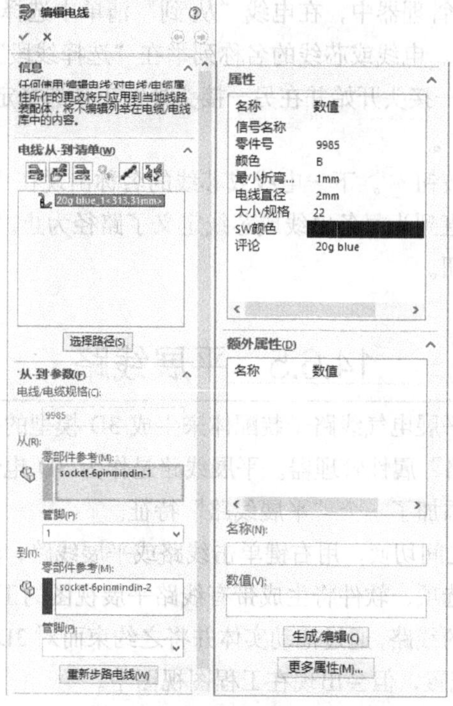

图 14-73 “编辑电线”属性管理器

1．添加或编辑与路径相关联的数据

通过“编辑线路”命令可以添加或编辑与路径相关联的数据。

首先单击“电气”工具栏中的“编辑电线”按钮，或单击菜单栏中的 “Routing”→“电气”→“编辑电线”命令。“编辑电线”属性管理器出现。 如果已在以前手动或使用“从/到”清单添加了电线数据，则将在电线“从/到”清单中出现。如果以前未添加电线数据，电线“从/到”清单将是空白。

电线“从/到”清单中的图标和文字颜色表示电缆、芯线或电线的状态。

- 紫红色：电线的路径未定义。
- 黑色：电线的路径已定义。
- 红色：电线的路径包含错误。要显示错误信息，请选择电线名称，然后单击“什么错?”。

2．指定要使用的电线和电缆

利用编辑线路命令可以指定要使用的电线和电缆，单击电气工具栏中的“编辑电线”命令，进入到编辑线路后的步骤如下。

(1) 在“编辑电线”属性管理器中单击“添加电线”。

(2) 在对话框的库文件中指定要使用的库文件。库中可用的所有电线和电缆出现在“选择电线”中。电线和电缆按电缆/电线库中所定义的电线名称或电缆名称列出。

(3) 在“选择电线”中，选择要在装配体中使用的电线或电缆，然后单击“添加”。电线或电缆添加到“所选电线”中。

(4) 重复以上步骤根据需要选择更多电线或电缆。

(5) 单击“确定”按钮。所选电线和电缆出现在属性管理器的电线“从/到”清单中。

3．为每根电线或电缆芯指定路径

指定每根电线或电缆芯线的路径的步骤如下。

(1)“编辑电线”属性管理器中，在电线“从/到”清单中选择一根电线或芯线。

(2) 单击“选择路径”。电线或芯线的名称列举在“选择线段”之上。

(3) 在图形区域中，从一接头开始并在另一接头处结束来选择定义所选电线路径的线路段。线段出现在“选择线段”中。

(4) 单击“下一步”按钮。下一电线或芯线的名称出现在“选择线段”之上。

(5) 重复上面步骤，直到为每条电线或芯线定义了路径为止。

(6) 单击“确定”按钮。

14.6.5 平展线路

利用平展线路命令可平展电气线路子装配体来生成 3D 模型的平展配置和平展缆束的工程图。图 14-74 为“平展线路”属性管理器。平展线路是作为 3D 电气线路子装配体的一个新配置生成的。在设计树中，添加了一个“平展线路”特征。

要在 3D 和平展线路之间切换，用右键单击线路或平展线路，然后选择显示配置。如果在属性管理器中选定工程图选项，软件将生成带有线路平展视图的工程图文件。

另外还可以编辑展开的线路，通过拖动实体并将之约束而对 3D 模型的平展配置进行更改。这些更改不会应用到 3D 配置，但会出现在工程图视图中。

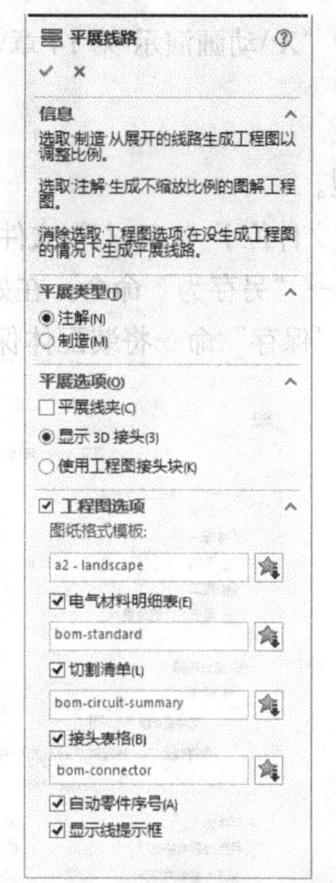

图 14-74 "平展线路"属性管理器

14.6.6 实例——LED 灯

本例通过 Excel 文件添加线缆，学习利用 SOLIDWORKS Routing 中的"按'从/到'开始"进行电气步路设计。首先导入 Excel 文件，然后确定接头位置，自动生成线缆。最后生成工程视图，如图 14-75 所示。

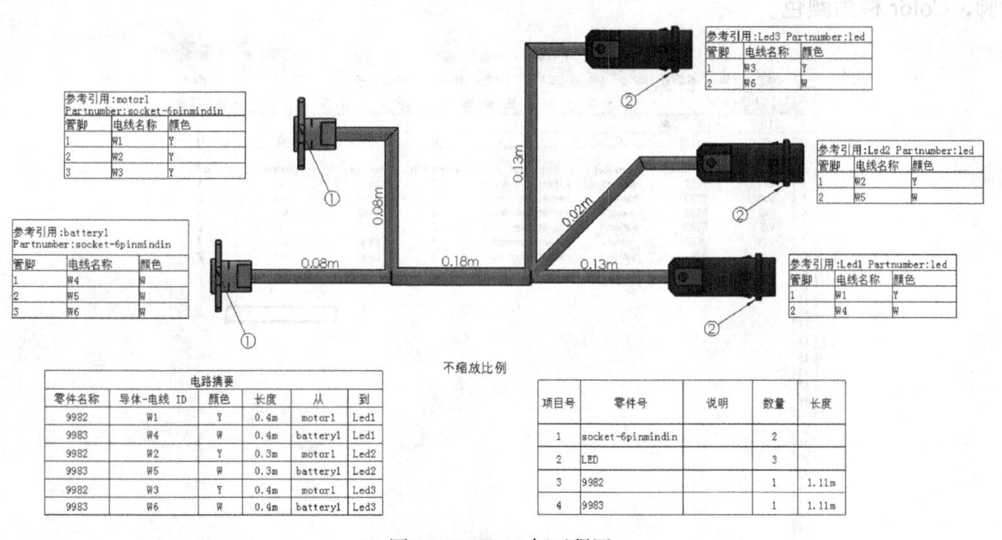

电路摘要					
零件名称	导体-电线 ID	颜色	长度	从	到
9982	W1	Y	0.4m	motor1	Led1
9983	W4	W	0.4m	battery1	Led1
9982	W2	Y	0.3m	motor1	Led2
9983	W5	W	0.3m	battery1	Led2
9982	W3	Y	0.4m	motor1	Led3
9983	W6	W	0.4m	battery1	Led3

项目号	零件号	说明	数量	长度
1	socket-6pinmindin		2	
2	LED		3	
3	9982		1	1.11m
4	9983		1	1.11m

图 14-75 LED 灯工程图

光盘文件

实例结果文件光盘路径为"X:\源文件\ch14\LED 灯"。

多媒体演示参见配套光盘中的“X:\动画演示\第 14 章\LED 灯.avi”。

绘制步骤

1. 打开 SOLIDWORKS 模型。

（1）打开“线盒.SLDASM”，该文件位于“LED 灯”文件夹内。打开后的模型如图 14-76 所示。

（2）单击菜单栏中的“文件”→“另存为”命令，在如图 14-77 所示的“另存为”对话框中，输入名称为“LED 灯”，单击“保存”命令将装配体保存为“LED 灯.sldasm”。

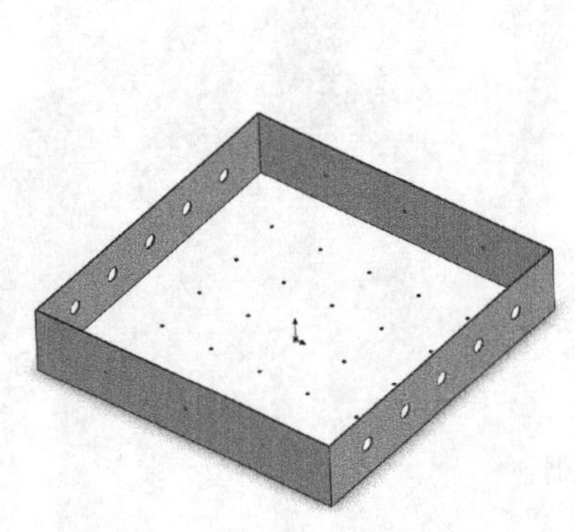

图 14-76　线盒

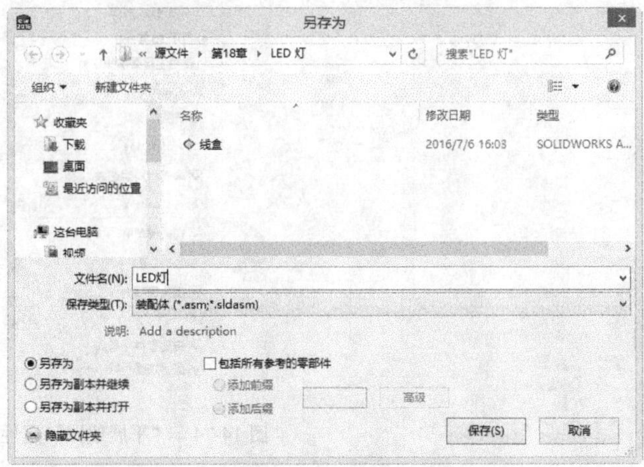

图 14-77　“另存为”对话框

2. 添加线路。

（1）浏览到光盘文件夹，打开分线盒文件夹下的“分线盒 2.xls”文件，如图 14-78 所示。Wire 栏为电线名称，Wire Spec 栏为电线规格，From Ref 栏为从参考，partno 栏为从参考的零件号，From Pin 栏为从管脚，To Ref 栏为到参考，partno 栏为到参考的零件号，To Pin 栏为到管脚，Color 栏为颜色。

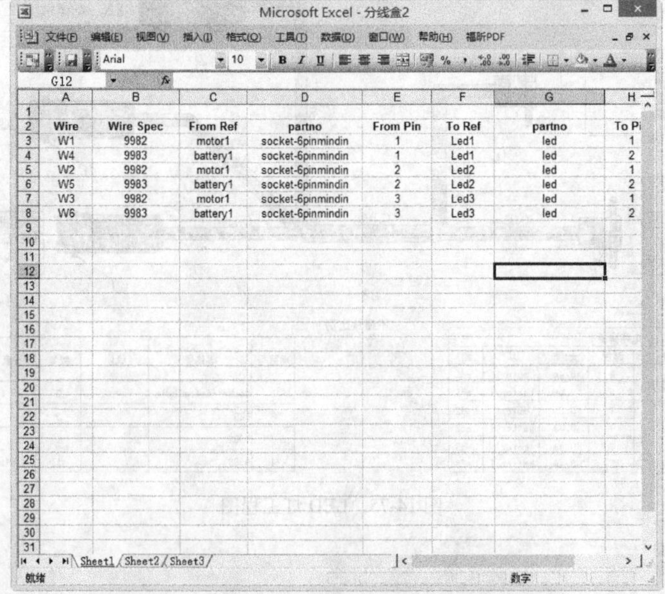

Wire	Wire Spec	From Ref	partno	From Pin	To Ref	partno	To Pi
W1	9982	motor1	socket-6pinmindin	1	Led1	led	1
W4	9983	battery1	socket-6pinmindin	1	Led1	led	2
W2	9982	motor1	socket-6pinmindin	2	Led2	led	1
W5	9983	battery1	socket-6pinmindin	2	Led2	led	2
W3	9982	motor1	socket-6pinmindin	3	Led3	led	1
W6	9983	battery1	socket-6pinmindin	3	Led3	led	2

图 14-78　“分线盒 2”Excel 文件

（2）单击“线路”工具栏中的“电气”按钮，打开“电气”工具栏。然后单击“电气”工具栏中的“按‘从/到’开始”按钮，此时弹出如图 14-79 所示的“输入电气数据”属性管理器。

（3）单击“输入电气数据”属性管理器中的“‘从-到’清单文件”后的按钮。打开选择文件对话框，浏览到光盘中的“分线盒 2.xls”文件打开。单击“输入电气数据”属性管理器中的“确定”按钮✔。如果导入 Excel 表格正常的话会弹出如图 14-80 所示的放置零部件提示框。

图 14-79 “输入电气数据”属性管理器

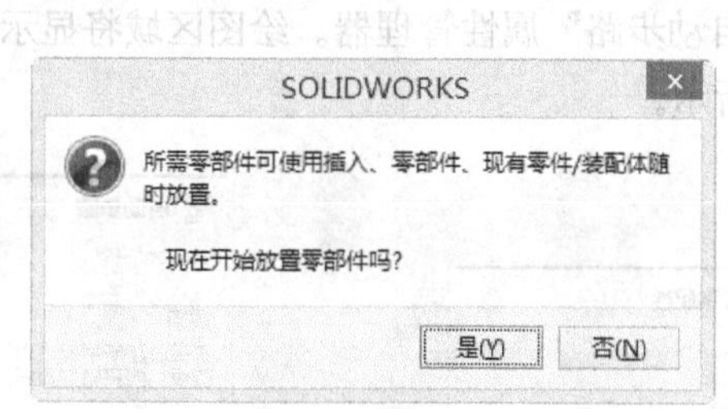

图 14-80 放置零部件提示框

（4）单击提示框中的“是”按钮，系统弹出如图 14-81 所示的“插入零部件”属性管理器。同时鼠标显示第一个线路接头“battery1”的预览。滚动鼠标将分线盒的左侧壁放大，然后将“battery1”移动到从上往下数第二个孔的位置，当鼠标右侧变为只能配合图标时，如图 14-82 所示，单击鼠标左键将“battery1”放入到模型中。

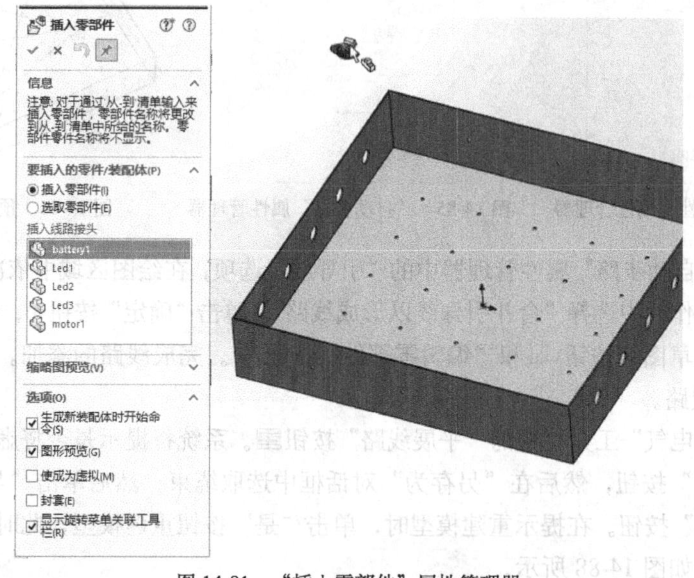

图 14-81 “插入零部件”属性管理器

（5）当“battery1”插入到模型后，“插入零部件”缩略图中将显示为“Led1”，同时鼠标显示线路接头“Led1”的预览。将“Led1”与模型右侧第一个孔相配合。采用同样的方式放置其余几个接头，放置的位置如图 14-83 所示。全部放置完成后会弹出“提示”对话框，单击“是”按钮，开始设计线路。此时系统弹出如图 14-84 所示的“线路属性”属性管理器。

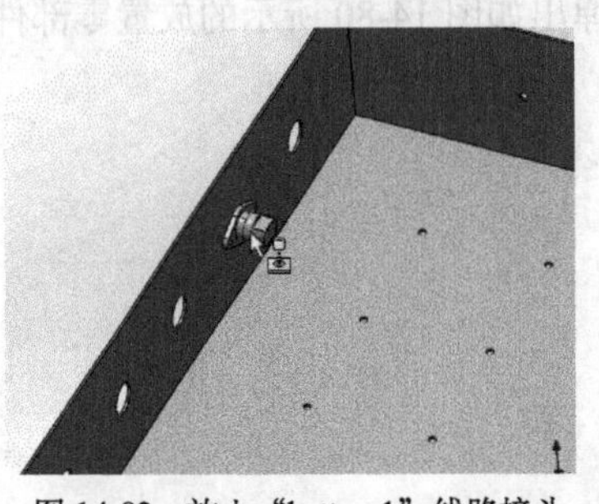

图 14-82 放入“battery1”线路接头

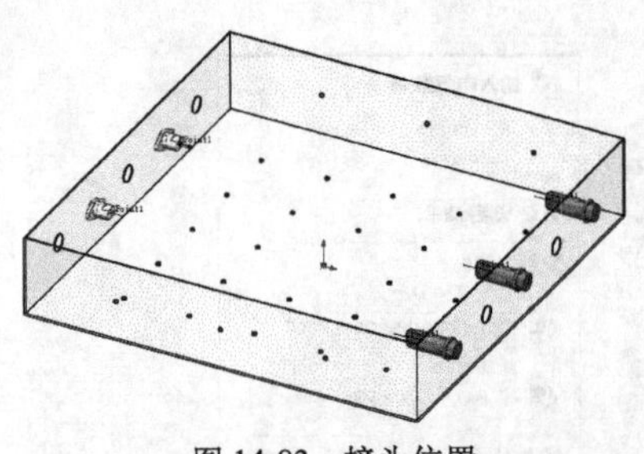

图 14-83 接头位置

（6）单击“确定”按钮✔。采取“线路属性”属性管理器的默认设置。系统弹出如图 14-85 所示的“自动步路”属性管理器。绘图区域将显示在 Excel 文件中所定义的线路的预览图，如图 14-86 所示。

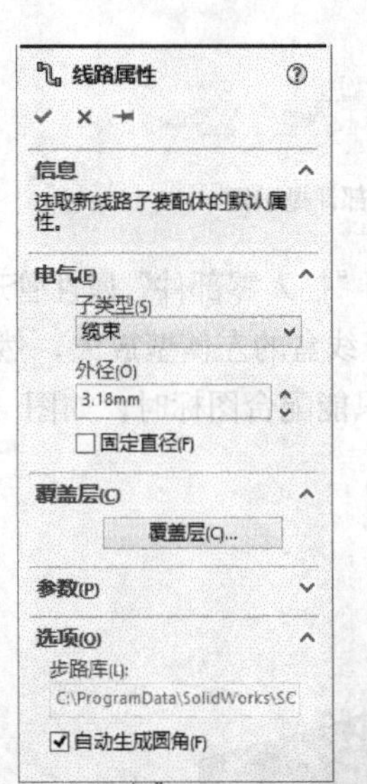

图 14-84 “线路属性”属性管理器

自动步路
信息
选择步路所用起点以及要步路到的点、线夹轴或直线。
步路模式(R)
自动步路(A)
沿几何体的线路(R)
编辑拖动(E)
重新步路样条曲线(R)
引导线(G)
自动步路(A)
正交线路(O)
交替路径(T):
无
选择(S)
当前选择(S):
当前编辑点(P):
穿越线夹(F)

图 14-85 “自动步路”属性管理器

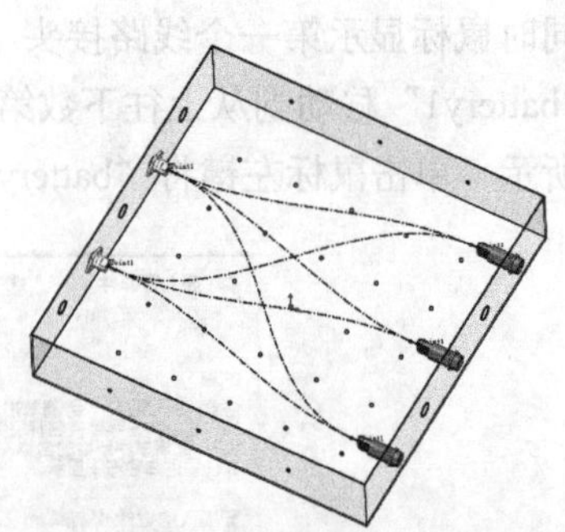

图 14-86 预览结果

（7）单击“自动步路”属性管理器中的“引导线”选项，在绘图区域中依次选择六条线路。然后在引导线操作栏中选择“合并引导线以形成线路”。单击“确定”按钮✔，如图 14-87 所示。然后单击“退出草图”按钮和“编辑零部件”按钮。完成线路的添加。

3. 平展线路。

（1）单击“电气”工具栏中的“平展线路”按钮。系统将提示是否将虚拟线路保存为装配体，单击“是”按钮，然后在“另存为”对话框中选取缆束，然后单击“与装配体相同”，接着单击“确定”按钮。在提示重建模型时，单击“是”按钮重建模型，此时绘图区域中将显示线路装配体，如图 14-88 所示。

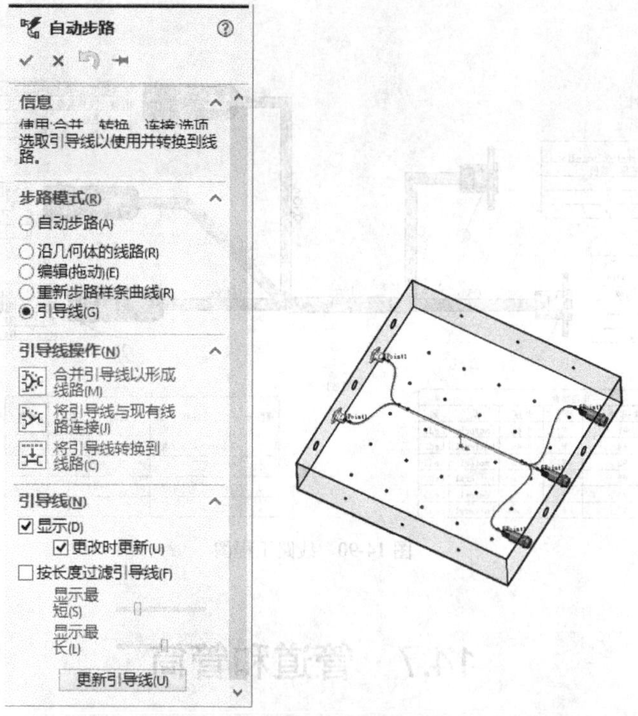

图 14-87 “自动步路”属性管理器

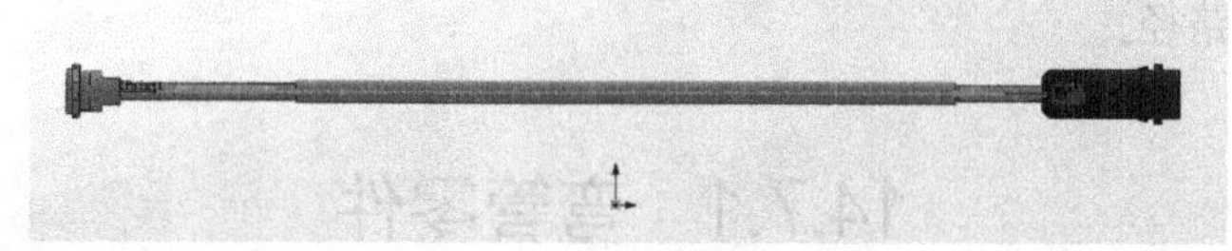

图 14-88 线路装配体

（2）在如图 14-89 所示的“平展线路”属性管理器中，选择平展类型为“注解”，在平展选项中选取“显示 3D 接头”选项，展开并选取“工程图选项”，选择其中的“电气材料明细表 ”、“切割清单”、“接头表格 ” 和 “自动零件序号”选项。如图 14-89 所示，然后单击“确定”按钮，完成平展线路的设置，完成后的工程图如图 14-90 所示。单击“保存”按钮对文件进行保存。

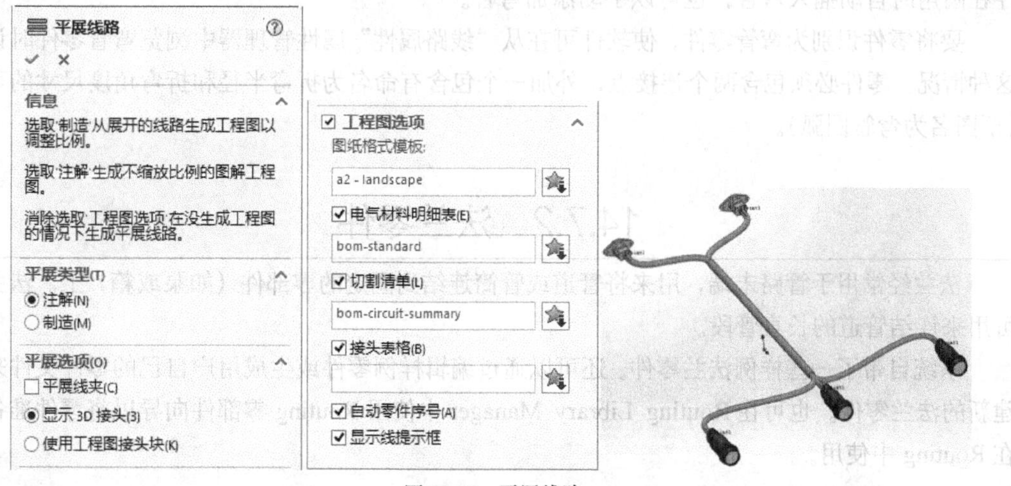

图 14-89 平展线路

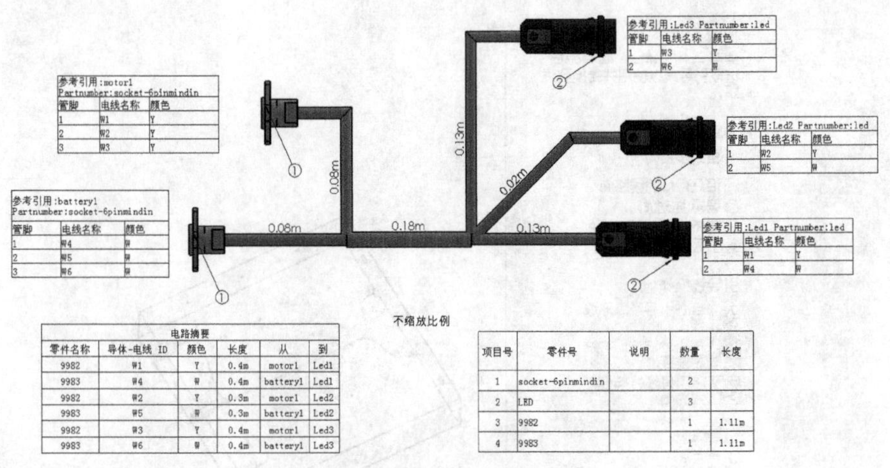

参考引用:motor1
Partnumber:socket-6pinmindin
管脚 电线名称 颜色
1 W1 Y
2 W2 Y
3 W3 Y
参考引用:battery1
Partnumber:socket-6pinmindin
管脚 电线名称 颜色
1 W4 W
2 W5 W
3 W6 W
参考引用:Led3 Partnumber:led
管脚 电线名称 颜色
1 W3 Y
2 W6 W
参考引用:Led2 Partnumber:led
管脚 电线名称 颜色
1 W2 Y
2 W5 W
参考引用:Led1 Partnumber:led
管脚 电线名称 颜色
1 W1 Y
2 W4 W
0.08m
0.08m
0.18m
0.13m
0.02m
0.13m
①
①
②
②
②
不缩放比例
电路摘要
零件名称 导体-电线 ID 颜色 长度 从 到
9982 W1 Y 0.4m motor1 Led1
9983 W4 W 0.4m battery1 Led1
9982 W2 Y 0.3m motor1 Led2
9983 W5 W 0.3m battery1 Led2
9982 W3 Y 0.4m motor1 Led3
9983 W6 W 0.4m battery1 Led3
项目号 零件号 说明 数量 长度
1 socket-6pinmindin 2
2 LED 3
3 9982 1 1.11m
4 9983 1 1.11m

图 14-90　线路工程图

14.7　管道和管筒

可以使用 SOLIDWORKS Routing 生成一特殊类型的子装配体，以在零部件之间创建管道、管筒或其他材料的路径。

14.7.1　弯管零件

可以生成弯管零件用于管道改变方向的线路中。此构造的结构方法允许在生成线路时自动生成弯管。

通常为管道满足直角（90°）和 45°的情况生成弯管。对于其他角度，通常使用自定义弯管进行处理，自定义弯管从标准弯管自动转换而成。

如果在开始线路时在“线路属性”属性管理器中选取总是使用弯管，软件则在 3D 草图中存在圆角时自动插入弯管，也可以手动添加弯管。

要将零件识别为弯管零件，使软件可在从“线路属性”属性管理器中浏览弯管零件时识别这种情况，零件必须包含两个连接点，外加一个包含有命名为折弯半径和折弯角度尺寸的草图（草图名为弯管圆弧）。

14.7.2　法兰零件

法兰经常用于管路末端，用来将管道或管筒连结到固定的零部件（如泵或箱）上。法兰也可用来连结管道的长直管段。

系统自带了一些样例法兰零件。还可以通过编辑样例零件或生成用户自己的零件文件来创建新的法兰零件。也可在 Routing Library Manager 中使用 Routing 零部件向导以将零件准备好在 Routing 中使用。

14.7.3 焊接缝隙

可在现有线路中插入和更改焊接缝隙。图 14-91 为“焊接缝隙”属性管理器。

(1) 执行“管道设计”工具栏中的“焊接缝隙”按钮，或单击菜单栏中的“Routing”→“管道设计”→“焊接缝隙”命令。

(2) 如果提示编辑线路，选取适当的线路设计装配体，然后单击“确定”按钮。

(3) 在“焊接缝隙设定”下为线路段选取一个线段。

(4) 单击生成焊接缝隙。缝隙标号出现在插入了焊接缝隙的所有位置。

(5) 按需要修改缝隙值：要给所有缝隙指派相同值，选取“覆盖默认缝隙”，然后在属性管理器中输入值；要修改选定焊接缝隙的值，在图形区域中的焊接缝隙标号中键入一个值。

(6) 单击“确定”按钮。

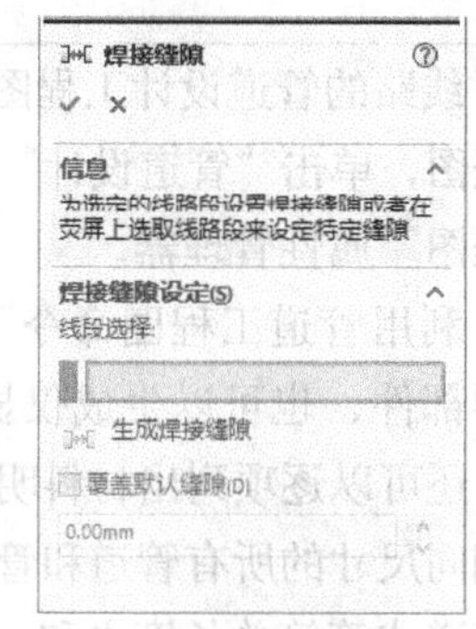

图 14-91 “焊接缝隙”属性管理器

14.7.4 定义短管

管道设计完全支持短管。可以从现有的管道和管筒线路生成短管。短管是管道、管筒和配件的截面，在最终装配体或构造过程中单独制造后连接。图 14-92 为“短管”属性管理器。图 14-93 为生成的短管。

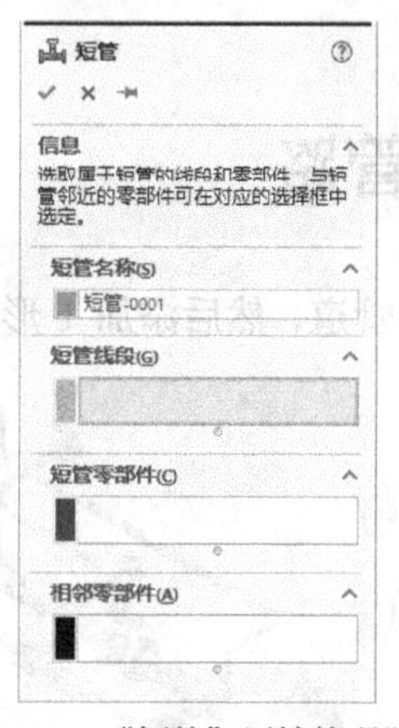

图 14-92 “短管”属性管理器

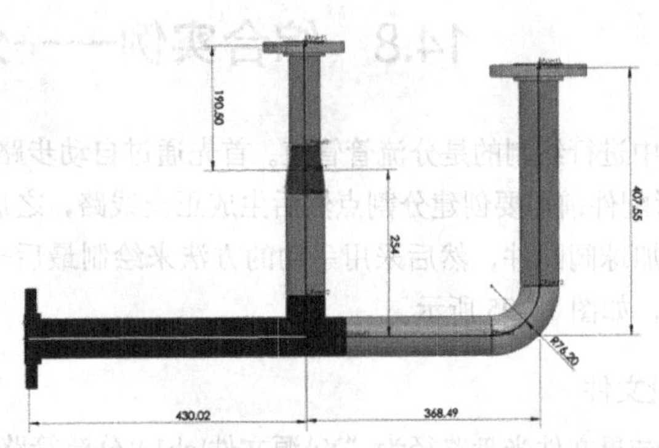

图 14-93 短管

要在步路装配体中定义短管，可通过以下方式进行操作。

(1) 单击菜单栏中的“Routing”→“管道”→“定义短管”按钮。也可以用右键单击设计树中的线路特征，然后在弹出的快捷菜单中单击“定义短管”。在“短管”属性管理器中列出短管及其零部件的名称、颜色和线条样式。

(2) 在装配体中，选择构成短管的草图实体。注意：短管中的所有线段和零部件必须连续。短管中不允许存在间隙。每次也可以只定义一个短管。

(3) 单击属性管理器中的“相邻零部件”，然后在装配体中选择短管外部的零部件。这些零部件通常为 T 形接头和弯管，并且将在制造流程中连接到短管。

(4) 通过在属性管理器中的零部件和相邻零部件之间拖放实体，添加或删除零部件。

(5) 单击“确定”按钮。

14.7.5 管道工程图

线路的管道设计工程图包括配件、管道、尺寸和等轴测视图材料明细表。要生成管道设计工程图，单击“管道设计”工具栏中的“管道工程图”按钮，弹出如图 14-94 所示的“管道工程图”属性管理器。

利用管道工程图命令可以管理材料明细表中的线路设计零部件，也可以生成仅显示线路设计零部件的材料明细表，还可以逐项列出材料明细表中的所有管道和管筒，或者将相同尺寸的所有管道和管筒作为单一管道项目列出，并列出管道或管筒总长度之和。

图 14-94 “管道工程图”属性管理器

选择不同组合形式的选项会产生不同的结果。例如：

- 如果选择两个选项，则生成一个仅列出线路设计零部件的材料明细表，并将每个尺寸的管道和管筒组合在一起。
- 如果选择第一个选项但是不选择第二个选项，则生成一个材料明细表，仅列出管道装配件，但是分别列出所有管道、管筒和电线。
- 如果选择第二个选项但是不选择第一个选项，则生成一个材料明细表，其中含有所有装配体中的所有非线路设计零部件，但是将每个直径和安排的管道与管筒组合在一起。

14.8 综合实例——分流管路

本例中进行绘制的是分流管管道。首先通过自动步路绘制主管道，然后添加 T 形配件，在添加 T 形配件前需要创建分割点然后生成正交线路，之后在主管路中添加球阀配件，然后采用手动的方法来绘制最后一个分流的管道，如图 14-95 所示。

光盘文件

实例结果文件光盘路径为“X:\源文件\ch14\分流管路.avi”。

多媒体演示参见配套光盘中的“X:\动画演示\第 14 章\分流管路.avi”。

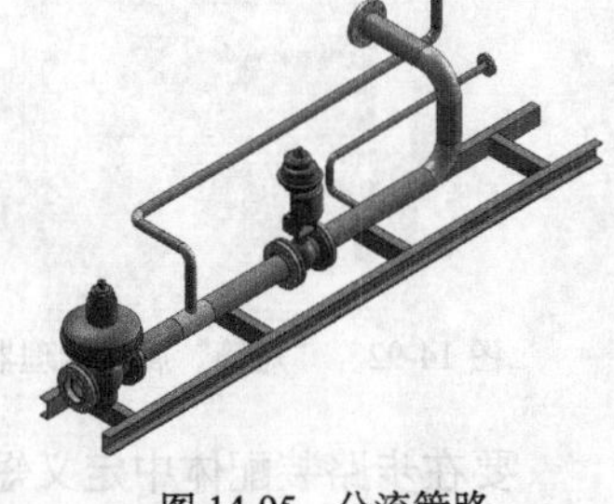

图 14-95 分流管路

绘制步骤

14.8.1 管路三维模型

1. 打开 SOLIDWORKS 模型。

(1) 打开“分流管路.SLDASM”，该文件位于“分流管路”文件夹内。打开后的模型如图 14-96 所示。

(2) 单击菜单栏中的“工具”→“选项”命令，打开“系统选项（S）-普通”对话框，单击对话框左端的“装配体”，将显示如图 14-97 所示的“系统选项（S）-装配体”对话框。

(3) 在“系统选项（S）-装配体”对话框中取消选取“将新零部件保存到外部文件”，单击“确定”按钮完成系统选项的设置。

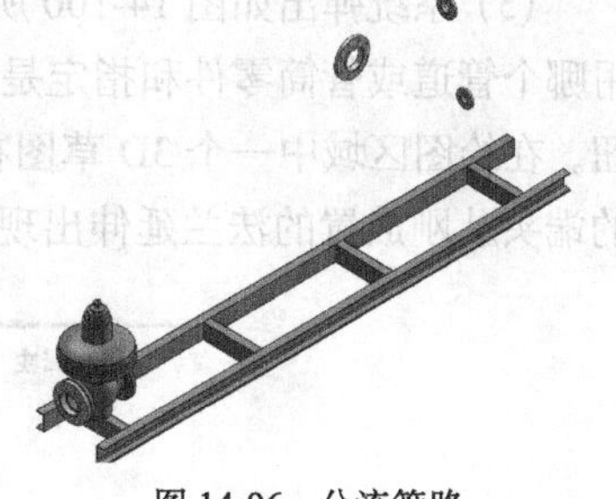

图 14-96 分流管路

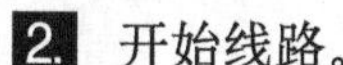

2. 开始线路。

(1) 单击“管道设计”工具栏中的“通过拖/放来开始”按钮，此时右侧会弹出设计库，设计库打开到步路库的 piping<管道设计>部分。

(2) 在设计库下窗格中双击 flanges<法兰>文件夹，如图 14-98 所示。

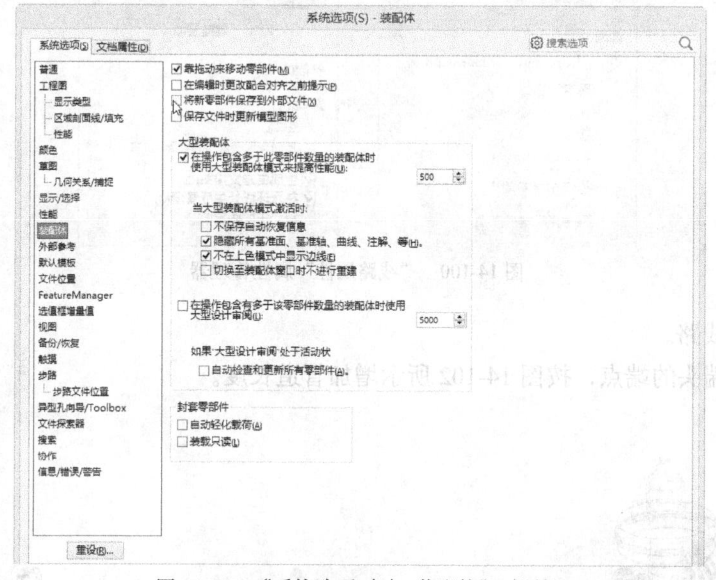

图 14-97 “系统选项（S）-装配体”对话框

(3) 将“slip on weld flange.sldprt” 从库中拖到调节器上的法兰面上，在法兰捕捉到位时将之丢放。

(4) 系统会弹出如图 14-99 所示的“选择配置”对话框，在该对话框中选取“列出所有配置”，然后选取“Slip On Flange 150-NPS4”，然后单击“确定”按钮。

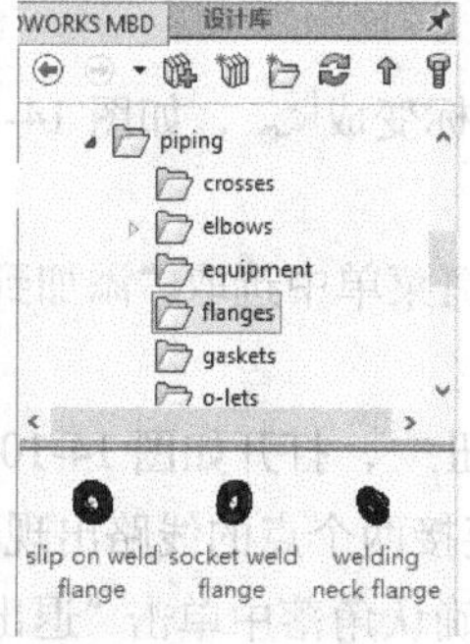

图 14-98 步路设计库 flanges 文件夹

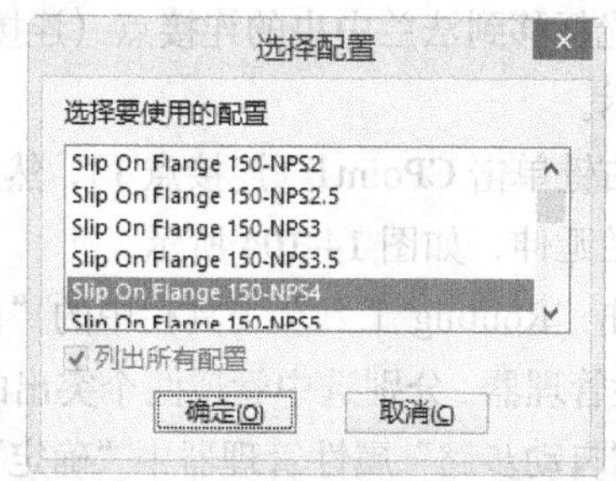

图 14-99 “选择配置”对话框

(5) 系统弹出如图 14-100 所示的“线路属性”属性管理器。在属性管理器中可以指定要使用哪个管道或管筒零件和指定是否使用弯管或折弯，在这里采用默认的设置，单击“确定”按钮。在绘图区域中一个 3D 草图在新的线路子装配体中打开，如图 14-101 所示，并且有一管道的端头从刚放置的法兰延伸出现。

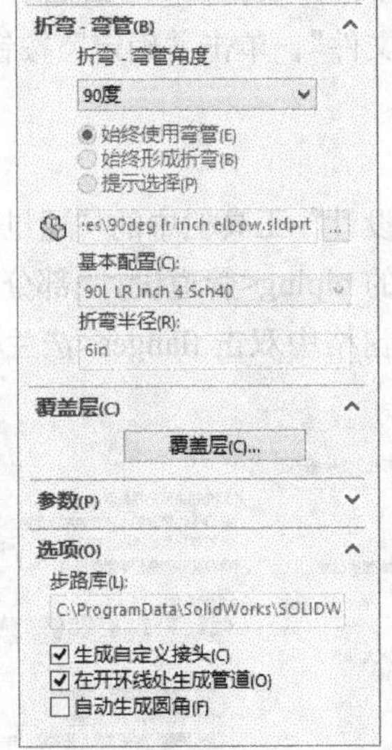

图 14-100 “线路属性”属性管理器

3. 生成线路。

(1) 拖动端头的端点，按图 14-102 所示增加管道长度。

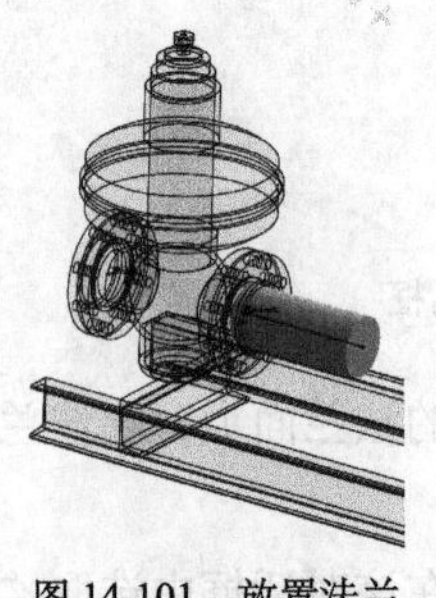

图 14-101 放置法兰

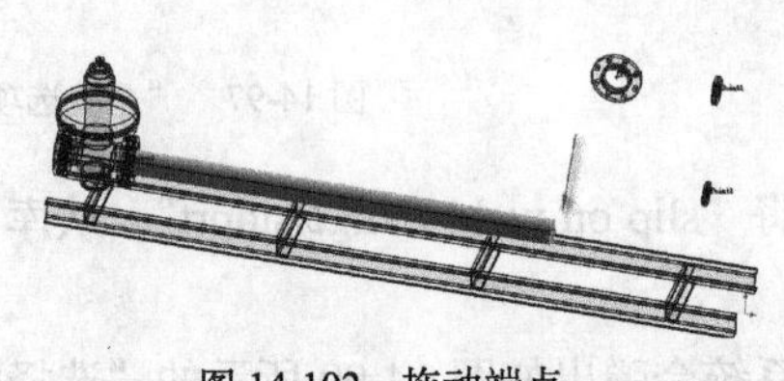

图 14-102 拖动端点

(2) 将视图切换到右端三个独立法兰最左边的一个大法兰上。 在视图菜单上确定步路点已被选取，隐藏所有类型已被消除。

(3) 将光标移到法兰中央的连接点（连接点 1）上。光标变成，如图 14-103 所示，连接点高亮显示。

(4) 用右键单击 CPoint1（连接点 1），然后在弹出的快捷菜单中选取“添加到线路”。管道的端头从法兰延伸，如图 14-104 所示。

(5) 单击“Routing 工具”工具栏中的“自动步路”按钮，打开如图 14-105 所示的“自动步路”属性管理器。分别选中管道两个突出的端点，此时连接两个点的线路出现，如图 14-106 所示。单击“自动步路”属性管理器中“确定” 按钮✓。在确认角落中单击“退出草图”退出草图，为管道线段生成零部件。

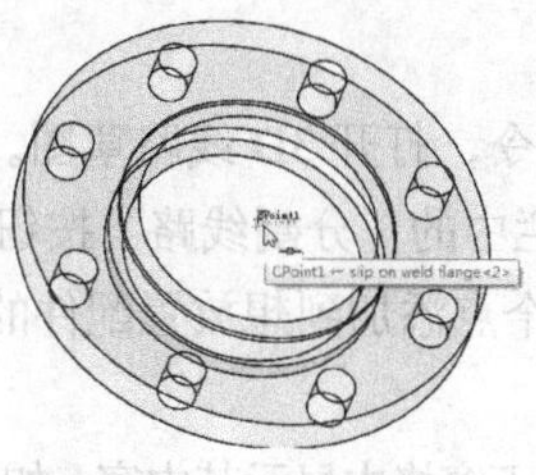
图 14-103 选择连接点

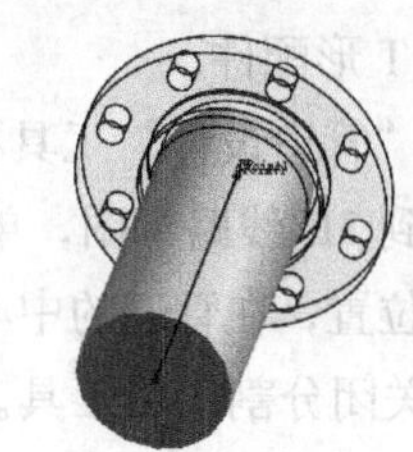
图 14-104 添加到线路

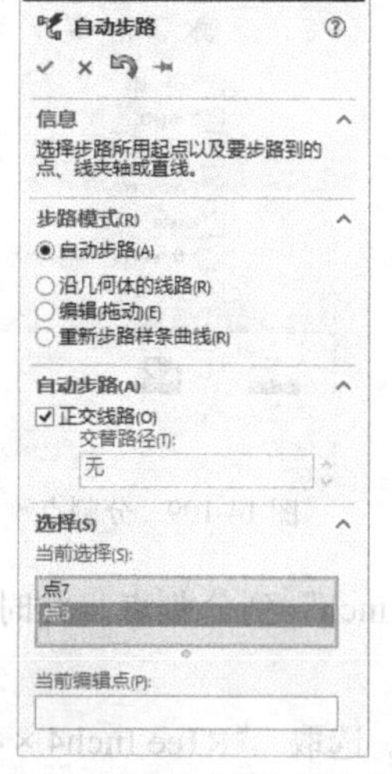

图 14-105 “自动步路”属性管理器

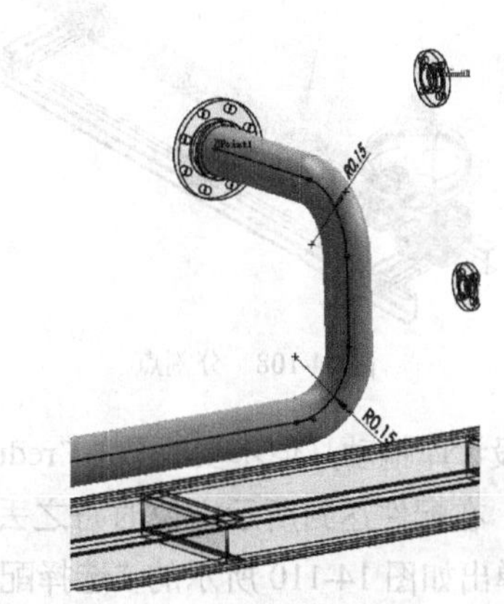
图 14-106 自动步路线路

（6）在“FeatureManager 设计树”中，展开“Pipe_18-分流管路”，图 14-107 为展开的设计树及创建完成的管道。3 个管道零部件是在退出草图时所生成的零部件“4inSchedule40-Pipe_18-分流管路”的配置，每个管道段的长度都列举出来。线路子装配体（法兰和两个弯管）的其他零部件是步路库零件。

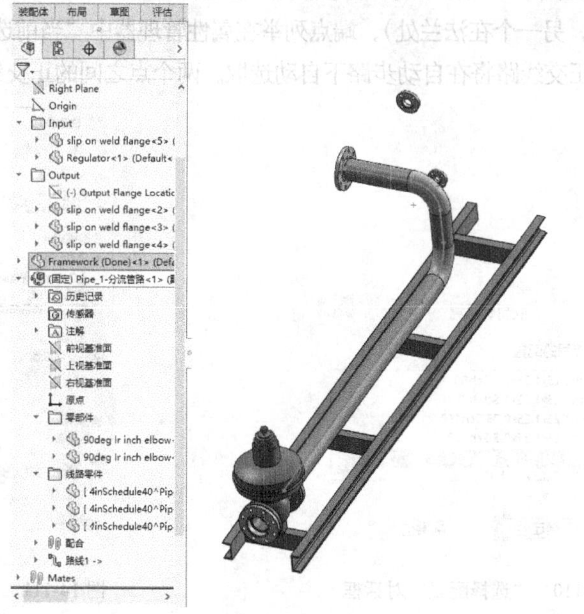

图 14-107 生成的管道

4. 添加 T 形配件。

（1）单击“管道设计”工具栏中的“编辑线路”命令，打开 3D 线路草图。

（2）进入到 3D 线路草图，单击“步路工具”工具栏中的“分割线路”按钮，单击如图 14-108 所示的位置，在管道的中心线添加分割点。将一个点添加到想放置配件的地方。分割完成后按 Esc 键关闭分割线路工具。

（3）在设计库中，在上窗格中单击“tees”（T 形）以在下窗格中显示其内容，如图 14-109 所示。

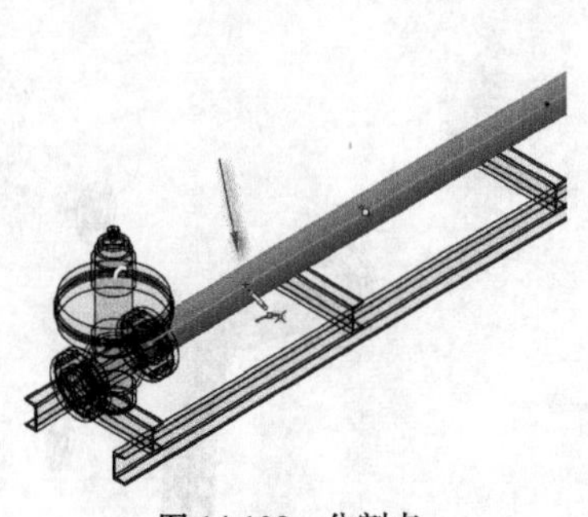

图 14-108　分割点

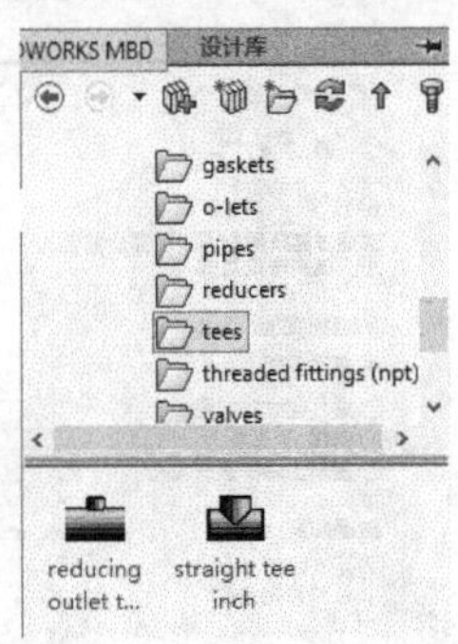

图 14-109　分割点

（4）从设计库拖动（但不要丢放）“reducing outlet tee inch”到分割点。此时可按 Tab 键旋转 T 形配件，在配件达到所示方位时将之丢放。

（5）在弹出如图 14-110 所示的“选择配置”对话框中，选取 “RTee Inch4 × 4 × 1.5Sch40”，然后单击“确定”按钮。T 形配件添加到线路中，有管道的一个端头从开端处延伸。添加完成后按 Esc 键退出插入零部件。

（6）放大到右端上方法兰。将光标移到法兰中央的连接点（连接点 1） 上。光标变成，连接点高亮显示。在 CPoint1（连接点 1）上单击右键，然后在弹出的快捷菜单中选取“添加到线路”。管道的端头从法兰延伸。

（7）单击“步路工具”工具栏中的“自动步路”按钮。如图 14-111 所示，选取两个端头的端点（一个在 T 形配件，另一个在法兰处），端点列举在属性管理器中“当前选择”之下。由于我们采用的不是软管线路，正交线路将在自动步路下自动选取。两个点之间的正交线路出现在图形区域中。

图 14-110　“选择配置”对话框

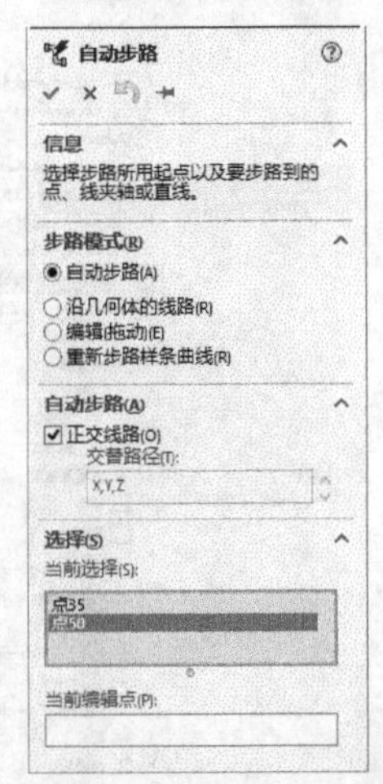

图 14-111　自动步路

（8）在属性管理器中的自动步路下，对于交替路径，单击往上和往下箭头，如图 14-111

中所指，直到路径为图 14-112 所示。单击“确定”按钮。在确认角落中单击“退出草图”按钮退出草图，从 T 形配件到法兰生成正交线路。

（9）在设计树中，新 T 形管和 4 个弯管出现在零部件 零部件 中，新管道零件出现在线路零件 零部件 中。最终的设计树如图 14-113 所示。

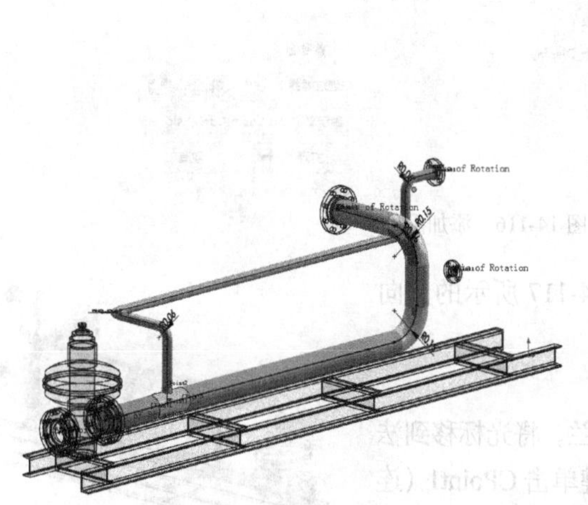

图 14-112　正交线路

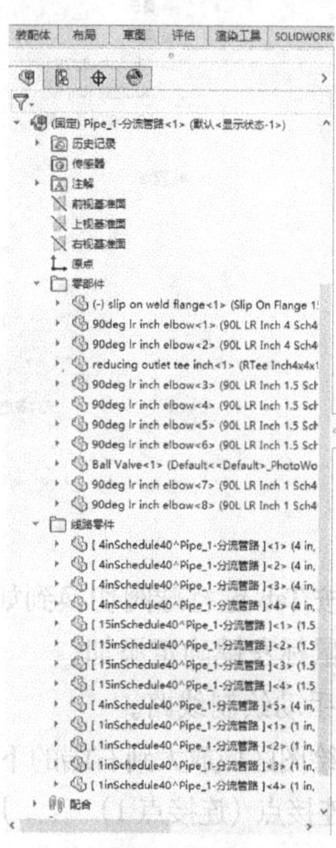

图 14-113　设计树

5. 添加球阀装配体。

（1）单击“管道设计”工具栏中的“编辑线路”命令，打开 3D 线路草图。

（2）进入到 3D 线路草图后，单击“步路工具”工具栏中的“分割实体”按钮，单击如图 14-114 所示的位置，在管道的中心线添加分割点，将一个点添加到想放置配件的地方。分割完成后按 Esc 键关闭分割线路工具。

（3）在刚创建的分割点上单击鼠标右键，弹出如图 14-115 所示的快捷菜单，选择其中的“添加配件”命令，弹出“打开”对话框。选择到光盘文件中的球阀装配体，如图 14-116 所示，单击“打开”按钮，球阀的预览图形显示在绘图区域。

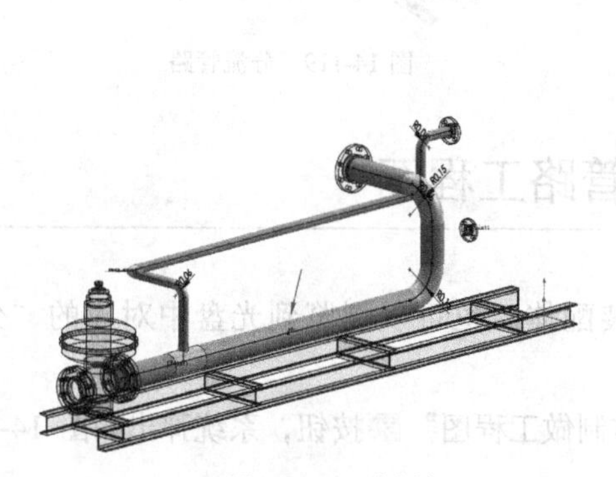

图 14-114　分割点

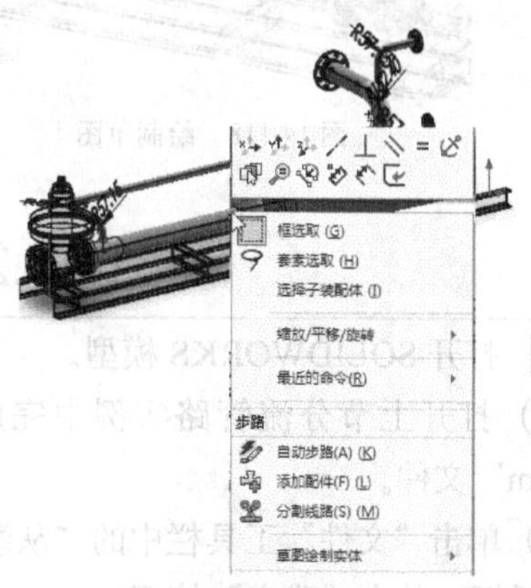

图 14-115　添加配件

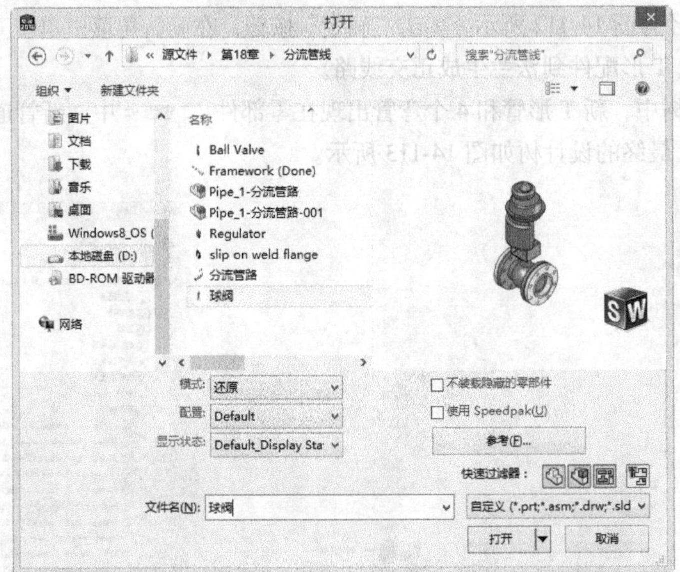

图 14-116　添加配件

（4）按 Tab 键将球阀切换到如图 14-117 所示的方向上，单击鼠标左键确定添加。

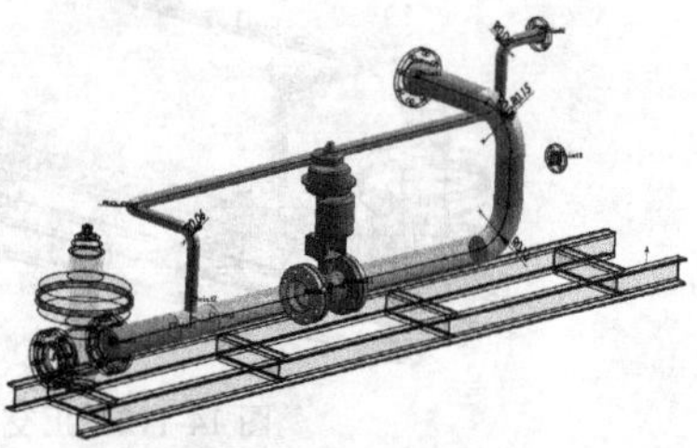

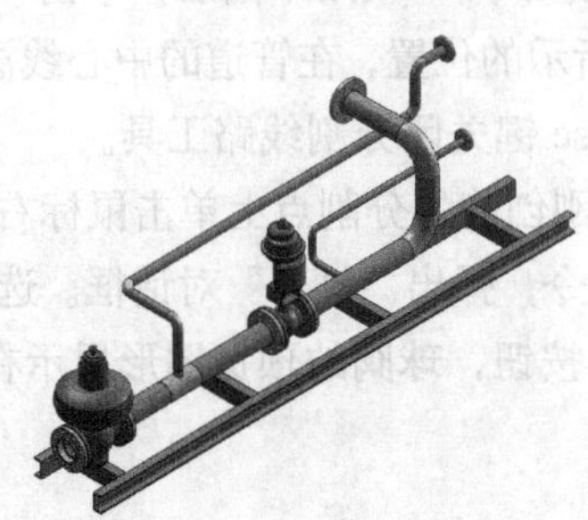

图 14-117　球阀

6. 手动绘制线路。

（1）绘图区域放大到右端的下方法兰。将光标移到法兰中央的连接点（连接点 1）上。用右键单击 CPoint1（连接点 1），然后在弹出的快捷菜单中选取“添加到线路”。

（2）单击草图面板中的“直线”按钮，大致按图 14-118 所示绘制线条，然后添加为直线添加几何关系，并绘制 0.06in 的圆角。

（3）按 Esc 键关闭草图的绘制。最终绘制的结果如图 14-119 所示。

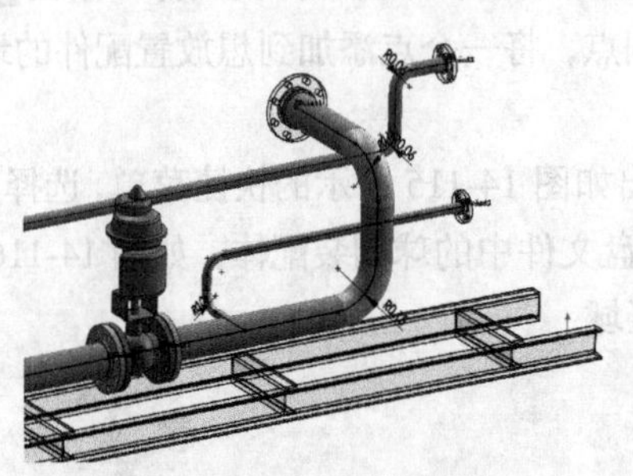

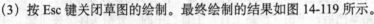

图 14-118　绘制草图

图 14-119　分流管路

14.8.2　管路工程图

1. 打开 SOLIDWORKS 模型。

（1）打开上节分流管路实例中完成的装配体。也可以浏览到光盘中对应的“分流管路.sldasm”文件。

（2）单击“文件”工具栏中的“从装配体制做工程图”按钮，系统弹出如图 14-120 所示的对话框，单击“确定”按钮。

（3）打开如图 14-121 所示的“图纸格式/大小”对话框。

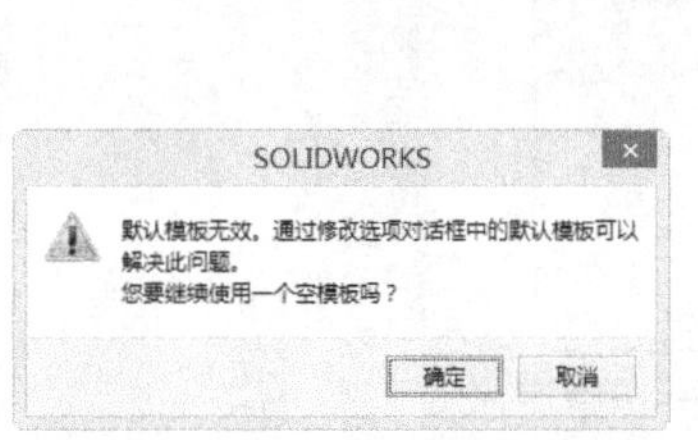

图 14-120 “SOLIDWORKS”对话框

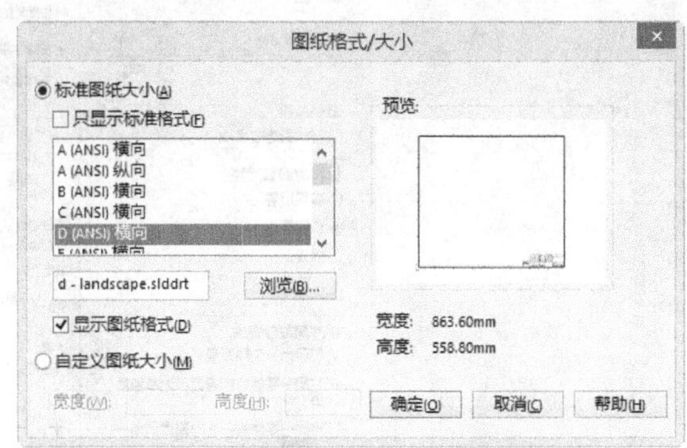

图 14-121 “图纸格式/大小”对话框

（4）在对话框中选取“标准图纸大小”，然后在其列表中选取 “D（ANSI）横向”，单击 “确定”按钮。打开一新工程图，出现“模型视图”属性管理器。

（5）在“模型视图”属性管理器中，在要插入的零件/装配体下选取“分流管路”装配体。然后单击“下一步”按钮。在方向下为标准视图选择“*等轴测”，在尺寸类型下选择“真实”，在图形区域中单击放置如图 14-122 所示视图。完成后单击“确定”按钮✔。

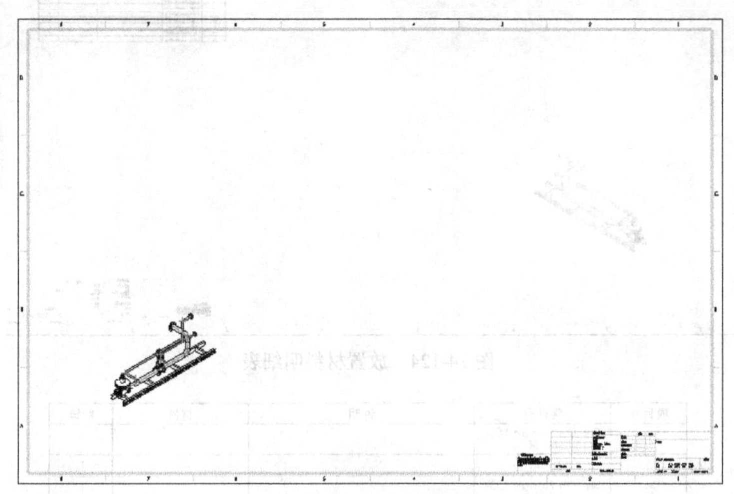

图 14-122 放置视图

2. 添加材料明细表。

（1）单击“表格”工具栏中的“材料明细表”。然后选择上步建立的视图，此时“材料明细表”属性管理器如图 14-123 所示。

（2）在“材料明细表”属性管理器中，单击“表格模板”中“打开表格模板”按钮，在打开的“打开”对话框中，选择“bom-material.sldbomtbt”，单击“打开”按钮。在材料明细表类型下，选择“仅限零件”。单击“确定”按钮✔。

（3）在图形区域中如图 14-124 所示的位置单击，放置材料明细表。放大的材料明细表表格如图 14-125 所示。

（4）在“说明”列上移动光标到列标题，光标形状将变为⬇。单击选取列，列的弹出工具栏将出现，如图 14-126 所示。

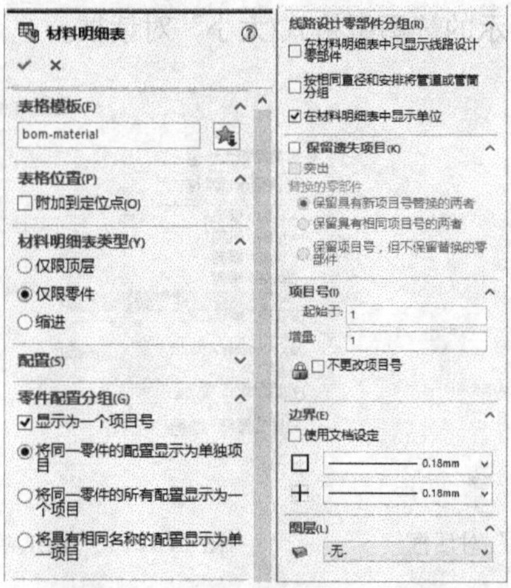

图 14-123 “材料明细表”属性管理器

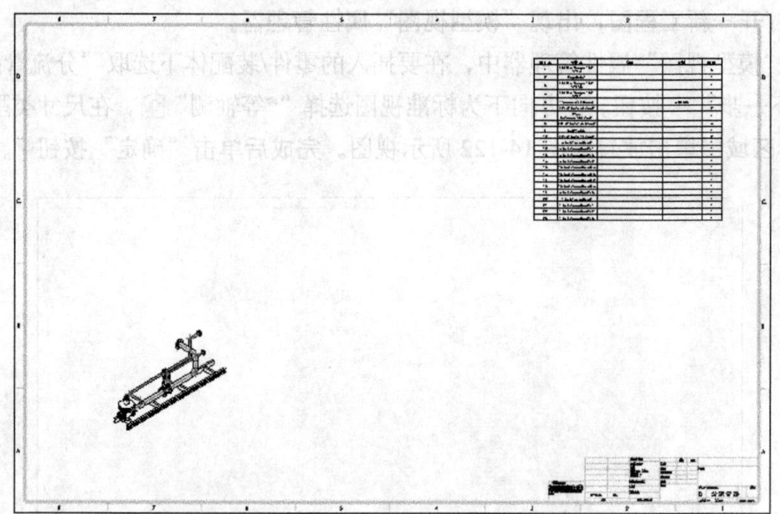

图 14-124 放置材料明细表

项目号	零件号	说明	材料	数量
1	Slip On Flange 150-NPS4			3
2	Regulator			1
3	Slip On Flange 150-NPS1.5			1
4	Slip On Flange 150-NPS1			1
5	Framework (Done)		AISI 304	1
6	90L LR Inch 4 Sch40			2
7	RTee Inch4x4x1.5Sch40			1
8	90L LR Inch 1.5 Sch40			4
9	Ball Valve			1
10	90L LR Inch 1 Sch40			2
11	4 in, Schedule 40			1
12	4 in, Schedule 40, 1			1
13	4 in, Schedule 40, 3			1
14	4 in, Schedule 40, 2			1
15	1.5 in, Schedule 40, 4			1
16	1.5 in, Schedule 40, 5			1
17	1.5 in, Schedule 40, 2			1
18	1.5 in, Schedule 40, 6			1
19	4 in, Schedule 40, 5			1
20	1 in, Schedule 40			1
21	1 in, Schedule 40, 1			1
22	1 in, Schedule 40, 2			1
23	1 in, Schedule 40, 3			1

图 14-125 材料明细表

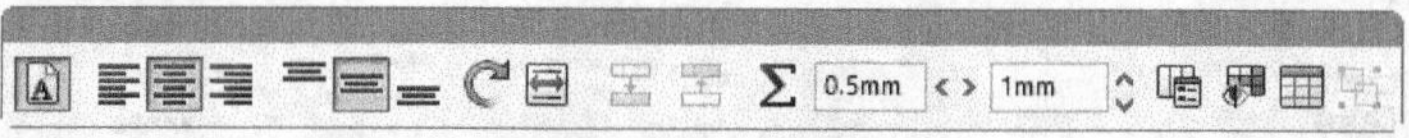

图 14-126 列的弹出工具栏

（5）单击列弹出工具栏中的“列属性”按钮。在弹出的如图 14-127 所示的“列属性”框中，为“列类型”选取属性为“ROUTE PROPERTY”。为“属性名称”选取“SW 管道长度”，此时列标题更改到 SW 管道长度，长度为所有管道和管筒零件出现，如图 14-128 所示。如果要想为管道长度更改测量单位，单击“选项”按钮。在“文档属性”标签上选取“单位”，如图 14-129 所示。然后选择所需要的测量单位。

列类型:
自定义属性
属性名称：
Description

图 14-127 “列属性” 属性管理器

	A	B	C	D	E
1	项目号	零件号	SW管道长度	材料	数量
2	1	Slip On Flange150-NPS4			3
3	2	Regulator			1
4	3	Slip On Flange150-NPS1.5			1
5	4	Slip On Flange150-NPS1			1
6	5	Framework (Done)		AISI 304	1
7	6	90L LR Inch 4 Sch40			2
8	7	RTee Inch4x4x1.5Sch40			1
9	8	90L LR Inch 1.5 Sch40			4
10	9	Ball Valve			1
11	10	90L LR Inch 1 Sch40			2
12	11	4 in, Schedule 40	386.22mm		1
13	12	4 in, Schedule 40, 1	207.2mm		1
14	13	4 in, Schedule 40, 3	193.71mm		1
15	14	4 in, Schedule 40, 2	621.75mm		1
16	15	1.5 in, Schedule 40, 4	255.52mm		1
17	16	1.5 in, Schedule 40, 5	390.75mm		1
18	17	1.5 in, Schedule 40, 2	1879.89mm		1
19	18	1.5 in, Schedule 40, 6	266.7mm		1
20	19	4 in, Schedule 40, 5	726.4mm		1
21	20	1 in, Schedule 40	184.15mm		1
22	21	1 in, Schedule 40, 1	947.92mm		1
23	22	1 in, Schedule 40, 2	93.8mm		1
24	23	1 in, Schedule 40, 3	215.9mm		1

图 14-128 SW 管道长度

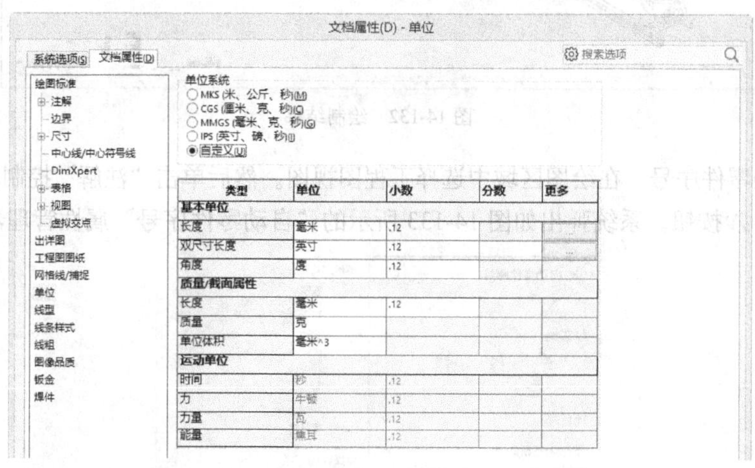

图 14-129 文档属性

3. 更改视图添加序号。

（1）在设计树中右键单击“图纸 1”，弹出如图 14-130 所示的快捷菜单 ，然后选择“属性”。

（2）在弹出的“图纸属性”对话框中，按图 14-131 所示将“比例”更改为 1 : 8，单击“确定”按钮。在图形区域中选取视图，然后将之拖动在图纸上定位。绘制结果如图 14-132 所示。

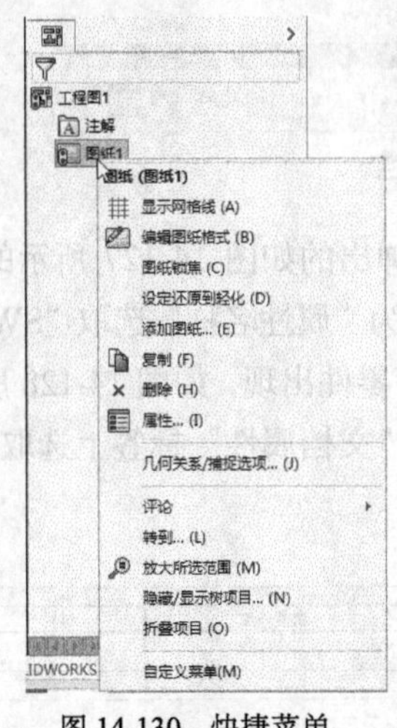
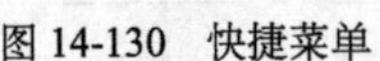

图 14-130　快捷菜单

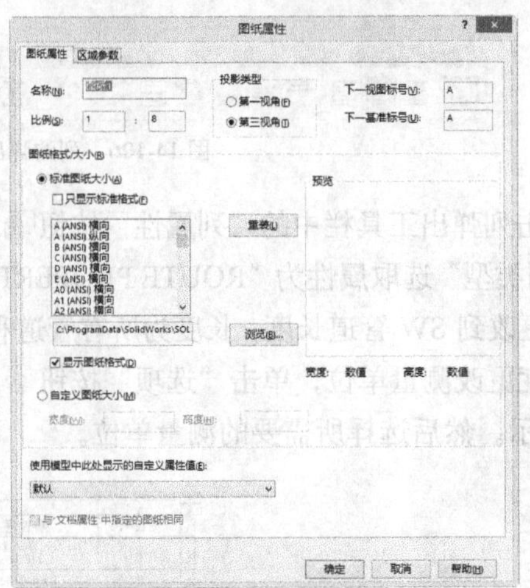

图 14-131　“图纸属性”对话框

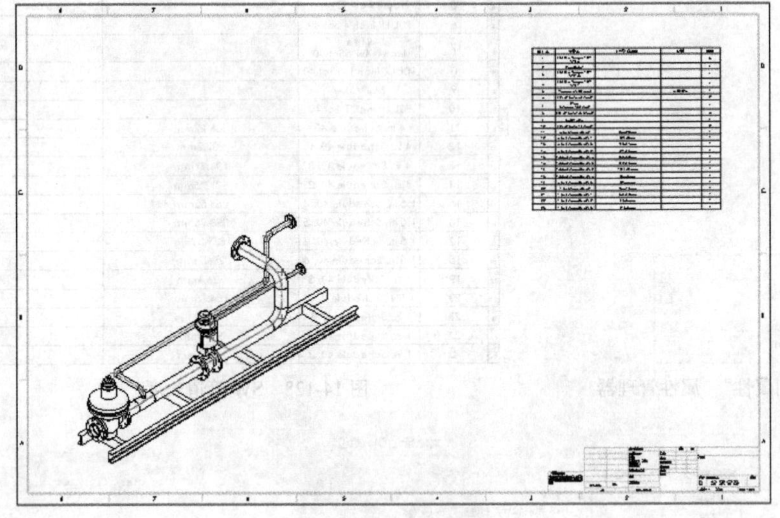

图 14-132　绘制结果

（3）添加零件序号。在绘图区域中选择工程图视图。然后单击“注解”控制面板中的“自动零件序号”按钮。系统弹出如图 14-133 所示的“自动零件序号”属性管理器。

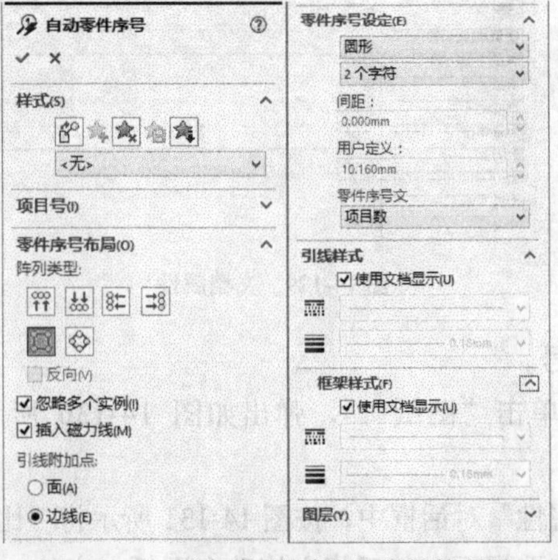

图 14-133　“自动零件序号”属性管理器

（4）在属性管理器中的零件序号布局下，选择“方形”按钮，选中“忽略多个实例”复选框。单击“确定”按钮✔，结果如图 14-134 所示。保存后完成工程图的绘制。

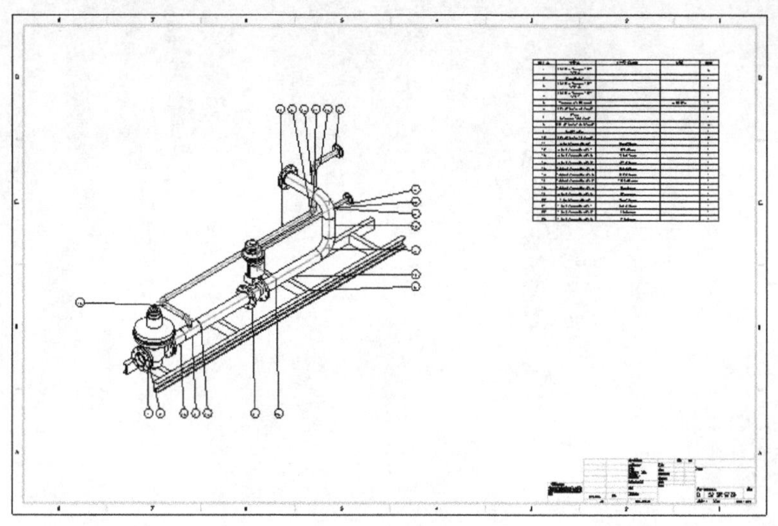

图 14-134　工程图

欢迎来到异步社区！

异步社区的来历

异步社区（www.epubit.com.cn）是人民邮电出版社旗下 IT 专业图书旗舰社区，于 2015 年 8 月上线运营。

异步社区依托于人民邮电出版社 20 余年的 IT 专业优质出版资源和编辑策划团队，打造传统出版与电子出版和自出版结合、纸质书与电子书结合、传统印刷与 POD 按需印刷结合的出版平台，提供最新技术资讯，为作者和读者打造交流互动的平台。

社区里都有什么？

购买图书

我们出版的图书涵盖主流 IT 技术，在编程语言、Web 技术、数据科学等领域有众多经典畅销图书。社区现已上线图书 1000 余种，电子书 400 多种，部分新书实现纸书、电子书同步出版。我们还会定期发布新书书讯。

下载资源

社区内提供随书附赠的资源，如书中的案例或程序源代码。

另外，社区还提供了大量的免费电子书，只要注册成为社区用户就可以免费下载。

与作译者互动

很多图书的作译者已经入驻社区，您可以关注他们，咨询技术问题；可以阅读不断更新的技术文章，听作译者和编辑畅聊好书背后有趣的故事；还可以参与社区的作者访谈栏目，向您关注的作者提出采访题目。

灵活优惠的购书

您可以方便地下单购买纸质图书或电子图书，纸质图书直接从人民邮电出版社书库发货，电子书提供多种阅读格式。

对于重磅新书，社区提供预售和新书首发服务，用户可以第一时间买到心仪的新书。

用户帐户中的积分可以用于购书优惠。100 积分 =1 元，购买图书时，在 0 使用积分 里填入可使用的积分数值，即可扣减相应金额。